"十二五"普通高等教育本科国家级规划教材

高等代数

第二版 上册

大学高等代数课程创新教材

丘维声◎著

U0252938

清華大學出版社
北 京

内容简介

本套书作为大学“高等代数”课程的创新教材，是国家级优秀教学团队（北京大学基础数学教学团队）课程建设的组成部分，是国家级教学名师多年来进行高等代数课程建设和教学改革的成果。

本套书以讲述线性空间及其线性映射为主线，遵循高等代数知识的内在规律和学生的认知规律安排内容体系，按照数学思维方式编写，着重培养数学思维能力。上册内容包括线性方程组，行列式，n 维向量空间 K^n，矩阵的运算，矩阵的相抵与相似，以及矩阵的合同与二次型等。下册内容包括一元和 n 元多项式环，线性空间，线性映射，具有度量的线性空间，以及多重线性代数。

书中每节均包括内容精华、典型例题、习题，章末有补充题，还特别设置了“应用小天地”板块。本书内容丰富、全面、深刻，阐述清晰、详尽、严谨，可以帮助读者在高等代数理论上和科学思维能力上达到相当的高度。本书适合用作综合大学、高等师范院校和理工科大学的“高等代数”课程的教材，还可作为“高等代数”或“线性代数”课程的教学参考书，也是数学教师和科研工作者高质量的参考书。

本书封面贴有清华大学出版社防伪标签，无标签者不得销售。
版权所有，侵权必究。举报：010-62782989，beiqinquan@tup.tsinghua.edu.cn。

图书在版编目(CIP)数据

高等代数. 上册/丘维声著. —2 版. —北京：清华大学出版社，2019（2025. 2重印）
大学高等代数课程创新教材
ISBN 978-7-302-48763-0

Ⅰ. ①高…　Ⅱ. ①丘…　Ⅲ. ①高等代数-高等学校-教材　Ⅳ. ①015

中国版本图书馆 CIP 数据核字（2017）第 273123 号

责任编辑：邓　婷
封面设计：刘　超
版式设计：文森时代
责任校对：马军令
责任印制：沈　露

出版发行：清华大学出版社
网　　址：https://www.tup.com.cn，https://www.wqxuetang.com
地　　址：北京清华大学学研大厦 A 座　**邮　　编**：100084
社 总 机：010-83470000　**邮　　购**：010-62786544
投稿与读者服务：010-62776969，c-service@tup.tsinghua.edu.cn
质量反馈：010-62772015，zhiliang@tup.tsinghua.edu.cn
印 装 者：北京同文印刷有限责任公司
经　　销：全国新华书店
开　　本：185mm×260mm　**印　　张**：26.75　**字　　数**：615 千字
版　　次：2010 年 6 月第 1 版　2019 年 6 月第 2 版　**印　　次**：2025 年 2 月第 14 次印刷
定　　价：72.00元

产品编号：072924-03

第二版序

《高等代数（上册）——大学高等代数课程创新教材》的本次修订主要体现在以下几个方面。

1. 更加突出了“高等代数”课程的主线：研究线性空间的结构及其线性映射。几何空间是实数域上的 3 维线性空间。物理学科中的闵可夫斯基空间是实数域上的 4 维线性空间。为什么要研究维数大于 4 的线性空间？促使我们研究维数大于 4 的线性空间的动力之一是希望直接从线性方程组的系数和常数项判断方程组有无解，以及研究解集的结构。由此引出了数域 K 上的 n 维向量空间 K^n。通过研究向量空间 K^n 及其子空间的结构，我们得出了线性方程组有解的充分必要条件，并且搞清楚了齐次线性方程组和非齐次线性方程组的解集的结构。

从几何空间，数域 K 上的 n 维向量空间 K^n，以及闭区间 $[a, b]$ 上的连续函数组成的集合 $C[a, b]$ 对于函数的加法和实数与函数的数量乘法满足 8 条运算法则，我们抽象出线性空间的概念，研究了线性空间的结构。线性空间为数学学科、物理学科以及经济学科等众多领域提供了广阔的天地。

几何空间在一条直线上的正投影，对于区间 (a, b) 上的可微函数求导数，都保持加法和数量乘法，由此抽象出线性映射的概念。线性映射就像是在线性空间这个广阔天地里驰骋的一匹匹骏马。

从几何空间中向量的内积能够统一处理有关向量的长度、两个非零向量的夹角、判断两个向量是否正交等度量问题受到启发，在实数域和复数域上的线性空间中分别引进了内积的概念，从而可以解决长度、角度、正交等度量问题。对于这种具有度量的线性空间，我们研究了它的结构，以及与度量有关的变换的性质。

2. 写进了作者的一些独到的科学见解。我们给出了行列式按 k 行（或 k 列）展开的拉普拉斯定理的一个比较简洁的证明，它体现了探索行列式按 k 行展开的公式，而不是给了公式去逻辑证明。

对于 $s\times n$ 矩阵 $\boldsymbol{A}$，$n\times s$ 矩阵 $\boldsymbol{B}$，$|\boldsymbol{AB}|$ 等于什么？我们通过解剖一个“麻雀”：在几何空间中，设向量 $\vec{a}$，$\vec{b}$，$\vec{c}$，$\vec{d}$ 的右手直角坐标分别为

$$(a_1, a_2, a_3)', (b_1, b_2, b_3)', (c_1, c_2, c_3)', (d_1, d_2, d_3)'$$

令

$$\boldsymbol{A}=\begin{pmatrix} a_1 & a_2 & a_3 \\ c_1 & c_2 & c_3 \end{pmatrix}, \boldsymbol{B}=\begin{pmatrix} b_1 & d_1 \\ b_2 & d_2 \\ b_3 & d_3 \end{pmatrix},$$

利用拉格朗日恒等式计算 $|\boldsymbol{AB}|$ 得到

$$|\boldsymbol{AB}| = \boldsymbol{A}\begin{pmatrix}1,2\\1,2\end{pmatrix}\boldsymbol{B}\begin{pmatrix}1,2\\1,2\end{pmatrix} + \boldsymbol{A}\begin{pmatrix}1,2\\1,3\end{pmatrix}\boldsymbol{B}\begin{pmatrix}1,3\\1,2\end{pmatrix} + \boldsymbol{A}\begin{pmatrix}1,2\\2,3\end{pmatrix}\boldsymbol{B}\begin{pmatrix}2,3\\1,2\end{pmatrix}。$$

由此受到启发，猜测出 Binet—Cauchy 公式，然后给予证明。

我们运用线性空间的子空间的知识，解决了满足递推关系

$$u(n) = au(n-1) + bu(n-2), n = 2,3,\cdots$$

的解集（定义域为自然数集 $\mathbf{N}$ 的所有复值函数形成的复数域 $\mathbf{C}$ 上的线性空间 $\mathbf{C}^{\mathbf{N}}$ 的子集）的结构。

我们运用子空间的和是直和的充分必要条件简洁地证明了下述命题的充分性：数域 K 上 n 维线性空间 V 上的线性变换$\mathcal{A}_1$，$\mathcal{A}_2$，…，$\mathcal{A}_s$ 是两两正交的幂等变换，当且仅当$\mathcal{A}_1+\mathcal{A}_2+\cdots+\mathcal{A}_s$ 是幂等变换，且

$$\operatorname{rank}(\mathcal{A}_1+\mathcal{A}_2+\cdots+\mathcal{A}_s) = \operatorname{rank}(\mathcal{A}_1)+\operatorname{rank}(\mathcal{A}_2)+\cdots+\operatorname{rank}(\mathcal{A}_s)。$$

我们利用最小多项式刻画了线性变换$\mathcal{A}=k\,\mathcal{I}+\mathcal{B}$，其中$\mathcal{B}$是幂零指数为 l 的幂零变换的充分必要条件是$\mathcal{A}$的最小多项式为 $(\lambda-k)^l$。由此自然而然地引出了 Jordan 块的概念。

我们运用商空间的理论证明了：设$\mathcal{B}$是域 F 上 r 维线性空间 W 上的幂零变换，其幂零指数为 l，则 W 能分解成 $\dim W_0$ 个$\mathcal{B}$一强循环子空间的直和，其中 W_0 是$\mathcal{B}$的属于特征值 0 的特征子空间。由此我们证明了：域 F 上 n 维线性空间 V 上的线性变换$\mathcal{A}$有 *Jordan* 标准形，当且仅当$\mathcal{A}$的最小多项式 $m(\lambda)$在 $F[\lambda]$中可以分解成一次因式的乘积。

我们证明了：域 F 上 n 维线性空间 V 上的线性变换$\mathcal{A}$的最小多项式 $m(\lambda)$ 如果在 $F[\lambda]$中分解成次数都大于 1 的不可约多项式的乘积，那么$\mathcal{A}$的最简单形式的矩阵表示是有理标准形；如果 $m(\lambda)$在 $F[\lambda]$中的标准分解式有一次因式，也有次数大于 1 的不可约因式，那么$\mathcal{A}$的最简单形式的矩阵表示是广义有理标准形。

3. 继续保持了本套教材第一版的特色：明确主线，内容全面，理论深刻，创新亮点，强调思维，例题丰富，展示应用，可读性强。

4. 增加了一些例题和习题，对于增加的习题给出了详细解答。

感谢本套教材的责任编辑邓婷，她为本书的出版付出了辛勤的劳动。

真诚欢迎广大读者对本套教材提出宝贵意见。

丘维声
北京大学数学科学学院

第一版序

高等代数是大学数学科学学院(或数学系,应用数学系)最主要的基础课程之一。本套教材是作者在北京大学进行高等代数课程建设和教学改革的成果,具有下述鲜明特色。

1. 明确主线:以研究线性空间和多项式环的结构及其态射(线性映射,多项式环的通用性质)为主线。自从 1832 年伽罗瓦(Galois)利用一元高次方程的根的置换群给出了方程有求根公式的充分必要条件之后,代数学的研究对象发生了根本性的转变。研究各种代数系统的结构及其态射(即保持运算的映射)成为现代代数学研究的中心问题。20 世纪,代数学研究结构及其态射的观点已经渗透到现代数学的各个分支中。因此,在高等代数课程的教学中贯穿研究线性空间和多项式环的结构及其态射这条主线,就是把握住了代数学的精髓。

本套教材上册的第 1,2,3 章研究线性方程组的解法、解的情况的判别和解集的结构时,贯穿了研究数域 K 上 n 维向量空间 K^n 及其子空间的结构这条主线。线性方程组是数学中最基础、最有用的知识,n 维向量空间 K^n 是 n 维线性空间的一个具体模型,n 元齐次线性方程组的解空间的维数公式本质上是线性映射的核与值域的维数公式。因此把线性方程组和 n 维向量空间 K^n 作为高等代数课程的开始部分的内容,既符合学生的认知规律,又是高等代数知识的内在规律的体现。上册的第 4,5,6 章研究矩阵的运算,矩阵的相抵、相似、合同关系及与它们有关的矩阵的特征值和特征向量、二次型。研究矩阵的运算为研究线性映射打下了基础。矩阵的相抵关系在解决有关矩阵的秩的问题中起着重要作用,而矩阵的秩本质上是相应的线性映射的值域的维数。研究矩阵的相似标准形本质上是研究线性变换在一个合适的基下的矩阵具有最简单的形式。研究对称矩阵的合同标准形与研究二次型的化简密切相关,而二次型与线性空间 V 上的双线性函数有密切联系。

本套教材下册的第 7 章研究一元和 n 元多项式环的结构及其态射(多项式环的通用性质),第 8 章研究线性空间的结构,第 9 章研究线性映射,第 10 章研究具有度量的线性空间的结构及与度量有关的线性变换。第 11 章研究多重线性代数时,基础概念是多重线性映射,主要工具是线性空间的张量积。

2. 内容全面。本套教材包括线性代数,多项式理论,环、域、群的概念及重要例子,多重线性代数,共四部分。在下册第 7 章从数域 K 上所有一元多项式组成的集合、整数集、数域 K 上所有 n 级矩阵组成的集合都有加法和乘法运算,自然而然地引出了环的概念;从数域 K 上所有分式组成的集合、模 p 剩余类(p 是素数)组成的集合,水到渠成地引出了域的概念。于是我们在下册第 8 章讲的是任意域上的线性空间,而不只是数域上的线性空间。这是当今信息时代的需要,因为在信息的安全与可靠中大量使用二元域上的线性空间理论。我们不仅着重研究有限维的线性空间,也研究无限维的线性空间,因为许多函数空间都是无限维线性空间。我们在第 9 章不仅研究线性变换的 Jordan 标准形,而且研究线性变换的有理标准形。我们在第 10 章不仅研究欧几里得空间和酉空间,而且研究正交空间和辛空间;不仅研究欧几里得空间上的正交变换、对称变换,酉空间上的酉变换,而且研究酉空间上的 Hermite 变换、正规变换。在讲了欧几里得空间上的正交变换,酉空间上的酉变换,正交空间上的正交变换,辛空间上的辛变换之后,水到渠成地引出群的概念,介绍了正交群、酉群、辛群。我们在第 11 章研究了线性空间的张量积,张量及张量代数,外代数(或格拉斯曼(Grassmann)代数),它们在微分几何、现代分析、群表示论和量子力学等领域中有重要应用。

本套教材的第一、二、三个组成部分,内容之间的内在联系可以用下述框图来表示:

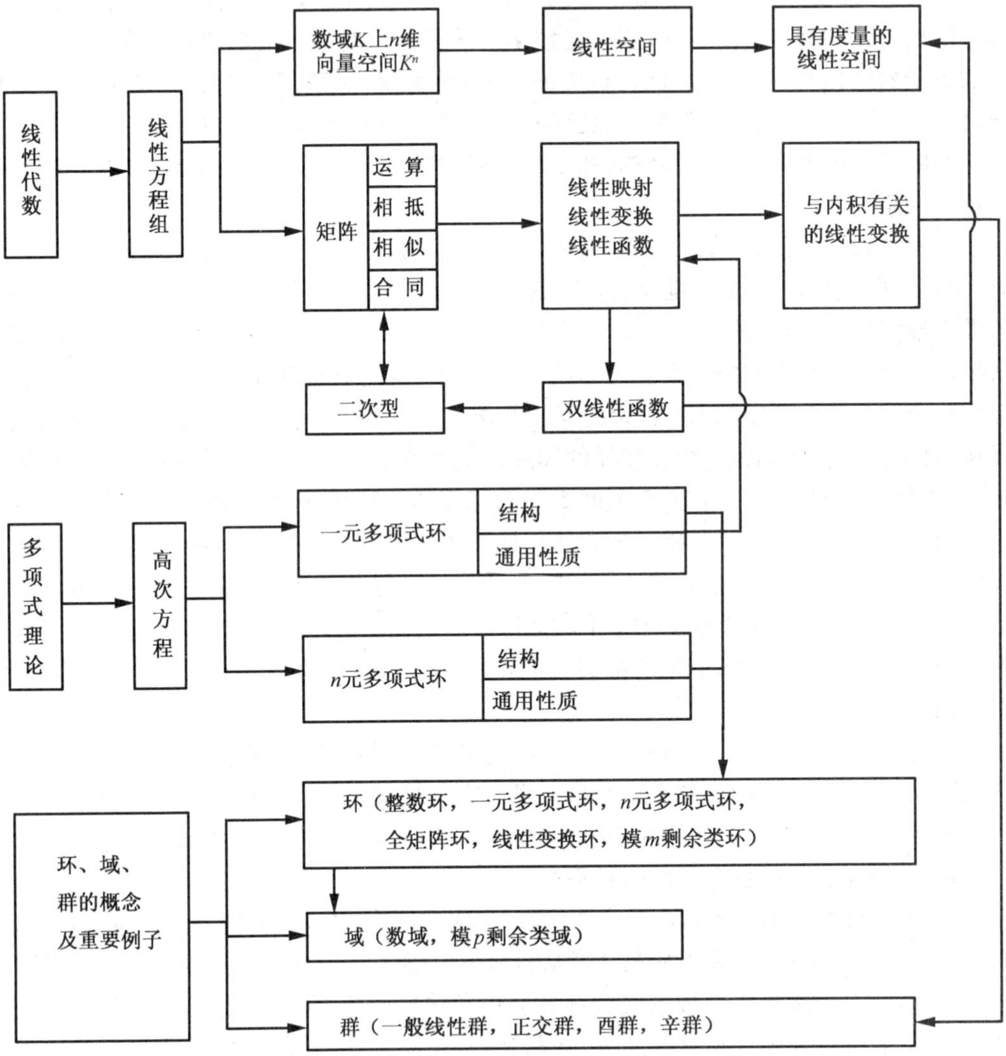

3. 理论深刻。本套教材阐述了深刻的理论，证明了许多重要结论。举例如下：

矩阵 $\boldsymbol{A}$ 的秩是 $\boldsymbol{A}$ 的行向量组的秩，也是 $\boldsymbol{A}$ 的列向量组的秩。$\boldsymbol{A}$ 的秩等于 $\boldsymbol{A}$ 的不为零的子式的最高阶数，等于 $\boldsymbol{A}$ 的行向量组生成的子空间（简称为行空间）的维数，等于 $\boldsymbol{A}$ 的列向量组生成的子空间（简称为列空间）的维数。设 V 是域 F 上的 n 维线性空间，V 上的线性变换 $\mathcal{A}$ 在 V 的一个基 $\boldsymbol{\alpha}_1,\boldsymbol{\alpha}_2,\cdots,\boldsymbol{\alpha}_n$ 下的矩阵为 $\boldsymbol{A}$，则 $\boldsymbol{A}$ 的秩等于 $\mathcal{A}$ 的值域的维数。设 $\boldsymbol{V}$ 中向量组 $\boldsymbol{\beta}_1,\boldsymbol{\beta}_2,\cdots,\boldsymbol{\beta}_s$ 的坐标组成的矩阵为 $\boldsymbol{B}$，则 $\boldsymbol{B}$ 的秩等于 $\boldsymbol{\beta}_1,\boldsymbol{\beta}_2,\cdots,\boldsymbol{\beta}_s$ 生成的子空间的维数。由此可知，矩阵的秩是一个非常深刻的概念，它有许多重要应用。例如，线性方程组有解的充分必要条件是它的系数矩阵与增广矩阵有相等的秩。n 元齐次线性方程组 $\boldsymbol{Ax}=\boldsymbol{0}$ 的解空间的维数等于 $n-\mathrm{rank}(\boldsymbol{A})$。矩阵方程 $\boldsymbol{Ax}=\boldsymbol{B}$ 有解的充分必要条件是 $\mathrm{rank}(\boldsymbol{A})=\mathrm{rank}(\boldsymbol{A},\boldsymbol{B})$。矩阵方程 $\boldsymbol{ABX}=\boldsymbol{A}$ 有解的充分必要条件是 $\mathrm{rank}(\boldsymbol{AB})=\mathrm{rank}(\boldsymbol{A})$。矩阵方程 $\boldsymbol{AX}-\boldsymbol{YB}=\boldsymbol{C}$ 有解的充分必要条件是

$$\mathrm{rank}\begin{pmatrix}\boldsymbol{A} & \boldsymbol{0}\\ \boldsymbol{0} & \boldsymbol{B}\end{pmatrix}=\mathrm{rank}\begin{pmatrix}\boldsymbol{A} & \boldsymbol{C}\\ \boldsymbol{0} & \boldsymbol{B}\end{pmatrix},$$

域 F 上 n 级矩阵 $\boldsymbol{A}$ 是幂等矩阵（即 $\boldsymbol{A}^2=\boldsymbol{A}$）当且仅当

$$\mathrm{rank}(\boldsymbol{A})+\mathrm{rank}(\boldsymbol{I}-\boldsymbol{A})=n,$$

特征不等于 2 的域 F 上 n 级矩阵 $\boldsymbol{A}$ 是对合矩阵（即 $\boldsymbol{A}^2=\boldsymbol{I}$）当且仅当

$$\mathrm{rank}(\boldsymbol{A}+\boldsymbol{I})+\mathrm{rank}(\boldsymbol{A}-\boldsymbol{I})=n。$$

设 $\boldsymbol{A}_1,\boldsymbol{A}_2,\cdots,\boldsymbol{A}_s$ 都是数域 K 上的 n 级矩阵，则 $\boldsymbol{A}_1,\boldsymbol{A}_2,\cdots,\boldsymbol{A}_s$ 都是幂等矩阵且 $\boldsymbol{A}_i\boldsymbol{A}_j=\boldsymbol{0}$（当 $i\neq j$）的充分必要条件是 $\sum\limits_{i=1}^{s}\boldsymbol{A}_i$ 是幂等矩阵，且

$$\mathrm{rank}\left(\sum_{i=1}^{s}\boldsymbol{A}_i\right)=\sum_{i=1}^{s}\mathrm{rank}(\boldsymbol{A}_i)。$$

Sylvester 秩不等式：设 $\boldsymbol{A},\boldsymbol{B}$ 分别是域 F 上的 $s\times n,n\times m$ 矩阵，则

$$\mathrm{rank}(\boldsymbol{AB})\geqslant\mathrm{rank}(\boldsymbol{A})+\mathrm{rank}(\boldsymbol{B})-n。$$

在 Sylvester 秩不等式中，等号成立的充分必要条件是

$$\mathrm{rank}\begin{pmatrix}\boldsymbol{A} & \boldsymbol{0}\\ \boldsymbol{I}_n & \boldsymbol{B}\end{pmatrix}=\mathrm{rank}\begin{pmatrix}\boldsymbol{A} & \boldsymbol{0}\\ \boldsymbol{0} & \boldsymbol{B}\end{pmatrix}。$$

设 $\boldsymbol{A},\boldsymbol{B}$ 分别是域 F 上的 $s\times n,n\times s$ 矩阵，则

$$\mathrm{rank}(\boldsymbol{A}-\boldsymbol{ABA})=\mathrm{rank}(\boldsymbol{A})+\mathrm{rank}(\boldsymbol{I}_n-\boldsymbol{BA})-n.$$

从而 $\boldsymbol{B}$ 是 $\boldsymbol{A}$ 的一个广义逆当且仅当 $\mathrm{rank}(\boldsymbol{A})+\mathrm{rank}(\boldsymbol{I}_n-\boldsymbol{BA})=n$。

设 $\boldsymbol{A},\boldsymbol{B},\boldsymbol{C},\boldsymbol{D}$ 都是数域 K 上的 n 级矩阵，且 $\boldsymbol{AC}=\boldsymbol{CA}$，则

$$\begin{vmatrix}\boldsymbol{A} & \boldsymbol{B}\\ \boldsymbol{C} & \boldsymbol{D}\end{vmatrix}=|\boldsymbol{AD}-\boldsymbol{CB}|。$$

设 $\boldsymbol{A},\boldsymbol{B}$ 分别是数域 K 上的 $s\times n,n\times s$ 矩阵，则

$$|\boldsymbol{I}_s-\boldsymbol{AB}|=|\boldsymbol{I}_n-\boldsymbol{BA}|。$$

利用这个结论证得，$\boldsymbol{AB}$ 与 $\boldsymbol{BA}$ 有相同的非零特征值，并且重数相同。

设 $\boldsymbol{A}=\begin{pmatrix}\boldsymbol{A}_1 & \boldsymbol{A}_2\\ \boldsymbol{A}_3 & \boldsymbol{A}_4\end{pmatrix}$ 是数域 K 上的 n 级对称矩阵，且 $\boldsymbol{A}_1$ 是 r 级可逆矩阵，则

$$A \simeq \begin{pmatrix} A_1 & 0 \\ 0 & A_4 - A_2'A_1^{-1}A_2 \end{pmatrix},\ |A| = |A_1|\,|A_4 - A_2'A_1^{-1}A_2|。$$

利用这个结论简洁地证得,实对称矩阵 A 是正定的充分必要条件是:A 的所有顺序主子式全大于 0。利用上述结论还证得,设 $M=\begin{pmatrix} A & B \\ B' & D \end{pmatrix}$ 是 n 级正定矩阵,则 $|M| \leqslant |A|\,|D|$,等号成立当且仅当 $B=0$。进而证得,若 $A=(a_{ij})$ 是 n 级正定矩阵,则 $|A| \leqslant a_{11}a_{22}\cdots a_{nn}$,等号成立当且仅当 A 是对角矩阵。由此立即得到 Hadamard 不等式:

$$若\ C=(c_{ij})\ 是\ n\ 级实矩阵,则\ |C|^2 \leqslant \prod_{j=1}^{n}(c_{1j}^2 + c_{2j}^2 + \cdots + c_{nj}^2)。$$

数域 K 上 n 级矩阵 A 能够分解成一个主对角元都为 1 的下三角矩阵 B 与可逆上三角矩阵 C 的乘积 $A=BC$(称为 LU-分解)当且仅当 A 的各阶顺序主子式全不为 0,并且 A 的这种分解是唯一的。

n 级实可逆矩阵 A 能够唯一地分解成正交矩阵 T 与主对角元都为正数的上三角矩阵 B 的乘积 $A=TB$。

设 A 是 $m\times n$ 列满秩实矩阵,则 A 能够唯一地分解成 $A=QR$,其中 Q 是列向量组为正交单位向量组的 $m\times n$ 矩阵,R 是主对角元都为正数的 n 级上三角矩阵,这称为 QR-分解。

设 A 是 n 级实可逆矩阵,则存在正交矩阵 T 和两个正定矩阵 S_1, S_2,使得 $A=TS_1=S_2T$,并且 A 的这两种分解的每一种都是唯一的(这称为极分解定理)。

设 A 是 n 级复可逆矩阵,则存在酉矩阵 P 和两个正定 Hermite 矩阵 H_1, H_2,使得 $A=PH_1=H_2P$,并且 A 的这两种分解的每一种都是唯一的。(这也称为极分解定理)

对于任一 n 级实可逆矩阵 A,存在两个正交矩阵 T_1, T_2,使得 $A=T_1\operatorname{diag}\{\lambda_1,\lambda_2,\cdots,\lambda_n\}T_2$,其中 $\lambda_1^2,\lambda_2^2,\cdots,\lambda_n^2$ 是 $A'A$ 的全部特征值。

设 A 是 $m\times n$ 实矩阵,则 A 可以分解成 $A=QDT'$,其中 Q 是列向量组为正交单位向量组的 $m\times n$ 矩阵;D 是主对角元 $\lambda_1,\lambda_2,\cdots,\lambda_n$ 全为非负数的 n 级对角矩阵,且 $\lambda_1^2,\lambda_2^2,\cdots,\lambda_n^2$ 是 $A'A$ 的全部特征值;T 是 n 级正交矩阵,它的第 j 列是 $A'A$ 的属于特征值 λ_j^2 的一个特征向量,$j=1,2,\cdots,n$。A 的这种分解称为奇异值分解,其中 D 的非零的主对角元称为 A 的奇异值。A 的奇异值分解在生物统计学等领域中有应用。

设 $f(x), g(x) \in F[x]$,域 $E \supseteq F$,则在 $F[x]$ 中 $g(x)\mid f(x)$ 当且仅当在 $E[x]$ 中 $g(x)\mid f(x)$,称之为整除性不随域的扩大而改变。$f(x)$ 与 $g(x)$ 的首项系数为 1 的最大公因式也不随域的扩大而改变,从而互素性也不随域的扩大而改变。若 F 是特征为 0 的域,则 $f(x)$ 有无重因式不随域的扩大而改变。我们证明了:设 A 是域 F 上的 n 级矩阵,域 $E\supseteq F$,则 A 的最小多项式 $m(\lambda)$ 不随域的扩大而改变。显然,A 的特征多项式不随域的扩大而改变。我们还证明了:A 的特征多项式 $f(\lambda)$ 与 A 的最小多项式 $m(\lambda)$ 在域 F 中有相同的根(重数可以不同),在域 E 中也有相同的根(重数可以不同)。

本套教材在研究线性空间的结构时,证明了有限维线性空间的许多结论对于无限维线性空间也成立。例如,域 F 上线性空间 V 的两个子空间 V_1, V_2(它们可以是无限维的)的和是直和当且仅当 V_1 的一个基与 V_2 的一个基合起来是 V_1+V_2 的一个基。域 F 上线

性空间 V 的任一子空间 W(可以是无限维的)都有补空间,即存在 V 的子空间 U,使得 $V=W\oplus U$,从而对于 V 的任一子空间 W,都存在平行于 W 的一个补空间 U 在 W 上的投影 $\mathcal{P}_W$,并且 $\mathrm{Im}\,\mathcal{P}_W=W$,$\mathrm{Ker}\,\mathcal{P}_W=U$。

若 $\mathcal{A}$ 是域 F 上线性空间 V 上的幂等线性变换,则 $\mathcal{A}$ 是平行于 $\mathrm{Ker}\,\mathcal{A}$ 在 $\mathrm{Im}\,\mathcal{A}$ 上的投影,且 $V=\mathrm{Im}\,\mathcal{A}\oplus\mathrm{Ker}\,\mathcal{A}$。反之,若 $V=W\oplus U$,则平行于 U 在 W 上的投影 $\mathcal{P}_W$ 是幂等变换,平行于 W 在 U 上的投影 $\mathcal{P}_U$ 也是幂等变换,且 $\mathcal{P}_U\mathcal{P}_W=\mathcal{P}_W\mathcal{P}_U=\mathcal{O}$(此时称 $\mathcal{P}_U$ 与 $\mathcal{P}_W$ 正交),$\mathcal{P}_U+\mathcal{P}_W=\mathcal{I}$。投影是最基本的线性变换。

设 V 是域 F 上的线性空间(可以是无限维的),$\boldsymbol{A}$ 是 V 上的一个线性变换。在 $F[x]$ 中,$f(x)=f_1(x)f_2(x)\cdots f_s(x)$,其中 $f_1(x),f_2(x),\cdots,f_s(x)$ 两两互素,则

$$\mathrm{Ker}\,f(\mathcal{A})=\mathrm{Ker}\,f_1(\mathcal{A})\oplus\mathrm{Ker}\,f_2(\mathcal{A})\oplus\cdots\oplus\mathrm{Ker}\,f_s(\mathcal{A})。\tag{1}$$

设 $\mathcal{A}$ 是域 F 上 n 维线性空间 V 上的线性变换,如果 $\mathcal{A}$ 的特征多项式 $f(\lambda)$ 在 $F[\lambda]$ 中能分解成

$$f(\lambda)=(\lambda-\lambda_1)^{r_1}(\lambda-\lambda_2)^{r_2}\cdots(\lambda-\lambda_s)^{r_s},\tag{2}$$

其中 $\lambda_1,\lambda_2,\cdots,\lambda_s$ 是 F 中两两不等的元素,$r_i>0,i=1,2,\cdots,s$,则

$$V=\mathrm{Ker}(\mathcal{A}-\lambda_1\mathcal{I})^{r_1}\oplus\mathrm{Ker}(\mathcal{A}-\lambda_2\mathcal{I})^{r_2}\oplus\cdots\oplus\mathrm{Ker}(\mathcal{A}-\lambda_s\mathcal{I})^{r_s},$$

其中 $\mathrm{Ker}(\mathcal{A}-\lambda_j\mathcal{I})^{r_j},j=1,2,\cdots,s$ 称为 $\mathcal{A}$ 的根子空间;并且 $\mathcal{A}$ 的根子空间 $\mathrm{Ker}(\mathcal{A}-\lambda_j\mathcal{I})^{r_j}$ 的维数等于 $\mathcal{A}$ 的特征值 λ_j 的代数重数 $r_j,j=1,2,\cdots,s$。

若 $\mathcal{A}$ 的最小多项式 $m(\lambda)$ 在 $F[\lambda]$ 中的标准分解式为

$$m(\lambda)=(\lambda-\lambda_1)^{l_1}(\lambda-\lambda_2)^{l_2}\cdots(\lambda-\lambda_s)^{l_s},\tag{3}$$

则
$$V=\mathrm{Ker}(\mathcal{A}-\lambda_1\mathcal{I})^{l_1}\oplus\mathrm{Ker}(\mathcal{A}-\lambda_2\mathcal{I})^{l_2}\oplus\cdots\oplus\mathrm{Ker}(\mathcal{A}-\lambda_s\mathcal{I})^{l_s},\tag{4}$$

并且 $\mathrm{Ker}(\mathcal{A}-\lambda_j\mathcal{I})^{l_j}$ 等于 $\mathcal{A}$ 的根子空间 $\mathrm{Ker}(\mathcal{A}-\lambda_j\mathcal{I})^{r_j},j=1,2,\cdots,s$。

对于域 F 上 n 维线性空间 V 上的线性变换 $\mathcal{A}$,若它的最小多项式 $m(\lambda)$ 在 $F[\lambda]$ 中能分解成上述一次因式的方幂的乘积,我们通过把 V 分解成 $\mathcal{A}$ 的根子空间的直和,在 $\mathcal{A}$ 的每个根子空间 $W_j=\mathrm{Ker}(\mathcal{A}-\lambda_j\mathcal{I})^{l_j}$ 中取一个合适的基(通过 W_j 上的幂零变换 $\mathcal{B}_j=\mathcal{A}|W_j-\lambda_j\mathcal{I}$ 来找合适的基),使得 $\mathcal{A}|W_j$ 在此基下的矩阵 $\boldsymbol{A}_j$ 为一个 Jordan 形矩阵;把 $W_j(j=1,2,\cdots,s)$ 的基合起来成为 V 的一个基,则 $\mathcal{A}$ 在 V 的这个基下的矩阵 $\boldsymbol{A}=\mathrm{diag}\{\boldsymbol{A}_1,\boldsymbol{A}_2,\cdots,\boldsymbol{A}_s\}$ 是一个 Jordan 形矩阵,称其为 $\boldsymbol{A}$ 的 Jordan 标准形。除去 Jordan 块的排列次序外,$\mathcal{A}$ 的 Jordan 标准形是唯一的。

Witt 消去定理的推广:设 F 是特征不等于 2 的域,$\boldsymbol{A}_1,\boldsymbol{A}_2$ 是域 F 上的 n 级对称矩阵,$\boldsymbol{B}_1,\boldsymbol{B}_2$ 是域 F 上的 m 级对称矩阵。如果

$$\begin{pmatrix}\boldsymbol{A}_1 & \boldsymbol{0}\\ \boldsymbol{0} & \boldsymbol{B}_1\end{pmatrix}\simeq\begin{pmatrix}\boldsymbol{A}_2 & \boldsymbol{0}\\ \boldsymbol{0} & \boldsymbol{B}_2\end{pmatrix},$$

且 $\boldsymbol{A}_1\simeq\boldsymbol{A}_2$,那么 $\boldsymbol{B}_1\simeq\boldsymbol{B}_2$。

设 V 是特征不为 2 的域 F 上的 n 维线性空间,f 是 V 上的对称或斜对称双线性函数,W 是 V 的一个非平凡子空间,则 $V=W\oplus W^{\perp}$ 的充分必要条件为 f 在 W 上的限制是非退化的,其中 $W^{\perp}:=\{\alpha\in V\mid f(\alpha,\beta)=0,\forall\beta\in W\}$。

设 q 是欧几里得空间 $\mathbf{R}^n$ 上的一个二次函数,则 q 的零锥 S(即使得 $q(\xi)=0$ 的所有 ξ 组成的集合)包含 $\mathbf{R}^n$ 的一个标准正交基的充分必要条件是:q 在 $\mathbf{R}^n$ 的一个标准正交基

(从而在 $\mathbf{R}^n$ 的任一标准正交基)下的矩阵的迹等于 0。由此立即得到解析几何中的一个结论:在直角坐标系中,顶点在原点的二次锥面 $a_{11}x^2+a_{22}y^2+a_{33}z^2+2a_{12}xy+2a_{13}xz+2a_{23}yz=0$ 有 3 条互相垂直的直母线的充分必要条件是 $a_{11}+a_{22}+a_{33}=0$。从上述结论及其充分性的证明可得到:n 级实对称矩阵 $\boldsymbol{A}$ 正交相似于主对角元全为 0 的矩阵当且仅当 $\boldsymbol{A}$ 的迹为 0。我们还证明了:对于域 F 上的 n 级矩阵 $\boldsymbol{A}$,若 $\boldsymbol{A}$ 的迹为 0,则 $\boldsymbol{A}$ 相似于一个主对角元全为 0 的矩阵。

我们建立了域 F 上 n 维线性空间 V 上的双线性函数空间 $T_2(V)$ 与 V 上的线性变换空间 $\mathrm{Hom}(V,V)$ 之间的一个同构映射(不用矩阵作为桥梁):设 f 是 V 上的一个非退化双线性函数,任给 V 上的一个双线性函数 g,存在 V 上唯一一个线性变换 $\mathcal{G}$,使得

$$g(\alpha,\beta)=f(\mathcal{G}(\alpha),\beta),\quad \forall\,\alpha,\beta\in V;$$

令 $\sigma: g\longmapsto\mathcal{G}$,则 σ 是 $T_2(V)$ 到 $\mathrm{Hom}(V,V)$ 的一个同构映射。利用这个同构映射,我们给出了特征不为 2 的域 F 上两个 n 级对称矩阵 $\boldsymbol{A},\boldsymbol{B}$ 可一齐合同对角化(即存在同一个可逆矩阵 $\boldsymbol{P}$,使得 $\boldsymbol{P}'\boldsymbol{A}\boldsymbol{P}$ 和 $\boldsymbol{P}'\boldsymbol{B}\boldsymbol{P}$ 都为对角矩阵)的充分必要条件。当 $\boldsymbol{A}$ 可逆时,这个充分必要条件是 $\boldsymbol{A}^{-1}\boldsymbol{B}$ 可对角化(即 $\boldsymbol{A}^{-1}\boldsymbol{B}$ 可相似于一个对角矩阵)。当 $\boldsymbol{A}$ 不可逆时,若存在 $\lambda_0\in F$,使得 $\boldsymbol{A}+\lambda_0\boldsymbol{B}$ 可逆且 $(\boldsymbol{A}+\lambda_0\boldsymbol{B})^{-1}\boldsymbol{B}$ 可对角化,则 $\boldsymbol{A}$ 与 $\boldsymbol{B}$ 可一齐合同对角化;若存在 $\lambda_0\in F$,使得 $\boldsymbol{A}+\lambda_0\boldsymbol{B}$ 可逆且 $(\boldsymbol{A}+\lambda_0\boldsymbol{B})^{-1}\boldsymbol{B}$ 不可对角化,则 $\boldsymbol{A}$ 与 $\boldsymbol{B}$ 不能一齐合同对角化。

n 维欧几里得空间 V 上的任一正交变换都可以表示成至多 n 个关于超平面反射的乘积,其中 $n\geqslant 2$。

设 $\mathcal{A}$ 是 n 维欧几里得空间 V 上的斜对称变换(即 $\forall\,\alpha,\beta\in V$,有 $(\boldsymbol{A}\alpha,\beta)=-(\alpha,\boldsymbol{A}\beta)$),则 $\mathcal{A}-\mathcal{I}$ 与 $\mathcal{A}+\mathcal{I}$ 都可逆,且 $\mathcal{B}=(\mathcal{A}+\mathcal{I})(\mathcal{A}-\mathcal{I})^{-1}$ 是 V 上的正交变换;反之,若 $\mathcal{B}$ 是 V 上的正交变换,且 -1 不是 $\mathcal{B}$ 的特征值,则 $\mathcal{A}=(\mathcal{B}-\mathcal{I})(\mathcal{B}+\mathcal{I})^{-1}$ 是 V 上的斜对称变换。

实内积空间 V 上的变换 $\mathcal{P}$ 是 V 在一个子空间上的正交投影,当且仅当 $\mathcal{P}$ 是幂等的对称变换。

设 $\mathcal{P}_1$ 和 $\mathcal{P}_2$ 分别是实内积空间 V 在子空间 U_1 和 U_2 上的正交投影,则 $\mathcal{P}_1+\mathcal{P}_2$ 是正交投影,当且仅当 U_1 和 U_2 是互相正交的(即 $U_1\subseteq U_2^{\perp}$),且此时 $\mathcal{P}_1+\mathcal{P}_2$ 是 V 在 $U_1\oplus U_2$ 上的正交投影;$\mathcal{P}_1\mathcal{P}_2$ 是正交投影当且仅当 $\mathcal{P}_1\mathcal{P}_2=\mathcal{P}_2\mathcal{P}_1$,且此时 $\mathcal{P}_1\mathcal{P}_2$ 是 V 在 $U_1\cap U_2$ 上的正交投影。

设 $\mathcal{A}$ 是 n 维欧几里得空间 V 上的对称变换,$\lambda_1,\lambda_2,\cdots,\lambda_s$ 是 $\mathcal{A}$ 的所有不同的特征值,属于 λ_i 的特征子空间记作 V_i,用 $\mathcal{P}_i$ 表示 V 在 V_i 上的正交投影,$i=1,2,\cdots,s$,则 $\mathcal{A}=\sum\limits_{i=1}^{s}\lambda_i\mathcal{P}_i$。这表明正交投影是对称变换的基本建筑块,又由于 n 维欧几里得空间 V 上的线性变换 $\mathcal{A}$ 是对称变换,当且仅当 V 中存在一个标准正交基使得 $\mathcal{A}$ 在此基下的矩阵为对角矩阵,因此正交投影是 V 中能够找到标准正交基使得在此基下的矩阵为对角矩阵的线性变换的基本建筑块。

设 $\mathcal{A}$ 是 n 维欧几里得空间 V 上的对称变换,对于任意 $\alpha\in V$ 且 $\alpha\neq 0$,令 $F(\alpha)=\dfrac{(\alpha,\mathcal{A}\alpha)}{(\alpha,\alpha)}$,则 $F(\alpha)$ 在 $\mathcal{A}$ 的属于最小(大)特征值的一个单位特征向量处达到最小(大)值。

n 维欧几里得空间 V 上的任意一个关于超平面反射都是 V 上的对称变换。

对于 n 维酉空间 V 上的线性变换 $\mathcal{A}$，V 中存在一个标准正交基使得 $\mathcal{A}$ 在此基下的矩阵为对角矩阵的充分必要条件是 $\mathcal{A}$ 为正规变换（即 $\mathcal{A}$ 满足 $\mathcal{A}\mathcal{A}^*=\mathcal{A}^*\mathcal{A}$，其中 $\mathcal{A}^*$ 是 $\mathcal{A}$ 的伴随变换）。

设 $\mathcal{H}$ 是 n 维酉空间 V 上的 Hermite 变换，则 $\mathcal{I}-\mathrm{i}\,\mathcal{H}$ 和 $\mathcal{I}+\mathrm{i}\,\mathcal{H}$ 都可逆，$\mathcal{A}=(\mathcal{I}-\mathrm{i}\,\mathcal{H})(\mathcal{I}+\mathrm{i}\,\mathcal{H})^{-1}$ 是酉变换，且 -1 不是 $\mathcal{A}$ 的特征值；反之，若 $\mathcal{A}$ 是酉变换，且 -1 不是 $\mathcal{A}$ 的特征值，则 $\mathcal{H}=-\mathrm{i}(\mathcal{I}-\mathcal{A})(\mathcal{I}+\mathcal{A})^{-1}$ 是 Hermite 变换。由这个结论得到：在 V 上的所有 Hermite 变换组成的集合与 V 上不以 -1 为特征值的所有酉变换组成的集合之间有一个一一对应 $\sigma:\mathcal{H}\longmapsto(\mathcal{I}-\mathrm{i}\,\mathcal{H})(\mathcal{I}+\mathrm{i}\,\mathcal{H})^{-1}$，称 σ 是 Cayley 变换。它类似于实数集与复平面上的单位圆（去掉 -1 对应的点）之间的一个一一对应：

$$a\longmapsto(1-a\mathrm{i})(1+a\mathrm{i})^{-1}。$$

酉空间 V 上的变换 $\mathcal{P}$ 是 V 在一个子空间上的正交投影，当且仅当 $\mathcal{P}$ 是幂等的 Hermite 变换。

设 $\mathcal{A}$ 是 n 维酉空间 V 上的正规变换，$\lambda_1,\lambda_2,\cdots,\lambda_s$ 是 $\mathcal{A}$ 的所有不同的特征值，属于 λ_i 的特征子空间记作 V_i，用 $\mathcal{P}_i$ 表示 V 在 V_i 上的正交投影，$i=1,2,\cdots,s$，则 $\mathcal{A}=\sum\limits_{i=1}^{s}\lambda_i\mathcal{P}_i$。于是正交投影是 n 维酉空间 V 中能够找到标准正交基，使得在此基下的矩阵为对角矩阵的线性变换的基本建筑块。

酉空间 V 上的线性变换 $\mathcal{A}$ 如果有伴随变换，那么 $\mathcal{A}$ 是正规变换当且仅当 $\mathcal{A}=\mathcal{A}_1+\mathrm{i}\,\mathcal{A}_2$，其中 $\mathcal{A}_1,\mathcal{A}_2$ 都是 Hermite 变换，且 $\mathcal{A}_1\mathcal{A}_2=\mathcal{A}_2\mathcal{A}_1$。

设 $\mathcal{A}_1,\mathcal{A}_2,\cdots,\mathcal{A}_s$ 都是 n 维酉空间 V 上的正规变换，如果它们两两可交换，那么 V 中存在一个标准正交基，使得它们在此基下的矩阵都是对角矩阵。

设 $\mathcal{A}$ 是 n 维欧几里得空间 V 上的正规变换，则 V 中存在一个标准正交基，使得 $\boldsymbol{A}$ 在此基下的矩阵是形如下述的分块对角矩阵：

$$\mathrm{diag}\left\{\lambda_1,\lambda_2,\cdots,\lambda_m,\begin{pmatrix}a_1 & b_1\\ -b_1 & a_1\end{pmatrix},\cdots,\begin{pmatrix}a_s & b_s\\ -b_s & a_s\end{pmatrix}\right\},$$

此矩阵称为 $\mathcal{A}$ 的标准形。由此看出，n 维欧几里得空间上的正规变换的标准形与 n 维酉空间上的正规变换的标准形不一样。

1 级酉矩阵组成的酉群 U(1) 与行列式为 1 的 2 级正交矩阵组成的特殊正交群 SO(2) 同构。

行列式为 1 的 2 级酉矩阵组成的特殊酉群 SU(2) 到行列式为 1 的 3 级正交矩阵组成的特殊正交群 SO(3) 有一个满同态（即保持乘法运算的满射），并且同态的核是 $\{\boldsymbol{I},-\boldsymbol{I}\}$，其中 $\boldsymbol{I}$ 是 2 级单位矩阵。

任给一个 r 级酉矩阵 $\boldsymbol{P}$，可以得到一个 $2r$ 级正交矩阵 $\boldsymbol{Q}$，并且 $\boldsymbol{Q}$ 是 $2r$ 级辛矩阵；反之，任给一个 $2r$ 级正交矩阵 $\boldsymbol{Q}$，如果 $\boldsymbol{Q}$ 也是 $2r$ 级辛矩阵，那么可得到一个 r 级酉矩阵 $\boldsymbol{P}$。

4. 创新亮点。本套教材有许多创新之处，例如上述三个特色和下文将要讲的特色。此处特别指出创新的两个亮点。

亮点一：本套教材明确阐述了域 F 上一元多项式环 $F[x]$ 和 n 元多项式环 $F[x_1,x_2,\cdots,x_n]$ 的通用性质,并且把它们运用于全书各个相关课题中,起到了重要作用。

设 R 是一个有单位元 $1'$ 的交换环,它有一个子环 R_1 含有 $1'$,并且 F 到 R_1 有一个双射 τ,τ 保持加法和乘法运算。任意给定 $t\in R$,令

$$\sigma_t:\quad F[x] \longrightarrow R$$

$$f(x)=\sum_{i=0}^{n}a_ix^i \longmapsto \sum_{i=0}^{n}\tau(a_i)t^i =: f(t),$$

则 σ_t 是 $F[x]$ 到 R 的一个映射,并且 σ_t 保持加法和乘法运算,还有 $\sigma_t(x)=t$,把映射 σ_t 称为 x 用 t 代入。这就是域 F 上一元多项式环 $F[x]$ 的通用性质。这个通用性质指出:只要环 R 满足上述条件,那么从 $F[x]$ 中有关加法和乘法的等式,通过不定元 x 用 R 中任一元素 t 代入,就可以得到环 R 中的有关加法和乘法的等式,产生一通百通的效果。例如,设 $\boldsymbol{A}$ 是域 F 上的一个 n 级矩阵,由矩阵 $\boldsymbol{A}$ 的所有多项式(即形如 $a_m\boldsymbol{A}^m+a_{m-1}\boldsymbol{A}^{m-1}+\cdots+a_1\boldsymbol{A}+a_0\boldsymbol{I}$ 的表达式,其中 $a_i\in F, i=0,1,\cdots,m, m\in\mathbf{N}$) 组成的集合记作 $F[\boldsymbol{A}]$。容易验证 $F[\boldsymbol{A}]$ 是环 $M_n(F)$ 的一个子环,并且 $F[\boldsymbol{A}]$ 是有单位元 $\boldsymbol{I}$ 的交换环,于是不定元 x 可以用矩阵 $\boldsymbol{A}$ 代入,也可以用 $\boldsymbol{A}$ 的任一多项式代入,从而由 $F[x]$ 中有关加法和乘法的等式可以得到 $F[\boldsymbol{A}]$ 中有关加法和乘法的许多等式。又如,设 $\mathcal{A}$ 是域 F 上线性空间 V 上的一个线性变换,由 $\mathcal{A}$ 的所有多项式组成的集合 $F[\mathcal{A}]$ 是 V 上所有线性变换组成的环 $\mathrm{Hom}(V,V)$ 的一个子环,且 $F[\mathcal{A}]$ 是有单位元 $\mathcal{I}$ 的交换环,于是不定元 x 可以用线性变换 $\mathcal{A}$ 代入,也可以用 $\mathcal{A}$ 的任一多项式代入。正是利用了一元多项式环的通用性质,我们证明了第 3 个特色中的式(1)和式(4),从而当 n 维线性空间 V 上的线性变换 $\mathcal{A}$ 的最小多项式 $m(\lambda)$ 在 $F[\lambda]$ 中能分解成一次因式的乘积时,通过把 V 分解成 $\mathcal{A}$ 的根子空间的直和,证明了 $\mathcal{A}$ 有 Jordan 标准形。设 $m(\lambda)=p_1^{l_1}(\lambda)p_2^{l_2}(\lambda)\cdots p_s^{l_s}(\lambda)$,其中 $p_1(\lambda),p_2(\lambda),\cdots,p_s(\lambda)$ 是域 F 上两两不等的首一不可约多项式,利用一元多项式环的通用性质,把 V 分解成 $V=\bigoplus_{j=1}^{s}\mathrm{Ker}\,p_j^{l_j}(\mathcal{A})$,证明了 $\mathcal{A}$ 有有理标准形。利用多元多项式环的通用性质,简洁地证明了对称多项式基本定理中的唯一性;证明了牛顿公式(关于初等对称多项式与幂和 s_k 的关系的公式);证明了辛矩阵的行列式等于 1。

亮点二:本套教材在研究线性变换的最简单形式的矩阵表示等问题时,充分发挥了最小多项式的作用。首先,我们证明了下述结论:

设 $\mathcal{A}$ 是域 F 上线性空间 V 上的线性变换,如果 V 能分解成 $\mathcal{A}$ 的一些非平凡不变子空间的直和:

$$V=W_1\oplus W_2\oplus\cdots\oplus W_s,$$

那么 $\mathcal{A}$ 的最小多项式 $m(\lambda)=[m_1(\lambda),m_2(\lambda),\cdots,m_s(\lambda)]$,其中 $m_j(\lambda)$ 是 W_j 上的线性变换 $\mathcal{A}|W_j$ 的最小多项式,$j=1,2,\cdots,s$。

然后我们利用最小多项式证明了下列重要结论:

设 $\mathcal{A}$ 是域 F 上 n 维线性空间 V 上的线性变换,则 $\mathcal{A}$ 可对角化当且仅当 $\mathcal{A}$ 的最小多项式 $m(\lambda)$ 在 $F[\lambda]$ 中能分解成不同的一次因式的乘积;$\mathcal{A}$ 有 Jordan 标准形当且仅当 $\mathcal{A}$ 的最小多项式 $m(\lambda)$ 在 $F[\lambda]$ 中可以分解成一次因式的乘积;若 $\mathcal{A}$ 的最小多项式 $m(\lambda)$ 在 $F[\lambda]$ 中的标准分解式为 $m(\lambda)=p_1^{l_1}(\lambda)p_2^{l_2}(\lambda)\cdots p_s^{l_s}(\lambda)$,则 $\mathcal{A}$ 有有理标准形。

设$\mathcal{A}_1,\mathcal{A}_2,\cdots,\mathcal{A}_m$都是域$F$上$n$维线性空间$V$上的线性变换。如果$\mathcal{A}_1,\mathcal{A}_2,\cdots,\mathcal{A}_m$两两可交换且都可对角化，那么$V$中存在一个基，使得$\mathcal{A}_1,\mathcal{A}_2,\cdots,\mathcal{A}_m$在此基下的矩阵都是对角矩阵。

设$\boldsymbol{A}$是域F上n维线性空间V上的线性变换，$\mathcal{A}$的最小多项式$m(\lambda)$在$F[\lambda]$中的标准分解式为

$$m(\lambda)=p_1^{l_1}(\lambda)p_2^{l_2}(\lambda)\cdots p_s^{l_s}(\lambda),$$

则Ker $p_j^{l_j}(\mathcal{A})$的维数等于$p_j(\lambda)$的次数乘以$\mathcal{A}$的特征多项式$f(\lambda)$的标准分解式中$p_j(\lambda)$的幂指数，$j=1,2,\cdots,s$。

设$\mathcal{A}$是域F上线性空间V上的线性变换，则$F[\mathcal{A}]$是域F上的线性空间，并且$F[\mathcal{A}]$的维数等于$\mathcal{A}$的最小多项式$m(\lambda)$的次数。

设$\mathcal{A}$是域F上n维线性空间V上的线性变换，把与$\mathcal{A}$可交换的所有线性变换组成的集合记作$C(\mathcal{A})$，则$C(\mathcal{A})$是域F上的一个线性空间。设$\mathcal{A}$在V的一个基下的矩阵是$\boldsymbol{A}$，把与$\boldsymbol{A}$可交换的所有$\boldsymbol{n}$级矩阵组成的集合记作$C(\boldsymbol{A})$，则$C(\boldsymbol{A})$是域F上的一个线性空间。显然$C(\mathcal{A})$与$C(\boldsymbol{A})$同构。在$M_n(F)$中，若$\boldsymbol{A}$与$\boldsymbol{B}$相似，则$C(\boldsymbol{A})=C(\boldsymbol{B})$。

设$\mathcal{A}$的最小多项式为$m(\lambda)$，$\mathcal{A}$的特征多项式为$f(\lambda)$。

设$m(\lambda)$在$F[\lambda]$中的标准分解式为$m(\lambda)=(\lambda-\lambda_1)(\lambda-\lambda_2)\cdots(\lambda-\lambda_s)$，则当$s=n$时，$C(\mathcal{A})=F[\mathcal{A}]$，并且$\dim C(\mathcal{A})=n$。当$s<n$且$\mathcal{A}$可对角化时，若

$$f(\lambda)=(\lambda-\lambda_1)^{k_1}(\lambda-\lambda_2)^{k_2}\cdots(\lambda-\lambda_s)^{k_s},$$

则$\dim C(\mathcal{A})=\sum_{i=1}^{s}k_i^2$，$C(\mathcal{A})\cong M_{k_1}(F)\dotplus M_{k_2}(F)\dotplus\cdots\dotplus M_{k_s}(F)$，$C(\mathcal{A})\supsetneqq F[\boldsymbol{A}]$。

设$m(\lambda)$在$F[\lambda]$中的标准分解式为$m(\lambda)=(\lambda-\lambda_1)^{l_1}(\lambda-\lambda_2)^{l_2}\cdots(\lambda-\lambda_s)^{l_s}$。若$\boldsymbol{A}$的Jordan标准形为

$$\mathrm{diag}\{J_{l_1}(\lambda_1),J_{l_2}(\lambda_2),\cdots,J_{l_s}(\lambda_s)\},$$

则$\dim C(\mathcal{A})=n$，$C(\mathcal{A})=F[\mathcal{A}]$。

若$\mathcal{A}$的Jordan标准形中有一个特征值λ_j至少有两个Jordan块，则$\dim C(\mathcal{A})>n$，$C(\mathcal{A})\supsetneqq F[\mathcal{A}]$。此时，记$W_j=\mathrm{Ker}(\mathcal{A}-\lambda_j\boldsymbol{I})^{l_j}$，$\mathcal{A}_j=\mathcal{A}|W_j$，$j=1,2,\cdots,s$，则

$$C(\mathcal{A})\cong C(\mathcal{A}_1)\dotplus C(\mathcal{A}_2)\dotplus\cdots\dotplus C(\mathcal{A}_s),\quad \dim C(\mathcal{A})=\sum_{i=1}^{s}\dim C(\mathcal{A}_i)。$$

设$m(\lambda)$在$F(\lambda)$中的标准分解式为$m(\lambda)=p_1^{l_1}(\lambda)p_2^{l_2}(\lambda)\cdots p_s^{l_s}(\lambda)$，其中至少有一个$p_j(\lambda)$的次数大于1。

若$\boldsymbol{A}$的有理标准形是一个有理块，则$\dim C(\mathcal{A})=n$，$C(\mathcal{A})=F[\mathcal{A}]$。

若$\boldsymbol{A}$的有理标准形的各个有理块的最小多项式两两互素，则

$$\dim C(\mathcal{A})=n,C(\mathcal{A})=F[\mathcal{A}]。$$

若$m(\lambda)=p_1(\lambda)$，$\deg\ p_1(\lambda)=r>1$，且$\mathcal{A}$的有理标准形至少有两个有理块，则$\dim C(\mathcal{A})=\frac{1}{r}(\dim_F V)^2$，$C(\mathcal{A})=\mathrm{Hom}_{F[\mathcal{A}]}(V,V)$。

若$m(\lambda)=p_1(\lambda)p_2(\lambda)\cdots p_s(\lambda)$，$\deg\ p_i(\lambda)=r_i$，$i=1,2,\cdots,s$。设$f(\lambda)=p_1^{k_1}(\lambda)p_2^{k_2}(\lambda)\cdots p_s^{k_s}(\lambda)$，记$W_i=\mathrm{Ker}\ p_i(\mathcal{A})$，$\mathcal{A}_i=\mathcal{A}|W_i$，$i=1,2,\cdots,s$，则

$$\dim \mathrm{C}(\mathcal{A}) = \sum_{i=1}^{s} r_i k_i^2,$$

$$\mathrm{C}(\mathcal{A}) \cong \mathrm{C}(\mathcal{A}_1) \dotplus \mathrm{C}(\mathcal{A}_2) \dotplus \cdots \dotplus \mathrm{C}(\mathcal{A}_s)$$
$$\cong \mathrm{Hom}_{F[\mathcal{A}_1]}(W_1, W_1) \dotplus \cdots \dotplus \mathrm{Hom}_{F[\mathcal{A}_s]}(W_s, W_s)。$$

若 $m(\lambda)$的标准分解式中至少有一个 $l_j>1$,且 $\boldsymbol{A}$ 的有理标准形中至少有两个有理块的最小多项式不互素,记 $W_i=\mathrm{Ker}\ p_i^{l_i}(\mathcal{A})$,$\mathcal{A}_i=\mathcal{A}|W_i$,$i=1,2,\cdots,s$,则

$$\mathrm{C}(\mathcal{A}) \cong \mathrm{C}(\mathcal{A}_1) \dotplus \mathrm{C}(\mathcal{A}_2) \dotplus \cdots \dotplus \mathrm{C}(\mathcal{A}_s), \quad \dim \mathrm{C}(\mathcal{A}) = \sum_{i=1}^{s} \dim \mathrm{C}(\mathcal{A}_i)。$$

求 $\mathrm{C}(\mathcal{A})$剩下来未解决的情形是:$\mathcal{A}$的最小多项式 $m(\lambda)$是一个不可约多项式的方幂 $m(\lambda)=p^l(\lambda)$,且$\mathcal{A}$的 Jordan 标准形至少有两个 Jordan 块,或者$\mathcal{A}$的有理标准形至少有两个有理块。这时我们解决了 $\mathrm{C}^2(\mathcal{A})$的结构问题:

$$\mathrm{C}^2(\mathcal{A}) = F[\mathcal{A}], \quad \dim \mathrm{C}^2(\mathcal{A}) = l \deg p(\lambda),$$

其中 $\mathrm{C}^2(\mathcal{A}):=\{\mathcal{H}\in \mathrm{Hom}(V,V) \mid \mathcal{H}\mathcal{B}=\mathcal{B}\mathcal{H}, \forall \mathcal{B}\in \mathrm{C}(\mathcal{A})\}$,显然 $\mathrm{C}^2(\boldsymbol{A})$是域 F 上的一个线性空间。

5. 强调思维。本套教材按照数学的思维方式编写,着重培养数学思维能力。我们把数学的思维方式概括成:观察客观世界的现象,抓住其主要特征,抽象出概念或者建立模型;通过直觉判断、归纳推理、类比推理、联想推理和逻辑推理等进行探索,做出猜测;然后经过深入分析、逻辑推理和计算等进行论证,揭示出事物的内在规律,从而使纷繁复杂的现象变得井然有序。按照"观察—抽象—探索—猜测—论证"的思维方式编写教学内容,就使得数学比较容易学,而且同学们可以从中受到数学思维方式的熏陶,终身受益。

例如,一元多项式环的通用性质是很深刻的数学内容,而我们从简便计算 101^2 引出:在完全平方公式$(x+a)^2=x^2+2ax+a^2$ 中,x 也可以用 n 级矩阵 $\boldsymbol{A}$ 代入(根据矩阵乘法的分配律直接计算得出)。由此猜测:在数域 K 上的一元多项式环 $K[x]$中,有关加法和乘法的等式,在 x 用矩阵 $\boldsymbol{A}$ 代入后,左右两边保持相等。由此进一步抽象并且经过论证得出一元多项式环的通用性质。这样做就使得一元多项式环的通用性质比较容易理解了。又如,不可约多项式是数域 K 上一元多项式环 $K[x]$的结构中的基本建筑块,复系数不可约多项式只有一次多项式;实系数不可约多项式只有一次多项式和判别式小于零的二次多项式。有理系数不可约多项式有哪些?如何判别?思路是什么呢?我们首先举了一个有理系数多项式的具体例子,把它的各项系数分母的最小公倍数作为分母,提出一个分数,使得括号内的多项式的各项系数都为整数,并且把这些整数的公因数也提出去,这时括号内的多项式的各项系数的最大公因数只有 1 和 -1。这种整系数多项式称为本原多项式。这就自然而然地引出了本原多项式的概念。任何一个有理系数多项式都可以表示成一个本原多项式与一个有理数的乘积,于是一个有理数系数多项式是否不可约与相应的本原多项式是否不可约是一致的。这样我们就找到了思路:去研究本原多项式的不可约的判定。为此需要探索本原多项式的性质。由于本原多项式的各项系数的最大公因数只有 1 和 -1,因此直觉判断两个本原多项式如果能够互相整除(此时称它们相伴),那么它们只相差一个正负号;然后证明这一猜测是正确的。由于因式分解涉及乘法,因此自然要问:两个本原多项式的乘积是否还是本原多项式?这在直观上不容易看出,可以尝试

假设两个本原多项式的乘积不是本原多项式，去进行逻辑推理，得出了矛盾，因此两个本原多项式的乘积仍是本原多项式。这就自然而然地得出了高斯引理。想寻找本原多项式不可约的充分条件犹如大海捞针，我们可以反过来思考：如果一个次数大于 0 的本原多项式可约，那么它可以分解成两个次数较低的有理系数多项式的乘积，从高斯引理可以进一步直觉判断它可以分解成两个次数较低的本原多项式的乘积。经过证明，这个猜测是正确的。由于任何一个素数都不可能整除本原多项式的各项系数，因此为了从一个本原多项式可约推出进一步的结论，我们考虑这样一种情形：对于一个次数大于 0 的本原多项式 $f(x)$，存在一个素数 p，p 能够整除 $f(x)$ 的首项系数以外的其他各项系数，但是 p 不能整除首项系数，如果 $f(x)$ 可约，那么它可以分解成两个次数较低的本原多项式的乘积。由此经过逻辑推理，得出：p 的平方能整除 $f(x)$ 的常数项。因此对于这种本原多项式 $f(x)$，如果 p 的平方不能整除常数项，那么 $f(x)$ 不可约。这就自然而然地得出了本原多项式不可约的充分条件：存在一个素数 p 满足上述三个条件。这就是著名的 Eisenstein 判别法。我们经过探索和论证得出 Eisenstein 判别法，不仅使同学们对于素数 p 满足的三个条件印象深刻，而且让他们知道了 Eisenstein 判别法是怎么来的，受到了数学思维方式的熏陶。

又如，在实数域上的线性空间 V 中引进度量概念的办法是：在 V 上定义一个正定的对称双线性函数，称为内积，这时 V 称为一个实内积空间。在复数域上的线性空间 V 中引进度量概念的方法与实数域不同，这是因为复线性空间 V 上的双线性函数不可能满足正定性。为了能定义向量的长度，需要有正定性。为此，复线性空间 V 上的内积的定义为：V 上的一个二元函数如果满足 Hermite 性、对第一个变量线性、正定性，那么这个二元函数称为 V 上的一个内积，此时称 V 是酉空间。对于任意一个域 F 上的线性空间 V，能不能引进度量概念？关键是要有内积的概念。由于在一般的域中，没有“正”元素的概念，因此不可能谈论正定性，于是长度、角度、距离的概念也就没有了。但是正交这个概念还是可以推广到任意域上线性空间中。内积应当是 V 上的一个二元函数 f，为了能充分利用线性空间有加法和纯量乘法的特性，f 应当是 V 上的双线性函数。由于两个向量 $\boldsymbol{\alpha}$ 与 $\boldsymbol{\beta}$ 正交应当是相互的，因此 f 应当是对称或斜对称的，从而 V 上可以指定一个对称双线性函数 f 作为内积，此时 (V,f) 称为**正交空间**。V 上也可以指定一个斜对称双线性函数 g 作为内积，此时 (V,g) 称为**辛空间**。即使在实数域上的线性空间中，在某些问题里，也不用正定的对称双线性函数作为内积，而指定一个非退化的对称双线性函数作为内积。例如，在爱因斯坦的狭义相对论中，从光速不变原理导出了时间－空间的新的坐标变换公式，称为**洛伦兹**(Lorentz)**变换**。爱因斯坦的**狭义相对性原理**指出：“所有的基本物理规律都应在任一惯性系中具有相同的形式。”一个点 P 在给定的惯性系 $Oxyz$ 中的时间－空间坐标 $(t,x,y,z)'$ 是 4 维实线性空间 $\mathbf{R}^4$ 的一个向量。类比欧几里得空间中，$(\boldsymbol{\alpha}-\boldsymbol{\beta},\boldsymbol{\alpha}-\boldsymbol{\beta})$ 是 $\boldsymbol{\alpha}$ 与 $\boldsymbol{\beta}$ 的距离的平方，如果在 $\mathbf{R}^4$ 中指定一个非退化的对称双线性函数 f，那么把 $f(\boldsymbol{\alpha}-\boldsymbol{\beta},\boldsymbol{\alpha}-\boldsymbol{\beta})$ 称为 $\boldsymbol{\alpha}$ 与 $\boldsymbol{\beta}$ 的**时-空间隔的平方**。根据狭义相对性原理，洛伦兹变换 σ 保持任意两个向量的时-空间隔的平方不变。若令

$$f(\boldsymbol{\alpha},\boldsymbol{\beta}) = -c^2 t_1 t_2 + x_1 x_2 + y_1 y_2 + z_1 z_2$$

其中 c 是光速,$\boldsymbol{\alpha}=(t_1,x_1,y_1,z_1)'$,$\boldsymbol{\beta}=(t_2,x_2,y_2,z_2)'$,则可以证明 $f(\sigma(\boldsymbol{\alpha}),\sigma(\boldsymbol{\alpha}))=f(\boldsymbol{\alpha},\boldsymbol{\alpha})$,从而

$$f(\sigma(\boldsymbol{\alpha})-\sigma(\boldsymbol{\beta}),\sigma(\boldsymbol{\alpha})-\sigma(\boldsymbol{\beta}))=f(\boldsymbol{\alpha}-\boldsymbol{\beta},\boldsymbol{\alpha}-\boldsymbol{\beta}),$$

因此在 $\mathbf{R}^4$ 中把上述非退化的对称双线性函数 f 作为内积,此时称($\mathbf{R}^4$,f)是一个**闵可夫斯基**(Minkowski)**空间**。假如在 $\mathbf{R}^4$ 中指定一个正定的对称双线性函数作为内积,那么洛伦兹变换不可能保持任意两个向量的距离的平方不变。因此在 $\mathbf{R}^4$ 中应当指定上述非退化的对称双线性函数 f 作为内积。闵可夫斯基空间就是一个正交空间。这是需要讨论正交空间的物理背景。

再如,关于线性空间的张量积,我们不是一开始就给出线性空间的张量积的定义,而是先在 11.1 节例 5 的点评中指出,设 V,U 分别是域 F 上的 n 维、m 维线性空间,用 $\mathscr{P}(V^*,U^*)$表示 $V^*\times U^*$ 上的所有双线性函数组成的线性空间,则存在 $V\times U$ 到 $\mathscr{P}(V^*,U^*)$的一个双线性映射 τ(可具体写出)。在 11.2 节中深入分析 $\mathscr{P}(V^*,U^*)$和 τ 的性质,发现从 $V\times U$ 到域 F 上任一线性空间 W 的任一双线性映射 $\mathcal{A}$,存在 $\mathscr{P}(V^*,U^*)$到 W 的唯一的线性映射 φ,使得 $\mathcal{A}=\varphi\tau$。由此引出了线性空间 V 和 U 的张量积的概念,这时水到渠成地得出了 V 与 U 的张量积的定义。这就使得张量积这一原本深奥难懂的概念变得清晰,成为同学们能够把握的一个概念,因为($\mathscr{P}(V^*,U^*)$,τ)就是 V 与 U 的一个张量积。

我们不仅在每一节的内容精华部分按照数学思维方式编写,而且在典型例题部分也着力于培养数学思维能力。我们在例题的解法或点评中,讲清楚关键的想法,以及这个想法是怎么想出来的,让学生从中学习怎样科学地思考。我们还编写了一些由内容精华拓展而来的例题,让学生从中学会提出问题。例如,实内积空间 V 上的正交变换一定保持向量的长度不变,保持向量间的距离不变,保持正交性不变等。那么反过来,V 到自身的满射 $\mathcal{A}$ 如果保持向量的长度不变,那么 $\boldsymbol{A}$ 是不是正交变换?保持向量间的距离不变呢?保持正交性不变呢?这些在第 10 章 10.4 节典型例题的例 3、例 23、例 22 中进行了讨论。

6. 例题丰富。每一节除了“内容精华”外,还专门设置了“典型例题”的栏目。这些例题有的是“内容精华”中理论的延伸,有的是给同学们呈现如何解题的范例,有的是为了培养同学们分析问题和解决问题的能力,旨在帮助同学们在高等代数理论上和科学思维能力上都达到相当的高度。

7. 展示应用。本套书开辟了“应用小天地”栏目。同学们常问:学习高等代数有什么具体应用?我们在每一章后面都写了一个方面的应用。例如,第 5 章写了矩阵的特征值在实际问题中的应用。第 6 章写了二次曲面的类型。第 7 章写了序列密码和 m 序列。第 8 章写了线性空间在编码中的应用。20 世纪物理学取得的两个划时代的进展是建立了相对论和量子力学。我们在第 10 章 10.6 节由爱因斯坦的狭义相对性原理引出了闵可夫斯基空间。在第 10 章的“应用小天地”栏目里写了“酉空间在量子力学中的应用”,详细介绍了历史上量子力学的建立过程,阐述了一个量子体系的所有量子态(可归一化)组成的集合 $\mathscr{H}$ 可形成一个酉空间,与这个量子体系的力学量 A(例如,位置、动量、角动量、动能和势能等)相应的算符 $\hat{A}$ 都是酉空间 $\mathscr{H}$ 上的线性变换,而且一定是 Hermite 变换。当量子体系处于一个量子态,人们去测量力学量 A 时,一般说来,可能出现不同的结果,各有

一定的概率。如果量子体系处于一种特殊的状态下，那么测量力学量 A 所得的结果是唯一确定的，这种特殊的状态称为力学量 A 的本征态。可以证明：ψ 是力学量 A 的本征态当且仅当 ψ 是相应算符 $\hat{A}$ 的一个特征向量，其所属的特征值就是测量 A 所得的唯一结果。第 11 章的“应用小天地”栏目里写了“张量积在量子隐形传态中的应用”。发送者要把一个具有自旋的粒子 1 的自旋状态传送给接收者，而粒子 1 本身不传给接收者，这能办到吗？1993 年 C. H. Bennett 等人提出了一个传递方案，关键是把粒子 2 和粒子 3 制备成为 EPR 对处于纠缠态，然后把粒子 2 传递给发送者，同时把粒子 3 传送给接收者，最终粒子 1 的自旋态传送给了粒子 3，实现了量子隐形传态，这在量子信息论中起着重要作用。之所以能把粒子 1 的自旋态隐形传送给粒子 3，关键是利用了张量积，本书详细阐述了其中的道理。

8. 可读性强。本套教材按照数学的思维方式编写，叙述清晰、详尽、严谨，对于后文要用到的结论，前面章节均作了铺垫，环环相扣，层层深入，可读性强。

本套教材适合用作综合大学、高等师范院校和理工科大学“高等代数”课程的教材，上册供第一学期使用，下册供第二学期使用。每一节的“内容精华”(除去有“*”的和用楷体字排印的以外)在大课中讲授；“典型例题”中的一部分在大课中讲授，一部分在习题课中进行，一部分作为课外作业，一部分供同学们自己阅读和思考；“习题”留给同学们作为课外作业。书末有习题解答或提示。想了解习题详细解答的同学，可以参阅《高等代数学习指导书(上册、下册)》(丘维声编著，北京：清华大学出版社，2005 年、2009 年)中相应章节的典型例题的解答或习题解答。本套教材还可作为“高等代数”或“线性代数”课程的教学参考书，也是数学教师和科研工作者高质量的参考书。

本套教材荣获 2009 年“北京市高等教育精品教材立项项目”，被评为重大支持项目，特此向北京市教育委员会表示感谢！

感谢本套教材的责任编辑吴颖华，她为本书的编辑出版付出了辛勤劳动。

我们坦诚欢迎广大读者对本套教材提出宝贵意见。

丘维声
北京大学数学科学学院
2010 年 4 月

目　　录

引言　高等代数的内容和学习方法

客观世界丰富多彩。**几何学**研究客观世界的空间形式，**代数学**通过运算来研究客观世界的数量关系，**分析学**用变化的观点研究客观世界中数量之间的确定性依赖关系，**概率统计**则研究客观世界中的不确定现象(即随机现象)。

用字母表示数，使得客观世界中的未知量可以用字母来表示，然后找出数量之间的等量关系，列成方程；利用运算律和等量公理解方程，便可求出未知量的值。于是解方程成为古典代数学研究的中心问题。

n 个未知量的一次方程组称为 **n 元线性方程组**。研究 n 元线性方程组的统一解法，便自然而然地引出了**矩阵**的概念：由 sm 个数排成的 s 行、m 列的一张表称为一个 $s\times m$ 矩阵。矩阵成为用消去法解线性方程组的非常便利的工具。

研究线性方程组何时有解，有多少解以及解集的结构，促使人们在 n 元有序数组的集合中规定加法与数量乘法两种运算，连同运算律形成一个代数系统，称为 **n 维向量空间**。借用几何的语言，并且从几何空间受到启发来研究 n 维向量空间的结构，从而彻底解决了线性方程组的解的情况的判定和解集的结构问题。这一成功的范例促使人们进一步抽象出**线性空间**的概念：具有加法与数量乘法两种运算的集合，并且满足 8 条运算法则。用公理化方法研究线性空间的结构，所得到的结论可适用于各种具体的线性空间，例如，函数集合对于函数的加法和数量乘法形成的线性空间。由于客观世界的数量关系中线性问题(即均匀变化的问题)可以通过加法与数量乘法两种运算来表达(例如，描述均匀变化现象的一次函数的解析式为 $y=kx+b$，其中 kx 是做数量乘法，$kx+b$ 是做加法)，因此线性空间成为研究客观世界中线性问题的有力工具。对于非线性问题，经过局部化以后，便可以运用线性空间的理论来处理，或者可以用线性空间的理论研究它的某一侧面。线性空间是高等代数的重要组成部分——线性代数的主要研究对象之一。

客观世界的空间形式中许多变换(例如，几何空间中平移、旋转、镜面反射、投影、位似、相似、压缩等)，客观世界的数量关系中的线性关系，可以抽象成线性空间之间保持加法和数量乘法两种运算的映射，称为**线性映射**。线性映射是线性代数的另一个主要研究对象。可以说，线性代数是研究线性空间和线性映射的理论。线性映射可以用矩阵来表示，因此线性映射的理论与矩阵的理论有密切的联系。

几何空间中有长度、角度、正交(即垂直)等度量概念，它们可以统一用内积来刻画。由此受到启发，在线性空间，只要定义了内积，就可以引进度量概念。在实数域上的线性空间中，一个正定对称的双线性函数称为一个**内积**；定义了一个内积的有限维实线性空间称为**欧几里得空间**。在复数域上的线性空间中，一个正定的、Hermite 的、对第一个变量线性的二元函数称为一个**内积**；定义了一个内积的复线性空间称为**酉空间**。在任一域 F 上的线性空间 V 中，指定一个对称(或斜对称)双线性函数 f 作为内积，此时称(V,f)是一个**正交空间**(或**辛空间**)。欧几里得空间、酉空间、正交空间以及辛空间都是具有度量的线性空间。欧几里得空间(或酉空间)到自身的保持内积不变的满射称为**正交变换**(或**酉变换**)。设(V,f)是域F上有限维正则的正交空间(或辛空间),V上的一个线性变换如果保持内积不变,那么称它是**正交变换**(或**辛变换**)。它们都是保持度量不变的线性变换。在欧几里得空间(或酉空间)中,与度量有关的线性变换还有**对称变换**(或 **Hermite 变换**)。

综上所述,线性代数研究的对象及其内在联系可以用下述框图表示:

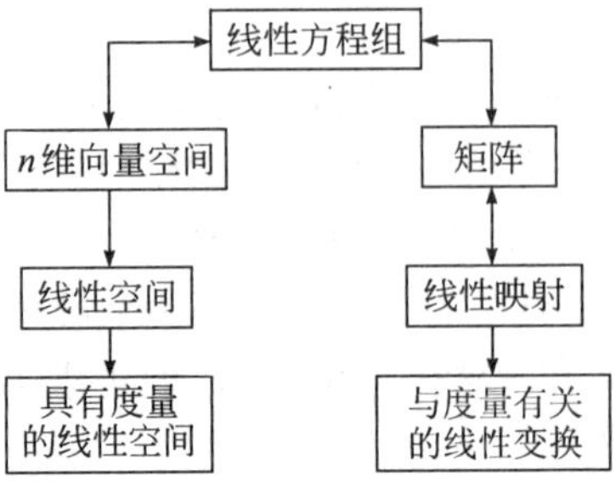

上述这些是高等代数课程的第一部分内容。

关于一元高次方程 $f(x)=0$ 的求根,很自然的思路是把方程左端的一元多项式因式分解。为此需要研究**一元多项式环**的结构。为了深入研究一元多项式的根,需要研究一元多项式环与一元多项式函数环之间的关系。一元二次方程的求根公式促使人们去研究:一元高次方程有没有求根公式?早在欧洲文艺复兴时代,人们就发现三次、四次方程都有求根公式(即方程的根用系数经过加、减、乘、除、乘方、开方运算所得的公式来表达)。那么,五次和五次以上的方程有没有求根公式?人们历尽了数百年艰辛的探索,最终于1832年由伽罗瓦(Galois)利用方程的根的置换群给出了方程有求根公式的充分必要条件,从而证明了五次和五次以上的一般代数方程没有求根公式。伽罗瓦这一天才的发现进一步促进了人们去研究抽象的**群**、**环**、**域**等代数系统,于是代数学的研究对象发生了根本性的转变。研究各种代数系统(例如:群、环、域等)的结构及其态射(即保持运算的映射)成为近世代数学研究的中心问题。

高等代数课程的第二部分内容是研究一元多项式环的结构及其通用性质,进而研究n元多项式环的结构。

高等代数课程的第三部分内容是从整数集,数域K上一元多项式的集合,数域K上n级矩阵的集合等引出抽象的环的概念;从模p剩余类的集合引出抽象的域的概念;从n元置换的集合,正交变换的集合等引出抽象的群的概念。

高等代数的第二、第三部分内容及其内在联系可以用下述框图表示:

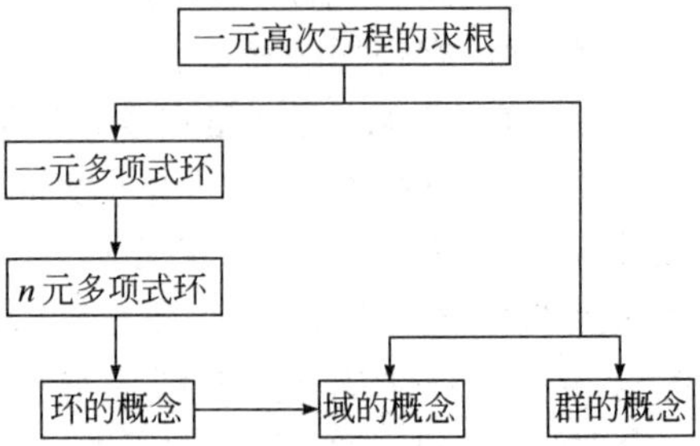

高等代数课程的主线是：研究线性空间和多项式环的结构及其态射（线性映射，多项式环的通用性质）。通过学习高等代数课程，可以初步领略近世代数学的风采。代数学研究结构和态射的观点已经渗透到现代数学的各个分支中，因而学习高等代数课程可以通向现代数学的神奇世界。

我们编著的《高等代数（第二版：上册、下册）——大学高等代数课程创新教材》贯穿上述这条主线，分成六个模块：线性方程组和 n 元有序数组形成的 n 维向量空间，矩阵的运算及其相抵、相似、合同分类，一元和多元多项式环，域上的线性空间及其线性映射，具有度量的线性空间，多重线性代数。

怎样才能学好高等代数？

1. 要按照数学的思维方式学习高等代数。观察客观世界的现象，抓住其主要特征，抽象出概念或者建立模型；运用解剖"麻雀"、直觉判断、归纳、类比、联想、推理等进行探索，猜测可能有的规律；然后通过深入分析、逻辑推理和计算进行论证，揭示事物的内在规律，这就是数学思维方式的全过程。按照"观察—抽象—探索—猜测—论证"的思维方式学习数学是学好数学的正确途径，而且可以培养正确处理工作和生活中遇到的各种问题的能力，从而终身受益。

2. 要掌握理论，包括概念、定理、基本方法以及所研究的问题的主线。对重要的概念和结论，要随着学习过程的进行不断加深对它们的认识和理解。只有掌握了理论，才能解决各种问题。

3. 要把理论用于解决代数学和数学的其他分支，以及自然科学、社会科学和经济学等领域中的具体问题。

4. 要做足够数量的习题，要在理论的指导下做习题，要随时总结解题方法和技巧；对本套教材每一节的典型例题要认真思考和学习，培养分析问题和解决问题的能力；有一些重要例题和习题的结论也需记住，并可用在其他一些例题和习题的解题过程中。

5. 要注意从几何空间的具体例子受到启发，要把线性代数的理论用于解决几何学中的问题。

6. 要运用辩证法，对具体问题具体分析。

第 1 章　线性方程组

客观世界的数量关系中线性问题(即均匀变化的问题)可以列线性方程组来求解。许多非均匀变化的问题也需要用到线性方程组。计算机的迅速发展使得成千上万个未知量的线性方程组也有可能求解,这需要给出统一的、机械的求解线性方程组的算法。本章给出了解线性方程组的高斯(Gauss)—若尔当(Jordan)算法,讨论了线性方程组解的情况及其判别准则。

1.1　解线性方程组的矩阵消元法

1.1.1　内容精华

客观世界中最简单的数量关系是均匀变化的关系。例如,某种食品含蛋白质 15%,那么 2000kg 的这种食品含蛋白质 2000×15%(kg)。在均匀变化问题中,列出的方程组是一次方程组。我们来看下面的例子。

某食品厂收到了某种食品 2000kg 的订单,要求这种食品含脂肪 5%,碳水化合物 12%,蛋白质 15%,该厂准备用 5 种原料配制这种食品,其中每一种原料含脂肪、碳水化合物、蛋白质的百分比如下表所示(省写了"%")。

	A_1	A_2	A_3	A_4	A_5
脂肪	8	6	3	2	4
碳水化合物	5	25	10	15	5
蛋白质	15	5	20	10	10

用上述 5 种原料能不能配制出 2000kg 的这种食品?如果可以,那么有多少种配方?

设所需要的原料(单位:kg)A_1,A_2,A_3,A_4,A_5 的量分别为 x_1,x_2,x_3,x_4,x_5,则根据题意得

$$\begin{cases} x_1+x_2+x_3+x_4+x_5=2000 \\ 8x_1+6x_2+3x_3+2x_4+4x_5=2000\times 5 \\ 5x_1+25x_2+10x_3+15x_4+5x_5=2000\times 12 \\ 15x_1+5x_2+20x_3+10x_4+10x_5=2000\times 15 \end{cases} \tag{1}$$

如果这个方程组有解，并且 x_1,x_2,x_3,x_4,x_5 取的值都是正数，那么用这 5 种原料可以配制出 2000kg 的这种食品。此时，方程组(1)的满足 $x_i>0(i=1,2,3,4,5)$ 的解的个数就是配方的个数。

上述方程组(1)的每个方程中，左端都是未知量 x_1,x_2,x_3,x_4,x_5 的一次齐次式，右端是常数，像这样的方程组称为**线性方程组**。每个未知量前面的数称为**系数**，右端的项称为**常数项**。

数学的各个分支以及自然科学、工程技术、经济学等领域中，有不少问题可以归结为线性方程组的问题。因此，我们抽象出线性方程组这一数学模型，深入地研究它。

含 n 个未知量的线性方程组称为 ***n* 元线性方程组**，它的一般形式是

$$\begin{cases} a_{11}x_1+a_{12}x_2+\cdots+a_{1n}x_n=b_1 \\ a_{21}x_1+a_{22}x_2+\cdots+a_{2n}x_n=b_2 \\ \quad\vdots \qquad\quad \vdots \qquad\qquad\quad \vdots \qquad \vdots \\ a_{s1}x_1+a_{s2}x_2+\cdots+a_{sn}x_n=b_s \end{cases} \tag{2}$$

其中 $a_{11},a_{12},\cdots,a_{sn}$ 是系数，$b_1,b_2,\cdots,b_s$ 是常数项，常数项一般写在等号的右边。方程的个数 s 与未知量的个数 n 可以相等，也可以是 $s<n$ 或 $s>n$ 的关系。

对于线性方程组(2)，如果 $x_1,x_2,\cdots,x_n$ 分别用数 $c_1,c_2,\cdots,c_n$ 代入后，每个方程都变成恒等式，那么称 n 元有序数组 $(c_1,c_2,\cdots,c_n)'$ 是线性方程组(2)的**一个解**，其中 $(c_1,c_2,\cdots,c_n)'$ 表示把这个有序数组写成一列的形式。方程组(2)的所有解组成的集合称为这个方程组的**解集**。

从上述配制食品的问题可知，需要研究线性方程组的下列几个问题：

(1) 线性方程组是否一定有解？有解时，有多少个解？

(2) 如何求线性方程组的解？

(3) 线性方程组有解时，它的每一个解是否都符合实际问题的需要？(符合实际问题需要的解称为**可行解**。)

(4) 线性方程组的解不止一个时，这些解之间有什么关系？

本章和第 2、3 章都是围绕这些问题展开讨论的。本章首先讨论如何解线性方程组。

例 1 解线性方程组：

$$\begin{cases} x_1+3x_2+x_3=2 \\ 3x_1+4x_2+2x_3=9 \\ -x_1-5x_2+4x_3=10 \\ 2x_1+7x_2+x_3=1 \end{cases} \tag{3}$$

分析：如果能设法消去未知量 x_1,x_2，剩下一个含 x_3 的一元一次方程，那么就能求出 x_3 的值，进而得到含 x_1,x_2 的方程组。类似地，可以求出 x_1,x_2 的值。所谓消去未知量 x_1，就是使 x_1 的系数变成 0。为了使线性方程组的求解方法适用于未知量很多的方程组，用计算机编程序去计算，我们应当使解法有规律可循。今后我们用记号②+①·(−3)表示把方程组的第 1 个方程的(−3)倍加到第 2 个方程上；用记号(②,④)表示把方程组的第 2、第 4 个方程互换位置；用记号③·$\frac{1}{3}$表示用$\frac{1}{3}$乘第 3 个方程。

解

$$\begin{array}{l} \\ ②+①\cdot(-3) \\ ③+①\cdot 1 \\ ④+①\cdot(-2) \end{array} \quad \begin{cases} x_1+3x_2+x_3=2 \\ -5x_2-x_3=3 \\ -2x_2+5x_3=12 \\ x_2-x_3=-3 \end{cases}$$

$$(②,④) \quad \begin{cases} x_1+3x_2+x_3=2 \\ x_2-x_3=-3 \\ -2x_2+5x_3=12 \\ -5x_2-x_3=3 \end{cases}$$

$$\begin{array}{l} \\ \\ ③+②\cdot 2 \\ ④+②\cdot 5 \end{array} \quad \begin{cases} x_1+3x_2+x_3=2 \\ x_2-x_3=-3 \\ 3x_3=6 \\ -6x_3=-12 \end{cases}$$

$$④+③\cdot 2 \quad \begin{cases} x_1+3x_2+x_3=2 \\ x_2-x_3=-3 \\ 3x_3=6 \\ 0=0 \end{cases} \tag{4}$$

$$③\cdot\frac{1}{3} \quad \begin{cases} x_1+3x_2+x_3=2 \\ x_2-x_3=-3 \\ x_3=2 \\ 0=0 \end{cases}$$

$$\begin{array}{l} ①+③\cdot(-1) \\ ②+③\cdot 1 \\ \\ \\ \end{array} \quad \begin{cases} x_1+3x_2=0 \\ x_2=-1 \\ x_3=2 \\ 0=0 \end{cases}$$

$$①+②\cdot(-3) \quad \begin{cases} x_1=3 \\ x_2=-1 \\ x_3=2 \\ 0=0 \end{cases} \tag{5}$$

因此,$(3,-1,2)'$是线性方程组(5)的唯一解。根据下面的评注[4]得,$(3,-1,2)'$是原线性方程组(3)的唯一解。

评注

[1] 从例1的求解过程可以看出,我们对线性方程组作了三种变换:

1° 把一个方程的倍数加到另一个方程上;

2° 互换两个方程的位置;

3° 用一个非零数乘某一个方程。

这三种变换称为**线性方程组的初等变换**。

［2］在例 1 中，施行初等变换把线性方程组(3)先变成了方程组(4)，像(4)这样的方程组称为**阶梯形方程组**。对于阶梯形方程组(4)进一步施行初等变换，变成了方程组(5)。像(5)这样的方程组称为**简化阶梯形方程组**，从该方程组可以立即看出解是$(3,-1,2)'$。

［3］若 n 元线性方程组 Ⅰ 与 Ⅱ 的解集相等，则称方程组 Ⅰ 与 Ⅱ **同解**。每个 n 元线性方程组与自身同解(称为**反身性**)；若线性方程组 Ⅰ 与 Ⅱ 同解，则 Ⅱ 与 Ⅰ 同解(称为**对称性**)；若线性方程组 Ⅰ 与 Ⅱ 同解，Ⅱ 与 Ⅲ 同解，则 Ⅰ 与 Ⅲ 同解(称为**传递性**)。

［4］不难看出，线性方程组经过初等变换 1°，得到的方程组与原方程组**同解**。同样容易看出，初等变换 2°(或 3°)把线性方程组变成与它同解的方程组。因此，**经过一系列初等变换变成的简化阶梯形方程组与原线性方程组同解**。因此，例 1 中线性方程组(3)有唯一解$(3,-1,2)'$。

例 1 在求解过程中，所有的计算都是对方程组的哪些对象进行的？

例 1 在求解过程中，只是对线性方程组的系数和常数项进行了运算。因此，为了书写简便，对于一个线性方程组可以只写出它的系数和常数项，并且把它们按照原来的次序排成一张表，这张表称为线性方程组的**增广矩阵**，而只列出系数的表称为方程组的**系数矩阵**。例如，线性方程组(3)的增广矩阵和系数矩阵依次是：

$$\begin{bmatrix} 1 & 3 & 1 & 2 \\ 3 & 4 & 2 & 9 \\ -1 & -5 & 4 & 10 \\ 2 & 7 & 1 & 1 \end{bmatrix},\quad \begin{bmatrix} 1 & 3 & 1 \\ 3 & 4 & 2 \\ -1 & -5 & 4 \\ 2 & 7 & 1 \end{bmatrix}。$$

线性方程组可以用由它的系数和常数项排成的一张表来表示。本章开头讲到的配制食品的例子，5 种原料所含的脂肪、碳水化合物、蛋白质的百分比也可以用一张表来直观、清晰地显示。许许多多的实际问题，各种各样的数学研究对象都常常可以用一张表来表示。因此，我们有必要建立一个数学模型来统一、深入地研究这种表。

定义 1　由 $s\cdot m$ 个数排成 s 行、m 列的一张表称为一个 $s\times m$ **矩阵**，其中的每一个数称为这个矩阵的**一个元素**，第 i 行与第 j 列交叉位置的元素称为矩阵的$(\boldsymbol{i},\boldsymbol{j})$**元**。

例如，线性方程组(3)的增广矩阵的(2,4)元是 9，(4,2)元是 7。

矩阵通常用大写英文字母 $\boldsymbol{A},\boldsymbol{B},\boldsymbol{C},\cdots$表示。一个 $s\times m$ 矩阵可以简单地记作 $\boldsymbol{A}_{s\times m}$，它的$(i,j)$元记作 $\boldsymbol{A}(i;j)$。如果矩阵 $\boldsymbol{A}$ 的(i,j)元是 a_{ij}，那么可以记作 $\boldsymbol{A}=(a_{ij})$。

元素全为 0 的矩阵称为**零矩阵**，简记作 $\boldsymbol{0}$。s 行 m 列的零矩阵可以记成 $\boldsymbol{0}_{s\times m}$。

如果一个矩阵 $\boldsymbol{A}$ 的行数与列数相等，则称它为**方阵**。m 行 m 列的方阵也称为 $\boldsymbol{m}$ **级矩阵**。

对于两个矩阵 $\boldsymbol{A}$ 与 $\boldsymbol{B}$，如果它们的行数相等，都等于 s；列数相等，都等于 m；并且 $\boldsymbol{A}(i;j)=\boldsymbol{B}(i;j)$，$i=1,2,\cdots,s$，$j=1,2,\cdots,m$，那么称矩阵 $\boldsymbol{A}$ 与 $\boldsymbol{B}$ **相等**，记作 $\boldsymbol{A}=\boldsymbol{B}$。

本章和第 2,3 章只围绕线性方程组来研究矩阵，第 4,5,6 章再深入研究矩阵的运算和其他性质。

利用线性方程组的增广矩阵，可以把例 1 中的求解过程按照下述格式来写。

例 2　求线性方程组(3)的解。

解

$$\begin{bmatrix} 1 & 3 & 1 & 2 \\ 3 & 4 & 2 & 9 \\ -1 & -5 & 4 & 10 \\ 2 & 7 & 1 & 1 \end{bmatrix} \xrightarrow{\substack{\text{②}+\text{①}\cdot(-3) \\ \text{③}+\text{①}\cdot 1 \\ \text{④}+\text{①}\cdot(-2)}} \begin{bmatrix} 1 & 3 & 1 & 2 \\ 0 & -5 & -1 & 3 \\ 0 & -2 & 5 & 12 \\ 0 & 1 & -1 & -3 \end{bmatrix}$$

$$\xrightarrow{(\text{②},\text{④})} \begin{bmatrix} 1 & 3 & 1 & 2 \\ 0 & 1 & -1 & -3 \\ 0 & -2 & 5 & 12 \\ 0 & -5 & -1 & 3 \end{bmatrix} \xrightarrow{\substack{\text{③}+\text{②}\cdot 2 \\ \text{④}+\text{②}\cdot 5}} \begin{bmatrix} 1 & 3 & 1 & 2 \\ 0 & 1 & -1 & -3 \\ 0 & 0 & 3 & 6 \\ 0 & 0 & -6 & -12 \end{bmatrix}$$

$$\xrightarrow{\text{④}+\text{③}\cdot 2} \begin{bmatrix} 1 & 3 & 1 & 2 \\ 0 & 1 & -1 & -3 \\ 0 & 0 & 3 & 6 \\ 0 & 0 & 0 & 0 \end{bmatrix} \xrightarrow{\text{③}\cdot\frac{1}{3}} \begin{bmatrix} 1 & 3 & 1 & 2 \\ 0 & 1 & -1 & -3 \\ 0 & 0 & 1 & 2 \\ 0 & 0 & 0 & 0 \end{bmatrix}$$

$$\xrightarrow{\substack{\text{②}+\text{③}\cdot 1 \\ \text{①}+\text{③}\cdot(-1)}} \begin{bmatrix} 1 & 3 & 0 & 0 \\ 0 & 1 & 0 & -1 \\ 0 & 0 & 1 & 2 \\ 0 & 0 & 0 & 0 \end{bmatrix} \xrightarrow{\text{①}+\text{②}\cdot(-3)} \begin{bmatrix} 1 & 0 & 0 & 3 \\ 0 & 1 & 0 & -1 \\ 0 & 0 & 1 & 2 \\ 0 & 0 & 0 & 0 \end{bmatrix}$$

以最后一个矩阵为增广矩阵的方程组是

$$\begin{cases} x_1 \qquad\qquad = 3 \\ \qquad x_2 \qquad = -1 \\ \qquad\qquad x_3 = 2 \\ \qquad\qquad 0 = 0 \end{cases}$$

因此,原线性方程组有唯一解$(3,-1,2)'$。

评注

[1] 从上述求解过程看出,我们对线性方程组的增广矩阵施行了三种变换:

1° 把一行的倍数加到另一行上;

2° 互换两行的位置;

3° 用一个非零数乘某一行。

这三种变换称为**矩阵的初等行变换**。

[2] 在例 2 的求解过程中,先把增广矩阵经过初等行变换化成了下述矩阵

$$\begin{bmatrix} 1 & 3 & 1 & 2 \\ 0 & 1 & -1 & -3 \\ 0 & 0 & 3 & 6 \\ 0 & 0 & 0 & 0 \end{bmatrix},$$

像这种矩阵称为**阶梯形矩阵**,其特点是:

(1) 元素全为 0 的行(称为**零行**)在下方(如果有零行);

(2) 元素不全为 0 的行(称为**非零行**),从左边数起第一个不为 0 的元素称为**主元**,它们的列指标随着行指标的递增而严格增大。

在例 2 的求解过程中,对阶梯形矩阵继续施行初等行变换,直至化成下述矩阵

$$\begin{bmatrix} 1 & 0 & 0 & 3 \\ 0 & 1 & 0 & -1 \\ 0 & 0 & 1 & 2 \\ 0 & 0 & 0 & 0 \end{bmatrix},$$

像这种矩阵称为**简化行阶梯形矩阵**,其特点是:

(1) 它是阶梯形矩阵;

(2) 每个非零行的主元都是 1;

(3) 每个主元所在的列的其余元素都是 0。

[3] 在解线性方程组时,把它的增广矩阵经过初等行变换化成阶梯形矩阵,写出相应的阶梯形方程组,进行求解;或者一直化成简化行阶梯形矩阵,写出它表示的简化行阶梯形方程组,从而立即得出解。

[4] 可以证明:任何一个矩阵都能经过一系列初等行变换化成阶梯形矩阵,并且能进一步用初等行变换化成简化行阶梯形矩阵。见下面的定理 1 和推论 1。

定理 1 任意一个矩阵都可以经过一系列初等行变换化成阶梯形矩阵。

证明 零矩阵按定义是阶梯形矩阵。下面考虑非零矩阵,对非零矩阵的行数 s 使用数学归纳法。

$s=1$ 时,矩阵只有一行,这是阶梯形矩阵。

假设 $s-1$ 行的矩阵都能经过初等行变换化成阶梯形矩阵,下面看 s 行的矩阵 $\boldsymbol{A}$,它的 (i,j) 元用 a_{ij} 表示。

如果 $\boldsymbol{A}$ 的第 1 列元素不全为 0,那么互换两行位置可以使矩阵的(1,1)元不为 0,因此不妨设 $\boldsymbol{A}$ 的(1,1)元 $a_{11}\neq 0$,把 $\boldsymbol{A}$ 的第 1 行的 $-\frac{a_{21}}{a_{11}}$ 倍加到第 2 行,第 1 行的 $-\frac{a_{31}}{a_{11}}$ 倍加到第 3 行,…,第 1 行的 $-\frac{a_{s1}}{a_{11}}$ 倍加到第 s 行,$\boldsymbol{A}$ 变成下述矩阵 $\boldsymbol{B}$:

$$\boldsymbol{B}=\begin{pmatrix} a_{11} & a_{12} & \cdots & a_{1n} \\ 0 & a_{22}-\frac{a_{21}}{a_{11}}a_{12} & \cdots & a_{2n}-\frac{a_{21}}{a_{11}}a_{1n} \\ \vdots & \vdots & & \vdots \\ 0 & a_{s2}-\frac{a_{s1}}{a_{11}}a_{12} & \cdots & a_{sn}-\frac{a_{s1}}{a_{11}}a_{1n} \end{pmatrix},$$

把 $\boldsymbol{B}$ 的右下方的 $(s-1)\times(n-1)$ 矩阵记作 $\boldsymbol{B}_1$。

如果 $\boldsymbol{A}$ 的第 1 列元素全为 0,那么考虑 $\boldsymbol{A}$ 的第 2 列。若 $\boldsymbol{A}$ 的第 2 列元素不全为 0,不妨设 $a_{12}\neq 0$,把 $\boldsymbol{A}$ 的第 1 行的适当倍数分别加到第 2,3,…,s 行上,可以把 $\boldsymbol{A}$ 变成下述矩阵 $\boldsymbol{C}$:

$$C=\begin{pmatrix} 0 & a_{12} & a_{13} & \cdots & a_{1n} \\ 0 & 0 & a_{23}-\frac{a_{22}}{a_{12}}a_{13} & \cdots & a_{2n}-\frac{a_{22}}{a_{12}}a_{1n} \\ \vdots & \vdots & \vdots & & \vdots \\ 0 & 0 & a_{s3}-\frac{a_{s2}}{a_{12}}a_{13} & \cdots & a_{sn}-\frac{a_{s2}}{a_{12}}a_{1n} \end{pmatrix},$$

把矩阵 $\boldsymbol{C}$ 的右下方的 $(s-1)\times(n-2)$ 矩阵记作 $\boldsymbol{C}_1$。

如果 $\boldsymbol{A}$ 的第 1、2 列元素全都为 0，那么考虑 $\boldsymbol{A}$ 的第 3 列，以此类推。

由于 $\boldsymbol{B}_1,\boldsymbol{C}_1,\cdots$ 都是 $s-1$ 行矩阵，根据归纳假设，它们可以经过初等行变换分别化成阶梯形矩阵 $\boldsymbol{J}_1,\boldsymbol{J}_2,\cdots$。因此，$\boldsymbol{A}$ 可以经过初等行变换化成下述形式的矩阵之一：

$$\begin{pmatrix} a_{11} & a_{12} & \cdots & a_{1n} \\ 0 & & & \\ \vdots & & J_1 & \\ 0 & & & \end{pmatrix},\quad \begin{pmatrix} 0 & a_{12} & a_{13} & \cdots & a_{1n} \\ 0 & 0 & & & \\ \vdots & \vdots & & J_2 & \\ 0 & 0 & & & \end{pmatrix},\cdots$$

这些都是阶梯形矩阵。

根据数学归纳法原理，对于任意正整数 s，s 行非零矩阵都可以经过初等行变换化成阶梯形矩阵。 ■

推论 1　任意一个矩阵都可以经过一系列初等行变换化成简化行阶梯形矩阵。

证明　据定理 1，任一矩阵 $\boldsymbol{A}$ 可以经过一系列初等行变换化成阶梯形矩阵 $\boldsymbol{J}$。把 $\boldsymbol{J}$ 的每个非零行乘以一个适当的非零数，可以使每个非零行的主元变成 1；然后把最后一个非零行的适当倍数分别加到它上面的每一个非零行上，可以使最后一个主元所在列的其余元素变成 0；接着对倒数第二个非零行做类似的工作，可以使倒数第二个主元所在列的其余元素都变成 0；依次类推，最后把第二行的适当倍数加到第一行上，可以使第二个主元所在列的其余元素都变成 0，从而得到一个简化行阶梯形矩阵。 ■

可以证明：任一矩阵 $\boldsymbol{A}$ 经过初等行变换化成的简化行阶梯形矩阵是唯一的。证明可见《高等代数学习指导书(第二版：上册)》(丘维声编著，清华大学出版社)第 3 章 3.5 节的例 10。

例 3　解线性方程组：

$$\begin{cases} x_1-x_2+x_3=1 \\ x_1-x_2-x_3=3 \\ 2x_1-2x_2-x_3=3 \end{cases}$$

解

$$\begin{bmatrix} 1 & -1 & 1 & 1 \\ 1 & -1 & -1 & 3 \\ 2 & -2 & -1 & 3 \end{bmatrix} \xrightarrow[③+①\cdot(-2)]{②+①\cdot(-1)} \begin{bmatrix} 1 & -1 & 1 & 1 \\ 0 & 0 & -2 & 2 \\ 0 & 0 & -3 & 1 \end{bmatrix}$$

$$\xrightarrow{②\cdot\left(-\frac{1}{2}\right)}\begin{bmatrix}1&-1&1&1\\0&0&1&-1\\0&0&-3&1\end{bmatrix}\xrightarrow{③+②\cdot 3}\begin{bmatrix}1&-1&1&1\\0&0&1&-1\\0&0&0&-2\end{bmatrix}$$

写出最后这个阶梯形矩阵表示的线性方程组：

$$\begin{cases}x_1-x_2+x_3=1\\ \qquad\quad x_3=-1\\ \qquad\quad\ 0=-2\end{cases}$$

x_1,x_2,x_3 无论取什么值都不能满足第 3 个方程：$0=-2$，因此，原线性方程组无解。

例 4 解线性方程组：

$$\begin{cases}x_1-\ x_2+x_3=1\\ x_1-\ x_2-x_3=3\\ 2x_1-2x_2-x_3=5\end{cases}$$

解

$$\begin{bmatrix}1&-1&1&1\\1&-1&-1&3\\2&-2&-1&5\end{bmatrix}\xrightarrow[③+①\cdot(-2)]{②+①\cdot(-1)}\begin{bmatrix}1&-1&1&1\\0&0&-2&2\\0&0&-3&3\end{bmatrix}$$

$$\xrightarrow{②\cdot\left(-\frac{1}{2}\right)}\begin{bmatrix}1&-1&1&1\\0&0&1&-1\\0&0&-3&3\end{bmatrix}\xrightarrow{③+②\cdot 3}\begin{bmatrix}1&-1&1&1\\0&0&1&-1\\0&0&0&0\end{bmatrix}$$

$$\xrightarrow{①+②\cdot(-1)}\begin{bmatrix}1&-1&0&2\\0&0&1&-1\\0&0&0&0\end{bmatrix}$$

最后这个简化行阶梯形矩阵表示的线性方程组是

$$\begin{cases}x_1-x_2=2\\ \qquad x_3=-1\\ \qquad\ 0=0\end{cases}$$

从第一个方程看出，对于 x_2 每取一个值 c_2，可以求得 $x_1=c_2+2$，从而得到原方程组的一个解：$(c_2+2,c_2,-1)$。由于 c_2 可以取任意一个数，且有理数集（或实数集，或复数集）有无穷多个数，因此原方程组有无穷多个解。我们可以用下述表达式来表示这无穷多个解：

$$\begin{cases}x_1=x_2+2\\ x_3=-1\end{cases}$$

这个表达式称为原线性方程组的**一般解**，其中以主元为系数的未知量 x_1,x_3 称为**主变量**，而其余未知量 x_2 称为**自由未知量**。

如果 n 元线性方程组的一部分未知量可以用其余未知量的至多一次的式子来表示，那么把这个表达式称为这个线性方程组的**一般解**，这些其余未知量称为**自由未知量**。给了自由未知量的一组值，利用一般解公式可求出这个方程组的一个解；反之，这个方程组的每一个解可以由自由未知量的相应的一组值从一般解公式得到。

把 n 元线性方程组的增广矩阵化成阶梯形矩阵 $\boldsymbol{J}$。若 $\boldsymbol{J}$ 有 r 个非零行，且 $r<n$，则 $\boldsymbol{J}$

有 r 个主元。若第 r 行的主元不在第 $n+1$ 列，则以主元为系数的未知量称为**主变量**，剩下的 $n-r$ 个未知量是自由未知量。把$\boldsymbol{J}$ 用初等行变换进一步化成简化行阶梯形矩阵 $\boldsymbol{J}_0$，从 $\boldsymbol{J}_0$ 表示的线性方程组可以立即得到每个主变量用自由未知量的至多一次的式子来表示的表达式，这就是原线性方程组的一般解。

评注

[1] 从例 3 看出，把线性方程组的增广矩阵经过初等行变换化成阶梯形矩阵，如果相应的阶梯形方程组出现“$0=d$(其中 d 是非零数)”这样的方程，则原方程组无解。从例 1 和例 4，我们猜想：如果相应的阶梯形方程组不出现“$0=d$(其中 $d\neq 0$)”这种方程，则原方程组有解。在 1.2 节将证明这个猜想是正确的。

[2] 例 2 的阶梯形矩阵的非零行个数为 3，与未知量个数相等。例 4 的阶梯形矩阵的非零行个数为 2，小于未知量的个数。由此猜想：在线性方程组有解的情况下，它的增广矩阵经过初等行变换化成的阶梯形矩阵中，如果非零行的个数等于方程组的未知量个数，则原方程组有唯一解；如果非零行的个数小于未知量的个数，则原方程组有无穷多个解。在 1.2 节将证明这个猜想也是正确的。

[3] 线性方程组有解时，把阶梯形矩阵经过初等行变换进一步化成简化行阶梯形矩阵，则可以立即写出原方程组的唯一解或者无穷多个解。

小结

用矩阵的形式来求解线性方程组的过程显得简洁。用矩阵消元法解线性方程组的步骤如图 1-1 所示。

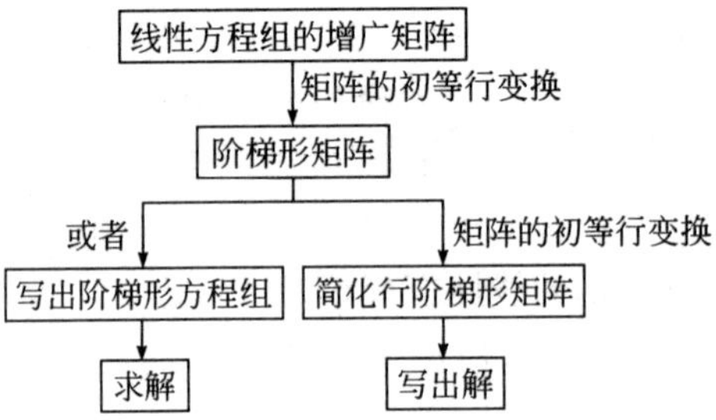

图 1-1

线性方程组的增广矩阵经过初等行变换化成的阶梯形矩阵，如果最后一个非零行的主元在最后一列，那么相应的阶梯形方程组出现“$0=d$(其中 d 是非零数)”这样的方程，这个方程无解，从而阶梯形方程组无解，于是原方程组无解。

1.1.2 典型例题

例 1 解线性方程组：

$$\begin{cases} 3x_1-8x_2+x_3+5x_4=0 \\ x_1-3x_2-2x_3-x_4=6 \\ -2x_1+x_2-4x_3+x_4=-12 \\ -x_1+4x_2-x_3-3x_4=2 \end{cases}$$

解

$$\begin{pmatrix} 3 & -8 & 1 & 5 & 0 \\ 1 & -3 & -2 & -1 & 6 \\ -2 & 1 & -4 & 1 & -12 \\ -1 & 4 & -1 & -3 & 2 \end{pmatrix} \xrightarrow{(①,②)} \begin{pmatrix} 1 & -3 & -2 & -1 & 6 \\ 3 & -8 & 1 & 5 & 0 \\ -2 & 1 & -4 & 1 & -12 \\ -1 & 4 & -1 & -3 & 2 \end{pmatrix}$$

$$\xrightarrow[④+①\cdot 1]{\substack{②+①\cdot(-3)\\ ③+①\cdot 2}} \begin{pmatrix} 1 & -3 & -2 & -1 & 6 \\ 0 & 1 & 7 & 8 & -18 \\ 0 & -5 & -8 & -1 & 0 \\ 0 & 1 & -3 & -4 & 8 \end{pmatrix} \xrightarrow{\substack{③+②\cdot 5\\ ④+②\cdot(-1)}} \begin{pmatrix} 1 & -3 & -2 & -1 & 6 \\ 0 & 1 & 7 & 8 & -18 \\ 0 & 0 & 27 & 39 & -90 \\ 0 & 0 & -10 & -12 & 26 \end{pmatrix}$$

$$\xrightarrow{③\cdot\frac{1}{3}} \begin{pmatrix} 1 & -3 & -2 & -1 & 6 \\ 0 & 1 & 7 & 8 & -18 \\ 0 & 0 & 9 & 13 & -30 \\ 0 & 0 & -10 & -12 & 26 \end{pmatrix} \xrightarrow{③+④\cdot 1} \begin{pmatrix} 1 & -3 & -2 & -1 & 6 \\ 0 & 1 & 7 & 8 & -18 \\ 0 & 0 & -1 & 1 & -4 \\ 0 & 0 & -10 & -12 & 26 \end{pmatrix}$$

$$\xrightarrow{④+③\cdot(-10)} \begin{pmatrix} 1 & -3 & -2 & -1 & 6 \\ 0 & 1 & 7 & 8 & -18 \\ 0 & 0 & -1 & 1 & -4 \\ 0 & 0 & 0 & -22 & 66 \end{pmatrix} \xrightarrow{\substack{③\cdot(-1)\\ ④\cdot\left(-\frac{1}{22}\right)}} \begin{pmatrix} 1 & -3 & -2 & -1 & 6 \\ 0 & 1 & 7 & 8 & -18 \\ 0 & 0 & 1 & -1 & 4 \\ 0 & 0 & 0 & 1 & -3 \end{pmatrix}$$

$$\xrightarrow{\substack{③+④\cdot 1\\ ②+④\cdot(-8)\\ ①+④\cdot 1}} \begin{pmatrix} 1 & -3 & -2 & 0 & 3 \\ 0 & 1 & 7 & 0 & 6 \\ 0 & 0 & 1 & 0 & 1 \\ 0 & 0 & 0 & 1 & -3 \end{pmatrix} \xrightarrow{\substack{②+③\cdot(-7)\\ ①+③\cdot 2}} \begin{pmatrix} 1 & -3 & 0 & 0 & 5 \\ 0 & 1 & 0 & 0 & -1 \\ 0 & 0 & 1 & 0 & 1 \\ 0 & 0 & 0 & 1 & -3 \end{pmatrix}$$

$$\xrightarrow{①+②\cdot 3} \begin{pmatrix} 1 & 0 & 0 & 0 & 2 \\ 0 & 1 & 0 & 0 & -1 \\ 0 & 0 & 1 & 0 & 1 \\ 0 & 0 & 0 & 1 & -3 \end{pmatrix}$$

因此原线性方程组的解是$(2,-1,1,-3)'$。

点评：(1) 记号“②+①·(−3)”表示把第 1 行的−3 倍加到第 2 行上，此时第 1 行不变，第 2 行才变化。我们约定把矩阵的初等行变换的记号写在箭头的上方。由于经过初等行变换，一个矩阵变成了另一个矩阵，因此只能用箭头而不能用等号连接两个矩阵。

(2) 为了尽量避免分数运算，例 1 的解题过程的第 1 步把矩阵的第 1,2 行互换位置，使“左上角”元素为 1；第 4 步把第 3 行乘以$\frac{1}{3}$，接着第 5 步把第 4 行的 1 倍加到第 3 行上，使第 3 行的“左上角”非零元为−1。

(3) 例 1 的解题过程的第 6 步得到了阶梯形矩阵。为了进一步化成简化行阶梯形矩阵，首先把第 3,4 行的主元变成 1，然后使第 4 行的主元所在的列的其余元素变成 0，这只要依次将第 4 行的适当倍数加到第 3,2,1 行上；接着使第 3 行的主元所在的列的其余元素变成 0，这只要依次把第 3 行的适当倍数加到第 2,1 行上；最后把第 2 行的适当倍数加到第 1 行上，可以使第 2 行的主元所在列的其余元素变成 0，化成了简化行阶梯形矩阵。从简化行阶梯形矩阵表示的线性方程组可以立即得到原线性方程组的解$(2,-1,1,-3)'$，这个解正好是简化行阶梯形矩阵的最后一列。

例 2　解下列线性方程组。

$$\begin{cases} 2x_1-3x_2+x_3+5x_4=6 \\ -3x_1+x_2+2x_3-4x_4=5 \\ -x_1-2x_2+3x_3+x_4=-2 \end{cases}$$

解

$$\begin{pmatrix} 2 & -3 & 1 & 5 & 6 \\ -3 & 1 & 2 & -4 & 5 \\ -1 & -2 & 3 & 1 & -2 \end{pmatrix} \xrightarrow{(①,③)} \begin{pmatrix} -1 & -2 & 3 & 1 & -2 \\ -3 & 1 & 2 & -4 & 5 \\ 2 & -3 & 1 & 5 & 6 \end{pmatrix}$$

$$\xrightarrow[③+①\cdot 2]{②+①\cdot(-3)} \begin{pmatrix} -1 & -2 & 3 & 1 & -2 \\ 0 & 7 & -7 & -7 & 11 \\ 0 & -7 & 7 & 7 & 2 \end{pmatrix} \xrightarrow{③+②\cdot 1} \begin{pmatrix} -1 & -2 & 3 & 1 & -2 \\ 0 & 7 & -7 & -7 & 11 \\ 0 & 0 & 0 & 0 & 13 \end{pmatrix}$$

相应的阶梯形方程组的第 3 个方程为“0=13”,因此原线性方程组无解。

例 3　解下列线性方程组。

$$\begin{cases} 2x_1+x_2-3x_3+5x_4=6 \\ -3x_1+2x_2+x_3-4x_4=5 \\ -x_1+3x_2-2x_3+x_4=11 \end{cases}$$

解

$$\begin{pmatrix} 2 & 1 & -3 & 5 & 6 \\ -3 & 2 & 1 & -4 & 5 \\ -1 & 3 & -2 & 1 & 11 \end{pmatrix} \xrightarrow{(①,③)} \begin{pmatrix} -1 & 3 & -2 & 1 & 11 \\ -3 & 2 & 1 & -4 & 5 \\ 2 & 1 & -3 & 5 & 6 \end{pmatrix}$$

$$\xrightarrow[③+①\cdot 2]{②+①\cdot(-3)} \begin{pmatrix} -1 & 3 & -2 & 1 & 11 \\ 0 & -7 & 7 & -7 & -28 \\ 0 & 7 & -7 & 7 & 28 \end{pmatrix} \xrightarrow{③+②\cdot 1} \begin{pmatrix} -1 & 3 & -2 & 1 & 11 \\ 0 & -7 & 7 & -7 & -28 \\ 0 & 0 & 0 & 0 & 0 \end{pmatrix}$$

$$\xrightarrow[②\cdot\left(-\frac{1}{7}\right)]{①\cdot(-1)} \begin{pmatrix} 1 & -3 & 2 & -1 & -11 \\ 0 & 1 & -1 & 1 & 4 \\ 0 & 0 & 0 & 0 & 0 \end{pmatrix} \xrightarrow{①+②\cdot 3} \begin{pmatrix} 1 & 0 & -1 & 2 & 1 \\ 0 & 1 & -1 & 1 & 4 \\ 0 & 0 & 0 & 0 & 0 \end{pmatrix}$$

原线性方程组的一般解是

$$\begin{cases} x_1=x_3-2x_4+1 \\ x_2=x_3-x_4+4 \end{cases} \tag{6}$$

其中 x_3,x_4 是自由未知量。

点评: 从最后的简化行阶梯矩阵可以直接写出一般解式(6),但是要注意把自由未知量的系数变号(因为在一般解中需要把含自由未知量的项移到等号右边)。

例 4　一个投资者将 10 万元投给三家企业 A_1,A_2,A_3,所得的利润率分别是 10%,12%,15%。他想得到 1.3 万元的利润。

(1) 如果投给 A_3 的钱等于投给 A_1 与 A_2 的钱的和，那么应当分别给 A_1,A_2,A_3 投资多少？

(2) 可不可以使投给 A_1 的钱等于投给 A_3 的 2 倍？

解 设投给 A_1,A_2,A_3 的钱分别为 x_1,x_2,x_3(万元)。

(1) 由题意，得

$$\begin{cases} x_1+x_2+x_3=10 \\ x_3=x_1+x_2 \\ 10\%x_1+12\%x_2+15\%x_3=1.3 \end{cases}$$

整理，得

$$\begin{cases} x_1+\ \ x_2+\ \ x_3=10 \\ x_1+\ \ x_2-\ \ x_3=0 \\ 10x_1+12x_2+15x_3=130 \end{cases}$$

$$\begin{pmatrix} 1 & 1 & 1 & 10 \\ 1 & 1 & -1 & 0 \\ 10 & 12 & 15 & 130 \end{pmatrix} \longrightarrow \begin{pmatrix} 1 & 1 & 1 & 10 \\ 0 & 0 & -2 & -10 \\ 0 & 2 & 5 & 30 \end{pmatrix}$$

$$\longrightarrow \begin{pmatrix} 1 & 1 & 1 & 10 \\ 0 & 1 & 2.5 & 15 \\ 0 & 0 & 1 & 5 \end{pmatrix} \longrightarrow \begin{pmatrix} 1 & 1 & 0 & 5 \\ 0 & 1 & 0 & 2.5 \\ 0 & 0 & 1 & 5 \end{pmatrix}$$

$$\longrightarrow \begin{pmatrix} 1 & 0 & 0 & 2.5 \\ 0 & 1 & 0 & 2.5 \\ 0 & 0 & 1 & 5 \end{pmatrix}$$

原线性方程组的解是 $(2.5,2.5,5)'$。

因此投给 A_1,A_2,A_3 的钱应分别为 2.5 万元，2.5 万元，5 万元。

(2) 由题意，且整理得

$$\begin{cases} x_1+\ \ x_2+\ \ x_3=10 \\ x_1\qquad\quad -2x_3=0 \\ 10x_1+12x_2+15x_3=130 \end{cases}$$

$$\begin{pmatrix} 1 & 1 & 1 & 10 \\ 1 & 0 & -2 & 0 \\ 10 & 12 & 15 & 130 \end{pmatrix} \longrightarrow \begin{pmatrix} 1 & 1 & 1 & 10 \\ 0 & -1 & -3 & -10 \\ 0 & 2 & 5 & 30 \end{pmatrix}$$

$$\longrightarrow \begin{pmatrix} 1 & 1 & 1 & 10 \\ 0 & -1 & -3 & -10 \\ 0 & 0 & -1 & 10 \end{pmatrix} \longrightarrow \begin{pmatrix} 1 & 1 & 1 & 10 \\ 0 & 1 & 3 & 10 \\ 0 & 0 & 1 & -10 \end{pmatrix}$$

$$\longrightarrow \begin{pmatrix} 1 & 1 & 0 & 20 \\ 0 & 1 & 0 & 40 \\ 0 & 0 & 1 & -10 \end{pmatrix} \longrightarrow \begin{pmatrix} 1 & 0 & 0 & -20 \\ 0 & 1 & 0 & 40 \\ 0 & 0 & 1 & -10 \end{pmatrix}$$

原线性方程组的解是$(-20,40,-10)'$。

投给A_1的钱为-20万元，这与实际问题不相符。因此，投给A_1的钱不能等于投给A_3的钱的2倍。

点评：(1) 从例4的第(2)小题看到，线性方程组虽然有解，但是它不符合实际问题的需要。我们把符合实际问题的解称为**可行解**。

(2) 关于投资问题，不仅要考虑利润率，还要考虑所承担的风险。譬如，例4中，虽然投给A_3的利润率最高，但是如果投给A_3的风险太大，那么不应投给A_3太多。

习题 1.1

1. 解下列线性方程组。

(1) $\begin{cases} x_1-3x_2-2x_3=3 \\ -2x_1+x_2-4x_3=-9 \\ -x_1+4x_2-x_3=-7 \end{cases}$　　(2) $\begin{cases} x_1+3x_2+2x_3=1 \\ 2x_1+5x_2+5x_3=7 \\ 3x_1+7x_2+x_3=-8 \\ -x_1-4x_2+x_3=10 \end{cases}$

(3) $\begin{cases} x_1-3x_2-2x_3-x_4=6 \\ 3x_1-8x_2+x_3+5x_4=0 \\ -2x_1+x_2-4x_3+x_4=-12 \\ -x_1+4x_2-x_3-3x_4=2 \end{cases}$　　(4) $\begin{cases} x_1+3x_2-7x_3=-8 \\ 2x_1+5x_2+4x_3=4 \\ -3x_1-7x_2-2x_3=-3 \\ x_1+4x_2-12x_3=-15 \end{cases}$

(5) $\begin{cases} x_1-2x_2+3x_3-4x_4=4 \\ x_1+x_2-x_3+x_4=-11 \\ x_1+3x_2+x_4=1 \\ -7x_2+3x_3+x_4=-3 \end{cases}$

2. 一个投资者将10万元投给三家企业A_1,A_2,A_3，所得的利润率分别为12%，15%，22%。他想得到2万元的利润。

(1) 如果投给A_2的钱是投给A_1的2倍，那么应当分别给A_1,A_2,A_3投资多少？

(2) 可不可以使投给A_3的钱等于投给A_1与A_2的钱的和？

3. 解下列线性方程组。

(1) $\begin{cases} 2x_1-3x_2+x_3+5x_4=6 \\ -3x_1+x_2+2x_3-4x_4=5 \\ -x_1-2x_2+3x_3+x_4=11 \end{cases}$　　(2) $\begin{cases} x_1-5x_2-2x_3=4 \\ 2x_1-3x_2+x_3=7 \\ -x_1+12x_2+7x_3=-5 \\ x_1+16x_2+13x_3=-1 \end{cases}$

(3) $\begin{cases} x_1-5x_2-2x_3=4 \\ 2x_1-3x_2+x_3=7 \\ -x_1+12x_2+7x_3=-5 \\ x_1+16x_2+13x_3=1 \end{cases}$

1.2　线性方程组的解的情况及其判别准则

1.2.1　内容精华

n 元线性方程组的解的情况有哪几种可能？如何判别？

由于经过初等变换得到的方程组与原方程组同解，并且任一矩阵可以经过一系列初等行变换化成阶梯形矩阵和简化行阶梯形矩阵，因此只讨论阶梯形方程组的解的情况及其判别准则。

设阶梯形方程组有 n 个未知量，它的增广矩阵 $\boldsymbol{J}$ 有 r 个非零行，$\boldsymbol{J}$ 有 $n+1$ 列。

情形 1　阶梯形方程组中出现"$0=d$（其中 d 是非零数）"这种方程，则阶梯形方程组无解。

情形 2　阶梯形方程组中不出现"$0=d$（其中 d 是非零数）"这种方程，此时它的增广矩阵 $\boldsymbol{J}$ 的第 r 个非零行的主元不能位于第 $n+1$ 列，因此这个主元的列指标 $j_r\leqslant n$。又由于 $\boldsymbol{J}$ 的主元的列指标随着行指标的递增而严格增大，因此 $j_r\geqslant r$，从而 $r\leqslant j_r\leqslant n$，即 $r\leqslant n$。把 $\boldsymbol{J}$ 经过初等行变换化成简化行阶梯形矩阵 $\boldsymbol{J}_1$，则 $\boldsymbol{J}_1$ 也有 r 个非零行，从而 $\boldsymbol{J}_1$ 有 r 个主元。

情形 2.1　$r=n$。

此时 $\boldsymbol{J}_1$ 有 n 个主元。由于 $\boldsymbol{J}_1$ 有 $n+1$ 列，且第 n 个主元不在第 $n+1$ 列上，因此 $\boldsymbol{J}_1$ 的 n 个主元分别位于第 $1,2,\cdots,n$ 列，从而 $\boldsymbol{J}_1$ 必形如：

$$\begin{pmatrix} 1 & 0 & \cdots & 0 & 0 & c_1 \\ 0 & 1 & \cdots & 0 & 0 & c_2 \\ \vdots & \vdots & & \vdots & \vdots & \vdots \\ 0 & 0 & \cdots & 1 & 0 & c_{n-1} \\ 0 & 0 & \cdots & 0 & 1 & c_n \\ 0 & 0 & \cdots & 0 & 0 & 0 \\ \vdots & \vdots & & \vdots & \vdots & \vdots \\ 0 & 0 & \cdots & 0 & 0 & 0 \end{pmatrix},$$

因此阶梯形方程组有唯一解 $(c_1,c_2,\cdots,c_{n-1},c_n)'$。

情形 2.2　$r<n$。

此时 $\boldsymbol{J}_1$ 表示的线性方程组有 r 个主变量 $x_1,x_{j_2},\cdots,x_{j_r}$，从而有 $n-r$ 个自由未知量 $x_{i_1},\cdots,x_{i_{n-r}}$。把含自由未知量的项移到等号右边，且省略"$0=0$"这样的方程，得

$$\begin{cases} x_1 = b_{11}x_{i_1} + \cdots + b_{1,n-r}x_{i_{n-r}} + d_1 \\ x_{j_2} = b_{21}x_{i_1} + \cdots + b_{2,n-r}x_{i_{n-r}} + d_2 \\ \vdots \qquad \vdots \qquad\qquad \vdots \qquad\qquad \vdots \\ x_{j_r} = b_{r1}x_{i_1} + \cdots + b_{r,n-r}x_{i_{n-r}} + d_r \end{cases} \tag{1}$$

从式(1)看出,自由未知量 $x_{i_1},\cdots,x_{i_{n-r}}$ 取任意一组值,都可求出主变量 $x_1,x_{j_2},\cdots,x_{j_r}$ 的值,从而得到方程组的一个解。由于有理数集(或实数集,或复数集)有无穷多个数,因此方程组有无穷多个解。

综上所述,我们证明了下面的定理:

定理1　系数和常数项为有理数(或实数,或复数)的 n 元线性方程组的解的情况有且只有三种可能:无解,有唯一解,有无穷多个解。把 n 元线性方程组的增广矩阵经过初等行变换化成阶梯形矩阵,如果相应的阶梯形方程组出现"$0=d$(其中 d 是非零数)"这种方程,那么原方程组无解;否则,有解。当有解时,如果阶梯形矩阵的非零行数目 r 等于未知量数目 n,那么原方程组有唯一解;如果 $r<n$,那么原方程组有无穷多个解。 ■

如果一个线性方程组有解,那么称它是**相容的**;否则,称它是**不相容的**。

线性方程组解的情况的判定,以及有解时的求解方法如图1-2所示。

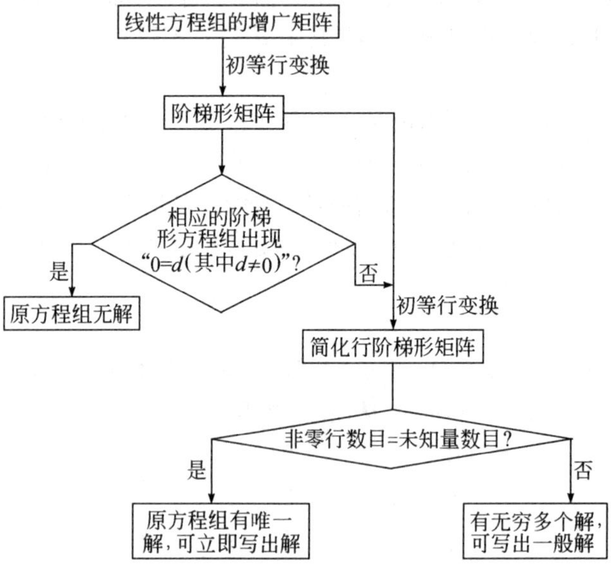

图1-2

上述解线性方程组的方法称为**高斯**(Gauss)—**若尔当**(Jordan)**算法**。

常数项全为0的线性方程组称为**齐次线性方程组**。$(0,0,\cdots,0)'$是齐次线性方程组的一个解,称为**零解**;其余的解(如果有)称为**非零解**。从定理1的前半部分可知,如果一个齐次线性方程组有非零解,那么它有无穷多个解。从定理1的后半部分可知:

推论1　n 元齐次线性方程组有非零解的充分必要条件是:它的系数矩阵经过初等行变换化成的阶梯形矩阵中,非零行的数目 $r<n$。 ■

从推论1的充分性可得出:

推论2　n 元齐次线性方程组,如果方程的数目 s 小于未知量的数目 n,那么它一定有非零解。

证明　把 n 元齐次线性方程组的系数矩阵经过初等行变换化成阶梯形矩阵,它的非零行的数目 $r\leqslant s<n$,因此齐次线性方程组有非零解。 ■

点评：设 s 个方程的 n 元齐次线性方程组Ⅰ与Ⅱ的系数矩阵分别为 $\boldsymbol{A},\boldsymbol{B}$。由于经过线性方程组的初等变换得到的方程组与原方程组同解，因此若矩阵 $\boldsymbol{A}$ 能够经过初等行变换变成矩阵 $\boldsymbol{B}$，则方程组Ⅰ与Ⅱ同解；反之，可以证明：若齐次线性方程组Ⅰ与Ⅱ同解，则系数矩阵 $\boldsymbol{A}$ 能够经过初等行变换变成系数矩阵 $\boldsymbol{B}$。证明可以看《高等代数学习指导书（第二版：下册）》（丘维声编著，清华大学出版社）的第 9 章 9.3 节的例 28。

1.2.2　典型例题

例 1　a 为何值时，线性方程组

$$\begin{cases} 3x_1+x_2-x_3-2x_4=2 \\ x_1-5x_2+2x_3+x_4=-1 \\ 2x_1+6x_2-3x_3-3x_4=a+1 \\ -x_1-11x_2+5x_3+4x_4=-4 \end{cases}$$

有解？当有解时，求出它的所有解。

解

$$\begin{bmatrix} 3 & 1 & -1 & -2 & 2 \\ 1 & -5 & 2 & 1 & -1 \\ 2 & 6 & -3 & -3 & a+1 \\ -1 & -11 & 5 & 4 & -4 \end{bmatrix} \xrightarrow{(①,②)} \begin{bmatrix} 1 & -5 & 2 & 1 & -1 \\ 3 & 1 & -1 & -2 & 2 \\ 2 & 6 & -3 & -3 & a+1 \\ -1 & -11 & 5 & 4 & -4 \end{bmatrix}$$

$$\xrightarrow[④+①]{\substack{②+①\cdot(-3)\\ ③+①\cdot(-2)}} \begin{bmatrix} 1 & -5 & 2 & 1 & -1 \\ 0 & 16 & -7 & -5 & 5 \\ 0 & 16 & -7 & -5 & a+3 \\ 0 & -16 & 7 & 5 & -5 \end{bmatrix}$$

$$\xrightarrow{\substack{③+②\cdot(-1)\\ ④+②}} \begin{bmatrix} 1 & -5 & 2 & 1 & -1 \\ 0 & 16 & -7 & -5 & 5 \\ 0 & 0 & 0 & 0 & a-2 \\ 0 & 0 & 0 & 0 & 0 \end{bmatrix}$$

原线性方程组有解当且仅当 $a-2=0$，即 $a=2$。此时再施行初等行变换化成简化行阶梯形矩阵：

$$\begin{bmatrix} 1 & -5 & 2 & 1 & -1 \\ 0 & 16 & -7 & -5 & 5 \\ 0 & 0 & 0 & 0 & 0 \\ 0 & 0 & 0 & 0 & 0 \end{bmatrix} \longrightarrow \begin{bmatrix} 1 & 0 & -\frac{3}{16} & -\frac{9}{16} & \frac{9}{16} \\ 0 & 1 & -\frac{7}{16} & -\frac{5}{16} & \frac{5}{16} \\ 0 & 0 & 0 & 0 & 0 \\ 0 & 0 & 0 & 0 & 0 \end{bmatrix}$$

因此原方程组的一般解是

$$\begin{cases} x_1=\frac{3}{16}x_3+\frac{9}{16}x_4+\frac{9}{16} \\ x_2=\frac{7}{16}x_3+\frac{5}{16}x_4+\frac{5}{16} \end{cases}$$

其中 x_3,x_4 是自由未知量。

例 2　对于 a 的取值，讨论下述线性方程组的解的情况。

$$\begin{cases} x_1+x_2+x_3=3 \\ 2x_1+x_2-ax_3=9 \\ x_1-2x_2-3x_3=-6 \end{cases}$$

解

$$\begin{pmatrix} 1 & 1 & 1 & 3 \\ 2 & 1 & -a & 9 \\ 1 & -2 & -3 & -6 \end{pmatrix} \longrightarrow \begin{pmatrix} 1 & 1 & 1 & 3 \\ 0 & -1 & -a-2 & 3 \\ 0 & -3 & -4 & -9 \end{pmatrix}$$

$$\longrightarrow \begin{pmatrix} 1 & 1 & 1 & 3 \\ 0 & 1 & a+2 & -3 \\ 0 & 0 & 3a+2 & -18 \end{pmatrix}$$

从最后这个阶梯形矩阵看出，原线性方程组无解当且仅当 $3a+2=0$，即 $a=-\frac{2}{3}$。

当 $a\neq-\frac{2}{3}$ 时，$3a+2\neq0$，从而阶梯形矩阵的非零行数目为 3，它等于未知量的数目。此时原线性方程组有唯一解。

例 3　在平面内三条直线分别为

$$l_1: x+y=1;\quad l_2: 3x-y=1;\quad l_3: 4x-10y=-3。$$

(1) 上述三条直线有没有公共点？有多少个公共点？

(2) 改变直线 l_3 的方程中某一个系数，得到直线 l_4 的方程，使得 l_1,l_2,l_4 没有公共点。

解　(1) 考虑线性方程组

$$\begin{cases} x+y=1 \\ 3x-y=1 \\ 4x-10y=-3 \end{cases}$$

$$\begin{pmatrix} 1 & 1 & 1 \\ 3 & -1 & 1 \\ 4 & -10 & -3 \end{pmatrix} \longrightarrow \begin{pmatrix} 1 & 1 & 1 \\ 0 & -4 & -2 \\ 0 & -14 & -7 \end{pmatrix} \longrightarrow \begin{pmatrix} 1 & 1 & 1 \\ 0 & 2 & 1 \\ 0 & 2 & 1 \end{pmatrix}$$

$$\longrightarrow \begin{pmatrix} 1 & 1 & 1 \\ 0 & 1 & \frac{1}{2} \\ 0 & 0 & 0 \end{pmatrix} \longrightarrow \begin{pmatrix} 1 & 0 & \frac{1}{2} \\ 0 & 1 & \frac{1}{2} \\ 0 & 0 & 0 \end{pmatrix}$$

上述线性方程组有唯一解：$\left(\frac{1}{2},\frac{1}{2}\right)'$，因此直线 l_1,l_2,l_3 有唯一的公共点，它的坐标是$\left(\frac{1}{2},\frac{1}{2}\right)'$。

(2) 从第(1)小题的求解过程看出，只要把 l_3 的方程中 y 的系数 -10 改成 -4，阶梯形矩阵的第 3 行的主元便位于最后一列，从而线性方程组无解。

根据上一段的分析，令 l_4：$4x-4y=-3$。

$$\begin{pmatrix}1&1&1\\3&-1&1\\4&-4&-3\end{pmatrix}\longrightarrow\begin{pmatrix}1&1&1\\0&-4&-2\\0&-8&-7\end{pmatrix}\longrightarrow\begin{pmatrix}1&1&1\\0&-4&-2\\0&0&-3\end{pmatrix}$$

相应的阶梯形方程组出现方程“$0=-3$”，因此原线性方程组无解，于是直线 l_1,l_2,l_4 没有公共点。

例 4 一个投资者将 10 万元投给三家企业 A_1,A_2,A_3，所得的利润率分别是 10%，12%，15%。如果投给 A_3 的钱等于投给 A_1 与 A_2 的钱的和，求总利润 l(万元)的最大值和最小值；分别投给 A_1,A_2,A_3 多少万元时，总利润达到最大值？

解 设投给 A_1,A_2,A_3 的钱分别为 x_1,x_2,x_3(万元)。由题意，得

$$\begin{cases}x_1+x_2+x_3=10\\x_3=x_1+x_2\\10\%x_1+12\%x_2+15\%x_3=l\end{cases}$$

整理，得

$$\begin{cases}x_1+\ x_2+\ x_3=10\\x_1+\ x_2-\ x_3=0\\10x_1+12x_2+15x_3=100l\end{cases}$$

$$\begin{pmatrix}1&1&1&10\\1&1&-1&0\\10&12&15&100l\end{pmatrix}\longrightarrow\begin{pmatrix}1&1&1&10\\0&0&-2&-10\\0&2&5&100l-100\end{pmatrix}$$

$$\longrightarrow\begin{pmatrix}1&1&1&10\\0&1&2.5&50l-50\\0&0&1&5\end{pmatrix}\longrightarrow\begin{pmatrix}1&1&0&5\\0&1&0&50l-62.5\\0&0&1&5\end{pmatrix}$$

$$\longrightarrow\begin{pmatrix}1&0&0&-50l+67.5\\0&1&0&50l-62.5\\0&0&1&5\end{pmatrix}$$

因此原线性方程组有唯一解$(-50l+67.5,\ 50l-62.5,\ 5)'$。

由于投给 A_1,A_2 的钱应当大于或等于 0，因此总利润 l 应满足：

$$\begin{cases}-50l+67.5\geqslant 0\\50l-62.5\geqslant 0\end{cases}$$

解得，$1.25\leqslant l\leqslant 1.35$，即总利润的最大值为 1.35 万元，最小值为 1.25 万元。

当 $l=1.35$ 时，$-50\times1.35+67.5=0$，$50\times1.35-62.5=5$。

因此投给 A_1,A_2,A_3 的钱分别为 0,5,5(万元)时,总利润达到最大值 1.35 万元。

点评: (1) 直观上看,由于投给 A_2 的利润率高于投给 A_1 的利润率,因此当不给 A_1 投资时,将达到最大的总利润。由于前提条件是 $x_3=x_1+x_2$,因此当 $x_1=0$ 时,有 $x_3=x_2$;又由于 $x_1+x_2+x_3=10$,因此 $x_3=x_2=5$。投给 A_1,A_2,A_3 的钱分别为 0,5,5(万元)时,总利润达到最大值:12%×5+15%×5=1.35(万元)。

(2) 投资问题不能只考虑利润率,还应当考虑风险。例如,虽然企业 A_3 承诺利润率为 15%,但是万一 A_3 破产了,不仅利润率 15%兑现不了,而且有可能连投给 A_3 的本金也归还不了;所以不能盲目地看哪个利润率高就把钱投资给谁。

例 5　下述齐次线性方程组有无非零解?若有非零解,求出它的一般解。

$$\begin{cases}2x_1-x_2+5x_3-3x_4=0\\ x_1-5x_2+3x_3+2x_4=0\\ 3x_1-4x_2+7x_3-x_4=0\\ 9x_1-7x_2+15x_3+4x_4=0\end{cases}$$

解

$$\begin{pmatrix}2&-1&5&-3\\1&-5&3&2\\3&-4&7&-1\\9&-7&15&4\end{pmatrix}\xrightarrow[\text{④}+\text{③}\cdot(-3)]{(\text{①},\text{②})}\begin{pmatrix}1&-5&3&2\\2&-1&5&-3\\3&-4&7&-1\\0&5&-6&7\end{pmatrix}$$

$$\longrightarrow\begin{pmatrix}1&-5&3&2\\0&9&-1&-7\\0&11&-2&-7\\0&5&-6&7\end{pmatrix}\xrightarrow[\text{③}+\text{④}\cdot(-2)]{\text{②}+\text{④}\cdot(-2)}\begin{pmatrix}1&-5&3&2\\0&-1&11&-21\\0&1&10&-21\\0&5&-6&7\end{pmatrix}$$

$$\longrightarrow\begin{pmatrix}1&-5&3&2\\0&-1&11&-21\\0&0&21&-42\\0&0&49&-98\end{pmatrix}\longrightarrow\begin{pmatrix}1&-5&3&2\\0&1&-11&21\\0&0&1&-2\\0&0&1&-2\end{pmatrix}$$

$$\longrightarrow\begin{pmatrix}1&-5&3&2\\0&1&-11&21\\0&0&1&-2\\0&0&0&0\end{pmatrix}\longrightarrow\begin{pmatrix}1&-5&0&8\\0&1&0&-1\\0&0&1&-2\\0&0&0&0\end{pmatrix}$$

$$\longrightarrow\begin{pmatrix}1&0&0&3\\0&1&0&-1\\0&0&1&-2\\0&0&0&0\end{pmatrix}$$

由于阶梯形矩阵的非零行数目 3 小于未知量数目 4,因此原齐次线性方程组有非零解。它的一般解是

$$\begin{cases}x_1=-3x_4\\ x_2=x_4\\ x_3=2x_4\end{cases}$$

其中 x_4 是自由未知量。

习题 1.2

1. a 为何值时，下述线性方程组有解？当有解时，求出它的所有解。

$$\begin{cases} x_1-4x_2+2x_3=-1 \\ -x_1+11x_2-x_3=3 \\ 3x_1-5x_2+7x_3=a \end{cases}$$

2. a 为何值时，下述线性方程组无解？a 为何值时，此方程组有唯一解？

$$\begin{cases} x_1+x_2+x_3=3 \\ x_1+2x_2-ax_3=9 \\ 2x_1-x_2+3x_3=6 \end{cases}$$

3.(1) 下述线性方程组有无解？有多少个解？

$$\begin{cases} x+y=1 \\ x-3y=-1 \\ 10x-4y=3 \end{cases}$$

(2) 改变第(1)小题的方程组的一个方程的某一个系数，使得新的方程组没有解。

4. a 为何值时，下述线性方程组有解？当有解时，求它的所有解。

$$\begin{cases} x_1+x_2+x_3+x_4=-7 \\ x_1+3x_3-x_4=8 \\ x_1+2x_2-x_3+x_4=2a+2 \\ 3x_1+3x_2+3x_3+2x_4=-11 \\ 2x_1+2x_2+2x_3+x_4=2a \end{cases}$$

5. 当 c 与 d 取什么值时，下述线性方程组有解？当有解时，求它的所有解。

$$\begin{cases} x_1+x_2+x_3+x_4+x_5=1 \\ 3x_1+2x_2+x_3+x_4-3x_5=c \\ x_2+2x_3+2x_4+6x_5=3 \\ 5x_1+4x_2+3x_3+3x_4-x_5=d \end{cases}$$

6. 是否存在二次函数 $y=ax^2+bx+c$，其图像经过下述 4 个点：$P(1,2)'$，$Q(-1,3)'$，$M(-4,5)'$，$N(0,2)'$？

7. 下列齐次线性方程组有无非零解？若有非零解，求出它的一般解。

(1) $$\begin{cases} 3x_1-5x_2+x_3-2x_4=0 \\ 2x_1+3x_2-5x_3+x_4=0 \\ -x_1+7x_2-4x_3+3x_4=0 \\ 4x_1+15x_2-7x_3+9x_4=0 \end{cases}$$

(2) $\begin{cases} 5x_1 - 2x_2 + 4x_3 - 3x_4 = 0 \\ -3x_1 + 5x_2 - x_3 + 2x_4 = 0 \\ x_1 - 3x_2 + 2x_3 + x_4 = 0 \end{cases}$

8. 一个投资者将 10 万元投给三家企业 A_1, A_2, A_3，所得的利润率分别是 12%，15%，22%。如果他投给 A_3 的钱等于投给 A_1 与 A_2 的钱的和，求总利润 l(万元)的最大值和最小值，此时分别投给 A_1, A_2, A_3 各多少万元？

1.3　数　　域

1.3.1　内容精华

把线性方程组的增广矩阵经过初等行变换化成简化行阶梯形矩阵时，需要做加、减、乘、除四种运算。为了不影响线性方程组的求解，所考虑的数集应当对加、减、乘、除四种运算封闭，即该数集内任意两个数的和、差、积、商(除数不为 0)仍属于这个数集，由此受到启发，需要引出数域的概念。

定义 1　复数集的一个子集 K 如果满足：

(1) $0, 1 \in K$；

(2) $a, b \in K \Longrightarrow a \pm b, ab \in K$,

$$a, b \in K, \text{且 } b \neq 0 \Longrightarrow \frac{a}{b} \in K,$$

那么，称 K 是一个**数域**。

定义 1 的条件(1)："$0, 1 \in K$"可以减弱成"$1 \in K$"，这是因为从条件(2)可得：由于 $1 \in K$，因此 $0 = 1 - 1 \in K$。明确写出"$0, 1 \in K$"是为了指明 K 中包含关于加法的单位元 0 和关于乘法的单位元 1。

有理数集 $\mathbf{Q}$，实数集 $\mathbf{R}$，复数集 $\mathbf{C}$ 都是数域；但是整数集 $\mathbf{Z}$ 不是数域，因为 $\mathbf{Z}$ 对于除法不封闭。

任一数域都包含有理数域，即有理数域是最小的数域。

命题 1　任一数域都包含有理数域。

证明　设 K 是一个数域，则 $0, 1 \in K$，从而

$$2 = 1 + 1 \in K, 3 = 2 + 1 \in K, \cdots, n = (n-1) + 1 \in K$$

即，任一正整数 $n \in K$，又由于

$$-n = 0 - n \in K$$

因此任一负整数 $-n \in K$，从而 $\mathbf{Z} \subseteq K$，于是任一分数

$$\frac{a}{b} \in K \qquad (\text{其中 } b \neq 0)$$

因此，$\mathbf{Q}\subseteq K$。■

由定义 1 可知，复数域是最大的数域。

在讨论线性方程组有没有解时，都是在一个给定的数域 K 里讨论，称"数域 K 上的线性方程组"，即它的系数和常数项都属于 K，且它的解(若存在)是 K 中的数组成的有系数组。

1.2 节的定理 1 对于任意数域 K 上的线性方程组都成立。

在讨论矩阵的问题时，也是在一个给定的数域 K 里进行，称"数域 K 上的矩阵"。例如，在做矩阵的初等行变换时，"倍数""非零数"都是 K 里的数。

1.3.2　典型例题

例 1　令 $\mathbf{Q}(\sqrt{2})=\{a+b\sqrt{2}\mid a,b\in\mathbf{Q}\}$，证明 $\mathbf{Q}(\sqrt{2})$ 是一个数域。

证明　$0=0+0\sqrt{2}\in\mathbf{Q}(\sqrt{2})$，$1=1+0\sqrt{2}\in\mathbf{Q}(\sqrt{2})$。

设 $\alpha=a+b\sqrt{2}$，$\beta=c+d\sqrt{2}\in\mathbf{Q}(\sqrt{2})$，则

$\alpha\pm\beta=(a+b\sqrt{2})\pm(c+d\sqrt{2})=(a\pm c)+(b\pm d)\sqrt{2}\in\mathbf{Q}(\sqrt{2})$，

$\alpha\beta=(a+b\sqrt{2})(c+d\sqrt{2})=(ac+2bd)+(ad+bc)\sqrt{2}\in\mathbf{Q}(\sqrt{2})$。

设 $\beta\neq0$，则 c,d 不全为 0，从而 $c-d\sqrt{2}\neq0$(否则，$c=d\sqrt{2}$，于是 $d\neq0$，由此推出 $\frac{c}{d}=\sqrt{2}$，矛盾)，因此有

$$\begin{aligned}\frac{\alpha}{\beta}&=\frac{a+b\sqrt{2}}{c+d\sqrt{2}}=\frac{(a+b\sqrt{2})(c-d\sqrt{2})}{(c+d\sqrt{2})(c-d\sqrt{2})}\\&=\frac{(ac-2bd)+(bc-ad)\sqrt{2}}{c^2-2d^2}\\&=\frac{ac-2bd}{c^2-2d^2}+\frac{bc-ad}{c^2-2d^2}\sqrt{2}\in\mathbf{Q}(\sqrt{2})\end{aligned}$$

综上所述得出，$\mathbf{Q}(\sqrt{2})$ 是一个数域。■

点评：从例 1 看到，数域不仅有 $\mathbf{Q},\mathbf{R},\mathbf{C}$，还有 $\mathbf{Q}(\sqrt{2})$ 等。

例 2　令

$$E=\left\{\frac{a_0+a_1\pi}{b_0+b_1\pi}\,\middle|\,a_0,a_1,b_0,b_1\in\mathbf{Z}\right\},$$

E 是数域吗?

解　由于

$$\frac{1}{\pi}+\frac{1}{1+\pi}=\frac{1+2\pi}{\pi(1+\pi)}=\frac{1+2\pi}{\pi+\pi^2}\notin E,$$

因此 E 不是数域。

思考：从例 2 的解题过程能否看出，对集合 E 的元素做怎样的修改，得到的数集是一个数域呢?

习题 1.3

1. 令 $\mathbf{Q}(\mathrm{i})=\{a+b\mathrm{i}\mid a,b\in\mathbf{Q}\}$，证明 $\mathbf{Q}(\mathrm{i})$ 是一个数域。

2. 令

$$F=\left\{\frac{a_0+a_1\mathrm{e}+\cdots+a_n\mathrm{e}^n}{b_0+b_1\mathrm{e}+\cdots+b_m\mathrm{e}^m}\,\middle|\,\begin{array}{l}n,m\text{ 为任意非负整数},a_i,b_j\in\mathbf{Z},\\0\leqslant i\leqslant n,\ 0\leqslant j\leqslant m.\end{array}\right\}$$

证明 F 是一个数域，其中 e 是自然对数的底。

补 充 题 一

1. 解下列线性方程组。

$$\begin{cases}(1+a_1)x_1+x_2+x_3+\cdots+x_n=b_1\\x_1+(1+a_2)x_2+x_3+\cdots+x_n=b_2\\\cdots\quad\cdots\quad\cdots\quad\cdots\quad\cdots\quad\cdots\\x_1+x_2+x_3+\cdots+(1+a_n)x_n=b_n\end{cases}$$

其中 $a_i\neq0,i=1,2,\cdots,n$，且 $\dfrac{1}{a_1}+\dfrac{1}{a_2}+\cdots+\dfrac{1}{a_n}\neq-1$。

2. 解下列线性方程组。

$$\begin{cases}x_1+2x_2+3x_3+\cdots+(n-1)x_{n-1}+nx_n=b_1\\nx_1+x_2+2x_3+\cdots+(n-2)x_{n-1}+(n-1)x_n=b_2\\\cdots\quad\cdots\quad\cdots\quad\cdots\quad\cdots\quad\cdots\quad\cdots\\2x_1+3x_2+4x_3+\cdots+nx_{n-1}+x_n=b_n\end{cases}$$

3. 解下列线性方程组。

$$\begin{cases}x_1+x_2+\cdots+x_n=1\\x_2+\cdots+x_n+x_{n+1}=2\\\cdots\quad\cdots\quad\cdots\quad\cdots\quad\cdots\quad\cdots\quad\cdots\\x_{n+1}+x_{n+2}+\cdots+x_{2n}=n+1\end{cases}$$

应用小天地：配制食品模型

某食品厂收到了 2000kg 食品的订单，要求这种食品含脂肪 5%、碳水化合物 12%、蛋白质 15%。该厂准备用 5 种原料配制这种食品，其中每一种原料含脂肪、碳水化合物、蛋白质的百分比和每千克的成本(元)如下表所示。

	A_1	A_2	A_3	A_4	A_5
脂肪	8	6	3	2	4
碳水化合物	5	25	10	15	5
蛋白质	15	5	20	10	10
每千克的成本	4.4	2	2.4	2.8	3.2

1. 用上述 5 种原料能不能配制出 2000kg 的这种食品？如果能，那么解是唯一的吗？写出它的所有解。

2. 对于第 1 小题，写出所花费的成本的表达式，并且求每种原料用多少量时成本最低(有的原料可以不用)。

3. 用 A_1,A_2,A_3,A_4 这 4 种原料能配制 2000kg 这种食品吗？如果能，它的解是唯一的吗？求出这时所花费的成本。

4. 用 A_2,A_3,A_4,A_5 这 4 种原料能配制 2000kg 这种食品吗？

5. 用 A_3,A_4,A_5 这 3 种原料呢？

解答提示

1. 可以。解不唯一，有无穷多个解，所有解是

$$\begin{cases} x_1 = -\dfrac{4}{5}x_5 + 560 \\ x_2 = \dfrac{8}{15}x_5 + \dfrac{1280}{3} \\ x_3 = \dfrac{2}{3}x_5 + \dfrac{2800}{3} \\ x_4 = -\dfrac{7}{5}x_5 + 80 \end{cases}$$

其中 $0 \leqslant x_5 \leqslant \dfrac{400}{7}$。

2. 所花费的成本的表达式为

$$\begin{aligned} f &= 4.4x_1 + 2x_2 + 2.4x_3 + 2.8x_4 + 3.2x_5 \\ &= -\frac{118}{75}x_5 + \frac{17344}{3} \end{aligned}$$

当 $x_5 = \dfrac{400}{7}$ 时，成本最低，此时的成本为 5691.43 元。

3. 可以。解唯一：$\left(560, \dfrac{1280}{3}, \dfrac{2800}{3}, 80\right)'$。

此时所花费的成本为 5781.33 元。

4. 列出的线性方程组有唯一解：$(800, -800, 200, 1800)'$，这不是可行解，因此不可以。

5. 列出的线性方程组无解，因此不可以。

第 2 章 行 列 式

许多问题需要直接从线性方程组的系数和常数项判断有没有解，有多少解。本章对方程个数与未知量个数相等的线性方程组讨论这个问题。

先研究两个方程的二元一次方程组

$$\begin{cases} a_{11}x_1 + a_{12}x_2 = b_1 \\ a_{21}x_1 + a_{22}x_2 = b_2 \end{cases} \tag{1}$$

其中 a_{11}，a_{21}不全为 0，不妨设 $a_{11}\neq 0$，把它的增广矩阵经过初等行变换化成阶梯形矩阵：

$$\begin{pmatrix} a_{11} & a_{12} & b_1 \\ a_{21} & a_{22} & b_2 \end{pmatrix} \xrightarrow{②+①\cdot\left(-\frac{a_{21}}{a_{11}}\right)} \begin{pmatrix} a_{11} & a_{12} & b_1 \\ 0 & a_{22}-\dfrac{a_{21}}{a_{11}}a_{12} & b_2-\dfrac{a_{21}}{a_{11}}b_1 \end{pmatrix}。$$

情形 1　$a_{11}a_{22}-a_{12}a_{21}\neq 0$，此时原方程组有唯一解：

$$\left(\frac{b_1a_{22}-b_2a_{12}}{a_{11}a_{22}-a_{12}a_{21}},\ \frac{a_{11}b_2-a_{21}b_1}{a_{11}a_{22}-a_{12}a_{21}}\right)'。$$

情形 2　$a_{11}a_{22}-a_{12}a_{21}=0$，此时原方程组无解或者有无穷多个解。

$a_{11}a_{22}-a_{12}a_{21}$是方程组(1)的系数矩阵

$$\boldsymbol{A} = \begin{pmatrix} a_{11} & a_{12} \\ a_{21} & a_{22} \end{pmatrix} \tag{2}$$

的元素按照一定规则组成的表达式，把它称为 **2 级矩阵 $\boldsymbol{A}$ 的行列式**，记作 $|\boldsymbol{A}|$，或 $\det \boldsymbol{A}$，或

$$\begin{vmatrix} a_{11} & a_{12} \\ a_{21} & a_{22} \end{vmatrix}$$

简称为 **2 阶行列式**，即

$$\begin{vmatrix} a_{11} & a_{12} \\ a_{21} & a_{22} \end{vmatrix} = a_{11}a_{22} - a_{12}a_{21} \tag{3}$$

它是矩阵 $\boldsymbol{A}$ 的主对角线上两个元素的乘积减去反对角线上两个元素的乘积所得的表达式。

利用 2 阶行列式的概念，可以把上述结论叙述成：

命题 1　两个方程的二元一次方程组(1)有唯一解的充分必要条件是：它的系数矩阵 $\boldsymbol{A}$ 的行列式(简称为**系数行列式**)$|\boldsymbol{A}|\neq 0$，此时它的唯一解是：

$$\left(\frac{\begin{vmatrix} b_1 & a_{12} \\ b_2 & a_{22} \end{vmatrix}}{\begin{vmatrix} a_{11} & a_{12} \\ a_{21} & a_{22} \end{vmatrix}},\ \frac{\begin{vmatrix} a_{11} & b_1 \\ a_{21} & b_2 \end{vmatrix}}{\begin{vmatrix} a_{11} & a_{12} \\ a_{21} & a_{22} \end{vmatrix}}\right)'。 \tag{4}$$

对于数域 K 上 n 个方程的 n 元线性方程组有没有类似的结论？这需要有 n 级矩阵的行列式(简称为 n 阶行列式)的概念。本章就来介绍 n 阶行列式的概念和性质，并回答上述问题。行列式在几何、分析等数学分支中也有重要应用。

2.1　n 元 排 列

2.1.1　内容精华

从2阶行列式的定义可知，它是由两项组成的表达式：$a_{11}a_{22}-a_{12}a_{21}$，一项带正号，另一项带负号，如何决定符号？观察这两项的区别仅在于列指标的排列不同，一个是12，另一个是21。由此可知，为了给出 n 阶行列式的概念，需要首先讨论 n 个正整数组成的全排列的性质。

n 个不同的正整数的一个全排列称为一个 ***n* 元排列**。

例如，正整数1,2,3形成的3元排列有

$$123,132,213,231,312,321$$

给定 n 个不同的正整数，它们形成的全排列有 $n!$ 个。因此对于给定的 n 个不同的正整数，n 元排列的总数是 $n!$。

在大多数情形下，我们考虑的是正整数 $1,2,\cdots,n$ 形成的 n 元排列，在某些情形下也需要考虑某 n 个不同的正整数形成的 n 元排列。下面讨论的 n 元排列的性质，如果没有特别声明，考虑的是 $1,2,\cdots,n$ 形成的 n 元排列，但对任意 n 个不同的正整数形成的 n 元排列也成立。

4元排列2341中，2与3形成的数对23，小的数在前，大的数在后，此时称这一对数构成一个**顺序**；而2与1形成的数对21，大的数在前，小的数在后，此时称这一对数构成一个**逆序**。排列2341中，构成逆序的数对有21,31,41，共3对，此时称排列2341的**逆序数**是3，记作 $\tau(2341)=3$。

在 n 元排列 $a_1a_2\cdots a_n$ 中，从左到右任取一对数 a_ia_j(其中 $i<j$)，如果 $a_i<a_j$，那么称这一对数构成一个**顺序**；如果 $a_i>a_j$，那么称这一对数构成一个**逆序**。一个 n 元排列中逆序的总数称为**逆序数**，记作 $\tau(a_1a_2\cdots a_n)$。

4元排列2143中，构成逆序的数对有21,43，共2对，于是

$$\tau(2143)=2。$$

逆序数为奇数的排列称为**奇排列**，逆序数为偶数的排列称为**偶排列**。

由于 $\tau(123\cdots n)=0$，因此 $123\cdots n$ 是偶排列。

上述例子中，2341是奇排列，2143是偶排列。

把排列2341的3和1互换位置，其余数不动，便得到排列2143。像这样的变换称为一个**对换**，记作(3,1)。对换的概念也适用于 n 元排列。

奇排列2341经过对换(3,1)变成的排列2143是偶排列。由此猜想有下述结论：

定理1　对换改变 n 元排列的奇偶性。

证明 先看对换的两个数在 n 元排列中相邻的情形：

$$\cdots\cdots i \quad j\cdots\cdots \qquad (\text{I})$$

$$\downarrow (i,j)$$

$$\cdots\cdots j \quad i\cdots\cdots \qquad (\text{II})$$

i 和 j 以外的数构成的数对是顺序还是逆序，在（Ⅰ）与（Ⅱ）中是一样的；i 和 j 以外的数与 i（或 j）构成的数对是顺序还是逆序，在（Ⅰ）与（Ⅱ）中也是一样的。只有数对 ij，如果它在（Ⅰ）中是顺序，那么它在（Ⅱ）中是逆序；如果它在（Ⅰ）中是逆序，那么它在（Ⅱ）中是顺序。前一情形，（Ⅱ）比（Ⅰ）多一个逆序；后一情形，（Ⅱ）比（Ⅰ）少一个逆序，因此（Ⅰ）与（Ⅱ）的奇偶性相反。

再看一般情形：

$$\cdots\cdots i \quad k_1 \quad \cdots \quad k_s \quad j\cdots\cdots \qquad (\text{III})$$

$$\downarrow (i,j)$$

$$\cdots\cdots j \quad k_1 \quad \cdots \quad k_s \quad i\cdots\cdots \qquad (\text{IV})$$

从（Ⅲ）变成（Ⅳ）可以经过下列相邻两数的对换来实现：

$$(i,k_1),\cdots,(i,k_s),(i,j),(k_s,j),\cdots,(k_1,j)$$

这一共作了 $s+1+s=2s+1$ 次相邻两数的对换。由于奇数次相邻两数的对换会改变排列的奇偶性，因此（Ⅲ）与（Ⅳ）的奇偶性相反。 ■

有时需要把一个 n 元排列经过若干次对换变成自然序数列 $123\cdots n$。这是否总能办到？先看一个 5 元排列的例子：

$$34521 \xrightarrow{(5,1)} 34125 \xrightarrow{(4,2)} 32145 \xrightarrow{(3,1)} 12345$$

上述过程的第 1 步是作一个对换，把 5 换到最后的位置；第 2 步作一个对换，把 4 放到倒数第 2 个位置；依次类推。显然这一方法对于任何一个 n 元排列也适用。这就肯定地回答了上述问题。

进一步我们看到把排列 34521 变成 12345 共作了 3 次对换，而 $\tau(34521)=7$。这表明在这个例子中，所作对换的次数与原来的排列有相同的奇偶性。这个结论对于任意 n 元排列也成立，理由如下：

设 n 元排列 $j_1j_2\cdots j_n$ 经过 s 次对换变成 $123\cdots n$。$123\cdots n$ 是偶排列。如果 $j_1j_2\cdots j_n$ 是奇排列，则 s 必为奇数，才能把奇排列变成偶排列；如果 $j_1j_2\cdots j_n$ 是偶排列，则 s 必为偶数，才能保持排列的奇偶性不变。

如果 n 元排列 $j_1j_2\cdots j_n$ 经过 s 次对换变成自然序排列 $123\cdots n$，那么 $123\cdots n$ 经过上述 s 次对换（次序相反）就变成排列 $j_1j_2\cdots j_n$。

综上所述得：

定理 2 任一 n 元排列与排列 $123\cdots n$ 可以经过一系列对换互变，并且所作对换的次数与这个 n 元排列有相同的奇偶性。 ■

2.1.2 典型例题

例 1 求 6 元排列 413625 的逆序数，并且指出它的奇偶性。

解　从左边第 1 个数开始考察它与后面哪些数构成逆序，构成逆序的数对有：

41，43，42，32，62，65

因此 $\tau(413625)=6$，从而 413625 是偶排列。

例 2　求 n 元排列 $n(n-1)\cdots321$ 的逆序数，并且讨论它的奇偶性。

解　左边第 1 个数 n 与后面每一个数都构成逆序，有 $n-1$ 个逆序；左边第 2 个数 $n-1$ 与后面每一个数都构成逆序，有 $n-2$ 个逆序；依次类推，最后一对数 21 构成逆序，因此

$$\begin{aligned}\tau(n(n-1)\cdots321)&=(n-1)+(n-2)+\cdots+2+1\\&=\frac{[(n-1)+1](n-1)}{2}=\frac{n(n-1)}{2}。\end{aligned}$$

当 $n=4k$ 时，$\dfrac{n(n-1)}{2}=\dfrac{4k(4k-1)}{2}=2k(4k-1)$；

当 $n=4k+1$ 时，$\dfrac{n(n-1)}{2}=\dfrac{(4k+1)4k}{2}=(4k+1)2k$；

当 $n=4k+2$ 时，$\dfrac{n(n-1)}{2}=\dfrac{(4k+2)(4k+1)}{2}=(2k+1)(4k+1)$；

当 $n=4k+3$ 时，$\dfrac{n(n-1)}{2}=\dfrac{(4k+3)(4k+2)}{2}=(4k+3)(2k+1)$。

因此，当 $n=4k$ 或 $n=4k+1$ 时，$n(n-1)\cdots321$ 是偶排列；当 $n=4k+2$ 或 $n=4k+3$ 时，$n(n-1)\cdots321$是奇排列。

例 3　如果 n 元排列 $j_1j_2\cdots j_{n-1}j_n$ 的逆序数为 r，求 n 元排列 $j_nj_{n-1}\cdots j_2j_1$ 的逆序数。

解　在 n 元排列 $j_1j_2\cdots j_{n-1}j_n$ 中构成逆序（顺序）的一对数，它们在 $j_nj_{n-1}\cdots j_2j_1$ 中构成一对顺序（逆序），因此 $j_nj_{n-1}\cdots j_2j_1$ 中构成顺序的数对有 r 对，又由于排列 $j_nj_{n-1}\cdots j_2j_1$ 中从左至右构成的数对总共有 $C_n^2=\dfrac{n(n-1)}{2}$对，因此

$$\tau(j_nj_{n-1}\cdots j_2j_1)=\frac{n(n-1)}{2}-r。$$

例 4　设在由 $1,2,\cdots,n$ 形成的 n 元排列 $a_1a_2\cdots a_k\,b_1b_2\cdots b_{n-k}$中，

$$a_1<a_2<\cdots<a_k,\ b_1<b_2<\cdots<b_{n-k}$$

求排列 $a_1a_2\cdots a_kb_1b_2\cdots b_{n-k}$的逆序数。

解　在 a_1 后面比 a_1 小的数有 a_1-1 个，于是 a_1 跟它们构成的逆序有 a_1-1 对；在 a_2 后面比 a_2 小的数有 $a_2-1-1=a_2-2$ 个（注意 $a_1<a_2$），于是 a_2 跟它们构成的逆序有a_2-2 对；…；在 a_k 后面比 a_k 小的数有 $a_k-1-(k-1)=a_k-k$ 个，于是 a_k 跟它们构成的逆序有 a_k-k 对，由于 $b_1<b_2<\cdots<b_{n-k}$，因此在排列 $b_1b_2\cdots b_{n-k}$中没有逆序，从而

$$\begin{aligned}&\tau(a_1a_2\cdots a_kb_1b_2\cdots b_{n-k})\\&=(a_1-1)+(a_2-2)+\cdots+(a_k-k)\\&=(a_1+a_2+\cdots+a_k)-(1+2+\cdots+k)\end{aligned}$$

$$=\left(\sum_{i=1}^{k}a_i\right)-\frac{k(1+k)}{2}。$$

例 5 设 $c_1c_2\cdots c_kd_1d_2\cdots d_{n-k}$ 是由 $1,2,\cdots,n$ 形成的一个 n 元排列，证明：

$$(-1)^{\tau(c_1c_2\cdots c_kd_1d_2\cdots d_{n-k})}$$
$$=(-1)^{\tau(c_1c_2\cdots c_k)+\tau(d_1d_2\cdots d_{n-k})}\cdot(-1)^{c_1+c_2+\cdots+c_k}\cdot(-1)^{\frac{k(k+1)}{2}}。$$

证明 设 k 元排列 $c_1c_2\cdots c_k$ 经过 s 次对换变成排列 $a_1a_2\cdots a_k$，其中 $a_1<a_2<\cdots<a_k$。由于 $\tau(a_1a_2\cdots a_k)=0$，因此 $a_1a_2\cdots a_k$ 是偶排列，从而排列 $c_1c_2\cdots c_k$ 与 s 有相同的奇偶性。在上述 s 次对换下，n 元排列 $c_1c_2\cdots c_kd_1d_2\cdots d_{n-k}$ 变成排列 $a_1a_2\cdots a_kd_1d_2\cdots d_{n-k}$。由于对换改变排列的奇偶性，因此

$$(-1)^{\tau(c_1c_2\cdots c_kd_1d_2\cdots d_{n-k})}$$
$$=(-1)^s(-1)^{\tau(a_1a_2\cdots a_kd_1d_2\cdots d_{n-k})}$$
$$=(-1)^{\tau(c_1c_2\cdots c_k)}(-1)^{(a_1-1)+(a_2-2)+\cdots+(a_k-k)+\tau(d_1d_2\cdots d_{n-k})}$$
$$=(-1)^{\tau(c_1c_2\cdots c_k)+\tau(d_1d_2\cdots d_{n-k})}(-1)^{c_1+c_2+\cdots+c_k}(-1)^{\frac{k(k+1)}{2}}。$$ ■

例 6 证明：在全部 n 元排列 $(n>1)$ 中，偶排列和奇排列各占一半。

证明 对于 $n>1$，把所有 n 元偶排列组成的集合记作 A_n，把所有 n 元奇排列组成的集合记作 B_n。作对换 $(1,2)$，由于对换改变排列的奇偶性，因此它给出了 A_n 到 B_n 的一个映射 $f: a_1\cdots a_{i-1}1a_{i+1}\cdots a_{j-1}2a_{j+1}\cdots a_n\longmapsto a_1\cdots a_{i-1}2a_{i+1}\cdots a_{j-1}1a_{j+1}\cdots a_n$；并且给出了 B_n 到 A_n 的一个映射 g：

$$a_1\cdots a_{i-1}2a_{i+1}\cdots a_{j-1}1a_{j+1}\cdots a_n\longmapsto a_1\cdots a_{i-1}1a_{i+1}\cdots a_{j-1}2a_{j+1}\cdots a_n.$$

于是集合 A_n 与 B_n 的元素之间有一个一一对应，因此有

$$|A_n|=|B_n|。$$ ■

习题 2.1

1. 求下列各个排列的逆序数，并且指出它们的奇偶性：

(1) 315462；　(2) 365412；　(3) 654321；

(4) 7654321；　(5) 87654321；　(6) 987654321；

(7) 123456789；　(8) 518394267；　(9) 518694237。

2. 求下列 n 元排列的逆序数：

(1) $(n-1)(n-2)\cdots 21n$；　(2) $23\cdots(n-1)n1$。

3. 写出把排列 315462 变成排列 123456 的对换。

4. 在 $1,2,\cdots,n$ 的 n 元排列中，

(1) 位于第 k 个位置的数 1 构成多少个逆序？

(2) 位于第 k 个位置的数 n 构成多少个逆序？

5. 计算下列 2 阶行列式：

(1) $\begin{vmatrix}3 & -1\\ 5 & 2\end{vmatrix}$；　(2) $\begin{vmatrix}0 & 0\\ 1 & 4\end{vmatrix}$；　(3) $\begin{vmatrix}-2 & 5\\ 4 & -10\end{vmatrix}$。

6. 利用2阶行列式，判断下述二元一次方程组是否有唯一解？如果有唯一解，求出这个解。

$$\begin{cases}2x_1-3x_2=7\\5x_1+4x_2=6\end{cases}$$

2.2 n阶行列式的定义

2.2.1 内容精华

2阶行列式

$$\begin{vmatrix}a_{11} & a_{12}\\a_{21} & a_{22}\end{vmatrix}=a_{11}a_{22}-a_{12}a_{21}$$

2阶行列式是2(=2!)项的代数和，其中每一项是位于不同行、不同列的两个元素的乘积，把这两个元素按照行指标成自然序排好，其列指标所成排列是偶排列时，该项带正号，成奇排列时该项带负号，于是2阶行列式为

$$\begin{vmatrix}a_{11} & a_{12}\\a_{21} & a_{22}\end{vmatrix}=\sum_{j_1j_2}(-1)^{\tau(j_1j_2)}a_{1j_1}a_{2j_2}。$$

从2阶行列式的定义得到启发，给出n阶行列式的定义如下：

定义1 n级矩阵$\boldsymbol{A}=(a_{ij})$的行列式(简称为**n阶行列式**)

$$\begin{vmatrix}a_{11} & a_{12} & \cdots & a_{1n}\\a_{21} & a_{22} & \cdots & a_{2n}\\\vdots & \vdots & & \vdots\\a_{n1} & a_{n2} & \cdots & a_{nn}\end{vmatrix}\tag{1}$$

是n!项的代数和，其中每一项都是位于不同行、不同列的n个元素的乘积，把这n个元素以行指标为自然顺序排好位置，当列指标构成的排列是偶排列时，该项带正号；是奇排列时，该项带负号，即

$$\begin{vmatrix}a_{11} & a_{12} & \cdots & a_{1n}\\a_{21} & a_{22} & \cdots & a_{2n}\\\vdots & \vdots & & \vdots\\a_{n1} & a_{n2} & \cdots & a_{nn}\end{vmatrix}=\sum_{j_1j_2\cdots j_n}(-1)^{\tau(j_1j_2\cdots j_n)}a_{1j_1}a_{2j_2}\cdots a_{nj_n}\tag{2}$$

其中$j_1j_2\cdots j_n$是n元排列，$\sum\limits_{j_1j_2\cdots j_n}$表示对所有$n$元排列求和。式(2)称为$n$阶行列式的**完全展开式**。

n阶行列式(1)也记作$|\boldsymbol{A}|$或者$\det\boldsymbol{A}$。

注意：n级矩阵$\boldsymbol{A}$是一张表，而n阶行列式$|\boldsymbol{A}|$是指形如式(2)右端的一个表达式。n级矩阵的记号是圆括号(或方括号)，n阶行列式的记号是两条竖线。

由定义 1 立即得到：

- 1 阶行列式 $|a| = a$。
- 由于 3 元排列 123,231,312 是偶排列,321,213,132 是奇排列,因此 3 阶行列式

$$\begin{vmatrix} a_{11} & a_{12} & a_{13} \\ a_{21} & a_{22} & a_{23} \\ a_{31} & a_{32} & a_{33} \end{vmatrix} = a_{11}a_{22}a_{33} + a_{12}a_{23}a_{31} + a_{13}a_{21}a_{32} - a_{13}a_{22}a_{31} - a_{12}a_{21}a_{33} - a_{11}a_{23}a_{32}。\tag{3}$$

3 阶行列式的 6 项及其所带符号可以采用图 2-1 来记忆：

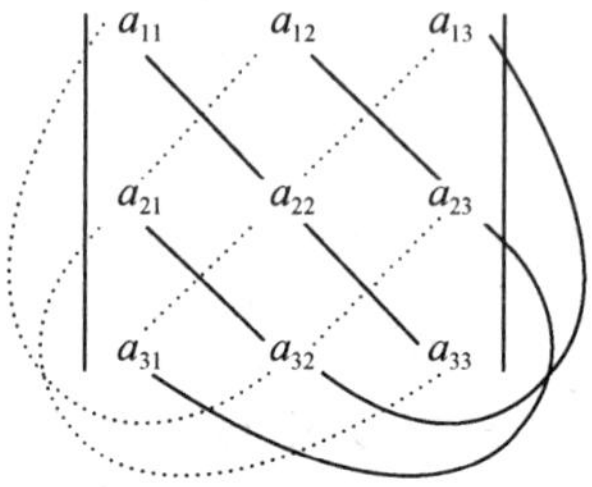

图 2-1

其中主对角线上 3 个元素的乘积 $a_{11}a_{22}a_{33}$,以及与主对角线平行的线上 3 个元素的乘积 $a_{12}a_{23}a_{31}$,$a_{13}a_{21}a_{32}$ 都带正号;反对角线上 3 个元素的乘积 $a_{13}a_{22}a_{31}$,以及与反对角线平行的线上 3 个元素的乘积 $a_{12}a_{21}a_{33}$,$a_{11}a_{23}a_{32}$ 都带负号。

n 阶行列式的每一项是位于不同行、不同列的 n 个元素的乘积,这 n 个元素中只要有一个元素为 0,则这一项就等于 0。由此受到启发,我们来考虑有比较多的元素为 0 的 n 级矩阵的行列式。

主对角线下方的元素全为 0 的 n 级矩阵 $\mathbf{A} = (a_{ij})$ 称为**上三角形矩阵**,其行列式称为**上三角形行列式**,即

$$\begin{vmatrix} a_{11} & a_{12} & a_{13} & \cdots & a_{1,n-2} & a_{1,n-1} & a_{1n} \\ 0 & a_{22} & a_{23} & \cdots & a_{2,n-2} & a_{2,n-1} & a_{2n} \\ 0 & 0 & a_{33} & \cdots & a_{3,n-2} & a_{3,n-1} & a_{3n} \\ \vdots & \vdots & \vdots & & \vdots & \vdots & \vdots \\ 0 & 0 & 0 & \cdots & 0 & a_{n-1,n-1} & a_{n-1,n} \\ 0 & 0 & 0 & \cdots & 0 & 0 & a_{nn} \end{vmatrix}。\tag{4}$$

如何计算 n 阶上三角形行列式的值?

考虑 n 阶上三角形行列式中任意一项：

$$(-1)^{\tau(j_1j_2\cdots j_n)} a_{1j_1} a_{2j_2} \cdots a_{n-2,j_{n-2}} a_{n-1,j_{n-1}} a_{nj_n} \tag{5}$$

由于第 n 行的前 $n-1$ 个元素都为 0,因此若 $j_n \neq n$,则该项等于 0。于是取 $j_n = n$。对于第 $n-1$ 行,若 $j_{n-1} \neq n-1, n$,则 $a_{n-1,j_{n-1}} = 0$,从而该项等于 0。于是取 $j_{n-1} = n-1$ 或 n。但是由于 $j_n = n$,因此 j_{n-1} 不能取 n。于是取 $j_{n-1} = n-1$。依次分析,只有取 $j_{n-2} = n-2, \cdots, j_2 = 2, j_1 = 1$ 时,$a_{1j_1} a_{2j_2} \cdots a_{n-1,j_{n-1}} a_{nj_n}$ 才可能不等于 0,而其他取法都会使

$a_{1j_1}a_{2j_2}\cdots a_{nj_n}=0$，因此 n 阶上三角形行列式的值为

$$(-1)^{\tau(12\cdots n)}a_{11}a_{22}\cdots a_{n-1,n-1}a_{nn}=a_{11}a_{22}\cdots a_{n-1,n-1}a_{nn}。$$

于是我们证明了下述命题：

命题 1 n 阶上三角形行列式的值等于它的主对角线上 n 个元素的乘积。 ■

在 n 阶行列式的定义中，把每一项的 n 个元素的乘积按照行指标成自然序排好位置，但是数的乘法有交换律，因此可以按任一次序排它们的位置，这时该项所带的符号怎么表达呢？用 3 阶行列式作为例子进行探索。(3)式中的第 2 项为 $a_{12}a_{23}a_{31}$，它前面带正号。我们把这 3 个元素相乘的次序改变成 $a_{23}a_{12}a_{31}$，这时如何用行指标所成排列与列指标所成排列的奇偶性来表达该项前面所带的正号呢？它的行指标所成排列 213 的逆序数是 1，列指标所成排列 321 的逆序数是 3，$(-1)^{1+3}=1$，这正好表达了该项前面所带的正号。因此这一项也可以写成

$$(-1)^{\tau(213)+\tau(321)}a_{23}a_{12}a_{31}。$$

3 阶行列式的其他各项也有类似的表达方式。由此我们猜想：n 阶行列式的每一项

$$(-1)^{\tau(j_1j_2\cdots j_n)}a_{1j_1}a_{2j_2}\cdots a_{nj_n},\tag{6}$$

也可以写成

$$(-1)^{\tau(i_1i_2\cdots i_n)+\tau(k_1k_2\cdots k_n)}a_{i_1k_1}a_{i_2k_2}\cdots a_{i_nk_n}。\tag{7}$$

理由如下：

设 $a_{1j_1}a_{2j_2}\cdots a_{nj_n}$ 经过 s 次互换两个元素的位置变成 $a_{i_1k_1}a_{i_2k_2}\cdots a_{i_nk_n}$，则行指标排列 $12\cdots n$ 经过相应的 s 次对换变成 $i_1i_2\cdots i_n$；列指标排列 $j_1j_2\cdots j_n$ 经过相应的 s 次对换变成 $k_1k_2\cdots k_n$。于是根据 2.1 节的定理 2 和定理 1 得

$$(-1)^{\tau(i_1i_2\cdots i_n)}=(-1)^s$$
$$(-1)^{\tau(j_1j_2\cdots j_n)}(-1)^s=(-1)^{\tau(k_1k_2\cdots k_n)}$$

从而

$$\begin{aligned}(-1)^{\tau(i_1i_2\cdots i_n)+\tau(k_1k_2\cdots k_n)}&=(-1)^s\cdot(-1)^{\tau(j_1j_2\cdots j_n)}(-1)^s\\&=(-1)^{\tau(j_1j_2\cdots j_n)}\end{aligned}$$

因此，项(6)与项(7)相等。

根据以上的分析得出，给定行指标的一个排列 $i_1i_2\cdots i_n$，n 级矩阵 $\boldsymbol{A}$ 的行列式 $|\boldsymbol{A}|$ 为

$$|\boldsymbol{A}|=\sum_{k_1k_2\cdots k_n}(-1)^{\tau(i_1i_2\cdots i_n)+\tau(k_1k_2\cdots k_n)}a_{i_1k_1}a_{i_2k_2}\cdots a_{i_nk_n};\tag{8}$$

或者给定列指标的一个排列 $k_1k_2\cdots k_n$，n 阶行列式 $|\boldsymbol{A}|$ 为

$$|\boldsymbol{A}|=\sum_{i_1i_2\cdots i_n}(-1)^{\tau(i_1i_2\cdots i_n)+\tau(k_1k_2\cdots k_n)}a_{i_1k_1}a_{i_2k_2}\cdots a_{i_nk_n}。\tag{9}$$

特别地，n 阶行列式 $|\boldsymbol{A}|$ 的每一项可以按列指标成自然序排好位置，这时用行指标所成排列的奇偶性来决定该项前面所带的符号，即

$$|\boldsymbol{A}|=\sum_{i_1i_2\cdots i_n}(-1)^{\tau(i_1i_2\cdots i_n)}a_{i_11}a_{i_22}\cdots a_{i_nn}。\tag{10}$$

式(10)与式(2)表明，行列式中行与列的地位是对称的。

2.2.2 典型例题

例 1 计算下述 n 阶行列式：

$$\begin{vmatrix} 0 & a_1 & 0 & \cdots & 0 \\ 0 & 0 & a_2 & \cdots & 0 \\ \vdots & \vdots & \vdots & & \vdots \\ 0 & 0 & 0 & \cdots & a_{n-1} \\ a_n & 0 & 0 & \cdots & 0 \end{vmatrix}。$$

解 此行列式的每一行有 $n-1$ 个元素为 0,因此在它的完全展开式中,可能不为 0 的项只有一项,从而这个行列式的值为

$$(-1)^{\tau(23\cdots n1)}a_1a_2\cdots a_{n-1}a_n=(-1)^{n-1}a_1a_2\cdots a_{n-1}a_n。$$

例 2 计算下述 n 阶行列式:

$$\begin{vmatrix} 0 & 0 & \cdots & 0 & a_1 \\ 0 & 0 & \cdots & a_2 & 0 \\ \vdots & \vdots & & \vdots & \vdots \\ 0 & a_{n-1} & \cdots & 0 & 0 \\ a_n & 0 & \cdots & 0 & 0 \end{vmatrix}。$$

解

$$\begin{aligned}原式&=(-1)^{\tau(n(n-1)\cdots 21)}a_1a_2\cdots a_{n-1}a_n\\&=(-1)^{\frac{n(n-1)}{2}}a_1a_2\cdots a_{n-1}a_n\end{aligned}$$

点评: 例 2 中当 $n=4$ 时,这个行列式的值为 $a_1a_2a_3a_4$。这是反对角线上 4 个元素的乘积,它前面带正号。

例 3 用行列式的定义计算:

$$\begin{vmatrix} a_1 & a_2 & a_3 & a_4 & a_5 \\ b_1 & b_2 & b_3 & b_4 & b_5 \\ 0 & 0 & 0 & c_1 & c_2 \\ 0 & 0 & 0 & d_1 & d_2 \\ 0 & 0 & 0 & e_1 & e_2 \end{vmatrix}。$$

解 行列式的完全展开式中,每一项都包含最后三行中位于不同列的元素,而最后三行中只有第 4 列和第 5 列的元素可能不为 0,因此每一项都包含 0,从而这个行列式的值为 0。

例 4 下述 4 阶行列式是 x 的几次多项式?分别求出它的 x^4 项和 x^3 项的系数:

$$\begin{vmatrix} 7x & x & 1 & 2x \\ 1 & x & 5 & -1 \\ 4 & 3 & x & 1 \\ 2 & -1 & 1 & x \end{vmatrix}。$$

解 4 阶行列式的完全展开式中,每一项都是取自不同行、不同列的 4 个元素的乘积。为了得到含 x 的最高次幂的项,第 4 行应当取第 4 列的元素 x,此时第 3 行取第 3 列的元素 x,第 2 行取第 2 列的元素 x,于是第 1 行只能取第 1 列的元素 $7x$,从而这一项为

$$(-1)^{\tau(1234)}7x\cdot x\cdot x\cdot x=7x^4。$$

由上述取法知道,其余项都不含 x^4,因此这个行列式是 x 的 4 次多项式,x^4 项的系数为 7。

为了得到完全展开式中含 x^3 的项，应当在三行中取含 x 的元素，在其余一行中取不含 x 的元素。从第 1 行开始考虑，若取 $7x$，则第 2 行只能取 x，或 5，或 -1，无论取哪一个元素，都得不到含 x^3 的项。第 1 行若取第 2 列的元素 x，则第 2 行取不到含 x 的元素，从而应当在第 3 行取 x，第 4 行也取 x，于是第 2 行只能取 1，这一项为

$$(-1)^{\tau(2134)}x\cdot 1\cdot x\cdot x=-x^3。$$

第 1 行若取第 3 列的元素 1，则第 3 行取不到含 x 的元素，从而得不到含 x^3 的项。第 1 行若取第 4 列的元素 $2x$，则第 4 行取不到含 x 的元素，从而第 2 行、第 3 行都应当取 x，于是第 4 行取 2，则这一项为

$$(-1)^{\tau(4231)}2x\cdot x\cdot x\cdot 2=-4x^3,$$

因此多项式中 x^3 项为

$$-x^3-4x^3=-5x^3,$$

x^3 项的系数为 -5。

例 5　证明：如果在 n 阶行列式中，第 $i_1,i_2,\cdots,i_k$ 行分别与第 $j_1,j_2,\cdots,j_l$ 列交叉位置的元素都是 0，并且 $k+l>n$，那么这个行列式的值等于 0。

证明　行列式的完全展开式中，每一项都包含第 $i_1,i_2,\cdots,i_k$ 行中位于不同列的元素，这有 k 个元素。由已知条件，第 $i_1,i_2,\cdots,i_k$ 行只有与第 $j_1,j_2,\cdots,j_l$ 列以外的 $n-l$ 列的交叉位置的元素可能不等于 0，又由已知，$k>n-l$，因此每一项都含有元素 0，从而这个行列式的值为 0。■

习题 2.2

1. 按定义计算下列行列式：

(1) $\begin{vmatrix} 0 & 0 & 0 & a_{14} \\ 0 & 0 & a_{23} & a_{24} \\ 0 & a_{32} & a_{33} & a_{34} \\ a_{41} & a_{42} & a_{43} & a_{44} \end{vmatrix}$；　(2) $\begin{vmatrix} 0 & \cdots & 0 & a_1 & 0 \\ 0 & \cdots & a_2 & 0 & 0 \\ \vdots & & \vdots & \vdots & \vdots \\ a_{n-1} & \cdots & 0 & 0 & 0 \\ 0 & \cdots & 0 & 0 & a_n \end{vmatrix}$；

(3) $\begin{vmatrix} 0 & 0 & 0 & 1 & 0 \\ 0 & 0 & 2 & 0 & 0 \\ 0 & 3 & 8 & 0 & 0 \\ 4 & 9 & 0 & 7 & 0 \\ 6 & 0 & 0 & 0 & 5 \end{vmatrix}$。

2. 计算下列 3 阶行列式：

(1) $\begin{vmatrix} 1 & 4 & 2 \\ 3 & 5 & 1 \\ 2 & 1 & 6 \end{vmatrix}$；　(2) $\begin{vmatrix} 2 & -1 & 5 \\ 3 & 1 & -2 \\ 1 & 4 & 6 \end{vmatrix}$；

(3) $\begin{vmatrix} a_{11} & a_{12} & a_{13} \\ 0 & a_{22} & a_{23} \\ 0 & 0 & a_{33} \end{vmatrix}$；　　(4) $\begin{vmatrix} c & 0 & 0 \\ 0 & a_1 & a_2 \\ 0 & b_1 & b_2 \end{vmatrix}$。

3. 用行列式定义计算：

$$\begin{vmatrix} a_1 & a_2 & a_3 & a_4 & a_5 \\ b_1 & b_2 & b_3 & b_4 & b_5 \\ c_1 & c_2 & 0 & 0 & 0 \\ d_1 & d_2 & 0 & 0 & 0 \\ e_1 & e_2 & 0 & 0 & 0 \end{vmatrix}。$$

4. n 阶行列式的反对角线上 n 个元素的乘积一定带负号吗?

5. 下述行列式是 x 的几次多项式？分别求出 x^4 项和 x^3 项的系数。

$$\begin{vmatrix} 5x & x & 1 & x \\ 1 & x & 1 & -x \\ 3 & 2 & x & 1 \\ 3 & 1 & 1 & x \end{vmatrix}。$$

6. 设 $n\geqslant 2$,证明：如果 n 级矩阵 $\boldsymbol{A}$ 的元素为 1 或 −1,则 $|\boldsymbol{A}|$ 必为偶数。

2.3 行列式的性质

2.3.1 内容精华

从行列式的定义知道,n 阶行列式是 $n!$ 项的代数和,其中每一项是位于不同行、不同列的 n 个元素的乘积。当 n 增大时,$n!$ 极其迅速地增大。例如：

$$5! = 120,\quad 10! = 3628800。$$

如果直接用行列式的定义计算一个 n 阶行列式,其计算量是相当大的。因此必须研究行列式的性质,利用行列式的性质来简化行列式的计算,并且利用行列式的性质来研究线性方程组有唯一解的条件。

行列式有哪些性质呢？先看 2 阶行列式的性质。

$$\begin{vmatrix} a_1 & a_2 \\ b_1 & b_2 \end{vmatrix} = a_1b_2 - a_2b_1$$

$$\begin{vmatrix} a_1 & b_1 \\ a_2 & b_2 \end{vmatrix} = a_1b_2 - a_2b_1$$

由此看出,2 阶行列式的行与列互换(即第 1 行变成第 1 列,第 2 行变成第 2 列,得到一个新的行列式),其行列式的值不变。n 阶行列式也有此性质：

性质 1 行列互换,行列式的值不变,即

$$\begin{vmatrix} a_{11} & a_{12} & \cdots & a_{1n} \\ a_{21} & a_{22} & \cdots & a_{2n} \\ \vdots & \vdots & & \vdots \\ a_{n1} & a_{n2} & \cdots & a_{nn} \end{vmatrix} = \begin{vmatrix} a_{11} & a_{21} & \cdots & a_{n1} \\ a_{12} & a_{22} & \cdots & a_{n2} \\ \vdots & \vdots & & \vdots \\ a_{1n} & a_{2n} & \cdots & a_{nn} \end{vmatrix}。 \tag{1}$$

证明 把式(1)右边的行列式按照本章2.2节的公式(10)展开(注意元素的第一个下标是列指标,第二个下标是行指标):

$$右边 = \sum_{i_1 i_2 \cdots i_n} (-1)^{\tau(i_1 i_2 \cdots i_n)} a_{1i_1} a_{2i_2} \cdots a_{ni_n},$$

把式(1)左边的行列式按照定义展开(注意第一个下标是行指标):

$$左边 = \sum_{i_1 i_2 \cdots i_n} (-1)^{\tau(i_1 i_2 \cdots i_n)} a_{1i_1} a_{2i_2} \cdots a_{ni_n},$$

因此式(1)成立。 ■

性质1进一步表明了行列式的行与列的**地位是对称的**,因此,行列式有关行的性质,对于列也同样成立。今后我们只研究行列式有关行的性质,同学们可以把它们"翻译"成有关列的性质。

对于2阶行列式,有

$$\begin{vmatrix} a_1 & a_2 \\ kb_1 & kb_2 \end{vmatrix} = a_1(kb_2) - a_2(kb_1) = k(a_1 b_2 - a_2 b_1) = k\begin{vmatrix} a_1 & a_2 \\ b_1 & b_2 \end{vmatrix}$$

n 阶行列式也有此性质:

性质2 行列式一行的公因子可以提出去,即

$$\begin{vmatrix} a_{11} & a_{12} & \cdots & a_{1n} \\ \vdots & \vdots & & \vdots \\ ka_{i1} & ka_{i2} & \cdots & ka_{in} \\ \vdots & \vdots & & \vdots \\ a_{n1} & a_{n2} & \cdots & a_{nn} \end{vmatrix} = k\begin{vmatrix} a_{11} & a_{12} & \cdots & a_{1n} \\ \vdots & \vdots & & \vdots \\ a_{i1} & a_{i2} & \cdots & a_{in} \\ \vdots & \vdots & & \vdots \\ a_{n1} & a_{n2} & \cdots & a_{nn} \end{vmatrix}。 \tag{2}$$

证明

$$\begin{aligned} 左边 &= \sum_{j_1 j_2 \cdots j_n} (-1)^{\tau(j_1 j_2 \cdots j_n)} a_{1j_1} \cdots (ka_{ij_i}) \cdots a_{nj_n} \\ &= k\sum_{j_1 j_2 \cdots j_n} (-1)^{\tau(j_1 j_2 \cdots j_n)} a_{1j_1} \cdots a_{ij_i} \cdots a_{nj_n} \\ &= 右边 \end{aligned}$$

■

在性质2中,当 $k=0$ 时,得出:如果行列式中有一行为0(即有一行的元素全为0),那么行列式的值为0。

对于2阶行列式,有

$$\begin{aligned} \begin{vmatrix} a_1 & a_2 \\ b_1+c_1 & b_2+c_2 \end{vmatrix} &= a_1(b_2+c_2) - a_2(b_1+c_1) \\ &= (a_1 b_2 - a_2 b_1) + (a_1 c_2 - a_2 c_1) \\ &= \begin{vmatrix} a_1 & a_2 \\ b_1 & b_2 \end{vmatrix} + \begin{vmatrix} a_1 & a_2 \\ c_1 & c_2 \end{vmatrix}。 \end{aligned}$$

n 阶行列式也有此性质:

性质 3 行列式中若有某一行是两组数的和，则此行列式等于两个行列式的和，这两个行列式的这一行分别是第一组数和第二组数，而其余各行与原来行列式的相应各行相同，即

$$\begin{vmatrix} a_{11} & a_{12} & \cdots & a_{1n} \\ \vdots & \vdots & & \vdots \\ b_1+c_1 & b_2+c_2 & \cdots & b_n+c_n \\ \vdots & \vdots & & \vdots \\ a_{n1} & a_{n2} & \cdots & a_{nn} \end{vmatrix} \text{第 } i \text{ 行}$$

$$= \begin{vmatrix} a_{11} & a_{12} & \cdots & a_{1n} \\ \vdots & \vdots & & \vdots \\ b_1 & b_2 & \cdots & b_n \\ \vdots & \vdots & & \vdots \\ a_{n1} & a_{n2} & \cdots & a_{nn} \end{vmatrix} + \begin{vmatrix} a_{11} & a_{12} & \cdots & a_{1n} \\ \vdots & \vdots & & \vdots \\ c_1 & c_2 & \cdots & c_n \\ \vdots & \vdots & & \vdots \\ a_{n1} & a_{n2} & \cdots & a_{nn} \end{vmatrix}。 \tag{3}$$

证明

$$\begin{aligned} \text{左边} &= \sum_{j_1 j_2 \cdots j_n} (-1)^{\tau(j_1 j_2 \cdots j_n)} a_{1j_1} \cdots (b_{j_i} + c_{j_i}) \cdots a_{nj_n} \\ &= \sum_{j_1 j_2 \cdots j_n} (-1)^{\tau(j_1 j_2 \cdots j_n)} a_{1j_1} \cdots b_{j_i} \cdots a_{nj_n} + \sum_{j_1 j_2 \cdots j_n} (-1)^{\tau(j_1 j_2 \cdots j_n)} a_{1j_1} \cdots c_{j_i} \cdots a_{nj_n} \\ &= \text{右边} \end{aligned}$$

■

对于 2 阶行列式，有

$$\begin{vmatrix} a_1 & a_2 \\ b_1 & b_2 \end{vmatrix} = a_1 b_2 - a_2 b_1,$$

$$\begin{vmatrix} b_1 & b_2 \\ a_1 & a_2 \end{vmatrix} = b_1 a_2 - b_2 a_1 = -(a_1 b_2 - a_2 b_1),$$

因此

$$\begin{vmatrix} a_1 & a_2 \\ b_1 & b_2 \end{vmatrix} = -\begin{vmatrix} b_1 & b_2 \\ a_1 & a_2 \end{vmatrix}。$$

n 阶行列式也有此性质：

性质 4 两行互换，行列式反号，即

$$\begin{vmatrix} a_{11} & a_{12} & \cdots & a_{1n} \\ \vdots & \vdots & & \vdots \\ a_{i1} & a_{i2} & \cdots & a_{in} \\ \vdots & \vdots & & \vdots \\ a_{k1} & a_{k2} & \cdots & a_{kn} \\ \vdots & \vdots & & \vdots \\ a_{n1} & a_{n2} & \cdots & a_{nn} \end{vmatrix} = -\begin{vmatrix} a_{11} & a_{12} & \cdots & a_{1n} \\ \vdots & \vdots & & \vdots \\ a_{k1} & a_{k2} & \cdots & a_{kn} \\ \vdots & \vdots & & \vdots \\ a_{i1} & a_{i2} & \cdots & a_{in} \\ \vdots & \vdots & & \vdots \\ a_{n1} & a_{n2} & \cdots & a_{nn} \end{vmatrix} \begin{matrix} \\ \\ \text{第 } i \text{ 行} \\ \\ \text{第 } k \text{ 行} \\ \\ \\ \end{matrix}。 \tag{4}$$

证明 注意式(4)右边的行列式的第 i 行元素的第 1 个下标是 k，而第 k 行元素的第 1 个下标是 i，据行列式的定义，我们有

$$\begin{aligned}\text{右边} &= -\sum_{j_1\cdots j_i\cdots j_k\cdots j_n}(-1)^{\tau(j_1\cdots j_i\cdots j_k\cdots j_n)}a_{1j_1}\cdots a_{kj_i}\cdots a_{ij_k}\cdots a_{nj_n}\\ &= -\sum_{j_1\cdots j_k\cdots j_i\cdots j_n}(-1)\cdot(-1)^{\tau(j_1\cdots j_k\cdots j_i\cdots j_n)}a_{1j_1}\cdots a_{ij_k}\cdots a_{kj_i}\cdots a_{nj_n}\\ &= \sum_{j_1\cdots j_k\cdots j_i\cdots j_n}(-1)^{\tau(j_1\cdots j_k\cdots j_i\cdots j_n)}a_{1j_1}\cdots a_{ij_k}\cdots a_{kj_i}\cdots a_{nj_n}\\ &= \text{左边}\end{aligned}$$

■

性质 5 两行相同，行列式的值为 0，即

$$\begin{array}{r}\\ \\ \text{第 } i \text{ 行}\\ \\ \text{第 } k \text{ 行}\\ \\ \\ \end{array}\begin{vmatrix} a_{11} & a_{12} & \cdots & a_{1n}\\ \vdots & \vdots & & \vdots\\ a_{i1} & a_{i2} & \cdots & a_{in}\\ \vdots & \vdots & & \vdots\\ a_{i1} & a_{i2} & \cdots & a_{in}\\ \vdots & \vdots & & \vdots\\ a_{n1} & a_{n2} & \cdots & a_{nn}\end{vmatrix} = 0。\tag{5}$$

证明 把式(5)左边的行列式的第 i 行与第 k 行互换，据性质 4 得

$$\begin{vmatrix} a_{11} & a_{12} & \cdots & a_{1n}\\ \vdots & \vdots & & \vdots\\ a_{i1} & a_{i2} & \cdots & a_{in}\\ \vdots & \vdots & & \vdots\\ a_{i1} & a_{i2} & \cdots & a_{in}\\ \vdots & \vdots & & \vdots\\ a_{n1} & a_{n2} & \cdots & a_{nn}\end{vmatrix} = -\begin{vmatrix} a_{11} & a_{12} & \cdots & a_{1n}\\ \vdots & \vdots & & \vdots\\ a_{i1} & a_{i2} & \cdots & a_{in}\\ \vdots & \vdots & & \vdots\\ a_{i1} & a_{i2} & \cdots & a_{in}\\ \vdots & \vdots & & \vdots\\ a_{n1} & a_{n2} & \cdots & a_{nn}\end{vmatrix},$$

从而式(5)左边行列式的 2 倍等于 0，因此式(5)左边行列式的值为 0。 ■

性质 6 两行成比例，行列式的值为 0，即

$$\begin{array}{r}\\ \\ \text{第 } i \text{ 行}\\ \\ \text{第 } k \text{ 行}\\ \\ \\ \end{array}\begin{vmatrix} a_{11} & a_{12} & \cdots & a_{1n}\\ \vdots & \vdots & & \vdots\\ a_{i1} & a_{i2} & \cdots & a_{in}\\ \vdots & \vdots & & \vdots\\ la_{i1} & la_{i2} & \cdots & la_{in}\\ \vdots & \vdots & & \vdots\\ a_{n1} & a_{n2} & \cdots & a_{nn}\end{vmatrix} = 0。\tag{6}$$

证明 把式(6)左边行列式的第 k 行的公因子 l 提出去，所得行列式有两行相同，从而它的值为 0。 ■

性质 7 把一行的倍数加到另一行上，行列式的值不变，即

$$\begin{vmatrix} a_{11} & a_{12} & \cdots & a_{1n} \\ \vdots & \vdots & & \vdots \\ a_{i1} & a_{i2} & \cdots & a_{in} \\ \vdots & \vdots & & \vdots \\ a_{k1}+la_{i1} & a_{k2}+la_{i2} & \cdots & a_{kn}+la_{in} \\ \vdots & \vdots & & \vdots \\ a_{n1} & a_{n2} & \cdots & a_{nn} \end{vmatrix} = \begin{vmatrix} a_{11} & a_{12} & \cdots & a_{1n} \\ \vdots & \vdots & & \vdots \\ a_{i1} & a_{i2} & \cdots & a_{in} \\ \vdots & \vdots & & \vdots \\ a_{k1} & a_{k2} & \cdots & a_{kn} \\ \vdots & \vdots & & \vdots \\ a_{n1} & a_{n2} & \cdots & a_{nn} \end{vmatrix}。\tag{7}$$

证明

$$左边=\begin{vmatrix} a_{11} & a_{12} & \cdots & a_{1n} \\ \vdots & \vdots & & \vdots \\ a_{i1} & a_{i2} & \cdots & a_{in} \\ \vdots & \vdots & & \vdots \\ a_{k1} & a_{k2} & \cdots & a_{kn} \\ \vdots & \vdots & & \vdots \\ a_{n1} & a_{n2} & \cdots & a_{nn} \end{vmatrix} + \begin{vmatrix} a_{11} & a_{12} & \cdots & a_{1n} \\ \vdots & \vdots & & \vdots \\ a_{i1} & a_{i2} & \cdots & a_{in} \\ \vdots & \vdots & & \vdots \\ la_{i1} & la_{i2} & \cdots & la_{in} \\ \vdots & \vdots & & \vdots \\ a_{n1} & a_{n2} & \cdots & a_{nn} \end{vmatrix}$$

$$=\begin{vmatrix} a_{11} & a_{12} & \cdots & a_{1n} \\ \vdots & \vdots & & \vdots \\ a_{i1} & a_{i2} & \cdots & a_{in} \\ \vdots & \vdots & & \vdots \\ a_{k1} & a_{k2} & \cdots & a_{kn} \\ \vdots & \vdots & & \vdots \\ a_{n1} & a_{n2} & \cdots & a_{nn} \end{vmatrix} = 右边$$ ■

行列式的定义和行列式的 7 条性质的内在联系，如图 2-2 所示。

把 n 级矩阵 $\boldsymbol{A}$ 的行与列互换得到的矩阵称为 $\boldsymbol{A}$ 的**转置**，记作 $\boldsymbol{A}'$（或 $\boldsymbol{A}^{\mathrm{T}}$，或 $\boldsymbol{A}^{\mathrm{t}}$）。

由上述定义立即得出 $\boldsymbol{A}'(i;j)=\boldsymbol{A}(j;i)$，$1\leqslant i,j\leqslant n$。

根据行列式的性质 1，得

$$|\boldsymbol{A}'|=|\boldsymbol{A}|。$$

根据行列式的性质 7，得

$$如果\ \boldsymbol{A}\xrightarrow{ⓚ+ⓘ\cdot l}\boldsymbol{B}，那么|\boldsymbol{B}|=|\boldsymbol{A}|；$$

根据行列式的性质 4，得

$$如果\ \boldsymbol{A}\xrightarrow{(ⓘ,ⓚ)}\boldsymbol{B}，那么|\boldsymbol{B}|=-|\boldsymbol{A}|；$$

根据行列式的性质 2，得

$$如果\ \boldsymbol{A}\xrightarrow{ⓘ\cdot c}\boldsymbol{B}，那么|\boldsymbol{B}|=c|\boldsymbol{A}|；$$

其中 $c\neq0$。

综上所述，得

$$如果\ \boldsymbol{A}\xrightarrow{初等行变换}\boldsymbol{B}，那么|\boldsymbol{B}|=l|\boldsymbol{A}|，其中\ l\ 是某个非零数。$$

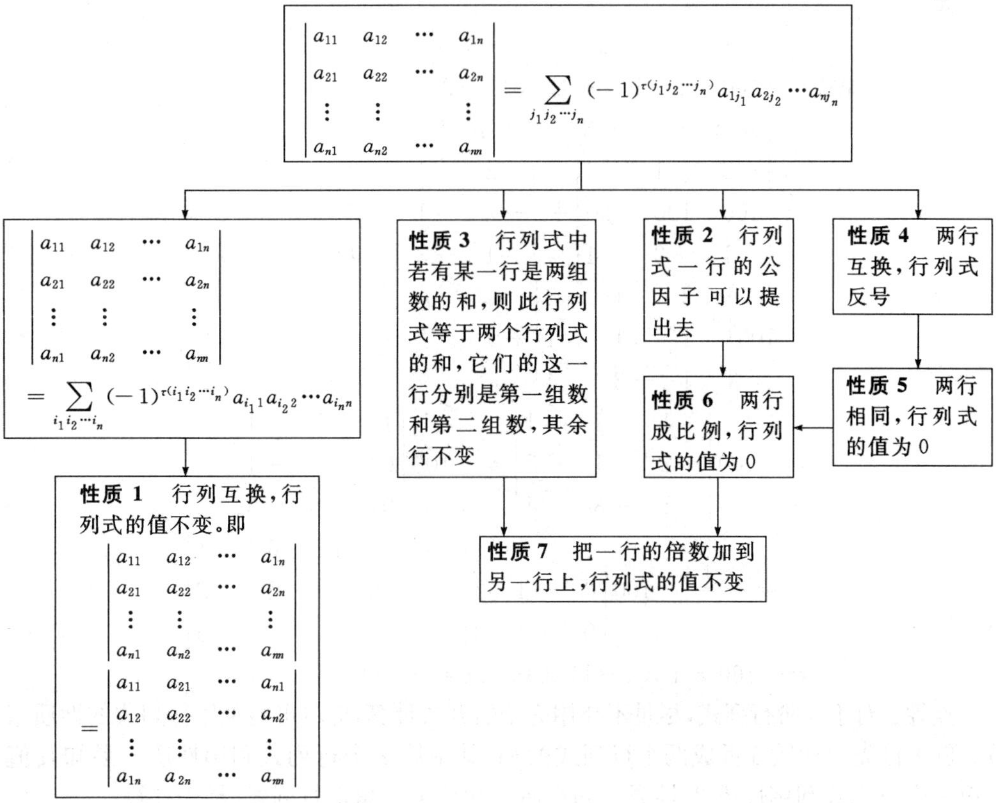

图 2-2

注：由性质 2 立即得出，有一行的元素全为 0，则行列式的值为 0。
　　性质 2～性质 7 中把“行”换成“列”，仍然成立。

类似于矩阵的初等行变换，有矩阵的**初等列变换**：1°把一列的倍数加到另一列上；2°互换两列的位置；3°用一个非零数乘某一列。

利用行列式的性质 7、性质 4、性质 2，可以把一个行列式化成上三角形行列式的非零数倍。这是计算行列式的基本方法之一。

利用行列式的性质 3，可以把一个行列式拆成若干个行列式的和，其中每一个行列式都比较容易计算，这是计算行列式的常用方法之一。

2.3.2 典型例题

例 1 计算行列式：

$$\begin{vmatrix} -2 & 1 & -3 \\ 98 & 101 & 97 \\ 1 & -3 & 4 \end{vmatrix}。$$

解

$$原式=\begin{vmatrix} -2 & 1 & -3 \\ 100-2 & 100+1 & 100-3 \\ 1 & -3 & 4 \end{vmatrix}$$

$$=\begin{vmatrix} -2 & 1 & -3 \\ 100 & 100 & 100 \\ 1 & -3 & 4 \end{vmatrix}+\begin{vmatrix} -2 & 1 & -3 \\ -2 & 1 & -3 \\ 1 & -3 & 4 \end{vmatrix}$$

$$=100\begin{vmatrix} -2 & 1 & -3 \\ 1 & 1 & 1 \\ 1 & -3 & 4 \end{vmatrix}+0$$

$$=-100\begin{vmatrix} 1 & 1 & 1 \\ -2 & 1 & -3 \\ 1 & -3 & 4 \end{vmatrix}=-100\begin{vmatrix} 1 & 1 & 1 \\ 0 & 3 & -1 \\ 0 & -4 & 3 \end{vmatrix}$$

$$\xlongequal{②+③\cdot 1}-100\begin{vmatrix} 1 & 1 & 1 \\ 0 & -1 & 2 \\ 0 & -4 & 3 \end{vmatrix}=-100\begin{vmatrix} 1 & 1 & 1 \\ 0 & -1 & 2 \\ 0 & 0 & -5 \end{vmatrix}$$

$$=-100\times 1\times(-1)\times(-5)=-500$$

点评： 对于3阶行列式，尽量不要用完全展开式计算，应尽可能利用行列式的性质来计算。例1首先用性质3拆成两个行列式的和，其中第2个行列式利用性质5易知其值为0；第1个行列式利用性质2、性质4和性质7化成上三角形行列式，易于计算。

例2　计算 n 阶行列式：

$$\begin{vmatrix} k & \lambda & \lambda & \cdots & \lambda \\ \lambda & k & \lambda & \cdots & \lambda \\ \vdots & \vdots & \vdots & & \vdots \\ \lambda & \lambda & \lambda & \cdots & k \end{vmatrix},(k\neq\lambda)。$$

分析： 这个 n 阶行列式的特点是每一行的元素之和等于常数 $k+(n-1)\lambda$，因此，把第 $2,3,\cdots,n$ 列都加到第1列上，就可以使第1列有公因子 $k+(n-1)\lambda$，把它提出去，则第1列元素全为1，从而用行列式的性质7，容易化成上三角形行列式。以下约定：对于行列式的行进行变换的记号写在等号上面，而对于列进行变换的记号写在等号下面。

解　当 $n\geqslant 2$ 时，有

$$原式\underset{\substack{①+②\\①+③\\\cdots\\①+ⓝ}}{=\!=\!=}\begin{vmatrix} k+(n-1)\lambda & \lambda & \lambda & \cdots & \lambda \\ k+(n-1)\lambda & k & \lambda & \cdots & \lambda \\ \vdots & \vdots & \vdots & & \vdots \\ k+(n-1)\lambda & \lambda & \lambda & \cdots & k \end{vmatrix}$$

$$=[k+(n-1)\lambda]\begin{vmatrix} 1 & \lambda & \lambda & \cdots & \lambda \\ 1 & k & \lambda & \cdots & \lambda \\ \vdots & \vdots & \vdots & & \vdots \\ 1 & \lambda & \lambda & \cdots & k \end{vmatrix}$$

$$=[k+(n-1)\lambda]\begin{vmatrix} 1 & \lambda & \lambda & \cdots & \lambda \\ 0 & k-\lambda & 0 & \cdots & 0 \\ \vdots & \vdots & \vdots & & \vdots \\ 0 & 0 & 0 & \cdots & k-\lambda \end{vmatrix}$$

$$=[k+(n-1)\lambda](k-\lambda)^{n-1}$$

当 $n=1$ 时，上述公式也成立。

点评：例 2 这个行列式在组合数学的对称设计中有重要应用。例 2 的解法不唯一，但上述解法是比较简洁和易于理解的，并且这种解法的思路可用于其他一些 n 阶行列式的计算中。

例 3 证明：

$$\begin{vmatrix} a_1+c_1 & b_1+a_1 & c_1+b_1 \\ a_2+c_2 & b_2+a_2 & c_2+b_2 \\ a_3+c_3 & b_3+a_3 & c_3+b_3 \end{vmatrix} = 2\begin{vmatrix} a_1 & b_1 & c_1 \\ a_2 & b_2 & c_2 \\ a_3 & b_3 & c_3 \end{vmatrix}。$$

证明 左端行列式的每一列都是两组数的和，从而可以拆成 8 个行列式的和。由于两列相同，行列式的值为 0；两列互换，行列式反号，因此

$$\begin{vmatrix} a_1+c_1 & b_1+a_1 & c_1+b_1 \\ a_2+c_2 & b_2+a_2 & c_2+b_2 \\ a_3+c_3 & b_3+a_3 & c_3+b_3 \end{vmatrix}$$

$$=\begin{vmatrix} a_1 & b_1 & c_1 \\ a_2 & b_2 & c_2 \\ a_3 & b_3 & c_3 \end{vmatrix}+\begin{vmatrix} a_1 & b_1 & b_1 \\ a_2 & b_2 & b_2 \\ a_3 & b_3 & b_3 \end{vmatrix}+\begin{vmatrix} a_1 & a_1 & c_1+b_1 \\ a_2 & a_2 & c_2+b_2 \\ a_3 & a_3 & c_3+b_3 \end{vmatrix}$$

$$+\begin{vmatrix} c_1 & b_1 & c_1 \\ c_2 & b_2 & c_2 \\ c_3 & b_3 & c_3 \end{vmatrix}+\begin{vmatrix} c_1 & b_1 & b_1 \\ c_2 & b_2 & b_2 \\ c_3 & b_3 & b_3 \end{vmatrix}+\begin{vmatrix} c_1 & a_1 & c_1 \\ c_2 & a_2 & c_2 \\ c_3 & a_3 & c_3 \end{vmatrix}+\begin{vmatrix} c_1 & a_1 & b_1 \\ c_2 & a_2 & b_2 \\ c_3 & a_3 & b_3 \end{vmatrix}$$

$$=\begin{vmatrix} a_1 & b_1 & c_1 \\ a_2 & b_2 & c_2 \\ a_3 & b_3 & c_3 \end{vmatrix}+(-1)\times(-1)\begin{vmatrix} a_1 & b_1 & c_1 \\ a_2 & b_2 & c_2 \\ a_3 & b_3 & c_3 \end{vmatrix}=2\begin{vmatrix} a_1 & b_1 & c_1 \\ a_2 & b_2 & c_2 \\ a_3 & b_3 & c_3 \end{vmatrix}。$$ ■

例 4 计算 n 阶行列式 $(n\geqslant 2)$：

$$\begin{vmatrix} x_1-a_1 & x_2 & x_3 & \cdots & x_n \\ x_1 & x_2-a_2 & x_3 & \cdots & x_n \\ x_1 & x_2 & x_3-a_3 & \cdots & x_n \\ \vdots & \vdots & \vdots & & \vdots \\ x_1 & x_2 & x_3 & \cdots & x_n-a_n \end{vmatrix},$$

其中 $a_i\neq 0, i=1,2,\cdots,n$。

解 先把第 1 行的 -1 倍分别加到第 $2,3,\cdots,n$ 行上，然后各列分别提出公因子 a_1，$a_2,\cdots,a_n$：

$$\text{原式}=\begin{vmatrix} x_1-a_1 & x_2 & x_3 & \cdots & x_n \\ a_1 & -a_2 & 0 & \cdots & 0 \\ a_1 & 0 & -a_3 & \cdots & 0 \\ \vdots & \vdots & \vdots & & \vdots \\ a_1 & 0 & 0 & \cdots & -a_n \end{vmatrix}$$

$$=a_1a_2a_3\cdots a_n\begin{vmatrix} \frac{x_1}{a_1}-1 & \frac{x_2}{a_2} & \frac{x_3}{a_3} & \cdots & \frac{x_n}{a_n} \\ 1 & -1 & 0 & \cdots & 0 \\ 1 & 0 & -1 & \cdots & 0 \\ \vdots & \vdots & \vdots & & \vdots \\ 1 & 0 & 0 & \cdots & -1 \end{vmatrix}$$

$$=a_1a_2a_3\cdots a_n\begin{vmatrix} \sum_{i=1}^{n}\frac{x_i}{a_i}-1 & \frac{x_2}{a_2} & \frac{x_3}{a_3} & \cdots & \frac{x_n}{a_n} \\ 0 & -1 & 0 & \cdots & 0 \\ 0 & 0 & -1 & \cdots & 0 \\ \vdots & \vdots & \vdots & & \vdots \\ 0 & 0 & 0 & \cdots & -1 \end{vmatrix}$$

$$=(-1)^{n-1}a_1a_2a_3\cdots a_n\left(\sum_{i=1}^{n}\frac{x_i}{a_i}-1\right)。$$

习题 2.3

1. 计算下列行列式：

(1) $\begin{vmatrix} 5 & -1 & 3 \\ 2 & 2 & 2 \\ 196 & 203 & 199 \end{vmatrix}$；　　(2) $\begin{vmatrix} -1 & 203 & \frac{1}{3} \\ 3 & 298 & \frac{1}{2} \\ 5 & 399 & \frac{2}{3} \end{vmatrix}$；

(3) $\begin{vmatrix} 1 & 0 & -3 & 2 \\ -4 & -1 & 0 & -5 \\ 2 & 3 & -1 & -6 \\ 3 & 3 & -4 & 1 \end{vmatrix}$；　　(4) $\begin{vmatrix} 1 & 2 & 3 & 4 \\ 2 & 3 & 4 & 1 \\ 3 & 4 & 1 & 2 \\ 4 & 1 & 2 & 3 \end{vmatrix}$。

2. 计算下列 n 阶行列式：

(1) $\begin{vmatrix} a & 1 & 1 & \cdots & 1 \\ 1 & a & 1 & \cdots & 1 \\ \vdots & \vdots & \vdots & & \vdots \\ 1 & 1 & 1 & \cdots & a \end{vmatrix}$；　　(2) $\begin{vmatrix} a_1-b & a_2 & \cdots & a_n \\ a_1 & a_2-b & \cdots & a_n \\ \vdots & \vdots & & \vdots \\ a_1 & a_2 & \cdots & a_n-b \end{vmatrix}$。

3. 证明：

(1) $\begin{vmatrix} a_1-b_1 & b_1-c_1 & c_1-a_1 \\ a_2-b_2 & b_2-c_2 & c_2-a_2 \\ a_3-b_3 & b_3-c_3 & c_3-a_3 \end{vmatrix}=0$；

(2) $\begin{vmatrix} a_1+b_1 & b_1+c_1 & c_1+a_1 \\ a_2+b_2 & b_2+c_2 & c_2+a_2 \\ a_3+b_3 & b_3+c_3 & c_3+a_3 \end{vmatrix}=2\begin{vmatrix} a_1 & b_1 & c_1 \\ a_2 & b_2 & c_2 \\ a_3 & b_3 & c_3 \end{vmatrix}$。

4. 计算下列 n 阶行列式：

(1) $\begin{vmatrix} a_1 & a_2 & a_3 & \cdots & a_n \\ b_2 & 1 & 0 & \cdots & 0 \\ b_3 & 0 & 1 & \cdots & 0 \\ \vdots & \vdots & \vdots & & \vdots \\ b_n & 0 & 0 & \cdots & 1 \end{vmatrix}$； (2) $\begin{vmatrix} a_1+b_1 & a_1+b_2 & \cdots & a_1+b_n \\ a_2+b_1 & a_2+b_2 & \cdots & a_2+b_n \\ \vdots & \vdots & & \vdots \\ a_n+b_1 & a_n+b_2 & \cdots & a_n+b_n \end{vmatrix}$；

(3) $\begin{vmatrix} 1 & 2 & 3 & \cdots & n-2 & n-1 & n \\ 2 & 3 & 4 & \cdots & n-1 & n & n \\ 3 & 4 & 5 & \cdots & n & n & n \\ \vdots & \vdots & \vdots & & \vdots & \vdots & \vdots \\ n-1 & n & n & \cdots & n & n & n \\ n & n & n & \cdots & n & n & n \end{vmatrix}$。

2.4 行列式按一行(列)展开

2.4.1 内容精华

n 阶行列式的计算能否转化成 $n-1$ 阶行列式的计算？

首先以 3 阶行列式为例。把 3 阶行列式 $|\boldsymbol{A}|$ 的完全展开式中 6 项按第 1 行的 3 个元素分成 3 组，每组提取公因子便得到

$$\begin{aligned}|\boldsymbol{A}|&=\begin{vmatrix} a_{11} & a_{12} & a_{13} \\ a_{21} & a_{22} & a_{23} \\ a_{31} & a_{32} & a_{33} \end{vmatrix}\\ &=(a_{11}a_{22}a_{33}-a_{11}a_{23}a_{32})+(a_{12}a_{23}a_{31}-a_{12}a_{21}a_{33})+(a_{13}a_{21}a_{32}-a_{13}a_{22}a_{31})\\ &=a_{11}\begin{vmatrix} a_{22} & a_{23} \\ a_{32} & a_{33} \end{vmatrix}-a_{12}\begin{vmatrix} a_{21} & a_{23} \\ a_{31} & a_{33} \end{vmatrix}+a_{13}\begin{vmatrix} a_{21} & a_{22} \\ a_{31} & a_{32} \end{vmatrix} \qquad (1)\end{aligned}$$

这样就把 3 阶行列式 $|\boldsymbol{A}|$ 的计算转化为计算 3 个 2 阶行列式。式(1)的第 1 个 2 阶行列式

$$\begin{vmatrix} a_{22} & a_{23} \\ a_{32} & a_{33} \end{vmatrix}$$

是在3级矩阵$\boldsymbol{A}$中划去a_{11}所在的第1行和第1列，剩下的元素按原来的次序组成的2级矩阵的行列式。式(1)的其他两个2阶行列式可以用类似的方法得到。由此受到启发，引出下述概念：

定义1　n级矩阵$\boldsymbol{A}$中，划去第i行和第j列，剩下的元素按原来次序组成的$n-1$级矩阵的行列式称为矩阵$\boldsymbol{A}$的(i,j)元的**余子式**，记作M_{ij}。令

$$A_{ij}=(-1)^{i+j}M_{ij},$$

称A_{ij}是$\boldsymbol{A}$的(i,j)元的**代数余子式**。

运用代数余子式的记号，式(1)可以写成

$$|\boldsymbol{A}|=a_{11}A_{11}+a_{12}A_{12}+a_{13}A_{13}\tag{2}$$

式(2)表明：3级矩阵$\boldsymbol{A}$的行列式$|\boldsymbol{A}|$等于它的第1行元素与自己的代数余子式的乘积之和。这个结论可以推广到n阶行列式中，即有下述定理：

定理1　n级矩阵$\boldsymbol{A}$的行列式$|\boldsymbol{A}|$等于它的第i行元素与自己的代数余子式的乘积之和，即

$$\begin{aligned}|\boldsymbol{A}|&=a_{i1}A_{i1}+a_{i2}A_{i2}+\cdots+a_{in}A_{in}\\&=\sum_{j=1}^{n}a_{ij}A_{ij},\end{aligned}\tag{3}$$

其中$i\in\{1,2,\cdots,n\}$，式(3)称为n阶行列式按第i行的展开式。

证明　把$|\boldsymbol{A}|$的完全展开式的$n!$项按第i行的n个元素分成n组：

$$\begin{aligned}|\boldsymbol{A}|&=\sum_{k_1\cdots k_{i-1}jk_{i+1}\cdots k_n}(-1)^{\tau(k_1\cdots k_{i-1}jk_{i+1}\cdots k_n)}a_{1k_1}\cdots a_{i-1,k_{i-1}}a_{ij}a_{i+1,k_{i+1}}\cdots a_{nk_n}\\
&=\sum_{jk_1\cdots k_{i-1}k_{i+1}\cdots k_n}(-1)^{\tau(i1\cdots(i-1)(i+1)\cdots n)+\tau(jk_1\cdots k_{i-1}k_{i+1}\cdots k_n)}a_{ij}a_{1k_1}\cdots a_{i-1k_{i-1}}a_{i+1,k_{i+1}}\cdots a_{nk_n}\\
&=\sum_{j=1}^{n}a_{ij}(-1)^{i-1}(-1)^{j-1}\Big[\sum_{k_1\cdots k_{i-1}k_{i+1}\cdots k_n}(-1)^{\tau(k_1\cdots k_{i-1}k_{i+1}\cdots k_n)}a_{1k_1}\cdots a_{i-1,k_{i-1}}a_{i+1,k_{i+1}}\cdots a_{nk_n}\Big]\\
&=\sum_{j=1}^{n}(-1)^{i+j}a_{ij}\begin{vmatrix}a_{11}&\cdots&a_{1,j-1}&a_{1,j+1}&\cdots&a_{1n}\\\vdots&&\vdots&\vdots&&\vdots\\a_{i-1,1}&\cdots&a_{i-1,j-1}&a_{i-1,j+1}&\cdots&a_{i-1,n}\\a_{i+1,1}&\cdots&a_{i+1,j-1}&a_{i+1,j+1}&\cdots&a_{i+1,n}\\\vdots&&\vdots&\vdots&&\vdots\\a_{n1}&\cdots&a_{n,j-1}&a_{n,j+1}&\cdots&a_{nn}\end{vmatrix}\\
&=\sum_{j=1}^{n}(-1)^{i+j}a_{ij}M_{ij}=\sum_{j=1}^{n}a_{ij}A_{ij}\end{aligned}$$

■

公式(3)称为行列式按第i行的展开式。

定理2　n级矩阵$\boldsymbol{A}$的行列式$|\boldsymbol{A}|$等于它的第j列元素与自己的代数余子式的乘积之和，即

$$\begin{aligned}|\boldsymbol{A}|&=a_{1j}A_{1j}+a_{2j}A_{2j}+\cdots+a_{nj}A_{nj}\\&=\sum_{l=1}^{n}a_{lj}A_{lj}。\end{aligned}\tag{4}$$

证明 将$|\boldsymbol{A}'|$按第j行展开,由于$\boldsymbol{A}'$的(j,l)元等于$\boldsymbol{A}$的(l,j)元,并且$\boldsymbol{A}'$的(j,l)元的代数余子式等于$\boldsymbol{A}$的(l,j)元的代数余子式A_{lj},因此

$$|\boldsymbol{A}|=|\boldsymbol{A}'|=a_{1j}A_{1j}+a_{2j}A_{2j}+\cdots+a_{nj}A_{nj}。$$ ■

公式(4)称为行列式按第j列的展开式。

定理1和定理2把n阶行列式与$n-1$阶行列式联系起来,如果能利用行列式的性质把n阶行列式的某一行(或某一列)的$n-1$个元素变成0,那么n阶行列式的计算就转化为一个$n-1$阶行列式的计算,从而大大减少了计算量(把计算$n!$项的代数和转化成计算$(n-1)!$项的代数和),这是计算行列式的基本方法之二。

定理3 n级矩阵$\boldsymbol{A}$的行列式$|\boldsymbol{A}|$的第i行元素与第k行$(k\neq i)$相应元素的代数余子式的乘积之和等于0,即

$$a_{i1}A_{k1}+a_{i2}A_{k2}+\cdots+a_{in}A_{kn}=0,\ 当\ k\neq i。\tag{5}$$

证明 为了使式(5)左端成为某一个矩阵的第k行元素与它自己的代数余子式的乘积之和,便于利用定理1,应构造矩阵$\boldsymbol{B}$,使得$\boldsymbol{B}$的第k行元素为$a_{i1},\cdots,a_{in}$,而第k行元素的代数余子式为$A_{k1},A_{k2},\cdots,A_{kn}$,这只要使$\boldsymbol{B}$的除第$k$行以外的其余行与$\boldsymbol{A}$的相应行相同。于是令

$$|\boldsymbol{B}|=\begin{vmatrix}a_{11}&a_{12}&\cdots&a_{1n}\\\vdots&\vdots&&\vdots\\a_{i1}&a_{i2}&\cdots&a_{in}\\\vdots&\vdots&&\vdots\\a_{i1}&a_{i2}&\cdots&a_{in}\\\vdots&\vdots&&\vdots\\a_{n1}&a_{n2}&\cdots&a_{nn}\end{vmatrix}\begin{matrix}\\\\第\,i\,行\\\\第\,k\,行\\\\\\\end{matrix},$$

由于$|\boldsymbol{B}|$的两行相同,因此$|\boldsymbol{B}|=0$。把$|\boldsymbol{B}|$按第k行展开,得

$$|\boldsymbol{B}|=a_{i1}A_{k1}+a_{i2}A_{k2}+\cdots+a_{in}A_{kn}.$$

因此

$$a_{i1}A_{k1}+a_{i2}A_{k2}+\cdots+a_{in}A_{kn}=0,\ (k\neq i)。$$ ■

由于行列式的行与列的地位对称,因此也有如下定理:

定理4 n级矩阵$\boldsymbol{A}$的行列式$|\boldsymbol{A}|$的第j列元素与第l列$(l\neq j)$的相应元素的代数余子式的乘积之和等于0,即

$$a_{1j}A_{1l}+a_{2j}A_{2l}+\cdots+a_{nj}A_{nl}=0,\ 当\ l\neq j。\tag{6}$$

公式(3)(5)与公式(4)(6)可以分别写成

$$\sum_{j=1}^{n}a_{ij}A_{kj}=\begin{cases}|\boldsymbol{A}|, & 当\ k=i,\\0, & 当\ k\neq i;\end{cases}\tag{7}$$

$$\sum_{i=1}^{n}a_{ij}A_{il}=\begin{cases}|\boldsymbol{A}|, & 当\ l=j,\\0, & 当\ l\neq j。\end{cases}\tag{8}$$

例1 计算行列式:

$$\begin{vmatrix}2&-3&7\\-4&1&-2\\9&-2&3\end{vmatrix}。$$

解 为了尽量避免分数运算,尽可能选择1或−1所在的行(或列),把该行(或列)的许多元素变成0,然后按这一行(或列)展开。现在选择1所在的第2行。

$$\text{原式}\xlongequal[\text{③}+\text{②}\cdot 2]{\text{①}+\text{②}\cdot 4}\begin{vmatrix}-10 & -3 & 1\\ 0 & 1 & 0\\ 1 & -2 & -1\end{vmatrix}=1\cdot(-1)^{2+2}\begin{vmatrix}-10 & 1\\ 1 & -1\end{vmatrix}=9。$$

例2 计算行列式:

$$\begin{vmatrix}\lambda-6 & 2 & -2\\ 2 & \lambda-3 & -4\\ -2 & -4 & \lambda-3\end{vmatrix}。$$

解

$$\begin{aligned}\text{原式}&\xlongequal{\text{③}+\text{②}\cdot 1}\begin{vmatrix}\lambda-6 & 2 & -2\\ 2 & \lambda-3 & -4\\ 0 & \lambda-7 & \lambda-7\end{vmatrix}\\ &\xlongequal[\text{②}+\text{③}\cdot(-1)]{}\begin{vmatrix}\lambda-6 & 4 & -2\\ 2 & \lambda+1 & -4\\ 0 & 0 & \lambda-7\end{vmatrix}\\ &=(\lambda-7)(-1)^{3+3}\begin{vmatrix}\lambda-6 & 4\\ 2 & \lambda+1\end{vmatrix}\\ &=(\lambda-7)(\lambda^2-5\lambda-14)=(\lambda-7)^2(\lambda+2)。\end{aligned}$$

例3 计算 n 阶行列式($n>1$):

$$\begin{vmatrix}a & b & 0 & 0 & \cdots & 0 & 0 & 0\\ 0 & a & b & 0 & \cdots & 0 & 0 & 0\\ 0 & 0 & a & b & \cdots & 0 & 0 & 0\\ \vdots & \vdots & \vdots & \vdots & & \vdots & \vdots & \vdots\\ 0 & 0 & 0 & 0 & \cdots & 0 & a & b\\ b & 0 & 0 & 0 & \cdots & 0 & 0 & a\end{vmatrix}。$$

解 先按第1列展开,得

$$\begin{aligned}\text{原式}=&\,a\begin{vmatrix}a & b & 0 & \cdots & 0 & 0 & 0\\ 0 & a & b & \cdots & 0 & 0 & 0\\ \vdots & \vdots & \vdots & & \vdots & \vdots & \vdots\\ 0 & 0 & 0 & \cdots & 0 & a & b\\ 0 & 0 & 0 & \cdots & 0 & 0 & a\end{vmatrix}\\ &+b(-1)^{n+1}\begin{vmatrix}b & 0 & 0 & \cdots & 0 & 0 & 0\\ a & b & 0 & \cdots & 0 & 0 & 0\\ 0 & a & b & \cdots & 0 & 0 & 0\\ \vdots & \vdots & \vdots & & \vdots & \vdots & \vdots\\ 0 & 0 & 0 & \cdots & 0 & a & b\end{vmatrix}\\ =&\,aa^{n-1}+(-1)^{n+1}bb^{n-1}\\ =&\,a^n+(-1)^{n+1}b^n。\end{aligned}$$

n 阶行列式

$$\begin{vmatrix} 1 & 1 & 1 & \cdots & 1 \\ a_1 & a_2 & a_3 & \cdots & a_n \\ a_1^2 & a_2^2 & a_3^2 & \cdots & a_n^2 \\ \vdots & \vdots & \vdots & & \vdots \\ a_1^{n-2} & a_2^{n-2} & a_3^{n-2} & \cdots & a_n^{n-2} \\ a_1^{n-1} & a_2^{n-1} & a_3^{n-1} & \cdots & a_n^{n-1} \end{vmatrix} \tag{9}$$

有什么特点？

它的第 1 行元素全是 1，第 2 行元素是 n 个数，第 3 行元素是这 n 个数的平方，…，第 n 行元素是这 n 个数的 $n-1$ 次方。这样的行列式称为**范德蒙德**(Vandermonde)**行列式**。它的值等于什么呢？

当 $n=2$ 时，

$$\begin{vmatrix} 1 & 1 \\ a_1 & a_2 \end{vmatrix} = a_2 - a_1。$$

当 $n=3$ 时，

$$\begin{vmatrix} 1 & 1 & 1 \\ a_1 & a_2 & a_3 \\ a_1^2 & a_2^2 & a_3^2 \end{vmatrix} \xlongequal{③+②\cdot(-a_1)} \begin{vmatrix} 1 & 1 & 1 \\ a_1 & a_2 & a_3 \\ 0 & a_2^2 - a_1a_2 & a_3^2 - a_1a_3 \end{vmatrix}$$

$$\xlongequal{②+①\cdot(-a_1)} \begin{vmatrix} 1 & 1 & 1 \\ 0 & a_2 - a_1 & a_3 - a_1 \\ 0 & a_2(a_2 - a_1) & a_3(a_3 - a_1) \end{vmatrix}$$

$$= (a_2 - a_1)(a_3 - a_1)\begin{vmatrix} 1 & 1 \\ a_2 & a_3 \end{vmatrix}$$

$$= (a_2 - a_1)(a_3 - a_1)(a_3 - a_2)。$$

由上述受到启发，我们猜想 n 阶范德蒙德行列式($n\geqslant 2$)的值为

$$\begin{vmatrix} 1 & 1 & 1 & \cdots & 1 \\ a_1 & a_2 & a_3 & \cdots & a_n \\ a_1^2 & a_2^2 & a_3^2 & \cdots & a_n^2 \\ \vdots & \vdots & \vdots & & \vdots \\ a_1^{n-2} & a_2^{n-2} & a_3^{n-2} & \cdots & a_n^{n-2} \\ a_1^{n-1} & a_2^{n-1} & a_3^{n-1} & \cdots & a_n^{n-1} \end{vmatrix} = \prod_{1\leqslant j<i\leqslant n}(a_i - a_j), \tag{10}$$

其中 $\prod$ 是连乘号，

$$\begin{aligned}\prod_{1\leqslant j<i\leqslant n}(a_i - a_j) = &(a_2 - a_1)(a_3 - a_1)\cdots(a_{n-1} - a_1)(a_n - a_1) \\ &\cdot(a_3 - a_2)\cdots(a_{n-1} - a_2)(a_n - a_2) \\ &\cdot\cdots \\ &\cdot(a_{n-1} - a_{n-2})(a_n - a_{n-2}) \\ &\cdot(a_n - a_{n-1})。\end{aligned}$$

证明　对范德蒙德行列式的阶数 n 作数学归纳法。

当 $n=2$ 时，上面已证明结论成立。

假设对于 $n-1$ 阶范德蒙德行列式结论成立。我们来看 n 阶范德蒙德行列式的情形。把第 $n-1$ 行的 $-a_1$ 倍加到第 n 行上，然后把第 $n-2$ 行的 $-a_1$ 倍加到第 $n-1$ 行上，依次类推，最后把第 1 行的 $-a_1$ 倍加到第 2 行上，得到

$$
\text{原式}=\begin{vmatrix} 1 & 1 & 1 & \cdots & 1 \\ 0 & a_2-a_1 & a_3-a_1 & \cdots & a_n-a_1 \\ 0 & a_2^2-a_1a_2 & a_3^2-a_1a_3 & \cdots & a_n^2-a_1a_n \\ \vdots & \vdots & \vdots & & \vdots \\ 0 & a_2^{n-2}-a_1a_2^{n-3} & a_3^{n-2}-a_1a_3^{n-3} & \cdots & a_n^{n-2}-a_1a_n^{n-3} \\ 0 & a_2^{n-1}-a_1a_2^{n-2} & a_3^{n-1}-a_1a_3^{n-2} & \cdots & a_n^{n-1}-a_1a_n^{n-2} \end{vmatrix}
$$

$$
=\begin{vmatrix} a_2-a_1 & a_3-a_1 & \cdots & a_n-a_1 \\ a_2(a_2-a_1) & a_3(a_3-a_1) & \cdots & a_n(a_n-a_1) \\ \vdots & \vdots & & \vdots \\ a_2^{n-3}(a_2-a_1) & a_3^{n-3}(a_3-a_1) & \cdots & a_n^{n-3}(a_n-a_1) \\ a_2^{n-2}(a_2-a_1) & a_3^{n-2}(a_3-a_1) & \cdots & a_n^{n-2}(a_n-a_1) \end{vmatrix}
$$

$$
=(a_2-a_1)(a_3-a_1)\cdots(a_n-a_1)\begin{vmatrix} 1 & 1 & \cdots & 1 \\ a_2 & a_3 & \cdots & a_n \\ \vdots & \vdots & & \vdots \\ a_2^{n-3} & a_3^{n-3} & \cdots & a_n^{n-3} \\ a_2^{n-2} & a_3^{n-2} & \cdots & a_n^{n-2} \end{vmatrix}
$$

$$
\xlongequal{\text{用归纳假设}}(a_2-a_1)(a_3-a_1)\cdots(a_n-a_1)\prod_{2\leqslant j<i\leqslant n}(a_i-a_j)
$$

$$
=\prod_{1\leqslant j<i\leqslant n}(a_i-a_j)
$$

据数学归纳法原理，对一切大于 1 的正整数，结论都成立。 ■

范德蒙德行列式在许多实际问题中出现，我们可以用公式(10)立即写出它的值。

从式(10)看出，n 阶范德蒙德行列式不等于 0 当且仅当 $a_1,a_2,\cdots,a_n$ 两两不等。

由于 $|\boldsymbol{A}'|=|\boldsymbol{A}|$，因此也有

$$
\begin{vmatrix} 1 & a_1 & a_1^2 & \cdots & a_1^{n-1} \\ 1 & a_2 & a_2^2 & \cdots & a_2^{n-1} \\ \vdots & \vdots & \vdots & & \vdots \\ 1 & a_n & a_n^2 & \cdots & a_n^{n-1} \end{vmatrix}=\prod_{1\leqslant j<i\leqslant n}(a_i-a_j) \tag{11}
$$

计算行列式的方法除了 2.3 节介绍的 3 种：(1)化成上三角形行列式；(2)拆成若干个行列式的和；(3)把第 2,3,…,n 列都加到第 1 列上(适用于各行的元素和相同)，本节再介绍下述 5 种方法(它们都是运用了行列式按一行(列)展开的定理)，以后还会介绍其他方法。

(4)为按一行(或一列)展开，这是基本方法之二；(5)为归纳法；(6)为递推关系法；

(7)为加边法(即升阶法);(8)为利用范德蒙德行列式。

2.4.2 典型例题

例 1 计算行列式:

$$\begin{vmatrix} -4 & 5 & 2 & -3 \\ 1 & -2 & -3 & 4 \\ 2 & 3 & 7 & 5 \\ -3 & 6 & 4 & -2 \end{vmatrix}。$$

解 选择元素 1 所在的第 1 列,把这一列的其余元素变成 0,然后按这一列展开:

$$原式 = \begin{vmatrix} 0 & -3 & -10 & 13 \\ 1 & -2 & -3 & 4 \\ 0 & 7 & 13 & -3 \\ 0 & 0 & -5 & 10 \end{vmatrix}$$

$$= (-1)^{2+1} \cdot 1 \cdot \begin{vmatrix} -3 & -10 & 13 \\ 7 & 13 & -3 \\ 0 & -5 & 10 \end{vmatrix} = -\begin{vmatrix} -3 & -10 & -7 \\ 7 & 13 & 23 \\ 0 & -5 & 0 \end{vmatrix}$$

$$= -(-1)^{3+2}(-5)\begin{vmatrix} -3 & -7 \\ 7 & 23 \end{vmatrix} = -5 \times (-69+49) = 100$$

例 2 计算下述行列式,并且将结果因式分解:

$$\begin{vmatrix} \lambda-1 & -1 & -1 & -1 \\ -1 & \lambda+1 & -1 & 1 \\ -1 & -1 & \lambda+1 & 1 \\ -1 & 1 & 1 & \lambda-1 \end{vmatrix}。$$

解

$$原式 = \begin{vmatrix} 0 & (\lambda^2-1)-1 & -\lambda & \lambda-1-1 \\ -1 & \lambda+1 & -1 & 1 \\ 0 & -\lambda-2 & \lambda+2 & 0 \\ 0 & -\lambda & 2 & \lambda-2 \end{vmatrix}$$

$$= (-1)^{2+1}(-1)\begin{vmatrix} \lambda^2-2 & -\lambda & \lambda-2 \\ -\lambda-2 & \lambda+2 & 0 \\ -\lambda & 2 & \lambda-2 \end{vmatrix}$$

$$\xlongequal{①+②\cdot 1} \begin{vmatrix} \lambda^2-\lambda-2 & -\lambda & \lambda-2 \\ 0 & \lambda+2 & 0 \\ -\lambda+2 & 2 & \lambda-2 \end{vmatrix} = (-1)^{2+2}(\lambda+2)\begin{vmatrix} \lambda^2-\lambda-2 & \lambda-2 \\ -\lambda+2 & \lambda-2 \end{vmatrix}$$

$$= (\lambda+2)(\lambda-2)\begin{vmatrix} \lambda^2-\lambda-2 & 1 \\ -\lambda+2 & 1 \end{vmatrix} = (\lambda+2)(\lambda-2)\begin{vmatrix} \lambda^2-4 & 0 \\ -\lambda+2 & 1 \end{vmatrix}$$

$$= (\lambda+2)^2(\lambda-2)^2。$$

例 3 题目同 2.3 节典型例题的例 4。

解(加边法)

$$\begin{vmatrix} x_1-a_1 & x_2 & \cdots & x_n \\ x_1 & x_2-a_2 & \cdots & x_n \\ \vdots & \vdots & & \vdots \\ x_1 & x_2 & \cdots & x_n-a_n \end{vmatrix} = \begin{vmatrix} 1 & x_1 & x_2 & \cdots & x_n \\ 0 & x_1-a_1 & x_2 & \cdots & x_n \\ 0 & x_1 & x_2-a_2 & \cdots & x_n \\ \vdots & \vdots & \vdots & & \vdots \\ 0 & x_1 & x_2 & \cdots & x_n-a_n \end{vmatrix}$$

$$= \begin{vmatrix} 1 & x_1 & x_2 & \cdots & x_n \\ -1 & -a_1 & 0 & \cdots & 0 \\ -1 & 0 & -a_2 & \cdots & 0 \\ \vdots & \vdots & \vdots & & \vdots \\ -1 & 0 & 0 & \cdots & -a_n \end{vmatrix} = \begin{vmatrix} 1-\sum\limits_{i=1}^{n}\dfrac{x_i}{a_i} & x_1 & x_2 & \cdots & x_n \\ 0 & -a_1 & 0 & \cdots & 0 \\ 0 & 0 & -a_2 & \cdots & 0 \\ \vdots & \vdots & \vdots & & \vdots \\ 0 & 0 & 0 & \cdots & -a_n \end{vmatrix}$$

$$=(-1)^n a_1 a_2 \cdots a_n \left(1-\sum_{i=1}^{n}\frac{x_i}{a_i}\right)。$$

例 4 计算 n 阶行列式($n\geqslant 2$):

$$D_n = \begin{vmatrix} x & 0 & 0 & \cdots & 0 & 0 & a_0 \\ -1 & x & 0 & \cdots & 0 & 0 & a_1 \\ 0 & -1 & x & \cdots & 0 & 0 & a_2 \\ \vdots & \vdots & \vdots & & \vdots & \vdots & \vdots \\ 0 & 0 & 0 & \cdots & -1 & x & a_{n-2} \\ 0 & 0 & 0 & \cdots & 0 & -1 & x+a_{n-1} \end{vmatrix}。$$

解 $n=2$ 时,

$$D_2 = \begin{vmatrix} x & a_0 \\ -1 & x+a_1 \end{vmatrix} = x^2+a_1x+a_0$$

假设对于上述形式的 $n-1$ 阶行列式,有

$$\begin{vmatrix} x & 0 & \cdots & 0 & 0 & a_0 \\ -1 & x & \cdots & 0 & 0 & a_1 \\ \vdots & \vdots & & \vdots & \vdots & \vdots \\ 0 & 0 & \cdots & 0 & -1 & x+a_{n-2} \end{vmatrix} = x^{n-1}+a_{n-2}x^{n-2}+\cdots+a_1x+a_0,$$

现在来看上述形式的 n 阶行列式,把它按第 1 行展开,得

$$D_n = x\begin{vmatrix} x & 0 & \cdots & 0 & 0 & a_1 \\ -1 & x & \cdots & 0 & 0 & a_2 \\ \vdots & \vdots & & \vdots & \vdots & \vdots \\ 0 & 0 & \cdots & -1 & x & a_{n-2} \\ 0 & 0 & \cdots & 0 & -1 & x+a_{n-1} \end{vmatrix} + (-1)^{1+n}a_0 \begin{vmatrix} -1 & x & 0 & \cdots & 0 & 0 \\ 0 & -1 & x & \cdots & 0 & 0 \\ \vdots & \vdots & \vdots & & \vdots & \vdots \\ 0 & 0 & 0 & \cdots & -1 & x \\ 0 & 0 & 0 & \cdots & 0 & -1 \end{vmatrix}$$

$$=x(x^{n-1}+a_{n-1}x^{n-2}+\cdots+a_2x+a_1)+(-1)^{1+n}a_0(-1)^{n-1}$$

$$=x^n+a_{n-1}x^{n-1}+\cdots+a_2x^2+a_1x+a_0$$

根据数学归纳法原理,此命题对一切自然数 $n\geqslant 2$ 都成立。

例 5 计算 n 阶行列式:

$$D_n=\begin{vmatrix} 2 & -1 & 0 & 0 & \cdots & 0 & 0 & 0 \\ -1 & 2 & -1 & 0 & \cdots & 0 & 0 & 0 \\ 0 & -1 & 2 & -1 & \cdots & 0 & 0 & 0 \\ \vdots & \vdots & \vdots & \vdots & & \vdots & \vdots & \vdots \\ 0 & 0 & 0 & 0 & \cdots & -1 & 2 & -1 \\ 0 & 0 & 0 & 0 & \cdots & 0 & -1 & 2 \end{vmatrix}。$$

解 $n=1$ 时,$D_1=|2|=2$。下面设 $n>1$,把第 $2,3,\cdots,n$ 列都加到第 1 列上,然后按第 1 列展开:

$$\begin{aligned} D_n&=\begin{vmatrix} 1 & -1 & 0 & 0 & \cdots & 0 & 0 & 0 \\ 0 & 2 & -1 & 0 & \cdots & 0 & 0 & 0 \\ 0 & -1 & 2 & -1 & \cdots & 0 & 0 & 0 \\ \vdots & \vdots & \vdots & \vdots & & \vdots & \vdots & \vdots \\ 0 & 0 & 0 & 0 & \cdots & -1 & 2 & -1 \\ 1 & 0 & 0 & 0 & \cdots & 0 & -1 & 2 \end{vmatrix} \\ &=1\cdot D_{n-1}+(-1)^{n+1}1\cdot(-1)^{n-1} \\ &=D_{n-1}+1 \end{aligned}$$

由此看出,$D_1,D_2,\cdots,D_n$ 是首项为 2、公差为 1 的等差数列。

因此 $$D_n=2+(n-1)\cdot 1=n+1。$$

例 6 计算 n 阶行列式:

$$D_n=\begin{vmatrix} a+b & ab & 0 & 0 & \cdots & 0 & 0 \\ 1 & a+b & ab & 0 & \cdots & 0 & 0 \\ 0 & 1 & a+b & ab & \cdots & 0 & 0 \\ \vdots & \vdots & \vdots & \vdots & & \vdots & \vdots \\ 0 & 0 & 0 & 0 & \cdots & 1 & a+b \end{vmatrix},$$

其中 $a\neq b$。

解 若 $a=0$,则 $D_n=b^n$;若 $b=0$,则 $D_n=a^n$。

下面设 $a\neq 0$ 且 $b\neq 0$,当 $n\geqslant 3$ 时,按第 1 行展开,得

$$\begin{aligned} D_n&=(a+b)D_{n-1}+(-1)^{1+2}ab\cdot 1\cdot D_{n-2} \\ &=(a+b)D_{n-1}-abD_{n-2} \end{aligned} \tag{12}$$

由式(12)得

$$D_n-aD_{n-1}=b(D_{n-1}-aD_{n-2}) \tag{13}$$

于是 $D_2-aD_1,D_3-aD_2,\cdots,D_n-aD_{n-1}$ 是公比为 b 的等比数列,从而

$$D_n-aD_{n-1}=(D_2-aD_1)b^{n-2} \tag{14}$$

由于 $D_1=|a+b|=a+b$,

$$D_2=\begin{vmatrix} a+b & ab \\ 1 & a+b \end{vmatrix}=(a+b)^2-ab=a^2+ab+b^2$$

因此 $D_2-aD_1=b^2$,从而

$$D_n-aD_{n-1}=b^n \tag{15}$$

由式(12)又可得出

$$D_n - bD_{n-1} = a(D_{n-1} - bD_{n-2}) \tag{16}$$

同理可得

$$D_n - bD_{n-1} = a^n \tag{17}$$

联立式(15)(17),解得

$$D_n = \frac{a^{n+1} - b^{n+1}}{a - b} \tag{18}$$

当 $n=1,2$ 时,公式(18)也成立。

例 7　计算 n 阶行列式:

$$\begin{vmatrix} 1 & 2 & 3 & \cdots & n-1 & n \\ n & 1 & 2 & \cdots & n-2 & n-1 \\ n-1 & n & 1 & \cdots & n-3 & n-2 \\ \vdots & \vdots & \vdots & & \vdots & \vdots \\ 2 & 3 & 4 & \cdots & n & 1 \end{vmatrix}。$$

解　这个 n 阶行列式是把第 1 行的元素依次往右移 1 位得到的。当 $n \geqslant 3$ 时,把第 1 行减去第 2 行(即把第 2 行的(−1)倍加到第 1 行上),第 2 行减去第 3 行,…,第 $n-1$ 行减去第 n 行,得

$$\text{原式} = \begin{vmatrix} 1-n & 1 & 1 & \cdots & 1 & 1 \\ 1 & 1-n & 1 & \cdots & 1 & 1 \\ \vdots & \vdots & \vdots & & \vdots & \vdots \\ 1 & 1 & 1 & \cdots & 1-n & 1 \\ 2 & 3 & 4 & \cdots & n & 1 \end{vmatrix}$$

$$\xlongequal[\substack{①+②\cdot 1 \\ ①+③\cdot 1 \\ \cdots \\ ①+ⓝ\cdot 1}]{} \begin{vmatrix} 0 & 1 & 1 & \cdots & 1 & 1 \\ 0 & 1-n & 1 & \cdots & 1 & 1 \\ \vdots & \vdots & \vdots & & \vdots & \vdots \\ 0 & 1 & 1 & \cdots & 1-n & 1 \\ \dfrac{n(n+1)}{2} & 3 & 4 & \cdots & n & 1 \end{vmatrix}$$

$$= (-1)^{n+1}\frac{n(n+1)}{2}\begin{vmatrix} 1 & 1 & \cdots & 1 & 1 \\ 1-n & 1 & \cdots & 1 & 1 \\ \vdots & \vdots & & \vdots & \vdots \\ 1 & 1 & \cdots & 1-n & 1 \end{vmatrix}$$

$$= (-1)^{n+1}\frac{n(n+1)}{2}\begin{vmatrix} 1 & 1 & \cdots & 1 & 1 \\ -n & 0 & \cdots & 0 & 0 \\ \vdots & \vdots & & \vdots & \vdots \\ 0 & 0 & \cdots & -n & 0 \end{vmatrix}$$

$$= (-1)^{n+1}\frac{n(n+1)}{2}\cdot(-1)^{1+(n-1)}1\cdot(-n)^{n-2}$$

$$= (-1)^{n-1}\frac{n+1}{2}n^{n-1}$$

当 $n=1,2$ 时，上述结论也成立。

例 8 设数域 K 上 n 级矩阵 $\boldsymbol{A}=(a_{ij})$，它的 (i,j) 元的代数余子式记作 A_{ij}。把 $\boldsymbol{A}$ 的每个元素都加上同一个数 t，得到的矩阵记作 $\boldsymbol{A}(t)=(a_{ij}+t)$。证明：

$$|\boldsymbol{A}(t)|=|\boldsymbol{A}|+t\sum_{i=1}^{n}\sum_{j=1}^{n}A_{ij}。$$

证明 $|\boldsymbol{A}(t)|$ 的每一列都是两组数的和，利用行列式的性质 3，可以把 $|\boldsymbol{A}(t)|$ 拆成 2^n 个行列式的和，由于两列相同，行列式的值为 0，因此可能不为 0 的行列式至多只能有 1 列含元素 t。于是

$$|\boldsymbol{A}(t)|=\begin{vmatrix} a_{11} & a_{12} & \cdots & a_{1n} \\ a_{21} & a_{22} & \cdots & a_{2n} \\ \vdots & \vdots & & \vdots \\ a_{n1} & a_{n2} & \cdots & a_{nn} \end{vmatrix}+\begin{vmatrix} t & a_{12} & \cdots & a_{1n} \\ t & a_{22} & \cdots & a_{2n} \\ \vdots & \vdots & & \vdots \\ t & a_{n2} & \cdots & a_{nn} \end{vmatrix}$$

$$+\cdots+\begin{vmatrix} a_{11} & a_{12} & \cdots & a_{1,n-1} & t \\ a_{21} & a_{22} & \cdots & a_{2,n-1} & t \\ \vdots & \vdots & & \vdots & \vdots \\ a_{n1} & a_{n2} & \cdots & a_{n,n-1} & t \end{vmatrix}$$

$$=|\boldsymbol{A}|+tA_{11}+tA_{21}+\cdots+tA_{n1}+\cdots+tA_{1n}+tA_{2n}+\cdots+tA_{nn}$$

$$=|\boldsymbol{A}|+t\sum_{i=1}^{n}\sum_{j=1}^{n}A_{ij}。$$ ■

例 9 计算 n 阶行列式：

$$D_n=\begin{vmatrix} 1 & 1 & 1 & \cdots & 1 & 1 \\ 1 & C_2^1 & C_3^1 & \cdots & C_{n-1}^1 & C_n^1 \\ 1 & C_3^2 & C_4^2 & \cdots & C_n^2 & C_{n+1}^2 \\ \vdots & \vdots & \vdots & & \vdots & \vdots \\ 1 & C_{n-1}^{n-2} & C_n^{n-2} & \cdots & C_{2n-4}^{n-2} & C_{2n-3}^{n-2} \\ 1 & C_n^{n-1} & C_{n+1}^{n-1} & \cdots & C_{2n-3}^{n-1} & C_{2n-2}^{n-1} \end{vmatrix}。$$

解 由于 $C_n^l-C_{n-1}^{l-1}=C_{n-1}^l$，因此把 D_n 的第 n 行减去第 $n-1$ 行，第 $n-1$ 行减去第 $n-2$ 行，…，第 2 行减去第 1 行，得

$$
\begin{aligned}
D_n &= \begin{vmatrix} 1 & 1 & 1 & \cdots & 1 & 1 \\ 0 & 1 & 2 & \cdots & n-2 & n-1 \\ 0 & 1 & C_3^2 & \cdots & C_{n-1}^2 & C_n^2 \\ \vdots & \vdots & \vdots & & \vdots & \vdots \\ 0 & 1 & C_{n-1}^{n-2} & \cdots & C_{2n-5}^{n-2} & C_{2n-4}^{n-2} \\ 0 & 1 & C_n^{n-1} & \cdots & C_{2n-4}^{n-1} & C_{2n-3}^{n-1} \end{vmatrix} \\
&= \begin{vmatrix} 1 & C_2^1 & \cdots & C_{n-2}^1 & C_{n-1}^1 \\ 1 & C_3^2 & \cdots & C_{n-1}^2 & C_n^2 \\ \vdots & \vdots & & \vdots & \vdots \\ 1 & C_{n-1}^{n-2} & \cdots & C_{2n-5}^{n-2} & C_{2n-4}^{n-2} \\ 1 & C_n^{n-1} & \cdots & C_{2n-4}^{n-1} & C_{2n-3}^{n-1} \end{vmatrix} = \begin{vmatrix} 1 & C_2^1 & \cdots & C_{n-2}^1 & C_{n-1}^1 \\ 0 & C_2^2 & \cdots & C_{n-2}^2 & C_{n-1}^2 \\ \vdots & \vdots & & \vdots & \vdots \\ 0 & C_{n-2}^{n-2} & \cdots & C_{2n-6}^{n-2} & C_{2n-5}^{n-2} \\ 0 & C_{n-1}^{n-1} & \cdots & C_{2n-5}^{n-1} & C_{2n-4}^{n-1} \end{vmatrix} \\
&= \begin{vmatrix} 1 & \cdots & C_{n-2}^2 & C_{n-1}^2 \\ \vdots & & \vdots & \vdots \\ 1 & \cdots & C_{2n-6}^{n-2} & C_{2n-5}^{n-2} \\ 1 & \cdots & C_{2n-5}^{n-1} & C_{2n-4}^{n-1} \end{vmatrix} = \cdots \\
&= \begin{vmatrix} 1 & C_{n-1}^{n-2} \\ 1 & C_n^{n-1} \end{vmatrix} = \begin{vmatrix} 1 & n-1 \\ 1 & n \end{vmatrix} = n-(n-1) = 1。
\end{aligned}
$$

点评： 例 9 的解法是利用了组合数的性质之一：$C_n^l = C_{n-1}^l + C_{n-1}^{l-1}(l<n)$，以及行列式按一列展开的性质，把高阶行列式逐次降阶，并且使各列中出现的组合数 C_m^k 中元素个数 m 逐渐变小，而取出的元素个数 k 不变，最终变成形如 C_m^m 或 C_m^{m-1} 这样的组合数，易于计算。

例 10 计算 n 阶列式($n \geqslant 2$)：

$$
\begin{vmatrix} 1 & x_1+a_{11} & x_1^2+a_{21}x_1+a_{22} & \cdots & x_1^{n-1}+a_{n-1,1}x_1^{n-2}+\cdots+a_{n-1,n-1} \\ 1 & x_2+a_{11} & x_2^2+a_{21}x_2+a_{22} & \cdots & x_2^{n-1}+a_{n-1,1}x_2^{n-2}+\cdots+a_{n-1,n-1} \\ \vdots & \vdots & \vdots & & \vdots \\ 1 & x_n+a_{11} & x_n^2+a_{21}x_n+a_{22} & \cdots & x_n^{n-1}+a_{n-1,1}x_n^{n-2}+\cdots+a_{n-1,n-1} \end{vmatrix}。
$$

解 此行列式的第 2 列是两组数($x_1, x_2, \cdots, x_n$)与($a_{11}, a_{11}, \cdots, a_{11}$)的和，第 3 列是三组数的和，…，第 n 列是 n 组数的和，从而这个行列式可以拆成 $2\times3\times4\times\cdots\times n=n!$ 个行列式的和。在这 $n!$ 个行列式中，第 2 列为$(a_{11}, a_{11}, \cdots, a_{11})'$的行列式，由于第 1 列与第 2 列成比例，因此行列式的值为 0；第 2 列为$(x_1, x_2, \cdots, x_n)'$的$\frac{1}{2}n!$个行列式中，只要第 j 列不是取$(x_1^{j-1}, x_2^{j-1}, \cdots, x_n^{j-1})'$这一列，那么必有两列成比例，从而这样的行列式的值为 0。因此可能不为 0 的行列式只有一个：

$$
\begin{vmatrix} 1 & x_1 & x_1^2 & \cdots & x_1^{n-1} \\ 1 & x_2 & x_2^2 & \cdots & x_2^{n-1} \\ \vdots & \vdots & \vdots & & \vdots \\ 1 & x_n & x_n^2 & \cdots & x_n^{n-1} \end{vmatrix},
$$

这是范德蒙德行列式，从而原行列式的值等于

$$\prod_{1\leqslant j<i\leqslant n}(x_i-x_j)。$$

*例 11 计算 n 阶行列式($n\geqslant 2$):

$$D_n=\begin{vmatrix}1 & 1 & \cdots & 1 & 1\\ x_1 & x_2 & \cdots & x_{n-1} & x_n\\ x_1^2 & x_2^2 & \cdots & x_{n-1}^2 & x_n^2\\ \vdots & \vdots & & \vdots & \vdots\\ x_1^{n-2} & x_2^{n-2} & \cdots & x_{n-1}^{n-2} & x_n^{n-2}\\ x_1^n & x_2^n & \cdots & x_{n-1}^n & x_n^n\end{vmatrix}。$$

分析:这个行列式与范德蒙德行列式的区别仅在于第 n 行不是$(x_1^{n-1},x_2^{n-1},\cdots,x_n^{n-1})$。为了利用范德蒙德行列式的计算公式,在原行列式的第 n 列右边添加一列$(1,y,y^2,\cdots,y^{n-2},y^{n-1},y^n)'$。在第 $n-1$ 行和第 n 行之间插进一行$(x_1^{n-1},x_2^{n-1},\cdots,x_{n-1}^{n-1},x_n^{n-1},y^{n-1})$,形成一个 $n+1$ 阶行列式 $\widetilde{D}_{n+1}$,它的$(n,n+1)$元的余子式即为 D_n,也就是 $\widetilde{D}_{n+1}$ 的完全展开式中 y^{n-1} 的系数乘以$(-1)^{n+(n+1)}$即为 D_n。

解 令

$$\widetilde{D}_{n+1}=\begin{vmatrix}1 & 1 & \cdots & 1 & 1 & 1\\ x_1 & x_2 & \cdots & x_{n-1} & x_n & y\\ x_1^2 & x_2^2 & \cdots & x_{n-1}^2 & x_n^2 & y^2\\ \vdots & \vdots & & \vdots & \vdots & \vdots\\ x_1^{n-2} & x_2^{n-2} & \cdots & x_{n-1}^{n-2} & x_n^{n-2} & y^{n-2}\\ x_1^{n-1} & x_2^{n-1} & \cdots & x_{n-1}^{n-1} & x_n^{n-1} & y^{n-1}\\ x_1^n & x_2^n & \cdots & x_{n-1}^n & x_n^n & y^n\end{vmatrix}$$

$$=(y-x_1)(y-x_2)\cdots(y-x_n)\prod_{1\leqslant j<i\leqslant n}(x_i-x_j)。$$

$\widetilde{D}_{n+1}$的完全展开式中 y^{n-1}的系数为

$$-(x_1+x_2+\cdots+x_n)\prod_{1\leqslant j<i\leqslant n}(x_i-x_j),$$

因此 $$D_n=-(-1)^{n+(n+1)}(x_1+x_2+\cdots+x_n)\prod_{1\leqslant j<i\leqslant n}(x_i-x_j)$$

$$=(x_1+x_2+\cdots+x_n)\prod_{1\leqslant j<i\leqslant n}(x_i-x_j)。$$

习题 2.4

1. 计算下列行列式:

(1) $\begin{vmatrix}1 & -2 & 0 & 4\\ 2 & -5 & 1 & -3\\ 4 & 1 & -2 & 6\\ -3 & 2 & 7 & 1\end{vmatrix}$; (2) $\begin{vmatrix}2 & -4 & -3 & 5\\ -3 & 1 & 4 & -2\\ 7 & 2 & 5 & 3\\ 4 & -3 & -2 & 6\end{vmatrix}$;

(3) $\begin{vmatrix} \lambda-2 & -2 & 2 \\ -2 & \lambda-5 & 4 \\ 2 & 4 & \lambda-5 \end{vmatrix}$； (4) $\begin{vmatrix} \lambda-2 & -3 & -2 \\ -1 & \lambda-8 & -2 \\ 2 & 14 & \lambda+3 \end{vmatrix}$。

2. 计算 n 阶行列式($n\geqslant 2$)：

$$\begin{vmatrix} a_1 & a_2 & a_3 & \cdots & a_{n-1} & a_n \\ 1 & -1 & 0 & \cdots & 0 & 0 \\ 0 & 2 & -2 & \cdots & 0 & 0 \\ \vdots & \vdots & \vdots & & \vdots & \vdots \\ 0 & 0 & 0 & \cdots & n-1 & 1-n \end{vmatrix}。$$

3. 计算 n 阶行列式($n\geqslant 2$)：

$$\begin{vmatrix} 1 & a_1 & a_1^2 & \cdots & a_1^{n-1} \\ 1 & a_2 & a_2^2 & \cdots & a_2^{n-1} \\ \vdots & \vdots & \vdots & & \vdots \\ 1 & a_n & a_n^2 & \cdots & a_n^{n-1} \end{vmatrix}。$$

4. 计算 n 阶行列式：

$$D_n = \begin{vmatrix} 2a & a^2 & 0 & 0 & \cdots & 0 & 0 & 0 \\ 1 & 2a & a^2 & 0 & \cdots & 0 & 0 & 0 \\ 0 & 1 & 2a & a^2 & \cdots & 0 & 0 & 0 \\ \vdots & \vdots & \vdots & \vdots & & \vdots & \vdots & \vdots \\ 0 & 0 & 0 & 0 & \cdots & 1 & 2a & a^2 \\ 0 & 0 & 0 & 0 & \cdots & 0 & 1 & 2a \end{vmatrix}。$$

5. 解方程：

$$\begin{vmatrix} 1 & 1 & \cdots & 1 \\ x & a_1 & \cdots & a_{n-1} \\ x^2 & a_1^2 & \cdots & a_{n-1}^2 \\ \vdots & \vdots & & \vdots \\ x^{n-1} & a_1^{n-1} & \cdots & a_{n-1}^{n-1} \end{vmatrix} = 0,$$

其中 $a_1,a_2,\cdots,a_{n-1}$ 是两两不等的数。

6. 计算 n 阶行列式($n\geqslant 2$)：

$$\begin{vmatrix} 1 & 2 & 2 & \cdots & 2 & 2 & 2 \\ 2 & 2 & 2 & \cdots & 2 & 2 & 2 \\ 2 & 2 & 3 & \cdots & 2 & 2 & 2 \\ \vdots & \vdots & \vdots & & \vdots & \vdots & \vdots \\ 2 & 2 & 2 & \cdots & 2 & n-1 & 2 \\ 2 & 2 & 2 & \cdots & 2 & 2 & n \end{vmatrix}。$$

7. 计算 n 阶行列式：

$$D_n=\begin{vmatrix} x & y & y & \cdots & y & y \\ z & x & y & \cdots & y & y \\ z & z & x & \cdots & y & y \\ \vdots & \vdots & \vdots & & \vdots & \vdots \\ z & z & z & \cdots & x & y \\ z & z & z & \cdots & z & x \end{vmatrix},\ y\neq z。$$

8. 计算 n 阶行列式($n\geqslant 2$)：

$$\begin{vmatrix} 1 & 2 & 3 & \cdots & n-1 & n \\ 2 & 3 & 4 & \cdots & n & 1 \\ 3 & 4 & 5 & \cdots & 1 & 2 \\ \vdots & \vdots & \vdots & & \vdots & \vdots \\ n & 1 & 2 & \cdots & n-2 & n-1 \end{vmatrix}。$$

9. 用本节典型例题的例 8 的结果，计算下列 n 阶行列式：

(1) $\begin{vmatrix} 1+x_1y_1 & 1+x_1y_2 & \cdots & 1+x_1y_n \\ 1+x_2y_1 & 1+x_2y_2 & \cdots & 1+x_2y_n \\ \vdots & \vdots & & \vdots \\ 1+x_ny_1 & 1+x_ny_2 & \cdots & 1+x_ny_n \end{vmatrix}$；

(2) $\begin{vmatrix} 1+t & t & t & \cdots & t \\ t & 2+t & t & \cdots & t \\ t & t & 3+t & \cdots & t \\ \vdots & \vdots & \vdots & & \vdots \\ t & t & t & \cdots & n+t \end{vmatrix}$。

10. 计算 n 阶行列式($n\geqslant 2$)：

$$\begin{vmatrix} 1 & 1 & 1 & \cdots & 1 \\ 1 & a_1 & 0 & \cdots & 0 \\ 1 & 0 & a_2 & \cdots & 0 \\ \vdots & \vdots & \vdots & & \vdots \\ 1 & 0 & 0 & \cdots & a_{n-1} \end{vmatrix},$$

其中 $a_1a_2\cdots a_{n-1}\neq 0$。

11. 计算 n 阶行列式：

$$D_n=\begin{vmatrix} 5 & 3 & 0 & 0 & \cdots & 0 & 0 \\ 2 & 5 & 3 & 0 & \cdots & 0 & 0 \\ 0 & 2 & 5 & 3 & \cdots & 0 & 0 \\ \vdots & \vdots & \vdots & \vdots & & \vdots & \vdots \\ 0 & 0 & 0 & 0 & \cdots & 2 & 5 \end{vmatrix}。$$

12. 计算 n 阶行列式：

$$D_n=\begin{vmatrix}1+x^2 & x & 0 & 0 & \cdots & 0 & 0\\ x & 1+x^2 & x & 0 & \cdots & 0 & 0\\ 0 & x & 1+x^2 & x & \cdots & 0 & 0\\ \vdots & \vdots & \vdots & \vdots & & \vdots & \vdots\\ 0 & 0 & 0 & 0 & \cdots & x & 1+x^2\end{vmatrix}。$$

13. 计算 n 阶行列式($n\geqslant 2$)：

$$\begin{vmatrix}1 & 1 & \cdots & 1\\ x_1+1 & x_2+1 & \cdots & x_n+1\\ x_1^2+x_1 & x_2^2+x_2 & \cdots & x_n^2+x_n\\ x_1^3+x_1^2 & x_2^3+x_2^2 & \cdots & x_n^3+x_n^2\\ \vdots & \vdots & & \vdots\\ x_1^{n-1}+x_1^{n-2} & x_2^{n-1}+x_2^{n-2} & \cdots & x_n^{n-1}+x_n^{n-2}\end{vmatrix}。$$

*14. 计算 n 阶行列式：

$$\begin{vmatrix}1-a_1 & a_2 & 0 & 0 & \cdots & 0 & 0\\ -1 & 1-a_2 & a_3 & 0 & \cdots & 0 & 0\\ 0 & -1 & 1-a_3 & a_4 & \cdots & 0 & 0\\ \vdots & \vdots & \vdots & \vdots & & \vdots & \vdots\\ 0 & 0 & 0 & 0 & \cdots & -1 & 1-a_n\end{vmatrix}。$$

2.5 克拉默(Cramer)法则

2.5.1 内容精华

现在来回答本章开头提出的问题：对于数域 K 上 n 个方程的 n 元线性方程组，能不能直接从方程组的系数和常数项判断它有没有解？有多少解？

$$\begin{cases}a_{11}x_1+a_{12}x_2+\cdots+a_{1n}x_n=b_1\\ a_{21}x_1+a_{22}x_2+\cdots+a_{2n}x_n=b_2\\ \vdots\qquad\vdots\qquad\qquad\vdots\qquad\vdots\\ a_{n1}x_1+a_{n2}x_2+\cdots+a_{nn}x_n=b_n\end{cases}\tag{1}$$

方程组(1)的系数矩阵记作 $\boldsymbol{A}$，增广矩阵记作 $\widetilde{\boldsymbol{A}}$。对增广矩阵 $\widetilde{\boldsymbol{A}}$ 施行初等行变换化成阶梯形矩阵 $\widetilde{\boldsymbol{J}}$，此时系数矩阵 $\boldsymbol{A}$ 被化成阶梯形矩阵 $\boldsymbol{J}$，其中 $\boldsymbol{J}$ 比 $\widetilde{\boldsymbol{J}}$ 少最后一列。

根据第1章1.2节的定理1，如果相应的阶梯形方程组出现"$0=d$(其中 $d\neq 0$)"这种方程，那么原方程组无解。此时 $\boldsymbol{J}$ 必有零行($\widetilde{\boldsymbol{J}}$ 的这一行$(0,\cdots,0,d)$对于 $\boldsymbol{J}$ 来讲是$(0,\cdots,0)$)，从而$|\boldsymbol{J}|=0$。

如果相应的阶梯形方程组不出现"$0=d$(其中 $d\neq 0$)"这种方程，那么原方程组有解。

此时当$\tilde{J}$的非零行数目小于未知量数目n时，原方程组有无穷多个解。这种情形$\tilde{J}$有零行，从而J也有零行，于是$|J|=0$。

如果相应的阶梯形方程组不出现“$0=d$(其中$d\neq 0$)”这种方程，并且$\tilde{J}$的非零行数目等于未知量数目n，那么原方程组有唯一解。这种情形J的非零行数目也等于n(否则，相应的阶梯形方程组会出现“$0=d$(其中$d\neq 0$)”这种方程)。于是J有n个主元，它们位于不同列，因此J必定形如

$$J=\begin{pmatrix} c_{11} & c_{12} & \cdots & c_{1n} \\ 0 & c_{22} & \cdots & c_{2n} \\ \vdots & \vdots & & \vdots \\ 0 & 0 & \cdots & c_{nn} \end{pmatrix},$$

其中$c_{11},c_{22},\cdots,c_{nn}$全不为0，从而

$$|J|=c_{11}c_{22}\cdots c_{nn}\neq 0。$$

上述表明：原线性方程组无解或有无穷多个解时，$|J|=0$；有唯一解时，$|J|\neq 0$。由此得出：

原线性方程组有唯一解当且仅当$|J|\neq 0$。

根据行列式的性质2,4,7，得出

$$|J|=l|A|,$$

其中l是某个非零数。因此$|J|\neq 0$当且仅当$|A|\neq 0$。结合上述结论，便得出：

定理1 数域K上n个方程的n元线性方程组有唯一解的充分必要条件是它的系数行列式(即系数矩阵A的行列式$|A|$)不等于0。 ■

从定理1的证明过程看到，关键是利用行列式的性质2、性质4、性质7，得出

如果
$$A\xrightarrow{\text{初等行变换}}J,$$
那么$|J|=l|A|$，其中l是某个非零数。

n级矩阵的初等行变换不改变它们的行列式的非零性质。

把定理1应用到齐次线性方程组上便得到下述结论：

推论1 数域K上n个方程的n元齐次线性方程组只有零解的充分必要条件是它的系数行列式不等于0，从而它有非零解的充分必要条件是它的系数行列式等于0。 ■

现在来回答n个方程的n元线性方程组有唯一解时，这个解能不能用原方程组的系数和常数项表达。

两个方程的二元一次方程组有唯一解时，它的解为$\left(\frac{|B_1|}{|A|},\frac{|B_2|}{|A|}\right)'$，其中$B_1$、$B_2$分别是把系数矩阵$A$的第1,2列换成常数项得到的矩阵。由此受到启发，把n个方程的n元线性方程组(1)的系数矩阵A的第j列换成常数项，得到的矩阵记作B_j，$j=1,2,\cdots,n$，即

$$B_j=\begin{pmatrix} a_{11} & \cdots & a_{1,j-1} & b_1 & a_{1,j+1} & \cdots & a_{1n} \\ a_{21} & \cdots & a_{2,j-1} & b_2 & a_{2,j+1} & \cdots & a_{2n} \\ \vdots & & \vdots & \vdots & \vdots & & \vdots \\ a_{n1} & \cdots & a_{n,j-1} & b_n & a_{n,j+1} & \cdots & a_{nn} \end{pmatrix}。$$

定理 2 n 个方程的 n 元线性方程组(1)的系数行列式 $|\boldsymbol{A}|\neq 0$ 时,它的唯一解是

$$\left(\frac{|\boldsymbol{B}_1|}{|\boldsymbol{A}|},\ \frac{|\boldsymbol{B}_2|}{|\boldsymbol{A}|},\ \cdots,\ \frac{|\boldsymbol{B}_n|}{|\boldsymbol{A}|}\right)' \tag{2}$$

证明 把 $x_j=\frac{|\boldsymbol{B}_j|}{|\boldsymbol{A}|}(j=1,2,\cdots,n)$ 代入第 i 个方程的左端,得

$$\begin{aligned}
&a_{i1}\frac{|\boldsymbol{B}_1|}{|\boldsymbol{A}|}+a_{i2}\frac{|\boldsymbol{B}_2|}{|\boldsymbol{A}|}+\cdots+a_{in}\frac{|\boldsymbol{B}_n|}{|\boldsymbol{A}|}\\
&=\sum_{j=1}^{n}a_{ij}\frac{|\boldsymbol{B}_j|}{|\boldsymbol{A}|}\\
&=\frac{1}{|\boldsymbol{A}|}\sum_{j=1}^{n}a_{ij}\,|\boldsymbol{B}_j|\\
&=\frac{1}{|\boldsymbol{A}|}\sum_{j=1}^{n}a_{ij}\left(\sum_{k=1}^{n}b_kA_{kj}\right)\\
&=\frac{1}{|\boldsymbol{A}|}\sum_{j=1}^{n}\sum_{k=1}^{n}a_{ij}b_kA_{kj}\\
&=\frac{1}{|\boldsymbol{A}|}\sum_{k=1}^{n}\sum_{j=1}^{n}a_{ij}b_kA_{kj}\\
&=\frac{1}{|\boldsymbol{A}|}\sum_{k=1}^{n}b_k\left(\sum_{j=1}^{n}a_{ij}A_{kj}\right)\\
&=\frac{1}{|\boldsymbol{A}|}b_i\,|\boldsymbol{A}|=b_i,
\end{aligned}$$

因此有序数组(2)是线性方程组(1)的一个解。 ■

从定理 2 的证明过程看到,关键是利用行列式按一行(列)展开定理:n 阶行列式 $|\boldsymbol{A}|$ 的第 i 行元素与第 k 行相应元素的代数余子式的乘积之和,当 $i=k$ 时,为 $|\boldsymbol{A}|$;当 $i\neq k$ 时,为 0。n 阶行列式的第 j 列元素与自己的代数余子式的乘积之和等于这个行列式的值。

在定理 2 的证明过程的第 3 步,把 $|\boldsymbol{B}_j|$ 按第 j 列展开,注意 $|\boldsymbol{B}_j|$ 的 (k,j) 元的代数余子式与 $|\boldsymbol{A}|$ 的 (k,j) 元的代数余子式 A_{kj} 一致。第 5 步利用了双重连加号可交换次序。

由此可知,利用行列式的性质 2、性质 4、性质 7 和行列式按一行(列)展开定理,可圆满地解决 n 个方程的 n 元线性方程组直接从系数和常数项判断它是否有唯一解,以及这个解的公式表示问题。定理 1 的充分性和定理 2 合起来称为**克拉默(Cramer)法则**。定理 1 的必要性是本书作者给出的。

2.5.2 典型例题

例 1 判断下述数域 K 上 n 元线性方程组有无解?有多少解?

$$\begin{cases}
x_1+ax_2+a^2x_3+\cdots+a^{n-1}x_n=b_1\\
x_1+a^2x_2+a^4x_3+\cdots+a^{2(n-1)}x_n=b_2\\
\vdots\qquad\vdots\qquad\vdots\qquad\qquad\vdots\\
x_1+a^nx_2+a^{2n}x_3+\cdots+a^{n(n-1)}x_n=b_n
\end{cases}$$

其中 $a\neq 0$ 并且当 $0<r<n$ 时，$a^r\neq 1$。

解 由于 $a\neq 0$ 且当 $0<r<n$ 时，$a^r\neq 1$，因此 $a,a^2,\cdots,a^n$ 是两两不等的非零数。上述方程组的系数行列式为

$$\begin{vmatrix} 1 & a & a^2 & \cdots & a^{n-1} \\ 1 & a^2 & a^4 & \cdots & a^{2(n-1)} \\ \vdots & \vdots & \vdots & & \vdots \\ 1 & a^n & a^{2n} & \cdots & a^{n(n-1)} \end{vmatrix} = \begin{vmatrix} 1 & 1 & \cdots & 1 \\ a & a^2 & \cdots & a^n \\ a^2 & a^4 & \cdots & a^{2n} \\ \vdots & \vdots & & \vdots \\ a^{n-1} & a^{2(n-1)} & \cdots & a^{n(n-1)} \end{vmatrix}$$

上式右端是范德蒙德行列式，由于 $a,a^2,\cdots,a^n$ 两两不等，因此这个范德蒙德行列式的值不等于 0，从而上述线性方程组有唯一解。

例 2 当 λ 取什么值时，下述齐次线性方程组有非零解？

$$\begin{cases} (\lambda-3)x_1 - x_2 + x_4 = 0 \\ -x_1+(\lambda-3)x_2 + x_3 = 0 \\ x_2+(\lambda-3)x_3 - x_4 = 0 \\ x_1 - x_3+(\lambda-3)x_4 = 0 \end{cases}$$

解 此方程组的系数行列式为

$$\begin{vmatrix} \lambda-3 & -1 & 0 & 1 \\ -1 & \lambda-3 & 1 & 0 \\ 0 & 1 & \lambda-3 & -1 \\ 1 & 0 & -1 & \lambda-3 \end{vmatrix} = \begin{vmatrix} \lambda-3 & -1 & 0 & 1 \\ \lambda-3 & \lambda-3 & 1 & 0 \\ \lambda-3 & 1 & \lambda-3 & -1 \\ \lambda-3 & 0 & -1 & \lambda-3 \end{vmatrix}$$

$$=(\lambda-3)\begin{vmatrix} 1 & -1 & 0 & 1 \\ 1 & \lambda-3 & 1 & 0 \\ 1 & 1 & \lambda-3 & -1 \\ 1 & 0 & -1 & \lambda-3 \end{vmatrix} = (\lambda-3)\begin{vmatrix} 1 & -1 & 0 & 1 \\ 0 & \lambda-2 & 1 & -1 \\ 0 & 2 & \lambda-3 & -2 \\ 0 & 1 & -1 & \lambda-4 \end{vmatrix}$$

$$=(\lambda-3)\begin{vmatrix} \lambda-2 & 1 & -1 \\ 2 & \lambda-3 & -2 \\ 1 & -1 & \lambda-4 \end{vmatrix} = (\lambda-3)\begin{vmatrix} \lambda-2 & 1 & 0 \\ 2 & \lambda-3 & \lambda-5 \\ 1 & -1 & \lambda-5 \end{vmatrix}$$

$$=(\lambda-3)(\lambda-5)\begin{vmatrix} \lambda-2 & 1 & 0 \\ 2 & \lambda-3 & 1 \\ 1 & -1 & 1 \end{vmatrix} = (\lambda-3)(\lambda-5)\begin{vmatrix} \lambda-2 & 1 & 0 \\ 1 & \lambda-2 & 0 \\ 1 & -1 & 1 \end{vmatrix}$$

$$=(\lambda-3)(\lambda-5)\begin{vmatrix} \lambda-2 & 1 \\ 1 & \lambda-2 \end{vmatrix} = (\lambda-3)(\lambda-5)[(\lambda-2)^2-1]$$

$$=(\lambda-1)(\lambda-3)^2(\lambda-5)$$

从而上述齐次线性方程组有非零解。

$\Longleftrightarrow (\lambda-1)(\lambda-3)^2(\lambda-5)=0$

$\Longleftrightarrow \lambda=1$，或 $\lambda=3$，或 $\lambda=5$

例 3 下述数域 K 上线性方程组何时有唯一解？有无穷多个解？无解？

$$\begin{cases} x_1+ax_2+ x_3=2 \\ x_1+ x_2+2bx_3=2 \\ x_1+ x_2- bx_3=-1 \end{cases}$$

解 此方程组的系数行列式为

$$\begin{vmatrix}1 & a & 1\\1 & 1 & 2b\\1 & 1 & -b\end{vmatrix}=\begin{vmatrix}1 & a & 1\\0 & -a+1 & -1+2b\\0 & -a+1 & -1-b\end{vmatrix}$$

$$=\begin{vmatrix}-a+1 & -1+2b\\-a+1 & -1-b\end{vmatrix}=\begin{vmatrix}-a+1 & -1+2b\\0 & -3b\end{vmatrix}$$

$$=(-a+1)(-3b)=3(a-1)b$$

于是上述线性方程组有唯一解。

$\Longleftrightarrow 3(a-1)b\neq 0$

$\Longleftrightarrow a\neq 1$ 且 $b\neq 0$

当 $a=1$ 时，对上述线性方程组的增广矩阵施行初等行变换化成阶梯形矩阵：

$$\begin{pmatrix}1 & 1 & 1 & 2\\1 & 1 & 2b & 2\\1 & 1 & -b & -1\end{pmatrix}\longrightarrow\begin{pmatrix}1 & 1 & 1 & 2\\0 & 0 & 2b-1 & 0\\0 & 0 & -b-1 & -3\end{pmatrix}$$

$$\longrightarrow\begin{pmatrix}1 & 1 & 1 & 2\\0 & 0 & -3 & -6\\0 & 0 & -b-1 & -3\end{pmatrix}\longrightarrow\begin{pmatrix}1 & 1 & 1 & 2\\0 & 0 & 1 & 2\\0 & 0 & -b-1 & -3\end{pmatrix}$$

$$\longrightarrow\begin{pmatrix}1 & 1 & 1 & 2\\0 & 0 & 1 & 2\\0 & 0 & 0 & 2b-1\end{pmatrix}。$$

当 $2b-1\neq 0$，即 $b\neq\frac{1}{2}$ 时，相应的阶梯形方程组出现“$0=2b-1$”这个方程，从而原线性方程组无解；当 $2b-1=0$，即 $b=\frac{1}{2}$ 时，原线性方程组有无穷多个解。

当 $b=0$ 时，对原方程组的增广矩阵施行初等行变换：

$$\begin{pmatrix}1 & a & 1 & 2\\1 & 1 & 0 & 2\\1 & 1 & 0 & -1\end{pmatrix}\longrightarrow\begin{pmatrix}1 & 1 & 0 & -1\\1 & 1 & 0 & 2\\1 & a & 1 & 2\end{pmatrix}$$

$$\longrightarrow\begin{pmatrix}1 & 1 & 0 & -1\\0 & 0 & 0 & 3\\0 & a-1 & 1 & 3\end{pmatrix}\longrightarrow\begin{pmatrix}1 & 1 & 0 & -1\\0 & a-1 & 1 & 3\\0 & 0 & 0 & 3\end{pmatrix}$$

无论 a 取何值，最后一个矩阵都是阶梯形矩阵。由于相应的阶梯形方程组出现“$0=3$”这个方程，因此原方程组无解。

综上所述，当 $a\neq 1$ 且 $b\neq 0$ 时，原线性方程组有唯一解；当 $a=1$ 且 $b=\frac{1}{2}$ 时，原线性方程组有无穷多个解；当 $a=1$ 且 $b\neq\frac{1}{2}$ 时，原线性方程组无解；当 $b=0$ 时，原线性方程组也无解。

点评：像例3那样，对系数带有字母的线性方程组讨论字母取何值时，方程组有唯一解？有无穷多个解？无解？通常的做法是先计算方程组的系数行列式；然后确定方程组有唯一解时当且仅当字母不能取哪些值；最后讨论字母取这些值时，方程组是有无穷多个解还是无解。这一步通常是把方程组的增广矩阵经过初等行变换化成阶梯形矩阵后来讨论。

思考： 建立平面直角坐标系，分别考虑例 3 的线性方程组有唯一解，有无穷多个解，无解时，坐标为 (a,b) 的点组成的集合是什么样子。

习题 2.5

1. 判断下述数域 K 上线性方程组有无解，如果有解，有多少解？

$$\begin{cases} x_1+4x_2+9x_3=b_1 \\ x_1+8x_2+27x_3=b_2 \\ x_1+16x_2+81x_3=b_3 \end{cases}$$

2. 判断下述数域 K 上线性方程组有无解，如果有解，有多少解？

$$\begin{cases} a_1^2x_1+a_2^2x_2+\cdots+a_n^2x_n=b_1 \\ a_1^3x_1+a_2^3x_2+\cdots+a_n^3x_n=b_2 \\ \quad\vdots \qquad\qquad \vdots \qquad\qquad\qquad \vdots \qquad \vdots \\ a_1^{n+1}x_1+a_2^{n+1}x_2+\cdots+a_n^{n+1}x_n=b_n \end{cases}$$

其中 $a_1,a_2,\cdots,a_n$ 是两两不等的非零数。

3. 当 λ 取什么值时，下述齐次线性方程组有非零解？

$$\begin{cases} (\lambda-2)x_1-3x_2-2x_3=0 \\ -x_1+(\lambda-8)x_2-2x_3=0 \\ 2x_1+14x_2+(\lambda+3)x_3=0 \end{cases}$$

4. 当 a,b 取什么值时，下述齐次线性方程组有非零解？

$$\begin{cases} ax_1+x_2+x_3=0 \\ x_1+bx_2+x_3=0 \\ x_1+2bx_2+x_3=0 \end{cases}$$

5. 当 a,b 取什么值时，下述数域 K 上线性方程组有唯一解？有无穷多个解？无解？

$$\begin{cases} ax_1+x_2+x_3=2 \\ x_1+bx_2+x_3=1 \\ x_1+2bx_2+x_3=2 \end{cases}$$

6. 讨论下述数域 K 上线性方程组何时有唯一解？有无穷多个解？无解？

$$\begin{cases} ax_1+x_2+x_3=2 \\ x_1+bx_2+x_3=1 \\ x_1+2bx_2+x_3=1 \end{cases}$$

2.6 行列式按 k 行(列)展开

2.6.1 内容精华

行列式可以按一行(列)展开，能不能按 k 行(列)展开？这首先需要 k 阶子式和它的余子式的概念。

定义1　n 级矩阵 $\boldsymbol{A}$ 中任意取定 k 行、k 列($1\leqslant k<n$),位于这些行和列的交叉处的 k^2 个元素按原来的排法组成的 k 级矩阵的行列式称为 $\boldsymbol{A}$ 的一个 **k 阶子式**。取定 $\boldsymbol{A}$ 的第 i_1, $i_2,\cdots,i_k$ 行($i_1<i_2<\cdots<i_k$),第 $j_1,j_2,\cdots,j_k$ 列($j_1<j_2<\cdots<j_k$),所得到的 k 阶子式记作

$$\boldsymbol{A}\begin{pmatrix} i_1,i_2,\cdots,i_k \\ j_1,j_2,\cdots,j_k \end{pmatrix}。\tag{1}$$

划去这个 k 阶子式所在的行和列,剩下的元素按原来的排法组成的($n-k$)级矩阵的行列式称为子式(1)的**余子式**,它前面乘以

$$(-1)^{(i_1+i_2+\cdots+i_k)+(j_1+j_2+\cdots+j_k)}$$

则称为子式(1)的**代数余子式**。令

$$\{i'_1,i'_2,\cdots,i'_{n-k}\}=\{1,2,\cdots,n\}\backslash\{i_1,i_2,\cdots,i_k\}$$
$$\{j'_1,j'_2,\cdots,j'_{n-k}\}=\{1,2,\cdots,n\}\backslash\{j_1,j_2,\cdots,j_k\}$$

并且 $i'_1<i'_2<\cdots<i'_{n-k}$, $j'_1<j'_2<\cdots<j'_{n-k}$,则子式(1)的余子式为

$$\boldsymbol{A}\begin{pmatrix} i'_1,i'_2,\cdots,i'_{n-k} \\ j'_1,j'_2,\cdots,j'_{n-k} \end{pmatrix}。\tag{2}$$

定理1(Laplace定理)　在 n 级矩阵 $\boldsymbol{A}$ 中,取定第 $i_1,i_2,\cdots,i_k$ 行($i_1<i_2<\cdots<i_k$),则这 k 行元素形成的所有 k 阶子式与它们自己的代数余子式的乘积之和等于 $|\boldsymbol{A}|$,即

$$|\boldsymbol{A}|=\sum_{1\leqslant j_1<j_2<\cdots<j_k\leqslant n}\boldsymbol{A}\begin{pmatrix} i_1,i_2,\cdots,i_k \\ j_1,j_2,\cdots,j_k \end{pmatrix}(-1)^{(i_1+\cdots+i_k)+(j_1+\cdots+j_k)}\boldsymbol{A}\begin{pmatrix} i'_1,i'_2,\cdots,i'_{n-k} \\ j'_1,j'_2,\cdots,j'_{n-k} \end{pmatrix}\tag{3}$$

证明　根据本章2.2节的式(8),给定 $\boldsymbol{A}$ 的行指标的一个排列 $i_1i_2\cdots i_ki'_1i'_2\cdots i'_{n-k}$,有

$$|\boldsymbol{A}|=\sum_{\mu_1\cdots\mu_kv_1\cdots v_{n-k}}(-1)^{\tau(i_1\cdots i_ki'_1\cdots i'_{n-k})+\tau(\mu_1\cdots\mu_kv_1\cdots v_{n-k})}a_{i_1\mu_1}\cdots a_{i_k\mu_k}a_{i'_1v_1}\cdots a_{i'_{n-k}v_{n-k}}。\tag{4}$$

对于给定的第 $i_1,\cdots,i_k$ 行,按照下述方法可以把式(4)中的 $n!$ 项分成 C_n^k 组:任意取定 k 列:第 $j_1,j_2,\cdots,j_k$ 列,其中 $1\leqslant j_1<j_2<\cdots<j_k\leqslant n$,可以把 $n!$ 个 n 元排列分成 C_n^k 组,对应于 $j_1,j_2,\cdots,j_k$ 这一组中的 n 元排列形如

$$\mu_1\mu_2\cdots\mu_kv_1v_2\cdots v_{n-k},$$

其中 $\mu_1\mu_2\cdots\mu_k$ 是 $j_1,j_2,\cdots,j_k$ 形成的 k 元排列,$v_1v_2\cdots v_{n-k}$ 是 $j'_1,j'_2,\cdots,j'_{n-k}$ 形成的 $n-k$ 元排列。根据本章2.1节的例5得

$$(-1)^{\tau(\mu_1\mu_2\cdots\mu_kv_1v_2\cdots v_{n-k})}=(-1)^{\tau(\mu_1\mu_2\cdots\mu_k)+\tau(v_1v_2\cdots v_{n-k})}\cdot(-1)^{j_1+j_2+\cdots+j_k}\cdot(-1)^{\frac{1}{2}k(k+1)}。\tag{5}$$

于是式(4)成为

$$\begin{aligned}|\boldsymbol{A}|&=\sum_{1\leqslant j_1<\cdots<j_k\leqslant n}\sum_{\mu_1\cdots\mu_k}\sum_{v_1\cdots v_{n-k}}(-1)^{(i_1+\cdots+i_k)-\frac{1}{2}k(k+1)}\cdot(-1)^{(j_1+\cdots+j_k)+\frac{1}{2}k(k+1)}\cdot\\&\quad(-1)^{\tau(\mu_1\cdots\mu_k)+\tau(v_1\cdots v_{n-k})}a_{i_1\mu_1}\cdots a_{i_k\mu_k}a_{i'_1v_1}\cdots a_{i'_{n-k}v_{n-k}}\\&=\sum_{1\leqslant j_1<\cdots<j_k\leqslant n}(-1)^{(i_1+\cdots+i_k)+(j_1+\cdots+j_k)}\Big[\Big(\sum_{\mu_1\cdots\mu_k}(-1)^{\tau(\mu_1\cdots\mu_k)}a_{i_1\mu_1}\cdots a_{i_k\mu_k}\Big)\cdot\\&\quad\Big(\sum_{v_1\cdots v_{n-k}}(-1)^{\tau(v_1\cdots v_{n-k})}a_{i'_1v_1}\cdots a_{i'_{n-k}v_{n-k}}\Big)\Big]\\&=\sum_{1\leqslant j_1<\cdots<j_k\leqslant n}(-1)^{(i_1+\cdots+i_k)+(j_1+\cdots+j_k)}\boldsymbol{A}\begin{pmatrix} i_1,\cdots,i_k \\ j_1,\cdots,j_k \end{pmatrix}\boldsymbol{A}\begin{pmatrix} i'_1,\cdots,i'_{n-k} \\ j'_1,\cdots,j'_{n-k} \end{pmatrix}。\end{aligned}$$

■

定理 1 称为**拉普拉斯(Laplace)定理**(或行列式按 k 行展开定理)。

把定理 1 中的"行"换成"列"仍然成立,称为行列式按 k 列展开定理。

推论 1 下式成立

$$\begin{vmatrix} a_{11} & \cdots & a_{1k} & 0 & \cdots & 0 \\ \vdots & & \vdots & \vdots & & \vdots \\ a_{k1} & \cdots & a_{kk} & 0 & \cdots & 0 \\ c_{11} & \cdots & c_{1k} & b_{11} & \cdots & b_{1r} \\ \vdots & & \vdots & \vdots & & \vdots \\ c_{r1} & \cdots & c_{rk} & b_{r1} & \cdots & b_{rr} \end{vmatrix} = \begin{vmatrix} a_{11} & \cdots & a_{1k} \\ \vdots & & \vdots \\ a_{k1} & \cdots & a_{kk} \end{vmatrix} \cdot \begin{vmatrix} b_{11} & \cdots & b_{1r} \\ \vdots & & \vdots \\ b_{r1} & \cdots & b_{rr} \end{vmatrix} \tag{6}$$

证明 把式(6)左端的行列式按前 k 行展开,这 k 行元素形成的 k 阶子式中,只有左上角的 k 阶子式的值可能不为 0,其余的 k 阶子式一定包含零列,从而其值为 0。左上角的 k 阶子式的余子式正好是右下角的 r 阶子式,并且 $(-1)^{(1+2+\cdots+k)+(1+2+\cdots+k)}=1$,因此式(6)成立。 ■

令

$$\boldsymbol{A}=\begin{pmatrix} a_{11} & \cdots & a_{1k} \\ \vdots & & \vdots \\ a_{k1} & \cdots & a_{kk} \end{pmatrix}, \boldsymbol{B}=\begin{pmatrix} b_{11} & \cdots & b_{1r} \\ \vdots & & \vdots \\ b_{r1} & \cdots & b_{rr} \end{pmatrix},$$

$$\boldsymbol{C}=\begin{pmatrix} c_{11} & \cdots & c_{1k} \\ \vdots & & \vdots \\ c_{r1} & \cdots & c_{rk} \end{pmatrix}, \boldsymbol{0}=\begin{pmatrix} 0 & \cdots & 0 \\ \vdots & & \vdots \\ 0 & \cdots & 0 \end{pmatrix},$$

则式(6)可以简写成

$$\begin{vmatrix} \boldsymbol{A} & \boldsymbol{0} \\ \boldsymbol{C} & \boldsymbol{B} \end{vmatrix} = |\boldsymbol{A}|\,|\boldsymbol{B}|。 \tag{7}$$

公式(7)是非常有用的。

2.6.2 典型例题

例 1 计算行列式:

$$\begin{vmatrix} 0 & \cdots & 0 & a_{11} & \cdots & a_{1k} \\ \vdots & & \vdots & \vdots & & \vdots \\ 0 & \cdots & 0 & a_{k1} & \cdots & a_{kk} \\ b_{11} & \cdots & b_{1r} & c_{11} & \cdots & c_{1k} \\ \vdots & & \vdots & \vdots & & \vdots \\ b_{r1} & \cdots & b_{rr} & c_{r1} & \cdots & c_{rk} \end{vmatrix}。 \tag{8}$$

解 把行列式(8)按前 k 行展开,得

$$\text{原式} = \begin{vmatrix} a_{11} & \cdots & a_{1k} \\ \vdots & & \vdots \\ a_{k1} & \cdots & a_{kk} \end{vmatrix} \cdot (-1)^{(1+2+\cdots+k)+[(r+1)+(r+2)+\cdots+(r+k)]} \cdot \begin{vmatrix} b_{11} & \cdots & b_{1r} \\ \vdots & & \vdots \\ b_{r1} & \cdots & b_{rr} \end{vmatrix}$$

$$=(-1)^{kr}\begin{vmatrix} a_{11} & \cdots & a_{1k} \\ \vdots & & \vdots \\ a_{k1} & \cdots & a_{kk} \end{vmatrix} \cdot \begin{vmatrix} b_{11} & \cdots & b_{1r} \\ \vdots & & \vdots \\ b_{r1} & \cdots & b_{rr} \end{vmatrix}$$

例 2　设$|\boldsymbol{A}|$是关于 $1,2,\cdots,n$ 的范德蒙德行列式，计算$|\boldsymbol{A}|$的前 $n-1$ 行划去第 j 列得到的 $n-1$ 阶子式：

$$\boldsymbol{A}\begin{pmatrix} 1,2,\cdots,n-1 \\ 1,\cdots,j-1,j+1,\cdots,n \end{pmatrix},$$

其中 $j\in\{1,2,\cdots,n\}$。

解

$$\boldsymbol{A}\begin{pmatrix} 1,2,\cdots,n-1 \\ 1,\cdots,j-1,j+1,\cdots,n \end{pmatrix} = \begin{vmatrix} 1 & 1 & \cdots & 1 & 1 & \cdots & 1 \\ 1 & 2 & \cdots & j-1 & j+1 & \cdots & n \\ 1^2 & 2^2 & \cdots & (j-1)^2 & (j+1)^2 & \cdots & n^2 \\ \vdots & \vdots & & \vdots & \vdots & & \vdots \\ 1^{n-2} & 2^{n-2} & \cdots & (j-1)^{n-2} & (j+1)^{n-2} & \cdots & n^{n-2} \end{vmatrix}$$

$$\begin{aligned} &=(2-1)\cdots[(j-1)-1][(j+1)-1]\cdots(n-1)\cdot(3-2)\cdots \\ &\quad [(j-1)-2][(j+1)-2](n-2)\cdot(4-3)\cdots[(j-1)-3][(j+1)-3]\cdots \\ &\quad (n-3)\cdot\cdots[(j+1)-(j-1)]\cdots[n-(j-1)][(j+2)-(j+1)]\cdot\cdots \\ &\quad [n-(j+1)]\cdot\cdots[n-(n-1)] \\ &=\frac{(n-1)!(n-2)!(n-3)!\cdots(n-j+2)!(n-j+1)!(n-j-1)!\cdots 2!1!}{(j-1)(j-2)(j-3)\cdots 2\cdot 1} \\ &=\frac{(n-1)!}{(j-1)!(n-j)!}\prod_{k=1}^{n-2}k! = \mathrm{C}_{n-1}^{j-1}\prod_{k=1}^{n-2}k! \end{aligned}$$

例 3　计算下述 $2n$ 阶行列式（主对角线上元素都是 a，反对角线上元素都是 b，空缺处的元素为 0）：

$$D_{2n} = \begin{vmatrix} a & & & & & b \\ & \ddots & & & \iddots & \\ & & a & b & & \\ & & b & a & & \\ & \iddots & & & \ddots & \\ b & & & & & a \end{vmatrix}。$$

解　每次都按第 1 行和最后一行展开，得

$$\begin{aligned} D_{2n} &= \begin{vmatrix} a & b \\ b & a \end{vmatrix}(-1)^{(1+2n)+(1+2n)}\cdot D_{2n-2} \\ &= (a^2-b^2)\begin{vmatrix} a & b \\ b & a \end{vmatrix}(-1)^{[1+(2n-2)]+[1+(2n-2)]}\cdot D_{2n-4} \\ &= (a^2-b^2)^2 D_{2n-4} \\ &\cdots \\ &= (a^2-b^2)^{n-1}D_2 = (a^2-b^2)^n。 \end{aligned}$$

习题 2.6

1. 计算行列式：

$$\begin{vmatrix} 2 & 3 & 0 & 0 & 0 \\ -1 & 4 & 0 & 0 & 0 \\ 37 & 85 & 1 & 2 & 0 \\ 29 & 73 & 0 & 3 & 4 \\ 19 & 67 & 1 & 0 & 2 \end{vmatrix}。$$

2. 计算行列式：

$$\begin{vmatrix} a_{11} & \cdots & a_{1k} & c_{11} & \cdots & c_{1r} \\ \vdots & & \vdots & \vdots & & \vdots \\ a_{k1} & \cdots & a_{kk} & c_{k1} & \cdots & c_{kr} \\ 0 & \cdots & 0 & b_{11} & \cdots & b_{1r} \\ \vdots & & \vdots & \vdots & & \vdots \\ 0 & \cdots & 0 & b_{r1} & \cdots & b_{rr} \end{vmatrix}。$$

3. 设$|\boldsymbol{A}|$是关于 $1,2,\cdots,n$ 的范德蒙德行列式，计算：

(1) $\boldsymbol{A}\begin{pmatrix} 1,2,\cdots,n-1 \\ 2,3,\cdots,n \end{pmatrix}$；　　(2) $\boldsymbol{A}\begin{pmatrix} 1,2,\cdots,n-1 \\ 1,3,\cdots,n \end{pmatrix}$。

补 充 题 二

1. 在空间右手直角坐标系$[0;\boldsymbol{e}_1,\boldsymbol{e}_2,\boldsymbol{e}_3]$中，两个非零向量 $\boldsymbol{a},\boldsymbol{b}$ 的坐标分别为 $(a_1,a_2,0)'$，$(b_1,b_2,0)'$。

(1) 求以 $\boldsymbol{a},\boldsymbol{b}$ 为邻边的平行四边形的面积，并且把结果用一个行列式表示；

(2) 求以 $\boldsymbol{a},\boldsymbol{b}$ 为两边的三角形的面积，并且把结果用一个行列式表示。

2. 在空间右手直角坐标系$[0;\boldsymbol{e}_1,\boldsymbol{e}_2,\boldsymbol{e}_3]$中，三个非零向量 $\boldsymbol{a},\boldsymbol{b},\boldsymbol{c}$ 的坐标分别为

$$(a_1,a_2,a_3)',\ (b_1,b_2,b_3)',\ (c_1,c_2,c_3)'。$$

求以 $\boldsymbol{a},\boldsymbol{b},\boldsymbol{c}$ 为棱的平行六面体的体积，并且把结果用一个行列式表示。

3. 求元素为 1 或 0 的 3 阶行列式可取到的最大值。

4. 求元素为 1 或 −1 的 3 阶行列式可取到的最大值。

5. 设 $n\geqslant 3$，证明：元素为 1 或 −1 的 n 阶行列式的绝对值不超过$(n-1)!(n-1)$。

6. 求元素为 1 或 −1 的 4 阶行列式可取到的最大值。

7. 设 $n\geqslant 2$，证明：元素为 1 或 −1 的 n 阶行列式的值能被 2^{n-1} 整除。

应用小天地：行列式的应用举例

例 1　斐波那契(Fibonacci)数列是

$$1,2,3,5,8,13,21,35,\cdots$$

它满足：$\boldsymbol{F}_n=\boldsymbol{F}_{n-1}+\boldsymbol{F}_{n-2}(n\geqslant 3)$，$\boldsymbol{F}_1=1,\boldsymbol{F}_2=2$。

(1) 证明 Fibonacci 数列的通项 $\boldsymbol{F}_n$ 可由下述行列式表示：

$$\boldsymbol{F}_n=\begin{vmatrix} 1 & -1 & 0 & 0 & \cdots & 0 & 0 & 0 \\ 1 & 1 & -1 & 0 & \cdots & 0 & 0 & 0 \\ 0 & 1 & 1 & -1 & \cdots & 0 & 0 & 0 \\ \vdots & \vdots & \vdots & \vdots & & \vdots & \vdots & \vdots \\ 0 & 0 & 0 & 0 & \cdots & 1 & 1 & -1 \\ 0 & 0 & 0 & 0 & \cdots & 0 & 1 & 1 \end{vmatrix};$$

(2) 求 Fibonacci 数列的通项公式。

(1) **证明**　把上述 n 阶行列式按第 1 列展开，得

$$\boldsymbol{F}_n=\boldsymbol{F}_{n-1}+1\cdot(-1)^{2+1}(-1)\boldsymbol{F}_{n-2}=\boldsymbol{F}_{n-1}+\boldsymbol{F}_{n-2}(n\geqslant 3)$$

上述形式的 1 阶行列式的值为 1，2 阶行列式的值为 2。因此 Fibonacci 数列的通项 $\boldsymbol{F}_n$ 可由上述行列式表示。■

(2) **解**　令 $\alpha+\beta=1,\alpha\beta=-1$，则 α,β 是方程

$$x^2-x-1=0$$

的两个根

$$\alpha=\frac{1+\sqrt{5}}{2},\quad \beta=\frac{1-\sqrt{5}}{2}。$$

于是

$$\boldsymbol{F}_n=\begin{vmatrix} \alpha+\beta & \alpha\beta & 0 & \cdots & 0 & 0 & 0 \\ 1 & \alpha+\beta & \alpha\beta & \cdots & 0 & 0 & 0 \\ 0 & 1 & \alpha+\beta & \cdots & 0 & 0 & 0 \\ \vdots & \vdots & \vdots & & \vdots & \vdots & \vdots \\ 0 & 0 & 0 & \cdots & 1 & \alpha+\beta & \alpha\beta \\ 0 & 0 & 0 & \cdots & 0 & 1 & \alpha+\beta \end{vmatrix}。$$

根据本章 2.4 节的典型例题的例 6，得

$$\boldsymbol{F}_n=\frac{\alpha^{n+1}-\beta^{n+1}}{\alpha-\beta}=\frac{1}{\sqrt{5}}\left[\left(\frac{1+\sqrt{5}}{2}\right)^{n+1}-\left(\frac{1-\sqrt{5}}{2}\right)^{n+1}\right]。$$

例 2　设 $f_{ij}(t)$ 是可微函数，$1\leqslant i,\ j\leqslant n$。令

$$F(t)=\begin{vmatrix} f_{11}(t) & f_{12}(t) & \cdots & f_{1n}(t) \\ f_{21}(t) & f_{22}(t) & \cdots & f_{2n}(t) \\ \vdots & \vdots & & \vdots \\ f_{n1}(t) & f_{n2}(t) & \cdots & f_{nn}(t) \end{vmatrix}$$

证明:

$$\frac{\mathrm{d}}{\mathrm{d}t}F(t)=\sum_{j=1}^{n}\begin{vmatrix} f_{11}(t) & f_{12}(t) & \cdots & \frac{\mathrm{d}}{\mathrm{d}t}f_{1j}(t) & \cdots & f_{1n}(t) \\ f_{21}(t) & f_{22}(t) & \cdots & \frac{\mathrm{d}}{\mathrm{d}t}f_{2j}(t) & \cdots & f_{2n}(t) \\ \vdots & \vdots & & \vdots & & \vdots \\ f_{n1}(t) & f_{n2}(t) & \cdots & \frac{\mathrm{d}}{\mathrm{d}t}f_{nj}(t) & \cdots & f_{nn}(t) \end{vmatrix}。$$

证明

$$\begin{aligned}\frac{\mathrm{d}}{\mathrm{d}t}F(t) &=\frac{\mathrm{d}}{\mathrm{d}t}\Big[\sum_{i_1 i_2\cdots i_n}(-1)^{\tau(i_1 i_2\cdots i_n)}f_{i_1 1}(t)f_{i_2 2}(t)\cdots f_{i_n n}(t)\Big] \\ &=\sum_{i_1 i_2\cdots i_n}(-1)^{\tau(i_1 i_2\cdots i_n)}\frac{\mathrm{d}}{\mathrm{d}t}[f_{i_1 1}(t)f_{i_2 2}(t)\cdots f_{i_n n}(t)] \\ &=\sum_{i_1 i_2\cdots i_n}(-1)^{\tau(i_1 i_2\cdots i_n)}\sum_{j=1}^{n}f_{i_1 1}(t)f_{i_2 2}(t)\cdots\frac{\mathrm{d}}{\mathrm{d}t}f_{i_j j}(t)\cdots f_{i_n n}(t) \\ &=\sum_{j=1}^{n}\sum_{i_1 i_2\cdots i_n}(-1)^{\tau(i_1 i_2\cdots i_n)}f_{i_1 1}(t)f_{i_2 2}(t)\cdots\frac{\mathrm{d}}{\mathrm{d}t}f_{i_j j}(t)\cdots f_{i_n n}(t) \\ &=\sum_{j=1}^{n}\begin{vmatrix} f_{11}(t) & f_{12}(t) & \cdots & \frac{\mathrm{d}}{\mathrm{d}t}f_{1j}(t) & \cdots & f_{1n}(t) \\ f_{21}(t) & f_{22}(t) & \cdots & \frac{\mathrm{d}}{\mathrm{d}t}f_{2j}(t) & \cdots & f_{2n}(t) \\ \vdots & \vdots & & \vdots & & \vdots \\ f_{n1}(t) & f_{n2}(t) & \cdots & \frac{\mathrm{d}}{\mathrm{d}t}f_{nj}(t) & \cdots & f_{nn}(t) \end{vmatrix}\end{aligned}$$

■

例 3 实系数三元多项式 $f(x,y,z)=x^3+y^3+z^3-3xyz$ 有没有一次因式?如果有,把它找出来。

解

$$\begin{aligned}x^3+y^3+z^3-3xyz &=\begin{vmatrix} x & y & z \\ z & x & y \\ y & z & x \end{vmatrix}=\begin{vmatrix} x+y+z & y & z \\ x+y+z & x & y \\ x+y+z & z & x \end{vmatrix} \\ &=(x+y+z)\begin{vmatrix} 1 & y & z \\ 1 & x & y \\ 1 & z & x \end{vmatrix} \\ &=(x+y+z)(x^2+y^2+z^2-xy-xz-yz)\end{aligned}$$

因此 $f(x,y,z)$ 有一个一次因式 $(x+y+z)$。

注：可以证明 $x^2+y^2+z^2-xy-xz-yz$ 不能分解成两个一次因式的乘积。读者不妨试证之。

例 4　将下述有理系数三元多项式 $g(x,y,z)$ 因式分解：

$$g(x,y,z)=\begin{vmatrix}0&x&y&z\\x&0&z&y\\y&z&0&x\\z&y&x&0\end{vmatrix}。$$

解　将 4 阶行列式的第 2,3,4 列都加到第 1 列上，第 1 列有公因子 $(x+y+z)$ 可以提出去，因此 $g(x,y,z)$ 有一个因式 $(x+y+z)$。

将原 4 阶行列式的第 2 列乘以 1，第 3、4 列乘以 -1，都加到第 1 列上，第 1 列有公因子 $x-y-z$ 可以提出去，因此 $g(x,y,z)$ 有一个因式 $(x-y-z)$。

将原 4 阶行列式的第 1,4 列乘以 -1，第 3 列乘以 1，都加到第 2 列上，第 2 列有公因子 $x+y-z$ 可以提出去，因此 $g(x,y,z)$ 有一个因式 $(x+y-z)$。

将原 4 阶行列式的第 1,3 列乘以 -1，第 4 列乘以 1，都加到第 2 列上，第 2 列有公因子 $x-y+z$ 可以提出去，因此 $g(x,y,z)$ 有一个因式 $(x-y+z)$。

由于 $g(x,y,z)$ 是 4 次多项式，因此

$$g(x,y,z)=a(x+y+z)(x-y-z)(x+y-z)(x-y+z)。$$

为了确定 a 的值，x,y,z 分别用 0,0,1 代入，则 4 阶行列式为

$$\begin{vmatrix}0&0&0&1\\0&0&1&0\\0&1&0&0\\1&0&0&0\end{vmatrix}=(-1)^{\tau(4321)}\cdot 1=1。$$

又　$g(0,0,1)=a\cdot 1\cdot(-1)\cdot(-1)\cdot 1=a$，

因此 $a=1$，从而

$$g(x,y,z)=(x+y+z)(x+y-z)(x-y+z)(x-y-z)。$$

例 5　计算实数域上 n 阶三对角线行列式：

$$D_n=\begin{vmatrix}a&b&0&0&\cdots&0&0&0\\c&a&b&0&\cdots&0&0&0\\0&c&a&b&\cdots&0&0&0\\\vdots&\vdots&\vdots&\vdots&&\vdots&\vdots&\vdots\\0&0&0&0&\cdots&c&a&b\\0&0&0&0&\cdots&0&c&a\end{vmatrix}。$$

解　若 $c=0$，则 $D_n=a^n$。下面设 $c\neq 0$，则

$$D_n = c^n \begin{vmatrix} \frac{a}{c} & \frac{b}{c} & 0 & 0 & \cdots & 0 & 0 & 0 \\ 1 & \frac{a}{c} & \frac{b}{c} & 0 & \cdots & 0 & 0 & 0 \\ 0 & 1 & \frac{a}{c} & \frac{b}{c} & \cdots & 0 & 0 & 0 \\ \vdots & \vdots & \vdots & \vdots & & \vdots & \vdots & \vdots \\ 0 & 0 & 0 & 0 & \cdots & 1 & \frac{a}{c} & \frac{b}{c} \\ 0 & 0 & 0 & 0 & \cdots & 0 & 1 & \frac{a}{c} \end{vmatrix}$$

令 $\alpha+\beta=\frac{a}{c}$，$\alpha\beta=\frac{b}{c}$，则 α,β 是方程

$$x^2-\frac{a}{c}x+\frac{b}{c}=0$$

的两个根：

$$\alpha=\frac{1}{2}\left(\frac{a}{c}+\frac{1}{c}\sqrt{a^2-4bc}\right),\beta=\frac{1}{2}\left(\frac{a}{c}-\frac{1}{c}\sqrt{a^2-4bc}\right)。$$

当 $a^2\neq 4bc$ 时，$\alpha\neq\beta$，利用本章 2.4 节典型例题的例 6 的结果，得

$$D_n=c^n\frac{\alpha^{n+1}-\beta^{n+1}}{\alpha-\beta}=\frac{(c\alpha)^{n+1}-(c\beta)^{n+1}}{c\alpha-c\beta}=\frac{\alpha_1^{n+1}-\beta_1^{n+1}}{\alpha_1-\beta_1},$$

其中 $\alpha_1=c\alpha$，$\beta_1=c\beta$ 是方程

$$x^2-ax+bc=0$$

的两个根。

当 $a^2=4bc$ 时，$\alpha=\beta$。利用习题 2.4 的第 4 题的结果，得

$$D_n=c^n(n+1)\alpha^n=(n+1)(c\alpha)^n=(n+1)\frac{a^n}{2^n}。$$

因此

$$D_n=\begin{cases}\dfrac{\alpha_1^{n+1}-\beta_1^{n+1}}{\alpha_1-\beta_1}, & \text{当 } a^2\neq 4bc, \\ (n+1)\dfrac{a^n}{2^n}, & \text{当 } a^2=4bc,\end{cases}$$

其中 α_1,β_1 是方程 $x^2-ax+bc=0$ 的两个根。

点评：三对角线行列式有许多应用。

例 6 计算 n 阶行列式：

$$D_n=\begin{vmatrix} 2n & n & 0 & 0 & \cdots & 0 & 0 & 0 \\ n & 2n & n & 0 & \cdots & 0 & 0 & 0 \\ 0 & n & 2n & n & \cdots & 0 & 0 & 0 \\ \vdots & \vdots & \vdots & \vdots & & \vdots & \vdots & \vdots \\ 0 & 0 & 0 & 0 & \cdots & n & 2n & n \\ 0 & 0 & 0 & 0 & \cdots & 0 & n & 2n \end{vmatrix}。$$

解　这是三对角线行列式，利用例5的结果可得

$$D_n=(n+1)n^n$$

例7　计算 n 阶行列式：

$$D_n=\begin{vmatrix}2\cos\alpha & 1 & 0 & 0 & \cdots & 0 & 0 & 0\\ 1 & 2\cos\alpha & 1 & 0 & \cdots & 0 & 0 & 0\\ 0 & 1 & 2\cos\alpha & 1 & \cdots & 0 & 0 & 0\\ \vdots & \vdots & \vdots & \vdots & & \vdots & \vdots & \vdots\\ 0 & 0 & 0 & 0 & \cdots & 1 & 2\cos\alpha & 1\\ 0 & 0 & 0 & 0 & \cdots & 0 & 1 & 2\cos\alpha\end{vmatrix}。$$

解　这是三对角线行列式，利用例5的结果可得

$$D_n=\begin{cases}\dfrac{\sin(n+1)\alpha}{\sin\alpha} & 当\ \alpha\neq k\pi\ (k\in\mathbf{Z})\\ (n+1) & 当\ \alpha=2k\pi\ (k\in\mathbf{Z})\\ (-1)^n(n+1) & 当\ \alpha=(2k+1)\pi\ (k\in\mathbf{Z})\end{cases}$$

例8　设 $a_1,a_2,\cdots,a_n$ 是数域 K 中互不相同的数，$b_1,b_2,\cdots,b_n$ 是 K 中任意一组给定的数。证明：存在唯一的数域 K 上的多项式 $f(x)=c_1+c_2x+\cdots+c_nx^{n-1}$，使得

$$f(a_i)=b_i,\quad i=1,2,\cdots,n。$$

证明　如果多项式 $f(x)=c_1+c_2x+\cdots+c_nx^{n-1}$ 使得

$$f(a_i)=b_i,\quad i=1,2,\cdots,n,$$

那么有关于未知量 $c_1,c_2,\cdots,c_n$ 的线性方程组：

$$\begin{cases}c_1+c_2a_1+\cdots+c_na_1^{n-1}=b_1\\ c_1+c_2a_2+\cdots+c_na_2^{n-1}=b_2\\ \vdots\quad\ \vdots\qquad\qquad\ \vdots\qquad\ \vdots\\ c_1+c_2a_n+\cdots+c_na_n^{n-1}=b_n\end{cases}$$

它的系数行列式与关于 $a_1,a_2,\cdots,a_n$ 的范德蒙德行列式相等。由于 $a_1,a_2,\cdots,a_n$ 两两不同，因此系数行列式不等于0，从而上述线性方程组有唯一解，于是存在唯一的多项式 $f(x)$ 满足要求。 ■

第 3 章　n 维向量空间 K^n

利用行列式可以判断数域 K 上 n 个方程的 n 元线性方程组有没有唯一解，并且可以给出这个唯一解的公式表示，但是无法分辨无解和有无穷多个解的情形。因此需要进一步研究一般的线性方程组如何直接从它的系数和常数项判断它有没有解，有多少解，以及有无穷多个解时，其解集的结构。

为了寻找解决上述问题的途径，想法之一是：在利用阶梯形方程组判断原线性方程组有没有解、有多少解时，需要对线性方程组的增广矩阵施行初等行变换。1°型初等行变换把矩阵的一行的倍数加到另一行上，这里“一行的倍数”是将这一行的每个元素乘以这个数，由此引出一个数乘一个有序数组的运算；“加到另一行上”引出了两个有序数组的加法运算。由此受到启发，应当在所有 n 元有序数组组成的集合中规定加法运算和数乘有序数组(称为数量乘法)运算。这样 n 元有序数组的集合就像几何中所有向量组成的集合那样，有加法和数量乘法两种运算。借用几何的语言，数域 K 上所有 n 元有序数组组成的集合(记作 K^n)，连同定义在它上面的加法运算和数量乘法运算，及其满足的加法交换律、结合律等 8 条运算法则一起，称为数域 K 上的 n 维向量空间，把 K^n 的元素称为 n 维向量。

想法之二是：二元齐次线性方程 $2x+y=0$ 的解集是平面内过原点的一条直线 l。在 l 上取一个非零向量 $\boldsymbol{a}$，那么 l 上每一个向量都可表示成 $k\boldsymbol{a}$，其中 k 是某个实数。这表明 $2x+y=0$ 的无穷多个解可以通过一个解 $\boldsymbol{a}$ 表示出来。由此受到启发，为了研究数域 K 上线性方程组有无穷多个解时解集的结构，我们应当研究 n 维向量空间 K^n 中，向量之间的关系。

本章就来研究数域 K 上 n 维向量空间 K^n 中向量之间的关系，从而搞清楚 n 维向量空间的结构，进而解决数域 K 上线性方程组有无解、有多少解的判定，以及有无穷多个解时解集的结构问题。

3.1　n 维向量空间 K^n 及其子空间

3.1.1　内容精华

取定一个数域 K，设 n 是任意给定的一个正整数。令

$$K^n = \{(a_1, a_2, \cdots, a_n) \mid a_i \in K,\ i = 1, 2, \cdots, n\}。$$

如果 $a_1=b_1, a_2=b_2, \cdots, a_n=b_n$，则称 K^n 中两个元素：$(a_1, a_2, \cdots, a_n)$ 与 $(b_1, b_2, \cdots, b_n)$ 相等。

在 K^n 中规定加法运算如下

$$\begin{aligned}&(a_1, a_2, \cdots, a_n)+(b_1, b_2, \cdots, b_n)\\ \xlongequal{\text{def}}\ &(a_1+b_1,\ a_2+b_2,\ \cdots,\ a_n+b_n),\end{aligned}$$

在 K 的元素与 K^n 的元素之间规定数量乘法运算如下

$$k(a_1, a_2, \cdots, a_n) \xlongequal{\text{def}} (ka_1, ka_2, \cdots, ka_n)。$$

容易直接验证加法和数量乘法满足下述 8 条运算法则：对于 $\boldsymbol{\alpha}, \boldsymbol{\beta}, \boldsymbol{\gamma} \in K^n, k, l \in K$，有

(1) $\boldsymbol{\alpha}+\boldsymbol{\beta}=\boldsymbol{\beta}+\boldsymbol{\alpha}$；

(2) $(\boldsymbol{\alpha}+\boldsymbol{\beta})+\boldsymbol{\gamma}=\boldsymbol{\alpha}+(\boldsymbol{\beta}+\boldsymbol{\gamma})$；

(3) 把元素 $(0,0,\cdots,0)$ 记作 $\mathbf{0}$，它使得

$$\mathbf{0}+\boldsymbol{\alpha}=\boldsymbol{\alpha}+\mathbf{0}=\boldsymbol{\alpha},$$

称 $\mathbf{0}$ 是 K^n 的**零元**；

(4) 对于 $\boldsymbol{\alpha}=(a_1, a_2, \cdots, a_n) \in K^n$，令

$$-\boldsymbol{\alpha} \xlongequal{\text{def}} (-a_1, -a_2, \cdots, -a_n) \in K^n,$$

有

$$\boldsymbol{\alpha}+(-\boldsymbol{\alpha})=(-\boldsymbol{\alpha})+\boldsymbol{\alpha}=\mathbf{0},$$

称 $-\boldsymbol{\alpha}$ 是 $\boldsymbol{\alpha}$ 的**负元**；

(5) $1\boldsymbol{\alpha}=\boldsymbol{\alpha}$；

(6) $(kl)\boldsymbol{\alpha}=k(l\boldsymbol{\alpha})$；

(7) $(k+l)\boldsymbol{\alpha}=k\boldsymbol{\alpha}+l\boldsymbol{\alpha}$；

(8) $k(\boldsymbol{\alpha}+\boldsymbol{\beta})=k\boldsymbol{\alpha}+k\boldsymbol{\beta}$。

定义 1　数域 K 上所有 n 元有序数组组成的集合 K^n，连同定义在它上面的加法运算和数量乘法运算，及其满足的 8 条运算法则一起，称为数域 K 上的一个 **n 维向量空间**。K^n 的元素称为 **n 维向量**；设向量 $\boldsymbol{\alpha}=(a_1, a_2, \cdots, a_n)$，称 a_i 是 $\boldsymbol{\alpha}$ 的第 i 个**分量**。

通常用小写、加粗的希腊字母 $\boldsymbol{\alpha}, \boldsymbol{\beta}, \boldsymbol{\gamma}\cdots$ 表示向量。

在 n 维向量空间 K^n 中，可以定义减法运算如下：

$$\boldsymbol{\alpha}-\boldsymbol{\beta} \xlongequal{\text{def}} \boldsymbol{\alpha}+(-\boldsymbol{\beta})。$$

在 n 维向量空间 K^n 中，容易直接验证下述 4 条性质：

$$\begin{aligned}0\boldsymbol{\alpha}&=\mathbf{0}, &&\forall\, \boldsymbol{\alpha} \in K^n;\\ (-1)\boldsymbol{\alpha}&=-\boldsymbol{\alpha}, &&\forall\, \boldsymbol{\alpha} \in K^n;\\ k\mathbf{0}&=\mathbf{0}, &&\forall\, k \in K;\end{aligned}$$

$$k\boldsymbol{\alpha}=\mathbf{0} \Longrightarrow k=0 \text{ 或 } \boldsymbol{\alpha}=\mathbf{0}。$$

n 元有序数组写成一行 $(a_1, a_2, \cdots, a_n)$，称为**行向量**；写成一列

$$\begin{pmatrix} a_1 \\ a_2 \\ \vdots \\ a_n \end{pmatrix},$$

称为**列向量**。列向量可以看成是相应的行向量的转置，例如，上述这个列向量可以写成$(a_1,a_2,\cdots,a_n)'$。

K^n 可以看成是 n 维行向量组成的向量空间，也可以看成是 n 维列向量组成的向量空间。

在 K^n 中，由于有加法和数量乘法两种运算，给定向量组 $\boldsymbol{\alpha}_1,\boldsymbol{\alpha}_2,\cdots,\boldsymbol{\alpha}_s$，任给 K 中一组数 $k_1,k_2,\cdots,k_s$，就可以得到一个向量 $k_1\boldsymbol{\alpha}_1+k_2\boldsymbol{\alpha}_2+\cdots+k_s\boldsymbol{\alpha}_s$，称这个向量是向量组 $\boldsymbol{\alpha}_1,\boldsymbol{\alpha}_2,\cdots,\boldsymbol{\alpha}_n$ 的一个**线性组合**，其中 $k_1,k_2,\cdots,k_s$ 称为**系数**。

在 K^n 中，给定向量组 $\boldsymbol{\alpha}_1,\boldsymbol{\alpha}_2,\cdots,\boldsymbol{\alpha}_s$，对于 $\boldsymbol{\beta}\in K^n$，如果存在 K 中一组数 $c_1,c_2,\cdots,c_s$，使得

$$\boldsymbol{\beta}=c_1\boldsymbol{\alpha}_1+c_2\boldsymbol{\alpha}_2+\cdots+c_s\boldsymbol{\alpha}_s,$$

那么称 $\boldsymbol{\beta}$ 可以由 $\boldsymbol{\alpha}_1,\boldsymbol{\alpha}_2,\cdots,\boldsymbol{\alpha}_s$ **线性表出**。

一个向量 $\boldsymbol{\beta}$ 能不能由向量组 $\boldsymbol{\alpha}_1,\boldsymbol{\alpha}_2,\cdots,\boldsymbol{\alpha}_s$ 线性表出，这揭示了 $\boldsymbol{\beta}$ 与 $\boldsymbol{\alpha}_1,\boldsymbol{\alpha}_2,\cdots,\boldsymbol{\alpha}_s$ 有没有通过加法和数量乘法两种运算建立起来的关系。这种关系正是我们特别关注的。从下面关于线性方程组有没有解的刻画可以看到这一点。

利用向量的加法运算和数量乘法运算，可以把数域 K 上 n 元线性方程组

$$\begin{cases} a_{11}x_1+a_{12}x_2+\cdots+a_{1n}x_n=b_1 \\ a_{21}x_1+a_{22}x_2+\cdots+a_{2n}x_n=b_2 \\ \vdots \qquad\quad \vdots \qquad\qquad\quad \vdots \qquad \vdots \\ a_{s1}x_1+a_{s2}x_2+\cdots+a_{sn}x_n=b_s \end{cases} \tag{1}$$

写成

$$x_1\begin{pmatrix} a_{11} \\ a_{21} \\ \vdots \\ a_{s1} \end{pmatrix}+x_2\begin{pmatrix} a_{12} \\ a_{22} \\ \vdots \\ a_{s2} \end{pmatrix}+\cdots+x_n\begin{pmatrix} a_{1n} \\ a_{2n} \\ \vdots \\ a_{sn} \end{pmatrix}=\begin{pmatrix} b_1 \\ b_2 \\ \vdots \\ b_s \end{pmatrix} \tag{2}$$

即

$$x_1\boldsymbol{\alpha}_1+x_2\boldsymbol{\alpha}_2+\cdots+x_n\boldsymbol{\alpha}_n=\boldsymbol{\beta} \tag{3}$$

其中 $\boldsymbol{\alpha}_1,\boldsymbol{\alpha}_2,\cdots,\boldsymbol{\alpha}_n$ 是线性方程组(1)的系数矩阵的列向量组；$\boldsymbol{\beta}$ 是由常数项组成的列向量，于是

数域 K 上线性方程组 $x_1\boldsymbol{\alpha}_1+x_2\boldsymbol{\alpha}_2+\cdots+x_n\boldsymbol{\alpha}_n=\boldsymbol{\beta}$ 有解

$\Longleftrightarrow$ K 中存在一组数 $c_1,c_2,\cdots,c_n$，使得下式成立：

$$c_1\boldsymbol{\alpha}_1+c_2\boldsymbol{\alpha}_2+\cdots+c_n\boldsymbol{\alpha}_n=\boldsymbol{\beta}$$

$\Longleftrightarrow$ $\boldsymbol{\beta}$ 可以由 $\boldsymbol{\alpha}_1,\boldsymbol{\alpha}_2,\cdots,\boldsymbol{\alpha}_n$ 线性表出。

这样可把线性方程组有没有解的问题归结为：常数项列向量 $\boldsymbol{\beta}$ 能不能由系数矩阵的列向量组线性表出。这个结论具有双向作用：一方面，为了从理论上研究线性方程组有

没有解，就需要去研究 $\boldsymbol{\beta}$ 能否由 $\boldsymbol{\alpha}_1,\boldsymbol{\alpha}_2,\cdots,\boldsymbol{\alpha}_n$ 线性表出；另一方面，对于 K^s 中给定的向量组 $\boldsymbol{\alpha}_1,\boldsymbol{\alpha}_2,\cdots,\boldsymbol{\alpha}_n$，以及给定的向量 $\boldsymbol{\beta}$，为了判断 $\boldsymbol{\beta}$ 能否由 $\boldsymbol{\alpha}_1,\boldsymbol{\alpha}_2,\cdots,\boldsymbol{\alpha}_n$ 线性表出，就可以去判断线性方程组 $x_1\boldsymbol{\alpha}_1+x_2\boldsymbol{\alpha}_2+\cdots+x_n\boldsymbol{\alpha}_n=\boldsymbol{\beta}$ 是否有解（用第 1 章 1.2 节给出的判定方法）。

在 K^n 中，从理论上如何判断任一向量 $\boldsymbol{\beta}$ 能否由向量组 $\boldsymbol{\alpha}_1,\boldsymbol{\alpha}_2,\cdots,\boldsymbol{\alpha}_s$ 线性表出？这需要考察 $\boldsymbol{\beta}$ 是否等于 $\boldsymbol{\alpha}_1,\boldsymbol{\alpha}_2,\cdots,\boldsymbol{\alpha}_s$ 的某一个线性组合。为此把向量组 $\boldsymbol{\alpha}_1,\boldsymbol{\alpha}_2,\cdots,\boldsymbol{\alpha}_s$ 的所有线性组合组成一个集合 W，即

$$W \xlongequal{\text{def}} \{k_1\boldsymbol{\alpha}_1+k_2\boldsymbol{\alpha}_2+\cdots+k_s\boldsymbol{\alpha}_s \mid k_i\in K,\ i=1,2,\cdots,s\}。$$

如果能把 W 的结构研究清楚，就比较容易判断 $\boldsymbol{\beta}$ 是否属于 W，也就是判断 $\boldsymbol{\beta}$ 能否由 $\boldsymbol{\alpha}_1,\boldsymbol{\alpha}_2,\cdots,\boldsymbol{\alpha}_s$ 线性表出。

现在来研究 W 的结构，任取 $\boldsymbol{\alpha},\boldsymbol{\gamma}\in W$，设

$$\boldsymbol{\alpha}=a_1\boldsymbol{\alpha}_1+a_2\boldsymbol{\alpha}_2+\cdots+a_s\boldsymbol{\alpha}_s,\ \boldsymbol{\gamma}=b_1\boldsymbol{\alpha}_1+b_2\boldsymbol{\alpha}_2+\cdots+b_s\boldsymbol{\alpha}_s,$$

则

$$\boldsymbol{\alpha}+\boldsymbol{\gamma}=(a_1+b_1)\boldsymbol{\alpha}_1+(a_2+b_2)\boldsymbol{\alpha}_2+\cdots+(a_s+b_s)\boldsymbol{\alpha}_s\in W,$$

$$k\boldsymbol{\alpha}=(ka_1)\boldsymbol{\alpha}_1+(ka_2)\boldsymbol{\alpha}_2+\cdots+(ka_s)\boldsymbol{\alpha}_s\in W,$$

其中 k 是 K 中任意数。

由上述受到启发，我们引出一个概念：

定义 2　K^n 的一个非空子集 U 如果满足：

(1) $\boldsymbol{\alpha},\boldsymbol{\gamma}\in U \Longrightarrow \boldsymbol{\alpha}+\boldsymbol{\gamma}\in U$,

(2) $\boldsymbol{\alpha}\in U,\ k\in K \Longrightarrow k\boldsymbol{\alpha}\in U$,

那么称 U 是 K^n 的一个**线性子空间**，简称为**子空间**。

定义 2 中性质(1)称为 U 对于 K^n 的加法封闭；性质(2)称为 U 对于 K^n 的数量乘法封闭。

$\{\mathbf{0}\}$ 是 K^n 的一个子空间，称它为零子空间。K^n 本身也是 K^n 的一个子空间。

从上面的讨论知道 K^n 中，向量组 $\boldsymbol{\alpha}_1,\boldsymbol{\alpha}_2,\cdots,\boldsymbol{\alpha}_s$ 的所有线性组合组成的集合 W 是 K^n 的一个子空间，称它为 $\boldsymbol{\alpha}_1,\boldsymbol{\alpha}_2,\cdots,\boldsymbol{\alpha}_s$ **生成(或张成)的子空间**，记作

$$\langle\boldsymbol{\alpha}_1,\boldsymbol{\alpha}_2,\cdots,\boldsymbol{\alpha}_s\rangle$$

综上所述，得出下述结论：

命题 1　数域 K 上 n 元线性方程组 $x_1\boldsymbol{\alpha}_1+x_2\boldsymbol{\alpha}_2+\cdots+x_n\boldsymbol{\alpha}_n=\boldsymbol{\beta}$ 有解

$\Longleftrightarrow$ $\boldsymbol{\beta}$ 可以由 $\boldsymbol{\alpha}_1,\boldsymbol{\alpha}_2,\cdots,\boldsymbol{\alpha}_n$ 线性表出

$\Longleftrightarrow$ $\boldsymbol{\beta}\in\langle\boldsymbol{\alpha}_1,\boldsymbol{\alpha}_2,\cdots,\boldsymbol{\alpha}_n\rangle$。 ■

这个结论开辟了直接从线性方程组的系数和常数项判断方程组有没有解的新途径。这需要去研究向量组 $\boldsymbol{\alpha}_1,\boldsymbol{\alpha}_2,\cdots,\boldsymbol{\alpha}_n$ 生成的子空间 $\langle\boldsymbol{\alpha}_1,\boldsymbol{\alpha}_2,\cdots,\boldsymbol{\alpha}_n\rangle$ 的结构。从现在起进入运用近世代数学研究代数系统的结构的观点研究线性方程组有无解、有多少解以及解集的结构的新领域。

3.1.2　典型例题

例 1　设 $\boldsymbol{\alpha}=(-1,2,5)$，$\boldsymbol{\beta}=(3,-6,-15)$，向量 $\boldsymbol{\beta}$ 是否可以由 $\boldsymbol{\alpha}$ 线性表出？

解　$\boldsymbol{\beta}=(3,-6,-15)=(-3)(-1,2,5)=-3\boldsymbol{\alpha}$，因此 $\boldsymbol{\beta}$ 可以由 $\boldsymbol{\alpha}$ 线性表出。

例 2　在 K^4 中，判断向量 $\boldsymbol{\beta}$ 能否由向量组 $\boldsymbol{\alpha}_1,\boldsymbol{\alpha}_2,\boldsymbol{\alpha}_3$ 线性表出。若能，写出它的一种表出方式。

$$\boldsymbol{\alpha}_1=\begin{pmatrix}2\\-5\\3\\-4\end{pmatrix},\ \boldsymbol{\alpha}_2=\begin{pmatrix}-5\\11\\3\\10\end{pmatrix},\ \boldsymbol{\alpha}_3=\begin{pmatrix}-3\\7\\-1\\6\end{pmatrix},\ \boldsymbol{\beta}=\begin{pmatrix}13\\-30\\2\\-26\end{pmatrix}。$$

解　把线性方程组 $x_1\boldsymbol{\alpha}_1+x_2\boldsymbol{\alpha}_2+x_3\boldsymbol{\alpha}_3=\boldsymbol{\beta}$ 的增广矩阵经过初等行变换化成阶梯形矩阵

$$\begin{pmatrix}2&-5&-3&13\\-5&11&7&-30\\3&3&-1&2\\-4&10&6&-26\end{pmatrix}\xrightarrow{①+③\cdot(-1)}\begin{pmatrix}-1&-8&-2&11\\-5&11&7&-30\\3&3&-1&2\\-4&10&6&-26\end{pmatrix}$$

$$\longrightarrow\begin{pmatrix}-1&-8&-2&11\\0&51&17&-85\\0&-21&-7&35\\0&42&14&-70\end{pmatrix}\longrightarrow\begin{pmatrix}1&8&2&-11\\0&3&1&-5\\0&3&1&-5\\0&3&1&-5\end{pmatrix}$$

$$\longrightarrow\begin{pmatrix}1&8&2&-11\\0&3&1&-5\\0&0&0&0\\0&0&0&0\end{pmatrix}\longrightarrow\begin{pmatrix}1&0&-\frac{2}{3}&\frac{7}{3}\\0&1&\frac{1}{3}&-\frac{5}{3}\\0&0&0&0\\0&0&0&0\end{pmatrix}$$

由于相应的阶梯形方程组未出现“$0=d$(其中 $d\neq0$)”这种方程，且阶梯形矩阵的非零行数目 2 小于未知量数目 3，因此线性方程组 $x_1\boldsymbol{\alpha}_1+x_2\boldsymbol{\alpha}_2+x_3\boldsymbol{\alpha}_3=\boldsymbol{\beta}$ 有无穷多个解，从而 $\boldsymbol{\beta}$ 可以由 $\boldsymbol{\alpha}_1,\boldsymbol{\alpha}_2,\boldsymbol{\alpha}_3$ 线性表出，并且表出方式有无穷多种。写出方程组的一般解：

$$\begin{cases}x_1=\dfrac{2}{3}x_3+\dfrac{7}{3}\\[2mm] x_2=-\dfrac{1}{3}x_3-\dfrac{5}{3}\end{cases}$$

其中 x_3 是自由未知量。取 $x_3=1$，得 $x_1=3,x_2=-2$，于是其中一种表出方式是

$$\boldsymbol{\beta}=3\boldsymbol{\alpha}_1-2\boldsymbol{\alpha}_2+\boldsymbol{\alpha}_3。$$

例 3　在 K^n 中，令

$$\boldsymbol{\varepsilon}_1=\begin{pmatrix}1\\0\\0\\\vdots\\0\\0\end{pmatrix},\ \boldsymbol{\varepsilon}_2=\begin{pmatrix}0\\1\\0\\\vdots\\0\\0\end{pmatrix},\ \cdots,\ \boldsymbol{\varepsilon}_n=\begin{pmatrix}0\\0\\0\\\vdots\\0\\1\end{pmatrix},$$

证明：K^n 中任一向量 $\boldsymbol{\alpha}=(a_1,a_2,\cdots,a_n)'$ 能够由向量组 $\boldsymbol{\varepsilon}_1,\boldsymbol{\varepsilon}_2,\cdots,\boldsymbol{\varepsilon}_n$ 线性表出，并且表出方式唯一，写出这种表出方式。

证明　线性方程组 $x_1\boldsymbol{\varepsilon}_1+x_2\boldsymbol{\varepsilon}_2+\cdots+x_n\boldsymbol{\varepsilon}_n=\boldsymbol{\alpha}$ 的系数行列式为

$$\begin{vmatrix} 1 & 0 & \cdots & 0 \\ 0 & 1 & \cdots & 0 \\ 0 & 0 & \cdots & 0 \\ \vdots & \vdots & & \vdots \\ 0 & 0 & \cdots & 0 \\ 0 & 0 & \cdots & 1 \end{vmatrix} = 1 \neq 0,$$

因此这个线性方程组有唯一解，从而 K^n 中任一向量 $\boldsymbol{\alpha}$ 都能由 $\boldsymbol{\varepsilon}_1,\boldsymbol{\varepsilon}_2,\cdots,\boldsymbol{\varepsilon}_n$ 线性表出，且表出方式唯一。由于

$$a_1\begin{pmatrix} 1 \\ 0 \\ 0 \\ \vdots \\ 0 \\ 0 \end{pmatrix}+a_2\begin{pmatrix} 0 \\ 1 \\ 0 \\ \vdots \\ 0 \\ 0 \end{pmatrix}+\cdots+a_n\begin{pmatrix} 0 \\ 0 \\ 0 \\ \vdots \\ 0 \\ 1 \end{pmatrix}=\begin{pmatrix} a_1 \\ a_2 \\ a_3 \\ \vdots \\ a_{n-1} \\ a_n \end{pmatrix},$$

因此

$$\boldsymbol{\alpha}=a_1\boldsymbol{\varepsilon}_1+a_2\boldsymbol{\varepsilon}_2+\cdots+a_n\boldsymbol{\varepsilon}_n。$$

■

例 4　证明：向量组 $\boldsymbol{\alpha}_1,\boldsymbol{\alpha}_2,\cdots,\boldsymbol{\alpha}_s$ 中任一向量 $\boldsymbol{\alpha}_i$ 可以由这个向量组线性表出。

证明　由于 $\boldsymbol{\alpha}_i=0\boldsymbol{\alpha}_1+\cdots+0\boldsymbol{\alpha}_{i-1}+1\boldsymbol{\alpha}_i+0\boldsymbol{\alpha}_{i+1}+\cdots+0\boldsymbol{\alpha}_s$，因此向量组 $\boldsymbol{\alpha}_1,\boldsymbol{\alpha}_2,\cdots,\boldsymbol{\alpha}_s$ 中任一向量 $\boldsymbol{\alpha}_i$ 可以由这个向量组线性表出。■

例 5　设 $1\leqslant r<n$，证明 K^n 的下述子集 U 是一个子空间：

$$U=\{(a_1,a_2,\cdots,a_r,0,\cdots,0)\mid a_i\in K,\ i=1,2,\cdots,r\}。$$

证明　在 U 中任取两个向量：

$$\boldsymbol{\alpha}=(a_1,a_2,\cdots,a_r,0,\cdots,0),\ \boldsymbol{\beta}=(b_1,b_2,\cdots,b_r,0,\cdots,0),$$

有

$$\boldsymbol{\alpha}+\boldsymbol{\beta}=(a_1+b_1,a_2+b_2,\cdots,a_r+b_r,0,\cdots,0)\in U,$$

$$k\boldsymbol{\alpha}=(ka_1,ka_2,\cdots,ka_r,0,\cdots,0)\in U,\quad \forall k\in K,$$

因此 U 是 K^n 的一个子空间。■

例 6　几何空间可以看成是以原点 O 为起点的所有向量组成的集合 V，它有加法和数量乘法两种运算，并且满足 8 条运算法则。几何空间 V 的一个非空子集 U 如果对于向量的加法和数量乘法都封闭，那么称 U 是 V 的一个子空间。一条直线 l 可以看成是以 O 为起点，以 l 上的点为终点的所有向量组成的集合。一个平面 π 可以看成是以 O 为起点，以 π 上的点为终点的所有向量组成的集合。

(1) 设 l_0 是经过原点 O 的一条直线，l_1 是不经过原点 O 的一条直线，试问：l_0,l_1 是不是几何空间 V 的一个子空间？

(2) 设 π_0 和 π_1 分别是经过原点 O 和不经过原点的一个平面，试问：π_0,π_1 是不是 V 的一个子空间？

解　(1) 在 l_0 上任取两点 P 和 Q，则 $\overrightarrow{OP}$ 与 $\overrightarrow{OQ}$ 同向或反向，从而向量 $\overrightarrow{OP}+\overrightarrow{OQ}$ 的终点

仍在 l_0 上，即$\overrightarrow{OP}+\overrightarrow{OQ}\in l_0$。显然$\forall k\in\mathbf{R}$，有 $k\overrightarrow{OP}\in l_0$，因此 l_0 是 V 的一个子空间。

在 l_1 上任取一点 M，则$\overrightarrow{OM}\in l_1$，容易看出 $2\overrightarrow{OM}$的终点不在 l_1 上，因此 $2\overrightarrow{OM}\notin l_1$。从而 l_1 不是 V 的一个子空间。

(2) 在 π_0 上任取两点 A,B(见图 3-1)，由向量加法的平行四边形法则知道：$\overrightarrow{OA}+\overrightarrow{OB}$的终点仍在 π_0 上，因此$\overrightarrow{OA}+\overrightarrow{OB}\in\pi_0$。显然 $k\overrightarrow{OA}\in\pi_0$，因此 π_0 是 V 的一个子空间。

在 π_1 上取一点 P(见图 3-2)，则$\overrightarrow{OP}\in\pi_1$，显然 $2\overrightarrow{OP}$的终点Q不在 π_1 上，因此$2\overrightarrow{OP}\notin\pi_1$，从而 π_1 不是 V 的一个子空间。

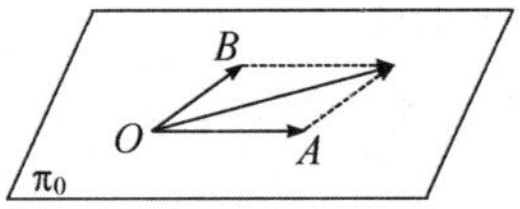

图 3-1

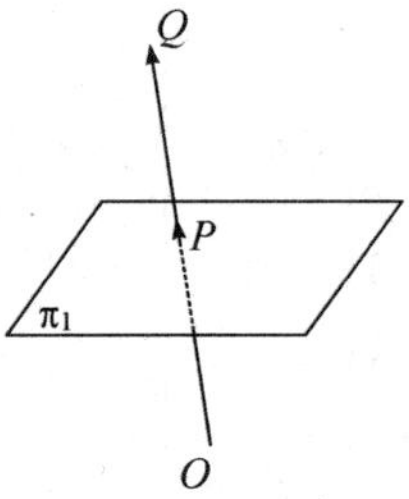

图 3-2

例 7 证明：如果线性方程组(Ⅰ)的增广矩阵的第 i 个行向量 $\boldsymbol{\gamma}_i$ 可以由其余行向量线性表出：

$$\boldsymbol{\gamma}_i=k_1\boldsymbol{\gamma}_1+\cdots+k_{i-1}\boldsymbol{\gamma}_{i-1}+k_{i+1}\boldsymbol{\gamma}_{i+1}+\cdots+k_s\boldsymbol{\gamma}_s,$$

那么把方程组(Ⅰ)的第 i 个方程去掉以后得到的线性方程组(Ⅱ)与线性方程组(Ⅰ)同解。

证明 由已知条件得

$$\boldsymbol{\gamma}_i-k_1\boldsymbol{\gamma}_1-\cdots-k_{i-1}\boldsymbol{\gamma}_{i-1}-k_{i+1}\boldsymbol{\gamma}_{i+1}-\cdots-k_s\boldsymbol{\gamma}_s=\mathbf{0}。$$

因此把线性方程组(Ⅰ)的第 1 个方程的 $-k_1$ 倍，…，第 $i-1$ 个方程的 $-k_{i-1}$倍，第 $i+1$ 个方程的 $-k_{i+1}$倍，…，第 s 个方程的 $-k_s$ 倍都加到第 i 个方程上，第 i 个方程变成“$0=0$”，而其余方程不变。这样得到的线性方程组与原方程组(Ⅰ)同解，从而把方程组(Ⅰ)的第 i 个方程去掉以后得到的方程组(Ⅱ)与原方程组(Ⅰ)同解。 ■

习题 3.1

1. 在 K^4 中，设

$$\boldsymbol{\alpha}_1=\begin{pmatrix}1\\-2\\5\\3\end{pmatrix},\ \boldsymbol{\alpha}_2=\begin{pmatrix}4\\7\\-2\\6\end{pmatrix},\ \boldsymbol{\alpha}_3=\begin{pmatrix}-10\\-25\\16\\-12\end{pmatrix},$$

求 $\boldsymbol{\alpha}_1,\boldsymbol{\alpha}_2,\boldsymbol{\alpha}_3$ 的分别以下列各组数为系数的线性组合 $k_1\boldsymbol{\alpha}_1+k_2\boldsymbol{\alpha}_2+k_3\boldsymbol{\alpha}_3$：

(1) $k_1=-2,\ k_2=3,\ k_3=1$；

(2) $k_1=0,\ k_2=0,\ k_3=0$。

2. 在K^4中,设$\boldsymbol{\alpha}=(6,-2,0,4)$,$\boldsymbol{\beta}=(-3,1,5,7)$。求向量$\boldsymbol{\gamma}$使得$2\boldsymbol{\alpha}+\boldsymbol{\gamma}=3\boldsymbol{\beta}$。

3. 在K^4中,判断向量$\boldsymbol{\beta}$能否由向量组$\boldsymbol{\alpha}_1,\boldsymbol{\alpha}_2,\boldsymbol{\alpha}_3$线性表出。若能,则写出它的一种表示方式。

(1) $\boldsymbol{\alpha}_1=\begin{pmatrix}-1\\3\\0\\-5\end{pmatrix}$, $\boldsymbol{\alpha}_2=\begin{pmatrix}2\\0\\7\\-3\end{pmatrix}$, $\boldsymbol{\alpha}_3=\begin{pmatrix}-4\\1\\-2\\6\end{pmatrix}$, $\boldsymbol{\beta}=\begin{pmatrix}8\\3\\-1\\-25\end{pmatrix}$;

(2) $\boldsymbol{\alpha}_1=\begin{pmatrix}-2\\7\\1\\3\end{pmatrix}$, $\boldsymbol{\alpha}_2=\begin{pmatrix}3\\-5\\0\\-2\end{pmatrix}$, $\boldsymbol{\alpha}_3=\begin{pmatrix}-5\\-6\\3\\-1\end{pmatrix}$, $\boldsymbol{\beta}=\begin{pmatrix}-8\\-3\\7\\-10\end{pmatrix}$;

(3) $\boldsymbol{\alpha}_1=\begin{pmatrix}3\\-5\\2\\-4\end{pmatrix}$, $\boldsymbol{\alpha}_2=\begin{pmatrix}-1\\7\\-3\\6\end{pmatrix}$, $\boldsymbol{\alpha}_3=\begin{pmatrix}3\\11\\-5\\10\end{pmatrix}$, $\boldsymbol{\beta}=\begin{pmatrix}2\\-30\\13\\-26\end{pmatrix}$。

4. 在K^4中,设

$$\boldsymbol{\alpha}_1=\begin{pmatrix}1\\0\\0\\0\end{pmatrix},\ \boldsymbol{\alpha}_2=\begin{pmatrix}1\\1\\0\\0\end{pmatrix},\ \boldsymbol{\alpha}_3=\begin{pmatrix}1\\1\\1\\0\end{pmatrix},\ \boldsymbol{\alpha}_4=\begin{pmatrix}1\\1\\1\\1\end{pmatrix}。$$

证明:K^4中任一向量$\boldsymbol{\alpha}=(a_1,a_2,a_3,a_4)'$可以由向量组$\boldsymbol{\alpha}_1,\boldsymbol{\alpha}_2,\boldsymbol{\alpha}_3,\boldsymbol{\alpha}_4$线性表出,并且表出方式唯一,写出这种表出方式。

5. 设$\boldsymbol{\alpha}_1,\boldsymbol{\alpha}_2,\cdots,\boldsymbol{\alpha}_s\in K^n$,说明

$$\boldsymbol{\alpha}_i\in\langle\boldsymbol{\alpha}_1,\boldsymbol{\alpha}_2,\cdots,\boldsymbol{\alpha}_s\rangle,\ i=1,2,\cdots,s。$$

6. 证明K^n的下述子集U是一个子空间:

$$U=\{(a_1,0,a_3,\cdots,a_n)\mid a_i\in K,\ i=1,3,\cdots,n\}。$$

7. 经过原点的两个平面的交线是不是几何空间V的一个子空间?

3.2　线性相关与线性无关的向量组

3.2.1　内容精华

几何空间V(由所有以原点为起点的向量组成)中,取定三个不共面的向量$\boldsymbol{e}_1,\boldsymbol{e}_2,\boldsymbol{e}_3$,则$V$中每一个向量$\boldsymbol{a}$都可以由$\boldsymbol{e}_1,\boldsymbol{e}_2,\boldsymbol{e}_3$唯一地线性表出:

$$\boldsymbol{a}=a_1\boldsymbol{e}_1+a_2\boldsymbol{e}_2+a_3\boldsymbol{e}_3,$$

这样几何空间V的结构就很清楚了。由此受到启发,在n维向量空间K^n中,是否也有有

限多个向量具有几何空间中“不共面”的三个向量那样的性质？从解析几何(参看丘维声编著《解析几何(第 3 版)》第 8 页和第 9 页)知道：

$\boldsymbol{a}_1,\boldsymbol{a}_2,\boldsymbol{a}_3$ 共面的充分必要条件是有不全为 0 的实数 k_1,k_2,k_3，使得

$$k_1\boldsymbol{a}_1+k_2\boldsymbol{a}_2+k_3\boldsymbol{a}_3=\boldsymbol{0}。$$

$\boldsymbol{a}_1,\boldsymbol{a}_2,\boldsymbol{a}_3$ 不共面的充分必要条件是：从

$$k_1\boldsymbol{a}_1+k_2\boldsymbol{a}_2+k_3\boldsymbol{a}_3=\boldsymbol{0},$$

可以推出 $k_1=0,k_2=0,k_3=0$。

类似地，在 n 维向量空间 K^n 中，引进下述两个重要概念：

定义 1　K^n 中向量组 $\boldsymbol{\alpha}_1,\cdots,\boldsymbol{\alpha}_s(s\geqslant 1)$ 称为是**线性相关**的，如果 K 中有不全为 0 的数 $k_1,\cdots,k_s$，使得

$$k_1\boldsymbol{\alpha}_1+\cdots+k_s\boldsymbol{\alpha}_s=\boldsymbol{0}。$$

定义 2　K^n 中向量组 $\boldsymbol{\alpha}_1,\cdots,\boldsymbol{\alpha}_s(s\geqslant 1)$ 如果不是线性相关的，那么称为**线性无关**的，即如果从

$$k_1\boldsymbol{\alpha}_1+\cdots+k_s\boldsymbol{\alpha}_s=\boldsymbol{0},$$

可以推出所有系数 $k_1,\cdots,k_s$ 全为 0，那么称向量组 $\boldsymbol{\alpha}_1,\cdots,\boldsymbol{\alpha}_s$ 是**线性无关**的。

根据定义 1 和定义 2，几何空间中，共面的三个向量是线性相关的，不共面的三个向量是线性无关的；共线的两个向量是线性相关的，不共线的两个向量是线性无关的。

从定义 1 和定义 2 立即得到：

(1) 包含零向量的向量组一定线性相关(因为 $1\boldsymbol{0}+0\boldsymbol{\alpha}_2+\cdots+0\boldsymbol{\alpha}_s=\boldsymbol{0}$)；

(2) 单个向量 $\boldsymbol{\alpha}$ 线性相关当且仅当 $\boldsymbol{\alpha}=\boldsymbol{0}$(因为 $k\boldsymbol{\alpha}=0,k\neq 0\Longleftrightarrow\boldsymbol{\alpha}=\boldsymbol{0}$)，从而单个向量 $\boldsymbol{\alpha}$ 线性无关当且仅当 $\boldsymbol{\alpha}\neq\boldsymbol{0}$；

(3) K^n 中，向量组

$$\boldsymbol{\varepsilon}_1=\begin{pmatrix}1\\0\\0\\\vdots\\0\\0\end{pmatrix},\ \boldsymbol{\varepsilon}_2=\begin{pmatrix}0\\1\\0\\\vdots\\0\\0\end{pmatrix},\ \cdots,\ \boldsymbol{\varepsilon}_n=\begin{pmatrix}0\\0\\0\\\vdots\\0\\1\end{pmatrix}$$

是线性无关的(因为从 $k_1\boldsymbol{\varepsilon}_1+k_2\boldsymbol{\varepsilon}_2+\cdots+k_n\boldsymbol{\varepsilon}_n=\boldsymbol{0}$ 可得出 $k_1=k_2=\cdots=k_n=0$)。

线性相关与线性无关是线性代数中最基本的概念之一。可以从几个角度来考查线性相关的向量组与线性无关的向量组的本质区别：

(1) 从线性组合看：

向量组 $\boldsymbol{\alpha}_1,\cdots,\boldsymbol{\alpha}_s(s\geqslant 1)$ 线性相关

$\Longleftrightarrow$ 它们有系数不全为 0 的线性组合等于零向量；

向量组 $\boldsymbol{\alpha}_1,\cdots,\boldsymbol{\alpha}_s(s\geqslant 1)$ 线性无关

$\Longleftrightarrow$ 它们只有系数全为 0 的线性组合才会等于零向量。

(2) 从线性表出看：

向量组 $\boldsymbol{\alpha}_1,\boldsymbol{\alpha}_2,\cdots,\boldsymbol{\alpha}_s(s\geqslant 2)$ 线性相关

$\Longleftrightarrow$ 其中至少有一个向量可以由其余向量线性表出。

证明　必要性。设 $\boldsymbol{\alpha}_1,\boldsymbol{\alpha}_2,\cdots,\boldsymbol{\alpha}_s$ 线性相关，则有不全为 0 的数 $k_1,k_2,\cdots,k_s$，使得

$$k_1\boldsymbol{\alpha}_1+k_2\boldsymbol{\alpha}_2+\cdots+k_s\boldsymbol{\alpha}_s=\mathbf{0}。$$

设 $k_i\neq 0$，则由上式得

$$\boldsymbol{\alpha}_i=-\frac{k_1}{k_i}\boldsymbol{\alpha}_1-\cdots-\frac{k_{i-1}}{k_i}\boldsymbol{\alpha}_{i-1}-\frac{k_{i+1}}{k_i}\boldsymbol{\alpha}_{i+1}-\cdots-\frac{k_s}{k_i}\boldsymbol{\alpha}_s。$$

充分性。设 $\boldsymbol{\alpha}_j=l_1\boldsymbol{\alpha}_1+\cdots+l_{j-1}\boldsymbol{\alpha}_{j-1}+l_{j+1}\boldsymbol{\alpha}_{j+1}+\cdots+l_s\boldsymbol{\alpha}_s$，

则 $l_1\boldsymbol{\alpha}_1+\cdots+l_{j-1}\boldsymbol{\alpha}_{j-1}-\boldsymbol{\alpha}_j+l_{j+1}\boldsymbol{\alpha}_{j+1}+\cdots+l_s\boldsymbol{\alpha}_s=\mathbf{0}$。从而 $\boldsymbol{\alpha}_1,\boldsymbol{\alpha}_2,\cdots,\boldsymbol{\alpha}_s$ 线性相关。■

向量组 $\boldsymbol{\alpha}_1,\boldsymbol{\alpha}_2,\cdots,\boldsymbol{\alpha}_s(s\geqslant 2)$ 线性无关

$\Longleftrightarrow$ 其中每一个向量都不能由其余向量线性表出。

(3) 从齐次线性方程组看：

列向量组 $\boldsymbol{\alpha}_1,\cdots,\boldsymbol{\alpha}_s(s\geqslant 1)$ 线性相关

$\Longleftrightarrow$ 齐次线性方程组 $x_1\boldsymbol{\alpha}_1+\cdots+x_s\boldsymbol{\alpha}_s=\mathbf{0}$ 有非零解；

列向量组 $\boldsymbol{\alpha}_1,\cdots,\boldsymbol{\alpha}_s(s\geqslant 1)$ 线性无关

$\Longleftrightarrow$ 齐次线性方程组 $x_1\boldsymbol{\alpha}_1+\cdots+x_s\boldsymbol{\alpha}_s=\mathbf{0}$ 只有零解。

(4) 从行列式看：

n 个 n 维列(行)向量 $\boldsymbol{\alpha}_1,\boldsymbol{\alpha}_2,\cdots,\boldsymbol{\alpha}_n$ 线性相关

$\Longleftrightarrow$ 以 $\boldsymbol{\alpha}_1,\boldsymbol{\alpha}_2,\cdots,\boldsymbol{\alpha}_n$ 为列(行)向量组的矩阵的行列式等于零；

n 个 n 维列(行)向量组 $\boldsymbol{\alpha}_1,\boldsymbol{\alpha}_2,\cdots,\boldsymbol{\alpha}_n$ 线性无关

$\Longleftrightarrow$ 以 $\boldsymbol{\alpha}_1,\boldsymbol{\alpha}_2,\cdots,\boldsymbol{\alpha}_n$ 为列(行)向量组的矩阵的行列式不等于零。

(5) 从向量组线性表出一个向量的方式看：

设向量 $\boldsymbol{\beta}$ 可以由向量组 $\boldsymbol{\alpha}_1,\cdots,\boldsymbol{\alpha}_s$ 线性表出，则向量组 $\boldsymbol{\alpha}_1,\cdots,\boldsymbol{\alpha}_s$ 线性无关

$\Longleftrightarrow$ 表出方式唯一(证明见本节典型例题的例 6)。

向量组 $\boldsymbol{\alpha}_1,\cdots,\boldsymbol{\alpha}_s$ 线性相关

$\Longleftrightarrow$ 表出方式有无穷多种。

(6) 从向量组与它的部分组的关系看：

如果向量组的一个部分组线性相关，那么整个向量组也线性相关。

如果向量组线性无关，那么它的任何一个部分组也线性无关。

(7) 从向量组与它的延伸组或缩短组的关系看：

如果向量组线性无关，那么把每个向量添上 m 个分量(所添分量的位置对于每个向量都一样)得到的延伸组也线性无关。

证明　设 $\boldsymbol{\alpha}_1,\cdots,\boldsymbol{\alpha}_s$ 的一个延伸组为 $\tilde{\boldsymbol{\alpha}}_1,\cdots,\tilde{\boldsymbol{\alpha}}_s$，则从

$$k_1\tilde{\boldsymbol{\alpha}}_1+\cdots+k_s\tilde{\boldsymbol{\alpha}}_s=\mathbf{0},$$

可得出

$$k_1\boldsymbol{\alpha}_1+\cdots+k_s\boldsymbol{\alpha}_s=\mathbf{0}。$$

若 $\boldsymbol{\alpha}_1,\cdots,\boldsymbol{\alpha}_s$ 线性无关，则从上式得 $k_1=\cdots=k_s=0$。

从而 $\tilde{\boldsymbol{\alpha}}_1,\cdots,\tilde{\boldsymbol{\alpha}}_s$ 也线性无关。■

如果向量组线性相关，那么把每个向量去掉 m 个分量（去掉的分量的位置对于每个向量都一样）得到的缩短组也线性相关（这是上述命题的逆否命题）。

研究 n 维向量空间 K^n 及其子空间的结构，除了需要线性相关和线性无关的概念外，还需要研究一个向量 $\boldsymbol{\beta}$ 能不能由向量组 $\boldsymbol{\alpha}_1,\cdots,\boldsymbol{\alpha}_s$ 线性表出的问题。首先研究向量组 $\boldsymbol{\alpha}_1,\cdots,\boldsymbol{\alpha}_s$ 线性无关的情形，有下述结论：

命题 1 设向量组 $\boldsymbol{\alpha}_1,\cdots,\boldsymbol{\alpha}_s$ 线性无关，则向量 $\boldsymbol{\beta}$ 可以由 $\boldsymbol{\alpha}_1,\cdots,\boldsymbol{\alpha}_s$ 线性表出的充分必要条件是 $\boldsymbol{\alpha}_1,\cdots,\boldsymbol{\alpha}_s,\boldsymbol{\beta}$ 线性相关。

证明 必要性是显然的。下面证充分性。

设 $\boldsymbol{\alpha}_1,\boldsymbol{\alpha}_2,\cdots,\boldsymbol{\alpha}_s,\boldsymbol{\beta}$ 线性相关，则有 K 中不全为 0 的数 $k_1,k_2,\cdots,k_s,l$ 使得

$$k_1\boldsymbol{\alpha}_1+k_2\boldsymbol{\alpha}_2+\cdots+k_s\boldsymbol{\alpha}_s+l\boldsymbol{\beta}=\boldsymbol{0}。\tag{1}$$

假如 $l=0$，则 $k_1,k_2,\cdots,k_s$ 不全为 0，并且从式(1)得

$$k_1\boldsymbol{\alpha}_1+k_2\boldsymbol{\alpha}_2+\cdots+k_s\boldsymbol{\alpha}_s=\boldsymbol{0},$$

于是 $\boldsymbol{\alpha}_1,\boldsymbol{\alpha}_2,\cdots,\boldsymbol{\alpha}_s$ 线性相关。这与已知条件矛盾，因此 $l\neq 0$，从而由式(1)得

$$\boldsymbol{\beta}=-\frac{k_1}{l}\boldsymbol{\alpha}_1-\frac{k_2}{l}\boldsymbol{\alpha}_2-\cdots-\frac{k_s}{l}\boldsymbol{\alpha}_s。$$ ■

推论 1 设向量组 $\boldsymbol{\alpha}_1,\cdots,\boldsymbol{\alpha}_s$ 线性无关，则向量 $\boldsymbol{\beta}$ 不能由 $\boldsymbol{\alpha}_1,\cdots,\boldsymbol{\alpha}_s$ 线性表出的充分必要条件是 $\boldsymbol{\alpha}_1,\cdots,\boldsymbol{\alpha}_s,\boldsymbol{\beta}$ 线性无关。 ■

3.2.2 典型例题

例 1 证明：如果向量组 $\boldsymbol{\alpha}_1,\boldsymbol{\alpha}_2,\boldsymbol{\alpha}_3$ 线性无关，那么向量组 $3\boldsymbol{\alpha}_1-\boldsymbol{\alpha}_2,5\boldsymbol{\alpha}_2+2\boldsymbol{\alpha}_3,4\boldsymbol{\alpha}_3-7\boldsymbol{\alpha}_1$ 也线性无关。

证明 设 $k_1(3\boldsymbol{\alpha}_1-\boldsymbol{\alpha}_2)+k_2(5\boldsymbol{\alpha}_2+2\boldsymbol{\alpha}_3)+k_3(4\boldsymbol{\alpha}_3-7\boldsymbol{\alpha}_1)=\boldsymbol{0}$，

则 $$(3k_1-7k_3)\boldsymbol{\alpha}_1+(-k_1+5k_2)\boldsymbol{\alpha}_2+(2k_2+4k_3)\boldsymbol{\alpha}_3=\boldsymbol{0}。$$

由于 $\boldsymbol{\alpha}_1,\boldsymbol{\alpha}_2,\boldsymbol{\alpha}_3$ 线性无关，因此从上式得

$$\begin{cases}3k_1-7k_3=0\\-k_1+5k_2=0\\2k_2+4k_3=0\end{cases}$$

这个齐次线性方程组的系数行列式为

$$\begin{vmatrix}3&0&-7\\-1&5&0\\0&2&4\end{vmatrix}=\begin{vmatrix}0&15&-7\\-1&5&0\\0&2&4\end{vmatrix}=(-1)(-1)^{2+1}\begin{vmatrix}15&-7\\2&4\end{vmatrix}$$
$$=74\neq 0$$

因此 $$k_1=0,\ k_2=0,\ k_3=0。$$

从而向量组 $3\boldsymbol{\alpha}_1-\boldsymbol{\alpha}_2,5\boldsymbol{\alpha}_2+2\boldsymbol{\alpha}_3,4\boldsymbol{\alpha}_3-7\boldsymbol{\alpha}_1$ 线性无关。 ■

点评： 像例 1 那样，根据线性无关的向量组的定义去判断一个向量组线性无关，这种方法是最基本、最重要的方法。

例 2　设 $\boldsymbol{\alpha}_1,\cdots,\boldsymbol{\alpha}_s$ 线性无关，并且

$$\begin{aligned}\boldsymbol{\beta}_1 &= a_{11}\boldsymbol{\alpha}_1+\cdots+a_{1s}\boldsymbol{\alpha}_s,\\ \cdots&\cdots\quad\cdots\quad\cdots\\ \boldsymbol{\beta}_s &= a_{s1}\boldsymbol{\alpha}_1+\cdots+a_{ss}\boldsymbol{\alpha}_s。\end{aligned}$$

证明：$\boldsymbol{\beta}_1,\cdots,\boldsymbol{\beta}_s$ 线性无关的充分必要条件是：

$$\begin{vmatrix} a_{11} & \cdots & a_{s1}\\ \vdots & & \vdots\\ a_{1s} & \cdots & a_{ss}\end{vmatrix}\neq 0。$$

证明　设 $k_1\boldsymbol{\beta}_1+\cdots+k_s\boldsymbol{\beta}_s=\mathbf{0}$，

即　$$k_1(a_{11}\boldsymbol{\alpha}_1+\cdots+a_{1s}\boldsymbol{\alpha}_s)+\cdots+k_s(a_{s1}\boldsymbol{\alpha}_1+\cdots+a_{ss}\boldsymbol{\alpha}_s)=\mathbf{0},$$

则　$$(k_1a_{11}+\cdots+k_sa_{s1})\boldsymbol{\alpha}_1+\cdots+(k_1a_{1s}+\cdots+k_sa_{ss})\boldsymbol{\alpha}_s=\mathbf{0}。$$

由于 $\boldsymbol{\alpha}_1,\cdots,\boldsymbol{\alpha}_s$ 线性无关，因此从上式得

$$\begin{cases} k_1a_{11}+\cdots+k_sa_{s1}=0\\ \vdots\qquad\qquad\quad\vdots\qquad\vdots\\ k_1a_{1s}+\cdots+k_sa_{ss}=0\end{cases}$$

这个齐次线性方程组的系数行列式

$$|\mathbf{A}|=\begin{vmatrix} a_{11} & \cdots & a_{s1}\\ \vdots & & \vdots\\ a_{1s} & \cdots & a_{ss}\end{vmatrix}$$

于是　　向量组 $\boldsymbol{\beta}_1,\cdots,\boldsymbol{\beta}_s$ 线性无关

$\iff$　$k_1=0,\cdots,k_s=0$

$\iff$　上述齐次线性方程组只有零解

$\iff$　$|\mathbf{A}|\neq 0$。■

例 3　判断下列向量组是线性相关还是线性无关。如果线性相关，试找出其中一个向量，使得它可以由其余向量线性表出，并且写出它的一种表达式。

(1) $\boldsymbol{\alpha}_1=\begin{pmatrix}3\\0\\2\\-1\end{pmatrix},\ \boldsymbol{\alpha}_2=\begin{pmatrix}-4\\2\\1\\3\end{pmatrix},\ \boldsymbol{\alpha}_3=\begin{pmatrix}2\\5\\0\\1\end{pmatrix}$；

(2) $\boldsymbol{\alpha}_1=\begin{pmatrix}-1\\3\\2\\0\end{pmatrix},\ \boldsymbol{\alpha}_2=\begin{pmatrix}4\\1\\2\\-3\end{pmatrix},\ \boldsymbol{\alpha}_3=\begin{pmatrix}6\\2\\4\\-2\end{pmatrix},\ \boldsymbol{\alpha}_4=\begin{pmatrix}3\\-2\\0\\1\end{pmatrix}$。

解　(1) 考虑齐次线性方程组 $x_1\boldsymbol{\alpha}_1+x_2\boldsymbol{\alpha}_2+x_3\boldsymbol{\alpha}_3=\mathbf{0}$，把它的系数矩阵经过初等行变换化成阶梯形矩阵：

$$\begin{pmatrix}3&-4&2\\0&2&5\\2&1&0\\-1&3&1\end{pmatrix}\longrightarrow\begin{pmatrix}-1&3&1\\0&2&5\\2&1&0\\3&-4&2\end{pmatrix}\longrightarrow\begin{pmatrix}-1&3&1\\0&2&5\\0&7&2\\0&5&5\end{pmatrix}$$

$$\longrightarrow\begin{pmatrix}-1&3&1\\0&1&1\\0&7&2\\0&2&5\end{pmatrix}\longrightarrow\begin{pmatrix}1&-3&-1\\0&1&1\\0&0&-5\\0&0&3\end{pmatrix}\longrightarrow\begin{pmatrix}1&-3&-1\\0&1&1\\0&0&1\\0&0&0\end{pmatrix}。$$

由于阶梯形矩阵的非零行数目 3 等于未知量的数目,因此原齐次线性方程组只有零解。从而 $\boldsymbol{\alpha}_1,\boldsymbol{\alpha}_2,\boldsymbol{\alpha}_3$ 线性无关。

(2) 考虑齐次线性方程组 $x_1\boldsymbol{\alpha}_1+x_2\boldsymbol{\alpha}_2+x_3\boldsymbol{\alpha}_3+x_4\boldsymbol{\alpha}_4=\mathbf{0}$。

$$\begin{pmatrix}-1&4&6&3\\3&1&2&-2\\2&2&4&0\\0&-3&-2&1\end{pmatrix}\longrightarrow\begin{pmatrix}-1&4&6&3\\0&13&20&7\\0&10&16&6\\0&-3&-2&1\end{pmatrix}\longrightarrow\begin{pmatrix}-1&4&6&3\\0&1&12&11\\0&5&8&3\\0&-3&-2&1\end{pmatrix}$$

$$\longrightarrow\begin{pmatrix}1&-4&-6&-3\\0&1&12&11\\0&0&-52&-52\\0&0&34&34\end{pmatrix}\longrightarrow\begin{pmatrix}1&-4&-6&-3\\0&1&12&11\\0&0&1&1\\0&0&0&0\end{pmatrix}\longrightarrow\begin{pmatrix}1&0&0&-1\\0&1&0&-1\\0&0&1&1\\0&0&0&0\end{pmatrix},$$

原齐次线性方程组有非零解,从而 $\boldsymbol{\alpha}_1,\boldsymbol{\alpha}_2,\boldsymbol{\alpha}_3,\boldsymbol{\alpha}_4$ 线性相关。方程组的一般解公式为

$$\begin{cases}x_1=x_4,\\x_2=x_4,\\x_3=-x_4,\end{cases}$$

其中 x_4 是自由未知量。取 $x_4=1$,得 $x_1=1,x_2=1,x_3=-1$,从而 $\boldsymbol{\alpha}_1+\boldsymbol{\alpha}_2-\boldsymbol{\alpha}_3+\boldsymbol{\alpha}_4=\mathbf{0}$,则

$$\boldsymbol{\alpha}_3=\boldsymbol{\alpha}_1+\boldsymbol{\alpha}_2+\boldsymbol{\alpha}_4。$$

例 4 证明: K^n 中,任意 $n+1$ 个向量都线性相关。

证明 在 K^n 中任取 $n+1$ 个向量:$\boldsymbol{\alpha}_1,\boldsymbol{\alpha}_2,\cdots,\boldsymbol{\alpha}_{n+1}$。考虑齐次线性方程组 $x_1\boldsymbol{\alpha}_1+x_2\boldsymbol{\alpha}_2+\cdots+x_{n+1}\boldsymbol{\alpha}_{n+1}=\mathbf{0}$,它的方程个数 n 小于未知量个数 $n+1$,因此它有非零解。从而 $\boldsymbol{\alpha}_1,\boldsymbol{\alpha}_2,\cdots,\boldsymbol{\alpha}_{n+1}$ 线性相关。 ■

例 5 判断下述向量组 $\boldsymbol{\alpha}_1,\boldsymbol{\alpha}_2,\boldsymbol{\alpha}_3,\boldsymbol{\alpha}_4$ 是否线性无关。

$$\boldsymbol{\alpha}_1=(1,1,1,1),\quad \boldsymbol{\alpha}_2=(1,-1,1,-1),$$
$$\boldsymbol{\alpha}_3=(1,1,-1,-1),\quad \boldsymbol{\alpha}_4=(1,-1,-1,1)。$$

解 在补充题二的第 6 题已求出

$$\begin{vmatrix}1&1&1&1\\1&-1&1&-1\\1&1&-1&-1\\1&-1&-1&1\end{vmatrix}=16\neq 0,$$

因此 $\boldsymbol{\alpha}_1,\boldsymbol{\alpha}_2,\boldsymbol{\alpha}_3,\boldsymbol{\alpha}_4$ 线性无关。

例 6 证明:如果向量 $\boldsymbol{\beta}$ 可以由向量组 $\boldsymbol{\alpha}_1,\cdots,\boldsymbol{\alpha}_s$ 线性表出,则表出方式唯一的充分必要条件是 $\boldsymbol{\alpha}_1,\cdots,\boldsymbol{\alpha}_s$ 线性无关。

证明 设 $\boldsymbol{\beta}=b_1\boldsymbol{\alpha}_1+\cdots+b_s\boldsymbol{\alpha}_s$。 (2)

充分性。设 $\boldsymbol{\alpha}_1,\cdots,\boldsymbol{\alpha}_s$ 线性无关。如果还有

$$\boldsymbol{\beta}=c_1\boldsymbol{\alpha}_1+\cdots+c_s\boldsymbol{\alpha}_s,$$

那么
$$b_1\boldsymbol{\alpha}_1+\cdots+b_s\boldsymbol{\alpha}_s=c_1\boldsymbol{\alpha}_1+\cdots+c_s\boldsymbol{\alpha}_s,$$

从而
$$(b_1-c_1)\boldsymbol{\alpha}_1+\cdots+(b_s-c_s)\boldsymbol{\alpha}_s=\mathbf{0}。$$

由于$\boldsymbol{\alpha}_1,\cdots,\boldsymbol{\alpha}_s$线性无关,因此有

$$b_1-c_1=0,\ \cdots,\ b_s-c_s=0,$$

即
$$b_1=c_1,\ \cdots,\ b_s=c_s$$

因此$\boldsymbol{\beta}$由$\boldsymbol{\alpha}_1,\cdots,\boldsymbol{\alpha}_s$线性表出的方式唯一。

必要性。设$\boldsymbol{\beta}$由$\boldsymbol{\alpha}_1,\cdots,\boldsymbol{\alpha}_s$线性表出的方式唯一。假如$\boldsymbol{\alpha}_1,\cdots,\boldsymbol{\alpha}_s$线性相关,则有不全为0的数$k_1,\cdots,k_s$,使得

$$k_1\boldsymbol{\alpha}_1+\cdots+k_s\boldsymbol{\alpha}_s=\mathbf{0} \tag{3}$$

式(2)与式(3)相加,得

$$\boldsymbol{\beta}=(b_1+k_1)\boldsymbol{\alpha}_1+\cdots+(b_s+k_s)\boldsymbol{\alpha}_s \tag{4}$$

由于$k_1,\cdots,k_s$不全为0,因此

$$(b_1+k_1,\cdots,b_s+k_s)\neq(b_1,b_2,\cdots,b_s)$$

于是$\boldsymbol{\beta}$由$\boldsymbol{\alpha}_1,\cdots,\boldsymbol{\alpha}_s$线性表出的方式至少有两种:式(2)和式(4)。这与表出方式唯一矛盾,因此$\boldsymbol{\alpha}_1,\cdots,\boldsymbol{\alpha}_s$线性无关。■

例7　设向量组$\boldsymbol{\alpha}_1,\cdots,\boldsymbol{\alpha}_s$线性无关,$\boldsymbol{\beta}=b_1\boldsymbol{\alpha}_1+\cdots+b_s\boldsymbol{\alpha}_s$。如果$b_i\neq0$,那么用$\boldsymbol{\beta}$替换$\boldsymbol{\alpha}_i$以后得到的向量组$\boldsymbol{\alpha}_1,\cdots,\boldsymbol{\alpha}_{i-1},\boldsymbol{\beta},\boldsymbol{\alpha}_{i+1},\cdots,\boldsymbol{\alpha}_s$也线性无关。

证明　由于$\boldsymbol{\alpha}_1=1\boldsymbol{\alpha}_1+0\boldsymbol{\alpha}_2+\cdots+0\boldsymbol{\alpha}_s,\cdots,$

$$\boldsymbol{\alpha}_{i-1}=0\boldsymbol{\alpha}_1+\cdots+1\boldsymbol{\alpha}_{i-1}+\cdots+0\boldsymbol{\alpha}_s,\quad \boldsymbol{\beta}=b_1\boldsymbol{\alpha}_1+\cdots+b_s\boldsymbol{\alpha}_s,$$

$$\boldsymbol{\alpha}_{i+1}=0\boldsymbol{\alpha}_1+\cdots+1\boldsymbol{\alpha}_{i+1}+\cdots+0\boldsymbol{\alpha}_s,\cdots,\boldsymbol{\alpha}_s=0\boldsymbol{\alpha}_1+\cdots+0\boldsymbol{\alpha}_{s-1}+1\boldsymbol{\alpha}_s。$$

把下述行列式按第i行展开,得

$$\begin{vmatrix} 1 & \cdots & 0 & b_1 & 0 & \cdots & 0 \\ 0 & \cdots & 0 & b_2 & 0 & \cdots & 0 \\ \vdots & & \vdots & \vdots & \vdots & & \vdots \\ 0 & \cdots & 1 & b_{i-1} & 0 & \cdots & 0 \\ 0 & \cdots & 0 & b_i & 0 & \cdots & 0 \\ 0 & \cdots & 0 & b_{i+1} & 1 & \cdots & 0 \\ \vdots & & \vdots & \vdots & \vdots & & \vdots \\ 0 & \cdots & 0 & b_s & 0 & \cdots & 1 \end{vmatrix}=b_i\neq0$$

因此据例2的结果得,$\boldsymbol{\alpha}_1,\cdots,\boldsymbol{\alpha}_{i-1},\boldsymbol{\beta},\boldsymbol{\alpha}_{i+1},\cdots,\boldsymbol{\alpha}_s$线性无关。■

点评:例7中的命题称为**替换定理**,即设$\boldsymbol{\alpha}_1,\cdots,\boldsymbol{\alpha}_s$线性无关,$\boldsymbol{\beta}=b_1\boldsymbol{\alpha}_1+\cdots+b_s\boldsymbol{\alpha}_s$,如果系数$b_i\neq0$,那么用$\boldsymbol{\beta}$替换$\boldsymbol{\alpha}_i$后,向量组$\boldsymbol{\alpha}_1,\cdots,\boldsymbol{\alpha}_{s-1},\boldsymbol{\beta},\boldsymbol{\alpha}_{i+1},\cdots,\boldsymbol{\alpha}_s$仍线性无关。从证明还可以看到:如果$b_i=0$,那么用$\boldsymbol{\beta}$替换$\boldsymbol{\alpha}_i$后,向量组$\boldsymbol{\alpha}_1,\cdots,\boldsymbol{\alpha}_{i-1},\boldsymbol{\beta},\boldsymbol{\alpha}_{i+1},\cdots,\boldsymbol{\alpha}_s$就线性相关了(根据例2的结果)。这个结论也可直接从

$$\boldsymbol{\beta}=b_1\boldsymbol{\alpha}_1+\cdots+b_{i-1}\boldsymbol{\alpha}_{i-1}+0\boldsymbol{\alpha}_i+b_{i+1}\boldsymbol{\alpha}_{i+1}+\cdots+b_s\boldsymbol{\alpha}_s$$

看出。

例8　证明:由非零向量组成的向量组$\boldsymbol{\alpha}_1,\boldsymbol{\alpha}_2\cdots,\boldsymbol{\alpha}_s(s\geqslant2)$线性无关的充分必要条件

是：每一个 $\boldsymbol{\alpha}_i(1<i\leqslant s)$都不能用它前面的向量线性表出。

证明 必要性。设 $\boldsymbol{\alpha}_1,\boldsymbol{\alpha}_2,\cdots,\boldsymbol{\alpha}_s$ 线性无关。假如有某个 $\boldsymbol{\alpha}_i$ 可以用它前面的向量线性表出，那么易见 $\boldsymbol{\alpha}_i$ 可以由向量组 $\boldsymbol{\alpha}_1,\cdots,\boldsymbol{\alpha}_s$ 的其余向量线性表出，这与 $\boldsymbol{\alpha}_1,\boldsymbol{\alpha}_2,\cdots,\boldsymbol{\alpha}_s$ 线性无关矛盾。因此每个 $\boldsymbol{\alpha}_i(1<i\leqslant s)$都不能用它前面的向量线性表出。

充分性。设每个 $\boldsymbol{\alpha}_i(1<i\leqslant s)$都不能用它前面的向量线性表出。假如 $\boldsymbol{\alpha}_1,\boldsymbol{\alpha}_2,\cdots,\boldsymbol{\alpha}_s$ 线性相关，则有一个 $\boldsymbol{\alpha}_l$ 可以由其余向量线性表出：

$$\boldsymbol{\alpha}_l=k_1\boldsymbol{\alpha}_1+\cdots+k_{l-1}\boldsymbol{\alpha}_{l-1}+k_{l+1}\boldsymbol{\alpha}_{l+1}+\cdots+k_s\boldsymbol{\alpha}_s。\tag{5}$$

如果 $k_s\neq0$，那么从式(5)得，$\boldsymbol{\alpha}_s$ 可以用它前面的向量线性表出，如果 $k_s=0,k_{s-1}\neq0$，那么 $\boldsymbol{\alpha}_{s-1}$ 可以用它前面的向量线性表出。依次检查下去，如果 $k_s=k_{s-1}=\cdots=k_{l+1}=0$，那么 $\boldsymbol{\alpha}_l$ 可以用它前面的向量线性表出。这都与已知条件矛盾。因此$\boldsymbol{\alpha}_1,\boldsymbol{\alpha}_2,\cdots,\boldsymbol{\alpha}_s$线性无关。 ■

例 9 设 $s\leqslant n,a\neq0$ 且当 $0<r<n$ 时，$a^r\neq1$。

$$\begin{aligned}\boldsymbol{\alpha}_1&=(1,a,a^2,\cdots,a^{n-1})\\\boldsymbol{\alpha}_2&=(1,a^2,a^4,\cdots,a^{2(n-1)})\\\cdots&\quad\cdots\quad\cdots\quad\cdots\\\boldsymbol{\alpha}_s&=(1,a^s,a^{2s},\cdots,a^{s(n-1)})\end{aligned}$$

证明 $\boldsymbol{\alpha}_1,\boldsymbol{\alpha}_2,\cdots,\boldsymbol{\alpha}_s$ 线性无关。

证明 由于 $a\neq0$ 且当 $0<r<n$ 时，$a^r\neq1$，因此 $a,a^2,\cdots,a^s$ 是两两不等的非零数。

当 $s=n$ 时，

$$\begin{vmatrix}1&a&a^2&\cdots&a^{n-1}\\1&a^2&a^4&\cdots&a^{2(n-1)}\\\vdots&\vdots&\vdots&&\vdots\\1&a^n&a^{2n}&\cdots&a^{n(n-1)}\end{vmatrix}$$

与关于 $a,a^2,\cdots,a^n$ 的 n 阶范德蒙德行列式相等，从而这个行列式的值不为 0，因此 $\boldsymbol{\alpha}_1,\boldsymbol{\alpha}_2,\cdots,\boldsymbol{\alpha}_n$线性无关。

当 $s<n$ 时，同理有

$$\begin{vmatrix}1&a&a^2&\cdots&a^{s-1}\\1&a^2&a^4&\cdots&a^{2(s-1)}\\\vdots&\vdots&\vdots&&\vdots\\1&a^s&a^{2s}&\cdots&a^{s(s-1)}\end{vmatrix}\neq0,$$

于是向量组$(1,a,a^2,\cdots,a^{s-1}),(1,a^2,a^4,\cdots,a^{2(s-1)}),\cdots,(1,a^s,a^{2s},\cdots,a^{s(s-1)})$线性无关。从而它们的延伸组 $\boldsymbol{\alpha}_1,\boldsymbol{\alpha}_2,\cdots,\boldsymbol{\alpha}_s$ 也线性无关。 ■

例 10 设

$$\boldsymbol{A}=\begin{pmatrix}1&a&a^2&\cdots&a^{n-1}\\1&a^2&a^4&\cdots&a^{2(n-1)}\\\vdots&\vdots&\vdots&&\vdots\\1&a^s&a^{2s}&\cdots&a^{s(n-1)}\end{pmatrix},$$

其中 $s\leqslant n, a\neq 0$ 且当 $0<r<n$ 时，$a^r\neq 1$。证明：$\boldsymbol{A}$ 的任意 s 个列向量都线性无关。

证明　任取 $\boldsymbol{A}$ 的第 $j_1, j_2, \cdots, j_s$ 列。

$$\begin{vmatrix} a^{j_1-1} & a^{j_2-1} & \cdots & a^{j_s-1} \\ a^{2(j_1-1)} & a^{2(j_2-1)} & \cdots & a^{2(j_s-1)} \\ \vdots & \vdots & & \vdots \\ a^{s(j_1-1)} & a^{s(j_2-1)} & \cdots & a^{s(j_s-1)} \end{vmatrix}$$

$$=a^{j_1-1}a^{j_2-1}\cdots a^{j_s-1}\begin{vmatrix} 1 & 1 & \cdots & 1 \\ a^{j_1-1} & a^{j_2-1} & \cdots & a^{j_s-1} \\ \vdots & \vdots & & \vdots \\ a^{(s-1)(j_1-1)} & a^{(s-1)(j_2-1)} & \cdots & a^{(s-1)(j_s-1)} \end{vmatrix}$$

由于 $a\neq 0$ 且当 $0<r<n$ 时，$a^r\neq 1$，因此 $a^{j_1-1}, a^{j_2-1}, \cdots, a^{j_s-1}$ 是两两不等的非零数，从而上述行列式的值不为0，因此 $\boldsymbol{A}$ 的第 $j_1, j_2, \cdots, j_s$ 个列向量线性无关。 ■

例 11　设数域 K 上 $m\times n$ 矩阵 $\boldsymbol{H}$ 的列向量组为 $\boldsymbol{\alpha}_1, \boldsymbol{\alpha}_2, \cdots, \boldsymbol{\alpha}_n$。证明：$\boldsymbol{H}$ 的任意 s 列（$s\leqslant \min\{m,n\}$）都线性无关当且仅当：齐次线性方程组

$$x_1\boldsymbol{\alpha}_1+x_2\boldsymbol{\alpha}_2+\cdots+x_n\boldsymbol{\alpha}_n=\boldsymbol{0} \tag{6}$$

的任一非零解的非零分量的数目大于 s。

证明　必要性。设 $\boldsymbol{H}$ 的任意 s 列都线性无关。假如齐次线性方程组(6)的一个非零解 $\boldsymbol{\eta}$ 为

$$\boldsymbol{\eta}=(0,\cdots,0,c_{i_1},0,\cdots,0,c_{i_l},0,\cdots,0)',$$

其中 $c_{i_1},\cdots,c_{i_l}$ 全不为0，且 $l\leqslant s$，则

$$c_{i_1}\boldsymbol{\alpha}_{i_1}+\cdots+c_{i_l}\boldsymbol{\alpha}_{i_l}=\boldsymbol{0},$$

从而 $\boldsymbol{\alpha}_{i_1},\cdots,\boldsymbol{\alpha}_{i_l}$ 线性相关。于是 $\boldsymbol{H}$ 的包含第 $i_1,\cdots,i_l$ 列的任意 s 列都线性相关。这与假设矛盾，因此方程组(6)的任一非零解的非零分量的数目大于 s。

充分性。设方程组(6)的任一非零解的非零分量的数目大于 s。假如 $\boldsymbol{H}$ 有 s 个列向量 $\boldsymbol{\alpha}_{i_1},\boldsymbol{\alpha}_{i_2},\cdots,\boldsymbol{\alpha}_{i_s}$ 线性相关，则有不全为0的数 $k_1,k_2,\cdots,k_s$ 使得

$$k_1\boldsymbol{\alpha}_{i_1}+k_2\boldsymbol{\alpha}_{i_2}+\cdots+k_s\boldsymbol{\alpha}_{i_s}=\boldsymbol{0},$$

从而

$$\boldsymbol{\eta}=(0,\cdots,0,k_1,0,\cdots,0,k_s,0,\cdots,0)'$$

是方程组(6)的一个非零解，它的非零分量数目小于或等于 s。与假设矛盾。因此 $\boldsymbol{H}$ 的任意 s 列都线性无关。 ■

点评：例11的证明方法可应用于代数编码理论的下述引理的证明中：

“**引理**　具有校验矩阵 $\boldsymbol{H}$ 的二元线性码有极小距离 $d\geqslant s+1$ 当且仅当 $\boldsymbol{H}$ 的任意 s 列都线性无关。”

例10的证明方法可应用于代数编码理论的下述定理的证明中：

“**定理**　BCH码如果它的设计距离为 d，那么它的极小距离至少是 d。”

习题 3.2

1. 下述说法对吗？为什么？

(1)“向量组 $\boldsymbol{\alpha}_1,\cdots,\boldsymbol{\alpha}_s$，如果有全为 0 的数 $k_1,\cdots,k_s$，使得 $k_1\boldsymbol{\alpha}_1+\cdots+k_s\boldsymbol{\alpha}_s=\mathbf{0}$，那么向量组 $\boldsymbol{\alpha}_1,\cdots,\boldsymbol{\alpha}_s$ 线性无关。”

(2)“如果有一组不全为 0 的数 $k_1,\cdots,k_s$，使得

$$k_1\boldsymbol{\alpha}_1+\cdots+k_s\boldsymbol{\alpha}_s\neq\mathbf{0},$$

那么 $\boldsymbol{\alpha}_1,\cdots,\boldsymbol{\alpha}_s$ 线性无关。”

(3)“如果向量组 $\boldsymbol{\alpha}_1,\boldsymbol{\alpha}_2,\cdots,\boldsymbol{\alpha}_s(s\geqslant 2)$ 线性相关，那么其中每一个向量都可以由其余向量线性表出。”

2. 判断下列向量组是线性相关还是线性无关。如果线性相关，试找出其中一个向量，使得它可以由其余向量线性表出，并且写出它的一种表达式。

(1) $\boldsymbol{\alpha}_1=\begin{pmatrix}3\\1\\2\\-4\end{pmatrix},\ \boldsymbol{\alpha}_2=\begin{pmatrix}1\\0\\5\\2\end{pmatrix},\ \boldsymbol{\alpha}_3=\begin{pmatrix}-1\\2\\0\\3\end{pmatrix}$；

(2) $\boldsymbol{\alpha}_1=\begin{pmatrix}-2\\1\\0\\3\end{pmatrix},\ \boldsymbol{\alpha}_2=\begin{pmatrix}1\\-3\\2\\4\end{pmatrix},\ \boldsymbol{\alpha}_3=\begin{pmatrix}3\\0\\2\\-1\end{pmatrix},\ \boldsymbol{\alpha}_4=\begin{pmatrix}2\\-2\\4\\6\end{pmatrix}$；

(3) $\boldsymbol{\alpha}_1=\begin{pmatrix}3\\-1\\2\end{pmatrix},\ \boldsymbol{\alpha}_2=\begin{pmatrix}1\\5\\-7\end{pmatrix},\ \boldsymbol{\alpha}_3=\begin{pmatrix}7\\-13\\20\end{pmatrix},\ \boldsymbol{\alpha}_4=\begin{pmatrix}-2\\6\\1\end{pmatrix}$；

(4) $\boldsymbol{\alpha}_1=\begin{pmatrix}1\\-2\\4\end{pmatrix},\ \boldsymbol{\alpha}_2=\begin{pmatrix}1\\3\\9\end{pmatrix},\ \boldsymbol{\alpha}_3=\begin{pmatrix}1\\4\\16\end{pmatrix}$。

3. 证明：在 K^3 中，任意 4 个向量都线性相关。

4. 设向量组 $\boldsymbol{\alpha}_1,\boldsymbol{\alpha}_2,\boldsymbol{\alpha}_3,\boldsymbol{\alpha}_4$ 线性无关，判断向量组 $\boldsymbol{\alpha}_1+\boldsymbol{\alpha}_2,\boldsymbol{\alpha}_2+\boldsymbol{\alpha}_3,\boldsymbol{\alpha}_3+\boldsymbol{\alpha}_4,\boldsymbol{\alpha}_4+\boldsymbol{\alpha}_1$ 是否线性无关。

5. 设向量组 $\boldsymbol{\alpha}_1,\boldsymbol{\alpha}_2,\boldsymbol{\alpha}_3,\boldsymbol{\alpha}_4$ 线性无关，令

$$\boldsymbol{\beta}_1=\boldsymbol{\alpha}_1+2\boldsymbol{\alpha}_2,\ \boldsymbol{\beta}_2=\boldsymbol{\alpha}_2+2\boldsymbol{\alpha}_3,\ \boldsymbol{\beta}_3=\boldsymbol{\alpha}_3+2\boldsymbol{\alpha}_4,\ \boldsymbol{\beta}_4=\boldsymbol{\alpha}_4+2\boldsymbol{\alpha}_1,$$

判断向量组 $\boldsymbol{\beta}_1,\boldsymbol{\beta}_2,\boldsymbol{\beta}_3,\boldsymbol{\beta}_4$ 是否线性无关。

6. 设向量组 $\boldsymbol{\alpha}_1,\boldsymbol{\alpha}_2,\boldsymbol{\alpha}_3$ 线性无关，判断向量组 $5\boldsymbol{\alpha}_1+2\boldsymbol{\alpha}_2,\ 7\boldsymbol{\alpha}_2+5\boldsymbol{\alpha}_3,\ -2\boldsymbol{\alpha}_3+7\boldsymbol{\alpha}_1$ 是否线性无关。

7. 证明：如果向量组 $\boldsymbol{\alpha}_1,\boldsymbol{\alpha}_2,\boldsymbol{\alpha}_3$ 线性无关，那么向量组 $a_1\boldsymbol{\alpha}_1+b_2\boldsymbol{\alpha}_2,\ a_2\boldsymbol{\alpha}_2+b_3\boldsymbol{\alpha}_3,\ a_3\boldsymbol{\alpha}_3+b_1\boldsymbol{\alpha}_1$ 线性无关的充分必要条件是：$a_1a_2a_3\neq -b_1b_2b_3$。

8. 证明：如果向量组 $\boldsymbol{\alpha}_1,\boldsymbol{\alpha}_2,\boldsymbol{\alpha}_3,\boldsymbol{\alpha}_4$ 线性无关，那么向量组 $a_1\boldsymbol{\alpha}_1+b_2\boldsymbol{\alpha}_2,\ a_2\boldsymbol{\alpha}_2+b_3\boldsymbol{\alpha}_3,\ a_3\boldsymbol{\alpha}_3+b_4\boldsymbol{\alpha}_4,\ a_4\boldsymbol{\alpha}_4+b_1\boldsymbol{\alpha}_1$ 线性无关的充分必要条件是：$a_1a_2a_3a_4\neq b_1b_2b_3b_4$。

9. 证明：如果向量组 $\boldsymbol{\alpha}_1,\boldsymbol{\alpha}_2,\boldsymbol{\alpha}_3$ 线性无关，那么向量组 $2\boldsymbol{\alpha}_1+\boldsymbol{\alpha}_2,\boldsymbol{\alpha}_2+5\boldsymbol{\alpha}_3,\ 4\boldsymbol{\alpha}_3+3\boldsymbol{\alpha}_1$ 也线性无关。

10. 设向量组 $\boldsymbol{\alpha}_1,\boldsymbol{\alpha}_2,\boldsymbol{\alpha}_3,\boldsymbol{\alpha}_4$ 线性无关，令

$$\boldsymbol{\beta}_1 = \boldsymbol{\alpha}_1 + 2\boldsymbol{\alpha}_2 + 3\boldsymbol{\alpha}_3 + 4\boldsymbol{\alpha}_4, \quad \boldsymbol{\beta}_2 = 2\boldsymbol{\alpha}_1 + 3\boldsymbol{\alpha}_2 + 4\boldsymbol{\alpha}_3 + \boldsymbol{\alpha}_4,$$
$$\boldsymbol{\beta}_3 = 3\boldsymbol{\alpha}_1 + 4\boldsymbol{\alpha}_2 + \boldsymbol{\alpha}_3 + 2\boldsymbol{\alpha}_4, \quad \boldsymbol{\beta}_4 = 4\boldsymbol{\alpha}_1 + \boldsymbol{\alpha}_2 + 2\boldsymbol{\alpha}_3 + 3\boldsymbol{\alpha}_4。$$

判断向量组 $\boldsymbol{\beta}_1,\boldsymbol{\beta}_2,\boldsymbol{\beta}_3,\boldsymbol{\beta}_4$ 是否线性无关。

11. 当 a 取何值时，下述向量组线性相关？

$$\boldsymbol{\alpha}_1 = \begin{pmatrix} 2 \\ -1 \\ 5 \end{pmatrix}, \boldsymbol{\alpha}_2 = \begin{pmatrix} 1 \\ -3 \\ a \end{pmatrix}, \boldsymbol{\alpha}_3 = \begin{pmatrix} 4 \\ 7 \\ -2 \end{pmatrix}。$$

12. 设 $a_1,a_2,\cdots,a_r$ 是两两不同的数，$r \leqslant n$。令

$$\boldsymbol{\alpha}_1 = \begin{pmatrix} 1 \\ a_1 \\ \vdots \\ a_1^{n-1} \end{pmatrix}, \boldsymbol{\alpha}_2 = \begin{pmatrix} 1 \\ a_2 \\ \vdots \\ a_2^{n-1} \end{pmatrix}, \cdots, \boldsymbol{\alpha}_r = \begin{pmatrix} 1 \\ a_r \\ \vdots \\ a_r^{n-1} \end{pmatrix},$$

证明 $\boldsymbol{\alpha}_1,\boldsymbol{\alpha}_2,\cdots,\boldsymbol{\alpha}_r$ 是线性无关的。

3.3　极大线性无关组，向量组的秩

3.3.1　内容精华

设向量 $\boldsymbol{\beta}$ 可以由向量组 $\boldsymbol{\alpha}_1,\boldsymbol{\alpha}_2,\cdots,\boldsymbol{\alpha}_n$ 线性表出。如果 $\boldsymbol{\alpha}_1,\boldsymbol{\alpha}_2,\cdots,\boldsymbol{\alpha}_n$ 线性无关，那么 $\boldsymbol{\beta}$ 由 $\boldsymbol{\alpha}_1,\boldsymbol{\alpha}_2,\cdots,\boldsymbol{\alpha}_n$ 线性表出的方式是唯一的。如果 $\boldsymbol{\alpha}_1,\boldsymbol{\alpha}_2,\cdots,\boldsymbol{\alpha}_n$ 线性相关，自然的想法是在向量组 $\boldsymbol{\alpha}_1,\boldsymbol{\alpha}_2,\cdots,\boldsymbol{\alpha}_n$ 中取出一个部分组是线性无关的，而且希望这个线性无关的部分组有足够多的向量，使得从其余向量中任取一个添进去得到的新的部分组就线性相关了，从而 $\boldsymbol{\beta}$ 由这个部分组线性表出的方式唯一。由此引出向量组的极大线性无关组的概念。还要问的是：向量组 $\boldsymbol{\alpha}_1,\boldsymbol{\alpha}_2,\cdots,\boldsymbol{\alpha}_s$ 的任意两个极大线性无关组所含向量的个数是否相等？这些就是本节所要研究的中心问题。

定义 1　向量组的一个部分组称为一个**极大线性无关组**，如果这个部分组本身是线性无关的，但是从这个向量组的其余向量（如果还有的话）中任取一个添进去，得到的新的部分组都线性相关。

为了解决本节研究的中心问题，需要研究一个向量组的任意两个极大线性无关组之间的关系。为此我们来讨论向量空间 K^n 中两个向量组的关系。

定义 2　如果向量组 $\boldsymbol{\alpha}_1,\cdots,\boldsymbol{\alpha}_s$ 的每一个向量都可以由向量组 $\boldsymbol{\beta}_1,\cdots,\boldsymbol{\beta}_r$ 线性表出，那么称向量组 $\boldsymbol{\alpha}_1,\cdots,\boldsymbol{\alpha}_s$ 可以由向量组 $\boldsymbol{\beta}_1,\cdots,\boldsymbol{\beta}_r$ 线性表出。如果向量组 $\boldsymbol{\alpha}_1,\cdots,\boldsymbol{\alpha}_s$ 与向量组 $\boldsymbol{\beta}_1,\cdots,\boldsymbol{\beta}_r$ 可以互相线性表出，那么称向量组 $\boldsymbol{\alpha}_1,\cdots,\boldsymbol{\alpha}_s$ 与向量组 $\boldsymbol{\beta}_1,\cdots,\boldsymbol{\beta}_r$ **等价**，记作

$$\{\boldsymbol{\alpha}_1,\cdots,\boldsymbol{\alpha}_s\} \cong \{\boldsymbol{\beta}_1,\cdots,\boldsymbol{\beta}_r\}$$

向量组的等价是 K^n 中向量组之间的一种关系。可以证明，这种关系具有下述三个性质：

(1) 反身性,即任何一个向量组都与自身等价。

(2) 对称性,即如果 $\boldsymbol{\alpha}_1,\cdots,\boldsymbol{\alpha}_s$ 与 $\boldsymbol{\beta}_1,\cdots,\boldsymbol{\beta}_r$ 等价,那么 $\boldsymbol{\beta}_1,\cdots,\boldsymbol{\beta}_r$ 与 $\boldsymbol{\alpha}_1,\cdots,\boldsymbol{\alpha}_s$ 等价。

(3) 传递性,即如果

$$\{\boldsymbol{\alpha}_1,\cdots,\boldsymbol{\alpha}_s\}\cong\{\boldsymbol{\beta}_1,\cdots,\boldsymbol{\beta}_r\},\ \{\boldsymbol{\beta}_1,\cdots,\boldsymbol{\beta}_r\}\cong\{\boldsymbol{\gamma}_1,\cdots,\boldsymbol{\gamma}_t\},$$

那么

$$\{\boldsymbol{\alpha}_1,\cdots,\boldsymbol{\alpha}_s\}\cong\{\boldsymbol{\gamma}_1,\cdots,\boldsymbol{\gamma}_t\}。$$

关于反身性和对称性,容易从定义 2 立即得出。关于传递性,只需证明线性表出有传递性:

设 $\boldsymbol{\alpha}_1,\cdots,\boldsymbol{\alpha}_s$ 可以由 $\boldsymbol{\beta}_1,\cdots,\boldsymbol{\beta}_r$ 线性表出:

$$\boldsymbol{\alpha}_i=\sum_{j=1}^{r}b_{ij}\boldsymbol{\beta}_j,\quad i=1,\cdots,s;$$

且 $\boldsymbol{\beta}_1,\cdots,\boldsymbol{\beta}_r$ 可以由 $\boldsymbol{\gamma}_1,\cdots,\boldsymbol{\gamma}_t$ 线性表出:

$$\boldsymbol{\beta}_j=\sum_{l=1}^{t}c_{jl}\boldsymbol{\gamma}_l,\quad j=1,\cdots,r;$$

则

$$\boldsymbol{\alpha}_i=\sum_{j=1}^{r}b_{ij}\Big(\sum_{l=1}^{t}c_{jl}\boldsymbol{\gamma}_l\Big)=\sum_{l=1}^{t}\Big(\sum_{j=1}^{r}b_{ij}c_{jl}\Big)\boldsymbol{\gamma}_l,\quad i=1,\cdots,s$$

即 $\boldsymbol{\alpha}_1,\cdots,\boldsymbol{\alpha}_s$ 可以由 $\boldsymbol{\gamma}_1,\cdots,\boldsymbol{\gamma}_t$ 线性表出。 ■

命题 1 向量组与它的极大线性无关组等价。

证明 向量组中的每一个向量可以由这个向量组线性表出,因此向量组的极大线性无关组可以由这个向量组线性表出。

设向量组 $\boldsymbol{\alpha}_1,\cdots,\boldsymbol{\alpha}_m,\boldsymbol{\alpha}_{m+1},\cdots,\boldsymbol{\alpha}_s$ 的一个极大线性无关组为 $\boldsymbol{\alpha}_1,\cdots,\boldsymbol{\alpha}_m$。当 $1\leqslant i\leqslant m$ 时,$\boldsymbol{\alpha}_i$ 可以由 $\boldsymbol{\alpha}_1,\cdots,\boldsymbol{\alpha}_m$ 线性表出。当 $m<j\leqslant s$ 时,由极大线性无关组的定义得,$\boldsymbol{\alpha}_1,\cdots,\boldsymbol{\alpha}_m,\boldsymbol{\alpha}_j$ 线性相关。据 3.2 节的命题 1 得,$\boldsymbol{\alpha}_j$ 可以由 $\boldsymbol{\alpha}_1,\cdots,\boldsymbol{\alpha}_m$ 线性表出,因此向量组可以由它的极大线性无关组线性表出。综上所述得,向量组与它的极大线性无关组等价。 ■

从命题 1 和等价的对称性、传递性立即得出:

推论 1 向量组的任意两个极大线性无关组等价。 ■

从命题 1 和线性表出的传递性立即得到:

推论 2 $\boldsymbol{\beta}$ 可以由向量组 $\boldsymbol{\alpha}_1,\cdots,\boldsymbol{\alpha}_s$ 线性表出当且仅当 $\boldsymbol{\beta}$ 可以由 $\boldsymbol{\alpha}_1,\cdots,\boldsymbol{\alpha}_s$ 的一个极大线性无关组线性表出。 ■

从推论 1 可知,为了研究向量组的任意两个极大线性无关组所含向量的个数是否相等,就需要研究如果一个向量组可以由一个向量组线性表出,那么它们所含的向量数目之间有什么关系?从"几何空间中三个向量 $\boldsymbol{\beta}_1,\boldsymbol{\beta}_2,\boldsymbol{\beta}_3$ 可以由两个向量 $\boldsymbol{\alpha}_1,\boldsymbol{\alpha}_2$ 线性表出,那么 $\boldsymbol{\beta}_1,\boldsymbol{\beta}_2,\boldsymbol{\beta}_3$ 必共面"这一事实受到启发,猜想在 K^n 中有下述引理:

引理 1 设向量组 $\boldsymbol{\beta}_1,\boldsymbol{\beta}_2,\cdots,\boldsymbol{\beta}_r$ 可以由向量组 $\boldsymbol{\alpha}_1,\boldsymbol{\alpha}_2\cdots,\boldsymbol{\alpha}_s$ 线性表出,如果 $r>s$,那么 $\boldsymbol{\beta}_1,\boldsymbol{\beta}_2,\cdots,\boldsymbol{\beta}_r$ 线性相关。

证明 为了证明 $\boldsymbol{\beta}_1,\boldsymbol{\beta}_2,\cdots,\boldsymbol{\beta}_r$ 线性相关,需要找一组不全为 0 的数 $k_1,k_2,\cdots,k_r$ 使得

$$k_1\boldsymbol{\beta}_1+k_2\boldsymbol{\beta}_2+\cdots+k_r\boldsymbol{\beta}_r=\mathbf{0}$$

为此考虑 $\boldsymbol{\beta}_1,\boldsymbol{\beta}_2,\cdots,\boldsymbol{\beta}_r$ 的线性组合 $x_1\boldsymbol{\beta}_1+x_2\boldsymbol{\beta}_2+\cdots+x_r\boldsymbol{\beta}_r$。

由已知条件,可设

$$\begin{aligned}\boldsymbol{\beta}_1&=a_{11}\boldsymbol{\alpha}_1+a_{21}\boldsymbol{\alpha}_2+\cdots+a_{s1}\boldsymbol{\alpha}_s\\ \boldsymbol{\beta}_2&=a_{12}\boldsymbol{\alpha}_1+a_{22}\boldsymbol{\alpha}_2+\cdots+a_{s2}\boldsymbol{\alpha}_s\\ \cdots&\quad\cdots\quad\cdots\quad\cdots\quad\cdots\\ \boldsymbol{\beta}_r&=a_{1r}\boldsymbol{\alpha}_1+a_{2r}\boldsymbol{\alpha}_2+\cdots+a_{sr}\boldsymbol{\alpha}_s\end{aligned}$$

于是

$$\begin{aligned}x_1\boldsymbol{\beta}_1+x_2\boldsymbol{\beta}_2+\cdots+x_r\boldsymbol{\beta}_r=&\ x_1(a_{11}\boldsymbol{\alpha}_1+a_{21}\boldsymbol{\alpha}_2+\cdots+a_{s1}\boldsymbol{\alpha}_s)\\ &+x_2(a_{12}\boldsymbol{\alpha}_1+a_{22}\boldsymbol{\alpha}_2+\cdots+a_{s2}\boldsymbol{\alpha}_s)\\ &+\quad\cdots\quad\cdots\quad\cdots\quad\cdots\\ &+x_r(a_{1r}\boldsymbol{\alpha}_1+a_{2r}\boldsymbol{\alpha}_2+\cdots+a_{sr}\boldsymbol{\alpha}_s)\\ =&\ (a_{11}x_1+a_{12}x_2+\cdots+a_{1r}x_r)\boldsymbol{\alpha}_1\\ &+(a_{21}x_1+a_{22}x_2+\cdots+a_{2r}x_r)\boldsymbol{\alpha}_2\\ &+\cdots+(a_{s1}x_1+a_{s2}x_2+\cdots+a_{sr}x_r)\boldsymbol{\alpha}_s。\end{aligned}\tag{1}$$

考虑下述齐次线性方程组

$$\begin{cases}a_{11}x_1+a_{12}x_2+\cdots+a_{1r}x_r=0\\ a_{21}x_1+a_{22}x_2+\cdots+a_{2r}x_r=0\\ \vdots\qquad\quad\vdots\qquad\qquad\vdots\qquad\vdots\\ a_{s1}x_1+a_{s2}x_2+\cdots+a_{sr}x_r=0\end{cases}\tag{2}$$

由已知条件 $s<r$,因此方程组(2)必有非零解。取它的一个非零解$(k_1,k_2,\cdots,k_r)$,则从式(1)和式(2)得

$$k_1\boldsymbol{\beta}_1+k_2\boldsymbol{\beta}_2+\cdots+k_r\boldsymbol{\beta}_r=0\boldsymbol{\alpha}_1+0\boldsymbol{\alpha}_2+\cdots+0\boldsymbol{\alpha}_s=\mathbf{0}$$

因此 $\boldsymbol{\beta}_1,\boldsymbol{\beta}_2,\cdots,\boldsymbol{\beta}_r$ 线性相关。 ■

从引理1立即得出:

推论3　设向量组 $\boldsymbol{\beta}_1,\boldsymbol{\beta}_2,\cdots,\boldsymbol{\beta}_r$ 可以由向量组 $\boldsymbol{\alpha}_1,\boldsymbol{\alpha}_2,\cdots,\boldsymbol{\alpha}_s$ 线性表出,如果 $\boldsymbol{\beta}_1,\boldsymbol{\beta}_2,\cdots,\boldsymbol{\beta}_r$ 线性无关,那么 $r\leqslant s$。 ■

从推论3立即得出。

推论4　等价的线性无关的向量组所含向量的个数相等。 ■

从推论4和推论1立即得出:

推论5　向量组的任意两个极大线性无关组所含向量的个数相等。 ■

由推论5,引出下述重要概念:

定义3　向量组的极大线性无关组所含向量的个数称为这个**向量组的秩**。

全由零向量组成的向量组的秩规定为0。

向量组 $\boldsymbol{\alpha}_1,\boldsymbol{\alpha}_2,\cdots,\boldsymbol{\alpha}_s$ 的秩记作 $\operatorname{rank}\{\boldsymbol{\alpha}_1,\boldsymbol{\alpha}_2,\cdots,\boldsymbol{\alpha}_s\}$。

由向量组的秩的定义和极大线性无关组的定义立即得出:

命题2　向量组 $\boldsymbol{\alpha}_1,\boldsymbol{\alpha}_2,\cdots,\boldsymbol{\alpha}_s$ 线性无关的充分必要条件是它的秩等于它所含向量的个数。

证明　向量组 $\boldsymbol{\alpha}_1,\boldsymbol{\alpha}_2,\cdots,\boldsymbol{\alpha}_s$ 线性无关

$\Longleftrightarrow$ $\boldsymbol{\alpha}_1,\boldsymbol{\alpha}_2,\cdots,\boldsymbol{\alpha}_s$ 的极大线性无关组是它自身

$\Longleftrightarrow$ $\text{rank}\{\boldsymbol{\alpha}_1,\boldsymbol{\alpha}_2,\cdots,\boldsymbol{\alpha}_s\}=s$。 ■

由命题 2 可知：仅凭一个自然数——向量组的秩就能判断向量组是线性无关还是线性相关。由此看出：向量组的秩是多么深刻的概念!

如何比较两个向量组的秩的大小?

命题 3 如果向量组(Ⅰ)可以由向量组(Ⅱ)线性表出,那么

$$(\text{Ⅰ})\text{ 的秩} \leqslant (\text{Ⅱ})\text{ 的秩}$$

证明 设 $\boldsymbol{\alpha}_1,\boldsymbol{\alpha}_2,\cdots,\boldsymbol{\alpha}_s$ 是(Ⅰ)的一个极大线性无关组,$\boldsymbol{\beta}_1,\cdots,\boldsymbol{\beta}_r$ 是(Ⅱ)的一个极大线性无关组,则 $\boldsymbol{\alpha}_1,\cdots,\boldsymbol{\alpha}_s$ 可以由(Ⅰ)线性表出,又(Ⅰ)可以由(Ⅱ)线性表出,(Ⅱ)可以由 $\boldsymbol{\beta}_1,\cdots,\boldsymbol{\beta}_r$ 线性表出,因此 $\boldsymbol{\alpha}_1,\cdots,\boldsymbol{\alpha}_s$ 可以由 $\boldsymbol{\beta}_1,\cdots,\boldsymbol{\beta}_r$ 线性表出。由于 $\boldsymbol{\alpha}_1,\cdots,\boldsymbol{\alpha}_s$ 线性无关,因此 $s\leqslant r$。 ■

从命题 3 立即得到：

命题 4 等价的向量组有相等的秩。 ■

注意：秩相等的两个向量组不一定等价。例如,

$$\boldsymbol{\alpha}_1=\begin{pmatrix}1\\0\\0\end{pmatrix},\ \boldsymbol{\alpha}_2=\begin{pmatrix}0\\1\\0\end{pmatrix};\ \boldsymbol{\beta}_1=\begin{pmatrix}1\\0\\1\end{pmatrix},\ \boldsymbol{\beta}_2=\begin{pmatrix}0\\1\\1\end{pmatrix}。$$

显然 $\boldsymbol{\alpha}_1,\boldsymbol{\alpha}_2$ 线性无关,因此 $\text{rank}\{\boldsymbol{\alpha}_1,\boldsymbol{\alpha}_2\}=2$。显然 $\boldsymbol{\beta}_1,\boldsymbol{\beta}_2$ 线性无关,因此

$$\text{rank}\{\boldsymbol{\beta}_1,\boldsymbol{\beta}_2\}=2。$$

于是

$$\text{rank}\{\boldsymbol{\alpha}_1,\boldsymbol{\alpha}_2\}=\text{rank}\{\boldsymbol{\beta}_1,\boldsymbol{\beta}_2\}。$$

假如 $\boldsymbol{\beta}_1=k_1\boldsymbol{\alpha}_1+k_2\boldsymbol{\alpha}_2$,则

$$\begin{pmatrix}1\\0\\1\end{pmatrix}=k_1\begin{pmatrix}1\\0\\0\end{pmatrix}+k_2\begin{pmatrix}0\\1\\0\end{pmatrix}=\begin{pmatrix}k_1\\k_2\\0\end{pmatrix}。$$

由此推出 $1=0$,矛盾,因此 $\boldsymbol{\beta}_1$ 不能由 $\boldsymbol{\alpha}_1,\boldsymbol{\alpha}_2$ 线性表出,从而 $\boldsymbol{\beta}_1,\boldsymbol{\beta}_2$ 与 $\boldsymbol{\alpha}_1,\boldsymbol{\alpha}_2$ 不等价。

3.3.2 典型例题

例 1 求下述向量组 $\boldsymbol{\alpha}_1,\boldsymbol{\alpha}_2,\boldsymbol{\alpha}_3$ 的一个极大线性无关组和它的秩。

$$\boldsymbol{\alpha}_1=\begin{pmatrix}3\\0\\-1\end{pmatrix},\ \boldsymbol{\alpha}_2=\begin{pmatrix}-2\\5\\4\end{pmatrix},\ \boldsymbol{\alpha}_3=\begin{pmatrix}6\\15\\8\end{pmatrix}$$

解 由于

$$\begin{vmatrix}3&-2\\0&5\end{vmatrix}=15\neq 0,$$

因此 $\begin{pmatrix}3\\0\end{pmatrix},\begin{pmatrix}-2\\5\end{pmatrix}$ 线性无关,从而它们的延伸组 $\boldsymbol{\alpha}_1,\boldsymbol{\alpha}_2$ 也线性无关。由于

$$\begin{vmatrix} 3 & -2 & 6 \\ 0 & 5 & 15 \\ -1 & 4 & 8 \end{vmatrix} = \begin{vmatrix} 0 & 10 & 30 \\ 0 & 5 & 15 \\ -1 & 4 & 8 \end{vmatrix}$$

$$=(-1)\cdot(-1)^{3+1}\begin{vmatrix} 10 & 30 \\ 5 & 15 \end{vmatrix} = 0,$$

因此 $\boldsymbol{\alpha}_1,\boldsymbol{\alpha}_2,\boldsymbol{\alpha}_3$ 线性相关，从而 $\boldsymbol{\alpha}_1,\boldsymbol{\alpha}_2$ 是向量组 $\boldsymbol{\alpha}_1,\boldsymbol{\alpha}_2,\boldsymbol{\alpha}_3$ 的一个极大线性无关组。于是

$$\text{rank}\{\boldsymbol{\alpha}_1,\boldsymbol{\alpha}_2,\boldsymbol{\alpha}_3\} = 2。$$

例 2　设向量组 $\boldsymbol{\alpha}_1,\cdots,\boldsymbol{\alpha}_s$ 的秩为 r，证明：$\boldsymbol{\alpha}_1,\cdots,\boldsymbol{\alpha}_s$ 的任意 r 个线性无关的向量都构成它的一个极大线性无关组。

证明　设 $\boldsymbol{\alpha}_{i_1},\cdots,\boldsymbol{\alpha}_{i_r}$ 是 $\boldsymbol{\alpha}_1,\cdots,\boldsymbol{\alpha}_s$ 的一个极大线性无关组。在 $\boldsymbol{\alpha}_1,\cdots,\boldsymbol{\alpha}_s$ 中任取 r 个线性无关的向量 $\boldsymbol{\alpha}_{j_1},\cdots,\boldsymbol{\alpha}_{j_r}$，在其余向量中任取 $\boldsymbol{\alpha}_l$。由于 $\boldsymbol{\alpha}_{j_1},\cdots,\boldsymbol{\alpha}_{j_r},\boldsymbol{\alpha}_l$ 可以由 $\boldsymbol{\alpha}_{i_1},\cdots,\boldsymbol{\alpha}_{i_r}$ 线性表出。据引理 1 得，$\boldsymbol{\alpha}_{j_1},\cdots,\boldsymbol{\alpha}_{j_r},\boldsymbol{\alpha}_l$ 线性相关，因此 $\boldsymbol{\alpha}_{j_1},\cdots,\boldsymbol{\alpha}_{j_r}$ 是 $\boldsymbol{\alpha}_1,\cdots,\boldsymbol{\alpha}_s$ 的一个极大线性无关组。■

例 3　设向量组 $\boldsymbol{\alpha}_1,\cdots,\boldsymbol{\alpha}_s$ 的秩为 r，证明：如果 $\boldsymbol{\alpha}_1,\cdots,\boldsymbol{\alpha}_s$ 可以由其中的 r 个向量 $\boldsymbol{\alpha}_{j_1},\cdots,\boldsymbol{\alpha}_{j_r}$ 线性表出，那么 $\boldsymbol{\alpha}_{j_1},\cdots,\boldsymbol{\alpha}_{j_r}$ 是 $\boldsymbol{\alpha}_1,\cdots,\boldsymbol{\alpha}_s$ 的一个极大线性无关组。

证明　设 $\boldsymbol{\alpha}_{i_1},\cdots,\boldsymbol{\alpha}_{i_r}$ 是 $\boldsymbol{\alpha}_1,\cdots,\boldsymbol{\alpha}_s$ 的一个极大线性无关组。由已知条件得，$\boldsymbol{\alpha}_{i_1},\cdots,\boldsymbol{\alpha}_{i_r}$ 可以由 $\boldsymbol{\alpha}_{j_1},\cdots,\boldsymbol{\alpha}_{j_r}$ 线性表出。据命题 3，得

$$r = \text{rank}\{\boldsymbol{\alpha}_{i_1},\cdots,\boldsymbol{\alpha}_{i_r}\} \leqslant \text{rank}\{\boldsymbol{\alpha}_{j_1},\cdots,\boldsymbol{\alpha}_{j_r}\},$$

从而 $\text{rank}\{\boldsymbol{\alpha}_{j_1},\cdots,\boldsymbol{\alpha}_{j_r}\}=r$，因此 $\boldsymbol{\alpha}_{j_1},\cdots,\boldsymbol{\alpha}_{j_r}$ 线性无关。据例 2 得，$\boldsymbol{\alpha}_{j_1},\cdots,\boldsymbol{\alpha}_{j_r}$ 是 $\boldsymbol{\alpha}_1,\cdots,\boldsymbol{\alpha}_s$ 的一个极大线性无关组。■

点评：例 2 和例 3 的结论直观上看都是显然的。如何根据极大线性无关组的定义把道理讲清楚并不容易。我们在上面写出的证明是严谨的。

例 4　证明：在 n 维向量空间 K^n 中，任一线性无关的向量组所含向量的个数不超过 n。

证明　设 $\boldsymbol{\alpha}_1,\cdots,\boldsymbol{\alpha}_s$ 是 K^n 中线性无关的向量组。由于 $\boldsymbol{\alpha}_1,\cdots,\boldsymbol{\alpha}_s$ 可以由 $\boldsymbol{\varepsilon}_1,\boldsymbol{\varepsilon}_2,\cdots,\boldsymbol{\varepsilon}_n$ 线性表出。据推论 3 得，$s\leqslant n$。■

注：例 4 也可以从“K^n 中任意 $n+1$ 个向量都线性相关”立即得出。

例 5　证明：在 n 维向量空间 K^n 中，n 个向量 $\boldsymbol{\alpha}_1,\boldsymbol{\alpha}_2,\cdots,\boldsymbol{\alpha}_n$ 线性无关当且仅当 K^n 中任一向量都可以由 $\boldsymbol{\alpha}_1,\boldsymbol{\alpha}_2,\cdots,\boldsymbol{\alpha}_n$ 线性表出。

证明　必要性。设 $\boldsymbol{\alpha}_1,\boldsymbol{\alpha}_2,\cdots,\boldsymbol{\alpha}_n$ 线性无关。在 K^n 中任取一个向量 $\boldsymbol{\beta}$。由 3.2 节的例 4 知，向量组 $\boldsymbol{\alpha}_1,\boldsymbol{\alpha}_2,\cdots,\boldsymbol{\alpha}_n,\boldsymbol{\beta}$ 必线性相关，从而 $\boldsymbol{\beta}$ 可以由 $\boldsymbol{\alpha}_1,\boldsymbol{\alpha}_2,\cdots,\boldsymbol{\alpha}_n$ 线性表出。

充分性。设 K^n 中任一向量都可以由 $\boldsymbol{\alpha}_1,\boldsymbol{\alpha}_2,\cdots,\boldsymbol{\alpha}_n$ 线性表出，则 $\boldsymbol{\varepsilon}_1,\boldsymbol{\varepsilon}_2,\cdots,\boldsymbol{\varepsilon}_n$ 可以由 $\boldsymbol{\alpha}_1,\boldsymbol{\alpha}_2,\cdots,\boldsymbol{\alpha}_n$ 线性表出。据命题 3 得

$$\text{rank}\{\boldsymbol{\varepsilon}_1,\boldsymbol{\varepsilon}_2,\cdots,\boldsymbol{\varepsilon}_n\} \leqslant \text{rank}\{\boldsymbol{\alpha}_1,\boldsymbol{\alpha}_2,\cdots,\boldsymbol{\alpha}_n\}$$

由于 $\boldsymbol{\varepsilon}_1,\boldsymbol{\varepsilon}_2,\cdots,\boldsymbol{\varepsilon}_n$ 线性无关，因此 $\text{rank}\{\boldsymbol{\varepsilon}_1,\boldsymbol{\varepsilon}_2,\cdots,\boldsymbol{\varepsilon}_n\}=n$。从而 $\text{rank}\{\boldsymbol{\alpha}_1,\boldsymbol{\alpha}_2,\cdots,\boldsymbol{\alpha}_n\}=n$。于是 $\boldsymbol{\alpha}_1,\boldsymbol{\alpha}_2,\cdots,\boldsymbol{\alpha}_n$ 线性无关。■

例 6　证明：如果向量组 $\boldsymbol{\alpha}_1,\cdots,\boldsymbol{\alpha}_s$ 与向量组 $\boldsymbol{\alpha}_1,\cdots,\boldsymbol{\alpha}_s,\boldsymbol{\beta}$ 有相等的秩，那么 $\boldsymbol{\beta}$ 可以由 $\boldsymbol{\alpha}_1,\cdots,\boldsymbol{\alpha}_s$ 线性表出。

证明　设 $\boldsymbol{\alpha}_{i_1},\cdots,\boldsymbol{\alpha}_{i_r}$ 是向量组 $\boldsymbol{\alpha}_1,\cdots,\boldsymbol{\alpha}_s$ 的一个极大线性无关组。由已知条件得，向

量组 $\boldsymbol{\alpha}_1,\cdots,\boldsymbol{\alpha}_s,\boldsymbol{\beta}$ 的秩为 r,因此根据例 2 得,$\boldsymbol{\alpha}_{i_1},\cdots,\boldsymbol{\alpha}_{i_r}$ 是向量组 $\boldsymbol{\alpha}_1,\cdots,\boldsymbol{\alpha}_s,\boldsymbol{\beta}$ 的一个极大线性无关组,于是 $\boldsymbol{\beta}$ 可以由 $\boldsymbol{\alpha}_{i_1},\cdots,\boldsymbol{\alpha}_{i_r}$ 线性表出,从而 $\boldsymbol{\beta}$ 可以由 $\boldsymbol{\alpha}_1,\cdots,\boldsymbol{\alpha}_s$ 线性表出。 ■

点评:有关秩的问题,通常都要取向量组的一个极大线性无关组。

例 7 证明:两个向量组等价的充分必要条件是:它们的秩相等且其中一个向量组可以由另外一个向量组线性表出。

证明 必要性由命题 4 和向量组等价的定义立即得出。

充分性。设向量组(Ⅰ)与向量组(Ⅱ)的秩相等,并且(Ⅰ)可以由(Ⅱ)线性表出。设 $\boldsymbol{\alpha}_1,\cdots,\boldsymbol{\alpha}_r$ 与 $\boldsymbol{\beta}_1,\cdots,\boldsymbol{\beta}_r$ 分别是向量组(Ⅰ)与(Ⅱ)的一个极大线性无关组,则 $\boldsymbol{\alpha}_1,\cdots,\boldsymbol{\alpha}_r$ 可以由向量组(Ⅰ)线性表出,(Ⅱ)可以由 $\boldsymbol{\beta}_1,\cdots,\boldsymbol{\beta}_r$ 线性表出。又已知(Ⅰ)可以由(Ⅱ)线性表出,因此 $\boldsymbol{\alpha}_1,\cdots,\boldsymbol{\alpha}_r$ 可以由 $\boldsymbol{\beta}_1,\cdots,\boldsymbol{\beta}_r$ 线性表出。任取 $\boldsymbol{\beta}_j(j=1,2,\cdots,r)$,则 $\boldsymbol{\alpha}_1,\cdots,\boldsymbol{\alpha}_r,\boldsymbol{\beta}_j$ 可以由 $\boldsymbol{\beta}_1,\cdots,\boldsymbol{\beta}_r$ 线性表出 。据引理 1 得 $\boldsymbol{\alpha}_1,\cdots,\boldsymbol{\alpha}_r,\boldsymbol{\beta}_j$ 线性相关,又 $\boldsymbol{\alpha}_1,\cdots,\boldsymbol{\alpha}_r$ 线性无关,因此 $\boldsymbol{\beta}_j$ 可以由 $\boldsymbol{\alpha}_1,\cdots,\boldsymbol{\alpha}_r$ 线性表出,从而 $\boldsymbol{\beta}_1,\cdots,\boldsymbol{\beta}_r$ 可以由 $\boldsymbol{\alpha}_1,\cdots,\boldsymbol{\alpha}_r$ 线性表出,因此向量组(Ⅱ)可以由向量组(Ⅰ)线性表出,于是向量组(Ⅰ)与(Ⅱ)等价。 ■

例 8 证明:一个向量组的任何一个线性无关组都可以扩充成一个极大线性无关组。

证明 设向量组 $\boldsymbol{\alpha}_1,\cdots,\boldsymbol{\alpha}_s$ 的一个线性无关组为 $\boldsymbol{\alpha}_{i_1},\cdots,\boldsymbol{\alpha}_{i_m}$,其中 $m\leqslant s$。若 $m=s$,则 $\boldsymbol{\alpha}_{i_1},\cdots,\boldsymbol{\alpha}_{i_s}$ 就是向量组 $\boldsymbol{\alpha}_1,\cdots,\boldsymbol{\alpha}_s$ 的一个极大线性无关组。下面设 $m<s$。如果 $\boldsymbol{\alpha}_{i_1},\cdots,\boldsymbol{\alpha}_{i_m}$ 不是 $\boldsymbol{\alpha}_1,\cdots,\boldsymbol{\alpha}_s$ 的一个极大线性无关组,那么在其余向量中存在一个向量 $\boldsymbol{\alpha}_{i_{m+1}}$,使得 $\boldsymbol{\alpha}_{i_1},\cdots,\boldsymbol{\alpha}_{i_m},\boldsymbol{\alpha}_{i_{m+1}}$ 线性无关。如果它还不是 $\boldsymbol{\alpha}_1,\cdots,\boldsymbol{\alpha}_s$ 的一个极大线性无关组,那么在其余向量中存在一个向量 $\boldsymbol{\alpha}_{i_{m+2}}$,使得 $\boldsymbol{\alpha}_{i_1},\cdots,\boldsymbol{\alpha}_{i_m},\boldsymbol{\alpha}_{i_{m+1}},\boldsymbol{\alpha}_{i_{m+2}}$ 线性无关,如此继续下去。但是这个过程不可能无限进行下去(因为总共只有 s 个向量),因此到某一步后终止。此时的线性无关组 $\boldsymbol{\alpha}_{i_1},\cdots,\boldsymbol{\alpha}_{i_m},\boldsymbol{\alpha}_{i_{m+1}},\cdots,\boldsymbol{\alpha}_{i_l}$ 就是 $\boldsymbol{\alpha}_1,\cdots,\boldsymbol{\alpha}_s$ 的一个极大线性无关组。 ■

例 9 设

$$\boldsymbol{\alpha}_1=\begin{pmatrix}2\\3\\4\\7\end{pmatrix},\ \boldsymbol{\alpha}_2=\begin{pmatrix}5\\-1\\3\\2\end{pmatrix},\ \boldsymbol{\alpha}_3=\begin{pmatrix}-3\\4\\1\\5\end{pmatrix},\ \boldsymbol{\alpha}_4=\begin{pmatrix}0\\-1\\7\\2\end{pmatrix},\ \boldsymbol{\alpha}_5=\begin{pmatrix}6\\2\\1\\5\end{pmatrix}。$$

(1) 证明:$\boldsymbol{\alpha}_1,\boldsymbol{\alpha}_2$ 线性无关;

(2) 把 $\boldsymbol{\alpha}_1,\boldsymbol{\alpha}_2$ 扩充成 $\boldsymbol{\alpha}_1,\boldsymbol{\alpha}_2,\boldsymbol{\alpha}_3,\boldsymbol{\alpha}_4,\boldsymbol{\alpha}_5$ 的一个极大线性无关组。

(1) **证明** 由于 $\begin{vmatrix}2&5\\3&-1\end{vmatrix}=-2-15\neq0$,

因此 $\begin{pmatrix}2\\3\end{pmatrix},\begin{pmatrix}5\\-1\end{pmatrix}$ 线性无关,从而它们的延伸组 $\boldsymbol{\alpha}_1,\boldsymbol{\alpha}_2$ 也线性无关。 ■

(2) **解** 把 $\boldsymbol{\alpha}_3$ 添到 $\boldsymbol{\alpha}_1,\boldsymbol{\alpha}_2$ 中,直接观察得 $\boldsymbol{\alpha}_3=\boldsymbol{\alpha}_1-\boldsymbol{\alpha}_2$,因此 $\boldsymbol{\alpha}_1,\boldsymbol{\alpha}_2,\boldsymbol{\alpha}_3$ 线性相关。把 $\boldsymbol{\alpha}_4$ 添到 $\boldsymbol{\alpha}_1,\boldsymbol{\alpha}_2$ 中,由于

$$\begin{vmatrix}2&5&0\\3&-1&-1\\4&3&7\end{vmatrix}=\begin{vmatrix}2&5&0\\3&-1&-1\\25&-4&0\end{vmatrix}=(-1)\cdot(-1)^{2+3}\begin{vmatrix}2&5\\25&-4\end{vmatrix}\neq0,$$

因此$\begin{pmatrix}2\\3\\4\end{pmatrix}$，$\begin{pmatrix}5\\-1\\3\end{pmatrix}$，$\begin{pmatrix}0\\-1\\7\end{pmatrix}$线性无关，从而它们的延伸组 $\boldsymbol{\alpha}_1,\boldsymbol{\alpha}_2,\boldsymbol{\alpha}_4$ 线性无关。

把 $\boldsymbol{\alpha}_5$ 添到 $\boldsymbol{\alpha}_1,\boldsymbol{\alpha}_2,\boldsymbol{\alpha}_4$ 中，由于

$$\begin{vmatrix}2&5&0&6\\3&-1&-1&2\\4&3&7&1\\7&2&2&5\end{vmatrix}=\begin{vmatrix}2&5&0&6\\3&-1&-1&2\\25&-4&0&15\\13&0&0&9\end{vmatrix}=90\neq 0,$$

因此 $\boldsymbol{\alpha}_1,\boldsymbol{\alpha}_2,\boldsymbol{\alpha}_4,\boldsymbol{\alpha}_5$ 线性无关。

综上所述，$\boldsymbol{\alpha}_1,\boldsymbol{\alpha}_2,\boldsymbol{\alpha}_4,\boldsymbol{\alpha}_5$ 是 $\boldsymbol{\alpha}_1,\boldsymbol{\alpha}_2,\boldsymbol{\alpha}_3,\boldsymbol{\alpha}_4,\boldsymbol{\alpha}_5$ 的一个极大线性无关组。

***例 10** s 个向量的向量组如果它的秩为 $s-1$，且包含成比例的非零向量。试问：此向量组有多少个极大线性无关组？

解 设 $\boldsymbol{\alpha}_1,\cdots,\boldsymbol{\alpha}_s$ 的秩为 $s-1$。不妨设 $\boldsymbol{\alpha}_1,\cdots,\boldsymbol{\alpha}_{s-1}$ 是 $\boldsymbol{\alpha}_1,\cdots,\boldsymbol{\alpha}_s$ 的一个极大线性无关组。由于成比例的非零向量是线性相关的，因此在 $\boldsymbol{\alpha}_1,\cdots,\boldsymbol{\alpha}_{s-1}$ 中不含成比例的非零向量，从而 $\boldsymbol{\alpha}_s$ 与某个 $\boldsymbol{\alpha}_i(i\leqslant s-1)$ 成比例，即 $\boldsymbol{\alpha}_s=k\boldsymbol{\alpha}_i$。由于 $\boldsymbol{\alpha}_s\neq\mathbf{0}$，因此 $k\neq 0$。据本章 3.2 节的典型例题的例 7 的结果及其后面的点评，用 $\boldsymbol{\alpha}_s$ 替换 $\boldsymbol{\alpha}_i$ 后，得到的向量组 $\boldsymbol{\alpha}_1,\cdots,\boldsymbol{\alpha}_{i-1},\boldsymbol{\alpha}_s,\boldsymbol{\alpha}_{i+1},\cdots,\boldsymbol{\alpha}_{s-1}$ 仍线性无关。据本节例 2 的结果，它是 $\boldsymbol{\alpha}_1,\cdots,\boldsymbol{\alpha}_s$ 的一个极大线性无关组。而用 $\boldsymbol{\alpha}_s$ 替换 $\boldsymbol{\alpha}_j(j\neq i,1\leqslant j<s)$ 后得到的向量组都线性相关（因为部分组 $\boldsymbol{\alpha}_s,\boldsymbol{\alpha}_i$ 线性相关），因此 $\boldsymbol{\alpha}_1,\cdots,\boldsymbol{\alpha}_s$ 恰好有两个极大线性无关组。

例 11 设数域 K 上的 n 级矩阵

$$\boldsymbol{A}=\begin{pmatrix}a_{11}&a_{12}&\cdots&a_{1n}\\a_{21}&a_{22}&\cdots&a_{2n}\\\vdots&\vdots&&\vdots\\a_{n1}&a_{n2}&\cdots&a_{nn}\end{pmatrix}$$

满足

$$|a_{ii}|>\sum_{\substack{j=1\\j\neq i}}^{n}|a_{ij}|,\quad i=1,2,\cdots,n.$$

证明：$\boldsymbol{A}$ 的列向量组 $\boldsymbol{\alpha}_1,\boldsymbol{\alpha}_2,\cdots,\boldsymbol{\alpha}_n$ 的秩等于 n。

证明 只需证明 $\boldsymbol{\alpha}_1,\boldsymbol{\alpha}_2,\cdots,\boldsymbol{\alpha}_n$ 线性无关。

假如 $\boldsymbol{\alpha}_1,\boldsymbol{\alpha}_2,\cdots,\boldsymbol{\alpha}_n$ 线性相关，则在 K 中有一组不全为 0 的数 $k_1,k_2,\cdots,k_n$，使得

$$k_1\boldsymbol{\alpha}_1+k_2\boldsymbol{\alpha}_2+\cdots+k_n\boldsymbol{\alpha}_n=\mathbf{0},\tag{3}$$

不妨设 $|k_l|=\max\{|k_1|,|k_2|,\cdots,|k_n|\}$。

在式(3)考虑第 l 个分量的等式：

$$k_1a_{l1}+k_2a_{l2}+\cdots+k_la_{ll}+\cdots+k_na_{ln}=0,\tag{4}$$

从式(4)得

$$a_{ll}=-\frac{k_1}{k_l}a_{l1}-\cdots-\frac{k_{l-1}}{k_l}a_{l,l-1}-\frac{k_{l+1}}{k_l}a_{l,l+1}-\cdots-\frac{k_n}{k_l}a_{ln}$$

$$=-\sum_{\substack{j=1\\j\neq l}}^{n}\frac{k_j}{k_l}a_{lj} \tag{5}$$

从式(5)得

$$|a_{ll}|\leqslant\sum_{\substack{j=1\\j\neq l}}^{n}\frac{|k_j|}{|k_l|}|a_{lj}|\leqslant\sum_{\substack{j=1\\j\neq l}}^{n}|a_{lj}| \tag{6}$$

这与已知条件矛盾，因此 $\boldsymbol{\alpha}_1,\boldsymbol{\alpha}_2,\cdots,\boldsymbol{\alpha}_n$ 线性无关，从而它的秩等于 n。 ■

点评： 例 11 的矩阵 $\boldsymbol{A}$ 称为**主对角占优矩阵**，上述结果表明：主对角占优矩阵的行列式不为 0。

习题 3.3

1. 设向量组

$$\boldsymbol{\alpha}_1=\begin{pmatrix}2\\0\\0\end{pmatrix},\ \boldsymbol{\alpha}_2=\begin{pmatrix}-1\\3\\0\end{pmatrix},\ \boldsymbol{\alpha}_3=\begin{pmatrix}7\\-4\\0\end{pmatrix},$$

求 $\boldsymbol{\alpha}_1,\boldsymbol{\alpha}_2,\boldsymbol{\alpha}_3$ 的一个极大线性无关组，以及它的秩。

2. 设向量组

$$\boldsymbol{\alpha}_1=\begin{pmatrix}3\\-2\\0\end{pmatrix},\ \boldsymbol{\alpha}_2=\begin{pmatrix}27\\-18\\0\end{pmatrix},\ \boldsymbol{\alpha}_3=\begin{pmatrix}-1\\5\\8\end{pmatrix},$$

求 $\boldsymbol{\alpha}_1,\boldsymbol{\alpha}_2,\boldsymbol{\alpha}_3$ 的一个极大线性无关组，以及它的秩。

3. 设向量组

$$\boldsymbol{\alpha}_1=\begin{pmatrix}3\\-1\\2\\5\end{pmatrix},\ \boldsymbol{\alpha}_2=\begin{pmatrix}4\\3\\7\\2\end{pmatrix},\ \boldsymbol{\alpha}_3=\begin{pmatrix}1\\4\\5\\-3\end{pmatrix},\ \boldsymbol{\alpha}_4=\begin{pmatrix}7\\-1\\2\\0\end{pmatrix},\ \boldsymbol{\alpha}_5=\begin{pmatrix}1\\2\\5\\6\end{pmatrix}。$$

(1) 证明 $\boldsymbol{\alpha}_1,\boldsymbol{\alpha}_2$ 线性无关；

(2) 把 $\boldsymbol{\alpha}_1,\boldsymbol{\alpha}_2$ 扩充成 $\boldsymbol{\alpha}_1,\boldsymbol{\alpha}_2,\boldsymbol{\alpha}_3,\boldsymbol{\alpha}_4,\boldsymbol{\alpha}_5$ 的一个极大线性无关组。

4. 证明：数域 K 上的 n 个方程的 n 元线性方程组

$$x_1\boldsymbol{\alpha}_1+x_2\boldsymbol{\alpha}_2+\cdots+x_n\boldsymbol{\alpha}_n=\boldsymbol{\beta}$$

对任何 $\boldsymbol{\beta}\in K^n$ 都有解的充分必要条件是它的系数行列式 $|\boldsymbol{A}|\neq0$。

5. 证明：$\operatorname{rank}\{\boldsymbol{\alpha}_1,\cdots,\boldsymbol{\alpha}_s,\boldsymbol{\beta}_1,\cdots,\boldsymbol{\beta}_r\}\leqslant\operatorname{rank}\{\boldsymbol{\alpha}_1,\cdots,\boldsymbol{\alpha}_s\}+\operatorname{rank}\{\boldsymbol{\beta}_1,\cdots,\boldsymbol{\beta}_r\}$。

6. 设向量组 $\boldsymbol{\alpha}_1,\cdots,\boldsymbol{\alpha}_s$ 的每一个向量都可以由这个向量组的一个部分组 $\boldsymbol{\alpha}_{i_1},\cdots,\boldsymbol{\alpha}_{i_r}$ 唯一地线性表出。证明：$\boldsymbol{\alpha}_{i_1},\cdots,\boldsymbol{\alpha}_{i_r}$ 是 $\boldsymbol{\alpha}_1,\cdots,\boldsymbol{\alpha}_s$ 的一个极大线性无关组，且 $\operatorname{rank}\{\boldsymbol{\alpha}_1,\cdots,\boldsymbol{\alpha}_s\}=r$。

7. 设向量组 $\boldsymbol{\alpha}_1,\boldsymbol{\alpha}_2,\boldsymbol{\alpha}_3,\boldsymbol{\alpha}_4$ 线性无关。令

$$\boldsymbol{\beta}_1=\boldsymbol{\alpha}_1-\boldsymbol{\alpha}_2,\ \boldsymbol{\beta}_2=\boldsymbol{\alpha}_2-\boldsymbol{\alpha}_3,\ \boldsymbol{\beta}_3=\boldsymbol{\alpha}_3-\boldsymbol{\alpha}_4,\ \boldsymbol{\beta}_4=\boldsymbol{\alpha}_4-\boldsymbol{\alpha}_1,$$

求 $\boldsymbol{\beta}_1,\boldsymbol{\beta}_2,\boldsymbol{\beta}_3,\boldsymbol{\beta}_4$ 的一个极大线性无关组。

8. 设 $\boldsymbol{\beta}_1=\boldsymbol{\alpha}_2+\boldsymbol{\alpha}_3+\cdots+\boldsymbol{\alpha}_m$，　$\boldsymbol{\beta}_2=\boldsymbol{\alpha}_1+\boldsymbol{\alpha}_3+\cdots+\boldsymbol{\alpha}_m$，

… … … … $\boldsymbol{\beta}_m=\boldsymbol{\alpha}_1+\boldsymbol{\alpha}_2+\cdots+\boldsymbol{\alpha}_{m-1}$。

证明：$\text{rank}\{\boldsymbol{\beta}_1,\boldsymbol{\beta}_2,\cdots,\boldsymbol{\beta}_m\}=\text{rank}\{\boldsymbol{\alpha}_1,\boldsymbol{\alpha}_2,\cdots,\boldsymbol{\alpha}_m\}$。

9. 设数域 K 上 $s\times n$ 矩阵

$$\boldsymbol{A}=\begin{pmatrix} a_{11} & a_{12} & \cdots & a_{1n} \\ a_{21} & a_{22} & \cdots & a_{2n} \\ \vdots & \vdots & & \vdots \\ a_{s1} & a_{s2} & \cdots & a_{sn} \end{pmatrix}$$

满足 $s\leqslant n$，且

$$2|a_{ii}|>\sum_{j=1}^{n}|a_{ij}|,\quad i=1,2,\cdots,s$$

证明：$\boldsymbol{A}$ 的行向量组 $\boldsymbol{\gamma}_1,\boldsymbol{\gamma}_2,\cdots,\boldsymbol{\gamma}_s$ 的秩等于 s。

10. 设向量 $\boldsymbol{\beta}$ 可以由向量组 $\boldsymbol{\alpha}_1,\boldsymbol{\alpha}_2,\cdots,\boldsymbol{\alpha}_s$ 线性表出，但是 $\boldsymbol{\beta}$ 不能由 $\boldsymbol{\alpha}_1,\boldsymbol{\alpha}_2,\cdots,\boldsymbol{\alpha}_{s-1}$ 线性表出。证明：$\text{rank}\{\boldsymbol{\alpha}_1,\boldsymbol{\alpha}_2,\cdots,\boldsymbol{\alpha}_s\}=\text{rank}\{\boldsymbol{\alpha}_1,\boldsymbol{\alpha}_2,\cdots,\boldsymbol{\alpha}_{s-1},\boldsymbol{\beta}\}$。

3.4　向量空间 K^n 及其子空间的基与维数

3.4.1　内容精华

线性方程组 $x_1\boldsymbol{\alpha}_1+x_2\boldsymbol{\alpha}_2+\cdots+x_n\boldsymbol{\alpha}_n=\boldsymbol{\beta}$ 有解的充分必要条件是 $\boldsymbol{\beta}\in\langle\boldsymbol{\alpha}_1,\boldsymbol{\alpha}_2,\cdots,\boldsymbol{\alpha}_n\rangle$。为此需要研究向量空间的子空间的结构。几何空间 V 中，取定三个不共面的向量 $\boldsymbol{e}_1,\boldsymbol{e}_2,\boldsymbol{e}_3$，则空间中任一向量都可以由 $\boldsymbol{e}_1,\boldsymbol{e}_2,\boldsymbol{e}_3$ 唯一地线性表出，于是几何空间 V 的结构就很清楚了。由此受到启发，我们在 n 维向量空间 K^n 的子空间 U 中，引进下述概念：

定义 1　设 U 是 K^n 的一个子空间，如果 $\boldsymbol{\alpha}_1,\boldsymbol{\alpha}_2,\cdots,\boldsymbol{\alpha}_r\in U$，并且满足下述两个条件：

(1) $\boldsymbol{\alpha}_1,\boldsymbol{\alpha}_2,\cdots,\boldsymbol{\alpha}_r$ 线性无关；

(2) U 中每一个向量都可以由 $\boldsymbol{\alpha}_1,\boldsymbol{\alpha}_2,\cdots,\boldsymbol{\alpha}_r$ 线性表出；

那么称 $\boldsymbol{\alpha}_1,\boldsymbol{\alpha}_2,\cdots,\boldsymbol{\alpha}_r$ 是 U 的一个**基**。

由于 $\boldsymbol{\alpha}_1,\boldsymbol{\alpha}_2,\cdots,\boldsymbol{\alpha}_r$ 线性无关，因此如果 $\boldsymbol{\alpha}$ 可以由 $\boldsymbol{\alpha}_1,\boldsymbol{\alpha}_2,\cdots,\boldsymbol{\alpha}_r$ 线性表出，那么表法唯一。

显然，$\boldsymbol{\varepsilon}_1,\boldsymbol{\varepsilon}_2,\cdots,\boldsymbol{\varepsilon}_n$ 是 K^n 的一个基，称它为 K^n 的**标准基**。

定理 1　K^n 的任一非零子空间 U 都有一个基。

证明　取 U 中一个非零向量 $\boldsymbol{\alpha}_1$，向量组 $\boldsymbol{\alpha}_1$ 是线性无关的。若 $\langle\boldsymbol{\alpha}_1\rangle\neq U$，则存在 $\boldsymbol{\alpha}_2\in U$，使得 $\boldsymbol{\alpha}_2\notin\langle\boldsymbol{\alpha}_1\rangle$。于是 $\boldsymbol{\alpha}_2$ 不能由 $\boldsymbol{\alpha}_1$ 线性表出，因此 $\boldsymbol{\alpha}_1,\boldsymbol{\alpha}_2$ 线性无关。若 $\langle\boldsymbol{\alpha}_1,\boldsymbol{\alpha}_2\rangle\neq U$，则存在 $\boldsymbol{\alpha}_3\in U$，使得 $\boldsymbol{\alpha}_3\notin\langle\boldsymbol{\alpha}_1,\boldsymbol{\alpha}_2\rangle$，从而 $\boldsymbol{\alpha}_1,\boldsymbol{\alpha}_2,\boldsymbol{\alpha}_3$ 线性无关。由此继续下去。由于 K^n 的任一线性无关的向量组的向量个数不超过 n，因此到某一步终止，即 $\langle\boldsymbol{\alpha}_1,\boldsymbol{\alpha}_2,\cdots,\boldsymbol{\alpha}_s\rangle=U$。于是 $\boldsymbol{\alpha}_1,\boldsymbol{\alpha}_2,\cdots,\boldsymbol{\alpha}_s$ 是 U 的一个基。 ■

定理 1 的证明过程也表明，子空间 U 的任意一个线性无关的向量组都可以扩充成 U 的一个基。

由于等价的线性无关的向量组含有相同个数的向量，因此有

定理 2 K^n 的非零子空间 U 的任意两个基所含向量的个数相等。■

定义 2 K^n 的非零子空间 U 的一个基所含向量的个数称为 U 的维数,记作 $\dim_K U$,或 $\dim U$。

零子空间的维数规定为 0。

由于 $\boldsymbol{\varepsilon}_1,\boldsymbol{\varepsilon}_2,\cdots,\boldsymbol{\varepsilon}_n$ 是 K^n 的一个基,因此 $\dim K^n=n$。这就是把 K^n 称为 n 维向量空间的原因。

基和维数对于决定子空间的结构起着十分重要的作用。

设 $\boldsymbol{\alpha}_1,\cdots,\boldsymbol{\alpha}_r$ 是 K^n 的子空间 U 的一个基,则 U 的每一个向量 $\boldsymbol{\alpha}$ 都可以由 $\boldsymbol{\alpha}_1,\cdots,\boldsymbol{\alpha}_r$ 唯一地线性表出:

$$\boldsymbol{\alpha}=a_1\boldsymbol{\alpha}_1+a_2\boldsymbol{\alpha}_2+\cdots+a_r\boldsymbol{\alpha}_r,$$

把有序数组 $(a_1,a_2,\cdots,a_r)'$ 称为 $\boldsymbol{\alpha}$ 在基 $\boldsymbol{\alpha}_1,\boldsymbol{\alpha}_2,\cdots,\boldsymbol{\alpha}_r$ 下的**坐标**。

命题 1 设 $\dim U=r$,则 U 中任意 $r+1$ 个向量都线性相关。

证明 取 U 的一个基 $\boldsymbol{\alpha}_1,\boldsymbol{\alpha}_2,\cdots,\boldsymbol{\alpha}_r$,则 U 中任意 $r+1$ 个向量 $\boldsymbol{\beta}_1,\boldsymbol{\beta}_2,\cdots,\boldsymbol{\beta}_{r+1}$ 都可由 $\boldsymbol{\alpha}_1,\boldsymbol{\alpha}_2,\cdots,\boldsymbol{\alpha}_r$ 线性表出。据 3.3 节的引理 1 得,$\boldsymbol{\beta}_1,\boldsymbol{\beta}_2,\cdots,\boldsymbol{\beta}_{r+1}$ 线性相关。■

命题 2 设 $\dim U=r$,则 U 中任意 r 个线性无关的向量都是 U 的一个基。

证明 任取 U 的线性无关的向量 $\boldsymbol{\alpha}_1,\boldsymbol{\alpha}_2,\cdots,\boldsymbol{\alpha}_r$。任取 $\boldsymbol{\beta}\in U$,由命题 1 的结论得,$\boldsymbol{\alpha}_1,\cdots,\boldsymbol{\alpha}_r,\boldsymbol{\beta}$ 线性相关,从而 $\boldsymbol{\beta}$ 可由 $\boldsymbol{\alpha}_1,\cdots,\boldsymbol{\alpha}_r$ 线性表出,因此 $\boldsymbol{\alpha}_1,\cdots,\boldsymbol{\alpha}_r$ 是 U 的一个基。■

命题 3 设 $\dim U=r,\boldsymbol{\alpha}_1,\cdots,\boldsymbol{\alpha}_r\in U$。如果 U 中每一个向量都可以由 $\boldsymbol{\alpha}_1,\cdots,\boldsymbol{\alpha}_r$ 线性表出,那么 $\boldsymbol{\alpha}_1,\cdots,\boldsymbol{\alpha}_r$ 是 U 的一个基。

证明 取 U 的一个基 $\boldsymbol{\delta}_1,\cdots,\boldsymbol{\delta}_r$。由已知条件得,$\boldsymbol{\delta}_1,\cdots,\boldsymbol{\delta}_r$ 可以由 $\boldsymbol{\alpha}_1,\cdots,\boldsymbol{\alpha}_r$ 线性表出,因此

$$r=\operatorname{rank}\{\boldsymbol{\delta}_1,\boldsymbol{\delta}_2,\cdots,\boldsymbol{\delta}_r\}\leqslant\operatorname{rank}\{\boldsymbol{\alpha}_1,\boldsymbol{\alpha}_2,\cdots,\boldsymbol{\alpha}_r\},$$

从而 $\boldsymbol{\alpha}_1,\boldsymbol{\alpha}_2,\cdots,\boldsymbol{\alpha}_r$ 的秩为 r,因此它线性无关,从而它是 U 的一个基。■

命题 4 设 U 和 W 都是 K^n 的非零子空间,如果 $U\subseteq W$,那么

$$\dim U\leqslant\dim W。$$

证明 在 U 和 W 中分别取一个基 $\boldsymbol{\alpha}_1,\cdots,\boldsymbol{\alpha}_r$; $\boldsymbol{\eta}_1,\cdots,\boldsymbol{\eta}_t$。因为 $U\subseteq W$,所以 $\boldsymbol{\alpha}_1,\cdots,\boldsymbol{\alpha}_r$ 可以由 $\boldsymbol{\eta}_1,\cdots,\boldsymbol{\eta}_t$ 线性表出,从而 $r\leqslant t$。■

命题 5 设 U 和 W 是 K^n 的两个非零子空间,且 $U\subseteq W$,如果 $\dim U=\dim W$,那么 $U=W$。

证明 U 中取一个基 $\boldsymbol{\alpha}_1,\boldsymbol{\alpha}_2,\cdots,\boldsymbol{\alpha}_r$。由于 $U\subseteq W$,因此 $\boldsymbol{\alpha}_1,\boldsymbol{\alpha}_2,\cdots,\boldsymbol{\alpha}_r\in W$。由于 $\dim W=\dim U=r$,因此 $\boldsymbol{\alpha}_1,\boldsymbol{\alpha}_2,\cdots,\boldsymbol{\alpha}_r$ 是 W 的一个基,从而 W 中任一向量 $\boldsymbol{\beta}$ 可以由 $\boldsymbol{\alpha}_1,\boldsymbol{\alpha}_2,\cdots,\boldsymbol{\alpha}_r$ 线性表出,于是 $\boldsymbol{\beta}\in U$,因此 $W\subseteq U$,从而 $U=W$。■

命题 1、命题 2、命题 3 和命题 5 表明维数在研究子空间的结构中起的作用。

由向量组 $\boldsymbol{\alpha}_1,\boldsymbol{\alpha}_2,\cdots,\boldsymbol{\alpha}_s$ 生成的子空间 $W=\langle\boldsymbol{\alpha}_1,\boldsymbol{\alpha}_2,\cdots,\boldsymbol{\alpha}_s\rangle$ 的结构如何? 取 $\boldsymbol{\alpha}_1,\boldsymbol{\alpha}_2,\cdots,\boldsymbol{\alpha}_s$ 的一个极大线性无关组 $\boldsymbol{\alpha}_{i_1},\cdots,\boldsymbol{\alpha}_{i_r}$。由线性表出的传递性可知,$W$ 中每一个向量都可以由 $\boldsymbol{\alpha}_{i_1},\cdots,\boldsymbol{\alpha}_{i_r}$ 线性表出,因此 $\boldsymbol{\alpha}_{i_1},\cdots,\boldsymbol{\alpha}_{i_r}$ 是 W 的一个基,从而 $\dim W=r$。这证明了下述定理。

定理 3 向量组 $\boldsymbol{\alpha}_1,\boldsymbol{\alpha}_2,\cdots,\boldsymbol{\alpha}_s$ 的一个极大线性无关组是这个向量组生成的子空间 $\langle\boldsymbol{\alpha}_1,\boldsymbol{\alpha}_2,\cdots,\boldsymbol{\alpha}_s\rangle$ 的一个基,从而

$$\dim\langle \boldsymbol{\alpha}_1,\boldsymbol{\alpha}_2,\cdots,\boldsymbol{\alpha}_s\rangle = \mathrm{rank}\{\boldsymbol{\alpha}_1,\boldsymbol{\alpha}_2,\cdots,\boldsymbol{\alpha}_s\}。$$ ■

注意区别 $\dim\langle \boldsymbol{\alpha}_1,\boldsymbol{\alpha}_2,\cdots,\boldsymbol{\alpha}_s\rangle$ 与 $\mathrm{rank}\{\boldsymbol{\alpha}_1,\boldsymbol{\alpha}_2,\cdots,\boldsymbol{\alpha}_s\}$ 是不同的两个概念：

$\dim\langle \boldsymbol{\alpha}_1,\boldsymbol{\alpha}_2,\cdots,\boldsymbol{\alpha}_s\rangle$ 是由 $\boldsymbol{\alpha}_1,\boldsymbol{\alpha}_2,\cdots,\boldsymbol{\alpha}_s$ 生成的子空间的维数，它等于这个子空间的一个基所含向量的个数；而 $\mathrm{rank}\{\boldsymbol{\alpha}_1,\boldsymbol{\alpha}_2,\cdots,\boldsymbol{\alpha}_s\}$ 是向量组 $\boldsymbol{\alpha}_1,\boldsymbol{\alpha}_2,\cdots,\boldsymbol{\alpha}_s$ 的秩，它等于这个向量组的一个极大线性无关组所含向量的个数。维数是对子空间而言，秩是对向量组而言。子空间有无穷多个向量，而向量组只有有限多个向量。

数域 K 上 $s\times n$ 矩阵 $\boldsymbol{A}$ 的列向量组 $\boldsymbol{\alpha}_1,\boldsymbol{\alpha}_2,\cdots,\boldsymbol{\alpha}_n$ 生成的子空间称为 $\boldsymbol{A}$ 的**列空间**；$\boldsymbol{A}$ 的行向量组 $\boldsymbol{\gamma}_1,\boldsymbol{\gamma}_2,\cdots,\boldsymbol{\gamma}_s$ 生成的子空间称为 $\boldsymbol{A}$ 的**行空间**。由定理 3 可知，$\boldsymbol{A}$ 的列(行)空间的维数等于 $\boldsymbol{A}$ 的列(行)向量组的秩。

3.4.2　典型例题

例 1　设 $r<n$。在 K^n 中，令

$$U=\{(a_1,a_2,\cdots,a_r,0,\cdots,0)'\}\mid a_i\in K,\ i=1,2,\cdots,r\},$$

求子空间 U 的一个基和维数。

解　U 中任一向量 $\boldsymbol{\alpha}=(a_1,a_2,\cdots,a_r,0,\cdots,0)'$ 可以表成

$$\boldsymbol{\alpha}=a_1\boldsymbol{\varepsilon}_1+a_2\boldsymbol{\varepsilon}_2+\cdots+a_r\boldsymbol{\varepsilon}_r,$$

由于 $\boldsymbol{\varepsilon}_1,\boldsymbol{\varepsilon}_2,\cdots,\boldsymbol{\varepsilon}_n$ 线性无关，因此它的一个部分组 $\boldsymbol{\varepsilon}_1,\boldsymbol{\varepsilon}_2,\cdots,\boldsymbol{\varepsilon}_r$ 也线性无关，从而 $\boldsymbol{\varepsilon}_1,\boldsymbol{\varepsilon}_2,\cdots,\boldsymbol{\varepsilon}_r$ 是 U 的一个基。于是

$$\dim U=r。$$

例 2　设 $\boldsymbol{A}$ 是数域 K 上的 n 级矩阵。证明：如果 $|\boldsymbol{A}|\neq 0$，那么 $\boldsymbol{A}$ 的列向量组 $\boldsymbol{\alpha}_1,\boldsymbol{\alpha}_2,\cdots,\boldsymbol{\alpha}_n$ 是 K^n(由列向量组成)的一个基；$\boldsymbol{A}$ 的行向量组 $\boldsymbol{\gamma}_1,\boldsymbol{\gamma}_2,\cdots,\boldsymbol{\gamma}_n$ 是 K^n(由行向量组成)的一个基。

证明　由于 $|\boldsymbol{A}|\neq 0$，因此 $\boldsymbol{A}$ 的列向量组线性无关，又由于 $\dim K^n=n$，因此据命题 2 得，$\boldsymbol{A}$ 的列向量组是 K^n 的一个基。同理，$\boldsymbol{A}$ 的行向量组是 K^n(由行向量组成)的一个基。 ■

例 3　设 K^n 中的向量组

$$\boldsymbol{\alpha}_1=\begin{pmatrix}a_{11}\\0\\0\\\vdots\\0\end{pmatrix},\ \boldsymbol{\alpha}_2=\begin{pmatrix}a_{12}\\a_{22}\\0\\\vdots\\0\end{pmatrix},\ \cdots,\ \boldsymbol{\alpha}_n=\begin{pmatrix}a_{1n}\\a_{2n}\\a_{3n}\\\vdots\\a_{nn}\end{pmatrix},$$

其中 $a_{11}a_{22}\cdots a_{nn}\neq 0$。证明：$\boldsymbol{\alpha}_1,\boldsymbol{\alpha}_2,\cdots,\boldsymbol{\alpha}_n$ 是 K^n 的一个基。

证明　由于

$$\begin{vmatrix}a_{11}&a_{12}&\cdots&a_{1n}\\0&a_{22}&\cdots&a_{2n}\\\vdots&\vdots&&\vdots\\0&0&\cdots&a_{nn}\end{vmatrix}=a_{11}a_{22}\cdots a_{nn}\neq 0,$$

因此 $\boldsymbol{\alpha}_1,\boldsymbol{\alpha}_2,\cdots,\boldsymbol{\alpha}_n$ 线性无关；又由于 $\dim K^n=n$，因此 $\boldsymbol{\alpha}_1,\boldsymbol{\alpha}_2,\cdots,\boldsymbol{\alpha}_n$ 是 K^n 的一个基。 ■

例 4 判断下述向量组是否为 K^4 的一个基：

$$\boldsymbol{\alpha}_1=\begin{pmatrix}2\\-1\\3\\5\end{pmatrix},\ \boldsymbol{\alpha}_2=\begin{pmatrix}1\\7\\-2\\0\end{pmatrix},\ \boldsymbol{\alpha}_3=\begin{pmatrix}-3\\0\\4\\1\end{pmatrix},\ \boldsymbol{\alpha}_4=\begin{pmatrix}6\\1\\0\\-4\end{pmatrix}。$$

解

$$\begin{vmatrix}2&1&-3&6\\-1&7&0&1\\3&-2&4&0\\5&0&1&-4\end{vmatrix}=\begin{vmatrix}2&15&-3&8\\-1&0&0&0\\3&19&4&3\\5&35&1&1\end{vmatrix}=\begin{vmatrix}120&11\\121&1\end{vmatrix}\neq 0$$

因此 $\boldsymbol{\alpha}_1,\boldsymbol{\alpha}_2,\boldsymbol{\alpha}_3,\boldsymbol{\alpha}_4$ 线性无关；又由于 $\dim K^4=4$，从而 $\boldsymbol{\alpha}_1,\boldsymbol{\alpha}_2,\boldsymbol{\alpha}_3,\boldsymbol{\alpha}_4$ 是 K^4 的一个基。

例 5 判断 K^4 中的向量组

$$\boldsymbol{\alpha}_1=\begin{pmatrix}0\\0\\0\\1\end{pmatrix},\ \boldsymbol{\alpha}_2=\begin{pmatrix}0\\0\\1\\1\end{pmatrix},\ \boldsymbol{\alpha}_3=\begin{pmatrix}0\\1\\1\\1\end{pmatrix},\ \boldsymbol{\alpha}_4=\begin{pmatrix}1\\1\\1\\1\end{pmatrix}$$

是否为 K^4 的一个基。如果是，求 $\boldsymbol{\alpha}=(a_1,a_2,a_3,a_4)'$ 在此基下的坐标。

解

$$\begin{vmatrix}0&0&0&1\\0&0&1&1\\0&1&1&1\\1&1&1&1\end{vmatrix}=(-1)^{\tau(4321)}1\times1\times1\times1=1\neq 0$$

因此 $\boldsymbol{\alpha}_1,\boldsymbol{\alpha}_2,\boldsymbol{\alpha}_3,\boldsymbol{\alpha}_4$ 线性无关，从而它是 K^4 的一个基。

设
$$\boldsymbol{\alpha}=x_1\boldsymbol{\alpha}_1+x_2\boldsymbol{\alpha}_2+x_3\boldsymbol{\alpha}_3+x_4\boldsymbol{\alpha}_4$$

把这个线性方程组的增广矩阵经过初等行变换化成简化行阶梯形矩阵：

$$\begin{pmatrix}0&0&0&1&a_1\\0&0&1&1&a_2\\0&1&1&1&a_3\\1&1&1&1&a_4\end{pmatrix}\longrightarrow\begin{pmatrix}1&1&1&1&a_4\\0&1&1&1&a_3\\0&0&1&1&a_2\\0&0&0&1&a_1\end{pmatrix}\longrightarrow\begin{pmatrix}1&0&0&0&a_4-a_3\\0&1&0&0&a_3-a_2\\0&0&1&0&a_2-a_1\\0&0&0&1&a_1\end{pmatrix}$$

因此原线性方程组的唯一解是

$$(a_4-a_3,\ a_3-a_2,\ a_2-a_1,\ a_1)'$$

从而 $\boldsymbol{\alpha}$ 在基 $\boldsymbol{\alpha}_1,\boldsymbol{\alpha}_2,\boldsymbol{\alpha}_3,\boldsymbol{\alpha}_4$ 下的坐标为上述有序数组。

习题 3.4

1. 找出 K^4 的两个基，并且求向量 $\boldsymbol{\alpha}=(a_1,a_2,a_3,a_4)$ 分别在这两个基下的坐标。
2. 证明：K^n 中的向量组

$$\boldsymbol{\eta}_1=\begin{pmatrix}1\\0\\0\\\vdots\\0\end{pmatrix},\ \boldsymbol{\eta}_2=\begin{pmatrix}1\\1\\0\\\vdots\\0\end{pmatrix},\ \cdots,\ \boldsymbol{\eta}_n=\begin{pmatrix}1\\1\\1\\\vdots\\1\end{pmatrix}$$

是 K^n 的一个基。

3. 判断下述向量组是否为 K^3 的一个基：

(1) $\begin{pmatrix}2\\1\\2\end{pmatrix},\begin{pmatrix}1\\2\\-2\end{pmatrix},\begin{pmatrix}-2\\2\\1\end{pmatrix}$；(2) $\begin{pmatrix}2\\5\\6\end{pmatrix},\begin{pmatrix}5\\-2\\3\end{pmatrix},\begin{pmatrix}7\\-3\\4\end{pmatrix}$；(3) $\begin{pmatrix}1\\0\\1\end{pmatrix},\begin{pmatrix}0\\4\\-1\end{pmatrix},\begin{pmatrix}2\\-4\\3\end{pmatrix}$。

4. 第3题的第(1)小题中的向量组如果是 K^3 的一个基，求向量 $\boldsymbol{\alpha}=(a_1,a_2,a_3)'$ 在此基下的坐标。

5. 设 U 是 K^n 的一个非零子空间，证明：U 中任一线性无关的向量组可以扩充成 U 的一个基。

3.5 矩阵的秩

3.5.1 内容精华

线性方程组 $x_1\boldsymbol{\alpha}_1+x_2\boldsymbol{\alpha}_2+\cdots+x_n\boldsymbol{\alpha}_n=\boldsymbol{\beta}$ 的增广矩阵既有列向量组的秩，又有行向量组的秩，研究这两者之间的关系就能充分把握线性方程组的信息，从而有助于判断线性方程组有无解，以及讨论它的解集的结构。

矩阵 $\boldsymbol{A}$ 的列向量组的秩称为 $\boldsymbol{A}$ 的**列秩**；$\boldsymbol{A}$ 的行向量组的秩称为 $\boldsymbol{A}$ 的**行秩**。

矩阵 $\boldsymbol{A}$ 的列秩等于 $\boldsymbol{A}$ 的列空间的维数，$\boldsymbol{A}$ 的行秩等于 $\boldsymbol{A}$ 的行空间的维数。

研究矩阵 $\boldsymbol{A}$ 的行秩与列秩之间的关系，途径是：先研究阶梯形矩阵的行秩与列秩的关系，然后研究矩阵的初等行变换是否既不改变矩阵的行秩，也不改变矩阵的列秩。

定理1　阶梯形矩阵 $\boldsymbol{J}$ 的行秩与列秩相等，它们都等于 $\boldsymbol{J}$ 的非零行的个数；并且 $\boldsymbol{J}$ 的主元所在的列构成列向量组的一个极大线性无关组。

证明　设数域 K 上 $s\times n$ 阶梯形矩阵 $\boldsymbol{J}$ 有 r 个非零行（$r\leqslant s$），则 $\boldsymbol{J}$ 有 r 个主元，它们分别位于第 $j_1,j_2,\cdots,j_r$ 列。于是 $\boldsymbol{J}$ 形如

$$\begin{pmatrix}0&\cdots&0&c_{1j_1}&\cdots&c_{1j_2}&\cdots&c_{1j_r}&\cdots&c_{1n}\\0&\cdots&0&0&\cdots&c_{2j_2}&\cdots&c_{2j_r}&\cdots&c_{2n}\\\vdots&&\vdots&\vdots&&\vdots&&\vdots&&\vdots\\0&\cdots&0&0&\cdots&0&\cdots&c_{rj_r}&\cdots&c_{rn}\\0&\cdots&0&0&\cdots&0&\cdots&0&\cdots&0\\\vdots&&\vdots&\vdots&&\vdots&&\vdots&&\vdots\\0&\cdots&0&0&\cdots&0&\cdots&0&\cdots&0\end{pmatrix},$$

其中 $c_{1j_1}c_{2j_2}\cdots c_{rj_r}\neq 0$。

把 $\boldsymbol{J}$ 的列向量组记作 $\boldsymbol{\alpha}_1,\boldsymbol{\alpha}_2,\cdots,\boldsymbol{\alpha}_n$；行向量组记作 $\boldsymbol{\gamma}_1,\boldsymbol{\gamma}_2,\cdots,\boldsymbol{\gamma}_s$。

先求 $\boldsymbol{J}$ 的列秩。由于

$$\begin{vmatrix} c_{1j_1} & c_{1j_2} & \cdots & c_{1j_r} \\ 0 & c_{2j_2} & \cdots & c_{2j_r} \\ \vdots & \vdots & & \vdots \\ 0 & 0 & \cdots & c_{rj_r} \end{vmatrix} = c_{1j_1}c_{2j_2}\cdots c_{rj_r}\neq 0, \tag{1}$$

因此向量组

$$\begin{pmatrix} c_{1j_1} \\ 0 \\ \vdots \\ 0 \end{pmatrix}, \begin{pmatrix} c_{1j_2} \\ c_{2j_2} \\ \vdots \\ 0 \end{pmatrix}, \cdots, \begin{pmatrix} c_{1j_r} \\ c_{2j_r} \\ \vdots \\ c_{rj_r} \end{pmatrix}$$

线性无关，从而它的延伸组 $\boldsymbol{\alpha}_{j_1},\boldsymbol{\alpha}_{j_2},\cdots,\boldsymbol{\alpha}_{j_r}$ 也线性无关。于是 $\operatorname{rank}\{\boldsymbol{\alpha}_{j_1},\boldsymbol{\alpha}_{j_2},\cdots,\boldsymbol{\alpha}_{j_r}\}=r$，从而

$$\dim\langle\boldsymbol{\alpha}_{j_1},\boldsymbol{\alpha}_{j_2},\cdots,\boldsymbol{\alpha}_{j_r}\rangle = r。$$

设

$$U=\{(a_1,\cdots,a_r,0,\cdots,0)' \mid a_i\in K,\ i=1,2,\cdots,r\}$$

据本章 3.4 节的典型例题的例 1 的结果，$\dim U=r$。

由于 $\boldsymbol{\alpha}_1,\boldsymbol{\alpha}_2,\cdots,\boldsymbol{\alpha}_n\in U$，因此

$$\langle\boldsymbol{\alpha}_{j_1},\boldsymbol{\alpha}_{j_2},\cdots,\boldsymbol{\alpha}_{j_r}\rangle\subseteq\langle\boldsymbol{\alpha}_1,\boldsymbol{\alpha}_2,\cdots,\boldsymbol{\alpha}_n\rangle\subseteq U,$$

从而

$$r=\dim\langle\boldsymbol{\alpha}_{j_1},\boldsymbol{\alpha}_{j_2},\cdots,\boldsymbol{\alpha}_{j_r}\rangle\leqslant\dim\langle\boldsymbol{\alpha}_1,\boldsymbol{\alpha}_2,\cdots,\boldsymbol{\alpha}_n\rangle\leqslant\dim U=r,$$

由此得出

$$\dim\langle\boldsymbol{\alpha}_1,\boldsymbol{\alpha}_2,\cdots,\boldsymbol{\alpha}_n\rangle=r,$$

于是 $\boldsymbol{J}$ 的列秩等于 r。由于 $\boldsymbol{\alpha}_{j_1},\boldsymbol{\alpha}_{j_2},\cdots,\boldsymbol{\alpha}_{j_r}$ 线性无关，因此 $\boldsymbol{\alpha}_{j_1},\boldsymbol{\alpha}_{j_2},\cdots,\boldsymbol{\alpha}_{j_r}$ 是 $\boldsymbol{J}$ 的列向量组的一个极大线性无关组。

再求 $\boldsymbol{J}$ 的行秩，从(1)式得出，向量组

$$\begin{array}{llll} (c_{1j_1}, & c_{1j_2}, & \cdots, & c_{1j_r}), \\ (0, & c_{2j_2}, & \cdots, & c_{2j_r}), \\ \cdots & \cdots & \cdots & \cdots \\ (0, & 0, & \cdots, & c_{rj_r}) \end{array}$$

线性无关，从而它的延伸组 $\boldsymbol{\gamma}_1,\boldsymbol{\gamma}_2,\cdots,\boldsymbol{\gamma}_r$ 也线性无关。由于 $\boldsymbol{\gamma}_{r+1}=\cdots=\boldsymbol{\gamma}_s=\boldsymbol{0}$，因此 $\boldsymbol{\gamma}_1,\boldsymbol{\gamma}_2,\cdots,\boldsymbol{\gamma}_r$ 是 $\boldsymbol{\gamma}_1,\boldsymbol{\gamma}_2,\cdots,\boldsymbol{\gamma}_s$ 的一个极大线性无关组，从而 $\boldsymbol{J}$ 的行秩等于 r。

综上所述，$\boldsymbol{J}$ 的列秩与行秩都等于 $\boldsymbol{J}$ 的非零行个数 r，并且 $\boldsymbol{J}$ 的主元所在的第 $j_1,j_2,\cdots,j_r$ 列构成列向量组的一个极大线性无关组。 ■

定理 2 矩阵的初等行变换不改变矩阵的行秩。

证明 设 $\boldsymbol{A}\xrightarrow{ⓙ+ⓘk}\boldsymbol{B}$，可证 $\boldsymbol{A}$ 的行向量组 $\boldsymbol{\gamma}_1,\cdots,\boldsymbol{\gamma}_i,\cdots,\boldsymbol{\gamma}_j,\cdots,\boldsymbol{\gamma}_s$ 与 $\boldsymbol{B}$ 的行向量组

$\boldsymbol{\gamma}_1,\cdots,\boldsymbol{\gamma}_i,\cdots,\boldsymbol{\gamma}_j+k\boldsymbol{\gamma}_i,\cdots,\boldsymbol{\gamma}_s$ 可以互相线性表出，从而它们等价，因此 $\boldsymbol{A}$ 的行秩等于 $\boldsymbol{B}$ 的行秩。

设 $\boldsymbol{A}\xrightarrow{(ⓘ,ⓙ)}\boldsymbol{C}$，显然 $\boldsymbol{A}$ 的行向量组与 $\boldsymbol{C}$ 的行向量组等价，从而它们的行秩相等。

设 $\boldsymbol{B}\xrightarrow{ⓘ\cdot l}\boldsymbol{E}$，其中 $l\neq 0$。易证 $\boldsymbol{A}$ 的行向量组与 $\boldsymbol{E}$ 的行向量组等价，从而它们的行秩相等。 ■

定理 3　矩阵的初等行变换不改变矩阵的列向量组的线性相关性，从而不改变矩阵的列秩，即

(1) 设矩阵 $\boldsymbol{C}$ 经过初等行变换变成矩阵 $\boldsymbol{D}$，则 $\boldsymbol{C}$ 的列向量组线性相关当且仅当 $\boldsymbol{D}$ 的列向量组线性相关；

(2) 设矩阵 $\boldsymbol{A}$ 经过初等行变换变成矩阵 $\boldsymbol{B}$，并且设 $\boldsymbol{B}$ 的第 $j_1,j_2,\cdots,j_r$ 列构成 $\boldsymbol{B}$ 的列向量组的一个极大线性无关组，则 $\boldsymbol{A}$ 的第 $j_1,j_2,\cdots,j_r$ 列构成 $\boldsymbol{A}$ 的列向量组的一个极大线性无关组；从而 $\boldsymbol{A}$ 的列秩等于 $\boldsymbol{B}$ 的列秩。

证明　(1) 设 $\boldsymbol{C}$ 的列向量组是 $\boldsymbol{\eta}_1,\boldsymbol{\eta}_2,\cdots,\boldsymbol{\eta}_n$；$\boldsymbol{D}$ 的列向量组是 $\boldsymbol{\delta}_1,\boldsymbol{\delta}_2,\cdots,\boldsymbol{\delta}_n$。根据第 1 章 1.2 节的点评，当 $\boldsymbol{C}$ 经过初等行变换变成 $\boldsymbol{D}$ 时，以 $\boldsymbol{C}$ 为系数矩阵的齐次线性方程组 $x_1\boldsymbol{\eta}_1+x_2\boldsymbol{\eta}_2+\cdots+x_n\boldsymbol{\eta}_n=\boldsymbol{0}$ 和以 $\boldsymbol{D}$ 为系数矩阵的齐次线性方程组 $x_1\boldsymbol{\delta}_1+x_2\boldsymbol{\delta}_2+\cdots+x_n\boldsymbol{\delta}_n=\boldsymbol{0}$ 同解。因此其中一个方程组有非零解当且仅当另一个方程组有非零解，于是 $\boldsymbol{\eta}_1,\boldsymbol{\eta}_2,\cdots,\boldsymbol{\eta}_n$ 线性相关当且仅当 $\boldsymbol{\delta}_1,\boldsymbol{\delta}_2,\cdots,\boldsymbol{\delta}_n$ 线性相关。

(2) 当 $\boldsymbol{A}$ 经过一系列初等行变换变成 $\boldsymbol{B}$ 时，$\boldsymbol{A}$ 的第 $j_1,j_2,\cdots,j_r$ 列组成的矩阵 $\boldsymbol{A}_1$ 变成了 $\boldsymbol{B}$ 的第 $j_1,j_2,\cdots,j_r$ 列组成的矩阵 $\boldsymbol{B}_1$。由已知条件和第(1)部分的结论得，$\boldsymbol{A}_1$ 的列向量组线性无关。在 $\boldsymbol{A}$ 的其余列中任取一列，譬如设第 l 列，在 $\boldsymbol{A}$ 变成 $\boldsymbol{B}$ 的一系列初等行变换下，$\boldsymbol{A}$ 的第 $j_1,j_2,\cdots,j_r,l$ 列组成的矩阵 $\boldsymbol{A}_2$ 变成了 $\boldsymbol{B}$ 的第 $j_1,j_2,\cdots,j_r,l$ 列组成的矩阵 $\boldsymbol{B}_2$。由已知条件和第(1)部分的结论得，$\boldsymbol{A}_2$ 的列向量组线性相关。因此 $\boldsymbol{A}$ 的第 $j_1,j_2,\cdots,j_r$ 列构成 $\boldsymbol{A}$ 的列向量组的一个极大线性无关组。从而“$\boldsymbol{A}$ 的列秩 $=r=$ $\boldsymbol{B}$ 的列秩”。 ■

定理 4　任一矩阵 $\boldsymbol{A}$ 的行秩等于它的列秩。

证明　把 $\boldsymbol{A}$ 经过初等行变换化成阶梯形矩阵 $\boldsymbol{J}$，则

$$\boldsymbol{A}\text{ 的行秩}=\boldsymbol{J}\text{ 的行秩}=\boldsymbol{J}\text{ 的列秩}=\boldsymbol{A}\text{ 的列秩。}$$ ■

定义 1　矩阵 $\boldsymbol{A}$ 的行秩与列秩统称为 $\boldsymbol{A}$ 的**秩**，记作 $\operatorname{rank}(\boldsymbol{A})$。

推论 1　设矩阵 $\boldsymbol{A}$ 经过初等行变换化成阶梯形矩阵 $\boldsymbol{J}$，则 $\boldsymbol{A}$ 的秩等于 $\boldsymbol{J}$ 的非零行个数。设 $\boldsymbol{J}$ 的主元所在的列是第 $j_1,j_2,\cdots,j_r$ 列，则 $\boldsymbol{A}$ 的第 $j_1,j_2,\cdots,j_r$ 列构成 $\boldsymbol{A}$ 的列向量组的一个极大线性无关组。

证明　由定理 3、定理 1 立即得到。 ■

推论 1 给出了同时求出矩阵 $\boldsymbol{A}$ 的秩和它的列向量组的一个极大线性无关组的方法。这个方法也可以用来求向量组的秩和它的一个极大线性无关组，只要把每个向量写成列向量，并且组成一个矩阵。这个方法还可以用来求向量组生成的子空间的维数和一个基。推论 1 还告诉我们，尽管矩阵 $\boldsymbol{A}$ 经过不同的初等行变换可以化成不同的阶梯形矩阵，但是这些阶梯形矩阵的非零行个数是相等的，都等于 $\boldsymbol{A}$ 的秩。

由于矩阵 $\boldsymbol{A}$ 的行向量组是 $\boldsymbol{A}'$ 的列向量组，因此

$$\operatorname{rank}(\boldsymbol{A}) = \operatorname{rank}(\boldsymbol{A}')。$$

又由于矩阵 $\boldsymbol{A}$ 的列向量组是 $\boldsymbol{A}'$ 的行向量组，因此对 $\boldsymbol{A}$ 作初等列变换也就是对 $\boldsymbol{A}'$ 作初等行变换。从而有：

推论 2 矩阵的初等列变换不改变矩阵的秩。 ■

在定理 1 的证明过程中看到，阶梯形矩阵 $\boldsymbol{J}$ 有一个 r 阶子式(1)不等于 0，而所有 $r+1$ 阶子式都包含零行，从而其值为 0，对于一般的矩阵也有类似的结论。

定理 5 任一非零矩阵的秩等于它的不为零的子式的最高阶数。

证明 设 $s\times n$ 矩阵 $\boldsymbol{A}$ 的秩为 r，则 $\boldsymbol{A}$ 有 r 行线性无关，它们组成一个矩阵 $\boldsymbol{A}_1$。由于 $\operatorname{rank}(\boldsymbol{A}_1)=r$，因此 $\boldsymbol{A}_1$ 有 r 列线性无关。于是 $\boldsymbol{A}_1$ 的这 r 列形成的行列式不为 0，而这是 $\boldsymbol{A}$ 的一个 r 阶子式。

设 $m>r$，且 $m\leqslant\min\{s,n\}$。任取 $\boldsymbol{A}$ 的一个 m 阶子式

$$\boldsymbol{A}\begin{pmatrix} k_1,k_2,\cdots,k_m \\ l_1,l_2,\cdots,l_m \end{pmatrix} \tag{2}$$

由于 $\boldsymbol{A}$ 的秩为 r，因此 $\boldsymbol{A}$ 的列向量组的极大线性无关组由 r 个向量组成。由于 $\boldsymbol{A}$ 的第 $l_1,l_2,\cdots,l_m$ 列可以由 $\boldsymbol{A}$ 的列向量组的极大线性无关组线性表出，且 $m>r$，因此 $\boldsymbol{A}$ 的第 $l_1,l_2,\cdots,l_m$ 列线性相关(据 3.3 节的引理 1)。由于 $\boldsymbol{A}$ 的 m 阶子式(2)的列向量组是 $\boldsymbol{A}$ 的第 $l_1,l_2,\cdots,l_m$ 列的缩短组，因此它们也线性相关，从而 $\boldsymbol{A}$ 的 m 阶子式(2)等于 0。

综上所述，$\boldsymbol{A}$ 的不等于 0 的子式的最高阶数为 r。 ■

定理 4 和定理 5 表明，任一非零矩阵 $\boldsymbol{A}$ 的行秩等于列秩，并且等于 $\boldsymbol{A}$ 的不为零的子式的最高阶数。由此看出，矩阵的秩是一个非常深刻的概念，它可以从行向量组的秩，列向量组的秩，不为零子式的最高阶数三个角度来刻画。此外，$\boldsymbol{A}$ 的行(列)秩等于 $\boldsymbol{A}$ 的行(列)空间的维数，对于一个 $s\times n$ 矩阵 $\boldsymbol{A}$ 来说，$\boldsymbol{A}$ 的行空间是 n 维向量空间 K^n 的一个子空间，而 $\boldsymbol{A}$ 的列空间是 s 维向量空间 K^s 的一个子空间，它们的维数竟然相等！而且还等于 $\boldsymbol{A}$ 的不为零子式的最高阶数！这说明矩阵的秩这个概念深刻地揭示了矩阵的内在性质。

定理 5 还给出了求矩阵的秩的另一种方法，即求不等于零的子式的最高阶数。利用最高阶的不等于零的子式，还可以求出矩阵的行(列)向量组的一个极大线性无关组。

推论 3 设 $s\times n$ 矩阵 $\boldsymbol{A}$ 的秩为 r，则 $\boldsymbol{A}$ 的不等于零的 r 阶子式所在的列(行)构成 $\boldsymbol{A}$ 的列(行)向量组的一个极大线性无关组。

证明 $\boldsymbol{A}$ 的不等于零的 r 阶子式的列(行)向量组线性无关，从而它的延伸组也线性无关，即 $\boldsymbol{A}$ 的相应的 r 列(行)线性无关。由于 $\boldsymbol{A}$ 的秩为 r，因此这 r 列(行)构成 $\boldsymbol{A}$ 的列(行)向量组的一个极大线性无关组。 ■

一个 n 级矩阵 $\boldsymbol{A}$ 的秩如果等于它的级数 n，那么称 $\boldsymbol{A}$ 为**满秩矩阵**。

推论 4 n 级矩阵 $\boldsymbol{A}$ 满秩的充分必要条件是 $|\boldsymbol{A}|\neq 0$。

证明 n 级矩阵 $\boldsymbol{A}$ 的秩等于 n。

$\Longleftrightarrow$ $\boldsymbol{A}$ 的不等于零的子式的最高阶数为 n

$\Longleftrightarrow$ $|\boldsymbol{A}|\neq 0$。 ■

3.5.2 典型例题

例1　计算下述矩阵的秩,并且求它的列向量组的一个极大线性无关组:

$$A=\begin{pmatrix}-3&0&2&-1\\1&1&-2&4\\-2&1&0&3\\0&5&-4&2\end{pmatrix}。$$

解　用初等行变换把A化成阶梯形矩阵:

$$\begin{pmatrix}-3&0&2&-1\\1&1&-2&4\\-2&1&0&3\\0&5&-4&2\end{pmatrix}\longrightarrow\begin{pmatrix}1&1&-2&4\\-3&0&2&-1\\-2&1&0&3\\0&5&-4&2\end{pmatrix}$$

$$\longrightarrow\begin{pmatrix}1&1&-2&4\\0&3&-4&11\\0&3&-4&11\\0&5&-4&2\end{pmatrix}\longrightarrow\begin{pmatrix}1&1&-2&4\\0&-1&4&-20\\0&0&8&-49\\0&0&0&0\end{pmatrix}$$

因此$\text{rank}(A)=3$,A的第1,2,3列构成A的列向量组的一个极大线性无关组。

例2　求下述向量组的秩,它的一个极大线性无关组,以及$\langle\alpha_1,\alpha_2,\alpha_3,\alpha_4\rangle$的维数和一个基。

$$\alpha_1=\begin{pmatrix}-2\\4\\9\\1\end{pmatrix},\ \alpha_2=\begin{pmatrix}4\\0\\-5\\3\end{pmatrix},\ \alpha_3=\begin{pmatrix}3\\-1\\-2\\5\end{pmatrix},\ \alpha_4=\begin{pmatrix}-1\\2\\4\\0\end{pmatrix}$$

解

$$\begin{pmatrix}-2&4&3&-1\\4&0&-1&2\\9&-5&-2&4\\1&3&5&0\end{pmatrix}\longrightarrow\begin{pmatrix}-2&4&3&-1\\0&8&5&0\\1&11&10&0\\1&3&5&0\end{pmatrix}$$

$$\longrightarrow\begin{pmatrix}1&3&5&0\\0&8&5&0\\0&8&5&0\\0&10&13&-1\end{pmatrix}\longrightarrow\begin{pmatrix}1&3&5&0\\0&2&8&-1\\0&0&-27&4\\0&0&0&0\end{pmatrix}$$

因此$\text{rank}\{\alpha_1,\alpha_2,\alpha_3,\alpha_4\}=3$,$\alpha_1,\alpha_2,\alpha_3$是$\alpha_1,\alpha_2,\alpha_3,\alpha_4$的一个极大线性无关组;$\dim\langle\alpha_1,\alpha_2,\alpha_3,\alpha_4\rangle=3$,$\alpha_1,\alpha_2,\alpha_3$是$\langle\alpha_1,\alpha_2,\alpha_3,\alpha_4\rangle$的一个基。

例 3 求下述矩阵 $\boldsymbol{A}$ 的列空间的一个基和行空间的维数。

$$\boldsymbol{A}=\begin{pmatrix}-3 & 4 & -1 & 0\\ 1 & -11 & 4 & 1\\ 0 & 1 & 2 & 5\\ -2 & -7 & 3 & 1\end{pmatrix}$$

解

$$\begin{pmatrix}-3 & 4 & -1 & 0\\ 1 & -11 & 4 & 1\\ 0 & 1 & 2 & 5\\ -2 & -7 & 3 & 1\end{pmatrix}\longrightarrow\begin{pmatrix}1 & -11 & 4 & 1\\ 0 & -29 & 11 & 3\\ 0 & 1 & 2 & 5\\ 0 & -29 & 11 & 3\end{pmatrix}\longrightarrow\begin{pmatrix}1 & -11 & 4 & 1\\ 0 & 1 & 2 & 5\\ 0 & 0 & 69 & 148\\ 0 & 0 & 0 & 0\end{pmatrix}$$

$\boldsymbol{A}$ 的列空间的一个基由第 1,2,3 列构成,$\boldsymbol{A}$ 的行空间的维数等于列空间的维数 3。

例 4 对于 λ 的不同的值,下述矩阵的秩分别是多少?

$$\boldsymbol{A}=\begin{pmatrix}-1 & 2 & \lambda & 1\\ -6 & 1 & 10 & 1\\ \lambda & 5 & -1 & 2\end{pmatrix}$$

解 容易看出,$\boldsymbol{A}$ 有 2 阶子式不等于 0。试计算 $\boldsymbol{A}$ 的第 2,3,4 列构成的 3 阶子式:

$$\begin{vmatrix}2 & \lambda & 1\\ 1 & 10 & 1\\ 5 & -1 & 2\end{vmatrix}=\begin{vmatrix}2 & \lambda & 1\\ -1 & 10-\lambda & 0\\ 1 & -1-2\lambda & 0\end{vmatrix}=\begin{vmatrix}-1 & 10-\lambda\\ 1 & -1-2\lambda\end{vmatrix}=3\lambda-9$$

当 $\lambda\neq3$ 时,上述 3 阶子式不等于 0,从而 $\operatorname{rank}(\boldsymbol{A})=3$。

当 $\lambda=3$ 时,把 $\boldsymbol{A}$ 经过初等行变换化成阶梯形:

$$\begin{pmatrix}-1 & 2 & 3 & 1\\ -6 & 1 & 10 & 1\\ 3 & 5 & -1 & 2\end{pmatrix}\longrightarrow\begin{pmatrix}-1 & 2 & 3 & 1\\ 0 & -11 & -8 & -5\\ 0 & 0 & 0 & 0\end{pmatrix}$$

因此当 $\lambda=3$ 时,$\operatorname{rank}(\boldsymbol{A})=2$。

例 5 求下述复数域上 $s\times n$ 矩阵 $\boldsymbol{A}$ 的秩,以及它的列向量组的一个极大线性无关组。

$$\boldsymbol{A}=\begin{pmatrix}1 & \eta^{m} & \eta^{2m} & \cdots & \eta^{(n-1)m}\\ 1 & \eta^{m+1} & \eta^{2(m+1)} & \cdots & \eta^{(n-1)(m+1)}\\ \vdots & \vdots & \vdots & & \vdots\\ 1 & \eta^{m+(s-1)} & \eta^{2[m+(s-1)]} & \cdots & \eta^{(n-1)[m+(s-1)]}\end{pmatrix},$$

其中 $\eta=\mathrm{e}^{\mathrm{i}\frac{2\pi}{n}}$,$m$ 是正整数,$s\leqslant n$。

解 $\boldsymbol{A}$ 的前 s 列组成的 s 阶子式为

$$\begin{vmatrix}1 & \eta^{m} & \eta^{2m} & \cdots & \eta^{(s-1)m}\\ 1 & \eta^{m+1} & \eta^{2(m+1)} & \cdots & \eta^{(s-1)(m+1)}\\ \vdots & \vdots & \vdots & & \vdots\\ 1 & \eta^{m+(s-1)} & \eta^{2[m+(s-1)]} & \cdots & \eta^{(s-1)[m+(s-1)]}\end{vmatrix}$$

$$=\eta^m\eta^{2m}\cdots\eta^{(s-1)m}\begin{vmatrix}1 & 1 & 1 & \cdots & 1\\ 1 & \eta & \eta^2 & \cdots & \eta^{s-1}\\ \vdots & \vdots & \vdots & & \vdots\\ 1 & \eta^{s-1} & \eta^{2(s-1)} & \cdots & \eta^{(s-1)^2}\end{vmatrix}$$

由于 $\eta=e^{i\frac{2\pi}{n}}$，且 $s\leqslant n$，因此 $1,\eta,\eta^2,\cdots,\eta^{s-1}$ 两两不等，从而上式等号右边的 s 阶范德蒙德行列式的值不等于 0，于是 $\boldsymbol{A}$ 的前 s 列组成的 s 阶子式不等于 0。由此得出，$\text{rank}(\boldsymbol{A})\geqslant s$。又由于 $\boldsymbol{A}$ 只有 s 行，因此 $\text{rank}(\boldsymbol{A})\leqslant s$，从而 $\text{rank}(\boldsymbol{A})=s$。$\boldsymbol{A}$ 的前 s 列构成 $\boldsymbol{A}$ 的列向量组的一个极大线性无关组。

例 6　证明：如果 $m\times n$ 矩阵 $\boldsymbol{A}$ 的秩为 r，那么它的任何 s 行组成的子矩阵 $\boldsymbol{A}_1$ 的秩大于或等于 $r+s-m$。

证明　设矩阵 $\boldsymbol{A}$ 的行向量组为 $\boldsymbol{\gamma}_1,\boldsymbol{\gamma}_2,\cdots,\boldsymbol{\gamma}_m$。任取 $\boldsymbol{A}$ 的 s 行组成子矩阵 $\boldsymbol{A}_1$。设 $\boldsymbol{A}_1$ 的秩为 l。取 $\boldsymbol{A}_1$ 的行向量组的一个极大线性无关组 $\boldsymbol{\gamma}_{i_1},\boldsymbol{\gamma}_{i_2},\cdots,\boldsymbol{\gamma}_{i_l}$。把它扩充成 $\boldsymbol{A}$ 的行向量组的极大线性无关组 $\boldsymbol{\gamma}_{i_1},\cdots,\boldsymbol{\gamma}_{i_l},\boldsymbol{\gamma}_{i_{l+1}},\cdots,\boldsymbol{\gamma}_{i_r}$。显然 $\boldsymbol{\gamma}_{i_{l+1}},\cdots,\boldsymbol{\gamma}_{i_r}$ 不是 $\boldsymbol{A}_1$ 的行向量，因此

$$r-l\leqslant m-s.$$

由此得出

$$l\geqslant r+s-m.$$ ■

点评：从例 6 再一次看出，有关向量组的秩的问题通常要取它的一个极大线性无关组。

例 7　设 $\boldsymbol{A},\boldsymbol{B}$ 分别是数域 K 上的 $s\times n$、$s\times m$ 矩阵，用 $(\boldsymbol{A},\boldsymbol{B})$ 表示在 $\boldsymbol{A}$ 的右边添写上 $\boldsymbol{B}$ 得到的 $s\times(n+m)$ 矩阵。证明：$\text{rank}(\boldsymbol{A})=\text{rank}((\boldsymbol{A},\boldsymbol{B}))$ 当且仅当 $\boldsymbol{B}$ 的列向量组可以由 $\boldsymbol{A}$ 的列向量组线性表出。

证法一　设 $\boldsymbol{A}$ 的列向量组为 $\boldsymbol{\alpha}_1,\boldsymbol{\alpha}_2,\cdots,\boldsymbol{\alpha}_n$；$\boldsymbol{B}$ 的列向量组为 $\boldsymbol{\beta}_1,\boldsymbol{\beta}_2,\cdots,\boldsymbol{\beta}_m$，则 $(\boldsymbol{A},\boldsymbol{B})$ 的列向量组为

$$\boldsymbol{\alpha}_1,\boldsymbol{\alpha}_2,\cdots,\boldsymbol{\alpha}_n,\boldsymbol{\beta}_1,\boldsymbol{\beta}_2,\cdots,\boldsymbol{\beta}_m。$$

显然，

$$\langle\boldsymbol{\alpha}_1,\boldsymbol{\alpha}_2,\cdots,\boldsymbol{\alpha}_n\rangle\subseteq\langle\boldsymbol{\alpha}_1,\boldsymbol{\alpha}_2,\cdots,\boldsymbol{\alpha}_n,\boldsymbol{\beta}_1,\boldsymbol{\beta}_2,\cdots,\boldsymbol{\beta}_m\rangle。$$

于是有

$$\begin{aligned}&\text{rank}(\boldsymbol{A})=\text{rank}((\boldsymbol{A},\boldsymbol{B}))\\ \Longleftrightarrow\ &\dim\langle\boldsymbol{\alpha}_1,\boldsymbol{\alpha}_2,\cdots,\boldsymbol{\alpha}_n\rangle=\dim\langle\boldsymbol{\alpha}_1,\cdots,\boldsymbol{\alpha}_n,\boldsymbol{\beta}_1,\cdots,\boldsymbol{\beta}_m\rangle\\ \Longleftrightarrow\ &\langle\boldsymbol{\alpha}_1,\boldsymbol{\alpha}_2,\cdots,\boldsymbol{\alpha}_n\rangle=\langle\boldsymbol{\alpha}_1,\cdots,\boldsymbol{\alpha}_n,\boldsymbol{\beta}_1,\cdots,\boldsymbol{\beta}_m\rangle\\ \Longleftrightarrow\ &\boldsymbol{\beta}_1,\boldsymbol{\beta}_2,\cdots,\boldsymbol{\beta}_m\in\langle\boldsymbol{\alpha}_1,\boldsymbol{\alpha}_2,\cdots,\boldsymbol{\alpha}_n\rangle\\ \Longleftrightarrow\ &\boldsymbol{B}\text{ 的列向量组可以由 }\boldsymbol{A}\text{ 的列向量组线性表出。}\end{aligned}$$ ■

证法二　设 $\boldsymbol{A},\boldsymbol{B}$ 的列向量组分别为 $\boldsymbol{\alpha}_1,\boldsymbol{\alpha}_2,\cdots,\boldsymbol{\alpha}_n$；$\boldsymbol{\beta}_1,\boldsymbol{\beta}_2,\cdots,\boldsymbol{\beta}_m$。显然向量组 $\boldsymbol{\alpha}_1,\boldsymbol{\alpha}_2,\cdots,\boldsymbol{\alpha}_n$ 可以由向量组 $\boldsymbol{\alpha}_1,\boldsymbol{\alpha}_2,\cdots,\boldsymbol{\alpha}_n,\boldsymbol{\beta}_1,\boldsymbol{\beta}_2,\cdots,\boldsymbol{\beta}_m$ 线性表出。于是利用本章 3.3 节的典型例题的例 7 的结果得

$$\begin{aligned}&\text{rank}(\boldsymbol{A})=\text{rank}((\boldsymbol{A},\boldsymbol{B}))\\ \Longleftrightarrow\ &\text{rank}\{\boldsymbol{\alpha}_1,\boldsymbol{\alpha}_2,\cdots,\boldsymbol{\alpha}_n\}=\text{rank}\{\boldsymbol{\alpha}_1,\cdots,\boldsymbol{\alpha}_n,\boldsymbol{\beta}_1,\cdots,\boldsymbol{\beta}_m\}\\ \Longleftrightarrow\ &\{\boldsymbol{\alpha}_1,\boldsymbol{\alpha}_2,\cdots,\boldsymbol{\alpha}_n\}\cong\{\boldsymbol{\alpha}_1,\cdots,\boldsymbol{\alpha}_n,\boldsymbol{\beta}_1,\cdots,\boldsymbol{\beta}_m\}\\ \Longleftrightarrow\ &\boldsymbol{\beta}_1,\cdots,\boldsymbol{\beta}_m\text{ 可以由 }\boldsymbol{\alpha}_1,\boldsymbol{\alpha}_2,\cdots,\boldsymbol{\alpha}_n\text{ 线性表出}\\ \Longleftrightarrow\ &\boldsymbol{B}\text{ 的列向量组可以由 }\boldsymbol{A}\text{ 的列向量组线性表出。}\end{aligned}$$ ■

点评：(1) 例 7 的证法一利用了本章 3.4 节的内容精华的命题 5。

例 7 的证法二利用了本章 3.3 节的典型例题的例 7 的结果。

(2) 一般地，据习题 3.3 的第 5 题得

$$\operatorname{rank}((\boldsymbol{A},\boldsymbol{B}))\leqslant\operatorname{rank}(\boldsymbol{A})+\operatorname{rank}(\boldsymbol{B})。$$

例 8 设 $\boldsymbol{A}$ 是 $s\times n$ 矩阵，$\boldsymbol{B}$ 是 $l\times m$ 矩阵。证明：

$$\operatorname{rank}\begin{pmatrix}\boldsymbol{A}&\boldsymbol{0}\\\boldsymbol{0}&\boldsymbol{B}\end{pmatrix}=\operatorname{rank}(\boldsymbol{A})+\operatorname{rank}(\boldsymbol{B})。$$

证明 对矩阵 $\begin{pmatrix}\boldsymbol{A}&\boldsymbol{0}\\\boldsymbol{0}&\boldsymbol{B}\end{pmatrix}$ 的前 s 行作初等行变换，化成：

$$\begin{pmatrix}\boldsymbol{J}_r&\boldsymbol{0}\\\boldsymbol{0}&\boldsymbol{0}\\\boldsymbol{0}&\boldsymbol{B}\end{pmatrix},\tag{3}$$

其中 $\boldsymbol{J}_r$ 是 $r\times n$ 阶梯形矩阵，且 r 行都是非零行，$r=\operatorname{rank}(\boldsymbol{A})$。再对矩阵(3)的后 l 行作初等行变换，化成：

$$\begin{pmatrix}\boldsymbol{J}_r&\boldsymbol{0}\\\boldsymbol{0}&\boldsymbol{0}\\\boldsymbol{0}&\boldsymbol{J}_t\\\boldsymbol{0}&\boldsymbol{0}\end{pmatrix},\tag{4}$$

其中 J_t 是 $t\times m$ 阶梯形矩阵，且 t 行都是非零行，$t=\operatorname{rank}(\boldsymbol{B})$。最后对矩阵(4)作一系列两行互换，化成：

$$\begin{pmatrix}\boldsymbol{J}_r&\boldsymbol{0}\\\boldsymbol{0}&\boldsymbol{J}_t\\\boldsymbol{0}&\boldsymbol{0}\\\boldsymbol{0}&\boldsymbol{0}\end{pmatrix},\tag{5}$$

矩阵(5)是阶梯形矩阵，有 $(r+t)$ 个非零行，因此

$$\operatorname{rank}\begin{pmatrix}\boldsymbol{A}&\boldsymbol{0}\\\boldsymbol{0}&\boldsymbol{B}\end{pmatrix}=r+t=\operatorname{rank}(\boldsymbol{A})+\operatorname{rank}(\boldsymbol{B})。$$ ■

例 9 设 $\boldsymbol{A}$ 是 $s\times n$ 矩阵，$\boldsymbol{B}$ 是 $l\times m$ 矩阵，$\boldsymbol{C}$ 是 $s\times m$ 矩阵。证明：

$$\operatorname{rank}\begin{pmatrix}\boldsymbol{A}&\boldsymbol{C}\\\boldsymbol{0}&\boldsymbol{B}\end{pmatrix}\geqslant\operatorname{rank}(\boldsymbol{A})+\operatorname{rank}(\boldsymbol{B})。$$

证明 设 $\operatorname{rank}(\boldsymbol{A})=r$，$\operatorname{rank}(\boldsymbol{B})=t$，则 $\boldsymbol{A}$ 有一个 r 级子矩阵 $\boldsymbol{A}_1$，使得 $|\boldsymbol{A}_1|\neq0$；$\boldsymbol{B}$ 有一个 t 级子矩阵 $\boldsymbol{B}_1$，使得 $|\boldsymbol{B}_1|\neq0$。从而 $\begin{pmatrix}\boldsymbol{A}&\boldsymbol{C}\\\boldsymbol{0}&\boldsymbol{B}\end{pmatrix}$ 有一个 $(r+t)$ 阶子式：

$$\begin{vmatrix}\boldsymbol{A}_1&\boldsymbol{C}_1\\\boldsymbol{0}&\boldsymbol{B}_1\end{vmatrix}=|\boldsymbol{A}_1|\,|\boldsymbol{B}_1|\neq\boldsymbol{0},$$

因此

$$\operatorname{rank}\begin{pmatrix}\boldsymbol{A}&\boldsymbol{C}\\\boldsymbol{0}&\boldsymbol{B}\end{pmatrix}\geqslant r+t=\operatorname{rank}(\boldsymbol{A})+\operatorname{rank}(\boldsymbol{B})。$$ ■

点评： 例 9 和例 8 的结论在证明有关矩阵的秩的不等式或等式时很有用。这在以后会用到。

习题 3.5

1. 计算下列矩阵的秩，并且求出它的列向量组的一个极大线性无关组。

(1) $\begin{bmatrix} 3 & -2 & 0 & 1 \\ -1 & -3 & 2 & 0 \\ 2 & 0 & -4 & 5 \\ 4 & 1 & -2 & 1 \end{bmatrix}$；　　(2) $\begin{bmatrix} 3 & 6 & 1 & 5 \\ 1 & 4 & -1 & 3 \\ -1 & -10 & 5 & -7 \\ 4 & -2 & 8 & 0 \end{bmatrix}$。

2. 求下列向量组的秩和它的一个极大线性无关组，以及向量组生成的子空间的维数和一个基。

(1) $\boldsymbol{\alpha}_1=\begin{pmatrix} -1 \\ 5 \\ 3 \\ -2 \end{pmatrix}$，$\boldsymbol{\alpha}_2=\begin{pmatrix} 4 \\ 1 \\ -2 \\ 9 \end{pmatrix}$，$\boldsymbol{\alpha}_3=\begin{pmatrix} 2 \\ 0 \\ -1 \\ 4 \end{pmatrix}$，$\boldsymbol{\alpha}_4=\begin{pmatrix} 0 \\ 3 \\ 4 \\ -5 \end{pmatrix}$；

(2) $\boldsymbol{\alpha}_1=\begin{pmatrix} 1 \\ 1 \\ 4 \end{pmatrix}$，$\boldsymbol{\alpha}_2=\begin{pmatrix} -1 \\ -1 \\ -4 \end{pmatrix}$，$\boldsymbol{\alpha}_3=\begin{pmatrix} -3 \\ 2 \\ 3 \end{pmatrix}$，$\boldsymbol{\alpha}_4=\begin{pmatrix} 1 \\ -1 \\ -2 \end{pmatrix}$；

(3) $\boldsymbol{\alpha}_1=\begin{pmatrix} 1 \\ -1 \\ 2 \\ 3 \end{pmatrix}$，$\boldsymbol{\alpha}_2=\begin{pmatrix} 3 \\ -7 \\ 8 \\ 9 \end{pmatrix}$，$\boldsymbol{\alpha}_3=\begin{pmatrix} -1 \\ -3 \\ 0 \\ -3 \end{pmatrix}$，$\boldsymbol{\alpha}_4=\begin{pmatrix} 1 \\ -9 \\ 6 \\ 3 \end{pmatrix}$。

3. 求下述矩阵 $\boldsymbol{A}$ 的秩以及它的行向量组的一个极大线性无关组。

$$\boldsymbol{A}=\begin{pmatrix} 1 & -2 & 4 \\ -1 & 3 & -5 \\ 3 & -11 & 17 \\ 2 & 5 & 3 \end{pmatrix}。$$

4. 求下述矩阵 $\boldsymbol{A}$ 的列空间的一个基和行空间的维数。

$$\boldsymbol{A}=\begin{pmatrix} 1 & 3 & -2 & -7 \\ 0 & -1 & -3 & 4 \\ 5 & 2 & 0 & 1 \\ 1 & 4 & 1 & -11 \end{pmatrix}。$$

5. 对于 λ 的不同的值，下述矩阵 $\boldsymbol{A}$ 的秩分别是多少？

$$A=\begin{pmatrix}1 & \lambda & -1 & 2\\ 2 & -1 & \lambda & 5\\ 1 & 10 & -6 & 1\end{pmatrix}。$$

6. 证明：矩阵 $\boldsymbol{A}$ 的任意一个子矩阵的秩不会超过 $\boldsymbol{A}$ 的秩。

7. 求下述复数域上矩阵 $\boldsymbol{A}$ 的秩以及它的列向量组的一个极大线性无关组：

$$A=\begin{pmatrix}1 & \mathrm{i}^{m} & \mathrm{i}^{2m} & \mathrm{i}^{3m} & \mathrm{i}^{4m}\\ 1 & \mathrm{i}^{m+1} & \mathrm{i}^{2(m+1)} & \mathrm{i}^{3(m+1)} & \mathrm{i}^{4(m+1)}\\ 1 & \mathrm{i}^{m+2} & \mathrm{i}^{2(m+2)} & \mathrm{i}^{3(m+2)} & \mathrm{i}^{4(m+2)}\\ 1 & \mathrm{i}^{m+3} & \mathrm{i}^{2(m+3)} & \mathrm{i}^{3(m+3)} & \mathrm{i}^{4(m+3)}\end{pmatrix},$$

其中 $\mathrm{i}=\sqrt{-1}$，m 是正整数。

8. 求下述复数域上矩阵 $\boldsymbol{A}$ 的秩以及它的列向量组的一个极大线性无关组：

$$A=\begin{pmatrix}1 & \omega^{m} & \omega^{2m} & \omega^{3m} & \omega^{4m}\\ 1 & \omega^{m+1} & \omega^{2(m+1)} & \omega^{3(m+1)} & \omega^{4(m+1)}\\ 1 & \omega^{m+2} & \omega^{2(m+2)} & \omega^{3(m+2)} & \omega^{4(m+2)}\end{pmatrix},$$

其中 $\omega=\dfrac{-1+\sqrt{3}\mathrm{i}}{2}$，$m$ 是正整数。

9. 证明：如果 $m\times n$ 矩阵 $\boldsymbol{A}$ 的秩为 r，那么它的任何 s 列组成的子矩阵 $\boldsymbol{B}$ 的秩大于或等于 $r+s-n$。

10. 设 $\boldsymbol{A},\boldsymbol{B}$ 分别是数域 K 上的 $s\times n$，$m\times n$ 矩阵。用 $\begin{pmatrix}\boldsymbol{A}\\ \boldsymbol{B}\end{pmatrix}$ 表示在 $\boldsymbol{A}$ 的下方添写上 $\boldsymbol{B}$ 得到的 $(s+m)\times n$ 矩阵。证明：

$$\operatorname{rank}\begin{pmatrix}\boldsymbol{A}\\ \boldsymbol{B}\end{pmatrix}\leqslant \operatorname{rank}(\boldsymbol{A})+\operatorname{rank}(\boldsymbol{B})。$$

11. 证明：

$$\operatorname{rank}\begin{pmatrix}\boldsymbol{A} & \boldsymbol{0}\\ \boldsymbol{C} & \boldsymbol{B}\end{pmatrix}\geqslant \operatorname{rank}(\boldsymbol{A})+\operatorname{rank}(\boldsymbol{B})。$$

12. 设 $\boldsymbol{A},\boldsymbol{B}$ 分别是数域 K 上的 $s\times n$，$l\times m$ 矩阵。证明：如果 $\operatorname{rank}(\boldsymbol{A})=s$，$\operatorname{rank}(\boldsymbol{B})=l$，那么

$$\operatorname{rank}\begin{pmatrix}\boldsymbol{A} & \boldsymbol{C}\\ \boldsymbol{0} & \boldsymbol{B}\end{pmatrix}=\operatorname{rank}(\boldsymbol{A})+\operatorname{rank}(\boldsymbol{B})。$$

13. 设 $\boldsymbol{A},\boldsymbol{B}$ 分别是数域 K 上的 $s\times n$，$l\times m$ 矩阵。证明：如果 $\operatorname{rank}(\boldsymbol{A})=n$，$\operatorname{rank}(\boldsymbol{B})=m$，那么

$$\operatorname{rank}\begin{pmatrix}\boldsymbol{A} & \boldsymbol{C}\\ \boldsymbol{0} & \boldsymbol{B}\end{pmatrix}=\operatorname{rank}(\boldsymbol{A})+\operatorname{rank}(\boldsymbol{B})。$$

14. 证明：$\operatorname{rank}((\boldsymbol{A},\boldsymbol{B}))\geqslant\max\{\operatorname{rank}(\boldsymbol{A}),\operatorname{rank}(\boldsymbol{B})\}$。

15. 证明：如果一个 n 级矩阵 $\boldsymbol{A}$ 至少有 n^2-n+1 个元素为 0，则 $\boldsymbol{A}$ 不是满秩矩阵。

16. 如果一个 n 级矩阵至少有 n^2-n+1 个元素为 0，那么这个矩阵的秩最多是多少？试写出一个满足条件的具有最大秩的矩阵。

3.6　线性方程组有解的充分必要条件

3.6.1　内容精华

利用子空间的结构和矩阵的秩可以彻底解决数域 K 上任意线性方程组有无解、有多少解的判定问题。

定理 1(线性方程组有解判别定理)　数域 K 上线性方程组

$$x_1\boldsymbol{\alpha}_1+x_2\boldsymbol{\alpha}_2+\cdots+x_n\boldsymbol{\alpha}_n=\boldsymbol{\beta} \tag{1}$$

有解的充分必要条件是：它的系数矩阵与增广矩阵的秩相等。

证明　线性方程组 $x_1\boldsymbol{\alpha}_1+x_2\boldsymbol{\alpha}_2+\cdots+x_n\boldsymbol{\alpha}_n=\boldsymbol{\beta}$ 有解

$\Longleftrightarrow$　$\boldsymbol{\beta}\in\langle\boldsymbol{\alpha}_1,\boldsymbol{\alpha}_2,\cdots,\boldsymbol{\alpha}_n\rangle$

$\Longleftrightarrow$　$\langle\boldsymbol{\alpha}_1,\boldsymbol{\alpha}_2,\cdots,\boldsymbol{\alpha}_n,\boldsymbol{\beta}\rangle\subseteq\langle\boldsymbol{\alpha}_1,\boldsymbol{\alpha}_2,\cdots,\boldsymbol{\alpha}_n\rangle$

$\Longleftrightarrow$　$\langle\boldsymbol{\alpha}_1,\boldsymbol{\alpha}_2,\cdots,\boldsymbol{\alpha}_n,\boldsymbol{\beta}\rangle=\langle\boldsymbol{\alpha}_1,\boldsymbol{\alpha}_2,\cdots,\boldsymbol{\alpha}_n\rangle$

$\Longleftrightarrow$　$\dim\langle\boldsymbol{\alpha}_1,\boldsymbol{\alpha}_2,\cdots,\boldsymbol{\alpha}_n,\boldsymbol{\beta}\rangle=\dim\langle\boldsymbol{\alpha}_1,\boldsymbol{\alpha}_2,\cdots,\boldsymbol{\alpha}_n\rangle$

$\Longleftrightarrow$　它的增广矩阵的秩等于系数矩阵的秩。　■

定理 2　数域 K 上 n 元线性方程组(1)有解时，如果它的系数矩阵 $\boldsymbol{A}$ 的秩等于 n，那么方程组(1)有唯一解；如果 $\boldsymbol{A}$ 的秩小于 n，那么方程组(1)有无穷多个解。

证明　把线性方程组(1)的增广矩阵 $\widetilde{\boldsymbol{A}}$ 经过初等行变换化成阶梯形矩阵 $\widetilde{\boldsymbol{J}}$。由于方程组(1)有解，因此 $\operatorname{rank}(\boldsymbol{A})=\operatorname{rank}(\widetilde{\boldsymbol{A}})=\widetilde{\boldsymbol{J}}$ 的非零行个数，从而当 $\boldsymbol{A}$ 的秩(即 $\widetilde{\boldsymbol{J}}$ 的非零行个数)等于 n 时，方程组(1)有唯一解；当 $\operatorname{rank}(\boldsymbol{A})<n$ 时，方程组(1)有无穷多个解。　■

把定理 2 应用到齐次线性方程组上，便得出：

推论 1　数域 K 上 n 元齐次线性方程组有非零解的充分必要条件是：它的系数矩阵的秩小于未知量的个数 n。　■

结合 3.5 节的定理 5 可得：设数域 $E\supseteq K$，则数域 K 上 n 元齐次线性方程组有非零解当且仅当把它看成数域 E 上的 n 元齐次线性方程组有非零解。

3.6.2　典型例题

例 1　下述复数域上的 n 元线性方程组有没有解？有解时，有多少个解？

$$\begin{cases}x_1+\eta^{m}x_2+\eta^{2m}x_3+\cdots+\eta^{(n-1)m}x_n=b_1\\x_1+\eta^{m+1}x_2+\eta^{2(m+1)}x_3+\cdots+\eta^{(n-1)(m+1)}x_n=b_2\\\vdots\\x_1+\eta^{m+(s-1)}x_2+\eta^{2[m+(s-1)]}x_3+\cdots+\eta^{(n-1)[m+(s-1)]}x_n=b_s\end{cases} \tag{2}$$

其中 $s\leqslant n,\eta=\mathrm{e}^{\mathrm{i}\frac{2\pi}{n}}$，$m$ 是正整数。

解　据本章 3.5 节的典型例题的例 5 的结果，线性方程组(2)的系数矩阵 $\boldsymbol{A}$ 的秩等于 s，于是它的增广矩阵 $\widetilde{\boldsymbol{A}}$ 的秩大于或等于 s；又由于 $\widetilde{\boldsymbol{A}}$ 只有 s 行，因此 $\operatorname{rank}(\widetilde{\boldsymbol{A}})=s$。从而线

性方程组(2)有解。

由于 $\operatorname{rank}(\boldsymbol{A})=s$,因此当 $s=n$ 时,方程组(1)有唯一解;当 $s<n$ 时,方程组(1)有无穷多个解。

例 2 a 取什么值时,下述数域 K 上线性方程组有唯一解?有无穷多个解?无解?

$$\begin{cases} ax_1+x_2+x_3=1 \\ x_1+ax_2+x_3=1 \\ x_1+x_2+ax_3=1 \end{cases} \tag{3}$$

解 对方程组(3)的增广矩阵 $\widetilde{\boldsymbol{A}}$ 作初等行变换:

$$\widetilde{\boldsymbol{A}}=\begin{pmatrix} a & 1 & 1 & 1 \\ 1 & a & 1 & 1 \\ 1 & 1 & a & 1 \end{pmatrix} \longrightarrow \begin{pmatrix} 1 & 1 & a & 1 \\ 0 & a-1 & 1-a & 0 \\ 0 & 1-a & 1-a^2 & 1-a \end{pmatrix}。$$

当 $a=1$ 时,上述最后一个矩阵为

$$\begin{pmatrix} 1 & 1 & 1 & 1 \\ 0 & 0 & 0 & 0 \\ 0 & 0 & 0 & 0 \end{pmatrix},$$

从而 $\operatorname{rank}(\widetilde{\boldsymbol{A}})=1$。此时也有系数矩阵 $\boldsymbol{A}$ 的秩为 1。因此当 $a=1$ 时,方程组(3)有解,且有无穷多个解。

下面设 $a\neq 1$:

$$\widetilde{\boldsymbol{A}} \longrightarrow \begin{pmatrix} 1 & 1 & a & 1 \\ 0 & 1 & -1 & 0 \\ 0 & 1 & 1+a & 1 \end{pmatrix} \longrightarrow \begin{pmatrix} 1 & 1 & a & 1 \\ 0 & 1 & -1 & 0 \\ 0 & 0 & 2+a & 1 \end{pmatrix},$$

于是 $\operatorname{rank}(\widetilde{\boldsymbol{A}})=3$。

当 $a\neq -2$ 时,$\operatorname{rank}(\boldsymbol{A})=3=\operatorname{rank}(\widetilde{\boldsymbol{A}})$,方程组(3)有唯一解。

当 $a=-2$ 时,$\operatorname{rank}(\boldsymbol{A})=2<\operatorname{rank}(\widetilde{\boldsymbol{A}})$,方程组(3)无解。

综上所述,当 $a\neq 1$ 且 $a\neq -2$ 时,方程组(3)有唯一解;当 $a=1$ 时,方程组(3)有无穷多个解;当 $a=-2$ 时,方程组(3)无解。

例 3 证明:线性方程组的增广矩阵 $\widetilde{\boldsymbol{A}}$ 的秩或者等于它的系数矩阵 $\boldsymbol{A}$ 的秩,或者等于 $\operatorname{rank}(\boldsymbol{A})+1$。

证明 考虑线性方程组 $x_1\boldsymbol{\alpha}_1+x_2\boldsymbol{\alpha}_2+\cdots+x_n\boldsymbol{\alpha}_n=\boldsymbol{\beta}$。设 $\operatorname{rank}(\boldsymbol{A})=r$。取 $\boldsymbol{\alpha}_1,\boldsymbol{\alpha}_2,\cdots,\boldsymbol{\alpha}_n$ 的一个极大线性无关组 $\boldsymbol{\alpha}_{i_1},\boldsymbol{\alpha}_{i_2},\cdots,\boldsymbol{\alpha}_{i_r}$。如果 $\boldsymbol{\beta}$ 可以由 $\boldsymbol{\alpha}_{i_1},\boldsymbol{\alpha}_{i_2},\cdots,\boldsymbol{\alpha}_{i_r}$ 线性表出,那么 $\boldsymbol{\alpha}_{i_1},\boldsymbol{\alpha}_{i_2},\cdots,\boldsymbol{\alpha}_{i_r}$ 也是 $\boldsymbol{\alpha}_1,\boldsymbol{\alpha}_2,\cdots,\boldsymbol{\alpha}_n,\boldsymbol{\beta}$ 的一个极大线性无关组,从而 $\operatorname{rank}(\widetilde{\boldsymbol{A}})=r=\operatorname{rank}(\boldsymbol{A})$。如果 $\boldsymbol{\beta}$ 不能由 $\boldsymbol{\alpha}_{i_1},\boldsymbol{\alpha}_{i_2},\cdots,\boldsymbol{\alpha}_{i_r}$ 线性表出,那么 $\boldsymbol{\alpha}_{i_1},\boldsymbol{\alpha}_{i_2},\cdots,\boldsymbol{\alpha}_{i_r},\boldsymbol{\beta}$ 线性无关。于是 $\boldsymbol{\alpha}_{i_1},\boldsymbol{\alpha}_{i_2},\cdots,\boldsymbol{\alpha}_{i_r},\boldsymbol{\beta}$ 是 $\boldsymbol{\alpha}_1,\cdots,\boldsymbol{\alpha}_n,\boldsymbol{\beta}$ 的一个极大线性无关组。此时 $\operatorname{rank}(\widetilde{\boldsymbol{A}})=r+1=\operatorname{rank}(\boldsymbol{A})+1$。

■

例 4　下述齐次线性方程组何时有非零解？何时只有零解？

$$\begin{cases} x_1+2x_2-11x_3=0 \\ 2x_1-5x_2+3x_3=0 \\ 5x_1+x_2+ax_3=0 \\ 6x_1+3x_2+bx_3=0 \end{cases}$$

解　对系数矩阵 $\boldsymbol{A}$ 作初等行变换：

$$\begin{pmatrix} 1 & 2 & -11 \\ 2 & -5 & 3 \\ 5 & 1 & a \\ 6 & 3 & b \end{pmatrix} \longrightarrow \begin{pmatrix} 1 & 2 & -11 \\ 0 & -9 & 25 \\ 0 & -9 & 55+a \\ 0 & -9 & 66+b \end{pmatrix} \longrightarrow \begin{pmatrix} 1 & 2 & -11 \\ 0 & -9 & 25 \\ 0 & 0 & 30+a \\ 0 & 0 & 41+b \end{pmatrix}$$

当 $a=-30$ 且 $b=-41$ 时，$\mathrm{rank}(\boldsymbol{A})=2<3$，此时齐次线性方程组有非零解。

当 $a\neq-30$ 或 $b\neq-41$ 时，$\mathrm{rank}(\boldsymbol{A})=3$，此时齐次线性方程组只有零解。

例 5　证明：线性方程组

$$\begin{cases} a_{11}x_1+a_{12}x_2+\cdots+a_{1n}x_n=b_1 \\ a_{21}x_1+a_{22}x_2+\cdots+a_{2n}x_n=b_2 \\ \vdots \qquad \vdots \qquad \qquad \vdots \qquad \vdots \\ a_{s1}x_1+a_{s2}x_2+\cdots+a_{sn}x_n=b_s \end{cases} \tag{4}$$

有解的充分必要条件是下述线性方程组：

$$\begin{cases} a_{11}x_1+a_{21}x_2+\cdots+a_{s1}x_s=0 \\ a_{12}x_1+a_{22}x_2+\cdots+a_{s2}x_s=0 \\ \vdots \qquad \vdots \qquad \qquad \vdots \qquad \vdots \\ a_{1n}x_1+a_{2n}x_2+\cdots+a_{sn}x_s=0 \\ b_1x_1+b_2x_2+\cdots+b_sx_s=1 \end{cases} \tag{5}$$

无解。

证明　用 $\boldsymbol{A}$ 和 $\widetilde{\boldsymbol{A}}$ 分别表示线性方程组(4)的系数矩阵和增广矩阵。用 $\boldsymbol{B}$ 和 $\widetilde{\boldsymbol{B}}$ 分别表示方程组(5)的系数矩阵和增广矩阵。令 $\boldsymbol{\beta}=(b_1,b_2,\cdots,b_s)'$，则

$$\boldsymbol{B}=\widetilde{\boldsymbol{A}}',$$

$$\widetilde{\boldsymbol{B}}=\begin{pmatrix} \boldsymbol{A}' & \boldsymbol{0} \\ \boldsymbol{\beta}' & 1 \end{pmatrix}。$$

设 $\boldsymbol{\gamma}_{i_1},\boldsymbol{\gamma}_{i_2},\cdots,\boldsymbol{\gamma}_{i_r}$ 是 $\widetilde{\boldsymbol{B}}$ 的前 n 行的一个极大线性无关组。$\widetilde{\boldsymbol{B}}$ 的最后一行 $\boldsymbol{\gamma}_{n+1}=(\boldsymbol{\beta}',1)$ 不可能由 $\boldsymbol{\gamma}_{i_1},\boldsymbol{\gamma}_{i_2},\cdots,\boldsymbol{\gamma}_{i_r}$ 线性表出。因此 $\boldsymbol{\gamma}_{i_1},\boldsymbol{\gamma}_{i_2},\cdots,\boldsymbol{\gamma}_{i_r},\boldsymbol{\gamma}_{n+1}$ 线性无关，从而它是 $\widetilde{\boldsymbol{B}}$ 的行向量组的一个极大线性无关组，于是 $\mathrm{rank}(\widetilde{\boldsymbol{B}})=r+1=\mathrm{rank}(\boldsymbol{A}')+1=\mathrm{rank}(\boldsymbol{A})+1$。从而

线性方程组(4)有解

$\Longleftrightarrow$ $\mathrm{rank}(\boldsymbol{A})=\mathrm{rank}(\widetilde{\boldsymbol{A}})$

$\Longleftrightarrow$ $\mathrm{rank}(\boldsymbol{A})=\mathrm{rank}(\widetilde{\boldsymbol{A}})=\mathrm{rank}(\widetilde{\boldsymbol{A}}')=\mathrm{rank}(\boldsymbol{B})$，且 $\mathrm{rank}(\widetilde{\boldsymbol{B}})=\mathrm{rank}(\boldsymbol{A})+1$

$\Longleftrightarrow$ $\mathrm{rank}(\boldsymbol{A})=\mathrm{rank}(\boldsymbol{B})$，且 $\mathrm{rank}(\widetilde{\boldsymbol{B}})=\mathrm{rank}(\boldsymbol{B})+1>\mathrm{rank}(\boldsymbol{B})$

$\Longleftrightarrow$ 线性方程组(5)无解。 ■

习题 3.6

1. 判断下述复数域上的线性方程组有没有解。若有解,有多少解?

$$\begin{cases} x_1 + \mathrm{i}^m x_2 + \mathrm{i}^{2m} x_3 + \mathrm{i}^{3m} x_4 = b_1 \\ x_1 + \mathrm{i}^{m+1} x_2 + \mathrm{i}^{2(m+1)} x_3 + \mathrm{i}^{3(m+1)} x_4 = b_2 \\ x_1 + \mathrm{i}^{m+2} x_2 + \mathrm{i}^{2(m+2)} x_3 + \mathrm{i}^{3(m+2)} x_4 = b_3 \\ x_1 + \mathrm{i}^{m+3} x_2 + \mathrm{i}^{2(m+3)} x_3 + \mathrm{i}^{3(m+3)} x_4 = b_4 \end{cases}$$

其中 $\mathrm{i}=\sqrt{-1}$,m 是正整数。

2. 判断下述复数域上的线性方程组有没有解。若有解,有多少解?

$$\begin{cases} x_1 + a x_2 + a^2 x_3 + \cdots + a^{n-1} x_n = b_1 \\ x_1 + a^2 x_2 + a^4 x_3 + \cdots + a^{2(n-1)} x_n = b_2 \\ \vdots \quad \vdots \quad \vdots \quad \vdots \quad \vdots \\ x_1 + a^s x_2 + a^{2s} x_3 + \cdots + a^{s(n-1)} x_n = b_s \end{cases}$$

其中 $s<n$,$a\neq 0$ 且当 $0<r<s$ 时,$a^r\neq 1$。

3. 判断下述线性方程组有没有解。

$$\begin{cases} x_1 + x_2 + x_3 = 1 \\ a x_1 + b x_2 + c x_3 = d \\ a^2 x_1 + b^2 x_2 + c^2 x_3 = d^2 \\ a^3 x_1 + b^3 x_2 + c^3 x_3 = d^3 \end{cases}$$

其中 a,b,c,d 两两不同。

4. 下述齐次线性方程组何时有非零解?何时只有零解?

$$\begin{cases} x_1 - 3x_2 - 5x_3 = 0 \\ 2x_1 - 7x_2 - 4x_3 = 0 \\ 4x_1 - 9x_2 + a x_3 = 0 \\ 5x_1 + b x_2 - 55 x_3 = 0 \end{cases}$$

5. 已知线性方程组

$$\begin{cases} a_{11} x_1 + a_{12} x_2 + \cdots + a_{1n} x_n = b_1 \\ a_{21} x_1 + a_{22} x_2 + \cdots + a_{2n} x_n = b_2 \\ \vdots \quad \vdots \quad \vdots \quad \vdots \\ a_{n1} x_1 + a_{n2} x_2 + \cdots + a_{nn} x_n = b_n \end{cases}$$

的系数矩阵 $\boldsymbol{A}$ 的秩等于下述矩阵

$$\boldsymbol{B} = \begin{pmatrix} a_{11} & a_{12} & \cdots & a_{1n} & b_1 \\ a_{21} & a_{22} & \cdots & a_{2n} & b_2 \\ \vdots & \vdots & & \vdots & \vdots \\ a_{n1} & a_{n2} & \cdots & a_{nn} & b_n \\ b_1 & b_2 & \cdots & b_n & 0 \end{pmatrix}$$

的秩。证明此线性方程组有解。

3.7 齐次线性方程组的解集的结构

3.7.1 内容精华

数域 K 上 n 元齐次线性方程组

$$x_1\boldsymbol{\alpha}_1+x_2\boldsymbol{\alpha}_2+\cdots+x_n\boldsymbol{\alpha}_n=\mathbf{0} \tag{1}$$

的一个解是 K^n 中一个向量，称它为齐次线性方程组(1)的一个**解向量**。齐次线性方程组(1)的解集 W 是 K^n 的一个非空子集。W 的结构如何？

性质 1 若 $\boldsymbol{\gamma},\boldsymbol{\delta}\in W$，则 $\boldsymbol{\gamma}+\boldsymbol{\delta}\in W$。

证明 设 $\boldsymbol{\gamma}=(c_1,c_2,\cdots,c_n)'$，$\boldsymbol{\delta}=(d_1,d_2,\cdots,d_n)'$。由于 $\boldsymbol{\gamma},\boldsymbol{\delta}\in W$，因此

$$c_1\boldsymbol{\alpha}_1+c_2\boldsymbol{\alpha}_2+\cdots+c_n\boldsymbol{\alpha}_n=\mathbf{0},\qquad d_1\boldsymbol{\alpha}_1+d_2\boldsymbol{\alpha}_2+\cdots+d_n\boldsymbol{\alpha}_n=\mathbf{0},$$

从而

$$(c_1+d_1)\boldsymbol{\alpha}_1+(c_2+d_2)\boldsymbol{\alpha}_2+\cdots+(c_n+d_n)\boldsymbol{\alpha}_n=\mathbf{0},$$

于是 $\boldsymbol{\gamma}+\boldsymbol{\delta}=(c_1+d_1,c_2+d_2,\cdots,c_n+d_n)'$ 是方程组(1)的一个解。 ■

性质 2 若 $\boldsymbol{\gamma}\in W$，$k\in K$，则 $k\boldsymbol{\gamma}\in W$。

证明 设 $\boldsymbol{\gamma}=(c_1,c_2,\cdots,c_n)'\in W$，则 $c_1\boldsymbol{\alpha}_1+c_2\boldsymbol{\alpha}_2+\cdots+c_n\boldsymbol{\alpha}_n=\mathbf{0}$，

从而

$$(kc_1)\boldsymbol{\alpha}_1+(kc_2)\boldsymbol{\alpha}_2+\cdots+(kc_n)\boldsymbol{\alpha}_n=\mathbf{0},$$

因此

$$k\boldsymbol{\gamma}=(kc_1,kc_2,\cdots,kc_n)'\in W。$$ ■

由上述得，齐次线性方程组(1)的解集 W 是 K^n 的一个子空间，称它为方程组(1)的**解空间**。如果方程组(1)的系数矩阵 $\mathbf{A}$ 的秩等于 n，那么 $W=\{\mathbf{0}\}$。如果 $\mathrm{rank}(\mathbf{A})<n$，那么 W 是非零子空间，此时把解空间 W 的一个基称为齐次线性方程组(1)的一个**基础解系**，即

定义 1 齐次线性方程组(1)有非零解时，如果它的有限多个解 $\boldsymbol{\eta}_1,\boldsymbol{\eta}_2,\cdots,\boldsymbol{\eta}_t$ 满足：

(1) $\boldsymbol{\eta}_1,\boldsymbol{\eta}_2,\cdots,\boldsymbol{\eta}_t$ 线性无关；

(2) 齐次线性方程组(1)的每一个解都可以由 $\boldsymbol{\eta}_1,\boldsymbol{\eta}_2,\cdots,\boldsymbol{\eta}_t$ 线性表出，

那么称 $\boldsymbol{\eta}_1,\boldsymbol{\eta}_2,\cdots,\boldsymbol{\eta}_t$ 是齐次线性方程组(1)的一个**基础解系**。

如果求出了齐次线性方程组(1)的一个基础解系 $\boldsymbol{\eta}_1,\boldsymbol{\eta}_2,\cdots,\boldsymbol{\eta}_t$，那么齐次线性方程组(1)的解集 W 为

$$W=\{k_1\boldsymbol{\eta}_1+k_2\boldsymbol{\eta}_2+\cdots+k_t\boldsymbol{\eta}_t\mid k_i\in K,\ i=1,2,\cdots,t\}。$$

通常也说齐次线性方程组(1)的全部解是

$$k_1\boldsymbol{\eta}_1+k_2\boldsymbol{\eta}_2+\cdots+k_t\boldsymbol{\eta}_t,\ k_1,k_2,\cdots,k_t\in K。$$

如何求出齐次线性方程组(1)的一个基础解系？方程组(1)的解空间 W 的维数是多少？下面的定理 1 及其证明过程回答了这两个问题。

定理 1 数域 K 上 n 元齐次线性方程组的解空间 W 的维数为

$$\dim W=n-\mathrm{rank}(\mathbf{A}), \tag{2}$$

其中 $\boldsymbol{A}$ 是方程组的系数矩阵。从而当齐次线性方程组(1)有非零解时，它的每个基础解系所含解向量的个数都等于 $n-\mathrm{rank}(\boldsymbol{A})$。

证明　若 $\mathrm{rank}(\boldsymbol{A})=n$，则 $W=\{\boldsymbol{0}\}$，从而(2)式成立。下面设 $\mathrm{rank}(\boldsymbol{A})=r<n$。

第一步　把 $\boldsymbol{A}$ 经过初等行变换化成简化行阶梯形矩阵 $\boldsymbol{J}$，$\boldsymbol{J}$ 有 r 个主元，不妨设它们分别在第 $1,2,\cdots,r$ 列。于是齐次线性方程组(1)的一般解为

$$\begin{cases} x_1=-b_{1,r+1}x_{r+1}-\cdots-b_{1n}x_n \\ x_2=-b_{2,r+1}x_{r+1}-\cdots-b_{2n}x_n \\ \vdots \qquad \vdots \qquad\qquad \vdots \\ x_r=-b_{r,r+1}x_{r+1}-\cdots-b_{rn}x_n \end{cases} \tag{3}$$

其中 $x_{r+1},\cdots,x_n$ 是自由未知量。

第二步　让自由未知量 $x_{r+1},\cdots,x_n$ 分别取下述 $n-r$ 组数：

$$\begin{pmatrix}1\\0\\\vdots\\0\end{pmatrix},\ \begin{pmatrix}0\\1\\\vdots\\0\end{pmatrix},\cdots,\begin{pmatrix}0\\0\\\vdots\\1\end{pmatrix}, \tag{4}$$

则由一般解公式(3)得到方程组(1)的 $n-r$ 个解：$\boldsymbol{\eta}_1,\boldsymbol{\eta}_2,\cdots,\boldsymbol{\eta}_{n-r}$，其中

$$\boldsymbol{\eta}_1=\begin{pmatrix}-b_{1,r+1}\\-b_{2,r+1}\\\vdots\\-b_{r,r+1}\\1\\0\\\vdots\\0\end{pmatrix},\cdots,\boldsymbol{\eta}_{n-r}=\begin{pmatrix}-b_{1n}\\-b_{2n}\\\vdots\\-b_{rn}\\0\\0\\\vdots\\1\end{pmatrix}。$$

由于式(4)中的向量组线性无关，因此它们的延伸组 $\boldsymbol{\eta}_1,\boldsymbol{\eta}_2,\cdots,\boldsymbol{\eta}_{n-r}$ 也线性无关。

第三步　任取齐次线性方程组(1)的一个解 $\boldsymbol{\eta}$：

$$\boldsymbol{\eta}=\begin{pmatrix}c_1\\c_2\\\vdots\\c_n\end{pmatrix},$$

于是 $\boldsymbol{\eta}$ 满足方程组(1)的一般解公式(3)，即

$$\begin{cases} c_1=-b_{1,r+1}c_{r+1}-\cdots-b_{1n}c_n \\ c_2=-b_{2,r+1}c_{r+1}-\cdots-b_{2n}c_n \\ \vdots \qquad \vdots \qquad\qquad \vdots \\ c_r=-b_{r,r+1}c_{r+1}-\cdots-b_{rn}c_n \end{cases}$$

从而解向量 $\boldsymbol{\eta}$ 可以写成下述形式：

$$\boldsymbol{\eta}=\begin{pmatrix} c_1 \\ \vdots \\ c_r \\ c_{r+1} \\ \vdots \\ c_n \end{pmatrix}=\begin{pmatrix} -b_{1,r+1}c_{r+1} & - & \cdots & - & b_{1n}c_n \\ \vdots & & & & \vdots \\ -b_{r,r+1}c_{r+1} & - & \cdots & - & b_{rn}c_n \\ 1c_{r+1} & + & \cdots & + & 0c_n \\ \vdots & & & & \vdots \\ 0c_{r+1} & + & \cdots & + & 1c_n \end{pmatrix}$$

$$=\begin{pmatrix} -b_{1,r+1} \\ \vdots \\ -b_{r,r+1} \\ 1 \\ \vdots \\ 0 \end{pmatrix} c_{r+1}+\cdots+\begin{pmatrix} -b_{1n} \\ \vdots \\ -b_{rn} \\ 0 \\ \vdots \\ 1 \end{pmatrix} c_n$$

$$=c_{r+1}\boldsymbol{\eta}_1+\cdots+c_n\boldsymbol{\eta}_{n-r},$$

因此方程组(1)的每一个解 $\boldsymbol{\eta}$ 可以由 $\boldsymbol{\eta}_1,\boldsymbol{\eta}_2,\cdots,\boldsymbol{\eta}_{n-r}$ 线性表出，从而 $\boldsymbol{\eta}_1,\boldsymbol{\eta}_2,\cdots,\boldsymbol{\eta}_{n-r}$ 是方程组(1)的一个基础解系，它包含的解向量的个数为 $n-\operatorname{rank}(\boldsymbol{A})$，于是

$$\dim W = n-\operatorname{rank}(\boldsymbol{A})。$$ ■

具体求齐次线性方程组的一个基础解系时，只需要写出上述证明中的第一步和第二步。在第二步中，也可以让自由未知量 $x_{r+1},\cdots,x_n$ 分别取下述 $n-r$ 组数：

$$\begin{pmatrix} d_1 \\ 0 \\ 0 \\ \vdots \\ 0 \end{pmatrix},\begin{pmatrix} 0 \\ d_2 \\ 0 \\ \vdots \\ 0 \end{pmatrix},\cdots,\begin{pmatrix} 0 \\ 0 \\ 0 \\ \vdots \\ d_{n-r} \end{pmatrix},(d_1d_2\cdots d_{n-r}\neq 0), \tag{5}$$

得出方程组(1)的 $n-r$ 个解 $\boldsymbol{\gamma}_1,\boldsymbol{\gamma}_2,\cdots,\boldsymbol{\gamma}_{n-r}$。由于式(5)中的向量组线性无关，因此它们的延伸组 $\boldsymbol{\gamma}_1,\boldsymbol{\gamma}_2,\cdots,\boldsymbol{\gamma}_{n-r}$ 也线性无关，又由于 $\dim W=n-r$，因此 $\boldsymbol{\gamma}_1,\boldsymbol{\gamma}_2,\cdots,\boldsymbol{\gamma}_{n-r}$ 也是 W 的一个基，即齐次线性方程组(1)的一个基础解系。

综上可知，给数域 K 上 n 元有序数组的集合 K^n 规定了加法与数量乘法两种运算后，很容易得出数域 K 上 n 元齐次线性方程组的解集 W 是 n 维向量空间 K^n 的一个子空间，W 的维数等于 $n-\operatorname{rank}(\boldsymbol{A})$。只要求出齐次线性方程组(1)的 $n-\operatorname{rank}(\boldsymbol{A})$ 个线性无关的解，那么它们就是 W 的一个基，也就是齐次线性方程组(1)的一个基础解系。于是解集 W 的结构就完全清楚了。

3.7.2 典型例题

例 1 求下述数域 K 上齐次线性方程组的一个基础解系，并且写出它的解集。

$$\begin{cases} x_1+3x_2-5x_3-2x_4=0 \\ -3x_1-2x_2+x_3+x_4=0 \\ -11x_1-5x_2-x_3+2x_4=0 \\ 5x_1+x_2+3x_3=0 \end{cases}$$

解 把方程组的系数矩阵经过初等行变换化成简化行阶梯形矩阵：

$$\begin{pmatrix} 1 & 3 & -5 & -2 \\ -3 & -2 & 1 & 1 \\ -11 & -5 & -1 & 2 \\ 5 & 1 & 3 & 0 \end{pmatrix} \longrightarrow \begin{pmatrix} 1 & 3 & -5 & -2 \\ 0 & 7 & -14 & -5 \\ 0 & 28 & -56 & -20 \\ 0 & -14 & 28 & 10 \end{pmatrix} \longrightarrow \begin{pmatrix} 1 & 0 & 1 & \frac{1}{7} \\ 0 & 1 & -2 & -\frac{5}{7} \\ 0 & 0 & 0 & 0 \\ 0 & 0 & 0 & 0 \end{pmatrix}$$

于是原方程组的一般解为

$$\begin{cases} x_1=-x_3-\dfrac{1}{7}x_4 \\ x_2=2x_3+\dfrac{5}{7}x_4 \end{cases}$$

其中 x_3,x_4 是自由未知量。因此原方程组的一个基础解系为

$$\boldsymbol{\eta}_1=\begin{pmatrix} -1 \\ 2 \\ 1 \\ 0 \end{pmatrix}, \quad \boldsymbol{\eta}_2=\begin{pmatrix} -1 \\ 5 \\ 0 \\ 7 \end{pmatrix}。$$

从而原方程组的解集 W 为

$$W=\{k_1\boldsymbol{\eta}_1+k_2\boldsymbol{\eta}_2 \mid k_1,k_2\in K\}。$$

例 2 证明：设 n 元齐次线性方程组(1)的系数矩阵的秩为 $r(r<n)$，如果 $\boldsymbol{\delta}_1,\boldsymbol{\delta}_2,\cdots,\boldsymbol{\delta}_m$ 都是齐次线性方程组(1)的解向量，那么

$$\operatorname{rank}\{\boldsymbol{\delta}_1,\boldsymbol{\delta}_2,\cdots,\boldsymbol{\delta}_m\}\leqslant n-r。$$

证明 取齐次线性方程组(1)的一个基础解系：

$$\boldsymbol{\eta}_1,\boldsymbol{\eta}_2,\cdots,\boldsymbol{\eta}_{n-r}。$$

由于 $\boldsymbol{\delta}_1,\boldsymbol{\delta}_2,\cdots,\boldsymbol{\delta}_m$ 都是齐次线性方程组(1)的解向量，因此 $\boldsymbol{\delta}_1,\boldsymbol{\delta}_2,\cdots,\boldsymbol{\delta}_m$ 可以由 $\boldsymbol{\eta}_1,\boldsymbol{\eta}_2,\cdots,\boldsymbol{\eta}_{n-r}$线性表出，从而

$$\operatorname{rank}\{\boldsymbol{\delta}_1,\boldsymbol{\delta}_2,\cdots,\boldsymbol{\delta}_m\}\leqslant \operatorname{rank}\{\boldsymbol{\eta}_1,\boldsymbol{\eta}_2,\cdots,\boldsymbol{\eta}_{n-r}\}=n-r。$$ ■

例 3 设 n 个方程的 n 元齐次线性方程组的系数矩阵 A 的行列式等于 0，并且 A 的 (k,l)元的代数余子式 $A_{kl}\neq 0$。证明：

$$\boldsymbol{\eta}=\begin{pmatrix} A_{k1} \\ A_{k2} \\ \vdots \\ A_{kn} \end{pmatrix}$$

是这个齐次线性方程组的一个基础解系。

证明 由于 $A_{kl}\neq 0$，因此 A 有一个 $n-1$ 阶子式不为 0，又由于$|A|=0$，因此 $\operatorname{rank}(A)=n-1$，从而这个齐次线性方程组的解空间 W 的维数为

$$\dim W = n - \operatorname{rank}(\boldsymbol{A}) = n - (n-1) = 1。$$

考虑这个齐次线性方程组的第 i 个方程：

$$a_{i1}x_1 + a_{i2}x_2 + \cdots + a_{in}x_n = 0。$$

当 $i \neq k$ 时，有

$$a_{i1}A_{k1} + a_{i2}A_{k2} + \cdots + a_{in}A_{kn} = 0;$$

当 $i = k$ 时，有

$$a_{k1}A_{k1} + a_{k2}A_{k2} + \cdots + a_{kn}A_{kn} = |\boldsymbol{A}| = 0;$$

因此 $\boldsymbol{\eta} = (A_{k1}, A_{k2}, \cdots, A_{kn})'$ 是这个齐次线性方程组的一个解。由于 $A_{kl} \neq 0$，因此 $\boldsymbol{\eta}$ 是非零解，从而 $\boldsymbol{\eta}$ 线性无关。由于 $\dim W = 1$，因此 $\boldsymbol{\eta}$ 是 W 的一个基，即 $\boldsymbol{\eta}$ 是这个齐次线性方程组的一个基础解系。■

例 4　设 $n-1$ 个方程的 n 元齐次线性方程组的系数矩阵为 $\boldsymbol{B}$，把 $\boldsymbol{B}$ 划去第 j 列得到的 $n-1$ 阶子式记作 D_j，令

$$\boldsymbol{\eta} = \begin{pmatrix} D_1 \\ -D_2 \\ \vdots \\ (-1)^{n-1}D_n \end{pmatrix}。$$

证明：(1) $\boldsymbol{\eta}$ 是这个齐次线性方程组的一个解；

(2) 如果 $\boldsymbol{\eta} \neq \boldsymbol{0}$，那么 $\boldsymbol{\eta}$ 是这个齐次线性方程组的一个基础解系。

证明　(1) 在所给的齐次线性方程组的下面添上一个方程：

$$0x_1 + 0x_2 + \cdots + 0x_n = 0,$$

得到 n 个方程的 n 元齐次线性方程组，其系数矩阵 $\boldsymbol{A} = \begin{pmatrix} \boldsymbol{B} \\ \boldsymbol{0} \end{pmatrix}$。$\boldsymbol{A}$ 的 (n, j) 元的代数余子式 A_{nj} 为

$$A_{nj} = (-1)^{n+j}D_j, \quad j = 1, 2, \cdots, n。$$

原齐次线性方程组的第 i 个方程 $(i = 1, 2, \cdots, n-1)$ 为

$$b_{i1}x_1 + b_{i2}x_2 + \cdots + b_{in}x_n = 0。$$

由于 $|\boldsymbol{A}|$ 的第 i 行 $(i \neq n)$ 元素与第 n 行相应元素的代数余子式的乘积之和为 0，因此

$$b_{i1}A_{n1} + b_{i2}A_{n2} + \cdots + b_{in}A_{nn} = 0, \quad i = 1, 2, \cdots, n-1。$$

由此得出，$(D_1, -D_2, \cdots, (-1)^{n-1}D_n)'$ 是原齐次线性方程组的一个解。

(2) 如果 $\boldsymbol{\eta} \neq \boldsymbol{0}$，那么 $\boldsymbol{B}$ 有一个 $n-1$ 阶子式不为 0，从而 $\operatorname{rank}(\boldsymbol{B}) \geqslant n-1$，又由于 $\boldsymbol{B}$ 只有 $n-1$ 行，因此 $\operatorname{rank}(\boldsymbol{B}) = n-1$，从而齐次线性方程组的解空间 W 的维数为

$$\dim W = n - \operatorname{rank}(\boldsymbol{B}) = n - (n-1) = 1。$$

由于 $\boldsymbol{\eta} = (D_1, -D_2, \cdots, (-1)^{n-1}D_n)'$ 是原齐次线性方程组的一个非零解，因此 $\boldsymbol{\eta}$ 是 W 的一个基，即 $\boldsymbol{\eta}$ 是原齐次线性方程组的一个基础解系。■

例 5　设 $\boldsymbol{A}_1$ 是 $s \times n$ 矩阵 $\boldsymbol{A} = (a_{ij})$ 的前 $s-1$ 行组成的子矩阵。证明：如果以 $\boldsymbol{A}_1$ 为系数矩阵的齐次线性方程组的解都是方程

$$a_{s1}x_1 + a_{s2}x_2 + \cdots + a_{sn}x_n = 0$$

的解，那么 $\boldsymbol{A}$ 的第 s 行可以由 $\boldsymbol{A}$ 的前 $s-1$ 行线性表出。

证明 由已知条件立即得出：以 $\boldsymbol{A}_1$ 为系数矩阵的齐次线性方程组和以 $\boldsymbol{A}$ 为系数矩阵的齐次线性方程组同解，即它们的解空间相等，记为 W。从 $\dim W=n-\operatorname{rank}(\boldsymbol{A}_1)$，$\dim W=n-\operatorname{rank}(\boldsymbol{A})$得出：$\operatorname{rank}(\boldsymbol{A}_1)=\operatorname{rank}(\boldsymbol{A})$。

设 $\boldsymbol{A}$ 的行向量组为 $\boldsymbol{\gamma}_1,\cdots,\boldsymbol{\gamma}_{s-1},\boldsymbol{\gamma}_s$。由于 $\operatorname{rank}\{\boldsymbol{\gamma}_1,\cdots,\boldsymbol{\gamma}_{s-1}\}=\operatorname{rank}(\boldsymbol{A}_1)=\operatorname{rank}(\boldsymbol{A})=\operatorname{rank}\{\boldsymbol{\gamma}_1,\cdots,\boldsymbol{\gamma}_{s-1},\boldsymbol{\gamma}_s\}$，据本章 3.3 节的典型例题的例 6 的结论得，$\boldsymbol{\gamma}_s$ 可以由 $\boldsymbol{\gamma}_1,\cdots,\boldsymbol{\gamma}_{s-1}$ 线性表出，即 $\boldsymbol{A}$ 的第 s 行可以由它的前 $s-1$ 行线性表出。 ■

例 6 设 $\boldsymbol{A}=(a_{ij})$是 $s\times n$ 矩阵，$\operatorname{rank}(\boldsymbol{A})=r$。以 $\boldsymbol{A}$ 为系数矩阵的齐次线性方程组的一个基础解系为

$$\boldsymbol{\eta}_1=\begin{pmatrix}b_{11}\\b_{12}\\\vdots\\b_{1n}\end{pmatrix},\ \boldsymbol{\eta}_2=\begin{pmatrix}b_{21}\\b_{22}\\\vdots\\b_{2n}\end{pmatrix},\ \cdots,\ \boldsymbol{\eta}_{n-r}=\begin{pmatrix}b_{n-r,1}\\b_{n-r,2}\\\vdots\\b_{n-r,n}\end{pmatrix}。$$

设 $\boldsymbol{B}$ 是以 $\boldsymbol{\eta}_1',\boldsymbol{\eta}_2',\cdots,\boldsymbol{\eta}_{n-r}'$为行向量组的$(n-r)\times n$ 矩阵。试求以 $\boldsymbol{B}$ 为系数矩阵的齐次线性方程组的一个基础解系。

解 由于 $\boldsymbol{B}$ 的行向量组 $\boldsymbol{\eta}_1',\boldsymbol{\eta}_2',\cdots,\boldsymbol{\eta}_{n-r}'$线性无关，因此 $\operatorname{rank}(\boldsymbol{B})=n-r$，从而以 $\boldsymbol{B}$ 为系数矩阵的齐次线性方程组的解空间 W 的维数为

$$\dim W=n-(n-r)=r。$$

由于 $\boldsymbol{\eta}_j$ 是以 $\boldsymbol{A}$ 为系数矩阵的齐次线性方程组的一个解，因此对于 $i\in\{1,2,\cdots,s\}$，有

$$a_{i1}b_{j1}+a_{i2}b_{j2}+\cdots+a_{in}b_{jn}=0,$$

其中 $j=1,2,\cdots,n-r$。由此看出

$$(a_{i1},a_{i2},\cdots,a_{in})'$$

是以 $\boldsymbol{B}$ 为系数矩阵的齐次线性方程组的一个解。取 $\boldsymbol{A}$ 的行向量组的一个极大线性无关组 $\boldsymbol{\gamma}_{i_1},\cdots,\boldsymbol{\gamma}_{i_r}$，则由上述结论得，$\boldsymbol{\gamma}_{i_1}',\cdots,\boldsymbol{\gamma}_{i_r}'$ 都是以 $\boldsymbol{B}$ 为系数矩阵的齐次线性方程组的解。由于 $\dim W=r$，因此 $\boldsymbol{\gamma}_{i_1}',\cdots,\boldsymbol{\gamma}_{i_r}'$ 是 W 的一个基，即 $\boldsymbol{A}$ 的行向量组的一个极大线性无关组取转置后，是以 $\boldsymbol{B}$ 为系数矩阵的齐次线性方程组的一个基础解系。

点评： 从例 6 的解法看出，先求出以 $\boldsymbol{B}$ 为系数矩阵的齐次线性方程组的解空间 W 的维数为 r，然后去找 r 个线性无关的解，就可以求出一个基础解系，由此体会到维数对于决定解空间的结构相当重要。

习题 3.7

1. 求下列数域 K 上齐次线性方程组的一个基础解系，并且写出它的解集。

(1) $$\begin{cases}x_1-3x_2+x_3-2x_4=0\\-5x_1+x_2-2x_3+3x_4=0\\-x_1-11x_2+2x_3-5x_4=0\\3x_1+5x_2+x_4=0\end{cases}$$

(2) $\begin{cases} 3x_1 - x_2 + 2x_3 + x_4 = 0 \\ x_1 + 3x_2 - x_3 + 2x_4 = 0 \\ -2x_1 + 5x_2 + x_3 - x_4 = 0 \\ 3x_1 + 10x_2 + x_3 + 4x_4 = 0 \\ -2x_1 + 15x_2 - 4x_3 + 4x_4 = 0 \end{cases}$

(3) $\begin{cases} 2x_1 - 5x_2 + x_3 - 3x_4 = 0 \\ -3x_1 + 4x_2 - 2x_3 + x_4 = 0 \\ x_1 + 2x_2 - x_3 + 3x_4 = 0 \\ -2x_1 + 15x_2 - 6x_3 + 13x_4 = 0 \end{cases}$

(4) $\begin{cases} x_1 - 3x_2 + x_3 - 2x_4 - x_5 = 0 \\ -3x_1 + 9x_2 - 3x_3 + 6x_4 + 3x_5 = 0 \\ 2x_1 - 6x_2 + 2x_3 - 4x_4 - 2x_5 = 0 \\ 5x_1 - 15x_2 + 5x_3 - 10x_4 - 5x_5 = 0 \end{cases}$

2. 设 $\boldsymbol{\eta}_1,\boldsymbol{\eta}_2,\cdots,\boldsymbol{\eta}_t$ 是齐次线性方程组(1)的一个基础解系。证明：与 $\boldsymbol{\eta}_1,\boldsymbol{\eta}_2,\cdots,\boldsymbol{\eta}_t$ 等价的线性无关的向量组也是齐次线性方程组(1)的一个基础解系。

3. 设 n 元齐次线性方程组(1)的系数矩阵 $\boldsymbol{A}$ 的秩为 $r(r<n)$，证明：齐次线性方程组(1)的任意 $n-r$ 个线性无关的解向量都是它的一个基础解系。

4. 证明：如果数域 K 上 n 元齐次线性方程组的系数矩阵 $\boldsymbol{A}$ 的秩比未知量个数少 1，那么该方程组的任意两个解成比例。

5. 证明：如果 $n(n>1)$ 级矩阵 $\boldsymbol{A}$ 的行列式等于 0，那么 $\boldsymbol{A}$ 的任何两行(或两列)对应元素的代数余子式成比例。

6. 设 n 级矩阵 $\boldsymbol{A}$ 为

$$\boldsymbol{A} = \begin{pmatrix} 1 & 1 & \cdots & 1 & 2 \\ 1 & 2 & \cdots & n-1 & 3 \\ 1 & 2^2 & \cdots & (n-1)^2 & 5 \\ \vdots & \vdots & & \vdots & \vdots \\ 1 & 2^{n-2} & \cdots & (n-1)^{n-2} & 1+2^{n-2} \\ 2 & 3 & \cdots & n & 5 \end{pmatrix}$$

(1) 求 $|\boldsymbol{A}|$；

(2) 求 $\boldsymbol{A}$ 的 (n,n) 元的代数余子式 A_{nn}；

(3) 证明：$\boldsymbol{\eta}=(A_{n1},A_{n2},\cdots,A_{nn})'$ 是以 $\boldsymbol{A}$ 为系数矩阵的齐次线性方程组的一个基础解系。

7. 设 $\boldsymbol{A}$ 是由 $1,2,\cdots,n$ 形成的 n 级范德蒙矩阵。$\boldsymbol{A}$ 的前 $n-1$ 行组成的子矩阵记作 $\boldsymbol{B}$。证明：

$$\boldsymbol{\eta} = (\mathrm{C}_{n-1}^0, -\mathrm{C}_{n-1}^1, \cdots, (-1)^{n-1}\mathrm{C}_{n-1}^{n-1})'$$

是以 $\boldsymbol{B}$ 为系数矩阵的齐次线性方程组的一个基础解系。

8. 证明：当 $i=0,1,\cdots,n-2$ 时，有

$$\sum_{m=0}^{n-1}(-1)^m C_{n-1}^m (m+1)^i = 0,$$

$$\sum_{m=0}^{n-1}(-1)^m C_{n-1}^m (n-m)^i = 0。$$

3.8 非齐次线性方程组的解集的结构

3.8.1 内容精华

数域 K 上 n 元非齐次线性方程组

$$x_1\boldsymbol{\alpha}_1 + x_2\boldsymbol{\alpha}_2 + \cdots + x_n\boldsymbol{\alpha}_n = \boldsymbol{\beta} \tag{1}$$

的解集 U 的结构如何？为此考虑相应的齐次线性方程组：

$$x_1\boldsymbol{\alpha}_1 + x_2\boldsymbol{\alpha}_2 + \cdots + x_n\boldsymbol{\alpha}_n = \mathbf{0}, \tag{2}$$

称它为非齐次线性方程组(1)的**导出组**。导出组的解空间用 W 表示。

性质 1 若 $\boldsymbol{\gamma},\boldsymbol{\delta}\in U$，则 $\boldsymbol{\gamma}-\boldsymbol{\delta}\in W$。

证明 设 $\boldsymbol{\gamma}=(c_1,c_2,\cdots,c_n)'$，$\boldsymbol{\delta}=(d_1,d_2,\cdots,d_n)'$。由于 $\boldsymbol{\gamma},\boldsymbol{\delta}\in U$，因此

$$c_1\boldsymbol{\alpha}_1 + c_2\boldsymbol{\alpha}_2 + \cdots + c_n\boldsymbol{\alpha}_n = \boldsymbol{\beta}, \qquad d_1\boldsymbol{\alpha}_1 + d_2\boldsymbol{\alpha}_2 + \cdots + d_n\boldsymbol{\alpha}_n = \boldsymbol{\beta},$$

从而

$$(c_1-d_1)\boldsymbol{\alpha}_1+(c_2-d_2)\boldsymbol{\alpha}_2+\cdots+(c_n-d_n)\boldsymbol{\alpha}_n=\mathbf{0},$$

于是

$$\boldsymbol{\gamma}-\boldsymbol{\delta}=(c_1-d_1,c_2-d_2,\cdots,c_n-d_n)'\in W。$$ ■

性质 2 若 $\boldsymbol{\gamma}\in U,\boldsymbol{\eta}\in W$，则 $\boldsymbol{\gamma}+\boldsymbol{\eta}\in U$。

证明 设 $\boldsymbol{\gamma}=(c_1,c_2,\cdots,c_n)'\in U$，$\boldsymbol{\eta}=(e_1,e_2,\cdots,e_n)'\in W$，则

$$c_1\boldsymbol{\alpha}_1 + c_2\boldsymbol{\alpha}_2 + \cdots + c_n\boldsymbol{\alpha}_n = \boldsymbol{\beta}, \qquad e_1\boldsymbol{\alpha}_1 + e_2\boldsymbol{\alpha}_2 + \cdots + e_n\boldsymbol{\alpha}_n = \mathbf{0},$$

从而

$$(c_1+e_1)\boldsymbol{\alpha}_1+(c_2+e_2)\boldsymbol{\alpha}_2+\cdots+(c_n+e_n)\boldsymbol{\alpha}_n=\boldsymbol{\beta},$$

因此

$$\boldsymbol{\gamma}+\boldsymbol{\eta}\in U。$$ ■

定理 1 如果数域 K 上 n 元非齐次线性方程组(1)有解，那么它的解集 U 为

$$U = \{\boldsymbol{\gamma}_0 + \boldsymbol{\eta} \mid \boldsymbol{\eta} \in W\}, \tag{3}$$

其中 $\boldsymbol{\gamma}_0$ 是非齐次线性方程组(1)的一个解(称 $\boldsymbol{\gamma}_0$ 是**特解**)，W 是方程组(1)的导出组的解空间。

证明 任取 $\boldsymbol{\eta}\in W$，由性质 2 得，$\boldsymbol{\gamma}_0+\boldsymbol{\eta}\in U$，因此式(3)右边的集合包含于 U；反之，任取 $\boldsymbol{\gamma}\in U$，据性质 1 得，$\boldsymbol{\gamma}-\boldsymbol{\gamma}_0\in W$。记 $\boldsymbol{\gamma}-\boldsymbol{\gamma}_0=\boldsymbol{\eta}$，则 $\boldsymbol{\gamma}=\boldsymbol{\gamma}_0+\boldsymbol{\eta}$。因此 U 包含于式(3)右边的集合，从而式(3)成立。 ■

我们把集合 $\{\boldsymbol{\gamma}_0+\boldsymbol{\eta}\mid\boldsymbol{\eta}\in W\}$ 记作 $\boldsymbol{\gamma}_0+W$，称它是一个 W 型的**线性流形**(或子空间 W 的一个**陪集**)，把 $\dim W$ 称为线性流形 $\boldsymbol{\gamma}_0+W$ 的维数。

注意：n 元齐次线性方程组的解集 W 是 K^n 的一个子空间；但是 n 元非齐次线性方程组的解集 U 不是子空间(这是因为 U 对于加法和数乘都不封闭)，U 是一个 W 型的线性流形，其中 W 是它的导出组的解空间。

推论 1　如果 n 元非齐次线性方程组(1)有解,那么它的解唯一的充分必要条件是:它的导出组(2)只有零解。

证明　n 元非齐次线性方程组(1)有解时,它的解唯一

$\Longleftrightarrow$　方程组(1)的解集 $U=\boldsymbol{\gamma}_0+W=\{\boldsymbol{\gamma}_0\}$

$\Longleftrightarrow$　$W=\{\mathbf{0}\}$。 ■

从推论 1 立即得出,当 n 元非齐次线性方程组(1)有无穷多个解时,它的导出组(2)必有非零解。此时取导出组的一个基础解系 $\boldsymbol{\eta}_1,\boldsymbol{\eta}_2,\cdots,\boldsymbol{\eta}_{n-r}$,其中 r 是系数矩阵 $\boldsymbol{A}$ 的秩,则非齐次线性方程组(1)的解集 U 为

$$U=\{\boldsymbol{\gamma}_0+k_1\boldsymbol{\eta}_1+k_2\boldsymbol{\eta}_2+\cdots+k_{n-r}\boldsymbol{\eta}_{n-r}\mid k_i\in K,\ i=1,2,\cdots,n-r\},$$

其中 $\boldsymbol{\gamma}_0$ 是非齐次线性方程组(1)的一个特解。通常也说方程组(1)的全部解是

$$\boldsymbol{\gamma}_0+k_1\boldsymbol{\eta}_1+\cdots+k_{n-r}\boldsymbol{\eta}_{n-r},\ k_1,\cdots,k_{n-r}\in K。$$

求非齐次线性方程组的解集 U 的步骤:

第一步　求出非齐次线性方程组的一般解。让自由未知量都取值 0,得到一个特解 $\boldsymbol{\gamma}_0$;

第二步　写出导出组的一般解公式(只要把非齐次线性方程组的一般解公式中的常数项去掉即可),求出导出组的一个基础解系 $\boldsymbol{\eta}_1,\boldsymbol{\eta}_2,\cdots,\boldsymbol{\eta}_t$;

第三步　写出非齐次线性方程组的解集 U:

$$U=\{\boldsymbol{\gamma}_0+k_1\boldsymbol{\eta}_1+\cdots+k_t\boldsymbol{\eta}_t\mid k_1,\cdots,k_t\in K\}。$$

3.8.2　典型例题

例 1　求下述数域 K 上非齐次线性方程组的解集。

$$\begin{cases} x_1+2x_2-3x_3-4x_4=-5\\ 3x_1-x_2+5x_3+6x_4=-1\\ -5x_1-3x_2+x_3+2x_4=11\\ -9x_1-4x_2-x_3=17\end{cases}$$

解　把增广矩阵经过初等行变换化成简化行阶梯形矩阵:

$$\begin{pmatrix}1&2&-3&-4&-5\\3&-1&5&6&-1\\-5&-3&1&2&11\\-9&-4&-1&0&17\end{pmatrix}\longrightarrow\begin{pmatrix}1&2&-3&-4&-5\\0&-7&14&18&14\\0&7&-14&-18&-14\\0&14&-28&-36&-28\end{pmatrix}$$

$$\longrightarrow\begin{pmatrix}1&2&-3&-4&-5\\0&1&-2&-\frac{18}{7}&-2\\0&0&0&0&0\\0&0&0&0&0\end{pmatrix}\longrightarrow\begin{pmatrix}1&0&1&\frac{8}{7}&-1\\0&1&-2&-\frac{18}{7}&-2\\0&0&0&0&0\\0&0&0&0&0\end{pmatrix}$$

原方程组的一般解为

$$\begin{cases} x_1 = -x_3 - \frac{8}{7}x_4 - 1 \\ x_2 = 2x_3 + \frac{18}{7}x_4 - 2 \end{cases}$$

其中 x_3, x_4 是自由未知量。让 x_3 和 x_4 都取值 0,得一个特解 $\boldsymbol{\gamma}_0$:

$$\boldsymbol{\gamma}_0 = (-1, -2, 0, 0)'。$$

导出组的一般解为

$$\begin{cases} x_1 = -x_3 - \frac{8}{7}x_4 \\ x_2 = 2x_3 + \frac{18}{7}x_4 \end{cases}$$

其中 x_3, x_4 是自由未知量。导出组的一个基础解系为

$$\boldsymbol{\eta}_1 = \begin{pmatrix} 1 \\ -2 \\ -1 \\ 0 \end{pmatrix}, \quad \boldsymbol{\eta}_2 = \begin{pmatrix} 8 \\ -18 \\ 0 \\ -7 \end{pmatrix},$$

因此原方程组的解集 U 为

$$U = \{\boldsymbol{\gamma}_0 + k_1\boldsymbol{\eta}_1 + k_2\boldsymbol{\eta}_2 \mid k_1, k_2 \in K\}。$$

例 2 设 $\boldsymbol{\gamma}_0$ 是数域 K 上非齐次线性方程组(1)的一个特解,$\boldsymbol{\eta}_1, \boldsymbol{\eta}_2, \cdots, \boldsymbol{\eta}_t$ 是它的导出组的一个基础解系,令

$$\boldsymbol{\gamma}_1 = \boldsymbol{\gamma}_0 + \boldsymbol{\eta}_1, \quad \boldsymbol{\gamma}_2 = \boldsymbol{\gamma}_0 + \boldsymbol{\eta}_2, \quad \cdots \quad, \quad \boldsymbol{\gamma}_t = \boldsymbol{\gamma}_0 + \boldsymbol{\eta}_t,$$

证明:非齐次线性方程组(1)的解集 U 为

$$U = \{u_0\boldsymbol{\gamma}_0 + u_1\boldsymbol{\gamma}_1 + \cdots + u_t\boldsymbol{\gamma}_t \mid u_0 + u_1 + \cdots + u_t = 1,\ u_i \in K,\ i = 0, 1, \cdots, t\}。$$

证明 在右边的集合中任取一个元素:

$$\begin{aligned} u_0\boldsymbol{\gamma}_0 + u_1\boldsymbol{\gamma}_1 + \cdots + u_t\boldsymbol{\gamma}_t &= u_0\boldsymbol{\gamma}_0 + u_1(\boldsymbol{\gamma}_0 + \boldsymbol{\eta}_1) + \cdots + u_t(\boldsymbol{\gamma}_0 + \boldsymbol{\eta}_t) \\ &= (u_0 + u_1 + \cdots + u_t)\boldsymbol{\gamma}_0 + u_1\boldsymbol{\eta}_1 + \cdots + u_t\boldsymbol{\eta}_t \\ &= \boldsymbol{\gamma}_0 + u_1\boldsymbol{\eta}_1 + \cdots + u_t\boldsymbol{\eta}_t \in U; \end{aligned}$$

在 U 中任取一个元素 $\boldsymbol{\gamma}$,则存在 $k_1, \cdots, k_t \in K$,使得

$$\begin{aligned} \boldsymbol{\gamma} &= \boldsymbol{\gamma}_0 + k_1\boldsymbol{\eta}_1 + \cdots + k_t\boldsymbol{\eta}_t \\ &= \boldsymbol{\gamma}_0 + k_1(\boldsymbol{\gamma}_1 - \boldsymbol{\gamma}_0) + \cdots + k_t(\boldsymbol{\gamma}_t - \boldsymbol{\gamma}_0) \\ &= (1 - k_1 - \cdots - k_t)\boldsymbol{\gamma}_0 + k_1\boldsymbol{\gamma}_1 + \cdots + k_t\boldsymbol{\gamma}_t。 \end{aligned}$$

由此看出,$\boldsymbol{\gamma}$ 属于右边的集合,因此

$$U = \{u_0\boldsymbol{\gamma}_0 + u_1\boldsymbol{\gamma}_1 + \cdots + u_t\boldsymbol{\gamma}_t \mid u_0, u_1, \cdots, u_t \in K, 且\ u_0 + u_1 + \cdots + u_t = 1\}。$$ ■

例 3 求 n 个平面

$$a_ix + b_iy + c_iz + d_i = 0 \quad (i = 1, 2, \cdots, n)$$

通过一直线但不合并为一个平面的充分必要条件。

解 n 个平面

$$a_i x + b_i y + c_i z + d_i = 0 \quad (i = 1, 2, \cdots, n) \tag{4}$$

通过一直线但不合并为一个平面

$\Longleftrightarrow$　三元线性方程组(4)有解，并且解集是一维线性流形

$\Longleftrightarrow$　三元线性方程组(4)有解，且它的导出组的解空间是一维的

$\Longleftrightarrow$　三元线性方程组(4)有解，且导出组的系数矩阵 $\boldsymbol{A}$ 的秩为 2

$\Longleftrightarrow$　三元线性方程组(4)的系数矩阵 $\boldsymbol{A}$ 与增广矩阵 $\widetilde{\boldsymbol{A}}$ 的秩都为 2

$\Longleftrightarrow$　下列两个矩阵的秩都等于 2：

$$\begin{pmatrix} a_1 & b_1 & c_1 \\ a_2 & b_2 & c_2 \\ \vdots & \vdots & \vdots \\ a_n & b_n & c_n \end{pmatrix}, \quad \begin{pmatrix} a_1 & b_1 & c_1 & d_1 \\ a_2 & b_2 & c_2 & d_2 \\ \vdots & \vdots & \vdots & \vdots \\ a_n & b_n & c_n & d_n \end{pmatrix}。$$

例 4　讨论几何空间中三个平面的相关位置的所有可能情况，画出每种情况的示意图。

解　设三个平面 π_1, π_2, π_3 的方程分别为

$$a_1 x + b_1 y + c_1 z + d_1 = 0,$$
$$a_2 x + b_2 y + c_2 z + d_2 = 0,$$
$$a_3 x + b_3 y + c_3 z + d_3 = 0。$$

它们组成的三元线性方程组的系数矩阵和增广矩阵分别用 $\boldsymbol{A}$ 和 $\widetilde{\boldsymbol{A}}$ 表示。$\boldsymbol{A}$ 的行向量组记作 $\boldsymbol{\gamma}_1, \boldsymbol{\gamma}_2, \boldsymbol{\gamma}_3$；$\widetilde{\boldsymbol{A}}$ 的行向量组记作 $\widetilde{\boldsymbol{\gamma}}_1, \widetilde{\boldsymbol{\gamma}}_2, \widetilde{\boldsymbol{\gamma}}_3$。

情形 1　$\mathrm{rank}(\boldsymbol{A}) = \mathrm{rank}(\widetilde{\boldsymbol{A}}) = 1$。此时 $\widetilde{\boldsymbol{\gamma}}_2, \widetilde{\boldsymbol{\gamma}}_3$ 均与 $\widetilde{\boldsymbol{\gamma}}_1$ 成比例，从而 π_2, π_3 均与 π_1 重合，如图 3-3 所示。

情形 2　$\mathrm{rank}(\boldsymbol{A}) = \mathrm{rank}(\widetilde{\boldsymbol{A}}) = 2$。由于 $\mathrm{rank}(\boldsymbol{A}) = 2$，因此 $\boldsymbol{A}$ 有两行不成比例，从而有两个平面相交。

情形 2.1　$\boldsymbol{A}$ 的另外一行与上述两行均不成比例，即 $\boldsymbol{\gamma}_1, \boldsymbol{\gamma}_2, \boldsymbol{\gamma}_3$ 两两不成比例。

此时 π_1, π_2, π_3 两两相交。由于 $\mathrm{rank}(\boldsymbol{A}) = 2$，因此原线性方程组的导出组的解空间的维数为 $3-2=1$，从而原线性方程组的解集是一维的线性流形，于是三个平面相交于一条直线，如图 3-4 所示。

图 3-3

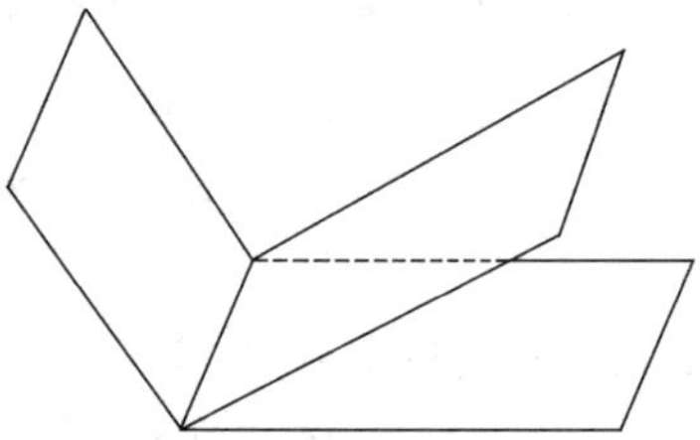

图 3-4

情形 2.2　$\boldsymbol{A}$ 的另外一行与上述两行中的某一行成比例。

此时由于 $\mathrm{rank}(\widetilde{\boldsymbol{A}}) = 2$，因此另外一个平面与上述两个相交平面中的某一个重合，如图 3-5 所示。

情形 3 $\text{rank}(\boldsymbol{A})=\text{rank}(\widetilde{\boldsymbol{A}})=3$。

此时原线性方程组有唯一解，从而三个平面有唯一的公共点。由于 $\boldsymbol{\gamma}_1,\boldsymbol{\gamma}_2,\boldsymbol{\gamma}_3$ 两两不成比例，因此三个平面两两相交，如图 3-6 所示。

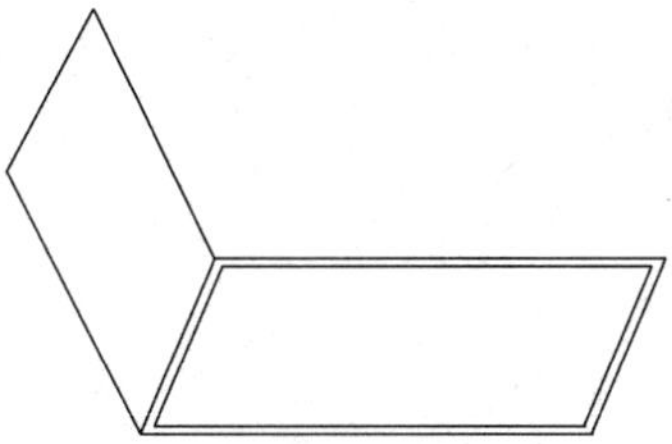

图 3-5

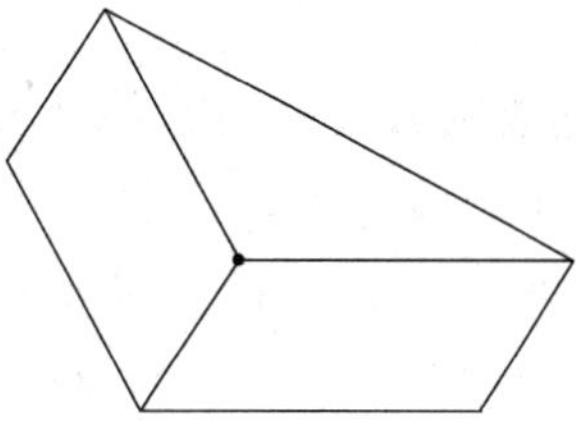

图 3-6

情形 4 $\text{rank}(\boldsymbol{A})=1$，$\text{rank}(\widetilde{\boldsymbol{A}})=2$。

此时三个平面没有公共点。由于 $\text{rank}(\boldsymbol{A})=1$，因此 $\boldsymbol{\gamma}_1,\boldsymbol{\gamma}_2,\boldsymbol{\gamma}_3$ 两两成比例。由于 $\text{rank}(\widetilde{\boldsymbol{A}})=2$，因此 $\widetilde{\boldsymbol{A}}$ 有两个行向量不成比例，从而有两个平面平行。

情形 4.1 $\widetilde{\boldsymbol{A}}$ 的三个行向量两两不成比例。

此时三个平面两两平行，如图 3-7 所示。

情形 4.2 $\widetilde{\boldsymbol{A}}$ 的另一行与上述两行中的某一行成比例。

此时另一个平面与上述两个平面中的某一个重合，如图 3-8 所示。

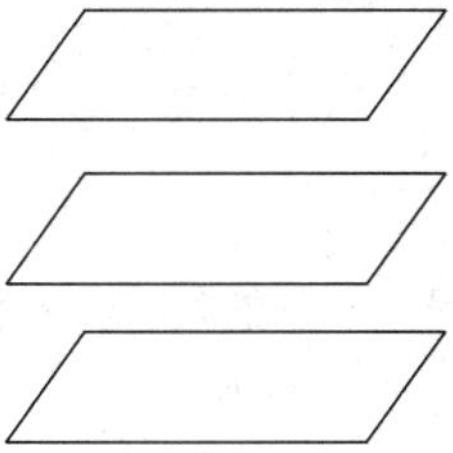

图 3-7

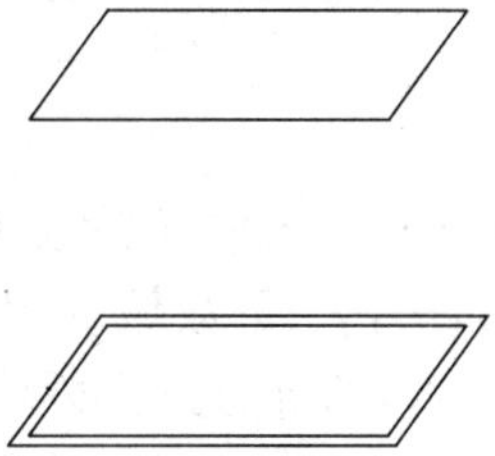

图 3-8

情形 5 $\text{rank}(\boldsymbol{A})=2$，$\text{rank}(\widetilde{\boldsymbol{A}})=3$。

由 $\text{rank}(\boldsymbol{A})=2$，因此 $\boldsymbol{A}$ 有两行不成比例，从而有两个平面相交。

情形 5.1 $\boldsymbol{\gamma}_1,\boldsymbol{\gamma}_2,\boldsymbol{\gamma}_3$ 两两不成比例。

此时三个平面两两相交，但它们没有公共点，如图 3-9 所示。

情形 5.2 $\boldsymbol{A}$ 的另一行与上述两行中某一行成比例。

此时由于 $\text{rank}(\widetilde{\boldsymbol{A}})=3$，因此另一个平面与上述两个平面之一平行，如图 3-10 所示。

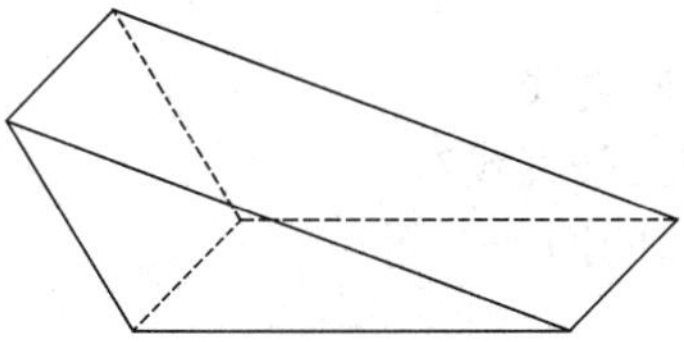

图 3-9

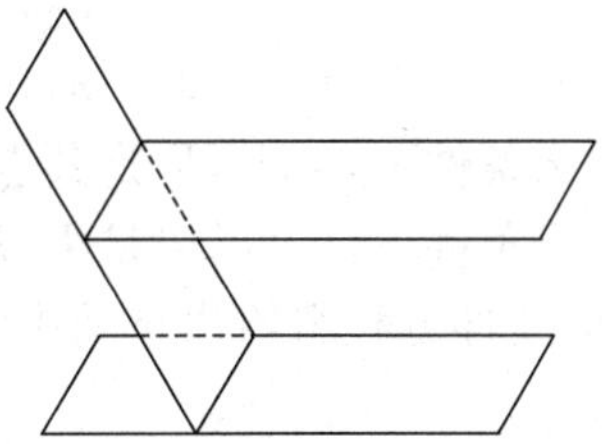

图 3-10

综上所述,三个平面的相关位置有且只有上述8种情形。

习题 3.8

1. 求下述数域 K 上非齐次线性方程组的解集。

(1) $\begin{cases} x_1 - 5x_2 + 2x_3 - 3x_4 = 11 \\ -3x_1 + x_2 - 4x_3 + 2x_4 = -5 \\ -x_1 - 9x_2 - 4x_4 = 17 \\ 5x_1 + 3x_2 + 6x_3 - x_4 = -1 \end{cases}$

(2) $x_1 - 4x_2 + 2x_3 - 3x_4 + 6x_5 = 4$

(3) $\begin{cases} 2x_1 - 3x_2 + x_3 - 5x_4 = 1 \\ -5x_1 - 10x_2 - 2x_3 + x_4 = -21 \\ x_1 + 4x_2 + 3x_3 + 2x_4 = 1 \\ 2x_1 - 4x_2 + 9x_3 - 3x_4 = -16 \end{cases}$

2. 证明:n 个方程的 n 元非齐次线性方程组有唯一解当且仅当它的导出组只有零解。

3. 证明:如果 $\boldsymbol{\gamma}_1,\boldsymbol{\gamma}_2,\cdots,\boldsymbol{\gamma}_m$ 都是 n 元非齐次线性方程组(1)的解,并且一组数 $u_1,u_2,\cdots,u_m$ 满足

$$u_1 + u_2 + \cdots + u_m = 1,$$

那么 $u_1\boldsymbol{\gamma}_1 + u_2\boldsymbol{\gamma}_2 + \cdots + u_m\boldsymbol{\gamma}_m$ 也是方程组(1)的一个解。

4. 设 $\boldsymbol{\gamma}_1,\boldsymbol{\gamma}_2,\cdots,\boldsymbol{\gamma}_m$ 是数域 K 上非齐次线性方程组(1)的解,求 $c_1\boldsymbol{\gamma}_1 + c_2\boldsymbol{\gamma}_2 + \cdots + c_m\boldsymbol{\gamma}_m$ 仍是方程组(1)的解的充分必要条件,其中 $c_1,c_2,\cdots,c_m \in K$。

5. 证明:方程个数比未知量个数大1的线性方程组有解的必要条件是它的增广矩阵的行列式等于0;如果系数矩阵的秩等于未知量的个数,那么这一条件也是充分条件。

6. 下述三个平面 π_1,π_2,π_3 的位置关系如何?

$$\begin{aligned} x - 3y + 4z - 2 &= 0 \\ 2x + y - 3z + 5 &= 0 \\ 3x - 9y + 12z + 7 &= 0 \end{aligned}$$

7. 设平面上三条直线 l_1,l_2,l_3 的方程如下:

$$\begin{aligned} a_1x + b_1y + c_1 &= 0 \\ a_2x + b_2y + c_2 &= 0 \\ a_3x + b_3y + c_3 &= 0 \end{aligned}$$

(1) 在什么条件下,l_1,l_2,l_3 是共点的三条不同直线?

(2) 在什么条件下,l_1,l_2,l_3 是组成三角形的三条直线?

8. 怎样的线性方程组给出空间中组成四面体的四个平面?

补 充 题 三

1. 设 $\boldsymbol{A}=(a_{ij})$是实数域上的 n 级矩阵。证明：
如果

$$a_{ii} > \sum_{\substack{j=1\\ j\neq i}}^{n} |a_{ij}|,\ i=1,2,\cdots,n,$$

那么

$$|\boldsymbol{A}|>0。$$

2. 数域 K 上 n 元非齐次线性方程组

$$x_1\boldsymbol{\alpha}_1+x_2\boldsymbol{\alpha}_2+\cdots+x_n\boldsymbol{\alpha}_n=\boldsymbol{\beta} \tag{1}$$

有无穷多个解时，能否找到有限多个线性无关的解向量使得式(1)的每一个解向量都能由它们线性表出？其中系数应当满足什么条件？这有限多个线性无关的解向量的个数与式(1)的导出组的解空间 W 的维数有什么关系？

应用小天地:线性方程组在几何中的应用

1. 求使平面上三点$(x_1,y_1)'$,$(x_2,y_2)'$,$(x_3,y_3)'$位于一条直线上的充分必要条件。

解 平面上三点$(x_1,y_1)'$,$(x_2,y_2)'$,$(x_3,y_3)'$位于直线

$$ax+by+c=0$$

上当且仅当

$$\begin{cases} ax_1+by_1+c=0\\ ax_2+by_2+c=0\\ ax_3+by_3+c=0 \end{cases}$$

$\Longleftrightarrow$ 以 a,b,c 为未知量的上述三元齐次线性方程组有非零解

$$\Longleftrightarrow \begin{vmatrix} x_1 & y_1 & 1\\ x_2 & y_2 & 1\\ x_3 & y_3 & 1 \end{vmatrix}=0。$$

注：当上述 3 阶行列式等于 0 时，可推出

$$\begin{vmatrix} x_2-x_1 & y_2-y_1\\ x_3-x_1 & y_3-y_1 \end{vmatrix}=0,$$

从而齐次线性方程组

$$\begin{cases} a(x_2-x_1)+b(y_2-y_1)=0\\ a(x_3-x_1)+b(y_3-y_1)=0 \end{cases}$$

有非零解，即可求出不全为 0 的 a,b，从而求出的方程 $ax+by+c=0$ 表示一条直线。

2. 求使平面上 n 个点$(x_1,y_1)'$,$(x_2,y_2)'$,$\cdots$,$(x_n,y_n)'$位于一条直线上的充分必要条件。

提示：类似于第1题的解法可得充分必要条件为矩阵

$$\begin{pmatrix} x_1 & y_1 & 1 \\ x_2 & y_2 & 1 \\ \vdots & \vdots & \vdots \\ x_n & y_n & 1 \end{pmatrix}$$

的秩小于3。

3. 求四点$(x_1,y_1,z_1)'$,$(x_2,y_2,z_2)'$,$(x_3,y_3,z_3)'$,$(x_4,y_4,z_4)'$位于一个平面内的充分必要条件。

提示：类似于第1题的解法可得充分必要条件为

$$\begin{vmatrix} x_1 & y_1 & z_1 & 1 \\ x_2 & y_2 & z_2 & 1 \\ x_3 & y_3 & z_3 & 1 \\ x_4 & y_4 & z_4 & 1 \end{vmatrix} = 0。$$

4. 求平面上不在一条直线上的四点$(x_1,y_1)'$,$(x_2,y_2)'$,$(x_3,y_3)'$,$(x_4,y_4)'$位于一个圆上的充分必要条件。

解　平面上不在一条直线上的四点$(x_1,y_1)'$,$(x_2,y_2)'$,$(x_3,y_3)'$,$(x_4,y_4)'$位于一个圆

$$a(x^2+y^2)+bx+cy+d=0$$

上当且仅当

$$\begin{cases} a(x_1^2+y_1^2)+bx_1+cy_1+d=0 \\ a(x_2^2+y_2^2)+bx_2+cy_2+d=0 \\ a(x_3^2+y_3^2)+bx_3+cy_3+d=0 \\ a(x_4^2+y_4^2)+bx_4+cy_4+d=0 \end{cases}$$

$\Longleftrightarrow$　以a,b,c,d为未知量的上述齐次线性方程组有非零解

$$\Longleftrightarrow \begin{vmatrix} x_1^2+y_1^2 & x_1 & y_1 & 1 \\ x_2^2+y_2^2 & x_2 & y_2 & 1 \\ x_3^2+y_3^2 & x_3 & y_3 & 1 \\ x_4^2+y_4^2 & x_4 & y_4 & 1 \end{vmatrix}=0。$$

注：由于已知四点不在一条直线上，因此未知量为b,c,d的三元齐次线性方程组

$$\begin{cases} bx_1+cy_1+d=0 \\ bx_2+cy_2+d=0 \\ bx_3+cy_3+d=0 \\ bx_4+cy_4+d=0 \end{cases}$$

只有零解，从而当前面的4阶行列式等于0时，求出的未知量a的值不为0，因此求出的方程$a(x^2+y^2)+bx+cy+d=0$的确是二元二次方程。

5. 求通过不在一条直线上的三点$(x_1,y_1)'$,$(x_2,y_2)'$,$(x_3,y_3)'$的圆的方程。

解　设圆的方程为

$$a(x^2+y^2)+bx+cy+d=0。$$

由于此圆经过三点$(x_1,y_1)',(x_2,y_2)',(x_3,y_3)'$，因此有

$$a(x_i^2+y_i^2)+bx_i+cy_i+d=0,\quad i=1,2,3。$$

点$M(x,y)'$在此圆上

$$\Longleftrightarrow \begin{cases} a(x^2+y^2)+bx+cy+d=0 \\ a(x_1^2+y_1^2)+bx_1+cy_1+d=0 \\ a(x_2^2+y_2^2)+bx_2+cy_2+d=0 \\ a(x_3^2+y_3^2)+bx_3+cy_3+d=0 \end{cases}$$

有非零解，其中未知量为a,b,c,d

$$\Longleftrightarrow \begin{vmatrix} x^2+y^2 & x & y & 1 \\ x_1^2+y_1^2 & x_1 & y_1 & 1 \\ x_2^2+y_2^2 & x_2 & y_2 & 1 \\ x_3^2+y_3^2 & x_3 & y_3 & 1 \end{vmatrix}=0,$$

因此上式就是所求的圆的方程。

注：由于已知三点不在一条直线上，因此未知量为b,c,d的齐次线性方程组

$$\begin{cases} bx_1+cy_1+d=0 \\ bx_2+cy_2+d=0 \\ bx_3+cy_3+d=0 \end{cases}$$

只有零解，从而它的系数行列式不等于0，即

$$\begin{vmatrix} x_1 & y_1 & 1 \\ x_2 & y_2 & 1 \\ x_3 & y_3 & 1 \end{vmatrix}\neq 0,$$

因此从前面的4阶行列式等于0求出的方程中，x^2+y^2的系数不为0，从而该方程的确是二元二次方程。

6. 求通过三点$(1,2)',(1,-2)',(0,-1)'$的圆的方程，并且求其圆心和半径。

提示：利用第5题的结果可求出圆的方程为

$$x^2+y^2-4x-1=0,$$

圆心坐标为$(2,0)'$，半径为$\sqrt{5}$。

7. 证明：通过具有有理数坐标的三点的圆，其圆心的坐标也是有理数。

提示：利用第5题的结果，从中看出x^2+y^2,x,y的系数都为有理数，因此经过配方后求出的圆心坐标也是有理数。

8. 求平面上通过五点$(x_1,y_1)',(x_2,y_2)',(x_3,y_3)',(x_4,y_4)',(x_5,y_5)'$的二次曲线的方程。

解 设通过已知五点的二次曲线的方程为

$$ax^2+bxy+cy^2+dx+ey+f=0,$$

于是有

$$ax_i^2+bx_iy_i+cy_i^2+dx_i+ey_c+f=0,\quad i=1,2,3,4,5。$$

点 $M(x,y)'$ 在此二次曲线上

$$\Longleftrightarrow \begin{cases} ax^2+bxy+cy^2+dx+ey+f=0, \\ ax_1^2+bx_1y_1+cy_1^2+dx_1+ey_1+f=0, \\ \vdots \quad \vdots \quad \vdots \quad \vdots \quad \vdots \quad \vdots \quad \vdots \\ ax_5^2+bx_5y_5+cy_5^2+dx_5+ey_5+f=0 \end{cases}$$

有非零解，其中未知量为 a,b,c,d,e,f，并且非零解的前三个分量不全为 0

$\Longleftrightarrow$ 上述齐次线性方程组的系数行列式等于 0，即

$$\begin{vmatrix} x^2 & xy & y^2 & x & y & 1 \\ x_1^2 & x_1y_1 & y_1^2 & x_1 & y_1 & 1 \\ \vdots & \vdots & \vdots & \vdots & \vdots & \vdots \\ x_5^2 & x_5y_5 & y_5^2 & x_5 & y_5 & 1 \end{vmatrix} = 0,$$

并且(1,1)元，(1,2)元，(1,3)元的代数余子式 A_{11}, A_{12}, A_{13} 不全为 0。

因此上式就是所求的二次曲线方程。

9. 求平面上通过五点 $(0,1)'$，$(2,0)'$，$(-2,0)'$，$(1,-1)'$，$(-1,-1)'$ 的二次曲线的方程，并且确定其类型、形状和位置。

提示：利用第 8 题的结果可求出二次曲线的方程为

$$2x^2+7y^2+y-8=0$$

这是椭圆，对称中心的坐标为 $\left(0,-\frac{1}{14}\right)'$，长半轴长为 $\frac{15}{28}\sqrt{14}$，短半轴长为 $\frac{15}{14}$，长轴方程为 $y+\frac{1}{14}=0$，短轴在 y 轴上。

10. 求通过不共面的四点 $(x_1,y_1,z_1)'$，$(x_2,y_2,z_2)'$，$(x_3,y_3,z_3)'$，$(x_4,y_4,z_4)'$ 的球面的方程。

提示：设球面方程为 $a(x^2+y^2+z^2)+bx+cy+dz+e=0$。类似于第 5 题的解法，可求出球面方程为

$$\begin{vmatrix} x^2+y^2+z^2 & x & y & z & 1 \\ x_1^2+y_1^2+z_1^2 & x_1 & y_1 & z_1 & 1 \\ \vdots & \vdots & \vdots & \vdots & \vdots \\ x_4^2+y_4^2+z_4^2 & x_4 & y_4 & z_4 & 1 \end{vmatrix} = 0。$$

第 4 章　矩阵的运算

在前三章我们看到：矩阵的初等行变换、方阵的行列式以及矩阵的秩在线性方程组的理论中起着重要作用。除此之外，矩阵在众多的领域都发挥着强大的威力。这是由于以下一些原因：

(1) 矩阵是一张表格，以表格的形式表达来自各个领域的事物看起来一目了然。例如，线性方程组用它的增广矩阵来表示；某公司的若干个商场在同一月份销售几种商品的销售金额可以列成表格；平面内绕原点 O 旋转角度 θ 的旋转公式中的系数可排成一张表等。

(2) 通过引进矩阵的运算，特别是乘法运算，既可以用简洁的形式表达事物，又可以揭示事物的内涵。例如，线性方程组可以简洁地写成 $\boldsymbol{A}\boldsymbol{x}=\boldsymbol{\beta}$；平面上二次曲线的方程可以简洁地表示成 $\boldsymbol{x}'\boldsymbol{A}\boldsymbol{x}=0$。

(3)在第 9 章将要讲的线性映射与矩阵有密切关系，可以利用矩阵的理论研究线性映射，又可以利用线性映射的理论研究矩阵。

矩阵有哪几种运算？它们满足哪些运算法则？有哪些性质？本章就来讨论这些问题。

4.1　矩阵的加法、数量乘法与乘法运算

4.1.1　内容精华

数域 K 上两个矩阵 $\boldsymbol{A}$ 与 $\boldsymbol{B}$，如果它们的行数相等，列数也相等，并且它们的所有元素对应相等(即第 1 个矩阵的(i,j)元等于第 2 个矩阵的(i,j)元)，那么称 $\boldsymbol{A}$ 与 $\boldsymbol{B}$ **相等**，记作 $\boldsymbol{A}=\boldsymbol{B}$。

从某公司三个商场 9 月份、10 月份销售 4 种商品的金额总和很自然地引出了矩阵的加法运算：

定义 1　设 $\boldsymbol{A}=(a_{ij})$，$\boldsymbol{B}=(b_{ij})$都是数域 K 上的 $s\times n$ 矩阵，令

$$\boldsymbol{C}=(a_{ij}+b_{ij})_{s\times n},$$

则称矩阵 $\boldsymbol{C}$ 是矩阵 $\boldsymbol{A}$ 与 $\boldsymbol{B}$ 的**和**，记作 $\boldsymbol{C}=\boldsymbol{A}+\boldsymbol{B}$。

从同步增长的经济问题很自然地引出了矩阵的数量乘法运算：

定义 2　设 $\boldsymbol{A}=(a_{ij})$是数域 K 上的 $s\times n$ 矩阵，$k\in K$，令

$$\boldsymbol{M}=(ka_{ij})_{s\times n},$$

则称矩阵 $\boldsymbol{M}$ 是 k 与矩阵 $\boldsymbol{A}$ 的**数量乘积**，记作 $\boldsymbol{M}=k\boldsymbol{A}$。

设 $\boldsymbol{A}=(a_{ij})_{s\times n}$，则矩阵 $(-a_{ij})_{s\times n}$ 称为 $\boldsymbol{A}$ 的**负矩阵**，记作 $-\boldsymbol{A}$。容易直接验证，矩阵的加法与数量乘法满足类似于 n 维向量的加法与数量乘法所满足的 8 条运算法则：设 $\boldsymbol{A},\boldsymbol{B},\boldsymbol{C}$ 都是 K 上的 $s\times n$ 矩阵，$k,l\in K$，有

1° $\boldsymbol{A}+\boldsymbol{B}=\boldsymbol{B}+\boldsymbol{A}$；　　2° $(\boldsymbol{A}+\boldsymbol{B})+\boldsymbol{C}=\boldsymbol{A}+(\boldsymbol{B}+\boldsymbol{C})$；

3° $\boldsymbol{A}+\boldsymbol{0}=\boldsymbol{0}+\boldsymbol{A}=\boldsymbol{A}$；　　4° $\boldsymbol{A}+(-\boldsymbol{A})=(-\boldsymbol{A})+\boldsymbol{A}=\boldsymbol{0}$；

5° $1\boldsymbol{A}=\boldsymbol{A}$；　　6° $(kl)\boldsymbol{A}=k(l\boldsymbol{A})$；

7° $(k+l)\boldsymbol{A}=k\boldsymbol{A}+l\boldsymbol{A}$；　　8° $k(\boldsymbol{A}+\boldsymbol{B})=k\boldsymbol{A}+k\boldsymbol{B}$。

利用负矩阵的概念，可以定义矩阵的减法如下：设 $\boldsymbol{A},\boldsymbol{B}$ 都是 $s\times n$ 矩阵，则

$$\boldsymbol{A}-\boldsymbol{B}\xlongequal{\text{def}}\boldsymbol{A}+(-\boldsymbol{B})。$$

平面上取定一个直角坐标系 Oxy，所有以原点为起点的向量组成的集合记作 V。让 V 中每个向量绕原点 O 旋转角度 θ，如图 4-1 所示。我们来求这个旋转（记作 σ）的公式。设 $\overrightarrow{OP}$ 的坐标为 (x,y)，它在旋转 σ 下的象 $\overrightarrow{OP'}$ 的坐标为 (x',y')。设以 x 轴的正半轴为始边，以射线 OP 为终边的角为 α。设 $|\overrightarrow{OP}|=r$。从三角函数的定义得

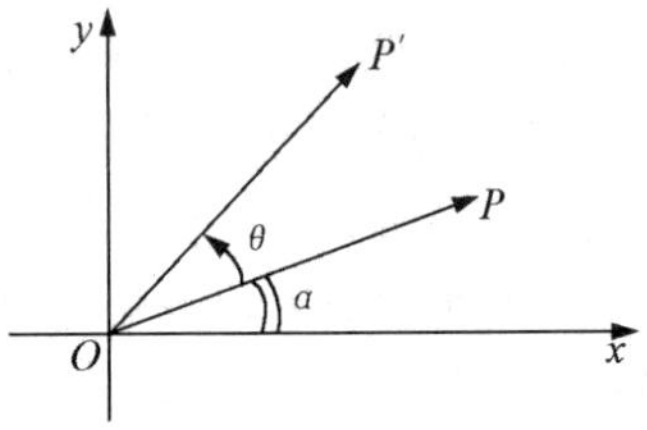

图 4-1

$$x=r\cos\alpha,\qquad y=r\sin\alpha,$$
$$x'=r\cos(\alpha+\theta),\qquad y'=r\sin(\alpha+\theta),$$

由此得出

$$\begin{cases}x'=x\cos\theta-y\sin\theta\\ y'=x\sin\theta+y\cos\theta\end{cases}\tag{1}$$

式(1)就是旋转 σ 的公式。把公式(1)中的系数排成如下形式：

$$\begin{bmatrix}\cos\theta & -\sin\theta\\ \sin\theta & \cos\theta\end{bmatrix},\tag{2}$$

则矩阵(2)就表示了转角为 θ 的旋转，把矩阵(2)记作 $\boldsymbol{A}$。

同理，绕原点 O 转角为 φ 的旋转 τ 可以用矩阵

$$\boldsymbol{B}=\begin{bmatrix}\cos\varphi & -\sin\varphi\\ \sin\varphi & \cos\varphi\end{bmatrix}\tag{3}$$

来表示。

现在相继作旋转 τ 与旋转 σ，其总的效果是作了转角为 $\theta+\varphi$ 的旋转 ψ。同上理，ψ 可以用矩阵

$$\boldsymbol{C}=\begin{bmatrix}\cos(\theta+\varphi) & -\sin(\theta+\varphi)\\ \sin(\theta+\varphi) & \cos(\theta+\varphi)\end{bmatrix}\tag{4}$$

来表示。我们把相继作旋转 τ 与 σ 的总效果（旋转 ψ）称为 σ 与 τ 的乘积，即 $\psi=\sigma\tau$。于是很自然地我们把矩阵 $\boldsymbol{C}$ 称为矩阵 $\boldsymbol{A}$ 与 $\boldsymbol{B}$ 的**乘积**，即 $\boldsymbol{C}=\boldsymbol{A}\boldsymbol{B}$。现在我们来仔细看一看矩阵 $\boldsymbol{C}$ 的元素与矩阵 $\boldsymbol{A},\boldsymbol{B}$ 的元素之间有什么关系。利用两角和的余弦、正弦公式得

$$\boldsymbol{C}=\begin{bmatrix}\cos\theta\cos\varphi-\sin\theta\sin\varphi & -\sin\theta\cos\varphi-\cos\theta\sin\varphi\\ \sin\theta\cos\varphi+\cos\theta\sin\varphi & \cos\theta\cos\varphi-\sin\theta\sin\varphi\end{bmatrix}。\tag{5}$$

比较式(5)与式(2)、式(3),可以看出:

$$\boldsymbol{C}(1;1)=\boldsymbol{A}(1;1)\boldsymbol{B}(1;1)+\boldsymbol{A}(1;2)\boldsymbol{B}(2;1),$$
$$\boldsymbol{C}(1;2)=\boldsymbol{A}(1;1)\boldsymbol{B}(1;2)+\boldsymbol{A}(1;2)\boldsymbol{B}(2;2),$$
$$\boldsymbol{C}(2;1)=\boldsymbol{A}(2;1)\boldsymbol{B}(1;1)+\boldsymbol{A}(2;2)\boldsymbol{B}(2;1),$$
$$\boldsymbol{C}(2;2)=\boldsymbol{A}(2;1)\boldsymbol{B}(1;2)+\boldsymbol{A}(2;2)\boldsymbol{B}(2;2),$$

即 $\boldsymbol{C}$ 的(1,1)元等于 $\boldsymbol{A}$ 的第1行与 $\boldsymbol{B}$ 的第1列的对应元素的乘积之和;$\boldsymbol{C}$ 的(1,2)元是 $\boldsymbol{A}$ 的第1行与 $\boldsymbol{B}$ 的第2列对应元素的乘积之和,等等。

从旋转这个例子受到启发,引出了矩阵的乘法运算:

定义3 设 $\boldsymbol{A}=(a_{ij})_{s\times n}$,$\boldsymbol{B}=(b_{ij})_{n\times m}$,令

$$\boldsymbol{C}=(c_{ij})_{s\times m},$$

其中

$$c_{ij}=a_{i1}b_{1j}+a_{i2}b_{2j}+\cdots+a_{in}b_{nj}=\sum_{k=1}^{n}a_{ik}b_{kj},$$

$i=1,2,\cdots,s$; $j=1,2,\cdots,m$,则矩阵 $\boldsymbol{C}$ 称为矩阵 $\boldsymbol{A}$ 与 $\boldsymbol{B}$ 的**乘积**,记作 $\boldsymbol{C}=\boldsymbol{AB}$。

矩阵的乘法有以下几个要点:

(1) 只有左矩阵的列数与右矩阵的行数相同的两个矩阵才能相乘;

(2) 乘积矩阵的(i,j)元等于左矩阵的第 i 行与右矩阵的第 j 列的对应元素的乘积之和:

$$(\boldsymbol{AB})(i;j)=\sum_{k=1}^{n}[\boldsymbol{A}(i;k)]\boldsymbol{B}[(k;j)];$$

(3) 乘积矩阵的行数等于左矩阵的行数,乘积矩阵的列数等于右矩阵的列数。

例1 设

$$\boldsymbol{A}=\begin{bmatrix}1&-2\\0&3\\-1&2\end{bmatrix},\quad \boldsymbol{B}=\begin{bmatrix}4&5\\6&7\end{bmatrix},$$

求 $\boldsymbol{AB}$。

解

$$\boldsymbol{AB}=\begin{bmatrix}1&-2\\0&3\\-1&2\end{bmatrix}\begin{bmatrix}4&5\\6&7\end{bmatrix}=\begin{bmatrix}1\times4+(-2)\times6&1\times5+(-2)\times7\\0\times4+3\times6&0\times5+3\times7\\(-1)\times4+2\times6&(-1)\times5+2\times7\end{bmatrix}$$
$$=\begin{bmatrix}-8&-9\\18&21\\8&9\end{bmatrix}。$$

1° 矩阵的乘法适合**结合律**:设 $\boldsymbol{A}=(a_{ij})_{s\times n}$,$\boldsymbol{B}=(b_{ij})_{n\times m}$,$\boldsymbol{C}=(c_{ij})_{m\times r}$,则

$$(\boldsymbol{AB})\boldsymbol{C}=\boldsymbol{A}(\boldsymbol{BC})。\tag{6}$$

证明 显然,$(\boldsymbol{AB})\boldsymbol{C}$ 与 $\boldsymbol{A}(\boldsymbol{BC})$ 都是 $s\times r$ 矩阵。由于

$$[(\boldsymbol{AB})\boldsymbol{C}](i;j)=\sum_{l=1}^{m}[(\boldsymbol{AB})(i;l)]c_{lj}=\sum_{l=1}^{m}\left(\sum_{k=1}^{n}a_{ik}b_{kl}\right)c_{lj}=\sum_{l=1}^{m}\left(\sum_{k=1}^{n}a_{ik}b_{kl}c_{lj}\right),$$

$$[\boldsymbol{A}(\boldsymbol{BC})](i;j)=\sum_{k=1}^{n}a_{ik}[(\boldsymbol{BC})(k;j)]=\sum_{k=1}^{n}a_{ik}\left(\sum_{l=1}^{m}b_{kl}c_{lj}\right)=\sum_{k=1}^{n}\left(\sum_{l=1}^{m}a_{ik}b_{kl}c_{lj}\right)$$

$$= \sum_{l=1}^{m}\left(\sum_{k=1}^{n} a_{ik} b_{kl} c_{lj}\right),$$

因此

$$[(\boldsymbol{AB})\boldsymbol{C}](i;j) = [\boldsymbol{A}(\boldsymbol{BC})](i;j), \quad i = 1,2,\cdots,s; j = 1,2,\cdots,r,$$

从而

$$(\boldsymbol{AB})\boldsymbol{C}=\boldsymbol{A}(\boldsymbol{BC})。$$ ■

从例 1 看到，$\boldsymbol{A}$ 与 $\boldsymbol{B}$ 可以做乘法，但是 $\boldsymbol{B}$ 与 $\boldsymbol{A}$ 不能做乘法。这说明矩阵的乘法不适合交换律。即使 $\boldsymbol{A}$ 与 $\boldsymbol{B}$ 可以做乘法，$\boldsymbol{B}$ 与 $\boldsymbol{A}$ 也可以做乘法，但是也有可能 $\boldsymbol{AB} \neq \boldsymbol{BA}$。可以看下面两个例子：

例 2 设

$$\boldsymbol{A} = (1,1,1), \quad \boldsymbol{B} = \begin{bmatrix} 1 \\ 1 \\ 1 \end{bmatrix},$$

求 $\boldsymbol{AB}$ 与 $\boldsymbol{BA}$。

解

$$\boldsymbol{AB} = (1,1,1)\begin{bmatrix} 1 \\ 1 \\ 1 \end{bmatrix} = (3)$$

$$\boldsymbol{BA} = \begin{bmatrix} 1 \\ 1 \\ 1 \end{bmatrix}(1,1,1) = \begin{bmatrix} 1 & 1 & 1 \\ 1 & 1 & 1 \\ 1 & 1 & 1 \end{bmatrix}$$

如果运算的最后结果得到一个 1 级矩阵，那么我们可以把它写成一个数。在例 2 中，可以写 $\boldsymbol{AB}=3$。

一个行向量 $(a_1,a_2,\cdots,a_n)$ 可以看成 $1\times n$ 矩阵，一个列向量

$$\begin{bmatrix} a_1 \\ a_2 \\ \vdots \\ a_n \end{bmatrix}$$

可以看成 $n\times 1$ 矩阵。

例 3 设

$$\boldsymbol{A} = \begin{bmatrix} 0 & 1 \\ 0 & 0 \end{bmatrix}, \quad \boldsymbol{B} = \begin{bmatrix} 0 & 0 \\ 0 & 1 \end{bmatrix},$$

求 $\boldsymbol{AB}$ 与 $\boldsymbol{BA}$。

解

$$\boldsymbol{AB} = \begin{bmatrix} 0 & 1 \\ 0 & 0 \end{bmatrix}\begin{bmatrix} 0 & 0 \\ 0 & 1 \end{bmatrix} = \begin{bmatrix} 0 & 1 \\ 0 & 0 \end{bmatrix}$$

$$\boldsymbol{BA} = \begin{bmatrix} 0 & 0 \\ 0 & 1 \end{bmatrix}\begin{bmatrix} 0 & 1 \\ 0 & 0 \end{bmatrix} = \begin{bmatrix} 0 & 0 \\ 0 & 0 \end{bmatrix}$$

从例 3 还可以看到一个奇怪的现象：$\boldsymbol{B}\neq\boldsymbol{0}$，$\boldsymbol{A}\neq 0$，但是 $\boldsymbol{BA}=\boldsymbol{0}$。这一点希望读者要特别注

意，即，从 $\boldsymbol{BA}=\boldsymbol{0}$，不能推出 $\boldsymbol{B}=\boldsymbol{0}$ 或 $\boldsymbol{A}=\boldsymbol{0}$。

对于矩阵 $\boldsymbol{A}$，如果存在一个矩阵 $\boldsymbol{B}\neq\boldsymbol{0}$ 使得 $\boldsymbol{AB}=\boldsymbol{0}$，那么称 $\boldsymbol{A}$ 是一个**左零因子**；如果存在一个矩阵 $\boldsymbol{C}\neq\boldsymbol{0}$ 使得 $\boldsymbol{CA}=\boldsymbol{0}$，那么称 $\boldsymbol{A}$ 是一个**右零因子**。左零因子和右零因子统称为**零因子**。在例 3 中，$\boldsymbol{A}$ 是右零因子，$\boldsymbol{B}$ 是左零因子。由于

$$\begin{pmatrix}0&1\\0&0\end{pmatrix}\begin{pmatrix}1&0\\0&0\end{pmatrix}=\begin{pmatrix}0&0\\0&0\end{pmatrix},$$

因此例 3 中的矩阵 $\boldsymbol{A}$ 也是左零因子。

显然，零矩阵是零因子，称它是**平凡的零因子**。

2° 矩阵的乘法适合**左分配律**：

$$\boldsymbol{A}(\boldsymbol{B}+\boldsymbol{C})=\boldsymbol{AB}+\boldsymbol{AC},\tag{7}$$

也适合**右分配律**：

$$(\boldsymbol{B}+\boldsymbol{C})\boldsymbol{D}=\boldsymbol{BD}+\boldsymbol{CD}。\tag{8}$$

证明方法类似于结合律的证明。

例 4 设

$$\boldsymbol{A}=\begin{bmatrix}1&2\\3&4\end{bmatrix},\quad \boldsymbol{B}=\begin{bmatrix}0&3\\2&5\end{bmatrix},\quad \boldsymbol{C}=\begin{bmatrix}1&1\\1&1\end{bmatrix},$$

求 $\boldsymbol{AC}$ 与 $\boldsymbol{BC}$。

解

$$\boldsymbol{AC}=\begin{bmatrix}1&2\\3&4\end{bmatrix}\begin{bmatrix}1&1\\1&1\end{bmatrix}=\begin{bmatrix}3&3\\7&7\end{bmatrix}$$

$$\boldsymbol{BC}=\begin{bmatrix}0&3\\2&5\end{bmatrix}\begin{bmatrix}1&1\\1&1\end{bmatrix}=\begin{bmatrix}3&3\\7&7\end{bmatrix}。$$

从例 4 看到，$\boldsymbol{AC}=\boldsymbol{BC}$，但是 $\boldsymbol{A}\neq\boldsymbol{B}$，这说明矩阵的乘法不适合消去律，即，从 $\boldsymbol{AC}=\boldsymbol{BC}$ 且 $\boldsymbol{C}\neq\boldsymbol{0}$，不能推出 $\boldsymbol{A}=\boldsymbol{B}$。

3° 主对角线上元素都是 1，其余元素都是 0 的 n 级矩阵称为 n 级**单位矩阵**，记作 $\boldsymbol{I}_n$，或简记作 $\boldsymbol{I}$。容易直接计算得

$$\boldsymbol{I}_s\boldsymbol{A}_{s\times n}=\boldsymbol{A}_{s\times n},\quad \boldsymbol{A}_{s\times n}\boldsymbol{I}_n=\boldsymbol{A}_{s\times n}。\tag{9}$$

特别地，如果 $\boldsymbol{A}$ 是 n 级矩阵，则

$$\boldsymbol{IA}=\boldsymbol{AI}=\boldsymbol{A}。\tag{10}$$

4° 矩阵的乘法与数量乘法满足下述关系式：

$$k(\boldsymbol{AB})=(k\boldsymbol{A})\boldsymbol{B}=\boldsymbol{A}(k\boldsymbol{B})。\tag{11}$$

证明 设 $\boldsymbol{A}=(a_{ij})_{s\times n}$，$\boldsymbol{B}=(b_{ij})_{n\times m}$。显然 $k(\boldsymbol{AB})$，$(k\boldsymbol{A})\boldsymbol{B}$，$\boldsymbol{A}(k\boldsymbol{B})$ 都是 $s\times m$ 矩阵。由于

$$[k(\boldsymbol{AB})](i;j)=k[(\boldsymbol{AB})(i;j)]=k\left(\sum_{l=1}^{n}a_{il}b_{lj}\right)=\sum_{l=1}^{n}ka_{il}b_{lj},$$

$$[(k\boldsymbol{A})\boldsymbol{B}](i;j)=\sum_{l=1}^{n}(k\boldsymbol{A})(i;l)b_{lj}=\sum_{l=1}^{n}ka_{il}b_{lj},$$

$$[\boldsymbol{A}(k\boldsymbol{B})](i;j)=\sum_{l=1}^{n}a_{il}[(k\boldsymbol{B})(l;j)]=\sum_{l=1}^{n}a_{il}kb_{lj},$$

因此

$$[k(\boldsymbol{AB})](i;j)=[(k\boldsymbol{A})\boldsymbol{B}](i;j)=[\boldsymbol{A}(k\boldsymbol{B})](i;j),$$

$i=1,2,\cdots,s;j=1,2,\cdots,m$,从而

$$k(\boldsymbol{AB})=(k\boldsymbol{A})\boldsymbol{B}=\boldsymbol{A}(k\boldsymbol{B})。$$ ■

主对角线上元素是同一个数 k,其余元素全为 0 的 n 级矩阵称为**数量矩阵**,它可以写成 $k\boldsymbol{I}$。容易看出

$$k\boldsymbol{I}+l\boldsymbol{I}=(k+l)\boldsymbol{I},\tag{12}$$

$$k(l\boldsymbol{I})=(kl)\boldsymbol{I},\tag{13}$$

$$(k\boldsymbol{I})(l\boldsymbol{I})=(kl)\boldsymbol{I}。\tag{14}$$

上述三个式子表明:n 级数量矩阵组成的集合对于矩阵的加法、数量乘法与乘法三种运算都封闭。

根据(11)和式(9),得

$$(k\boldsymbol{I})\boldsymbol{A}=k\boldsymbol{A},\quad \boldsymbol{A}(k\boldsymbol{I})=k\boldsymbol{A}。\tag{15}$$

式(15)表明:数量矩阵 $k\boldsymbol{I}$ 乘 $\boldsymbol{A}$ 等于 k 乘 $\boldsymbol{A}$。

前面已指出,矩阵的乘法不适合交换律,但是对于具体的两个矩阵 $\boldsymbol{A}$ 与 $\boldsymbol{B}$,也有可能 $\boldsymbol{AB}=\boldsymbol{BA}$。如果 $\boldsymbol{AB}=\boldsymbol{BA}$,则称 $\boldsymbol{A}$ 与 $\boldsymbol{B}$ **可交换**。从式(15)得出,如果 $\boldsymbol{A}$ 是 n 级矩阵,则

$$(k\boldsymbol{I})\boldsymbol{A}=\boldsymbol{A}(k\boldsymbol{I}),\tag{16}$$

即数量矩阵与任一同级矩阵可交换。

由于矩阵的乘法适合结合律,因此可以定义 n 级矩阵 $\boldsymbol{A}$ 的非负整数次幂

$$\boldsymbol{A}^m \xlongequal{\text{def}} \underbrace{\boldsymbol{A}\cdot\boldsymbol{A}\cdot\cdots\cdot\boldsymbol{A}}_{m\text{个}},\quad m\in\mathbf{Z}^+;$$

$$\boldsymbol{A}^0 \xlongequal{\text{def}} \boldsymbol{I}。$$

容易看出,对于任意自然数 k,l,有

$$\boldsymbol{A}^k\boldsymbol{A}^l=\boldsymbol{A}^{k+l},\quad (\boldsymbol{A}^k)^l=\boldsymbol{A}^{kl}。\tag{17}$$

由于矩阵的乘法不满足交换律,因此一般来说,$(\boldsymbol{AB})^k\neq\boldsymbol{A}^k\boldsymbol{B}^k$,从而对于矩阵来说,没有二项式定理。但是如果矩阵 $\boldsymbol{A}$ 与 $\boldsymbol{B}$ 可交换,那么$(\boldsymbol{A}+\boldsymbol{B})^m$ 可以按照二项式定理展开。

矩阵的加法、数量乘法、乘法与矩阵的转置的关系如下:

1° $(\boldsymbol{A}+\boldsymbol{B})'=\boldsymbol{A}'+\boldsymbol{B}'$; 2° $(k\boldsymbol{A})'=k\boldsymbol{A}'$;

3° $(\boldsymbol{AB})'=\boldsymbol{B}'\boldsymbol{A}'$。

特别要注意:$(\boldsymbol{AB})'=\boldsymbol{B}'\boldsymbol{A}'$。

证明 1°与 2°的证明很容易,留给读者。现在进行 3°的证明。

设 $\boldsymbol{A}=(a_{ij})_{s\times n}$,$\boldsymbol{B}=(b_{ij})_{n\times m}$,则$(\boldsymbol{AB})'$与 $\boldsymbol{B}'\boldsymbol{A}'$都是 $m\times s$ 矩阵。由于

$$(\boldsymbol{AB})'(i;j)=(\boldsymbol{AB})(j;i)=\sum_{k=1}^{n}a_{jk}b_{ki},$$

$$(\boldsymbol{B}'\boldsymbol{A}')(i;j)=\sum_{k=1}^{n}\boldsymbol{B}'(i;k)\boldsymbol{A}'(k;j)=\sum_{k=1}^{n}b_{ki}a_{jk},$$

因此$(\boldsymbol{AB})'(i;j)=(\boldsymbol{B}'\boldsymbol{A}')(i;j)$，$i=1,2,\cdots,m$；$j=1,2,\cdots,s$，从而$(\boldsymbol{AB})'=\boldsymbol{B}'\boldsymbol{A}'$。■

显然 $(\boldsymbol{A}')'=\boldsymbol{A}$。

如果 n 元线性方程组的系数矩阵为 $\boldsymbol{A}$，常数项组成的列向量为 $\boldsymbol{\beta}$，未知量 $x_1,x_2,\cdots,x_n$ 组成的列向量为 $\boldsymbol{x}$，那么利用矩阵的乘法可以把 n 元线性方程组

$$\begin{cases} a_{11}x_1+a_{12}x_2+\cdots+a_{1n}x_n=b_1 \\ a_{21}x_1+a_{22}x_2+\cdots+a_{2n}x_n=b_2 \\ \vdots \quad\quad \vdots \quad\quad \vdots \quad\quad \vdots \quad\quad \vdots \\ a_{s1}x_1+a_{s2}x_2+\cdots+a_{sn}x_n=b_s \end{cases} \tag{18}$$

写成

$$\begin{pmatrix} a_{11} & a_{12} & \cdots & a_{1n} \\ a_{21} & a_{22} & \cdots & a_{2n} \\ \vdots & \vdots & & \vdots \\ a_{s1} & a_{s2} & \cdots & a_{sn} \end{pmatrix}\begin{pmatrix} x_1 \\ x_2 \\ \vdots \\ x_n \end{pmatrix}=\begin{pmatrix} b_1 \\ b_2 \\ \vdots \\ b_s \end{pmatrix} \tag{19}$$

即

$$\boldsymbol{Ax}=\boldsymbol{\beta}。$$

相应的齐次线性方程组可以简洁地表示成

$$\boldsymbol{Ax}=\boldsymbol{0}。$$

于是列向量 $\boldsymbol{\eta}$ 是齐次线性方程组 $\boldsymbol{Ax}=\boldsymbol{0}$ 的解当且仅当 $\boldsymbol{A\eta}=0$。这个结论经常要用到。

如果 $\boldsymbol{A}$ 的列向量组为 $\boldsymbol{\alpha}_1,\boldsymbol{\alpha}_2,\cdots,\boldsymbol{\alpha}_n$，那么可以把 $\boldsymbol{A}$ 记成：$\boldsymbol{A}=(\boldsymbol{\alpha}_1,\boldsymbol{\alpha}_2,\cdots,\boldsymbol{\alpha}_n)$。

设 $\boldsymbol{A}=(a_{ij})_{s\times n}$，$\boldsymbol{B}=(b_{ij})_{n\times m}$。$\boldsymbol{A}$ 的列向量组为 $\boldsymbol{\alpha}_1,\boldsymbol{\alpha}_2,\cdots,\boldsymbol{\alpha}_n$。按照矩阵乘法的定义，$\boldsymbol{AB}$ 的第 j 列为

$$\begin{pmatrix} a_{11}b_{1j}+a_{12}b_{2j}+\cdots+a_{1n}b_{nj} \\ a_{21}b_{1j}+a_{22}b_{2j}+\cdots+a_{2n}b_{nj} \\ \vdots \quad\quad \vdots \quad\quad \vdots \\ a_{s1}b_{1j}+a_{s2}b_{2j}+\cdots+a_{sn}b_{nj} \end{pmatrix}=b_{1j}\boldsymbol{\alpha}_1+b_{2j}\boldsymbol{\alpha}_2+\cdots+b_{nj}\boldsymbol{\alpha}_n$$

于是

$$\begin{aligned}\boldsymbol{AB}&=(\boldsymbol{\alpha}_1,\boldsymbol{\alpha}_2,\cdots,\boldsymbol{\alpha}_n)\begin{pmatrix} b_{11} & b_{12} & \cdots & b_{1m} \\ b_{21} & b_{22} & \cdots & b_{2m} \\ \vdots & \vdots & & \vdots \\ b_{n1} & b_{n2} & \cdots & b_{nm} \end{pmatrix} \\ &=(b_{11}\boldsymbol{\alpha}_1+b_{21}\boldsymbol{\alpha}_2+\cdots+b_{n1}\boldsymbol{\alpha}_n,\cdots,b_{1m}\boldsymbol{\alpha}_1+b_{2m}\boldsymbol{\alpha}_2+\cdots+b_{nm}\boldsymbol{\alpha}_n)。\end{aligned}$$

由此看出：$\boldsymbol{A}$ 乘以 $\boldsymbol{B}$ 可以把 $\boldsymbol{A}$ 的列向量组分别与 $\boldsymbol{B}$ 的每一列的对应元素的乘积之和作为 $\boldsymbol{AB}$ 的相应的列向量。这是矩阵乘法的第二种表述方式。

类似地，设矩阵 $\boldsymbol{B}=(b_{ij})_{n\times m}$ 的行向量组为 $\boldsymbol{\gamma}_1,\boldsymbol{\gamma}_2,\cdots,\boldsymbol{\gamma}_n$，则

$$\boldsymbol{AB}=\begin{pmatrix} a_{11} & a_{12} & \cdots & a_{1n} \\ a_{21} & a_{22} & \cdots & a_{2n} \\ \vdots & \vdots & & \vdots \\ a_{s1} & a_{s2} & \cdots & a_{sn} \end{pmatrix}\begin{pmatrix} \boldsymbol{\gamma}_1 \\ \boldsymbol{\gamma}_2 \\ \vdots \\ \boldsymbol{\gamma}_n \end{pmatrix}=\begin{pmatrix} a_{11}\boldsymbol{\gamma}_1+a_{12}\boldsymbol{\gamma}_2+\cdots+a_{1n}\boldsymbol{\gamma}_n \\ a_{21}\boldsymbol{\gamma}_1+a_{22}\boldsymbol{\gamma}_2+\cdots+a_{2n}\boldsymbol{\gamma}_n \\ \vdots \quad\quad \vdots \quad\quad \vdots \\ a_{s1}\boldsymbol{\gamma}_1+a_{s2}\boldsymbol{\gamma}_2+\cdots+a_{sn}\boldsymbol{\gamma}_n \end{pmatrix}。$$

由此看出：$\boldsymbol{A}$ 乘以 $\boldsymbol{B}$ 可以把 $\boldsymbol{A}$ 的每一行元素与 $\boldsymbol{B}$ 的行向量组的对应行向量的乘积之和作为 $\boldsymbol{AB}$ 的相应的行向量。这是矩阵乘法的第三种表述方式。

4.1.2 典型例题

例1 设 $\boldsymbol{I}$ 是 n 级单位矩阵，$\boldsymbol{J}$ 是元素全为1的 n 级矩阵。设 n 级矩阵 $\boldsymbol{M}$ 为

$$\boldsymbol{M}=\begin{pmatrix} k & \lambda & \lambda & \cdots & \lambda \\ \lambda & k & \lambda & \cdots & \lambda \\ \vdots & \vdots & \vdots & & \vdots \\ \lambda & \lambda & \lambda & \cdots & k \end{pmatrix},$$

把 $\boldsymbol{M}$ 表示成 $x\boldsymbol{I}+y\boldsymbol{J}$ 的形式，其中 x,y 是待定系数。

解

$$\boldsymbol{M}=\begin{pmatrix} (k-\lambda)+\lambda & 0+\lambda & 0+\lambda & \cdots & 0+\lambda \\ 0+\lambda & (k-\lambda)+\lambda & 0+\lambda & \cdots & 0+\lambda \\ \vdots & \vdots & \vdots & & \vdots \\ 0+\lambda & 0+\lambda & 0+\lambda & \cdots & (k-\lambda)+\lambda \end{pmatrix}$$

$$=\begin{pmatrix} k-\lambda & 0 & 0 & \cdots & 0 \\ 0 & k-\lambda & 0 & \cdots & 0 \\ \vdots & \vdots & \vdots & & \vdots \\ 0 & 0 & 0 & \cdots & k-\lambda \end{pmatrix}+\begin{pmatrix} \lambda & \lambda & \lambda & \cdots & \lambda \\ \lambda & \lambda & \lambda & \cdots & \lambda \\ \vdots & \vdots & \vdots & & \vdots \\ \lambda & \lambda & \lambda & \cdots & \lambda \end{pmatrix}$$

$$=(k-\lambda)\boldsymbol{I}+\lambda\boldsymbol{J}$$

例2 用 $\mathbf{1}_n$ 表示分量全为1的 n 维列向量（即元素全为1的 $n\times 1$ 矩阵）。设 $\boldsymbol{A}=(a_{ij})_{s\times n}$，$\boldsymbol{B}=(b_{ij})_{n\times m}$。计算 $\boldsymbol{A}\mathbf{1}_n$，$\mathbf{1}_n'\boldsymbol{B}$，$\mathbf{1}_n'\mathbf{1}_n$，$\mathbf{1}_n\mathbf{1}_n'$。

解

$$\boldsymbol{A}\mathbf{1}_n=\begin{pmatrix} a_{11} & a_{12} & \cdots & a_{1n} \\ a_{21} & a_{22} & \cdots & a_{2n} \\ \vdots & \vdots & & \vdots \\ a_{s1} & a_{s2} & \cdots & a_{sn} \end{pmatrix}\begin{pmatrix} 1 \\ 1 \\ \vdots \\ 1 \end{pmatrix}=\begin{pmatrix} a_{11}+a_{12}+\cdots+a_{1n} \\ a_{21}+a_{22}+\cdots+a_{2n} \\ \vdots \\ a_{s1}+a_{s2}+\cdots+a_{sn} \end{pmatrix}$$

$$\mathbf{1}_n'\boldsymbol{B}=(1,1,\cdots,1)\begin{pmatrix} b_{11} & b_{12} & \cdots & b_{1m} \\ b_{21} & b_{22} & \cdots & b_{2m} \\ \vdots & \vdots & & \vdots \\ b_{n1} & b_{n2} & \cdots & b_{nm} \end{pmatrix}$$

$$=(b_{11}+b_{21}+\cdots+b_{n1},b_{12}+b_{22}+\cdots+b_{n2},\cdots,b_{1m}+b_{2m}+\cdots+b_{nm})$$

$$\mathbf{1}_n'\mathbf{1}_n=(1,1,\cdots,1)\begin{pmatrix} 1 \\ 1 \\ \vdots \\ 1 \end{pmatrix}=(n)=n$$

$$\mathbf{1}_n\mathbf{1}_n'=\begin{pmatrix}1\\1\\\vdots\\1\end{pmatrix}(1,1,\cdots,1)=\begin{pmatrix}1&1&\cdots&1\\1&1&\cdots&1\\\vdots&\vdots&&\vdots\\1&1&\cdots&1\end{pmatrix}=\boldsymbol{J}$$

点评：例 2 表明：$\boldsymbol{A}\mathbf{1}_n$ 等于 $\boldsymbol{A}$ 的各行的行和组成的列向量，$\mathbf{1}_n'\boldsymbol{B}$ 等于 $\boldsymbol{B}$ 的各列的列和组成的行向量；$\mathbf{1}_n'\mathbf{1}_n$ 等于 n；$\mathbf{1}_n\mathbf{1}_n'$ 等于 $\boldsymbol{J}$。

例 3 设 $\boldsymbol{A},\boldsymbol{B}$ 都是数域 $\boldsymbol{K}$ 上的 n 级矩阵，令

$$[\boldsymbol{A},\boldsymbol{B}]\xlongequal{\text{def}}\boldsymbol{AB}-\boldsymbol{BA},$$

称$[\boldsymbol{A},\boldsymbol{B}]$是 $\boldsymbol{A}$ 与 $\boldsymbol{B}$ 的**换位元素**。设

$$\boldsymbol{M}_1=\begin{pmatrix}0&0&0\\0&0&-1\\0&1&0\end{pmatrix},\boldsymbol{M}_2=\begin{pmatrix}0&0&1\\0&0&0\\-1&0&0\end{pmatrix},\boldsymbol{M}_3=\begin{pmatrix}0&-1&0\\1&0&0\\0&0&0\end{pmatrix},$$

求$[\boldsymbol{M}_1,\boldsymbol{M}_2]$，$[\boldsymbol{M}_2,\boldsymbol{M}_3]$，$[\boldsymbol{M}_3,\boldsymbol{M}_1]$。

解 $[\boldsymbol{M}_1,\boldsymbol{M}_2]=\boldsymbol{M}_1\boldsymbol{M}_2-\boldsymbol{M}_2\boldsymbol{M}_1=\boldsymbol{M}_3$，$[\boldsymbol{M}_2,\boldsymbol{M}_3]=\boldsymbol{M}_1$，$[\boldsymbol{M}_3,\boldsymbol{M}_1]=\boldsymbol{M}_2$.

例 4 证明：对于数域 $\boldsymbol{K}$ 上任意 n 级矩阵 $\boldsymbol{A},\boldsymbol{B},\boldsymbol{C}$，任意 $k_1,k_2\in\boldsymbol{K}$，有

(1) $[k_1\boldsymbol{A}+k_2\boldsymbol{B},\boldsymbol{C}]=k_1[\boldsymbol{A},\boldsymbol{C}]+k_2[\boldsymbol{B},\boldsymbol{C}]$；

(2) $[\boldsymbol{A},\boldsymbol{B}]=-[\boldsymbol{B},\boldsymbol{A}]$；

(3) $[\boldsymbol{A},[\boldsymbol{B},\boldsymbol{C}]]+[\boldsymbol{B},[\boldsymbol{C},\boldsymbol{A}]]+[\boldsymbol{C},[\boldsymbol{A},\boldsymbol{B}]]=\mathbf{0}$。

证明 (1) $[k_1\boldsymbol{A}+k_2\boldsymbol{B},\boldsymbol{C}]=(k_1\boldsymbol{A}+k_2\boldsymbol{B})\boldsymbol{C}-\boldsymbol{C}(k_1\boldsymbol{A}+k_2\boldsymbol{B})$

$=k_1(\boldsymbol{AC}-\boldsymbol{CA})+k_2(\boldsymbol{BC}-\boldsymbol{CB})=k_1[\boldsymbol{A},\boldsymbol{C}]+k_2[\boldsymbol{B},\boldsymbol{C}]$；

(2) $[\boldsymbol{A},\boldsymbol{B}]=\boldsymbol{AB}-\boldsymbol{BA}=-(\boldsymbol{BA}-\boldsymbol{AB})=-[\boldsymbol{B},\boldsymbol{A}]$；

(3) $[\boldsymbol{A},[\boldsymbol{B},\boldsymbol{C}]]=\boldsymbol{A}[\boldsymbol{B},\boldsymbol{C}]-[\boldsymbol{B},\boldsymbol{C}]\boldsymbol{A}=\boldsymbol{A}(\boldsymbol{BC}-\boldsymbol{CB})-(\boldsymbol{BC}-\boldsymbol{CB})\boldsymbol{A}$

$=\boldsymbol{ABC}-\boldsymbol{ACB}-\boldsymbol{BCA}+\boldsymbol{CBA}$,

$[\boldsymbol{B},[\boldsymbol{C},\boldsymbol{A}]]=\boldsymbol{BCA}-\boldsymbol{BAC}-\boldsymbol{CAB}+\boldsymbol{ACB}$,

$[\boldsymbol{C},[\boldsymbol{A},\boldsymbol{B}]]=\boldsymbol{CAB}-\boldsymbol{CBA}-\boldsymbol{ABC}+\boldsymbol{BAC}$,

因此 $$[\boldsymbol{A},[\boldsymbol{B},\boldsymbol{C}]]+[\boldsymbol{B},[\boldsymbol{C},\boldsymbol{A}]]+[\boldsymbol{C},[\boldsymbol{A},\boldsymbol{B}]]=\mathbf{0}。$$ ■

例 5 设 $\boldsymbol{A},\boldsymbol{B}$ 都是 n 级矩阵。如果 $\boldsymbol{A}^2=\boldsymbol{B}^2$，是否可推出 $\boldsymbol{A}=\boldsymbol{B}$ 或 $\boldsymbol{A}=-\boldsymbol{B}$?

解 $\boldsymbol{A}^2=\boldsymbol{B}^2$ 可推出 $\boldsymbol{A}^2-\boldsymbol{B}^2=\mathbf{0}$，由于 $\boldsymbol{A}$ 与 $\boldsymbol{B}$ 不一定可交换，因此 $\boldsymbol{A}^2-\boldsymbol{B}^2\neq(\boldsymbol{A}+\boldsymbol{B})(\boldsymbol{A}-\boldsymbol{B})$。即使 $\boldsymbol{A}$ 与 $\boldsymbol{B}$ 可交换，有 $\boldsymbol{A}^2-\boldsymbol{B}^2=(\boldsymbol{A}+\boldsymbol{B})(\boldsymbol{A}-\boldsymbol{B})$，从而有$(\boldsymbol{A}+\boldsymbol{B})(\boldsymbol{A}-\boldsymbol{B})=\mathbf{0}$，但是也推不出 $\boldsymbol{A}+\boldsymbol{B}=\mathbf{0}$ 或 $\boldsymbol{A}-\boldsymbol{B}=\mathbf{0}$。

例如，设 $\boldsymbol{A}=\boldsymbol{I}_2$，$\boldsymbol{B}=\begin{pmatrix}1&0\\0&-1\end{pmatrix}$，则

$$\boldsymbol{A}^2=\boldsymbol{B}^2,$$

但是 $\boldsymbol{A}\neq\boldsymbol{B}$ 且 $\boldsymbol{A}\neq-\boldsymbol{B}$。

例 6 计算 $\boldsymbol{A}^m$，其中 m 是正整数，且

$$\boldsymbol{A}=\begin{pmatrix}2&3\\0&2\end{pmatrix},$$

$$A=\begin{pmatrix}2&3\\0&2\end{pmatrix}=\begin{pmatrix}2&0\\0&2\end{pmatrix}+\begin{pmatrix}0&3\\0&0\end{pmatrix}=2I+3B,$$

其中 $B=\begin{pmatrix}0&1\\0&0\end{pmatrix}$。直接计算得

$$B^2=\begin{pmatrix}0&1\\0&0\end{pmatrix}\begin{pmatrix}0&1\\0&0\end{pmatrix}=\begin{pmatrix}0&0\\0&0\end{pmatrix}。$$

由于$(2I)(3B)=(3B)(2I)$,因此由二项式定理得

$$\begin{aligned}A^m&=(2I+3B)^m=(2I)^m+C_m^1(2I)^{m-1}(3B)=2^mI+2^{m-1}\cdot 3mB\\&=\begin{pmatrix}2^m&2^{m-1}\cdot 3m\\0&2^m\end{pmatrix}。\end{aligned}$$

例 7　计算 A^m,其中 m 是正整数,

$$A=\begin{pmatrix}a&c\\0&b\end{pmatrix}。$$

解

$$A^2=\begin{pmatrix}a&c\\0&b\end{pmatrix}\begin{pmatrix}a&c\\0&b\end{pmatrix}=\begin{pmatrix}a^2&(a+b)c\\0&b^2\end{pmatrix}$$

$$A^3=\begin{pmatrix}a^2&(a+b)c\\0&b^2\end{pmatrix}\begin{pmatrix}a&c\\0&b\end{pmatrix}=\begin{pmatrix}a^3&(a^2+ab+b^2)c\\0&b^3\end{pmatrix}$$

$$A^4=\begin{pmatrix}a^3&(a^2+ab+b^2)c\\0&b^3\end{pmatrix}\begin{pmatrix}a&c\\0&b\end{pmatrix}=\begin{pmatrix}a^4&(a^3+a^2b+ab^2+b^3)c\\0&b^4\end{pmatrix}$$

由上述猜想得

$$A^m=\begin{pmatrix}a^m&(a^{m-1}+a^{m-2}b+a^{m-3}b^2+\cdots+ab^{m-2}+b^{m-1})c\\0&b^m\end{pmatrix}。\tag{20}$$

当 $m=1$ 时,式(20)右边$=\begin{pmatrix}a&c\\0&b\end{pmatrix}=$左边,因此此时命题为真。

假设 A^{m-1}时命题为真,来看

$$\begin{aligned}A^m&=\begin{pmatrix}a^{m-1}&(a^{m-2}+a^{m-3}b+\cdots+ab^{m-3}+b^{m-2})c\\0&b^{m-1}\end{pmatrix}\begin{pmatrix}a&c\\0&b\end{pmatrix}\\&=\begin{pmatrix}a^m&(a^{m-1}+a^{m-2}b+a^{m-3}b^2+\cdots+ab^{m-2}+b^{m-1})c\\0&b^m\end{pmatrix}。\end{aligned}$$

由数学归纳法原理,对于任意正整数 m,式(20)成立。

注意:虽然可以把 A 写成 $A=\begin{pmatrix}a&0\\0&b\end{pmatrix}+\begin{pmatrix}0&c\\0&0\end{pmatrix}$,但是$\begin{pmatrix}a&0\\0&b\end{pmatrix}$与$\begin{pmatrix}0&c\\0&0\end{pmatrix}$不一定可交换,因此二项式定理对于此题不适用。

例 8　计算 A^m,其中 m 是正整数,

$$A=\begin{pmatrix}\cos\varphi&-\sin\varphi\\\sin\varphi&\cos\varphi\end{pmatrix}。$$

解 由于 $\boldsymbol{A}$ 表示平面内绕原点 O 转角为 φ 的旋转 σ，因此 $\boldsymbol{A}^m$ 表示旋转 σ^m。由于 σ^m 是绕原点 O 的转角为 $m\varphi$ 的旋转，因此

$$\boldsymbol{A}^m=\begin{pmatrix}\cos m\varphi & -\sin m\varphi\\ \sin m\varphi & \cos m\varphi\end{pmatrix}。$$

例 9 计算 $\boldsymbol{A}^m$，其中 m 是正整数，

$$\boldsymbol{A}=\begin{pmatrix}0&1&0&\cdots&0\\0&0&1&\cdots&0\\ \vdots&\vdots&\vdots&&\vdots\\0&0&0&\cdots&1\\0&0&0&\cdots&0\end{pmatrix}_{n\times n}$$

解

$$\boldsymbol{A}^2=\begin{pmatrix}0&1&0&\cdots&0\\0&0&1&\cdots&0\\ \vdots&\vdots&\vdots&&\vdots\\0&0&0&\cdots&1\\0&0&0&\cdots&0\end{pmatrix}\begin{pmatrix}0&1&0&\cdots&0\\0&0&1&\cdots&0\\ \vdots&\vdots&\vdots&&\vdots\\0&0&0&\cdots&1\\0&0&0&\cdots&0\end{pmatrix}=\begin{pmatrix}0&0&1&0&\cdots&0\\0&0&0&1&\cdots&0\\ \vdots&\vdots&\vdots&\vdots&&\vdots\\0&0&0&0&\cdots&1\\0&0&0&0&\cdots&0\\0&0&0&0&\cdots&0\end{pmatrix}$$

由此猜想：当 $m<n$ 时，

$$\boldsymbol{A}^m=\begin{pmatrix}\overbrace{\begin{matrix}0&0&\cdots&0\\0&0&\cdots&0\\ \vdots&\vdots&&\vdots\\0&0&\cdots&0\\0&0&\cdots&0\\ \vdots&\vdots&&\vdots\\0&0&\cdots&0\end{matrix}}^{m\text{列}}&\begin{matrix}1&0&\cdots&0\\0&1&\cdots&0\\ \vdots&\vdots&&\vdots\\0&0&\cdots&1\\0&0&\cdots&0\\ \vdots&\vdots&&\vdots\\0&0&\cdots&0\end{matrix}\end{pmatrix}\begin{matrix}\\ \\ \\ \\ \left.\begin{matrix}\\ \\ \\ \end{matrix}\right\}m\text{行}\end{matrix}。\tag{21}$$

用数学归纳法证明上述猜想。当 $m=1$ 时，显然命题成立。

假设当 $m<n$ 时，对于 $\boldsymbol{A}^{m-1}$ 命题成立，来看

$$\boldsymbol{A}^m=\begin{matrix}\\ \\ \\ \\ m-1\text{行}\left\{\begin{matrix}\\ \\ \\ \end{matrix}\right.\end{matrix}\begin{pmatrix}\overbrace{\begin{matrix}0&0&\cdots&0\\0&0&\cdots&0\\ \vdots&\vdots&&\vdots\\0&0&\cdots&0\\0&0&\cdots&0\\ \vdots&\vdots&&\vdots\\0&0&\cdots&0\end{matrix}}^{m-1\text{列}}&\begin{matrix}1&0&\cdots&0\\0&1&\cdots&0\\ \vdots&\vdots&&\vdots\\0&0&\cdots&1\\0&0&\cdots&0\\ \vdots&\vdots&&\vdots\\0&0&\cdots&0\end{matrix}\end{pmatrix}\begin{pmatrix}0&1&0&\cdots&0\\0&0&1&\cdots&0\\ \vdots&\vdots&\vdots&&\vdots\\0&0&0&\cdots&1\\0&0&0&\cdots&0\end{pmatrix}$$

$$=\begin{pmatrix} \overbrace{0 & 0 & \cdots & 0}^{m\text{列}} & 1 & 0 & \cdots & 0 \\ 0 & 0 & \cdots & 0 & 0 & 1 & \cdots & 0 \\ \vdots & \vdots & & \vdots & \vdots & \vdots & & \vdots \\ 0 & 0 & \cdots & 0 & 0 & 0 & \cdots & 1 \\ 0 & 0 & \cdots & 0 & 0 & 0 & \cdots & 0 \\ \vdots & \vdots & & \vdots & \vdots & \vdots & & \vdots \\ 0 & 0 & \cdots & 0 & 0 & 0 & \cdots & 0 \end{pmatrix}\left.\begin{matrix} \\ \\ \\ \end{matrix}\right\} m\text{行}。$$

由数学归纳法原理,当 $1\leqslant m<n$ 时,式(21)成立。

当 $m=n$ 时,

$$\boldsymbol{A}^n=\begin{pmatrix} \overbrace{0 & 0 & \cdots & 0}^{n-1\text{列}} & 1 \\ 0 & 0 & \cdots & 0 & 0 \\ \vdots & \vdots & & \vdots & \vdots \\ 0 & 0 & \cdots & 0 & 0 \end{pmatrix}\begin{pmatrix} 0 & 1 & 0 & \cdots & 0 \\ 0 & 0 & 1 & \cdots & 0 \\ \vdots & \vdots & \vdots & & \vdots \\ 0 & 0 & 0 & \cdots & 1 \\ 0 & 0 & 0 & \cdots & 0 \end{pmatrix}=\begin{pmatrix} 0 & 0 & 0 & \cdots & 0 \\ 0 & 0 & 0 & \cdots & 0 \\ \vdots & \vdots & \vdots & & \vdots \\ 0 & 0 & 0 & \cdots & 0 \end{pmatrix},$$

因此当 $m\geqslant n$ 时,有 $\boldsymbol{A}^m=\boldsymbol{0}$。

点评:例 9 中的 n 级矩阵 $\boldsymbol{A}$ 有重要应用,应当记住例 9 的结论。从例 9 的结论还可推出

$$\operatorname{rank}(\boldsymbol{A}^m)=\begin{cases} n-m, & \text{当 } m<n; \\ 0, & \text{当 } m\geqslant n。\end{cases}$$

例 10 设 $\boldsymbol{A}$ 是数域 K 上的 $s\times n$ 矩阵,证明:如果对于 K^n 中任一列向量 $\boldsymbol{\eta}$,都有 $\boldsymbol{A\eta}=\boldsymbol{0}$,那么 $\boldsymbol{A}=0$。

证明 假设 $\boldsymbol{A}\neq\boldsymbol{0}$,由已知条件得,$K^n$ 中任一列向量 $\boldsymbol{\eta}$ 都是 n 元齐次线性方程组 $\boldsymbol{Ax}=\boldsymbol{0}$ 的解,从而齐次线性方程组 $\boldsymbol{Ax}=\boldsymbol{0}$ 的解空间 $W=K^n$。由于 $\dim W=n-\operatorname{rank}(\boldsymbol{A})$,因此

$$n=n-\operatorname{rank}(\boldsymbol{A}),$$

由此推出 $\operatorname{rank}(\boldsymbol{A})=0$,从而 $\boldsymbol{A}=\boldsymbol{0}$,矛盾。 ■

点评: 在讲了本章 4.5 节矩阵的分块后,例 10 还可以如下证明:

$$\boldsymbol{A}=\boldsymbol{AI}=\boldsymbol{A}(\boldsymbol{\varepsilon}_1,\boldsymbol{\varepsilon}_2,\cdots,\boldsymbol{\varepsilon}_n)=(\boldsymbol{A\varepsilon}_1,\boldsymbol{A\varepsilon}_2,\cdots,\boldsymbol{A\varepsilon}_n)=(\boldsymbol{0},\boldsymbol{0},\cdots,\boldsymbol{0})=\boldsymbol{0}。$$

例 11 求与数域 K 上 3 级矩阵 $\boldsymbol{A}$ 可交换的所有矩阵,设

$$\boldsymbol{A}=\begin{pmatrix} 3 & 1 & 0 \\ 0 & 3 & 1 \\ 0 & 0 & 3 \end{pmatrix}。$$

解 容易看出与 3 级矩阵 $\boldsymbol{A}$ 可交换的矩阵必定是 3 级矩阵。设 $\boldsymbol{X}=(x_{ij})_{3\times3}$ 与 $\boldsymbol{A}$ 可交换。

$$\boldsymbol{A}=\begin{pmatrix} 3 & 0 & 0 \\ 0 & 3 & 0 \\ 0 & 0 & 3 \end{pmatrix}+\begin{pmatrix} 0 & 1 & 0 \\ 0 & 0 & 1 \\ 0 & 0 & 0 \end{pmatrix}=3\boldsymbol{I}+\boldsymbol{B},$$

其中

$$B=\begin{pmatrix}0&1&0\\0&0&1\\0&0&0\end{pmatrix}。$$

由于 3 级数量矩阵 $3\boldsymbol{I}$ 与任意 3 级矩阵可交换，因此

$$\boldsymbol{AX}=\boldsymbol{XA}\iff \boldsymbol{BX}=\boldsymbol{XB}$$

从

$$\begin{pmatrix}0&1&0\\0&0&1\\0&0&0\end{pmatrix}\begin{pmatrix}x_{11}&x_{12}&x_{13}\\x_{21}&x_{22}&x_{23}\\x_{31}&x_{32}&x_{33}\end{pmatrix}=\begin{pmatrix}x_{11}&x_{12}&x_{13}\\x_{21}&x_{22}&x_{23}\\x_{31}&x_{32}&x_{33}\end{pmatrix}\begin{pmatrix}0&1&0\\0&0&1\\0&0&0\end{pmatrix},$$

得

$$\begin{pmatrix}x_{21}&x_{22}&x_{23}\\x_{31}&x_{32}&x_{33}\\0&0&0\end{pmatrix}=\begin{pmatrix}0&x_{11}&x_{12}\\0&x_{21}&x_{22}\\0&x_{31}&x_{32}\end{pmatrix}。$$

解得 $x_{21}=0, x_{22}=x_{11}, x_{23}=x_{12}, x_{31}=0, x_{32}=x_{21}, x_{33}=x_{22}$。

因此

$$\boldsymbol{X}=\begin{pmatrix}x_{11}&x_{12}&x_{13}\\0&x_{11}&x_{12}\\0&0&x_{11}\end{pmatrix},\quad x_{11},x_{12},x_{13}\in K。$$

例 12 设 $\mathbf{A}$ 是数域 K 上的 n 级矩阵，令

$$f(x)=a_mx^m+a_{m-1}x^{m-1}+\cdots+a_1x+a_0,\quad a_i\in K, i=0,1,\cdots,n。$$

把 x 用 $\mathbf{A}$ 代入，得

$$f(\mathbf{A})=a_m\mathbf{A}^m+a_{m-1}\mathbf{A}^{m-1}+\cdots+a_1\mathbf{A}+a_0\boldsymbol{I},$$

称 $f(\mathbf{A})$ 是矩阵 $\mathbf{A}$ 的多项式。设 $g(x)=b_rx^r+b_{r-1}x^{r-1}+\cdots+b_1x+b_0$。

证明：$f(\mathbf{A})g(\mathbf{A})=g(\mathbf{A})f(\mathbf{A})$。

证明
$$\begin{aligned}f(\mathbf{A})g(\mathbf{A})&=\Big(\sum_{i=0}^{m}a_i\mathbf{A}^i\Big)\Big(\sum_{j=0}^{r}b_j\mathbf{A}^j\Big)=\sum_{i=0}^{m}\sum_{j=0}^{r}a_i\mathbf{A}^ib_j\mathbf{A}^j\\&=\sum_{j=0}^{r}\sum_{i=0}^{m}b_j\mathbf{A}^ja_i\mathbf{A}^i=\Big(\sum_{j=0}^{r}b_j\mathbf{A}^j\Big)\Big(\sum_{i=0}^{m}a_i\mathbf{A}^i\Big)\\&=g(\mathbf{A})f(\mathbf{A})。\end{aligned}$$
■

习题 4.1

1. 设

$$\boldsymbol{A}=\begin{pmatrix}\lambda&0&0\\0&\lambda&0\\0&0&\lambda\end{pmatrix},\quad \boldsymbol{B}=\begin{pmatrix}0&1&0\\0&0&1\\0&0&0\end{pmatrix},$$

求 $\boldsymbol{A}+\boldsymbol{B}$。

2. 设 $\boldsymbol{J}$ 是元素全为1的4级矩阵，$\boldsymbol{I}$ 是4级单位矩阵，求 $(r-\lambda)\boldsymbol{I}+\lambda\boldsymbol{J}$。

3. 计算

(1) $\begin{pmatrix} 7 & -1 \\ -2 & 5 \\ 3 & -4 \end{pmatrix}\begin{pmatrix} 1 & 4 \\ -5 & 2 \end{pmatrix}$；　(2) $\begin{pmatrix} 0 & 2 \\ 0 & 3 \end{pmatrix}\begin{pmatrix} 1 & 1 \\ 0 & 0 \end{pmatrix}$；

(3) $\begin{pmatrix} 1 & 1 \\ 0 & 0 \end{pmatrix}\begin{pmatrix} 0 & 2 \\ 0 & 3 \end{pmatrix}$；　(4) $(4,7,9)\begin{pmatrix} 1 \\ 1 \\ 1 \end{pmatrix}$；

(5) $\begin{pmatrix} 1 \\ 1 \\ 1 \end{pmatrix}(4,7,9)$；　(6) $\begin{pmatrix} a_1 & a_2 & a_3 \\ b_1 & b_2 & b_3 \\ c_1 & c_2 & c_3 \end{pmatrix}\begin{pmatrix} 1 \\ 1 \\ 1 \end{pmatrix}$；

(7) $(1,1,1)\begin{pmatrix} a_1 & a_2 & a_3 \\ b_1 & b_2 & b_3 \\ c_1 & c_2 & c_3 \end{pmatrix}$；　(8) $\begin{pmatrix} d_1 & 0 & 0 \\ 0 & d_2 & 0 \\ 0 & 0 & d_3 \end{pmatrix}\begin{pmatrix} a_1 & a_2 & a_3 \\ b_1 & b_2 & b_3 \\ c_1 & c_2 & c_3 \end{pmatrix}$；

(9) $\begin{pmatrix} a_1 & a_2 & a_3 \\ b_1 & b_2 & b_3 \\ c_1 & c_2 & c_3 \end{pmatrix}\begin{pmatrix} d_1 & 0 & 0 \\ 0 & d_2 & 0 \\ 0 & 0 & d_3 \end{pmatrix}$；　(10) $\begin{pmatrix} 1 & 2 & 3 \\ 0 & 4 & 5 \\ 0 & 0 & 6 \end{pmatrix}\begin{pmatrix} 7 & 8 & 9 \\ 0 & 10 & 11 \\ 0 & 0 & 12 \end{pmatrix}$；

(11) $\begin{pmatrix} 1 & 0 & 0 \\ k & 1 & 0 \\ 0 & 0 & 1 \end{pmatrix}\begin{pmatrix} a_1 & a_2 & a_3 & a_4 \\ b_1 & b_2 & b_3 & b_4 \\ c_1 & c_2 & c_3 & c_4 \end{pmatrix}$；　(12) $\begin{pmatrix} a_1 & a_2 & a_3 \\ b_1 & b_2 & b_3 \\ c_1 & c_2 & c_3 \end{pmatrix}\begin{pmatrix} 1 & 0 & 0 \\ k & 1 & 0 \\ 0 & 0 & 1 \end{pmatrix}$；

(13) $\begin{pmatrix} 0 & 1 & 0 \\ 1 & 0 & 0 \\ 0 & 0 & 1 \end{pmatrix}\begin{pmatrix} a_1 & a_2 & a_3 & a_4 \\ b_1 & b_2 & b_3 & b_4 \\ c_1 & c_2 & c_3 & c_4 \end{pmatrix}$；　(14) $\begin{pmatrix} a_1 & a_2 & a_3 \\ b_1 & b_2 & b_3 \\ c_1 & c_2 & c_3 \end{pmatrix}\begin{pmatrix} 0 & 1 & 0 \\ 1 & 0 & 0 \\ 0 & 0 & 1 \end{pmatrix}$；

(15) $\begin{pmatrix} 3 & 4 \\ 4 & 5 \end{pmatrix}\begin{pmatrix} 1 & -1 \\ -1 & 2 \end{pmatrix}$。

4. 设

$$\boldsymbol{A}=\begin{pmatrix} 1 & 2 \\ 3 & 4 \end{pmatrix},\ \boldsymbol{B}=\begin{pmatrix} 5 & 6 \\ 7 & 8 \end{pmatrix},$$

求 $\boldsymbol{AB}$，$\boldsymbol{BA}$，$\boldsymbol{AB}-\boldsymbol{BA}$。

5. 计算

$$(x,y,1)\begin{pmatrix} a_{11} & a_{12} & a_1 \\ a_{12} & a_{22} & a_2 \\ a_1 & a_2 & a_0 \end{pmatrix}\begin{pmatrix} x \\ y \\ 1 \end{pmatrix}。$$

6. 计算

(1) $\begin{pmatrix} 0 & 1 \\ 1 & 0 \end{pmatrix}^2$；　(2) $\begin{pmatrix} 1 & -1 \\ 1 & -1 \end{pmatrix}^2$；

(3) $\begin{pmatrix}1 & 1\\0 & 0\end{pmatrix}^2$；

(4) $\begin{pmatrix}1 & 1\\0 & 1\end{pmatrix}^n$，$n$ 是正整数；

(5) $\begin{pmatrix}0 & 1 & 0\\0 & 0 & 1\\0 & 0 & 0\end{pmatrix}^n$，$n$ 是正整数；

(6) $\begin{pmatrix}\lambda & 1 & 0\\0 & \lambda & 1\\0 & 0 & \lambda\end{pmatrix}^n$，$n$ 是正整数；

(7) $\begin{pmatrix}1 & 1\\1 & -1\end{pmatrix}^2$；

(8) $\begin{pmatrix}1 & 1 & 1 & 1\\1 & 1 & -1 & -1\\1 & -1 & 1 & -1\\1 & -1 & -1 & 1\end{pmatrix}^2$。

7. 计算 $\boldsymbol{A}^m$，其中 m 是正整数，

$$\boldsymbol{A}=\begin{pmatrix}\lambda & 1 & 0 & 0 & \cdots & 0 & 0\\0 & \lambda & 1 & 0 & \cdots & 0 & 0\\\vdots & \vdots & \vdots & \vdots & & \vdots & \vdots\\0 & 0 & 0 & 0 & \cdots & \lambda & 1\\0 & 0 & 0 & 0 & \cdots & 0 & \lambda\end{pmatrix}_{n\times n}。$$

8. 计算

$$\begin{pmatrix}2 & -1\\3 & -2\end{pmatrix}^m,$$

其中 m 是正整数。

9. 设 $f(x)=x^3-7x^2+13x-5$，

$$\boldsymbol{A}=\begin{pmatrix}5 & 2 & -3\\1 & 3 & -1\\2 & 2 & -1\end{pmatrix},$$

求 $f(\boldsymbol{A})$。

10. 求与数域 $\boldsymbol{K}$ 上的矩阵 $\boldsymbol{A}$ 可交换的所有矩阵，设

(1) $\boldsymbol{A}=\begin{pmatrix}1 & 2\\3 & 4\end{pmatrix}$；

(2) $\boldsymbol{A}=\begin{pmatrix}7 & -3\\5 & -2\end{pmatrix}$；

(3) $\boldsymbol{A}=\begin{pmatrix}2 & 1 & 0\\0 & 2 & 1\\0 & 0 & 2\end{pmatrix}$；

(4) $\boldsymbol{A}=\begin{pmatrix}1 & 0 & 4\\0 & 1 & 2\\0 & 1 & 2\end{pmatrix}$。

11. 如果 n 级矩阵 $\boldsymbol{B}$ 满足 $\boldsymbol{B}^3=\boldsymbol{0}$，求

$$(\boldsymbol{I}-\boldsymbol{B})(\boldsymbol{I}+\boldsymbol{B}+\boldsymbol{B}^2)。$$

12. 证明：若 $\boldsymbol{B}_1,\boldsymbol{B}_2$ 都与 $\boldsymbol{A}$ 可交换，则 $\boldsymbol{B}_1+\boldsymbol{B}_2,\boldsymbol{B}_1\boldsymbol{B}_2$ 也都与 $\boldsymbol{A}$ 可交换。

13. 证明：如果 $\boldsymbol{A}=\frac{1}{2}(\boldsymbol{B}+\boldsymbol{I})$，则 $\boldsymbol{A}^2=\boldsymbol{A}$ 当且仅当 $\boldsymbol{B}^2=\boldsymbol{I}$。

14. 证明：矩阵 $\boldsymbol{A}=\begin{pmatrix}a & b\\c & d\end{pmatrix}$ 满足方程

$$x^2-(a+d)x+ad-bc=0。$$

15. 设 n 级矩阵 $\boldsymbol{A},\boldsymbol{B}$ 的元素都是非负实数。证明：如果 $\boldsymbol{AB}$ 中有一行的元素全为 0，那么 $\boldsymbol{A}$ 或 $\boldsymbol{B}$ 中有一行元素全为 0。

16. 复数域上的 2 级矩阵 $\boldsymbol{A}$ 分别如下述，求使得 $\boldsymbol{A}^m=\boldsymbol{I}$ 成立的最小正整数 m：

(1) $\begin{pmatrix}-1 & a\\ 0 & 1\end{pmatrix}$；　(2) $\begin{pmatrix}0 & -1\\ 1 & -1\end{pmatrix}$；　(3) $\begin{pmatrix}0 & \mathrm{i}\\ 1 & 0\end{pmatrix}$。

4.2 特殊矩阵

4.2.1 内容精华

本节研究的特殊矩阵都是很有用的，希望同学们熟练掌握它们与其他矩阵相乘时的特殊规律。

1. 对角矩阵

定义 1 主对角线以外的元素全为 0 的方阵称为**对角矩阵**，简记作

$$\operatorname{diag}\{d_1,d_2,\cdots,d_n\}。$$

命题 1 用一个对角矩阵左(右)乘一个矩阵 $\boldsymbol{A}$，就相当于用对角矩阵的主对角元分别去乘 $\boldsymbol{A}$ 的相应的行(列)。

证明 设 $\boldsymbol{A}$ 是一个 $s\times n$ 矩阵，它的行向量组是 $\boldsymbol{\gamma}_1,\boldsymbol{\gamma}_2,\cdots,\boldsymbol{\gamma}_s$；列向量组是 $\boldsymbol{\alpha}_1,\boldsymbol{\alpha}_2,\cdots,\boldsymbol{\alpha}_n$。则

$$\begin{pmatrix}d_1 & 0 & 0 & \cdots & 0\\ 0 & d_2 & 0 & \cdots & 0\\ \vdots & \vdots & \vdots & & \vdots\\ 0 & 0 & 0 & \cdots & d_s\end{pmatrix}\begin{pmatrix}\boldsymbol{\gamma}_1\\ \boldsymbol{\gamma}_2\\ \vdots\\ \boldsymbol{\gamma}_s\end{pmatrix}=\begin{pmatrix}d_1\boldsymbol{\gamma}_1\\ d_2\boldsymbol{\gamma}_2\\ \vdots\\ d_s\boldsymbol{\gamma}_s\end{pmatrix};$$

$$(\boldsymbol{\alpha}_1,\boldsymbol{\alpha}_2,\cdots,\boldsymbol{\alpha}_n)\begin{pmatrix}d_1 & 0 & 0 & \cdots & 0\\ 0 & d_2 & 0 & \cdots & 0\\ \vdots & \vdots & \vdots & & \vdots\\ 0 & 0 & 0 & \cdots & d_n\end{pmatrix}=(d_1\boldsymbol{\alpha}_1,d_2\boldsymbol{\alpha}_2,\cdots,d_n\boldsymbol{\alpha}_n)。$$ ■

特别地，两个 n 级对角矩阵的乘积还是 n 级对角矩阵，并且是把相应的主对角元相乘。

2. 基本矩阵

定义 2 只有一个元素是 1，其余元素全为 0 的矩阵称为**基本矩阵**。(i,j)元为 1 的基本矩阵记作 $\boldsymbol{E}_{ij}$。

设 $\boldsymbol{A}=(a_{ij})_{s\times n}$，则

$$\boldsymbol{A}=\begin{pmatrix}a_{11} & 0 & \cdots & 0\\ 0 & 0 & \cdots & 0\\ \vdots & \vdots & & \vdots\\ 0 & 0 & \cdots & 0\end{pmatrix}+\begin{pmatrix}0 & a_{12} & 0 & \cdots & 0\\ 0 & 0 & 0 & \cdots & 0\\ \vdots & \vdots & \vdots & & \vdots\\ 0 & 0 & 0 & \cdots & 0\end{pmatrix}+\cdots+\begin{pmatrix}0 & 0 & 0 & \cdots & 0\\ 0 & 0 & 0 & \cdots & 0\\ \vdots & \vdots & \vdots & & \vdots\\ 0 & 0 & 0 & \cdots & a_{sn}\end{pmatrix}$$

$$=a_{11}\boldsymbol{E}_{11}+a_{12}\boldsymbol{E}_{12}+\cdots+a_{sn}\boldsymbol{E}_{sn}=\sum_{i=1}^{s}\sum_{j=1}^{n}a_{ij}\boldsymbol{E}_{ij}。\tag{1}$$

命题 2 用 $\boldsymbol{E}_{ij}$ 左乘一个矩阵 $\boldsymbol{A}$，就相当于把 $\boldsymbol{A}$ 的第 j 行搬到第 i 行的位置，而乘积矩阵的其余行全为零行；用 $\boldsymbol{E}_{ij}$ 右乘一个矩阵 $\boldsymbol{A}$，就相当于把 $\boldsymbol{A}$ 的第 i 列搬到第 j 列的位置，而乘积矩阵的其余列全为零列。

证明 设 $\boldsymbol{A}$ 是一个 $s\times n$ 矩阵，它的行向量组为 $\boldsymbol{\gamma}_1,\boldsymbol{\gamma}_2,\cdots,\boldsymbol{\gamma}_s$；列向量组为 $\boldsymbol{\alpha}_1,\boldsymbol{\alpha}_2,\cdots,\boldsymbol{\alpha}_n$，则

$$\boldsymbol{E}_{ij}\boldsymbol{A}=\begin{pmatrix} & & \\ & \overset{\text{第 } j \text{ 列}}{} & \\ & 1 & \\ & & \end{pmatrix}\begin{matrix}\\ \\ \text{第 } i \text{ 行}\end{matrix}\begin{pmatrix}\boldsymbol{\gamma}_1\\ \boldsymbol{\gamma}_2\\ \vdots\\ \boldsymbol{\gamma}_s\end{pmatrix}=\begin{pmatrix}\boldsymbol{0}\\ \vdots\\ \boldsymbol{0}\\ \boldsymbol{\gamma}_j\\ \boldsymbol{0}\\ \vdots\\ \boldsymbol{0}\end{pmatrix}\text{第 } i \text{ 行；}$$

$$\begin{aligned}\boldsymbol{AE}_{ij}&=(\boldsymbol{\alpha}_1,\boldsymbol{\alpha}_2,\cdots,\boldsymbol{\alpha}_n)\begin{pmatrix} & & \\ & & 1\\ & & \end{pmatrix}\text{第 } i \text{ 行}\\ &\qquad\qquad\qquad\qquad\qquad\qquad\ \ \text{第 } j \text{ 列}\\ &=(\boldsymbol{0},\cdots,\boldsymbol{0},\underset{\text{第 } j \text{ 列}}{\boldsymbol{\alpha}_i},\boldsymbol{0},\cdots,\boldsymbol{0}),\end{aligned}$$

其中 $\boldsymbol{E}_{ij}$ 的未标出的元素都是 0。 ■

由命题 2 立即得到

$$\boldsymbol{E}_{ij}\boldsymbol{E}_{kl}=\begin{cases}\boldsymbol{E}_{il}, & \text{当 } k=j\\ \boldsymbol{0}, & \text{当 } k\neq j\end{cases}\tag{2}$$

$$\boldsymbol{E}_{ij}\boldsymbol{A}\boldsymbol{E}_{kl}=a_{jk}\boldsymbol{E}_{il}。\tag{3}$$

3. 上(下)三角(形)矩阵

定义 3 主对角线下(上)方的元素全为 0 的方阵称为**上(下)三角(形)矩阵**。

显然，$\boldsymbol{A}=(a_{ij})$ 为上三角矩阵的充分必要条件是

$$a_{ij}=0,\quad \text{当 } i>j。$$

容易看出，$\boldsymbol{A}=(a_{ij})_{n\times n}$ 为上三角矩阵当且仅当

$$\boldsymbol{A}=\sum_{i=1}^{n}\sum_{j=i}^{n}a_{ij}\boldsymbol{E}_{ij}。$$

命题 3 两个 n 级上三角矩阵 $\boldsymbol{A}$ 与 $\boldsymbol{B}$ 的乘积仍为上三角矩阵，并且 $\boldsymbol{AB}$ 的主对角元等于 $\boldsymbol{A}$ 与 $\boldsymbol{B}$ 的相应主对角元的乘积。

证法一 设 $\boldsymbol{A}=(a_{ij})$，$\boldsymbol{B}=(b_{ij})$ 都是 n 级上三角矩阵，则

$$(\boldsymbol{AB})(i;j)=\sum_{k=1}^{n}a_{ik}b_{kj}=\sum_{k=1}^{j}a_{ik}b_{kj}+\sum_{k=j+1}^{n}a_{ik}b_{kj}.$$

设 $i>j$。当 $1\leqslant k\leqslant j$ 时，由于 $k\leqslant j<i$，因此 $a_{ik}=0$；当 $j<k\leqslant n$ 时，$b_{kj}=0$，从而

$$(\boldsymbol{AB})(i;j)=0,\quad \text{当 } i>j,$$

于是 $\boldsymbol{AB}$ 是上三角矩阵。

$$(\boldsymbol{AB})(i;i)=\sum_{k=1}^{i-1}a_{ik}b_{ki}+a_{ii}b_{ii}+\sum_{k=i+1}^{n}a_{ik}b_{ki}=0+a_{ii}b_{ii}+0=a_{ii}b_{ii}。$$ ■

证法二　设 $\boldsymbol{A}=(a_{ij})$，$\boldsymbol{B}=(b_{ij})$都是 n 级上三角矩阵，则

$$\begin{aligned}\boldsymbol{AB}&=\Big(\sum_{i=1}^{n}\sum_{j=i}^{n}a_{ij}\boldsymbol{E}_{ij}\Big)\Big(\sum_{k=1}^{n}\sum_{l=k}^{n}b_{kl}\boldsymbol{E}_{kl}\Big)=\sum_{i=1}^{n}\sum_{j=i}^{n}\sum_{k=1}^{n}\sum_{l=k}^{n}a_{ij}b_{kl}\boldsymbol{E}_{ij}\boldsymbol{E}_{kl}\\&=\sum_{i=1}^{n}\sum_{j=i}^{n}\sum_{l=j}^{n}a_{ij}b_{jl}\boldsymbol{E}_{il}\overset{*}{=}\sum_{i=1}^{n}\sum_{l=i}^{n}\sum_{j=i}^{l}a_{ij}b_{jl}\boldsymbol{E}_{il}\\&=\sum_{i=1}^{n}\sum_{l=i}^{n}\Big(\sum_{j=i}^{l}a_{ij}b_{jl}\Big)\boldsymbol{E}_{il}\text{ ,}\end{aligned}\tag{4}$$

因此 $\boldsymbol{AB}$ 是上三角矩阵。

由于 $\boldsymbol{AB}$ 的(i,i)元等于式(4)中 $\boldsymbol{E}_{ii}$ 的系数，因此

$$(\boldsymbol{AB})(i;i)=a_{ii}b_{ii}\text{。}$$ ■

在证法二的"＊"这一步利用了连加号的下述性质

$$\sum_{j=i}^{n}\sum_{l=j}^{n}c_jd_l=\sum_{l=i}^{n}\sum_{j=i}^{l}c_jd_l,\tag{5}$$

其中 $i=1,2,\cdots,n$。

证明　给定 $i\in\{1,2,\cdots,n\}$，有

$$\begin{aligned}\sum_{j=i}^{n}\sum_{l=j}^{n}c_jd_l=c_id_i&+c_id_{i+1}+\cdots+c_id_{n-1}+c_id_n\\&+c_{i+1}d_{i+1}+\cdots+c_{i+1}d_{n-1}+c_{i+1}d_n\\&+\cdots\quad\cdots\quad\cdots\\&+c_{n-1}d_{n-1}+c_{n-1}d_n\\&+c_nd_n\\=&\sum_{j=i}^{i}c_jd_i+\sum_{j=i}^{i+1}c_jd_{i+1}+\cdots+\sum_{j=i}^{n-1}c_jd_{n-1}+\sum_{j=i}^{n}c_jd_n\\=&\sum_{l=i}^{n}\sum_{j=i}^{l}c_jd_l\text{。}\end{aligned}$$ ■

证法二的好处是：可从式(4)看出 $\boldsymbol{AB}$ 的(i,l)元，它等于 $\boldsymbol{E}_{il}$ 的系数。例如 $\boldsymbol{AB}$ 的(1,3)元等于

$$\sum_{j=1}^{3}a_{1j}b_{j3}=a_{11}b_{13}+a_{12}b_{23}+a_{13}b_{33}\text{。}$$

由于上三角矩阵 $\boldsymbol{A}$ 的转置 $\boldsymbol{A}'$ 是下三角矩阵，因此从命题 3 立即得出：两个 n 级下三角矩阵的乘积仍为下三角矩阵，并且乘积矩阵的主对角元等于因子矩阵的相应主对角元的乘积。

4. 初等矩阵

定义 4　由单位矩阵经过一次初等行(列)变换得到的矩阵称为**初等矩阵**。

$$\boldsymbol{I}\xrightarrow{ⓙ+ⓘ\cdot k}\boldsymbol{P}(j,i(k)),$$

$$\boldsymbol{I}\xrightarrow{(ⓘ,ⓙ)}\boldsymbol{P}(i,j),$$

$$\boldsymbol{I}\xrightarrow{ⓘ\cdot c}\boldsymbol{P}(i(c)),\quad c\neq 0;$$

$$\boldsymbol{I}\xrightarrow[ⓘ+ⓙ\cdot k]{}\boldsymbol{P}(j,i(k)),$$

$$\boldsymbol{I} \xrightarrow[(\textcircled{i},\textcircled{j})]{} \boldsymbol{P}(i,j),$$

$$\boldsymbol{I} \xrightarrow[\textcircled{i}\cdot c]{} \boldsymbol{P}(i(c)),\quad c \neq 0。$$

从上述看出,初等矩阵有且只有三种类型: $\boldsymbol{P}(j,i(k))$, $\boldsymbol{P}(i,j)$, $\boldsymbol{P}(i(c))$,其中 $c\neq0$。

设 $\boldsymbol{A}$ 是一个 $s\times n$ 矩阵,它的行向量组是 $\boldsymbol{\gamma}_1,\boldsymbol{\gamma}_2,\cdots,\boldsymbol{\gamma}_s$;列向量组是 $\boldsymbol{\alpha}_1,\boldsymbol{\alpha}_2,\cdots,\boldsymbol{\alpha}_n$,则

$$\boldsymbol{P}(j,i(k))\boldsymbol{A} = \begin{pmatrix} 1 & & & & & \\ & \ddots & & & & \\ & & 1 & & & \\ & & \vdots & \ddots & & \\ & & k & \cdots & 1 & \\ & & & & & \ddots & \\ & & & & & & 1 \end{pmatrix}\begin{pmatrix} \boldsymbol{\gamma}_1 \\ \boldsymbol{\gamma}_2 \\ \vdots \\ \boldsymbol{\gamma}_s \end{pmatrix} = \begin{pmatrix} \boldsymbol{\gamma}_1 \\ \vdots \\ \boldsymbol{\gamma}_i \\ \vdots \\ k\boldsymbol{\gamma}_i + \boldsymbol{\gamma}_j \\ \vdots \\ \boldsymbol{\gamma}_s \end{pmatrix},$$

$$\boldsymbol{AP}(j,i(k)) = (\boldsymbol{\alpha}_1,\boldsymbol{\alpha}_2,\cdots,\boldsymbol{\alpha}_n)\begin{pmatrix} 1 & & & & & \\ & \ddots & & & & \\ & & 1 & & & \\ & & \vdots & \ddots & & \\ & & k & \cdots & 1 & \\ & & & & & \ddots & \\ & & & & & & 1 \end{pmatrix}$$

$$= (\boldsymbol{\alpha}_1,\cdots,\boldsymbol{\alpha}_i + k\boldsymbol{\alpha}_j,\cdots,\boldsymbol{\alpha}_j,\cdots,\boldsymbol{\alpha}_n)。$$

由上述看出:

用 $\boldsymbol{P}(j,i(k))$左乘 $\boldsymbol{A}$,就相当于把 $\boldsymbol{A}$ 的第 i 行的 k 倍加到第 j 行上,其余行不变;

用 $\boldsymbol{P}(j,i(k))$右乘 $\boldsymbol{A}$,就相当于把 $\boldsymbol{A}$ 的第 j 列的 k 倍加到第 i 列上,其余列不变。

类似地,可以证明:

用 $\boldsymbol{P}(i,j)$ 左(右)乘 $\boldsymbol{A}$,就相当于把 $\boldsymbol{A}$ 的第 i 行(列)与第 j 行(列)互换,其余行(列)不变;

用 $\boldsymbol{P}(i(c))(c\neq0)$左(右)乘 $\boldsymbol{A}$,就相当于用 c 乘 $\boldsymbol{A}$ 的第 i 行(列),其余行(列)不变。

把上述结论写成一个定理:

定理 1 用初等矩阵左(右)乘一个矩阵 $\boldsymbol{A}$,就相当于 $\boldsymbol{A}$ 做了一次相应的初等行(列)变换。 ■

定理 1 把矩阵的初等行(列)变换与矩阵的乘法相联系,这样有两个好处:既可以利用初等行(列)变换的直观性,又可以利用矩阵乘法的运算性质。

5. 对称矩阵

定义 5 一个矩阵 $\boldsymbol{A}$ 如果满足 $\boldsymbol{A}'=\boldsymbol{A}$,那么称 $\boldsymbol{A}$ 是**对称矩阵**。

容易看出,对称矩阵一定是方阵;并且 n 级矩阵 $\boldsymbol{A}$ 是对称矩阵当且仅当

$$\boldsymbol{A}(i;j) = \boldsymbol{A}(j;i),\quad i,j = 1,2,\cdots,n。$$

命题 4 设 $\boldsymbol{A}$、$\boldsymbol{B}$ 都是数域 K 上的 n 级对称矩阵,则 $\boldsymbol{A}+\boldsymbol{B}$, $k\boldsymbol{A}(k\in K)$都是对称矩阵。

证明

$$(\boldsymbol{A}+\boldsymbol{B})'=\boldsymbol{A}'+\boldsymbol{B}'=\boldsymbol{A}+\boldsymbol{B},$$

$$(k\boldsymbol{A})'=k\boldsymbol{A}'=k\boldsymbol{A},$$

因此 $\boldsymbol{A}+\boldsymbol{B},k\boldsymbol{A}$ 都是对称矩阵。■

命题 5　设 $\boldsymbol{A},\boldsymbol{B}$ 都是 n 级对称矩阵，则 $\boldsymbol{AB}$ 为对称矩阵的充分必要条件是 $\boldsymbol{A}$ 与 $\boldsymbol{B}$ 可交换。

证明　因为 $\boldsymbol{A}$ 与 $\boldsymbol{B}$ 都是对称矩阵，所以

$$(\boldsymbol{AB})' = \boldsymbol{B}'\boldsymbol{A}' = \boldsymbol{BA},$$

于是

$$\boldsymbol{AB}\text{ 为对称矩阵} \Longleftrightarrow (\boldsymbol{AB})' = \boldsymbol{AB} \Longleftrightarrow \boldsymbol{BA} = \boldsymbol{AB}。$$ ■

6. 斜对称矩阵

定义 6　一个矩阵 $\boldsymbol{A}$ 如果满足 $\boldsymbol{A}'=-\boldsymbol{A}$，那么称 $\boldsymbol{A}$ 是**斜对称矩阵**。

容易看出，斜对称矩阵一定是方阵；并且数域 $\boldsymbol{K}$ 上的 n 级矩阵 $\boldsymbol{A}$ 是斜对称矩阵当且仅当对于 $i,j=1,2,\cdots,n$，有

$$\boldsymbol{A}(i;\ j)=-\boldsymbol{A}(j;\ i),$$

$$\boldsymbol{A}(i;\ i)=0。$$

命题 6　数域 $\boldsymbol{K}$ 上奇数级斜对称矩阵的行列式等于 0。

证明　设 $\boldsymbol{A}$ 是 n 级斜对称矩阵，n 是奇数，则 $\boldsymbol{A}'=-\boldsymbol{A}$，从而 $|\boldsymbol{A}'|=|-\boldsymbol{A}|$，于是 $|\boldsymbol{A}|=(-1)^n|\boldsymbol{A}|=-|\boldsymbol{A}|$。由此得出，$2|\boldsymbol{A}|=0$，因此 $|\boldsymbol{A}|=0$。■

容易证明：若 $\boldsymbol{A}$ 与 $\boldsymbol{B}$ 都是数域 K 上的 n 级斜对称矩阵，则 $\boldsymbol{A}+\boldsymbol{B},k\boldsymbol{A}(k\in K)$ 也都是斜对称矩阵。

4.2.2　典型例题

例 1　证明：如果 $\boldsymbol{D}$ 是主对角元两两不等的对角矩阵，那么与 $\boldsymbol{D}$ 可交换的矩阵一定是对角矩阵。

证明　设 $\boldsymbol{D}=\mathrm{diag}\{d_1,d_2,\cdots,d_n\}$，其中 $d_1,d_2,\cdots,d_n$ 两两不等，如果 n 级矩阵 $\boldsymbol{A}=(a_{ij})$ 与 $\boldsymbol{D}$ 可交换，那么

$$(\boldsymbol{AD})(i;j) = (\boldsymbol{DA})(i;\ j),\quad i,j=1,2,\cdots,n,$$

即

$$a_{ij}d_j=d_ia_{ij},\quad i,j=1,2,\cdots,n,$$

即

$$a_{ij}(d_j-d_i)=0,\quad i,j=1,2,\cdots,n,$$

由此推出

$$a_{ij}=0,\qquad \text{当 } i\neq j,$$

因此 $\boldsymbol{A}$ 是对角矩阵。■

点评：例 1 的证明中利用了对角矩阵左（右）乘一个矩阵的规律。例 1 的结论在以后有用，希望同学们记住。

例 2　证明：与所有 n 级矩阵可交换的矩阵一定是 n 级数量矩阵。

证明　设矩阵 $\boldsymbol{A}=(a_{ij})$ 与所有 n 级矩阵可交换，则 $\boldsymbol{A}$ 必为 n 级矩阵。特别地，$\boldsymbol{A}$ 与 n 级基本矩阵 $\boldsymbol{E}_{1j}(j=1,2,\cdots,n)$ 可交换，即 $\boldsymbol{E}_{1j}\boldsymbol{A}=\boldsymbol{A}\boldsymbol{E}_{1j}$。由此得出：

$$\begin{pmatrix} a_{j1} & a_{j2} & \cdots & a_{jj} & \cdots & a_{jn} \\ 0 & 0 & \cdots & 0 & \cdots & 0 \\ \vdots & \vdots & & \vdots & & \vdots \\ 0 & 0 & \cdots & 0 & \cdots & 0 \end{pmatrix} = \begin{pmatrix} 0 & \cdots & 0 & a_{11} & 0 & \cdots & 0 \\ 0 & \cdots & 0 & a_{21} & 0 & \cdots & 0 \\ \vdots & & \vdots & \vdots & \vdots & & \vdots \\ 0 & \cdots & 0 & a_{n1} & 0 & \cdots & 0 \end{pmatrix},$$

第 j 列

于是

$$a_{j1}=0,\cdots,a_{j,j-1}=0,\quad a_{jj}=a_{11},\quad a_{j,j+1}=0,\cdots,a_{jn}=0,$$

由于 j 可取 $1,2,\cdots,n$,因此

$$\boldsymbol{A}=\begin{pmatrix} a_{11} & 0 & 0 & \cdots & 0 & 0 \\ 0 & a_{11} & 0 & \cdots & 0 & 0 \\ \vdots & \vdots & \vdots & & \vdots & \vdots \\ 0 & 0 & 0 & \cdots & 0 & a_{11} \end{pmatrix},$$

即 $\boldsymbol{A}$ 是数量矩阵。 ■

点评: 例 2 的结论相当重要,希望同学们熟记。

例 3 证明:数域 $\boldsymbol{K}$ 上任一 n 级矩阵 $\boldsymbol{A}$ 都可以表示成一个对称矩阵与一个斜对称矩阵之和,并且表示法唯一。

证明

$$\boldsymbol{A}=\frac{1}{2}(\boldsymbol{A}+\boldsymbol{A}')+\frac{1}{2}(\boldsymbol{A}-\boldsymbol{A}')。$$

由于

$$(\boldsymbol{A}+\boldsymbol{A}')'=\boldsymbol{A}'+(\boldsymbol{A}')'=\boldsymbol{A}'+\boldsymbol{A}=\boldsymbol{A}+\boldsymbol{A}',$$
$$(\boldsymbol{A}-\boldsymbol{A}')'=\boldsymbol{A}'-(\boldsymbol{A}')'=\boldsymbol{A}'-\boldsymbol{A}=-(\boldsymbol{A}-\boldsymbol{A}'),$$

因此 $\boldsymbol{A}+\boldsymbol{A}'$是对称矩阵,$\boldsymbol{A}-\boldsymbol{A}'$是斜对称矩阵,从而$\frac{1}{2}(\boldsymbol{A}+\boldsymbol{A}')$,$\frac{1}{2}(\boldsymbol{A}-\boldsymbol{A}')$分别是对称矩阵、斜对称矩阵。

设 $\boldsymbol{A}$ 还有一种表示方法:$\boldsymbol{A}=\boldsymbol{A}_1+\boldsymbol{A}_2$,其中 $\boldsymbol{A}_1,\boldsymbol{A}_2$ 分别是对称矩阵、斜对称矩阵,则

$$\boldsymbol{A}'=\boldsymbol{A}_1'+\boldsymbol{A}_2'=\boldsymbol{A}_1-\boldsymbol{A}_2。$$

又由于 $\boldsymbol{A}=\boldsymbol{A}_1+\boldsymbol{A}_2$,联立上述两个式子可解得

$$\boldsymbol{A}_1=\frac{1}{2}(\boldsymbol{A}+\boldsymbol{A}'),\quad \boldsymbol{A}_2=\frac{1}{2}(\boldsymbol{A}-\boldsymbol{A}'),$$

因此 $\boldsymbol{A}$ 表示成一个对称矩阵与一个斜对称矩阵之和的方式唯一。 ■

例 4 证明:如果 $\boldsymbol{A}$ 与 $\boldsymbol{B}$ 都是 n 级斜对称矩阵,那么 $\boldsymbol{AB}-\boldsymbol{BA}$ 也是斜对称矩阵。

证明 $(\boldsymbol{AB}-\boldsymbol{BA})'=(\boldsymbol{AB})'-(\boldsymbol{BA})'=\boldsymbol{B}'\boldsymbol{A}'-\boldsymbol{A}'\boldsymbol{B}'=(-\boldsymbol{B})(-\boldsymbol{A})-(-\boldsymbol{A})(-\boldsymbol{B})$
$=\boldsymbol{BA}-\boldsymbol{AB}=-(\boldsymbol{AB}-\boldsymbol{BA})$,

因此 $\boldsymbol{AB}-\boldsymbol{BA}$ 是斜对称矩阵。 ■

点评:$\boldsymbol{AB}-\boldsymbol{BA}$ 是 $\boldsymbol{A}$ 与 $\boldsymbol{B}$ 的换位元素,记作$[\boldsymbol{A},\boldsymbol{B}]$。求$[\boldsymbol{A},\boldsymbol{B}]$称为**换位运算**。例 4 表明:数域 K 上所有 n 级斜对称矩阵组成的集合 Ω 对于换位运算封闭。在命题 6 下面的一段话表明 Ω 对于加法和数量乘法封闭。

例 5 设 $\boldsymbol{A}$ 是一个 n 级实对称矩阵(即实数域上的对称矩阵),证明:如果 $\boldsymbol{A}^2=\boldsymbol{0}$,那么 $\boldsymbol{A}=0$。

证明 设 $\boldsymbol{A}=(a_{ij})$,任给 $i\in\{1,2,\cdots,n\}$,由于 $\boldsymbol{A}$ 是对称矩阵,因此

$$\boldsymbol{A}^2(i;i)=\sum_{k=1}^{n}a_{ik}a_{ki}=\sum_{k=1}^{n}a_{ik}^2。$$

由于$\boldsymbol{A}^2=\boldsymbol{0}$,因此从上式得

$$\sum_{k=1}^{n} a_{ik}^2 = 0。$$

由于$\boldsymbol{A}$是实数域上的矩阵,因此从上式得

$$a_{ik}=0,\quad k=1,2,\cdots,n。$$

于是$\boldsymbol{A}=\boldsymbol{0}$。 ■

例 6 设$\boldsymbol{A}$是数域K上的一个$s\times n$矩阵,证明:如果$\boldsymbol{A}$的秩为r,那么$\boldsymbol{A}$的行向量组的一个极大线性无关组与$\boldsymbol{A}$的列向量组的一个极大线性无关组交叉位置的元素按原来的排法组成的r阶子式不等于0。

证明 设$\boldsymbol{\gamma}_{i_1},\boldsymbol{\gamma}_{i_2},\cdots,\boldsymbol{\gamma}_{i_r}$是$\boldsymbol{A}$的行向量组$\boldsymbol{\gamma}_1,\boldsymbol{\gamma}_2,\cdots,\boldsymbol{\gamma}_s$的一个极大线性无关组,$\boldsymbol{\alpha}_{j_1}$,$\boldsymbol{\alpha}_{j_2},\cdots,\boldsymbol{\alpha}_{j_r}$是$\boldsymbol{A}$的列向量组$\boldsymbol{\alpha}_1,\boldsymbol{\alpha}_2,\cdots,\boldsymbol{\alpha}_n$的一个极大线性无关组。令

$$\boldsymbol{A}_1=\begin{pmatrix}\boldsymbol{\gamma}_{i_1}\\ \boldsymbol{\gamma}_{i_2}\\ \vdots\\ \boldsymbol{\gamma}_{i_r}\end{pmatrix},$$

则$\text{rank}(\boldsymbol{A}_1)=r$。$\boldsymbol{A}_1$的列向量记作$\tilde{\boldsymbol{\alpha}}_1,\tilde{\boldsymbol{\alpha}}_2,\cdots,\tilde{\boldsymbol{\alpha}}_n$,它们是$\boldsymbol{\alpha}_1,\boldsymbol{\alpha}_2,\cdots,\boldsymbol{\alpha}_n$的缩短组。由于$\boldsymbol{A}$的每一列$\boldsymbol{\alpha}_l$可以由$\boldsymbol{\alpha}_{j_1},\boldsymbol{\alpha}_{j_2},\cdots,\boldsymbol{\alpha}_{j_r}$线性表出,因此$\boldsymbol{A}_1$的每一列$\tilde{\boldsymbol{\alpha}}_l$可以由$\tilde{\boldsymbol{\alpha}}_{j_1},\tilde{\boldsymbol{\alpha}}_{j_2},\cdots,\tilde{\boldsymbol{\alpha}}_{j_r}$线性表出。由于$\text{rank}(\boldsymbol{A}_1)=r$,因此$\tilde{\boldsymbol{\alpha}}_{1j},\tilde{\boldsymbol{\alpha}}_{j_2},\cdots,\tilde{\boldsymbol{\alpha}}_{j_r}$是$\boldsymbol{A}_1$的列向量组的一个极大线性无关组,从而由$\tilde{\boldsymbol{\alpha}}_{j_1},\tilde{\boldsymbol{\alpha}}_{j_2},\cdots,\tilde{\boldsymbol{\alpha}}_{j_r}$组成的子矩阵$\boldsymbol{A}_2$的行列式不等于0,即

$$\boldsymbol{A}\begin{pmatrix}i_1, & i_2, & \cdots, & i_r\\ j_1, & j_2, & \cdots, & j_r\end{pmatrix}\neq 0。$$ ■

例 7 证明:斜对称矩阵的秩是偶数。

证明 设n级斜对称矩阵$\boldsymbol{A}$的行向量组为$\boldsymbol{\gamma}_1,\boldsymbol{\gamma}_2,\cdots,\boldsymbol{\gamma}_n$,则$\boldsymbol{A}'$的列向量组为$\boldsymbol{\gamma}_1',\boldsymbol{\gamma}_2',\cdots,\boldsymbol{\gamma}_n'$。由于$\boldsymbol{A}'=-\boldsymbol{A}$,因此$\boldsymbol{A}$的列向量组为$-\boldsymbol{\gamma}_1',-\boldsymbol{\gamma}_2',\cdots,-\boldsymbol{\gamma}_n'$。设$\text{rank}(\boldsymbol{A})=r$。取$\boldsymbol{A}$的行向量组的一个极大线性无关组$\boldsymbol{\gamma}_{i_1},\boldsymbol{\gamma}_{i_2},\cdots,\boldsymbol{\gamma}_{i_r}$,则$-\boldsymbol{\gamma}_{i_1}',-\boldsymbol{\gamma}_{i_2}',\cdots,-\boldsymbol{\gamma}_{i_r}'$是$\boldsymbol{A}$的列向量组的一个极大线性无关组。据例 6 的结论,得

$$\boldsymbol{A}\begin{pmatrix}i_1, & i_2, & \cdots, & i_r\\ i_1, & i_2, & \cdots, & i_r\end{pmatrix}\neq 0。$$

由于$\boldsymbol{A}(i_u;i_v)=-\boldsymbol{A}(i_v;i_u)$,$v,u\in\{1,2,\cdots,r\}$,因此上述$r$阶子式是一个$r$级斜对称矩阵的行列式。由于奇数级斜对称矩阵的行列式等于0,因此r必为偶数。 ■

例 8 证明:矩阵的2°型初等行变换(即两行互换)可以通过一些1°型与3°型初等行变换实现。

证明 考虑与第i行和第j行互换相应的初等矩阵$\boldsymbol{P}(i,j)$,它可以得到如下:

$$
\boldsymbol{I} \xrightarrow{\textcircled{i}+\textcircled{j}\cdot(-1)} \begin{pmatrix} 1 & & & & & & \\ & \ddots & & & & & \\ & & 1 & \cdots & -1 & & \\ & & & \ddots & \vdots & & \\ & & & & 1 & & \\ & & & & & \ddots & \\ & & & & & & 1 \end{pmatrix} \begin{matrix} \\ \\ \text{第 } i \text{ 行} \\ \\ \text{第 } j \text{ 行} \\ \\ \\ \end{matrix}
$$

$$
\xrightarrow{\textcircled{j}+\textcircled{i}\cdot 1} \begin{pmatrix} 1 & & & & & & \\ & \ddots & & & & & \\ & & 1 & \cdots & -1 & & \\ & & \vdots & \ddots & \vdots & & \\ & & 1 & \cdots & 0 & & \\ & & & & & \ddots & \\ & & & & & & 1 \end{pmatrix}
$$

$$
\xrightarrow{\textcircled{i}+\textcircled{j}\cdot(-1)} \begin{pmatrix} 1 & & & & & & \\ & \ddots & & & & & \\ & & 0 & \cdots & -1 & & \\ & & \vdots & \ddots & \vdots & & \\ & & 1 & \cdots & 0 & & \\ & & & & & \ddots & \\ & & & & & & 1 \end{pmatrix}
$$

$$
\xrightarrow{\textcircled{i}\cdot(-1)} \begin{pmatrix} 1 & & & & & & \\ & \ddots & & & & & \\ & & 0 & \cdots & 1 & & \\ & & \vdots & \ddots & \vdots & & \\ & & 1 & \cdots & 0 & & \\ & & & & & \ddots & \\ & & & & & & 1 \end{pmatrix}
$$

因此 $\qquad \boldsymbol{P}(i(-1))\boldsymbol{P}(i,j(-1))\boldsymbol{P}(j,i(1))\boldsymbol{P}(i,j(-1))\boldsymbol{I}=\boldsymbol{P}(i,j)$，

从而 $\qquad \boldsymbol{P}(i,j)\boldsymbol{A}=\boldsymbol{P}(i(-1))\boldsymbol{P}(i,j(-1))\boldsymbol{P}(j,i(1))\boldsymbol{P}(i,j(-1))\boldsymbol{A}$。

这表明对 $\boldsymbol{A}$ 作两行互换可以通过对 $\boldsymbol{A}$ 作一些 1°型和 3°型初等行变换来实现。 ■

例 9 方阵 $\boldsymbol{A}$ 称为**幂零矩阵**，如果存在正整数 l，使得 $\boldsymbol{A}^l=\boldsymbol{0}$；使 $\boldsymbol{A}^l=\boldsymbol{0}$ 成立的最小正整数 l 称为 $\boldsymbol{A}$ 的**幂零指数**。证明：

(1) 上(下)三角矩阵是幂零矩阵当且仅当它的主对角元全为 0；

(2) 如果 n 级上(下)三角矩阵是幂零矩阵，那么它的幂零指数 $l\leqslant n$。

证明 (1) 必要性。设 n 级上三角矩阵 $\boldsymbol{A}=(a_{ij})$ 是幂零矩阵。假如有某个主对角元 $a_{ii}\neq 0$，则对任意正整数 m，都有

$$\boldsymbol{A}^m(i;i)=a_{ii}^m\neq 0。$$

这与 $\boldsymbol{A}$ 是幂零矩阵矛盾。

充分性。设 n 级上三角矩阵 $\boldsymbol{A}=(a_{ij})$ 的主对角元全为0，则对任意正整数 m，都有 $\boldsymbol{A}^m$ 的主对角元全为0。

据本节命题3的证法二中(4)式，得

$$\boldsymbol{A}^2(i;i+1)=\sum_{j=i}^{i+1}a_{ij}a_{j,i+1}=a_{ii}a_{i,i+1}+a_{i,i+1}a_{i+1,i+1}=0,\text{其中 } i=1,2,\cdots,n-1\text{。}$$

假设 $\boldsymbol{A}^k(i;i+1)=\boldsymbol{A}^k(i;i+2)=\cdots=\boldsymbol{A}^k(i;i+k-1)=0,k\geqslant 2$，则对于 $1\leqslant m\leqslant k$，有

$$\begin{aligned}\boldsymbol{A}^{k+1}(i;i+m)&=\sum_{j=i}^{i+m}a_{ij}\boldsymbol{A}^k(j;i+m)\\&=a_{ii}\boldsymbol{A}^k(i;i+m)+a_{i,i+1}\boldsymbol{A}^k(i+1;i+m)+\cdots+a_{i,i+m}\boldsymbol{A}^k(i+m;i+m)\\&=0\text{。}\end{aligned}$$

由数学归纳法原理，对一切大于1的正整数 m，有

$$\boldsymbol{A}^m(i;i+1)=\boldsymbol{A}^m(i;i+2)=\cdots=\boldsymbol{A}^m(i;i+m-1)=0\text{。}$$

由此推出，$\boldsymbol{A}^n=\boldsymbol{0}$，因此 $\boldsymbol{A}$ 是幂零矩阵。

(2) 由第(1)小题的必要性以及充分性的证明得出，$\boldsymbol{A}^n=\boldsymbol{0}$，因此 $\boldsymbol{A}$ 的幂零指数 $l\leqslant n$。

由于下三角矩阵的转置是上三角矩阵，因此第(1)(2)题的结论对于下三角矩阵也成立。

■

注：利用本套书下册第9章9.6节的有关矩阵的最小多项式的性质，可以给出例9第(1)小题的充分性的更简洁的证法。利用下册9.6节的例9可以立即得出本节例9第(2)小题的结论。

例10 令

$$\boldsymbol{C}=\begin{pmatrix}0&1&0&0&\cdots&0&0\\0&0&1&0&\cdots&0&0\\\vdots&\vdots&\vdots&\vdots&&\vdots&\vdots\\0&0&0&0&\cdots&0&1\\1&0&0&0&\cdots&0&0\end{pmatrix}_{n\times n},$$

称 $\boldsymbol{C}$ 是 n 级**循环移位矩阵**。证明：

(1) 用 $\boldsymbol{C}$ 左乘一个矩阵，就相当于把这个矩阵的行向上移一行，第1行换到最后一行；用 $\boldsymbol{C}$ 右乘一个矩阵，就相当于把这个矩阵的列向右移一列，最后一列换到第1列；

(2) $\sum_{l=0}^{n-1}\boldsymbol{C}^l=\boldsymbol{J}$，其中 $\boldsymbol{J}$ 是元素全为1的 n 级矩阵。

证明 (1) 设 $\boldsymbol{A}$、$\boldsymbol{B}$ 分别是 $s\times n$、$n\times m$ 矩阵，$\boldsymbol{A}$ 的列向量组为 $\boldsymbol{\alpha}_1,\boldsymbol{\alpha}_2,\cdots,\boldsymbol{\alpha}_n$；$\boldsymbol{B}$ 的行向量组为 $\boldsymbol{\delta}_1,\boldsymbol{\delta}_2,\cdots,\boldsymbol{\delta}_n$。则

$$\boldsymbol{CB}=\begin{pmatrix}0&1&0&0&\cdots&0&0\\0&0&1&0&\cdots&0&0\\\vdots&\vdots&\vdots&\vdots&&\vdots&\vdots\\0&0&0&0&\cdots&0&1\\1&0&0&0&\cdots&0&0\end{pmatrix}\begin{pmatrix}\boldsymbol{\delta}_1\\\boldsymbol{\delta}_2\\\vdots\\\boldsymbol{\delta}_n\end{pmatrix}=\begin{pmatrix}\boldsymbol{\delta}_2\\\boldsymbol{\delta}_3\\\vdots\\\boldsymbol{\delta}_n\\\boldsymbol{\delta}_1\end{pmatrix},$$

$$AC=(\boldsymbol{\alpha}_1,\boldsymbol{\alpha}_2,\cdots,\boldsymbol{\alpha}_n)\begin{pmatrix}0&1&0&0&\cdots&0&0\\0&0&1&0&\cdots&0&0\\\vdots&\vdots&\vdots&\vdots&&\vdots&\vdots\\0&0&0&0&\cdots&0&1\\1&0&0&0&\cdots&0&0\end{pmatrix}$$

$$=(\boldsymbol{\alpha}_n,\boldsymbol{\alpha}_1,\boldsymbol{\alpha}_2,\cdots,\boldsymbol{\alpha}_{n-1})。$$ ■

(2) 显然有

$$\boldsymbol{C}=(\boldsymbol{\varepsilon}_n,\boldsymbol{\varepsilon}_1,\boldsymbol{\varepsilon}_2,\cdots,\boldsymbol{\varepsilon}_{n-1}).$$

据第(1)小题的结论,得

$$\boldsymbol{C}^2=(\boldsymbol{\varepsilon}_{n-1},\boldsymbol{\varepsilon}_n,\boldsymbol{\varepsilon}_1,\cdots,\boldsymbol{\varepsilon}_{n-2}),$$

$$\boldsymbol{C}^3=(\boldsymbol{\varepsilon}_{n-2},\boldsymbol{\varepsilon}_{n-1},\boldsymbol{\varepsilon}_n,\boldsymbol{\varepsilon}_1,\cdots,\boldsymbol{\varepsilon}_{n-3}),$$

$$\cdots\quad\cdots\quad\cdots$$

$$\boldsymbol{C}^{n-1}=(\boldsymbol{\varepsilon}_2,\boldsymbol{\varepsilon}_3,\cdots,\boldsymbol{\varepsilon}_n,\boldsymbol{\varepsilon}_1),$$

因此

$$\sum_{l=0}^{n-1}\boldsymbol{C}^l\overset{*}{=}(\boldsymbol{\varepsilon}_1+\boldsymbol{\varepsilon}_n+\boldsymbol{\varepsilon}_{n-1}+\cdots+\boldsymbol{\varepsilon}_2,\boldsymbol{\varepsilon}_2+\boldsymbol{\varepsilon}_1+\boldsymbol{\varepsilon}_n+\cdots+\boldsymbol{\varepsilon}_3,\cdots,\boldsymbol{\varepsilon}_n+\boldsymbol{\varepsilon}_{n-1}+\cdots+\boldsymbol{\varepsilon}_1)$$

$$=\begin{pmatrix}1&1&\cdots&1\\1&1&\cdots&1\\\vdots&\vdots&&\vdots\\1&1&\cdots&1\end{pmatrix}=\boldsymbol{J}。$$ ■

* 根据矩阵的加法的定义,若干个矩阵相加,可以把它们对应的列向量相加。

例 11 n 级矩阵

$$\boldsymbol{A}=\begin{pmatrix}a_1&a_2&a_3&\cdots&a_n\\a_n&a_1&a_2&\cdots&a_{n-1}\\\vdots&\vdots&\vdots&&\vdots\\a_2&a_3&a_4&\cdots&a_1\end{pmatrix}$$

称为**循环矩阵**,它是由第 1 行的元素逐步往右移一位得到第 2,3,…,n 行。证明:

$$\boldsymbol{A}=a_1\boldsymbol{I}+a_2\boldsymbol{C}+a_3\boldsymbol{C}^2+\cdots+a_n\boldsymbol{C}^{n-1},$$

其中 $\boldsymbol{C}$ 是例 10 中的循环移位矩阵。

证明 从例 10 的第(2)小题的证明过程看出

$$a_1\boldsymbol{I}+a_2\boldsymbol{C}+a_3\boldsymbol{C}^2+\cdots+a_n\boldsymbol{C}^{n-1}$$

$$=(a_1\boldsymbol{\varepsilon}_1+a_2\boldsymbol{\varepsilon}_n+\cdots+a_n\boldsymbol{\varepsilon}_2,a_1\boldsymbol{\varepsilon}_2+a_2\boldsymbol{\varepsilon}_1+a_3\boldsymbol{\varepsilon}_n+\cdots+a_n\boldsymbol{\varepsilon}_3,\cdots,a_1\boldsymbol{\varepsilon}_n+a_2\boldsymbol{\varepsilon}_{n-1}+\cdots+a_n\boldsymbol{\varepsilon}_1)$$

$$=\begin{pmatrix}a_1&a_2&\cdots&a_n\\a_n&a_1&\cdots&a_{n-1}\\a_{n-1}&a_n&\cdots&a_{n-2}\\\vdots&\vdots&&\vdots\\a_2&a_3&\cdots&a_1\end{pmatrix}=\boldsymbol{A}。$$ ■

从例 11 的证明中看出，形如 $a_1\boldsymbol{I}+a_2\boldsymbol{C}+\cdots+a_n\boldsymbol{C}^{n-1}$ 的矩阵一定是循环矩阵，它的第 1 行为 $(a_1,a_2,\cdots,a_n)$。

习题 4.2

1. 证明：对于任一 $s\times n$ 矩阵 $\boldsymbol{A}$，都有 $\boldsymbol{A}\boldsymbol{A}'$，$\boldsymbol{A}'\boldsymbol{A}$ 是对称矩阵。

2. 证明：两个 n 级斜对称矩阵 $\boldsymbol{A}$ 与 $\boldsymbol{B}$ 的乘积是斜对称矩阵当且仅当 $\boldsymbol{AB}=-\boldsymbol{BA}$。

3. 证明：两个 n 级斜对称矩阵的乘积是对称矩阵当且仅当它们可交换。

4. 证明：如果 $\boldsymbol{A}$ 与 $\boldsymbol{B}$ 都是 n 级对称矩阵，那么 $\boldsymbol{AB}-\boldsymbol{BA}$ 是斜对称矩阵。

5. 设 $\boldsymbol{A}$ 是实数域上的 $s\times n$ 矩阵。证明：如果 $\boldsymbol{A}\boldsymbol{A}'=\boldsymbol{0}$，那么 $\boldsymbol{A}=0$。

6. 设 $\boldsymbol{A}$ 是复数域上的 $s\times n$ 矩阵，用 $\overline{\boldsymbol{A}}$ 表示把 $\boldsymbol{A}$ 的每个元素取共轭复数得到的矩阵。证明：如果 $\boldsymbol{A}\overline{\boldsymbol{A}}'=\boldsymbol{0}$，那么 $\boldsymbol{A}=0$。

7. 证明：n 级对称矩阵的第 i 行元素的和等于它的第 i 列元素的和。

8. 设

$$\boldsymbol{A}=\begin{pmatrix}\lambda & a_{12} & \cdots & a_{1n}\\ 0 & a_{22} & \cdots & a_{2n}\\ \vdots & \vdots & & \vdots\\ 0 & a_{n2} & \cdots & a_{nn}\end{pmatrix},\quad \boldsymbol{B}=\begin{pmatrix}\lambda & 0 & \cdots & 0\\ b_{21} & b_{22} & \cdots & b_{2m}\\ \vdots & \vdots & & \vdots\\ b_{m1} & b_{m2} & \cdots & b_{mm}\end{pmatrix}.$$

证明：矩阵方程

$$\boldsymbol{AX}=\boldsymbol{XB}$$

有非零解。

9. 设 $\boldsymbol{A}$ 与 $\boldsymbol{B}$ 都是 n 级对称矩阵，则对任意正整数 m，矩阵 $\boldsymbol{C}=(\boldsymbol{AB})^m\boldsymbol{A}$ 也是对称矩阵。

10. 证明：初等矩阵可以表示成形如 $\boldsymbol{I}+a_{ij}\boldsymbol{E}_{ij}$ 这样的矩阵的乘积。

11. 证明：对角矩阵 $\boldsymbol{D}=\mathrm{diag}\{1,\cdots,1,0,\cdots,0\}$ 可以表示成形如 $\boldsymbol{I}+a_{ij}\boldsymbol{E}_{ij}$ 这样的矩阵的乘积。

12. 证明：两个 n 级循环矩阵的乘积仍是循环矩阵。

13. 设 $\boldsymbol{A}$ 是实数域上的 n 级上三角矩阵，证明：如果 $\boldsymbol{A}$ 与 $\boldsymbol{A}'$ 可交换，那么 $\boldsymbol{A}$ 是对角矩阵。

4.3　矩阵乘积的秩与行列式

4.3.1　内容精华

矩阵是一张表格，它包含了丰富的信息。矩阵的秩是从矩阵的行（列）向量组的线性相关性的角度提炼出来的信息，它刻画了矩阵的行（列）至多有多少个线性无关的向量。方阵的行列式是方阵的不同行、不同列的元素乘积的代数和，它刻画了以此方阵为系数矩阵的线性方程组是否有唯一解。

矩阵有加法、数量乘法、乘法三种运算。本节研究矩阵乘积的秩、行列式与因子矩阵的秩、行列式的关系。

定理 1 设 $\boldsymbol{A}=(a_{ij})_{s\times n}$，$\boldsymbol{B}=(b_{ij})_{n\times m}$，则

$$\operatorname{rank}(\boldsymbol{AB})\leqslant\min\{\operatorname{rank}(\boldsymbol{A}),\operatorname{rank}(\boldsymbol{B})\}。$$

证明 设 $\boldsymbol{A}$ 的列向量组是 $\boldsymbol{\alpha}_1,\boldsymbol{\alpha}_2,\cdots,\boldsymbol{\alpha}_n$，则

$$\begin{aligned}\boldsymbol{AB}&=(\boldsymbol{\alpha}_1,\boldsymbol{\alpha}_2,\cdots,\boldsymbol{\alpha}_n)\begin{pmatrix}b_{11}&b_{12}&\cdots&b_{1m}\\b_{21}&b_{22}&\cdots&b_{2m}\\\vdots&\vdots&&\vdots\\b_{n1}&b_{n2}&\cdots&b_{nm}\end{pmatrix}\\&=(b_{11}\boldsymbol{\alpha}_1+b_{21}\boldsymbol{\alpha}_2+\cdots+b_{n1}\boldsymbol{\alpha}_n,\cdots,b_{1m}\boldsymbol{\alpha}_1+b_{2m}\boldsymbol{\alpha}_2+\cdots+b_{nm}\boldsymbol{\alpha}_n)。\end{aligned}$$

上式表明，$\boldsymbol{AB}$ 的列向量组可以由 $\boldsymbol{A}$ 的列向量组线性表出，因此，$\boldsymbol{AB}$ 的列秩小于等于 $\boldsymbol{A}$ 的列秩，即

$$\operatorname{rank}(\boldsymbol{AB})\leqslant\operatorname{rank}(\boldsymbol{A})。$$

利用这个结论又可以得到

$$\begin{aligned}\operatorname{rank}(\boldsymbol{AB})&=\operatorname{rank}[(\boldsymbol{AB})']=\operatorname{rank}(\boldsymbol{B}'\boldsymbol{A}')\\&\leqslant\operatorname{rank}(\boldsymbol{B}')=\operatorname{rank}(\boldsymbol{B}),\end{aligned}$$

因此

$$\operatorname{rank}(\boldsymbol{AB})\leqslant\min\{\operatorname{rank}(\boldsymbol{A}),\operatorname{rank}(\boldsymbol{B})\}。$$ ■

定理 2 设 $\boldsymbol{A}=(a_{ij})_{n\times n}$，$\boldsymbol{B}=(b_{ij})_{n\times n}$，则

$$|\boldsymbol{AB}|=|\boldsymbol{A}||\boldsymbol{B}|。$$

分析：为了出现 $|\boldsymbol{A}||\boldsymbol{B}|$，联想到第 2 章 2.6 节的一个公式

$$\begin{vmatrix}\boldsymbol{A}&\boldsymbol{0}\\\boldsymbol{C}&\boldsymbol{B}\end{vmatrix}=|\boldsymbol{A}||\boldsymbol{B}|,$$

其中 $\boldsymbol{C}$ 是任意一个 $n\times n$ 矩阵。为简单起见，取 $\boldsymbol{C}=-\boldsymbol{I}$。为了出现 $|\boldsymbol{AB}|$，类似于上述公式，应出现

$$\begin{vmatrix}\boldsymbol{0}&\boldsymbol{AB}\\-\boldsymbol{I}&\boldsymbol{B}\end{vmatrix}。$$

于是采用下述证法。

证明 一方面，有

$$\begin{vmatrix}\boldsymbol{A}&\boldsymbol{0}\\-\boldsymbol{I}&\boldsymbol{B}\end{vmatrix}=|\boldsymbol{A}||\boldsymbol{B}|;$$

另一方面，又有

$$\begin{vmatrix}\boldsymbol{A}&\boldsymbol{0}\\-\boldsymbol{I}&\boldsymbol{B}\end{vmatrix}=\begin{vmatrix}a_{11}&a_{12}&\cdots&a_{1n}&0&0&\cdots&0\\a_{21}&a_{22}&\cdots&a_{2n}&0&0&\cdots&0\\\vdots&\vdots&&\vdots&\vdots&\vdots&&\vdots\\a_{n1}&a_{n2}&\cdots&a_{nn}&0&0&\cdots&0\\-1&0&\cdots&0&b_{11}&b_{12}&\cdots&b_{1n}\\0&-1&\cdots&0&b_{21}&b_{22}&\cdots&b_{2n}\\\vdots&\vdots&&\vdots&\vdots&\vdots&&\vdots\\0&0&\cdots&-1&b_{n1}&b_{n2}&\cdots&b_{nn}\end{vmatrix}$$

$$
\xlongequal[\substack{\textcircled{1}+\textcircled{n+2}\cdot a_{12}\\ \cdots \\ \textcircled{1}+\textcircled{2n}\cdot a_{1n}}]{\textcircled{1}+\textcircled{n+1}\cdot a_{11}}
\begin{vmatrix}
0 & 0 & \cdots & 0 & \sum\limits_{k=1}^{n} a_{1k}b_{k1} & \sum\limits_{k=1}^{n} a_{1k}b_{k2} & \cdots & \sum\limits_{k=1}^{n} a_{1k}b_{kn} \\
a_{21} & a_{22} & \cdots & a_{2n} & 0 & 0 & \cdots & 0 \\
\vdots & \vdots & & \vdots & \vdots & \vdots & & \vdots \\
a_{n1} & a_{n2} & \cdots & a_{nn} & 0 & 0 & \cdots & 0 \\
-1 & 0 & \cdots & 0 & b_{11} & b_{12} & \cdots & b_{1n} \\
0 & -1 & \cdots & 0 & b_{21} & b_{22} & \cdots & b_{2n} \\
\vdots & \vdots & & \vdots & \vdots & \vdots & & \vdots \\
0 & 0 & \cdots & -1 & b_{n1} & b_{n2} & \cdots & b_{nn}
\end{vmatrix}
$$

$$
\xlongequal[\substack{\textcircled{2}+\textcircled{n+2}\cdot a_{22}\\ \cdots \\ \textcircled{2}+\textcircled{2n}\cdot a_{2n}}]{\textcircled{2}+\textcircled{n+1}\cdot a_{21}}
\begin{vmatrix}
0 & 0 & \cdots & 0 & \sum\limits_{k=1}^{n} a_{1k}b_{k1} & \sum\limits_{k=1}^{n} a_{1k}b_{k2} & \cdots & \sum\limits_{k=1}^{n} a_{1k}b_{kn} \\
0 & 0 & \cdots & 0 & \sum\limits_{k=1}^{n} a_{2k}b_{k1} & \sum\limits_{k=1}^{n} a_{2k}b_{k2} & \cdots & \sum\limits_{k=1}^{n} a_{2k}b_{kn} \\
\vdots & \vdots & & \vdots & \vdots & \vdots & & \vdots \\
a_{n1} & a_{n2} & \cdots & a_{nn} & 0 & 0 & \cdots & 0 \\
-1 & 0 & \cdots & 0 & b_{11} & b_{12} & \cdots & b_{1n} \\
0 & -1 & \cdots & 0 & b_{21} & b_{22} & \cdots & b_{2n} \\
\vdots & \vdots & & \vdots & \vdots & \vdots & & \vdots \\
0 & 0 & \cdots & -1 & b_{n1} & b_{n2} & \cdots & b_{nn}
\end{vmatrix}
$$

$$\cdots \quad \cdots \quad \cdots \quad \cdots \quad \cdots \quad \cdots \quad \cdots \quad \cdots$$

$$
\xlongequal[\substack{n+\textcircled{n+2}\cdot a_{n2}\\ \cdots \\ n+\textcircled{2n}\cdot a_{nn}}]{n+\textcircled{n+1}\cdot a_{n1}}
\begin{vmatrix}
0 & 0 & \cdots & 0 & \sum\limits_{k=1}^{n} a_{1k}b_{k1} & \sum\limits_{k=1}^{n} a_{1k}b_{k2} & \cdots & \sum\limits_{k=1}^{n} a_{1k}b_{kn} \\
0 & 0 & \cdots & 0 & \sum\limits_{k=1}^{n} a_{2k}b_{k1} & \sum\limits_{k=1}^{n} a_{2k}b_{k2} & \cdots & \sum\limits_{k=1}^{n} a_{2k}b_{kn} \\
\vdots & \vdots & & \vdots & \vdots & \vdots & & \vdots \\
0 & 0 & \cdots & 0 & \sum\limits_{k=1}^{n} a_{nk}b_{k1} & \sum\limits_{k=1}^{n} a_{nk}b_{k2} & \cdots & \sum\limits_{k=1}^{n} a_{nk}b_{kn} \\
-1 & 0 & \cdots & 0 & b_{11} & b_{12} & \cdots & b_{1n} \\
0 & -1 & \cdots & 0 & b_{21} & b_{22} & \cdots & b_{2n} \\
\vdots & \vdots & & \vdots & \vdots & \vdots & & \vdots \\
0 & 0 & \cdots & -1 & b_{n1} & b_{n2} & \cdots & b_{nn}
\end{vmatrix}
$$

$$
= \begin{vmatrix} \boldsymbol{0} & \boldsymbol{AB} \\ -\boldsymbol{I} & \boldsymbol{B} \end{vmatrix}
$$

$$
= |\boldsymbol{AB}|(-1)^{(1+2+\cdots+n)+[(n+1)+(n+2)+\cdots+2n]}|-\boldsymbol{I}| = |\boldsymbol{AB}|(-1)^{n^2}(-1)^n|\boldsymbol{I}| = |\boldsymbol{AB}|。
$$

其中倒数第三个等号的理由是:把行列式按前 n 行展开,因此

$$|\boldsymbol{AB}| = |\boldsymbol{A}||\boldsymbol{B}|。$$

■

用数学归纳法,定理 2 可以推广到多个 n 级矩阵相乘的情形:

$$|\boldsymbol{A}_1\boldsymbol{A}_2\cdots\boldsymbol{A}_s|=|\boldsymbol{A}_1||\boldsymbol{A}_2|\cdots|\boldsymbol{A}_s|。$$

设 $\boldsymbol{A},\boldsymbol{B}$ 都是 n 级矩阵,一般地,$\boldsymbol{AB}\neq\boldsymbol{BA}$。从定理 2 得

$$|\boldsymbol{AB}|=|\boldsymbol{A}||\boldsymbol{B}|=|\boldsymbol{B}||\boldsymbol{A}|=|\boldsymbol{BA}|,$$

即 $|\boldsymbol{AB}|=|\boldsymbol{BA}|$。由此可见,$n$ 级矩阵的行列式是从矩阵乘法的非交换性中提取的可交换的量。

设 $\boldsymbol{A}=(a_{ij})_{s\times n},\boldsymbol{B}=(b_{ij})_{n\times s}$,试问:$|\boldsymbol{AB}|$ 等于什么?

让我们解剖一个"麻雀":

在几何空间中取一个右手直角坐标系,设向量 $\vec{a},\vec{b},\vec{c},\vec{d}$ 的坐标分别为

$$(a_1,a_2,a_3)',(b_1,b_2,b_3)',(c_1,c_2,c_3)',(d_1,d_2,d_3)',$$

令

$$\boldsymbol{A}=\begin{pmatrix}a_1 & a_2 & a_3\\ c_1 & c_2 & c_3\end{pmatrix},\boldsymbol{B}=\begin{pmatrix}b_1 & d_1\\ b_2 & d_2\\ b_3 & d_3\end{pmatrix},$$

则根据拉格朗日恒等式得

$$\begin{aligned}|\boldsymbol{AB}|&=\begin{vmatrix}a_1b_1+a_2b_2+a_3b_3 & a_1d_1+a_2d_2+a_3d_3\\ c_1b_1+c_2b_2+c_3b_3 & c_1d_1+c_2d_2+c_3d_3\end{vmatrix}\\
&=\begin{vmatrix}\vec{a}\cdot\vec{b} & \vec{a}\cdot\vec{d}\\ \vec{c}\cdot\vec{b} & \vec{c}\cdot\vec{d}\end{vmatrix}=(\vec{a}\times\vec{c})\cdot(\vec{b}\times\vec{d})\\
&=\begin{vmatrix}a_2 & c_2\\ a_3 & c_3\end{vmatrix}\cdot\begin{vmatrix}b_2 & d_2\\ b_3 & d_3\end{vmatrix}+\begin{vmatrix}a_1 & c_1\\ a_3 & c_3\end{vmatrix}\begin{vmatrix}b_1 & d_1\\ b_3 & d_3\end{vmatrix}+\begin{vmatrix}a_1 & c_1\\ a_2 & c_2\end{vmatrix}\begin{vmatrix}b_1 & d_1\\ b_2 & d_2\end{vmatrix}\\
&=\boldsymbol{A}\begin{pmatrix}1,2\\ 2,3\end{pmatrix}\boldsymbol{B}\begin{pmatrix}2,3\\ 1,2\end{pmatrix}+\boldsymbol{A}\begin{pmatrix}1,2\\ 1,3\end{pmatrix}\boldsymbol{B}\begin{pmatrix}1,3\\ 1,2\end{pmatrix}+\boldsymbol{A}\begin{pmatrix}1,2\\ 1,2\end{pmatrix}\boldsymbol{B}\begin{pmatrix}1,2\\ 1,2\end{pmatrix}。\end{aligned}$$

由此受到启发,我们猜测并且可以证明有下述结论。

定理 3(Binet-Cauchy 公式) 设 $\boldsymbol{A}=(a_{ij})_{s\times n},\boldsymbol{B}=(b_{ij})_{n\times s}$。

(1) 如果 $s>n$,那么 $|\boldsymbol{AB}|=0$;

(2) 如果 $s\leqslant n$,那么 $|\boldsymbol{AB}|$ 等于 $\boldsymbol{A}$ 的所有 s 阶子式与 $\boldsymbol{B}$ 的相应 s 阶子式的乘积之和,即

$$|\boldsymbol{AB}|=\sum_{1\leqslant v_1<v_2<\cdots<v_s\leqslant n}\boldsymbol{A}\begin{pmatrix}1,\ 2,\ \cdots,s\\ v_1,v_2,\cdots,v_s\end{pmatrix}\cdot\boldsymbol{B}\begin{pmatrix}v_1,v_2,\cdots,v_s\\ 1,\ 2,\ \cdots,s\end{pmatrix}。$$

证明 (1) 如果 $s>n$,那么

$$\text{rank}(\boldsymbol{AB})\leqslant\text{rank}(\boldsymbol{A})\leqslant n<s。$$

于是 s 级矩阵 $\boldsymbol{AB}$ 不是满秩矩阵,从而 $|\boldsymbol{AB}|=0$。

(2) 用两种方法计算下述行列式:

$$\boldsymbol{D}=\begin{vmatrix}\boldsymbol{A} & \boldsymbol{0}\\ -\boldsymbol{I} & \boldsymbol{B}\end{vmatrix}。$$

一方面将 $\boldsymbol{D}$ 按前 s 行展开,得

$$\begin{aligned}\boldsymbol{D}=&\sum_{1\leqslant v_1<v_2<\cdots<v_s\leqslant n}\boldsymbol{A}\begin{pmatrix}1,\ 2,\ \cdots,s\\ v_1,v_2,\cdots,v_s\end{pmatrix}\cdot(-1)^{(1+2+\cdots+s)+(v_1+v_2+\cdots+v_s)}\\
&\cdot|(-\boldsymbol{\varepsilon}_{\mu_1},-\boldsymbol{\varepsilon}_{\mu_2},\cdots,-\boldsymbol{\varepsilon}_{\mu_{n-s}},\boldsymbol{B})|,\end{aligned}$$

其中 $\{\mu_1,\mu_2,\cdots,\mu_{n-s}\}=\{1,2,\cdots,n\}\setminus\{v_1,v_2,\cdots,v_s\}$，且 $\mu_1<\mu_2<\cdots<\mu_{n-s}$。把 $|(-\boldsymbol{\varepsilon}_{\mu_1},-\boldsymbol{\varepsilon}_{\mu_2},\cdots,-\boldsymbol{\varepsilon}_{\mu_{n-s}},\boldsymbol{B})|$ 按前 $n-s$ 列展开，注意前 $n-s$ 列只有一个 $n-s$ 阶子式不为 0，它是取第 $\mu_1,\mu_2,\cdots,\mu_{n-s}$ 行得到的那个 $n-s$ 阶子式，因此

$$
\begin{aligned}
&|(-\boldsymbol{\varepsilon}_{\mu_1},-\boldsymbol{\varepsilon}_{\mu_2},\cdots,-\boldsymbol{\varepsilon}_{\mu_{n-s}},\boldsymbol{B})|\\
&=|-\boldsymbol{I}_{n-s}|(-1)^{(\mu_1+\mu_2+\cdots+\mu_{n-s})+[1+2+\cdots+(n-s)]}\boldsymbol{B}\begin{pmatrix}v_1,v_2,\cdots,v_s\\1,\ 2,\ \cdots,s\end{pmatrix}\\
&=(-1)^{n-s}(-1)^{(\mu_1+\mu_2+\cdots+\mu_{n-s})}(-1)^{\frac{1}{2}(n-s+1)(n-s)}\boldsymbol{B}\begin{pmatrix}v_1,v_2,\cdots,v_s\\1,\ 2,\ \cdots,s\end{pmatrix}。
\end{aligned}
$$

由于

$$
\begin{aligned}
&(-1)^{(1+2+\cdots+s)+(v_1+v_2+\cdots+v_s)}(-1)^{n-s}(-1)^{(\mu_1+\mu_2+\cdots+\mu_{n-s})}(-1)^{\frac{1}{2}(n-s+1)(n-s)}\\
=&(-1)^{s^2+n^2-s(n+1)},
\end{aligned}
$$

因此

$$
\boldsymbol{D}=\sum_{1\leqslant v_1<v_2<\cdots<v_s\leqslant n}\boldsymbol{A}\begin{pmatrix}1,\ 2,\ \cdots,s\\v_1,v_2,\cdots,v_s\end{pmatrix}(-1)^{s^2+n^2-s(n+1)}\boldsymbol{B}\begin{pmatrix}v_1,v_2,\cdots,v_s\\1,\ 2,\ \cdots,s\end{pmatrix}。
$$

另一方面，类似于定理 2 的证明方法，首先分别把第 $s+1,s+2,\cdots,s+n$ 行的 a_{11}，$a_{12},\cdots,a_{1n}$ 倍加到第 1 行上；接着分别把第 $s+1,s+2,\cdots,s+n$ 行的 $a_{21},a_{22},\cdots,a_{2n}$ 倍加到第 2 行上；依次类推，最后把第 $s+1,s+2,\cdots,s+n$ 行的 $a_{s1},a_{s2},\cdots,a_{sn}$ 倍加到第 s 行上，得

$$
\begin{aligned}
\boldsymbol{D}&=\begin{vmatrix}\boldsymbol{A}&\boldsymbol{0}\\-\boldsymbol{I}&\boldsymbol{B}\end{vmatrix}=\begin{vmatrix}\boldsymbol{0}&\boldsymbol{AB}\\-\boldsymbol{I}&\boldsymbol{B}\end{vmatrix}\\
&=|\boldsymbol{AB}|(-1)^{(1+2+\cdots+s)+[(n+1)+(n+2)+\cdots+(n+s)]}|-\boldsymbol{I}|\\
&=(-1)^{sn}(-1)^{n}|\boldsymbol{AB}|。
\end{aligned}
$$

由于

$$
(-1)^{s^2+n^2-s(n+1)}(-1)^{-sn-n}=(-1)^{s(s-1)+n(n-1)-2sn}=1,
$$

因此

$$
|\boldsymbol{AB}|=\sum_{1\leqslant v_1<v_2<\cdots<v_s\leqslant n}\boldsymbol{A}\begin{pmatrix}1,\ 2,\ \cdots,s\\v_1,v_2,\cdots,v_s\end{pmatrix}\boldsymbol{B}\begin{pmatrix}v_1,v_2,\cdots,v_s\\1,\ 2,\ \cdots,s\end{pmatrix}。
$$

■

Binet-Cauchy 公式有很多用处，用处之一是可以用来计算乘积矩阵的各阶子式。

命题 1　设 $\boldsymbol{A}=(a_{ij})_{s\times n}$，$\boldsymbol{B}=(b_{ij})_{n\times s}$，设正整数 $r\leqslant s$。

(1) 如果 $r>n$，那么 $\boldsymbol{AB}$ 的所有 r 阶子式都等于 0；

(2) 如果 $r\leqslant n$，那么 $\boldsymbol{AB}$ 的任一 r 阶子式为

$$
\boldsymbol{AB}\begin{pmatrix}i_1,i_2,\cdots,i_r\\j_1,j_2,\cdots,j_r\end{pmatrix}=\sum_{1\leqslant v_1<v_2<\cdots<v_r\leqslant n}\boldsymbol{A}\begin{pmatrix}i_1,i_2,\cdots,i_r\\v_1,v_2,\cdots,v_r\end{pmatrix}\boldsymbol{B}\begin{pmatrix}v_1,v_2,\cdots,v_r\\j_1,j_2,\cdots,j_r\end{pmatrix}。
$$

证明　$\boldsymbol{AB}$ 的任一 r 阶子式为

$$
\boldsymbol{AB}\begin{pmatrix}i_1,i_2,\cdots,i_r\\j_1,j_2,\cdots,j_r\end{pmatrix}=\begin{vmatrix}\boldsymbol{AB}(i_1;j_1)&\boldsymbol{AB}(i_1;j_2)&\cdots&\boldsymbol{AB}(i_1;j_r)\\\boldsymbol{AB}(i_2;j_1)&\boldsymbol{AB}(i_2;j_2)&\cdots&\boldsymbol{AB}(i_2;j_r)\\\vdots&\vdots&&\vdots\\\boldsymbol{AB}(i_r;j_1)&\boldsymbol{AB}(i_r;j_2)&\cdots&\boldsymbol{AB}(i_r;j_r)\end{vmatrix}
$$

$$=\begin{vmatrix}\begin{pmatrix}a_{i_1,1} & a_{i_1,2} & \cdots & a_{i_1,n}\\ a_{i_2,1} & a_{i_2,2} & \cdots & a_{i_2,n}\\ \vdots & \vdots & & \vdots\\ a_{i_r,1} & a_{i_r,2} & \cdots & a_{i_r,n}\end{pmatrix}\begin{pmatrix}b_{1j_1} & b_{1j_2} & \cdots & b_{1j_r}\\ b_{2j_1} & b_{2j_2} & \cdots & b_{2j_r}\\ \vdots & \vdots & & \vdots\\ b_{nj_1} & b_{nj_2} & \cdots & b_{nj_r}\end{pmatrix}\end{vmatrix}$$

(1) 如果 $r>n$，那么上式右端的两个矩阵的乘积的行列式等于 0，从而 $\boldsymbol{AB}$ 的 r 阶子式都等于 0。

(2) 如果 $r\leqslant n$，那么上式右端的两个矩阵（分别记作 $\boldsymbol{A}_1,\boldsymbol{B}_1$）的乘积的行列式等于

$$|\boldsymbol{A}_1\boldsymbol{B}_1|=\sum_{1\leqslant v_1<v_2<\cdots<v_r\leqslant n}\boldsymbol{A}_1\begin{pmatrix}1,\ 2,\ \cdots,r\\ v_1,v_2,\cdots,v_r\end{pmatrix}\boldsymbol{B}_1\begin{pmatrix}v_1,v_2,\cdots,v_r\\ 1,\ 2,\ \cdots,r\end{pmatrix}$$

$$=\sum_{1\leqslant v_1<v_2<\cdots<v_r\leqslant n}\boldsymbol{A}\begin{pmatrix}i_1,i_2,\cdots,i_r\\ v_1\ \ v_2,\cdots,v_r\end{pmatrix}\boldsymbol{B}\begin{pmatrix}v_1,v_2,\cdots,v_r\\ j_1,j_2,\cdots,j_r\end{pmatrix}。$$

于是命题 1 的第(2)部分得证。■

矩阵 $\boldsymbol{A}$ 的一个子式如果行指标与列指标相同，那么称它为 $\boldsymbol{A}$ 的一个**主子式**。$\boldsymbol{A}$ 的一个 r 阶主子式形如

$$\boldsymbol{A}\begin{pmatrix}i_1,i_2,\cdots,i_r\\ i_1,i_2,\cdots,i_r\end{pmatrix}。$$

4.3.2 典型例题

例 1 证明：$\text{rank}(\boldsymbol{A}+\boldsymbol{B})\leqslant\text{rank}(\boldsymbol{A})+\text{rank}(\boldsymbol{B})$。

证明 设 $\boldsymbol{A},\boldsymbol{B}$ 的列向量组分别为

$$\boldsymbol{\alpha}_1,\boldsymbol{\alpha}_2,\cdots,\boldsymbol{\alpha}_n;\quad \boldsymbol{\beta}_1,\boldsymbol{\beta}_2,\cdots,\boldsymbol{\beta}_n,$$

则 $\boldsymbol{A}+\boldsymbol{B}$ 的列向量组为

$$\boldsymbol{\alpha}_1+\boldsymbol{\beta}_1,\boldsymbol{\alpha}_2+\boldsymbol{\beta}_2,\cdots,\boldsymbol{\alpha}_n+\boldsymbol{\beta}_n。$$

设 $\boldsymbol{\alpha}_{i_1},\boldsymbol{\alpha}_{i_2},\cdots,\boldsymbol{\alpha}_{i_r}$ 是向量组 $\boldsymbol{\alpha}_1,\boldsymbol{\alpha}_2,\cdots,\boldsymbol{\alpha}_n$ 的一个极大线性无关组；设 $\boldsymbol{\beta}_{j_1},\boldsymbol{\beta}_{j_2},\cdots,\boldsymbol{\beta}_{j_t}$ 是向量组 $\boldsymbol{\beta}_1,\boldsymbol{\beta}_2,\cdots,\boldsymbol{\beta}_n$ 的一个极大线性无关组，则 $\boldsymbol{\alpha}_1+\boldsymbol{\beta}_1,\boldsymbol{\alpha}_2+\boldsymbol{\beta}_2,\cdots,\boldsymbol{\alpha}_n+\boldsymbol{\beta}_n$ 可以由向量组 $\boldsymbol{\alpha}_{i_1},\boldsymbol{\alpha}_{i_2},\cdots,\boldsymbol{\alpha}_{i_r},\boldsymbol{\beta}_{j_1},\boldsymbol{\beta}_{j_2},\cdots,\boldsymbol{\beta}_{j_t}$ 线性表出，因此

$$\text{rank}\{\boldsymbol{\alpha}_1+\boldsymbol{\beta}_1,\boldsymbol{\alpha}_2+\boldsymbol{\beta}_2,\cdots,\boldsymbol{\alpha}_n+\boldsymbol{\beta}_n\}\leqslant\text{rank}\{\boldsymbol{\alpha}_{i_1},\boldsymbol{\alpha}_{i_2},\cdots,\boldsymbol{\alpha}_{i_r},\boldsymbol{\beta}_{j_1},\boldsymbol{\beta}_{j_2},\cdots,\boldsymbol{\beta}_{j_t}\}\leqslant r+t,$$

于是
$$\text{rank}(\boldsymbol{A}+\boldsymbol{B})\leqslant\text{rank}(\boldsymbol{A})+\text{rank}(\boldsymbol{B})。$$
■

例 2 证明：若 $k\neq0$，则 $\text{rank}(k\boldsymbol{A})=\text{rank}(\boldsymbol{A})$。

证明 $\text{rank}(k\boldsymbol{A})=\text{rank}((k\boldsymbol{I})\boldsymbol{A})\leqslant\text{rank}(\boldsymbol{A})$，由于 $k\neq0$，因此
$\text{rank}(\boldsymbol{A})=\text{rank}((k^{-1}\boldsymbol{I})(k\boldsymbol{A}))\leqslant\text{rank}(k\boldsymbol{A})$，从而 $\text{rank}(\boldsymbol{A})=\text{rank}(k\boldsymbol{A})$。■

例 3 设 $\boldsymbol{A}$ 是实数域上的 $s\times n$ 矩阵，则

$$\text{rank}(\boldsymbol{A}'\boldsymbol{A})=\text{rank}(\boldsymbol{A}\boldsymbol{A}')=\text{rank}(\boldsymbol{A})。$$

证法一 如果能够证明 n 元齐次线性方程组 $(\boldsymbol{A}'\boldsymbol{A})\boldsymbol{x}=\boldsymbol{0}$ 与 $\boldsymbol{A}\boldsymbol{x}=\boldsymbol{0}$ 同解，那么它们的解空间一致，从而由解空间的维数公式，得

$$n-\text{rank}(\boldsymbol{A}'\boldsymbol{A})=n-\text{rank}(\boldsymbol{A}),$$

由此得出，$\text{rank}(\boldsymbol{A}'\boldsymbol{A})=\text{rank}(\boldsymbol{A})$。

现在来证明$(\boldsymbol{A}'\boldsymbol{A})\boldsymbol{x}=\boldsymbol{0}$与$\boldsymbol{A}\boldsymbol{x}=\boldsymbol{0}$同解。设$\boldsymbol{\eta}$是$\boldsymbol{A}\boldsymbol{x}=\boldsymbol{0}$的任意一个解，则$\boldsymbol{A}\boldsymbol{\eta}=\boldsymbol{0}$，从而$(\boldsymbol{A}'\boldsymbol{A})\boldsymbol{\eta}=\boldsymbol{0}$，因此$\boldsymbol{\eta}$是$(\boldsymbol{A}'\boldsymbol{A})\boldsymbol{x}=\boldsymbol{0}$的一个解；反之，设$\boldsymbol{\delta}$是$(\boldsymbol{A}'\boldsymbol{A})\boldsymbol{x}=\boldsymbol{0}$的任意一个解，则

$$(\boldsymbol{A}'\boldsymbol{A})\boldsymbol{\delta}=\boldsymbol{0}。$$

上式两边左乘$\boldsymbol{\delta}'$，得

$$\boldsymbol{\delta}'\boldsymbol{A}'\boldsymbol{A}\boldsymbol{\delta}=0,$$

即

$$(\boldsymbol{A}\boldsymbol{\delta})'\boldsymbol{A}\boldsymbol{\delta}=0。\tag{1}$$

设

$$(\boldsymbol{A}\boldsymbol{\delta})'=(c_1,c_2,\cdots,c_s),$$

由于$\boldsymbol{A}$是实数域上的矩阵，因此$c_1,c_2,\cdots,c_s$都是实数。由式(1)得

$$c_1^2+c_2^2+\cdots+c_s^2=0。$$

由此推出，$c_1=c_2=\cdots=c_s=0$，从而$\boldsymbol{A}\boldsymbol{\delta}=\boldsymbol{0}$，即$\boldsymbol{\delta}$是$\boldsymbol{A}\boldsymbol{x}=\boldsymbol{0}$的一个解，因此$(\boldsymbol{A}'\boldsymbol{A})\boldsymbol{x}=\boldsymbol{0}$与$\boldsymbol{A}\boldsymbol{x}=\boldsymbol{0}$同解。于是

$$\text{rank}(\boldsymbol{A}'\boldsymbol{A})=\text{rank}(\boldsymbol{A})。$$

由这个结论立即得出

$$\text{rank}(\boldsymbol{A}\boldsymbol{A}')=\text{rank}[(\boldsymbol{A}')'(\boldsymbol{A}')]=\text{rank}(\boldsymbol{A}')=\text{rank}(\boldsymbol{A})。$$ ■

证法二　设$\text{rank}(\boldsymbol{A})=r$，则$r\leqslant\min\{s,n\}$。据命题 1，$\boldsymbol{A}\boldsymbol{A}'$的任一$r$阶主子式为

$$\begin{aligned}\boldsymbol{A}\boldsymbol{A}'\begin{pmatrix}i_1,i_2,\cdots,i_r\\i_1,i_2,\cdots,i_r\end{pmatrix}&=\sum_{1\leqslant v_1<v_2<\cdots<v_r\leqslant n}\boldsymbol{A}\begin{pmatrix}i_1,i_2,\cdots,i_r\\v_1,v_2,\cdots,v_r\end{pmatrix}\boldsymbol{A}'\begin{pmatrix}v_1,v_2,\cdots,v_r\\i_1,i_2,\cdots,i_r\end{pmatrix}\\&=\sum_{1\leqslant v_1<v_2<\cdots<v_r\leqslant n}\left[\boldsymbol{A}\begin{pmatrix}i_1,i_2,\cdots,i_r\\v_1,v_2,\cdots,v_r\end{pmatrix}\right]^2。\end{aligned}$$

由于$\boldsymbol{A}$有一个r阶子式不为 0，因此$\boldsymbol{A}\boldsymbol{A}'$有一个$r$阶主子式不为 0，从而$\text{rank}(\boldsymbol{A}\boldsymbol{A}')\geqslant r$。

又由于　$\text{rank}(\boldsymbol{A}\boldsymbol{A}')\leqslant\text{rank}(\boldsymbol{A})=r$，

因此　$\text{rank}(\boldsymbol{A}\boldsymbol{A}')=r=\text{rank}(\boldsymbol{A})$，

从而　$\text{rank}(\boldsymbol{A}'\boldsymbol{A})=\text{rank}[(\boldsymbol{A}')(\boldsymbol{A}')']=\text{rank}(\boldsymbol{A}')=\text{rank}(\boldsymbol{A})$。 ■

例 4　一个矩阵称为**行(列)满秩矩阵**，如果它的行(列)向量组是线性无关的。证明：如果一个$s\times n$矩阵$\boldsymbol{A}$的秩为r，那么存在$s\times r$的列满秩矩阵$\boldsymbol{B}$和$r\times n$行满秩矩阵$\boldsymbol{C}$，使得$\boldsymbol{A}=\boldsymbol{B}\boldsymbol{C}$。

证明　设$\boldsymbol{A}$的行向量组的一个极大线性无关组为

$$\boldsymbol{\gamma}_{i_1},\boldsymbol{\gamma}_{i_2},\cdots,\boldsymbol{\gamma}_{i_r},$$

则

$$\boldsymbol{A}=\begin{pmatrix}k_{11}\boldsymbol{\gamma}_{i_1}+k_{12}\boldsymbol{\gamma}_{i_2}+\cdots+k_{1r}\boldsymbol{\gamma}_{i_r}\\k_{21}\boldsymbol{\gamma}_{i_1}+k_{22}\boldsymbol{\gamma}_{i_2}+\cdots+k_{2r}\boldsymbol{\gamma}_{i_r}\\\vdots\qquad\quad\vdots\qquad\qquad\quad\vdots\\k_{s1}\boldsymbol{\gamma}_{i_1}+k_{s2}\boldsymbol{\gamma}_{i_2}+\cdots+k_{sr}\boldsymbol{\gamma}_{i_r}\end{pmatrix}=\begin{pmatrix}k_{11}&k_{12}&\cdots&k_{1r}\\k_{21}&k_{22}&\cdots&k_{2r}\\\vdots&\vdots&&\vdots\\k_{s1}&k_{s2}&\cdots&k_{sr}\end{pmatrix}\begin{pmatrix}\boldsymbol{\gamma}_{i_1}\\\boldsymbol{\gamma}_{i_2}\\\vdots\\\boldsymbol{\gamma}_{i_r}\end{pmatrix}。$$

分别记等号右端的第一、二个矩阵为$\boldsymbol{B},\boldsymbol{C}$，则$\boldsymbol{A}=\boldsymbol{B}\boldsymbol{C}$。显然$\boldsymbol{C}$是$r\times n$行满秩矩阵。由于

$$\text{rank}(\boldsymbol{A})=\text{rank}(\boldsymbol{B}\boldsymbol{C})\leqslant\text{rank}(\boldsymbol{B}),$$

因此$\text{rank}(\boldsymbol{B})\geqslant r$，又由于$\boldsymbol{B}$只有$r$列，因此$\text{rank}(\boldsymbol{B})=r$，于是$\boldsymbol{B}$为$s\times r$列满秩矩阵。

■

例 5 证明：如果数域 K 上的 n 级矩阵 $\boldsymbol{A}$ 满足

$$\boldsymbol{AA}'=\boldsymbol{I},\qquad |\boldsymbol{A}|=-1,$$

那么

$$|\boldsymbol{I}+\boldsymbol{A}|=0。$$

证明

$$\begin{aligned}|\boldsymbol{I}+\boldsymbol{A}|&=|\boldsymbol{AA}'+\boldsymbol{AI}|=|\boldsymbol{A}(\boldsymbol{A}'+\boldsymbol{I})|\\&=|\boldsymbol{A}|\,|\boldsymbol{A}'+\boldsymbol{I}|=(-1)\,|(\boldsymbol{A}+\boldsymbol{I})'|=(-1)\,|\boldsymbol{A}+\boldsymbol{I}|,\end{aligned}$$

由此得出，

$$|\boldsymbol{I}+\boldsymbol{A}|=0。$$

■

例 6 设

$$s_k=x_1^k+x_2^k+\cdots+x_n^k,\quad k=0,1,2,\cdots,$$

设 $\boldsymbol{A}=(a_{ij})_{n\times m}$，其中

$$a_{ij}=s_{i+j-2},\quad i,j=1,2,\cdots,n。$$

证明：

$$|\boldsymbol{A}|=\prod_{1\leqslant j<i\leqslant n}(x_i-x_j)^2。$$

分析：要证明的等式的右端使人联想起范德蒙德行列式，于是采用下述证法。

证明

$$|\boldsymbol{A}|=\begin{vmatrix}s_0&s_1&\cdots&s_{n-1}\\s_1&s_2&\cdots&s_n\\\vdots&\vdots&&\vdots\\s_{n-1}&s_n&\cdots&s_{2n-2}\end{vmatrix}$$

$$=\left|\begin{pmatrix}1&1&\cdots&1\\x_1&x_2&\cdots&x_n\\\vdots&\vdots&&\vdots\\x_1^{n-1}&x_2^{n-1}&\cdots&x_n^{n-1}\end{pmatrix}\begin{pmatrix}1&x_1&\cdots&x_1^{n-1}\\1&x_2&\cdots&x_2^{n-1}\\\vdots&\vdots&&\vdots\\1&x_n&\cdots&x_n^{n-1}\end{pmatrix}\right|$$

$$=\begin{vmatrix}1&1&\cdots&1\\x_1&x_2&\cdots&x_n\\\vdots&\vdots&&\vdots\\x_1^{n-1}&x_2^{n-1}&\cdots&x_n^{n-1}\end{vmatrix}\begin{vmatrix}1&x_1&\cdots&x_1^{n-1}\\1&x_2&\cdots&x_2^{n-1}\\\vdots&\vdots&&\vdots\\1&x_n&\cdots&x_n^{n-1}\end{vmatrix}$$

$$=\prod_{1\leqslant j<i\leqslant n}(x_i-x_j)\cdot\prod_{1\leqslant j<i\leqslant n}(x_i-x_j)$$

$$=\prod_{1\leqslant j<i\leqslant n}(x_i-x_j)^2。$$

■

例 7 设 $\boldsymbol{A}$ 是复数域上的 n 级循环矩阵，它的第一行为 $(a_1,a_2,\cdots,a_n)$，求 $|\boldsymbol{A}|$。

解法一 令 $w=\mathrm{e}^{\mathrm{i}\frac{2\pi}{n}}$，设

$$f(x)=a_1+a_2x+a_3x^2+\cdots+a_nx^{n-1}。$$

任给 $i\in\{0,1,\cdots,n-1\}$，

$$|\boldsymbol{A}|=\begin{vmatrix}a_1&a_2&a_3&\cdots&a_n\\a_n&a_1&a_2&\cdots&a_{n-1}\\\vdots&\vdots&\vdots&&\vdots\\a_2&a_3&a_4&\cdots&a_1\end{vmatrix}$$

$$\xlongequal[\substack{①+②\cdot w^i\\ ①+③\cdot (w^i)^2\\ \cdots\\ ①+ⓝ\cdot (w^i)^{n-1}}]{}\begin{vmatrix} a_1+a_2w^i+a_3(w^i)^2+\cdots+a_n(w^i)^{n-1} & a_2 & \cdots & a_n \\ a_n+a_1w^i+a_2(w^i)^2+\cdots+a_{n-1}(w^i)^{n-1} & a_1 & \cdots & a_{n-1} \\ \vdots & \vdots & & \vdots \\ a_2+a_3w^i+a_4(w^i)^2+\cdots+a_1(w^i)^{n-1} & a_3 & \cdots & a_1 \end{vmatrix}$$

$$=\begin{vmatrix} f(w^i) & a_2 & \cdots & a_n \\ w^if(w^i) & a_1 & \cdots & a_{n-1} \\ \vdots & \vdots & & \vdots \\ w^{i(n-1)}f(w^i) & a_3 & \cdots & a_1 \end{vmatrix}=f(w^i)\begin{vmatrix} 1 & a_2 & \cdots & a_n \\ w^i & a_1 & \cdots & a_{n-1} \\ \vdots & \vdots & & \vdots \\ w^{i(n-1)} & a_3 & \cdots & a_1 \end{vmatrix},$$

因此$|\boldsymbol{A}|$有因子 $f(w^i),i=0,1,\cdots,n-1$。由于$|\boldsymbol{A}|$中 a_1 的幂指数至多是 n，且 a_1^n 的系数为 1，因此

$$|\boldsymbol{A}|=\prod_{i=0}^{n-1}f(w^i)。$$

解法二　令 $w=\mathrm{e}^{\mathrm{i}\frac{2\pi}{n}}$，设 $f(x)=a_1+a_2x+a_3x^2+\cdots+a_nx^{n-1}$，令

$$\boldsymbol{B}=\begin{pmatrix} 1 & 1 & 1 & \cdots & 1 \\ 1 & w & w^2 & \cdots & w^{n-1} \\ 1 & w^2 & w^4 & \cdots & w^{2(n-1)} \\ \vdots & \vdots & \vdots & & \vdots \\ 1 & w^{n-1} & w^{2(n-1)} & \cdots & w^{(n-1)(n-1)} \end{pmatrix},$$

则

$$|\boldsymbol{AB}|=\left|\begin{pmatrix} a_1 & a_2 & a_3 & \cdots & a_n \\ a_n & a_1 & a_2 & \cdots & a_{n-1} \\ \vdots & \vdots & \vdots & & \vdots \\ a_2 & a_3 & a_4 & \cdots & a_1 \end{pmatrix}\begin{pmatrix} 1 & 1 & 1 & \cdots & 1 \\ 1 & w & w^2 & \cdots & w^{n-1} \\ \vdots & \vdots & \vdots & & \vdots \\ 1 & w^{n-1} & w^{2(n-1)} & \cdots & w^{(n-1)(n-1)} \end{pmatrix}\right|$$

$$=\begin{vmatrix} f(1) & f(w) & f(w^2) & \cdots & f(w^{n-1}) \\ f(1) & wf(w) & w^2f(w^2) & \cdots & w^{n-1}f(w^{n-1}) \\ \vdots & \vdots & \vdots & & \vdots \\ f(1) & w^{n-1}f(w) & w^{2(n-1)}f(w^2) & \cdots & w^{(n-1)(n-1)}f(w^{n-1}) \end{vmatrix}$$

$$=f(1)f(w)f(w^2)\cdots f(w^{n-1})\begin{vmatrix} 1 & 1 & 1 & \cdots & 1 \\ 1 & w & w^2 & \cdots & w^{n-1} \\ \vdots & \vdots & \vdots & & \vdots \\ 1 & w^{n-1} & w^{2(n-1)} & \cdots & w^{(n-1)(n-1)} \end{vmatrix}$$

$$=\prod_{i=0}^{n-1}f(w^i)\,|\boldsymbol{B}|,$$

又由于$|\boldsymbol{AB}|=|\boldsymbol{A}|\,|\boldsymbol{B}|$，且$|\boldsymbol{B}|\neq 0$，因此

$$|\boldsymbol{A}|=\prod_{i=0}^{n-1}f(w^i)。$$

例 8 在数域 K 中,设

$$u_j=\sum_{i=1}^{n}c_ia_i^j,\quad 1\leqslant j<2n。$$

令

$$\boldsymbol{A}=\begin{pmatrix}u_1&u_2&\cdots&u_n\\u_2&u_3&\cdots&u_{n+1}\\\vdots&\vdots&&\vdots\\u_n&u_{n+1}&\cdots&u_{2n-1}\end{pmatrix}。$$

证明:对任意 $\boldsymbol{\beta}\in K^n$,线性方程组 $\boldsymbol{Ax}=\boldsymbol{\beta}$ 有唯一解的充分必要条件是 $a_1,a_2,\cdots,a_n$ 两两不等,且 $a_1,a_2,\cdots,a_n,c_1,c_2,\cdots,c_n$ 全不为 0。

证明

$$|\boldsymbol{A}|=\begin{vmatrix}u_1&u_2&\cdots&u_n\\u_2&u_3&\cdots&u_{n+1}\\\vdots&\vdots&&\vdots\\u_n&u_{n+1}&\cdots&u_{2n-1}\end{vmatrix}=\begin{vmatrix}\sum_{i=1}^{n}c_ia_i&\sum_{i=1}^{n}c_ia_i^2&\cdots&\sum_{i=1}^{n}c_ia_i^n\\\sum_{i=1}^{n}c_ia_i^2&\sum_{i=1}^{n}c_ia_i^3&\cdots&\sum_{i=1}^{n}c_ia_i^{n+1}\\\vdots&\vdots&&\vdots\\\sum_{i=1}^{n}c_ia_i^n&\sum_{i=1}^{n}c_ia_i^{n+1}&\cdots&\sum_{i=1}^{n}c_ia_i^{2n-1}\end{vmatrix}$$

$$=\left|\begin{pmatrix}c_1&c_2&\cdots&c_n\\c_1a_1&c_2a_2&\cdots&c_na_n\\\vdots&\vdots&&\vdots\\c_1a_1^{n-1}&c_2a_2^{n-1}&\cdots&c_na_n^{n-1}\end{pmatrix}\begin{pmatrix}a_1&a_1^2&\cdots&a_1^n\\a_2&a_2^2&\cdots&a_2^n\\\vdots&\vdots&&\vdots\\a_n&a_n^2&\cdots&a_n^n\end{pmatrix}\right|$$

$$=\begin{vmatrix}c_1&c_2&\cdots&c_n\\c_1a_1&c_2a_2&\cdots&c_na_n\\\vdots&\vdots&&\vdots\\c_1a_1^{n-1}&c_2a_2^{n-1}&\cdots&c_na_n^{n-1}\end{vmatrix}\cdot\begin{vmatrix}a_1&a_1^2&\cdots&a_1^n\\a_2&a_2^2&\cdots&a_2^n\\\vdots&\vdots&&\vdots\\a_n&a_n^2&\cdots&a_n^n\end{vmatrix}$$

$$=c_1c_2\cdots c_na_1a_2\cdots a_n\begin{vmatrix}1&1&\cdots&1\\a_1&a_2&\cdots&a_n\\\vdots&\vdots&&\vdots\\a_1^{n-1}&a_2^{n-1}&\cdots&a_n^{n-1}\end{vmatrix}\cdot\begin{vmatrix}1&a_1&\cdots&a_1^{n-1}\\1&a_2&\cdots&a_2^{n-1}\\\vdots&\vdots&&\vdots\\1&a_n&\cdots&a_n^{n-1}\end{vmatrix}$$

$$=\prod_{i=1}^{n}c_i\cdot a_i\cdot\prod_{1\leqslant j<i\leqslant n}(a_i-a_j)^2$$

于是线性方程组 $\boldsymbol{Ax}=\boldsymbol{\beta}$ 有唯一解的充分必要条件是:$a_1,a_2,\cdots,a_n$ 两两不等,且 $c_1,c_2,\cdots,c_n,a_1,a_2,\cdots,a_n$ 全不为 0。 ■

例 9 证明 Cauchy 恒等式:当 $n\geqslant2$ 时,有

$$\left(\sum_{i=1}^{n}a_ic_i\right)\left(\sum_{i=1}^{n}b_id_i\right)-\left(\sum_{i=1}^{n}a_id_i\right)\left(\sum_{i=1}^{n}b_ic_i\right)=\sum_{1\leqslant j<k\leqslant n}(a_jb_k-a_kb_j)(c_jd_k-c_kd_j)。$$

证明

$$\text{左端}=\begin{vmatrix}\sum_{i=1}^{n}a_ic_i & \sum_{i=1}^{n}a_id_i\\ \sum_{i=1}^{n}b_ic_i & \sum_{i=1}^{n}b_id_i\end{vmatrix}=\left|\begin{pmatrix}a_1 & a_2 & \cdots & a_n\\ b_1 & b_2 & \cdots & b_n\end{pmatrix}\begin{pmatrix}c_1 & d_1\\ c_2 & d_2\\ \vdots & \vdots\\ c_n & d_n\end{pmatrix}\right|$$

$$=\sum_{1\leqslant j<k\leqslant n}\begin{vmatrix}a_j & a_k\\ b_j & b_k\end{vmatrix}\cdot\begin{vmatrix}c_j & d_j\\ c_k & d_k\end{vmatrix}=\sum_{1\leqslant j<k\leqslant n}(a_jb_k-a_kb_j)(c_jd_k-c_kd_j)=\text{右端}$$ ■

例 10　证明 Cauchy-Bunyakovsky 不等式：对任意实数 $a_1,a_2,\cdots,a_n,b_1,b_2,\cdots,b_n$，有

$$(a_1^2+a_2^2+\cdots+a_n^2)(b_1^2+b_2^2+\cdots+b_n^2)\geqslant(a_1b_1+a_2b_2+\cdots+a_nb_n)^2,$$

等号成立当且仅当$(a_1,a_2,\cdots,a_n)$与$(b_1,b_2,\cdots,b_n)$线性相关。

证明　由例 9 的 Cauchy 恒等式，得

$$\left(\sum_{i=1}^{n}a_i^2\right)\left(\sum_{i=1}^{n}b_i^2\right)-\left(\sum_{i=1}^{n}a_ib_i\right)^2$$

$$=\sum_{1\leqslant j<k\leqslant n}(a_jb_k-a_kb_j)^2\geqslant 0,$$

等号成立当且仅当

$$a_jb_k-a_kb_j=0,\qquad 1\leqslant j<k\leqslant n,$$

即

$$\operatorname{rank}\left(\begin{pmatrix}a_1 & a_2 & \cdots & a_n\\ b_1 & b_2 & \cdots & b_n\end{pmatrix}\right)\leqslant 1,$$

也就是$(a_1,a_2,\cdots,a_n)$与$(b_1,b_2,\cdots,b_n)$线性相关。 ■

例 11　设 $\boldsymbol{A},\boldsymbol{B}$ 都是 n 级矩阵，证明：$\boldsymbol{AB}$ 与 $\boldsymbol{BA}$ 的 r 阶的所有主子式之和相等，其中 $1\leqslant r\leqslant n$。

证明　当 $1\leqslant r\leqslant n$ 时，

$$\boldsymbol{AB}\begin{pmatrix}i_1,i_2,\cdots,i_r\\ i_1,i_2,\cdots,i_r\end{pmatrix}=\sum_{1\leqslant v_1<v_2<\cdots<v_r\leqslant n}\boldsymbol{A}\begin{pmatrix}i_1,i_2,\cdots,i_r\\ v_1,v_2,\cdots,v_r\end{pmatrix}\boldsymbol{B}\begin{pmatrix}v_1,v_2,\cdots,v_r\\ i_1,i_2,\cdots,i_r\end{pmatrix},$$

$$\boldsymbol{BA}\begin{pmatrix}v_1,v_2,\cdots,v_r\\ v_1,v_2,\cdots,v_r\end{pmatrix}=\sum_{1\leqslant i_1<i_2<\cdots<i_r\leqslant n}\boldsymbol{B}\begin{pmatrix}v_1,v_2,\cdots,v_r\\ i_1,i_2,\cdots,i_r\end{pmatrix}\boldsymbol{A}\begin{pmatrix}i_1,i_2,\cdots,i_r\\ v_1,v_2,\cdots,v_r\end{pmatrix},$$

于是

$$\sum_{1\leqslant i_1<i_2<\cdots<i_r\leqslant n}\boldsymbol{AB}\begin{pmatrix}i_1,i_2,\cdots,i_r\\ i_1,i_2,\cdots,i_r\end{pmatrix}$$

$$=\sum_{1\leqslant i_1<\cdots<i_r\leqslant n}\ \sum_{1\leqslant v_1<\cdots<v_r\leqslant n}\boldsymbol{A}\begin{pmatrix}i_1,i_2,\cdots,i_r\\ v_1,v_2,\cdots,v_r\end{pmatrix}\boldsymbol{B}\begin{pmatrix}v_1,v_2,\cdots,v_r\\ i_1,i_2,\cdots,i_r\end{pmatrix}$$

$$=\sum_{1\leqslant v_1<\cdots<v_r\leqslant n}\ \sum_{1\leqslant i_1<\cdots<i_r\leqslant n}\boldsymbol{B}\begin{pmatrix}v_1,v_2,\cdots,v_r\\ i_1,i_2,\cdots,i_r\end{pmatrix}\boldsymbol{A}\begin{pmatrix}i_1,i_2,\cdots,i_r\\ v_1,v_2,\cdots,v_r\end{pmatrix}$$

$$= \sum_{1\leqslant v_1<\cdots<v_r\leqslant n} \boldsymbol{BA}\begin{pmatrix} v_1, v_2, \cdots, v_r \\ v_1, v_2, \cdots, v_r \end{pmatrix}。 \blacksquare$$

点评：由例11看出：r阶主子式之和是从n级矩阵乘法的非交换性中提取的可交换的量。

例 12 用 Binet-Cauchy 公式计算下述 n 阶行列式：

$$\begin{vmatrix} a_1-b_1 & a_1-b_2 & \cdots & a_1-b_n \\ a_2-b_1 & a_2-b_2 & \cdots & a_2-b_n \\ \vdots & \vdots & & \vdots \\ a_n-b_1 & a_n-b_2 & \cdots & a_n-b_n \end{vmatrix}。$$

解

$$\text{原式} = \left| \begin{pmatrix} a_1 & -1 \\ a_2 & -1 \\ \vdots & \vdots \\ a_n & -1 \end{pmatrix} \begin{pmatrix} 1 & 1 & \cdots & 1 \\ b_1 & b_2 & \cdots & b_n \end{pmatrix} \right|$$

当$n>2$时，上式右端的乘积矩阵的行列式的值等于0。

当$n=2$时，

$$\text{原式} = \left| \begin{pmatrix} a_1 & -1 \\ a_2 & -1 \end{pmatrix} \begin{pmatrix} 1 & 1 \\ b_1 & b_2 \end{pmatrix} \right| = \begin{vmatrix} a_1 & -1 \\ a_2 & -1 \end{vmatrix} \cdot \begin{vmatrix} 1 & 1 \\ b_1 & b_2 \end{vmatrix}$$

$$= (a_2-a_1)(b_2-b_1)。$$

当$n=1$时，原式$=a_1-b_1$。

例 13 设$\boldsymbol{A}$是一个$n\times m$矩阵，$m\geqslant n-1$。求$\boldsymbol{AA}'$的(1,1)元的代数余子式。

解 $\boldsymbol{AA}'$是n级矩阵，$\boldsymbol{AA}'$的(1,1)元的余子式是$\boldsymbol{AA}'$的一个$n-1$阶子式。由于$n-1\leqslant m$，因此

$$\boldsymbol{AA}'\begin{pmatrix} 2,3,\cdots,n \\ 2,3,\cdots,n \end{pmatrix} = \sum_{1\leqslant v_1<\cdots<v_{n-1}\leqslant m} \boldsymbol{A}\begin{pmatrix} 2, 3, \cdots, n \\ v_1, v_2, \cdots, v_{n-1} \end{pmatrix} \boldsymbol{A}'\begin{pmatrix} v_1, v_2, \cdots, v_{n-1} \\ 2, 3, \cdots, n \end{pmatrix}$$

$$= \sum_{1\leqslant v_1<\cdots<v_{n-1}\leqslant m} \left[\boldsymbol{A}\begin{pmatrix} 2, 3, \cdots, n \\ v_1, v_2, \cdots, v_{n-1} \end{pmatrix} \right]^2。$$

又由于$(-1)^{1+1}=1$，因此$\boldsymbol{AA}'$的(1,1)元的代数余子式等于$\boldsymbol{A}$的第一行元素的余子式的平方和。

例 14 设$\boldsymbol{A}$是一个$n\times m$矩阵，$m\geqslant n-1$，并且$\boldsymbol{A}$的每一列元素的和都为0。证明：$\boldsymbol{AA}'$的所有元素的代数余子式都相等。

证明 $\boldsymbol{AA}'$的(i,j)元的代数余子式为

$$(-1)^{i+j}\boldsymbol{AA}'\begin{pmatrix} 1,\cdots,i-1,i+1,\cdots,n \\ 1,\cdots,j-1,j+1,\cdots,n \end{pmatrix}$$

$$= (-1)^{i+j} \sum_{1\leqslant v_1<\cdots<v_{n-1}\leqslant m} \boldsymbol{A}\begin{pmatrix} 1,\cdots,i-1,i+1,\cdots,n \\ v_1, v_2, \cdots, v_{n-1} \end{pmatrix} \boldsymbol{A}'\begin{pmatrix} v_1, v_2, \cdots, v_{n-1} \\ 1,\cdots,j-1,j+1,\cdots,n \end{pmatrix}$$

$$= (-1)^{i+j} \sum_{1\leqslant v_1<\cdots<v_{n-1}\leqslant m} \boldsymbol{A}\begin{pmatrix} 1,\cdots,i-1,i+1,\cdots,n \\ v_1, v_2, \cdots, v_{n-1} \end{pmatrix} \boldsymbol{A}\begin{pmatrix} 1,\cdots,j-1,j+1,\cdots,n \\ v_1, v_2, \cdots, v_{n-1} \end{pmatrix}$$

计算

$$
\boldsymbol{A}\begin{pmatrix}1,\cdots,i-1,i+1,\cdots,n\\ v_1,v_2,\cdots,v_{n-1}\end{pmatrix}=\begin{vmatrix}a_{1v_1} & a_{1v_2} & \cdots & a_{1v_{n-1}}\\ \vdots & \vdots & & \vdots\\ a_{i-1,v_1} & a_{i-1,v_2} & \cdots & a_{i-1,v_{n-1}}\\ a_{i+1,v_1} & a_{i+1,v_2} & \cdots & a_{i+1,v_{n-1}}\\ \vdots & \vdots & & \vdots\\ a_{nv_1} & a_{nv_2} & \cdots & a_{nv_{n-1}}\end{vmatrix}
$$

$$
\overset{\substack{①+②\\ ①+③\\ \cdots\\ ①+(n-1)}}{=\!=\!=}\begin{vmatrix}-a_{iv_1} & -a_{iv_2} & \cdots & -a_{iv_{n-1}}\\ a_{2v_1} & a_{2v_2} & \cdots & a_{2v_{n-1}}\\ \vdots & \vdots & & \vdots\\ a_{i-1,v_1} & a_{i-1,v_2} & \cdots & a_{i-1,v_{n-1}}\\ a_{i+1,v_1} & a_{i+1,v_2} & \cdots & a_{i+1,v_{n-1}}\\ \vdots & \vdots & & \vdots\\ a_{nv_1} & a_{nv_2} & \cdots & a_{nv_n}\end{vmatrix}=(-1)(-1)^{i-2}\begin{vmatrix}a_{2v_1} & a_{2v_2} & \cdots & a_{2v_{n-1}}\\ \vdots & \vdots & & \vdots\\ a_{i-1,v_1} & a_{i-1,v_2} & \cdots & a_{i-1,v_{n-1}}\\ a_{iv_1} & a_{iv_2} & \cdots & a_{iv_{n-1}}\\ a_{i+1,v_1} & a_{i+1,v_2} & \cdots & a_{i+1,v_{n-1}}\\ \vdots & \vdots & & \vdots\\ a_{nv_1} & a_{nv_2} & \cdots & a_{nv_{n-1}}\end{vmatrix}
$$

$$
=(-1)^{i+1}\boldsymbol{A}\begin{pmatrix}2,\ 3,\ \cdots,n\\ v_1,v_2,\cdots,v_{n-1}\end{pmatrix}
$$

因此 $\boldsymbol{AA}'$的(i,j)元的代数余子式为

$$
(-1)^{i+j}\sum_{1\leqslant v_1<\cdots<v_{n-1}\leqslant m}(-1)^{i+1}\boldsymbol{A}\begin{pmatrix}2,\ 3,\ \cdots,n\\ v_1,v_2,\cdots,v_{n-1}\end{pmatrix}(-1)^{j+1}\boldsymbol{A}\begin{pmatrix}2,\ 3,\ \cdots,n\\ v_1,v_2,\cdots,v_{n-1}\end{pmatrix}
$$

$$
=\sum_{1\leqslant v_1<\cdots<v_{n-1}\leqslant m}\left[\boldsymbol{A}\begin{pmatrix}2,\ 3,\ \cdots,n\\ v_1,v_2,\cdots,v_{n-1}\end{pmatrix}\right]^2。
$$

据例 13 的结果,上式右端等于 $\boldsymbol{AA}'$的$(1,1)$元的代数余子式。这证明了 $\boldsymbol{AA}'$的所有元素的代数余子式都相等。 ■

例 15　设 $\boldsymbol{A}$ 是数域 K 上的 2 级矩阵,l 是大于 2 的整数。证明:$\boldsymbol{A}^l=\boldsymbol{0}$ 当且仅当$\boldsymbol{A}^2=\boldsymbol{0}$。

证明　充分性是显然的。

必要性。设 $\boldsymbol{A}^l=\boldsymbol{0}$,则$|\boldsymbol{A}|=0$,从而 $\operatorname{rank}(\boldsymbol{A})\leqslant 1$。若 $\operatorname{rank}(\boldsymbol{A})=0$,则 $\boldsymbol{A}=\boldsymbol{0}$。显然有 $\boldsymbol{A}^2=\boldsymbol{0}$。下面设 $\operatorname{rank}(\boldsymbol{A})=1$,于是

$$
\boldsymbol{A}=\begin{pmatrix}a & b\\ ka & kb\end{pmatrix}=\begin{pmatrix}1\\ k\end{pmatrix}(a,b),\text{或}\ \boldsymbol{A}=\begin{pmatrix}ka & kb\\ a & b\end{pmatrix}=\begin{pmatrix}k\\ 1\end{pmatrix}(a,b),
$$

其中 a,b 不全为 0,$k\in K$。

若 $\boldsymbol{A}$ 为前者,则 $\boldsymbol{A}^2=(a+kb)\boldsymbol{A}$,从而

$$
\boldsymbol{A}^3=\boldsymbol{A}^2\cdot\boldsymbol{A}=(a+kb)\boldsymbol{A}^2=(a+kb)^2\boldsymbol{A},\cdots,
$$

$$
\boldsymbol{A}^l=(a+kb)^{l-1}\boldsymbol{A}。
$$

由于 $\boldsymbol{A}^l=\boldsymbol{0}$; $\boldsymbol{A}\neq 0$,由上式推出 $a+kb=0$,从而

$$
\boldsymbol{A}^2=(a+kb)\boldsymbol{A}=\boldsymbol{0}。
$$

若 $\boldsymbol{A}$ 为后者,同理可得,$\boldsymbol{A}^2=\boldsymbol{0}$。 ■

点评：利用本套书下册第 9 章 9.6 节的例 9，可以立即得出本节例 15 的必要性；并且可以得出更一般的结论：n 级幂零矩阵 $\boldsymbol{A}$ 的幂零指数 $l \leqslant n$。

习题 4.3

1. 证明：设 $\boldsymbol{A}$ 是 n 级矩阵，则 $|\boldsymbol{A}\boldsymbol{A}'|=|\boldsymbol{A}|^2$。

2. 证明：设 $\boldsymbol{A}$ 是 n 级矩阵，如果 $\boldsymbol{A}\boldsymbol{A}'=\boldsymbol{I}$，那么 $|\boldsymbol{A}|=1$ 或 $|\boldsymbol{A}|=-1$。

3. 设 $\boldsymbol{A}$ 是数域 K 上的 n 级矩阵，证明：如果 n 是奇数，且 $\boldsymbol{A}$ 满足
$$\boldsymbol{A}\boldsymbol{A}'=\boldsymbol{I},\quad |\boldsymbol{A}|=1,$$
那么 $|\boldsymbol{I}-\boldsymbol{A}|=0$。

4. 证明：对于实数域上的任一 $s\times n$ 矩阵 $\boldsymbol{A}$，都有
$$\operatorname{rank}(\boldsymbol{A}\boldsymbol{A}'\boldsymbol{A})=\operatorname{rank}(\boldsymbol{A})。$$

5. 设 $\boldsymbol{A}$ 是复数域上的矩阵，如果 $\overline{\boldsymbol{A}}'=\boldsymbol{A}$，那么称 $\boldsymbol{A}$ 为 **Hermite 矩阵**。证明：对于任意复矩阵 $\boldsymbol{B}$（即复数域上的矩阵），都有 $\boldsymbol{B}\overline{\boldsymbol{B}}'$，$\overline{\boldsymbol{B}}'\boldsymbol{B}$ 是 Hermite 矩阵。

6. 证明：对于任意复矩阵 $\boldsymbol{A}$，有
$$\operatorname{rank}(\boldsymbol{A}\overline{\boldsymbol{A}}')=\operatorname{rank}(\overline{\boldsymbol{A}}'\boldsymbol{A})=\operatorname{rank}(\boldsymbol{A})。$$

7. 举例说明：对于复矩阵 $\boldsymbol{A}$，$\operatorname{rank}(\boldsymbol{A}'\boldsymbol{A})\neq\operatorname{rank}(\boldsymbol{A})$。

8. 设 $\boldsymbol{A}$ 是实数域上的 $s\times n$ 矩阵，证明：$\boldsymbol{A}\boldsymbol{A}'$ 的所有主子式的值都是非负实数。

9. 证明拉格朗日(Lagrange)恒等式：当 $n\geqslant 2$ 时，有
$$\left(\sum_{i=1}^{n}a_i^2\right)\left(\sum_{i=1}^{n}b_i^2\right)-\left(\sum_{i=1}^{n}a_ib_i\right)^2=\sum_{1\leqslant j<k\leqslant n}(a_jb_k-a_kb_j)^2。$$

10. 用 Binet-Cauchy 公式计算下述 n 阶行列式：
$$\begin{vmatrix} 1+x_1y_1 & 1+x_1y_2 & \cdots & 1+x_1y_n \\ 1+x_2y_1 & 1+x_2y_2 & \cdots & 1+x_2y_n \\ \vdots & \vdots & & \vdots \\ 1+x_ny_1 & 1+x_ny_2 & \cdots & 1+x_ny_n \end{vmatrix}。$$

11. 计算下述 $n+1$ 级矩阵 $\boldsymbol{A}$ 的行列式：
$$\boldsymbol{A}=\begin{pmatrix} (a_0+b_0)^n & (a_0+b_1)^n & \cdots & (a_0+b_n)^n \\ (a_1+b_0)^n & (a_1+b_1)^n & \cdots & (a_1+b_n)^n \\ \vdots & \vdots & & \vdots \\ (a_n+b_0)^n & (a_n+b_1)^n & \cdots & (a_n+b_n)^n \end{pmatrix}。$$

12. 计算下述 n 级矩阵 $\boldsymbol{A}$ 的行列式：
$$\boldsymbol{A}=\begin{pmatrix} \cos(\theta_1-\varphi_1) & \cos(\theta_1-\varphi_2) & \cdots & \cos(\theta_1-\varphi_n) \\ \cos(\theta_2-\varphi_1) & \cos(\theta_2-\varphi_2) & \cdots & \cos(\theta_2-\varphi_n) \\ \vdots & \vdots & & \vdots \\ \cos(\theta_n-\varphi_1) & \cos(\theta_n-\varphi_2) & \cdots & \cos(\theta_n-\varphi_n) \end{pmatrix}。$$

13. 设实数域上的 n 级矩阵 $\boldsymbol{A}=(\boldsymbol{B},\boldsymbol{C})$，其中 $\boldsymbol{B}$ 是 $n\times m$ 矩阵，证明：
$$|\boldsymbol{A}|^2\leqslant|\boldsymbol{B}'\boldsymbol{B}||\boldsymbol{C}'\boldsymbol{C}|。$$

14. 设$\boldsymbol{A}$、$\boldsymbol{B}$分别是数域K上的$s\times n$,$n\times m$矩阵,证明:rank($\boldsymbol{AB}$)=rank($\boldsymbol{B}$)当且仅当齐次线性方程组($\boldsymbol{AB}$)$\boldsymbol{x}=\boldsymbol{0}$的每一个解都是$\boldsymbol{Bx}=\boldsymbol{0}$的一个解。

15. 设$\boldsymbol{A}$,$\boldsymbol{B}$分别是数域K上的$s\times n$,$n\times m$矩阵。证明:如果rank($\boldsymbol{AB}$)=rank($\boldsymbol{B}$),那么,对于数域K上任意$m\times r$矩阵$\boldsymbol{C}$,都有

$$\mathrm{rank}(\boldsymbol{ABC}) = \mathrm{rank}(\boldsymbol{BC})。$$

16. 设$\boldsymbol{A}$是数域K上的n级矩阵,证明:如果存在正整数m,使得rank($\boldsymbol{A}^m$)=rank($\boldsymbol{A}^{m+1}$),那么对一切正整数k,有

$$\mathrm{rank}(\boldsymbol{A}^m) = \mathrm{rank}(\boldsymbol{A}^{m+k})。$$

17. 求数域K上其平方等于零矩阵的所有2级矩阵。

18. 设$\boldsymbol{A}$是数域K上的一个$s\times n$矩阵。证明:rank($\boldsymbol{A}$)=1当且仅当$\boldsymbol{A}$能表示成一个s维非零列向量与一个n维非零行向量的乘积。

19. 设$\boldsymbol{A}$是数域K上的一个n级矩阵。证明:若rank($\boldsymbol{A}$)=1,则存在唯一的$k\in K$使得$\boldsymbol{A}^2=k\boldsymbol{A}$。

4.4 可逆矩阵

4.4.1 内容精华

如何解矩阵方程$\boldsymbol{AX}=\boldsymbol{C}$?类似一元一次方程的解法,很自然地引出可逆矩阵的概念:

定义1 对于数域K上的矩阵$\boldsymbol{A}$,如果存在数域K上的矩阵$\boldsymbol{B}$,使得

$$\boldsymbol{AB} = \boldsymbol{BA} = \boldsymbol{I}, \tag{1}$$

那么称$\boldsymbol{A}$是**可逆矩阵**(或**非奇异矩阵**)。

从式(1)看出,$\boldsymbol{A}$与$\boldsymbol{B}$可交换,因此可逆矩阵一定是方阵,适合式(1)的矩阵$\boldsymbol{B}$也是方阵。

如果$\boldsymbol{A}$是可逆矩阵,那么适合式(1)的矩阵$\boldsymbol{B}$是唯一的。理由如下:

设$\boldsymbol{B}_1$也适合式(1),则$\boldsymbol{B}=\boldsymbol{BI}=\boldsymbol{BAB}_1=\boldsymbol{IB}_1=\boldsymbol{B}_1$。

定义2 如果$\boldsymbol{A}$是可逆矩阵,那么适合式(1)的矩阵$\boldsymbol{B}$称为$\boldsymbol{A}$的**逆矩阵**,记作$\boldsymbol{A}^{-1}$。

如果$\boldsymbol{A}$是可逆矩阵,那么

$$\boldsymbol{AA}^{-1} = \boldsymbol{A}^{-1}\boldsymbol{A} = \boldsymbol{I}, \tag{2}$$

从而$\boldsymbol{A}^{-1}$也是可逆矩阵,并且

$$(\boldsymbol{A}^{-1})^{-1} = \boldsymbol{A}。 \tag{3}$$

从式(2)容易看出,n级矩阵$\boldsymbol{A}$可逆的必要条件是

$$|\boldsymbol{A}| \neq 0。$$

这是不是充分条件?回答是肯定的,为此需要找一个矩阵$\boldsymbol{B}$满足式(1)。设$\boldsymbol{A}=(a_{ij})$,根据本书2.4节的式(7),得

$$\begin{pmatrix} a_{11} & a_{12} & \cdots & a_{1n} \\ a_{21} & a_{22} & \cdots & a_{2n} \\ \vdots & \vdots & & \vdots \\ a_{n1} & a_{n2} & \cdots & a_{nn} \end{pmatrix} \begin{pmatrix} \boldsymbol{A}_{11} & \boldsymbol{A}_{21} & \cdots & \boldsymbol{A}_{n1} \\ \boldsymbol{A}_{12} & \boldsymbol{A}_{22} & \cdots & \boldsymbol{A}_{n2} \\ \vdots & \vdots & & \vdots \\ \boldsymbol{A}_{1n} & \boldsymbol{A}_{2n} & \cdots & \boldsymbol{A}_{nn} \end{pmatrix}$$

$$= \begin{pmatrix} |\boldsymbol{A}| & 0 & \cdots & 0 \\ 0 & |\boldsymbol{A}| & \cdots & 0 \\ \vdots & \vdots & & \vdots \\ 0 & 0 & \cdots & |\boldsymbol{A}| \end{pmatrix} = |\boldsymbol{A}|\boldsymbol{I}。 \tag{4}$$

令

$$\boldsymbol{A}^* = \begin{pmatrix} \boldsymbol{A}_{11} & \boldsymbol{A}_{21} & \cdots & \boldsymbol{A}_{n1} \\ \boldsymbol{A}_{12} & \boldsymbol{A}_{22} & \cdots & \boldsymbol{A}_{n2} \\ \vdots & \vdots & & \vdots \\ \boldsymbol{A}_{1n} & \boldsymbol{A}_{2n} & \cdots & \boldsymbol{A}_{nn} \end{pmatrix},$$

称 $\boldsymbol{A}^*$ 为 $\boldsymbol{A}$ 的**伴随矩阵**。

式(4)可写成

$$\boldsymbol{A}\boldsymbol{A}^* = |\boldsymbol{A}|\boldsymbol{I}。 \tag{5}$$

类似地，利用 2.4 节的式(8)可得出

$$\boldsymbol{A}^*\boldsymbol{A} = |\boldsymbol{A}|\boldsymbol{I}。 \tag{6}$$

定理 1 数域 K 上 n 级矩阵 $\boldsymbol{A}$ 可逆的充分必要条件是 $|\boldsymbol{A}| \neq 0$。当 $\boldsymbol{A}$ 可逆时，

$$\boldsymbol{A}^{-1} = \frac{1}{|\boldsymbol{A}|}\boldsymbol{A}^*。 \tag{7}$$

证明 必要性。设 $\boldsymbol{A}$ 可逆，则 $\boldsymbol{A}\boldsymbol{A}^{-1} = \boldsymbol{I}$，从而 $|\boldsymbol{A}||\boldsymbol{A}^{-1}| = 1$。由此得出，$|\boldsymbol{A}| \neq 0$。

充分性。设 $|\boldsymbol{A}| \neq 0$，则由(5)、式(6)得

$$\left(\frac{1}{|\boldsymbol{A}|}\boldsymbol{A}^*\right)\boldsymbol{A} = \boldsymbol{A}\left(\frac{1}{|\boldsymbol{A}|}\boldsymbol{A}^*\right) = \boldsymbol{I},$$

因此 $\boldsymbol{A}$ 可逆，并且 $\boldsymbol{A}^{-1} = \frac{1}{|\boldsymbol{A}|}\boldsymbol{A}^*$。 ■

设

$$\boldsymbol{A} = \begin{pmatrix} a & b \\ c & d \end{pmatrix},$$

则 $\boldsymbol{A}$ 可逆当且仅当 $|\boldsymbol{A}| = ad - bc \neq 0$。当 $\boldsymbol{A}$ 可逆时，

$$\boldsymbol{A}^{-1} = \frac{1}{ad-bc}\begin{pmatrix} d & -b \\ -c & a \end{pmatrix} = \begin{pmatrix} \frac{d}{ad-bc} & -\frac{b}{ad-bc} \\ -\frac{c}{ad-bc} & \frac{a}{ad-bc} \end{pmatrix}。$$

由定理 1 还可以推导出 n 级矩阵 $\boldsymbol{A}$ 可逆的其他一些充分必要条件：

数域 K 上 n 级矩阵 $\boldsymbol{A}$ 可逆

$\Longleftrightarrow$ $\boldsymbol{A}$ 为满秩矩阵

$\Longleftrightarrow$ $\boldsymbol{A}$ 的行(列)向量组线性无关

$\Longleftrightarrow$ $\boldsymbol{A}$ 的行(列)向量组为 K^n 的一个基

$\Longleftrightarrow$ $\boldsymbol{A}$ 的行(列)空间等于 K^n。 ■

命题 1　设 $\boldsymbol{A}$ 与 $\boldsymbol{B}$ 都是数域 K 上的 n 级矩阵,如果

$$\boldsymbol{AB} = \boldsymbol{I},$$

那么 $\boldsymbol{A}$ 与 $\boldsymbol{B}$ 都是可逆矩阵,并且 $\boldsymbol{A}^{-1}=\boldsymbol{B}, \boldsymbol{B}^{-1}=\boldsymbol{A}$。

证明　因为 $\boldsymbol{AB}=\boldsymbol{I}$,所以 $|\boldsymbol{AB}|=|\boldsymbol{I}|$,从而 $|\boldsymbol{A}||\boldsymbol{B}|=1$,因此 $|\boldsymbol{A}|\neq 0, |\boldsymbol{B}|\neq 0$,于是 $\boldsymbol{A}$, $\boldsymbol{B}$ 都可逆。

在 $\boldsymbol{AB}=\boldsymbol{I}$ 的两边左乘 $\boldsymbol{A}^{-1}$,得

$$\boldsymbol{A}^{-1}\boldsymbol{AB} = \boldsymbol{A}^{-1}\boldsymbol{I}。$$

由此得出,$\boldsymbol{B}=\boldsymbol{A}^{-1}$,从而 $\boldsymbol{B}^{-1}=(\boldsymbol{A}^{-1})^{-1}=\boldsymbol{A}$。 ■

命题 1 既给出了判断一个方阵是否可逆的一种方法,同时又可以立即写出可逆矩阵的逆矩阵。例如,由于

$$\boldsymbol{P}(j,i(-k))\boldsymbol{P}(j,i(k)) = \boldsymbol{I},$$

$$\boldsymbol{P}(i,j)\boldsymbol{P}(i,j) = \boldsymbol{I},$$

$$\boldsymbol{P}\left(i\left(\frac{1}{c}\right)\right)\boldsymbol{P}(i(c)) = \boldsymbol{I}, \qquad c \neq 0,$$

因此初等矩阵都可逆,并且

$$\boldsymbol{P}(j,i(k))^{-1} = \boldsymbol{P}(j,i(-k)),$$

$$\boldsymbol{P}(i,j)^{-1} = \boldsymbol{P}(i,j),$$

$$\boldsymbol{P}(i(c))^{-1} = \boldsymbol{P}\left(i\left(\frac{1}{c}\right)\right), \qquad c \neq 0。$$

这些表明初等矩阵的逆矩阵是与它同型的初等矩阵。

容易证明,可逆矩阵有如下一些性质:

性质 1　单位矩阵 $\boldsymbol{I}$ 可逆,且 $\boldsymbol{I}^{-1}=\boldsymbol{I}$。

性质 2　如果 $\boldsymbol{A}$ 可逆,那么 $\boldsymbol{A}^{-1}$ 也可逆,且 $(\boldsymbol{A}^{-1})^{-1}=\boldsymbol{A}$。

性质 3　如果 n 级矩阵 $\boldsymbol{A}, \boldsymbol{B}$ 都可逆,那么 $\boldsymbol{AB}$ 也可逆,并且 $(\boldsymbol{AB})^{-1}=\boldsymbol{B}^{-1}\boldsymbol{A}^{-1}$。

证明　因为 $\boldsymbol{A}, \boldsymbol{B}$ 都可逆,所以有 $\boldsymbol{A}^{-1}, \boldsymbol{B}^{-1}$。由于

$$(\boldsymbol{AB})(\boldsymbol{B}^{-1}\boldsymbol{A}^{-1}) = \boldsymbol{A}(\boldsymbol{BB}^{-1})\boldsymbol{A}^{-1} = \boldsymbol{AIA}^{-1} = \boldsymbol{I},$$

因此 $\boldsymbol{AB}$ 可逆,并且 $(\boldsymbol{AB})^{-1}=\boldsymbol{B}^{-1}\boldsymbol{A}^{-1}$。 ■

性质 3 可以推广为:如果 n 级矩阵

$$\boldsymbol{A}_1, \boldsymbol{A}_2, \cdots, \boldsymbol{A}_s$$

都可逆,那么 $\boldsymbol{A}_1\boldsymbol{A}_2\cdots\boldsymbol{A}_s$ 也可逆,并且有

$$(\boldsymbol{A}_1\boldsymbol{A}_2\cdots\boldsymbol{A}_s)^{-1} = \boldsymbol{A}_s^{-1}\cdots\boldsymbol{A}_2^{-1}\boldsymbol{A}_1^{-1}。$$

性质 4　如果 $\boldsymbol{A}$ 可逆,那么 $\boldsymbol{A}'$ 也可逆,并且

$$(\boldsymbol{A}')^{-1} = (\boldsymbol{A}^{-1})'。$$

证明　$\boldsymbol{A}'(\boldsymbol{A}^{-1})'=(\boldsymbol{A}^{-1}\boldsymbol{A})'=\boldsymbol{I}'=\boldsymbol{I}$,因此 $\boldsymbol{A}'$ 可逆,且 $(\boldsymbol{A}')^{-1}=(\boldsymbol{A}^{-1})'$。 ■

性质 5　可逆矩阵经过初等行变换化成的简化行阶梯形矩阵一定是单位矩阵。

证明 设 n 级可逆矩阵 $\boldsymbol{A}$ 经过初等行变换化成的简化行阶梯形矩阵是 $\boldsymbol{J}$，则 $\boldsymbol{J}$ 的非零行个数等于 $\operatorname{rank}(\boldsymbol{A})=n$，于是 $\boldsymbol{J}$ 有 n 个主元。由于它们位于不同的列，因此它们分别位于第 $1,2,\cdots,n$ 列，即

$$\boldsymbol{J}=\begin{pmatrix}1&0&\cdots&0\\0&1&\cdots&0\\\vdots&\vdots&&\vdots\\0&0&\cdots&1\end{pmatrix}=\boldsymbol{I}。$$ ■

性质 6 矩阵 $\boldsymbol{A}$ 可逆的充分必要条件是它可以表示成一些初等矩阵的乘积。

证明 必要性。设 $\boldsymbol{A}$ 可逆，则由性质 5 得，存在初等矩阵 $\boldsymbol{P}_1,\boldsymbol{P}_2,\cdots,\boldsymbol{P}_t$，使得

$$\boldsymbol{P}_t\cdots\boldsymbol{P}_2\boldsymbol{P}_1\boldsymbol{A}=\boldsymbol{I}.$$

由命题 1 得

$$\boldsymbol{A}=(\boldsymbol{P}_t\cdots\boldsymbol{P}_2\boldsymbol{P}_1)^{-1}=\boldsymbol{P}_1^{-1}\boldsymbol{P}_2^{-1}\cdots\boldsymbol{P}_t^{-1}。$$

由于初等矩阵的逆矩阵仍是初等矩阵，因此必要性得证。

充分性。设 $\boldsymbol{A}$ 可以表示成一些初等矩阵的乘积，由于初等矩阵都可逆，因此它们的乘积 $\boldsymbol{A}$ 也可逆。 ■

性质 7 用一个可逆矩阵左(右)乘一个矩阵 $\boldsymbol{A}$，不改变 $\boldsymbol{A}$ 的秩。

证明 设 $\boldsymbol{P}$ 为可逆矩阵。据性质 6，存在初等矩阵 $\boldsymbol{P}_1,\boldsymbol{P}_2,\cdots,\boldsymbol{P}_m$，使得$\boldsymbol{P}=\boldsymbol{P}_1\boldsymbol{P}_2\cdots\boldsymbol{P}_m$，从而

$$\boldsymbol{PA}=\boldsymbol{P}_1\boldsymbol{P}_2\cdots\boldsymbol{P}_m\boldsymbol{A},$$

即 $\boldsymbol{PA}$ 相当于对 $\boldsymbol{A}$ 做一系列的初等行变换。由于初等行变换不改变矩阵的秩，因此

$$\operatorname{rank}(\boldsymbol{PA})=\operatorname{rank}(\boldsymbol{A})。$$

设 $\boldsymbol{Q}$ 是可逆矩阵，则 $\boldsymbol{Q}'$ 也是可逆矩阵。据刚才所证明的结论，得

$$\operatorname{rank}(\boldsymbol{AQ})=\operatorname{rank}((\boldsymbol{AQ})')=\operatorname{rank}(\boldsymbol{Q}'\boldsymbol{A}')=\operatorname{rank}(\boldsymbol{A}')=\operatorname{rank}(\boldsymbol{A})。$$ ■

设 $\boldsymbol{A}$ 是 n 级可逆矩阵，则存在初等矩阵 $\boldsymbol{P}_1,\boldsymbol{P}_2,\cdots,\boldsymbol{P}_t$，使得

$$\boldsymbol{P}_t\cdots\boldsymbol{P}_2\boldsymbol{P}_1\boldsymbol{A}=\boldsymbol{I}。\tag{8}$$

据命题 1 得

$$\boldsymbol{P}_t\cdots\boldsymbol{P}_2\boldsymbol{P}_1\boldsymbol{I}=\boldsymbol{A}^{-1}。\tag{9}$$

比较式(8)和式(9)得出

$$\boldsymbol{A}\xrightarrow{\text{初等行变换}}\boldsymbol{I},$$

$$\boldsymbol{I}\xrightarrow{\text{上述初等行变换}}\boldsymbol{A}^{-1},$$

于是

$$(\boldsymbol{A},\boldsymbol{I})\xrightarrow{\text{初等行变换}}(\boldsymbol{I},\boldsymbol{A}^{-1})。\tag{10}$$

这给出了求可逆矩阵 $\boldsymbol{A}$ 的逆矩阵的又一种方法，称它为**初等变换法**。

设矩阵 $\boldsymbol{A}$ 可逆，解矩阵方程 $\boldsymbol{AX}=\boldsymbol{B}$ 时，可在两边左乘 $\boldsymbol{A}^{-1}$，得 $\boldsymbol{A}^{-1}\boldsymbol{AX}=\boldsymbol{A}^{-1}\boldsymbol{B}$，由此得出，$\boldsymbol{X}=\boldsymbol{A}^{-1}\boldsymbol{B}$。

设矩阵 $\boldsymbol{A}$ 可逆，解矩阵方程 $\boldsymbol{XA}=\boldsymbol{C}$ 时，可在两边右乘 $\boldsymbol{A}^{-1}$，得 $\boldsymbol{XAA}^{-1}=\boldsymbol{CA}^{-1}$，由此得出，$\boldsymbol{X}=\boldsymbol{CA}^{-1}$。

在 4.5 节将给出求可逆矩阵的逆矩阵的其他方法，以及解矩阵方程的其他方法。

4.4.2 典型例题

例 1　证明：如果矩阵 $\boldsymbol{A}$ 可逆，那么 $\boldsymbol{A}^*$ 也可逆；并且求 $(\boldsymbol{A}^*)^{-1}$。

证明　因为 $\boldsymbol{AA}^*=|\boldsymbol{A}|\boldsymbol{I}$，所以如果 $\boldsymbol{A}$ 可逆，那么有

$$\left(\frac{1}{|\boldsymbol{A}|}\boldsymbol{A}\right)\boldsymbol{A}^*=\boldsymbol{I}。$$

从而 $\boldsymbol{A}^*$ 可逆，并且

$$(\boldsymbol{A}^*)^{-1}=\frac{1}{|\boldsymbol{A}|}\boldsymbol{A}。$$ ■

例 2　证明：如果 $\boldsymbol{A}$ 是幂零矩阵，它的幂零指数为 l，那么 $\boldsymbol{I}-\boldsymbol{A}$ 可逆；并且求 $(\boldsymbol{I}-\boldsymbol{A})^{-1}$。

证明　由于 $\boldsymbol{A}^l=\boldsymbol{0}$，因此

$$(\boldsymbol{I}-\boldsymbol{A})(\boldsymbol{I}+\boldsymbol{A}+\boldsymbol{A}^2+\cdots+\boldsymbol{A}^{l-1})=\boldsymbol{I}-\boldsymbol{A}^l=\boldsymbol{I},$$

从而 $\boldsymbol{I}-\boldsymbol{A}$ 可逆，并且

$$(\boldsymbol{I}-\boldsymbol{A})^{-1}=\boldsymbol{I}+\boldsymbol{A}+\boldsymbol{A}^2+\cdots+\boldsymbol{A}^{l-1}。$$ ■

例 3　证明：如果数域 K 上的 n 级矩阵 $\boldsymbol{A}$ 满足

$$b_m\boldsymbol{A}^m+b_{m-1}\boldsymbol{A}^{m-1}+\cdots+b_1\boldsymbol{A}+b_0\boldsymbol{I}=\boldsymbol{0},$$

其中 $b_i\in K, i=0,1,\cdots,m$，且 $b_0\neq 0$，那么 $\boldsymbol{A}$ 可逆；并且求 $\boldsymbol{A}^{-1}$。

证明　由已知条件得

$$\left(-\frac{b_m}{b_0}\boldsymbol{A}^{m-1}-\frac{b_{m-1}}{b_0}\boldsymbol{A}^{m-2}-\cdots-\frac{b_1}{b_0}\boldsymbol{I}\right)\boldsymbol{A}=\boldsymbol{I},$$

从而 $\boldsymbol{A}$ 可逆，并且

$$\boldsymbol{A}^{-1}=-\frac{b_m}{b_0}\boldsymbol{A}^{m-1}-\frac{b_{m-1}}{b_0}\boldsymbol{A}^{m-2}-\cdots-\frac{b_1}{b_0}\boldsymbol{I}。$$ ■

例 4　证明：可逆的对称矩阵的逆矩阵仍是对称矩阵。

证明　设 n 级矩阵 $\boldsymbol{A}$ 是可逆的对称矩阵，则

$$(\boldsymbol{A}^{-1})'=(\boldsymbol{A}')^{-1}=\boldsymbol{A}^{-1},$$

因此 $\boldsymbol{A}^{-1}$ 是对称矩阵。 ■

例 5　证明：数域 K 上可逆的上三角矩阵的逆矩阵仍是上三角矩阵。

证明　设 $\boldsymbol{A}=(a_{ij})$ 是数域 K 上的 n 级可逆上三角矩阵，则

$$a_{ii}\neq 0,\quad i=1,2,\cdots,n。$$

于是通过第 i 行乘以 $a_{ii}^{-1}(i=1,2,\cdots,n)$，以及第 i 行的适当倍数分别加到第 $i-1,i-2,\cdots,1$ 行上 $(i=n,n-1,\cdots,2)$，可以把 $\boldsymbol{A}$ 化成简化行阶梯形矩阵 $\boldsymbol{I}$，因此存在相应的初等矩阵 $\boldsymbol{P}_1,\boldsymbol{P}_2,\cdots,\boldsymbol{P}_m$，使得

$$\boldsymbol{P}_m\cdots\boldsymbol{P}_2\boldsymbol{P}_1\boldsymbol{A}=\boldsymbol{I},$$

从而

$$\boldsymbol{A}^{-1}=\boldsymbol{P}_m\cdots\boldsymbol{P}_2\boldsymbol{P}_1。$$

由于 $\boldsymbol{P}_j$ 形如 $\boldsymbol{P}(i(a_{ii}^{-1}))$，$\boldsymbol{P}(l,i(k))$，$l<i$，因此 $\boldsymbol{P}_1,\boldsymbol{P}_2,\cdots,\boldsymbol{P}_m$ 都是上三角矩阵，从而它们的乘积 $\boldsymbol{A}^{-1}$ 也是上三角矩阵。 ■

例 6 求 $\boldsymbol{A}^{-1}$，设

(1) $\boldsymbol{A}=\begin{pmatrix}2&1&-2\\1&2&2\\2&-2&1\end{pmatrix}$； (2) $\boldsymbol{A}=\begin{pmatrix}2&5&7\\5&-2&-3\\6&3&4\end{pmatrix}$；

(3) $\boldsymbol{A}=\begin{pmatrix}1&2&3&4\\2&3&1&2\\1&1&1&-1\\2&1&-1&-7\end{pmatrix}$。

解 (1)

$$\begin{pmatrix}2&1&-2&1&0&0\\1&2&2&0&1&0\\2&-2&1&0&0&1\end{pmatrix}\longrightarrow\begin{pmatrix}1&2&2&0&1&0\\2&1&-2&1&0&0\\2&-2&1&0&0&1\end{pmatrix}$$

$$\longrightarrow\begin{pmatrix}1&2&2&0&1&0\\0&-3&-6&1&-2&0\\0&-6&-3&0&-2&1\end{pmatrix}\longrightarrow\begin{pmatrix}1&2&2&0&1&0\\0&1&2&-\frac{1}{3}&\frac{2}{3}&0\\0&0&9&-2&2&1\end{pmatrix}$$

$$\longrightarrow\begin{pmatrix}1&2&0&\frac{4}{9}&\frac{5}{9}&-\frac{2}{9}\\0&1&0&\frac{1}{9}&\frac{2}{9}&-\frac{2}{9}\\0&0&1&-\frac{2}{9}&\frac{2}{9}&\frac{1}{9}\end{pmatrix}\longrightarrow\begin{pmatrix}1&0&0&\frac{2}{9}&\frac{1}{9}&\frac{2}{9}\\0&1&0&\frac{1}{9}&\frac{2}{9}&-\frac{2}{9}\\0&0&1&-\frac{2}{9}&\frac{2}{9}&\frac{1}{9}\end{pmatrix}$$

因此

$$\boldsymbol{A}^{-1}=\begin{pmatrix}\frac{2}{9}&\frac{1}{9}&\frac{2}{9}\\\frac{1}{9}&\frac{2}{9}&-\frac{2}{9}\\-\frac{2}{9}&\frac{2}{9}&\frac{1}{9}\end{pmatrix}$$

(2)

$$\begin{pmatrix}2&5&7&1&0&0\\5&-2&-3&0&1&0\\6&3&4&0&0&1\end{pmatrix}\longrightarrow\begin{pmatrix}2&5&7&1&0&0\\1&-12&-17&-2&1&0\\0&-12&-17&-3&0&1\end{pmatrix}$$

$$\longrightarrow\begin{pmatrix}0&29&41&5&-2&0\\1&-12&-17&-2&1&0\\0&-12&-17&-3&0&1\end{pmatrix}\longrightarrow\begin{pmatrix}1&-12&-17&-2&1&0\\0&-12&-17&-3&0&1\\0&5&7&-1&-2&2\end{pmatrix}$$

$$\rightarrow \begin{pmatrix} 1 & -12 & -17 & -2 & 1 & 0 \\ 0 & -2 & -3 & -5 & -4 & 5 \\ 0 & 5 & 7 & -1 & -2 & 2 \end{pmatrix} \rightarrow \begin{pmatrix} 1 & -12 & -17 & -2 & 1 & 0 \\ 0 & -2 & -3 & -5 & -4 & 5 \\ 0 & 1 & 1 & -11 & -10 & 12 \end{pmatrix}$$

$$\rightarrow \begin{pmatrix} 1 & -12 & -17 & -2 & 1 & 0 \\ 0 & 1 & 1 & -11 & -10 & 12 \\ 0 & 0 & -1 & -27 & -24 & 29 \end{pmatrix} \rightarrow \begin{pmatrix} 1 & -12 & 0 & 457 & 409 & -493 \\ 0 & 1 & 0 & -38 & -34 & 41 \\ 0 & 0 & 1 & 27 & 24 & -29 \end{pmatrix}$$

$$\rightarrow \begin{pmatrix} 1 & 0 & 0 & 1 & 1 & -1 \\ 0 & 1 & 0 & -38 & -34 & 41 \\ 0 & 0 & 1 & 27 & 24 & -29 \end{pmatrix}$$

因此

$$\boldsymbol{A}^{-1} = \begin{pmatrix} 1 & 1 & -1 \\ -38 & -34 & 41 \\ 27 & 24 & -29 \end{pmatrix}$$

(3)
$$\begin{pmatrix} 1 & 2 & 3 & 4 & 1 & 0 & 0 & 0 \\ 2 & 3 & 1 & 2 & 0 & 1 & 0 & 0 \\ 1 & 1 & 1 & -1 & 0 & 0 & 1 & 0 \\ 2 & 1 & -1 & -7 & 0 & 0 & 0 & 1 \end{pmatrix} \rightarrow \begin{pmatrix} 1 & 2 & 3 & 4 & 1 & 0 & 0 & 0 \\ 0 & -1 & -5 & -6 & -2 & 1 & 0 & 0 \\ 0 & -1 & -2 & -5 & -1 & 0 & 1 & 0 \\ 0 & -3 & -7 & -15 & -2 & 0 & 0 & 1 \end{pmatrix}$$

$$\rightarrow \begin{pmatrix} 1 & 2 & 3 & 4 & 1 & 0 & 0 & 0 \\ 0 & 1 & 5 & 6 & 2 & -1 & 0 & 0 \\ 0 & 0 & 3 & 1 & 1 & -1 & 1 & 0 \\ 0 & 0 & 8 & 3 & 4 & -3 & 0 & 1 \end{pmatrix} \rightarrow \begin{pmatrix} 1 & 2 & 3 & 4 & 1 & 0 & 0 & 0 \\ 0 & 1 & 5 & 6 & 2 & -1 & 0 & 0 \\ 0 & 0 & 1 & \frac{1}{3} & \frac{1}{3} & -\frac{1}{3} & \frac{1}{3} & 0 \\ 0 & 0 & 0 & \frac{1}{3} & \frac{4}{3} & -\frac{1}{3} & -\frac{8}{3} & 1 \end{pmatrix}$$

$$\rightarrow \begin{pmatrix} 1 & 2 & 3 & 0 & -15 & 4 & 32 & -12 \\ 0 & 1 & 5 & 0 & -22 & 5 & 48 & -18 \\ 0 & 0 & 1 & 0 & -1 & 0 & 3 & -1 \\ 0 & 0 & 0 & 1 & 4 & -1 & -8 & 3 \end{pmatrix}$$

$$\rightarrow \begin{pmatrix} 1 & 2 & 0 & 0 & -12 & 4 & 23 & -9 \\ 0 & 1 & 0 & 0 & -17 & 5 & 33 & -13 \\ 0 & 0 & 1 & 0 & -1 & 0 & 3 & -1 \\ 0 & 0 & 0 & 1 & 4 & -1 & -8 & 3 \end{pmatrix}$$

$$\rightarrow \begin{pmatrix} 1 & 0 & 0 & 0 & 22 & -6 & -43 & 17 \\ 0 & 1 & 0 & 0 & -17 & 5 & 33 & -13 \\ 0 & 0 & 1 & 0 & -1 & 0 & 3 & -1 \\ 0 & 0 & 0 & 1 & 4 & -1 & -8 & 3 \end{pmatrix}$$

因此

$$A^{-1}=\begin{pmatrix}22&-6&-43&17\\-17&5&33&-13\\-1&0&3&-1\\4&-1&-8&3\end{pmatrix}$$

点评：在求逆矩阵的题目中，求出了 A^{-1} 后，应当把 A 与所求得的 A^{-1} 相乘，看它们的乘积是否等于 I。通过这步验算工作可以避免计算错误。

例 7 求下述 n 级矩阵 A 的逆矩阵($n\geqslant 2$)：

$$A=\begin{pmatrix}0&1&1&\cdots&1\\1&0&1&\cdots&1\\1&1&0&\cdots&1\\\vdots&\vdots&\vdots&&\vdots\\1&1&1&\cdots&0\end{pmatrix}。$$

解 用 J 表示元素全为 1 的 n 级矩阵，则 $A=J-I$。

于是 $A^{-1}=aI+bJ$ 当且仅当下式成立：

$$\begin{aligned}I&=(J-I)(aI+bJ)=aJ+bJJ-aI-bJ\\&=(a-b)J-aI+b\mathbf{1}_n\mathbf{1}'_n\mathbf{1}_n\mathbf{1}'_n=(a-b)J-aI+bnJ\\&=(a-b+bn)J-aI。\end{aligned}$$

解得

$$a=-1,\quad b=\frac{1}{n-1},$$

因此

$$A^{-1}=\begin{pmatrix}\frac{2-n}{n-1}&\frac{1}{n-1}&\frac{1}{n-1}&\cdots&\frac{1}{n-1}\\\frac{1}{n-1}&\frac{2-n}{n-1}&\frac{1}{n-1}&\cdots&\frac{1}{n-1}\\\frac{1}{n-1}&\frac{1}{n-1}&\frac{2-n}{n-1}&\cdots&\frac{1}{n-1}\\\vdots&\vdots&\vdots&&\vdots\\\frac{1}{n-1}&\frac{1}{n-1}&\frac{1}{n-1}&\cdots&\frac{2-n}{n-1}\end{pmatrix}。$$

例 8 求下述 n 级矩阵 A 的逆矩阵($n>2$)：

$$A=\begin{pmatrix}2&-1&0&\cdots&0&0\\-1&2&-1&\cdots&0&0\\\vdots&\vdots&\vdots&&\vdots&\vdots\\0&0&0&\cdots&2&-1\\0&0&0&\cdots&-1&2\end{pmatrix}。$$

解 观察矩阵 A 的特点：A 的第 1 列与第 n 列的元素之和都为 1，其余列的元素之和为 0。因此可以把 A 的第 $2,3,\cdots,n$ 行都加到第 1 行上，使得第 1 行变成$(1,0,\cdots,0,1)$。为了探索 A^{-1} 等于什么，对 $n=4$ 的情形求 A^{-1}：

$$(\boldsymbol{A},\boldsymbol{I})\longrightarrow\begin{pmatrix}1&0&0&1&1&1&1&1\\-1&2&-1&0&0&1&0&0\\0&-1&2&-1&0&0&1&0\\0&0&-1&2&0&0&0&1\end{pmatrix}\longrightarrow\begin{pmatrix}1&0&0&1&1&1&1&1\\0&2&-1&1&1&2&1&1\\0&-1&2&-1&0&0&1&0\\0&0&-1&2&0&0&0&1\end{pmatrix}$$

$$\longrightarrow\begin{pmatrix}1&0&0&1&1&1&1&1\\0&1&0&2&1&2&2&2\\0&-1&2&-1&0&0&1&0\\0&0&-1&2&0&0&0&1\end{pmatrix}\longrightarrow\begin{pmatrix}1&0&0&1&1&1&1&1\\0&1&0&2&1&2&2&2\\0&0&2&1&1&2&3&2\\0&0&-1&2&0&0&0&1\end{pmatrix}$$

$$\longrightarrow\begin{pmatrix}1&0&0&1&1&1&1&1\\0&1&0&2&1&2&2&2\\0&0&1&3&1&2&3&3\\0&0&-1&2&0&0&0&1\end{pmatrix}\longrightarrow\begin{pmatrix}1&0&0&1&1&1&1&1\\0&1&0&2&1&2&2&2\\0&0&1&3&1&2&3&3\\0&0&0&5&1&2&3&4\end{pmatrix}$$

$$\longrightarrow\begin{pmatrix}1&0&0&0&\frac{4}{5}&\frac{3}{5}&\frac{2}{5}&\frac{1}{5}\\0&1&0&0&\frac{3}{5}&\frac{6}{5}&\frac{4}{5}&\frac{2}{5}\\0&0&1&0&\frac{2}{5}&\frac{4}{5}&\frac{6}{5}&\frac{3}{5}\\0&0&0&1&\frac{1}{5}&\frac{2}{5}&\frac{3}{5}&\frac{4}{5}\end{pmatrix}。$$

因此当 $n=4$ 时，

$$\boldsymbol{A}^{-1}=\frac{1}{5}\begin{pmatrix}4&3&2&1\\3&6&4&2\\2&4&6&3\\1&2&3&4\end{pmatrix}=\frac{1}{5}\begin{pmatrix}1\times4&1\times3&1\times2&1\times1\\1\times3&2\times3&2\times2&2\times1\\1\times2&2\times2&3\times2&3\times1\\1\times1&2\times1&3\times1&4\times1\end{pmatrix}。$$

由于 $\boldsymbol{A}$ 是对称矩阵，因此 $\boldsymbol{A}^{-1}$ 也是对称矩阵。从上述 $n=4$ 的情形，猜想 $\boldsymbol{A}^{-1}$ 的主对角线及其上方的元素有如下规律：分母都是 $n+1$，(i,j) 元的分子是 $i(n-j+1)$，其中 $i\leqslant j$，即猜想：

$$\boldsymbol{A}^{-1}=\frac{1}{n+1}\begin{pmatrix}1\cdot n&1\cdot(n-1)&1\cdot(n-2)&\cdots&1\times3&1\times2&1\times1\\1\cdot(n-1)&2\cdot(n-1)&2\cdot(n-2)&\cdots&2\times3&2\times2&2\times1\\1\cdot(n-2)&2\cdot(n-2)&3\cdot(n-2)&\cdots&3\times3&3\times2&3\times1\\\vdots&\vdots&\vdots&&\vdots&\vdots&\vdots\\1\times2&2\times2&3\times2&\cdots&(n-2)\cdot2&(n-1)\cdot2&(n-1)\cdot1\\1\times1&2\times1&3\times1&\cdots&(n-2)\cdot1&(n-1)\cdot1&n\cdot1\end{pmatrix}。$$

现在证明上述猜想：把上式右端的矩阵记作 $\boldsymbol{B}$，任取 $i\in\{1,2,\cdots,n\}$，当 $j>i$ 时，有

$$\begin{aligned}\boldsymbol{AB}(i;j)&=\boldsymbol{A}(i;i-1)\boldsymbol{B}(i-1;j)+\boldsymbol{A}(i;i)\boldsymbol{B}(i;j)+\boldsymbol{A}(i;i+1)\boldsymbol{B}(i+1;j)\\&=\frac{1}{n+1}[(-1)(i-1)(n-j+1)+2i(n-j+1)+(-1)(i+1)(n-j+1)]\end{aligned}$$

$$=\frac{1}{n+1}(n-j+1)(-i+1+2i-i-1)=0,$$

$$\begin{aligned}\boldsymbol{AB}(i;i)&=\boldsymbol{A}(i;i-1)\boldsymbol{B}(i-1;i)+\boldsymbol{A}(i;i)\boldsymbol{B}(i;i)+\boldsymbol{A}(i;i+1)\boldsymbol{B}(i+1;i)\\&=\frac{1}{n+1}[(-1)(i-1)(n-i+1)+2i(n-i+1)+(-1)i(n-(i+1)+1)]\\&=\frac{1}{n+1}[(n-i+1)(-i+1+2i)-i(n-i)]=1。\end{aligned}$$

当 $k<i$ 时,由于 $\boldsymbol{B}$ 为对称矩阵,因此类似可计算得

$$\boldsymbol{AB}(i;k)=0,$$

从而 $\boldsymbol{AB}=\boldsymbol{I}$,因此上述关于 $\boldsymbol{A}^{-1}$ 的猜想正确。

点评:例 8 求 $\boldsymbol{A}^{-1}$ 的过程生动地体现了数学的思维方式的全过程:观察—抽象—探索—猜测—论证。由此体会到数学的思维方式使人变得聪明,知道如何去探索未知事物的规律;又体会到数学的思维方式使人变得严谨,知道任何猜测都必须经过论证才能分清它是真是假。按照数学的思维方式去学习数学,既能学好数学,又能提高素质。

例 9 求下述 n 级矩阵 $\boldsymbol{A}$ 的逆矩阵。

$$\boldsymbol{A}=\begin{pmatrix}1&b&b^2&\cdots&b^{n-1}\\0&1&b&\cdots&b^{n-2}\\\vdots&\vdots&\vdots&&\vdots\\0&0&0&\cdots&b\\0&0&0&\cdots&1\end{pmatrix}。$$

解 令

$$\boldsymbol{H}=\begin{pmatrix}0&1&0&\cdots&0\\0&0&1&\cdots&0\\\vdots&\vdots&\vdots&&\vdots\\0&0&0&\cdots&1\\0&0&0&\cdots&0\end{pmatrix}。$$

据本章 4.1 节的例 9 的结论,得

$$\boldsymbol{A}=\boldsymbol{I}+b\boldsymbol{H}+b^2\boldsymbol{H}^2+\cdots+b^{n-1}\boldsymbol{H}^{n-1},$$

$$\boldsymbol{H}^n=\boldsymbol{0}。$$

于是

$$\boldsymbol{A}(\boldsymbol{I}-b\boldsymbol{H})=\boldsymbol{I}-b^n\boldsymbol{H}^n=\boldsymbol{I},$$

从而

$$\boldsymbol{A}^{-1}=\boldsymbol{I}-b\boldsymbol{H}=\begin{pmatrix}1&-b&0&\cdots&0&0\\0&1&-b&\cdots&0&0\\\vdots&\vdots&\vdots&&\vdots&\vdots\\0&0&0&\cdots&1&-b\\0&0&0&\cdots&0&1\end{pmatrix}。$$

点评:例 9 的上述解法由于搞清楚了矩阵 $\boldsymbol{A}$ 的结构,并且利用了本章 4.1 节例 9 的结

论,以及本节的命题1,因此求 A^{-1} 变得很容易。这比用初等变换法求 A^{-1} 简单。

例 10　设 A,B 分别是数域 K 上的 $n\times m,m\times n$ 矩阵。证明：如果 I_n-AB 可逆,那么 I_m-BA 也可逆；并且求 $(I_m-BA)^{-1}$。

证明　根据本节命题1,设法找 m 级矩阵 X,使得

$$(I_m-BA)(I_m+X)=I_m。$$

由上式,得

$$-BA+X-BAX=0,$$

即

$$X-BAX=BA。$$

令 $X=BYA$,其中 Y 是待定的 n 级矩阵。

代入上式,得

$$BYA-BABYA=BA,$$

即

$$B(Y-ABY)A=BA。$$

如果能找到 Y 使得 $Y-ABY=I_n$,那么上式成立。由于 $Y-ABY=I_n$ 等价于 $(I_n-AB)Y=I_n$,而已知条件中 I_n-AB 可逆,因此 $Y=(I_n-AB)^{-1}$。由此受到启发,有

$$\begin{aligned}
&(I_m-BA)[I_m+B(I_n-AB)^{-1}A]\\
&=I_m+B(I_n-AB)^{-1}A-BA-BAB(I_n-AB)^{-1}A\\
&=I_m-BA+B[(I_n-AB)^{-1}-AB(I_n-AB)^{-1}]A\\
&=I_m-BA+B[(I_n-AB)(I_n-AB)^{-1}]A\\
&=I_m-BA+BI_nA\\
&=I_m,
\end{aligned}$$

因此 I_m-BA 可逆,并且

$$(I_m-BA)^{-1}=I_m+B(I_n-AB)^{-1}A。$$

点评：利用本节命题1既可以证明一个矩阵可逆,又可同时求出它的逆矩阵。我们称它为“凑矩阵”的方法。在例10中如何凑出 (I_m-AB) 的逆矩阵,需要仔细观察,我们详细写出了凑矩阵的过程。同学们可以从中受到启发：如何去发现未知的事物。这是培养创新能力所需要的训练。

例 11　方阵 A 如果满足 $A^2=I$,那么称 A 是**对合矩阵**。设 A,B 都是数域 K 上的 n 级矩阵,证明：

(1) 如果 A,B 都是对合矩阵,且 $|A|+|B|=0$,那么 $A+B,I+AB$ 都不可逆；

(2) 如果 B 是对合矩阵,且 $|B|=-1$,那么 $I+B$ 不可逆。

证明　(1) 由于 $A^2=I$,因此 $|A^2|=|I|$,从而 $|A|^2=1$。由此得出,$|A|=\pm1$。由已知条件,不妨设 $|A|=1,|B|=-1$。由于

$$|A||A+B|=|A(A+B)|=|A^2+AB|=|I+AB|,$$

$$|A+B||B|=|(A+B)B|=|AB+B^2|=|AB+I|,$$

因此

$$|A+B|=|A||A+B|=|A+B||B|=-|A+B|,$$

从而

$$|A+B|=0,$$

于是

$$|I+AB|=|A+B|=0,$$

所以 $\boldsymbol{A}+\boldsymbol{B},\boldsymbol{I}+\boldsymbol{AB}$ 都不可逆。

(2) 取 $\boldsymbol{A}=\boldsymbol{I}$。则 $|\boldsymbol{A}|+|\boldsymbol{B}|=0$。由第(1)小题的结论立即得出，$\boldsymbol{I}+\boldsymbol{B}$ 不可逆。■

点评：从例 11 看到，虽然 $\boldsymbol{A},\boldsymbol{B}$ 都可逆，但是 $\boldsymbol{A}+\boldsymbol{B}$ 不可逆，因此 n 级可逆矩阵组成的集合对于矩阵的加法不封闭。

例 12 设 $\boldsymbol{A}$ 是数域 $\boldsymbol{K}$ 上的 n 级矩阵，证明：对任意正整数 k，有

$$\operatorname{rank}(\boldsymbol{A}^{n+k}) = \operatorname{rank}(\boldsymbol{A}^{n})。$$

证明 如果 $\boldsymbol{A}$ 可逆，那么 $\boldsymbol{A}^{n+k},\boldsymbol{A}^{n}$ 都可逆，从而 $\operatorname{rank}(\boldsymbol{A}^{n+k})=n=\operatorname{rank}(\boldsymbol{A}^{n})$。

下面设 $\boldsymbol{A}$ 不可逆，则 $\operatorname{rank}(\boldsymbol{A})<n$。由于

$$\operatorname{rank}(\boldsymbol{A}) \geqslant \operatorname{rank}(\boldsymbol{A}^2) \geqslant \cdots \geqslant \operatorname{rank}(\boldsymbol{A}^n) \geqslant \operatorname{rank}(\boldsymbol{A}^{n+1}),$$

并且小于 n 的自然数只有 n 个，因此上述 n 个"$\geqslant$"中至少有一个取"$=$"，即存在正整数 $m\leqslant n$，使得

$$\operatorname{rank}(\boldsymbol{A}^{m}) = \operatorname{rank}(\boldsymbol{A}^{m+1})。$$

据习题 4.3 第 16 题的结论得，对一切正整数 k，有

$$\operatorname{rank}(\boldsymbol{A}^{m}) = \operatorname{rank}(\boldsymbol{A}^{m+k})。$$

由于 $m\leqslant n$，因此有

$$\operatorname{rank}(\boldsymbol{A}^{n}) = \operatorname{rank}(\boldsymbol{A}^{n+k})。$$ ■

例 13 证明：任何方阵都可以表示成一些下三角矩阵与上三角矩阵的乘积。

证明 任一 n 级矩阵 $\boldsymbol{A}$ 都可以经过一系列初等行变换化成阶梯形矩阵 $\boldsymbol{G}$。据阶梯形矩阵的定义知道，$\boldsymbol{G}$ 是上三角矩阵。据本章 4.2 节的例 8 的结论，矩阵的 2°型初等行变换可以通过 1°型与 3°型初等行变换实现，因此

$$\boldsymbol{A} = \boldsymbol{P}_t\cdots\boldsymbol{P}_2\boldsymbol{P}_1\boldsymbol{G}。$$

其中 $\boldsymbol{P}_1,\boldsymbol{P}_2,\cdots,\boldsymbol{P}_t$ 是 1°型或 3°型的初等矩阵，它们都是上三角矩阵或下三角矩阵。■

例 14 解下列矩阵方程：

(1) $\begin{pmatrix}1&0&-1\\0&4&2\\1&-1&0\end{pmatrix}\boldsymbol{X}=\begin{pmatrix}2&-3&1\\1&1&0\\2&1&1\end{pmatrix}$； (2) $\boldsymbol{X}\begin{pmatrix}1&0&-1\\0&4&2\\1&-1&0\end{pmatrix}=\begin{pmatrix}2&-3&1\\1&1&0\\2&1&1\end{pmatrix}$。

解 (1)

$$\begin{pmatrix}1&0&-1\\0&4&2\\1&-1&0\end{pmatrix}^{-1}=\frac{1}{6}\begin{pmatrix}2&1&4\\2&1&-2\\-4&1&4\end{pmatrix}$$

从而

$$\boldsymbol{X}=\frac{1}{6}\begin{pmatrix}2&1&4\\2&1&-2\\-4&1&4\end{pmatrix}\begin{pmatrix}2&-3&1\\1&1&0\\2&1&1\end{pmatrix}=\begin{pmatrix}\frac{13}{6}&-\frac{1}{6}&1\\\frac{1}{6}&-\frac{7}{6}&0\\\frac{1}{6}&\frac{17}{6}&0\end{pmatrix}$$

(2)

$$X=\begin{pmatrix}2&-3&1\\1&1&0\\2&1&1\end{pmatrix}\begin{pmatrix}1&0&-1\\0&4&2\\1&-1&0\end{pmatrix}^{-1}$$

$$=\begin{pmatrix}2&-3&1\\1&1&0\\2&1&1\end{pmatrix}\frac{1}{6}\begin{pmatrix}2&1&4\\2&1&-2\\-4&1&4\end{pmatrix}=\begin{pmatrix}-1&0&3\\\frac{2}{3}&\frac{1}{3}&\frac{1}{3}\\\frac{1}{3}&\frac{2}{3}&\frac{5}{3}\end{pmatrix}。$$

例 15 解下述矩阵方程：

$$\begin{pmatrix}1&1&1&\cdots&1\\0&1&1&\cdots&1\\\vdots&\vdots&\vdots&&\vdots\\0&0&0&\cdots&1\end{pmatrix}X=\begin{pmatrix}1&2&3&\cdots&n\\0&1&2&\cdots&n-1\\\vdots&\vdots&\vdots&&\vdots\\0&0&0&\cdots&1\end{pmatrix}。$$

解 此矩阵方程可以写成

$$(I+H+H^2+\cdots+H^{n-1})X=(I+2H+3H^2+\cdots+nH^{n-1}),$$

其中 H 与例 9 中的 H 相同。

由于

$$(I-H)(I+H+H^2+\cdots+H^{n-1})=I-H^n=I,$$

因此在上述矩阵方程两边左乘$(I-H)$，得

$$X=(I-H)(I+2H+3H^2+\cdots+nH^{n-1})$$
$$=I+H+H^2+\cdots+H^{n-1}$$
$$=\begin{pmatrix}1&1&1&\cdots&1\\0&1&1&\cdots&1\\\vdots&\vdots&\vdots&&\vdots\\0&0&0&\cdots&1\end{pmatrix}。$$

习题 4.4

1. n 级数量矩阵 kI 何时可逆？当 kI 可逆时，求$(kI)^{-1}$。

2. 判断下列矩阵是否可逆；若可逆，求它的逆矩阵：

(1) $\begin{pmatrix}1&0\\0&0\end{pmatrix}$； (2) $\begin{pmatrix}1&1\\1&1\end{pmatrix}$； (3) $\begin{pmatrix}5&7\\8&11\end{pmatrix}$； (4) $\begin{pmatrix}0&1\\1&0\end{pmatrix}$。

3. 证明：如果 $A^3=0$，那么 $I-A$ 可逆；并且求$(I-A)^{-1}$。

4. 证明：如果数域 K 上的 n 级矩阵 A 满足

$$A^3-2A^2+3A-I=0,$$

那么 A 可逆；并且求 A^{-1}。

5. 证明：如果数域 K 上 n 级矩阵 $\boldsymbol{A}$ 满足

$$2\boldsymbol{A}^4-5\boldsymbol{A}^2+4\boldsymbol{A}+2\boldsymbol{I}=\boldsymbol{0},$$

那么 $\boldsymbol{A}$ 可逆；并且求 $\boldsymbol{A}^{-1}$。

6. 证明：可逆的斜对称矩阵的逆矩阵仍是斜对称矩阵。

7. 求下列矩阵的逆矩阵：

(1) $\begin{pmatrix}1&0&-1\\-2&1&3\\3&-1&2\end{pmatrix}$； (2) $\begin{pmatrix}1&-3&2\\-3&0&1\\1&1&-1\end{pmatrix}$；

(3) $\begin{pmatrix}3&-2&-5\\2&-1&-3\\-4&0&1\end{pmatrix}$； (4) $\begin{pmatrix}1&1&1&1\\1&1&-1&-1\\1&-1&1&-1\\1&-1&-1&1\end{pmatrix}$。

8. 解下列矩阵方程：

(1) $\begin{pmatrix}1&-2&0\\4&-2&-1\\-3&1&2\end{pmatrix}\boldsymbol{X}=\begin{pmatrix}-1&4\\2&5\\1&-3\end{pmatrix}$；

(2) $\boldsymbol{X}\begin{pmatrix}3&-1&2\\1&0&-1\\-2&1&4\end{pmatrix}=\begin{pmatrix}3&0&-2\\-1&4&1\end{pmatrix}$；

(3) $\begin{pmatrix}1&-2&0\\4&-2&-1\\-3&1&2\end{pmatrix}\boldsymbol{X}\begin{pmatrix}3&-1&2\\1&0&-1\\-2&1&4\end{pmatrix}=\begin{pmatrix}5&0&-1\\1&-3&0\\-2&1&3\end{pmatrix}$。

9. 证明：可逆的下三角矩阵的逆矩阵仍是下三角矩阵。

10. 求下列 n 级矩阵的逆矩阵($n\geqslant2$)：

(1) $\boldsymbol{A}=\begin{pmatrix}1&1&1&\cdots&1&1\\1&0&1&\cdots&1&1\\\vdots&\vdots&\vdots&&\vdots&\vdots\\1&1&1&\cdots&1&0\end{pmatrix}$； (2) $\boldsymbol{B}=\begin{pmatrix}1&1&1&\cdots&1&1\\0&1&1&\cdots&1&1\\\vdots&\vdots&\vdots&&\vdots&\vdots\\0&0&0&\cdots&0&1\end{pmatrix}$；

(3) $\boldsymbol{C}=\begin{pmatrix}1&2&3&\cdots&n\\0&1&2&\cdots&n-1\\\vdots&\vdots&\vdots&&\vdots\\0&0&0&\cdots&1\end{pmatrix}$； (4) $\boldsymbol{D}=\begin{pmatrix}1+a&1&1&\cdots&1\\1&1+a&1&\cdots&1\\\vdots&\vdots&\vdots&&\vdots\\1&1&1&\cdots&1+a\end{pmatrix}$，$a\neq0$ 且 $a\neq-n$；

(5) $\boldsymbol{E}=\begin{pmatrix}1&a&a&\cdots&a\\a&1&a&\cdots&a\\\vdots&\vdots&\vdots&&\vdots\\a&a&a&\cdots&1\end{pmatrix}$，$a\neq1$ 且 $a\neq\dfrac{1}{1-n}$。

11. 设 $a\neq0$，$\boldsymbol{H}$ 与例 9 中的 $\boldsymbol{H}$ 相同，求 $(a\boldsymbol{I}+\boldsymbol{H})^{-1}$。

12. 证明：如果 n 级可逆矩阵 $\boldsymbol{A}$ 的每一列(行)的元素的和都等于 b，那么 $b\neq0$，且

$\boldsymbol{A}^{-1}$的每一列(行)的元素的和都等于 b^{-1}。

13. 设 n 级矩阵 $\boldsymbol{A},\boldsymbol{B}$ 满足

$$\boldsymbol{A}+\boldsymbol{B}=\boldsymbol{AB},$$

证明：$\boldsymbol{I}-\boldsymbol{A},\boldsymbol{I}-\boldsymbol{B}$ 都可逆，并且 $\boldsymbol{AB}=\boldsymbol{BA}$。

14. 设 n 级矩阵 $\boldsymbol{A}$ 可逆，且 $\boldsymbol{A}-\boldsymbol{I}$ 也可逆，$k\neq0$。解矩阵方程

$$\boldsymbol{AXA}^{-1}=\boldsymbol{XA}^{-1}+k\boldsymbol{I}。$$

15. 设 $\boldsymbol{A},\boldsymbol{B},\boldsymbol{D}$ 都是数域 K 上的 n 级矩阵，其中 $\boldsymbol{A},\boldsymbol{D}$ 都可逆，且 $\boldsymbol{B}'\boldsymbol{A}^{-1}\boldsymbol{B}+\boldsymbol{D}^{-1}$ 也可逆。证明：

$$(\boldsymbol{A}+\boldsymbol{BDB}')^{-1}=\boldsymbol{A}^{-1}-\boldsymbol{A}^{-1}\boldsymbol{B}(\boldsymbol{B}'\boldsymbol{A}^{-1}\boldsymbol{B}+\boldsymbol{D}^{-1})^{-1}\boldsymbol{B}'\boldsymbol{A}^{-1}。$$

4.5 矩阵的分块

4.5.1 内容精华

由矩阵 $\boldsymbol{A}$ 的若干行、若干列的交叉位置元素按原来顺序排成的矩阵称为 $\boldsymbol{A}$ 的一个**子矩阵**。

把一个矩阵 $\boldsymbol{A}$ 的行分成若干组，列也分成若干组，从而 $\boldsymbol{A}$ 被分成若干个子矩阵，把 $\boldsymbol{A}$ 看成是由这些子矩阵组成的，这称为**矩阵的分块**，这种由子矩阵组成的矩阵称为**分块矩阵**。

矩阵分块的好处是：使得矩阵的结构变得更明显清楚，而且使得矩阵的运算可以通过它们的分块矩阵形式来进行，从而可以使有关矩阵的理论问题和实际问题变得较容易解决。

从矩阵的加法和数量乘法的定义立即看出，两个具有相同分法的 $s\times n$ 矩阵相加，只需把对应的子矩阵相加；数 k 乘一个分块矩阵，即用 k 去乘每一个子矩阵。

由于 $s\times n$ 矩阵 $\boldsymbol{A}$ 的转置 $\boldsymbol{A}'$ 是把 $\boldsymbol{A}$ 的第 i 行写成第 i 列得到的矩阵($i=1,2,\cdots,s$)，因此如果 $\boldsymbol{A}$ 写成分块矩阵形式：

$$\boldsymbol{A}=\begin{pmatrix}\boldsymbol{A}_1 & \boldsymbol{A}_2\\ \boldsymbol{A}_3 & \boldsymbol{A}_4\end{pmatrix},$$

那么

$$\boldsymbol{A}'=\begin{pmatrix}\boldsymbol{A}_1' & \boldsymbol{A}_3'\\ \boldsymbol{A}_2' & \boldsymbol{A}_4'\end{pmatrix}。$$

由矩阵乘法的定义容易想到分块矩阵相乘需满足下述两个条件：

(1) 左矩阵的列组数等于右矩阵的行组数；

(2) 左矩阵的每个列组所含列数等于右矩阵的相应行组所含行数。

满足上述两个条件的分块矩阵相乘时按照矩阵乘法法则进行，即设 $\boldsymbol{A}=(a_{ij})_{s\times n}$，$\boldsymbol{B}=(b_{ij})_{n\times m}$，则

$$
\begin{array}{c}
\begin{array}{cccccccc} n_1 & n_2 & \cdots & n_t & m_1 & m_2 & \cdots & m_v \end{array}\\
\begin{array}{c} s_1 \\ s_2 \\ \vdots \\ s_u \end{array}
\begin{bmatrix}
\boldsymbol{A}_{11} & \boldsymbol{A}_{12} & \cdots & \boldsymbol{A}_{1t} \\
\boldsymbol{A}_{21} & \boldsymbol{A}_{22} & \cdots & \boldsymbol{A}_{2t} \\
\vdots & \vdots & & \vdots \\
\boldsymbol{A}_{u1} & \boldsymbol{A}_{u2} & \cdots & \boldsymbol{A}_{ut}
\end{bmatrix}
\begin{bmatrix}
\boldsymbol{B}_{11} & \boldsymbol{B}_{12} & \cdots & \boldsymbol{B}_{1v} \\
\boldsymbol{B}_{21} & \boldsymbol{B}_{22} & \cdots & \boldsymbol{B}_{2v} \\
\vdots & \vdots & & \vdots \\
\boldsymbol{B}_{t1} & \boldsymbol{B}_{t2} & \cdots & \boldsymbol{B}_{tv}
\end{bmatrix}
\begin{array}{c} n_1 \\ n_2 \\ \vdots \\ n_t \end{array}
\end{array}
$$

$$
=\begin{bmatrix}
\boldsymbol{A}_{11}\boldsymbol{B}_{11}+\boldsymbol{A}_{12}\boldsymbol{B}_{21}+\cdots+\boldsymbol{A}_{1t}\boldsymbol{B}_{t1} & \cdots & \boldsymbol{A}_{11}\boldsymbol{B}_{1v}+\boldsymbol{A}_{12}\boldsymbol{B}_{2v}+\cdots+\boldsymbol{A}_{1t}\boldsymbol{B}_{tv} \\
\boldsymbol{A}_{21}\boldsymbol{B}_{11}+\boldsymbol{A}_{22}\boldsymbol{B}_{21}+\cdots+\boldsymbol{A}_{2t}\boldsymbol{B}_{t1} & \cdots & \boldsymbol{A}_{21}\boldsymbol{B}_{1v}+\boldsymbol{A}_{22}\boldsymbol{B}_{2v}+\cdots+\boldsymbol{A}_{2t}\boldsymbol{B}_{tv} \\
\vdots & & \vdots \\
\boldsymbol{A}_{u1}\boldsymbol{B}_{11}+\boldsymbol{A}_{u2}\boldsymbol{B}_{21}+\cdots+\boldsymbol{A}_{ut}\boldsymbol{B}_{t1} & \cdots & \boldsymbol{A}_{u1}\boldsymbol{B}_{1v}+\boldsymbol{A}_{u2}\boldsymbol{B}_{2v}+\cdots+\boldsymbol{A}_{ut}\boldsymbol{B}_{tv}
\end{bmatrix}。 \quad (1)
$$

理由如下：

我们用 $\boldsymbol{C}$ 记式(1)右边的分块矩阵，用 $\boldsymbol{C}_{pq}$ 表示 $\boldsymbol{C}$ 的第 p 个行组与第 q 个列组交叉处元素组成的子矩阵，显然 $\boldsymbol{C}$ 的行数为

$$s_1+s_2+\cdots+s_n=s,$$

$\boldsymbol{C}$ 的列数为

$$m_1+m_2+\cdots+m_v=m,$$

因此 $\boldsymbol{C}$ 与 $\boldsymbol{AB}$ 都是 $s\times m$ 矩阵。

现在来计算 $\boldsymbol{C}$ 的 (i,j) 元。设

$$i=s_1+s_2+\cdots+s_{p-1}+f, \quad \text{其中} \ 0<f\leqslant s_p,$$
$$j=m_1+m_2+\cdots+m_{q-1}+g, \quad \text{其中} \ 0<g\leqslant m_q。$$

这表明 $\boldsymbol{A}$ 的第 i 行属于第 p 个行组，$\boldsymbol{B}$ 的第 j 列属于 $\boldsymbol{B}$ 的第 q 个列组，于是

$$
\boldsymbol{C}(i,j)=\boldsymbol{C}_{pq}(f;g)=\Big(\sum_{l=1}^{t}\boldsymbol{A}_{pl}\boldsymbol{B}_{lq}\Big)(f;g)
$$

$$
=\sum_{l=1}^{t}\big[\boldsymbol{A}_{pl}\boldsymbol{B}_{lq}(f;g)\big]=\sum_{l=1}^{t}\sum_{r=1}^{n_l}\boldsymbol{A}_{pl}(f;r)\boldsymbol{B}_{lq}(r;g)
$$

$$
=\sum_{r=1}^{n_1}\boldsymbol{A}_{p1}(f;r)\boldsymbol{B}_{1q}(r;g)+\sum_{r=1}^{n_2}\boldsymbol{A}_{p2}(f;r)B_{2q}(r;g)+\cdots+\sum_{r=1}^{n_t}\boldsymbol{A}_{pt}(f;r)\boldsymbol{B}_{tq}(r;g)
$$

$$
=\sum_{r=1}^{n_1}\boldsymbol{A}(i;r)\boldsymbol{B}(r;j)+\sum_{r=n_1+1}^{n_1+n_2}\boldsymbol{A}(i;r)\boldsymbol{B}(r;j)+\cdots+\sum_{r=n_1+\cdots+n_{t-1}+1}^{n_1+\cdots+n_t}\boldsymbol{A}(i;r)\boldsymbol{B}(r;j)
$$

$$
=\sum_{r=1}^{n}\boldsymbol{A}(i;r)\boldsymbol{B}(r;j)=\boldsymbol{AB}(i;j),
$$

因此 $\boldsymbol{AB}=\boldsymbol{C}$。这证明了 $\boldsymbol{A},\boldsymbol{B}$ 写成分块矩阵形式相乘时，按照公式(1)进行，这与普通矩阵的乘法法则类似。但是要注意：子矩阵之间的乘法应当是左矩阵的子矩阵在左边，右矩阵的子矩阵在右边，不能交换次序。

分块矩阵的乘法有许多应用，下面举一些例子。

命题 1 设 $\boldsymbol{A}$ 是 $s\times n$ 矩阵，$\boldsymbol{B}$ 是 $n\times m$ 矩阵，$\boldsymbol{B}$ 的列向量组为 $\boldsymbol{\beta}_1,\boldsymbol{\beta}_2,\cdots,\boldsymbol{\beta}_m$，则

$$\boldsymbol{AB}=\boldsymbol{A}(\boldsymbol{\beta}_1,\boldsymbol{\beta}_2,\cdots,\boldsymbol{\beta}_m)=(\boldsymbol{A}\boldsymbol{\beta}_1,\boldsymbol{A}\boldsymbol{\beta}_2,\cdots,\boldsymbol{A}\boldsymbol{\beta}_m)。$$

证明 把 $\boldsymbol{A}$ 的所有行作为一组，所有列作为一组；把 $\boldsymbol{B}$ 的所有行作为一组，列分成 m 组，每组含 1 列，则

$$\boldsymbol{AB}=\boldsymbol{A}(\boldsymbol{\beta}_1,\boldsymbol{\beta}_2,\cdots,\boldsymbol{\beta}_m)=(\boldsymbol{A\beta}_1,\boldsymbol{A\beta}_2,\cdots,\boldsymbol{A\beta}_m)。\quad ■$$

推论 1　设 $\boldsymbol{A}_{s\times n}\neq 0$，$\boldsymbol{B}_{n\times m}$ 的列向量组是 $\boldsymbol{\beta}_1,\boldsymbol{\beta}_2,\cdots,\boldsymbol{\beta}_m$。

则　$\boldsymbol{AB}=\boldsymbol{0} \iff \boldsymbol{\beta}_1,\boldsymbol{\beta}_2,\cdots,\boldsymbol{\beta}_m$ 都是齐次线性方程组 $\boldsymbol{Ax}=\boldsymbol{0}$ 的解。

证明

$$\begin{aligned}\boldsymbol{AB}=\boldsymbol{0} &\iff (\boldsymbol{A\beta}_1,\boldsymbol{A\beta}_2,\cdots,\boldsymbol{A\beta}_m)=\boldsymbol{0}\\ &\iff \boldsymbol{A\beta}_1=\boldsymbol{0},\boldsymbol{A\beta}_2=\boldsymbol{0},\cdots,\boldsymbol{A\beta}_m=\boldsymbol{0}\\ &\iff \boldsymbol{\beta}_1,\boldsymbol{\beta}_2,\cdots,\boldsymbol{\beta}_m \text{ 都是 } \boldsymbol{Ax}=\boldsymbol{0} \text{ 的解。}\end{aligned}\quad ■$$

推论 2　设 $\boldsymbol{A}_{s\times n}\neq\boldsymbol{0}$，$\boldsymbol{B}_{n\times m}$ 的列向量组是 $\boldsymbol{\beta}_1,\boldsymbol{\beta}_2,\cdots,\boldsymbol{\beta}_m$；$\boldsymbol{C}_{s\times m}$ 的列向量组是 $\boldsymbol{\delta}_1,\boldsymbol{\delta}_2,\cdots,\boldsymbol{\delta}_m$，则 $\boldsymbol{AB}=\boldsymbol{C} \iff \boldsymbol{\beta}_j$ 是线性方程组 $\boldsymbol{Ax}=\boldsymbol{\delta}_j$ 的一个解，$j=1,2,\cdots,m$。

证明

$$\begin{aligned}\boldsymbol{AB}=\boldsymbol{C} &\iff (\boldsymbol{A\beta}_1,\boldsymbol{A\beta}_2,\cdots,\boldsymbol{A\beta}_m)=(\boldsymbol{\delta}_1,\boldsymbol{\delta}_2,\cdots,\boldsymbol{\delta}_m)\\ &\iff \boldsymbol{A\beta}_j=\boldsymbol{\delta}_j,\ j=1,2,\cdots,m\\ &\iff \boldsymbol{\beta}_j \text{ 是 } \boldsymbol{Ax}=\boldsymbol{\delta}_j \text{ 的一个解，}\quad j=1,2,\cdots,m\end{aligned}\quad ■$$

根据推论 2，可以利用线性方程组来求可逆矩阵的逆矩阵，它的原理和方法如下：

设 n 级矩阵 $\boldsymbol{A}$ 可逆，则 $\boldsymbol{AA}^{-1}=\boldsymbol{I}$。设 $\boldsymbol{A}^{-1}$ 的列向量组是 $\boldsymbol{X}_1,\boldsymbol{X}_2,\cdots,\boldsymbol{X}_n$。由于 $\boldsymbol{I}$ 的列向量组是 $\boldsymbol{\varepsilon}_1,\boldsymbol{\varepsilon}_2,\cdots,\boldsymbol{\varepsilon}_n$，因此 $\boldsymbol{X}_j$ 是线性方程组 $\boldsymbol{Ax}=\boldsymbol{\varepsilon}_j$ 的一个解。由于 $|\boldsymbol{A}|\neq 0$，因此 $\boldsymbol{Ax}=\boldsymbol{\varepsilon}_j$ 有唯一解。由于对 $j=1,2,\cdots,n$，方程组 $\boldsymbol{Ax}=\boldsymbol{\varepsilon}_j$ 的系数矩阵都是 $\boldsymbol{A}$，因此为了统一解 n 个线性方程组 $\boldsymbol{Ax}=\boldsymbol{\varepsilon}_j$，$j=1,2,\cdots,n$，先解 $\boldsymbol{Ax}=\boldsymbol{\beta}$，其中 $\boldsymbol{\beta}=(b_1,b_2,\cdots,b_n)'$，然后把所得的解的公式中的 $b_1,b_2,\cdots,b_n$ 分别用 $1,0,\cdots,0$；$0,1,0\cdots,0$；$\cdots$；$0,\cdots,0,1$ 代替，便可求得 $\boldsymbol{X}_1,\boldsymbol{X}_2,\cdots,\boldsymbol{X}_n$。

类似地，可以利用线性方程组来解矩阵方程

$$\boldsymbol{AX}=\boldsymbol{B},$$

其中 $\boldsymbol{A}_{s\times n}\neq\boldsymbol{0}$。$\boldsymbol{B}_{s\times m}$ 的列向量组是 $\boldsymbol{\beta}_1,\boldsymbol{\beta}_2,\cdots,\boldsymbol{\beta}_m$。解矩阵方程 $\boldsymbol{AX}=\boldsymbol{B}$ 的原理和方法如下：

设 $\boldsymbol{X}$ 的列向量组是 $\boldsymbol{X}_1,\boldsymbol{X}_2,\cdots,\boldsymbol{X}_m$。根据推论 2，$\boldsymbol{X}_j$ 是线性方程组 $\boldsymbol{Ay}=\boldsymbol{\beta}_j$ 的一个解，$j=1,2,\cdots,m$。由于这 m 个线性方程组的系数矩阵都是 $\boldsymbol{A}$，因此可以采用下述方法同时解这 m 个线性方程组：

$$(\boldsymbol{A},\boldsymbol{B})\xrightarrow{\text{初等行变换}}(\boldsymbol{G},\boldsymbol{D}),$$

其中 $\boldsymbol{G}$ 是 $\boldsymbol{A}$ 的简化行阶梯形矩阵。从 $(\boldsymbol{G},\boldsymbol{D})$ 可以写出每个线性方程组 $\boldsymbol{Ay}=\boldsymbol{\beta}_j$ 的一般解公式，从而可写出 $\boldsymbol{X}_j$，于是可写出矩阵方程 $\boldsymbol{AX}=\boldsymbol{B}$ 的解。

对于矩阵方程 $\boldsymbol{XA}=\boldsymbol{B}$，两边取转置得，$\boldsymbol{A}'\boldsymbol{X}'=\boldsymbol{B}'$，从而可利用上述方法先求出矩阵方程 $\boldsymbol{A}'\boldsymbol{X}'=\boldsymbol{B}'$ 的解，然后把所求出的解 $\boldsymbol{X}'$ 取转置即得原矩阵方程 $\boldsymbol{XA}=\boldsymbol{B}$ 的解。

类似于矩阵的初等行变换，现在来介绍**分块矩阵的初等行变换**：

(1) 把一个块行的左 $\boldsymbol{P}$ 倍（$\boldsymbol{P}$ 是矩阵）加到另一个块行上，例如

$$\begin{pmatrix}\boldsymbol{A}_1 & \boldsymbol{A}_2\\ \boldsymbol{A}_3 & \boldsymbol{A}_4\end{pmatrix}\xrightarrow{②+\boldsymbol{P}\cdot①}\begin{pmatrix}\boldsymbol{A}_1 & \boldsymbol{A}_2\\ \boldsymbol{PA}_1+\boldsymbol{A}_3 & \boldsymbol{PA}_2+\boldsymbol{A}_4\end{pmatrix};$$

(2) 互换两个块行的位置；

(3) 用一个可逆矩阵左乘某一块行（为的是可以把所得到的分块矩阵变回到原来的分块矩阵）。

类似地有**分块矩阵的初等列变换**：

(1) 把一个块列的右 P 倍(P 是矩阵)加到另一个块列上，例如

$$\begin{pmatrix} A_1 & A_2 \\ A_3 & A_4 \end{pmatrix} \xrightarrow{②+①\cdot P} \begin{pmatrix} A_1 & A_1P+A_2 \\ A_3 & A_3P+A_4 \end{pmatrix};$$

(2) 互换两个块列的位置；

(3) 用一个可逆矩阵右乘某一块列。

为了使分块矩阵的初等行(列)变换能通过分块矩阵的乘法来实现，可引出分块初等矩阵的概念：

把单位矩阵分块得到的矩阵经过一次分块矩阵的初等行(列)变换得到的矩阵称为**分块初等矩阵**，例如

$$\begin{pmatrix} I & 0 \\ 0 & I \end{pmatrix} \xrightarrow{②+P\cdot ①} \begin{pmatrix} I & 0 \\ P & I \end{pmatrix},$$

$$\begin{pmatrix} I & 0 \\ 0 & I \end{pmatrix} \xrightarrow[①+②\cdot P]{} \begin{pmatrix} I & 0 \\ P & I \end{pmatrix}。$$

用分块初等矩阵左(右)乘一个分块矩阵，观察它与分块矩阵初等行(列)变换的关系：

$$\begin{pmatrix} I & 0 \\ P & I \end{pmatrix}\begin{pmatrix} A_1 & A_2 \\ A_3 & A_4 \end{pmatrix} = \begin{pmatrix} A_1 & A_2 \\ PA_1+A_3 & PA_2+A_4 \end{pmatrix},$$

$$\begin{pmatrix} A_1 & A_2 \\ A_3 & A_4 \end{pmatrix}\begin{pmatrix} I & 0 \\ P & I \end{pmatrix} = \begin{pmatrix} A_1+A_2P & A_2 \\ A_3+A_4P & A_4 \end{pmatrix}。$$

由此看出，用分块初等矩阵左乘一个分块矩阵，就相当于对这个分块矩阵做了一次相应的分块矩阵初等行变换；用分块初等矩阵右乘一个分块矩阵，就相当于对它做了一次相应的分块矩阵初等列变换。从后者可看出，(1)型分块矩阵的初等列变换需要用 P 右乘的原因。

分块矩阵的初等行(列)变换有直观的优点，用分块初等矩阵左(右)乘一个分块矩阵可以得到一个等式，把这两者结合起来可以发挥出很大的威力。

由于分块初等矩阵是可逆矩阵，因此据可逆矩阵的性质和上面一段的结论得，分块矩阵的初等行(列)变换不改变矩阵的秩。这个结论在求矩阵的秩时很有用。

主对角线上的所有子矩阵都是方阵，其余子矩阵全为 $\mathbf{0}$ 的分块矩阵称为**分块对角矩阵**，可简记成

$$\mathrm{diag}\{A_1, A_2, \cdots, A_s\},$$

其中 A_i 是方阵，$i=1,2,\cdots,s$。

主对角线上的所有子矩阵都是方阵，而位于主对角线下(上)方的所有子矩阵都为 $\mathbf{0}$ 的分块矩阵称为**分块上(下)三角矩阵**。

在第 2 章 2.6 节利用 Laplace 定理证明了：若 A,B 是方阵，则

$$\begin{vmatrix} A & 0 \\ C & B \end{vmatrix} = |A||B|。$$

这个结论很容易推广成：若 $A_{11}, A_{22}, \cdots, A_{ss}$ 都是方阵，则

$$\begin{vmatrix} \boldsymbol{A}_{11} & \boldsymbol{0} & \cdots & \boldsymbol{0} \\ \boldsymbol{A}_{21} & \boldsymbol{A}_{22} & \cdots & \boldsymbol{0} \\ \vdots & \vdots & & \vdots \\ \boldsymbol{A}_{s1} & \boldsymbol{A}_{s2} & \cdots & \boldsymbol{A}_{ss} \end{vmatrix} = |\boldsymbol{A}_{11}||\boldsymbol{A}_{22}|\cdots|\boldsymbol{A}_{ss}|.$$

利用行列式的性质 1 容易得到：若 $\boldsymbol{A}_{11},\boldsymbol{A}_{22},\cdots,\boldsymbol{A}_{ss}$ 都是方阵，则

$$\begin{vmatrix} \boldsymbol{A}_{11} & \boldsymbol{A}_{12} & \cdots & \boldsymbol{A}_{1s} \\ \boldsymbol{0} & \boldsymbol{A}_{22} & \cdots & \boldsymbol{A}_{2s} \\ \vdots & \vdots & & \vdots \\ \boldsymbol{0} & \boldsymbol{0} & \cdots & \boldsymbol{A}_{ss} \end{vmatrix} = |\boldsymbol{A}_{11}||\boldsymbol{A}_{22}|\cdots|\boldsymbol{A}_{ss}|。$$

命题 2　设 $\boldsymbol{A},\boldsymbol{B}$ 分别是 $s\times n, n\times s$ 矩阵，则

(1) $\begin{vmatrix} \boldsymbol{I}_n & \boldsymbol{B} \\ \boldsymbol{A} & \boldsymbol{I}_s \end{vmatrix} = |\boldsymbol{I}_s-\boldsymbol{AB}|$；　　(2) $\begin{vmatrix} \boldsymbol{I}_n & \boldsymbol{B} \\ \boldsymbol{A} & \boldsymbol{I}_s \end{vmatrix} = |\boldsymbol{I}_n-\boldsymbol{BA}|$；

(3) $|\boldsymbol{I}_s-\boldsymbol{AB}|=|\boldsymbol{I}_n-\boldsymbol{BA}|$。

证明　(1) 设法把左端变成分块上三角矩阵的行列式。为此做分块矩阵的初等行变换：

$$\begin{pmatrix} \boldsymbol{I}_n & \boldsymbol{B} \\ \boldsymbol{A} & \boldsymbol{I}_s \end{pmatrix} \xrightarrow{②+(-\boldsymbol{A})\cdot①} \begin{pmatrix} \boldsymbol{I}_n & \boldsymbol{B} \\ \boldsymbol{0} & \boldsymbol{I}_s-\boldsymbol{AB} \end{pmatrix},$$

于是有

$$\begin{pmatrix} \boldsymbol{I}_n & \boldsymbol{0} \\ -\boldsymbol{A} & \boldsymbol{I}_s \end{pmatrix}\begin{pmatrix} \boldsymbol{I}_n & \boldsymbol{B} \\ \boldsymbol{A} & \boldsymbol{I}_s \end{pmatrix} = \begin{pmatrix} \boldsymbol{I}_n & \boldsymbol{B} \\ \boldsymbol{0} & \boldsymbol{I}_s-\boldsymbol{AB} \end{pmatrix},$$

在上式两边取行列式，得

$$\begin{vmatrix} \boldsymbol{I}_n & \boldsymbol{0} \\ -\boldsymbol{A} & \boldsymbol{I}_s \end{vmatrix}\begin{vmatrix} \boldsymbol{I}_n & \boldsymbol{B} \\ \boldsymbol{A} & \boldsymbol{I}_s \end{vmatrix} = \begin{vmatrix} \boldsymbol{I}_n & \boldsymbol{B} \\ \boldsymbol{0} & \boldsymbol{I}_s-\boldsymbol{AB} \end{vmatrix},$$

由此得出

$$|\boldsymbol{I}_n||\boldsymbol{I}_s|\begin{pmatrix} \boldsymbol{I}_n & \boldsymbol{B} \\ \boldsymbol{A} & \boldsymbol{I}_s \end{pmatrix} = |\boldsymbol{I}_n||\boldsymbol{I}_s-\boldsymbol{AB}|,$$

从而

$$\begin{vmatrix} \boldsymbol{I}_n & \boldsymbol{B} \\ \boldsymbol{A} & \boldsymbol{I}_s \end{vmatrix} = |\boldsymbol{I}_s-\boldsymbol{AB}|。$$

(2) 类似于第(1)小题的证法，请同学们自己写出。

(3) 由第(1)(2)小题即得

$$|\boldsymbol{I}_s-\boldsymbol{AB}|=|\boldsymbol{I}_n-\boldsymbol{BA}|。$$ ■

命题 2 的结论是有用的。

命题 3　设

$$\boldsymbol{A}=\begin{pmatrix} \boldsymbol{A}_1 & \boldsymbol{A}_3 \\ \boldsymbol{0} & \boldsymbol{A}_2 \end{pmatrix}$$

其中 $\boldsymbol{A}_1,\boldsymbol{A}_2$ 都是方阵，则 $\boldsymbol{A}$ 可逆当且仅当 $\boldsymbol{A}_1,\boldsymbol{A}_2$ 都可逆，此时

$$A^{-1}=\begin{pmatrix}A_1^{-1} & -A_1^{-1}A_3A_2^{-1}\\ 0 & A_2^{-1}\end{pmatrix}。$$

证明 因为$|A|=|A_1||A_2|$,所以

$$|A|\neq 0 \iff |A_1|\neq 0\text{ 且 }|A_2|\neq 0。$$

于是 A 可逆当且仅当A_1,A_2 都可逆,此时有

$$\begin{pmatrix}A_1 & A_3\\ 0 & A_2\end{pmatrix}\xrightarrow{①+(-A_3A_2^{-1})\cdot②}\begin{pmatrix}A_1 & 0\\ 0 & A_2\end{pmatrix},$$

从而

$$\begin{pmatrix}I & -A_3A_2^{-1}\\ 0 & I\end{pmatrix}\begin{pmatrix}A_1 & A_3\\ 0 & A_2\end{pmatrix}=\begin{pmatrix}A_1 & 0\\ 0 & A_2\end{pmatrix},$$

由此推出

$$\begin{pmatrix}A_1 & A_3\\ 0 & A_2\end{pmatrix}^{-1}=\begin{pmatrix}A_1 & 0\\ 0 & A_2\end{pmatrix}^{-1}\begin{pmatrix}I & -A_3A_2^{-1}\\ 0 & I\end{pmatrix}=\begin{pmatrix}A_1^{-1} & -A_1^{-1}A_3A_2^{-1}\\ 0 & A_2^{-1}\end{pmatrix}。$$ ■

从命题 3 得出,可逆的分块上三角矩阵的逆矩阵仍然是分块上三角矩阵。

4.5.2 典型例题

例 1 设A,B分别是$s\times n,n\times m$矩阵。证明:若$AB=0$,则 $\text{rank}(A)+\text{rank}(B)\leqslant n$。

证明 若$A=0$,则显然结论成立。下面设$A\neq 0$。

设 B 的列向量组是$\beta_1,\beta_2,\cdots,\beta_m$,由于$AB=0$,因此$\beta_j$ 属于$Ax=0$ 的解空间 W,$j=1,2,\cdots,m$,于是有

$$\text{rank}(B)=\dim\langle\beta_1,\beta_2,\cdots,\beta_m\rangle\leqslant\dim W=n-\text{rank}(A),$$

即

$$\text{rank}(A)+\text{rank}(B)\leqslant n。$$ ■

例 2 证明 **Sylvester 秩不等式**:设A,B分别是$s\times n,n\times m$矩阵,则

$$\text{rank}(AB)\geqslant\text{rank}(A)+\text{rank}(B)-n。$$

证明 只需证 $n+\text{rank}(AB)\geqslant\text{rank}(A)+\text{rank}(B)$。

据第 3 章 3.5 节的例 8 的结论,有

$$n+\text{rank}(AB)=\text{rank}\begin{pmatrix}I_n & 0\\ 0 & AB\end{pmatrix}。$$

做分块矩阵的初等行(列)变换:

$$\begin{pmatrix}I_n & 0\\ 0 & AB\end{pmatrix}\xrightarrow{②+A\cdot①}\begin{pmatrix}I_n & 0\\ A & AB\end{pmatrix}\xrightarrow[②+①\cdot(-B)]{}\begin{pmatrix}I_n & -B\\ A & 0\end{pmatrix}$$

$$\xrightarrow[②\cdot(-I_m)]{}\begin{pmatrix}I_n & B\\ A & 0\end{pmatrix}\xrightarrow[(①,②)]{}\begin{pmatrix}B & I_n\\ 0 & A\end{pmatrix}。$$

根据分块矩阵的初等行(列)变换不改变矩阵的秩,以及 3.5 节的例 9,得

$$\text{rank}\begin{pmatrix}I_n & 0\\ 0 & AB\end{pmatrix}=\text{rank}\begin{pmatrix}B & I_n\\ 0 & A\end{pmatrix}\geqslant\text{rank}(B)+\text{rank}(A),$$

因此
$$\mathrm{rank}(\boldsymbol{AB})\geqslant\mathrm{rank}(\boldsymbol{A})+\mathrm{rank}(\boldsymbol{B})-n。$$ ■

点评: Sylvester 于 1884 年首先证明了例 2 的不等式。在本套书下册的第 9 章 9.2 节的例 3 给出了 Sylvester 秩不等式的另一种证法,更加直观和简洁。

例 3　如果数域 $\boldsymbol{K}$ 上 n 级矩阵 $\boldsymbol{A}$ 满足 $\boldsymbol{A}^2=\boldsymbol{A}$,那么称 $\boldsymbol{A}$ 是**幂等矩阵**。证明:数域 K 上 n 级矩阵 $\boldsymbol{A}$ 是幂等矩阵当且仅当
$$\mathrm{rank}(\boldsymbol{A})+\mathrm{rank}(\boldsymbol{I}-\boldsymbol{A})=n。$$

证明　n 级矩阵 $\boldsymbol{A}$ 是幂等矩阵 $\Longleftrightarrow \boldsymbol{A}^2=\boldsymbol{A}\Longleftrightarrow \boldsymbol{A}-\boldsymbol{A}^2=0\Longleftrightarrow \mathrm{rank}(\boldsymbol{A}-\boldsymbol{A}^2)=0$。由于
$$\begin{pmatrix}\boldsymbol{A}&\boldsymbol{0}\\\boldsymbol{0}&\boldsymbol{I}-\boldsymbol{A}\end{pmatrix}\xrightarrow{②+①}\begin{pmatrix}\boldsymbol{A}&\boldsymbol{0}\\\boldsymbol{A}&\boldsymbol{I}-\boldsymbol{A}\end{pmatrix}\xrightarrow[②+①]{}\begin{pmatrix}\boldsymbol{A}&\boldsymbol{A}\\\boldsymbol{A}&\boldsymbol{I}\end{pmatrix}$$
$$\xrightarrow{①+(-\boldsymbol{A})\cdot②}\begin{pmatrix}\boldsymbol{A}-\boldsymbol{A}^2&\boldsymbol{0}\\\boldsymbol{A}&\boldsymbol{I}\end{pmatrix}\xrightarrow[①+②\cdot(-\boldsymbol{A})]{}\begin{pmatrix}\boldsymbol{A}-\boldsymbol{A}^2&\boldsymbol{0}\\\boldsymbol{0}&\boldsymbol{I}\end{pmatrix},$$
因此
$$\mathrm{rank}\begin{pmatrix}\boldsymbol{A}&\boldsymbol{0}\\\boldsymbol{0}&\boldsymbol{I}-\boldsymbol{A}\end{pmatrix}=\mathrm{rank}\begin{pmatrix}\boldsymbol{A}-\boldsymbol{A}^2&\boldsymbol{0}\\\boldsymbol{0}&\boldsymbol{I}\end{pmatrix},$$
从而
$$\mathrm{rank}(\boldsymbol{A})+\mathrm{rank}(\boldsymbol{I}-\boldsymbol{A})=\mathrm{rank}(\boldsymbol{A}-\boldsymbol{A}^2)+n,$$
由此得出,n 级矩阵 $\boldsymbol{A}$ 是幂等矩阵 $\Longleftrightarrow\ \mathrm{rank}(\boldsymbol{A}-\boldsymbol{A}^2)=0$

$\Longleftrightarrow\ \mathrm{rank}(\boldsymbol{A})+\mathrm{rank}(\boldsymbol{I}-\boldsymbol{A})=n$。 ■

点评: 本套书下册的第 9 章 9.5 节的例 20 给出了本节例 3 的另一种证法,更加直观和简洁。例 3 表明:仅利用秩这样的自然数就能刻画幂等矩阵,由此体会到矩阵的秩的概念是多么深刻!

例 4　设 $\boldsymbol{A}$ 是实数域上的 $s\times n$ 矩阵,证明:对于任意 $\boldsymbol{\beta}\in\mathbf{R}^s$,线性方程组 $\boldsymbol{A}'\boldsymbol{A}\boldsymbol{x}=\boldsymbol{A}'\boldsymbol{\beta}$ 一定有解。

证明　只需证增广矩阵$(\boldsymbol{A}'\boldsymbol{A},\boldsymbol{A}'\boldsymbol{\beta})$与系数矩阵 $\boldsymbol{A}'\boldsymbol{A}$ 的秩相等。由于 $\boldsymbol{A}$ 是实数域上的矩阵,因此 $\mathrm{rank}(\boldsymbol{A}'\boldsymbol{A})=\mathrm{rank}(\boldsymbol{A}')$,从而
$$\mathrm{rank}(\boldsymbol{A}'\boldsymbol{A},\boldsymbol{A}'\boldsymbol{\beta})=\mathrm{rank}(\boldsymbol{A}'(\boldsymbol{A},\boldsymbol{\beta}))\leqslant\mathrm{rank}(\boldsymbol{A}')=\mathrm{rank}(\boldsymbol{A}'\boldsymbol{A}),$$
又由于 $\mathrm{rank}(\boldsymbol{A}'\boldsymbol{A})\leqslant\mathrm{rank}(\boldsymbol{A}'\boldsymbol{A},\boldsymbol{A}'\boldsymbol{\beta})$,因此
$$\mathrm{rank}(\boldsymbol{A}'\boldsymbol{A},\boldsymbol{A}'\boldsymbol{\beta})=\mathrm{rank}(\boldsymbol{A}'\boldsymbol{A}),$$
从而线性方程组 $\boldsymbol{A}'\boldsymbol{A}\boldsymbol{x}=\boldsymbol{A}'\boldsymbol{\beta}$ 有解。 ■

点评: 通过例 4 的证明可以再一次体会到"线性方程组有解的充分必要条件是它的增广矩阵与系数矩阵的秩相等"这一定理的深刻,还可以体会到分块矩阵的乘法很有用,在例 4 的证明中用到
$$(\boldsymbol{A}'\boldsymbol{A},\boldsymbol{A}'\boldsymbol{\beta})=\boldsymbol{A}'(\boldsymbol{A},\boldsymbol{\beta})。$$

例 5　设 $\boldsymbol{A}$ 是 n 级矩阵($n\geqslant2$),证明:
$$|\boldsymbol{A}^*|=|\boldsymbol{A}|^{n-1}。$$

证明　若 $\boldsymbol{A}=\boldsymbol{0}$,则结论显然成立。下设 $\boldsymbol{A}\neq0$,我们知道,$\boldsymbol{A}\boldsymbol{A}^*=|\boldsymbol{A}|\boldsymbol{I}$。

若 $|\boldsymbol{A}|\neq0$,则 $|\boldsymbol{A}|\,|\boldsymbol{A}^*|=|\boldsymbol{A}|^n$,从而 $|\boldsymbol{A}^*|=|\boldsymbol{A}|^{n-1}$。

若 $|\boldsymbol{A}|=0$,则 $\boldsymbol{A}\boldsymbol{A}^*=\boldsymbol{0}$。据例 1 得

$$\mathrm{rank}(\boldsymbol{A})+\mathrm{rank}(\boldsymbol{A}^*)\leqslant n,$$

从而 $$\mathrm{rank}(\boldsymbol{A}^*)\leqslant n-\mathrm{rank}(\boldsymbol{A})<n,$$

因此 $|\boldsymbol{A}^*|=0$,从而结论成立。 ■

例 6 设 $\boldsymbol{A}$ 是 n 级矩阵($n\geqslant 2$),证明:

$$\mathrm{rank}(\boldsymbol{A}^*)=\begin{cases} n, & \text{当 } \mathrm{rank}(\boldsymbol{A})=n, \\ 1, & \text{当 } \mathrm{rank}(\boldsymbol{A})=n-1, \\ 0, & \text{当 } \mathrm{rank}(\boldsymbol{A})<n-1。\end{cases}$$

证明 若 $\mathrm{rank}(\boldsymbol{A})=n$,则 $|\boldsymbol{A}|\neq 0$,从而 $|\boldsymbol{A}^*|\neq 0$,于是 $\mathrm{rank}(\boldsymbol{A}^*)=n$。

若 $\mathrm{rank}(\boldsymbol{A})=n-1$,则 $\boldsymbol{A}$ 有一个 $n-1$ 阶子式不等于 0。从而 $\boldsymbol{A}$ 有一个元素的代数余子式不等于 0,于是 $\boldsymbol{A}^*\neq 0$。由于 $|\boldsymbol{A}|=0$,据例 5 的证明得

$$\mathrm{rank}(\boldsymbol{A}^*)\leqslant n-\mathrm{rank}(\boldsymbol{A})=n-(n-1)=1。$$

由于 $\boldsymbol{A}^*\neq\boldsymbol{0}$,因此 $\mathrm{rank}(\boldsymbol{A}^*)=1$。

若 $\mathrm{rank}(\boldsymbol{A})<n-1$,则 $\boldsymbol{A}$ 的所有 $n-1$ 阶子式都等于 0,从而 $\boldsymbol{A}^*=\boldsymbol{0}$,于是 $\mathrm{rank}(\boldsymbol{A}^*)=0$。 ■

例 7 设 $\boldsymbol{A}$ 是 n 级矩阵($n\geqslant 2$)。证明:

(1) 当 $n\geqslant 3$ 时,$(\boldsymbol{A}^*)^*=|\boldsymbol{A}|^{n-2}\boldsymbol{A}$;

(2) 当 $n=2$ 时,$(\boldsymbol{A}^*)^*=\boldsymbol{A}$。

证明 (1) 设 $n\geqslant 3$。若 $|\boldsymbol{A}|\neq 0$,则 $|\boldsymbol{A}^*|=|\boldsymbol{A}|^{n-1}$。由于 $\boldsymbol{A}^*(\boldsymbol{A}^*)^*=|\boldsymbol{A}^*|\boldsymbol{I}$,

因此 $$(\boldsymbol{A}^*)^*=|\boldsymbol{A}^*|(\boldsymbol{A}^*)^{-1}=|\boldsymbol{A}|^{n-1}\frac{1}{|\boldsymbol{A}|}\boldsymbol{A}=|\boldsymbol{A}|^{n-2}\boldsymbol{A}。$$

若 $|\boldsymbol{A}|=0$,则据例 6 的结果得 $\mathrm{rank}(\boldsymbol{A}^*)\leqslant 1<n-1$,

因此 $(\boldsymbol{A}^*)^*=\boldsymbol{0}$,于是结论也成立。

(2) 设 $n=2$。此时

$$\boldsymbol{A}=\begin{pmatrix} a & b \\ c & d \end{pmatrix},\quad \boldsymbol{A}^*=\begin{pmatrix} d & -b \\ -c & a \end{pmatrix},$$

因此

$$(\boldsymbol{A}^*)^*=\begin{pmatrix} a & b \\ c & d \end{pmatrix}=\boldsymbol{A}。$$ ■

例 8 设 $\boldsymbol{A}$ 是 n 级可逆矩阵,证明:$(\boldsymbol{A}^{-1})^*=(\boldsymbol{A}^*)^{-1}$。

证明 由于 $\boldsymbol{A}^{-1}(\boldsymbol{A}^{-1})^*=|\boldsymbol{A}^{-1}|\boldsymbol{I}$,且 $\boldsymbol{A}^{-1}=\frac{1}{|\boldsymbol{A}|}\boldsymbol{A}^*$,因此

$$\frac{1}{|\boldsymbol{A}|}\boldsymbol{A}^*(\boldsymbol{A}^{-1})^*=|\boldsymbol{A}^{-1}|\boldsymbol{I}=\frac{1}{|\boldsymbol{A}|}\boldsymbol{I},$$

从而 $(\boldsymbol{A}^*)^{-1}=(\boldsymbol{A}^{-1})^*$。 ■

例 9 设 $\boldsymbol{A},\boldsymbol{B}$ 都是 n 级矩阵($n\geqslant 2$),证明:

$$(\boldsymbol{AB})^*=\boldsymbol{B}^*\boldsymbol{A}^*。$$

证明 据本章 4.3 节的命题 1,得

$$(\boldsymbol{AB})^*(i;j)=(-1)^{i+j}\boldsymbol{AB}\begin{pmatrix} 1,\cdots,j-1,j+1,\cdots,n \\ 1,\cdots,i-1,i+1,\cdots,n \end{pmatrix}$$

$$=(-1)^{i+j}\sum_{1\leqslant v_1<v_2<\cdots<v_{n-1}\leqslant n}A\begin{pmatrix}1,\cdots,j-1,j+1,\cdots,n\\v_1,v_2,\cdots,v_{n-1}\end{pmatrix}B\begin{pmatrix}v_1,v_2,\cdots,v_{n-1}\\1,\cdots,i-1,i+1,\cdots,n\end{pmatrix}$$

$$=(-1)^{i+j}\sum_{k=1}^{n}A\begin{pmatrix}1,\cdots,j-1,j+1,\cdots,n\\1,\cdots,k-1,k+1,\cdots,n\end{pmatrix}B\begin{pmatrix}1,\cdots,k-1,k+1,\cdots,n\\1,\cdots,i-1,i+1,\cdots,n\end{pmatrix}$$

$$=\sum_{k=1}^{n}(-1)^{j+k}A\begin{pmatrix}1,\cdots,j-1,j+1,\cdots,n\\1,\cdots,k-1,k+1,\cdots,n\end{pmatrix}(-1)^{k+i}B\begin{pmatrix}1,\cdots,k-1,k+1,\cdots,n\\1,\cdots,i-1,i+1,\cdots,n\end{pmatrix}$$

$$=\sum_{k=1}^{n}A_{jk}B_{ki}=\sum_{k=1}^{n}A^*(k;j)B^*(i;k)=B^*A^*(i;j),$$

因此

$$(AB)^*=B^*A^*\text{。}$$ ■

例 10　设 A,B 分别是数域 K 上的 $s\times n,s\times m$ 矩阵，证明：矩阵方程 $AX=B$ 有解的充分必要条件是

$$\mathrm{rank}(A)=\mathrm{rank}(A,B)$$

证明　设 A 的列向量组是 $\alpha_1,\alpha_2,\cdots,\alpha_n$，$B$ 的列向量组是 $\beta_1,\beta_2,\cdots,\beta_m$，则据本节推论 2，得

$AX=B$ 有解 $\iff$ $Ay=\beta_j$ 有解，$j=1,2,\cdots,m$

$\iff$ β_j 可以由 $\alpha_1,\alpha_2,\cdots,\alpha_n$ 线性表出，$j=1,2,\cdots,m$

$\iff$ $\{\alpha_1,\cdots,\alpha_n,\beta_1,\cdots,\beta_m\}\cong\{\alpha_1,\alpha_2,\cdots,\alpha_n\}$

$\iff$ $\mathrm{rank}(A,B)=\mathrm{rank}(A)$。 ■

例 11　求下述 n 级矩阵 A 的逆矩阵($n\geqslant 2$)：

$$A=\begin{pmatrix}1&2&3&\cdots&n\\n&1&2&\cdots&n-1\\\vdots&\vdots&\vdots&&\vdots\\2&3&4&\cdots&1\end{pmatrix}\text{。}$$

解　先解线性方程组

$$Ax=\beta,$$

其中 $\beta=(b_1,b_2,\cdots,b_m)'$。将这 n 个方程相加，得

$$\frac{1}{2}n(n+1)(x_1+x_2+\cdots+x_n)=\sum_{j=1}^{n}b_j\text{。}$$

令 $y=x_1+x_2+\cdots+x_n$，由上式得

$$y=\frac{2}{n(n+1)}\sum_{j=1}^{n}b_j\text{。}$$

从第 1 个方程减去第 2 个方程，得

$$(1-n)x_1+x_2+x_3+\cdots+x_n=b_1-b_2,$$

由此得出

$$y-nx_1=b_1-b_2,$$

从而

$$x_1=\frac{1}{n}(y-b_1+b_2)=\frac{1}{n}\left[\left(\frac{2}{n(n+1)}\sum_{j=1}^{n}b_j\right)-b_1+b_2\right]\text{。}$$

类似地，从第 i 个方程减去第 $i+1$ 个方程($i=2,\cdots,n-1$)，可求出

$$x_i=\frac{1}{n}\left[\left(\frac{2}{n(n+1)}\sum_{j=1}^{n}b_j\right)-b_i+b_{i+1}\right],\quad i=2,\cdots,n-1\text{。}$$

从第 n 个方程减去第 1 个方程，可求出

$$x_n = \frac{1}{n}\left[\left(\frac{2}{n(n+1)}\sum_{j=1}^{n} b_j\right) - b_n + b_1\right]。$$

记 $s=\dfrac{2}{n(n+1)}$，分别令 $\boldsymbol{\beta}$ 为 $\boldsymbol{\varepsilon}_1,\boldsymbol{\varepsilon}_2,\cdots,\boldsymbol{\varepsilon}_n$，得

$$\boldsymbol{A}^{-1} = \frac{1}{n}\begin{pmatrix} s-1 & s+1 & s & \cdots & s \\ s & s-1 & s+1 & \cdots & s \\ s & s & s-1 & \cdots & s \\ \vdots & \vdots & \vdots & & \vdots \\ s & s & s & \cdots & s+1 \\ s+1 & s & s & \cdots & s-1 \end{pmatrix}。$$

点评：例 11 利用线性方程组来求 $\boldsymbol{A}$ 的逆矩阵，这比用初等变换法求 $\boldsymbol{A}^{-1}$ 简单多了。

例 12 求下述 n 级矩阵 $\boldsymbol{A}$ 的逆矩阵($n\geqslant 2$)：

$$\boldsymbol{A} = \begin{pmatrix} 1+a_1 & 1 & 1 & \cdots & 1 \\ 1 & 1+a_2 & 1 & \cdots & 1 \\ \vdots & \vdots & \vdots & & \vdots \\ 1 & 1 & 1 & \cdots & 1+a_n \end{pmatrix},$$

其中 $a_1a_2\cdots a_n\neq 0$。

解 先解线性方程组 $\boldsymbol{Ax}=\boldsymbol{\beta}$，其中 $\boldsymbol{\beta}=(b_1,b_2,\cdots,b_m)'$。

令 $y=x_1+x_2+\cdots+x_n$，则原方程组可写成

$$\begin{cases} y+a_1x_1=b_1 \\ y+a_2x_2=b_2 \\ \cdots \quad \vdots \quad \vdots \\ y+a_nx_n=b_n \end{cases}$$

由此得出

$$x_i=\frac{b_i-y}{a_i},\quad i=1,2,\cdots,n,$$

从而

$$y=\sum_{j=1}^{n}\frac{b_j}{a_j}-\left(\sum_{j=1}^{n}\frac{1}{a_j}\right)y。$$

记 $s=1+\sum\limits_{j=1}^{n}\dfrac{1}{a_j}$，从上述一次方程解得

$$y=\frac{1}{s}\sum_{j=1}^{n}\frac{b_j}{a_j},$$

于是

$$x_i=\frac{b_i}{a_i}-\frac{1}{a_is}\sum_{j=1}^{n}\frac{b_j}{a_j},\qquad i=1,2,\cdots,n,$$

分别令 $\boldsymbol{\beta}$ 为 $\boldsymbol{\varepsilon}_1,\boldsymbol{\varepsilon}_2,\cdots,\boldsymbol{\varepsilon}_n$，得

$$
\boldsymbol{A}^{-1}=\frac{1}{s}\begin{pmatrix}
\frac{a_1s-1}{a_1^2} & -\frac{1}{a_1a_2} & -\frac{1}{a_1a_3} & \cdots & -\frac{1}{a_1a_n}\\
-\frac{1}{a_1a_2} & \frac{a_2s-1}{a_2^2} & -\frac{1}{a_2a_3} & \cdots & -\frac{1}{a_2a_n}\\
-\frac{1}{a_1a_3} & -\frac{1}{a_2a_3} & \frac{a_3s-1}{a_3^2} & \cdots & -\frac{1}{a_3a_n}\\
\vdots & \vdots & \vdots & & \vdots\\
-\frac{1}{a_1a_n} & -\frac{1}{a_2a_n} & -\frac{1}{a_3a_n} & \cdots & \frac{a_ns-1}{a_n^2}
\end{pmatrix}。
$$

例 13　解下述数域 K 上的矩阵方程：

$$
\begin{pmatrix}3 & -1 & 2\\ 4 & -3 & 3\\ 1 & 3 & 0\end{pmatrix}\boldsymbol{X}=\begin{pmatrix}3 & 9 & 7\\ 1 & 11 & 7\\ 7 & 5 & 7\end{pmatrix}。
$$

解

$$
\begin{pmatrix}3 & -1 & 2 & 3 & 9 & 7\\ 4 & -3 & 3 & 1 & 11 & 7\\ 1 & 3 & 0 & 7 & 5 & 7\end{pmatrix}\longrightarrow\begin{pmatrix}1 & 3 & 0 & 7 & 5 & 7\\ 4 & -3 & 3 & 1 & 11 & 7\\ 3 & -1 & 2 & 3 & 9 & 7\end{pmatrix}
$$

$$
\longrightarrow\begin{pmatrix}1 & 3 & 0 & 7 & 5 & 7\\ 0 & -15 & 3 & -27 & -9 & -21\\ 0 & -10 & 2 & -18 & -6 & -14\end{pmatrix}\longrightarrow\begin{pmatrix}1 & 3 & 0 & 7 & 5 & 7\\ 0 & 1 & -\frac{1}{5} & \frac{9}{5} & \frac{3}{5} & \frac{7}{5}\\ 0 & 1 & -\frac{1}{5} & \frac{9}{5} & \frac{3}{5} & \frac{7}{5}\end{pmatrix}
$$

$$
\longrightarrow\begin{pmatrix}1 & 0 & \frac{3}{5} & \frac{8}{5} & \frac{16}{5} & \frac{14}{5}\\ 0 & 1 & -\frac{1}{5} & \frac{9}{5} & \frac{3}{5} & \frac{7}{5}\\ 0 & 0 & 0 & 0 & 0 & 0\end{pmatrix}
$$

于是 $\boldsymbol{Ay}=\boldsymbol{\beta}_1,\boldsymbol{Ay}=\boldsymbol{\beta}_2,\boldsymbol{Ay}=\boldsymbol{\beta}_3$ 的一般解分别为

$$
\begin{cases}y_1=-\frac{3}{5}y_3+\frac{8}{5},\\ y_2=\frac{1}{5}y_3+\frac{9}{5};\end{cases}\qquad
\begin{cases}y_1=-\frac{3}{5}y_3+\frac{16}{5},\\ y_2=\frac{1}{5}y_3+\frac{3}{5};\end{cases}\qquad
\begin{cases}y_1=-\frac{3}{5}y_3+\frac{14}{5},\\ y_2=\frac{1}{5}y_3+\frac{7}{5};\end{cases}
$$

其中 y_3 是自由未知量，由此得出

$$
\boldsymbol{X}=\begin{pmatrix}-3c_1+\frac{8}{5} & -3c_2+\frac{16}{5} & -3c_3+\frac{14}{5}\\ c_1+\frac{9}{5} & c_2+\frac{3}{5} & c_3+\frac{7}{5}\\ 5c_1 & 5c_2 & 5c_3\end{pmatrix},
$$

其中 c_1,c_2,c_3 是 K 中的任意数。

例 14 在 K^3 中取两个基：

$$\boldsymbol{\alpha}_1=\begin{pmatrix}1\\0\\0\end{pmatrix},\quad \boldsymbol{\alpha}_2=\begin{pmatrix}1\\2\\0\end{pmatrix},\quad \boldsymbol{\alpha}_3=\begin{pmatrix}1\\2\\3\end{pmatrix};$$

$$\boldsymbol{\beta}_1=\begin{pmatrix}2\\1\\-3\end{pmatrix},\quad \boldsymbol{\beta}_2=\begin{pmatrix}1\\0\\4\end{pmatrix},\quad \boldsymbol{\beta}_3=\begin{pmatrix}3\\2\\1\end{pmatrix},$$

求矩阵 $\boldsymbol{A}$ 使得 $\boldsymbol{A}\boldsymbol{\alpha}_i=\boldsymbol{\beta}_i, i=1,2,3$。

解 $\boldsymbol{A}\boldsymbol{\alpha}_i=\boldsymbol{\beta}_i. i=1,2,3$

$\Longleftrightarrow$ $\boldsymbol{A}(\boldsymbol{\alpha}_1,\boldsymbol{\alpha}_2,\boldsymbol{\alpha}_3)=(\boldsymbol{\beta}_1,\boldsymbol{\beta}_2,\boldsymbol{\beta}_3)$

$\Longleftrightarrow$ $(\boldsymbol{\alpha}_1,\boldsymbol{\alpha}_2,\boldsymbol{\alpha}_3)'\boldsymbol{A}'=(\boldsymbol{\beta}_1,\boldsymbol{\beta}_2,\boldsymbol{\beta}_3)'$

$$\begin{pmatrix}1&0&0&2&1&-3\\1&2&0&1&0&4\\1&2&3&3&2&1\end{pmatrix}\longrightarrow\begin{pmatrix}1&0&0&2&1&-3\\0&2&0&-1&-1&7\\0&2&3&1&1&4\end{pmatrix}$$

$$\longrightarrow\begin{pmatrix}1&0&0&2&1&-3\\0&1&0&-\frac{1}{2}&-\frac{1}{2}&\frac{7}{2}\\0&0&3&2&2&-3\end{pmatrix}\longrightarrow\begin{pmatrix}1&0&0&2&1&-3\\0&1&0&-\frac{1}{2}&-\frac{1}{2}&\frac{7}{2}\\0&0&1&\frac{2}{3}&\frac{2}{3}&-1\end{pmatrix},$$

因此

$$\boldsymbol{A}'=\begin{pmatrix}2&1&-3\\-\frac{1}{2}&-\frac{1}{2}&\frac{7}{2}\\\frac{2}{3}&\frac{2}{3}&-1\end{pmatrix},\quad \boldsymbol{A}=\begin{pmatrix}2&-\frac{1}{2}&\frac{2}{3}\\1&-\frac{1}{2}&\frac{2}{3}\\-3&\frac{7}{2}&-1\end{pmatrix}。$$

例 15 设

$$\boldsymbol{B}=\begin{pmatrix}\boldsymbol{0}&\boldsymbol{B}_1\\\boldsymbol{B}_2&\boldsymbol{0}\end{pmatrix},$$

其中 $\boldsymbol{B}_1,\boldsymbol{B}_2$ 分别是 r 级，s 级矩阵。求 $\boldsymbol{B}$ 可逆的充分必要条件；当 $\boldsymbol{B}$ 可逆时，求 $\boldsymbol{B}^{-1}$。

解 $|\boldsymbol{B}|=(-1)^{rs}|\boldsymbol{B}_1||\boldsymbol{B}_2|$，于是

$\boldsymbol{B}$ 可逆 $\Longleftrightarrow$ $|\boldsymbol{B}|\neq0$ $\Longleftrightarrow$ $|\boldsymbol{B}_1|\neq0$ 且 $|\boldsymbol{B}_2|\neq0$ $\Longleftrightarrow$ $\boldsymbol{B}_1,\boldsymbol{B}_2$ 都可逆。

当 $\boldsymbol{B}$ 可逆时，由于

$$\begin{pmatrix}\boldsymbol{0}&\boldsymbol{B}_1\\\boldsymbol{B}_2&\boldsymbol{0}\end{pmatrix}\begin{pmatrix}\boldsymbol{0}&\boldsymbol{B}_2^{-1}\\\boldsymbol{B}_1^{-1}&\boldsymbol{0}\end{pmatrix}=\begin{pmatrix}\boldsymbol{I}_r&\boldsymbol{0}\\\boldsymbol{0}&\boldsymbol{I}_s\end{pmatrix},$$

因此

$$\boldsymbol{B}^{-1}=\begin{pmatrix}\boldsymbol{0}&\boldsymbol{B}_2^{-1}\\\boldsymbol{B}_1^{-1}&\boldsymbol{0}\end{pmatrix}。$$

例 16　设

$$A=\begin{pmatrix}A_1 & A_2\\ A_3 & A_4\end{pmatrix},$$

其中 A_1 是 r 级可逆矩阵，A_4 是 s 级矩阵。问：还应满足什么条件，A 才可逆，当 A 可逆时，求 A^{-1}。

解　如果把 A 变成分块上三角矩阵，那么可利用本节命题 3 的结果，于是作分块矩阵的初等行变换：

$$\begin{pmatrix}A_1 & A_2\\ A_3 & A_4\end{pmatrix}\xrightarrow{②+(-A_3A_1^{-1})\cdot ①}\begin{pmatrix}A_1 & A_2\\ 0 & A_4-A_3A_1^{-1}A_2\end{pmatrix},$$

从而

$$\begin{pmatrix}I_r & 0\\ -A_3A_1^{-1} & I_s\end{pmatrix}\begin{pmatrix}A_1 & A_2\\ A_3 & A_4\end{pmatrix}=\begin{pmatrix}A_1 & A_2\\ 0 & A_4-A_3A_1^{-1}A_2\end{pmatrix}。$$

两边取行列式，得

$$|I_r||I_s||A|=|A_1||A_4-A_3A_1^{-1}A_2|。$$

由此得出，再满足 $A_4-A_3A_1^{-1}A_2$ 可逆的条件，则 A 可逆。当 A 可逆时，

$$\begin{aligned}A^{-1}&=\begin{pmatrix}A_1 & A_2\\ A_3 & A_4\end{pmatrix}^{-1}=\begin{pmatrix}A_1 & A_2\\ 0 & A_4-A_3A_1^{-1}A_2\end{pmatrix}^{-1}\begin{pmatrix}I_r & 0\\ -A_3A_1^{-1} & I_s\end{pmatrix}\\ &=\begin{pmatrix}A_1^{-1} & -A_1^{-1}A_2(A_4-A_3A_1^{-1}A_2)^{-1}\\ 0 & (A_4-A_3A_1^{-1}A_2)^{-1}\end{pmatrix}\begin{pmatrix}I_r & 0\\ -A_3A_1^{-1} & I_s\end{pmatrix}\\ &=\begin{pmatrix}A_1^{-1}+A_1^{-1}A_2(A_4-A_3A_1^{-1}A_2)^{-1}A_3A_1^{-1} & -A_1^{-1}A_2(A_4-A_3A_1^{-1}A_2)^{-1}\\ -(A_4-A_3A_1^{-1}A_2)^{-1}A_3A_1^{-1} & (A_4-A_3A_1^{-1}A_2)^{-1}\end{pmatrix}。\end{aligned}$$

例 17　设 A,B,C,D 都是数域 K 上的 n 级矩阵，且 $AC=CA$。证明：

$$\begin{vmatrix}A & B\\ C & D\end{vmatrix}=|AD-CB|。$$

证明　当 $|A|\neq 0$ 时，可以作下述分块矩阵的初等行变换：

$$\begin{pmatrix}A & B\\ C & D\end{pmatrix}\xrightarrow{②+(-CA^{-1})\cdot ①}\begin{pmatrix}A & B\\ 0 & D-CA^{-1}B\end{pmatrix},$$

从而

$$\begin{pmatrix}I & 0\\ -CA^{-1} & I\end{pmatrix}\begin{pmatrix}A & B\\ C & D\end{pmatrix}=\begin{pmatrix}A & B\\ 0 & D-CA^{-1}B\end{pmatrix}。$$

两边取行列式，得

$$|I||I|\begin{vmatrix}A & B\\ C & D\end{vmatrix}=|A||D-CA^{-1}B|,$$

于是

$$\begin{vmatrix}A & B\\ C & D\end{vmatrix}=|A(D-CA^{-1}B)|=|AD-ACA^{-1}B|=|AD-CB|。$$

当 $|A|=0$ 时，令

$$\boldsymbol{A}(t)=\boldsymbol{A}-t\boldsymbol{I},$$

则$|\boldsymbol{A}(t)|=|\boldsymbol{A}-t\boldsymbol{I}|$是 t 的 n 次多项式，记作 $f(t)$。显然有 $f(0)=|\boldsymbol{A}|=0$。因为 n 次多项式 $f(t)$在数域 K 中的根至多有 n 个，所以存在 $\delta>0$，使得 $\forall t\in(0-\delta,0+\delta)$，并且 $t\neq0$，都有$f(t)\neq0$，即$|\boldsymbol{A}(t)|\neq0$。由于$\boldsymbol{AC}=\boldsymbol{CA}$，因此

$$\boldsymbol{A}(t)\boldsymbol{C}=(\boldsymbol{A}-t\boldsymbol{I})\boldsymbol{C}=\boldsymbol{AC}-t\boldsymbol{C}=\boldsymbol{CA}-t\boldsymbol{C}=\boldsymbol{C}(\boldsymbol{A}-t\boldsymbol{I})=\boldsymbol{CA}(t)。$$

由上一段刚证得的结果得，当 $t\in(0-\delta,0+\delta)$且 $t\neq0$ 时，有

$$\begin{vmatrix}\boldsymbol{A}(t) & \boldsymbol{B}\\ \boldsymbol{C} & \boldsymbol{D}\end{vmatrix}=|\boldsymbol{A}(t)\boldsymbol{D}-\boldsymbol{CB}|。$$

令 $t\to0$，在上式两边取极限，得

$$\begin{vmatrix}\boldsymbol{A} & \boldsymbol{B}\\ \boldsymbol{C} & \boldsymbol{D}\end{vmatrix}=|\boldsymbol{AD}-\boldsymbol{CB}|。$$ ■

例 18 设 $\boldsymbol{A}$ 为 n 级可逆矩阵，$\boldsymbol{\alpha}=(a_1,a_2,\cdots,a_n)'$，证明：

$$|\boldsymbol{A}-\boldsymbol{\alpha\alpha}'|=(1-\boldsymbol{\alpha}'\boldsymbol{A}^{-1}\boldsymbol{\alpha})|\boldsymbol{A}|。$$

证明 利用本节命题 2 的结果，得

$$\begin{aligned}|\boldsymbol{A}-\boldsymbol{\alpha\alpha}'|&=|\boldsymbol{A}(\boldsymbol{I}_n-\boldsymbol{A}^{-1}\boldsymbol{\alpha\alpha}')|=|\boldsymbol{A}||\boldsymbol{I}_n-(\boldsymbol{A}^{-1}\boldsymbol{\alpha})\boldsymbol{\alpha}'|\\&=|\boldsymbol{A}||\boldsymbol{I}_1-\boldsymbol{\alpha}'(\boldsymbol{A}^{-1}\boldsymbol{\alpha})|=(1-\boldsymbol{\alpha}'\boldsymbol{A}^{-1}\boldsymbol{\alpha})|\boldsymbol{A}|。\end{aligned}$$ ■

例 19 计算下述 n 阶行列式($n\geqslant2$)：

$$\begin{vmatrix}0 & 2a_1 & 3a_1 & \cdots & na_1\\ a_2 & a_2 & 3a_2 & \cdots & na_2\\ \vdots & \vdots & \vdots & & \vdots\\ a_n & 2a_n & 3a_n & \cdots & (n-1)a_n\end{vmatrix},$$

其中 $a_1a_2\cdots a_n\neq0$。

解 原式$=\left|\begin{pmatrix}a_1 & 2a_1 & 3a_1 & \cdots & na_1\\ a_2 & 2a_2 & 3a_2 & \cdots & na_2\\ \vdots & \vdots & \vdots & & \vdots\\ a_n & 2a_n & 3a_n & \cdots & na_n\end{pmatrix}-\begin{pmatrix}a_1 & 0 & 0 & \cdots & 0\\ 0 & a_2 & 0 & \cdots & 0\\ \vdots & \vdots & \vdots & & \vdots\\ 0 & 0 & 0 & \cdots & a_n\end{pmatrix}\right|$

$$=\left|\begin{pmatrix}a_1\\a_2\\\vdots\\a_n\end{pmatrix}(1,2,3,\cdots,n)-\operatorname{diag}\{a_1,a_2,\cdots,a_n\}\right|$$

$$=\left|-\operatorname{diag}\{a_1,a_2,\cdots,a_n\}\left[\boldsymbol{I}_n-(\operatorname{diag}\{a_1,a_2,\cdots,a_n\})^{-1}\begin{pmatrix}a_1\\a_2\\\vdots\\a_n\end{pmatrix}(1,2,3,\cdots,n)\right]\right|$$

$$=(-1)^na_1a_2\cdots a_n\left|\boldsymbol{I}_1-(1,2,3,\cdots,n)\begin{pmatrix}1\\1\\\vdots\\1\end{pmatrix}\right|$$

$$=(-1)^n a_1 a_2 \cdots a_n \left(1-\frac{n(n+1)}{2}\right)。$$

例 20　设 $\boldsymbol{A},\boldsymbol{B}$ 都是 n 级矩阵，下式是否成立？

$$\begin{vmatrix} \boldsymbol{A} & \boldsymbol{B} \\ \boldsymbol{B} & \boldsymbol{A} \end{vmatrix} = |\boldsymbol{A}^2-\boldsymbol{B}^2|。$$

解　当 $\boldsymbol{AB}=\boldsymbol{BA}$ 时，由本节例 17 的结论立即得到

$$\begin{vmatrix} \boldsymbol{A} & \boldsymbol{B} \\ \boldsymbol{B} & \boldsymbol{A} \end{vmatrix} = |\boldsymbol{A}^2-\boldsymbol{B}^2|。$$

当 $\boldsymbol{AB}\neq\boldsymbol{BA}$ 时，上式不成立。例如，设

$$\boldsymbol{A}=\begin{pmatrix} 0 & 1 \\ 0 & 0 \end{pmatrix}, \quad \boldsymbol{B}=\begin{pmatrix} 1 & 2 \\ 3 & 4 \end{pmatrix}。$$

则

$$\boldsymbol{A}^2=\boldsymbol{0}, \quad \boldsymbol{B}^2=\begin{pmatrix} 7 & 10 \\ 15 & 22 \end{pmatrix}, \quad \boldsymbol{AB}=\begin{pmatrix} 3 & 4 \\ 0 & 0 \end{pmatrix}, \quad \boldsymbol{BA}=\begin{pmatrix} 0 & 1 \\ 0 & 3 \end{pmatrix}。$$

于是

$$|\boldsymbol{A}^2-\boldsymbol{B}^2| = \begin{vmatrix} -7 & -10 \\ -15 & -22 \end{vmatrix} = 154-150=4,$$

$$\begin{vmatrix} \boldsymbol{A} & \boldsymbol{B} \\ \boldsymbol{B} & \boldsymbol{A} \end{vmatrix} = \begin{vmatrix} 0 & 1 & 1 & 2 \\ 0 & 0 & 3 & 4 \\ 1 & 2 & 0 & 1 \\ 3 & 4 & 0 & 0 \end{vmatrix} = \begin{vmatrix} 0 & 1 & 1 & 2 \\ 0 & 0 & 3 & 4 \\ 1 & 2 & 0 & 1 \\ 0 & -2 & 0 & -3 \end{vmatrix} = -5,$$

因此

$$\begin{vmatrix} \boldsymbol{A} & \boldsymbol{B} \\ \boldsymbol{B} & \boldsymbol{A} \end{vmatrix} \neq |\boldsymbol{A}^2-\boldsymbol{B}^2|。$$

例 21　设 $\boldsymbol{A}$ 是一个 n 级矩阵，且 $\operatorname{rank}(\boldsymbol{A})=r$，$r<n$。证明：存在一个 n 级可逆矩阵 $\boldsymbol{P}$，使 $\boldsymbol{PAP}^{-1}$ 的后 $n-r$ 行的元素全为 0。

证明　把 $\boldsymbol{A}$ 经过一系列初等行变换化成阶梯形矩阵 $\boldsymbol{G}$，则存在初等矩阵 $\boldsymbol{P}_1,\boldsymbol{P}_2,\cdots,\boldsymbol{P}_t$，使得

$$\boldsymbol{P}_t\cdots\boldsymbol{P}_2\boldsymbol{P}_1\boldsymbol{A}=\boldsymbol{G}。$$

由于 $\operatorname{rank}(\boldsymbol{A})=r$，因此 $\boldsymbol{G}$ 的后 $n-r$ 行的元素全为 0，从上式得

$$\boldsymbol{P}_t\cdots\boldsymbol{P}_2\boldsymbol{P}_1\boldsymbol{A}\boldsymbol{P}_1^{-1}\boldsymbol{P}_2^{-1}\cdots\boldsymbol{P}_t^{-1}=\boldsymbol{G}\boldsymbol{P}_1^{-1}\boldsymbol{P}_2^{-1}\cdots\boldsymbol{P}_t^{-1}。$$

由于初等矩阵的逆矩阵仍是初等矩阵，因此上式右端表明对 $\boldsymbol{G}$ 作一系列初等列变换，于是得到的矩阵其后 $n-r$ 行的元素仍全为 0。令 $\boldsymbol{P}=\boldsymbol{P}_t\cdots\boldsymbol{P}_2\boldsymbol{P}_1$，则 $\boldsymbol{PAP}^{-1}$ 的后 $n-r$ 行的元素全为 0。■

例 22　设 $\boldsymbol{A}$ 是 $s\times n$ 矩阵，证明：

(1) $\boldsymbol{A}$ 是列满秩矩阵当且仅当存在 s 级可逆矩阵 $\boldsymbol{P}$，使得

$$A=P\begin{pmatrix}I_n\\0\end{pmatrix};$$

(2) A 是行满秩矩阵当且仅当存在 n 级可逆矩阵 Q,使得

$$A=(I_s,0)Q。$$

证明 (1) 由于 $\mathrm{rank}(A)=n$,因此 A 经过初等行变换化成的简化行阶梯形矩阵 $G=\begin{pmatrix}I_n\\0\end{pmatrix}$,从而存在初等矩阵 $P_1,P_2,\cdots,P_t$,使得

$$P_t\cdots P_2P_1A=\begin{pmatrix}I_n\\0\end{pmatrix}。$$

令 $P=P_1^{-1}P_2^{-1}\cdots P_t^{-1}$,则 P 是 s 级可逆矩阵,且

$$A=P\begin{pmatrix}I_n\\0\end{pmatrix},$$

(2) 由于 A 是行满秩矩阵,因此 A' 是列满秩矩阵。利用第(1)题结论,存在 n 级可逆矩阵 P,使

$$A'=P\begin{pmatrix}I_s\\0\end{pmatrix}。$$

从而

$$A=(I_s,0)P'。$$

令 $Q=P'$,即得 $A=(I_s,0)Q$。 ■

例 23 设 A 是数域 K 上的 2 级矩阵,证明:如果 $|A|=1$,那么 A 可以表示成 1°型初等矩阵 $P(i,j(k))$ 的乘积(即 A 可以表示成形如 $I+kE_{ij}$ 的矩阵的乘积,其中 $i\neq j$)。

证明 先看一个特殊情形,设

$$A=\begin{pmatrix}a&0\\0&a^{-1}\end{pmatrix}。$$

若 $a=1$,则 $A=I$,已符合要求。下面设 $a\neq1$,

$$\begin{pmatrix}a&0\\0&a^{-1}\end{pmatrix}\xrightarrow{②+①\cdot a^{-1}}\begin{pmatrix}a&0\\1&a^{-1}\end{pmatrix}\xrightarrow[②+①\cdot(1-a^{-1})]{}\begin{pmatrix}a&a-1\\1&1\end{pmatrix}$$

$$\xrightarrow{①+②\cdot(1-a)}\begin{pmatrix}1&0\\1&1\end{pmatrix}\xrightarrow{②+①\cdot(-1)}\begin{pmatrix}1&0\\0&1\end{pmatrix}。$$

因此

$$P(2,1(-1))P(1,2(1-a))P(2,1(a^{-1}))\begin{pmatrix}a&0\\0&a^{-1}\end{pmatrix}P(1,2(1-a^{-1}))=I,$$

从而

$$\begin{aligned}\begin{pmatrix}a&0\\0&a^{-1}\end{pmatrix}&=P(2,1(-a^{-1}))P(1,2(a-1))P(2,1(1))P(1,2(a^{-1}-1))\\&=(I-a^{-1}E_{21})(I+(a-1)E_{12})(I+E_{21})(I+(a^{-1}-1)E_{12})。\end{aligned}$$

现在看一般情形,设

$$\mathbf{A}=\begin{pmatrix}a & b\\ c & d\end{pmatrix},$$

其中$|\mathbf{A}|=ad-bc=1$。

若$a\neq 0$，则

$$\begin{pmatrix}a & b\\ c & d\end{pmatrix}\xrightarrow{②+①(-ca^{-1})}\begin{pmatrix}a & b\\ 0 & d-ca^{-1}b\end{pmatrix}\xrightarrow{①+②(-ba)}\begin{pmatrix}a & 0\\ 0 & a^{-1}\end{pmatrix}$$

利用上面证得结果，$\mathbf{A}$可以表示成1°型初等矩阵的乘积。

若$a=0$，则$c\neq 0$，从而

$$\begin{pmatrix}a & b\\ c & d\end{pmatrix}\xrightarrow{①+②}\begin{pmatrix}c & b+d\\ c & d\end{pmatrix},$$

利用刚刚证得的结果，$\mathbf{A}$可以表示成1°型初等矩阵的乘积。 ■

例24 设$\mathbf{A}$是数域K上的n级矩阵($n\geqslant 2$)，证明：如果$|\mathbf{A}|=1$，那么$\mathbf{A}$可以表示成1°型初等矩阵$\mathbf{P}(i,j(k))$的乘积。

证明 对矩阵的级数n用数学归纳法。当$n=2$时，例23已经证明命题为真。

假设对于$n-1$级的矩阵，命题为真，下面看n级矩阵$\mathbf{A}=(a_{ij})$的情形。

若$a_{11}\neq 0$，则首先把$\mathbf{A}$的第1行的适当倍数分别加到第$2,3,\cdots,n$行上；

$$\mathbf{A}\longrightarrow\begin{pmatrix}a_{11} & a_{12} & a_{13} & \cdots & a_{1n}\\ 0 & b_{22} & b_{23} & \cdots & b_{2n}\\ \vdots & \vdots & \vdots & & \vdots\\ 0 & b_{n2} & b_{n3} & \cdots & b_{nn}\end{pmatrix}$$

$$\xrightarrow{②+①}\begin{pmatrix}a_{11} & a_{12} & \cdots & a_{1n}\\ a_{11} & a_{12}+b_{22} & \cdots & a_{1n}+b_{2n}\\ 0 & b_{32} & \cdots & b_{3n}\\ \vdots & \vdots & & \vdots\\ 0 & b_{n2} & \cdots & b_{nn}\end{pmatrix}\xrightarrow{①+②(a_{11}^{-1}-1)}\begin{pmatrix}1 & c_{12} & \cdots & c_{1n}\\ a_{11} & a_{12}+b_{22} & \cdots & a_{1n}+b_{2n}\\ 0 & b_{32} & \cdots & b_{3n}\\ \vdots & \vdots & & \vdots\\ 0 & b_{n2} & \cdots & b_{nn}\end{pmatrix}$$

$$\xrightarrow{②+①\cdot(-a_{11})}\begin{pmatrix}1 & c_{12} & \cdots & c_{1n}\\ 0 & c_{22}' & \cdots & c_{2n}'\\ 0 & b_{32} & \cdots & b_{3n}\\ \vdots & \vdots & & \vdots\\ 0 & b_{n2} & \cdots & b_{nn}\end{pmatrix}\xrightarrow[\substack{②+①(-c_{12})\\ \cdots\\ ⓝ+①(-c_{1n})}]{}\begin{pmatrix}1 & 0 & \cdots & 0\\ 0 & c_{22}' & \cdots & c_{2n}'\\ 0 & b_{32} & \cdots & b_{3n}\\ \vdots & \vdots & & \vdots\\ 0 & b_{n2} & \cdots & b_{nn}\end{pmatrix}。$$

把最后这个矩阵写成分块矩阵的形式：

$$\begin{pmatrix}1 & \mathbf{0}\\ \mathbf{0} & \mathbf{A}_1\end{pmatrix}。$$

由于1°型初等行变换不改变矩阵的行列式的值，因此

$$1=|\boldsymbol{A}|=\begin{vmatrix}1 & 0\\ 0 & A_1\end{vmatrix}=|\boldsymbol{A}_1|。$$

于是对 $n-1$ 级矩阵 $\boldsymbol{A}_1$，可以用归纳假设得出，$\boldsymbol{A}_1$ 可以表示成 1°型初等矩阵的乘积，从而 $\boldsymbol{A}$ 可以表示成 1°型初等矩阵的乘积。

若 $a_{11}=0$，由于 $|\boldsymbol{A}|\neq 0$，因此 $\boldsymbol{A}$ 的第 1 列中有某个元素 $a_{i1}\neq 0$，于是

$$\boldsymbol{A}\xrightarrow{①+ⓘ}\begin{pmatrix}a_{i1} & a_{12}+a_{i2} & \cdots & a_{1n}+a_{in}\\ a_{21} & a_{22} & \cdots & a_{2n}\\ \vdots & \vdots & & \vdots\\ a_{n1} & a_{n2} & \cdots & a_{nn}\end{pmatrix}=:\boldsymbol{B}。$$

由于 $|\boldsymbol{B}|=|\boldsymbol{A}|=1$，因此根据刚才证得的结论，$\boldsymbol{B}$ 可以表示成 1°型初等矩阵的乘积，从而 $\boldsymbol{A}$ 也可这样表示。

据数学归纳法原理，对一切大于 1 的正整数 n，命题为真。 ■

例 25 设 $\boldsymbol{A}$ 是 n 级矩阵，行标和列标都为 $1,2,\cdots,k$ 的子式称为 $\boldsymbol{A}$ 的 k 阶**顺序主子式**，$k=1,2,\cdots,n$。证明：如果 $\boldsymbol{A}$ 的所有顺序主子式都不等于 0，那么存在 n 级下三角矩阵 $\boldsymbol{B}$，使得 $\boldsymbol{BA}$ 为上三角矩阵。

证明 $n=1$ 时，命题显然为真。

假设对于 $n-1$ 级矩阵，命题为真。下面看 n 级矩阵 $\boldsymbol{A}=(a_{ij})$ 的情形。设 $\boldsymbol{A}$ 的所有顺序主子式都不等于 0。把 $\boldsymbol{A}$ 写成分块矩阵的形式：

$$\boldsymbol{A}=\begin{pmatrix}\boldsymbol{A}_1 & \boldsymbol{\alpha}\\ \boldsymbol{\beta} & a_{nn}\end{pmatrix},$$

其中 $\boldsymbol{A}_1$ 是 $n-1$ 级矩阵。由于 $\boldsymbol{A}_1$ 的所有顺序主子式是 $\boldsymbol{A}$ 的 $1,2,\cdots,n-1$ 阶顺序主子式，因此对 $\boldsymbol{A}_1$ 可以用归纳假设，有 $n-1$ 级下三角矩阵 $\boldsymbol{B}_1$，使得 $\boldsymbol{B}_1\boldsymbol{A}_1$ 为上三角矩阵。

$$\begin{pmatrix}\boldsymbol{A}_1 & \boldsymbol{\alpha}\\ \boldsymbol{\beta} & a_{nn}\end{pmatrix}\xrightarrow{②+(-\boldsymbol{\beta}\boldsymbol{A}_1^{-1})\cdot①}\begin{pmatrix}\boldsymbol{A}_1 & \boldsymbol{\alpha}\\ \boldsymbol{0} & a_{nn}-\boldsymbol{\beta}\boldsymbol{A}_1^{-1}\boldsymbol{\alpha}\end{pmatrix}$$

于是

$$\begin{pmatrix}\boldsymbol{I}_{n-1} & \boldsymbol{0}\\ -\boldsymbol{\beta}\boldsymbol{A}_1^{-1} & 1\end{pmatrix}\begin{pmatrix}\boldsymbol{A}_1 & \boldsymbol{\alpha}\\ \boldsymbol{\beta} & a_{nn}\end{pmatrix}=\begin{pmatrix}\boldsymbol{A}_1 & \boldsymbol{\alpha}\\ \boldsymbol{0} & a_{nn}-\boldsymbol{\beta}\boldsymbol{A}_1^{-1}\boldsymbol{\alpha}\end{pmatrix}$$

令

$$\boldsymbol{B}=\begin{pmatrix}\boldsymbol{B}_1 & \boldsymbol{0}\\ \boldsymbol{0} & 1\end{pmatrix}\begin{pmatrix}\boldsymbol{I}_{n-1} & \boldsymbol{0}\\ -\boldsymbol{\beta}\boldsymbol{A}_1^{-1} & 1\end{pmatrix}=\begin{pmatrix}\boldsymbol{B}_1 & \boldsymbol{0}\\ -\boldsymbol{\beta}\boldsymbol{A}_1^{-1} & 1\end{pmatrix},$$

则 $\boldsymbol{B}$ 为下三角矩阵，且 $\boldsymbol{BA}=\begin{pmatrix}\boldsymbol{B}_1\boldsymbol{A}_1 & \boldsymbol{B}_1\boldsymbol{\alpha}\\ \boldsymbol{0} & a_{nn}-\boldsymbol{\beta}\boldsymbol{A}_1^{-1}\boldsymbol{\alpha}\end{pmatrix}$，

于是 $\boldsymbol{BA}$ 为上三角矩阵。

由数学归纳法原理，对一切正整数 n，命题为真。 ■

习题 4.5

1. 设 n 级矩阵 $\boldsymbol{A}\neq\boldsymbol{0}$，证明：存在一个 $n\times m$ 非零矩阵 $\boldsymbol{B}$，使 $\boldsymbol{AB}=0$ 的充分必要条件为 $|\boldsymbol{A}|=0$，从而数域 K 上任一 n 级矩阵或者为可逆矩阵，或者为零因子。

2. 设 $\boldsymbol{B}$ 为 n 级矩阵。$\boldsymbol{C}$ 为 $n\times m$ 行满秩矩阵，证明：

(1) 如果 $\boldsymbol{BC}=\boldsymbol{0}$，那么 $\boldsymbol{B}=0$；　　(2) 如果 $\boldsymbol{BC}=\boldsymbol{C}$，那么 $\boldsymbol{B}=\boldsymbol{I}$。

3. 设 $\boldsymbol{A},\boldsymbol{B},\boldsymbol{C}$ 分别是 $s\times n,n\times m,m\times t$ 矩阵，证明下述 **Frobenius 秩不等式**：

$$\operatorname{rank}(\boldsymbol{ABC})\geqslant\operatorname{rank}(\boldsymbol{AB})+\operatorname{rank}(\boldsymbol{BC})-\operatorname{rank}(\boldsymbol{B}).$$

4. 证明：数域 K 上的 n 级矩阵 $\boldsymbol{A}$ 是对合矩阵的充分必要条件是

$$\operatorname{rank}(\boldsymbol{I}+\boldsymbol{A})+\operatorname{rank}(\boldsymbol{I}-\boldsymbol{A})=n.$$

5. 设 A 是数域 K 上的一个 n 级矩阵。如果 $\operatorname{rank}(\boldsymbol{A})=1$，是否有可能 $\boldsymbol{A}^2=\boldsymbol{0}$?

6. 设 A 是数域 K 上的一个 $s\times n$ 行满秩矩阵，证明：对于 K 上任意一个 $s\times m$ 矩阵 $\boldsymbol{B}$，矩阵方程 $\boldsymbol{AX}=\boldsymbol{B}$ 都有解。

7. 求下述 n 级范德蒙德矩阵 $\boldsymbol{A}$ 的逆矩阵($n\geqslant2$)：

$$\boldsymbol{A}=\begin{pmatrix}1&1&1&\cdots&1\\1&\xi&\xi^2&\cdots&\xi^{n-1}\\1&\xi^2&\xi^4&\cdots&\xi^{2(n-1)}\\\vdots&\vdots&\vdots&&\vdots\\1&\xi^{n-1}&\xi^{2(n-1)}&\cdots&\xi^{(n-1)(n-1)}\end{pmatrix}。$$

其中 $\xi=\mathrm{e}^{\mathrm{i}\frac{2\pi}{n}}$。

8. 求下述 n 级矩阵 $\boldsymbol{A}$ 的逆矩阵($n\geqslant2$)：

$$\boldsymbol{A}=\begin{pmatrix}a&a+1&a+2&\cdots&a+(n-1)\\a+(n-1)&a&a+1&\cdots&a+(n-2)\\\vdots&\vdots&\vdots&&\vdots\\a+1&a+2&a+3&\cdots&a\end{pmatrix},$$

其中 $a\neq\dfrac{1-n}{2}$。

9. 解下述数域 K 上的矩阵方程：

$$\boldsymbol{x}\begin{pmatrix}3&6\\4&8\end{pmatrix}=\begin{pmatrix}2&4\\9&18\end{pmatrix}。$$

10. 在 K^2 中取两个基：

$$\boldsymbol{\alpha}_1=\begin{pmatrix}1\\2\end{pmatrix},\quad\boldsymbol{\alpha}_2=\begin{pmatrix}3\\4\end{pmatrix};\qquad\boldsymbol{\beta}_1=\begin{pmatrix}-1\\3\end{pmatrix},\quad\boldsymbol{\beta}_2=\begin{pmatrix}5\\7\end{pmatrix},$$

求矩阵 $\boldsymbol{A}$ 使得 $\boldsymbol{A\alpha}_i=\boldsymbol{\beta}_i$，$i=1,2$。

11. 求下述 n 级矩阵 $\boldsymbol{A}$ 的逆矩阵($n\geqslant 2$)：

$$\boldsymbol{A}=\begin{pmatrix} 0 & a_1 & 0 & \cdots & 0 & 0 \\ 0 & 0 & a_2 & \cdots & 0 & 0 \\ \vdots & \vdots & \vdots & & \vdots & \vdots \\ 0 & 0 & 0 & \cdots & 0 & a_{n-1} \\ a_n & 0 & 0 & \cdots & 0 & 0 \end{pmatrix},$$

其中 $a_1a_2\cdots a_n\neq 0$。

12. 证明：分块对角矩阵 $\boldsymbol{A}=\mathrm{diag}\{\boldsymbol{A}_1,\boldsymbol{A}_2,\cdots,\boldsymbol{A}_s\}$可逆的充分必要条件是它的主对角线上每个子矩阵 $\boldsymbol{A}_i$ 都可逆，并且当 $\boldsymbol{A}$ 可逆时，有 $\boldsymbol{A}^{-1}=\mathrm{diag}\{\boldsymbol{A}_1^{-1},\boldsymbol{A}_2^{-1},\cdots,\boldsymbol{A}_s^{-1}\}$。

13. 设 $\boldsymbol{A}=\mathrm{diag}\{a_1\boldsymbol{I}_{n_1},a_2\boldsymbol{I}_{n_2},\cdots,a_s\boldsymbol{I}_{n_s}\}$，其中 $a_1,a_2,\cdots,a_s$ 是两两不等的数。证明：与 $\boldsymbol{A}$ 可交换的矩阵一定是分块对角矩阵 $\mathrm{diag}\{\boldsymbol{B}_1,\boldsymbol{B}_2,\cdots,\boldsymbol{B}_s\}$，其中 $\boldsymbol{B}_i$ 是 n_i 级方阵，$i=1,2,\cdots,s$。

14. 设 $\boldsymbol{A},\boldsymbol{D}$ 分别是 r 级、s 级方阵，且 $\boldsymbol{A}$ 可逆，证明：

$$\begin{vmatrix} \boldsymbol{A} & \boldsymbol{B} \\ \boldsymbol{C} & \boldsymbol{D} \end{vmatrix}=|\boldsymbol{A}||\boldsymbol{D}-\boldsymbol{C}\boldsymbol{A}^{-1}\boldsymbol{B}|。$$

15. 设 $\boldsymbol{A},\boldsymbol{D}$ 分别是 r 级、s 级矩阵，且 $\boldsymbol{D}$ 可逆，证明：

$$\begin{vmatrix} \boldsymbol{A} & \boldsymbol{B} \\ \boldsymbol{C} & \boldsymbol{D} \end{vmatrix}=|\boldsymbol{D}||\boldsymbol{A}-\boldsymbol{B}\boldsymbol{D}^{-1}\boldsymbol{C}|。$$

16. 计算下述 n 阶行列式($n\geqslant 2$)：

$$\begin{vmatrix} 0 & 2 & 3 & \cdots & n \\ 1 & 0 & 3 & \cdots & n \\ \vdots & \vdots & \vdots & & \vdots \\ 1 & 2 & 3 & \cdots & 0 \end{vmatrix}。$$

17. 设 $\boldsymbol{A},\boldsymbol{B}$ 都是 n 级矩阵，且 $\boldsymbol{AB}=\boldsymbol{BA}$，证明：

$$\begin{vmatrix} \boldsymbol{A} & -\boldsymbol{B} \\ \boldsymbol{B} & \boldsymbol{A} \end{vmatrix}=|\boldsymbol{A}^2+\boldsymbol{B}^2|。$$

18. 设 $\boldsymbol{A},\boldsymbol{B}$ 都是 n 级矩阵，证明：

$$\begin{vmatrix} \boldsymbol{A} & \boldsymbol{B} \\ \boldsymbol{B} & \boldsymbol{A} \end{vmatrix}=|\boldsymbol{A}+\boldsymbol{B}||\boldsymbol{A}-\boldsymbol{B}|。$$

19. 计算下述 n 阶行列式：

$$\begin{vmatrix} 1+a_1b_1 & a_1b_2 & \cdots & a_1b_n \\ a_2b_1 & 1+a_2b_2 & \cdots & a_2b_n \\ \vdots & \vdots & & \vdots \\ a_nb_1 & a_nb_2 & \cdots & 1+a_nb_n \end{vmatrix}。$$

20. 设 $\boldsymbol{B},\boldsymbol{C}$ 分别是实数域上的 $n\times s,n\times(n-s)$ 矩阵，证明：

$$\begin{vmatrix} \boldsymbol{B}'\boldsymbol{B} & \boldsymbol{B}'\boldsymbol{C} \\ \boldsymbol{C}'\boldsymbol{B} & \boldsymbol{C}'\boldsymbol{C} \end{vmatrix}\leqslant|\boldsymbol{B}'\boldsymbol{B}||\boldsymbol{C}'\boldsymbol{C}|。$$

21. 设

$$\boldsymbol{A}=\begin{pmatrix} \overbrace{\begin{matrix}1 & 0 & \cdots & 0\end{matrix}}^{n-1} & \overbrace{\begin{matrix}a & b & 0 & \cdots & 0 & 0\end{matrix}}^{n} \\ \begin{matrix}0 & 1 & \cdots & 0\end{matrix} & \begin{matrix}0 & a & b & \cdots & 0 & 0\end{matrix} \\ \begin{matrix}\vdots & \vdots & & \vdots\end{matrix} & \begin{matrix}\vdots & \vdots & \vdots & & \vdots & \vdots\end{matrix} \\ \begin{matrix}0 & 0 & \cdots & 1\end{matrix} & \begin{matrix}0 & 0 & 0 & \cdots & a & b\end{matrix} \\ \begin{matrix}n & 0 & \cdots & 0\end{matrix} & \begin{matrix}a & 0 & 0 & \cdots & 0 & 0\end{matrix} \\ \begin{matrix}0 & n & \cdots & 0\end{matrix} & \begin{matrix}0 & a & 0 & \cdots & 0 & 0\end{matrix} \\ \begin{matrix}\vdots & \vdots & & \vdots\end{matrix} & \begin{matrix}\vdots & \vdots & \vdots & & \vdots & \vdots\end{matrix} \\ \begin{matrix}0 & 0 & \cdots & n\end{matrix} & \begin{matrix}0 & 0 & 0 & \cdots & a & 0\end{matrix} \\ \begin{matrix}0 & 0 & \cdots & 0\end{matrix} & \begin{matrix}n & 0 & 0 & \cdots & 0 & a\end{matrix} \end{pmatrix} \begin{matrix} \left.\begin{matrix}\\ \\ \\ \\ \end{matrix}\right\} n-1 \\ \left.\begin{matrix}\\ \\ \\ \\ \\ \end{matrix}\right\} n \end{matrix},$$

求$|\boldsymbol{A}|$。

22. 证明：数域 K 上的 n 级矩阵 $\boldsymbol{A}$ 能够分解成一个主对角元都为 1 的下三角矩阵 $\boldsymbol{B}$ 与可逆上三角矩阵 $\boldsymbol{C}$ 的乘积 $\boldsymbol{A}=\boldsymbol{BC}$（称之为 ***LU*-分解**）当且仅当 $\boldsymbol{A}$ 的各阶顺序主子式全不为 0，并且 $\boldsymbol{A}$ 的这种分解是唯一的。

23. 设 $\boldsymbol{A}$ 是数域 K 上的 n 级矩阵，且 $\operatorname{rank}(\boldsymbol{A})=1$。试问：$\boldsymbol{I}+\boldsymbol{A}$ 是否可逆？当 $\boldsymbol{I}+\boldsymbol{A}$ 可逆时，求$(\boldsymbol{I}+\boldsymbol{A})^{-1}$。

4.6 正交矩阵 · 欧几里得空间 $\mathbf{R}^n$

4.6.1 内容精华

在平面内取一个直角坐标系 Oxy，设向量 $\boldsymbol{\alpha},\boldsymbol{\beta}$ 的坐标分别是$(a_1,a_2)'$，$(b_1,b_2)'$。如果 $\boldsymbol{\alpha},\boldsymbol{\beta}$ 不共线，那么它们可作为这个平面的一个基。此时以它们的坐标为列向量组的矩阵

$$\boldsymbol{A}=\begin{pmatrix} a_1 & b_1 \\ a_2 & b_2 \end{pmatrix}$$

是一个可逆矩阵，这是因为 $\boldsymbol{A}$ 的列向量组线性无关。现在进一步设 $\boldsymbol{\alpha},\boldsymbol{\beta}$ 都是单位向量，且它们互相垂直，此时矩阵 $\boldsymbol{A}$ 具有什么进一步的性质？由于

$$a_1^2+a_2^2=1,\quad b_1^2+b_2^2=1,$$
$$a_1b_1+a_2b_2=0,$$

因此

$$\boldsymbol{A}'\boldsymbol{A}=\begin{pmatrix} a_1 & a_2 \\ b_1 & b_2 \end{pmatrix}\begin{pmatrix} a_1 & b_1 \\ a_2 & b_2 \end{pmatrix}=\begin{pmatrix} 1 & 0 \\ 0 & 1 \end{pmatrix}=\boldsymbol{I}。$$

根据 $\boldsymbol{\alpha}$ 与 $\boldsymbol{\beta}$ 互相垂直（又称正交）这一性质，自然地把 $\boldsymbol{A}$ 称为正交矩阵。由此受到启发，抽象出下述概念：

定义 1 实数域上的 n 级矩阵 $\boldsymbol{A}$ 如果满足

$$\boldsymbol{A}'\boldsymbol{A}=\boldsymbol{I},$$

那么称 $\boldsymbol{A}$ 是**正交矩阵**。

从定义 1 立即得出：

命题 1 实数域上 n 级矩阵 $\boldsymbol{A}$ 是正交矩阵

$\Longleftrightarrow$ $\boldsymbol{A}'\boldsymbol{A}=\boldsymbol{I}$

$\Longleftrightarrow$ $\boldsymbol{A}$ 可逆，且 $\boldsymbol{A}^{-1}=\boldsymbol{A}'$

$\Longleftrightarrow$ $\boldsymbol{A}\boldsymbol{A}'=\boldsymbol{I}$。 ■

正交矩阵具有下列性质：

(1) $\boldsymbol{I}$ 是正交矩阵；

(2) 若 $\boldsymbol{A}$ 和 $\boldsymbol{B}$ 都是 n 级正交矩阵，则 $\boldsymbol{AB}$ 也是正交矩阵；

(3) 若 $\boldsymbol{A}$ 是正交矩阵，则 $\boldsymbol{A}^{-1}$（即 $\boldsymbol{A}'$）也是正交矩阵；

(4) 若 $\boldsymbol{A}$ 是正交矩阵，则 $|\boldsymbol{A}|=1$ 或 -1。

证明 (1)与(3)的证明很容易。现在证(2)与(4)。

若 $\boldsymbol{A},\boldsymbol{B}$ 都是 n 级正交矩阵，则

$$(\boldsymbol{AB})(\boldsymbol{AB})'=\boldsymbol{A}(\boldsymbol{BB}')\boldsymbol{A}'=\boldsymbol{AIA}'=\boldsymbol{I},$$

因此 $\boldsymbol{AB}$ 是正交矩阵。

若 $\boldsymbol{A}$ 是正交矩阵，则 $|\boldsymbol{AA}'|=|\boldsymbol{I}|$，从而 $|\boldsymbol{A}|^2=1$，因此 $|\boldsymbol{A}|=\pm1$。 ■

命题 2 设实数域上 n 级矩阵 $\boldsymbol{A}$ 的行向量组为 $\boldsymbol{\gamma}_1,\boldsymbol{\gamma}_2,\cdots,\boldsymbol{\gamma}_n$；列向量组为 $\boldsymbol{\alpha}_1,\boldsymbol{\alpha}_i,\cdots,\boldsymbol{\alpha}_n$，则

(1) $\boldsymbol{A}$ 为正交矩阵当且仅当 $\boldsymbol{A}$ 的行向量组满足

$$\boldsymbol{\gamma}_i\boldsymbol{\gamma}_j'=\begin{cases}1, & \text{当 } i=j,\\ 0, & \text{当 } i\neq j;\end{cases}$$

(2) $\boldsymbol{A}$ 为正交矩阵当且仅当 $\boldsymbol{A}$ 的列向量组满足

$$\boldsymbol{\alpha}_i'\boldsymbol{\alpha}_j=\begin{cases}1, & \text{当 } i=j,\\ 0, & \text{当 } i\neq j。\end{cases}$$

证明 (1) $\boldsymbol{A}$ 为正交矩阵 $\Longleftrightarrow$ $\boldsymbol{AA}'=\boldsymbol{I}$

$$\Longleftrightarrow \begin{pmatrix}\boldsymbol{\gamma}_1\\ \boldsymbol{\gamma}_2\\ \vdots\\ \boldsymbol{\gamma}_n\end{pmatrix}(\boldsymbol{\gamma}_1',\boldsymbol{\gamma}_2',\cdots,\boldsymbol{\gamma}_n')=\begin{pmatrix}1 & 0 & \cdots & 0\\ 0 & 1 & \cdots & 0\\ \vdots & \vdots & & \vdots\\ 0 & 0 & \cdots & 1\end{pmatrix}$$

$$\Longleftrightarrow \boldsymbol{\gamma}_i\boldsymbol{\gamma}_j'=\begin{cases}1, & \text{当 } i=j,\\ 0, & \text{当 } i\neq j。\end{cases}$$

(2) 类似于(1)的方法，利用"$\boldsymbol{A}$ 为正交矩阵 $\Longleftrightarrow$ $\boldsymbol{A}'\boldsymbol{A}=\boldsymbol{I}$"可证得结论。 ■

引用 Kronecker 记号 δ_{ij}，它的含义是

$$\delta_{ij}=\begin{cases}1, & \text{当 } i=j,\\ 0, & \text{当 } i\neq j,\end{cases}$$

则命题 2 的结论可简记成：

$$\boldsymbol{\gamma}_i\boldsymbol{\gamma}_j' = \delta_{ij}, \qquad 1 \leqslant i,j \leqslant n; \tag{1}$$

$$\boldsymbol{\alpha}_i'\boldsymbol{\alpha}_j = \delta_{ij}. \qquad 1 \leqslant i,j \leqslant n. \tag{2}$$

实数域上 n 级矩阵 $\boldsymbol{A}=(a_{ij})$的行向量 $\boldsymbol{\gamma}_i \in \mathbf{R}^n, i=1,2,\cdots,n$;列向量 $\boldsymbol{\alpha}_j \in \mathbf{R}^n, j=1,2,\cdots,n$。如何直观地刻画命题 2 中指出的正交矩阵的性质？由于

$$\boldsymbol{\gamma}_i\boldsymbol{\gamma}_j' = a_{i1}a_{j1} + a_{i2}a_{j2} + \cdots + a_{in}a_{jn},$$

此式右端的表达式使人联想起几何空间 V 中,两个向量的内积在直角坐标系中的计算公式,因此我们在 $\mathbf{R}^n$ 中引进内积的概念。

定义 2 在 $\mathbf{R}^n$ 中,任给 $\boldsymbol{\alpha}=(a_1,a_2,\cdots,a_n)$,$\boldsymbol{\beta}=(b_1,b_2,\cdots,b_n)$,规定

$$(\boldsymbol{\alpha},\boldsymbol{\beta}) \xlongequal{\text{def}} a_1b_1 + a_2b_2 + \cdots + a_nb_n, \tag{3}$$

这个二元实值函数$(\boldsymbol{\alpha},\boldsymbol{\beta})$称为 $\mathbf{R}^n$ 的一个**内积**(通常称它为**标准内积**)。式(3) 可以写成

$$(\boldsymbol{\alpha},\boldsymbol{\beta}) = \boldsymbol{\alpha}\boldsymbol{\beta}'。\tag{4}$$

根据定义 2 可以验证 $\mathbf{R}^n$ 的标准内积具有下列性质：

(1) $(\boldsymbol{\alpha},\boldsymbol{\beta})=(\boldsymbol{\beta},\boldsymbol{\alpha})$；（**对称性**）

(2) $(\boldsymbol{\alpha}+\boldsymbol{\gamma},\boldsymbol{\beta})=(\boldsymbol{\alpha},\boldsymbol{\beta})+(\boldsymbol{\gamma},\boldsymbol{\beta})$；（**线性性之一**）

(3) $(k\boldsymbol{\alpha},\boldsymbol{\beta})=k(\boldsymbol{\alpha},\boldsymbol{\beta})$；（**线性性之二**）

(4) $(\boldsymbol{\alpha},\boldsymbol{\alpha})\geqslant 0$,等号成立当且仅当 $\boldsymbol{\alpha}=\mathbf{0}$。(**正定性**)

由性质(1)(2)(3)可以立即得出

$$(k_1\boldsymbol{\alpha}_1 + k_2\boldsymbol{\alpha}_2,\boldsymbol{\beta}) = k_1(\boldsymbol{\alpha}_1,\boldsymbol{\beta}) + k_2(\boldsymbol{\alpha}_2,\boldsymbol{\beta}),$$

$$(\boldsymbol{\alpha},k_1\boldsymbol{\beta}_1 + k_2\boldsymbol{\beta}_2) = k_1(\boldsymbol{\alpha},\boldsymbol{\beta}_1) + k_2(\boldsymbol{\alpha},\boldsymbol{\beta}_2)。$$

如果 $\boldsymbol{\alpha},\boldsymbol{\beta}$ 是列向量,那么标准内积可写成：

$$(\boldsymbol{\alpha},\boldsymbol{\beta}) = \boldsymbol{\alpha}'\boldsymbol{\beta}。\tag{5}$$

n 维向量空间 $\mathbf{R}^n$ 有了标准内积后,就称 $\mathbf{R}^n$ 为一个**欧几里得空间**。

在欧几里得空间 $\mathbf{R}^n$ 中,向量 $\boldsymbol{\alpha}$ 的长度$|\boldsymbol{\alpha}|$规定为

$$|\boldsymbol{\alpha}| \xlongequal{\text{def}} \sqrt{(\boldsymbol{\alpha},\boldsymbol{\alpha})},$$

长度为 1 的向量称为**单位向量**。显然,$\boldsymbol{\alpha}$ 是单位向量的充分必要条件为$(\boldsymbol{\alpha},\boldsymbol{\alpha})=1$。

容易验证：

$$|k\boldsymbol{\alpha}| = |k||\boldsymbol{\alpha}|,$$

于是对于 $\boldsymbol{\alpha}\neq\mathbf{0}$,有$\dfrac{1}{|\boldsymbol{\alpha}|}\boldsymbol{\alpha}$ 一定是单位向量。把非零向量 $\boldsymbol{\alpha}$ 乘以$\dfrac{1}{|\boldsymbol{\alpha}|}$称为把 $\boldsymbol{\alpha}$ **单位化**。

在欧几里得空间 $\mathbf{R}^n$ 中,如果$(\boldsymbol{\alpha},\boldsymbol{\beta})=0$,那么称 $\boldsymbol{\alpha}$ 与 $\boldsymbol{\beta}$ 是**正交**的,记作 $\boldsymbol{\alpha}\perp\boldsymbol{\beta}$。

显然,零向量与任何向量正交。

在欧几里得空间 $\mathbf{R}^n$ 中,由非零向量组成的向量组如果其中每两个不同的向量都正交,那么称它们为**正交向量组**。

仅由一个非零向量组成的向量组也是正交向量组。

如果正交向量组的每个向量都是单位向量,那么称它为**正交单位向量组**。

命题 3 欧几里得空间 $\mathbf{R}^n$ 中,正交向量组一定是线性无关的。

证明 设 $\boldsymbol{\alpha}_1,\boldsymbol{\alpha}_2,\cdots,\boldsymbol{\alpha}_s$ 是正交向量组。设

$$k_1\boldsymbol{\alpha}_1+k_2\boldsymbol{\alpha}_2+\cdots+k_s\boldsymbol{\alpha}_s=\mathbf{0},$$

则
$$(k_1\boldsymbol{\alpha}_1+k_2\boldsymbol{\alpha}_2+\cdots+k_s\boldsymbol{\alpha}_s,\boldsymbol{\alpha}_i)=(\mathbf{0},\boldsymbol{\alpha}_i),1\leqslant i\leqslant s。$$

由于$(\boldsymbol{\alpha}_j,\boldsymbol{\alpha}_i)=0$,当 $j\neq i$,因此由上式得

$$k_i(\boldsymbol{\alpha}_i,\boldsymbol{\alpha}_i)=0。$$

由于$\boldsymbol{\alpha}_i\neq 0$,因此$(\boldsymbol{\alpha}_i,\boldsymbol{\alpha}_i)>0$,从而由上式得出,$k_i=0$,其中 $i=1,2,\cdots,s$,因此 $\boldsymbol{\alpha}_1,\boldsymbol{\alpha}_2,\cdots,\boldsymbol{\alpha}_s$ 线性无关。 ■

据命题 3 得,欧几里得空间 $\mathbf{R}^n$ 中,n 个向量组成的正交向量组一定是 $\mathbf{R}^n$ 的一个基,称它为**正交基**。n 个单位向量组成的正交向量组称为 $\mathbf{R}^n$ 的一个**标准正交基**。

例如,容易看出:$\boldsymbol{\varepsilon}_1,\boldsymbol{\varepsilon}_2,\cdots,\boldsymbol{\varepsilon}_n$ 是两两正交的,并且每个都是单位向量,因此 $\boldsymbol{\varepsilon}_1,\boldsymbol{\varepsilon}_2,\cdots,\boldsymbol{\varepsilon}_n$ 是 $\mathbf{R}^n$ 的一个标准正交基。

命题 4 实数域上的 n 级矩阵 $\boldsymbol{A}$ 是正交矩阵的充分必要条件为:$\boldsymbol{A}$ 的行(列)向量组是欧几里得空间 $\mathbf{R}^n$ 的一个标准正交基。

证明 设 $\boldsymbol{A}$ 的行向量组为 $\boldsymbol{\gamma}_1,\boldsymbol{\gamma}_2,\cdots,\boldsymbol{\gamma}_n$,则

实数域上 n 级矩阵 $\boldsymbol{A}$ 是正交矩阵

$\Longleftrightarrow$ $\boldsymbol{\gamma}_i\boldsymbol{\gamma}_j'=\delta_{ij},\quad 1\leqslant i,j\leqslant n$

$\Longleftrightarrow$ $(\boldsymbol{\gamma}_i,\boldsymbol{\gamma}_j)=\delta_{ij},\quad 1\leqslant i,j\leqslant n$

$\Longleftrightarrow$ $\boldsymbol{\gamma}_1,\boldsymbol{\gamma}_2,\cdots,\boldsymbol{\gamma}_n$ 是 $\mathbf{R}^n$ 的一个标准正交基。

同理可证,$\boldsymbol{A}$ 是正交矩阵当且仅当 $\boldsymbol{A}$ 的列向量组是 $\mathbf{R}^n$ 的一个标准正交基。 ■

命题 4 告诉我们,构造正交矩阵等价于求标准正交基。许多实际问题需要构造正交矩阵,于是下面来讨论如何构造一个标准正交基。

首先讨论如何从线性无关的向量组出发,构造与它等价的正交向量组。从几何空间中,由平面内两个不共线向量 $\boldsymbol{\alpha}_1,\boldsymbol{\alpha}_2$ 出发,构造两个互相垂直的向量 $\boldsymbol{\beta}_1,\boldsymbol{\beta}_2$ 受到启发,引出下述定理:

定理 1 设 $\boldsymbol{\alpha}_1,\boldsymbol{\alpha}_2,\cdots,\boldsymbol{\alpha}_s$ 是欧几里得空间 $\mathbf{R}^n$ 中一个线性无关的向量组,令

$$\begin{aligned}
\boldsymbol{\beta}_1 &= \boldsymbol{\alpha}_1\\
\boldsymbol{\beta}_2 &= \boldsymbol{\alpha}_2-\frac{(\boldsymbol{\alpha}_2,\boldsymbol{\beta}_1)}{(\boldsymbol{\beta}_1,\boldsymbol{\beta}_1)}\boldsymbol{\beta}_1,\\
&\cdots\quad\cdots\quad\cdots\\
\boldsymbol{\beta}_s &= \boldsymbol{\alpha}_s-\sum_{j=1}^{s-1}\frac{(\boldsymbol{\alpha}_s,\boldsymbol{\beta}_j)}{(\boldsymbol{\beta}_j,\boldsymbol{\beta}_j)}\boldsymbol{\beta}_j,
\end{aligned}\tag{6}$$

则 $\boldsymbol{\beta}_1,\boldsymbol{\beta}_2,\cdots,\boldsymbol{\beta}_s$ 是正交向量组,并且 $\boldsymbol{\beta}_1,\boldsymbol{\beta}_2,\cdots,\boldsymbol{\beta}_s$ 与 $\boldsymbol{\alpha}_1,\boldsymbol{\alpha}_2,\cdots,\boldsymbol{\alpha}_s$ 等价。

证明 对线性无关的向量组所含向量的个数作数学归纳法。

$s=1$ 时,令 $\boldsymbol{\beta}_1=\boldsymbol{\alpha}_1$,由于 $\boldsymbol{\alpha}_1\neq\mathbf{0}$,因此 $\boldsymbol{\beta}_1$ 是正交向量组,且 $\boldsymbol{\beta}_1$ 与 $\boldsymbol{\alpha}_1$ 等价。

假设 $s=k$ 时命题为真。现在来看 $s=k+1$ 的情形。

由于

$$\boldsymbol{\beta}_{k+1}=\boldsymbol{\alpha}_{k+1}-\sum_{j=1}^{k}\frac{(\boldsymbol{\alpha}_{k+1},\boldsymbol{\beta}_j)}{(\boldsymbol{\beta}_j,\boldsymbol{\beta}_j)}\boldsymbol{\beta}_j,\tag{7}$$

因此当 $1\leqslant i\leqslant k$ 时，有

$$\begin{aligned}(\boldsymbol{\beta}_{k+1},\boldsymbol{\beta}_i)&=(\boldsymbol{\alpha}_{k+1},\boldsymbol{\beta}_i)-\sum_{j=1}^{k}\frac{(\boldsymbol{\alpha}_{k+1},\boldsymbol{\beta}_j)}{(\boldsymbol{\beta}_j,\boldsymbol{\beta}_j)}(\boldsymbol{\beta}_j,\boldsymbol{\beta}_i)\\&=(\boldsymbol{\alpha}_{k+1},\boldsymbol{\beta}_i)-\frac{(\boldsymbol{\alpha}_{k+1},\boldsymbol{\beta}_i)}{(\boldsymbol{\beta}_i,\boldsymbol{\beta}_i)}(\boldsymbol{\beta}_i,\boldsymbol{\beta}_i)=0.\end{aligned}$$

这表明 $\boldsymbol{\beta}_{k+1}$ 与 $\boldsymbol{\beta}_i$ 正交($i=1,2,\cdots,k$)。从式(7)以及归纳假设可以看出，$\boldsymbol{\beta}_{k+1}$ 可以由 $\boldsymbol{\alpha}_1,\boldsymbol{\alpha}_2,\cdots,\boldsymbol{\alpha}_k,\boldsymbol{\alpha}_{k+1}$ 线性表出，并且表出式中 $\boldsymbol{\alpha}_{k+1}$ 的系数为 1，因此 $\boldsymbol{\beta}_{k+1}\neq\boldsymbol{0}$。于是 $\boldsymbol{\beta}_1,\cdots,\boldsymbol{\beta}_k,\boldsymbol{\beta}_{k+1}$ 是正交向量组。从式(7)以及归纳假设立即得出 $\boldsymbol{\beta}_1,\cdots,\boldsymbol{\beta}_k,\boldsymbol{\beta}_{k+1}$ 与 $\boldsymbol{\alpha}_1,\boldsymbol{\alpha}_k,\cdots,\boldsymbol{\alpha}_{k+1}$ 等价，因此当 $s=k+1$ 时，命题也为真。

根据数学归纳法原理，命题为真。 ■

定理 1 给出了在欧几里得空间 $\mathbf{R}^n$ 中从一个线性无关的向量组 $\boldsymbol{\alpha}_1,\boldsymbol{\alpha}_2,\cdots,\boldsymbol{\alpha}_s$ 出发，构造出与它等价的一个正交向量组的方法，这种方法称为**施密特(Schmidt)正交化过程**。只要再将 $\boldsymbol{\beta}_1,\boldsymbol{\beta}_2,\cdots,\boldsymbol{\beta}_s$ 中每个向量单位化，即令

$$\boldsymbol{\eta}_i=\frac{1}{|\boldsymbol{\beta}_i|}\boldsymbol{\beta}_i,\qquad i=1,2,\cdots,s,\tag{8}$$

则 $\boldsymbol{\eta}_1,\boldsymbol{\eta}_2,\cdots,\boldsymbol{\eta}_s$ 是与 $\boldsymbol{\alpha}_1,\boldsymbol{\alpha}_2,\cdots,\boldsymbol{\alpha}_s$ 等价的正交单位向量组。

欧几里得空间 $\mathbf{R}^n$ 中，如果给了一个基 $\boldsymbol{\alpha}_1,\boldsymbol{\alpha}_2,\cdots,\boldsymbol{\alpha}_n$，那么先经过施密特正交化过程，然后经过单位化，得到的向量组 $\boldsymbol{\eta}_1,\boldsymbol{\eta}_2,\cdots,\boldsymbol{\eta}_n$ 就是 $\mathbf{R}^n$ 的一个标准正交基。

4.6.2 典型例题

例 1　证明：如果 $\boldsymbol{A}$ 是实数域上 n 级对称矩阵(简称为 n 级实对称矩阵)，$\boldsymbol{T}$ 是 n 级正交矩阵，那么 $\boldsymbol{T}^{-1}\boldsymbol{A}\boldsymbol{T}$ 是实对称矩阵。

证明　$(\boldsymbol{T}^{-1}\boldsymbol{A}\boldsymbol{T})'=\boldsymbol{T}'\boldsymbol{A}'(\boldsymbol{T}^{-1})'=\boldsymbol{T}^{-1}\boldsymbol{A}(\boldsymbol{T}')'=\boldsymbol{T}^{-1}\boldsymbol{A}\boldsymbol{T}$,
因此 $\boldsymbol{T}^{-1}\boldsymbol{A}\boldsymbol{T}$ 是实对称矩阵。 ■

例 2　证明：如果 n 级正交矩阵 $\boldsymbol{A}$ 是上三角矩阵，那么 $\boldsymbol{A}$ 是对角矩阵，且 $\boldsymbol{A}$ 的主对角元为 1 或 -1。

证明　设 $\boldsymbol{A}=(a_{ij})$。由于 $\boldsymbol{A}$ 是正交矩阵，因此 $\boldsymbol{A}'\boldsymbol{A}=\boldsymbol{I}=\boldsymbol{A}\boldsymbol{A}'$，又由于 $\boldsymbol{A}$ 是实数域上的上三角矩阵，因此根据习题 4.2 的第 13 题得，$\boldsymbol{A}$ 是对角矩阵。由于 $\boldsymbol{A}'\boldsymbol{A}=\boldsymbol{I}$，因此 $a_{ii}^2=1$，从而 $a_{ii}=\pm1,i=1,2,\cdots,n$。 ■

例 3　设 $\boldsymbol{A}$ 是实数域上的 n 级矩阵，证明：如果 $\boldsymbol{A}$ 可逆，那么 $\boldsymbol{A}$ 可以唯一地分解成正交矩阵 $\boldsymbol{T}$ 与主对角元都为正数的上三角矩阵 $\boldsymbol{B}$ 的乘积：$\boldsymbol{A}=\boldsymbol{T}\boldsymbol{B}$。

证明　先证可分解性。由于 $\boldsymbol{A}$ 可逆，因此 $\boldsymbol{A}$ 的列向量组 $\boldsymbol{\alpha}_1,\boldsymbol{\alpha}_2,\cdots,\boldsymbol{\alpha}_n$ 线性无关。经过施密特正交化可得到与 $\boldsymbol{\alpha}_1,\boldsymbol{\alpha}_2,\cdots,\boldsymbol{\alpha}_n$ 等价的正交向量组 $\boldsymbol{\beta}_1,\boldsymbol{\beta}_2,\cdots,\boldsymbol{\beta}_n$。据定理 1 的公式(6)，可得到

$$\begin{aligned}\boldsymbol{\alpha}_1&=\boldsymbol{\beta}_1,\\\boldsymbol{\alpha}_2&=\frac{(\boldsymbol{\alpha}_2,\boldsymbol{\beta}_1)}{(\boldsymbol{\beta}_1,\boldsymbol{\beta}_1)}\boldsymbol{\beta}_1+\boldsymbol{\beta}_2,\end{aligned}$$

$$\cdots \quad \cdots$$

$$\boldsymbol{\alpha}_n = \sum_{j=1}^{n-1} \frac{(\boldsymbol{\alpha}_n, \boldsymbol{\beta}_j)}{(\boldsymbol{\beta}_j, \boldsymbol{\beta}_j)} \boldsymbol{\beta}_j + \boldsymbol{\beta}_n。$$

记

$$b_{ji} = \frac{(\boldsymbol{\alpha}_i, \boldsymbol{\beta}_j)}{(\boldsymbol{\beta}_j, \boldsymbol{\beta}_j)}, \quad i = 2,3,\cdots,n; \quad j = 1,2,\cdots,i-1。$$

再对每个 $\boldsymbol{\beta}_i$ 单位化,即令

$$\boldsymbol{\eta}_i = \frac{1}{|\boldsymbol{\beta}_i|}\boldsymbol{\beta}_i, \quad i = 1,2,\cdots,n。$$

则

$$\begin{aligned}
\boldsymbol{A} &= (\boldsymbol{\alpha}_1, \boldsymbol{\alpha}_2, \cdots, \boldsymbol{\alpha}_n) \\
&= (\boldsymbol{\beta}_1, \boldsymbol{\beta}_2, \cdots, \boldsymbol{\beta}_n) \begin{pmatrix} 1 & b_{12} & \cdots & b_{1n} \\ 0 & 1 & \cdots & b_{2n} \\ \vdots & \vdots & & \vdots \\ 0 & 0 & \cdots & 1 \end{pmatrix} \\
&= (\boldsymbol{\eta}_1, \boldsymbol{\eta}_2, \cdots, \boldsymbol{\eta}_n) \begin{pmatrix} |\boldsymbol{\beta}_1| & 0 & \cdots & 0 \\ 0 & |\boldsymbol{\beta}_2| & \cdots & 0 \\ \vdots & \vdots & & \vdots \\ 0 & 0 & \cdots & |\boldsymbol{\beta}_n| \end{pmatrix} \begin{pmatrix} 1 & b_{12} & \cdots & b_{1n} \\ 0 & 1 & \cdots & b_{2n} \\ \vdots & \vdots & & \vdots \\ 0 & 0 & \cdots & 1 \end{pmatrix} \\
&= (\boldsymbol{\eta}_1, \boldsymbol{\eta}_2, \cdots, \boldsymbol{\eta}_n) \begin{pmatrix} |\boldsymbol{\beta}_1| & b_{12}|\boldsymbol{\beta}_1| & \cdots & b_{1n}|\boldsymbol{\beta}_1| \\ 0 & |\boldsymbol{\beta}_2| & \cdots & b_{2n}|\boldsymbol{\beta}_2| \\ \vdots & \vdots & & \vdots \\ 0 & 0 & \cdots & |\boldsymbol{\beta}_n| \end{pmatrix} = \boldsymbol{TB},
\end{aligned}$$

其中 $\boldsymbol{T} = (\boldsymbol{\eta}_1, \boldsymbol{\eta}_2, \cdots, \boldsymbol{\eta}_n)$,

$$\boldsymbol{B} = \begin{pmatrix} |\boldsymbol{\beta}_1| & b_{12}|\boldsymbol{\beta}_1| & \cdots & b_{1n}|\boldsymbol{\beta}_1| \\ 0 & |\boldsymbol{\beta}_2| & \cdots & b_{2n}|\boldsymbol{\beta}_2| \\ \vdots & \vdots & & \vdots \\ 0 & 0 & \cdots & |\boldsymbol{\beta}_n| \end{pmatrix}。$$

显然 $\boldsymbol{T}$ 是正交矩阵,$\boldsymbol{B}$ 是主对角元都为正数的上三角矩阵。

再证唯一性。假如 $\boldsymbol{A}$ 还有一种分解方式:

$$\boldsymbol{A} = \boldsymbol{T}_1\boldsymbol{B}_1,$$

其中 $\boldsymbol{T}_1$ 是正交矩阵,$\boldsymbol{B}_1$ 是主对角元都为正数的上三角矩阵,则

$$\boldsymbol{TB} = \boldsymbol{T}_1\boldsymbol{B}_1,$$

从而

$$\boldsymbol{T}_1^{-1}\boldsymbol{T} = \boldsymbol{B}_1\boldsymbol{B}^{-1}。$$

左边 $\boldsymbol{T}_1^{-1}\boldsymbol{T}$ 是正交矩阵,右边 $\boldsymbol{B}_1\boldsymbol{B}^{-1}$ 是主对角元都为正数的上三角矩阵。据例 2 的结论得,$\boldsymbol{T}_1^{-1}\boldsymbol{T}$(即 $\boldsymbol{B}_1\boldsymbol{B}^{-1}$)是对角矩阵,且主对角元为 1,那就是单位矩阵 $\boldsymbol{I}$,因此

$$\boldsymbol{T}_1^{-1}\boldsymbol{T} = \boldsymbol{B}_1\boldsymbol{B}^{-1} = \boldsymbol{I}。$$

由此得出

$$\boldsymbol{T} = \boldsymbol{T}_1, \quad \boldsymbol{B} = \boldsymbol{B}_1。$$

■

例 4 在欧几里得空间 $\mathbf{R}^n$ 中,设

$$A=\begin{pmatrix}1&1&1\\1&0&1\\1&2&0\end{pmatrix}。$$

把 $\boldsymbol{A}$ 分解成正交矩阵 $\boldsymbol{T}$ 与主对角元为正数的上三角矩阵 $\boldsymbol{B}$ 的乘积。

解　设 $\boldsymbol{A}$ 的列向量组为 $\boldsymbol{\alpha}_1,\boldsymbol{\alpha}_2,\boldsymbol{\alpha}_3$。令

$$\boldsymbol{\beta}_1=\boldsymbol{\alpha}_1,$$

$$\boldsymbol{\beta}_2=\boldsymbol{\alpha}_2-\frac{(\boldsymbol{\alpha}_2,\boldsymbol{\beta}_1)}{(\boldsymbol{\beta}_1,\boldsymbol{\beta}_1)}\boldsymbol{\beta}_1=\boldsymbol{\alpha}_2-\frac{3}{3}\boldsymbol{\beta}_1=\boldsymbol{\alpha}_2-\boldsymbol{\beta}_1=\begin{pmatrix}0\\-1\\1\end{pmatrix},$$

$$\boldsymbol{\beta}_3=\boldsymbol{\alpha}_3-\frac{(\boldsymbol{\alpha}_3,\boldsymbol{\beta}_1)}{(\boldsymbol{\beta}_1,\boldsymbol{\beta}_1)}\boldsymbol{\beta}_1-\frac{(\boldsymbol{\alpha}_3,\boldsymbol{\beta}_2)}{(\boldsymbol{\beta}_2,\boldsymbol{\beta}_2)}\boldsymbol{\beta}_2=\boldsymbol{\alpha}_3-\frac{2}{3}\boldsymbol{\beta}_1-\frac{-1}{2}\boldsymbol{\beta}_2=\boldsymbol{\alpha}_3-\frac{2}{3}\boldsymbol{\beta}_1+\frac{1}{2}\boldsymbol{\beta}_2$$

$$=\begin{pmatrix}1\\1\\0\end{pmatrix}-\frac{2}{3}\begin{pmatrix}1\\1\\1\end{pmatrix}+\frac{1}{2}\begin{pmatrix}0\\-1\\1\end{pmatrix}=\begin{pmatrix}\frac{1}{3}\\-\frac{1}{6}\\-\frac{1}{6}\end{pmatrix},$$

于是 $|\boldsymbol{\beta}_1|=\sqrt{3}$，$|\boldsymbol{\beta}_2|=\sqrt{2}$，$|\boldsymbol{\beta}_3|=\sqrt{\left(\frac{1}{3}\right)^2+\left(-\frac{1}{6}\right)^2+\left(-\frac{1}{6}\right)^2}=\sqrt{\frac{1}{6}}$。

$$\boldsymbol{\alpha}_1=\boldsymbol{\beta}_1,\quad \boldsymbol{\alpha}_2=\boldsymbol{\beta}_1+\boldsymbol{\beta}_2,\quad \boldsymbol{\alpha}_3=\frac{2}{3}\boldsymbol{\beta}_1-\frac{1}{2}\boldsymbol{\beta}_2+\boldsymbol{\beta}_3。$$

令

$$\boldsymbol{\eta}_1=\frac{1}{|\boldsymbol{\beta}_1|}\boldsymbol{\beta}_1=\frac{1}{\sqrt{3}}\begin{pmatrix}1\\1\\1\end{pmatrix},\quad \boldsymbol{\eta}_2=\frac{1}{|\boldsymbol{\beta}_2|}\boldsymbol{\beta}_2=\frac{1}{\sqrt{2}}\begin{pmatrix}0\\-1\\1\end{pmatrix},\quad \boldsymbol{\eta}_3=\frac{1}{|\boldsymbol{\beta}_3|}\boldsymbol{\beta}_3=\sqrt{6}\begin{pmatrix}\frac{1}{3}\\-\frac{1}{6}\\-\frac{1}{6}\end{pmatrix},$$

从而

$$\boldsymbol{A}=(\boldsymbol{\alpha}_1,\boldsymbol{\alpha}_2,\boldsymbol{\alpha}_3)=(\boldsymbol{\beta}_1,\boldsymbol{\beta}_2,\boldsymbol{\beta}_3)\begin{pmatrix}1&1&\frac{2}{3}\\0&1&-\frac{1}{2}\\0&0&1\end{pmatrix}$$

$$=(\boldsymbol{\eta}_1,\boldsymbol{\eta}_2,\boldsymbol{\eta}_3)\begin{pmatrix}|\boldsymbol{\beta}_1|&0&0\\0&|\boldsymbol{\beta}_2|&0\\0&0&|\boldsymbol{\beta}_3|\end{pmatrix}\begin{pmatrix}1&1&\frac{2}{3}\\0&1&-\frac{1}{2}\\0&0&1\end{pmatrix}$$

$$=\begin{pmatrix}\frac{\sqrt{3}}{3} & 0 & \frac{\sqrt{6}}{3}\\ \frac{\sqrt{3}}{3} & -\frac{\sqrt{2}}{2} & -\frac{\sqrt{6}}{6}\\ \frac{\sqrt{3}}{3} & \frac{\sqrt{2}}{2} & -\frac{\sqrt{6}}{6}\end{pmatrix}\begin{pmatrix}\sqrt{3} & \sqrt{3} & \frac{2}{3}\sqrt{3}\\ 0 & \sqrt{2} & -\frac{\sqrt{2}}{2}\\ 0 & 0 & \frac{\sqrt{6}}{6}\end{pmatrix}$$

$=\boldsymbol{TB}$。

例 5 设 $\boldsymbol{A}$ 是实数域上的 $m\times n$ 矩阵,其中 $m>n$。证明:如果 $\boldsymbol{A}$ 的列向量组 $\boldsymbol{\alpha}_1,\boldsymbol{\alpha}_2,\cdots,\boldsymbol{\alpha}_n$ 线性无关,那么 $\boldsymbol{A}$ 可以唯一分解成

$$\boldsymbol{A}=\boldsymbol{QR},$$

其中 $\boldsymbol{Q}$ 是列向量组为正交单位向量组的 $m\times n$ 矩阵,$\boldsymbol{R}$ 是主对角元都为正数的 n 级上三角矩阵,这称为**$\boldsymbol{QR}$-分解**。

证明 先证可分解性。由于 $\boldsymbol{A}$ 的列向量组 $\boldsymbol{\alpha}_1,\boldsymbol{\alpha}_2,\cdots,\boldsymbol{\alpha}_n$ 线性无关,因此经过施密特正交化过程,可得到与它等价的正交向量组 $\boldsymbol{\beta}_1,\boldsymbol{\beta}_2,\cdots,\boldsymbol{\beta}_n$,再单位化可得到正交单位向量组 $\boldsymbol{\eta}_1,\boldsymbol{\eta}_2,\cdots,\boldsymbol{\eta}_n$。与例 3 的可分解性证明完全一样,可得到

$$\boldsymbol{A}=(\boldsymbol{\eta}_1,\boldsymbol{\eta}_2,\cdots,\boldsymbol{\eta}_n)\begin{pmatrix}|\boldsymbol{\beta}_1| & b_{12}|\boldsymbol{\beta}_1| & \cdots & b_{1n}|\boldsymbol{\beta}_1|\\ 0 & |\boldsymbol{\beta}_2| & \cdots & b_{2n}|\boldsymbol{\beta}_2|\\ \vdots & \vdots & & \vdots\\ 0 & 0 & \cdots & |\boldsymbol{\beta}_n|\end{pmatrix}$$
$$=\boldsymbol{QR},$$

其中,$\boldsymbol{Q}=(\boldsymbol{\eta}_1,\boldsymbol{\eta}_2,\cdots,\boldsymbol{\eta}_n)$是列向量组为正交单位向量组的 $m\times n$ 矩阵,$\boldsymbol{R}$ 是主对角元都为正数的 n 级上三角矩阵。

再证唯一性。假如 $\boldsymbol{A}$ 还有一种分解式,即 $\boldsymbol{A}=\boldsymbol{Q}_1\boldsymbol{R}_1$ 符合所要求的条件,则 $\boldsymbol{QR}=\boldsymbol{Q}_1\boldsymbol{R}_1$。由于 $\boldsymbol{R}$ 是可逆的上三角矩阵,因此 $\boldsymbol{Q}=\boldsymbol{Q}_1\boldsymbol{R}_1\boldsymbol{R}^{-1}=\boldsymbol{Q}_1\boldsymbol{C}$,其中 $\boldsymbol{C}=\boldsymbol{R}_1\boldsymbol{R}^{-1}$ 是主对角元都为正数的上三角矩阵,设 $\boldsymbol{C}=(c_{ij})$。记 $\boldsymbol{Q}_1$ 的列向量组为 $\boldsymbol{\delta}_1,\boldsymbol{\delta}_2,\cdots,\boldsymbol{\delta}_n$,则

$$(\boldsymbol{\eta}_1,\boldsymbol{\eta}_2,\cdots,\boldsymbol{\eta}_n)=(\boldsymbol{\delta}_1,\boldsymbol{\delta}_2,\cdots,\boldsymbol{\delta}_n)\begin{pmatrix}c_{11} & c_{12} & \cdots & c_{1n}\\ 0 & c_{22} & \cdots & c_{2n}\\ \vdots & \vdots & & \vdots\\ 0 & 0 & \cdots & c_{nn}\end{pmatrix}$$
$$=(c_{11}\boldsymbol{\delta}_1,c_{12}\boldsymbol{\delta}_1+c_{22}\boldsymbol{\delta}_2,\cdots,c_{1n}\boldsymbol{\delta}_1+c_{2n}\boldsymbol{\delta}_2+\cdots+c_{nn}\boldsymbol{\delta}_n)。$$

由于$(\boldsymbol{\eta}_1,\boldsymbol{\eta}_1)=1$,$(c_{11}\boldsymbol{\delta}_1,c_{11}\boldsymbol{\delta}_1)=c_{11}^2(\boldsymbol{\delta}_1,\boldsymbol{\delta}_1)=c_{11}^2$,因此 $c_{11}^2=1$,由此得出 $c_{11}=1$。
由于$(\boldsymbol{\eta}_1,\boldsymbol{\eta}_2)=0$,$(\boldsymbol{\eta}_2,\boldsymbol{\eta}_2)=1$,且

$$(\boldsymbol{\eta}_1,\boldsymbol{\eta}_2)=(c_{11}\boldsymbol{\delta}_1,c_{12}\boldsymbol{\delta}_1+c_{22}\boldsymbol{\delta}_2)=c_{11}c_{12}(\boldsymbol{\delta}_1,\boldsymbol{\delta}_1)+c_{11}c_{22}(\boldsymbol{\delta}_1,\boldsymbol{\delta}_2)=c_{11}c_{12},$$
$$(\boldsymbol{\eta}_2,\boldsymbol{\eta}_2)=(c_{12}\boldsymbol{\delta}_1+c_{22}\boldsymbol{\delta}_2,c_{12}\boldsymbol{\delta}_1+c_{22}\boldsymbol{\delta}_2)=c_{12}^2+c_{22}^2,$$

因此 $c_{11}c_{12}=0$,$c_{12}^2+c_{22}^2=1$。由此得出,$c_{12}=0$,$c_{22}=1$。
依次类推可得出,$c_{1k}=c_{2k}=\cdots=c_{k-1,k}=0$,$c_{kk}=1$,$k=3,\cdots,n$,
因此 $\boldsymbol{C}=\boldsymbol{I}$,从而 $\boldsymbol{Q}=\boldsymbol{Q}_1$,$\boldsymbol{R}=\boldsymbol{R}_1$。 ■

例 6　设 $\boldsymbol{A}$ 是实数域上的 $m\times n$ 列满秩矩阵，它可分解成

$$\boldsymbol{A}=\boldsymbol{QR},$$

其中 $\boldsymbol{Q}$ 是列向量组为正交单位向量组的 $m\times n$ 矩阵，$\boldsymbol{R}$ 为主对角元都为正数的上三角矩阵。证明对于任意 $\boldsymbol{\beta}\in\mathbf{R}^m$，$\boldsymbol{R}^{-1}\boldsymbol{Q}'\boldsymbol{\beta}$ 是线性方程组 $\boldsymbol{A}'\boldsymbol{A}\boldsymbol{x}=\boldsymbol{A}'\boldsymbol{\beta}$ 的唯一解。

证明　设 $\boldsymbol{Q}$ 的列向量组为 $\boldsymbol{\eta}_1,\boldsymbol{\eta}_2,\cdots,\boldsymbol{\eta}_n$，则

$$\boldsymbol{Q}'\boldsymbol{Q}=\begin{pmatrix}\boldsymbol{\eta}_1'\\ \boldsymbol{\eta}_2'\\ \vdots\\ \boldsymbol{\eta}_n'\end{pmatrix}(\boldsymbol{\eta}_1,\boldsymbol{\eta}_2,\cdots,\boldsymbol{\eta}_n)=\begin{pmatrix}\boldsymbol{\eta}_1'\boldsymbol{\eta}_1 & \boldsymbol{\eta}_1'\boldsymbol{\eta}_2 & \cdots & \boldsymbol{\eta}_1'\boldsymbol{\eta}_n\\ \boldsymbol{\eta}_2'\boldsymbol{\eta}_1 & \boldsymbol{\eta}_2'\boldsymbol{\eta}_2 & \cdots & \boldsymbol{\eta}_2'\boldsymbol{\eta}_n\\ \vdots & \vdots & & \vdots\\ \boldsymbol{\eta}_n'\boldsymbol{\eta}_1 & \boldsymbol{\eta}_n'\boldsymbol{\eta}_2 & \cdots & \boldsymbol{\eta}_n'\boldsymbol{\eta}_n\end{pmatrix}=\boldsymbol{I},$$

从而

$$\begin{aligned}\boldsymbol{A}'\boldsymbol{A}(\boldsymbol{R}^{-1}\boldsymbol{Q}'\boldsymbol{\beta})&=(\boldsymbol{QR})'(\boldsymbol{QR})(\boldsymbol{R}^{-1}\boldsymbol{Q}'\boldsymbol{\beta})=\boldsymbol{R}'\boldsymbol{Q}'\boldsymbol{Q}\boldsymbol{R}\boldsymbol{R}^{-1}\boldsymbol{Q}'\boldsymbol{\beta}\\&=\boldsymbol{R}'\boldsymbol{Q}'\boldsymbol{\beta}=(\boldsymbol{QR})'\boldsymbol{\beta}=\boldsymbol{A}'\boldsymbol{\beta},\end{aligned}$$

因此 $\boldsymbol{R}^{-1}\boldsymbol{Q}'\boldsymbol{\beta}$ 是线性方程组 $\boldsymbol{A}'\boldsymbol{A}\boldsymbol{x}=\boldsymbol{A}'\boldsymbol{\beta}$ 的一个解。

由于 $\operatorname{rank}(\boldsymbol{A}'\boldsymbol{A})=\operatorname{rank}(\boldsymbol{A})=n$，因此 $|\boldsymbol{A}'\boldsymbol{A}|\neq0$，从而线性方程组 $\boldsymbol{A}'\boldsymbol{A}\boldsymbol{x}=\boldsymbol{A}'\boldsymbol{\beta}$ 有唯一解，它就是 $\boldsymbol{R}^{-1}\boldsymbol{Q}'\boldsymbol{\beta}$。 ■

点评：在实际问题中常常遇到方程个数 m 大于未知量个数 n 的线性方程组 $\boldsymbol{A}\boldsymbol{x}=\boldsymbol{\beta}$，它可能无解。这时要设法找一个 n 维列向量 $\boldsymbol{x}_0$，使得 $|\boldsymbol{A}\boldsymbol{x}_0-\boldsymbol{\beta}|^2$ 最小，$\boldsymbol{x}_0$ 称为线性方程组 $\boldsymbol{A}\boldsymbol{x}=\boldsymbol{\beta}$ **的最小二乘解**。在本节例 19 证明了：$\boldsymbol{x}_0$ 是 $\boldsymbol{A}\boldsymbol{x}=\boldsymbol{\beta}$ 的最小二乘解当且仅当 $\boldsymbol{x}_0$ 是线性方程组 $\boldsymbol{A}'\boldsymbol{A}\boldsymbol{x}=\boldsymbol{A}'\boldsymbol{\beta}$ 的解。于是例 6 告诉我们，当 $\boldsymbol{A}$ 是 $m\times n$ 列满秩矩阵时，线性方程组 $\boldsymbol{A}\boldsymbol{x}=\boldsymbol{\beta}$ 的最小二乘解只有一个，它是 $\boldsymbol{R}^{-1}\boldsymbol{Q}'\boldsymbol{\beta}$，其中 $\boldsymbol{QR}=\boldsymbol{A}$，且 $\boldsymbol{Q}$ 是列向量组为正交单位向量组的 $m\times n$ 矩阵，$\boldsymbol{R}$ 是主对角元都为正数的上三角矩阵。由此看出，例 5 的应用之一是把系数矩阵为列满秩矩阵的线性方程组 $\boldsymbol{A}\boldsymbol{x}=\boldsymbol{\beta}$ 的最小二乘解用公式 $\boldsymbol{R}^{-1}\boldsymbol{Q}'\boldsymbol{\beta}$ 给出。

例 7　决定所有的 2 级正交矩阵。

解　设 $\boldsymbol{A}=(a_{ij})$ 是 2 级正交矩阵，则 $\boldsymbol{A}^{-1}=\boldsymbol{A}'$，即

$$\frac{1}{|\boldsymbol{A}|}\begin{pmatrix}a_{22} & -a_{12}\\ -a_{21} & a_{11}\end{pmatrix}=\begin{pmatrix}a_{11} & a_{21}\\ a_{12} & a_{22}\end{pmatrix}。$$

由于 $|\boldsymbol{A}|=1$ 或 -1。因此分两种情形：

情形 1　$|\boldsymbol{A}|=1$，此时有

$$a_{22}=a_{11},\quad a_{21}=-a_{12}。$$

由于 $a_{11}^2+a_{21}^2=1$，因此在平面直角坐标系 Oxy 中，点 $P(a_{11},a_{21})'$ 在单位圆 $x^2+y^2=1$ 上。据三角函数的定义，得

$$a_{11}=\cos\theta,\quad a_{21}=\sin\theta,\qquad 0\leqslant\theta<2\pi,$$

于是

$$\boldsymbol{A}=\begin{pmatrix}\cos\theta & -\sin\theta\\ \sin\theta & \cos\theta\end{pmatrix},\qquad 0\leqslant\theta<2\pi,$$

容易直接验证，所求出的 $\boldsymbol{A}$ 是正交矩阵。

情形 2　$|\boldsymbol{A}|=-1$，此时有

$$a_{22}=-a_{11},\quad a_{21}=a_{12}。$$

由于 $a_{11}^2+a_{21}^2=1$,因此同情形 1 的理由得

$$a_{11}=\cos\theta,\quad a_{21}=\sin\theta,$$

于是

$$\boldsymbol{A}=\begin{pmatrix}\cos\theta & \sin\theta\\ \sin\theta & -\cos\theta\end{pmatrix},\quad 0\leqslant\theta<2\pi。$$

容易直接验证,所求出的 $\boldsymbol{A}$ 是正交矩阵。

综上所述,2 级正交矩阵有且只有下列两种类型:

$$\begin{pmatrix}\cos\theta & -\sin\theta\\ \sin\theta & \cos\theta\end{pmatrix},\begin{pmatrix}\cos\theta & \sin\theta\\ \sin\theta & -\cos\theta\end{pmatrix},\qquad 0\leqslant\theta<2\pi。$$

例 8 设 $\boldsymbol{A}$ 是 n 级正交矩阵,证明:

(1) 如果 $|\boldsymbol{A}|=1$,那么 $\boldsymbol{A}$ 的每一个元素等于它自己的代数余子式;

(2) 如果 $|\boldsymbol{A}|=-1$,那么 $\boldsymbol{A}$ 的每一个元素等于它自己的代数余子式乘以 -1。

证明 由于 $\boldsymbol{A}$ 是正交矩阵,因此 $\boldsymbol{A}'=\boldsymbol{A}^{-1}=\frac{1}{|\boldsymbol{A}|}\boldsymbol{A}^*$,于是当 $1\leqslant i,j\leqslant n$ 时,有

$$\boldsymbol{A}(i;j)=\boldsymbol{A}'(j;i)=\frac{1}{|\boldsymbol{A}|}\boldsymbol{A}^*(j;i)=\frac{1}{|\boldsymbol{A}|}A_{ij}。$$

(1) 如果 $|\boldsymbol{A}|=1$,那么由上式得,$\boldsymbol{A}(i;j)=A_{ij}$;

(2) 如果 $|\boldsymbol{A}|=-1$,那么由上式得,$\boldsymbol{A}(i;j)=-A_{ij}$。 ■

例 9 设 $\boldsymbol{A}$ 是实数域上的 n 级矩阵,证明:

(1) 如果 $|\boldsymbol{A}|=1$,且 $\boldsymbol{A}$ 的每一个元素等于它自己的代数余子式,那么 $\boldsymbol{A}$ 是正交矩阵;

(2) 如果 $|\boldsymbol{A}|=-1$,且 $\boldsymbol{A}$ 的每一个元素等于它自己的代数余子式乘以 -1,那么 $\boldsymbol{A}$ 是正交矩阵。

证明 (1) 由于 $\boldsymbol{A}^{-1}=\frac{1}{|\boldsymbol{A}|}\boldsymbol{A}^*$,因此当 $|\boldsymbol{A}|=1$ 时,根据已知条件得

$$\boldsymbol{A}^{-1}(j;i)=\boldsymbol{A}^*(j;i)=A_{ij}=\boldsymbol{A}(i;j)=\boldsymbol{A}'(j;i),$$

其中 $1\leqslant i,j\leqslant n$,因此 $\boldsymbol{A}^{-1}=\boldsymbol{A}'$。于是 $\boldsymbol{A}$ 是正交矩阵。

(2) 当 $|\boldsymbol{A}|=-1$ 时,根据已知条件得

$$\boldsymbol{A}^{-1}(j;i)=-\boldsymbol{A}^*(j;i)=-A_{ij}=\boldsymbol{A}(i;j)=\boldsymbol{A}'(j;i),$$

其中 $1\leqslant i,j\leqslant n$,因此 $\boldsymbol{A}^{-1}=\boldsymbol{A}'$,从而 $\boldsymbol{A}$ 是正交矩阵。 ■

例 10 设 $\boldsymbol{A}$ 是实数域上的 n 级矩阵,$n\geqslant 3$ 且 $\boldsymbol{A}\neq\boldsymbol{0}$,证明:

(1) 如果 $\boldsymbol{A}$ 的每一个元素等于它自己的代数余子式,那么 $\boldsymbol{A}$ 是正交矩阵;

(2) 如果 $\boldsymbol{A}$ 的每一个元素等于它自己的代数余子式乘以 -1,那么 $\boldsymbol{A}$ 是正交矩阵。

证明 (1) 由已知条件得

$$\boldsymbol{A}'(j;i)=\boldsymbol{A}(i;j)=A_{ij}=\boldsymbol{A}^*(j;i),\ 1\leqslant i;j\leqslant n,$$

因此 $\boldsymbol{A}'=\boldsymbol{A}^*$。

由于 $\boldsymbol{A}\neq\boldsymbol{0}$,因此 $\boldsymbol{A}$ 至少有一个元素 $a_{kj}\neq 0$,于是

$$|\boldsymbol{A}|=\sum_{l=1}^{n}a_{kl}A_{kl}=\sum_{l=1}^{n}a_{kl}^2>0。$$

据本章 4.5 节的例 5 的结论得，$|\boldsymbol{A}^*|=|\boldsymbol{A}|^{n-1}$，从而 $|\boldsymbol{A}'|=|\boldsymbol{A}^*|=|\boldsymbol{A}|^{n-1}$，又 $|\boldsymbol{A}'|=|\boldsymbol{A}|$，于是得出，$|\boldsymbol{A}|^{n-2}=1$，即 $|\boldsymbol{A}|$ 是 $n-2$ 次单位根。由于 $n\geqslant 3$，因此 $n-2\geqslant 1$。

由于对任给的正整数 n，n 次单位根恰有 n 个，它们对应于复平面上单位圆的 n 等分点，因此在实数集内，n 次单位根最多有两个：1，−1。由于 $|\boldsymbol{A}|>0$，因此 $|\boldsymbol{A}|=1$。据例 9 第(1)小题的结论得，$\boldsymbol{A}$ 是正交矩阵。

(2) 由已知条件得，$\boldsymbol{A}'=-\boldsymbol{A}^*$。

由于 $\boldsymbol{A}\neq\boldsymbol{0}$，可设 $a_{kj}\neq 0$，于是

$$|\boldsymbol{A}|=\sum_{l=1}^{n}a_{kl}A_{kl}=-\sum_{l=1}^{n}a_{kl}^2<0,$$

因此 $(-|\boldsymbol{A}|)^{n-2}=1$，从而 $-|\boldsymbol{A}|=1$，即 $|\boldsymbol{A}|=-1$。

据例 9 第(2)小题的结论得，$\boldsymbol{A}$ 是正交矩阵。 ■

例 11　设 $\boldsymbol{A}$ 是 n 级正交矩阵，证明：任意取定 $\boldsymbol{A}$ 的两行(或两列)，由这两行(或两列)的元素组成的所有 2 阶子式的平方和等于 1。

证明　取定 $\boldsymbol{A}$ 的第 i_1,i_2 行 $(i_1<i_2)$。由于 $\boldsymbol{A}\boldsymbol{A}'=\boldsymbol{I}$，因此据本章 4.3 节命题 1 的结论得

$$\sum_{1\leqslant v_1<v_2\leqslant n}\left[\boldsymbol{A}\begin{pmatrix}i_1, & i_2\\ v_1, & v_2\end{pmatrix}\right]^2=\sum_{1\leqslant v_1<v_2\leqslant n}\boldsymbol{A}\begin{pmatrix}i_1, & i_2\\ v_1, & v_2\end{pmatrix}\boldsymbol{A}'\begin{pmatrix}v_1, & v_2\\ i_1, & i_2\end{pmatrix}=\boldsymbol{A}\boldsymbol{A}'\begin{pmatrix}i_1, & i_2\\ i_1, & i_2\end{pmatrix}$$

$$=\boldsymbol{I}\begin{pmatrix}i_1, & i_2\\ i_1, & i_2\end{pmatrix}=1。$$ ■

例 12　证明：实数域上的一个 n 级矩阵如果具有下列三个性质中的任意两个性质，那么必有第三个性质：正交矩阵，对称矩阵，对合矩阵。

证明　设 n 级实矩阵 $\boldsymbol{A}$ 是正交矩阵，且是对称矩阵，则 $\boldsymbol{A}^2=\boldsymbol{A}\boldsymbol{A}=\boldsymbol{A}\boldsymbol{A}'=\boldsymbol{I}$，因此 $\boldsymbol{A}$ 是对合矩阵。

设 $\boldsymbol{A}$ 是正交矩阵和对合矩阵，则 $\boldsymbol{A}'=\boldsymbol{A}^{-1}=\boldsymbol{A}$，因此 $\boldsymbol{A}$ 是对称矩阵。

设实矩阵 $\boldsymbol{A}$ 是对称矩阵和对合矩阵，则

$$\boldsymbol{A}\boldsymbol{A}'=\boldsymbol{A}\boldsymbol{A}=\boldsymbol{A}^2=\boldsymbol{I},$$

因此 $\boldsymbol{A}$ 是正交矩阵。 ■

例 13　设 $\boldsymbol{A}$ 是 n 级正交矩阵，证明：对于欧几里得空间 $\mathbf{R}^n$ 中任一列向量 $\boldsymbol{\alpha}$，有 $|\boldsymbol{A}\boldsymbol{\alpha}|=|\boldsymbol{\alpha}|$。

证明　$|\boldsymbol{A}\boldsymbol{\alpha}|^2=(\boldsymbol{A}\boldsymbol{\alpha},\boldsymbol{A}\boldsymbol{\alpha})=(\boldsymbol{A}\boldsymbol{\alpha})'(\boldsymbol{A}\boldsymbol{\alpha})=\boldsymbol{\alpha}'\boldsymbol{A}'\boldsymbol{A}\boldsymbol{\alpha}=\boldsymbol{\alpha}'\boldsymbol{\alpha}=(\boldsymbol{\alpha},\boldsymbol{\alpha})=|\boldsymbol{\alpha}|^2$。

因此

$$|\boldsymbol{A}\boldsymbol{\alpha}|=|\boldsymbol{\alpha}|。$$ ■

例 14　设 $\boldsymbol{A}$ 是实数域上的一个 $s\times n$ 非零矩阵，$\boldsymbol{A}$ 的行空间记作 U；齐次线性方程组 $\boldsymbol{A}\boldsymbol{x}=\boldsymbol{0}$ 的解空间记作 W。证明：U 中每一个向量的转置与 W 中任一向量正交。

证明　设 $\boldsymbol{A}$ 的行向量组为 $\boldsymbol{\gamma}_1,\boldsymbol{\gamma}_2,\cdots,\boldsymbol{\gamma}_s$。任取 $\boldsymbol{\eta}\in W$，则 $\boldsymbol{A}\boldsymbol{\eta}=\boldsymbol{0}$。由于

$$\boldsymbol{A}\boldsymbol{\eta}=\begin{pmatrix}\boldsymbol{\gamma}_1\\ \boldsymbol{\gamma}_2\\ \vdots\\ \boldsymbol{\gamma}_s\end{pmatrix}\boldsymbol{\eta}=\begin{pmatrix}\boldsymbol{\gamma}_1\boldsymbol{\eta}\\ \boldsymbol{\gamma}_2\boldsymbol{\eta}\\ \vdots\\ \boldsymbol{\gamma}_s\boldsymbol{\eta}\end{pmatrix},$$

因此从 $\boldsymbol{A}\boldsymbol{\eta}=\boldsymbol{0}$ 得出，$\boldsymbol{\gamma}_i\boldsymbol{\eta}=\boldsymbol{0}$。由于 $\boldsymbol{\gamma}_i\boldsymbol{\eta}=(\boldsymbol{\gamma}_i',\boldsymbol{\eta})$，因此 $(\boldsymbol{\gamma}_i',\boldsymbol{\eta})=0$，$i=1,2,\cdots,s$。

任取 $\boldsymbol{\gamma}\in U$,设 $\boldsymbol{\gamma}=k_1\boldsymbol{\gamma}_1+\cdots+k_s\boldsymbol{\gamma}_s$,则

$$(\boldsymbol{\gamma}',\boldsymbol{\eta})=\left(\sum_{i=1}^{s}k_i\boldsymbol{\gamma}_i',\boldsymbol{\eta}\right)=\sum_{i=1}^{s}k_i(\boldsymbol{\gamma}_i',\boldsymbol{\eta})=0。$$ ■

例 15 证明:在欧几里得空间 $\mathbf{R}^n$ 中,如果向量 $\boldsymbol{\alpha}$ 与 $\mathbf{R}^n$ 的一个正交基 $\boldsymbol{\beta}_1,\boldsymbol{\beta}_2,\cdots,\boldsymbol{\beta}_n$ 的每个向量都正交,那么 $\boldsymbol{\alpha}=\mathbf{0}$。

证明 设 $\boldsymbol{\alpha}=a_1\boldsymbol{\beta}_1+a_2\boldsymbol{\beta}_2+\cdots+a_n\boldsymbol{\beta}_n$,则由 $(\boldsymbol{\alpha},\boldsymbol{\beta}_j)=0$,得

$$0=(\boldsymbol{\alpha},\boldsymbol{\beta}_j)=\left(\sum_{i=1}^{n}a_i\boldsymbol{\beta}_i,\boldsymbol{\beta}_j\right)=\sum_{i=1}^{n}a_i(\boldsymbol{\beta}_i,\boldsymbol{\beta}_j)=a_j(\boldsymbol{\beta}_j,\boldsymbol{\beta}_j)。$$

由于 $(\boldsymbol{\beta}_j,\boldsymbol{\beta}_j)\neq 0$,因此 $a_j=0,j=1,2,\cdots,n$,从而 $\boldsymbol{\alpha}=\mathbf{0}$。 ■

例 16 在欧几里得空间 $\mathbf{R}^4$ 中,求与线性无关的向量组 $\boldsymbol{\alpha}_1,\boldsymbol{\alpha}_2,\boldsymbol{\alpha}_3$ 等价的正交单位向量组:

$$\boldsymbol{\alpha}_1=\begin{pmatrix}1\\0\\1\\0\end{pmatrix},\quad \boldsymbol{\alpha}_2=\begin{pmatrix}-1\\0\\0\\1\end{pmatrix},\quad \boldsymbol{\alpha}_3=\begin{pmatrix}1\\-1\\-2\\1\end{pmatrix}。$$

解 令 $\boldsymbol{\beta}_1=\boldsymbol{\alpha}_1$,

$$\boldsymbol{\beta}_2=\boldsymbol{\alpha}_2-\frac{(\boldsymbol{\alpha}_2,\boldsymbol{\beta}_1)}{(\boldsymbol{\beta}_1,\boldsymbol{\beta}_1)}\boldsymbol{\beta}_1=\begin{pmatrix}-1\\0\\0\\1\end{pmatrix}-\frac{-1}{2}\begin{pmatrix}1\\0\\1\\0\end{pmatrix}=\begin{pmatrix}-\frac{1}{2}\\0\\\frac{1}{2}\\1\end{pmatrix},$$

$$\boldsymbol{\beta}_3=\boldsymbol{\alpha}_3-\frac{(\boldsymbol{\alpha}_3,\boldsymbol{\beta}_1)}{(\boldsymbol{\beta}_1,\boldsymbol{\beta}_1)}\boldsymbol{\beta}_1-\frac{(\boldsymbol{\alpha}_3,\boldsymbol{\beta}_2)}{(\boldsymbol{\beta}_2,\boldsymbol{\beta}_2)}\boldsymbol{\beta}_2$$

$$=\begin{pmatrix}1\\-1\\-2\\1\end{pmatrix}-\frac{-1}{2}\begin{pmatrix}1\\0\\1\\0\end{pmatrix}-\frac{-\frac{1}{2}}{\frac{3}{2}}\begin{pmatrix}-\frac{1}{2}\\0\\\frac{1}{2}\\1\end{pmatrix}=\begin{pmatrix}\frac{4}{3}\\-1\\-\frac{4}{3}\\\frac{4}{3}\end{pmatrix}。$$

计算 $|\boldsymbol{\beta}_1|=\sqrt{2},\quad |\boldsymbol{\beta}_2|=\sqrt{\frac{3}{2}},\quad |\boldsymbol{\beta}_3|=\sqrt{\frac{19}{3}}$。

令 $\boldsymbol{\eta}_i=\frac{1}{|\boldsymbol{\beta}_i|}\boldsymbol{\beta}_i,i=1,2,3$,得

$$\boldsymbol{\eta}_1=\left(\frac{\sqrt{2}}{2},0,\frac{\sqrt{2}}{2},0\right)',\boldsymbol{\eta}_2=\left(-\frac{\sqrt{6}}{6},0,\frac{\sqrt{6}}{6},\frac{\sqrt{6}}{3}\right)',$$

$$\boldsymbol{\eta}_3=\left(\frac{4}{57}\sqrt{57},-\frac{1}{19}\sqrt{57},-\frac{4}{57}\sqrt{57},\frac{4}{57}\sqrt{57}\right)',$$

则 $\boldsymbol{\eta}_1,\boldsymbol{\eta}_2,\boldsymbol{\eta}_3$ 就是与 $\boldsymbol{\alpha}_1,\boldsymbol{\alpha}_2,\boldsymbol{\alpha}_3$ 等价的正交单位向量组。

例 17　设 U 是欧几里得空间 $\mathbf{R}^n$ 的一个子空间，如果向量 $\boldsymbol{\alpha}$ 与 U 中每一个向量正交，那么称 $\boldsymbol{\alpha}$ 与 U **正交**，记作 $\boldsymbol{\alpha}\perp U$。令

$$U^{\perp} \stackrel{\text{def}}{=\!=} \{\boldsymbol{\alpha}\in\mathbf{R}^n \mid \boldsymbol{\alpha}\perp U\},$$

称 $U^{\perp}$ 是 U 的**正交补**。证明：$U^{\perp}$ 是 $\mathbf{R}^n$ 的一个子空间。

证明　由于 $\mathbf{0}\perp U^{\perp}$，因此 $U^{\perp}$ 是 $\mathbf{R}^n$ 的一个非空子集。任取 $\boldsymbol{\alpha},\boldsymbol{\beta}\in U^{\perp}$，则对一切 $\boldsymbol{\gamma}\in U$，有

$$(\boldsymbol{\alpha}+\boldsymbol{\beta},\boldsymbol{\gamma})=(\boldsymbol{\alpha},\boldsymbol{\gamma})+(\boldsymbol{\beta},\boldsymbol{\gamma})=0+0=0,$$
$$(k\boldsymbol{\alpha},\boldsymbol{\gamma})=k(\boldsymbol{\alpha},\boldsymbol{\gamma})=0,\ k\in K,$$

因此 $\boldsymbol{\alpha}+\boldsymbol{\beta}\in U^{\perp}$，$k\boldsymbol{\alpha}\in U^{\perp}$，从而 $U^{\perp}$ 是 $\mathbf{R}^n$ 的一个空间。■

例 18　设 U 是欧几里得空间 $\mathbf{R}^n$ 的一个子空间。令

$$\mathcal{P}_U:\mathbf{R}^n \longrightarrow \mathbf{R}^n$$
$$\boldsymbol{\alpha} \longmapsto \boldsymbol{\alpha}_1,$$

其中 $\boldsymbol{\alpha}_1\in U$，并且 $\boldsymbol{\alpha}-\boldsymbol{\alpha}_1\in U^{\perp}$，则称 $\mathcal{P}_U$ 是 $\mathbf{R}^n$ 在 U 上的**正交投影**，把 $\boldsymbol{\alpha}_1$ 称为向量 $\boldsymbol{\alpha}$ 在 U 上的**正交投影**。证明：对于 $\boldsymbol{\alpha}\in\mathbf{R}^n$，$\boldsymbol{\alpha}_1\in U$ 是 $\boldsymbol{\alpha}$ 在 U 上的正交投影当且仅当

$$|\boldsymbol{\alpha}-\boldsymbol{\alpha}_1|\leqslant|\boldsymbol{\alpha}-\boldsymbol{\gamma}|,\ \forall\,\boldsymbol{\gamma}\in U。$$

证明　必要性。设 $\boldsymbol{\alpha}_1\in U$ 是 $\boldsymbol{\alpha}$ 在 U 上的正交投影，则 $\boldsymbol{\alpha}-\boldsymbol{\alpha}_1\in U^{\perp}$，从而 $\forall\,\boldsymbol{\gamma}\in U$，有

$$(\boldsymbol{\alpha}-\boldsymbol{\alpha}_1)\perp(\boldsymbol{\alpha}_1-\boldsymbol{\gamma}),$$

于是

$$\begin{aligned}|\boldsymbol{\alpha}-\boldsymbol{\gamma}|^2&=|\boldsymbol{\alpha}-\boldsymbol{\alpha}_1+\boldsymbol{\alpha}_1-\boldsymbol{\gamma}|^2=(\boldsymbol{\alpha}-\boldsymbol{\alpha}_1+\boldsymbol{\alpha}_1-\boldsymbol{\gamma},\boldsymbol{\alpha}-\boldsymbol{\alpha}_1+\boldsymbol{\alpha}_1-\boldsymbol{\gamma})\\&=(\boldsymbol{\alpha}-\boldsymbol{\alpha}_1,\boldsymbol{\alpha}-\boldsymbol{\alpha}_1)+2(\boldsymbol{\alpha}-\boldsymbol{\alpha}_1,\boldsymbol{\alpha}_1-\boldsymbol{\gamma})+(\boldsymbol{\alpha}_1-\boldsymbol{\gamma},\boldsymbol{\alpha}_1-\boldsymbol{\gamma})\\&=|\boldsymbol{\alpha}-\boldsymbol{\alpha}_1|^2+|\boldsymbol{\alpha}_1-\boldsymbol{\gamma}|^2\geqslant|\boldsymbol{\alpha}-\boldsymbol{\alpha}_1|^2,\end{aligned}$$

从而

$$|\boldsymbol{\alpha}-\boldsymbol{\gamma}|\geqslant|\boldsymbol{\alpha}-\boldsymbol{\alpha}_1|。$$

充分性。设 $|\boldsymbol{\alpha}-\boldsymbol{\alpha}_1|\leqslant|\boldsymbol{\alpha}-\boldsymbol{\gamma}|$，$\forall\,\boldsymbol{\gamma}\in U$。

假设 $\boldsymbol{\delta}$ 是 $\boldsymbol{\alpha}$ 在 U 上的正交投影，则根据刚才证得的必要性得，$|\boldsymbol{\alpha}-\boldsymbol{\delta}|\leqslant|\boldsymbol{\alpha}-\boldsymbol{\alpha}_1|$，从而

$$|\boldsymbol{\alpha}-\boldsymbol{\delta}|=|\boldsymbol{\alpha}-\boldsymbol{\alpha}_1|。$$

由于 $\boldsymbol{\alpha}-\boldsymbol{\delta}\in U^{\perp}$，$\boldsymbol{\delta}-\boldsymbol{\alpha}_1\in U$，因此 $(\boldsymbol{\alpha}-\boldsymbol{\delta})\perp(\boldsymbol{\delta}-\boldsymbol{\alpha}_1)$。同上理，得

$$|\boldsymbol{\alpha}-\boldsymbol{\alpha}_1|^2=|\boldsymbol{\alpha}-\boldsymbol{\delta}+\boldsymbol{\delta}-\boldsymbol{\alpha}_1|^2=|\boldsymbol{\alpha}-\boldsymbol{\delta}|^2+|\boldsymbol{\delta}-\boldsymbol{\alpha}_1|^2。$$

由此得出，$|\boldsymbol{\delta}-\boldsymbol{\alpha}_1|^2=0$，因此 $\boldsymbol{\delta}=\boldsymbol{\alpha}_1$，即 $\boldsymbol{\alpha}_1$ 是 $\boldsymbol{\alpha}$ 在 U 上的正交投影。■

例 19　设 $\boldsymbol{A}$ 是实数域上的一个 $m\times n$ 矩阵，$m>n$，$\boldsymbol{\beta}\in\mathbf{R}^m$。如果 $\boldsymbol{x}_0\in\mathbf{R}^n$ 使得 $|\boldsymbol{\beta}-\boldsymbol{A}\boldsymbol{x}_0|^2\leqslant|\boldsymbol{\beta}-\boldsymbol{A}\boldsymbol{x}|^2$，$\forall\,\boldsymbol{x}\in\mathbf{R}^n$，那么称 $\boldsymbol{x}_0$ 是线性方程组 $\boldsymbol{A}\boldsymbol{x}=\boldsymbol{\beta}$ 的**最小二乘解**。证明：$\boldsymbol{x}_0$ 是 $\boldsymbol{A}\boldsymbol{x}=\boldsymbol{\beta}$ 的最小二乘解当且仅当 $\boldsymbol{x}_0$ 是线性方程组

$$\boldsymbol{A}'\boldsymbol{A}\boldsymbol{x}=\boldsymbol{A}'\boldsymbol{\beta}$$

的解。

证明　用 U 表示矩阵 $\boldsymbol{A}$ 的列空间，$U=\langle\boldsymbol{\alpha}_1,\boldsymbol{\alpha}_2,\cdots,\boldsymbol{\alpha}_n\rangle$，则 $\boldsymbol{x}_0$ 是 $\boldsymbol{A}\boldsymbol{x}=\boldsymbol{\beta}$ 的最小二乘解

$\Longleftrightarrow$　$|\boldsymbol{\beta}-\boldsymbol{A}\boldsymbol{x}_0|^2\leqslant|\boldsymbol{\beta}-\boldsymbol{A}\boldsymbol{x}|^2$，$\forall\,\boldsymbol{x}\in\mathbf{R}^n$

$\Longleftrightarrow$ $|\boldsymbol{\beta}-\boldsymbol{A}\boldsymbol{x}_0|\leqslant|\boldsymbol{\beta}-\boldsymbol{A}\boldsymbol{x}|,\forall\,\boldsymbol{x}\in\mathbf{R}^n$

$\Longleftrightarrow$ $|\boldsymbol{\beta}-\boldsymbol{A}\boldsymbol{x}_0|\leqslant|\boldsymbol{\beta}-\boldsymbol{\gamma}|,\forall\,\boldsymbol{\gamma}\in U$

$\Longleftrightarrow$ $\boldsymbol{A}\boldsymbol{x}_0$ 是 $\boldsymbol{\beta}$ 在 U 上的正交投影

$\Longleftrightarrow$ $\boldsymbol{\beta}-\boldsymbol{A}\boldsymbol{x}_0\in U^{\perp}$

$\Longleftrightarrow$ $(\boldsymbol{\beta}-\boldsymbol{A}\boldsymbol{x}_0,\boldsymbol{\alpha}_i)=0,i=1,2,\cdots,n$

$\Longleftrightarrow$ $\boldsymbol{\alpha}_i{}'(\boldsymbol{\beta}-\boldsymbol{A}\boldsymbol{x}_0)=0,i=1,2,\cdots,n$

$\Longleftrightarrow$ $\boldsymbol{A}'(\boldsymbol{\beta}-\boldsymbol{A}\boldsymbol{x}_0)=\mathbf{0}$

$\Longleftrightarrow$ $\boldsymbol{A}'\boldsymbol{A}\boldsymbol{x}_0=\boldsymbol{A}'\boldsymbol{\beta}$

$\Longleftrightarrow$ $\boldsymbol{x}_0$ 是 $\boldsymbol{A}'\boldsymbol{A}\boldsymbol{x}=\boldsymbol{A}'\boldsymbol{\beta}$ 的解。 ■

例 20 设 $\boldsymbol{A}$ 是实数域上的 $m\times n$ 列满秩矩阵，$m>n$。$\boldsymbol{A}$ 的列空间记作 U。记 $\boldsymbol{P}_A=\boldsymbol{A}(\boldsymbol{A}'\boldsymbol{A})^{-1}\boldsymbol{A}'$。令

$$\mathcal{P}_A(\boldsymbol{x})=\boldsymbol{P}_A\boldsymbol{x},\forall\,\boldsymbol{x}\in\mathbf{R}^m。$$

证明：$\mathcal{P}_A$ 是 $\mathbf{R}^m$ 在 U 上的正交投影。

证明 设 $\boldsymbol{A}$ 的列向量组是 $\boldsymbol{\alpha}_1,\boldsymbol{\alpha}_2,\cdots,\boldsymbol{\alpha}_n$。任取 $\boldsymbol{X}\in\mathbf{R}^m$。

先证 $\mathcal{P}_A\boldsymbol{X}\in U$。由于 $(\boldsymbol{A}'\boldsymbol{A})^{-1}\boldsymbol{A}'\boldsymbol{x}$ 是 $n\times 1$ 矩阵，因此可设 $(\boldsymbol{A}'\boldsymbol{A})^{-1}\boldsymbol{A}'\boldsymbol{x}=(c_1,c_2,\cdots,c_n)'$。从而

$$\boldsymbol{P}_A\boldsymbol{x}=\boldsymbol{A}(\boldsymbol{A}'\boldsymbol{A})^{-1}\boldsymbol{A}'\boldsymbol{x}=(\boldsymbol{\alpha}_1,\boldsymbol{\alpha}_2,\cdots,\boldsymbol{\alpha}_n)\begin{pmatrix}c_1\\c_2\\\vdots\\c_n\end{pmatrix}$$

$$=c_1\boldsymbol{\alpha}_1+c_2\boldsymbol{\alpha}_2+\cdots+c_n\boldsymbol{\alpha}_n\in U。$$

再证 $\boldsymbol{x}-\boldsymbol{P}_A\boldsymbol{x}\in U^{\perp}$，即要证 $(\boldsymbol{I}-\boldsymbol{P}_A)\boldsymbol{x}\in U^{\perp}$。由于

$$\begin{pmatrix}\boldsymbol{\alpha}_1{}'\\\boldsymbol{\alpha}_2{}'\\\vdots\\\boldsymbol{\alpha}_n{}'\end{pmatrix}(\boldsymbol{I}-\boldsymbol{P}_A)\boldsymbol{x}=\boldsymbol{A}'[\boldsymbol{I}-\boldsymbol{A}(\boldsymbol{A}'\boldsymbol{A})^{-1}\boldsymbol{A}']\boldsymbol{x}$$

$$=[\boldsymbol{A}'-\boldsymbol{A}'\boldsymbol{A}(\boldsymbol{A}'\boldsymbol{A})^{-1}\boldsymbol{A}']\boldsymbol{x}=\mathbf{0}\boldsymbol{X}=\mathbf{0},$$

因此 $\boldsymbol{\alpha}_j{}'(\boldsymbol{I}-\boldsymbol{P}_A)\boldsymbol{x}=0,j=1,2,\cdots,n$。从而 $(\boldsymbol{I}-\boldsymbol{P}_A)\boldsymbol{x}\in U^{\perp}$。

综上所述，$\mathcal{P}_A$ 是 $\mathbf{R}^m$ 在 U 上的正交投影。 ■

习题 4.6

1. 证明：在欧几里得空间 $\mathbf{R}^n$ 中，如果 $\boldsymbol{\alpha}$ 与 $\boldsymbol{\beta}$ 正交，那么对任意实数 k,l，有 $k\boldsymbol{\alpha}$ 与 $l\boldsymbol{\beta}$ 也正交。

2. 证明：在欧几里得空间 $\mathbf{R}^n$ 中，如果 $\boldsymbol{\beta}$ 与 $\boldsymbol{\alpha}_1,\boldsymbol{\alpha}_2,\cdots,\boldsymbol{\alpha}_s$ 都正交，那么 $\boldsymbol{\beta}$ 与 $\boldsymbol{\alpha}_1,\boldsymbol{\alpha}_2,\cdots,\boldsymbol{\alpha}_s$ 的任一线性组合也正交。

3. 证明：在欧几里得空间 $\mathbf{R}^n$ 中，如果 $\boldsymbol{\alpha}$ 与自身正交，那么 $\boldsymbol{\alpha}=\mathbf{0}$。

4. 在欧几里得空间 $\mathbf{R}^3$ 中，设向量组

$$\boldsymbol{\alpha}_1=\begin{pmatrix}1\\-2\\0\end{pmatrix},\quad \boldsymbol{\alpha}_2=\begin{pmatrix}1\\0\\-1\end{pmatrix},$$

求与 $\boldsymbol{\alpha}_1,\boldsymbol{\alpha}_2$ 等价的正交单位向量组。

5. 在欧几里得空间 $\mathbf{R}^4$ 中，设向量组

$$\boldsymbol{\alpha}_1=\begin{pmatrix}1\\1\\0\\0\end{pmatrix},\quad \boldsymbol{\alpha}_2=\begin{pmatrix}1\\0\\1\\0\end{pmatrix},\quad \boldsymbol{\alpha}_3=\begin{pmatrix}1\\0\\0\\-1\end{pmatrix},$$

求与 $\boldsymbol{\alpha}_1,\boldsymbol{\alpha}_2,\boldsymbol{\alpha}_3$ 等价的正交单位向量组。

6. 设 $\boldsymbol{A}$ 是实数域上的 4×3 矩阵，$\mathrm{rank}(\boldsymbol{A})=3$。

$$\boldsymbol{A}=\begin{pmatrix}1&2&5\\-1&1&-4\\-1&4&-3\\1&-4&7\end{pmatrix}$$

把 $\boldsymbol{A}$ 分解成 $\boldsymbol{A}=\boldsymbol{QR}$，其中 $\boldsymbol{Q}$ 是列向量组为正交单位向量组的 4×3 矩阵，$\boldsymbol{R}$ 是主对角元都为正数的上三角矩阵。

7. 证明：如果正交矩阵 $\boldsymbol{A}$ 是分块上三角矩阵，那么 $\boldsymbol{A}$ 是分块对角矩阵，并且 $\boldsymbol{A}$ 的主对角线上的所有子矩阵都是正交矩阵。

8. 证明：位于正交矩阵的任何 k 行(或 k 列)的所有 k 阶子式的平方和等于 1。

9. 在什么条件下，对角矩阵是正交矩阵？

10. 证明：实数域上的四元齐次线性方程组

$$\begin{cases}ax_1+bx_2+cx_3+dx_4=0\\bx_1-ax_2+dx_3-cx_4=0\\cx_1-dx_2-ax_3+bx_4=0\\dx_1+cx_2-bx_3-ax_4=0\end{cases}$$

当 a,b,c,d 不全为 0 时，只有零解。

11. 证明：在欧几里得空间 $\mathbf{R}^n$ 中，勾股定理成立，即如果 $\boldsymbol{\alpha}$ 与 $\boldsymbol{\beta}$ 正交，那么

$$|\boldsymbol{\alpha}+\boldsymbol{\beta}|^2=|\boldsymbol{\alpha}|^2+|\boldsymbol{\beta}|^2。$$

12. 证明：在欧几里得空间 $\mathbf{R}^n$ 中，对于任意向量 $\boldsymbol{\alpha},\boldsymbol{\beta}$，有

$$|(\boldsymbol{\alpha},\boldsymbol{\beta})|\leqslant|\boldsymbol{\alpha}||\boldsymbol{\beta}|$$

等号成立当且仅当 $\boldsymbol{\alpha},\boldsymbol{\beta}$ 线性相关。

13. 证明：在欧几里得空间 $\mathbf{R}^n$ 中，三角形不等式成立，即对于任意 $\boldsymbol{\alpha}_1\boldsymbol{\beta}\in\mathbf{R}^n$，有

$$|\boldsymbol{\alpha}+\boldsymbol{\beta}|\leqslant|\boldsymbol{\alpha}|+|\boldsymbol{\beta}|。$$

14. 在欧几里得空间 $\mathbf{R}^n$，两个非零向量 $\boldsymbol{\alpha},\boldsymbol{\beta}$ 的夹角 $\langle\boldsymbol{\alpha},\boldsymbol{\beta}\rangle$ 规定为

$$\langle\boldsymbol{\alpha},\boldsymbol{\beta}\rangle \xlongequal{\text{def}} \arccos\frac{(\boldsymbol{\alpha},\boldsymbol{\beta})}{|\boldsymbol{\alpha}||\boldsymbol{\beta}|},$$

于是 $0\leqslant\langle\boldsymbol{\alpha},\boldsymbol{\beta}\rangle\leqslant\pi$。在 $\mathbf{R}^4$ 中，求 $\langle\boldsymbol{\alpha},\boldsymbol{\beta}\rangle$，其中

$$\boldsymbol{\alpha}=(1,-2,0,3)', \qquad \boldsymbol{\beta}=(4,1,5,-1)'。$$

15. 设 $\boldsymbol{A}$ 是实数域上的 $m\times n$ 列满秩矩阵，$m>n$。证明：$(\boldsymbol{A}'\boldsymbol{A})^{-1}\boldsymbol{A}'\boldsymbol{\beta}$ 是线性方程组 $\boldsymbol{A}\boldsymbol{x}=\boldsymbol{\beta}$ 的唯一的最小二乘解。

16. 设 $\boldsymbol{A}$ 是复数域上的矩阵，用 $\boldsymbol{A}^*$ 表示 $\overline{\boldsymbol{A}}'$，即把 $\boldsymbol{A}$ 的每个元素取共轭复数得到的矩阵 $\overline{\boldsymbol{A}}$ 再转置(注意从上下文区别 $\boldsymbol{A}^*$ 是表示 $\overline{\boldsymbol{A}}'$ 还是表示 A 的伴随矩阵)。如果 n 级复矩阵 $\boldsymbol{A}$ 满足 $\boldsymbol{A}^*\boldsymbol{A}=\boldsymbol{I}$，那么称 $\boldsymbol{A}$ 是**酉矩阵**。证明：下列每一个条件都是 n 级复矩阵 $\boldsymbol{A}=(a_{ij})$ 为酉矩阵的充分必要条件：

(1) $\boldsymbol{A}$ 可逆，且 $\boldsymbol{A}^{-1}=\boldsymbol{A}^*$；　　(2) $\boldsymbol{A}\boldsymbol{A}^*=\boldsymbol{I}$；

(3) $\sum\limits_{k=1}^{n}a_{ik}\bar{a}_{jk}=\delta_{ij},1\leqslant i,j\leqslant n$；　　(4) $\sum\limits_{k=1}^{n}\bar{a}_{ki}a_{kj}=\delta_{ij},1\leqslant i,j\leqslant n$。

17. 证明：两个 n 级酉矩阵的乘积是酉矩阵；酉矩阵的逆矩阵是酉矩阵。

18. 证明：酉矩阵的行列式的模等于 1。

4.7 K^n 到 K^s 的线性映射

4.7.1 内容精华

1. 映射

研究两个集合之间的关系，首先要看它们的元素之间有没有对应关系。例如，所有来一个教室听课的同学组成集合 A，这个教室的所有椅子组成集合 B。每个同学坐在一个椅子上就使集合 A 中的每个同学与集合 B 中的唯一的一个椅子对应。由此我们抽象出下述概念：

定义 1 设 S 和 S' 是两个集合，如果存在一个对应法则 f，使得集合 S 中每一个元素 a，都有集合 S' 中唯一确定的元素 b 与它对应，那么称 f 是集合 S 到 S' 的一个**映射**，记作

$$f: S\longrightarrow S'$$
$$a\longmapsto b,$$

其中 b 称为 a 在 f 下的**象**，a 称为 b 在 f 下的一个**原象**。a 在 f 下的象用符号 $f(a)$ 或 fa 表示，于是映射 f 也可以记成

$$f(a)=b, \quad a\in S。$$

设 f 是集合 S 到集合 S' 的一个映射，则把 S 叫作映射 f 的**定义域**，把 S' 叫作 f 的**陪域**。S 的所有元素在 f 下的象组成的集合叫作 f 的**值域**或 f 的**象**，记作 $f(S)$ 或 $\mathrm{Im}f$，即

$$f(S)\xlongequal{\text{def}}\{f(a)\mid a\in S\}=\{b\in S'\mid 存在\ a\in S\ 使\ f(a)=b\}。$$

容易看出，f 的值域是 f 的陪域的子集。

设 f 是集合 S 到集合 S' 的一个映射，如果 $f(S)=S'$，那么称 f 是**满射**（或 f 是 S 到 S' 上的映射）。由这个定义得，f 是满射当且仅当 f 的陪域中每一个元素都有至少一个原象。

如果映射 f 的定义域 S 中不同的元素的象也不同，那么称 f 是**单射**。由这个定义得，f 是单射当且仅当从 $a_1,a_2\in S$ 且 $f(a_1)=f(a_2)$ 可以推出 $a_1=a_2$。

如果映射 f 既是单射，又是满射，那么称 f 是**双射**（或 f 是 S 到 S' 的一个**一一对应**）。显然，f 是双射当且仅当陪域中每一个元素都有唯一的一个原象。

映射 f 与映射 g 称为**相等**，如果它们的定义域相等，陪域相等，并且对应法则相同（即 $\forall x\in S$，有 $f(x)=g(x)$）。

集合 S 到自身的一个映射，通常称为 S 上的一个**变换**。

集合 S 到数集（数域 K 的任一非空子集）的一个映射，通常称为 S 上的一个**函数**。

陪域 S' 中的元素 b 在映射 f 下的所有原象组成的集合称为 b 在 f 下的**原象集**，记作 $f^{-1}(b)$。

定义 2　映射 $f:S\longrightarrow S$ 如果把 S 中每一个元素对应到它自身，即 $\forall x\in S$，有 $f(x)=x$，那么称 f 是**恒等映射**（或 S 上的**恒等变换**），记作 1_S。

定义 3　相继施行映射 $g:S\longrightarrow S'$ 和 $f:S'\longrightarrow S''$，得到 S 到 S'' 的一个映射，称为 f 与 g 的**乘积**（或**合成**），记作 fg，即

$$(fg)(a)\xlongequal{\text{def}}f(g(a)),\ \forall a\in S。$$

定理 1　映射的乘法适合结合律。即如果 $h:S\longrightarrow S'$，$g:S'\longrightarrow S''$，$f:S''\longrightarrow S'''$，那么 $f(gh)=(fg)h$。

证明　$f(gh)$ 与 $(fg)h$ 都是 S 到 S''' 的映射。对任意 $a\in S$，有

$$[f(gh)]a=f[(gh)a]=f[g(ha)],$$
$$[(fg)h]a=(fg)(ha)=f[g(ha)],$$

因此
$$f(gh)=(fg)h。$$
■

注意：映射的乘法不适合交换律。

命题 1　对于任意一个映射 $f:S\longrightarrow S'$，有

$$f1_S=f,\qquad 1_{S'}f=f。$$

证明　任给 $a\in S$，有 $(f1_S)(a)=f[1_S(a)]=f(a)$，因此 $f1_S=f$，又有

$$(1_{S'}f)(a)=1_{S'}[f(a)]=f(a),$$

因此
$$1_{S'}f=f。$$
■

定义 4　设 $f:S\longrightarrow S'$，如果存在一个映射 $g:S'\longrightarrow S$，使得

$$fg=1_{S'}\qquad gf=1_S,$$

那么称映射 f 是**可逆的**，此时称 g 是 f 的一个**逆映射**。

命题 2　如果 f 是可逆的，那么它的逆映射是唯一的，把 f 的逆映射记作 f^{-1}。

证明　设 g 和 h 都是 f 的逆映射，则 $h(fg)=h1_{S'}=h$。由结合律得，

$$h(fg)=(hf)g=1_Sg=g。$$

因此
$$h=g。$$ ■

当 f 是可逆映射时，
$$ff^{-1}=1_{S'}, \qquad f^{-1}f=1_S,$$
从而它的逆映射 f^{-1} 也可逆，且
$$(f^{-1})^{-1}=f。$$

定理 2 映射 $f:S\longrightarrow S'$ 是可逆的充分必要条件为 f 是双射。

证明 必要性。设 $f:S\longrightarrow S'$ 是可逆的，则有逆映射 $f^{-1}:S'\longrightarrow S$，并且
$$ff^{-1}=1_{S'},f^{-1}f=1_S。$$
任给 $a'\in S'$，有 $f^{-1}(a')\in S$，且
$$f(f^{-1}(a'))=(ff^{-1})(a')=1_{S'}(a')=a',$$
因此 a' 在 f 下有至少一个原象 $f^{-1}(a')$，从而 f 是满射。

任给 $a_1,a_2\in S$，假如 $f(a_1)=f(a_2)$，则
$$f^{-1}(f(a_1))=f^{-1}(f(a_2))。$$
由于 $f^{-1}(f(a_1))=(f^{-1}f)(a_1)=1_S(a_1)=a_1$，同理 $f^{-1}(f(a_2))=a_2$，因此，$a_1=a_2$，从而 f 是单射，因此 f 是双射。

充分性。设 $f:S\longrightarrow S'$ 是双射，则对于任意 $a'\in S'$，a' 在 f 下有唯一的一个原象 a，此时 $f(a)=a'$。令
$$g:S'\longrightarrow S$$
$$a'\longmapsto a,$$
则 g 是 S' 到 S 的一个映射，并且
$$(fg)(a')=f(g(a'))=f(a)=a',$$
因此 $fg=1_{S'}$。

任取 $x\in S$，由映射 g 的定义知道，$g(f(x))=x$，因此
$$(gf)(x)=g(f(x))=x,$$
从而 $gf=1_S$，因此 f 是可逆的。 ■

2. 线性映射

同学们都熟悉正比例函数 $y=kx(k\neq 0)$，即 $f(x)=kx$。对任意实数 a,c，有 $f(a+c)=k(a+c)=ka+kc=f(a)+f(c)$；对任意实数 a,l，有 $f(la)=k(la)=lf(a)$。这表明正比例函数 f 保持加法运算和数量乘法运算。从这类例子受到启发，引出下述概念：

定义 5 数域 K 上的向量空间 K^n 到 K^s 的一个映射 σ 如果保持加法和数量乘法，即 $\forall\,\boldsymbol{\alpha},\boldsymbol{\beta}\in K^n,k\in K$，有
$$\sigma(\boldsymbol{\alpha}+\boldsymbol{\beta})=\sigma(\boldsymbol{\alpha})+\sigma(\boldsymbol{\beta}),$$
$$\sigma(k\boldsymbol{\alpha})=k\sigma(\boldsymbol{\alpha}),$$
那么称 σ 是 K^n 到 K^s 的一个**线性映射**。

设 $\boldsymbol{A}$ 是数域 K 上的 $s\times n$ 矩阵，令
$$\mathcal{A}:K^n\longrightarrow K^s$$
$$\boldsymbol{\alpha}\longmapsto \boldsymbol{A\alpha}, \tag{1}$$
则容易验证 $\mathcal{A}$ 是 K^n 到 K^s 的一个线性映射。这个线性映射很有用。

事实 1 数域 K 上 n 元线性方程组 $\boldsymbol{Ax}=\boldsymbol{\beta}$ 有解

$\Longleftrightarrow$ 存在 $\boldsymbol{\gamma}\in K^n$，使得 $\boldsymbol{A\gamma}=\boldsymbol{\beta}$

$\Longleftrightarrow$ 存在 $\boldsymbol{\gamma}\in K^n$，使得 $\mathcal{A}(\boldsymbol{\gamma})=\boldsymbol{\beta}$

$\Longleftrightarrow$ $\boldsymbol{\beta}\in \operatorname{Im}\mathcal{A}$。

由事实 1 看出，使线性方程组 $\boldsymbol{Ax}=\boldsymbol{\beta}$ 有解的 $\boldsymbol{\beta}$ 组成的集合是线性映射 $\mathcal{A}(\boldsymbol{\alpha})=\boldsymbol{A\alpha}$ 的象。由事实 1 立即得出：

事实 2 设数域 K 上 $s\times n$ 矩阵 $\boldsymbol{A}$ 的列向量组是 $\boldsymbol{\alpha}_1,\boldsymbol{\alpha}_2,\cdots,\boldsymbol{\alpha}_n$，则

$\boldsymbol{\beta}\in \operatorname{Im}\mathcal{A}$

$\Longleftrightarrow$ 线性方程组 $\boldsymbol{Ax}=\boldsymbol{\beta}$ 有解

$\Longleftrightarrow$ $\boldsymbol{\beta}\in\langle\boldsymbol{\alpha}_1,\boldsymbol{\alpha}_2,\cdots,\boldsymbol{\alpha}_n\rangle$，

因此
$$\operatorname{Im}\mathcal{A}=\langle\boldsymbol{\alpha}_1,\boldsymbol{\alpha}_2,\cdots\boldsymbol{\alpha}_n\rangle \tag{2}$$
即，由式(1)定义的线性映射 $\mathcal{A}$ 的象(值域)等于矩阵 $\boldsymbol{A}$ 的列空间，从而 $\operatorname{Im}\mathcal{A}$ 是 K^s 的一个子空间。

事实 3 设数域 K 上齐次线性方程组 $\boldsymbol{Ax}=\boldsymbol{0}$ 的解空间是 W，则
$$\boldsymbol{\eta}\in W \quad\Longleftrightarrow\quad \boldsymbol{A\eta}=\boldsymbol{0} \quad\Longleftrightarrow\quad \mathcal{A}(\boldsymbol{\eta})=\boldsymbol{0}。$$
由此受到启发，引出下述概念。

定义 6 设 σ 是 K^n 到 K^s 的一个映射，K^n 的一个子集
$$\{\boldsymbol{\alpha}\in K^n \mid \sigma(\boldsymbol{\alpha})=\boldsymbol{0}\}$$
称为映射 σ 的**核**，记作 $\operatorname{Ker}\sigma$。

容易验证，如果 σ 是 K^n 到 K^s 的一个线性映射，那么 $\operatorname{Ker}\sigma$ 是 K^n 的一个子空间。

对于由式(1)定义的线性映射 $\mathcal{A}$，从事实 3 得出
$$\operatorname{Ker}\mathcal{A}=W, \tag{3}$$
即，由式(1)定义的线性映射 $\boldsymbol{A}$ 的核等于齐次线性方程组 $\boldsymbol{Ax}=\boldsymbol{0}$ 的解空间。

由式(1)定义的线性映射 $\boldsymbol{A}$ 的核的维数与 $\boldsymbol{A}$ 的象的维数之间有什么联系？由于
$$\dim W=n-\operatorname{rank}(\boldsymbol{A})=n-\dim\langle\boldsymbol{\alpha}_1,\boldsymbol{\alpha}_2,\cdots,\boldsymbol{\alpha}_n\rangle,$$
因此
$$\dim W+\dim\langle\boldsymbol{\alpha}_1,\boldsymbol{\alpha}_2,\cdots,\boldsymbol{\alpha}_n\rangle=n,$$
从而
$$\dim\operatorname{Ker}\mathcal{A}+\dim\operatorname{Im}\mathcal{A}=\dim K^n。 \tag{4}$$
式(4)是一个相当重要的公式。它表明：线性映射 $\mathcal{A}(\boldsymbol{\alpha})=\boldsymbol{A\alpha}$ 的核的维数越小，那么使线性方程组 $\boldsymbol{Ax}=\boldsymbol{\beta}$ 有解的 $\boldsymbol{\beta}$ 组成的子空间(即 $\operatorname{Im}\mathcal{A}$)的维数就越大，即有更多的以 $\boldsymbol{A}$ 为系数矩阵的线性方程组有解。这种此消彼长的现象被公式(4)精确地刻画出。又注意 $\operatorname{Ker}\mathcal{A}$ 是 K^n 的一个子空间，$\operatorname{Im}\mathcal{A}$ 是 K^s 的一个子空间，而它们的维数却被公式(4)联系起来了，这是一个多么漂亮的公式！

4.7.2 典型例题

例 1 设 $f:S\longrightarrow S'$，$g:S'\longrightarrow S''$。证明：

(1) 如果 f 和 g 都是单射，那么 gf 也是单射；

(2) 如果 f 和 g 都是满射,那么 gf 也是满射;

(3) 如果 f 和 g 都是双射,那么 gf 也是双射;

(4) 如果 f 和 g 都是可逆映射,那么 gf 也是可逆映射。

证明 (1) 设 f 和 g 都是单射。设 $a_1, a_2 \in S$,如果 $(gf)(a_1)=(gf)(a_2)$,那么 $g(f(a_1))=g(f(a_2))$。由于 g 是单射,因此 $f(a_1)=f(a_2)$。由于 f 是单射,因此 $a_1=a_2$。从而 gf 是单射。

(2) 设 f 和 g 都是满射。任取 $a''\in S''$。由于 g 是满射,因此存在 $a'\in S'$,使得 $a''=g(a')$。由于 f 是满射,因此存在 $a\in S$,使得 $a'=f(a)$,从而

$$a''=g(a')=g(f(a))=(gf)(a),$$

因此 gf 是满射。

(3) 由(1)和(2)立即得到。

(4) 由(3)和定理 2 立即得到。 ■

例 2 设 f 是有限集 $S=\{a_1, a_2, \cdots, a_n\}$ 到自身的一个映射。证明:

(1) 如果 f 是单射,那么 f 也是满射;

(2) 如果 f 是满射,那么 f 也是单射。

证明 (1) 设 f 是单射,则 $f(a_1), f(a_2), \cdots, f(a_n)$ 两两不等,从而 f 的值域 $f(S)$ 含有 n 个元素,又由于 $f(S)\subseteq S$,且 S 也含有 n 个元素,因此 $f(S)=S$,从而 f 是满射。

(2) 设 f 是满射,如果 f 不是单射,那么有两个不同的元素 a_i, a_j,使得 $f(a_i)=f(a_j)$,从而 $f(S)$ 所含元素个数小于 n,于是 $f(S)\subsetneqq S$。这与 f 是满射矛盾,因此 f 是单射。 ■

例 3 设 S 和 S' 是两个有限集,证明:如果存在 S 到 S' 的一个双射 f,那么 $|S|=|S'|$,其中 $|S|$ 表示有限集 S 所含元素的个数。

证明 设集合 $S=\{a_1, a_2, \cdots, a_n\}$。由于 f 是单射,因此

$$f(S)=\{f(a_1), f(a_2), \cdots, f(a_n)\},$$

$|f(S)|=n$。由于 f 是满射,因此 $f(S)=S'$,从而

$$|S'|=|f(S)|=n=|S|。$$ ■

例 4 设 S 和 S' 是两个集合,如果存在 S 到 S' 的一个双射 f,那么称 S 和 S' 有相同的**基数**,记作 $|S|=|S'|$。证明:整数集 $\mathbf{Z}$ 与偶数集(记作 $2\mathbf{Z}$)有相同的基数。

证明 令 $f: \mathbf{Z} \longrightarrow 2\mathbf{Z}$

$$m \longmapsto 2m,$$

显然 f 是 $\mathbf{Z}$ 到 $2\mathbf{Z}$ 的一个映射,并且是单射,满射,因此 f 是双射,从而 $\mathbf{Z}$ 与 $2\mathbf{Z}$ 有相同的基数。 ■

例 5 设 $\boldsymbol{A}$ 是数域 K 上的 $s\times n$ 矩阵。令

$$\mathcal{A}: K^n \longrightarrow K^s$$
$$\boldsymbol{\alpha} \longmapsto \boldsymbol{A\alpha},$$

则 $\mathcal{A}$ 是 K^n 到 K^s 的一个线性映射。证明:

(1) $\mathcal{A}$ 是单射当且仅当 $\operatorname{Ker}\mathcal{A}=\{\mathbf{0}\}$;

(2) $\mathcal{A}$ 是满射当且仅当 $\operatorname{Im}\mathcal{A}=K^s$;

(3) 当 $s=n$ 时，$\mathcal{A}$是单射当且仅当$\mathcal{A}$是满射，从而$\mathcal{A}$是双射。

证明　(1) 必要性。设$\mathcal{A}$是单射，任取 $\boldsymbol{\alpha}\in \operatorname{Ker} \mathcal{A}$，则

$$\mathcal{A}(\boldsymbol{\alpha})=\mathbf{0}=\mathcal{A}(\mathbf{0}).$$

由此推出，$\boldsymbol{\alpha}=\mathbf{0}$，因此 $\operatorname{Ker} \mathcal{A}=\{\mathbf{0}\}$。

充分性。设 $\operatorname{Ker} \mathcal{A}=\{\mathbf{0}\}$，取 $\boldsymbol{\alpha}_1,\boldsymbol{\alpha}_2\in \boldsymbol{K}^n$，且$\mathcal{A}(\boldsymbol{\alpha}_1)=\mathcal{A}(\boldsymbol{\alpha}_2)$，

则

$$\mathbf{0}=\mathcal{A}(\boldsymbol{\alpha}_1)-\mathcal{A}(\boldsymbol{\alpha}_2)=\mathcal{A}(\boldsymbol{\alpha}_1-\boldsymbol{\alpha}_2),$$

从而　$\boldsymbol{\alpha}_1-\boldsymbol{\alpha}_2\in \operatorname{Ker} \mathcal{A}$。由于 $\operatorname{Ker} \mathcal{A}=\{\mathbf{0}\}$，因此 $\boldsymbol{\alpha}_1-\boldsymbol{\alpha}_2=0$，即 $\boldsymbol{\alpha}_1=\boldsymbol{\alpha}_2$，因此$\mathcal{A}$是单射。

(2) 由满射的定义立即得到。

(3) 当 $s=n$ 时，由本节公式(4)得

$$\begin{aligned}
\mathcal{A}\text{是单射} &\Longleftrightarrow \operatorname{Ker} \mathcal{A}=\{\mathbf{0}\}\\
&\Longleftrightarrow \dim \operatorname{Ker} \mathcal{A}=0\\
&\Longleftrightarrow \dim \operatorname{Im} \mathcal{A}=\dim K^n\\
&\Longleftrightarrow \operatorname{Im} \mathcal{A}=K^n\\
&\Longleftrightarrow \mathcal{A}\text{是满射。}
\end{aligned}$$

■

例 6　设数域 $\boldsymbol{K}$ 上的 3×4 矩阵 $\boldsymbol{A}$ 为

$$\boldsymbol{A}=\begin{pmatrix}1&0&1&1\\3&1&4&7\\-1&1&0&3\end{pmatrix}。$$

令

$$\mathcal{A}(\boldsymbol{\alpha})=\boldsymbol{A\alpha},\qquad \forall\,\boldsymbol{\alpha}\in K^4。$$

分别求 $\operatorname{Im} \mathcal{A}$和 $\operatorname{Ker} \mathcal{A}$的一个基和维数。

解　$\operatorname{Im} \mathcal{A}$等于 $\boldsymbol{A}$ 的列空间，因此求 $\operatorname{Im} \mathcal{A}$的一个基和维数就是求矩阵 $\boldsymbol{A}$ 的列向量组的一个极大线性无关组和秩。$\operatorname{Ker} \mathcal{A}$等于 $\boldsymbol{Ax}=\mathbf{0}$ 的解空间，同此求 $\operatorname{Ker} \mathcal{A}$的一个基就是求$\boldsymbol{Ax}=\mathbf{0}$的一个基础解系。这些都可以通过对矩阵 $\boldsymbol{A}$ 作初等行变换化成简化行阶梯形来求得：

$$\boldsymbol{A}\longrightarrow\begin{pmatrix}1&0&1&1\\0&1&1&4\\0&1&1&4\end{pmatrix}\longrightarrow\begin{pmatrix}1&0&1&1\\0&1&1&4\\0&0&0&0\end{pmatrix}。$$

由此看出，$\boldsymbol{A}$ 的第 1，2 列是 $\operatorname{Im} \mathcal{A}$的一个基，$\dim \operatorname{Im} \mathcal{A}=2$。

由公式(4)得，$\dim \operatorname{Ker} \mathcal{A}=4-2=2$。

$\boldsymbol{Ax}=\mathbf{0}$ 的一般解是

$$\begin{cases}x_1=-x_3-x_4,\\x_2=-x_3-4x_4,\end{cases}$$

其中 x_3,x_4 是自由未知量。由此得出，$\boldsymbol{Ax}=\mathbf{0}$ 的一个基础解系是

$$\boldsymbol{\eta}_1=\begin{pmatrix}1\\1\\-1\\0\end{pmatrix},\qquad \boldsymbol{\eta}_2=\begin{pmatrix}1\\4\\0\\-1\end{pmatrix}。$$

于是 $\boldsymbol{\eta}_1,\boldsymbol{\eta}_2$ 是 $\operatorname{Ker} \mathcal{A}$的一个基。

例 7 氨(N_2H_4)与四氧化二氮(N_2O_4)结合形成氮气(N_2)和水(H_2O):

$$N_2H_4 + N_2O_4 \longrightarrow N_2 + H_2O,$$

平衡此化学反应的左、右边,即两边各元素的原子个数相同。

解 设化学反应式为

$$xN_2H_4 + yN_2O_4 = zN_2 + wH_2O,$$

其中 x,y,z,w 是待定的正整数。上述化学反应式左右两边原子 N,H,O 的个数应分别相等,于是得出

$$\begin{cases} 2x+2y=2z \\ 4x \qquad\quad =2w \\ \qquad 4y=w \end{cases}$$

即

$$\begin{cases} x+\ y-z=0 \\ 2x \qquad -w=0 \\ \qquad 4y-w=0 \end{cases} \tag{5}$$

令

$$\boldsymbol{A}=\begin{pmatrix} 1 & 1 & -1 & 0 \\ 2 & 0 & 0 & -1 \\ 0 & 4 & 0 & -1 \end{pmatrix},$$

容易看出 $\boldsymbol{A}$ 的第 1,2,3 列组成的 3 阶子式不等于 0,因此 $\operatorname{rank}(\boldsymbol{A})=3$,从而齐次线性方程组(5)的解空间 W 的维数 $\dim W=4-\operatorname{rank}(\boldsymbol{A})=4-3=1$,因此方程组(5)的基础解系含 1 个解向量,从而方程组(5)只有一个自由未知量。取 w 为自由未知量,则

$$x=\frac{1}{2}w,\quad y=\frac{1}{4}w,\quad z=\frac{3}{4}w。$$

让 w 取值 4,得到一个基础解系:

$$\boldsymbol{\eta}=(2,1,3,4)',$$

因此上述化学反应式为

$$2N_2H_4 + N_2O_4 = 3N_2 + 4H_2O。$$

点评:从例 7 的解题过程看出,平衡化学反应方程式可归结为求齐次线性方程组的一个基础解系,也就是求线性映射 $\mathcal{A}(\boldsymbol{\alpha})=\boldsymbol{A\alpha}$ 的核的一个基。利用 $\operatorname{Ker}\mathcal{A}$ 的维数的信息可以较快地求出 $\operatorname{Ker}\mathcal{A}$ 的一个基。

例 8 某产品公司租了两个仓库,记作 W_1,W_2,它们可分别存储 80 吨和 60 吨产品。该公司向两个商店(记作 S_1,S_2)发送产品,S_1 和 S_2 分别能存储产品 a 吨和 b 吨,要求存储在仓库的产品都必须发送出去。试问:仓库 W_1,W_2 应分别向商店 S_1,S_2 发送多少吨产品?a,b 满足什么条件时,此问题有解?求此问题的可行解。

解 设仓库 W_i 应向商店 S_j 发送 x_{ij} 吨产品,$i=1,2;j=1,2$。根据题意,并且充分发挥 S_1 和 S_2 的存储能力,得

$$\begin{cases} x_{11}+x_{12}=80 \\ x_{21}+x_{22}=60 \\ x_{11}+x_{21}=a \\ x_{12}+x_{22}=b \end{cases} \tag{6}$$

先把线性方程组(6)的增广矩阵化成简化行阶梯形矩阵：

$$\begin{pmatrix}1&1&0&0&80\\0&0&1&1&60\\1&0&1&0&a\\0&1&0&1&b\end{pmatrix}\longrightarrow\begin{pmatrix}1&1&0&0&80\\0&0&1&1&60\\0&-1&1&0&a-80\\0&1&0&1&b\end{pmatrix}$$

$$\longrightarrow\begin{pmatrix}1&1&0&0&80\\0&1&0&1&b\\0&0&1&1&60\\0&0&1&1&a+b-80\end{pmatrix}\longrightarrow\begin{pmatrix}1&0&0&-1&80-b\\0&1&0&1&b\\0&0&1&1&60\\0&0&0&0&a+b-140\end{pmatrix},$$

于是当 $a+b=140$ 时，方程组(6)有解，即当商店 S_1 和 S_2 能够存储仓库 W_1 和 W_2 所存储的产品的总数 $80+60=140$(吨)时，方程组(6)有解。由于阶梯形矩阵的非零行个数小于未知量个数 4，因此方程组(6)有无穷多个解。方程组(6)的一般解是

$$\begin{cases}x_{11}=x_{22}+80-b\\x_{12}=-x_{22}+b\\x_{21}=-x_{22}+60\end{cases}$$

其中 x_{22} 是自由未知量。于是方程组(6)的一个特解 $\boldsymbol{\gamma}_0$ 为

$$\boldsymbol{\gamma}_0=(80-b,b,60,0)',$$

导出组的一个基础解系为

$$\boldsymbol{\eta}=(1,-1,-1,1)',$$

因此方程组(6)的解集为

$$\begin{aligned}&\{\boldsymbol{\gamma}_0+k\boldsymbol{\eta}\mid k\in\mathbf{Q}\}\\&=\{(80-b+k,b-k,60-k,k)'\mid k\in\mathbf{Q}\}。\end{aligned}$$

此问题的可行解应满足：

$$80-b+k\geqslant0,\quad b-k\geqslant0,\quad 60-k\geqslant0,\quad k\geqslant0,$$

即

$$\begin{cases}b-80\leqslant k\leqslant b\\0\leqslant k\leqslant 60\\0\leqslant b\leqslant 140\end{cases}$$

即

$$\max\{b-80,0\}\leqslant k\leqslant\min\{b,60\},0\leqslant b\leqslant140,$$

因此这个问题的可行解为

$$(80-b+k,b-k,60-k,k)',$$

其中

$$\max\{b-80,0\}\leqslant k\leqslant\min(b,60),0\leqslant b\leqslant140。$$

点评：例 8 是处理产品从仓库到商店的分配问题，这属于管理科学的问题。例 8 解决的是商店 S_1 和 S_2 恰好能存储仓库 W_1 和 W_2 分配给它们的产品这样的特殊情形。这种情形归结为解线性方程组 $\boldsymbol{Ax}=\boldsymbol{\beta}$，也就是归结为判断 $\boldsymbol{\beta}$ 是否属于 $\boldsymbol{A}$ 的列空间，或者说 $\boldsymbol{\beta}$ 是否属于线性映射 $\mathcal{A}(\boldsymbol{\alpha})=\boldsymbol{A\alpha}$ 的象。

习题 4.7

1. 判断下列对应法则是否为 $\mathbf{R}$ 到自身的映射？是否单射？是否满射？

(1) $x \longmapsto x^3$；　　(2) $x \longmapsto x^2-x$；

(3) $x \longmapsto 2^x$；　　(4) $x \longmapsto \ln x$。

2. 证明：若 S 和 S' 是有限集，且 $|S|=|S'|$，则存在 S 到 S' 的一个双射。

3. 设映射 $f:S\longrightarrow S'$，$g:S'\longrightarrow S''$。证明：若 f 和 g 都是可逆映射，则 gf 也是可逆映射，且有 $(gf)^{-1}=f^{-1}g^{-1}$。

4. 设映射 $f:S\longrightarrow S'$，$g:S'\longrightarrow S$。证明：如果 $gf=1_S$，那么 f 是单射，g 是满射。

5. 设数域 K 上的 3×4 矩阵 $\boldsymbol{A}$ 为

$$\boldsymbol{A}=\begin{pmatrix} 1 & 0 & 2 & 1 \\ -1 & 2 & 1 & 3 \\ 1 & 2 & 5 & 5 \end{pmatrix},$$

令
$$\mathcal{A}(\boldsymbol{\alpha})=\boldsymbol{A\alpha},\quad \forall\, \boldsymbol{\alpha}\in K^4,$$
分别求 $\operatorname{Im}\mathcal{A}$ 和 $\operatorname{Ker}\mathcal{A}$ 的一个基以及维数。

6. 设 $\boldsymbol{A}$ 是数域 K 上的 n 级矩阵，令
$$\mathcal{A}(\boldsymbol{\alpha})=\boldsymbol{A\alpha},\quad \boldsymbol{\alpha}\in K^n,$$
证明：线性映射 $\mathcal{A}$ 是可逆映射当且仅当矩阵 $\boldsymbol{A}$ 是可逆矩阵。

7. 紧急情况下产生氧气(O_2)的氧气罩包含超氧化钾(KO_2)。在空气下，它与二氧化碳、水按如下反应式反应产生氧气：
$$KO_2+H_2O+CO_2\longrightarrow KHCO_3+O_2,$$
平衡这个化学反应式。

8. 在本节例 8 中，运输一吨产品到各个商店的费用(单位：元)可以用如下形式来表示：

	S_1	S_2
W_1	800	450
W_2	600	550

(1) 写出从仓库到两个商店的运输费用函数 f。

(2) 当商店 S_2 存储产品的吨数 b 给定时($0\leqslant b\leqslant 140$)，求出使运输费用最低的分配方案。

补 充 题 四

1. 证明：如果 $\boldsymbol{A}$ 是幂等矩阵，那么 $2\boldsymbol{A}-\boldsymbol{I}$ 是对合矩阵；反之，如果 $\boldsymbol{B}$ 是对合矩阵，那么 $\frac{1}{2}(\boldsymbol{B}+\boldsymbol{I})$ 是幂等矩阵。

2. 证明：数域 K 上与所有行列式为 1 的 n 级矩阵可交换的矩阵一定是 n 级数量

矩阵。

3. 证明：数域 K 上与所有 n 级可逆矩阵可交换的矩阵一定是 n 级数量矩阵。

4. 证明：如果整数 a,b 都能表示成两个整数的平方和，那么 ab 也能表示成两个整数的平方和。

5. 把 533 表示成两个整数的平方和。

6. 证明：如果整数 a 和 b 都能表示成 4 个整数的平方和，那么 ab 也能表示成 4 个整数的平方和。

7. 把 1457 表示成 4 个整数的平方和。

*8. 证明：如果整数 a 和 b 都能表示成形式为

$$x^3+y^3+z^3-3xyz$$

的数，那么 ab 也能表示成这种形式的数。

9. 实数域上每一行(列)的元素之和都等于 1 的非负矩阵(即矩阵的元素都是非负数)称为**行(列)随机矩阵**。证明：

(1) 非负矩阵 $\boldsymbol{A}_{s\times n}$ 是行随机矩阵当且仅当 $\boldsymbol{A}\boldsymbol{1}_n=\boldsymbol{1}_s$；

(2) 非负矩阵 $\boldsymbol{A}_{s\times n}$ 是列随机矩阵当且仅当 $\boldsymbol{1}_s'\boldsymbol{A}=\boldsymbol{1}_n'$；

(3) 若 $\boldsymbol{A}_{s\times n}$ 和 $\boldsymbol{B}_{n\times s}$ 都是行(列)随机矩阵，则 $\boldsymbol{AB}$ 也是行(列)随机矩阵；

(4) 可逆的行(列)随机矩阵的逆是行(列)和都为 1 的矩阵。

10. 设 $\boldsymbol{A}=(a_{ij})$ 为实数域上的 n 级矩阵。证明：如果

$$a_{ii}>0,\quad i=1,2,\cdots,n,$$
$$a_{ij}<0,\quad i\neq j,\quad i,j=1,2,\cdots,n,$$
$$\sum_{j=1}^{n}a_{ij}=0,\quad i=1,2,\cdots,n,$$

那么　$\operatorname{rank}(\boldsymbol{A})=n-1$。

11. 元素全为整数的矩阵称为**整数矩阵**。对于一个整数矩阵 $\boldsymbol{A}$，如果存在一个整数矩阵 $\boldsymbol{B}$，使得 $\boldsymbol{AB}=\boldsymbol{BA}=\boldsymbol{I}$，那么称 $\boldsymbol{A}$ 是 $\mathbf{Z}$ 上的可逆矩阵。证明：整数矩阵 $\boldsymbol{A}$ 是 $\mathbf{Z}$ 上的可逆矩阵当且仅当 $|\boldsymbol{A}|=\pm1$。

12. 考虑 n 个城市之间是否有航班连接的问题。令

$$\boldsymbol{A}(i;j)=\begin{cases}1,\text{ 当城市 } C_i \text{ 有直飞 } C_j \text{ 的航班},\\ 0,\text{ 否则},\end{cases}$$

n 级矩阵 $\boldsymbol{A}$ 称为**邻接矩阵**。证明：从城市 C_i 到 C_j 所需要的航班个数等于使 $\boldsymbol{A}^l(i;j)\neq0$ 的最小正整数 l。

13. 设 8 个城市 $C_1,C_2,\cdots,C_8$ 之间航班的邻接矩阵 $\boldsymbol{A}$ 为

$$
\boldsymbol{A}=\begin{pmatrix}
0&1&0&0&0&0&0&1\\
0&0&0&0&0&1&0&0\\
1&0&0&1&0&0&0&0\\
0&0&0&0&0&0&1&0\\
0&0&1&0&0&0&0&0\\
0&0&0&1&0&0&0&0\\
0&0&0&0&0&0&0&1\\
1&0&0&0&1&0&0&0
\end{pmatrix}。
$$

从哪个城市到哪个城市恰好需要 2 个航班?

14. 证明:如果 $\boldsymbol{A}_1,\boldsymbol{A}_2,\cdots,\boldsymbol{A}_n$ 都是 n 级上三角矩阵,且它们的主对角元全为 0,那么 $\boldsymbol{A}_1\boldsymbol{A}_2\cdots\boldsymbol{A}_n=\boldsymbol{0}$。

15. 求出数域 K 上所有 2 级对合矩阵。

16. 求出数域 K 上所有 2 级幂等矩阵。

*17. 设 $\boldsymbol{A}$ 是实数域上的 n 级矩阵,证明:如果 $\boldsymbol{A}$ 的所有顺序主子式都大于 0,且 $\boldsymbol{A}$ 的所有非主对角元都小于 0,那么 $\boldsymbol{A}^{-1}$ 的每个元素都大于 0。

18. 设 $\boldsymbol{A},\boldsymbol{B}$ 都是复数域上的 n 级矩阵,证明:

$$
\begin{vmatrix}\boldsymbol{A}&-\boldsymbol{B}\\ \boldsymbol{B}&\boldsymbol{A}\end{vmatrix}=|\boldsymbol{A}+\mathrm{i}\boldsymbol{B}|\,|\boldsymbol{A}-\mathrm{i}\boldsymbol{B}|,
$$

其中 $\mathrm{i}^2=-1$。

19. 设 $\boldsymbol{A},\boldsymbol{B}$ 分别是 $s\times n,n\times s$ 矩阵,且 $\lambda\neq0$。证明:

$$
\lambda^n|\lambda\boldsymbol{I}_s-\boldsymbol{AB}|=\lambda^s|\lambda\boldsymbol{I}_n-\boldsymbol{BA}|。
$$

20. 设 $\boldsymbol{H}$ 是实数域上的 n 级矩阵,它的元素为 1 或 -1。如果 $\boldsymbol{HH}'=n\boldsymbol{I}$,那么称 $\boldsymbol{H}$ 是 n 级 **Hadamard 矩阵**。证明:元素为 1 或 -1 的 n 级矩阵 $\boldsymbol{H}$ 是 Hadamard 矩阵当且仅当 $\boldsymbol{H}$ 的任意两行都正交。

21. 说明下列矩阵都是 Hadamard 矩阵:

$$
\boldsymbol{H}_1=\begin{pmatrix}1&1\\1&-1\end{pmatrix},\qquad \boldsymbol{H}_2=\begin{pmatrix}1&1&1&1\\1&-1&1&-1\\1&1&-1&-1\\1&-1&-1&1\end{pmatrix}。
$$

22. 设 $\boldsymbol{A}=(a_{ij}),\boldsymbol{B}=(b_{ij})$ 分别是数域 K 上的 n 级,m 级矩阵。矩阵

$$
\begin{pmatrix}
a_{11}\boldsymbol{B}&a_{12}\boldsymbol{B}&\cdots&a_{1n}\boldsymbol{B}\\
a_{21}\boldsymbol{B}&a_{22}\boldsymbol{B}&\cdots&a_{2n}\boldsymbol{B}\\
\vdots&\vdots&&\vdots\\
a_{n1}\boldsymbol{B}&a_{n2}\boldsymbol{B}&\cdots&a_{nn}\boldsymbol{B}
\end{pmatrix}
$$

称为 $\boldsymbol{A}$ 与 $\boldsymbol{B}$ 的 **Kronecker 积**,记作 $\boldsymbol{A}\otimes\boldsymbol{B}$。证明:

(1) $\boldsymbol{A}\otimes(\boldsymbol{B}+\boldsymbol{C})=\boldsymbol{A}\otimes\boldsymbol{B}+\boldsymbol{A}\otimes\boldsymbol{C}$; (2) $(\boldsymbol{B}+\boldsymbol{C})\otimes\boldsymbol{A}=\boldsymbol{B}\otimes\boldsymbol{A}+\boldsymbol{C}\otimes\boldsymbol{A}$;

(3) $\boldsymbol{A}\otimes(k\boldsymbol{B})=(k\boldsymbol{A})\otimes\boldsymbol{B}=k(\boldsymbol{A}\otimes\boldsymbol{B})$; (4) $\boldsymbol{I}_n\otimes\boldsymbol{I}_m=\boldsymbol{I}_{nm}$;

(5) $(\boldsymbol{A}\otimes\boldsymbol{B})\otimes\boldsymbol{C}=\boldsymbol{A}\otimes(\boldsymbol{B}\otimes\boldsymbol{C})$; (6) $(\boldsymbol{AC})\otimes(\boldsymbol{BD})=(\boldsymbol{A}\otimes\boldsymbol{B})(\boldsymbol{C}\otimes\boldsymbol{D})$;

(7) 若 $\boldsymbol{A},\boldsymbol{B}$ 都可逆，则 $\boldsymbol{A}\otimes\boldsymbol{B}$ 也可逆，且 $(\boldsymbol{A}\otimes\boldsymbol{B})^{-1}=\boldsymbol{A}^{-1}\otimes\boldsymbol{B}^{-1}$；

(8) $|\boldsymbol{A}\otimes\boldsymbol{B}|=|\boldsymbol{A}|^m|\boldsymbol{B}|^n$，其中 $\boldsymbol{A},\boldsymbol{B}$ 分别是 n 级、m 级矩阵。

23. 设

$$\boldsymbol{H}_1=\begin{pmatrix}1 & 1\\ 1 & -1\end{pmatrix},$$

求 $\boldsymbol{H}_1\otimes\boldsymbol{H}_1,\boldsymbol{H}_1\otimes(\boldsymbol{H}_1\otimes\boldsymbol{H}_1)$；并且说明它们都是 Hadamard 矩阵。

24. 设 $\boldsymbol{H}_m,\boldsymbol{H}_n$ 分别是 m 级，n 级 Hadamard 矩阵，证明：$\boldsymbol{H}_m\otimes\boldsymbol{H}_n$ 是 mn 级Hadamard 矩阵。

25. 设 $\boldsymbol{A}$ 是数域 $\boldsymbol{K}$ 上的 n 级可逆矩阵，$\boldsymbol{\alpha},\boldsymbol{\beta}$ 是 $\boldsymbol{K}$ 上 n 维列向量，且 $1+\boldsymbol{\beta}'\boldsymbol{A}^{-1}\boldsymbol{\alpha}\neq0$。证明：

$$(\boldsymbol{A}+\boldsymbol{\alpha}\boldsymbol{\beta}')^{-1}=\boldsymbol{A}^{-1}-\frac{1}{1+\boldsymbol{\beta}'\boldsymbol{A}^{-1}\boldsymbol{\alpha}}\boldsymbol{A}^{-1}\boldsymbol{\alpha}\boldsymbol{\beta}'\boldsymbol{A}^{-1}。$$

26. 证明：如果 $\boldsymbol{A},\boldsymbol{B}$ 都是 n 级正交矩阵，且 $|\boldsymbol{A}|+|\boldsymbol{B}|=0$，那么 $\boldsymbol{A}+\boldsymbol{B}$ 不可逆。

应用小天地：区组设计的关联矩阵

设有 7 个水稻品种 $P_i(i=1,2,\cdots,7)$，想通过种试验田来比较它们的优劣。为了减少(或避免)土壤的肥力不均匀对实验结果的影响，我们选择 7 块试验田(称为区组)，每个区组本身的土壤肥力是均匀的。把每个区组均匀分成 3 小块，每一小块种一个品种的水稻。为了使每两个品种都能在同一个区组里相遇，以便比较它们的优劣，我们采用下述安排(用 B_i 表示第 i 个区组)：

B_1	B_2	B_3	B_4	B_5	B_6	B_7
P_1	P_2	P_3	P_4	P_5	P_6	P_7
P_2	P_3	P_4	P_5	P_6	P_7	P_1
P_4	P_5	P_6	P_7	P_1	P_2	P_3

像这样安排试验称为区组设计。由此受到启发，引出下述概念：

定义　一个**区组设计**是把 v 个不同的对象编进 b 个区组里的一种安排方法，要求满足下面两个条件：

(1) 每个区组恰好包含 k 个不同的对象($2\leqslant k<v$)；

(2) 每两个不同的对象一起恰好出现在 λ 个区组里，其中 v,b,k,λ 称为参数。

1. 一个参数为(v,b,k,λ)的区组设计可以用一个 $v\times b$ 矩阵 $\boldsymbol{M}$ 来表示，其中

$$\boldsymbol{M}(i;j)=\begin{cases}1, & \text{当对象 } P_i \text{ 出现在区组 } B_j \text{ 里},\\ 0, & \text{否则},\end{cases}$$

这个矩阵 $\boldsymbol{M}$ 称为区组设计的**关联矩阵**。证明：

(1) $\boldsymbol{M}$ 的每一列元素的和(简称为列和)都等于 k;

(2) $\boldsymbol{M}$ 的每两行的内积等于 λ;

(3) $\boldsymbol{M}$ 的每一行元素的和(简称为行和)是个常数,它等于$\frac{\lambda(v-1)}{k-1}$,把这个数记作 r,从而有

$$\lambda(v-1)=r(k-1);$$

(4) $vr=bk$。

证明 (1) 由区组设计的第 1 个条件得

$$\sum_{i=1}^{v}\boldsymbol{M}(i;j)=k,\quad j=1,2,\cdots,b$$

即 $\boldsymbol{M}$ 的每一列的列和都等于 k。

(2) 取 $\boldsymbol{M}$ 的第 i 行和第 m 行,分别记作 $\boldsymbol{\gamma}_i,\boldsymbol{\gamma}_m$。

P_i 与 P_m 一起出现在区组 B_j 里 $\Longleftrightarrow$ $\boldsymbol{M}(i;j)=1$ 且 $\boldsymbol{M}(m;j)=1$。

于是由区组设计的第 2 个条件,得

$$(\gamma_i,\gamma_m)=\sum_{j=1}^{b}\boldsymbol{M}(i;j)\boldsymbol{M}(m;j)=\lambda。$$

(3) 任意给定 $i\in\{1,2,\cdots,v\}$,用 $\boldsymbol{r}_i$ 表示第 i 行的行和。用两种方法计算行向量 $\boldsymbol{\gamma}_i$ 与其余行向量 $\boldsymbol{\gamma}_l(l=1,\cdots,i-1,i+1,\cdots,v)$的内积之和:

$$\sum_{l\neq i}(\boldsymbol{\gamma}_i,\boldsymbol{\gamma}_l)=(v-1)\lambda,.$$

$$\sum_{l\neq i}(\boldsymbol{\gamma}_i,\boldsymbol{\gamma}_l)=\sum_{l\neq i}\sum_{j=1}^{b}\boldsymbol{M}(i;j)\boldsymbol{M}(l;j)=\sum_{j=1}^{b}\sum_{l\neq i}\boldsymbol{M}(i;j)\boldsymbol{M}(l;j)$$

$$=\underbrace{1\cdot(k-1)+1\cdot(k-1)+\cdots+1\cdot(k-1)}_{r_i}=(k-1)r_i,$$

因此

$$(v-1)\lambda=(k-1)r_i,$$

由此得出

$$r_i=\frac{\lambda(v-1)}{k-1}。$$

其中 $i=1,2,\cdots,v$,因此 $\boldsymbol{M}$ 的每一行的行和是常数 $\frac{\lambda(v-1)}{k-1}$。

把这个常数记作 r,则

$$\lambda(v-1)=r(k-1)。$$

(4) 用两种方法计算 $\boldsymbol{M}$ 的元素之和,立即得到

$$vr=bk。$$

■

点评:从第 1 题的第(3)(4)小题得

$$r=\frac{\lambda(v-1)}{k-1},\quad b=\frac{\lambda v(v-1)}{k(k-1)}。$$

因此今后写区组设计的参数时,只需要写出(v,k,λ)。

2. 设 $\boldsymbol{M}$ 是参数为(v,k,λ)的区组设计的关联矩阵,求 $\boldsymbol{MM}'$,$|\boldsymbol{MM}'|$,rank$(\boldsymbol{MM}')$。

解 设 $\boldsymbol{M}$ 的行向量组为 $\boldsymbol{\gamma}_1,\boldsymbol{\gamma}_2,\cdots,\boldsymbol{\gamma}_v$。

则
$$\boldsymbol{MM}'(i;i)=(\boldsymbol{\gamma}_i,\boldsymbol{\gamma}_i)=\underbrace{1^2+1^2+\cdots+1^2}_{r}=r,$$
$$\boldsymbol{MM}'(i;l)=(\boldsymbol{\gamma}_i,\boldsymbol{\gamma}_l)=\lambda,$$
因此
$$\boldsymbol{MM}'=(r-\lambda)\boldsymbol{I}_v+\lambda\boldsymbol{J},$$
$$|\boldsymbol{MM}'|=\left|(r-\lambda)\left(\boldsymbol{I}_v+\frac{\lambda}{r-\lambda}\boldsymbol{1}_v\boldsymbol{1}_v'\right)\right|=(r-\lambda)^v\left|\boldsymbol{I}_1+\frac{\lambda}{r-\lambda}\boldsymbol{1}_v'\boldsymbol{1}_v\right|$$
$$=(r-\lambda)^v\left(1+\frac{\lambda}{r-\lambda}v\right)=(r-\lambda)^{v-1}[r+\lambda(v-1)]。$$

由于 $\lambda(v-1)=r(k-1)$，$k<v$，因此 $r>\lambda$，从而 $|\boldsymbol{MM}'|\neq 0$，于是
$$\mathrm{rank}(\boldsymbol{MM}')=v。$$

3. 证明：参数为 (v,k,λ) 的区组设计必满足
$$v\leqslant b。$$

证明 $\boldsymbol{M}$ 是 $v\times b$ 实矩阵，于是
$$b\geqslant\mathrm{rank}(\boldsymbol{M})=\mathrm{rank}(\boldsymbol{MM}')=v。$$ ■

4. $v=b$ 的区组设计称为**对称设计**。证明：若区组设计为对称设计，且它的关联矩阵为 $\boldsymbol{M}$，则

(1) $r=k$，$\lambda(v-1)=k(k-1)$；

(2) $\boldsymbol{MM}'=\boldsymbol{M}'\boldsymbol{M}$；

(3) 当 v 为偶数时，$k-\lambda$ 一定是平方数（即某个整数的平方）。

证明

(1) 由于 $vr=bk$，因此当 $v=b$ 时，有 $r=k$，从而 $\lambda(v-1)=k(k-1)$。

(2) 由于 $\mathrm{rank}(\boldsymbol{M})=\mathrm{rank}(\boldsymbol{MM}')=v$，因此 $\boldsymbol{M}$ 可逆，从而
$$\begin{aligned}\boldsymbol{M}'\boldsymbol{M}&=\boldsymbol{M}^{-1}\boldsymbol{MM}'\boldsymbol{M}=\boldsymbol{M}^{-1}[(k-\lambda)\boldsymbol{I}+\lambda\boldsymbol{J}]\boldsymbol{M}\\&=(k-\lambda)\boldsymbol{I}+\boldsymbol{M}^{-1}\lambda\boldsymbol{JM}=(k-\lambda)\boldsymbol{I}+\boldsymbol{M}^{-1}\lambda k\boldsymbol{J}\\&=(k-\lambda)\boldsymbol{I}+\boldsymbol{M}^{-1}\lambda\boldsymbol{MJ}=(k-\lambda)\boldsymbol{I}+\lambda\boldsymbol{J}=\boldsymbol{MM}'。\end{aligned}$$

(3) 由于
$$\begin{aligned}|\boldsymbol{MM}'|&=(k-\lambda)^{v-1}[k+\lambda(v-1)]=(k-\lambda)^{v-1}[k+k(k-1)]\\&=(k-\lambda)^{v-1}k^2,\end{aligned}$$
$$|\boldsymbol{MM}'|=|\boldsymbol{M}||\boldsymbol{M}'|=|\boldsymbol{M}|^2,$$
因此
$$(k-\lambda)^{v-1}=\left(\frac{|\boldsymbol{M}|}{k}\right)^2。$$
从而当 v 是偶数时，$k-\lambda$ 一定是平方数。 ■

第5章　矩阵的相抵与相似

从第1～4章可以发现，矩阵的初等行(列)变换起着十分重要的作用。自然要问：什么样的两个矩阵能够经过初等行变换和初等列变换从一个变成另一个？也就是说，要利用矩阵的初等行(列)变换把数域 K 上 $s\times n$ 矩阵的集合进行分类。我们将看到这种分类有许多应用。

在许多实际问题中都要求计算一个 n 级矩阵 $\boldsymbol{A}$ 的方幂 $\boldsymbol{A}^m$。有没有比较简便的方法求 $\boldsymbol{A}^m$？有些特殊矩阵的方幂是很容易计算的，例如，对角矩阵 $\boldsymbol{D}=\mathrm{diag}\{d_1,\cdots,d_n\}$ 的方幂 $\boldsymbol{D}^m=\mathrm{diag}\{d_1^m,\cdots,d_n^m\}$。如果能找到 n 级可逆矩阵 $\boldsymbol{P}$，使得 $\boldsymbol{P}^{-1}\boldsymbol{AP}=\boldsymbol{D}$，那么 $\boldsymbol{A}=\boldsymbol{PDP}^{-1}$，从而

$$\begin{aligned}\boldsymbol{A}^m&=(\boldsymbol{PDP}^{-1})(\boldsymbol{PDP}^{-1})\cdots(\boldsymbol{PDP}^{-1})\\&=\boldsymbol{PDD}\cdots\boldsymbol{DP}^{-1}=\boldsymbol{PD}^m\boldsymbol{P}^{-1}。\end{aligned}$$

于是 $\boldsymbol{A}^m$ 也就较容易计算了。任给数域 K 上一个 n 级矩阵 $\boldsymbol{A}$，能否找到数域 K 上 n 级可逆矩阵 $\boldsymbol{P}$，使 $\boldsymbol{P}^{-1}\boldsymbol{AP}$ 为对角矩阵？这需要研究形如 $\boldsymbol{P}^{-1}\boldsymbol{AP}$ 这样的矩阵与矩阵 $\boldsymbol{A}$ 的关系，按这种关系把数域 K 上 n 级矩阵的集合进行分类。在讨论这种分类时，将涉及方阵的特征值和特征向量这两个重要概念，它们在数学的各个分支以及自然科学、工程技术中都十分有用。研究 $\boldsymbol{P}^{-1}\boldsymbol{AP}$ 与 $\boldsymbol{A}$ 的关系的强大动力来自研究 n 维线性空间 V 上的线性变换 $\mathcal{A}$ 在 V 的不同基下的矩阵之间的关系，这将在本套书下册第9章的9.3节讨论。

本章就是要研究矩阵的上述两种分类。

5.1　等价关系与集合的划分

5.1.1　内容精华

我们经常需要把一个集合中的元素进行分类。通俗地说，分类就是要把具有某种关系的元素放在一起。在数学中，如何刻画元素之间的一种关系呢？由于元素之间的关系必然涉及两个元素，因此首先引进一个概念：设 S,M 是两个集合，则集合

$$\{(a,b)\mid \alpha\in S,b\in M\}$$

称为 S 与 M 的**笛卡儿积**，记作 $S\times M$，其中两个元素 (a_1,b_1) 与 (a_2,b_2) 如果满足 $a_1=a_2$，且 $b_1=b_2$，那么称它们**相等**，记作 $(a_1,b_1)=(a_2,b_2)$。其次我们从一个日常生活中的例子抽象出如何刻画元素之间的一种关系。

北京大学数学科学学院某年级本科生组成的集合记作 S，其中数学系、概率统计系、科学与工程计算系、信息科学系、金融数学系的学生组成的集合分别记作 S_1, S_2, S_3, S_4, S_5。设 $a, b \in S$，则

$$a \text{ 与 } b \text{ 是系友(指在同一个系)} \iff (a,b) \in \bigcup_{i=1}^{5}(S_i \times S_i)。$$

令 $W = \bigcup_{i=1}^{5}(S_i \times S_i)$，则 W 是 $S \times S$ 的一个子集，于是

$$a \text{ 与 } b \text{ 是系友} \iff (a,b) \in W,$$

从而干脆把子集 W 叫作系友关系。由此抽象出下述概念：

定义 1 设 S 是一个非空集合，我们把 $S \times S$ 的一个子集 W 叫作 S 上的一个**二元关系**。如果 $(a,b) \in W$，那么称 a 与 b 有 W 关系；如果 $(a,b) \notin W$，那么称 a 与 b 没有 W 关系。当 a 与 b 有 W 关系时，记作 aWb，或 $a \sim b$。

定义 2 集合 S 上的一个二元关系"$\sim$"如果具有下述性质：$\forall a, b, c \in S$，有

(1) $a \sim a$ （反身性）；

(2) $a \sim b \implies b \sim a$ （对称性）；

(3) $a \sim b$ 且 $b \sim c \implies a \sim c$ （传递性）。

那么称"$\sim$"是 S 上的一个**等价关系**。

定义 3 设"$\sim$"是集合 S 上的一个等价关系，$a \in S$，令

$$\bar{a} \xlongequal{\text{def}} \{x \in S \mid x \sim a\},$$

称 $\bar{a}$ 是由 a 确定的**等价类**。

事实 1 $a \in \bar{a}$。于是也把 $\bar{a}$ 称为 a 的等价类。

事实 2 $x \in \bar{a} \iff x \sim a$。

事实 3 $\bar{x} = \bar{y} \iff x \sim y$。

证明 必要性。由于 $x \in \bar{x}$ 且 $\bar{x} = \bar{y}$，因此 $x \in \bar{y}$，从而 $x \sim y$。

充分性。设 $x \sim y$。任取 $c \in \bar{x}$，则 $c \sim x$，从而 $c \sim y$，因此 $c \in \bar{y}$，从而 $\bar{x} \subseteq \bar{y}$。由于 $y \sim x$，因此由刚才证得的结论得，$\bar{y} \subseteq \bar{x}$，于是 $\bar{x} = \bar{y}$。 ■

a 称为等价类 $\bar{a}$ 的一个代表。由事实 3 得，$\bar{a}$ 中每一个元素都可以作为 $\bar{a}$ 的一个代表。

定理 1 设"$\sim$"是集合 S 上的一个等价关系，任取 $a, b \in S$，则 $\bar{a} = \bar{b}$ 或者 $\bar{a} \cap \bar{b} = \varnothing$。

证明 如果 $\bar{a} \neq \bar{b}$，来证 $\bar{a} \cap \bar{b} = \varnothing$。假如 $c \in \bar{a} \cap \bar{b}$，则 $c \in \bar{a}$ 且 $c \in \bar{b}$，于是 $c \sim a$ 且 $c \sim b$，从而 $a \sim b$，故 $\bar{a} = \bar{b}$ 矛盾，因此 $\bar{a} \cap \bar{b} = \varnothing$。 ■

我们给集合的分类一个严格的定义：

定义 4 如果集合 S 是一些非空子集 S_i（$i \in I$，这里 I 表示指标集）的并集，并且其中不相等的子集一定不相交，那么称集合 $\{S_i \mid i \in I\}$ 是 S 的一个**划分**，记作 $\pi(S)$。

利用集合 S 上的一个等价关系可以给出 S 的一个划分，即下述定理 2：

定理 2 设"$\sim$"是集合 S 上的一个等价关系，则所有等价类组成的集合是 S 的一个划分，记作 $\pi_{\sim}(S)$。

证明 $\forall a \in S$，有 $a \in \bar{a}$，因此 $S = \bigcup_{a \in S} \bar{a}$。据定理 1 得，如果 $\bar{a} \neq \bar{b}$，那么 $\bar{a} \cap \bar{b} = \varnothing$，从

而所有等价类组成的集合是 S 的一个划分。 ■

在整数集 $\mathbf{Z}$ 上定义一个二元关系如下：

$$a\sim b \overset{\text{def}}{\Longleftrightarrow} a \text{ 与 } b \text{ 被 7 除所得余数相同},$$

此时称 a 与 b **模 7 同余**，记作 $a\equiv b(\bmod 7)$。

显然，模 7 同余是 $\mathbf{Z}$ 上的一个等价关系，共有 7 个等价类，它们组成的集合是 $\mathbf{Z}$ 的一个划分：

$$\{\bar{0},\bar{1},\bar{2},\bar{3},\bar{4},\bar{5},\bar{6}\}。$$

也把这个集合称为 $\mathbf{Z}$ 对于模 7 同余关系的商集，记作 $\mathbf{Z}/(7)$。因此受到启发，抽象出下述概念：

定义 5 设"$\sim$"是集合 S 上的一个等价关系，由所有等价类组成的集合称为 S 对于关系"$\sim$"的**商集**，记作 $S/\sim$。

注：S 的商集 $S/\sim$ 里的元素是 S 的子集，不是 S 的元素。

5.1.2 典型例题

例 1 在实数集 $\mathbf{R}$ 上定义一个二元关系：

$$a\sim b \overset{\text{def}}{\Longleftrightarrow} a-b\in\mathbf{Z}。$$

证明：(1) "$\sim$"是 $\mathbf{R}$ 上的一个等价关系；

(2) 任一等价类 $\bar{a}$ 可以找到一个唯一的代表，它属于$[0,1)$，从而 $\mathbf{R}$ 对于这个关系的商集(记作 $\mathbf{R}/\mathbf{Z}$)与区间$[0,1)$之间有一个一一对应。

证明 (1) 任取 $a,b,c\in\mathbf{R}$，由于 $a-a=0\in\mathbf{Z}$，因此 $a\sim a$。若 $a\sim b$，则 $a-b=m,m\in\mathbf{Z}$，于是 $b-a=-m\in\mathbf{Z}$，从而 $b\sim a$。若 $a\sim b$ 且 $b\sim c$，则 $a-b=m,b-a=n,m,n\in\mathbf{Z}$，从而 $a-c=(a-b)+(b-c)=m+n\in\mathbf{Z}$，因此 $a\sim c$，这证明了"$\sim$"是 $\mathbf{R}$ 上的一个等价关系。

(2) 任一等价类 $\bar{a}$，设 $a\in[m,m+1),m\in\mathbf{Z}$，即 $m\leqslant a<m+1$，则 $0\leqslant a-m<1$，即 $a-m\in[0,1)$。由于 $a-(a-m)=m\in\mathbf{Z}$，因此 $a\sim a-m$，从而 $a-m\in\bar{a}$，于是 $a-m$ 可以作为 $\bar{a}$ 的一个代表。易证这样的代表是唯一的。

我们约定 $\bar{a}$ 的一个代表 $a\in[0,1)$。令

$$\begin{aligned}\sigma:\mathbf{R}/\mathbf{Z} &\longrightarrow [0,1)\\ \bar{a} &\longmapsto a,\end{aligned}$$

则 σ 是商集 $\mathbf{R}/\mathbf{Z}$ 到区间$[0,1)$的一个映射。显然 σ 是满射，且 σ 是单射，因此 σ 是双射。 ■

例 2 对于 $a\in\mathbf{R}$，用$\lfloor a\rfloor$表示小于或等于 a 的最大整数。在实数集 $\mathbf{R}$ 上定义一个二元关系：

$$a\sim b \overset{\text{def}}{\Longleftrightarrow} \lfloor a\rfloor=\lfloor b\rfloor。$$

证明：(1) "$\sim$"是 $\mathbf{R}$ 上的一个等价关系；

(2) $\bar{a}$ 是 $\mathbf{R}$ 的什么样的子集？

(3) $\mathbf{R}$ 对于这个关系的商集 $\mathbf{R}/\sim$ 与 $\mathbf{Z}$ 有一个一一对应。

证明　(1) 任取 $a,b,c\in\mathbf{R}$。由于 $\lfloor a\rfloor=\lfloor a\rfloor$，因此 $a\sim a$。若 $a\sim b$，则 $\lfloor a\rfloor=\lfloor b\rfloor$，从而 $b\sim a$。若 $a\sim b$ 且 $b\sim c$，则 $\lfloor a\rfloor=\lfloor b\rfloor$，$\lfloor b\rfloor=\lfloor c\rfloor$，从而 $\lfloor a\rfloor=\lfloor c\rfloor$，因此 $a\sim c$。这证明了"$\sim$"是 $\mathbf{R}$ 上一个等价关系。

(2) 设 $\lfloor a\rfloor=m$，则
$$\begin{aligned}\bar{a}&=\{x\in\mathbf{R}\mid x\sim a\}=\{x\in\mathbf{R}\mid\lfloor x\rfloor=\lfloor a\rfloor\}\\&=\{x\in\mathbf{R}\mid\lfloor x\rfloor=m\}\\&=\{x\in\mathbf{R}\mid m\leqslant x<m+1\}=[m,m+1)。\end{aligned}$$

(3) 由第(2)小题得，$\lfloor a\rfloor$ 是 $\bar{a}$ 的一个代表。令
$$\begin{aligned}\sigma:\mathbf{R}/\sim&\longrightarrow\mathbf{Z}\\\bar{a}&\longmapsto\lfloor a\rfloor,\end{aligned}$$
则 σ 是 $\mathbf{R}/\sim$ 到 $\mathbf{Z}$ 的一个映射，由第(2)小题得，σ 是满射，且 σ 是单射，因此 σ 是双射。■

例 3　在平面 π(点集)上定义一个二元关系：

$$P_1(x_1,y_1)\sim P_2(x_2,y_2)\overset{\text{def}}{\Longleftrightarrow}x_1-x_2\in\mathbf{Z}\text{ 且 }y_1-y_2\in\mathbf{Z},$$

(1) 说明"$\sim$"是平面 π 上的一个等价关系。

(2) 点 $P\left(\dfrac{1}{2},\dfrac{3}{4}\right)$ 的等价类 $\bar{P}$ 是 π 的什么样的子集？

(3) 平面 π 对于这个关系的商集 $\pi/\sim$ 与平面 π 的哪个子集有一个一一对应？

解　(1) 任取 $P_i(x_i,y_i)\in\pi$，$i=1,2,3$。由于 $x_i-x_i=0\in\mathbf{Z}$，$y_i-y_i=0\in\mathbf{Z}$，因此 $P_i\sim P_i$。若 $P_1\sim P_2$，则 $x_1-x_2\in\mathbf{Z}$ 且 $y_1-y_2\in\mathbf{Z}$。从而 $x_2-x_1\in\mathbf{Z}$ 且 $y_2-y_1\in\mathbf{Z}$，因此 $P_2\sim P_1$。关于传递性的证明留给读者。

(2) 点 $P\left(\dfrac{1}{2},\dfrac{3}{4}\right)$ 的等价类 $\bar{P}=\left\{\left(\dfrac{1}{2}+m,\dfrac{3}{4}+n\right)\middle|\,m,n\in\mathbf{Z}\right\}$，如图 5-1 所示，$\bar{P}$ 是由小正方形的顶点组成的。

(3) 如图 5-1 所示，用 D 表示正方形 $OABC$ 内部的所有点和边 OA，OC 上的点组成的集合，由于任一等价类 $\bar{M}$ 可以找到唯一的一个代表，它属于 D(类似于例 1 第(2)小题的证法)，因此把等价类 $\bar{M}$ 对应到它的这个代表的法则 σ 是 $\pi/\sim$ 到 D 的一个双射。

例 4　设 π_0 是几何空间 V 中经过原点 O 的一个平面，如图 5-2 所示。在 V 上规定一个二元关系：

$$\boldsymbol{\alpha}\sim\boldsymbol{\beta}\overset{\text{def}}{\Longleftrightarrow}\boldsymbol{\alpha}-\boldsymbol{\beta}\in\pi_0。$$

(1) 说明"$\sim$"是 V 上的一个等价关系。

(2) $\boldsymbol{\beta}$ 的等价类 $\bar{\boldsymbol{\beta}}$ 是什么样的图形？

(3) 商集 $V/\sim$(也记作 V/π_0)与 V 的哪个图形之间有一个一一对应？

解　(1) 由于过原点 O 的平面 π_0 是几何空间 V 的一个子空间，因此容易验证"$\sim$"具有反身性、对称性和传递性。请读者写出细节。

(2) $\bar{\boldsymbol{\beta}}=\{\boldsymbol{\alpha}\in V\mid\boldsymbol{\alpha}-\boldsymbol{\beta}\in\pi_0\}=\{\boldsymbol{\alpha}\in V\mid\boldsymbol{\alpha}-\boldsymbol{\beta}=\boldsymbol{\eta},\boldsymbol{\eta}\in\pi_0\}=\{\boldsymbol{\beta}+\boldsymbol{\eta}\mid\boldsymbol{\eta}\in\pi_0\}=\boldsymbol{\beta}+\pi_0$，于是当 $\boldsymbol{\beta}\notin\pi_0$ 时，$\bar{\boldsymbol{\beta}}$ 是由平面 π_0 沿向量 $\boldsymbol{\beta}$ 平移得到的图形，因此当 $\boldsymbol{\beta}\notin\pi_0$ 时，$\bar{\boldsymbol{\beta}}$ 是经过向量 $\boldsymbol{\beta}$ 的终点且与 π_0 平行的平面 π，如图 5-2 所示。当 $\boldsymbol{\beta}\in\pi_0$ 时，$\bar{\boldsymbol{\beta}}$ 就是平面 π_0。

(3) 由第(2)小题可知，商集 V/π_0 是由平面 π_0 以及所有与 π_0 平行的平面组成的集合。我们可以把所有等价类的代表都取成过原点 O 的一条直线 l_0 上的向量，例如，l_0 是过原点 O 且方向向量为 $\boldsymbol{\beta}$ 的一条直线，于是等价类到它的这种代表的对应法则 σ 就是商集 V/π_0 到直线 l_0 的一个映射。显然 σ 是满射和单射(因为经过一个点有且只有一个平面与 π_0 平行)，从而 σ 是双射。

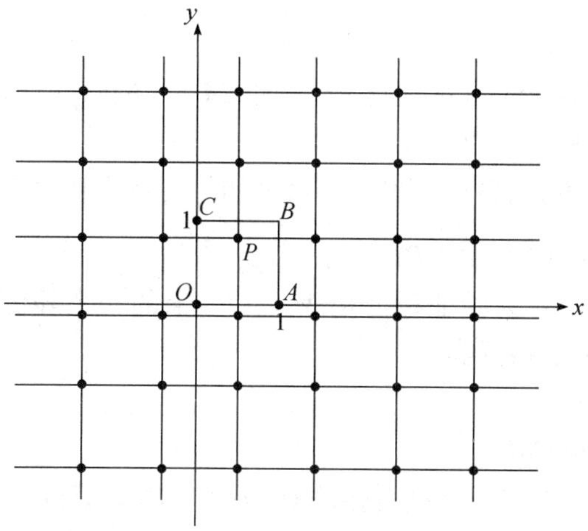

图 5-1

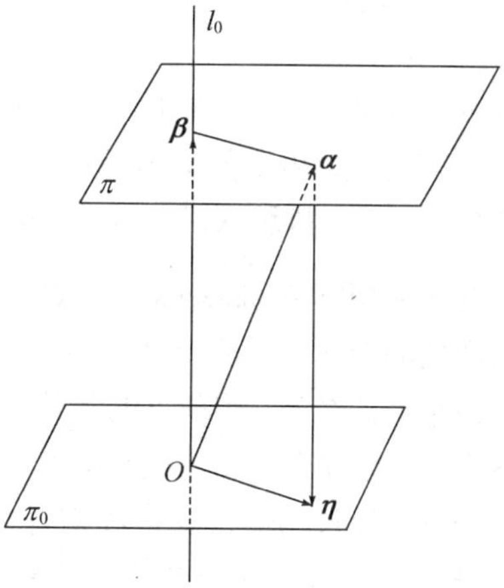

图 5-2

习题 5.1

1. 在平面 π(点集) 上定义一个二元关系：

$P \sim Q \overset{\text{def}}{\Longleftrightarrow} P$ 与 Q 位于同一条水平线上(与 x 轴平行或重合的直线)。

(1) 说明"$\sim$"是 π 上的一个等价关系；

(2) 商集 $\pi/\sim$ 是由哪些图形组成的集合?

2. 设 V 是几何空间(由以原点 O 为起点的所有向量组成)，l_0 是过原点 O 的一条直线，在 V 上定义一个二元关系：

$$\boldsymbol{\alpha} \sim \boldsymbol{\beta} \overset{\text{def}}{\Longleftrightarrow} \boldsymbol{\alpha} - \boldsymbol{\beta} \in l_0 。$$

(1) 说明"$\sim$"是 V 上的一个等价关系。

(2) $\boldsymbol{\beta}$ 的等价类 $\overline{\boldsymbol{\beta}}$ 是什么样的图形?

(3) 商集 $V/\sim$(也记作 V/l_0)与 V 的哪个图形之间有一个一一对应?

3. 写出 $\mathbf{Z}$ 对于模 2 同余关系的商集 $\mathbf{Z}/(2)$，它的元素是 $\mathbf{Z}$ 的什么样的子集?

4. 写出 $\mathbf{Z}$ 对于模 3 同余关系的商集 $\mathbf{Z}/(3)$，它的元素是 $\mathbf{Z}$ 的什么样的子集?

5. 设 $S=\{a,b,c\}$，问：S 有多少种划分? S 有多少个不同的商集?

5.2　矩阵的相抵

5.2.1　内容精华

数域 K 上所有 $s\times n$ 矩阵组成的集合记作 $\boldsymbol{M}_{s\times n}(K)$，当 $s=n$ 时，$\boldsymbol{M}_{n\times n}(K)$ 简记作 $\boldsymbol{M}_n(K)$，即 $\boldsymbol{M}_n(K)$ 表示数域 K 上所有 n 级矩阵组成的集合。

定义 1　对于数域 K 上的 $s\times n$ 矩阵 $\boldsymbol{A}$ 和 $\boldsymbol{B}$，如果从 $\boldsymbol{A}$ 经过一系列初等行变换和初等列变换能变成矩阵 $\boldsymbol{B}$，那么称 $\boldsymbol{A}$ 与 $\boldsymbol{B}$ 是**相抵**的，记作 $\boldsymbol{A}\overset{\text{相抵}}{\sim}\boldsymbol{B}$。

相抵是集合 $\boldsymbol{M}_{s\times n}(K)$ 上的一个二元关系。容易验证相抵是 $\boldsymbol{M}_{s\times n}(K)$ 上的一个等价关系。在相抵关系下，矩阵 $\boldsymbol{A}$ 的等价类称为 $\boldsymbol{A}$ 的**相抵类**。

事实 1　数域 K 上 $s\times n$ 矩阵 $\boldsymbol{A}$ 与 $\boldsymbol{B}$ 相抵

$\Longleftrightarrow$　$\boldsymbol{A}$ 经过初等行变换和初等列变换变成 $\boldsymbol{B}$

$\Longleftrightarrow$　存在 K 上 s 级初等矩阵 $\boldsymbol{P}_1,\boldsymbol{P}_2,\cdots,\boldsymbol{P}_t$ 与 n 级初等矩阵 $\boldsymbol{Q}_1,\boldsymbol{Q}_2,\cdots,\boldsymbol{Q}_m$，使得

$$\boldsymbol{P}_t\cdots\boldsymbol{P}_2\boldsymbol{P}_1\boldsymbol{A}\boldsymbol{Q}_1\boldsymbol{Q}_2\cdots\boldsymbol{Q}_m=\boldsymbol{B}。$$

$\Longleftrightarrow$　存在 K 上 s 级可逆矩阵 $\boldsymbol{P}$ 与 n 级可逆矩阵 $\boldsymbol{Q}$，使得

$$\boldsymbol{PAQ}=\boldsymbol{B}。\tag{1}$$

定理 1　设数域 K 上 $s\times n$ 矩阵 $\boldsymbol{A}$ 的秩为 r。如果 $r>0$，那么 $\boldsymbol{A}$ 相抵于下述形式的矩阵

$$\begin{pmatrix}\boldsymbol{I}_r & \boldsymbol{0}\\ \boldsymbol{0} & \boldsymbol{0}\end{pmatrix},\tag{2}$$

称矩阵(2)为 $\boldsymbol{A}$ 的**相抵标准形**；如果 $r=0$，那么 $\boldsymbol{A}$ 相抵于零矩阵，此时称 $\boldsymbol{A}$ 的相抵标准形是零矩阵。

证明　设 $r>0$。把 $\boldsymbol{A}$ 经过初等行变换化成简化行阶梯形矩阵，再经过一些适当的两列互换，可以化成下述矩阵 G：

$$\boldsymbol{G}=\begin{pmatrix}1 & 0 & 0 & \cdots & 0 & c_{1,r+1} & \cdots & c_{1n}\\ 0 & 1 & 0 & \cdots & 0 & c_{2,r+1} & \cdots & c_{2n}\\ \vdots & \vdots & \vdots & & \vdots & \vdots & & \vdots\\ 0 & 0 & 0 & \cdots & 1 & c_{r,r+1} & \cdots & c_{rn}\\ \vdots & \vdots & \vdots & & \vdots & \vdots & & \vdots\\ 0 & 0 & 0 & \cdots & 0 & 0 & \cdots & 0\end{pmatrix}。$$

把 $\boldsymbol{G}$ 的第 1 列的 $-c_{1,r+1},\cdots,-c_{1n}$ 倍分别加到第 $r+1,\cdots,n$ 列上；接着把所得矩阵的第 2 列的 $-c_{2,r+1},\cdots,-c_{2n}$ 倍分别加到第 $r+1,\cdots,n$ 列上；…；最后把所得矩阵的第 r 列的 $-c_{r,r+1},\cdots,-c_{rn}$ 倍分别加到第 $r+1,\cdots,n$ 列上，便得到矩阵 $\begin{pmatrix}\boldsymbol{I}_r & \boldsymbol{0}\\ \boldsymbol{0} & \boldsymbol{0}\end{pmatrix}$，因此 $\boldsymbol{A}$ 相抵于这个矩阵。 ■

定理 2　数域 K 上 $s\times n$ 矩阵 $\boldsymbol{A}$ 与 $\boldsymbol{B}$ 相抵当且仅当它们的秩相等。

证明 必要性。根据初等行(列)变换不改变矩阵的秩立即得到。

充分性。由于 $\boldsymbol{A}$ 与 $\boldsymbol{B}$ 的秩相等,因此它们的相抵标准形相等,由相抵的对称性和传递性立即得到 $\boldsymbol{A}$ 与 $\boldsymbol{B}$ 相抵。 ■

从定理 2 看出,在集合 $\boldsymbol{M}_{s\times n}(K)$ 中,对于 $0\leqslant r\leqslant \min\{s,n\}$,秩为 r 的所有矩阵恰好组成一个相抵类,从而 $\boldsymbol{M}_{s\times n}(K)$ 一共有 $1+\min\{s,n\}$ 个相抵类。

由于在同一个相抵类里的矩阵,它们的秩相等,因此称矩阵的秩是相抵关系下的不变量,简称为相抵不变量,又由于秩相等的矩阵在同一个相抵类里,因此矩阵的秩完全决定了相抵类,从而称矩阵的秩是相抵关系下的完全不变量。

一般地,设"～"是集合 S 上的一个等价关系,一种量或一种表达式如果对于同一个等价类里的元素是相等的,那么称这种量或表达式是一个**不变量**;恰好能完全决定等价类的一组不变量称为**完全不变量**。

从事实 1 和定理 1 立即得到:

推论 1 设数域 K 上 $s\times n$ 矩阵 $\boldsymbol{A}$ 的秩为 $r(r>0)$,则存在 K 上的 s 级、n 级可逆矩阵 $\boldsymbol{P},\boldsymbol{Q}$,使得

$$\boldsymbol{A}=\boldsymbol{P}\begin{pmatrix}\boldsymbol{I}_r & \boldsymbol{0}\\ \boldsymbol{0} & \boldsymbol{0}\end{pmatrix}\boldsymbol{Q}。\tag{3}$$

把矩阵 $\boldsymbol{A}$ 表示成式(3),突显了 $\boldsymbol{A}$ 的秩为 r,因此在有关矩阵的秩的问题中,式(3)是很有用的。

5.2.2 典型例题

例 1 求下述矩阵 $\boldsymbol{A}$ 的相抵标准形:

$$\boldsymbol{A}=\begin{pmatrix}1 & -3 & 5 & 2\\ -2 & 4 & 1 & -7\\ 3 & -8 & 10 & 6\end{pmatrix}。$$

解法一

$$\boldsymbol{A}\longrightarrow\begin{pmatrix}1 & -3 & 5 & 2\\ 0 & -2 & 11 & -3\\ 0 & 1 & -5 & 0\end{pmatrix}\longrightarrow\begin{pmatrix}1 & -3 & 5 & 2\\ 0 & 1 & -5 & 0\\ 0 & 0 & 1 & -3\end{pmatrix}\longrightarrow\begin{pmatrix}1 & -3 & 0 & 17\\ 0 & 1 & 0 & -15\\ 0 & 0 & 1 & -3\end{pmatrix}$$

$$\longrightarrow\begin{pmatrix}1 & 0 & 0 & -28\\ 0 & 1 & 0 & -15\\ 0 & 0 & 1 & -3\end{pmatrix}\longrightarrow\begin{pmatrix}1 & 0 & 0 & 0\\ 0 & 1 & 0 & 0\\ 0 & 0 & 1 & 0\end{pmatrix}$$

因此 $\boldsymbol{A}$ 的相抵标准形是 $(\boldsymbol{I}_3,\boldsymbol{0})$。

解法二 只要求出了 $\boldsymbol{A}$ 的秩,就可以写出 $\boldsymbol{A}$ 的相抵标准形。显然 $\boldsymbol{A}$ 左上角的 2 阶子式不为 0,再看 3 阶子式:

$$\begin{vmatrix}1 & -3 & 5\\ -2 & 4 & 1\\ 3 & -8 & 10\end{vmatrix}=\begin{vmatrix}1 & -3 & 5\\ 0 & -2 & 11\\ 0 & 1 & -5\end{vmatrix}=\begin{vmatrix}-2 & 11\\ 1 & -5\end{vmatrix}\neq 0。$$

又 $\boldsymbol{A}$ 只有 3 行,因此 $\operatorname{rank}(\boldsymbol{A})=3$,从而 $\boldsymbol{A}$ 的相抵标准形为 $(\boldsymbol{I}_3,\boldsymbol{0})$。

点评：显然，例1的解法二比解法一简便得多，原因在于运用了定理1，这说明掌握理论的重要性。此外，在求矩阵 $\boldsymbol{A}$ 的秩时，利用 $\boldsymbol{A}$ 的秩等于它的不为0的子式的最高阶数比用初等行变换化成阶梯形矩阵的计算量要小一些。这体现了矩阵的秩的概念的深刻性。

例2　证明：任意一个秩为 $r(r>0)$ 的矩阵都可以表示成 r 个秩为1的矩阵之和。

证明　设 $s\times n$ 矩阵 $\boldsymbol{A}$ 的秩为 $r(r>0)$，则存在 s 级、n 级可逆矩阵 $\boldsymbol{P},\boldsymbol{Q}$ 使得

$$\begin{aligned}\boldsymbol{A}&=\boldsymbol{P}\begin{pmatrix}\boldsymbol{I}_r & \boldsymbol{0}\\ \boldsymbol{0} & \boldsymbol{0}\end{pmatrix}\boldsymbol{Q}=\boldsymbol{P}(\boldsymbol{E}_{11}+\boldsymbol{E}_{22}+\cdots+\boldsymbol{E}_{rr})\boldsymbol{Q}\\&=\boldsymbol{P}\boldsymbol{E}_{11}\boldsymbol{Q}+\boldsymbol{P}\boldsymbol{E}_{22}\boldsymbol{Q}+\cdots+\boldsymbol{P}\boldsymbol{E}_{rr}\boldsymbol{Q}。\end{aligned}$$

由于 $\boldsymbol{E}_{ii}$ 的秩为1，因此，$\boldsymbol{P}\boldsymbol{E}_{ii}\boldsymbol{Q}$ 的秩也为1。■

例3　设 $\boldsymbol{A}$ 是数域 K 上的 $s\times n$ 矩阵，证明：$\boldsymbol{A}$ 的秩为 r 当且仅当存在数域 K 上的 $s\times r$ 列满秩矩阵 $\boldsymbol{B}$ 与 $r\times n$ 行满秩矩阵 $\boldsymbol{C}$，使得 $\boldsymbol{A}=\boldsymbol{B}\boldsymbol{C}$。

证明　必要性。设 $\boldsymbol{A}$ 的秩为 $r(r>0)$，则存在数域 K 上 s 级、n 级可逆矩阵 $\boldsymbol{P},\boldsymbol{Q}$，使得

$$\begin{aligned}\boldsymbol{A}&=\boldsymbol{P}\begin{pmatrix}\boldsymbol{I}_r & \boldsymbol{0}\\ \boldsymbol{0} & \boldsymbol{0}\end{pmatrix}\boldsymbol{Q}=(\overset{r列}{\overbrace{\boldsymbol{P}_1}},\boldsymbol{P}_2)\begin{pmatrix}\boldsymbol{I}_r & \boldsymbol{0}\\ \boldsymbol{0} & \boldsymbol{0}\end{pmatrix}\begin{pmatrix}\boldsymbol{Q}_1\\ \boldsymbol{Q}_2\end{pmatrix}\}r行\\&=(\boldsymbol{P}_1,\boldsymbol{0})\begin{pmatrix}\boldsymbol{Q}_1\\ \boldsymbol{Q}_2\end{pmatrix}=\boldsymbol{P}_1\boldsymbol{Q}_1。\end{aligned}$$

由于 $\boldsymbol{P}$ 是可逆矩阵，因此 $\boldsymbol{P}$ 的列向量组线性无关，从而 $\boldsymbol{P}_1$ 的列向量组线性无关。于是 $\operatorname{rank}(\boldsymbol{P}_1)=r$，即 $\boldsymbol{P}_1$ 是 $s\times r$ 列满秩矩阵。类似地可证 $\operatorname{rank}(\boldsymbol{Q}_1)=r$，因此 $\boldsymbol{Q}_1$ 是 $r\times n$ 行满秩矩阵。令 $\boldsymbol{B}=\boldsymbol{P}_1,\boldsymbol{C}=\boldsymbol{Q}_1$，即得 $\boldsymbol{A}=\boldsymbol{B}\boldsymbol{C}$。

充分性。设 $\boldsymbol{A}=\boldsymbol{B}\boldsymbol{C}$，其中 $\boldsymbol{B}$ 是 $s\times r$ 列满秩矩阵，$\boldsymbol{C}$ 是 $r\times n$ 行满秩矩阵。由于

$$\operatorname{rank}(\boldsymbol{B}\boldsymbol{C})\leqslant\operatorname{rank}(\boldsymbol{B})=r,$$

$$\operatorname{rank}(\boldsymbol{B}\boldsymbol{C})\geqslant\operatorname{rank}(\boldsymbol{B})+\operatorname{rank}(\boldsymbol{C})-r=r,$$

因此 $\operatorname{rank}(\boldsymbol{B}\boldsymbol{C})=r$，即 $\operatorname{rank}(\boldsymbol{A})=r$。■

点评：例3的必要性在第4章4.3节的例4已证过。现在用推论1和矩阵的分块给出了另一证法。

例4　设 $\boldsymbol{B}_1,\boldsymbol{B}_2$ 都是数域 K 上的 $s\times r$ 列满秩矩阵，证明：存在数域 K 上 s 级可逆矩阵 $\boldsymbol{P}$，使得

$$\boldsymbol{B}_2=\boldsymbol{P}\boldsymbol{B}_1。$$

证明　由于 $\boldsymbol{B}_1$ 是 $s\times r$ 列满秩矩阵，因此

$$\boldsymbol{B}_1\xrightarrow{\text{初等行变换}}\begin{pmatrix}\boldsymbol{I}_r\\ \boldsymbol{0}\end{pmatrix},$$

从而存在 s 级可逆矩阵 $\boldsymbol{P}_1$，使得

$$\boldsymbol{P}_1\boldsymbol{B}_1=\begin{pmatrix}\boldsymbol{I}_r\\ \boldsymbol{0}\end{pmatrix}。$$

同理，存在 s 级可逆矩阵 $\boldsymbol{P}_2$，使得

$$\boldsymbol{P}_2\boldsymbol{B}_2=\begin{pmatrix}\boldsymbol{I}_r\\ \boldsymbol{0}\end{pmatrix},$$

从而
$$P_1B_1=P_2B_2,$$
于是
$$B_1=(P_1^{-1}P_2)B_2。$$
令 $P=P_1^{-1}P_2$，则 P 是 s 级可逆矩阵，使得 $B_1=PB_2$。 ■

例 5 证明：任一 n 级非零矩阵都可以表示成形如 $I+a_{ij}E_{ij}$ 这样的矩阵的乘积。

证明 设 n 级矩阵 A 的秩为 $r(r>0)$，则存在 n 级可逆矩阵 P,Q，使得
$$A=P\begin{pmatrix}I_r & 0\\ 0 & 0\end{pmatrix}Q。$$
可逆矩阵 P,Q 都可以分别表示成一些初等矩阵的乘积。据 4.2 节的习题 4.2 的第 10,11 题，初等矩阵和对角矩阵 $D=\mathrm{diag}\{1,\cdots,1,0,\cdots,0\}$ 都可以表示成形如 $I+a_{ij}E_{ij}$ 这样的矩阵的乘积，因此矩阵 A 可以表示成这样的矩阵的乘积。 ■

例 6 设 A 是实数域上的 n 级对称矩阵，且 A 的秩为 $r(r>0)$。证明：

(1) A 至少有一个 r 阶主子式不为 0；

(2) A 的所有不等于 0 的 r 阶主子式都同号。

证明 (1) 设 A 的行向量组为 $\gamma_1,\gamma_2,\cdots,\gamma_n$，则 A' 的列向量组是 $\gamma'_1,\gamma'_2,\cdots,\gamma'_n$。由于 $A'=A$，因此 A 的列向量组为 $\gamma'_1,\gamma'_2,\cdots,\gamma'_n$。取 A 的行向量组的一个极大线性无关组 $\gamma_{i_1},\gamma_{i_2},\cdots,\gamma_{i_r}$，则 $\gamma_{i_1}',\gamma_{i_2}',\cdots,\gamma_{i_r}'$ 是 A 的列向量组的一个极大线性无关组。据 4.2 节的典型例题的例 6 的结论，得
$$A\begin{pmatrix}i_1,i_2,\cdots,i_r\\ i_1,i_2,\cdots,i_r\end{pmatrix}\neq 0。$$

(2) 由于 $\mathrm{rank}(A)=r$，因此存在 n 级可逆矩阵 P,Q，使
$$A=P\begin{pmatrix}I_r & 0\\ 0 & 0\end{pmatrix}Q。$$
由于 $A'=A$，因此
$$Q'\begin{pmatrix}I_r & 0\\ 0 & 0\end{pmatrix}P'=P\begin{pmatrix}I_r & 0\\ 0 & 0\end{pmatrix}Q,$$
从而
$$P^{-1}Q'\begin{pmatrix}I_r & 0\\ 0 & 0\end{pmatrix}=\begin{pmatrix}I_r & 0\\ 0 & 0\end{pmatrix}Q(P')^{-1}。\tag{4}$$
令
$$P^{-1}Q'=\begin{pmatrix}\overbrace{H_1}^{r列} & H_2\\ H_3 & H_4\end{pmatrix}\}r行,\tag{5}$$
代入式(4)得
$$\begin{pmatrix}H_1 & 0\\ H_3 & 0\end{pmatrix}=\begin{pmatrix}H'_1 & H'_3\\ 0 & 0\end{pmatrix},\tag{6}$$
由式(6)得
$$H'_1=H_1,H_3=0,$$
从而
$$Q'=P\begin{pmatrix}H_1 & H_2\\ 0 & H_4\end{pmatrix},$$

于是

$$A=P\begin{pmatrix}I_r & 0\\ 0 & 0\end{pmatrix}\begin{pmatrix}H_1{}' & 0\\ H_2{}' & H_4{}'\end{pmatrix}P'=P\left[\begin{pmatrix}H_1{}' & 0\\ 0 & 0\end{pmatrix}P'\right], \tag{7}$$

因此 $$r=\operatorname{rank}(A)=\operatorname{rank}\begin{pmatrix}H_1{}' & 0\\ 0 & 0\end{pmatrix}=\operatorname{rank}(H_1{}')=\operatorname{rank}(H_1),$$

从而 H_1 是可逆的 r 级对称矩阵。

对于矩阵 A 的分解式(7)，用 4.3 节的命题 1 的结论得

$$\begin{aligned}
A\begin{pmatrix}k_1,k_2,\cdots,k_r\\ k_1,k_2,\cdots,k_r\end{pmatrix}&=\sum_{1\leqslant v_1<\cdots<v_r\leqslant n}P\begin{pmatrix}k_1,k_2,\cdots,k_r\\ v_1,v_2,\cdots,v_r\end{pmatrix}\left[\begin{pmatrix}H_1{}' & 0\\ 0 & 0\end{pmatrix}P'\right]\begin{pmatrix}v_1,v_2,\cdots,v_r\\ k_1,k_2,\cdots,k_r\end{pmatrix}\\
&=\sum_{1\leqslant v_1<\cdots<v_r\leqslant n}P\begin{pmatrix}k_1,k_2,\cdots,k_r\\ v_1,v_2,\cdots,v_r\end{pmatrix}\sum_{1\leqslant\mu_1<\cdots<\mu_r\leqslant n}\begin{pmatrix}H_1{}' & 0\\ 0 & 0\end{pmatrix}\begin{pmatrix}v_1,v_2,\cdots,v_r\\ \mu_1,\mu_2,\cdots,\mu_r\end{pmatrix}P'\begin{pmatrix}\mu_1,\mu_2,\cdots,\mu_r\\ k_1,k_2,\cdots,k_r\end{pmatrix}\\
&=\sum_{1\leqslant v_1<\cdots<v_r\leqslant n}P\begin{pmatrix}k_1,k_2,\cdots,k_r\\ v_1,v_2,\cdots,v_r\end{pmatrix}\begin{pmatrix}H_1{}' & 0\\ 0 & 0\end{pmatrix}\begin{pmatrix}v_1,v_2,\cdots,v_r\\ 1,2,\cdots,r\end{pmatrix}P'\begin{pmatrix}1,2,\cdots,r\\ k_1,k_2,\cdots,k_r\end{pmatrix}\\
&=P\begin{pmatrix}k_1,k_2,\cdots,k_r\\ 1,2,\cdots,r\end{pmatrix}\mid H_1{}'\mid P'\begin{pmatrix}1,2,\cdots,r\\ k_1,k_2,\cdots,k_r\end{pmatrix}\\
&=\left[P\begin{pmatrix}k_1,k_2,\cdots,k_r\\ 1,2,\cdots,r\end{pmatrix}\right]^2\mid H'_1\mid。
\end{aligned}\tag{8}$$

由式(8)看出，A 的任一不等于 0 的 r 阶主子式都与 $|H_1{}'|$ 同号。 ■

例 7 设 A,B 分别是 $s\times n,n\times m$ 矩阵，证明：$\operatorname{rank}(AB)=\operatorname{rank}(A)+\operatorname{rank}(B)-n$ 的充分必要条件是

$$\begin{pmatrix}A & 0\\ I_n & B\end{pmatrix}\overset{\text{相抵}}{\sim}\begin{pmatrix}A & 0\\ 0 & B\end{pmatrix}。$$

证明 作分块矩阵的初等行(列)变换：

$$\begin{pmatrix}AB & 0\\ 0 & I_n\end{pmatrix}\xrightarrow{①+A\cdot②}\begin{pmatrix}AB & A\\ 0 & I_n\end{pmatrix}\xrightarrow[①+②(-B)]{}\begin{pmatrix}0 & A\\ -B & I_n\end{pmatrix}$$

$$\xrightarrow[(①,②)]{}\begin{pmatrix}A & 0\\ I_n & -B\end{pmatrix}\xrightarrow[②(-I_m)]{}\begin{pmatrix}A & 0\\ I_n & B\end{pmatrix},$$

因此

$$\operatorname{rank}\begin{pmatrix}AB & 0\\ 0 & I_n\end{pmatrix}=\operatorname{rank}\begin{pmatrix}A & 0\\ I_n & B\end{pmatrix},$$

从而 $\operatorname{rank}(AB)=\operatorname{rank}(A)+\operatorname{rank}(B)-n$

$$\Longleftrightarrow\ \operatorname{rank}\begin{pmatrix}AB & 0\\ 0 & I_n\end{pmatrix}=\operatorname{rank}\begin{pmatrix}A & 0\\ 0 & B\end{pmatrix}$$

$$\Longleftrightarrow\ \operatorname{rank}\begin{pmatrix}A & 0\\ I_n & B\end{pmatrix}=\operatorname{rank}\begin{pmatrix}A & 0\\ 0 & B\end{pmatrix}$$

$$\Longleftrightarrow\ \begin{pmatrix}A & 0\\ I_n & B\end{pmatrix}\overset{\text{相抵}}{\sim}\begin{pmatrix}A & 0\\ 0 & B\end{pmatrix}。$$

■

例 8 设 $\boldsymbol{A},\boldsymbol{B}$ 分别是数域 K 上的 $s\times n,n\times m$ 矩阵，证明：矩阵方程 $\boldsymbol{ABX}=\boldsymbol{A}$ 有解的充分必要条件是

$$\operatorname{rank}(\boldsymbol{AB})=\operatorname{rank}(\boldsymbol{A})。$$

证明 设 $\boldsymbol{A}$ 的列向量组是 $\boldsymbol{\alpha}_1,\boldsymbol{\alpha}_2,\cdots,\boldsymbol{\alpha}_n$，$\boldsymbol{AB}$ 的列向量组是 $\boldsymbol{\delta}_1,\boldsymbol{\delta}_2,\cdots,\boldsymbol{\delta}_m$。在 4.3 节的定理 1 已证 $\boldsymbol{\delta}_1,\boldsymbol{\delta}_2,\cdots,\boldsymbol{\delta}_m$ 可由 $\boldsymbol{\alpha}_1,\boldsymbol{\alpha}_2,\cdots,\boldsymbol{\alpha}_n$ 线性表出。据第 4.5 节的例 10 的结论得

矩阵方程 $\boldsymbol{ABX}=\boldsymbol{A}$ 有解

$\Longleftrightarrow$ $\operatorname{rank}(\boldsymbol{AB})=\operatorname{rank}(\boldsymbol{AB},\boldsymbol{A})$

$\Longleftrightarrow$ $\operatorname{rank}\{\boldsymbol{\delta}_1,\boldsymbol{\delta}_2,\cdots,\boldsymbol{\delta}_m\}=\operatorname{rank}\{\boldsymbol{\delta}_1,\boldsymbol{\delta}_2,\cdots,\boldsymbol{\delta}_m,\boldsymbol{\alpha}_1,\boldsymbol{\alpha}_2,\cdots,\boldsymbol{\alpha}_n\}$

$\Longleftrightarrow$ $\{\boldsymbol{\delta}_1,\boldsymbol{\delta}_2,\cdots,\boldsymbol{\delta}_m\}\cong\{\boldsymbol{\delta}_1,\boldsymbol{\delta}_2,\cdots,\boldsymbol{\delta}_m,\boldsymbol{\alpha}_1,\boldsymbol{\alpha}_2,\cdots,\boldsymbol{\alpha}_n\}$

$\Longleftrightarrow$ $\boldsymbol{\alpha}_1,\boldsymbol{\alpha}_2,\cdots,\boldsymbol{\alpha}_n$ 可以由 $\boldsymbol{\delta}_1,\boldsymbol{\delta}_2,\cdots,\boldsymbol{\delta}_m$ 线性表出

$\Longleftrightarrow$ $\{\boldsymbol{\alpha}_1,\boldsymbol{\alpha}_2,\cdots,\boldsymbol{\alpha}_n\}\cong\{\boldsymbol{\delta}_1,\boldsymbol{\delta}_2,\cdots,\boldsymbol{\delta}_m\}$

$\Longleftrightarrow$ $\operatorname{rank}\{\boldsymbol{\alpha}_1,\boldsymbol{\alpha}_2,\cdots,\boldsymbol{\alpha}_n\}=\operatorname{rank}\{\boldsymbol{\delta}_1,\boldsymbol{\delta}_2,\cdots,\boldsymbol{\delta}_m\}$

$\Longleftrightarrow$ $\operatorname{rank}(\boldsymbol{A})=\operatorname{rank}(\boldsymbol{AB})$。 ■

习题 5.2

1. 求下列矩阵的相抵标准形：

(1) $\begin{pmatrix}1&-1&3\\-2&3&-11\\4&-5&17\end{pmatrix}$； (2) $\begin{pmatrix}1&-1&3&2\\-2&3&-11&5\\4&-5&17&3\end{pmatrix}$；

(3) $\begin{pmatrix}1&-2\\-3&-6\\2&-4\end{pmatrix}$。

2. 判别下列两个矩阵是否相抵：

$$\begin{pmatrix}1&-1&-3&1\\1&-1&2&-1\\4&-4&3&-2\end{pmatrix},\qquad \begin{pmatrix}1&3&-2&0\\3&-2&0&1\\4&1&-2&1\end{pmatrix}。$$

3. 设 $\boldsymbol{C}_1,\boldsymbol{C}_2$ 都是数域 K 上的 $r\times n$ 行满秩矩阵，证明：存在数域 K 上的 n 级可逆矩阵 $\boldsymbol{Q}$，使得 $\boldsymbol{C}_2=\boldsymbol{C}_1\boldsymbol{Q}$。

4. 设 $\boldsymbol{A}$ 是实数域上的 n 级斜对称矩阵，且 $\boldsymbol{A}$ 的秩为 $r(r>0)$。证明：

(1) $\boldsymbol{A}$ 至少有一个 r 阶主子式不为 0；

(2) $\boldsymbol{A}$ 的所有不等于 0 的 r 阶主子式都同号。

5. 设 $\boldsymbol{A},\boldsymbol{B},\boldsymbol{C}$ 分别是 $s\times n,n\times m,m\times t$ 矩阵，证明：$\operatorname{rank}(\boldsymbol{ABC})=\operatorname{rank}(\boldsymbol{AB})+\operatorname{rank}(\boldsymbol{BC})-\operatorname{rank}(\boldsymbol{B})$ 的充分必要条件是

$$\begin{pmatrix}\boldsymbol{AB}&\boldsymbol{0}\\\boldsymbol{B}&\boldsymbol{BC}\end{pmatrix}\overset{\text{相抵}}{\sim}\begin{pmatrix}\boldsymbol{AB}&\boldsymbol{0}\\\boldsymbol{0}&\boldsymbol{BC}\end{pmatrix}。$$

*6. 设 $\boldsymbol{A},\boldsymbol{B}$ 都是 n 级矩阵，证明：

$$\operatorname{rank}(\boldsymbol{I}-\boldsymbol{AB})\leqslant\operatorname{rank}(\boldsymbol{I}-\boldsymbol{A})+\operatorname{rank}(\boldsymbol{I}-\boldsymbol{B})。$$

*7. 设 $\boldsymbol{A},\boldsymbol{B}$ 都是 n 级矩阵，证明：如果 $\boldsymbol{AB}=\boldsymbol{BA}=\boldsymbol{0}$，且 $\operatorname{rank}(\boldsymbol{A}^2)=\operatorname{rank}(\boldsymbol{A})$，那么

$$\operatorname{rank}(\boldsymbol{A}+\boldsymbol{B})=\operatorname{rank}(\boldsymbol{A})+\operatorname{rank}(\boldsymbol{B})。$$

*8. 设 $\boldsymbol{A},\boldsymbol{B}$ 都是 n 级矩阵，证明：如果 $\boldsymbol{AB}=\boldsymbol{BA}=\boldsymbol{0}$，那么存在正整数 m，使得

$$\operatorname{rank}(\boldsymbol{A}^m+\boldsymbol{B}^m)=\operatorname{rank}(\boldsymbol{A}^m)+\operatorname{rank}(\boldsymbol{B}^m)。$$

5.3　广义逆矩阵

5.3.1　内容精华

线性方程组 $\boldsymbol{Ax}=\boldsymbol{\beta}$，如果 $\boldsymbol{A}$ 可逆，那么它有唯一解：$\boldsymbol{x}=\boldsymbol{A}^{-1}\boldsymbol{\beta}$。如果 $\boldsymbol{A}$ 不可逆，但是 $\boldsymbol{Ax}=\boldsymbol{\beta}$ 有解，那么它的解是否也有类似的简洁公式表达？这需要先分析 $\boldsymbol{A}^{-1}$ 的性质。

如果 $\boldsymbol{A}$ 可逆，那么 $\boldsymbol{AA}^{-1}=\boldsymbol{I}$。两边右乘 $\boldsymbol{A}$，得

$$\boldsymbol{AA}^{-1}\boldsymbol{A}=\boldsymbol{A}。\tag{1}$$

式(1) 表明：当 $\boldsymbol{A}$ 可逆时，$\boldsymbol{A}^{-1}$ 是矩阵方程 $\boldsymbol{AXA}=\boldsymbol{A}$ 的一个解。因此受到启发，当 $\boldsymbol{A}$ 不可逆时，为了找到 $\boldsymbol{A}^{-1}$ 的替代物，应当去找矩阵方程 $\boldsymbol{AXA}=\boldsymbol{A}$ 的解。

定理 1　设 $\boldsymbol{A}$ 是数域 K 上的 $s\times n$ 非零矩阵，则矩阵方程

$$\boldsymbol{AXA}=\boldsymbol{A}\tag{2}$$

一定有解。如果 $\operatorname{rank}(\boldsymbol{A})=r$，并且

$$\boldsymbol{A}=\boldsymbol{P}\begin{pmatrix}\boldsymbol{I}_r & \boldsymbol{0}\\ \boldsymbol{0} & \boldsymbol{0}\end{pmatrix}\boldsymbol{Q},\tag{3}$$

其中 $\boldsymbol{P},\boldsymbol{Q}$ 分别是 K 上 s 级、n 级可逆矩阵，那么矩阵方程(2)的通解为

$$\boldsymbol{X}=\boldsymbol{Q}^{-1}\begin{pmatrix}\boldsymbol{I}_r & \boldsymbol{B}\\ \boldsymbol{C} & \boldsymbol{D}\end{pmatrix}\boldsymbol{P}^{-1},\tag{4}$$

其中 $\boldsymbol{B},\boldsymbol{C},\boldsymbol{D}$ 分别是数域 K 上任意的 $r\times(s-r)$，$(n-r)\times r$，$(n-r)\times(s-r)$ 矩阵。

证明　如果 $\boldsymbol{X}=\boldsymbol{G}$ 是矩阵方程(2)的一个解，则

$$\boldsymbol{AGA}=\boldsymbol{A}。\tag{5}$$

把式(3)代入式(5)，得

$$\boldsymbol{P}\begin{pmatrix}\boldsymbol{I}_r & \boldsymbol{0}\\ \boldsymbol{0} & \boldsymbol{0}\end{pmatrix}\boldsymbol{QGP}\begin{pmatrix}I_r & \boldsymbol{0}\\ \boldsymbol{0} & \boldsymbol{0}\end{pmatrix}\boldsymbol{Q}=\boldsymbol{P}\begin{pmatrix}\boldsymbol{I}_r & \boldsymbol{0}\\ \boldsymbol{0} & \boldsymbol{0}\end{pmatrix}\boldsymbol{Q},$$

上式两边左乘 $\boldsymbol{P}^{-1}$，右乘 $\boldsymbol{Q}^{-1}$，得

$$\begin{pmatrix}\boldsymbol{I}_r & \boldsymbol{0}\\ \boldsymbol{0} & \boldsymbol{0}\end{pmatrix}\boldsymbol{QGP}\begin{pmatrix}\boldsymbol{I}_r & \boldsymbol{0}\\ \boldsymbol{0} & \boldsymbol{0}\end{pmatrix}=\begin{pmatrix}\boldsymbol{I}_r & \boldsymbol{0}\\ \boldsymbol{0} & \boldsymbol{0}\end{pmatrix}。\tag{6}$$

把 $\boldsymbol{QGP}$ 写成分块矩阵的形式：

$$QGP = \begin{matrix} r\{ \\ n-r\{ \end{matrix}\overset{\begin{matrix} \underbrace{r} & \underbrace{s-r} \end{matrix}}{\begin{pmatrix} \boldsymbol{H} & \boldsymbol{B} \\ \boldsymbol{C} & \boldsymbol{D} \end{pmatrix}}, \tag{7}$$

代入式(6)得

$$\begin{pmatrix} \boldsymbol{I}_r & \boldsymbol{0} \\ \boldsymbol{0} & \boldsymbol{0} \end{pmatrix}\begin{pmatrix} \boldsymbol{H} & \boldsymbol{B} \\ \boldsymbol{C} & \boldsymbol{D} \end{pmatrix}\begin{pmatrix} \boldsymbol{I}_r & \boldsymbol{0} \\ \boldsymbol{0} & \boldsymbol{0} \end{pmatrix} = \begin{pmatrix} \boldsymbol{I}_r & \boldsymbol{0} \\ \boldsymbol{0} & \boldsymbol{0} \end{pmatrix},$$

即

$$\begin{pmatrix} \boldsymbol{H} & \boldsymbol{0} \\ \boldsymbol{0} & \boldsymbol{0} \end{pmatrix} = \begin{pmatrix} \boldsymbol{I}_r & \boldsymbol{0} \\ \boldsymbol{0} & \boldsymbol{0} \end{pmatrix}。 \tag{8}$$

由此得出，$\boldsymbol{H}=\boldsymbol{I}_r$。于是从式(7)推出

$$\boldsymbol{G} = \boldsymbol{Q}^{-1}\begin{pmatrix} \boldsymbol{I}_r & \boldsymbol{B} \\ \boldsymbol{C} & \boldsymbol{D} \end{pmatrix}\boldsymbol{P}^{-1}。 \tag{9}$$

下面我们来证：对于任意的 $r\times(s-r)$，$(n-r)\times r$，$(n-r)\times(s-r)$矩阵 $\boldsymbol{B},\boldsymbol{C},\boldsymbol{D}$，由式(9)给出的 G 确实是矩阵方程 $\boldsymbol{AXA}=\boldsymbol{A}$ 的解。用 $\boldsymbol{G}$ 代替 $\boldsymbol{X}$ 后，方程的左边为

$$\begin{aligned} \boldsymbol{AGA} &= \boldsymbol{P}\begin{pmatrix} \boldsymbol{I}_r & \boldsymbol{0} \\ \boldsymbol{0} & \boldsymbol{0} \end{pmatrix}\boldsymbol{QQ}^{-1}\begin{pmatrix} \boldsymbol{I}_r & \boldsymbol{B} \\ \boldsymbol{C} & \boldsymbol{D} \end{pmatrix}\boldsymbol{P}^{-1}\boldsymbol{P}\begin{pmatrix} \boldsymbol{I}_r & \boldsymbol{0} \\ \boldsymbol{0} & \boldsymbol{0} \end{pmatrix}\boldsymbol{Q} \\ &= \boldsymbol{P}\begin{pmatrix} \boldsymbol{I}_r & \boldsymbol{0} \\ \boldsymbol{0} & \boldsymbol{0} \end{pmatrix}\begin{pmatrix} \boldsymbol{I}_r & \boldsymbol{B} \\ \boldsymbol{C} & \boldsymbol{D} \end{pmatrix}\begin{pmatrix} \boldsymbol{I}_r & \boldsymbol{0} \\ \boldsymbol{0} & \boldsymbol{0} \end{pmatrix}\boldsymbol{Q} \\ &= \boldsymbol{P}\begin{pmatrix} \boldsymbol{I}_r & \boldsymbol{0} \\ \boldsymbol{0} & \boldsymbol{0} \end{pmatrix}\boldsymbol{Q} = \boldsymbol{A}。 \end{aligned}$$

而方程(2)的右边也是 $\boldsymbol{A}$，因此 $\boldsymbol{G}$ 是矩阵方程(2)的解。这样就证明了矩阵方程 $\boldsymbol{AXA}=\boldsymbol{A}$ 一定有解，并且求出了它的通解是式(4)所表示的矩阵。■

定义 1 设 $\boldsymbol{A}$ 是数域 K 上的 $s\times n$ 矩阵，矩阵方程 $\boldsymbol{AXA}=\boldsymbol{A}$ 的每一个解都称为 $\boldsymbol{A}$ 的一个**广义逆矩阵**，简称 $\boldsymbol{A}$ 的**广义逆**，用 $\boldsymbol{A}^-$ 表示 $\boldsymbol{A}$ 的任意一个广义逆。

从定义 1 得出

$$\boldsymbol{AA}^-\boldsymbol{A} = \boldsymbol{A}。 \tag{10}$$

从定理 1 得出，当 $\boldsymbol{A}\neq\boldsymbol{0}$ 时，设 $\text{rank}(\boldsymbol{A})=r$，且

$$\boldsymbol{A} = \boldsymbol{P}\begin{pmatrix} \boldsymbol{I}_r & \boldsymbol{0} \\ \boldsymbol{0} & \boldsymbol{0} \end{pmatrix}\boldsymbol{Q}。$$

则

$$\boldsymbol{A}^- = \boldsymbol{Q}^{-1}\begin{pmatrix} \boldsymbol{I}_r & \boldsymbol{B} \\ \boldsymbol{C} & \boldsymbol{D} \end{pmatrix}\boldsymbol{P}^{-1}。 \tag{11}$$

从定义 1 得出，任意一个 $n\times s$ 矩阵都是 $\boldsymbol{0}_{s\times n}$ 的广义逆。

定理 2(非齐次线性方程组的相容性定理) 非齐次线性方程组 $\boldsymbol{Ax}=\boldsymbol{\beta}$ 有解的充分必要条件是

$$\boldsymbol{\beta} = \boldsymbol{AA}^-\boldsymbol{\beta}。 \tag{12}$$

证明 必要性。设 $\boldsymbol{Ax}=\boldsymbol{\beta}$ 有解 $\boldsymbol{\alpha}$，则

$$\boldsymbol{\beta} = \boldsymbol{A\alpha} = \boldsymbol{AA}^{-}\boldsymbol{A\alpha} = \boldsymbol{AA}^{-}\boldsymbol{\beta}。$$

充分性。设 $\boldsymbol{\beta}=\boldsymbol{AA}^{-}\boldsymbol{\beta}$,则 $\boldsymbol{A}^{-}\boldsymbol{\beta}$ 是 $\boldsymbol{Ax}=\boldsymbol{\beta}$ 的解。 ■

定理 3(非齐次线性方程组的解的结构定理) 非齐次线性方程组 $\boldsymbol{Ax}=\boldsymbol{\beta}$ 有解时,它的通解为

$$\boldsymbol{x} = \boldsymbol{A}^{-}\boldsymbol{\beta}。\tag{13}$$

证明 设 $\boldsymbol{\gamma}$ 是 $\boldsymbol{Ax}=\boldsymbol{\beta}$ 的一个解,则 $\boldsymbol{A\gamma}=\boldsymbol{\beta}$。设

$$\boldsymbol{A} = \boldsymbol{P}\begin{pmatrix} \boldsymbol{I}_r & \boldsymbol{0} \\ \boldsymbol{0} & \boldsymbol{0} \end{pmatrix}\boldsymbol{Q},\tag{14}$$

其中 $\boldsymbol{P},\boldsymbol{Q}$ 分别是数域 K 上的 s 级,n 级可逆矩阵,则

$$\begin{pmatrix} \boldsymbol{I}_r & \boldsymbol{0} \\ \boldsymbol{0} & \boldsymbol{0} \end{pmatrix}\boldsymbol{Q\gamma} = \boldsymbol{P}^{-1}\boldsymbol{\beta}。\tag{15}$$

为了求 $\boldsymbol{\gamma}$ 的表达式,先求 $\boldsymbol{Q\gamma}$ 的表达式。把 $\boldsymbol{Q\gamma}, \boldsymbol{P}^{-1}\boldsymbol{\beta}$ 写成分块矩阵的形式:

$$\boldsymbol{Q\gamma} = \begin{pmatrix} \boldsymbol{Y}_1 \\ \boldsymbol{Y}_2 \end{pmatrix}\begin{matrix} \}r \\ \}n-r \end{matrix}, \qquad \boldsymbol{P}^{-1}\boldsymbol{\beta} = \begin{pmatrix} \boldsymbol{Z}_1 \\ \boldsymbol{Z}_2 \end{pmatrix}\begin{matrix} \}r \\ \}s-r \end{matrix},\tag{16}$$

代入式(15)得

$$\begin{pmatrix} \boldsymbol{I}_r & \boldsymbol{0} \\ \boldsymbol{0} & \boldsymbol{0} \end{pmatrix}\begin{pmatrix} \boldsymbol{Y}_1 \\ \boldsymbol{Y}_2 \end{pmatrix} = \begin{pmatrix} \boldsymbol{Z}_1 \\ \boldsymbol{Z}_2 \end{pmatrix}。\tag{17}$$

由此得出,$\boldsymbol{Y}_1=\boldsymbol{Z}_1, \boldsymbol{0}=\boldsymbol{Z}_2$。

还需要写出 $\boldsymbol{Y}_2$ 的表达式。由于 $\boldsymbol{\beta}\neq\boldsymbol{0}$,因此 $\boldsymbol{P}^{-1}\boldsymbol{\beta}\neq\boldsymbol{0}$,从而 $\boldsymbol{Z}_1\neq\boldsymbol{0}$。设 $\boldsymbol{Z}_1=(k_1,\cdots,k_r)'$,其中 $k_i\neq 0$。在 $\boldsymbol{A}^{-}$ 的表达式(11)中,取 $\boldsymbol{C}$ 为

$$\boldsymbol{C} = (\boldsymbol{0},\cdots,\boldsymbol{0},k_i^{-1}\boldsymbol{Y}_2,\boldsymbol{0},\cdots,\boldsymbol{0}),\tag{18}$$

则

$$\boldsymbol{CZ}_1 = (\boldsymbol{0},\cdots,\boldsymbol{0},k_i^{-1}\boldsymbol{Y}_2,\boldsymbol{0},\cdots,\boldsymbol{0})\begin{pmatrix} k_1 \\ \vdots \\ k_i \\ \vdots \\ k_r \end{pmatrix} = \boldsymbol{Y}_2。\tag{19}$$

于是

$$\boldsymbol{Q\gamma} = \begin{pmatrix} \boldsymbol{Y}_1 \\ \boldsymbol{Y}_2 \end{pmatrix} = \begin{pmatrix} \boldsymbol{Z}_1 \\ \boldsymbol{CZ}_1 \end{pmatrix} = \begin{pmatrix} \boldsymbol{I}_r & \boldsymbol{0} \\ \boldsymbol{C} & \boldsymbol{0} \end{pmatrix}\begin{pmatrix} \boldsymbol{Z}_1 \\ \boldsymbol{0} \end{pmatrix}。$$

由此得出

$$\boldsymbol{\gamma} = \boldsymbol{Q}^{-1}\begin{pmatrix} \boldsymbol{I}_r & \boldsymbol{0} \\ \boldsymbol{C} & \boldsymbol{0} \end{pmatrix}\begin{pmatrix} \boldsymbol{Z}_1 \\ \boldsymbol{0} \end{pmatrix} = \boldsymbol{Q}^{-1}\begin{pmatrix} \boldsymbol{I}_r & \boldsymbol{0} \\ \boldsymbol{C} & \boldsymbol{0} \end{pmatrix}\boldsymbol{P}^{-1}\boldsymbol{\beta} = \boldsymbol{A}^{-}\boldsymbol{\beta},$$

其中 $\boldsymbol{A}^{-}$ 的表达式(11)中,$\boldsymbol{B}=\boldsymbol{0}, \boldsymbol{D}=0, \boldsymbol{C}$ 由式(18)给出。这证明了线性方程组 $\boldsymbol{Ax}=\boldsymbol{\beta}$ 的任意一个解 $\boldsymbol{\gamma}$ 可以写成

$$\boldsymbol{\gamma} = \boldsymbol{A}^{-}\boldsymbol{\beta},$$

反之,对于任意的 $\boldsymbol{A}^{-}$,由于 $\boldsymbol{Ax}=\boldsymbol{\beta}$ 有解,据定理 2 得,$\boldsymbol{\beta}=\boldsymbol{AA}^{-}\boldsymbol{\beta}$,因此 $\boldsymbol{A}^{-}\boldsymbol{\beta}$ 是 $\boldsymbol{Ax}=\boldsymbol{\beta}$ 的解。

综上所述得，$\boldsymbol{Ax}=\boldsymbol{\beta}$ 有解时，它的通解是

$$\boldsymbol{x}=\boldsymbol{A}^{-}\boldsymbol{\beta}。$$

其中 $\boldsymbol{A}^{-}$ 是 $\boldsymbol{A}$ 的任意一个广义逆。 ■

从定理 3 看出，任意非齐次线性方程组 $\boldsymbol{Ax}=\boldsymbol{\beta}$ 有解时，它的通解有简洁漂亮的形式：$\boldsymbol{x}=\boldsymbol{A}^{-}\boldsymbol{\beta}$。

定理 4(齐次线性方程组的解的结构定理) 数域 K 上 n 元齐次线性方程组 $\boldsymbol{Ax}=0$ 的通解为

$$\boldsymbol{x}=(\boldsymbol{I}_n-\boldsymbol{A}^{-}\boldsymbol{A})\boldsymbol{Z}, \tag{20}$$

其中 $\boldsymbol{A}^{-}$ 是 $\boldsymbol{A}$ 的任意给定的一个广义逆，$\boldsymbol{Z}$ 取遍 K^n 中任意列向量。

证明 任取 $\boldsymbol{Z}\in K^n$，有

$$\boldsymbol{A}[(\boldsymbol{I}_n-\boldsymbol{A}^{-}\boldsymbol{A})\boldsymbol{Z}]=(\boldsymbol{A}-\boldsymbol{AA}^{-}\boldsymbol{A})\boldsymbol{Z}=(\boldsymbol{A}-\boldsymbol{A})\boldsymbol{Z}=\boldsymbol{0},$$

因此 $\boldsymbol{x}=(\boldsymbol{I}_n-\boldsymbol{A}^{-}\boldsymbol{A})\boldsymbol{Z}$ 是齐次线性方程组 $\boldsymbol{Ax}=\boldsymbol{0}$ 的解。

反之，设 $\boldsymbol{\eta}$ 是 $\boldsymbol{Ax}=\boldsymbol{0}$ 的一个解，则

$$(\boldsymbol{I}_n-\boldsymbol{A}^{-}\boldsymbol{A})\boldsymbol{\eta}=\boldsymbol{\eta}-\boldsymbol{A}^{-}\boldsymbol{A\eta}=\boldsymbol{\eta}。$$

综上所述，$\boldsymbol{x}=(\boldsymbol{I}_n-\boldsymbol{A}^{-}\boldsymbol{A})\boldsymbol{Z}$ 是齐次线性方程组 $\boldsymbol{Ax}=\boldsymbol{0}$ 的通解。 ■

推论 1 设数域 K 上 n 元非齐次线性方程组 $\boldsymbol{Ax}=\boldsymbol{\beta}$ 有解，则它的通解为

$$\boldsymbol{x}=\boldsymbol{A}^{-}\boldsymbol{\beta}+(\boldsymbol{I}_n-\boldsymbol{A}^{-}\boldsymbol{A})\boldsymbol{Z}, \tag{21}$$

其中 $\boldsymbol{A}^{-}$ 是 $\boldsymbol{A}$ 的任意给定的一个广义逆，$\boldsymbol{Z}$ 取遍 K^n 中任意列向量。

证明 由于 $\boldsymbol{A}^{-}\boldsymbol{\beta}$ 是 $\boldsymbol{Ax}=\boldsymbol{\beta}$ 的一个解，且 $(\boldsymbol{I}_n-\boldsymbol{A}^{-}\boldsymbol{A})\boldsymbol{Z}$ 是导出方程组 $\boldsymbol{Ax}=\boldsymbol{0}$ 的通解，因此 $\boldsymbol{x}=\boldsymbol{A}^{-}\boldsymbol{\beta}+(\boldsymbol{I}_n-\boldsymbol{A}^{-}\boldsymbol{A})\boldsymbol{Z}$ 是 $\boldsymbol{Ax}=\boldsymbol{\beta}$ 的通解。 ■

一般情况下，矩阵方程 $\boldsymbol{AXA}=\boldsymbol{A}$ 的解不唯一，从而 $\boldsymbol{A}$ 的广义逆不唯一。但是有时我们希望 $\boldsymbol{A}$ 的满足特殊条件的广义逆是唯一的，这就引出下述概念。

定义 2 设 $\boldsymbol{A}$ 是复数域上的 $s\times n$ 矩阵，矩阵方程组

$$\begin{cases}\boldsymbol{AXA}=\boldsymbol{A}\\ \boldsymbol{XAX}=\boldsymbol{X}\\ (\boldsymbol{AX})^{*}=\boldsymbol{AX}\\ (\boldsymbol{XA})^{*}=\boldsymbol{XA}\end{cases} \tag{22}$$

称为 $\boldsymbol{A}$ 的 **Penrose 方程组**，它的解称为 $\boldsymbol{A}$ 的 **Moore-Penrose 广义逆**，记作 $\boldsymbol{A}^{+}$。式(22)中 $(\boldsymbol{AX})^{*}$ 表示把 $\boldsymbol{AX}$ 的每个元素取共轭复数得到的矩阵再转置。

定理 5 如果 $\boldsymbol{A}$ 是复数域上的 $s\times n$ 非零矩阵，$\boldsymbol{A}$ 的 Penrose 方程组总是有解，并且它的解唯一。设 $\boldsymbol{A}=\boldsymbol{BC}$，其中 $\boldsymbol{B},\boldsymbol{C}$ 分别是列满秩与行满秩矩阵，则 Penrose 方程组的唯一解是

$$\boldsymbol{X}=\boldsymbol{C}^{*}(\boldsymbol{CC}^{*})^{-1}(\boldsymbol{B}^{*}\boldsymbol{B})^{-1}\boldsymbol{B}^{*}。 \tag{23}$$

证明 把式(23)代入 Penrose 方程组的每一个方程，验证每一个方程都变成恒等式：

$$\boldsymbol{AXA}=(\boldsymbol{BC})\boldsymbol{C}^{*}(\boldsymbol{CC}^{*})^{-1}(\boldsymbol{B}^{*}\boldsymbol{B})^{-1}\boldsymbol{B}^{*}(\boldsymbol{BC})=\boldsymbol{BC}=\boldsymbol{A},$$

$$\begin{aligned}\boldsymbol{XAX}&=\boldsymbol{C}^{*}(\boldsymbol{CC}^{*})^{-1}(\boldsymbol{B}^{*}\boldsymbol{B})^{-1}\boldsymbol{B}^{*}(\boldsymbol{BC})\boldsymbol{C}^{*}(\boldsymbol{CC}^{*})^{-1}(\boldsymbol{B}^{*}\boldsymbol{B})^{-1}\boldsymbol{B}^{*}\\&=\boldsymbol{C}^{*}(\boldsymbol{CC}^{*})^{-1}(\boldsymbol{B}^{*}\boldsymbol{B})^{-1}\boldsymbol{B}^{*}=\boldsymbol{X},\end{aligned}$$

$$\begin{aligned}(\boldsymbol{AX})^{*}&=\boldsymbol{x}^{*}\boldsymbol{A}^{*}=\boldsymbol{B}(\boldsymbol{B}^{*}\boldsymbol{B})^{-1}(\boldsymbol{CC}^{*})^{-1}\boldsymbol{CC}^{*}\boldsymbol{B}^{*}\\&=\boldsymbol{B}(\boldsymbol{B}^{*}\boldsymbol{B})^{-1}\boldsymbol{B}^{*}=\boldsymbol{B}(\boldsymbol{CC}^{*})(\boldsymbol{CC}^{*})^{-1}(\boldsymbol{B}^{*}\boldsymbol{B})^{-1}\boldsymbol{B}^{*}=\boldsymbol{AX},\end{aligned}$$

$$(\boldsymbol{XA})^* = \boldsymbol{A}^* \boldsymbol{X}^* = \boldsymbol{C}^* \boldsymbol{B}^* \boldsymbol{B}(\boldsymbol{B}^* \boldsymbol{B})^{-1} (\boldsymbol{CC}^*)^{-1} C$$
$$= \boldsymbol{C}^* (\boldsymbol{CC}^*)^{-1} C = \boldsymbol{C}^* (\boldsymbol{CC}^*)^{-1} (B^* B)^{-1} (B^* B) C = \boldsymbol{XA}。$$

因此式(12)的确是 Penrose 方程组的解。

下面证解的唯一性。设 $\boldsymbol{X}_1$ 和 $\boldsymbol{X}_2$ 都是 Penrose 方程组的解，则

$$\begin{aligned}\boldsymbol{X}_1 &= \boldsymbol{X}_1\boldsymbol{AX}_1 = \boldsymbol{X}_1(\boldsymbol{AX}_2\boldsymbol{A})\boldsymbol{X}_1 = \boldsymbol{X}_1(\boldsymbol{AX}_2)(\boldsymbol{AX}_1)\\ &= \boldsymbol{X}_1(\boldsymbol{AX}_2)^*(\boldsymbol{AX}_1)^* = \boldsymbol{X}_1(\boldsymbol{AX}_1\boldsymbol{AX}_2)^* = \boldsymbol{X}_1\boldsymbol{X}_2^*(\boldsymbol{AX}_1\boldsymbol{A})^*\\ &= \boldsymbol{X}_1\boldsymbol{X}_2^*\boldsymbol{A}^* = \boldsymbol{X}_1(\boldsymbol{AX}_2)^* = \boldsymbol{X}_1\boldsymbol{AX}_2 = \boldsymbol{X}_1(\boldsymbol{AX}_2\boldsymbol{A})\boldsymbol{X}_2\\ &= (\boldsymbol{X}_1\boldsymbol{A})(\boldsymbol{X}_2\boldsymbol{A})\boldsymbol{X}_2 = (\boldsymbol{X}_1\boldsymbol{A})^*(\boldsymbol{X}_2\boldsymbol{A})^*\boldsymbol{X}_2 = (\boldsymbol{X}_2\boldsymbol{AX}_1\boldsymbol{A})^*\boldsymbol{X}_2\\ &= (\boldsymbol{X}_2\boldsymbol{A})^*\boldsymbol{X}_2 = \boldsymbol{X}_2\boldsymbol{AX}_2 = \boldsymbol{X}_2。\end{aligned}$$

这证明了 Penrose 方程组的解的唯一性。 ■

设 $\boldsymbol{X}_0$ 是零矩阵的 Moore-Penrose 广义逆，则

$$\boldsymbol{X}_0 = \boldsymbol{X}_0\boldsymbol{0}\boldsymbol{X}_0 = \boldsymbol{0}。$$

显然 0 是零矩阵的 Penrose 方程组的解，因此零矩阵的 Moore-Penrose 广义逆是零矩阵自身。

综上所述，对任意复矩阵 $\boldsymbol{A}$，$\boldsymbol{A}$ 的 Moore-Penrose 广义逆存在且唯一。

注意：据 4.3 节的习题 4.3 第 6 题的结论得

$$\operatorname{rank}(\boldsymbol{CC}^*) = \operatorname{rank}(\boldsymbol{C}) = r,$$

因此 $\boldsymbol{CC}^*$ 是 r 级满秩矩阵，从而 $\boldsymbol{CC}^*$ 可逆。类似地，$\boldsymbol{B}^*\boldsymbol{B}$ 可逆。

5.3.2 典型例题

例 1 设 $\boldsymbol{A}$ 是数域 K 上的 $s\times n$ 矩阵，证明：如果 $\boldsymbol{A}$ 行满秩，那么有

$$\boldsymbol{AA}^- = \boldsymbol{I}_s。$$

证明 由于 $\operatorname{rank}(\boldsymbol{A})=s$，因此存在 s 级、n 级可逆矩阵 $\boldsymbol{P}$，$\boldsymbol{Q}$ 使得

$$\boldsymbol{A} = \boldsymbol{P}(\boldsymbol{I}_s,\boldsymbol{0})\boldsymbol{Q},$$

从而

$$\boldsymbol{A}^- = \boldsymbol{Q}^{-1}\begin{pmatrix}\boldsymbol{I}_s\\ \boldsymbol{C}\end{pmatrix}\boldsymbol{P}^{-1},$$

于是

$$\begin{aligned}\boldsymbol{AA}^- &= \boldsymbol{P}(\boldsymbol{I}_s,\boldsymbol{0})\boldsymbol{QQ}^{-1}\begin{pmatrix}\boldsymbol{I}_s\\ \boldsymbol{C}\end{pmatrix}\boldsymbol{P}^{-1}\\ &= \boldsymbol{PI}_s\boldsymbol{P}^{-1} = \boldsymbol{I}_s。\end{aligned}$$ ■

例 2 设 $\boldsymbol{A}$，$\boldsymbol{B}$ 分别是数域 K 上的 $s\times n$，$s\times m$ 非零矩阵，证明：矩阵方程 $\boldsymbol{AX}=\boldsymbol{B}$ 有解的充分必要条件是

$$\boldsymbol{B} = \boldsymbol{AA}^-\boldsymbol{B},$$

在有解时，它的通解为

$$\boldsymbol{X} = \boldsymbol{A}^-\boldsymbol{B} + (\boldsymbol{I}_n - \boldsymbol{A}^-\boldsymbol{A})\boldsymbol{W},$$

其中 $\boldsymbol{W}$ 是任意 $n\times m$ 矩阵，$\boldsymbol{A}^-$ 是 $\boldsymbol{A}$ 的任意取定的一个广义逆。

证明 必要性。设 $\boldsymbol{AX}=\boldsymbol{B}$ 有解，$\boldsymbol{X}=\boldsymbol{G}$，则 $\boldsymbol{AG}=\boldsymbol{B}$。因为 $\boldsymbol{A}=\boldsymbol{AA}^-\boldsymbol{A}$，所以

$$\boldsymbol{B}=\boldsymbol{AG}=\boldsymbol{AA}^-\boldsymbol{AG}=\boldsymbol{AA}^-\boldsymbol{B}。$$

充分性。设 $\boldsymbol{B}=\boldsymbol{AA}^-\boldsymbol{B}$，则 $\boldsymbol{A}^-\boldsymbol{B}$ 是 $\boldsymbol{AX}=\boldsymbol{B}$ 的解。

任意取定 $\boldsymbol{A}$ 的一个广义逆 $\boldsymbol{A}^-$，则对于任意 $n\times m$ 矩阵 $\boldsymbol{W}$，有

$$\boldsymbol{A}[(\boldsymbol{I}_n-\boldsymbol{A}^-\boldsymbol{A})\boldsymbol{W}]=(\boldsymbol{A}-\boldsymbol{AA}^-\boldsymbol{A})\boldsymbol{W}=(\boldsymbol{A}-\boldsymbol{A})\boldsymbol{W}=\boldsymbol{0},$$

因此 $(\boldsymbol{I}_n-\boldsymbol{A}^-\boldsymbol{A})\boldsymbol{W}$ 是 $\boldsymbol{AX}=\boldsymbol{0}$ 的解。

反之，设 $\boldsymbol{H}$ 是 $\boldsymbol{AX}=\boldsymbol{0}$ 的解，则

$$(\boldsymbol{I}_n-\boldsymbol{A}^-\boldsymbol{A})\boldsymbol{H}=\boldsymbol{H}-\boldsymbol{A}^-\boldsymbol{AH}=\boldsymbol{H}。$$

综上所述，$(\boldsymbol{I}_n-\boldsymbol{A}^-\boldsymbol{A})\boldsymbol{W}$ 是 $\boldsymbol{AX}=\boldsymbol{0}$ 的通解，于是 $\boldsymbol{A}^-\boldsymbol{B}+(\boldsymbol{I}_n-\boldsymbol{A}^-\boldsymbol{A})\boldsymbol{W}$ 是 $\boldsymbol{AX}=\boldsymbol{B}$ 的通解。 ■

例 3 设 $\boldsymbol{A}$ 是复数域上的 $s\times n$ 矩阵，证明：

$$(\boldsymbol{A}^+)^+=\boldsymbol{A}。$$

证明 $\boldsymbol{A}^+$ 是 $\boldsymbol{A}$ 的 Penrose 方程组的解，因此

$$\begin{cases}\boldsymbol{AA}^+\boldsymbol{A}=\boldsymbol{A}\\ \boldsymbol{A}^+\boldsymbol{AA}^+=\boldsymbol{A}^+\\ (\boldsymbol{AA}^+)^*=\boldsymbol{AA}^+\\ (\boldsymbol{A}^+\boldsymbol{A})^*=\boldsymbol{A}^+\boldsymbol{A}\end{cases}$$

这表明 $\boldsymbol{A}$ 是 $\boldsymbol{A}^+$ 的 Penrose 方程组的解。由于解唯一，因此

$$\boldsymbol{A}=(\boldsymbol{A}^+)^+。$$ ■

例 4 设 $\boldsymbol{B},\boldsymbol{C}$ 分别是复数域上的 $s\times r,r\times n$ 列满秩、行满秩矩阵，则

$$(\boldsymbol{BC})^+=\boldsymbol{C}^+\boldsymbol{B}^+。$$

证明 令 $\boldsymbol{A}=\boldsymbol{BC}$。据本节定理 5 的式(23)得

$$\boldsymbol{A}^+=\boldsymbol{C}^*(\boldsymbol{CC}^*)^{-1}(\boldsymbol{B}^*\boldsymbol{B})^{-1}\boldsymbol{B}^*。$$

由于 $\boldsymbol{B}=\boldsymbol{BI}_r$，$\boldsymbol{C}=\boldsymbol{I}_r\boldsymbol{C}$，因此仍由式(23)得

$$\boldsymbol{B}^+=\boldsymbol{I}_r^*(\boldsymbol{I}_r\boldsymbol{I}_r^*)^{-1}(\boldsymbol{B}^*\boldsymbol{B})^{-1}\boldsymbol{B}^*=(\boldsymbol{B}^*\boldsymbol{B})^{-1}\boldsymbol{B}^*,$$

$$\boldsymbol{C}^+=\boldsymbol{C}^*(\boldsymbol{CC}^*)^{-1}(\boldsymbol{I}_r^*\boldsymbol{I}_r)^{-1}\boldsymbol{I}_r^*=\boldsymbol{C}^*(\boldsymbol{CC}^*)^{-1}。$$

由上述推出，$\boldsymbol{C}^+\boldsymbol{B}^+=\boldsymbol{C}^*(\boldsymbol{CC}^*)^{-1}(\boldsymbol{B}^*\boldsymbol{B})^{-1}\boldsymbol{B}^*=\boldsymbol{A}^+=(\boldsymbol{BC})^+$。 ■

注意：一般地，$(\boldsymbol{AB})^+\neq\boldsymbol{B}^+\boldsymbol{A}^+$。

例 5 设 $\boldsymbol{A},\boldsymbol{B}$ 分别是数域 K 上的 $s\times n,n\times s$ 矩阵。证明：

$$\operatorname{rank}(\boldsymbol{A}-\boldsymbol{ABA})=\operatorname{rank}(\boldsymbol{A})+\operatorname{rank}(\boldsymbol{I}_n-\boldsymbol{BA})-n。\tag{24}$$

证明 据 4.5 节的例 2 的 Sylvester 秩不等式得

$$\operatorname{rank}(\boldsymbol{A}-\boldsymbol{ABA})=\operatorname{rank}[\boldsymbol{A}(\boldsymbol{I}_n-\boldsymbol{BA})]\geqslant\operatorname{rank}(\boldsymbol{A})+\operatorname{rank}(\boldsymbol{I}_n-\boldsymbol{BA})-n。$$

下面只要证： $\operatorname{rank}(\boldsymbol{A}-\boldsymbol{ABA})+n\leqslant\operatorname{rank}(\boldsymbol{A})+\operatorname{rank}(\boldsymbol{I}_n-\boldsymbol{BA})$。

$$\begin{pmatrix}\boldsymbol{A}&\boldsymbol{0}\\ \boldsymbol{0}&\boldsymbol{I}_n-\boldsymbol{BA}\end{pmatrix}\xrightarrow{②+\boldsymbol{B}\cdot①}\begin{pmatrix}\boldsymbol{A}&\boldsymbol{0}\\ \boldsymbol{BA}&\boldsymbol{I}_n-\boldsymbol{BA}\end{pmatrix}\xrightarrow[②+①]{}$$

$$\begin{pmatrix}\boldsymbol{A}&\boldsymbol{A}\\ \boldsymbol{BA}&\boldsymbol{I}_n\end{pmatrix}\xrightarrow{①+(-\boldsymbol{A})\cdot②}\begin{pmatrix}\boldsymbol{A}-\boldsymbol{ABA}&\boldsymbol{0}\\ \boldsymbol{BA}&\boldsymbol{I}_n\end{pmatrix},$$

于是

$$\operatorname{rank}(\boldsymbol{A})+\operatorname{rank}(\boldsymbol{I}_n-\boldsymbol{BA})=\operatorname{rank}\begin{pmatrix}\boldsymbol{A} & \boldsymbol{0}\\ \boldsymbol{0} & \boldsymbol{I}_n-\boldsymbol{BA}\end{pmatrix}=\operatorname{rank}\begin{pmatrix}\boldsymbol{A}-\boldsymbol{ABA} & \boldsymbol{0}\\ \boldsymbol{BA} & \boldsymbol{I}_n\end{pmatrix}$$

$$\geqslant \operatorname{rank}(\boldsymbol{A}-\boldsymbol{ABA})+\operatorname{rank}(\boldsymbol{I}_n)$$

$$=\operatorname{rank}(\boldsymbol{A}-\boldsymbol{ABA})+n,$$

因此
$$\operatorname{rank}(\boldsymbol{A}-\boldsymbol{ABA})=\operatorname{rank}(\boldsymbol{A})+\operatorname{rank}(\boldsymbol{I}_n-\boldsymbol{BA})-n,$$ ■

例 6　设 $\boldsymbol{A}$ 是数域 K 上的 $s\times n$ 矩阵，证明：$\boldsymbol{B}$ 是 $\boldsymbol{A}$ 的一个广义逆的充分必要条件是

$$\operatorname{rank}(\boldsymbol{A})+\operatorname{rank}(\boldsymbol{I}_n-\boldsymbol{BA})=n。\tag{25}$$

证明　由例 5 的结论立即得到

$\boldsymbol{B}$ 是 $\boldsymbol{A}$ 的一个广义逆 $\Longleftrightarrow$ $\boldsymbol{ABA}=\boldsymbol{A}$

$\Longleftrightarrow$ $\operatorname{rank}(\boldsymbol{A}-\boldsymbol{ABA})=0$

$\Longleftrightarrow$ $\operatorname{rank}(\boldsymbol{A})+\operatorname{rank}(\boldsymbol{I}_n-\boldsymbol{BA})=n$。 ■

例 7　设 $\boldsymbol{A}$ 是数域 K 上的 $s\times n$ 非零矩阵，证明：

$$\operatorname{rank}(\boldsymbol{A}^-\boldsymbol{A})=\operatorname{rank}(\boldsymbol{A})。\tag{26}$$

证明　设 $\operatorname{rank}(\boldsymbol{A})=r$，则存在 s 级、n 级可逆矩阵 $\boldsymbol{P},\boldsymbol{Q}$，使得

$$\boldsymbol{A}=\boldsymbol{P}\begin{pmatrix}\boldsymbol{I}_r & \boldsymbol{0}\\ \boldsymbol{0} & \boldsymbol{0}\end{pmatrix}\boldsymbol{Q},$$

从而

$$\boldsymbol{A}^-=\boldsymbol{Q}^{-1}\begin{pmatrix}\boldsymbol{I}_r & \boldsymbol{B}\\ \boldsymbol{C} & \boldsymbol{D}\end{pmatrix}\boldsymbol{P}^{-1},$$

于是

$$\boldsymbol{A}^-\boldsymbol{A}=\boldsymbol{Q}^{-1}\begin{pmatrix}\boldsymbol{I}_r & \boldsymbol{B}\\ \boldsymbol{C} & \boldsymbol{D}\end{pmatrix}\boldsymbol{P}^{-1}\boldsymbol{P}\begin{pmatrix}\boldsymbol{I}_r & \boldsymbol{0}\\ \boldsymbol{0} & \boldsymbol{0}\end{pmatrix}\boldsymbol{Q}=\boldsymbol{Q}^{-1}\begin{pmatrix}\boldsymbol{I}_r & \boldsymbol{0}\\ \boldsymbol{C} & \boldsymbol{0}\end{pmatrix}\boldsymbol{Q},$$

因此
$$\operatorname{rank}(\boldsymbol{A}^-\boldsymbol{A})=\operatorname{rank}\begin{pmatrix}\boldsymbol{I}_r & \boldsymbol{0}\\ \boldsymbol{C} & \boldsymbol{0}\end{pmatrix}\geqslant\operatorname{rank}(\boldsymbol{I}_r)=r。$$

又有
$$\operatorname{rank}(\boldsymbol{A}^-\boldsymbol{A})\leqslant\operatorname{rank}(\boldsymbol{A})=r,$$

从而
$$\operatorname{rank}(\boldsymbol{A}^-\boldsymbol{A})=r=\operatorname{rank}(\boldsymbol{A})。$$ ■

例 8　设 $\boldsymbol{A},\boldsymbol{B},\boldsymbol{C}$ 分别是数域 K 上的 $s\times n,l\times m,s\times m$ 非零矩阵，证明：存在 $\boldsymbol{A}$ 的一个广义逆 $\boldsymbol{A}^-$ 和 $\boldsymbol{B}$ 的一个广义逆 $\boldsymbol{B}^-$，使得

$$\operatorname{rank}\begin{pmatrix}\boldsymbol{A} & \boldsymbol{C}\\ \boldsymbol{0} & \boldsymbol{B}\end{pmatrix}=\operatorname{rank}(\boldsymbol{A})+\operatorname{rank}(\boldsymbol{B})+\operatorname{rank}[(\boldsymbol{I}_s-\boldsymbol{AA}^-)\boldsymbol{C}(\boldsymbol{I}_m-\boldsymbol{B}^-\boldsymbol{B})]。\tag{27}$$

证明　设 $\operatorname{rank}(\boldsymbol{A})=r,\operatorname{rank}(\boldsymbol{B})=t$，则

$$\boldsymbol{A}=\boldsymbol{P}_1\begin{pmatrix}\boldsymbol{I}_r & \boldsymbol{0}\\ \boldsymbol{0} & \boldsymbol{0}\end{pmatrix}\boldsymbol{Q}_1,\qquad \boldsymbol{B}=\boldsymbol{P}_2\begin{pmatrix}\boldsymbol{I}_t & \boldsymbol{0}\\ \boldsymbol{0} & \boldsymbol{0}\end{pmatrix}\boldsymbol{Q}_2,$$

其中 $\boldsymbol{P}_1,\boldsymbol{Q}_1,\boldsymbol{P}_2,\boldsymbol{Q}_2$ 分别是 s 级、n 级、l 级、m 级可逆矩阵，于是

$$\boldsymbol{A}^-=\boldsymbol{Q}_1^{-1}\begin{pmatrix}\boldsymbol{I}_r & \boldsymbol{G}_1\\ \boldsymbol{H}_1 & \boldsymbol{D}_1\end{pmatrix}\boldsymbol{P}_1^{-1},\qquad \boldsymbol{B}^-=\boldsymbol{Q}_2^{-1}\begin{pmatrix}\boldsymbol{I}_t & \boldsymbol{G}_2\\ \boldsymbol{H}_2 & \boldsymbol{D}_2\end{pmatrix}\boldsymbol{P}_2^{-1}。$$

取 $\boldsymbol{G}_1=\boldsymbol{0},\boldsymbol{H}_2=\boldsymbol{0}$，则

$$AA^- = P_1\begin{pmatrix} I_r & 0 \\ 0 & 0 \end{pmatrix}P_1^{-1}, \qquad B^-B = Q_2^{-1}\begin{pmatrix} I_t & 0 \\ 0 & 0 \end{pmatrix}Q_2,$$

$$(I_s - AA^-)C(I_m - B^-B) = \left[I_s - P_1\begin{pmatrix} I_r & 0 \\ 0 & 0 \end{pmatrix}P_1^{-1}\right]C\left[I_m - Q_2^{-1}\begin{pmatrix} I_t & 0 \\ 0 & 0 \end{pmatrix}Q_2\right]$$

$$= P_1\begin{pmatrix} 0 & 0 \\ 0 & I_{s-r} \end{pmatrix}P_1^{-1}CQ_2^{-1}\begin{pmatrix} 0 & 0 \\ 0 & I_{m-t} \end{pmatrix}Q_2。$$

令
$$P_1^{-1}CQ_2^{-1} = \begin{pmatrix} C_1 & C_2 \\ C_3 & C_4 \end{pmatrix},$$

则
$$(I_s - AA^-)C(I_m - B^-B) = P_1\begin{pmatrix} 0 & 0 \\ 0 & C_4 \end{pmatrix}Q_2,$$

于是
$$\text{rank}[(I_s - AA^-)C(I_m - B^-B)] = \text{rank}(C_4),$$

$$\begin{pmatrix} P_1^{-1} & 0 \\ 0 & P_2^{-1} \end{pmatrix}\begin{pmatrix} A & C \\ 0 & B \end{pmatrix}\begin{pmatrix} Q_1^{-1} & 0 \\ 0 & Q_2^{-1} \end{pmatrix} = \begin{pmatrix} I_r & 0 & C_1 & C_2 \\ 0 & 0 & C_3 & C_4 \\ 0 & 0 & I_t & 0 \\ 0 & 0 & 0 & 0 \end{pmatrix} \xrightarrow[\text{初等行(列)变换}]{\text{分块矩阵的}} \begin{pmatrix} I_r & 0 & 0 & 0 \\ 0 & 0 & I_t & 0 \\ 0 & 0 & 0 & C_4 \\ 0 & 0 & 0 & 0 \end{pmatrix},$$

因此

$$\text{rank}\begin{pmatrix} A & C \\ 0 & B \end{pmatrix} = r + t + \text{rank}(C_4)$$

$$= \text{rank}(A) + \text{rank}(B) + \text{rank}[(I_s - AA^-)C(I_m - B^-B)]。$$ ■

例 9 设 A,B,C 分别是数域 K 上的 $s\times n, l\times m, s\times m$ 矩阵，证明：矩阵方程

$$AX - YB = C$$

有解的充分必要条件是

$$\text{rank}\begin{pmatrix} A & 0 \\ 0 & B \end{pmatrix} = \text{rank}\begin{pmatrix} A & C \\ 0 & B \end{pmatrix}。$$

证明 据例 8 的结论得，这里只需要证明 $AX - YB = C$ 有解的充分必要条件为 $(I_s - AA^-)C(I_m - B^-B) = 0$。

必要性。设存在 $n\times m$ 矩阵 G，$s\times l$ 矩阵 H，使得

$$AG - HB = C。$$

则
$$\begin{aligned}(I_s - AA^-)C(I_m - B^-B) &= (I_s - AA^-)(AG - HB)(I_m - B^-B) \\ &= (AG - AA^-AG - HB + AA^-HB)(I_m - B^-B) \\ &= -HB + AA^-HB + HBB^-B - AA^-HBB^-B \\ &= AA^-HB - AA^-HB = 0。\end{aligned}$$

充分性。若 $(I_s - AA^-)C(I_m - B^-B) = 0$，则

$$0 = (C - AA^-C)(I_m - B^-B) = C - CB^-B - AA^-C(I_m - B^-B),$$

于是 $X = A^-C(I_m - B^-B)$，$Y = -CB^-$ 是 $AX - YB = C$ 的解。 ■

点评：例 8 利用广义逆给出了分块上三角矩阵 $\begin{pmatrix} A & C \\ 0 & B \end{pmatrix}$ 的秩的一个等式——式(27)。

由于有了这个等式，例9的证明变得很简洁，由此体会到矩阵的广义逆非常有用。

习题 5.3

1. 设 $\boldsymbol{A}$ 是数域 K 上的 $s\times n$ 非零矩阵。证明：

$$(\boldsymbol{A}')^{-}=(\boldsymbol{A}^{-})'。$$

2. 设 $\boldsymbol{B}$ 是数域 K 上的 $s\times r$ 列满秩矩阵，证明：

$$\boldsymbol{B}^{-}\boldsymbol{B}=\boldsymbol{I}_r。$$

3. 设 $\boldsymbol{B},\boldsymbol{C}$ 分别是数域 K 上的 $s\times r,r\times n$ 列满秩、行满秩矩阵，证明：

$$(\boldsymbol{BC})^{-}=\boldsymbol{C}^{-}\boldsymbol{B}^{-}。$$

4. 设 $\boldsymbol{A}$ 是数域 K 上的 $s\times n$ 非零矩阵，证明：

$$\operatorname{rank}(\boldsymbol{AA}^{-})=\operatorname{rank}(\boldsymbol{A})。$$

5. 设 $\boldsymbol{A}$ 是复数域上的 $s\times n$ 矩阵，证明：

(1) 若 k 是非零复数，则 $k^{+}=k^{-1}$；　(2) $(k\boldsymbol{A})^{+}=k^{+}\boldsymbol{A}^{+}$；　(3) $(\boldsymbol{A}^{*})^{+}=(\boldsymbol{A}^{+})^{*}$。

6. 证明：如果数域 K 上的 n 级矩阵 $\boldsymbol{A}$ 可逆，那么 $\boldsymbol{A}$ 的广义逆唯一，它就是 $\boldsymbol{A}^{-1}$。

7. 设 $\boldsymbol{A}_1,\boldsymbol{A}_2,\cdots,\boldsymbol{A}_s$ 都是数域 K 上的 n 级矩阵，令 $\boldsymbol{D}=\operatorname{diag}\{\boldsymbol{A}_1,\boldsymbol{A}_2,\cdots,\boldsymbol{A}_s\}$，$\boldsymbol{E}=(\underbrace{\boldsymbol{I}_n,\boldsymbol{I}_n,\cdots,\boldsymbol{I}_n}_{s个})$。证明：$\boldsymbol{A}_1,\boldsymbol{A}_2,\cdots,\boldsymbol{A}_s$ 都是幂等矩阵且 $\boldsymbol{A}_i\boldsymbol{A}_j=\boldsymbol{0}$（当 $i\neq j$）的充分必要条件为 $\boldsymbol{E}'\boldsymbol{E}$ 是 $\boldsymbol{D}$ 的一个广义逆。

8. 设 $\boldsymbol{A}_1,\boldsymbol{A}_2,\cdots,\boldsymbol{A}_s$ 都是数域 K 上的 n 级矩阵，令 $\boldsymbol{A}=\sum\limits_{i=1}^{s}\boldsymbol{A}_i$。证明：如果 $\boldsymbol{A}$ 是幂等矩阵，且 $\operatorname{rank}(\boldsymbol{A})=\sum\limits_{i=1}^{s}\operatorname{rank}(\boldsymbol{A}_i)$，那么 $\boldsymbol{A}_1,\boldsymbol{A}_2,\cdots,\boldsymbol{A}_s$ 都是幂等矩阵，且 $\boldsymbol{A}_i\boldsymbol{A}_j=\boldsymbol{0}$（当 $i\neq j$）。

9. 设 $\boldsymbol{A}_1,\boldsymbol{A}_2,\cdots,\boldsymbol{A}_s$ 都是数域 K 上的 n 级矩阵，证明：如果 $\sum\limits_{i=1}^{s}\boldsymbol{A}_i=\boldsymbol{I}$，且 $\sum\limits_{i=1}^{s}\operatorname{rank}(\boldsymbol{A}_i)=n$，那么 $\boldsymbol{A}_1,\boldsymbol{A}_2,\cdots,\boldsymbol{A}_s$ 都是幂等矩阵，且 $\boldsymbol{A}_i\boldsymbol{A}_j=\boldsymbol{0}$（当 $i\neq j$）。

*10. 设 $\boldsymbol{A},\boldsymbol{B},\boldsymbol{C}$ 分别是数域 K 上 $s\times n,m\times p,s\times p$ 矩阵。证明：矩阵方程 $\boldsymbol{AXB}=\boldsymbol{C}$ 有解的充分必要条件是

$$\boldsymbol{C}=\boldsymbol{AA}^{-}\boldsymbol{C}\quad 且\quad \boldsymbol{C}=\boldsymbol{CB}^{-}\boldsymbol{B};$$

在有解时，它的通解为

$$\boldsymbol{X}=\boldsymbol{A}^{-}\boldsymbol{CB}^{-}+(\boldsymbol{I}_n-\boldsymbol{A}^{-}\boldsymbol{A})\boldsymbol{Y}+\boldsymbol{Z}(\boldsymbol{I}_m-\boldsymbol{BB}^{-})+(\boldsymbol{I}_n-\boldsymbol{A}^{-}\boldsymbol{A})\boldsymbol{W}(\boldsymbol{I}_m-\boldsymbol{BB}^{-}),$$

其中 $\boldsymbol{Y},\boldsymbol{Z}$ 和 $\boldsymbol{W}$ 是数域 K 上的任意 $n\times m$ 矩阵。

*11. 设 $\boldsymbol{A},\boldsymbol{B},\boldsymbol{C}$ 分别是数域 K 上的 $s\times n,p\times m,s\times m$ 矩阵，证明：矩阵方程 $\boldsymbol{AX}-\boldsymbol{YB}=\boldsymbol{C}$ 有解的充分必要条件是

$$\boldsymbol{C}=\boldsymbol{AA}^{-}\boldsymbol{C}+\boldsymbol{CB}^{-}\boldsymbol{B}-\boldsymbol{AA}^{-}\boldsymbol{CB}^{-}\boldsymbol{B};$$

在有解时，它的通解为

$$\boldsymbol{X}=\boldsymbol{A}^{-}\boldsymbol{C}+\boldsymbol{A}^{-}\boldsymbol{ZB}+(\boldsymbol{I}_n-\boldsymbol{A}^{-}\boldsymbol{A})\boldsymbol{W},$$

$$Y = -(I_s - AA^-)CB^- + Z - (I_s - AA^-)ZBB^-,$$

其中 $\boldsymbol{Z}$ 和 $\boldsymbol{W}$ 分别是数域 K 上任意 $s\times p$,$n\times m$ 矩阵。

5.4 矩阵的相似

5.4.1 内容精华

为了求 n 级矩阵 $\boldsymbol{A}$ 的方幂 $\boldsymbol{A}^m$,如果能找到 n 级可逆矩阵 $\boldsymbol{P}$,使得 $\boldsymbol{P}^{-1}\boldsymbol{A}\boldsymbol{P}=\boldsymbol{D}$,其中 $\boldsymbol{D}$ 是对角矩阵,那么 $\boldsymbol{A}=\boldsymbol{P}\boldsymbol{D}\boldsymbol{P}^{-1}$,从而

$$\boldsymbol{A}^m = (\boldsymbol{P}\boldsymbol{D}\boldsymbol{P}^{-1})(\boldsymbol{P}\boldsymbol{D}\boldsymbol{P}^{-1})\cdots(\boldsymbol{P}\boldsymbol{D}\boldsymbol{P}^{-1}) = \boldsymbol{P}\boldsymbol{D}^m\boldsymbol{P}^{-1},$$

而对角矩阵 $\boldsymbol{D}$ 的方幂 $\boldsymbol{D}^m$ 很容易计算,于是 $\boldsymbol{A}^m$ 也就比较容易算出了。这个问题表明需要研究 $\boldsymbol{P}^{-1}\boldsymbol{A}\boldsymbol{P}$。

在本套书下册的 9.3 节中,研究 n 维线性空间 V 上的一个线性变换 $\mathcal{A}$ 在 V 的不同基下的矩阵之间的关系,也需要研究 $\boldsymbol{P}^{-1}\boldsymbol{A}\boldsymbol{P}$。

定义 1 设 $\boldsymbol{A}$ 与 $\boldsymbol{B}$ 都是数域 K 上的 n 级矩阵,如果存在数域 K 上一个 n 级可逆矩阵 $\boldsymbol{P}$,使得

$$\boldsymbol{P}^{-1}\boldsymbol{A}\boldsymbol{P} = \boldsymbol{B}, \tag{1}$$

那么称 $\boldsymbol{A}$ 与 $\boldsymbol{B}$ 是**相似的**,记作 $\boldsymbol{A}\sim\boldsymbol{B}$。

相似是数域 K 上所有 n 级矩阵组成的集合 $\boldsymbol{M}_n(K)$ 上的一个二元关系。容易验证:相似关系具有反身性、对称性和传递性,从而相似是一个等价关系,在相似关系下,$\boldsymbol{A}$ 的等价类称为 $\boldsymbol{A}$ 的**相似类**。

容易证明关于相似的下列性质:

性质 1 如果 $\boldsymbol{B}_1=\boldsymbol{P}^{-1}\boldsymbol{A}_1\boldsymbol{P}$,$\boldsymbol{B}_2=\boldsymbol{P}^{-1}\boldsymbol{A}_2\boldsymbol{P}$,那么

$$\boldsymbol{B}_1+\boldsymbol{B}_2 = \boldsymbol{P}^{-1}(\boldsymbol{A}_1+\boldsymbol{A}_2)\boldsymbol{P},$$

$$\boldsymbol{B}_1\boldsymbol{B}_2 = \boldsymbol{P}^{-1}(\boldsymbol{A}_1\boldsymbol{A}_2)\boldsymbol{P},$$

$$\boldsymbol{B}_1^m = \boldsymbol{P}^{-1}\boldsymbol{A}_1^m\boldsymbol{P},$$

其中 m 是正整数。

性质 2 相似的矩阵其行列式的值相等。

性质 3 相似的矩阵或者都可逆,或者都不可逆;当它们可逆时,它们的逆矩阵也相似。

性质 4 相似的矩阵有相等的秩。

定义 2 n 级矩阵 $\boldsymbol{A}=(a_{ij})$ 的主对角线上的元素之和称为 $\boldsymbol{A}$ 的**迹**,记作 $\mathrm{tr}(\boldsymbol{A})$,即

$$\mathrm{tr}(\boldsymbol{A}) = a_{11}+a_{22}+\cdots+a_{nn}。 \tag{2}$$

命题 1 矩阵的迹具有下列性质:

$$\mathrm{tr}(\boldsymbol{A}+\boldsymbol{B}) = \mathrm{tr}(\boldsymbol{A})+\mathrm{tr}(\boldsymbol{B}), \tag{3}$$

$$\mathrm{tr}(k\boldsymbol{A}) = k\,\mathrm{tr}(\boldsymbol{A}), \tag{4}$$

$$\mathrm{tr}(\boldsymbol{A}\boldsymbol{B}) = \mathrm{tr}(\boldsymbol{B}\boldsymbol{A})。 \tag{5}$$

证明　式(3)、式(4)由定义2立即得到。下面证式(5)：

设$\boldsymbol{A}=(a_{ij})$，$\boldsymbol{B}=(b_{ij})$都是n级矩阵，则

$$\operatorname{tr}(\boldsymbol{AB})=\sum_{i=1}^{n}(\boldsymbol{AB})(i;i)=\sum_{i=1}^{n}\left(\sum_{k=1}^{n}a_{ik}b_{ki}\right),$$

$$\operatorname{tr}(\boldsymbol{BA})=\sum_{k=1}^{n}(\boldsymbol{BA})(k;k)=\sum_{k=1}^{n}\left(\sum_{i=1}^{n}b_{ki}a_{ik}\right)=\sum_{i=1}^{n}\sum_{k=1}^{n}a_{ik}b_{ki};$$

因此　$\operatorname{tr}(\boldsymbol{AB})=\operatorname{tr}(\boldsymbol{BA})$。 ■

虽然一般地，$\boldsymbol{AB}\neq\boldsymbol{BA}$，但是公式(5)表明：

$$\operatorname{tr}(\boldsymbol{AB})=\operatorname{tr}(\boldsymbol{BA})。$$

由此可见，n级矩阵的迹是从矩阵乘法的非交换性中提取的可交换的量。

性质5　相似的矩阵有相等的迹。

证明　设$\boldsymbol{A}\sim\boldsymbol{B}$，则有可逆矩阵$\boldsymbol{P}$，使得$\boldsymbol{P}^{-1}\boldsymbol{AP}=\boldsymbol{B}$，于是

$$\operatorname{tr}(\boldsymbol{B})=\operatorname{tr}(\boldsymbol{P}^{-1}\boldsymbol{AP})=\operatorname{tr}(\boldsymbol{P}^{-1}(\boldsymbol{AP}))=\operatorname{tr}((\boldsymbol{AP})\boldsymbol{P}^{-1})=\operatorname{tr}(\boldsymbol{A})。$$ ■

性质2、性质4、性质5表明：矩阵的行列式、秩、迹都是相似关系下的不变量，简称为**相似不变量**。

研究n级矩阵的相似不变量，以及在n级矩阵$\boldsymbol{A}$的相似类里找一个比较简单的矩阵，研究它的性质，从中获得$\boldsymbol{A}$的相应性质（在相似关系下不变的性质）。这是研究矩阵的相似关系的重要性之一。

n级矩阵$\boldsymbol{A}$满足什么条件才能找到可逆矩阵$\boldsymbol{P}$，使得$\boldsymbol{P}^{-1}\boldsymbol{AP}$为对角矩阵？即$\boldsymbol{A}$满足什么条件才能相似于对角矩阵？

如果n级矩阵$\boldsymbol{A}$能够相似于一个对角矩阵，那么称$\boldsymbol{A}$**可对角化**。

定理1　数域K上n级矩阵$\boldsymbol{A}$可对角化的充分必要条件是，K^n中有n个线性无关的列向量$\boldsymbol{\alpha}_1,\boldsymbol{\alpha}_2,\cdots,\boldsymbol{\alpha}_n$，以及$K$中有$n$个数$\lambda_1,\lambda_2,\cdots,\lambda_n$（它们之中有些可能相等），使得

$$\boldsymbol{A\alpha}_i=\lambda_i\boldsymbol{\alpha}_i,\quad i=1,2,\cdots,n。\tag{6}$$

这时，令$\boldsymbol{P}=(\boldsymbol{\alpha}_1,\boldsymbol{\alpha}_2,\cdots,\boldsymbol{\alpha}_n)$，则

$$\boldsymbol{P}^{-1}\boldsymbol{AP}=\operatorname{diag}\{\lambda_1,\lambda_2,\cdots,\lambda_n\}。\tag{7}$$

证明　$\boldsymbol{A}\sim\boldsymbol{D}=\operatorname{diag}\{\lambda_1,\lambda_2,\cdots,\lambda_n\}$，其中$\lambda_i\in K$，$i=1,2,\cdots,n$

$\Longleftrightarrow$　存在K上n级可逆矩阵$\boldsymbol{P}=(\boldsymbol{\alpha}_1,\boldsymbol{\alpha}_2,\cdots,\boldsymbol{\alpha}_n)$，使得

$\boldsymbol{P}^{-1}\boldsymbol{AP}=\boldsymbol{D}$，

即　$\boldsymbol{AP}=\boldsymbol{PD}$，

即　$\boldsymbol{A}(\boldsymbol{\alpha}_1,\boldsymbol{\alpha}_2,\cdots,\boldsymbol{\alpha}_n)=(\boldsymbol{\alpha}_1,\boldsymbol{\alpha}_2,\cdots,\boldsymbol{\alpha}_n)\boldsymbol{D}$，

即　$(\boldsymbol{A\alpha}_1,\boldsymbol{A\alpha}_2,\cdots,\boldsymbol{A\alpha}_n)=(\lambda_1\boldsymbol{\alpha}_1,\lambda_2\boldsymbol{\alpha}_2,\cdots,\lambda_n\boldsymbol{\alpha}_n)$

$\Longleftrightarrow$　K^n中有n个线性无关的列向量$\boldsymbol{\alpha}_1,\boldsymbol{\alpha}_2,\cdots,\boldsymbol{\alpha}_n$，使得

$$\boldsymbol{A\alpha}_1=\lambda_1\boldsymbol{\alpha}_1,\boldsymbol{A\alpha}_2=\lambda_2\boldsymbol{\alpha}_2,\cdots,\boldsymbol{A\alpha}_n=\lambda_n\boldsymbol{\alpha}_n。$$ ■

5.4.2　典型例题

例1　证明：与幂等矩阵相似的矩阵仍是幂等矩阵。

证明 设 $\boldsymbol{A}$ 是 n 级幂等矩阵，且 $\boldsymbol{A}\sim\boldsymbol{B}$，则存在 n 级可逆矩阵 $\boldsymbol{P}$，使得 $\boldsymbol{B}=\boldsymbol{P}^{-1}\boldsymbol{AP}$，从而

$$\boldsymbol{B}^2=\boldsymbol{P}^{-1}\boldsymbol{A}^2\boldsymbol{P}=\boldsymbol{P}^{-1}\boldsymbol{AP}=\boldsymbol{B},$$

因此 $\boldsymbol{B}$ 是幂等矩阵。 ■

例 2 证明：与幂零矩阵相似的矩阵仍是幂零矩阵，并且它们的幂零指数相等。

证明 设 $\boldsymbol{A}$ 是 n 级幂零矩阵，其幂零指数为 l。设 $\boldsymbol{A}\sim\boldsymbol{B}$，则存在 n 级可逆矩阵 $\boldsymbol{P}$，使得 $\boldsymbol{B}=\boldsymbol{P}^{-1}\boldsymbol{AP}$。于是对任意正整数 m，有 $\boldsymbol{B}^m=\boldsymbol{P}^{-1}\boldsymbol{A}^m\boldsymbol{P}$，从而 $\boldsymbol{B}^l=\boldsymbol{P}^{-1}\boldsymbol{A}^l\boldsymbol{P}=\boldsymbol{0}$。因此 $\boldsymbol{B}$ 是幂零矩阵。当 $m<l$ 时，假如 $\boldsymbol{B}^m=\boldsymbol{0}$，则 $\boldsymbol{A}^m=\boldsymbol{PB}^m\boldsymbol{P}^{-1}=\boldsymbol{0}$，这与 l 是 $\boldsymbol{A}$ 的幂零指数矛盾，因此当 $m<l$ 时，$\boldsymbol{B}^m\neq\boldsymbol{0}$，从而 $\boldsymbol{B}$ 的幂零指数为 l。 ■

例 3 设 $f(x)=a_0+a_1x+\cdots+a_mx^m$ 是数域 K 上的一元多项式，$\boldsymbol{A}$ 是数域 K 上的一个 n 级矩阵，定义

$$f(\boldsymbol{A})=a_0\boldsymbol{I}+a_1\boldsymbol{A}+\cdots+a_m\boldsymbol{A}^m,$$

称矩阵 $f(\boldsymbol{A})$ 是 $\boldsymbol{A}$ 的一个多项式。证明：如果 $\boldsymbol{A}\sim\boldsymbol{B}$，那么 $f(\boldsymbol{A})\sim f(\boldsymbol{B})$。

证明 设 $\boldsymbol{A}\sim\boldsymbol{B}$，则存在 n 级可逆矩阵 $\boldsymbol{P}$，使得 $\boldsymbol{B}=\boldsymbol{P}^{-1}\boldsymbol{AP}$，从而

$$\begin{aligned}f(\boldsymbol{B})&=a_0\boldsymbol{I}+a_1\boldsymbol{B}+\cdots+a_m\boldsymbol{B}^m\\&=a_0\boldsymbol{I}+a_1\boldsymbol{P}^{-1}\boldsymbol{AP}+\cdots+a_m\boldsymbol{P}^{-1}\boldsymbol{A}^m\boldsymbol{P}\\&=\boldsymbol{P}^{-1}(a_0\boldsymbol{I}+a_1\boldsymbol{A}+\cdots+a_m\boldsymbol{A}^m)\boldsymbol{P}\\&=\boldsymbol{P}^{-1}f(\boldsymbol{A})\boldsymbol{P},\end{aligned}$$

因此 $f(\boldsymbol{A})\sim f(\boldsymbol{B})$。 ■

例 4 设 $\boldsymbol{A}$ 是数域 K 上的 n 级矩阵，如果有正整数 m 使得 $\boldsymbol{A}^m=\boldsymbol{I}$，那么称 $\boldsymbol{A}$ 是**周期矩阵**，使得 $\boldsymbol{A}^m=\boldsymbol{I}$ 成立的最小正整数 m 称为 $\boldsymbol{A}$ 的**周期**。证明：与周期矩阵相似的矩阵仍是周期矩阵，并且它们的周期相等。

证明 设 $\boldsymbol{A}$ 是 n 级周期矩阵，其周期为 m。设 $\boldsymbol{A}\sim\boldsymbol{B}$，则存在 n 级可逆矩阵 $\boldsymbol{P}$，使得 $\boldsymbol{B}=\boldsymbol{P}^{-1}\boldsymbol{AP}$，从而对任意正整数 s 有 $\boldsymbol{B}^s=\boldsymbol{P}^{-1}\boldsymbol{A}^s\boldsymbol{P}$，于是 $\boldsymbol{B}^m=\boldsymbol{P}^{-1}\boldsymbol{A}^m\boldsymbol{P}=\boldsymbol{P}^{-1}\boldsymbol{IP}=\boldsymbol{I}$，因此 $\boldsymbol{B}$ 是周期矩阵。当 $s<m$ 时，假如 $\boldsymbol{B}^s=\boldsymbol{I}$，则 $\boldsymbol{A}^s=\boldsymbol{PB}^s\boldsymbol{P}^{-1}=\boldsymbol{I}$，这与 $\boldsymbol{A}$ 的周期为 m 矛盾，因此 $\boldsymbol{B}$ 的周期等于 m。 ■

例 5 证明：如果 n 级矩阵 $\boldsymbol{A}$ 可对角化，那么 $\boldsymbol{A}\sim\boldsymbol{A}'$。

证明 设 n 级矩阵 $\boldsymbol{A}$ 可对角化，则存在 n 级可逆矩阵 $\boldsymbol{P}$，使得 $\boldsymbol{P}^{-1}\boldsymbol{AP}=\boldsymbol{D}$，其中 $\boldsymbol{D}=\mathrm{diag}\{\lambda_1,\lambda_2,\cdots,\lambda_n\}$，从而 $\boldsymbol{D}'=\boldsymbol{P}'\boldsymbol{A}'(\boldsymbol{P}^{-1})'=\boldsymbol{P}'\boldsymbol{A}'(\boldsymbol{P}')^{-1}$，因此 $\boldsymbol{D}'\sim\boldsymbol{A}'$。由于 $\boldsymbol{D}'=\boldsymbol{D}$，因此 $\boldsymbol{D}\sim\boldsymbol{D}'$。由相似关系的传递性得，$\boldsymbol{A}\sim\boldsymbol{A}'$。 ■

例 6 证明：如果 n 级矩阵 $\boldsymbol{A}$ 的相似类里只有一个元素，那么 $\boldsymbol{A}$ 一定是数量矩阵。

证明 任取一个 n 级可逆矩阵 $\boldsymbol{P}$，则 $\boldsymbol{P}^{-1}\boldsymbol{AP}$ 属于 $\boldsymbol{A}$ 的相似类。由于 $\boldsymbol{A}$ 的相似类里只有一个元素，而 $\boldsymbol{A}\sim\boldsymbol{A}$，因此 $\boldsymbol{A}$ 的相似类里只有一个元素 $\boldsymbol{A}$，从而 $\boldsymbol{P}^{-1}\boldsymbol{AP}=\boldsymbol{A}$，于是 $\boldsymbol{AP}=\boldsymbol{PA}$。据补充题四的第 3 题的结论得，$\boldsymbol{A}$ 是数量矩阵。 ■

例 7 每行有且只有一个元素是 1，每列也有且只有一个元素是 1，其余元素全为 0 的 n 级矩阵称为 n 级**置换矩阵**。设 $\boldsymbol{P}$ 是 n 级置换矩阵，它的第 l 列的元素 1 位于第 i_l 行，$l=1,2,\cdots,n$。证明：

(1) $\boldsymbol{P}=(\boldsymbol{\varepsilon}_{i_1},\boldsymbol{\varepsilon}_{i_2},\cdots,\boldsymbol{\varepsilon}_{i_n})$；

(2) $\boldsymbol{P}$ 可逆，并且 $\boldsymbol{P}^{-1}=\boldsymbol{P}'$，从而 $\boldsymbol{P}^{-1}$ 也是置换矩阵。

证明　(1) 由于 $\boldsymbol{P}$ 的第 l 列的元素 1 位于第 i_l 行，其余元素全为 0，因此 $\boldsymbol{P}$ 的第 l 列是 $\boldsymbol{\varepsilon}_{i_l}$，从而 $\boldsymbol{P}=(\boldsymbol{\varepsilon}_{i_1},\boldsymbol{\varepsilon}_{i_2},\cdots,\boldsymbol{\varepsilon}_{i_n})$。

(2) 由于

$$\begin{pmatrix}\boldsymbol{\varepsilon}'_{i_1}\\ \boldsymbol{\varepsilon}'_{i_2}\\ \vdots\\ \boldsymbol{\varepsilon}'_{i_n}\end{pmatrix}(\boldsymbol{\varepsilon}_{i_1},\boldsymbol{\varepsilon}_{i_2},\cdots,\boldsymbol{\varepsilon}_{i_n})=\begin{pmatrix}1&0&\cdots&0\\0&1&\cdots&0\\ \vdots&\vdots&&\vdots\\0&0&\cdots&1\end{pmatrix},$$

因此 $\boldsymbol{P}=(\boldsymbol{\varepsilon}_{i_1},\boldsymbol{\varepsilon}_{i_2},\cdots,\boldsymbol{\varepsilon}_{i_n})$ 可逆，且

$$\boldsymbol{P}^{-1}=\begin{pmatrix}\boldsymbol{\varepsilon}'_{i_1}\\ \boldsymbol{\varepsilon}'_{i_2}\\ \vdots\\ \boldsymbol{\varepsilon}'_{i_n}\end{pmatrix}=(\boldsymbol{\varepsilon}_{i_1},\boldsymbol{\varepsilon}_{i_2},\cdots,\boldsymbol{\varepsilon}_{i_n})'=\boldsymbol{P}'。$$ ■

例 8　证明：实数域上的置换矩阵是正交矩阵。

证明　设 $\boldsymbol{P}$ 是实数域上的 n 级置换矩阵。由于 $\boldsymbol{P}^{-1}=\boldsymbol{P}'$，因此 $\boldsymbol{P}$ 是正交矩阵。 ■

例 9　设 $i_1i_2\cdots i_n$ 是 $1,2,\cdots,n$ 的一个排列，设 $\boldsymbol{A}=(a_{ij})$ 是 n 级矩阵，令

$$\boldsymbol{B}=\begin{pmatrix}a_{i_1i_1}&a_{i_1i_2}&\cdots&a_{i_1i_n}\\a_{i_2i_1}&a_{i_2i_2}&\cdots&a_{i_2i_n}\\ \vdots&\vdots&&\vdots\\a_{i_ni_1}&a_{i_ni_2}&\cdots&a_{i_ni_n}\end{pmatrix},$$

证明：$\boldsymbol{A}\sim\boldsymbol{B}$。

证明　取一个置换矩阵 $\boldsymbol{P}=(\boldsymbol{\varepsilon}_{i_1},\boldsymbol{\varepsilon}_{i_2},\cdots,\boldsymbol{\varepsilon}_{i_n})$。设 $\boldsymbol{A}$ 的列向量组是 $\boldsymbol{\alpha}_1,\boldsymbol{\alpha}_2,\cdots,\boldsymbol{\alpha}_n$，则

$$\boldsymbol{P}^{-1}\boldsymbol{A}\boldsymbol{P}=\boldsymbol{P}^{-1}(\boldsymbol{\alpha}_{i_1},\boldsymbol{\alpha}_{i_2},\cdots,\boldsymbol{\alpha}_{i_n})=\boldsymbol{B},$$

因此 $\boldsymbol{A}\sim\boldsymbol{B}$。 ■

例 10　证明：$\operatorname{diag}\{\lambda_1,\lambda_2,\cdots,\lambda_n\}\sim\operatorname{diag}\{\lambda_{i_1},\lambda_{i_2},\cdots,\lambda_{i_n}\}$，其中 $i_1i_2\cdots i_n$ 是 $1,2,\cdots,n$ 的一个排列。

证明　设 $\boldsymbol{A}=(a_{ij})=\operatorname{diag}\{\lambda_1,\lambda_2,\cdots,\lambda_n\}$，则由例 9 的结论立即得到

$$\boldsymbol{A}\sim\operatorname{diag}\{\lambda_{i_1},\lambda_{i_2},\cdots,\lambda_{i_n}\}。$$ ■

例 11　设

$$\boldsymbol{J}_0=\begin{pmatrix}0&1&0&\cdots&0&0\\0&0&1&\cdots&0&0\\ \vdots&\vdots&\vdots&&\vdots&\vdots\\0&0&0&\cdots&1&0\\0&0&0&\cdots&0&1\\0&0&0&\cdots&0&0\end{pmatrix}_{n\times n}。$$

证明：$\boldsymbol{J}_0\sim\boldsymbol{J}_0'$。

证明　取置换矩阵 $\boldsymbol{P}=(\boldsymbol{\varepsilon}_n,\boldsymbol{\varepsilon}_{n-1},\cdots,\boldsymbol{\varepsilon}_1)$。由于 $\boldsymbol{J}_0=(\boldsymbol{0},\boldsymbol{\varepsilon}_1,\boldsymbol{\varepsilon}_2,\cdots,\boldsymbol{\varepsilon}_{n-1})$，因此

$$\boldsymbol{P}^{-1}\boldsymbol{J}_0\boldsymbol{P}=\boldsymbol{P}^{-1}(\boldsymbol{\varepsilon}_{n-1},\boldsymbol{\varepsilon}_{n-2},\cdots,\boldsymbol{\varepsilon}_1,\boldsymbol{0})$$

$$=\begin{pmatrix} 0 & 0 & 0 & \cdots & 0 & 0 \\ 1 & 0 & 0 & \cdots & 0 & 0 \\ 0 & 1 & 0 & \cdots & 0 & 0 \\ \vdots & \vdots & \vdots & & \vdots & \vdots \\ 0 & 0 & & \cdots & 0 & 0 \\ 0 & 0 & 0 & \cdots & 1 & 0 \end{pmatrix}=\boldsymbol{J}_0',$$

从而 $\boldsymbol{J}_0\sim\boldsymbol{J}_0'$。 ■

例 12 证明:如果数域 K 上的 n 级矩阵 $\boldsymbol{A},\boldsymbol{B}$ 满足 $\boldsymbol{AB}-\boldsymbol{BA}=\boldsymbol{A}$,那么 $\boldsymbol{A}$ 不可逆。

证明 假如 $\boldsymbol{A}$ 可逆,则在 $\boldsymbol{AB}-\boldsymbol{BA}=\boldsymbol{A}$ 两边左乘 $\boldsymbol{A}^{-1}$,得

$$\boldsymbol{B}-\boldsymbol{A}^{-1}\boldsymbol{BA}=\boldsymbol{I},$$

于是 $\mathrm{tr}(\boldsymbol{B}-\boldsymbol{A}^{-1}\boldsymbol{BA})=\mathrm{tr}(\boldsymbol{I})=n$,又有

$$\mathrm{tr}(\boldsymbol{B}-\boldsymbol{A}^{-1}\boldsymbol{BA})=\mathrm{tr}(\boldsymbol{B})-\mathrm{tr}(\boldsymbol{A}^{-1}\boldsymbol{BA})=\mathrm{tr}(\boldsymbol{B})-\mathrm{tr}(\boldsymbol{B})=0,$$

矛盾,因此 $\boldsymbol{A}$ 不可逆。 ■

例 13 证明:如果实数域上的 n 级矩阵 $\boldsymbol{A}$ 与 $\boldsymbol{B}$ 不相似,那么把它们看成复数域上的矩阵后仍然不相似。

证明 假如把 $\boldsymbol{A}$ 与 $\boldsymbol{B}$ 看成复数域上的矩阵后它们相似,则存在复数域上的 n 级可逆矩阵 $\boldsymbol{U}$,使得 $\boldsymbol{U}^{-1}\boldsymbol{AU}=\boldsymbol{B}$。设 $\boldsymbol{U}=\boldsymbol{P}+\mathrm{i}\boldsymbol{Q}$,其中 $\boldsymbol{P}$、$\boldsymbol{Q}$ 都是实数域上的矩阵。想构造一个实数域上的 n 级可逆矩阵,为此任给实数 t,考虑行列式 $|\boldsymbol{P}+t\boldsymbol{Q}|$,它是 t 的至多 n 次的多项式。由于数域 K 上的 n 次多项式在 K 中至多有 n 个根(见本套书下册第 7 章 7.6 节的定理 3),因此存在实数 t_0,使得 $|\boldsymbol{P}+t_0\boldsymbol{Q}|\neq 0$。令 $\boldsymbol{S}=\boldsymbol{P}+t_0\boldsymbol{Q}$,则 $\boldsymbol{S}$ 是实数域上的 n 级可逆矩阵。

由于 $\boldsymbol{U}^{-1}\boldsymbol{AU}=\boldsymbol{B}$,因此 $\boldsymbol{AU}=\boldsymbol{UB}$,从而

$$\boldsymbol{A}(\boldsymbol{P}+\mathrm{i}\boldsymbol{Q})=(\boldsymbol{P}+\mathrm{i}\boldsymbol{Q})\boldsymbol{B}。$$

由此得出,$\boldsymbol{AP}=\boldsymbol{PB}$,$\boldsymbol{AQ}=\boldsymbol{QB}$。因此

$$\boldsymbol{AS}=\boldsymbol{A}(\boldsymbol{P}+t_0\boldsymbol{Q})=\boldsymbol{AP}+t_0\boldsymbol{AQ}=\boldsymbol{PB}+t_0\boldsymbol{QB}=\boldsymbol{SB},$$

于是 $\boldsymbol{S}^{-1}\boldsymbol{AS}=\boldsymbol{B}$。这表明实矩阵 $\boldsymbol{A}$ 与 $\boldsymbol{B}$ 相似,与已知条件矛盾。 ■

点评:从本节的定义 1 知道,数域 K 上的 n 级矩阵 $\boldsymbol{A}$ 与 $\boldsymbol{B}$ 相似,需要找到数域 K 上的 n 级可逆矩阵 $\boldsymbol{P}$,使得 $\boldsymbol{P}^{-1}\boldsymbol{AP}=\boldsymbol{B}$。这一点容易被忽视。

习题 5.4

1. 证明:如果 $\boldsymbol{A}\sim\boldsymbol{B}$,那么 $k\boldsymbol{A}\sim k\boldsymbol{B}$,$\boldsymbol{A}'\sim\boldsymbol{B}'$。
2. 证明:如果 $\boldsymbol{A}$ 可逆,那么 $\boldsymbol{AB}\sim\boldsymbol{BA}$。
3. 证明:如果 $\boldsymbol{A}_1\sim\boldsymbol{B}_1$,$\boldsymbol{A}_2\sim\boldsymbol{B}_2$,那么
$$\begin{pmatrix}\boldsymbol{A}_1 & \boldsymbol{0}\\ \boldsymbol{0} & \boldsymbol{A}_2\end{pmatrix}\sim\begin{pmatrix}\boldsymbol{B}_1 & \boldsymbol{0}\\ \boldsymbol{0} & \boldsymbol{B}_2\end{pmatrix}。$$
4. 证明:如果 $\boldsymbol{A}$ 与 $\boldsymbol{B}$ 可交换,那么 $\boldsymbol{P}^{-1}\boldsymbol{AP}$ 与 $\boldsymbol{P}^{-1}\boldsymbol{BP}$ 可交换。
5. 证明:与单位矩阵 $\boldsymbol{I}$ 相似的矩阵只有 $\boldsymbol{I}$ 自己。

6. 证明：与数量矩阵 $k\boldsymbol{I}$ 相似的矩阵只有 $k\boldsymbol{I}$ 自己。

7. 证明：与对合矩阵相似的矩阵仍是对合矩阵。

8. 证明：如果 $\boldsymbol{A}\sim\boldsymbol{B}$，那么使得 $\boldsymbol{B}=\boldsymbol{P}^{-1}\boldsymbol{AP}$ 的所有可逆矩阵 $\boldsymbol{P}$ 组成的集合 Ω_1 可以用下述方法得到：将与 $\boldsymbol{A}$ 可交换的所有可逆矩阵组成的集合 Ω_2 中的矩阵，右乘以 Ω_1 中一个矩阵 $\boldsymbol{P}_0$，即取定一个 $\boldsymbol{P}_0\in\Omega_1$，则

$$\Omega_1=\{\boldsymbol{SP}_0\mid\boldsymbol{S}\in\Omega_2\}.$$

9. 证明：如果数域 K 上的 2 级矩阵 $\boldsymbol{A}$ 满足 $\boldsymbol{AB}-\boldsymbol{BA}=\boldsymbol{A}$，那么 $\boldsymbol{A}^2=\boldsymbol{0}$。

10. 设 $\boldsymbol{A},\boldsymbol{B}$ 都是数域 K 上的 n 级矩阵。证明：如果 $\boldsymbol{AB}-\boldsymbol{BA}=\boldsymbol{A}$，那么对一切正整数 k，有

$$\mathrm{tr}(\boldsymbol{A}^k)=0。$$

11. 设 $\boldsymbol{A},\boldsymbol{B},\boldsymbol{C}$ 都是数域 K 上的 n 级矩阵，证明：如果 $\boldsymbol{AB}-\boldsymbol{BA}=\boldsymbol{C}$，且 $\boldsymbol{AC}=\boldsymbol{CA}$，那么对一切正整数 k，有

$$\mathrm{tr}(\boldsymbol{C}^k)=0。$$

12. 任给一个整数 n，设 $\boldsymbol{A}=\begin{pmatrix}1&n\\0&1\end{pmatrix}$，$\boldsymbol{B}=\begin{pmatrix}1&2n\\0&1\end{pmatrix}$，$\boldsymbol{A}$ 与 $\boldsymbol{B}$ 在有理数域上是否相似？如果相似，找一个有理数域上的可逆矩阵 $\boldsymbol{P}$ 使得 $\boldsymbol{P}^{-1}\boldsymbol{AP}=\boldsymbol{B}$。

5.5　矩阵的特征值和特征向量

5.5.1　内容精华

在 5.4 节的定理 1 中，我们看到为了判断一个 n 级矩阵 $\boldsymbol{A}$ 能不能对角化，需要寻找满足 $\boldsymbol{A\alpha}_i=\lambda_i\boldsymbol{\alpha}_i$ 的向量 $\boldsymbol{\alpha}_i$ 和数 λ_i。此外，在解析几何的二次曲面或二次曲线的方程的化简中，以及在振动、机械压力、带电系统、量子力学、化学反应、遗传学、经济学等领域中，也需要研究满足 $\boldsymbol{A\alpha}=\lambda_0\boldsymbol{\alpha}$ 的向量 $\boldsymbol{\alpha}$ 和数 λ_0。于是抽象出下述概念：

定义 1　设 $\boldsymbol{A}$ 是数域 K 上的 n 级矩阵，如果 K^n 中有非零列向量 $\boldsymbol{\alpha}$，使得

$$\boldsymbol{A\alpha}=\lambda_0\boldsymbol{\alpha}，且\ \lambda_0\in K,$$

那么称 λ_0 是 $\boldsymbol{A}$ 的一个**特征值**，称 $\boldsymbol{\alpha}$ 是 $\boldsymbol{A}$ 的属于特征值 λ_0 的一个**特征向量**。

如果 $\boldsymbol{\alpha}$ 是 $\boldsymbol{A}$ 的属于 λ_0 的一个特征向量，那么对于任意 $k\in K$，有

$$\boldsymbol{A}(k\boldsymbol{\alpha})=k(\boldsymbol{A\alpha})=k(\lambda_0\boldsymbol{\alpha})=\lambda_0(k\boldsymbol{\alpha}),$$

因此当 $k\neq0$ 时，$k\boldsymbol{\alpha}$ 也是 $\boldsymbol{A}$ 的属于 λ_0 的特征向量。

注意：零向量不是 $\boldsymbol{A}$ 的特征向量。

如何判断数域 K 上的 n 级矩阵 $\boldsymbol{A}$ 是否有特征值和特征向量？如果有，怎样求 $\boldsymbol{A}$ 的全部特征值和特征向量？

λ_0 是 $\boldsymbol{A}$ 的一个特征值，$\boldsymbol{\alpha}$ 是 $\boldsymbol{A}$ 的属于 λ_0 的一个特征向量

$\Longleftrightarrow$　$\boldsymbol{A\alpha}=\lambda_0\boldsymbol{\alpha}$，$\boldsymbol{\alpha}\neq\boldsymbol{0}$，$\lambda_0\in K$

$\Longleftrightarrow$ $(\lambda_0 \boldsymbol{I}-\boldsymbol{A})\boldsymbol{\alpha}=\boldsymbol{0}, \boldsymbol{\alpha}\in K^n$ 且 $\boldsymbol{\alpha}\neq\boldsymbol{0}, \lambda_0\in K$

$\Longleftrightarrow$ $\boldsymbol{\alpha}$ 是齐次线性方程组 $(\lambda_0 \boldsymbol{I}-\boldsymbol{A})\boldsymbol{x}=\boldsymbol{0}$ 的一个非零解，$\lambda_0\in K$

$\Longleftrightarrow$ $|\lambda_0 \boldsymbol{I}-\boldsymbol{A}|=0$，$\boldsymbol{\alpha}$ 是 $(\lambda_0 \boldsymbol{I}-\boldsymbol{A})\boldsymbol{x}=\boldsymbol{0}$ 的一个非零解，$\lambda_0\in K$

$\Longleftrightarrow$ λ_0 是多项式 $|\lambda\boldsymbol{I}-\boldsymbol{A}|$ 在 K 中的一个根，$\boldsymbol{\alpha}$ 是 $(\lambda_0 \boldsymbol{I}-\boldsymbol{A})\boldsymbol{x}=\boldsymbol{0}$ 的一个非零解。

把 $|\lambda\boldsymbol{I}-\boldsymbol{A}|$ 称为 $\boldsymbol{A}$ 的**特征多项式**，写出 $|\lambda\boldsymbol{I}-\boldsymbol{A}|$ 就是

$$|\lambda\boldsymbol{I}-\boldsymbol{A}|=\begin{vmatrix}\lambda-a_{11} & -a_{12} & \cdots & -a_{1n}\\ -a_{21} & \lambda-a_{22} & \cdots & -a_{2n}\\ \vdots & \vdots & & \vdots\\ -a_{n1} & -a_{n2} & \cdots & \lambda-a_{nn}\end{vmatrix}。$$

由上述讨论得出：

定理 1 设 $\boldsymbol{A}$ 是数域 K 上的 n 级矩阵，则

(1) λ_0 是 $\boldsymbol{A}$ 的一个特征值当且仅当 λ_0 是 $\boldsymbol{A}$ 的特征多项式 $|\lambda\boldsymbol{I}-\boldsymbol{A}|$ 在 K 中的一个根；

(2) $\boldsymbol{\alpha}$ 是 $\boldsymbol{A}$ 的属于特征值 λ_0 的一个特征向量当且仅当 $\boldsymbol{\alpha}$ 是齐次线性方程组 $(\lambda_0 \boldsymbol{I}-\boldsymbol{A})\boldsymbol{x}=\boldsymbol{0}$ 的一个非零解。■

于是判断数域 K 上 n 级矩阵 $\boldsymbol{A}$ 有没有特征值和特征向量，如果有，求 $\boldsymbol{A}$ 的全部特征值和特征向量的方法如下：

第 1 步　计算 $\boldsymbol{A}$ 的特征多项式 $|\lambda\boldsymbol{I}-\boldsymbol{A}|$。

第 2 步　如果多项式 $|\lambda\boldsymbol{I}-\boldsymbol{A}|$ 在 K 中没有根，那么 $\boldsymbol{A}$ 没有特征值，从而 $\boldsymbol{A}$ 也没有特征向量。如果 $|\lambda\boldsymbol{I}-\boldsymbol{A}|$ 在 K 中有根，那么它在 K 中的全部根就是 $\boldsymbol{A}$ 的全部特征向量，此时做第 3 步。

第 3 步　对于 $\boldsymbol{A}$ 的每一个特征值 λ_j，求齐次线性方程组 $(\lambda_j \boldsymbol{I}-\boldsymbol{A})\boldsymbol{x}=\boldsymbol{0}$ 的一个基础解系：$\boldsymbol{\eta}_1, \boldsymbol{\eta}_2, \cdots, \boldsymbol{\eta}_t$。于是 $\boldsymbol{A}$ 属于 λ_j 的全部特征向量组成的集合是

$$\{k_1\boldsymbol{\eta}_1+k_2\boldsymbol{\eta}_2+\cdots+k_t\boldsymbol{\eta}_t \mid k_1,k_2,\cdots,k_t\in K，且它们不全为 0\}。$$

设 λ_j 是 $\boldsymbol{A}$ 的一个特征值，把齐次线性方程组 $(\lambda_j \boldsymbol{I}-\boldsymbol{A})\boldsymbol{x}=\boldsymbol{0}$ 的解空间称为 $\boldsymbol{A}$ 的属于 λ_j 的**特征子空间**，其中的全部非零向量就是 $\boldsymbol{A}$ 的属于 λ_j 的全部特征向量。

相似的矩阵还有下列性质：

性质 1 相似的矩阵有相等的特征多项式。

证明 设 $\boldsymbol{A}\sim\boldsymbol{B}$，则有可逆矩阵 $\boldsymbol{P}$，使得 $\boldsymbol{B}=\boldsymbol{P}^{-1}\boldsymbol{A}\boldsymbol{P}$，于是

$$|\lambda\boldsymbol{I}-\boldsymbol{B}|=|\lambda\boldsymbol{I}-\boldsymbol{P}^{-1}\boldsymbol{A}\boldsymbol{P}|=|\boldsymbol{P}^{-1}(\lambda\boldsymbol{I}-\boldsymbol{A})\boldsymbol{P}|=|\boldsymbol{P}^{-1}|\,|\lambda\boldsymbol{I}-\boldsymbol{A}|\,|\boldsymbol{P}|=|\lambda\boldsymbol{I}-\boldsymbol{A}|。$$ ■

性质 2 相似的矩阵有相同的特征值(包括重数相同)。■

由性质 1、性质 2 看出，矩阵的特征多项式和特征值都是相似不变量。

注意：特征多项式相等的两个 n 级矩阵不一定相似。例如

$$\boldsymbol{A}=\begin{pmatrix}1 & 1\\ 0 & 1\end{pmatrix}, \boldsymbol{I}=\begin{pmatrix}1 & 0\\ 0 & 1\end{pmatrix},$$

$\boldsymbol{A}$ 与 $\boldsymbol{I}$ 的特征多项式都等于 $(\lambda-1)^2$，但是 $\boldsymbol{A}$ 与 $\boldsymbol{I}$ 不相似。

命题 1 设 $\boldsymbol{A}$ 是数域 K 上的 n 级矩阵，则 $\boldsymbol{A}$ 的特征多项式 $|\lambda\boldsymbol{I}-\boldsymbol{A}|$ 是一个 n 次多项式，λ^n 的系数是 1，λ^{n-1} 的系数等于 $-\mathrm{tr}(\boldsymbol{A})$，常数项为 $(-1)^n|\boldsymbol{A}|$，λ^{n-k} 的系数为 $\boldsymbol{A}$ 的所有

k 阶主子式的和乘以$(-1)^k$，$1\leqslant k<n$。

证明　设 $\boldsymbol{A}=(a_{ij})$的列向量组是 $\boldsymbol{\alpha}_1,\boldsymbol{\alpha}_2,\cdots,\boldsymbol{\alpha}_n$。

$$|\lambda\boldsymbol{I}-\boldsymbol{A}|=\begin{vmatrix}\lambda-a_{11} & 0-a_{12} & \cdots & 0-a_{1n}\\ 0-a_{21} & \lambda-a_{22} & \cdots & 0-a_{2n}\\ \vdots & \vdots & & \vdots\\ 0-a_{n1} & 0-a_{n2} & \cdots & 0-a_{nn}\end{vmatrix}。$$

利用行列式的性质 3 和性质 1，$|\lambda\boldsymbol{I}-\boldsymbol{A}|$可以拆成 2^n 个行列式的和，它们是

$$\begin{vmatrix}\lambda & 0 & \cdots & 0\\ 0 & \lambda & \cdots & 0\\ \vdots & \vdots & & \vdots\\ 0 & 0 & \cdots & \lambda\end{vmatrix},\begin{vmatrix}-a_{11} & -a_{12} & \cdots & -a_{1n}\\ -a_{21} & -a_{22} & \cdots & -a_{2n}\\ \vdots & \vdots & & \vdots\\ -a_{n1} & -a_{n2} & \cdots & -a_{nn}\end{vmatrix},$$

$$|(-\boldsymbol{\alpha}_1,\cdots,-\boldsymbol{\alpha}_{j_1-1},\lambda\boldsymbol{\varepsilon}_{j_1},-\boldsymbol{\alpha}_{j_1+1},\cdots,\lambda\boldsymbol{\varepsilon}_{j_2},\cdots,\lambda\boldsymbol{\varepsilon}_{j_{n-k}},\cdots,-\boldsymbol{\alpha}_n)|,$$

其中 $1\leqslant j_1<j_2<\cdots<j_{n-k}\leqslant n$，$k=1,2,\cdots,n-1$。

上述第 1 个行列式等于 λ^n，第 2 个行列式等于$(-1)^n|\boldsymbol{A}|$，对于第 3 种类型的行列式，按第 $j_1,j_2,\cdots,j_{n-k}$列展开，这 $n-k$ 列元素组成的 $n-k$ 阶子式只有一个不为 0：

$$\begin{vmatrix}\lambda & 0 & \cdots & 0\\ 0 & \lambda & \cdots & 0\\ \vdots & \vdots & & \vdots\\ 0 & 0 & \cdots & \lambda\end{vmatrix}=\lambda^{n-k},$$

其余 $n-k$ 阶子式全为 0，这个不等于 0 的 $n-k$ 阶子式的代数余子式为

$$(-1)^{(j_1+j_2+\cdots+j_{n-k})+(j_1+j_2+\cdots+j_{n-k})}(-\boldsymbol{A})\begin{pmatrix}j_1',j_2',\cdots,j_k'\\ j_1',j_2',\cdots,j_k'\end{pmatrix}$$

$$=(-1)^k\boldsymbol{A}\begin{pmatrix}j_1',j_2',\cdots,j_k'\\ j_1',j_2',\cdots,j_k'\end{pmatrix},$$

其中$\{j_1',j_2',\cdots,j_k'\}=\{1,2,\cdots,n\}\setminus\{j_1,j_2,\cdots,j_{n-k}\}$，且 $j_1'<j_2'<\cdots<j_k'$。因此第 3 种类型的行列式的值为

$$(-1)^k\boldsymbol{A}\begin{pmatrix}j_1',j_2',\cdots,j_k'\\ j_1',j_2',\cdots,j_k'\end{pmatrix}\lambda^{n-k}。$$

由于 $1\leqslant j_1'<j_2'\cdots<j_k'\leqslant n$，因此$|\lambda\boldsymbol{I}-\boldsymbol{A}|$中 λ^{n-k}的系数为

$$(-1)^k\sum_{1\leqslant j_1'<j_2'<\cdots<j_k'\leqslant n}\boldsymbol{A}\begin{pmatrix}j_1',j_2',\cdots,j_k'\\ j_1',j_2',\cdots,j_k'\end{pmatrix},$$

其中 $k=1,2,\cdots,n-1$。特别地，当 $k=1$ 时，得到$|\lambda\boldsymbol{I}-\boldsymbol{A}|$中 λ^{n-1}的系数为

$$-(a_{11}+a_{22}+\cdots+a_{nn})=-\operatorname{tr}(\boldsymbol{A}),$$

因此

$$|\lambda\boldsymbol{I}-\boldsymbol{A}|=\lambda^n-\operatorname{tr}(\boldsymbol{A})\lambda^{n-1}+\cdots+(-1)^k\sum_{1\leqslant j_1'<j_2'<\cdots<j_k'\leqslant n}\boldsymbol{A}\begin{pmatrix}j_1',j_2',\cdots,j_k'\\ j_1',j_2',\cdots,j_k'\end{pmatrix}\lambda^{n-k}$$
$$+\cdots+(-1)^n|\boldsymbol{A}|。$$

■

定义 2 设 $\boldsymbol{A}$ 是数域 K 上的 n 级矩阵，λ_1 是 $\boldsymbol{A}$ 的一个特征值。把 $\boldsymbol{A}$ 的属于 λ_1 的特征子空间的维数叫作特征值 λ_1 的**几何重数**，而把 λ_1 作为 $\boldsymbol{A}$ 的特征多项式的根的重数叫作 λ_1 的**代数重数**，把代数重数简称为重数。

命题 2 设 λ_1 是数域 K 上 n 级矩阵 $\boldsymbol{A}$ 的一个特征值，则 λ_1 的几何重数不超过它的代数重数。

证明 设 $\boldsymbol{A}$ 的属于特征值 λ_1 的特征子空间 $\boldsymbol{W}_1$ 的维数为 r。在 $\boldsymbol{W}_1$ 中取一个基 $\boldsymbol{\alpha}_1,\boldsymbol{\alpha}_2,\cdots,\boldsymbol{\alpha}_r$，把它扩充为 K^n 的一个基 $\boldsymbol{\alpha}_1,\boldsymbol{\alpha}_2,\cdots,\boldsymbol{\alpha}_r,\boldsymbol{\beta}_1,\cdots,\boldsymbol{\beta}_{n-r}$。令

$$\boldsymbol{P}=(\boldsymbol{\alpha}_1,\boldsymbol{\alpha}_2,\cdots,\boldsymbol{\alpha}_r,\boldsymbol{\beta}_1,\cdots,\boldsymbol{\beta}_{n-r}),$$

则 $\boldsymbol{P}$ 是 K 上的 n 级可逆矩阵，并且有

$$\begin{aligned}\boldsymbol{P}^{-1}\boldsymbol{A}\boldsymbol{P}&=\boldsymbol{P}^{-1}(\boldsymbol{A}\boldsymbol{\alpha}_1,\boldsymbol{A}\boldsymbol{\alpha}_2,\cdots,\boldsymbol{A}\boldsymbol{\alpha}_r,\boldsymbol{A}\boldsymbol{\beta}_1,\cdots,\boldsymbol{A}\boldsymbol{\beta}_{n-r})\\&=(\lambda_1\boldsymbol{P}^{-1}\boldsymbol{\alpha}_1,\lambda_1\boldsymbol{P}^{-1}\boldsymbol{\alpha}_2,\cdots,\lambda_1\boldsymbol{P}^{-1}\boldsymbol{\alpha}_r,\boldsymbol{P}^{-1}\boldsymbol{A}\boldsymbol{\beta}_1,\cdots,\boldsymbol{P}^{-1}\boldsymbol{A}\boldsymbol{\beta}_{n-r})。\end{aligned}$$

由于

$$\boldsymbol{I}=\boldsymbol{P}^{-1}\boldsymbol{P}=(\boldsymbol{P}^{-1}\boldsymbol{\alpha}_1,\boldsymbol{P}^{-1}\boldsymbol{\alpha}_2,\cdots,\boldsymbol{P}^{-1}\boldsymbol{\alpha}_r,\boldsymbol{P}^{-1}\boldsymbol{\beta}_1,\cdots,\boldsymbol{P}^{-1}\boldsymbol{\beta}_{n-r}),$$

因此

$$\boldsymbol{\varepsilon}_1=\boldsymbol{P}^{-1}\boldsymbol{\alpha}_1,\boldsymbol{\varepsilon}_2=\boldsymbol{P}^{-1}\boldsymbol{\alpha}_2,\cdots,\boldsymbol{\varepsilon}_r=\boldsymbol{P}^{-1}\boldsymbol{\alpha}_r,$$

从而

$$\begin{aligned}\boldsymbol{P}^{-1}\boldsymbol{A}\boldsymbol{P}&=(\lambda_1\boldsymbol{\varepsilon}_1,\lambda_1\boldsymbol{\varepsilon}_2,\cdots,\lambda_1\boldsymbol{\varepsilon}_r,\boldsymbol{P}^{-1}\boldsymbol{A}\boldsymbol{\beta}_1,\cdots,\boldsymbol{P}^{-1}\boldsymbol{A}\boldsymbol{\beta}_{n-r})\\&=\begin{pmatrix}\lambda_1\boldsymbol{I}_r&\boldsymbol{B}\\\boldsymbol{0}&\boldsymbol{C}\end{pmatrix}。\end{aligned}$$

由于相似的矩阵有相等的特征多项式，因此

$$\begin{aligned}|\lambda\boldsymbol{I}-\boldsymbol{A}|&=\begin{vmatrix}\lambda\boldsymbol{I}_r-\lambda_1\boldsymbol{I}_r&-\boldsymbol{B}\\\boldsymbol{0}&\lambda\boldsymbol{I}_{n-r}-\boldsymbol{C}\end{vmatrix}\\&=|\lambda\boldsymbol{I}_r-\lambda_1\boldsymbol{I}_r|\,|\lambda\boldsymbol{I}_{n-r}-\boldsymbol{C}|\\&=(\lambda-\lambda_1)^r|\lambda\boldsymbol{I}_{n-r}-\boldsymbol{C}|,\end{aligned}$$

从而 λ_1 的代数重数大于或等于 r，即 λ_1 的代数重数大于或等于 λ_1 的几何重数。 ■

注：关于多项式的因式分解，多项式的根及其重数的内容详见本套书下册第 7 章的 7.4 节、7.5 节、7.6 节。

5.5.2 典型例题

例 1 求复数域上矩阵 $\boldsymbol{A}$ 的全部特征值和特征向量：

$$\boldsymbol{A}=\begin{pmatrix}4&7&-3\\-2&-4&2\\-4&-10&4\end{pmatrix}。$$

解

$$\begin{aligned}|\lambda\boldsymbol{I}-\boldsymbol{A}|&=\begin{vmatrix}\lambda-4&-7&3\\2&\lambda+4&-2\\4&10&\lambda-4\end{vmatrix}=\begin{vmatrix}\lambda-4&-7&3\\2&\lambda+4&-2\\0&-2\lambda+2&\lambda\end{vmatrix}\\&=(\lambda-4)\begin{vmatrix}\lambda+4&-2\\-2\lambda+2&\lambda\end{vmatrix}-2\begin{vmatrix}-7&3\\-2\lambda+2&\lambda\end{vmatrix}\end{aligned}$$

$$= (\lambda-4)(\lambda^2+4)+2(\lambda+6) = \lambda^3-4\lambda^2+6\lambda-4$$
$$= (\lambda-2)(\lambda^2-2\lambda+2) = (\lambda-2)[\lambda-(1+\mathrm{i})][\lambda-(1-\mathrm{i})],$$

因此 $\boldsymbol{A}$ 的全部特征值是 $2,1+\mathrm{i},1-\mathrm{i}$。

对于特征值 2,解齐次线性方程组 $(2\boldsymbol{I}-\boldsymbol{A})\boldsymbol{x}=\boldsymbol{0}$:

$$\begin{pmatrix}-2 & -7 & 3\\ 2 & 6 & -2\\ 4 & 10 & -2\end{pmatrix}\longrightarrow\begin{pmatrix}-2 & -7 & 3\\ 0 & -1 & 1\\ 0 & -4 & 4\end{pmatrix}\longrightarrow\begin{pmatrix}-2 & -7 & 3\\ 0 & -1 & 1\\ 0 & 0 & 0\end{pmatrix}\longrightarrow\begin{pmatrix}1 & 0 & 2\\ 0 & 1 & -1\\ 0 & 0 & 0\end{pmatrix},$$

它的一般解是

$$\begin{cases}x_1 = -2x_3,\\ x_2 = x_3,\end{cases}$$

其中 x_3 是自由未知量。于是它的一个基础解系是

$$\boldsymbol{\alpha}_1 = \begin{pmatrix}2\\ -1\\ -1\end{pmatrix}。$$

因此 $\boldsymbol{A}$ 的属于特征值 2 的所有特征向量组成的集合是

$$\{k_1\boldsymbol{\alpha}_1 \mid k_1 \in \mathbf{C} 且 k_1 \neq 0\}。$$

对于特征值 $1+\mathrm{i}$,解齐次线性方程组 $[(1+\mathrm{i})\boldsymbol{I}-\boldsymbol{A}]\boldsymbol{x}=\boldsymbol{0}$:

$$\begin{pmatrix}-3+\mathrm{i} & -7 & 3\\ 2 & 5+\mathrm{i} & -2\\ 4 & 10 & -3+\mathrm{i}\end{pmatrix}\longrightarrow\begin{pmatrix}2 & 5+\mathrm{i} & -2\\ -3+\mathrm{i} & -7 & 3\\ 4 & 10 & -3+\mathrm{i}\end{pmatrix}\longrightarrow\begin{pmatrix}1 & \frac{5}{2}+\frac{1}{2}\mathrm{i} & -1\\ 0 & 1-\mathrm{i} & \mathrm{i}\\ 0 & -2\mathrm{i} & 1+\mathrm{i}\end{pmatrix}$$

$$\longrightarrow\begin{pmatrix}1 & \frac{5}{2}+\frac{1}{2}\mathrm{i} & -1\\ 0 & 1-\mathrm{i} & \mathrm{i}\\ 0 & 0 & 0\end{pmatrix}\longrightarrow\begin{pmatrix}1 & 0 & \frac{1}{2}-\mathrm{i}\\ 0 & 1 & -\frac{1}{2}+\frac{1}{2}\mathrm{i}\\ 0 & 0 & 0\end{pmatrix},$$

它的一般解是

$$\begin{cases}x_1 = \left(-\frac{1}{2}+\mathrm{i}\right)x_3,\\ x_2 = \left(\frac{1}{2}-\frac{1}{2}\mathrm{i}\right)x_3,\end{cases}$$

其中 x_3 是自由未知量。于是它的一个基础解系是

$$\boldsymbol{\alpha}_2 = \begin{pmatrix}1-2\mathrm{i}\\ -1+\mathrm{i}\\ -2\end{pmatrix}。$$

因此 $\boldsymbol{A}$ 的属于特征值 $1+\mathrm{i}$ 的所有特征向量组成的集合是

$$\{k_2\boldsymbol{\alpha}_2 \mid k_2 \in \mathbf{C} 且 k_2 \neq 0\}。$$

据下面的例 2 的结论得到,$\boldsymbol{A}$ 的属于特征值 $1-\mathrm{i}$ 的所有特征向量组成的集合是

$$\{k_3\bar{\boldsymbol{\alpha}}_2 \mid k_3 \in \mathbf{C} 且 k_3 \neq 0\}。$$

例 2 设 $\boldsymbol{A}$ 是复数域上的 n 级矩阵，并且 $\boldsymbol{A}$ 的元素全是实数。证明：如果虚数 λ_0 是 $\boldsymbol{A}$ 的一个特征值，$\boldsymbol{\alpha}$ 是 $\boldsymbol{A}$ 的属于 λ_0 的一个特征向量，那么 $\bar{\lambda}_0$ 也是 $\boldsymbol{A}$ 的一个特征值，且 $\bar{\boldsymbol{\alpha}}$ 是 $\boldsymbol{A}$ 的属于 $\bar{\lambda}_0$ 的一个特征向量。

证明 在 $\boldsymbol{A\alpha}=\lambda_0\boldsymbol{\alpha}$ 两边取共轭复数得，$\bar{\boldsymbol{A}}\,\bar{\boldsymbol{\alpha}}=\bar{\lambda}_0\,\bar{\boldsymbol{\alpha}}$。由于 $\boldsymbol{A}$ 的元素都是实数，因此 $\boldsymbol{A}\bar{\boldsymbol{\alpha}}=\bar{\lambda}_0\,\bar{\boldsymbol{\alpha}}$。这表明 $\bar{\lambda}_0$ 也是 $\boldsymbol{A}$ 的一个特征值，$\bar{\boldsymbol{\alpha}}$ 是 $\boldsymbol{A}$ 的属于 $\bar{\lambda}_0$ 的一个特征向量。 ■

例 3 下述矩阵 $\boldsymbol{A}$ 如果看成实数域上的矩阵，有没有特征值？如果看成复数域上的矩阵，求其全部特征值和特征向量：

$$\boldsymbol{A}=\begin{pmatrix}0 & a\\ -a & 0\end{pmatrix}，a\text{ 是实数，且 }a\neq 0\text{。}$$

解 $$|\lambda\boldsymbol{I}-\boldsymbol{A}|=\begin{vmatrix}\lambda & -a\\ a & \lambda\end{vmatrix}=\lambda^2+a^2$$

由于 a 是非零实数，因此 λ^2+a^2 没有实根，从而实数域上的矩阵 $\boldsymbol{A}$ 没有特征值。

如果把 $\boldsymbol{A}$ 看成复矩阵，那么 $\boldsymbol{A}$ 有特征值 $a\mathrm{i}$，$-a\mathrm{i}$。

对于特征值 $a\mathrm{i}$，解齐次线性方程组 $(a\mathrm{i}\boldsymbol{I}-\boldsymbol{A})\boldsymbol{x}=\boldsymbol{0}$：

$$\begin{pmatrix}a\mathrm{i} & -a\\ a & a\mathrm{i}\end{pmatrix}\longrightarrow\begin{pmatrix}a & a\mathrm{i}\\ 0 & 0\end{pmatrix}\longrightarrow\begin{pmatrix}1 & \mathrm{i}\\ 0 & 0\end{pmatrix}\text{。}$$

它的一般解是 $x_1=-\mathrm{i}x_2$，其中 x_2 是自由未知量。于是它的一个基础解系是

$$\boldsymbol{\alpha}_1=\begin{pmatrix}1\\ \mathrm{i}\end{pmatrix},$$

因此，$\boldsymbol{A}$ 的属于 $a\mathrm{i}$ 的所有特征向量组成的集合是

$$\{k_1\boldsymbol{\alpha}_1\mid k_1\in\mathbf{C}\text{ 且 }k_1\neq 0\}\text{。}$$

$\boldsymbol{A}$ 的属于 $-a\mathrm{i}$ 的所有特征向量组成的集合是

$$\{k_2\bar{\boldsymbol{\alpha}}_1\mid k_2\in\mathbf{C}\text{ 且 }k_2\neq 0\}\text{。}$$

例 4 证明：幂零矩阵一定有特征值，并且它的特征值一定是 0。

证明 设 $\boldsymbol{A}$ 是数域 K 上的 n 级幂零矩阵，其幂零指数为 l，则 $\boldsymbol{A}^l=\boldsymbol{0}$，于是 $|\boldsymbol{A}|^l=0$，从而 $|\boldsymbol{A}|=\boldsymbol{0}$，因此得出

$$|0\boldsymbol{I}-\boldsymbol{A}|=|-\boldsymbol{A}|=(-1)^n|\boldsymbol{A}|=\boldsymbol{0},$$

因此 0 是 $\boldsymbol{A}$ 的一个特征值。

设 λ_1 是 $\boldsymbol{A}$ 的一个特征值，则存在 $\boldsymbol{\alpha}\in K^n$ 且 $\boldsymbol{\alpha}\neq\boldsymbol{0}$，使得 $\boldsymbol{A\alpha}=\lambda_1\boldsymbol{\alpha}$。两边左乘 $\boldsymbol{A}$ 得，$\boldsymbol{A}^2\boldsymbol{\alpha}=\boldsymbol{A}(\lambda_1\boldsymbol{\alpha})=\lambda_1(\boldsymbol{A\alpha})=\lambda_1^2\boldsymbol{\alpha}$。继续这个过程，可得到 $\boldsymbol{A}^l\boldsymbol{\alpha}=\lambda_1^l\boldsymbol{\alpha}$。由于 $\boldsymbol{A}^l=\boldsymbol{0}$，因此 $\lambda_1^l\boldsymbol{\alpha}=\boldsymbol{0}$。由于 $\boldsymbol{\alpha}\neq\boldsymbol{0}$，因此 $\lambda_1^l=0$，从而 $\lambda_1=0$。 ■

例 5 证明：幂等矩阵一定有特征值，并且它的特征值是 1 或者 0。

证明 设 $\boldsymbol{A}$ 是数域 K 上的 n 级幂等矩阵。如果 λ_0 是 $\boldsymbol{A}$ 的特征值，那么有 $\boldsymbol{\alpha}\in K^n$ 且 $\boldsymbol{\alpha}\neq\boldsymbol{0}$，使得 $\boldsymbol{A\alpha}=\lambda_0\boldsymbol{\alpha}$。两边左乘 $\boldsymbol{A}$，得 $\boldsymbol{A}^2\boldsymbol{\alpha}=\boldsymbol{A}\lambda_0\boldsymbol{\alpha}=\lambda_0^2\boldsymbol{\alpha}$。由于 $\boldsymbol{A}^2=\boldsymbol{A}$，因此 $\boldsymbol{A\alpha}=\lambda_0^2\boldsymbol{\alpha}$，于是 $\lambda_0\boldsymbol{\alpha}=\lambda_0^2\boldsymbol{\alpha}$，从而 $(\lambda_0-\lambda_0^2)\boldsymbol{\alpha}=\boldsymbol{0}$。由于 $\boldsymbol{\alpha}\neq\boldsymbol{0}$，因此 $\lambda_0-\lambda_0^2=0$。由此推出 $\lambda_0=0$ 或 $\lambda_0=1$。

设 $\mathrm{rank}(\boldsymbol{A})=r$。若 $r=0$，则 $\boldsymbol{A}=\boldsymbol{0}$，此时 0 是 $\boldsymbol{A}$ 的特征值，1 不是 $\boldsymbol{A}$ 的特征值。若 $r=n$，则 $\boldsymbol{A}=\boldsymbol{I}$，此时 1 是 $\boldsymbol{A}$ 的特征值，但 0 不是 $\boldsymbol{A}$ 的特征值。若 $0<r<n$，则 $\boldsymbol{A}$ 不满秩，从而

$|\boldsymbol{A}|=0$,因此$|0\boldsymbol{I}-\boldsymbol{A}|=|-\boldsymbol{A}|=(-1)^n|\boldsymbol{A}|=0$,于是 0 是 $\boldsymbol{A}$ 的一个特征值。由于 $\boldsymbol{A}$ 是幂等矩阵,因此据 4.5 节的例 3 得,$\operatorname{rank}(\boldsymbol{I}-\boldsymbol{A})=n-\operatorname{rank}(\boldsymbol{A})<n$,从而$|\boldsymbol{I}-\boldsymbol{A}|=0$,于是 1 也是 $\boldsymbol{A}$ 的一个特征值。 ■

点评:在例 5 的证明的第一段只是证明了如果 λ_0 是幂等矩阵 $\boldsymbol{A}$ 的特征值,那么$\lambda_0=0$ 或 1。这时并未证明 0 或 1 是不是 $\boldsymbol{A}$ 的特征值,因此还需要第二段。事实上从第二段看出,当$\boldsymbol{A}=\boldsymbol{I}$时,1 是 $\boldsymbol{A}$ 的特征值,但是 0 不是 $\boldsymbol{A}$ 的特征值。只有当 $0<\operatorname{rank}(\boldsymbol{A})<n$ 时,0 和 1 才都是 $\boldsymbol{A}$ 的特征值。

例 6　设 $\boldsymbol{A}$ 是数域 K 上的 n 级可逆矩阵,证明:

(1) 如果 $\boldsymbol{A}$ 有特征值,那么 $\boldsymbol{A}$ 的特征值不等于 0;

(2) 如果 λ_0 是 $\boldsymbol{A}$ 的一个 l 重特征值,那么 λ_0^{-1} 是 $\boldsymbol{A}^{-1}$的一个 l 重特征值。

证明　(1) 由于 $\boldsymbol{A}$ 是n 级可逆矩阵,因此

$$|0\boldsymbol{I}-\boldsymbol{A}|=|-\boldsymbol{A}|=(-1)^n|\boldsymbol{A}|\neq 0,$$

从而 0 不是 $\boldsymbol{A}$ 的特征值。这表明:如果 $\boldsymbol{A}$ 有特征值,那么 $\boldsymbol{A}$ 的特征值不等于 0。

(2) 设 λ_0 是 $\boldsymbol{A}$ 的一个 l 重特征值,则 λ_0 是 $\boldsymbol{A}$ 的特征多项式$|\lambda\boldsymbol{I}-\boldsymbol{A}|$的一个 l 重根,于是有

$$|\lambda\boldsymbol{I}-\boldsymbol{A}|=(\lambda-\lambda_0)^l g(\lambda),\tag{1}$$

其中 $g(\lambda)$是 $n-l$ 次多项式,且 $g(\lambda)$不含因式$(\lambda-\lambda_0)$。

把 $g(\lambda)$在复数域上因式分解,则式(1)成为

$$|\lambda\boldsymbol{I}-\boldsymbol{A}|=(\lambda-\lambda_0)^l(\lambda-\lambda_1)^{l_1}\cdots(\lambda-\lambda_m)^{l_m},\tag{2}$$

其中 $\lambda_1,\cdots,\lambda_m$ 是两两不等的复数,且它们都不等于 λ_0,$l_1+\cdots+l_m=n-l$。

λ 用$\dfrac{1}{\lambda}$代入,式(2)的左端展开成 λ 的多项式后,从式(2)得

$$\left|\frac{1}{\lambda}\boldsymbol{I}-\boldsymbol{A}\right|=\left(\frac{1}{\lambda}-\lambda_0\right)^l\left(\frac{1}{\lambda}-\lambda_1\right)^{l_1}\cdots\left(\frac{1}{\lambda}-\lambda_m\right)^{l_m},$$

从而 $\boldsymbol{A}^{-1}$的特征多项式$|\lambda\boldsymbol{I}-\boldsymbol{A}^{-1}|$为

$$\begin{aligned}|\lambda\boldsymbol{I}-\boldsymbol{A}^{-1}|&=\left|\boldsymbol{A}^{-1}(-\lambda)\left(\frac{1}{\lambda}\boldsymbol{I}-\boldsymbol{A}\right)\right|=(-1)^n\lambda^n|\boldsymbol{A}^{-1}|\left|\frac{1}{\lambda}\boldsymbol{I}-\boldsymbol{A}\right|\\&=(-1)^n\lambda^n|\boldsymbol{A}^{-1}|\left(\frac{1}{\lambda}-\lambda_0\right)^l\left(\frac{1}{\lambda}-\lambda_1\right)^{l_1}\cdots\left(\frac{1}{\lambda}-\lambda_m\right)^{l_m}\\&=|\boldsymbol{A}^{-1}|(-1+\lambda_0\lambda)^l(-1+\lambda_1\lambda)^{l_1}\cdots(-1+\lambda_m\lambda)^{l_m}\\&=|\boldsymbol{A}^{-1}|\lambda_0^l\lambda_1^{l_1}\cdots\lambda_m^{l_m}\left(\lambda-\frac{1}{\lambda_0}\right)^l\left(\lambda-\frac{1}{\lambda_1}\right)^{l_1}\cdots\left(\lambda-\frac{1}{\lambda_m}\right)^{l_m},\end{aligned}$$

因此$\dfrac{1}{\lambda_0}$是 $\boldsymbol{A}^{-1}$的特征多项式的 l 重根,从而$\dfrac{1}{\lambda_0}$是 $\boldsymbol{A}^{-1}$的 l 重特征值。 ■

注:关于 λ 用$\dfrac{1}{\lambda}$代入的合理性详见本套书下册第 7 章 7.1 节的定理 1 以及 7.12 节。

在例 6 的第(2)小题中,若只证 λ_0^{-1} 是 $\boldsymbol{A}^{-1}$的一个特征值,则可以用特征值的定义去证:从 $\boldsymbol{A\alpha}=\lambda_0\boldsymbol{\alpha}$ 得 $\boldsymbol{\alpha}=\boldsymbol{A}^{-1}(\lambda_0\boldsymbol{\alpha})$,于是 $\boldsymbol{A}^{-1}\boldsymbol{\alpha}=\lambda_0^{-1}\boldsymbol{\alpha}$,因此 λ_0^{-1} 是 $\boldsymbol{A}^{-1}$的一个特征值。

例 7　设 $\boldsymbol{A}$ 是数域 K 上的 n 级矩阵,证明:如果 λ_0 是 $\boldsymbol{A}$ 的 l 重特征值,那么 λ_0^2 是 $\boldsymbol{A}^2$

的至少 l 重特征值。

证明 设 λ_0 是 $\boldsymbol{A}$ 的 l 重特征值，则

$$|\lambda \boldsymbol{I}-\boldsymbol{A}|=(\lambda-\lambda_0)^l g(\lambda), \tag{3}$$

其中 $g(\lambda)$ 是 $n-l$ 次多项式，且 $g(\lambda)$ 不含因式 $(\lambda-\lambda_0)$。

把 $g(\lambda)$ 在复数域中因式分解，则式(3)成为

$$|\lambda \boldsymbol{I}-\boldsymbol{A}|=(\lambda-\lambda_0)^l(\lambda-\lambda_1)^{l_1}\cdots(\lambda-\lambda_m)^{l_m}, \tag{4}$$

其中 $\lambda_1,\cdots,\lambda_m$ 是两两不等的复数，且它们都不等于 λ_0，$l_1+\cdots+l_m=n-l$。

λ 用 $-\lambda$ 代入，把式(4)左端展开成 λ 的多项式后，从式(4)得

$$|-\lambda \boldsymbol{I}-\boldsymbol{A}|=(-\lambda-\lambda_0)^l(-\lambda-\lambda_1)^{l_1}\cdots(-\lambda-\lambda_m)^{l_m},$$

于是有

$$|\lambda \boldsymbol{I}+\boldsymbol{A}|=(\lambda+\lambda_0)^l(\lambda+\lambda_1)^{l_1}\cdots(\lambda+\lambda_m)^{l_m}。 \tag{5}$$

把式(4)与式(5)相乘，得

$$|\lambda^2 \boldsymbol{I}-\boldsymbol{A}^2|=(\lambda^2-\lambda_0^2)^l(\lambda^2-\lambda_1^2)^{l_1}\cdots(\lambda^2-\lambda_m^2)^{l_m}, \tag{6}$$

λ^2 用 λ 代入，把式(6)左端展开成 λ 的多项式后，从式(6)得

$$|\lambda \boldsymbol{I}-\boldsymbol{A}^2|=(\lambda-\lambda_0^2)^l(\lambda-\lambda_1^2)^{l_1}\cdots(\lambda-\lambda_m^2)^{l_m}, \tag{7}$$

从式(7)看出，λ_0^2 是 $\boldsymbol{A}^2$ 的特征多项式 $|\lambda \boldsymbol{I}-\boldsymbol{A}^2|$ 的至少 l 重根，从而 λ_0^2 是 $\boldsymbol{A}^2$ 的至少 l 重特征值。 ■

注：关于 λ 用 $-\lambda$ 代入，λ^2 用 λ 代入的合理性详见本套书下册第 7 章7.1节的定理 1。若只要证 λ_0^2 是 $\boldsymbol{A}^2$ 的一个特征值，则可从 $\boldsymbol{A\alpha}=\lambda_0\boldsymbol{\alpha}$ 得 $\boldsymbol{A}^2\boldsymbol{\alpha}=\boldsymbol{A}(\lambda_0\boldsymbol{\alpha})=\lambda_0(\boldsymbol{A\alpha})=\lambda_0^2\boldsymbol{\alpha}$，因此 λ_0^2 是 $\boldsymbol{A}$ 的一个特征值。

例 8 设 $\boldsymbol{A}$ 是一个 n 级正交矩阵，证明：

(1) 如果 $\boldsymbol{A}$ 有特征值，那么它的特征值是 1 或 -1；

(2) 如果 $|\boldsymbol{A}|=-1$，那么 -1 是 $\boldsymbol{A}$ 的一个特征值；

(3) 如果 $|\boldsymbol{A}|=1$，且 n 是奇数，那么 1 是 $\boldsymbol{A}$ 的一个特征值。

证明 (1) 如果 λ_0 是正交矩阵 $\boldsymbol{A}$ 的一个特征值，那么在 $\mathbf{R}^n$ 中存在 $\boldsymbol{\alpha}\neq\mathbf{0}$，使得 $\boldsymbol{A\alpha}=\lambda_0\boldsymbol{\alpha}$。此式两边取转置，得 $\boldsymbol{\alpha}'\boldsymbol{A}'=\lambda_0\boldsymbol{\alpha}'$。把这两个式子相乘，得

$$(\boldsymbol{\alpha}'\boldsymbol{A}')(\boldsymbol{A\alpha})=(\lambda_0\boldsymbol{\alpha}')(\lambda_0\boldsymbol{\alpha})。$$

由此得出，$\boldsymbol{\alpha}'\boldsymbol{\alpha}=\lambda_0^2\boldsymbol{\alpha}'\boldsymbol{\alpha}$，即 $(\lambda_0^2-1)\boldsymbol{\alpha}'\boldsymbol{\alpha}=0$，由于 $\boldsymbol{\alpha}\neq\mathbf{0}$，因此 $\boldsymbol{\alpha}'\boldsymbol{\alpha}\neq0$，从而 $\lambda_0^2-1=0$，于是 $\lambda_0=\pm1$。

(2) 如果正交矩阵 $\boldsymbol{A}$ 的行列式 $|\boldsymbol{A}|=-1$，那么

$$|-\boldsymbol{I}-\boldsymbol{A}|=|\boldsymbol{A}(-\boldsymbol{A}'-\boldsymbol{I})|=|\boldsymbol{A}|\,|(-\boldsymbol{A}-\boldsymbol{I})'|=-|-\boldsymbol{I}-\boldsymbol{A}|,$$

于是 $2|-\boldsymbol{I}-\boldsymbol{A}|=0$，从而 $|-\boldsymbol{I}-\boldsymbol{A}|=0$，因此 -1 是 $\boldsymbol{A}$ 的一个特征值。

(3) 如果 $|\boldsymbol{A}|=1$，且 n 是奇数，那么

$$|\boldsymbol{I}-\boldsymbol{A}|=|\boldsymbol{A}(\boldsymbol{A}'-\boldsymbol{I})|=|\boldsymbol{A}|\,|-(\boldsymbol{I}-\boldsymbol{A})'|=(-1)^n|\boldsymbol{I}-\boldsymbol{A}|=-|\boldsymbol{I}-\boldsymbol{A}|,$$

于是 $2|\boldsymbol{I}-\boldsymbol{A}|=0$，从而 $|\boldsymbol{I}-\boldsymbol{A}|=0$，因此 1 是 $\boldsymbol{A}$ 的一个特征值。 ■

例 9 设 $\boldsymbol{A},\boldsymbol{B}$ 分别是数域 K 上的 $s\times n$，$n\times s$ 矩阵。证明：

(1) $\boldsymbol{AB}$ 与 $\boldsymbol{BA}$ 有相同的非零特征值，并且重数相同；

(2) 如果 $\boldsymbol{\alpha}$ 是 $\boldsymbol{AB}$ 的属于非零特征值 λ_0 的一个特征向量，那么 $\boldsymbol{B\alpha}$ 是 $\boldsymbol{BA}$ 的属于特征值 λ_0 的一个特征向量。

证明 (1) 用 4.5 节的命题 2 的结论得

$$\lambda^n|\lambda I_s-AB|=\lambda^n\left|\lambda\left(I_s-\frac{1}{\lambda}AB\right)\right|=\lambda^n\lambda^s\left|I_s-\left(\frac{1}{\lambda}A\right)B\right|$$

$$=\lambda^n\lambda^s\left|I_n-B\left(\frac{1}{\lambda}A\right)\right|=\lambda^s|\lambda I_n-BA|, \tag{8}$$

因此得出,K 中的非零数 λ_0 是 AB 的特征值当且仅当 λ_0 是 BA 的特征值,从而 AB 与 BA 有相同的非零特征值。

设 $\lambda_0\neq0$ 是 AB 的 l 重特征值,把 AB 的特征多项式 $|\lambda I_s-AB|$ 在复数域上因式分解,得

$$|\lambda I_s-AB|=(\lambda-\lambda_0)^l(\lambda-\lambda_1)^{l_1}\cdots(\lambda-\lambda_{m-1})^{l_{m-1}}, \tag{9}$$

其中 $\lambda_0,\lambda_1,\cdots,\lambda_{m-1}$ 两两不等,$l+l_1+\cdots+l_{m-1}=s$。

把式(9)代入式(8),得

$$\lambda^n(\lambda-\lambda_0)^l(\lambda-\lambda_1)^{l_1}\cdots(\lambda-\lambda_{s-1})^{l_{s-1}}=\lambda^s|\lambda I_n-BA|, \tag{10}$$

由此得出,λ_0 是 BA 的特征多项式 $|\lambda I_n-BA|$ 的 l 重根,因此 λ_0 是 BA 的 l 重特征值。

同理,若 $\lambda_0\neq0$ 是 BA 的 l 重特征值,则 λ_0 也是 AB 的 l 重特征值。

(2) 设 α 是 AB 的属于非零特征值 λ_0 的一个特征向量,则 $(AB)\alpha=\lambda_0\alpha$。此式两边左乘 B,得

$$(BA)(B\alpha)=\lambda_0(B\alpha)。 \tag{11}$$

假如 $B\alpha=0$,则 $\lambda_0\alpha=(AB)\alpha=0$。这与 $\lambda_0\neq0$ 且 $\alpha\neq0$ 矛盾,因此 $B\alpha\neq0$。式(11)表明 $B\alpha$ 是 BA 的属于特征值 λ_0 的一个特征向量。 ■

点评: 例 9 的第(1)小题用特征多项式证明 AB 与 BA 有相同的非零特征值,其优点是同时可以证明非零特征值 λ_0 的重数相同。第(2)小题用特征值和特征向量的定义,既可证明 AB 与 BA 有相同的非零特征值,又可知道属于这个非零特征值 λ_0 的特征向量之间的关系。例 9 的结论可以用来简便地计算一些矩阵的特征值和特征向量。从例 9 的第(1)小题的证明过程可看出,AB 与 BA 的特征多项式在复数域中有相同的非零根,且重数相同,因此,矩阵的特征多项式的非零复根及其重数是从矩阵乘法的非交换性中提取的可交换的量。

例 10 用 J 表示元素全为 1 的 n 级矩阵。求数域 K 上 n 级矩阵 J 的全部特征值和特征向量。

解 $J=\mathbf{1}_n\mathbf{1}'_n$,其中 $\mathbf{1}_n$ 表示元素全为 1 的 n 维列向量。据例 9 的结论,J 与 $\mathbf{1}'_n\mathbf{1}_n=(n)$ 有相同的非零特征值。由于 1 级矩阵(n)的特征值只有一个:n,且它的重数为 1,因此 J 的非零特征值只有一个:n,且它的重数为 1。由于(1)是(n)的属于 n 的一个特征向量,因此,$\mathbf{1}_n(1)=\mathbf{1}_n$ 是 J 的属于 n 的一个特征向量。由于 J 的特征值 n 的几何重数不超过它的代数重数 1,因此 J 的属于 n 的特征子空间的维数为 1,从而 J 的属于 n 的所有特征向量组成的集合是

$$\{k\mathbf{1}_n\mid k\in K\text{ 且 }k\neq0\}。$$

由于 $|J|=0$,因此 0 是 J 的一个特征值。显然 J 的秩为 1,因此齐次线性方程组 $(0I-J)x=0$ 的解空间的维数等于 $n-1$,容易求出这个方程组的一般解为

$$x_1=-x_2-x_3-\cdots-x_n,$$

其中 $x_2,x_3,\cdots,x_n$ 是自由未知量。于是它的一个基础解系是

$$\boldsymbol{\eta}_1=\begin{pmatrix}1\\-1\\0\\\vdots\\0\end{pmatrix},\boldsymbol{\eta}_2=\begin{pmatrix}1\\0\\-1\\0\\\vdots\\0\end{pmatrix},\cdots,\boldsymbol{\eta}_{n-1}=\begin{pmatrix}1\\0\\\vdots\\0\\-1\end{pmatrix},$$

从而 $\boldsymbol{J}$ 的属于特征值 0 的所有特征向量组成的集合是

$$\{k_1\boldsymbol{\eta}_1+k_2\boldsymbol{\eta}_2+\cdots+k_{n-1}\boldsymbol{\eta}_{n-1}\mid k_1,k_2,\cdots,k_{n-1}\in K,\text{且它们不全为 }0\}。$$

例 11 求复数域上 n 级循环移位矩阵 $\boldsymbol{C}=(\boldsymbol{\varepsilon}_n,\boldsymbol{\varepsilon}_1,\boldsymbol{\varepsilon}_2,\cdots,\boldsymbol{\varepsilon}_{n-1})$ 的全部特征值和特征向量。

解 $\boldsymbol{C}$ 的特征多项式 $|\lambda\boldsymbol{I}-\boldsymbol{C}|$ 为

$$\begin{vmatrix}\lambda&-1&0&\cdots&0&0\\0&\lambda&-1&\cdots&0&0\\\vdots&\vdots&\vdots&&\vdots&\vdots\\0&0&0&\cdots&\lambda&-1\\-1&0&0&\cdots&0&\lambda\end{vmatrix}=\lambda\begin{vmatrix}\lambda&-1&\cdots&0&0\\\vdots&\vdots&&\vdots&\vdots\\0&0&\cdots&\lambda&-1\\0&0&\cdots&0&\lambda\end{vmatrix}+(-1)(-1)^{n+1}(-1)^{n-1}$$
$$=\lambda^n-1$$

于是 n 级循环移位矩阵 $\boldsymbol{C}$ 的全部特征值是 $1,\xi,\cdots,\xi^{n-1}$，其中 $\xi=\mathrm{e}^{\mathrm{i}\frac{2\pi}{n}}$。

对于非负整数 $m(0\leqslant m<n)$，有

$$\boldsymbol{C}\begin{pmatrix}1\\\xi^m\\\xi^{2m}\\\vdots\\\xi^{(n-1)m}\end{pmatrix}=\begin{pmatrix}\xi^m\\\xi^{2m}\\\vdots\\\xi^{(n-1)m}\\1\end{pmatrix}=\xi^m\begin{pmatrix}1\\\xi^m\\\vdots\\\xi^{(n-2)m}\\\xi^{(n-1)m}\end{pmatrix},$$

因此 $\boldsymbol{C}$ 的属于特征值 ξ^m 的所有特征向量组成的集合是

$$\{k(1,\xi^m,\xi^{2m},\cdots,\xi^{(n-1)m})'\mid k\in\boldsymbol{C}\text{ 且 }k\neq 0\}。$$

例 12 设 $f(x)=a_0+a_1x+\cdots+a_mx^m$ 是数域 K 上的一个多项式。证明：如果 λ_0 是 K 上 n 级矩阵 $\boldsymbol{A}$ 的一个特征值，且 $\boldsymbol{\alpha}$ 是 $\boldsymbol{A}$ 的属于 λ_0 的一个特征向量，那么 $f(\lambda_0)$ 是矩阵 $f(\boldsymbol{A})$ 的一个特征值，且 $\boldsymbol{\alpha}$ 是 $f(\boldsymbol{A})$ 的属于 $f(\lambda_0)$ 的一个特征向量。

证明 由已知条件得，$\boldsymbol{A\alpha}=\lambda_0\boldsymbol{\alpha}$。于是

$$\begin{aligned}f(\boldsymbol{A})\boldsymbol{\alpha}&=(a_0\boldsymbol{I}+a_1\boldsymbol{A}+\cdots+a_m\boldsymbol{A}^m)\boldsymbol{\alpha}\\&=a_0\boldsymbol{\alpha}+a_1\boldsymbol{A\alpha}+\cdots+a_m\boldsymbol{A}^m\boldsymbol{\alpha}\\&=a_0\boldsymbol{\alpha}+a_1\lambda_0\boldsymbol{\alpha}+\cdots+a_m\lambda_0^m\boldsymbol{\alpha}\\&=(a_0+a_1\lambda_0+\cdots+a_m\lambda_0^m)\boldsymbol{\alpha}=f(\lambda_0)\boldsymbol{\alpha},\end{aligned}$$

因此 $f(\lambda_0)$ 是 $f(\boldsymbol{A})$ 的一个特征值，$\boldsymbol{\alpha}$ 是 $f(\boldsymbol{A})$ 的属于 $f(\lambda_0)$ 的一个特征向量。 ■

例 13　求复数域上 n 级循环矩阵

$$\boldsymbol{A}=\begin{pmatrix} a_1 & a_2 & a_3 & \cdots & a_n \\ a_n & a_1 & a_2 & \cdots & a_{n-1} \\ \vdots & \vdots & \vdots & & \vdots \\ a_2 & a_3 & a_4 & \cdots & a_1 \end{pmatrix}$$

的全部特征值和特征向量。

解　据 4.2 节的例 11 的结论，得

$$\boldsymbol{A}=a_1\boldsymbol{I}+a_2\boldsymbol{C}+\cdots+a_n\boldsymbol{C}^{n-1},$$

其中 $\boldsymbol{C}$ 是 n 级循环移位矩阵。令

$$f(x)=a_1+a_2x+\cdots+a_nx^{n-1},\qquad \xi=\mathrm{e}^{\mathrm{i}\frac{2\pi}{n}},$$

据本节的例 11 和例 12 的结论得，$\boldsymbol{A}=f(\boldsymbol{C})$的全部特征值是 $f(\xi^m)$，$m=0,1,2,\cdots,n-1$；$\boldsymbol{A}$ 的属于特征值 $f(\xi^m)$的所有特征向量组成的集合是

$$\{k(1,\xi^m,\xi^{2m},\cdots,\xi^{(n-1)m})'\mid k\in\mathbf{C}\text{ 且 }k\neq 0\}。$$

例 14　对于例 13 中的复数域上 n 级循环矩阵 $\boldsymbol{A}$，求$|\boldsymbol{A}|$。

解　在例 13 中已求出了 $\boldsymbol{A}$ 的全部特征值是 $f(\xi^m)$，$m=0,1,\cdots,n-1$，其中 $\xi=\mathrm{e}^{\mathrm{i}\frac{2\pi}{n}}$，于是

$$|\lambda\boldsymbol{I}-\boldsymbol{A}|=(\lambda-f(1))(\lambda-f(\xi))\cdots(\lambda-f(\xi^{n-1}))。$$

据本节命题 1 得，$|\boldsymbol{A}|=f(1)f(\xi)\cdots f(\xi^{n-1})$。

点评：在第 4 章 4.3 节的例 7 给出了$|\boldsymbol{A}|$的两种解法。现在的解法最简洁且易于理解。

例 15　复数域上的 n 级矩阵

$$\boldsymbol{A}=\begin{pmatrix} 0 & 1 & 0 & \cdots & 0 & 0 \\ 0 & 0 & 1 & \cdots & 0 & 0 \\ \vdots & \vdots & \vdots & & \vdots & \vdots \\ 0 & 0 & 0 & \cdots & 0 & 1 \\ -a_0 & -a_1 & -a_2 & \cdots & -a_{n-2} & -a_{n-1} \end{pmatrix}$$

称为 Frobenius 矩阵，$n\geqslant 2$。求 $\boldsymbol{A}$ 的特征多项式和全部特征向量。

解

$$|\lambda\boldsymbol{I}-\boldsymbol{A}|=\begin{vmatrix} \lambda & -1 & 0 & \cdots & 0 & 0 \\ 0 & \lambda & -1 & \cdots & 0 & 0 \\ \vdots & \vdots & \vdots & & \vdots & \vdots \\ 0 & 0 & 0 & \cdots & \lambda & -1 \\ a_0 & a_1 & a_2 & \cdots & a_{n-2} & \lambda+a_{n-1} \end{vmatrix}$$

据 2.4 节的例 4 的结论，得

$$|\lambda\boldsymbol{I}-\boldsymbol{A}|=\lambda^n+a_{n-1}\lambda^{n-1}+\cdots+a_1\lambda+a_0。$$

设 $\lambda_1,\lambda_2,\cdots,\lambda_n$ 是$|\lambda\boldsymbol{I}-\boldsymbol{A}|$的全部复根。对于 $1\leqslant i\leqslant n$，有

$$A\begin{pmatrix}1\\\lambda_i\\\lambda_i^2\\\vdots\\\lambda_i^{n-1}\end{pmatrix}=\begin{pmatrix}\lambda_i\\\lambda_i^2\\\vdots\\\lambda_i^{n-1}\\-a_0-a_1\lambda_i-\cdots-a_{n-1}\lambda_i^{n-1}\end{pmatrix}=\lambda_i\begin{pmatrix}1\\\lambda_i\\\lambda_i^2\\\vdots\\\lambda_i^{n-1}\end{pmatrix},$$

因此$(1,\lambda_i,\lambda_i^2,\cdots,\lambda_i^{n-1})'$是$\boldsymbol{A}$的属于特征值$\lambda_i$的一个特征向量。由于

$$(\lambda_i\boldsymbol{I}-\boldsymbol{A})\begin{pmatrix}1,2,\cdots,n-1\\2,3,\cdots,n\end{pmatrix}=(-1)^{n-1}\neq0,$$

而$|\lambda_i\boldsymbol{I}-\boldsymbol{A}|=0$,因此$\text{rank}(\lambda_i\boldsymbol{I}-\boldsymbol{A})=n-1$,从而齐次线性方程组$(\lambda_i\boldsymbol{I}-\boldsymbol{A})\boldsymbol{x}=\boldsymbol{0}$的解空间的维数为$n-(n-1)=1$,于是$\boldsymbol{A}$的属于特征值$\lambda_i$的所有特征向量组成的集合是

$$\{k(1,\lambda_i,\lambda_i^2,\cdots,\lambda_i^{n-1})' \mid k\in\mathrm{C}\text{ 且 }k\neq0\}。$$

注:求$\boldsymbol{A}$的属于特征值λ_i的全部特征向量的方法二如下。

由于 $|\lambda_i\boldsymbol{I}-\boldsymbol{A}|=0$, $(\lambda_i\boldsymbol{I}-\boldsymbol{A})\begin{pmatrix}1,2,\cdots,n-1\\2,3,\cdots,n\end{pmatrix}=(-1)^{n-1}\neq0$,

即$\lambda_i\boldsymbol{I}-\boldsymbol{A}$的$(n,1)$元的代数余子式不等于0,因此据3.7节的典型例题例3的结论得

$$\boldsymbol{\eta}=((\lambda_i\boldsymbol{I}-\boldsymbol{A})_{n1},(\lambda_i\boldsymbol{I}-\boldsymbol{A})_{n2},\cdots,(\lambda_i\boldsymbol{I}-\boldsymbol{A})_{nn})'$$

是齐次线性方程组$(\lambda_i\boldsymbol{I}-\boldsymbol{A})\boldsymbol{x}=\boldsymbol{0}$的一个基础解系,其中$(\lambda_i\boldsymbol{I}-\boldsymbol{A})_{nj}$是$(\lambda_i\boldsymbol{I}-\boldsymbol{A})$的$(n,j)$元的代数余子式,$j=1,2,\cdots,n$。容易计算得出,$(\lambda_i\boldsymbol{I}-\boldsymbol{A})_{n1}=1,(\lambda_i\boldsymbol{I}-\boldsymbol{A})_{n2}=\lambda_i,\cdots,(\lambda_i\boldsymbol{I}-\boldsymbol{A})_{nn}=\lambda_i^{n-1}$,因此$\boldsymbol{\eta}=(1,\lambda_i,\lambda_i^2,\cdots,\lambda_i^{n-1})'$,从而$\boldsymbol{A}$的属于$\lambda_i$的所有特征向量组成的集合是

$$\{k(1,\lambda_i,\lambda_i^2,\cdots,\lambda_i^{n-1})' \mid k\in\mathbf{C}\text{ 且 }k\neq0\}。$$

习题 5.5

1. 求数域K上的矩阵$\boldsymbol{A}$的全部特征值和特征向量:

(1) $\boldsymbol{A}=\begin{pmatrix}2&2&-2\\2&5&-4\\-2&-4&5\end{pmatrix}$; (2) $\boldsymbol{A}=\begin{pmatrix}2&3&2\\1&8&2\\-2&-14&-3\end{pmatrix}$;

(3) $\boldsymbol{A}=\begin{pmatrix}6&2&4\\2&3&2\\4&2&6\end{pmatrix}$; (4) $\boldsymbol{A}=\begin{pmatrix}2&-1&2\\5&-3&3\\-1&0&-2\end{pmatrix}$;

(5) $\boldsymbol{A}=\begin{pmatrix}0&\frac{1}{2}&\frac{1}{2}\\1&-\frac{1}{2}&\frac{1}{2}\\1&-\frac{1}{2}&\frac{1}{2}\end{pmatrix}$。

2. 求复数域上的矩阵$\boldsymbol{A}$的全部特征值和特征向量;如果把$\boldsymbol{A}$看成实数域上的矩阵,它有没有特征值?有多少个特征值?

(1) $\boldsymbol{A}=\begin{pmatrix}1 & -\sqrt{3}\\ \sqrt{3} & 1\end{pmatrix}$；　(2) $\boldsymbol{A}=\begin{pmatrix}3 & 7 & -3\\ -2 & -5 & 2\\ -4 & -10 & 3\end{pmatrix}$。

3. 证明：数域 K 上的 n 级对合矩阵一定有特征值，并且它的特征值是 1 或 -1。

4. 证明：复数域上的周期为 m 的周期矩阵的特征值都是 m 次单位根(注：如果一个复数 z 满足 $z^m=1$，那么称 z 是一个 m 次单位根)。

5. 证明：方阵 $\boldsymbol{A}$ 与 $\boldsymbol{A}'$ 有相同的特征多项式，从而它们有相同的特征值，并且重数也相同。

6. 证明：n 级矩阵 $\boldsymbol{A}$ 有特征值 0 当且仅当 $|\boldsymbol{A}|=0$。

7. 设 $\boldsymbol{A}$ 是数域 K 上的 n 级矩阵。$k\in K$ 且 $k\neq 0$。证明：如果 λ_0 是 $\boldsymbol{A}$ 的 l 重特征值，那么 $k\lambda_0$ 是 $k\boldsymbol{A}$ 的 l 重特征值。

8. 设 $\boldsymbol{A}$ 是数域 K 上的 n 级矩阵，m 是任一正整数。证明：如果 λ_0 是 $\boldsymbol{A}$ 的 l 重特征值，那么 λ_0^m 是 $\boldsymbol{A}^m$ 的至少 l 重特征值。

9. 设 $\boldsymbol{A},\boldsymbol{B}$ 都是数域 K 上的 n 级矩阵，证明：$\boldsymbol{AB}$ 与 $\boldsymbol{BA}$ 的特征多项式相等。

10. 设 $\boldsymbol{A}$ 是数域 K 上的 n 级矩阵，证明：$\boldsymbol{A}$ 的特征多项式的 n 个复根的和等于 $\boldsymbol{A}$ 的迹，n 个复根的积等于 $|\boldsymbol{A}|$。

11. 设有理数域上的 n 级矩阵 $\boldsymbol{A}=b_0\boldsymbol{I}+b_1\boldsymbol{J}$，其中 $\boldsymbol{J}$ 是元素全为 1 的 n 级矩阵，$b_0b_1\neq 0$。求 $\boldsymbol{A}$ 的全部特征值和特征向量。

12. 设 $\boldsymbol{A}=(a_1,a_2,\cdots,a_n)$ 是实数域上的 $1\times n$ 矩阵，其中 $a_1,a_2,\cdots,a_n$ 不全为 0，$n>1$，求 $\boldsymbol{A}'\boldsymbol{A}$ 的全部特征值和特征向量。

13. 设 $\boldsymbol{A}$ 是数域 K 上的 n 级矩阵，$\lambda_1,\lambda_2,\cdots,\lambda_n$ 是 $\boldsymbol{A}$ 的特征多项式 $|\lambda\boldsymbol{I}-\boldsymbol{A}|$ 在复数域中的全部根(它们中可能有相同的)。证明：

(1) 对于复数域上的任一多项式 $g(x)$，有 $|g(\boldsymbol{A})|=g(\lambda_1)g(\lambda_2)\cdots g(\lambda_n)$；

(2) 对于数域 K 上任一多项式 $f(x)$，有 $f(\lambda_1),f(\lambda_2),\cdots,f(\lambda_n)$ 是矩阵 $f(\boldsymbol{A})$ 的特征多项式 $|\lambda\boldsymbol{I}-f(\boldsymbol{A})|$ 在复数域中的全部根，从而如果 λ_1 是 $\boldsymbol{A}$ 的 l_1 重特征值，那么 $f(\lambda_1)$ 是 $f(\boldsymbol{A})$ 的至少 l_1 重特征值。

14. 设 $\boldsymbol{A}$ 是复数域上的 n 级矩阵($n\geqslant 2$)，$\lambda_1,\lambda_2,\cdots,\lambda_n$ 是 $\boldsymbol{A}$ 的全部特征值，求 $\boldsymbol{A}$ 的伴随矩阵 $\boldsymbol{A}^*$ 的全部特征值。

15. 设 $\boldsymbol{A}$ 是数域 K 上的 n 级矩阵，证明：如果 $\boldsymbol{A}$ 的秩为 r，那么 $\boldsymbol{A}$ 的特征多项式 $|\lambda\boldsymbol{I}-\boldsymbol{A}|=\lambda^n+b_{n-1}\lambda^{n-1}+\cdots+b_{n-r}\lambda^{n-r}$，其中 b_{n-k} 等于 $(-1)^k$ 乘以 A 的所有 k 阶主子式的和，$k=1,2,\cdots,r$。

16. 设 $\boldsymbol{A}$ 是数域 K 上的 n 级矩阵，$n\geqslant 2$。证明：如果 $\boldsymbol{A}$ 的秩为 1 且 $\boldsymbol{A}^2\neq 0$，那么 $\boldsymbol{A}$ 有一个非零特征值，其重数为 1，并且 0 是 A 的 $n-1$ 重特征值。

17. 设 $\boldsymbol{A}$ 是实数域上的 n 级矩阵，证明：如果 $\boldsymbol{I}-\boldsymbol{A}$ 的特征多项式的所有复根的模都小于 1，那么

$$0<|\boldsymbol{A}|<2^n。$$

18. 设 $\boldsymbol{A}$ 是数域 K 上的 n 级矩阵，$\lambda_1,\lambda_2,\cdots,\lambda_n$ 是 $\boldsymbol{A}$ 的特征多项式的全部复根。令

$$G = \begin{pmatrix} A & A^m \\ A^m & A \end{pmatrix},$$

其中 m 是正整数，求 G 的特征多项式的全部复根。

19. 设 A, B 都是数域 K 上的 n 级矩阵，证明：如果 $\operatorname{rank}(A)+\operatorname{rank}(B)<n$，那么 A 与 B 有公共的特征向量。

5.6 矩阵可对角化的条件

5.6.1 内容精华

利用特征值和特征向量可以把 5.4 节的定理 1 写成：

定理 1 数域 K 上 n 级矩阵 A 可对角化的充分必要条件是 A 有 n 个线性无关的特征向量 $\boldsymbol{\alpha}_1,\boldsymbol{\alpha}_2,\cdots,\boldsymbol{\alpha}_n$，此时

令 $$P=(\boldsymbol{\alpha}_1,\boldsymbol{\alpha}_2,\cdots,\boldsymbol{\alpha}_n),$$

则 $$P^{-1}AP=\operatorname{diag}\{\lambda_1,\lambda_2,\cdots,\lambda_n\},$$

其中 λ_i 是 $\boldsymbol{\alpha}_i$ 所属的特征值，$i=1,2,\cdots,n$。上述对角矩阵称为 A 的**相似标准形**，除了主对角线上元素的排列次序外，A 的相似标准形是唯一的。 ■

如何判断数域 K 上 n 级矩阵 A 有没有 n 个线性无关的特征向量？

首先求出 n 级矩阵 A 的全部特征值。设 A 的所有不同的特征值是 $\lambda_1,\lambda_2,\cdots,\lambda_m$，然后对于每个特征值 λ_j，求出齐次线性方程组 $(\lambda_j I-A)x=\mathbf{0}$ 的一个基础解系：$\boldsymbol{\alpha}_{j1},\boldsymbol{\alpha}_{j2},\cdots,\boldsymbol{\alpha}_{jr_j}$，它们是 A 的线性无关的特征向量。根据下面的定理 2 和定理 3，把这 m 组向量合在一起仍然线性无关。如果 $r_1+r_2+\cdots+r_m=n$，那么 A 有 n 个线性无关的特征向量，从而 A 可对角化。此时从定理 1 可知，A 的相似标准形中，特征值 λ_j 在主对角线上出现的次数等于属于 λ_j 的特征子空间的维数 r_j，$j=1,2,\cdots,m$。如果 $r_1+r_2+\cdots+r_m<n$，那么 A 没有 n 个线性无关的特征向量（假如 A 有 n 个线性无关的特征向量 $\boldsymbol{\eta}_1,\boldsymbol{\eta}_2,\cdots,\boldsymbol{\eta}_n$。设 $\boldsymbol{\eta}_j$ 是属于特征值 λ_j 的特征向量，则 $\boldsymbol{\eta}_j$ 可以由 $\boldsymbol{\alpha}_{j1},\boldsymbol{\alpha}_{j2},\cdots,\boldsymbol{\alpha}_{jr_j}$ 线性表出，从而向量组 $\boldsymbol{\eta}_1,\boldsymbol{\eta}_2,\cdots,\boldsymbol{\eta}_n$ 可以由向量组 $\boldsymbol{\alpha}_{11},\cdots,\boldsymbol{\alpha}_{1r_1},\cdots,\boldsymbol{\alpha}_{m1},\cdots,\boldsymbol{\alpha}_{mr_m}$ 线性表出，于是 $\operatorname{rank}\{\boldsymbol{\eta}_1,\boldsymbol{\eta}_2,\cdots,\boldsymbol{\eta}_n\}\leqslant r_1+r_2+\cdots r_m<n$，这与 $\boldsymbol{\eta}_1,\boldsymbol{\eta}_2,\cdots,\boldsymbol{\eta}_n$ 线性无关矛盾），从而 A 不可以对角化。

定理 2 设 λ_1,λ_2 是数域 K 上 n 级矩阵 A 的不同的特征值，$\boldsymbol{\alpha}_1,\boldsymbol{\alpha}_2,\cdots,\boldsymbol{\alpha}_s$ 与 $\boldsymbol{\beta}_1,\boldsymbol{\beta}_2,\cdots,\boldsymbol{\beta}_r$ 分别是 A 的属于 λ_1,λ_2 的线性无关的特征向量，则 $\boldsymbol{\alpha}_1,\cdots,\boldsymbol{\alpha}_s,\boldsymbol{\beta}_1,\cdots,\boldsymbol{\beta}_r$ 线性无关。

证明 设

$$k_1\boldsymbol{\alpha}_1+k_2\boldsymbol{\alpha}_2+\cdots+k_s\boldsymbol{\alpha}_s+l_1\boldsymbol{\beta}_1+\cdots+l_r\boldsymbol{\beta}_r=\mathbf{0}。\tag{1}$$

式(1)两边左乘 A，得

$$k_1A\boldsymbol{\alpha}_1+k_2A\boldsymbol{\alpha}_2+\cdots+k_sA\boldsymbol{\alpha}_s+l_1A\boldsymbol{\beta}_1+l_2A\boldsymbol{\beta}_2+\cdots+l_rA\boldsymbol{\beta}_r=\mathbf{0},$$

从而有

$$k_1\lambda_1\boldsymbol{\alpha}_1+k_2\lambda_1\boldsymbol{\alpha}_2+\cdots+k_s\lambda_1\boldsymbol{\alpha}_s+l_1\lambda_2\boldsymbol{\beta}_1+l_2\lambda_2\boldsymbol{\beta}_2+\cdots+l_r\lambda_2\boldsymbol{\beta}_r=\mathbf{0}。\tag{2}$$

由于 $\lambda_1\neq\lambda_2$，因此 λ_1,λ_2 不全为 0。不妨设 $\lambda_2\neq 0$。在式(1)两边乘以 λ_2，得

$$k_1\lambda_2\boldsymbol{\alpha}_1+k_2\lambda_2\boldsymbol{\alpha}_2+\cdots+k_s\lambda_2\boldsymbol{\alpha}_s+l_1\lambda_2\boldsymbol{\beta}_1+l_2\lambda_2\boldsymbol{\beta}_2+\cdots+l_r\lambda_2\boldsymbol{\beta}_r=\mathbf{0}。\tag{3}$$

式(2)减去式(3)，得

$$k_1(\lambda_1-\lambda_2)\boldsymbol{\alpha}_1+k_2(\lambda_1-\lambda_2)\boldsymbol{\alpha}_2+\cdots+k_s(\lambda_1-\lambda_2)\boldsymbol{\alpha}_s=\mathbf{0}。$$

由于 $\lambda_1\neq\lambda_2$，因此从上式得

$$k_1\boldsymbol{\alpha}_1+k_2\boldsymbol{\alpha}_2+\cdots+k_s\boldsymbol{\alpha}_s=\mathbf{0}。\tag{4}$$

由于 $\boldsymbol{\alpha}_1,\boldsymbol{\alpha}_2,\cdots,\boldsymbol{\alpha}_s$ 线性无关，因此从式(4)得 $k_1=k_2=\cdots=k_s=0$。把它们代入式(1)得

$$l_1\boldsymbol{\beta}_1+l_2\boldsymbol{\beta}_2+\cdots+l_s\boldsymbol{\beta}_s=\mathbf{0}。\tag{5}$$

由于 $\boldsymbol{\beta}_1,\boldsymbol{\beta}_2,\cdots,\boldsymbol{\beta}_r$ 线性无关，因此从式(5)得 $l_1=l_2=\cdots=l_r=0$，从而 $\boldsymbol{\alpha}_1,\boldsymbol{\alpha}_2,\cdots,\boldsymbol{\alpha}_s,\boldsymbol{\beta}_1,\boldsymbol{\beta}_2,\cdots,\boldsymbol{\beta}_r$ 线性无关。 ■

定理 3　设 $\lambda_1,\lambda_2,\cdots,\lambda_m$ 是数域 K 上 n 级矩阵 $\boldsymbol{A}$ 的不同的特征值，$\boldsymbol{\alpha}_{j1},\cdots,\boldsymbol{\alpha}_{jr_j}$ 是 $\boldsymbol{A}$ 的属于 λ_j 的线性无关的特征向量，$j=1,2,\cdots,m$，则向量组

$$\boldsymbol{\alpha}_{11},\cdots,\boldsymbol{\alpha}_{1r_1},\cdots,\boldsymbol{\alpha}_{m1},\cdots,\boldsymbol{\alpha}_{mr_m}$$

线性无关。

证明思路：对于 $\boldsymbol{A}$ 的不同的特征值的个数 m 作数学归纳法。 ■

推论 1　n 级矩阵 $\boldsymbol{A}$ 的属于不同特征值的特征向量是线性无关的。 ■

从定理 2 前面的一段议论立即得出：

定理 4　数域 K 上 n 级矩阵 $\boldsymbol{A}$ 可对角化的充分必要条件是：$\boldsymbol{A}$ 的属于不同特征值的特征子空间的维数之和等于 n。 ■

从定理 4 立即得到：

推论 2　数域 K 上 n 级矩阵 $\boldsymbol{A}$ 如果有 n 个不同的特征值，那么 $\boldsymbol{A}$ 可对角化。 ■

定理 4 的优点在于判断 n 级矩阵 $\boldsymbol{A}$ 是否可对角化时，只需计算 $\boldsymbol{A}$ 的特征子空间的维数，而不必求出特征向量。

下面给出判断矩阵可对角化的第 3 个充分必要条件：

定理 5　数域 K 上 n 级矩阵 $\boldsymbol{A}$ 可对角化的充分必要条件是：$\boldsymbol{A}$ 的特征多项式的全部复根都属于 K，并且 $\boldsymbol{A}$ 的每个特征值的几何重数等于它的代数重数。

证明　必要性。设 $\boldsymbol{A}$ 可对角化，则

$$\boldsymbol{A}\sim\operatorname{diag}\{\underbrace{\lambda_1,\cdots,\lambda_1}_{r_1},\cdots,\underbrace{\lambda_m,\cdots,\lambda_m}_{r_m}\},$$

其中 $\lambda_1,\lambda_2,\cdots,\lambda_m$ 是 $\boldsymbol{A}$ 的全部不同的特征值，r_j 是 $\boldsymbol{A}$ 的属于特征值 λ_j 的特征子空间的维数。因为相似的矩阵有相同的特征多项式，所以

$$|\lambda\boldsymbol{I}-\boldsymbol{A}|=(\lambda-\lambda_1)^{r_1}\cdots(\lambda-\lambda_m)^{r_m}。$$

这表明 $\boldsymbol{A}$ 的特征多项式的全部根都属于 $\boldsymbol{K}$，并且每一个特征值的代数重数等于它的几何重数。

充分性。设 $\boldsymbol{A}$ 的特征多项式 $|\lambda\boldsymbol{I}-\boldsymbol{A}|$ 在复数域中全部不同的根 $\lambda_1,\lambda_2,\cdots,\lambda_m$ 都属于 K，并且每个特征值 λ_j 的几何重数 r_j 等于它的代数重数，则

$$|\lambda\boldsymbol{I}-\boldsymbol{A}|=(\lambda-\lambda_1)^{r_1}(\lambda-\lambda_2)^{r_2}\cdots(\lambda-\lambda_m)^{r_m},$$

从而 $r_1+r_2+\cdots+r_m=n$。据定理 4 得，$\boldsymbol{A}$ 可对角化。 ■

定理 5 的优点在于：只需知道 $\boldsymbol{A}$ 的特征多项式有一个复根不属于数域 K，则 $\boldsymbol{A}$ 不可对角化；或者只要知道 $\boldsymbol{A}$ 有一个特征值的几何重数小于它的代数重数，则 $\boldsymbol{A}$ 不可对角化。

以后我们还会继续给出矩阵可对角化的充分必要条件。

5.6.2 典型例题

例 1 证明：幂等矩阵一定可对角化，并且如果 n 级幂等矩阵 $\boldsymbol{A}$ 的秩为 $r(r>0)$，那么

$$\boldsymbol{A} \sim \begin{pmatrix} \boldsymbol{I}_r & \boldsymbol{0} \\ \boldsymbol{0} & \boldsymbol{0} \end{pmatrix}。$$

证明 若 $r=n$，则 $\boldsymbol{A}$ 可逆。从 $\boldsymbol{A}^2=\boldsymbol{A}$ 得出，$\boldsymbol{A}=\boldsymbol{I}$，结论显然成立。

若 $r=0$，则 $\boldsymbol{A}=\boldsymbol{0}$，结论也成立。下面设 $0<r<n$。

从 5.5 节的例 5 的证明过程中看出，当 $0<r<n$ 时，幂等矩阵 $\boldsymbol{A}$ 的全部特征值是 0，1。

对于特征值 0，齐次线性方程组 $(0\boldsymbol{I}-\boldsymbol{A})\boldsymbol{x}=\boldsymbol{0}$ 的解空间 W_0 的维数等于 $n-\operatorname{rank}(-\boldsymbol{A})=n-r$。

由于 $\boldsymbol{A}$ 是幂等矩阵，因此 $\operatorname{rank}(\boldsymbol{A})+\operatorname{rank}(\boldsymbol{I}-\boldsymbol{A})=n$，从而 $\operatorname{rank}(\boldsymbol{I}-\boldsymbol{A})=n-r$。

对于特征值 1，齐次线性方程组 $(\boldsymbol{I}-\boldsymbol{A})\boldsymbol{x}=\boldsymbol{0}$ 的解空间 W_1 的维数等于 $n-\operatorname{rank}(\boldsymbol{I}-\boldsymbol{A})=n-(n-r)=r$，因此

$$\dim W_0 + \dim W_1 = (n-r)+r = n,$$

从而 $\boldsymbol{A}$ 可对角化。$\boldsymbol{A}$ 的相似标准形中，特征值 1 在主对角线上出现的次数等于 W_1 的维数 r，特征值 0 在主对角线上出现的次数等于 W_0 的维数 $n-r$，因此

$$\boldsymbol{A} \sim \begin{pmatrix} \boldsymbol{I}_r & \boldsymbol{0} \\ \boldsymbol{0} & \boldsymbol{0} \end{pmatrix}。$$

■

例 2 证明：数域 K 上幂等矩阵的秩等于它的迹。

证明 设 $\boldsymbol{A}$ 是数域 K 上的 n 级幂等矩阵，且 $\operatorname{rank}(\boldsymbol{A})=r>0$，则据例 1 的结论得

$$\boldsymbol{A} \sim \begin{pmatrix} \boldsymbol{I}_r & \boldsymbol{0} \\ \boldsymbol{0} & \boldsymbol{0} \end{pmatrix}。$$

由于相似的矩阵有相等的迹，因此

$$\operatorname{tr}(\boldsymbol{A}) = \operatorname{tr}\left(\begin{pmatrix} \boldsymbol{I}_r & \boldsymbol{0} \\ \boldsymbol{0} & \boldsymbol{0} \end{pmatrix}\right) = r = \operatorname{rank}(\boldsymbol{A})。$$

若 $\boldsymbol{A}=\boldsymbol{0}$，则 $\operatorname{tr}(\boldsymbol{0})=0=\operatorname{rank}(\boldsymbol{0})$。 ■

例 3 设 $\boldsymbol{A}_1,\boldsymbol{A}_2,\cdots,\boldsymbol{A}_s$ 都是数域 K 上的 n 级矩阵，证明：如果 $\sum\limits_{i=1}^{s}\boldsymbol{A}_i=\boldsymbol{I}$，且 $\boldsymbol{A}_1,\boldsymbol{A}_2,\cdots,\boldsymbol{A}_s$ 都是幂等矩阵，那么 $\sum\limits_{i=1}^{s}\operatorname{rank}(\boldsymbol{A}_i)=n$。

证明 由于 $\sum\limits_{i=1}^{s}\boldsymbol{A}_i=\boldsymbol{I}$，因此 $\operatorname{tr}\left(\sum\limits_{i=1}^{s}\boldsymbol{A}_i\right)=\operatorname{tr}(\boldsymbol{I})$，从而 $\sum\limits_{i=1}^{s}\operatorname{tr}(\boldsymbol{A}_i)=n$。

由于 $\boldsymbol{A}_1,\boldsymbol{A}_2,\cdots,\boldsymbol{A}_s$ 都是幂等矩阵，据例 2 的结论得

$$\sum_{i=1}^{s} \text{rank}(\boldsymbol{A}_i) = \sum_{i=1}^{s} \text{tr}(\boldsymbol{A}_i) = n。$$ ■

例 4　证明:不为零矩阵的幂零矩阵不能对角化。

证明　设 $\boldsymbol{A}$ 是 n 级幂零矩阵,且 $\boldsymbol{A}\neq\boldsymbol{0}$。设 $\text{rank}(\boldsymbol{A})=r$,据 5.5 节例 4 的结论得,$\boldsymbol{A}$ 的特征值有且只有 0。齐次线性方程组 $(0\boldsymbol{I}-\boldsymbol{A})\boldsymbol{x}=\boldsymbol{0}$ 的解空间 W_0 的维数等于 $n-\text{rank}(-\boldsymbol{A})=n-r$。由于 $r>0$,因此 $\dim W_0<n$,从而 $\boldsymbol{A}$ 不能对角化。 ■

例 5　5.5 节的例 1 中的 3 级复矩阵 $\boldsymbol{A}$ 是否可对角化? 如果 $\boldsymbol{A}$ 可对角化,求出一个可逆矩阵 $\boldsymbol{P}$,使 $\boldsymbol{P}^{-1}\boldsymbol{A}\boldsymbol{P}$ 为对角矩阵。

解　从 5.5 节的例 1 的解题过程知道,3 级矩阵 $\boldsymbol{A}$ 有 3 个不同的特征值:$2,1+\mathrm{i},1-\mathrm{i}$,因此 $\boldsymbol{A}$ 可对角化,令

$$\boldsymbol{P}=\begin{pmatrix} 2 & 1-2\mathrm{i} & 1+2\mathrm{i} \\ -1 & -1+\mathrm{i} & -1-\mathrm{i} \\ -1 & -2 & -2 \end{pmatrix},$$

则

$$\boldsymbol{P}^{-1}\boldsymbol{A}\boldsymbol{P}=\begin{pmatrix} 2 & 0 & 0 \\ 0 & 1+\mathrm{i} & 0 \\ 0 & 0 & 1-\mathrm{i} \end{pmatrix}。$$

例 6　元素全为 1 的 n 级矩阵 $\boldsymbol{J}$ 看成有理数域上的矩阵是否可对角化? 如果 $\boldsymbol{J}$ 可对角化,求出有理数域上一个可逆矩阵 $\boldsymbol{P}$,使 $\boldsymbol{P}^{-1}\boldsymbol{J}\boldsymbol{P}$ 为对角矩阵。

解　从 5.5 节的例 10 的解题过程知道,有理数域上的 n 级矩阵 $\boldsymbol{J}$ 的全部特征值是 $n,0$;并且 $\boldsymbol{J}$ 的属于特征值 n 的特征子空间 W_n 的维数为 1,属于 0 的特征子空间 W_0 的维数为 $n-1$,于是 $\dim W_n+\dim W_0=1+(n-1)=n$,从而 $\boldsymbol{J}$ 可对角化。令

$$\boldsymbol{P}=\begin{pmatrix} 1 & 1 & \cdots & 1 \\ 1 & -1 & \cdots & 0 \\ 1 & 0 & \cdots & 0 \\ \vdots & \vdots & & \vdots \\ 1 & 0 & \cdots & 0 \\ 1 & 0 & \cdots & -1 \end{pmatrix},$$

则

$$\boldsymbol{P}^{-1}\boldsymbol{J}\boldsymbol{P}=\text{diag}\{n,0,\cdots,0\}。$$

例 7　复数域上 n 级循环移位矩阵 $\boldsymbol{C}=(\boldsymbol{\varepsilon}_n,\boldsymbol{\varepsilon}_1,\boldsymbol{\varepsilon}_2,\cdots,\boldsymbol{\varepsilon}_{n-1})$ 是否可对角化? 如果 $\boldsymbol{C}$ 可对角化,求一个可逆矩阵 $\boldsymbol{P}$,使得 $\boldsymbol{P}^{-1}\boldsymbol{C}\boldsymbol{P}$ 为对角矩阵。

解　从 5.5 节的例 11 的解题过程知道 $\boldsymbol{C}$ 有 n 个不同的特征值:$1,\xi,\cdots,\xi^{n-1}$,其中 $\xi=\mathrm{e}^{\mathrm{i}\frac{2\pi}{n}}$,因此 $\boldsymbol{C}$ 可对角化。令

$$\boldsymbol{P}=\begin{pmatrix} 1 & 1 & 1 & \cdots & 1 \\ 1 & \xi & \xi^2 & \cdots & \xi^{n-1} \\ 1 & \xi^2 & \xi^4 & \cdots & \xi^{2(n-1)} \\ \vdots & \vdots & \vdots & & \vdots \\ 1 & \xi^{n-1} & \xi^{2(n-1)} & \cdots & \xi^{(n-1)(n-1)} \end{pmatrix},$$

则 $\quad \boldsymbol{P}^{-1}\boldsymbol{CP}=\operatorname{diag}\{1,\xi,\xi^2,\cdots,\xi^{n-1}\}$。

例 8 证明:复数域上的所有 n 级循环矩阵都可对角化,并且能找到同一个可逆矩阵 $\boldsymbol{P}$,使它们同时对角化。

证明 从 5.5 节的例 13 的解题过程知道,由 $a_1,a_2,\cdots,a_n$ 构成的 n 级循环矩阵 $\boldsymbol{A}$ 的全部特征值是

$$f(1),f(\xi),f(\xi^2),\cdots,f(\xi^{n-1}),$$

其中 $f(x)=a_1+a_2x+\cdots+a_nx^{n-1}$, $\xi=\mathrm{e}^{\mathrm{i}\frac{2\pi}{n}}$,属于特征值 $f(\xi^m)$ 的一个特征向量是 $(1,\xi^m,\xi^{2m},\cdots,\xi^{(n-1)m})'$。令

$$\boldsymbol{P}=\begin{pmatrix}1&1&1&\cdots&1\\1&\xi&\xi^2&\cdots&\xi^{n-1}\\1&\xi^2&\xi^4&\cdots&\xi^{2(n-1)}\\\vdots&\vdots&\vdots&&\vdots\\1&\xi^{n-1}&\xi^{2(n-1)}&\cdots&\xi^{(n-1)(n-1)}\end{pmatrix},$$

$|\boldsymbol{P}|$是范德蒙德行列式,由于 $1,\xi,\xi^2,\cdots,\xi^{n-1}$ 两两不等,因此$|\boldsymbol{P}|\neq0$,从而 $\boldsymbol{P}$ 的列向量组线性无关,于是 $\boldsymbol{A}$ 有 n 个线性无关的特征向量,因此 $\boldsymbol{A}$ 可对角化,并且

$$\boldsymbol{P}^{-1}\boldsymbol{AP}=\operatorname{diag}\{f(1),f(\xi),f(\xi^2),\cdots,f(\xi^{n-1})\}。$$

由于 $\boldsymbol{P}$ 与构成循环矩阵 $\boldsymbol{A}$ 的 n 个数 $a_1,a_2,\cdots,a_n$ 无关,因此所有 n 级循环复矩阵都可用 $\boldsymbol{P}$ 同时对角化。 ■

例 9 复数域上的 n 级 Frobenius 矩阵 $\boldsymbol{A}(n\geqslant2)$是否可对角化?在可对角化的情形,求一个可逆矩阵 $\boldsymbol{P}$,使 $\boldsymbol{P}^{-1}\boldsymbol{AP}$ 为对角矩阵。

解 从 5.5 节的例 14 的解题过程知道,n 级 Frobenius 矩阵

$$\boldsymbol{A}=\begin{pmatrix}0&1&0&\cdots&0&0\\0&0&1&\cdots&0&0\\\vdots&\vdots&\vdots&&\vdots&\vdots\\0&0&0&\cdots&0&1\\-a_0&-a_1&-a_2&\cdots&-a_{n-2}&-a_{n-1}\end{pmatrix}$$

的特征多项式$|\lambda\boldsymbol{I}-\boldsymbol{A}|=\lambda^n+a_{n-1}\lambda^{n-1}+\cdots+a\lambda+a_0$,设 $\lambda_1,\lambda_2,\cdots,\lambda_n$ 是$|\lambda\boldsymbol{I}-\boldsymbol{A}|$的全部复根,则它们是 $\boldsymbol{A}$ 的全部特征值。$\boldsymbol{A}$ 的属于 λ_i 的所有特征向量组成的集合是

$$\{k(1,\lambda_i,\lambda_i^2,\cdots,\lambda_i^{n-1})' \mid k\in\mathbf{C}\text{ 且 }k\neq0\},$$

$i=1,2,\cdots,n$。令

$$\boldsymbol{P}=\begin{pmatrix}1&1&\cdots&1\\\lambda_1&\lambda_2&\cdots&\lambda_n\\\lambda_1^2&\lambda_2^2&\cdots&\lambda_n^2\\\vdots&\vdots&&\vdots\\\lambda_1^{n-1}&\lambda_2^{n-1}&\cdots&\lambda_n^{n-1}\end{pmatrix}。$$

情形 1 $\lambda_1,\lambda_2,\cdots,\lambda_n$ 两两不等,此时$|\boldsymbol{P}|\neq0$,从而 $\boldsymbol{P}$ 的列向量组线性无关,于是 $\boldsymbol{A}$ 有 n 个线性无关的特征向量,因此 $\boldsymbol{A}$ 可对角化(或者说 $\boldsymbol{A}$ 有 n 个不同的特征值,因此 $\boldsymbol{A}$ 可

对角化）。此时

$$P^{-1}AP = \mathrm{diag}\{\lambda_1,\lambda_2,\cdots,\lambda_n\}。$$

情形2　$\lambda_1,\lambda_2,\cdots,\lambda_n$ 中有相等的。此时$|\boldsymbol{P}|=0$,从而$\boldsymbol{P}$的列向量组线性相关。这时$\boldsymbol{A}$没有n个线性无关的特征向量,因此$\boldsymbol{A}$不能对角化。

例10　证明:如果$\boldsymbol{\alpha}$与$\boldsymbol{\beta}$是n级矩阵$\boldsymbol{A}$的属于不同特征值的特征向量,那么$\boldsymbol{\alpha}+\boldsymbol{\beta}$不是$\boldsymbol{A}$的特征向量。

证明　设$\boldsymbol{\alpha},\boldsymbol{\beta}$分别是$\boldsymbol{A}$的属于$\lambda_1,\lambda_2$的特征向量,且$\lambda_1\neq\lambda_2$。如果$\boldsymbol{\alpha}+\boldsymbol{\beta}$是$\boldsymbol{A}$的特征向量,那么它必属于$\boldsymbol{A}$的某个特征值$\lambda_3$,于是$\boldsymbol{A}(\boldsymbol{\alpha}+\boldsymbol{\beta})=\lambda_3(\boldsymbol{\alpha}+\boldsymbol{\beta})$,又有

$$\boldsymbol{A}(\boldsymbol{\alpha}+\boldsymbol{\beta}) = \boldsymbol{A\alpha}+\boldsymbol{A\beta} = \lambda_1\boldsymbol{\alpha}+\lambda_2\boldsymbol{\beta}。$$

从而　　$\lambda_1\boldsymbol{\alpha}+\lambda_2\boldsymbol{\beta}=\lambda_3\boldsymbol{\alpha}+\lambda_3\boldsymbol{\beta}$。　即

$$(\lambda_1-\lambda_3)\boldsymbol{\alpha}+(\lambda_2-\lambda_3)\boldsymbol{\beta}=\boldsymbol{0}。$$

由于$\boldsymbol{A}$的属于不同特征值的特征向量线性无关,因此$\boldsymbol{\alpha},\boldsymbol{\beta}$线性无关,从而由上式得

$$\lambda_1-\lambda_3=0,\quad \lambda_2-\lambda_3=0,$$

由此推出,$\lambda_1=\lambda_3=\lambda_2$矛盾,因此$\boldsymbol{\alpha}+\boldsymbol{\beta}$不是$\boldsymbol{A}$的特征向量。■

例11　设$\boldsymbol{A}$是数域K上的n级矩阵。证明:如果K^n中任意非零列向量都是$\boldsymbol{A}$的特征向量,那么$\boldsymbol{A}$一定是数量矩阵。

证明　如果K^n中任意非零列向量都是$\boldsymbol{A}$的特征向量,那么据例10的结论得,$\boldsymbol{A}$没有不同的特征值,即$\boldsymbol{A}$有且只有一个特征值λ_1,又由于$\boldsymbol{A}$有n个线性无关的特征向量,因此$\boldsymbol{A}$可对角化,于是存在K上n级可逆矩阵$\boldsymbol{P}$,使得$\boldsymbol{P}^{-1}\boldsymbol{AP}=\mathrm{diag}\{\lambda_1,\lambda_1,\cdots,\lambda_1\}=\lambda_1\boldsymbol{I}$,从而

$$\boldsymbol{A}=\boldsymbol{P}(\lambda_1\boldsymbol{I})\boldsymbol{P}^{-1}=\lambda_1\boldsymbol{I}。$$ ■

例12　设$\boldsymbol{A}=(a_{ij})$是数域K上的n级上三角矩阵,证明:

(1) 如果$a_{11},a_{22},\cdots,a_{nn}$两两不等,那么$\boldsymbol{A}$可对角化;

(2) 如果$a_{11}=a_{22}=\cdots=a_{nn}$,并且至少有一个$a_{kl}\neq0(k<l)$,那么$\boldsymbol{A}$不能对角化。

证明　　$$|\lambda\boldsymbol{I}-\boldsymbol{A}|=(\lambda-a_{11})(\lambda-a_{22})\cdots(\lambda-a_{nn}),$$

因此$\boldsymbol{A}$的全部特征值是$a_{11},a_{22},\cdots,a_{nn}$。

(1) 如果$a_{11},a_{22},\cdots,a_{nn}$两两不等,那么$\boldsymbol{A}$有$n$个不同的特征值,因此$\boldsymbol{A}$可对角化;

(2) 如果$a_{11}=a_{22}=\cdots=a_{nn}$,那么$\boldsymbol{A}$有且只有一个特征值$a_{11}$。齐次线性方程组$(a_{11}\boldsymbol{I}-\boldsymbol{A})\boldsymbol{x}=\boldsymbol{0}$的解空间$W$的维数等于$n-\mathrm{rank}(a_{11}\boldsymbol{I}-\boldsymbol{A})$。由于$\boldsymbol{A}$中至少有一个元素$a_{kl}\neq0(k<l)$,因此$a_{11}\boldsymbol{I}-\boldsymbol{A}\neq\boldsymbol{0}$,从而

$$\dim W=n-\mathrm{rank}(a_{11}\boldsymbol{I}-\boldsymbol{A})<n,$$

因此$\boldsymbol{A}$不能对角化。■

注:例12的第(2)小题也可用反证法:假如$\boldsymbol{A}$可对角化,则存在n级可逆矩阵$\boldsymbol{P}$,使得

$$\boldsymbol{P}^{-1}\boldsymbol{AP}=\mathrm{diag}\{a_{11},a_{11},\cdots,a_{11}\}=a_{11}\boldsymbol{I},$$

从而

$$\boldsymbol{A}=\boldsymbol{P}(a_{11}\boldsymbol{I})\boldsymbol{P}^{-1}=a_{11}\boldsymbol{I},$$

这与$\boldsymbol{A}$有一个元素$a_{kl}\neq0(k<l)$矛盾。

例13　设$\boldsymbol{A}$是数域K上的n级可逆矩阵,证明:如果$\boldsymbol{A}$可对角化,那么$\boldsymbol{A}^{-1},\boldsymbol{A}^*$都可对角化。

证明　如果$\boldsymbol{A}$可对角化,那么存在可逆矩阵$\boldsymbol{P}$,使

$$P^{-1}AP = D = \mathrm{diag}\{d_1, d_2, \cdots, d_n\}。$$

由于 A 可逆，因此 $P^{-1}AP$ 也可逆，由上式得

$$P^{-1}A^{-1}P = D^{-1} = \mathrm{diag}\{d_1^{-1}, d_2^{-1}, \cdots, d_n^{-1}\}。$$

由于 $AA^* = |A|I$，因此 $A^* = |A|A^{-1}$，由上式得

$$P^{-1}A^*P = P^{-1}(|A|A^{-1})P = |A|P^{-1}A^{-1}P = |A|D^{-1}$$
$$= \mathrm{diag}\{|A|d_1^{-1}, |A|d_2^{-1}, \cdots, |A|d_n^{-1}\}。$$ ■

例 14 斐波那契(Fibonacci)数列是

$$0,1,1,2,3,5,8,13,\cdots$$

满足下列递推公式：

$$a_{n+2} = a_{n+1} + a_n, \qquad n = 0,1,2,\cdots$$

以及初始条件 $a_0=0, a_1=1$。求 Fibonacci 数列的通项公式，并且求 $\lim\limits_{n\to\infty}\dfrac{a_n}{a_{n+1}}$。

解 令

$$\boldsymbol{\alpha}_n = \begin{pmatrix} a_{n+1} \\ a_n \end{pmatrix}, \qquad n = 0,1,2,\cdots \tag{6}$$

则
$$\begin{pmatrix} a_{n+2} \\ a_{n+1} \end{pmatrix} = \begin{pmatrix} 1 & 1 \\ 1 & 0 \end{pmatrix}\begin{pmatrix} a_{n+1} \\ a_n \end{pmatrix} \tag{7}$$

令
$$A = \begin{pmatrix} 1 & 1 \\ 1 & 0 \end{pmatrix}$$

则式(7)可写成
$$\boldsymbol{\alpha}_{n+1} = A\boldsymbol{\alpha}_n \tag{8}$$

从式(8)得出
$$\boldsymbol{\alpha}_n = A^n\boldsymbol{\alpha}_0 \tag{9}$$

于是为了求 Fibonacci 数列的通项公式就只要去计算 A^n 可利用 A 的相似标准形来简化 A^n 的计算，把 A 看成实数域上的矩阵。

$$|\lambda I - A| = \lambda^2 - \lambda - 1 = \left(\lambda - \frac{1+\sqrt{5}}{2}\right)\left(\lambda - \frac{1-\sqrt{5}}{2}\right),$$

于是 A 有两个不同的特征值：$\lambda_1 = \dfrac{1+\sqrt{5}}{2}$，$\lambda_2 = \dfrac{1-\sqrt{5}}{2}$，从而 A 可对角化。

令
$$P = \begin{pmatrix} \lambda_1 & \lambda_2 \\ 1 & 1 \end{pmatrix}$$

则
$$P^{-1}AP = \begin{pmatrix} \lambda_1 & 0 \\ 0 & \lambda_2 \end{pmatrix}$$

从而

$$A^n = P\begin{pmatrix} \lambda_1 & 0 \\ 0 & \lambda_2 \end{pmatrix}^n P^{-1} = \begin{pmatrix} \lambda_1 & \lambda_2 \\ 1 & 1 \end{pmatrix}\begin{pmatrix} \lambda_1^n & 0 \\ 0 & \lambda_2^n \end{pmatrix}\frac{1}{\sqrt{5}}\begin{pmatrix} 1 & -\lambda_2 \\ -1 & \lambda_1 \end{pmatrix}$$
$$= \frac{1}{\sqrt{5}}\begin{pmatrix} \lambda_1^{n+1} & \lambda_2^{n+1} \\ \lambda_1^n & \lambda_2^n \end{pmatrix}\begin{pmatrix} 1 & -\lambda_2 \\ -1 & \lambda_1 \end{pmatrix} \tag{10}$$

从式(9)及初始条件，得

$$\begin{pmatrix} a_{n+1} \\ a_n \end{pmatrix} = \boldsymbol{A}^n \begin{pmatrix} 1 \\ 0 \end{pmatrix} \tag{11}$$

比较式(11)两边的第2个分量,得

$$a_n = \frac{1}{\sqrt{5}}(\lambda_1^n - \lambda_2^n) = \frac{1}{\sqrt{5}}\left[\left(\frac{1+\sqrt{5}}{2}\right)^n - \left(\frac{1-\sqrt{5}}{2}\right)^n\right] \tag{12}$$

式(12)就是 Fibonacci 数列的通项公式。

$$\lim_{n\to\infty}\frac{a_n}{a_{n+1}} = \frac{1}{\lambda_1} = \frac{\sqrt{5}-1}{2} \approx 0.618$$

注:Fibonacci 数列的第 n 项 a_n 与第 $n+1$ 项 a_{n+1} 的比值,当 $n\to\infty$ 时的极限等于$\frac{\sqrt{5}-1}{2}$ ≈ 0.618。这个极限值$\frac{\sqrt{5}-1}{2}$(约等于 0.618)在最优化方法中有重要应用。

例 15　色盲遗传模型。

考察某地区居民的色盲遗传情况。

每个人都有23对染色体,其中22对是常染色体,1对是性染色体。男性的1对性染色体是(X,Y),女性是(X,X)。基因位于染色体上。在1对染色体的某一点位上的1对基因称为两个等位基因。显性的基因用 A 表示,隐性的基因用 a 表示。色盲基因是隐性的,且只位于X染色体上。如果女性居民的1对性染色体的某一点位 P 上的两个等位基因是 X^aX^a,那么她患色盲;否则,她不患色盲。如果男性居民的1对性染色体的某一点位 P 上的两个等位基因是 X^aY,那么他患色盲;否则,他不患色盲。

设 N 个女性居民中,有 N_1 个人的点位 P 上的两个等位基因是 X^AX^A,N_2 个人是 X^AX^a 或 X^aX^A,N_3 个人是 X^aX^a,则女性居民的**色盲基因频率**(N 个女性居民的X染色体上色盲基因数目与她们的X染色体上等位基因的数目之比)为

$$\frac{1N_2 + 2N_3}{2N} = \frac{N_2}{2N} + \frac{N_3}{N},$$

它大于女性居民中色盲者的比例$\frac{N_3}{N}$。

类似地,设 M 个男性居民中,有 M_1 个人的点位 P 上的两个等位基因是 X^AY,M_2 个人是 X^aY,则男性居民的色盲基因频率为$\frac{M_2}{M}$,它等于男性居民中色盲者的比例。

某地区第 i 代男性居民与女性居民的色盲基因频率分别记作 b_i,c_i。设第一代男性居民、女性居民的点位 P 上等位基因分布的人数如上所述,令

$$p = \frac{M_1}{M}, q = \frac{M_2}{M}, r = \frac{N_1}{N}, 2s = \frac{N_2}{N}, t = \frac{N_3}{N},$$

则

$$b_1 = q, \qquad c_1 = s + t。$$

现在来求 b_2,c_2。假设第一代男性居民与女性居民的结合是随机的。设第二代男性居民共有 L 人,其中具有等位基因 X^AY 的人,由于他的基因 X^A 来自母亲,而第一代女性居民中,基因 X^A 的频率为

$$\frac{2N_1+N_2}{2N}=\frac{N_1}{N}+\frac{N_2}{2N}=r+s,$$

因此具有等位基因 X^AY 的人的数目为 $L(r+s)$。同理，具有等位基因 X^aY 的人的数目为 $L(s+t)$，因此第二代男性居民中色盲基因频率 b_2（它等于男性色盲者的比例）为

$$b_2=\frac{L(s+t)}{L}=s+t=c_1。$$

设第二代女性居民共有 W 人，其中具有等位基因 X^AX^A 的人的数目为 $Wp(r+s)$，具有等位基因 X^AX^a 或 X^aX^A 的人的数目为 $W[p(s+t)+(r+s)q]$，具有等位基因 X^aX^a 的人的数目为 $Wq(s+t)$。由此得出，第二代女性居民的色盲基因频率 c_2 为

$$\begin{aligned}c_2&=\frac{W[p(s+t)+(r+s)q]+2Wq(s+t)}{2W}\\&=\frac{1}{2}(s+t+q)=\frac{1}{2}(c_1+b_1)。\end{aligned}$$

同理，有

$$\begin{cases}b_i=c_{i-1}\\c_i=\dfrac{1}{2}(b_{i-1}+c_{i-1})\end{cases}\tag{13}$$

其中 $i=2,3,\cdots$。设 b_1,c_1 已知，求 b_n,c_n。

解 从式(13)得

$$\begin{pmatrix}b_i\\c_i\end{pmatrix}=\begin{pmatrix}0&1\\\frac{1}{2}&\frac{1}{2}\end{pmatrix}\begin{pmatrix}b_{i-1}\\c_{i-1}\end{pmatrix}\qquad i=2,3,\cdots\tag{14}$$

把式(14)右端的系数矩阵记作 $\boldsymbol{B}$，从式(14)容易得出

$$\begin{pmatrix}b_n\\c_n\end{pmatrix}=\boldsymbol{B}^{n-1}\begin{pmatrix}b_1\\c_1\end{pmatrix},\tag{15}$$

由此可见，求 b_n,c_n 归结为求出 $\boldsymbol{B}^{n-1}$。

$$|\lambda\boldsymbol{I}-\boldsymbol{B}|=(\lambda-1)\left(\lambda+\frac{1}{2}\right)$$

因此 $\boldsymbol{B}$ 的全部特征值是 $1,-\frac{1}{2}$，从而 $\boldsymbol{B}$ 可对角化。

令
$$\boldsymbol{P}=\begin{pmatrix}1&-2\\1&1\end{pmatrix}$$

则
$$\boldsymbol{P}^{-1}\boldsymbol{B}\boldsymbol{P}=\begin{pmatrix}1&0\\0&-\frac{1}{2}\end{pmatrix}$$

从而

$$\boldsymbol{B}^{n-1}=\boldsymbol{P}\begin{pmatrix}1&0\\0&-\frac{1}{2}\end{pmatrix}^{n-1}\boldsymbol{P}^{-1}=\begin{pmatrix}1&-2\\1&1\end{pmatrix}\begin{pmatrix}1&0\\0&\left(-\frac{1}{2}\right)^{n-1}\end{pmatrix}\frac{1}{3}\begin{pmatrix}1&2\\-1&1\end{pmatrix}$$

$$= \frac{1}{3}\begin{pmatrix} 1-\left(-\frac{1}{2}\right)^{n-2} & 2+\left(-\frac{1}{2}\right)^{n-2} \\ 1-\left(-\frac{1}{2}\right)^{n-1} & 2+\left(-\frac{1}{2}\right)^{n-1} \end{pmatrix} \tag{16}$$

因此

$$\begin{cases} b_n = \frac{1}{3}\left[1-\left(-\frac{1}{2}\right)^{n-2}\right]b_1 + \frac{1}{3}\left[2+\left(-\frac{1}{2}\right)^{n-2}\right]c_1 \\ c_n = \frac{1}{3}\left[1-\left(-\frac{1}{2}\right)^{n-1}\right]b_1 + \frac{1}{3}\left[2+\left(-\frac{1}{2}\right)^{n-1}\right]c_1 \end{cases} \tag{17}$$

点评： 从式(17)得

$$\lim_{n\to\infty} b_n = \lim_{n\to\infty} c_n = \frac{1}{3}b_1 + \frac{2}{3}c_1 \tag{18}$$

这说明：某地区尽管第一代男性、女性居民的色盲基因频率可能不相等，但是经过许多代（每一代都是随机结合）之后，男性、女性居民的色盲基因频率将接近相等。由于男性居民中的色盲者比例等于色盲基因频率，而女性居民中色盲者比例小于色盲基因频率，因此经过许多代之后，女性居民中色盲者比例将小于男性居民中色盲者比例。这样一个生命科学中的问题通过运用数学理论给出了答案，这表明数学理论在实际生活中是有用的。

例 16　设 $\boldsymbol{A},\boldsymbol{B}$ 分别是数域 K 上 n 级、m 级矩阵，分别有 n 个、m 个不同的特征值。设 $f(\lambda)$ 是 $\boldsymbol{A}$ 的特征多项式，且 $f(\boldsymbol{B})$ 是可逆矩阵。证明：对任意 $n\times m$ 的矩阵 $\boldsymbol{C}$，都有矩阵

$$\boldsymbol{G} = \begin{pmatrix} \boldsymbol{A} & \boldsymbol{C} \\ \boldsymbol{0} & \boldsymbol{B} \end{pmatrix}$$

可对角化。

证明

$$|\lambda\boldsymbol{I} - \boldsymbol{G}| = \begin{vmatrix} \lambda\boldsymbol{I}_n - \boldsymbol{A} & -\boldsymbol{C} \\ \boldsymbol{0} & \lambda\boldsymbol{I}_m - \boldsymbol{B} \end{vmatrix} = |\lambda\boldsymbol{I}_n - \boldsymbol{A}|\,|\lambda\boldsymbol{I}_m - \boldsymbol{B}|$$
$$= (\lambda-\lambda_1)(\lambda-\lambda_2)\cdots(\lambda-\lambda_n)(\lambda-\mu_1)(\lambda-\mu_2)\cdots(\lambda-\mu_m)$$

由已知条件知道，$\lambda_1,\lambda_2,\cdots,\lambda_n$ 两两不等，$\mu_1,\mu_2,\cdots,\mu_m$ 两两不等。由于 μ_j 是 $\boldsymbol{B}$ 的特征值，因此 $f(\mu_j)$ 是 $f(\boldsymbol{B})$ 的特征值，$j=1,2,\cdots,m$。由于 $f(\boldsymbol{B})$ 是可逆矩阵，因此 $f(\mu_j)\neq 0$，$j=1,2,\cdots,m$，从而 $\mu_j(j=1,2,\cdots,m)$ 不是 $\boldsymbol{A}$ 的特征值，于是 $(n+m)$ 级矩阵 $\boldsymbol{G}$ 有 $n+m$ 个不同的特征值，从而 $\boldsymbol{G}$ 可对角化。 ■

习题 5.6

1. 习题 5.5 的第 1 题和第 2 题中，哪些矩阵可对角化？哪些矩阵不能对角化？对于可对角化的矩阵 $\boldsymbol{A}$，求可逆矩阵 $\boldsymbol{P}$，使得 $\boldsymbol{P}^{-1}\boldsymbol{AP}$ 为对角矩阵，并且写出这个对角矩阵。

2. 求 $\boldsymbol{A}^m$（m 是任一正整数）：

(1) $\boldsymbol{A}=\begin{pmatrix} 1 & 2 \\ -1 & 4 \end{pmatrix}$；　　(2) $\boldsymbol{A}=\begin{pmatrix} 0 & 2 \\ 1 & 1 \end{pmatrix}$。

3. 证明:数域 K 上的 n 级对合矩阵一定可对角化,并且写出它的相似标准形。

4. 设 n 级矩阵 $\boldsymbol{A}$ 为

$$\boldsymbol{A}=\begin{pmatrix} \boldsymbol{I}_r & \boldsymbol{B} \\ \boldsymbol{0} & -\boldsymbol{I}_{n-r} \end{pmatrix}。$$

证明：$\boldsymbol{A}$ 可对角化。

5. 设有理数域上的 n 级矩阵 $\boldsymbol{A}=b_0\boldsymbol{I}+b_1\boldsymbol{J}$,其中 $\boldsymbol{J}$ 是元素全为 1 的 n 级矩阵,$b_0b_1\neq0$。$\boldsymbol{A}$ 是否可对角化？如果 $\boldsymbol{A}$ 可对角化,求出一个可逆矩阵 $\boldsymbol{P}$,使 $\boldsymbol{P}^{-1}\boldsymbol{AP}$ 为对角矩阵,并且写出这个对角矩阵。

6. 设 $\boldsymbol{A}=(a_1,a_2,\cdots,a_n)$是实数域上的 $1\times n$ 矩阵,其中 $a_1,a_2,\cdots,a_n$ 不全为 0,$n>1$。$\boldsymbol{A}'\boldsymbol{A}$是否可对角化？如果 $\boldsymbol{A}'\boldsymbol{A}$ 可对角化,求出一个可逆矩阵 $\boldsymbol{P}$,使 $\boldsymbol{P}^{-1}(\boldsymbol{A}'\boldsymbol{A})\boldsymbol{P}$ 为对角矩阵,并且写出这个对角矩阵。

7. 设 $\boldsymbol{\alpha}=(a_1,a_2,\cdots,a_n)'$,$\boldsymbol{\beta}=(b_1,b_2,\cdots,b_n)'$都是数域 K 上的 n 维非零向量,$n>1$。令$\boldsymbol{A}=\boldsymbol{\beta}\boldsymbol{\alpha}'$,$\boldsymbol{A}$ 是否可对角化？如果 $\boldsymbol{A}$ 可对角化,求出一个可逆矩阵 $\boldsymbol{P}$,使 $\boldsymbol{P}^{-1}\boldsymbol{AP}$ 为对角矩阵,并且写出这个对角矩阵。

8. 设复数域上的矩阵

$$\boldsymbol{A}=\begin{pmatrix} 1 & -1 \\ 2 & 0 \\ -3 & -1 \\ 0 & 2 \end{pmatrix},\qquad \boldsymbol{B}=\begin{pmatrix} 2 & 0 & 2 & 1 \\ 1 & 1 & 0 & 1 \end{pmatrix}。$$

问:$\boldsymbol{AB}$ 是否可对角化？如果 $\boldsymbol{AB}$ 可对角化,求出一个可逆矩阵 $\boldsymbol{P}$,使得 $\boldsymbol{P}^{-1}\boldsymbol{ABP}$ 为对角矩阵,并且写出这个对角矩阵。

9. 设数列$\{a_k\}$满足下述递推公式：

$$a_{k+2}=\frac{1}{2}(a_{k+1}+a_k),k=0,1,2,\cdots$$

以及初始条件:$a_0=0,a_1=\frac{1}{2}$。求这个数列的通项式,并且求出$\lim\limits_{k\to\infty}a_k$。

10. 设

$$\boldsymbol{A}=\begin{pmatrix} 0 & 10 & 6 \\ 1 & -3 & -3 \\ -2 & 10 & 8 \end{pmatrix},$$

求 $\boldsymbol{A}^{100}$。

11. 设生产三种产品 P_1,P_2,P_3,每生产一个单位的 P_i 需要消耗掉 a_{ij} 个单位的 P_j。令 $\boldsymbol{A}=(a_{ij})$,称 $\boldsymbol{A}$ 是消耗系数矩阵,在实际问题中,$\boldsymbol{A}$ 是可逆矩阵,且 $\boldsymbol{A}$ 的每个元素都是非负数。设初始投入的 P_i 的数量为 b_i,令 $\boldsymbol{\beta}=(b_1,b_2,b_3)'$。为了使一年后这三种产品同步增长(即,增长的百分比相同),则对 $\boldsymbol{\beta}$ 应当有什么要求？这个增长的百分比是多少？

12. 在第 11 题中，设消耗系数矩阵 $\boldsymbol{A}$ 如下所述，求初始投入的这三种产品的数量之比为多少时，才能使它们一年后按同一百分比增长，这个增长的百分比是多少？其中

$$\boldsymbol{A}=\begin{pmatrix}0.3 & 0.2 & 0.4\\ 0.2 & 0 & 0.2\\ 0.4 & 0.2 & 0.3\end{pmatrix}。$$

13. 设 $\boldsymbol{A}$ 是实数域上的 2 级矩阵，证明：如果 $|\boldsymbol{A}|<0$，那么 $\boldsymbol{A}$ 可对角化。

14. 设 $b_1,b_2,\cdots,b_n$ 都是正实数，且 $\sum\limits_{i=1}^{n} b_i=1$。设 $A=(a_{ij})$，其中

$$a_{ij}=\begin{cases}1-b_i, & 当\ i=j;\\ -\sqrt{b_ib_j}, & 当\ i\neq j。\end{cases}$$

求矩阵 $\boldsymbol{A}$ 的秩；$\boldsymbol{A}$ 能否对角化？若 $\boldsymbol{A}$ 可对角化，写出与 $\boldsymbol{A}$ 相似的对角矩阵。

*15. 设 $\boldsymbol{A},\boldsymbol{B}$ 分别是数域 K 上 n 级、m 级矩阵，证明：如果 $\boldsymbol{A},\boldsymbol{B}$ 都可对角化，那么 $\boldsymbol{A}\otimes\boldsymbol{B}$ 也可对角化。

5.7　实对称矩阵的对角化

5.7.1　内容精华

设二次曲面 S 在直角坐标系 Ⅰ 中的方程为

$$x^2+4y^2+z^2-4xy-8xz-4yz-1=0。\tag{1}$$

这是什么样的二次曲面呢？

解决这个问题的思路是：作直角坐标变换，使得在直角坐标系 Ⅱ 中，S 的方程不含交叉项，只含平方项，那么就可看出 S 是什么二次曲面。设直角坐标变换公式为

$$\begin{pmatrix}x\\ y\\ z\end{pmatrix}=\boldsymbol{T}\begin{pmatrix}x^*\\ y^*\\ z^*\end{pmatrix},\tag{2}$$

其中 $\boldsymbol{T}$ 一定是正交矩阵(理由可参看丘维声编著《解析几何》(第 3 版)第 140 页的定理 4.3)。式(1)左端的二次项部分可以写成

$$\begin{aligned}&x^2+4y^2+z^2-4xy-8xz-4yz\\ =&(x,y,z)\begin{pmatrix}1 & -2 & -4\\ -2 & 4 & -2\\ -4 & -2 & 1\end{pmatrix}\begin{pmatrix}x\\ y\\ z\end{pmatrix}。\end{aligned}\tag{3}$$

把式(3)右端的 3 级矩阵记作 $\boldsymbol{A}$。用公式(2)代入式(3)，得

$$(x^*,y^*,z^*)\boldsymbol{T}'\boldsymbol{A}\boldsymbol{T}\begin{pmatrix}x^*\\ y^*\\ z^*\end{pmatrix}。\tag{4}$$

为了使式(4)不出现交叉项(即,x^*y^*项,x^*z^*项,y^*z^*项),只需使矩阵 $\boldsymbol{T}'\boldsymbol{A}\boldsymbol{T}$ 为对角矩阵。由于 $\boldsymbol{T}'=\boldsymbol{T}^{-1}$,因此也就是要使 $\boldsymbol{T}^{-1}\boldsymbol{A}\boldsymbol{T}$ 为对角矩阵。这就希望 $\boldsymbol{A}$ 能对角化,并且要找一个正交矩阵 $\boldsymbol{T}$,使 $\boldsymbol{A}$ 对角化。注意 $\boldsymbol{A}$ 是实数域上的对称矩阵,于是提出了一个问题:对于实数域上的对称矩阵 $\boldsymbol{A}$,能不能找到正交矩阵 $\boldsymbol{T}$,使得 $\boldsymbol{T}^{-1}\boldsymbol{A}\boldsymbol{T}$ 为对角矩阵?本节就来研究这个问题。

实数域上的对称矩阵简称为实对称矩阵。

如果对于 n 级实矩阵 $\boldsymbol{A}$、$\boldsymbol{B}$,存在一个 n 级正交矩阵 $\boldsymbol{T}$,使得 $\boldsymbol{T}^{-1}\boldsymbol{A}\boldsymbol{T}=\boldsymbol{B}$,那么称 $\boldsymbol{A}$ **正交相似于** $\boldsymbol{B}$。

容易验证,正交相似是 n 级实矩阵组成的集合的一个等价关系。

定理 1 实对称矩阵的特征多项式的每一个复根都是实数,从而它们都是特征值。

证明 设 λ_0 是 n 级实对称矩阵 $\boldsymbol{A}$ 的特征多项式的任意一个复根,为了证 λ_0 是实数,只要证 $\bar{\lambda}_0=\lambda_0$。把 $\boldsymbol{A}$ 看成复矩阵,则 λ_0 是 $\boldsymbol{A}$ 的特征值,从而存在 $\boldsymbol{\alpha}\in\mathbf{C}^n$ 且 $\boldsymbol{\alpha}\neq\mathbf{0}$,使得

$$\boldsymbol{A}\boldsymbol{\alpha}=\lambda_0\boldsymbol{\alpha}。\tag{5}$$

由于 $\boldsymbol{A}$ 是实矩阵,因此从式(5)得,$\boldsymbol{A}\bar{\boldsymbol{\alpha}}=\bar{\lambda}_0\bar{\boldsymbol{\alpha}}$。由于 $\boldsymbol{A}$ 是对称矩阵,因此 $\boldsymbol{A}'=\boldsymbol{A}$。在式(5)两边取转置得 $\boldsymbol{\alpha}'\boldsymbol{A}=\lambda_0\boldsymbol{\alpha}'$,于是从刚才得到的两个等式可分别得出

$$\boldsymbol{\alpha}'\boldsymbol{A}\bar{\boldsymbol{\alpha}}=\bar{\lambda}_0\boldsymbol{\alpha}'\bar{\boldsymbol{\alpha}},$$
$$\boldsymbol{\alpha}'\boldsymbol{A}\bar{\boldsymbol{\alpha}}=\lambda_0\boldsymbol{\alpha}'\bar{\boldsymbol{\alpha}}。$$

由此得出,$\bar{\lambda}_0\boldsymbol{\alpha}'\bar{\boldsymbol{\alpha}}=\lambda_0\boldsymbol{\alpha}'\bar{\boldsymbol{\alpha}}$,即$(\bar{\lambda}_0-\lambda_0)\boldsymbol{\alpha}'\bar{\boldsymbol{\alpha}}=0$。由于 $\boldsymbol{\alpha}\neq\mathbf{0}$,因此 $\boldsymbol{\alpha}'\bar{\boldsymbol{\alpha}}\neq\mathbf{0}$,从而 $\bar{\lambda}=\lambda_0$。 ■

定理 2 实对称矩阵 $\boldsymbol{A}$ 的属于不同特征值的特征向量是正交的。

证明 设 λ_1 与 λ_2 是 $\boldsymbol{A}$ 的不同特征值,$\boldsymbol{\alpha}_i$ 是 $\boldsymbol{A}$ 的属于 λ_i 的一个特征向量,$i=1,2$。要证$(\boldsymbol{\alpha}_1,\boldsymbol{\alpha}_2)=0$,为此计算

$$\lambda_1(\boldsymbol{\alpha}_1,\boldsymbol{\alpha}_2)=(\lambda_1\boldsymbol{\alpha}_1,\boldsymbol{\alpha}_2)=(\boldsymbol{A}\boldsymbol{\alpha}_1,\boldsymbol{\alpha}_2)=(\boldsymbol{A}\boldsymbol{\alpha}_1)'\boldsymbol{\alpha}_2=\boldsymbol{\alpha}_1'\boldsymbol{A}'\boldsymbol{\alpha}_2=\boldsymbol{\alpha}_1'\boldsymbol{A}\boldsymbol{\alpha}_2,$$
$$\lambda_2(\boldsymbol{\alpha}_1,\boldsymbol{\alpha}_2)=(\boldsymbol{\alpha}_1,\lambda_2\boldsymbol{\alpha}_2)=(\boldsymbol{\alpha}_1,\boldsymbol{A}\boldsymbol{\alpha}_2)=\boldsymbol{\alpha}'_1\boldsymbol{A}\boldsymbol{\alpha}_2。$$

由此可得出,$(\lambda_1-\lambda_2)(\boldsymbol{\alpha}_1,\boldsymbol{\alpha}_2)=0$。由于 $\lambda_1\neq\lambda_2$,因此$(\boldsymbol{\alpha}_1,\boldsymbol{\alpha}_2)=0$。 ■

定理 3 实对称矩阵一定正交相似于对角矩阵。

证明 对实对称矩阵的级数 n 作数学归纳法。

$n=1$ 时,$(1)^{-1}(a)(1)=(a)$,因此命题为真。

假设对于 $n-1$ 级的实对称矩阵命题为真,现在来看 n 级实对称矩阵 $\boldsymbol{A}$。

由于实对称矩阵必有特征值,因此取 $\boldsymbol{A}$ 的一个特征值 λ_1,属于 λ_1 的一个特征向量 $\boldsymbol{\eta}_1$,且 $|\boldsymbol{\eta}_1|=1$。把 $\boldsymbol{\eta}_1$ 扩充成 $\mathbf{R}^n$ 的一个基,然后经过施密特正交化和单位化,可得到 $\mathbf{R}^n$ 的一个标准正交基:$\boldsymbol{\eta}_1,\boldsymbol{\eta}_2,\cdots,\boldsymbol{\eta}_n$。令

$$\boldsymbol{T}_1=(\boldsymbol{\eta}_1,\boldsymbol{\eta}_2,\cdots,\boldsymbol{\eta}_n),$$

则 $\boldsymbol{T}_1$ 是 n 级正交矩阵,有

$$\boldsymbol{T}_1^{-1}\boldsymbol{A}\boldsymbol{T}_1=\boldsymbol{T}_1^{-1}(\boldsymbol{A}\boldsymbol{\eta}_1,\boldsymbol{A}\boldsymbol{\eta}_2,\cdots,\boldsymbol{A}\boldsymbol{\eta}_n)=(\boldsymbol{T}_1^{-1}\lambda_1\boldsymbol{\eta}_1,\boldsymbol{T}_1^{-1}\boldsymbol{A}\boldsymbol{\eta}_2,\cdots,\boldsymbol{T}_1^{-1}\boldsymbol{A}\boldsymbol{\eta}_n)。$$

由于 $\boldsymbol{T}_1^{-1}\boldsymbol{T}_1=\boldsymbol{I}=(\boldsymbol{\varepsilon}_1,\boldsymbol{\varepsilon}_2,\cdots,\boldsymbol{\varepsilon}_n)$,又有 $\boldsymbol{T}_1^{-1}\boldsymbol{T}_1=(\boldsymbol{T}_1^{-1}\boldsymbol{\eta}_1,\boldsymbol{T}_1^{-1}\boldsymbol{\eta}_2,\cdots,\boldsymbol{T}_1^{-1}\boldsymbol{\eta}_n)$,因此

$\boldsymbol{T}_1^{-1}\boldsymbol{\eta}_1=\boldsymbol{\varepsilon}_1$，从而得到

$$\boldsymbol{T}_1^{-1}\boldsymbol{A}\boldsymbol{T}_1=\begin{pmatrix}\lambda_1 & \boldsymbol{\alpha}\\ \boldsymbol{0} & \boldsymbol{B}\end{pmatrix}。\tag{6}$$

由于 $\boldsymbol{A}$ 是实对称矩阵，因此 $\boldsymbol{T}_1^{-1}\boldsymbol{A}\boldsymbol{T}_1$ 也是实对称矩阵。由式(6)得 $\boldsymbol{\alpha}=\boldsymbol{0}$，且 $\boldsymbol{B}$ 也是实对称矩阵。于是对 $\boldsymbol{B}$ 可以用归纳假设，存在 $n-1$ 级正交矩阵 $\boldsymbol{T}_2$，使得

$$\boldsymbol{T}_2^{-1}\boldsymbol{B}\boldsymbol{T}_2=\operatorname{diag}\{\lambda_2,\cdots,\lambda_n\}。$$

令

$$\boldsymbol{T}=\boldsymbol{T}_1\begin{pmatrix}1 & \boldsymbol{0}\\ \boldsymbol{0} & \boldsymbol{T}_2\end{pmatrix},$$

则 $\boldsymbol{T}$ 是正交矩阵，并且有

$$\begin{aligned}\boldsymbol{T}^{-1}\boldsymbol{A}\boldsymbol{T}&=\begin{pmatrix}1 & \boldsymbol{0}\\ \boldsymbol{0} & \boldsymbol{T}_2\end{pmatrix}^{-1}\boldsymbol{T}_1^{-1}\boldsymbol{A}\boldsymbol{T}_1\begin{pmatrix}1 & \boldsymbol{0}\\ \boldsymbol{0} & \boldsymbol{T}_2\end{pmatrix}=\begin{pmatrix}1 & \boldsymbol{0}\\ \boldsymbol{0} & \boldsymbol{T}_2^{-1}\end{pmatrix}\begin{pmatrix}\lambda_1 & \boldsymbol{0}\\ \boldsymbol{0} & \boldsymbol{B}\end{pmatrix}\begin{pmatrix}1 & \boldsymbol{0}\\ \boldsymbol{0} & \boldsymbol{T}_2\end{pmatrix}\\&=\begin{pmatrix}\lambda_1 & \boldsymbol{0}\\ \boldsymbol{0} & \boldsymbol{T}_2^{-1}\boldsymbol{B}\boldsymbol{T}_2\end{pmatrix}=\operatorname{diag}\{\lambda_1,\lambda_2,\cdots,\lambda_n\}。\end{aligned}$$

根据数学归纳法原理，对于任意正整数 n，命题为真。 ■

定理3表明：实对称矩阵一定可对角化。

对于 n 级实对称矩阵 $\boldsymbol{A}$，找一个正交矩阵 $\boldsymbol{T}$，使得 $\boldsymbol{T}^{-1}\boldsymbol{A}\boldsymbol{T}$ 为对角矩阵的步骤如下：

第1步　计算 $|\lambda\boldsymbol{I}-\boldsymbol{A}|$，求出它的全部不同的根 $\lambda_1,\lambda_2,\cdots,\lambda_m$，它们是 $\boldsymbol{A}$ 的全部特征值。

第2步　对于每一个特征值 λ_j，求 $(\lambda_j\boldsymbol{I}-\boldsymbol{A})\boldsymbol{x}=\boldsymbol{0}$ 的一个基础解系 $\boldsymbol{\alpha}_{j1},\boldsymbol{\alpha}_{j2},\cdots,\boldsymbol{\alpha}_{jr_j}$；然后把它们施密特正交化和单位化，得到 $\boldsymbol{\eta}_{j1},\boldsymbol{\eta}_{j2},\cdots,\boldsymbol{\eta}_{jr_j}$。它们也是 $\boldsymbol{A}$ 的属于 λ_j 的特征向量。

第3步　令

$$\boldsymbol{T}=(\boldsymbol{\eta}_{11},\cdots,\boldsymbol{\eta}_{1r_1},\cdots,\boldsymbol{\eta}_{m1},\cdots,\boldsymbol{\eta}_{mr_m}),$$

则 $\boldsymbol{T}$ 是 n 级正交矩阵，且

$$\boldsymbol{T}^{-1}\boldsymbol{A}\boldsymbol{T}=\operatorname{diag}\{\underbrace{\lambda_1,\cdots,\lambda_1}_{r_1},\cdots,\underbrace{\lambda_m,\cdots,\lambda_m}_{r_m}\}。$$

命题1　如果 n 级实矩阵 $\boldsymbol{A}$ 正交相似于一个对角矩阵 $\boldsymbol{D}$，那么 $\boldsymbol{A}$ 一定是对称矩阵。

证明　由已知条件，有 n 级正交矩阵 $\boldsymbol{T}$，使 $\boldsymbol{T}^{-1}\boldsymbol{A}\boldsymbol{T}=\boldsymbol{D}$，从而

$$\boldsymbol{A}'=(\boldsymbol{T}\boldsymbol{D}\boldsymbol{T}^{-1})'=(\boldsymbol{T}^{-1})'\boldsymbol{D}'\boldsymbol{T}'=(\boldsymbol{T}')'\boldsymbol{D}\boldsymbol{T}'=\boldsymbol{T}\boldsymbol{D}\boldsymbol{T}^{-1}=\boldsymbol{A},$$

因此 $\boldsymbol{A}$ 是对称矩阵。 ■

从命题1可得出，两个 n 级实矩阵相似，但不一定能正交相似。例如，设 n 级非对称实矩阵 $\boldsymbol{A}$ 相似于一个对角矩阵 $\boldsymbol{D}$，那么 $\boldsymbol{A}$ 不能正交相似于 $\boldsymbol{D}$；否则，由命题1得，$\boldsymbol{A}$ 为对称矩阵，矛盾。

命题2　两个 n 级实对称矩阵正交相似的充分必要条件是它们相似。

证明　必要性是显然的。

充分性。设 $\boldsymbol{A}$ 与 $\boldsymbol{B}$ 都是 n 级实对称矩阵，并且 $\boldsymbol{A}\sim\boldsymbol{B}$。于是 $\boldsymbol{A}$ 与 $\boldsymbol{B}$ 有相同的特征多项式，从而它们有相同的特征值(包括重数也相同)：$\lambda_1,\lambda_2,\cdots,\lambda_n$。据定理 3 得，$\boldsymbol{A}$ 与 $\boldsymbol{B}$ 都正交相似于 $\operatorname{diag}\{\lambda_1,\lambda_2,\cdots,\lambda_n\}$。由于正交相似具有对称性和传递性，因此 $\boldsymbol{A}$ 正交相似于 $\boldsymbol{B}$。■

从命题 2 的充分性的证明过程中可以看出，如果两个 n 级实对称矩阵 $\boldsymbol{A}$ 与 $\boldsymbol{B}$ 的特征值相同(包括重数也相同)，那么它们正交相似，从而相似。因此对于所有 n 级实对称矩阵组成的集合来说，特征值(包括重数)是相似关系下的完全不变量。

5.7.2 典型例题

例 1 设

$$\boldsymbol{A}=\begin{pmatrix}4&-1&-1&1\\-1&4&1&-1\\-1&1&4&-1\\1&-1&-1&4\end{pmatrix},$$

求正交矩阵 $\boldsymbol{T}$，使得 $\boldsymbol{T}^{-1}\boldsymbol{A}\boldsymbol{T}$ 为对角矩阵。

解

$$\begin{aligned}|\lambda\boldsymbol{I}-\boldsymbol{A}|&=\begin{vmatrix}\lambda-4&1&1&-1\\1&\lambda-4&-1&1\\1&-1&\lambda-4&1\\-1&1&1&\lambda-4\end{vmatrix}\\&=(\lambda-3)^3(\lambda-7)\end{aligned}$$

因此 $\boldsymbol{A}$ 的全部特征值是 3(三重)，7。

对于特征值 3，求得 $(3\boldsymbol{I}-\boldsymbol{A})\boldsymbol{x}=\boldsymbol{0}$ 的一个基础解系：

$$\boldsymbol{\alpha}_1=\begin{pmatrix}1\\1\\0\\0\end{pmatrix},\boldsymbol{\alpha}_2=\begin{pmatrix}1\\0\\1\\0\end{pmatrix},\boldsymbol{\alpha}_3=\begin{pmatrix}1\\0\\0\\-1\end{pmatrix}。$$

把 $\boldsymbol{\alpha}_1,\boldsymbol{\alpha}_2,\boldsymbol{\alpha}_3$ 正交化，得

$$\boldsymbol{\beta}_1=\boldsymbol{\alpha}_1,\boldsymbol{\beta}_2=\begin{pmatrix}\frac{1}{2}\\-\frac{1}{2}\\1\\0\end{pmatrix},\boldsymbol{\beta}_3=\begin{pmatrix}\frac{1}{3}\\-\frac{1}{3}\\-\frac{1}{3}\\-1\end{pmatrix}。$$

把 $\boldsymbol{\beta}_1,\boldsymbol{\beta}_2,\boldsymbol{\beta}_3$ 分别单位化，得

$$\boldsymbol{\eta}_1=\begin{pmatrix}\frac{\sqrt{2}}{2}\\ \frac{\sqrt{2}}{2}\\ 0\\ 0\end{pmatrix},\boldsymbol{\eta}_2=\begin{pmatrix}\frac{\sqrt{6}}{6}\\ -\frac{\sqrt{6}}{6}\\ \frac{\sqrt{6}}{3}\\ 0\end{pmatrix},\boldsymbol{\eta}_3=\begin{pmatrix}\frac{\sqrt{3}}{6}\\ -\frac{\sqrt{3}}{6}\\ -\frac{\sqrt{3}}{6}\\ -\frac{\sqrt{3}}{2}\end{pmatrix}。$$

对于特征值 7，求得 $(7\boldsymbol{I}-\boldsymbol{A})\boldsymbol{x}=\boldsymbol{0}$ 的一个基础解系：

$$\boldsymbol{\alpha}_4=(1,-1,-1,1)'。$$

把 $\boldsymbol{\alpha}_4$ 单位化，得 $\boldsymbol{\eta}_4=\left(\frac{1}{2},\ \frac{1}{2},-\frac{1}{2},\frac{1}{2}\right)'$。

令 $\boldsymbol{T}=(\boldsymbol{\eta}_1,\boldsymbol{\eta}_2,\boldsymbol{\eta}_3,\boldsymbol{\eta}_4)$，则 $\boldsymbol{T}$ 是正交矩阵，且

$$\boldsymbol{T}^{-1}\boldsymbol{A}\boldsymbol{T}=\operatorname{diag}\{3,3,3,7\}。$$

例 2　证明：如果 $\boldsymbol{A}$ 是实对称矩阵，且 $\boldsymbol{A}$ 是幂零矩阵，那么 $\boldsymbol{A}=0$。

证明　由于幂零矩阵的特征值有且只有 0，因此根据定理 3，存在正交矩阵 $\boldsymbol{T}$，使得 $\boldsymbol{T}^{-1}\boldsymbol{A}\boldsymbol{T}=\operatorname{diag}\{0,0,\cdots,0\}$，从而

$$\boldsymbol{A}=\boldsymbol{T}\boldsymbol{0}\boldsymbol{T}^{-1}=\boldsymbol{0}。$$ ■

例 3　证明：如果 $\boldsymbol{A}$ 是 $s\times n$ 实矩阵，那么 $\boldsymbol{A}'\boldsymbol{A}$ 的特征值都是非负实数。

证法一　由于 $\boldsymbol{A}'\boldsymbol{A}$ 是 n 级实对称矩阵，因此存在 n 级正交矩阵 $\boldsymbol{T}$，使得

$$\boldsymbol{T}^{-1}(\boldsymbol{A}'\boldsymbol{A})\boldsymbol{T}=\operatorname{diag}\{\lambda_1,\lambda_2,\cdots,\lambda_n\},$$

其中 $\lambda_1,\lambda_2,\cdots,\lambda_n$ 是 $\boldsymbol{A}'\boldsymbol{A}$ 的全部特征值，于是

$$\begin{aligned}\lambda_i&=[(\boldsymbol{A}\boldsymbol{T})'(\boldsymbol{A}\boldsymbol{T})](i;i)=\sum_{k=1}^{n}[(\boldsymbol{A}\boldsymbol{T})'(i;k)][(\boldsymbol{A}\boldsymbol{T})(k;i)]\\&=\sum_{k=1}^{n}[(\boldsymbol{A}\boldsymbol{T})(k;i)]^2\geqslant 0。\end{aligned}$$ ■

证法二　设 λ_0 是 $\boldsymbol{A}'\boldsymbol{A}$ 的一个特征值，则存在 $\boldsymbol{\alpha}\in\mathbf{R}^n$ 且 $\boldsymbol{\alpha}\neq\boldsymbol{0}$，使得 $\boldsymbol{A}'\boldsymbol{A}\boldsymbol{\alpha}=\lambda_0\boldsymbol{\alpha}$。两边左乘 $\boldsymbol{\alpha}'$，得

$$\boldsymbol{\alpha}'\boldsymbol{A}'\boldsymbol{A}\boldsymbol{\alpha}=\lambda_0\boldsymbol{\alpha}'\boldsymbol{\alpha},$$

即 $(\boldsymbol{A}\boldsymbol{\alpha})'(\boldsymbol{A}\boldsymbol{\alpha})=\lambda_0\boldsymbol{\alpha}'\boldsymbol{\alpha}$。由于 $\boldsymbol{\alpha}\neq\boldsymbol{0}$，因此 $\boldsymbol{\alpha}'\boldsymbol{\alpha}=|\boldsymbol{\alpha}|^2>0$，从而

$$\lambda_0=\frac{(\boldsymbol{A}\boldsymbol{\alpha})'(\boldsymbol{A}\boldsymbol{\alpha})}{\boldsymbol{\alpha}'\boldsymbol{\alpha}}=\frac{(\boldsymbol{A}\boldsymbol{\alpha},\boldsymbol{A}\boldsymbol{\alpha})}{|\boldsymbol{\alpha}|^2}\geqslant 0。$$ ■

例 4　证明：n 级实矩阵 $\boldsymbol{A}$ 正交相似于一个上三角矩阵的充分必要条件是：$\boldsymbol{A}$ 的特征多项式在复数域中的根都是实数。

证明　必要性。设 n 级实矩阵 $\boldsymbol{A}$ 正交相似于一个上三角矩阵 $\boldsymbol{B}=(b_{ij})$，则

$$|\lambda\boldsymbol{I}-\boldsymbol{A}|=|\lambda\boldsymbol{I}-\boldsymbol{B}|=(\lambda-b_{11})(\lambda-b_{22})\cdots(\lambda-b_{nn})。$$

这表明 $|\lambda\boldsymbol{I}-\boldsymbol{A}|$ 的根 $b_{11},b_{22},\cdots,b_{nn}$ 都是实数。

充分性。对实矩阵的级数作数学归纳。$n=1$ 时，显然命题为真。假设对于 $n-1$ 级

实矩阵命题为真,现在来看 n 级实矩阵 $\boldsymbol{A}$。由于 $\boldsymbol{A}$ 的特征多项式在复数域中的根都是实数,因此可以取 $\boldsymbol{A}$ 的一个特征值 λ_1。设 $\boldsymbol{\eta}_1$ 是 $\boldsymbol{A}$ 的属于 λ_1 的一个特征向量,且 $|\boldsymbol{\eta}_1|=1$。把 $\boldsymbol{\eta}_1$ 扩充成 $\mathbf{R}^n$ 的一个基,然后经过施密特正交化和单位化,得到 $\mathbf{R}^n$ 的一个标准正交基:$\boldsymbol{\eta}_1,\boldsymbol{\eta}_2,\cdots,\boldsymbol{\eta}_n$。令 $\boldsymbol{T}_1=(\boldsymbol{\eta}_1,\boldsymbol{\eta}_2,\cdots,\boldsymbol{\eta}_n)$,则 $\boldsymbol{T}_1$ 是正交矩阵。

$$\boldsymbol{T}_1^{-1}\boldsymbol{A}\boldsymbol{T}_1=\boldsymbol{T}_1^{-1}(\boldsymbol{A}\boldsymbol{\eta}_1,\boldsymbol{A}\boldsymbol{\eta}_2,\cdots,\boldsymbol{A}\boldsymbol{\eta}_n)=(\boldsymbol{T}_1^{-1}A_1\boldsymbol{\eta}_1,\boldsymbol{T}_1^{-1}\boldsymbol{A}\boldsymbol{\eta}_2,\cdots,\boldsymbol{T}_1^{-1}\boldsymbol{A}\boldsymbol{\eta}_n)$$

由于 $\boldsymbol{T}_1^{-1}\boldsymbol{T}_1=\boldsymbol{I}$,因此 $\boldsymbol{T}_1^{-1}\boldsymbol{\eta}_1=\boldsymbol{\varepsilon}_1$,从而

$$\boldsymbol{T}_1^{-1}\boldsymbol{A}\boldsymbol{T}_1=\begin{pmatrix}\lambda_1 & \boldsymbol{\alpha}\\ \boldsymbol{0} & \boldsymbol{B}\end{pmatrix}。$$

于是 $|\lambda\boldsymbol{I}-\boldsymbol{A}|=(\lambda-\lambda_1)|\lambda\boldsymbol{I}-\boldsymbol{B}|$,因此 $n-1$ 级实矩阵 $\boldsymbol{B}$ 的特征多项式在复数域中的根都是实数,从而对 $\boldsymbol{B}$ 可用归纳假设:存在 $n-1$ 级正交矩阵 $\boldsymbol{T}_2$,使得 $\boldsymbol{T}_2^{-1}\boldsymbol{B}\boldsymbol{T}_2$ 为上三角矩阵。令

$$\boldsymbol{T}=\boldsymbol{T}_1\begin{pmatrix}1 & \boldsymbol{0}\\ \boldsymbol{0} & \boldsymbol{T}_2\end{pmatrix},$$

则 $\boldsymbol{T}$ 是 n 级正交矩阵,且

$$\begin{aligned}\boldsymbol{T}^{-1}\boldsymbol{A}\boldsymbol{T}&=\begin{pmatrix}1 & \boldsymbol{0}\\ \boldsymbol{0} & \boldsymbol{T}_2\end{pmatrix}^{-1}\boldsymbol{T}_1^{-1}\boldsymbol{A}\boldsymbol{T}_1\begin{pmatrix}1 & \boldsymbol{0}\\ \boldsymbol{0} & \boldsymbol{T}_2\end{pmatrix}=\begin{pmatrix}1 & \boldsymbol{0}\\ \boldsymbol{0} & \boldsymbol{T}_2^{-1}\end{pmatrix}\begin{pmatrix}\lambda_1 & \boldsymbol{\alpha}\\ \boldsymbol{0} & \boldsymbol{B}\end{pmatrix}\begin{pmatrix}1 & \boldsymbol{0}\\ \boldsymbol{0} & \boldsymbol{T}_2\end{pmatrix}\\&=\begin{pmatrix}\lambda_1 & \boldsymbol{\alpha}\boldsymbol{T}_2\\ \boldsymbol{0} & \boldsymbol{T}_2^{-1}\boldsymbol{B}\boldsymbol{T}_2\end{pmatrix},\end{aligned}$$

因此 $\boldsymbol{T}^{-1}\boldsymbol{A}\boldsymbol{T}$ 是上三角矩阵。

据数学归纳法原理,对一切正整数 n,此命题为真。 ■

例 5 证明:如果 n 级实矩阵 $\boldsymbol{A}$ 的特征多项式在复数域中的根都是实数,且 $\boldsymbol{A}\boldsymbol{A}'=\boldsymbol{A}'\boldsymbol{A}$,那么 $\boldsymbol{A}$ 是对称矩阵。

证明 根据例 4 的结论得,存在 n 级正交矩阵 $\boldsymbol{T}$,使得 $\boldsymbol{T}^{-1}\boldsymbol{A}\boldsymbol{T}=\boldsymbol{B}$,其中 $\boldsymbol{B}=(b_{ij})$ 是上三角矩阵,从而 $\boldsymbol{T}'\boldsymbol{A}'(\boldsymbol{T}^{-1})'=\boldsymbol{B}'$,即 $\boldsymbol{T}^{-1}\boldsymbol{A}'\boldsymbol{T}=\boldsymbol{B}'$。由于 $\boldsymbol{A}\boldsymbol{A}'=\boldsymbol{A}'\boldsymbol{A}$,因此 $\boldsymbol{B}\boldsymbol{B}'=\boldsymbol{B}'\boldsymbol{B}$,于是根据习题 4.2 的第 13 题得,$\boldsymbol{B}$ 是对角矩阵。由于 $\boldsymbol{A}$ 正交相似于对角矩阵 $\boldsymbol{B}$,因此 $\boldsymbol{A}$ 是对称矩阵(据本节命题 1)。 ■

例 6 证明:任一 n 级复矩阵一定相似于一个上三角矩阵。

证明 对复矩阵的级数 n 作数学归纳法。$n=1$ 时,显然命题为真,假设 $n-1$ 级复矩阵一定相似于一个上三角矩阵。现在来看 n 级复矩阵 $\boldsymbol{A}$。设 λ_1 是 n 级复矩阵 $\boldsymbol{A}$ 的一个特征值,$\boldsymbol{\alpha}_1$ 是属于 λ_1 的一个特征向量。把 $\boldsymbol{\alpha}_1$ 扩充成 $\mathbf{C}^n$ 的一个基:$\boldsymbol{\alpha}_1,\boldsymbol{\alpha}_2,\cdots,\boldsymbol{\alpha}_n$。令 $\boldsymbol{P}_1=(\boldsymbol{\alpha}_1,\boldsymbol{\alpha}_2,\cdots,\boldsymbol{\alpha}_n)$,则 $\boldsymbol{P}_1$ 是 n 级可逆矩阵,且

$$\boldsymbol{P}_1^{-1}\boldsymbol{A}\boldsymbol{P}_1=\boldsymbol{P}_1^{-1}(\boldsymbol{A}\boldsymbol{\alpha}_1,\boldsymbol{A}\boldsymbol{\alpha}_2,\cdots,\boldsymbol{A}\boldsymbol{\alpha}_n)=(\boldsymbol{P}_1^{-1}\boldsymbol{A}_1\boldsymbol{\alpha}_1,\boldsymbol{P}_1^{-1}\boldsymbol{A}\boldsymbol{\alpha}_2,\cdots,\boldsymbol{P}_1^{-1}\boldsymbol{A}\boldsymbol{\alpha}_n)。$$

由于 $\boldsymbol{P}_1^{-1}\boldsymbol{P}_1=\boldsymbol{I}$,因此 $\boldsymbol{P}_1^{-1}\boldsymbol{\alpha}_1=\boldsymbol{\varepsilon}_1$,从而

$$\boldsymbol{P}_1^{-1}\boldsymbol{A}\boldsymbol{P}_1=\begin{pmatrix}\lambda_1 & \boldsymbol{\alpha}\\ \boldsymbol{0} & \boldsymbol{B}\end{pmatrix}。\tag{7}$$

对 $n-1$ 级复矩阵 $\boldsymbol{B}$ 用归纳假设,有 $n-1$ 级可逆矩阵 $\boldsymbol{P}_2$,使得 $\boldsymbol{P}_2^{-1}\boldsymbol{B}\boldsymbol{P}_2$ 为上三角矩阵。令

$$P = P_1\begin{pmatrix}1 & \mathbf{0}\\ \mathbf{0} & P_2\end{pmatrix},$$

则 $\boldsymbol{P}$ 是 n 级可逆矩阵，且

$$P^{-1}AP = \begin{pmatrix}1 & \mathbf{0}\\ \mathbf{0} & P_2\end{pmatrix}^{-1}\begin{pmatrix}\lambda_1 & \boldsymbol{\alpha}\\ \mathbf{0} & B\end{pmatrix}\begin{pmatrix}1 & \mathbf{0}\\ \mathbf{0} & P_2\end{pmatrix} = \begin{pmatrix}\lambda_1 & \boldsymbol{\alpha}P_2\\ \mathbf{0} & P_2^{-1}BP_2\end{pmatrix},$$

因此 $\boldsymbol{P}^{-1}\boldsymbol{AP}$ 是上三角矩阵。

据数学归纳法原理，对一切正整数 n，此命题为真。 ■

例 7 证明：实数域上斜对称矩阵的特征多项式在复数域中的根是 0 或纯虚数。

证明 设 $\boldsymbol{A}$ 是实数域上的 n 级斜对称矩阵。λ_0 是 $\boldsymbol{A}$ 的特征多项式 $|\lambda \boldsymbol{I}-\boldsymbol{A}|$ 在复数域中的一个根。把 $\boldsymbol{A}$ 看成复矩阵，则 λ_0 是 $\boldsymbol{A}$ 的一个特征值，从而存在 $\boldsymbol{\alpha}\in\mathbf{C}^n$ 且 $\boldsymbol{\alpha}\neq\mathbf{0}$，使 $\boldsymbol{A\alpha}=\lambda_0\boldsymbol{\alpha}$。

由于 $\boldsymbol{A}$ 是实矩阵，因此从上式两边取共轭复数，得 $\boldsymbol{A}\overline{\boldsymbol{\alpha}}=\overline{\lambda}_0\overline{\boldsymbol{\alpha}}$。两边左乘 $\boldsymbol{\alpha}'$，得

$$\boldsymbol{\alpha}'\boldsymbol{A}\overline{\boldsymbol{\alpha}} = \overline{\lambda}_0\boldsymbol{\alpha}'\overline{\boldsymbol{\alpha}}。\tag{8}$$

由于 $\boldsymbol{A}$ 是斜对称矩阵，因此 $\boldsymbol{A}'=-\boldsymbol{A}$。在 $\boldsymbol{A\alpha}=\lambda_0\boldsymbol{\alpha}$ 两边取转置，得 $\boldsymbol{\alpha}'\boldsymbol{A}=-\lambda_0\boldsymbol{\alpha}'$。两边右乘 $\overline{\boldsymbol{\alpha}}$，得

$$\boldsymbol{\alpha}'\boldsymbol{A}\overline{\boldsymbol{\alpha}} = -\lambda_0\boldsymbol{\alpha}'\overline{\boldsymbol{\alpha}}。\tag{9}$$

从式(8)和式(9)，得 $(\overline{\lambda}_0+\lambda_0)\boldsymbol{\alpha}'\overline{\boldsymbol{\alpha}}=0$。由于 $\boldsymbol{\alpha}\neq\mathbf{0}$，因此 $\boldsymbol{\alpha}'\overline{\boldsymbol{\alpha}}\neq 0$，从而 $\overline{\lambda}_0=-\lambda_0$，因此 λ_0 等于 0 或 λ_0 是纯虚数。 ■

例 8 设 $\boldsymbol{A}$ 是实数域上的 n 级斜对称矩阵。证明：

$$\begin{vmatrix}2\boldsymbol{I}_n & \boldsymbol{A}\\ \boldsymbol{A} & 2\boldsymbol{I}_n\end{vmatrix} \geqslant 2^{2n},$$

等号成立当且仅当 $\boldsymbol{A}=\mathbf{0}$。

证明 由于 $(2\boldsymbol{I}_n)\boldsymbol{A}=\boldsymbol{A}(2\boldsymbol{I}_n)$，因此根据第 4 章 4.5 节的例 17 得

$$\begin{vmatrix}2\boldsymbol{I}_n & \boldsymbol{A}\\ \boldsymbol{A} & 2\boldsymbol{I}_n\end{vmatrix} = |(2\boldsymbol{I}_n)(2\boldsymbol{I}_n)-\boldsymbol{A}^2| = 2^n\cdot 2^n\left|\boldsymbol{I}_n-\frac{1}{4}\boldsymbol{A}^2\right|。$$

由于 $(\boldsymbol{A}^2)'=\boldsymbol{A}'\boldsymbol{A}'=(-\boldsymbol{A})(-\boldsymbol{A})=\boldsymbol{A}^2$，因此 $\boldsymbol{A}^2$ 是实对称矩阵。据例 7 的结论，可设 $\boldsymbol{A}$ 的特征多项式在复数域中的全部根为 $b_1\mathrm{i},b_2\mathrm{i},\cdots,b_n\mathrm{i}$，其中 $b_1,b_2,\cdots,b_n$ 是实数。于是 $\boldsymbol{A}^2$ 的全部特征值为 $-b_1^2,-b_2^2,\cdots,-b_n^2$，从而 $\boldsymbol{I}_n-\frac{1}{4}\boldsymbol{A}^2$ 的全部特征值是 $1+\frac{1}{4}b_1^2,1+\frac{1}{4}b_2^2,\cdots,1+\frac{1}{4}b_n^2$。由于 $\boldsymbol{I}_n-\frac{1}{4}\boldsymbol{A}^2$ 是实对称矩阵，因此

$$\boldsymbol{I}_n-\frac{1}{4}\boldsymbol{A}^2 \sim \operatorname{diag}\left\{1+\frac{1}{4}b_1^2,1+\frac{1}{4}b_2^2,\cdots,1+\frac{1}{4}b_n^2\right\},$$

从而

$$\left|\boldsymbol{I}_n-\frac{1}{4}\boldsymbol{A}^2\right| = \left(1+\frac{1}{4}b_1^2\right)\left(1+\frac{1}{4}b_2^2\right)\cdots\left(1+\frac{1}{4}b_n^2\right) \geqslant 1,\tag{10}$$

因此

$$\begin{vmatrix} 2\boldsymbol{I}_n & \boldsymbol{A} \\ \boldsymbol{A} & 2\boldsymbol{I}_n \end{vmatrix} \geqslant 2^{2n}。\tag{11}$$

从式(10)看出,式(11)的等号成立当且仅当 $b_1=b_2=\cdots=b_n=0$。于是如果等号成立,那么实对称矩阵 $\boldsymbol{A}^2$ 相似于 $\mathrm{diag}\{0,0,\cdots,0\}$,从而 $\boldsymbol{A}^2=\boldsymbol{0}$。由于 $\boldsymbol{A}$ 是实数域上的斜对称矩阵,因此 $\boldsymbol{A}=0$;反之,若 $\boldsymbol{A}=0$,则显然式(11)的等号成立,因此式(11)的等号成立当且仅当$\boldsymbol{A}=\boldsymbol{0}$。 ■

例 9 设 $\boldsymbol{A}$ 是 n 级实矩阵,证明:如果 $\boldsymbol{A}$ 的特征多项式在复数域中的根都是非负实数,且 $\boldsymbol{A}$ 的主对角元都是 1,那么 $|\boldsymbol{A}|\leqslant 1$。

证明 由于 n 级实矩阵 $\boldsymbol{A}$ 的特征多项式在复数域中的根都是实数,因此根据例 4 得 $\boldsymbol{A}$ 正交相似于一个上三角矩阵 $\boldsymbol{B}=(b_{ij})$,从而 $|\boldsymbol{A}|=|\boldsymbol{B}|=b_{11}b_{22}\cdots b_{nn}$,且 $\mathrm{tr}(\boldsymbol{A})=\mathrm{tr}(\boldsymbol{B})$。由于 $\boldsymbol{A}$ 的主对角元都是 1,因此

$$b_{11}+b_{22}+\cdots+b_{nn}=\mathrm{tr}(\boldsymbol{A})=n。$$

若 $b_{11},b_{22},\cdots,b_{nn}$ 中有一个为 0,则 $|\boldsymbol{A}|=0$。

若 $b_{11},b_{22},\cdots,b_{nn}$ 都不为 0,由于它们是 $\boldsymbol{A}$ 的特征多项式在复数域中的全部根,因此由已知条件得,它们都为正数,从而

$$\sqrt[n]{b_{11}b_{22}\cdots b_{nn}}\leqslant\frac{b_{11}+b_{22}+\cdots+b_{nn}}{n}=1。$$

由此得出,$b_{11}b_{22}\cdots b_{nn}\leqslant 1$,即 $|\boldsymbol{A}|\leqslant 1$。 ■

习题 5.7

1. 对于下述实对称矩阵 $\boldsymbol{A}$,求正交矩阵 $\boldsymbol{T}$,使得 $\boldsymbol{T}^{-1}\boldsymbol{A}\boldsymbol{T}$ 为对角矩阵:

(1) $\boldsymbol{A}=\begin{pmatrix} 0 & -2 & 2 \\ -2 & -3 & 4 \\ 2 & 4 & -3 \end{pmatrix}$;　　(2) $\boldsymbol{A}=\begin{pmatrix} 1 & 2 & 4 \\ 2 & -2 & 2 \\ 4 & 2 & 1 \end{pmatrix}$;

(3) $\boldsymbol{A}=\begin{pmatrix} 3 & -2 & 0 \\ -2 & 2 & -2 \\ 0 & -2 & 1 \end{pmatrix}$;　　(4) $\boldsymbol{A}=\begin{pmatrix} 4 & 1 & 0 & -1 \\ 1 & 4 & -1 & 0 \\ 0 & -1 & 4 & 1 \\ -1 & 0 & 1 & 4 \end{pmatrix}$。

2. 证明:如果 n 级实对称矩阵 $\boldsymbol{A}$ 与 $\boldsymbol{B}$ 有相同的特征多项式,那么 $\boldsymbol{A}\sim\boldsymbol{B}$。

3. 证明:如果数域 K 上 n 级矩阵 $\boldsymbol{A}$ 的特征多项式在复数域中的根都属于 K,那么 $\boldsymbol{A}$ 相似于一个上三角矩阵。

4. 设 $\boldsymbol{A}$ 是 n 级实矩阵,证明:如果 $\boldsymbol{A}$ 的特征多项式在复数域中的根都是实数,且 $\boldsymbol{A}$ 的一阶主子式之和与二阶主子式之和都等于 0,那么 $\boldsymbol{A}$ 是幂零矩阵。

5. 证明:正交矩阵的特征多项式在复数域中的根的模都等于 1。

6. 证明:酉矩阵的特征值的模为 1。

7. 设 $\boldsymbol{A}$ 是 n 级复矩阵,如果 $\boldsymbol{A}^*=\boldsymbol{A}$,那么称 $\boldsymbol{A}$ 是 **Hermite 矩阵**,或**自伴矩阵**(这里 $\boldsymbol{A}^*=\overline{\boldsymbol{A}}'$)。证明:Hermite 矩阵的特征值是实数。

8. 设 $\boldsymbol{A}$ 是 n 级复矩阵，如果 $\boldsymbol{A}^* = -\boldsymbol{A}$，那么称 $\boldsymbol{A}$ 是**斜 Hermite 矩阵**。证明：斜 Hermite 矩阵的特征值是 0 或纯虚数。

9. 证明：实对称矩阵 $\boldsymbol{A}$ 有一个实对称立方根，即存在一个实对称矩阵 $\boldsymbol{B}$，使 $\boldsymbol{A}=\boldsymbol{B}^3$。

10. 证明：正交矩阵 $\boldsymbol{A}$ 如果有两个不同的特征值，那么 $\boldsymbol{A}$ 的属于不同特征值的特征向量是正交的。

补充题五

1. 设 $\boldsymbol{A}$ 是复数域上的 n 级可逆矩阵，证明：如果 $\boldsymbol{A}\sim\boldsymbol{A}^k$，其中 k 是大于 1 的正整数，那么 $\boldsymbol{A}$ 的特征值都是单位根。

2. 设 $\boldsymbol{A}$ 是 2 级正交矩阵，证明：

(1) 如果 $|\boldsymbol{A}|=1$，那么 $\boldsymbol{A}$ 正交相似于下述形式的矩阵：

$$\begin{pmatrix} \cos\theta & -\sin\theta \\ \sin\theta & \cos\theta \end{pmatrix},$$

其中 $0\leqslant\theta\leqslant\pi$；

(2) 如果 $|\boldsymbol{A}|=-1$，那么 $\boldsymbol{A}$ 正交相似于对角矩阵：

$$\begin{pmatrix} -1 & 0 \\ 0 & 1 \end{pmatrix}。$$

3. 设 $\boldsymbol{A}$ 是 3 级正交矩阵，证明：存在 3 级正交矩阵 $\boldsymbol{T}$，使得

$$\boldsymbol{T}^{-1}\boldsymbol{A}\boldsymbol{T} = \begin{pmatrix} a & 0 & 0 \\ 0 & \cos\theta & -\sin\theta \\ 0 & \sin\theta & \cos\theta \end{pmatrix},$$

其中当 $|\boldsymbol{A}|=1$ 时，$a=1$；当 $|\boldsymbol{A}|=-1$ 时，$a=-1$；$0\leqslant\theta\leqslant\pi$。

4. 几何空间（点集）的一个变换，如果保持点之间的距离不变，那么称它是**正交点变换**或**保距变换**。正交点变换 σ 在空间直角坐标系中的公式为

$$\begin{pmatrix} x' \\ y' \\ z' \end{pmatrix} = \boldsymbol{A}\begin{pmatrix} x \\ y \\ z \end{pmatrix} + \begin{pmatrix} x_0 \\ y_0 \\ z_0 \end{pmatrix},$$

其中 $\boldsymbol{A}$ 是 3 级正交矩阵（参看丘维声编著《解析几何》（第 3 版）第 243～244 页的定理6.2）。证明：

(1) 如果 $|\boldsymbol{A}|=1$，且 σ 保持一个点不动，那么 σ 是绕某一条定直线的旋转；

(2) 如果 $|\boldsymbol{A}|=-1$，且 σ 保持一个点不动，那么 σ 为一个镜面反射（即把每一个点对应到它关于某个平面的对称点），或者为一个镜面反射与一个绕定直线的旋转的乘积。

5. 设 $\boldsymbol{A}=(a_{ij})$ 是 n 级复矩阵。令

$$D_i(\boldsymbol{A}) = \{z\in\mathbf{C} \mid |z-a_{ii}| \leqslant \sum_{j\neq i} |a_{ij}|\},$$

称 $D_i(\boldsymbol{A})$，$i=1,2,\cdots,n$ 是 $\boldsymbol{A}$ 的 n 个 **Gersgorin 圆盘**。证明下述的 **Gersgorin 圆盘定理**：n 级复矩阵 $\boldsymbol{A}$ 的每一个特征值都在 $\boldsymbol{A}$ 的某个 Gersgorin 圆盘中。

6. 设 $\boldsymbol{A}=(a_{ij})$ 是 n 级复矩阵。证明：如果

$$|a_{ii}|>(n-1)|a_{ij}|, j\neq i,\quad i,j=1,2,\cdots,n,$$

那么 $\boldsymbol{A}$ 可逆。

7. 设 $\boldsymbol{A}=(a_{ij})$ 是 n 级复矩阵，$\boldsymbol{A}$ 的所有特征值组成的 n 元数组 $(\lambda_1,\lambda_2,\cdots,\lambda_n)$ 称为 $\boldsymbol{A}$ 的**谱**。$\boldsymbol{A}$ 的特征值的模的最大值称为 $\boldsymbol{A}$ 的**谱半径**，记作 $S_r(\boldsymbol{A})$。证明：

$$S_r(\boldsymbol{A})\leqslant \max_{1\leqslant i\leqslant n}\sum_{j=1}^{n}|a_{ij}|,$$

$$S_r(\boldsymbol{A})\leqslant \max_{1\leqslant j\leqslant n}\sum_{i=1}^{n}|a_{ij}|。$$

8. 设 $\boldsymbol{A}$ 是 n 级复矩阵，如果 $\boldsymbol{A}$ 的每一个特征值的实部都是负数，那么 $\boldsymbol{A}$ 称为**稳定矩阵**（稳定矩阵在微分方程理论中有重要应用）。判断下述矩阵 $\boldsymbol{A}$ 是否为稳定矩阵：

$$\boldsymbol{A}=\begin{pmatrix}-8 & 2 & 0 & 2\\ 0 & -5 & 1 & 1\\ 1 & -1 & -8 & -2\\ 1 & 1 & 1 & -6\end{pmatrix}。$$

9. 设 $\boldsymbol{A}$ 是数域 K 上的 n 级矩阵，$\boldsymbol{P}$ 是 K 上的 n 级可逆矩阵。令 $\boldsymbol{B}=\boldsymbol{P}^{-1}\boldsymbol{AP}-\boldsymbol{PAP}^{-1}$，证明：$\boldsymbol{B}$ 的特征多项式的复根之和等于 0。

10. 设实数域上的 n 级矩阵 $\boldsymbol{A}$ 为

$$\boldsymbol{A}=\begin{pmatrix}a_1^2+1 & a_1a_2+1 & \cdots & a_1a_n+1\\ a_2a_1+1 & a_2^2+1 & \cdots & a_2a_n+1\\ \vdots & \vdots & & \vdots\\ a_na_1+1 & a_na_2+1 & \cdots & a_n^2+1\end{pmatrix},$$

其中 $a_1,a_2,\cdots,a_n$ 不全为 0，且 $a_1+a_2+\cdots+a_n=0$，求 $\boldsymbol{A}$ 的全部特征值。

11. 设 $\boldsymbol{A},\boldsymbol{B}$ 都是数域 K 上的 n 级矩阵 $(n\geqslant 2)$。$\boldsymbol{A}^*,\boldsymbol{B}^*$ 分别是 $\boldsymbol{A},\boldsymbol{B}$ 的伴随矩阵证明：如果 $\boldsymbol{A}\sim\boldsymbol{B}$，那么 $\boldsymbol{A}^*\sim\boldsymbol{B}^*$。

12. 设 $\boldsymbol{A}$ 是数域 K 上的 n 级矩阵，证明：如果 $\boldsymbol{A}$ 可对角化，那么 $\boldsymbol{A}$ 的伴随矩阵 $\boldsymbol{A}^*$ 也可对角化。

13. 设 $\boldsymbol{A}$ 是数域 K 上的 n 级矩阵，$\lambda_1,\lambda_2,\cdots,\lambda_n$ 是 $\boldsymbol{A}$ 的特征多项式在复数域中的全部根。求 $\boldsymbol{A}$ 的伴随矩阵 $\boldsymbol{A}^*$ 的特征多项式在复数域中的全部根。

14. 设 $\boldsymbol{A}$ 是 n 级复矩阵，证明：$\boldsymbol{A}^2=-\boldsymbol{I}$ 的充分必要条件是

$$\operatorname{rank}(\boldsymbol{I}+\mathrm{i}\boldsymbol{A})+\operatorname{rank}(\boldsymbol{I}-\mathrm{i}\boldsymbol{A})=n。$$

15. 设 $\boldsymbol{A}$ 是 n 级复矩阵，满足 $\boldsymbol{A}^2=-\boldsymbol{I}$，求 $\boldsymbol{A}$ 的全部特征值。

16. 设 $\boldsymbol{A}$ 是 n 级复矩阵，且 $\boldsymbol{A}^2=-\boldsymbol{I}$，证明：$\boldsymbol{A}$ 可对角化，并且写出 $\boldsymbol{A}$ 的相似标准形。

17. 设 $\boldsymbol{B}$ 是 $2n$ 级实矩阵，满足 $\boldsymbol{B}^2=-\boldsymbol{I}$，证明：存在 $2n$ 级实可逆矩阵 $\boldsymbol{P}$，使得

$$\boldsymbol{P}^{-1}\boldsymbol{BP}=\begin{pmatrix}\boldsymbol{0} & \boldsymbol{I}_n\\ -\boldsymbol{I}_n & \boldsymbol{0}\end{pmatrix}。$$

18. 设 $\boldsymbol{B}(t)=(f_{ij}(t))$ 是由可微函数 $f_{ij}(t), i,j=1,2,\cdots,n$，组成的 n 级矩阵，规定

$$\frac{\mathrm{d}\boldsymbol{B}(t)}{\mathrm{d}t}=\left(\frac{\mathrm{d}f_{ij}(t)}{\mathrm{d}t}\right),$$

即把矩阵 $\boldsymbol{B}(t)$ 的每一个元素 $f_{ij}(t)$ 都求一阶导数。由导数性质得，对于 n 级实矩阵 $\boldsymbol{C}$，有

$$\frac{\mathrm{d}(\boldsymbol{C}\boldsymbol{B}(t))}{\mathrm{d}t}=\boldsymbol{C}\frac{\mathrm{d}\boldsymbol{B}(t)}{\mathrm{d}t}。$$

求下述线性微分方程组的通解：

$$\begin{cases}\dfrac{\mathrm{d}y_1}{\mathrm{d}t}=y_1-2y_2+2y_3\\[2ex]\dfrac{\mathrm{d}y_2}{\mathrm{d}t}=-2y_1-2y_2+4y_3\\[2ex]\dfrac{\mathrm{d}y_3}{\mathrm{d}t}=2y_1+4y_2-2y_3\end{cases}$$

其中 y_1, y_2, y_3 都是 t 的函数，它们是未知的。

19. 据数学分析的知识，有

$$\mathrm{e}^x=\sum_{m=0}^{+\infty}\frac{x^m}{m!},\qquad x\in\mathbf{R}$$

由此受到启发，对实数域上的任一 n 级矩阵 $\boldsymbol{A}=(a_{ij})$，定义

$$\mathrm{e}^{\boldsymbol{A}}\xlongequal{\text{def}}\sum_{m=0}^{+\infty}\frac{\boldsymbol{A}^m}{m!},\tag{1}$$

如果 n^2 个数值级数

$$\sum_{m=0}^{+\infty}\left(\frac{\boldsymbol{A}^m}{m!}\right)(i;j),\qquad i,j=1,2,\cdots,n\tag{2}$$

都收敛，那么称(1)式右端的矩阵级数**收敛**。证明：对于任意的 n 级实矩阵 $\boldsymbol{A}=(a_{ij})$，都有(1)式右端的矩阵级数收敛，从而 $\mathrm{e}^{\boldsymbol{A}}$ 是一个确定的 n 级实矩阵。

20. 设 $\boldsymbol{A},\boldsymbol{B}$ 都是实数域上的 n 级矩阵。证明：如 $\boldsymbol{A}$ 与 $\boldsymbol{B}$ 可交换，那么

$$\mathrm{e}^{\boldsymbol{A}+\boldsymbol{B}}=\mathrm{e}^{\boldsymbol{A}}\mathrm{e}^{\boldsymbol{B}}。$$

21. 证明：对于任意一个 n 级实矩阵 $\boldsymbol{A}$，$\mathrm{e}^{\boldsymbol{A}}$ 是可逆矩阵，且 $(\mathrm{e}^{\boldsymbol{A}})^{-1}=\mathrm{e}^{-\boldsymbol{A}}$。

22. 证明：如果 $\boldsymbol{A}$ 是 n 级斜对称实矩阵，那么 $\mathrm{e}^{\boldsymbol{A}}$ 是正交矩阵。

23. 设

$$\boldsymbol{A}=\begin{pmatrix}0 & x\\ -x & 0\end{pmatrix},$$

其中 x 是一个实数。证明：

$$\mathrm{e}^{\boldsymbol{A}}=\begin{pmatrix}\cos x & \sin x\\ -\sin x & \cos x\end{pmatrix}。\tag{3}$$

24. 设 $\boldsymbol{A},\boldsymbol{P}$ 都是 n 级实矩阵，且 $\boldsymbol{P}$ 可逆。证明：

$$\mathrm{e}^{\boldsymbol{P}^{-1}\boldsymbol{A}\boldsymbol{P}}=\boldsymbol{P}^{-1}\mathrm{e}^{\boldsymbol{A}}\boldsymbol{P}。$$

应用小天地:矩阵的特征值在实际问题中的应用

矩阵的特征值和特征向量不仅在研究矩阵的可对角化问题中起着关键作用,而且在概率统计、随机过程、振动、机械压力、电子系统、量子力学、化学反应、遗传学、经济学等领域中起着重要作用。下面举一些特征值应用在实际问题中的例子。

美国1940年建造了塔科马(Tacoma)海峡桥,一开始这座桥有小的振动,许多人好奇地在这座移动的桥上驾驶汽车。大约4个月后,振动变得更大,最后这座桥坠落到水中。对于这座桥倒塌的解释是:由于风的频率太接近这座桥的固有频率引起的振动,而这座桥的固有频率是桥的建模系统的绝对值最小的特征值。这就是对于工程师而言,在分析建筑物的结构时,特征值非常重要的原因。

用各种乐器演奏乐曲时,需要调音,使它们的频率相匹配,这是我们所听到的音乐的频率。虽然音乐家为了更好地演奏他们的乐器并不学习特征值,但是学习特征值能够解释为什么某种声音使耳朵感到舒适,而其他声音是“降半音的”或“升半音的”。当两个人在和声地唱歌时,一个人的嗓音的频率是另一个人的常数倍,这是使人舒适的声音。特征值可以用于音乐的许多方面,从乐器的最初设计到演奏时的调音与和声,甚至连音乐厅的每一个座位如何接收到高品质的声音也被研究。

小汽车的设计者研究特征值是为了抑制噪声从而创造一个安静的乘车环境。特征值分析也用于小汽车的立体声系统的设计,使收听广播的声音对于司机和乘客都感到舒适,并且减少由于音乐声音太大而引起的汽车的颤动。

特征值也可用于检查固体的裂缝或缺陷,当一根梁被撞击,它的固有频率(特征值)能够被听到。如果这根梁有回响声,那么它没有裂缝;如果声音迟钝,那么这根梁有裂缝。因为裂缝或缺陷会引起特征值变化。灵敏的仪器能被用于更精确地“看见”和“听到”特征值。

石油公司把特征值分析用于勘探采掘石油的地点。石油、泥土和其他物质都有线性系统,它们有不同的特征值。于是分析特征值能够对查找石油储藏的地点给出一个好的预测。石油公司把探测器放在场地四周,检测来自用于使地面振动的巨大卡车的波,当波穿过地下不同的物质时会发生变化,分析这些波可以给石油公司指出可能的钻孔地点。

用收音机收听广播时,要改变谐振频率直到它与正在广播的频率相匹配。工程师在设计收音机时要利用特征值。

特征值在经济学领域中也有许多应用,读者可以参看有关的书籍。例如,在研究进口总额与国内总产值、存储量、总消费量之间的依赖关系时,首先收集数据,然后建立线性回归分析模型,对参数进行估计。一种估计方法是主成分估计,它基于特征值和特征向量。在一定条件下主成分估计比最小二乘估计有较小的均方误差。

第 6 章 二次型·矩阵的合同

在 5.7 节的开头我们指出，为了把二次曲面 S 的方程化简，需要作直角坐标变换，使得 S 的新方程不含交叉项，从中抽象出：把一个二次齐次多项式化成只含平方项的形式。这就是本章要研究的中心问题。它在数学的许多分支以及物理学和工程技术中都很有用。

6.1 二次型及其标准形

6.1.1 内容精华

从二次曲面方程的二次项部分等例子抽象出下述概念：

定义 1 数域 K 上的一个 $\boldsymbol{n}$ **元二次型**是系数在 K 中的 n 个变量的二次齐次多项式，它的一般形式是

$$\begin{aligned} f(x_1,x_2,\cdots,x_n) = a_{11}x_1^2 &+ 2a_{12}x_1x_2 + 2a_{13}x_1x_3 + \cdots + 2a_{1n}x_1x_n \\ &+ a_{22}x_2^2 + 2a_{23}x_2x_3 + \cdots + 2a_{2n}x_2x_n \\ &+ \cdots \qquad \cdots \qquad \cdots \\ &+ a_{nn}x_n^2。\end{aligned} \tag{1}$$

式(1)也可以写成

$$f(x_1,x_2,\cdots,x_n) = \sum_{i=1}^{n}\sum_{j=1}^{n} a_{ij}x_ix_j, \tag{2}$$

其中 $a_{ji}=a_{ij}, 1\leqslant i,j\leqslant n$。

把式(2)中的系数按原来顺序排成一个 n 级矩阵 $\boldsymbol{A}$：

$$\boldsymbol{A} = \begin{pmatrix} a_{11} & a_{12} & a_{13} & \cdots & a_{1n} \\ a_{12} & a_{22} & a_{23} & \cdots & a_{2n} \\ \vdots & \vdots & \vdots & & \vdots \\ a_{1n} & a_{2n} & a_{3n} & \cdots & a_{nn} \end{pmatrix}, \tag{3}$$

则称 $\boldsymbol{A}$ 是**二次型** $f(x_1,x_2,\cdots,x_n)$ **的矩阵**，它是对称矩阵。显然二次型 $f(x_1,x_2,\cdots,x_n)$的矩阵是唯一的：它的主对角元依次是 $x_1^2,x_2^2,\cdots,x_n^2$ 的系数；它的(i,j)元是 x_ix_j的系数的一半，其中 $i\neq j$。令

$$\boldsymbol{x}=\begin{pmatrix}x_1\\x_2\\\vdots\\x_n\end{pmatrix},\tag{4}$$

则二次型(1)可以写成

$$f(x_1,x_2,\cdots,x_n)=\boldsymbol{x}'\boldsymbol{A}\boldsymbol{x},\tag{5}$$

其中 $\boldsymbol{A}$ 是二次型 $f(x_1,x_2,\cdots,x_n)$ 的矩阵。

为了讨论方便,允许式(1)中的系数全为 0,即 $\boldsymbol{A}=\boldsymbol{0}$。

令 $\boldsymbol{y}=(y_1,y_2,\cdots,y_n)'$,设 $\boldsymbol{C}$ 是数域 K 上的 n 级可逆矩阵,则关系式

$$\boldsymbol{x}=\boldsymbol{C}\boldsymbol{y}\tag{6}$$

称为变量 $x_1,x_2,\cdots,x_n$ 到变量 $y_1,y_2,\cdots,y_n$ 的一个**非退化线性替换**。

n 元二次型 $\boldsymbol{x}'\boldsymbol{A}\boldsymbol{x}$ 经过非退化线性替换 $\boldsymbol{x}=\boldsymbol{C}\boldsymbol{y}$ 变成

$$(\boldsymbol{C}\boldsymbol{y})'\boldsymbol{A}(\boldsymbol{C}\boldsymbol{y})=\boldsymbol{y}'(\boldsymbol{C}'\boldsymbol{A}\boldsymbol{C})\boldsymbol{y},\tag{7}$$

记 $\boldsymbol{B}=\boldsymbol{C}'\boldsymbol{A}\boldsymbol{C}$,则式(7)可写成 $\boldsymbol{y}'\boldsymbol{B}\boldsymbol{y}$,这是变量 $y_1,y_2,\cdots,y_n$ 的一个二次型。由于

$$\boldsymbol{B}'=(\boldsymbol{C}'\boldsymbol{A}\boldsymbol{C})'=\boldsymbol{C}'\boldsymbol{A}'(\boldsymbol{C}')'=\boldsymbol{C}'\boldsymbol{A}\boldsymbol{C},\tag{8}$$

因此 $\boldsymbol{B}$ 是对称矩阵,从而 $\boldsymbol{B}$ 正好是二次型 $\boldsymbol{y}'\boldsymbol{B}\boldsymbol{y}$ 的矩阵。

由此受到启发,引出下述两个概念:

定义 2　数域 K 上的两个 n 元二次型 $\boldsymbol{x}'\boldsymbol{A}\boldsymbol{x}$ 与 $\boldsymbol{y}'\boldsymbol{B}\boldsymbol{y}$,如果存在一个非退化线性替换 $\boldsymbol{x}=\boldsymbol{C}\boldsymbol{y}$,把 $\boldsymbol{x}'\boldsymbol{A}\boldsymbol{x}$ 变成 $\boldsymbol{y}'\boldsymbol{B}\boldsymbol{y}$,那么称二次型 $\boldsymbol{x}'\boldsymbol{A}\boldsymbol{x}$ 与 $\boldsymbol{y}'\boldsymbol{B}\boldsymbol{y}$ **等价**,记作 $\boldsymbol{x}'\boldsymbol{A}\boldsymbol{x}\cong\boldsymbol{y}'\boldsymbol{B}\boldsymbol{y}$。

定义 3　数域 K 上两个 n 级矩阵 $\boldsymbol{A}$ 与 $\boldsymbol{B}$,如果存在 K 上的一个 n 级可逆矩阵 $\boldsymbol{C}$,使得

$$\boldsymbol{C}'\boldsymbol{A}\boldsymbol{C}=\boldsymbol{B},\tag{9}$$

那么称 $\boldsymbol{A}$ 与 $\boldsymbol{B}$ **合同**,记作 $\boldsymbol{A}\simeq\boldsymbol{B}$。

从式(7)容易看出:

命题 1　数域 K 上两个 n 元二次型 $\boldsymbol{x}'\boldsymbol{A}\boldsymbol{x}$ 与 $\boldsymbol{y}'\boldsymbol{B}\boldsymbol{y}$ 等价当且仅当 n 级对称矩阵 $\boldsymbol{A}$ 与 $\boldsymbol{B}$ 合同。 ■

容易验证,n 元二次型的等价,以及 n 级矩阵的合同都满足反身性、对称性和传递性,从而合同是集合 $\boldsymbol{M}_n(K)$ 上的一个等价关系。在合同关系下,$\boldsymbol{A}$ 的等价类称为 $\boldsymbol{A}$ 的**合同类**。

本章研究的基本问题是:数域 K 上 n 元二次型能不能等价于一个只含平方项的二次型?容易看出,二次型只含平方项当且仅当它的矩阵是对角矩阵。因此用矩阵的术语,研究的基本问题是:数域 K 上的 n 级对称矩阵能不能合同于一个对角矩阵?

如果二次型 $\boldsymbol{x}'\boldsymbol{A}\boldsymbol{x}$ 等价于一个只含平方项的二次型,那么这个只含平方项的二次型称为 $\boldsymbol{x}'\boldsymbol{A}\boldsymbol{x}$ 的一个**标准形**。

如果对称矩阵 $\boldsymbol{A}$ 合同于一个对角矩阵,那么这个对角矩阵称为 $\boldsymbol{A}$ 的一个**合同标准形**。

命题 2　实数域上的 n 元二次型 $\boldsymbol{x}'\boldsymbol{A}\boldsymbol{x}$ 有一个标准形为

$$\lambda_1y_1^2+\lambda_2y_2^2+\cdots+\lambda_ny_n^2,\tag{10}$$

其中 $\lambda_1,\lambda_2,\cdots,\lambda_n$ 是 $\boldsymbol{A}$ 的全部特征值。

证明　对于 n 级实对称矩阵 $\boldsymbol{A}$，存在一个 n 级正交矩阵 $\boldsymbol{T}$，使得

$$\boldsymbol{T}^{-1}\boldsymbol{A}\boldsymbol{T}=\operatorname{diag}\{\lambda_1,\lambda_2,\cdots,\lambda_n\},\tag{11}$$

其中 $\lambda_1,\lambda_2,\cdots,\lambda_n$ 是 $\boldsymbol{A}$ 的全部特征值。由于 $\boldsymbol{T}^{-1}=\boldsymbol{T}'$，因此 $\boldsymbol{A}$ 合同于 $\operatorname{diag}\{\lambda_1,\lambda_2,\cdots,\lambda_n\}$。从而在变量的替换 $\boldsymbol{x}=\boldsymbol{T}\boldsymbol{y}$ 下，$\boldsymbol{x}'\boldsymbol{A}\boldsymbol{x}$ 化成二次型 $\lambda_1y_1^2+\lambda_2y_2^2+\cdots+\lambda_ny_n^2$。■

如果 $\boldsymbol{T}$ 是正交矩阵，那么变量的替换 $\boldsymbol{x}=\boldsymbol{T}\boldsymbol{y}$ 称为**正交替换**。

任一数域 K 上的 n 元二次型 $\boldsymbol{x}'\boldsymbol{A}\boldsymbol{x}$ 可以用配方法化成只含平方项的二次型，先看下面的例子：

例　作非退化线性替换，把数域 K 上的下述二次型化成标准形，并且写出所作的非退化线性替换：

(1) $f(x_1,x_2,x_3)=x_1^2+2x_2^2-x_3^2+4x_1x_2-4x_1x_3-4x_2x_3$；

(2) $g(x_1,x_2,x_3)=x_1x_2+x_1x_3-3x_2x_3$。

解　(1) 用配方法把变量 x_1,x_2,x_3 逐个地配成完全平方的形式：

$$\begin{aligned}
f(x_1,x_2,x_3)&=x_1^2+2x_2^2-x_3^2+4x_1x_2-4x_1x_3-4x_2x_3\\
&=x_1^2+4x_1(x_2-x_3)+[2(x_2-x_3)]^2-[2(x_2-x_3)]^2\\
&\quad+2x_2^2-x_3^2-4x_2x_3\\
&=[x_1+2(x_2-x_3)]^2-4(x_2^2-2x_2x_3+x_3^2)\\
&\quad+2x_2^2-x_3^2-4x_2x_3\\
&=(x_1+2x_2-2x_3)^2-2x_2^2+4x_2x_3-5x_3^2\\
&=(x_1+2x_2-2x_3)^2-2(x_2^2-2x_2x_3+x_3^2-x_3^2)-5x_3^2\\
&=(x_1+2x_2-2x_3)^2-2(x_2-x_3)^2-3x_3^2。
\end{aligned}$$

令

$$\begin{cases}y_1=x_1+2x_2-2x_3\\y_2=x_2-x_3\\y_3=x_3\end{cases}$$

则

$$f(x_1,x_2,x_3)=y_1^2-2y_2^2-3y_3^2。$$

所作的线性替换是

$$\begin{cases}x_1=y_1-2y_2\\x_2=y_2+y_3\\x_3=y_3\end{cases}$$

其系数矩阵的行列式

$$\begin{vmatrix}1&-2&0\\0&1&1\\0&0&1\end{vmatrix}\neq 0$$

因此这个线性替换是非退化的。

(2) 为了能够配方，首先要变成有平方项。为此令

$$\begin{cases}x_1=y_1-y_2\\x_2=y_1+y_2\\x_3=y_3\end{cases}\tag{12}$$

则

$$\begin{aligned} g(x_1,x_2,x_3) &= (y_1-y_2)(y_1+y_2)+(y_1-y_2)y_3-3(y_1+y_2)y_3 \\ &= y_1^2-y_2^2-2y_1y_3-4y_2y_3 \\ &= y_1^2-2y_1y_3+y_3^2-y_3^2-[y_2^2+4y_2y_3+(2y_3)^2-(2y_3)^2] \\ &= (y_1-y_3)^2-y_3^2-(y_2+2y_3)^2+4y_3^2 \\ &= (y_1-y_3)^2-(y_2+2y_3)^2+3y_3^2. \end{aligned}$$

令

$$\begin{cases} z_1=y_1-y_3 \\ z_2=y_2+2y_3 \\ z_3=y_3 \end{cases} \tag{13}$$

则

$$g(x_1,x_2,x_3)=z_1^2-z_2^2+3z_3^2.$$

为了写出所作的线性替换，先从式(13)解出 y_1,y_2,y_3，得

$$\begin{cases} y_1=z_1+z_3 \\ y_2=z_2-2z_3 \\ y_3=z_3 \end{cases} \tag{14}$$

把式(14)代入式(12)，得

$$\begin{cases} x_1=z_1-z_2+3z_3 \\ x_2=z_1+z_2-z_3 \\ x_3=z_3 \end{cases} \tag{15}$$

容易看出，线性替换式(15)的系数矩阵的行列式不等于 0，因此它是非退化的。

上述例题中所用的配方法能够把任一数域 K 上的每一个二次型经过非退化线性替换变成只含平方项的二次型。这可以通过对二次型的变量个数 n 作数学归纳法予以证明。

下面采用另一种证法，证明数域 K 上任一 n 级对称矩阵一定合同于对角矩阵，从而数域 K 上任一 n 元二次型一定等价于只含平方项的二次型。

首先分析数域 K 上 n 级矩阵 $\boldsymbol{A}$ 与 $\boldsymbol{B}$ 合同的充分必要条件：

$\boldsymbol{A}\simeq\boldsymbol{B} \iff$ 存在 K 上可逆矩阵 $\boldsymbol{C}$，使得 $\boldsymbol{C}'\boldsymbol{A}\boldsymbol{C}=\boldsymbol{B}$

$\iff$ 存在 K 上初等矩阵 $\boldsymbol{P}_1,\boldsymbol{P}_2,\cdots,\boldsymbol{P}_t$，使得

$$\boldsymbol{C}=\boldsymbol{P}_1\boldsymbol{P}_2\cdots\boldsymbol{P}_t, \tag{16}$$

$$\boldsymbol{P}_t'\cdots\boldsymbol{P}_2'\boldsymbol{P}_1'\boldsymbol{A}\boldsymbol{P}_1\boldsymbol{P}_2\cdots\boldsymbol{P}_t=\boldsymbol{B}. \tag{17}$$

容易看出：

$$\boldsymbol{P}(j,i(k))'=\boldsymbol{P}(i,j(k)), \tag{18}$$

$$\boldsymbol{P}(i,j)'=\boldsymbol{P}(i,j), \tag{19}$$

$$\boldsymbol{P}(i(b))'=\boldsymbol{P}(i(b)),\quad b\neq 0. \tag{20}$$

因此

$$\boldsymbol{P}(j,i(k))'\boldsymbol{A}\boldsymbol{P}(j,i(k))=\boldsymbol{P}(i,j(k))\boldsymbol{A}\boldsymbol{P}(j,i(k)),$$

即

$$\boldsymbol{A}\xrightarrow{ⓘ+ⓙk}\boldsymbol{P}(i,j(k))\boldsymbol{A}\xrightarrow[ⓘ+ⓙk]{}\boldsymbol{P}(i,j(k))\boldsymbol{A}\boldsymbol{P}(j,i(k)).$$

像这种先对 $\boldsymbol{A}$ 作初等行变换 ⓘ+ⓙk，接着作初等列变换 ⓘ+ⓙk，称为**成对初等行、列变换**。先对 $\boldsymbol{A}$ 作第 i,j 行互换，接着作第 i,j 列互换，也称为成对初等行、列变换。先

把 $\boldsymbol{A}$ 的第 i 行乘以非零数 b，接着把第 i 列乘以 b，这也是成对初等行、列变换。从(16)、式(17)(式(16)可写成 $\boldsymbol{C}=\boldsymbol{I}\boldsymbol{P}_1\boldsymbol{P}_2\cdots\boldsymbol{P}_t$)得出：

引理 1　设 $\boldsymbol{A},\boldsymbol{B}$ 都是数域 K 上的 n 级矩阵，则 $\boldsymbol{A}$ 合同于 $\boldsymbol{B}$，当且仅当 $\boldsymbol{A}$ 经过一系列成对初等行、列变换可以变成 $\boldsymbol{B}$，此时对 $\boldsymbol{I}$ 只作其中的初等列变换得到的可逆矩阵 $\boldsymbol{C}$，就使得 $\boldsymbol{C}'\boldsymbol{A}\boldsymbol{C}=\boldsymbol{B}$。 ■

定理 1　数域 K 上任一对称矩阵都合同于一个对角矩阵。

证明　对于数域 K 上对称矩阵的级数 n 作数学归纳法。

当 $n=1$ 时，$(a)\simeq(a)$。

假设 $n-1$ 级对称矩阵都合同于对角矩阵，现在来看 n 级对称矩阵 $\boldsymbol{A}=(a_{ij})$。

情形 1　$a_{11}\neq 0$。把 $\boldsymbol{A}$ 写成分块矩阵的形式，并且作分块矩阵的初等行(列)变换：

$$\boldsymbol{A}=\begin{bmatrix} a_{11} & \boldsymbol{\alpha} \\ \boldsymbol{\alpha}' & \boldsymbol{A}_1 \end{bmatrix} \xrightarrow{②+(-a_{11}^{-1}\boldsymbol{\alpha}')\cdot①} \begin{bmatrix} a_{11} & \boldsymbol{\alpha} \\ \boldsymbol{0} & \boldsymbol{A}_1-a_{11}^{-1}\boldsymbol{\alpha}'\boldsymbol{\alpha} \end{bmatrix}$$

$$\xrightarrow{②+①\cdot(-a_{11}^{-1}\boldsymbol{\alpha})} \begin{bmatrix} a_{11} & \boldsymbol{0} \\ \boldsymbol{0} & \boldsymbol{A}_1-a_{11}^{-1}\boldsymbol{\alpha}'\boldsymbol{\alpha} \end{bmatrix}。$$

记 $\boldsymbol{A}_2=\boldsymbol{A}_1-a_{11}^{-1}\boldsymbol{\alpha}'\boldsymbol{\alpha}$，则从上述得

$$\begin{bmatrix} 1 & \boldsymbol{0} \\ -a_{11}^{-1}\boldsymbol{\alpha}' & \boldsymbol{I}_{n-1} \end{bmatrix}\begin{bmatrix} a_{11} & \boldsymbol{\alpha} \\ \boldsymbol{\alpha}' & \boldsymbol{A}_1 \end{bmatrix}\begin{bmatrix} 1 & -a_{11}^{-1}\boldsymbol{\alpha} \\ \boldsymbol{0} & \boldsymbol{I}_{n-1} \end{bmatrix}=\begin{bmatrix} a_{11} & \boldsymbol{0} \\ \boldsymbol{0} & \boldsymbol{A}_2 \end{bmatrix}。\tag{21}$$

由于
$$\begin{bmatrix} 1 & \boldsymbol{0} \\ -a_{11}^{-1}\boldsymbol{\alpha}' & \boldsymbol{I}_{n-1} \end{bmatrix}=\begin{bmatrix} 1 & -a_{11}^{-1}\boldsymbol{\alpha} \\ \boldsymbol{0} & \boldsymbol{I}_{n-1} \end{bmatrix}',$$

因此，从式(21)得出
$$\boldsymbol{A}\simeq\begin{bmatrix} a_{11} & \boldsymbol{0} \\ \boldsymbol{0} & \boldsymbol{A}_2 \end{bmatrix}。$$

由于
$$\boldsymbol{A}_2'=(\boldsymbol{A}_1-a_{11}^{-1}\boldsymbol{\alpha}'\boldsymbol{\alpha})'=\boldsymbol{A}_1'-a_{11}^{-1}\boldsymbol{\alpha}'(\boldsymbol{\alpha}')'=\boldsymbol{A}_1-a_{11}^{-1}\boldsymbol{\alpha}'\boldsymbol{\alpha}=\boldsymbol{A}_2,$$
因此 $\boldsymbol{A}_2$ 是 $n-1$ 级对称矩阵。据归纳假设，存在数域 K 上 $n-1$ 级可逆矩阵 $\boldsymbol{C}_2$，使得 $\boldsymbol{C}_2'\boldsymbol{A}_2\boldsymbol{C}_2=\boldsymbol{D}_2$，其中 $\boldsymbol{D}_2$ 是对角矩阵，从而

$$\begin{bmatrix} 1 & \boldsymbol{0} \\ \boldsymbol{0} & \boldsymbol{C}_2 \end{bmatrix}'\begin{bmatrix} a_{11} & \boldsymbol{0} \\ \boldsymbol{0} & \boldsymbol{A}_2 \end{bmatrix}\begin{bmatrix} 1 & \boldsymbol{0} \\ \boldsymbol{0} & \boldsymbol{C}_2 \end{bmatrix}=\begin{bmatrix} a_{11} & \boldsymbol{0} \\ \boldsymbol{0} & \boldsymbol{D}_2 \end{bmatrix},$$

因此
$$\boldsymbol{A}\simeq\begin{bmatrix} a_{11} & \boldsymbol{0} \\ \boldsymbol{0} & \boldsymbol{D}_2 \end{bmatrix}。$$

情形 2　$a_{11}=0$，存在 $a_{ii}\neq 0$。

把 $\boldsymbol{A}$ 的第 $1,i$ 行互换，接着把所得矩阵的第 $1,i$ 列互换，得到的矩阵 $\boldsymbol{B}$ 的$(1,1)$元为 a_{ii}。据情形 1 的结论，$\boldsymbol{B}\simeq\boldsymbol{D}$，其中 $\boldsymbol{D}$ 是对角矩阵。根据引理 1 得 $\boldsymbol{A}\simeq\boldsymbol{B}$，因此 $\boldsymbol{A}\simeq\boldsymbol{D}$。

情形 3　$a_{11}=a_{22}=\cdots=a_{nn}=0$，存在 $a_{ij}\neq 0$，$i\neq j$。

把 $\boldsymbol{A}$ 的第 j 行加到第 i 行上，接着把所得矩阵的第 j 列加到第 i 列上，得到的矩阵 $\boldsymbol{H}$ 的(i,i)元为 $2a_{ij}$。根据情形 2 得结论 $\boldsymbol{H}\simeq\boldsymbol{D}$，其中 $\boldsymbol{D}$ 为对角矩阵。根据引理 1 得 $\boldsymbol{A}\simeq\boldsymbol{H}$，因此 $\boldsymbol{A}\simeq\boldsymbol{D}$。

情形 4　$\boldsymbol{A}=\boldsymbol{0}$，结论显然成立。

根据数学归纳法原理，对一切正整数 n，都有数域 K 上的任一 n 级对称矩阵合同于一个对角矩阵。 ■

从定理 1 立即得到：

定理 2 数域 K 上任一 n 元二次型都等价于一个只含平方项的二次型。 ■

利用引理 1、定理 1 和定理 2 可以得到求二次型的标准形的又一种方法：对于数域 K 上 n 元二次型 $\boldsymbol{x}'\boldsymbol{A}\boldsymbol{x}$，

$$\begin{pmatrix}\boldsymbol{A}\\ \boldsymbol{I}\end{pmatrix}\xrightarrow[\text{对 }\boldsymbol{I}\text{ 只作其中的初等列变换}]{\text{对 }\boldsymbol{A}\text{ 作成对初等行、列变换}}\begin{pmatrix}\boldsymbol{D}\\ \boldsymbol{C}\end{pmatrix}, \tag{22}$$

其中 $\boldsymbol{D}$ 是对角矩阵 $\operatorname{diag}\{d_1,d_2,\cdots,d_n\}$，则

$$\boldsymbol{C}'\boldsymbol{A}\boldsymbol{C}=\boldsymbol{D}。 \tag{23}$$

令 $\boldsymbol{x}=\boldsymbol{C}\boldsymbol{y}$，则得到 $\boldsymbol{x}'\boldsymbol{A}\boldsymbol{x}$ 的一个标准形：

$$d_1y_1^2+d_2y_2^2+\cdots+d_ny_n^2。 \tag{24}$$

这种求二次型的标准形的方法称为**矩阵的成对初等行、列变换法**。

命题 3 数域 K 上 n 元二次型 $\boldsymbol{x}'\boldsymbol{A}\boldsymbol{x}$ 的任一标准形中，系数不为 0 的平方项个数等于它的矩阵 $\boldsymbol{A}$ 的秩。

证明 设 $\boldsymbol{x}'\boldsymbol{A}\boldsymbol{x}$ 经过非退化线性替换 $\boldsymbol{x}=\boldsymbol{C}\boldsymbol{y}$ 化成标准形 $d_1y_1^2+d_2y_2^2+\cdots+d_ry_r^2$，其中 $d_1,d_2,\cdots,d_r$ 都不为 0，则

$$\boldsymbol{C}'\boldsymbol{A}\boldsymbol{C}=\operatorname{diag}\{d_1,d_2,\cdots,d_r,0,\cdots,0\},$$

因此 $$\operatorname{rank}(\boldsymbol{A})=r。$$ ■

二次型 $\boldsymbol{x}'\boldsymbol{A}\boldsymbol{x}$ 的矩阵 $\boldsymbol{A}$ 的秩就称为**二次型 $\boldsymbol{x}'\boldsymbol{A}\boldsymbol{x}$ 的秩**。

6.1.2 典型例题

例 1 用正交替换把下述实二次型化成标准形：

$$f(x,y,z)=x^2+2y^2+3z^2-4xy-4yz。$$

解 这个实二次型的矩阵 $\boldsymbol{A}$ 为

$$\boldsymbol{A}=\begin{pmatrix}1&-2&0\\-2&2&-2\\0&-2&3\end{pmatrix}。$$

$$|\lambda\boldsymbol{I}-\boldsymbol{A}|=\begin{vmatrix}\lambda-1&2&0\\2&\lambda-2&2\\0&2&\lambda-3\end{vmatrix}=(\lambda-2)(\lambda-5)(\lambda+1),$$

$\boldsymbol{A}$ 的全部特征值是 $2,5,-1$。

分别对特征值 $2,5,-1$，求出相应的齐次线性方程组的一个基础解系，并且把它们分别单位化得

$$\boldsymbol{\eta}_1=\left(-\frac{2}{3},\frac{1}{3},\frac{2}{3}\right)',\boldsymbol{\eta}_2=\left(\frac{1}{3},-\frac{2}{3},\frac{2}{3}\right)',\boldsymbol{\eta}_3=\left(\frac{2}{3},\frac{2}{3},\frac{1}{3}\right)'。$$

令
$$T=\begin{pmatrix} -\frac{2}{3} & \frac{1}{3} & \frac{2}{3} \\ \frac{1}{3} & -\frac{2}{3} & \frac{2}{3} \\ \frac{2}{3} & \frac{2}{3} & \frac{1}{3} \end{pmatrix},$$
则 T 是正交矩阵，且 $T^{-1}AT=\mathrm{diag}\{2,5,-1\}$。

令
$$\begin{pmatrix} x \\ y \\ z \end{pmatrix}=T\begin{pmatrix} x^* \\ y^* \\ z^* \end{pmatrix}, \tag{25}$$
则
$$f(x,y,z)=2x^{*2}+5y^{*2}-z^{*2}。 \tag{26}$$

例 2 作直角坐标变换，把下述二次曲面方程化成标准方程，并且指出它是什么二次曲面。

$$x^2+2y^2+3z^2-4xy-4yz=1 \tag{27}$$

解 此方程左端的二次项部分
$$f(x,y,z)=x^2+2y^2+3z^2-4xy-4yz$$
经过例 1 中的正交替换化成了标准形：
$$f(x,y,z)=2x^{*2}+5y^{*2}-z^{*2}。$$
作直角坐标变换(25)，则原二次曲面在新的直角坐标系中的方程为
$$2x^{*2}+5y^{*2}-z^{*2}=1, \tag{28}$$
由此看出，这是单叶双曲面。

例 3 作直角坐标变换，把下述二次曲面方程化成标准方程，并且指出它是什么二次曲面。

$$x^2+4y^2+z^2-4xy-8xz-4yz+2x+y+2z-\frac{25}{16}=0 \tag{29}$$

解 此方程的二次项部分
$$f(x,y,z)=x^2+4y^2+z^2-4xy-8xz-4yz$$
的矩阵为
$$A=\begin{pmatrix} 1 & -2 & -4 \\ -2 & 4 & -2 \\ -4 & -2 & 1 \end{pmatrix}。$$
$$|\lambda I-A|=(\lambda-5)^2(\lambda+4),$$
于是 A 的全部特征值是 5(二重)，-4。

对特征值 5，求出 $(5I-A)x=0$ 的一个基础解系：α_1,α_2；经过施密特正交化和单位化得 η_1,η_2。

对特征值 -4，求出 $(-4I-A)x=0$ 的一个基础解系：α_3，经单位化得 η_3。令

$$T=(\boldsymbol{\eta}_1,\boldsymbol{\eta}_2,\boldsymbol{\eta}_3)=\begin{pmatrix}\frac{1}{5}\sqrt{5} & \frac{4}{15}\sqrt{5} & \frac{2}{3}\\ -\frac{2}{5}\sqrt{5} & \frac{2}{15}\sqrt{5} & \frac{1}{3}\\ 0 & -\frac{1}{3}\sqrt{5} & \frac{2}{3}\end{pmatrix},$$

则 $\boldsymbol{T}$ 是正交矩阵，且

$$\boldsymbol{T}^{-1}\boldsymbol{A}\boldsymbol{T}=\mathrm{diag}\{5,5,-4\},$$

作正交替换

$$\begin{pmatrix}x\\ y\\ z\end{pmatrix}=\boldsymbol{T}\begin{pmatrix}x'\\ y'\\ z'\end{pmatrix},\tag{30}$$

则二次型 $f(x,y,z)$化成了标准形 $5x'^2+5y'^2-4z'^2$。

因此作直角坐标变换(30)，二次曲面的新方程为

$$5x'^2+5y'^2-4z'^2+3z'-\frac{25}{16}=0。\tag{31}$$

将式(31)的左端对 z'配方得

$$5x'^2+5y'^2-4\left(z'-\frac{3}{8}\right)^2-1=0,$$

作移轴

$$\begin{cases}x'=x^*\\ y'=y^*\\ z'=z^*+\frac{3}{8}\end{cases}\tag{32}$$

则二次曲面的方程变成

$$5x^{*2}+5y^{*2}-4z^{*2}=1,\tag{33}$$

总的直角坐标变换公式为

$$\begin{pmatrix}x\\ y\\ z\end{pmatrix}=\boldsymbol{T}\begin{pmatrix}x^*\\ y^*\\ z^*\end{pmatrix}+\begin{pmatrix}\frac{1}{4}\\ \frac{1}{8}\\ \frac{1}{4}\end{pmatrix}。\tag{34}$$

从方程(34)看出，这是单叶双曲面。

例 4 作非退化线性替换，把下列二次型化成标准形，并且写出所作的非退化线性替换：

(1) $f(x_1,x_2,x_3)=\sum\limits_{i=1}^{3}x_i^2+\sum\limits_{1\leqslant i<j\leqslant 3}x_ix_j$；

(2) $f(x_1,x_2,\cdots,x_n)=\sum\limits_{i=1}^{n}x_i^2+\sum\limits_{1\leqslant i<j\leqslant n}x_ix_j$；

(3) $f(x_1,x_2,\cdots,x_n)=\sum\limits_{i=1}^{n}(x_i-\overline{x})^2$，

其中 $\overline{x}=\frac{1}{n}\sum_{i=1}^{n}x_i$。

解　(1) $f(x_1,x_2,x_3)=x_1^2+x_1(x_2+x_3)+\left[\frac{1}{2}(x_2+x_3)\right]^2-\left[\frac{1}{2}(x_2+x_3)\right]^2+$

$$x_2^2+x_3^2+x_2x_3$$

$$=\left[x_1+\frac{1}{2}(x_2+x_3)\right]^2-\frac{1}{4}(x_2^2+2x_2x_3+x_3^2)+x_2^2+x_3^2+x_2x_3$$

$$=\left(x_1+\frac{1}{2}x_2+\frac{1}{2}x_3\right)^2+\frac{3}{4}x_2^2+\frac{1}{2}x_2x_3+\frac{3}{4}x_3^2$$

$$=\left(x_1+\frac{1}{2}x_2+\frac{1}{2}x_3\right)^2+\frac{3}{4}\left[x_2^2+\frac{2}{3}x_2x_3+\left(\frac{1}{3}x_3\right)^2-\left(\frac{1}{3}x_3\right)^2\right]+\frac{3}{4}x_3^2$$

$$=\left(x_1+\frac{1}{2}x_2+\frac{1}{2}x_3\right)^2+\frac{3}{4}\left(x_2+\frac{1}{3}x_3\right)^2+\frac{2}{3}x_3^2。$$

令

$$\begin{cases} y_1=x_1+\frac{1}{2}x_2+\frac{1}{2}x_3 \\ y_2=\qquad\quad x_2+\frac{1}{3}x_3 \\ y_3=\qquad\qquad\quad x_3 \end{cases}$$

则

$$f(x_1,x_2,x_3)=y^2+\frac{3}{4}y_2^2+\frac{2}{3}y_3^2。$$

所作的线性替换是

$$\begin{cases} x_1=y_1-\frac{1}{2}y_2-\frac{1}{3}y_3 \\ x_2=\qquad\quad y_2-\frac{1}{3}y_3 \\ x_3=\qquad\qquad\quad y_3 \end{cases}$$

显然这是非退化的线性替换。

(2) 从第(1)小题受到启发，令

$$\begin{cases} x_1=y_1-\frac{1}{2}y_2-\frac{1}{3}y_3-\cdots-\frac{1}{n}y_n \\ x_2=\qquad\quad y_2-\frac{1}{3}y_3-\cdots-\frac{1}{n}y_n \\ \cdots\quad\cdots\quad\cdots\quad\cdots\quad\cdots \\ x_{n-1}=\qquad\qquad y_{n-1}-\frac{1}{n}y_n \\ x_n=\qquad\qquad\qquad\quad y_n \end{cases}$$

即 $\boldsymbol{x}=\boldsymbol{C}\boldsymbol{y}$，其中

$$
\boldsymbol{C}=\begin{pmatrix}1 & -\frac{1}{2} & -\frac{1}{3} & \cdots & -\frac{1}{n}\\ 0 & 1 & -\frac{1}{3} & \cdots & -\frac{1}{n}\\ \vdots & \vdots & \vdots & & \vdots\\ 0 & 0 & 0 & \cdots & 1\end{pmatrix},
$$

由于 $f(x_1,x_2,\cdots,x_n)$的矩阵 $\boldsymbol{A}=\frac{1}{2}(\boldsymbol{I}+\boldsymbol{J})$，

因此 $\boldsymbol{C}'\boldsymbol{A}\boldsymbol{C}=\frac{1}{2}\boldsymbol{C}'(\boldsymbol{I}+\boldsymbol{J})\boldsymbol{C}=\frac{1}{2}(\boldsymbol{C}'\boldsymbol{C}+\boldsymbol{C}'\boldsymbol{1}\boldsymbol{1}'\boldsymbol{C})=\frac{1}{2}[\boldsymbol{C}'\boldsymbol{C}+(\boldsymbol{1}'\boldsymbol{C})'(\boldsymbol{1}'\boldsymbol{C})]$。

由于 $\boldsymbol{1}'\boldsymbol{C}=\left(1,\frac{1}{2},\frac{1}{3},\cdots,\frac{1}{n}\right)$，

因此

$$
(\boldsymbol{1}'\boldsymbol{C})'(\boldsymbol{1}'\boldsymbol{C})=\begin{pmatrix}1\\ \frac{1}{2}\\ \frac{1}{3}\\ \vdots\\ \frac{1}{n}\end{pmatrix}\left(1,\frac{1}{2},\frac{1}{3},\cdots,\frac{1}{n}\right)=\begin{pmatrix}1 & \frac{1}{2} & \frac{1}{3} & \cdots & \frac{1}{n}\\ \frac{1}{2} & \frac{1}{4} & \frac{1}{6} & \cdots & \frac{1}{2n}\\ \frac{1}{3} & \frac{1}{6} & \frac{1}{9} & \cdots & \frac{1}{3n}\\ \vdots & \vdots & \vdots & & \vdots\\ \frac{1}{n} & \frac{1}{2n} & \frac{1}{3n} & \cdots & \frac{1}{n^2}\end{pmatrix},
$$

$$
\boldsymbol{C}'\boldsymbol{C}=\begin{pmatrix}1 & -\frac{1}{2} & -\frac{1}{3} & \cdots & -\frac{1}{n}\\ -\frac{1}{2} & \frac{1}{4}+1 & \frac{1}{6}-\frac{1}{3} & \cdots & \frac{1}{2n}-\frac{1}{n}\\ -\frac{1}{3} & \frac{1}{6}-\frac{1}{3} & \frac{2}{9}+1 & \cdots & \frac{2}{3n}-\frac{1}{n}\\ \vdots & \vdots & \vdots & & \vdots\\ -\frac{1}{n} & \frac{1}{2n}-\frac{1}{n} & \frac{2}{3n}-\frac{1}{n} & \cdots & \frac{n-1}{n^2}+1\end{pmatrix},
$$

从而

$$
\boldsymbol{C}'\boldsymbol{A}\boldsymbol{C}=\begin{pmatrix}1 & 0 & 0 & \cdots & 0\\ 0 & \frac{1}{2}\left(\frac{1}{2}+1\right) & 0 & \cdots & 0\\ 0 & 0 & \frac{1}{2}\left(\frac{1}{3}+1\right) & \cdots & 0\\ \vdots & \vdots & \vdots & & \vdots\\ 0 & 0 & 0 & \cdots & \frac{1}{2}\left(\frac{1}{n}+1\right)\end{pmatrix},
$$

因此 $$f(x_1,x_2,\cdots,x_n)=y_1^2+\frac{3}{4}y_2^2+\frac{2}{3}y_3^2+\cdots+\frac{k+1}{2k}y_k^2+\cdots+\frac{n+1}{2n}y_n^2,$$

即 $$f(x_1,x_2,\cdots,x_n)=\sum_{k=1}^{n}\frac{k+1}{2k}y_k^2。$$

(3) 令

$$\begin{cases} y_1=x_1-\overline{x} \\ y_2=x_2-\overline{x} \\ \cdots\quad\cdots \\ y_{n-1}=x_{n-1}-\overline{x} \\ y_n=x_n \end{cases}$$

易验证这是非退化线性替换，且

$$y_1+y_2+\cdots+y_{n-1}+y_n=n\overline{x}-(n-1)\overline{x}=\overline{x},$$

从而 $$x_n-\overline{x}=y_n-\overline{x}=-y_1-y_2-\cdots-y_{n-1},$$

于是 $$\begin{aligned} f(x_1,x_2,\cdots,x_n)&=y_1^2+y_2^2+\cdots+y_{n-1}^2+(y_1+y_2+\cdots+y_{n-1})^2 \\ &=2(y_1^2+y_2^2+\cdots+y_{n-1}^2)+2\sum_{1\leqslant i<j\leqslant n-1}y_iy_j \\ &=2\left(\sum_{i=1}^{n-1}y_i^2+\sum_{1\leqslant i<j\leqslant n-1}y_iy_j\right)。\end{aligned}$$

据第(2)小题，令

$$\begin{cases} y_1=z_1-\frac{1}{2}z_2-\frac{1}{3}z_3-\cdots-\frac{1}{n-1}z_{n-1} \\ y_2=\qquad z_2-\frac{1}{3}z_3-\cdots-\frac{1}{n-1}z_{n-1} \\ \cdots\quad\cdots\quad\cdots\quad\cdots \\ y_{n-1}=\qquad z_{n-1} \\ y_n=\qquad z_n \end{cases}$$

则 $$f(x_1,x_2,\cdots,x_n)=2\left(\sum_{k=1}^{n-1}\frac{k+1}{2k}z_k^2\right)=\sum_{k=1}^{n-1}\frac{k+1}{k}z_k^2,$$

所作的总的线性替换是

$$\begin{cases} x_1=2z_1+z_n, \\ x_2=z_1+\frac{3}{2}z_2+z_n, \\ x_3=z_1+\frac{1}{2}z_2+\frac{4}{3}z_3+z_n, \\ x_4=z_1+\frac{1}{2}z_2+\frac{1}{3}z_3+\frac{5}{4}z_4+z_n, \\ \cdots\quad\cdots\quad\cdots \\ x_i=z_1+\frac{1}{2}z_2+\frac{1}{3}z_3+\frac{1}{4}z_4+\cdots+\frac{1}{i-1}z_{i-1}+\frac{i+1}{i}z_i+z_n, \\ \cdots\quad\cdots\quad\cdots \\ x_{n-1}=z_1+\frac{1}{2}z_2+\frac{1}{3}z_3+\cdots+\frac{1}{n-2}z_{n-2}+\frac{n}{n-1}z_{n-1}+z_n, \\ x_n=z_n。\end{cases}$$

例 5 证明：数域 K 上的 n 级矩阵

$$\operatorname{diag}\{\lambda_1,\lambda_2,\cdots,\lambda_n\}\simeq\operatorname{diag}\{\lambda_{i_1},\lambda_{i_2},\cdots,\lambda_{i_n}\},$$

其中，$i_1 i_2\cdots i_n$ 是 $1,2,\cdots,n$ 的一个全排列。

证明 据 5.4 节的例 8 和例 10 的结论得

$$\operatorname{diag}\{\lambda_1,\lambda_2,\cdots,\lambda_n\}\simeq\operatorname{diag}\{\lambda_{i_1},\lambda_{i_2},\cdots,\lambda_{i_n}\}。$$ ■

例 6 用矩阵的成对初等行、列变换法把数域 K 上的下述二次型化成标准形，并且写出所作的非退化线性替换：

$$f(x_1,x_2,x_3)=x_1^2+2x_2^2-x_3^2+2x_1x_2-2x_1x_3。$$

解 $f(x_1,x_2,x_3)$ 的矩阵是

$$\boldsymbol{A}=\begin{pmatrix}1&1&-1\\1&2&0\\-1&0&-1\end{pmatrix}$$

$$\begin{pmatrix}1&1&-1\\1&2&0\\-1&0&-1\\1&0&0\\0&1&0\\0&0&1\end{pmatrix}\xrightarrow{②+①\cdot(-1)}\begin{pmatrix}1&1&-1\\0&1&1\\-1&0&-1\\1&0&0\\0&1&0\\0&0&1\end{pmatrix}\xrightarrow{②+①\cdot(-1)}\begin{pmatrix}1&0&-1\\0&1&1\\-1&1&-1\\1&-1&0\\0&1&0\\0&0&1\end{pmatrix}$$

$$\xrightarrow{③+①\cdot 1}\begin{pmatrix}1&0&-1\\0&1&1\\0&1&-2\\1&-1&0\\0&1&0\\0&0&1\end{pmatrix}\xrightarrow{③+①\cdot(1)}\begin{pmatrix}1&0&0\\0&1&1\\0&1&-2\\1&-1&1\\0&1&0\\0&0&1\end{pmatrix}$$

$$\xrightarrow{③+②\cdot(-1)}\begin{pmatrix}1&0&0\\0&1&1\\0&0&-3\\1&-1&1\\0&1&0\\0&0&1\end{pmatrix}\xrightarrow{③+②\cdot(-1)}\begin{pmatrix}1&0&0\\0&1&0\\0&0&-3\\1&-1&2\\0&1&-1\\0&0&1\end{pmatrix}$$

因此

$$\boldsymbol{D}=\begin{pmatrix}1&0&0\\0&1&0\\0&0&-3\end{pmatrix},\qquad\boldsymbol{C}=\begin{pmatrix}1&-1&2\\0&1&-1\\0&0&1\end{pmatrix}$$

令 $\boldsymbol{x}=\boldsymbol{C}\boldsymbol{y}$，得

$$f(x_1,x_2,x_3)=y_1^2+y_2^2-3y_3^2。$$

所作的非退化线性替换 $\boldsymbol{x}=\boldsymbol{C}\boldsymbol{y}$ 详细写出就是

$$\begin{cases} x_1 = y_1 - y_2 + 2y_3 \\ x_2 = \quad\ \ y_2 - y_3 \\ x_3 = \qquad\quad\ y_3 \end{cases}$$

注：为了检查计算过程是否发生差错，只要验算 $\boldsymbol{C}'\boldsymbol{A}\boldsymbol{C}$ 是否等于 $\boldsymbol{D}$。如果 $\boldsymbol{C}'\boldsymbol{A}\boldsymbol{C}=\boldsymbol{D}$，那么计算正确。

例 7　设 $\boldsymbol{A}$ 是数域 K 上的 n 级矩阵，证明：$\boldsymbol{A}$ 是斜对称矩阵当且仅当对于 K^n 中任一列向量 $\boldsymbol{\alpha}$，有 $\boldsymbol{\alpha}'\boldsymbol{A}\boldsymbol{\alpha}=0$。

证明　必要性。设 $\boldsymbol{A}$ 是斜对称矩阵，则 $\boldsymbol{A}'=-\boldsymbol{A}$。于是

$$(\boldsymbol{\alpha}'\boldsymbol{A}\boldsymbol{\alpha})' = \boldsymbol{\alpha}'\boldsymbol{A}'\boldsymbol{\alpha} = -\boldsymbol{\alpha}'\boldsymbol{A}\boldsymbol{\alpha},$$

又由于 $\boldsymbol{\alpha}'\boldsymbol{A}\boldsymbol{\alpha}$ 是 1 级矩阵，因此 $(\boldsymbol{\alpha}'\boldsymbol{A}\boldsymbol{\alpha})'=\boldsymbol{\alpha}'\boldsymbol{A}\boldsymbol{\alpha}$，从而 $\boldsymbol{\alpha}'\boldsymbol{A}\boldsymbol{\alpha}=-\boldsymbol{\alpha}'\boldsymbol{A}\boldsymbol{\alpha}$，由此得出，$\boldsymbol{\alpha}'\boldsymbol{A}\boldsymbol{\alpha}=0$。

充分性。设 $\boldsymbol{A}$ 的列向量组是 $\boldsymbol{\alpha}_1,\boldsymbol{\alpha}_2,\cdots,\boldsymbol{\alpha}_n$。由已知条件得

$$0=\boldsymbol{\varepsilon}_i'\boldsymbol{A}\boldsymbol{\varepsilon}_i = \boldsymbol{\varepsilon}_i'(\boldsymbol{\alpha}_i) = a_{ii}, \qquad i=1,2,\cdots,n.$$

$$\begin{aligned} 0 &= (\boldsymbol{\varepsilon}_i+\boldsymbol{\varepsilon}_j)'\boldsymbol{A}(\boldsymbol{\varepsilon}_i+\boldsymbol{\varepsilon}_j) = (\boldsymbol{\varepsilon}_i'+\boldsymbol{\varepsilon}_j')(\boldsymbol{\alpha}_i+\boldsymbol{\alpha}_j) \\ &= a_{ii}+a_{ij}+a_{ji}+a_{jj} = a_{ij}+a_{ji}, \qquad i\neq j \end{aligned}$$

因此 $\boldsymbol{A}$ 是斜对称矩阵。 ■

点评：在例 7 的充分性的证明中，利用了基本矩阵的乘法规律，由于 $\boldsymbol{\varepsilon}_i=\boldsymbol{E}_{i1}$，因此 $\boldsymbol{A}\boldsymbol{\varepsilon}_i=\boldsymbol{A}\boldsymbol{E}_{i1}=(\boldsymbol{\alpha}_i)$；由于 $\boldsymbol{\varepsilon}_i'=\boldsymbol{E}_{1i}$，因此 $\boldsymbol{\varepsilon}_i'\boldsymbol{\alpha}_i=\boldsymbol{E}_{1i}\boldsymbol{\alpha}_i=(a_{ii})=a_{ii}$。由此看出，为了单独取出 $\boldsymbol{A}$ 的 (i,i) 元 a_{ii}，应当用 $\boldsymbol{\varepsilon}_i'$ 左乘 $\boldsymbol{A}$，$\boldsymbol{\varepsilon}_i$ 右乘 $\boldsymbol{A}$，即 $\boldsymbol{\varepsilon}_i'\boldsymbol{A}\boldsymbol{\varepsilon}_i$。类似地，为了单独取出 $\boldsymbol{A}$ 的 $(i;j)$ 元 a_{ij}，应当计算 $\boldsymbol{\varepsilon}_i'\boldsymbol{A}\boldsymbol{\varepsilon}_j$，它就等于 a_{ij}。

例 8　设 $\boldsymbol{A}$ 是数域 K 上的一个 n 级对称矩阵，证明：如果对于 K^n 中任一列向量 $\boldsymbol{\alpha}$，有 $\boldsymbol{\alpha}'\boldsymbol{A}\boldsymbol{\alpha}=0$，那么 $\boldsymbol{A}=\boldsymbol{0}$。

证明　由例 7 的充分性得，$\boldsymbol{A}$ 是斜对称矩阵，于是 $\boldsymbol{A}'=-\boldsymbol{A}$，又由于 $\boldsymbol{A}$ 是对称矩阵，因此 $\boldsymbol{A}'=\boldsymbol{A}$。由此推出，$2\boldsymbol{A}=\boldsymbol{0}$，于是 $\boldsymbol{A}=0$。 ■

例 9　设

$$\boldsymbol{A}=\begin{pmatrix} \boldsymbol{A}_1 & \boldsymbol{A}_2 \\ \boldsymbol{A}_3 & \boldsymbol{A}_4 \end{pmatrix}$$

是一个 n 级对称矩阵，且 $\boldsymbol{A}_1$ 是 r 级可逆矩阵。证明：

$$\boldsymbol{A}\simeq\begin{pmatrix} \boldsymbol{A}_1 & \boldsymbol{0} \\ \boldsymbol{0} & \boldsymbol{A}_4-\boldsymbol{A}_2'\boldsymbol{A}_1^{-1}\boldsymbol{A}_2 \end{pmatrix},$$

$$|\boldsymbol{A}|=|\boldsymbol{A}_1|\,|\boldsymbol{A}_4-\boldsymbol{A}_2'\boldsymbol{A}_1^{-1}\boldsymbol{A}_2|。$$

证明　由于 $\boldsymbol{A}$ 是对称矩阵，因此 $\boldsymbol{A}'=\boldsymbol{A}$，即

$$\begin{pmatrix} \boldsymbol{A}_1' & \boldsymbol{A}_3' \\ \boldsymbol{A}_2' & \boldsymbol{A}_4' \end{pmatrix}=\begin{pmatrix} \boldsymbol{A}_1 & \boldsymbol{A}_2 \\ \boldsymbol{A}_3 & \boldsymbol{A}_4 \end{pmatrix},$$

从而 $\boldsymbol{A}_1,\boldsymbol{A}_4$ 都是对称矩阵，且 $\boldsymbol{A}_3=\boldsymbol{A}_2'$。由于 $\boldsymbol{A}_1$ 可逆，因此

$$\begin{aligned} \begin{pmatrix} \boldsymbol{A}_1 & \boldsymbol{A}_2 \\ \boldsymbol{A}_2' & \boldsymbol{A}_4 \end{pmatrix} &\xrightarrow{②+(-\boldsymbol{A}_2'\boldsymbol{A}_1^{-1})\cdot①} \begin{pmatrix} \boldsymbol{A}_1 & \boldsymbol{A}_2 \\ \boldsymbol{0} & \boldsymbol{A}_4-\boldsymbol{A}_2'\boldsymbol{A}_1^{-1}\boldsymbol{A}_2 \end{pmatrix} \\ &\xrightarrow[②+①\cdot(-\boldsymbol{A}_1^{-1}\boldsymbol{A}_2)]{} \begin{pmatrix} \boldsymbol{A}_1 & \boldsymbol{0} \\ \boldsymbol{0} & \boldsymbol{A}_4-\boldsymbol{A}_2'\boldsymbol{A}_1^{-1}\boldsymbol{A}_2 \end{pmatrix}, \end{aligned}$$

从而

$$\begin{pmatrix} I_r & 0 \\ -A_2'A_1^{-1} & I_{n-r} \end{pmatrix}\begin{pmatrix} A_1 & A_2 \\ A_3 & A_4 \end{pmatrix}\begin{pmatrix} I_r & -A_1^{-1}A_2 \\ 0 & I_{n-r} \end{pmatrix}=\begin{pmatrix} A_1 & 0 \\ 0 & A_4-A_2'A_1^{-1}A_2 \end{pmatrix}。$$

由于 $(-A_1^{-1}A_2)'=-A_2'(A_1^{-1})'=-A_2'(A_1')^{-1}=-A_2'A_1^{-1}$，因此从上式得出

$$\begin{pmatrix} A_1 & A_2 \\ A_3 & A_4 \end{pmatrix}\simeq\begin{pmatrix} A_1 & 0 \\ 0 & A_4-A_2'A_1^{-1}A_2 \end{pmatrix},$$

$$|A|=|A_1||A_4-A_2'A_1^{-1}A_2|.$$ ■

例 10 证明：数域 K 上的斜对称矩阵一定合同于下述形式的分块对角矩阵：

$$\operatorname{diag}\left\{\begin{pmatrix} 0 & 1 \\ -1 & 0 \end{pmatrix},\cdots,\begin{pmatrix} 0 & 1 \\ -1 & 0 \end{pmatrix},(0),\cdots,(0)\right\}。$$

证明 对斜对称矩阵的级数 n 作第二数学归纳法。

$n=1$ 时，$(0)\simeq(0)$。

$n=2$ 时，设 $a\neq0$，则

$$\begin{pmatrix} 0 & a \\ -a & 0 \end{pmatrix}\xrightarrow{①\cdot a^{-1}}\begin{pmatrix} 0 & 1 \\ -a & 0 \end{pmatrix}\xrightarrow[①\cdot a^{-1}]{}\begin{pmatrix} 0 & 1 \\ -1 & 0 \end{pmatrix}。$$

据引理 1 得

$$\begin{pmatrix} 0 & a \\ -a & 0 \end{pmatrix}\simeq\begin{pmatrix} 0 & 1 \\ -1 & 0 \end{pmatrix}。$$

假设对于小于 n 级的斜对称矩阵，命题为真。现在来看 n 级斜对称矩阵 $A=(a_{ij})$。

情形 1 A 的左上角的 2 级子矩阵 $A_1\neq 0$，则 A_1 可逆。把 A 写成分块矩阵的形式：

$$A=\begin{pmatrix} A_1 & A_2 \\ A_3 & A_4 \end{pmatrix},$$

则

$$A'=\begin{pmatrix} A_1' & A_3' \\ A_2' & A_4' \end{pmatrix}。$$

由于 $A'=-A$，因此 $A_1'=-A_1$，$A_4'=-A_4$，$A_3=-A_2'$，从而

$$A=\begin{pmatrix} A_1 & A_2 \\ -A_2' & A_4 \end{pmatrix}\xrightarrow{②+(A_2'A_1^{-1})\cdot①}\begin{pmatrix} A_1 & A_2 \\ 0 & A_4+A_2'A_1^{-1}A_2 \end{pmatrix}$$

$$\xrightarrow[②+①\cdot(-A_1^{-1}A_2)]{}\begin{pmatrix} A_1 & 0 \\ 0 & A_4+A_2'A_1^{-1}A_2 \end{pmatrix},$$

于是

$$\begin{pmatrix} I_2 & 0 \\ A_2'A_1^{-1} & I_{n-2} \end{pmatrix}\begin{pmatrix} A_1 & A_2 \\ -A_2' & A_4 \end{pmatrix}\begin{pmatrix} I_2 & -A_1^{-1}A_2 \\ 0 & I_{n-2} \end{pmatrix}=\begin{pmatrix} A_1 & 0 \\ 0 & A_4+A_2'A_1^{-1}A_2 \end{pmatrix}。$$

由于 $(-A_1^{-1}A_2)'=-A_2'(A_1^{-1})'=-A_2'(A_1')^{-1}=-A_2'(-A_1)^{-1}=A_2'A_1^{-1}$，

因此从上式得出

$$\begin{pmatrix} A_1 & A_2 \\ -A_2' & A_4 \end{pmatrix}\simeq\begin{pmatrix} A_1 & 0 \\ 0 & A_4+A_2'A_1^{-1}A_2 \end{pmatrix}。$$

由于$(\boldsymbol{A}_4+\boldsymbol{A}_2'\boldsymbol{A}_1^{-1}\boldsymbol{A}_2)'=\boldsymbol{A}_4'+\boldsymbol{A}_2'(\boldsymbol{A}_1^{-1})'\boldsymbol{A}_2=-\boldsymbol{A}_4-\boldsymbol{A}_2'\boldsymbol{A}_1^{-1}\boldsymbol{A}_2$，因此，$\boldsymbol{A}_4+\boldsymbol{A}_2'\boldsymbol{A}_1^{-1}\boldsymbol{A}_2$ 是$n-2$ 级斜对称矩阵，于是对它可用归纳假设，存在 $n-2$ 级可逆矩阵 $\boldsymbol{C}_2$，使得

$$\boldsymbol{B}=\boldsymbol{A}_4+\boldsymbol{A}_2'\boldsymbol{A}_1^{-1}\boldsymbol{A}_2\simeq \operatorname{diag}\left\{\begin{pmatrix}0&1\\-1&0\end{pmatrix},\cdots,\begin{pmatrix}0&1\\-1&0\end{pmatrix},(0),\cdots,(0)\right\}。$$

由于 $\boldsymbol{A}_1$ 是 2 级斜对称矩阵，因此可用归纳假设，存在 2 级可逆矩阵 $\boldsymbol{C}_1$，使得

$$\boldsymbol{A}_1\simeq\begin{pmatrix}0&1\\-1&0\end{pmatrix}。$$

令

$$\boldsymbol{C}=\begin{pmatrix}\boldsymbol{C}_1&\boldsymbol{0}\\\boldsymbol{0}&\boldsymbol{C}_2\end{pmatrix},$$

则 $\boldsymbol{C}$ 是 n 级可逆矩阵，且

$$\begin{aligned}\boldsymbol{C}'\begin{pmatrix}\boldsymbol{A}_1&\boldsymbol{0}\\\boldsymbol{0}&\boldsymbol{B}\end{pmatrix}\boldsymbol{C}&=\begin{pmatrix}\boldsymbol{C}_1'\boldsymbol{A}_1\boldsymbol{C}_1&\boldsymbol{0}\\\boldsymbol{0}&\boldsymbol{C}_2'\boldsymbol{B}\boldsymbol{C}_2\end{pmatrix}\\&=\operatorname{diag}\left\{\begin{pmatrix}0&1\\-1&0\end{pmatrix},\begin{pmatrix}0&1\\-1&0\end{pmatrix},\cdots,\begin{pmatrix}0&1\\-1&0\end{pmatrix},(0),\cdots,(0)\right\}。\end{aligned}$$

情形 2　$\boldsymbol{A}_1=\boldsymbol{0}$，但在 $\boldsymbol{A}$ 的第 1 行（或第 2 行）中有 $a_{1j}\neq0$（或 $a_{2j}\neq0$）。

若 $a_{1j}\neq0$，则把 $\boldsymbol{A}$ 的第 j 行加到第 2 行上，接着把所得矩阵的第 j 列加到第 2 列上，得到的矩阵 $\boldsymbol{G}$ 的(2,1)元为$-a_{1j}$，(1,2)元为 a_{1j}，(1,1)元和(2,2)元仍为 0。由引理 1 得，$\boldsymbol{A}\simeq\boldsymbol{G}$，而 $\boldsymbol{G}$ 属于情形 1，因此据合同关系的传递性，得

$$\boldsymbol{A}\simeq \operatorname{diag}\left\{\begin{pmatrix}0&1\\-1&0\end{pmatrix},\cdots,\begin{pmatrix}0&1\\-1&0\end{pmatrix},(0),\cdots,(0)\right\}。$$

若 $a_{2j}\neq0$，则把 $\boldsymbol{A}$ 的第 j 行加到第 1 行上，接着把第 j 列加到第 1 列上，得到的矩阵 $\boldsymbol{H}$ 属于情形 1，因此 $\boldsymbol{A}$ 合同于所要求的分块对角矩阵。

情形 3　$\boldsymbol{A}_1=\boldsymbol{0}$，$\boldsymbol{A}_2=\boldsymbol{0}$，此时

$$\boldsymbol{A}=\begin{pmatrix}\boldsymbol{0}&\boldsymbol{0}\\\boldsymbol{0}&\boldsymbol{A}_4\end{pmatrix}。$$

由于 $\boldsymbol{A}_4$ 是 $n-2$ 级斜对称矩阵，因此可用归纳假设，存在 $n-2$ 级可逆矩阵 $\boldsymbol{C}_3$，使得

$$\boldsymbol{C}_3'\boldsymbol{A}_4\boldsymbol{C}_3=\operatorname{diag}\left\{\begin{pmatrix}0&1\\-1&0\end{pmatrix},\cdots,\begin{pmatrix}0&1\\-1&0\end{pmatrix},(0),\cdots,(0)\right\},$$

$$\begin{pmatrix}\boldsymbol{0}&\boldsymbol{0}\\\boldsymbol{0}&\boldsymbol{A}_4\end{pmatrix}\xrightarrow{(①,②)}\begin{pmatrix}\boldsymbol{0}&\boldsymbol{A}_4\\\boldsymbol{0}&\boldsymbol{0}\end{pmatrix}\xrightarrow[(①,②)]{}\begin{pmatrix}\boldsymbol{A}_4&\boldsymbol{0}\\\boldsymbol{0}&\boldsymbol{0}\end{pmatrix},$$

于是

$$\begin{pmatrix}\boldsymbol{0}&\boldsymbol{I}_{n-2}\\\boldsymbol{I}_2&\boldsymbol{0}\end{pmatrix}\begin{pmatrix}\boldsymbol{0}&\boldsymbol{0}\\\boldsymbol{0}&\boldsymbol{A}_4\end{pmatrix}\begin{pmatrix}\boldsymbol{0}&\boldsymbol{I}_2\\\boldsymbol{I}_{n-2}&\boldsymbol{0}\end{pmatrix}=\begin{pmatrix}\boldsymbol{A}_4&\boldsymbol{0}\\\boldsymbol{0}&\boldsymbol{0}\end{pmatrix},$$

因此

$$\begin{pmatrix}\boldsymbol{0}&\boldsymbol{0}\\\boldsymbol{0}&\boldsymbol{A}_4\end{pmatrix}\simeq\begin{pmatrix}\boldsymbol{A}_4&\boldsymbol{0}\\\boldsymbol{0}&\boldsymbol{0}\end{pmatrix}。$$

又有

$$\begin{pmatrix} \boldsymbol{C}_3 & \boldsymbol{0} \\ \boldsymbol{0} & \boldsymbol{I}_2 \end{pmatrix}' \begin{pmatrix} \boldsymbol{A}_4 & \boldsymbol{0} \\ \boldsymbol{0} & \boldsymbol{0} \end{pmatrix} \begin{pmatrix} \boldsymbol{C}_3 & \boldsymbol{0} \\ \boldsymbol{0} & \boldsymbol{I}_2 \end{pmatrix} = \begin{pmatrix} \boldsymbol{C}_3'\boldsymbol{A}_4\boldsymbol{C}_3 & \boldsymbol{0} \\ \boldsymbol{0} & \boldsymbol{0} \end{pmatrix},$$

因此

$$\boldsymbol{A} \simeq \operatorname{diag}\left\{ \begin{pmatrix} 0 & 1 \\ -1 & 0 \end{pmatrix}, \cdots, \begin{pmatrix} 0 & 1 \\ -1 & 0 \end{pmatrix}, (0), \cdots, (0), (0), (0) \right\}。$$

根据第二数学归纳法原理，对一切正整数 n，命题为真。 ■

点评：由于合同的矩阵有相等的秩，因此从例 10 的结论得出：斜对称矩阵的秩是偶数。

例 11 设 n 级实对称矩阵 $\boldsymbol{A}$ 的全部特征值按大小顺序排成 $\lambda_1 \geqslant \lambda_2 \geqslant \cdots \geqslant \lambda_n$。证明：对于 $\mathbf{R}^n$ 中任一非零列向量 $\boldsymbol{\alpha}$，都有

$$\lambda_n \leqslant \frac{\boldsymbol{\alpha}'\boldsymbol{A}\boldsymbol{\alpha}}{|\boldsymbol{\alpha}|^2} \leqslant \lambda_1。 \tag{35}$$

证明 因为 $\boldsymbol{A}$ 是 n 级实对称矩阵，所以有 n 级正交矩阵 $\boldsymbol{T}$，使得 $\boldsymbol{T}^{-1}\boldsymbol{A}\boldsymbol{T} = \operatorname{diag}\{\lambda_1, \lambda_2, \cdots, \lambda_n\}$。任取 $\mathbf{R}^n$ 中一个非零列向量 $\boldsymbol{\alpha}$，设 $(\boldsymbol{T}'\boldsymbol{\alpha})' = (b_1, b_2, \cdots, b_n)$，则

$$\begin{aligned} \boldsymbol{\alpha}'\boldsymbol{A}\boldsymbol{\alpha} &= \boldsymbol{\alpha}'\boldsymbol{T}\operatorname{diag}\{\lambda_1, \lambda_2, \cdots, \lambda_n\}\boldsymbol{T}^{-1}\boldsymbol{\alpha} = (\boldsymbol{T}'\boldsymbol{\alpha})'\operatorname{diag}\{\lambda_1, \lambda_2, \cdots, \lambda_n\}(\boldsymbol{T}'\boldsymbol{\alpha}) \\ &= \lambda_1 b_1^2 + \lambda_2 b_2^2 + \cdots + \lambda_n b_n^2 \leqslant \lambda_1(b_1^2 + b_2^2 + \cdots + b_n^2) \\ &= \lambda_1 |\boldsymbol{T}'\boldsymbol{\alpha}|^2 = \lambda_1 |\boldsymbol{\alpha}|^2。 \end{aligned}$$

同理

$$\boldsymbol{\alpha}'\boldsymbol{A}\boldsymbol{\alpha} = \lambda_1 b_1^2 + \lambda_2 b_2^2 + \cdots + \lambda_n b_n^2 \geqslant \lambda_n |\boldsymbol{\alpha}|^2,$$

因此

$$\lambda_n \leqslant \frac{\boldsymbol{\alpha}'\boldsymbol{A}\boldsymbol{\alpha}}{|\boldsymbol{\alpha}|^2} \leqslant \lambda_1。$$

■

例 12 设 $\boldsymbol{A} = (a_{ij})$ 是 n 级实对称矩阵，它的 n 个特征值排序成 $\lambda_1 \geqslant \lambda_2 \cdots \geqslant \lambda_n$。证明：

$$\lambda_n \leqslant a_{ii} \leqslant \lambda_1, \quad i = 1, 2, \cdots, n。$$

证明 由于 $\boldsymbol{\varepsilon}_i'\boldsymbol{A}\boldsymbol{\varepsilon}_i = a_{ii}$，且 $|\boldsymbol{\varepsilon}_i|^2 = 1$，因此从例 11 的结论立即得到 $\lambda_n \leqslant a_{ii} \leqslant \lambda_1$。 ■

点评：从例 12 看到，实对称矩阵的每一个主对角元都在最小特征值与最大特征值之间，这个结论是有用的。

例 13 设 $\boldsymbol{B}$ 是 n 级实矩阵，$\boldsymbol{B}'\boldsymbol{B}$ 的全部特征值排序成 $\lambda_1 \geqslant \lambda_2 \geqslant \cdots \geqslant \lambda_n$。证明：如果 $\boldsymbol{B}$ 有特征值，那么 $\boldsymbol{B}$ 的任一特征值 μ 满足：

$$\sqrt{\lambda_n} \leqslant |\mu| \leqslant \sqrt{\lambda_1}。 \tag{36}$$

证明 设 μ 是 $\boldsymbol{B}$ 的一个特征值，$\boldsymbol{\alpha}$ 是 $\boldsymbol{B}$ 的属于 μ 的一个特征向量。

据 5.7 节的例 3 的结论，$\boldsymbol{B}'\boldsymbol{B}$ 的所有特征值都是非负实数。对实对称矩阵 $\boldsymbol{B}'\boldsymbol{B}$ 用例 11 的结论，得

$$\lambda_n \leqslant \frac{\boldsymbol{\alpha}'\boldsymbol{B}'\boldsymbol{B}\boldsymbol{\alpha}}{|\boldsymbol{\alpha}|^2} \leqslant \lambda_1。$$

由于 $\quad \boldsymbol{\alpha}'\boldsymbol{B}'\boldsymbol{B}\boldsymbol{\alpha} = (\boldsymbol{B}\boldsymbol{\alpha})'(\boldsymbol{B}\boldsymbol{\alpha}) = (\mu\boldsymbol{\alpha})'(\mu\boldsymbol{\alpha}) = \mu^2\boldsymbol{\alpha}'\boldsymbol{\alpha} = \mu^2 |\boldsymbol{\alpha}|^2,$

因此 $\quad \lambda_n \leqslant \mu^2 \leqslant \lambda_1,$

从而 $\quad \sqrt{\lambda_n} \leqslant |\mu| \leqslant \sqrt{\lambda_1}。$ ■

例 14　设 $\boldsymbol{A},\boldsymbol{B}$ 都是 n 级实对称矩阵，证明：如果 $\boldsymbol{AB}=\boldsymbol{BA}$，那么存在一个 n 级正交矩阵 $\boldsymbol{T}$，使得 $\boldsymbol{T}'\boldsymbol{AT}$ 与 $\boldsymbol{T}'\boldsymbol{BT}$ 都为对角矩阵。

证明　因为 $\boldsymbol{A}$ 是 n 级实对称矩阵，所以有 n 级正交矩阵 $\boldsymbol{T}_1$，使得

$$\boldsymbol{T}_1^{-1}\boldsymbol{A}\boldsymbol{T}_1=\mathrm{diag}\{\lambda_1\boldsymbol{I}_{r_1},\lambda_2\boldsymbol{I}_{r_2},\cdots,\lambda_m\boldsymbol{I}_{r_m}\},$$

其中 $\lambda_1,\lambda_2,\cdots,\lambda_m$ 是 $\boldsymbol{A}$ 的全部不同的特征值。由于 $\boldsymbol{AB}=\boldsymbol{BA}$，因此

$$(\boldsymbol{T}_1^{-1}\boldsymbol{A}\boldsymbol{T}_1)(\boldsymbol{T}_1^{-1}\boldsymbol{B}\boldsymbol{T}_1)=\boldsymbol{T}_1^{-1}\boldsymbol{AB}\boldsymbol{T}_1=\boldsymbol{T}_1^{-1}\boldsymbol{BA}\boldsymbol{T}_1=(\boldsymbol{T}_1^{-1}\boldsymbol{B}\boldsymbol{T}_1)(\boldsymbol{T}_1^{-1}\boldsymbol{A}\boldsymbol{T}_1)。$$

据 4.5 节的习题 4.5 第 13 题的结论，得

$$\boldsymbol{T}_1^{-1}\boldsymbol{B}\boldsymbol{T}_1=\mathrm{diag}\{\boldsymbol{B}_1,\boldsymbol{B}_2,\cdots,\boldsymbol{B}_m\},$$

其中 $\boldsymbol{B}_i$ 是 r_i 级实矩阵，易验证它是对称矩阵，$i=1,2,\cdots,m$，于是存在 r_i 级正交矩阵 $\widetilde{\boldsymbol{T}}_i$，使得 $\widetilde{\boldsymbol{T}}_i^{-1}\boldsymbol{B}_i\widetilde{\boldsymbol{T}}_i$ 为对角矩阵，$i=1,2,\cdots,m$。令

$$\boldsymbol{T}_2=\mathrm{diag}\{\widetilde{\boldsymbol{T}}_1,\widetilde{\boldsymbol{T}}_2,\cdots,\widetilde{\boldsymbol{T}}_m\},$$

$$\boldsymbol{T}=\boldsymbol{T}_1\boldsymbol{T}_2,$$

则 $\boldsymbol{T}_2,\boldsymbol{T}$ 都是 n 级正交矩阵，且

$$\begin{aligned}\boldsymbol{T}'\boldsymbol{BT}&=\boldsymbol{T}_2^{-1}\boldsymbol{T}_1^{-1}\boldsymbol{B}\boldsymbol{T}_1\boldsymbol{T}_2=\boldsymbol{T}_2^{-1}\mathrm{diag}\{\boldsymbol{B}_1,\boldsymbol{B}_2,\cdots,\boldsymbol{B}_m\}\boldsymbol{T}_2\\&=\mathrm{diag}\{\widetilde{\boldsymbol{T}}_1^{-1}\boldsymbol{B}_1\widetilde{\boldsymbol{T}}_1,\widetilde{\boldsymbol{T}}_2^{-1}\boldsymbol{B}_2\widetilde{\boldsymbol{T}}_2,\cdots,\widetilde{\boldsymbol{T}}_m^{-1}\boldsymbol{B}_m\widetilde{\boldsymbol{T}}_m\},\\\boldsymbol{T}'\boldsymbol{AT}&=\boldsymbol{T}_2^{-1}\boldsymbol{T}_1^{-1}\boldsymbol{A}\boldsymbol{T}_1\boldsymbol{T}_2=\boldsymbol{T}_2^{-1}\mathrm{diag}\{\lambda_1\boldsymbol{I}_{r_1},\lambda_2\boldsymbol{I}_{r_2},\cdots,\lambda_m\boldsymbol{I}_{r_m}\}\boldsymbol{T}_2\\&=\mathrm{diag}\{\widetilde{\boldsymbol{T}}_1^{-1}(\lambda_1\boldsymbol{I}_{r_1})\widetilde{\boldsymbol{T}}_1,\widetilde{\boldsymbol{T}}_2^{-1}(\lambda_2\boldsymbol{I}_{r_2})\widetilde{\boldsymbol{T}}_2,\cdots,\widetilde{\boldsymbol{T}}_m^{-1}(\lambda_m\boldsymbol{I}_{r_m})\widetilde{\boldsymbol{T}}_m\}\\&=\mathrm{diag}\{\lambda_1\boldsymbol{I}_{r_1},\lambda_2\boldsymbol{I}_{r_2},\cdots,\lambda_m\boldsymbol{I}_{r_m}\},\end{aligned}$$

即 $\boldsymbol{T}'\boldsymbol{AT},\boldsymbol{T}'\boldsymbol{BT}$ 都为对角矩阵。　■

习题 6.1

1. 用正交替换把下列实二次型化成标准形：

(1) $f(x_1,x_2,x_3)=2x_1^2+5x_2^2+5x_3^2+4x_1x_2-4x_1x_3-8x_2x_3$；

(2) $f(x_1,x_2,x_3,x_4)=2x_1x_2-2x_3x_4$。

2. 作直角坐标变换，把下述二次曲面的方程化成标准方程，并且指出它是什么二次曲面。

$$2x^2+6y^2+2z^2+8xz-1=0$$

3. 作非退化线性替换，把下列数域 K 上二次型化成标准形，并写出所作的非退化线性替换：

(1) $f(x_1,x_2,x_3)=x_1^2+2x_2^2+2x_1x_2-2x_1x_3$；

(2) $f(x_1,x_2,x_3)=x_1^2-x_3^2+2x_1x_2+2x_2x_3$；

(3) $f(x_1,x_2,x_3)=x_1x_2+x_1x_3+x_2x_3$；

(4) $f(x_1,x_2,x_3,x_4)=2x_1x_2-2x_3x_4$。

4. 用矩阵的成对初等行、列变换法把数域 K 上的下述二次型化成标准形，并且写出所作的非退化线性替换：

(1) $f(x_1,x_2,x_3)=x_1^2-2x_2^2+x_3^2-2x_1x_2+4x_2x_3$；

(2) $f(x_1,x_2,x_3)=x_1x_2+x_1x_3+x_2x_3$。

5. 证明：秩为 r 的对称矩阵可以表示成 r 个秩为 1 的对称矩阵之和。

6. 证明：实数域上任一斜对称矩阵的行列式必为非负实数。

7. 证明：元素全为整数的斜对称矩阵的行列式一定是一个整数的平方。

8. 设 n 元实二次型 $\boldsymbol{x}'\boldsymbol{A}\boldsymbol{x}$ 的矩阵 $\boldsymbol{A}$ 的一个特征值是 λ_1，证明：存在 $\mathbf{R}^n$ 中非零列向量 $\boldsymbol{\alpha}=(a_1,a_2,\cdots,a_n)'$，使得

$$\boldsymbol{\alpha}'\boldsymbol{A}\boldsymbol{\alpha}=\lambda_1(a_1^2+a_2^2+\cdots+a_n^2)。$$

9. 设 $\boldsymbol{A}$ 是一个 n 级实对称矩阵，证明：存在一个正实数 M，使得对于 $\mathbf{R}^n$ 中任一非零列向量 $\boldsymbol{\alpha}$，都有

$$\frac{|\boldsymbol{\alpha}'\boldsymbol{A}\boldsymbol{\alpha}|}{|\boldsymbol{\alpha}|^2}\leqslant M。$$

6.2 实二次型的规范形

6.2.1 内容精华

我们已经知道，一个二次型的标准形不唯一，与所作的非退化线性替换有关。这一节来讨论二次型的哪些量与所作的非退化线性替换无关。在 6.1 节已指出，二次型 $\boldsymbol{x}'\boldsymbol{A}\boldsymbol{x}$ 的任一标准形中，系数不为 0 的平方项的个数等于 $\mathrm{rank}(\boldsymbol{A})$，从而它与所作的非退化线性替换无关。二次型的标准形中还有哪些量具有这种性质？我们还要讨论：在一个二次型的等价类里最简单形式的二次型是什么样的，以及它是否唯一？

首先对实数域上的二次型进行讨论。实数域上的二次型简称为实二次型。

n 元实二次型 $\boldsymbol{x}'\boldsymbol{A}\boldsymbol{x}$ 经过一个适当的非退化线性替换 $\boldsymbol{x}=\boldsymbol{C}\boldsymbol{y}$ 可以化成下述形式的标准形：

$$d_1y_1^2+\cdots+d_py_p^2-d_{p+1}y_{p+1}^2-\cdots-d_ry_r^2, \tag{1}$$

其中 $d_i>0,i=1,2,\cdots,r$。据 6.1 节的命题 3 可知，r 是这个二次型的秩，再作一个非退化线性替换：

$$y_i=\frac{1}{\sqrt{d_i}}z_i,\quad i=1,2,\cdots,r,$$

$$y_j=z_j,\quad j=r+1,\cdots,n,$$

则二次型(1) 可以变成

$$z_1^2+\cdots+z_p^2-z_{p+1}^2-\cdots-z_r^2, \tag{2}$$

因此实二次型 $\boldsymbol{x}'\boldsymbol{A}\boldsymbol{x}$ 有形如(2) 的一个标准形，称之为 $\boldsymbol{x}'\boldsymbol{A}\boldsymbol{x}$ 的**规范形**，其特征是：只含平方项，且平方项的系数为 1，-1 或 0；系数为 1 的平方项都在前面。实二次型$\boldsymbol{x}'\boldsymbol{A}\boldsymbol{x}$的规范形(2) 被两个自然数 p 和 r 决定。

定理 1(惯性定理)　n 元实二次型 $\boldsymbol{x}'\boldsymbol{A}\boldsymbol{x}$ 的规范形是唯一的。

证明　设 n 元实二次型 $\boldsymbol{x}'\boldsymbol{A}\boldsymbol{x}$ 的秩为 r。假设 $\boldsymbol{x}'\boldsymbol{A}\boldsymbol{x}$ 分别经过非退化线性替换 $\boldsymbol{x}=\boldsymbol{C}\boldsymbol{y}$，$\boldsymbol{x}=\boldsymbol{B}\boldsymbol{z}$ 变成两个规范形：

$$\boldsymbol{x}'\boldsymbol{A}\boldsymbol{x} = y_1^2+\cdots+y_p^2-y_{p+1}^2-\cdots-y_r^2, \tag{3}$$

$$\boldsymbol{x}'\boldsymbol{A}\boldsymbol{x} = z_1^2+\cdots+z_q^2-z_{q+1}^2-\cdots-z_r^2。 \tag{4}$$

现在来证明 $p=q$，从而 $\boldsymbol{x}'\boldsymbol{A}\boldsymbol{x}$ 的规范形唯一。

从式(3)和式(4)看出，经过非退化线性替换 $\boldsymbol{z}=(\boldsymbol{B}^{-1}\boldsymbol{C})\boldsymbol{y}$，有

$$z_1^2+\cdots+z_q^2-z_{q+1}^2-\cdots-z_r^2 = y_1^2+\cdots+y_p^2-y_{p+1}^2-\cdots-y_r^2。 \tag{5}$$

记 $\boldsymbol{G}=\boldsymbol{B}^{-1}\boldsymbol{C}=(g_{ij})$。假如 $p>q$，我们想找到变量 $y_1,y_2,\cdots,y_n$ 取的一组值，使得式(5)右端大于 0，而左端小于或等于 0，从而产生矛盾，为此让 $\boldsymbol{y}$ 取下述列向量

$$\boldsymbol{\beta}=(k_1,\cdots k_p,0,\cdots,0)', \tag{6}$$

其中 $k_1,\cdots,k_p$ 是待定的不全为 0 的实数，使得变量 $z_1,\cdots,z_q$ 取的值全为 0。由于 $\boldsymbol{z}=\boldsymbol{G}\boldsymbol{y}$，因此当 $\boldsymbol{y}$ 取 $\boldsymbol{\beta}$ 时，有

$$\begin{cases} z_1 = g_{11}k_1+\cdots+g_{1p}k_p \\ z_2 = g_{21}k_1+\cdots+g_{2p}k_p \\ \quad\vdots \qquad\quad \vdots \qquad\quad \vdots \\ z_q = g_{q1}k_1+\cdots+g_{qp}k_p \end{cases}$$

从而我们考虑齐次线性方程组：

$$\begin{cases} g_{11}k_1+\cdots+g_{1p}k_p=0 \\ g_{21}k_1+\cdots+g_{2p}k_p=0 \\ \quad\vdots \qquad\quad \vdots \qquad\quad \vdots \\ g_{q1}k_1+\cdots+g_{qp}k_p=0 \end{cases} \tag{7}$$

由于 $q<p$，因此齐次线性方程组(7)有非零解，于是 $k_1,k_2,\cdots,k_p$ 可取到一组不全为 0 的实数，使得 $z_1=\cdots=z_q=0$。此时式(5) 左端的值小于或等于 0，而右端的值大于 0，矛盾，因此 $p\leqslant q$。同理可证 $q\leqslant p$，从而 $p=q$。■

定义 1　在实二次型 $\boldsymbol{x}'\boldsymbol{A}\boldsymbol{x}$ 的规范形中，系数为 $+1$ 的平方项个数 p 称为 $\boldsymbol{x}'\boldsymbol{A}\boldsymbol{x}$ 的**正惯性指数**，系数为 -1 的平方项个数 $r-p$ 称为 $\boldsymbol{x}'\boldsymbol{A}\boldsymbol{x}$ 的**负惯性指数**；正惯性指数减去负惯性指数所得的差 $2p-r$ 称为 $\boldsymbol{x}'\boldsymbol{A}\boldsymbol{x}$ 的**符号差**。

由上述知，实二次型 $\boldsymbol{x}'\boldsymbol{A}\boldsymbol{x}$ 的规范形被它的秩和正惯性指数决定。利用二次型等价的传递性和对称性立即得出：

命题 1　两个 n 元实二次型等价

$\Longleftrightarrow$　它们的规范形相同

$\Longleftrightarrow$　它们的秩相等，并且正惯性指数也相等。■

从实二次型 $\boldsymbol{x}'\boldsymbol{A}\boldsymbol{x}$ 经过非退化线性替换化成规范形的过程中看到，$\boldsymbol{x}'\boldsymbol{A}\boldsymbol{x}$ 的任一标准形中系数为正的平方项个数等于 $\boldsymbol{x}'\boldsymbol{A}\boldsymbol{x}$ 的正惯性指数；系数为负的平方项个数等于 $\boldsymbol{x}'\boldsymbol{A}\boldsymbol{x}$ 的负惯性指数。从而虽然 $\boldsymbol{x}'\boldsymbol{A}\boldsymbol{x}$ 的标准形不唯一，但是标准形中系数为正的平方项个数是唯一的，系数为负的平方项个数也是唯一的。

从惯性定理得出：

推论1 任一n级实对称矩阵$\boldsymbol{A}$合同于对角矩阵$\mathrm{diag}\{1,\cdots,1,-1,\cdots,-1,0,\cdots,0\}$，其中1的个数等于$\boldsymbol{x}'\boldsymbol{A}\boldsymbol{x}$的正惯性指数，$-1$的个数等于$\boldsymbol{x}'\boldsymbol{A}\boldsymbol{x}$的负惯性指数(分别把它们称为$\boldsymbol{A}$的正惯性指数和负惯性指数)，这个对角矩阵称为$\boldsymbol{A}$的**合同规范形**。 ■

从上面的讨论容易得出，n级实对称矩阵$\boldsymbol{A}$的合同标准形中，主对角元为正(负)数的个数等于$\boldsymbol{A}$的正(负)惯性指数。

从命题1立即得出：

推论2 两个n级实对称矩阵合同。

$\Longleftrightarrow$ 它们的秩相等，并且正惯性指数也相等。 ■

推论2表明，秩和正惯性指数恰好完全决定n级实对称矩阵的合同类，因此由所有n级实对称矩阵组成的集合中，秩和正惯性指数是合同关系下的一组完全不变量。

现在讨论复数域上的二次型，简称为复二次型。

设n元复二次型$\boldsymbol{x}'\boldsymbol{A}\boldsymbol{x}$经过一个适当的非退化线性替换$\boldsymbol{x}=\boldsymbol{C}\boldsymbol{y}$变成下述形式的标准形：

$$d_1y_1^2+d_2y_2^2+\cdots+d_ry_r^2, \tag{8}$$

其中$d_i\neq 0, i=1,2,\cdots,r$；$r$是这个二次型的秩。

设$d_j=r_j(\cos\theta_j+\mathrm{i}\sin\theta_j)$，其中$0\leqslant\theta_j<2\pi$，容易证明

$$\left[\pm\sqrt{r_j}\left(\cos\frac{\theta_j}{2}+\mathrm{i}\sin\frac{\theta_j}{2}\right)\right]^2=d_j,$$

把$\sqrt{r_j}\left(\cos\frac{\theta_j}{2}+\mathrm{i}\sin\frac{\theta_j}{2}\right)$记作$\sqrt{d_j}$，再作一个非退化线性替换：

$$y_j=\frac{1}{\sqrt{d_j}}z_j,\qquad j=1,2,\cdots,r,$$

$$y_l=z_l,\qquad l=r+1,\cdots,n,$$

则得到$\boldsymbol{x}'\boldsymbol{A}\boldsymbol{x}$的下述形式的标准形：

$$z_1^2+z_2^2+\cdots+z_r^2, \tag{9}$$

把这个标准形叫作复二次型$\boldsymbol{x}'\boldsymbol{A}\boldsymbol{x}$的**规范形**。其特征是：只含平方项，且平方项的系数为1或0。显然，复二次型$\boldsymbol{x}'\boldsymbol{A}\boldsymbol{x}$的规范形完全由它的秩所决定。于是有：

定理2 复二次型$\boldsymbol{x}'\boldsymbol{A}\boldsymbol{x}$的规范形是唯一的。 ■

由上述得：

命题2 两个n元复二次型等价

$\Longleftrightarrow$ 它们的规范形相同

$\Longleftrightarrow$ 它们的秩相等。 ■

推论3 任一n级复对称矩阵$\boldsymbol{A}$合同于对角阵：

$$\begin{pmatrix}\boldsymbol{I}_r & \boldsymbol{0}\\ \boldsymbol{0} & \boldsymbol{0}\end{pmatrix},$$

其中$r=\mathrm{rank}(\boldsymbol{A})$。 ■

推论4 两个n级复对称矩阵合同

$\Longleftrightarrow$ 它们的秩相等。 ■

由推论 4 立即得出，秩是 n 级复对称矩阵组成的集合在合同关系下的完全不变量。

6.2.2 典型例题

例 1　3 级实对称矩阵组成的集合有多少个合同类？每一类里写出一个最简单的矩阵(即合同规范形)。

解

序　号	秩	正惯性指数	合同规范形
1	0	0	$\mathbf{0}$
2	1	1	$\mathrm{diag}\{1,0,0\}$
3	1	0	$\mathrm{diag}\{-1,0,0\}$
4	2	2	$\mathrm{diag}\{1,1,0\}$
5	2	1	$\mathrm{diag}\{1,-1,0\}$
6	2	0	$\mathrm{diag}\{-1,-1,0\}$
7	3	3	$\mathrm{diag}\{1,1,1\}$
8	3	2	$\mathrm{diag}\{1,1,-1\}$
9	3	1	$\mathrm{diag}\{1,-1,-1\}$
10	3	0	$\mathrm{diag}\{-1,-1,-1\}$

由此看出，3 级实对称矩阵组成的集合恰有 10 个合同类。

例 2　3 级复对称矩阵组成的集合有多少个合同类？每一类里写出一个最简单的矩阵(即合同规范形)。

解

序　号	秩	合同规范形
1	0	$\mathbf{0}$
2	1	$\mathrm{diag}\{1,0,0\}$
3	2	$\mathrm{diag}\{1,1,0\}$
4	3	$\mathrm{diag}\{1,1,1\}$

由此看出，3 级复对称矩阵组成的集合恰有 4 个合同类。

例 3　n 级实对称矩阵组成的集合有多少个合同类？

解　秩为 0 的有 1 个合同类；秩为 1 的有 2 个合同类(正惯性指数分别为 0,1)；秩为 2 的有 3 个合同类；…；秩为 n 的有 $n+1$ 个合同类 (正惯性指数分别为 $0,1,2,\cdots,n$)。因此 n 级实对称矩阵组成的集合共有

$$1+2+3+\cdots+(n+1)=\frac{(n+1)(n+2)}{2}$$

个合同类。

例 4 n 级复对称矩阵组成的集合有多少个合同类?

解 秩为 $0,1,2,\cdots,n$ 的分别有一个合同类,因此共有 $n+1$ 个合同类。

例 5 证明:一个 n 元实二次型可以分解成两个实系数 1 次齐次多项式的乘积当且仅当它的秩等于 2 且符号差为 0,或者它的秩等于 1。

证明 必要性。设 n 元实二次型

$$\boldsymbol{x}'\boldsymbol{A}\boldsymbol{x}=(a_1x_1+a_2x_2+\cdots+a_nx_n)(b_1x_1+b_2x_2+\cdots+b_nx_n),$$

其中 $a_1,a_2,\cdots,a_n$ 不全为 0;$b_1,b_2,\cdots,b_n$ 不全为 0。

情形 1 $(a_1,a_2,\cdots,a_n)$与$(b_1,b_2,\cdots,b_n)$线性相关,则$(b_1,b_2,\cdots,b_n)=k(a_1,a_2,\cdots,a_n)$,且 $k\neq0$。

于是

$$\boldsymbol{x}'\boldsymbol{A}\boldsymbol{x}=k(a_1x_1+a_2x_2+\cdots+a_nx_n)^2。$$

设 $a_i\neq0$。令

$$x_j=y_j,\quad j=1,2,\cdots,i-1,i+1,\cdots,n;$$

$$x_i=\frac{1}{a_i}y_i-\frac{1}{a_i}\sum_{j\neq i}a_jy_j.$$

这是非退化线性替换,且

$$\boldsymbol{x}'\boldsymbol{A}\boldsymbol{x}=ky_i^2。$$

这时 $\boldsymbol{x}'\boldsymbol{A}\boldsymbol{x}$ 的秩等于 1。

情形 2 $(a_1,a_2,\cdots,a_n)$与$(b_1,b_2,\cdots,b_n)$线性无关,则这个向量组的秩为 2,以它们为行向量组的 $2\times n$ 矩阵必有一个 2 阶子式不等于 0,不妨设 $\begin{vmatrix}a_1&a_2\\b_1&b_2\end{vmatrix}\neq0$。令

$$\begin{cases}y_1=a_1x_1+a_2x_2+a_3x_3+\cdots+a_nx_n\\y_2=b_1x_1+b_2x_2+b_3x_3+\cdots+b_nx_n\\y_3=x_3\\\vdots\\y_n=x_n\end{cases}$$

则此公式的系数矩阵 $\boldsymbol{C}$ 的行列式为

$$|\boldsymbol{C}|=\begin{vmatrix}a_1&a_2\\b_1&b_2\end{vmatrix}\neq0,$$

从而 $\boldsymbol{C}$ 可逆,于是令 $\boldsymbol{x}=\boldsymbol{C}^{-1}\boldsymbol{y}$,则

$$\boldsymbol{x}'\boldsymbol{A}\boldsymbol{x}=y_1y_2,$$

再作非退化线性替换:

$$y_1=z_1+z_2,$$

$$y_2=z_1-z_2,$$

$$y_j=z_j,\quad j=3,4,\cdots,n,$$

则

$$\boldsymbol{x}'\boldsymbol{A}\boldsymbol{x}=z_1^2-z_2^2,$$

因此 $\boldsymbol{x}'\boldsymbol{A}\boldsymbol{x}$ 的秩等于 2,且符号差等于 0。

充分性。若 $\boldsymbol{x}'\boldsymbol{A}\boldsymbol{x}$ 的秩等于 2 且符号差为 0，则经过一个适当的非退化线性替换 $\boldsymbol{x}=\boldsymbol{C}\boldsymbol{y}$，有

$$\boldsymbol{x}'\boldsymbol{A}\boldsymbol{x} = y_1^2 - y_2^2。$$

设 $\boldsymbol{C}^{-1}=(d_{ij})$，由于 $\boldsymbol{y}=\boldsymbol{C}^{-1}\boldsymbol{x}$，因此

$$y_1 = d_{11}x_1 + d_{12}x_2 + \cdots + d_{1n}x_n,$$
$$y_2 = d_{21}x_1 + d_{22}x_2 + \cdots + d_{2n}x_n,$$

且$(d_{11},d_{12},\cdots,d_{1n})$与$(d_{21},d_{22},\cdots,d_{2n})$线性无关，于是

$$\boldsymbol{x}'\boldsymbol{A}\boldsymbol{x} = [(d_{11}+d_{21})x_1+\cdots+(d_{1n}+d_{2n})x_n][(d_{11}-d_{21})x_1+\cdots+(d_{1n}-d_{2n})x_n],$$

且 $$(d_{11}+d_{21},\cdots,d_{1n}+d_{2n})\neq\boldsymbol{0},(d_{11}-d_{21},\cdots,d_{1n}-d_{2n})\neq\boldsymbol{0},$$

因此 $\boldsymbol{x}'\boldsymbol{A}\boldsymbol{x}$ 表示成了两个 1 次齐次多项式的乘积。

若 $\boldsymbol{x}'\boldsymbol{A}\boldsymbol{x}$ 的秩等于 1，则经过一个适当的非退化线性替换 $\boldsymbol{x}=\boldsymbol{B}\boldsymbol{z}$，有

$$\boldsymbol{x}'\boldsymbol{A}\boldsymbol{x} = kz_1^2,$$

其中 $k=1$ 或 -1。由于 $\boldsymbol{z}=\boldsymbol{B}^{-1}\boldsymbol{x}$，因此

$$z_1 = e_1x_1 + e_2x_2 + \cdots + e_nx_n,$$

其中$(e_1,e_2,\cdots,e_n)$是 $\boldsymbol{B}^{-1}$的第一行，于是

$$\boldsymbol{x}'\boldsymbol{A}\boldsymbol{x} = k(e_1x_1+e_2x_2+\cdots+e_nx_n)^2,$$

从而 $\boldsymbol{x}'\boldsymbol{A}\boldsymbol{x}$ 表示成了两个 1 次齐次多项式的乘积。 ■

点评：从例 5 的证明中看到，有关实二次型的问题常常需要作非退化线性替换，化成规范形(或标准形)。在规范形里容易看出原二次型的秩和正惯性指数、符号差等。

例 6 设 $\boldsymbol{x}'\boldsymbol{A}\boldsymbol{x}$ 是一个 n 元实二次型，证明：如果 $\mathbf{R}^n$ 中有列向量 $\boldsymbol{\alpha}_1,\boldsymbol{\alpha}_2$，使得 $\boldsymbol{\alpha}_1'\boldsymbol{A}\boldsymbol{\alpha}_1>0$，$\boldsymbol{\alpha}_2'\boldsymbol{A}\boldsymbol{\alpha}_2<0$，那么在 $\mathbf{R}^n$ 中有非零列向量 $\boldsymbol{\alpha}_3$，使得 $\boldsymbol{\alpha}_3'\boldsymbol{A}\boldsymbol{\alpha}_3=0$。

证明 作非退化线性替换 $\boldsymbol{x}=\boldsymbol{C}\boldsymbol{y}$，使得

$$\boldsymbol{x}'\boldsymbol{A}\boldsymbol{x} = y_1^2+\cdots+y_p^2-y_{p+1}^2-\cdots-y_r^2,$$

其中 $r=\text{rank}(\boldsymbol{A})$。由于 $\boldsymbol{\alpha}_1'\boldsymbol{A}\boldsymbol{\alpha}_1>0$，因此 $\boldsymbol{x}'\boldsymbol{A}\boldsymbol{x}$ 的正惯性指数 $p>0$。由于 $\boldsymbol{\alpha}_2'\boldsymbol{A}\boldsymbol{\alpha}_2<0$，因此 $\boldsymbol{x}'\boldsymbol{A}\boldsymbol{x}$的负惯性指数 $r-p>0$，即 $r>p$，于是可以让 $\boldsymbol{y}$ 取下述列向量：

$$\boldsymbol{\beta} = (\underbrace{1,0,\cdots,0}_{p},1,0,\cdots,0)'。$$

令 $$\boldsymbol{\alpha}_3=\boldsymbol{C}\boldsymbol{\beta},$$

则 $$\boldsymbol{\alpha}_3'\boldsymbol{A}\boldsymbol{\alpha}_3=1^2+0^2+\cdots+0^2-1^2-0^2\cdots-0^2=0。$$ ■

例 7 设 $\boldsymbol{A}$ 为一个 n 级实对称矩阵，证明：如果 $|\boldsymbol{A}|<0$，那么在 $\mathbf{R}^n$ 中有非零列向量 $\boldsymbol{\alpha}$，使得 $\boldsymbol{\alpha}'\boldsymbol{A}\boldsymbol{\alpha}<0$。

证明 由于$|\boldsymbol{A}|<0$，因此 $\boldsymbol{x}'\boldsymbol{A}\boldsymbol{x}$ 的秩为 n，且负惯性指数为奇数，于是作非退化线性替换 $\boldsymbol{x}=\boldsymbol{C}\boldsymbol{y}$，有

$$\boldsymbol{x}'\boldsymbol{A}\boldsymbol{x} = y_1^2+\cdots+y_p^2-y_{p+1}^2-\cdots-y_n^2,$$

由于 $n-p$ 是奇数，因此可以让 $\boldsymbol{y}$ 取下述列向量：

$$\boldsymbol{\beta} = (\underbrace{0,\cdots,0}_{p\text{个}},1,0,\cdots,0)'。$$

令 $\boldsymbol{\alpha}=\boldsymbol{C}\boldsymbol{\beta}$，则

$$\boldsymbol{\alpha}'\boldsymbol{A}\boldsymbol{\alpha}=-1^2=-1<0。$$ ■

例 8 设实二次型

$$f(x_1,x_2,\cdots,x_n)=l_1^2+\cdots+l_s^2-l_{s+1}^2-\cdots-l_{s+u}^2, \tag{10}$$

其中 $l_i(i=1,2,\cdots,s+u)$ 是 $x_1,x_2,\cdots,x_n$ 的 1 次齐次多项式。证明：$f(x_1,x_2,\cdots,x_n)$ 的正惯性指数 $p\leqslant s$，负惯性指数 $q\leqslant u$。

证明 由于 $l_i(i=1,2,\cdots,s+u)$ 是 $x_1,x_2,\cdots,x_n$ 的 1 次齐次多项式，因此

$$\boldsymbol{L}=\boldsymbol{H}\boldsymbol{x},$$

其中 $\boldsymbol{L}=(l_1,l_2,\cdots,l_{s+u},\cdots,l_n)'$，$l_j=0$，当 $j>s+u$。

作非退化线性替换 $\boldsymbol{x}=\boldsymbol{C}\boldsymbol{y}$，使得

$$f(x_1,x_2,\cdots,x_n)=y_1^2+\cdots+y_p^2-y_{p+1}^2-\cdots-y_{p+q}^2, \tag{11}$$

于是在 $\boldsymbol{L}=\boldsymbol{H}\boldsymbol{C}\boldsymbol{y}$ 下，有

$$l_1^2+\cdots+l_s^2-l_{s+1}^2-\cdots-l_{s+u}^2=y_1^2+\cdots+y_p^2-y_{p+1}^2-\cdots-y_{p+q}^2。 \tag{12}$$

设 $\boldsymbol{H}\boldsymbol{C}=(g_{ij})$。假如 $p>s$，让 $\boldsymbol{y}$ 取下述列向量：

$$\boldsymbol{\beta}=(k_1,\cdots,k_p,0,\cdots,0)',$$

其中 $k_1,\cdots,k_p$ 是待定的不全为 0 的实数，使得 $l_1=0,\cdots,l_s=0$。由于 $\boldsymbol{L}=(\boldsymbol{H}\boldsymbol{C})\boldsymbol{y}$，因此当 $\boldsymbol{Y}$ 取 $\boldsymbol{\beta}$ 时，有

$$\begin{cases} l_1=g_{11}k_1+g_{12}k_2+\cdots+g_{1p}k_p \\ l_2=g_{21}k_1+g_{22}k_2+\cdots+g_{2p}k_p \\ \vdots \quad\quad \vdots \quad\quad \vdots \quad\quad\quad \vdots \\ l_s=g_{s1}k_1+g_{s2}k_2+\cdots+g_{sp}k_p \end{cases}$$

为此考虑齐次线性方程组

$$\begin{cases} g_{11}k_1+g_{12}k_2+\cdots+g_{1p}k_p=0 \\ g_{21}k_1+g_{22}k_2+\cdots+g_{2p}k_p=0 \\ \vdots \quad\quad \vdots \quad\quad\quad \vdots \quad\quad \vdots \\ g_{s1}k_1+g_{s2}k_2+\cdots+g_{sp}k_p=0 \end{cases}$$

由于 $s<p$，因此这个齐次线性方程组有非零解，从而 $k_1,\cdots,k_p$ 可取到一组不全为 0 的数，使得 $l_1=\cdots=l_s=0$。此时式(12) 左端小于或等于 0，而右端大于 0，矛盾，因此，$p\leqslant s$。

类似地，假如 $q>u$，可以证明 $\boldsymbol{y}$ 可取到一个列向量，使得式(12) 右端小于 0，而左端大于或等于 0，矛盾，因此 $q\leqslant u$。 ■

例 9 证明：在实数域上，$-\boldsymbol{I}_n$ 与 $\boldsymbol{I}_n$ 不是合同的；在复数域上，$-\boldsymbol{I}_n$ 与 $\boldsymbol{I}_n$ 合同。

证明 在实数域上，由于 $-\boldsymbol{I}_n$ 的正惯性指数为 0，$\boldsymbol{I}_n$ 的正惯性指数为 n，因此 $-\boldsymbol{I}_n$ 与 $\boldsymbol{I}_n$ 不是合同的。

在复数域上，$-\boldsymbol{I}_n$ 与 $\boldsymbol{I}_n$ 的秩都是 n，因此它们是合同的。 ■

例 10 下列实二次型中，哪些是等价的？写出理由。

$$f_1(x_1,x_2,x_3)=x_1^2-x_2x_3,$$

$$f_2(y_1,y_2,y_3)=y_1y_2-y_3^2,$$

$$f_3(z_1,z_2,z_3)=z_1z_2+z_3^2。$$

解　令

$$\begin{cases}x_1=y_1\\x_2=y_2+y_3\\x_3=y_2-y_3\end{cases}$$

则
$$f_1(x_1,x_2,x_3)=y_1^2-y_2^2+y_3^2$$

令
$$\begin{cases}y_1=w_1+w_2\\y_2=w_1-w_2\\y_3=w_3\end{cases}$$

则
$$f_2(y_1,y_2,y_3)=w_1^2-w_2^2-w_3^2$$

令
$$\begin{cases}z_1=u_1+u_2\\z_2=u_1-u_2\\z_3=u_3\end{cases}$$

则
$$f_3(z_1,z_2,z_3)=u_1^2-u_2^2+u_3^2$$

由此看出，$f_1(x_1,x_2,x_3)$与 $f_3(z_1,z_2,z_3)$的秩都等于 3，且正惯性指数都等于 2，因此它们等价。由于 $f_2(y_1,y_2,y_3)$的正惯性指数为 1，因此 $f_2(y_1,y_2,y_3)$与$f_1(x_1,x_2,x_3)$不等价，与 $f_3(z_1,z_2,z_3)$也不等价。

例 11　n 级实对称矩阵组成的集合中，如果一个合同类里既含有 $\boldsymbol{A}$ 又含有$-\boldsymbol{A}$，那么这个合同类里的秩与符号差有什么特点？

解　设 n 级实可逆矩阵 $\boldsymbol{C}$ 使得

$$\boldsymbol{C}'\boldsymbol{A}\boldsymbol{C}=\operatorname{diag}\{1,\cdots,1,-1,\cdots,-1,0,\cdots,0\},$$

其中对角矩阵的主对角线上有 p 个 1，q 个-1，则

$$\boldsymbol{C}'(-\boldsymbol{A})\boldsymbol{C}=\operatorname{diag}\{-1,\cdots,-1,1,\cdots,1,0,\cdots,0\},$$

其中对角矩阵的主对角线上有 p 个-1，q 个 1。

由于 $\boldsymbol{A}$ 与$-\boldsymbol{A}$ 在同一个合同类里，它们的合同规范形唯一，因此 $p=q$，从而这个合同类的秩等于 $2p$，符号差为 0。

例 12　n 级实对称矩阵组成的集合中，符号差为给定数 s 的合同类有多少个？

解　由于秩 r 和符号差 s 确定后，正惯性指数 p 就随之确定：$p=\frac{s+r}{2}$，因此秩和符号差也是 n 级实对称矩阵组成的集合的一组完全不变量，从而当符号差 s 为给定的数后，秩 r 有多少种取法就有多少个合同类。

当 $s<0$ 时，设 $s=-m$，其中 m 是正整数。由于正惯性指数 p 是非负整数，且 $r=2p-s=2p+m$，因此 r 可取 $m,m+2,m+4,\cdots,m+2l$，其中 $m+2l=n$ 或 $n-1$，于是 $l=\left[\frac{n-m}{2}\right]=\left[\frac{n+s}{2}\right]$，从而 r 的取法有 $1+l=1+\left[\frac{n+s}{2}\right]$种，即当 $s<0$ 时，符号差为 s 的合同类有$1+\left[\frac{n+s}{2}\right]$个。

当 $s\geqslant0$ 时，由于 $p\leqslant r$，因此 $r\geqslant s$。从而 r 可以取 $s,s+2,s+4,\cdots,s+2t$，其中 $s+2t=n$ 或 $n-1$，于是 r 的取法有 $1+t=1+\left[\frac{n-s}{2}\right]$种，即当 $s\geqslant0$ 时，符号差为 s 的合同类有$\left[1+\frac{n-s}{2}\right]$个。

习题 6.2

1. 把习题 6.1 的第 3 题的所有实二次型的标准形进一步化成规范形，并且写出所作的非退化线性替换。

2. 2 级实对称矩阵组成的集合有多少个合同类？每一类里写出一个最简单的矩阵（即合同规范形）。

3. 下列实二次型中哪些是等价的？写出理由。

$$f_1(x_1,x_2,x_3)=x_1^2+4x_2^2+x_3^2+4x_1x_2-2x_1x_3,$$
$$f_2(y_1,y_2,y_3)=y_1^2+2y_2^2-y_3^2+4y_1y_2-2y_1y_3-4y_2y_3,$$
$$f_3(z_1,z_2,z_3)=-4z_1^2-z_2^2-z_3^2-4z_1z_2+4z_1z_3+18z_2z_3。$$

4. 设 $\boldsymbol{A}$ 是 n 级可逆实对称矩阵，$\boldsymbol{\alpha}$ 是 $\mathbf{R}^n$ 中的一个列向量，令 $\boldsymbol{B}=\boldsymbol{A}-\boldsymbol{\alpha}\boldsymbol{\alpha}'$。用 $s(\boldsymbol{A})$，$s(\boldsymbol{B})$分别表示 $\boldsymbol{A},\boldsymbol{B}$ 的符号差。证明：

$$s(\boldsymbol{A})=\begin{cases}s(\boldsymbol{B})+2, & \text{当 } \boldsymbol{\alpha}'\boldsymbol{A}^{-1}\boldsymbol{\alpha}>1;\\ s(\boldsymbol{B}), & \text{当 } \boldsymbol{\alpha}'\boldsymbol{A}^{-1}\boldsymbol{\alpha}<1。\end{cases}$$

5. 设 $\boldsymbol{A}$ 是 n 级实对称矩阵且 $\boldsymbol{A}\neq\boldsymbol{0}$，证明：如果 $\boldsymbol{A}$ 的符号差 $s=0$，那么 $\mathbf{R}^n$ 中有非零列向量 $\boldsymbol{\alpha}_1,\boldsymbol{\alpha}_2,\boldsymbol{\alpha}_3$，使得 $\boldsymbol{\alpha}_1'\boldsymbol{A}\boldsymbol{\alpha}_1>0,\boldsymbol{\alpha}_2'\boldsymbol{A}\boldsymbol{\alpha}_2<0,\boldsymbol{\alpha}_3'\boldsymbol{A}\boldsymbol{\alpha}_3=0$。

6.3 正定二次型与正定矩阵

6.3.1 内容精华

从多元函数的极值问题以及力学等领域的问题提出需要研究正定二次型和正定矩阵。

定义 1 n 元实二次型 $\boldsymbol{x}'\boldsymbol{A}\boldsymbol{x}$ 称为**正定**的，如果对于 $\mathbf{R}^n$ 中任意非零列向量 $\boldsymbol{\alpha}$，都有 $\boldsymbol{\alpha}'\boldsymbol{A}\boldsymbol{\alpha}>0$。

定理 1 n 元实二次型 $\boldsymbol{x}'\boldsymbol{A}\boldsymbol{x}$ 是正定的，当且仅当它的正惯性指数等于 n。

证明 必要性。设 $\boldsymbol{x}'\boldsymbol{A}\boldsymbol{x}$ 是正定的，作非退化线性替换 $\boldsymbol{x}=\boldsymbol{C}\boldsymbol{y}$，化成规范形：

$$y_1^2+\cdots+y_p^2-y_{p+1}^2-\cdots-y_r^2。$$

如果 $p<n$，那么 y_n^2 的系数为 0 或 -1，取 $\boldsymbol{\beta}=(0,\cdots,0,1)'$，令 $\boldsymbol{\alpha}=\boldsymbol{C}\boldsymbol{\beta}$，则 $\boldsymbol{\alpha}'\boldsymbol{A}\boldsymbol{\alpha}=0$ 或 -1，矛盾，因此 $p=n$。

充分性。设 $\boldsymbol{x}'\boldsymbol{A}\boldsymbol{x}$ 的正惯性指数等于 n，则可以作非退化性替换 $\boldsymbol{x}=\boldsymbol{C}\boldsymbol{y}$，化成规范形：

$$y_1^2+y_2^2+\cdots+y_n^2。$$

任取 $\boldsymbol{\alpha}\in\mathbf{R}^n$ 且 $\boldsymbol{\alpha}\neq\mathbf{0}$，令 $\boldsymbol{\beta}=\boldsymbol{C}^{-1}\boldsymbol{\alpha}=(b_1,b_2,\cdots,b_n)'$，则 $\boldsymbol{\beta}\neq\mathbf{0}$，从而得出 $\boldsymbol{\alpha}'\boldsymbol{A}\boldsymbol{\alpha}=b_1^2+b_2^2+\cdots+b_n^2>0$，因此 $\boldsymbol{x}'\boldsymbol{A}\boldsymbol{x}$ 是正定的。■

从定理 1 立即得出：

推论 1　n 元实二次型 $\boldsymbol{x}'\boldsymbol{A}\boldsymbol{x}$ 是正定的

$\Longleftrightarrow$ 它的规范形为 $y_1^2+y_2^2+\cdots+y_n^2$

$\Longleftrightarrow$ 它的标准形中 n 个系数全大于 0。■

定义 2　实对称矩阵 $\boldsymbol{A}$ 称为**正定**的，如果实二次型 $\boldsymbol{x}'\boldsymbol{A}\boldsymbol{x}$ 是正定的，即对于 $\mathbf{R}^n$ 中任意非零列向量 $\boldsymbol{\alpha}$，有 $\boldsymbol{\alpha}'\boldsymbol{A}\boldsymbol{\alpha}>0$。

正定的实对称矩阵简称为**正定矩阵**。

从定义 2、定理 1、推论 1 立即得到：

定理 2　n 级实对称矩阵 $\boldsymbol{A}$ 是正定的

$\Longleftrightarrow$ $\boldsymbol{A}$ 的正惯性指数等于 n

$\Longleftrightarrow$ $\boldsymbol{A}\simeq\boldsymbol{I}$

$\Longleftrightarrow$ $\boldsymbol{A}$ 的合同标准形中主对角元全大于 0

$\Longleftrightarrow$ $\boldsymbol{A}$ 的特征值全大于 0。■

推论 2　与正定矩阵合同的实对称矩阵也是正定矩阵。■

推论 3　与正定二次型等价的实二次型也是正定的，从而非退化线性替换不改变实二次型的正定性。■

推论 4　正定矩阵的行列式大于 0。

证明　设 $\boldsymbol{A}$ 是 n 级正定矩阵，则 $\boldsymbol{A}\simeq\boldsymbol{I}$。从而存在 n 级实可逆矩阵 $\boldsymbol{C}$，使得 $\boldsymbol{A}=\boldsymbol{C}'\boldsymbol{I}\boldsymbol{C}$，因此

$$|\boldsymbol{A}|=|\boldsymbol{C}'\boldsymbol{C}|=|\boldsymbol{C}|^2>0。$$ ■

定理 3　实对称矩阵 $\boldsymbol{A}$ 是正定的充分必要条件是：$\boldsymbol{A}$ 的所有顺序主子式全大于 0。

证明　必要性。设 n 级实对称矩阵 $\boldsymbol{A}$ 是正定的，对于 $k\in\{1,2,\cdots,n-1\}$，把 $\boldsymbol{A}$ 写成分块矩阵：

$$\boldsymbol{A}=\begin{bmatrix}\boldsymbol{A}_k & \boldsymbol{B}_1\\ \boldsymbol{B}_1' & \boldsymbol{B}_2\end{bmatrix},$$

其中 $|\boldsymbol{A}_k|$ 是 $\boldsymbol{A}$ 的 k 阶顺序主子式。我们来证 $\boldsymbol{A}_k$ 是正定的，在 $\mathbf{R}^k$ 中任取一个非零列向量 $\boldsymbol{\delta}$，由于 $\boldsymbol{A}$ 是正定的，因此

$$0<\begin{bmatrix}\boldsymbol{\delta}\\ \mathbf{0}\end{bmatrix}'\boldsymbol{A}\begin{bmatrix}\boldsymbol{\delta}\\ \mathbf{0}\end{bmatrix}=(\boldsymbol{\delta}'\mathbf{0})\begin{bmatrix}\boldsymbol{A}_k & \boldsymbol{B}_1\\ \boldsymbol{B}_1' & \boldsymbol{B}_2\end{bmatrix}\begin{bmatrix}\boldsymbol{\delta}\\ \mathbf{0}\end{bmatrix}=\boldsymbol{\delta}'\boldsymbol{A}_k\boldsymbol{\delta},$$

从而 $\boldsymbol{A}_k$ 是正定矩阵，因此 $|\boldsymbol{A}_k|>0$。由推论 4 知道，$|\boldsymbol{A}|>0$。

充分性。对于实对称矩阵的级数 n 作数学归纳法。

当 $n=1$ 时，1 级矩阵 (a)，已知 $a>0$，从而 (a) 正定。

假设对于 $n-1$ 级实对称矩阵命题为真。现在来看 n 级实对称矩阵 $\boldsymbol{A}=(a_{ij})$，把 $\boldsymbol{A}$ 写成分块矩阵：

$$\boldsymbol{A}=\begin{bmatrix}\boldsymbol{A}_{n-1} & \boldsymbol{\alpha}\\ \boldsymbol{\alpha}' & a_{nn}\end{bmatrix},\qquad(1)$$

其中 $\boldsymbol{A}_{n-1}$ 是 $n-1$ 级实对称矩阵，显然 $\boldsymbol{A}_{n-1}$ 的所有顺序主子式是 $\boldsymbol{A}$ 的 $1\sim n-1$ 阶顺序主子式。由已知条件得，它们都大于 0，于是据归纳假设得，$\boldsymbol{A}_{n-1}$ 是正定的，因此有 $n-1$ 级实可逆矩阵 $\boldsymbol{C}_1$，使得

$$\boldsymbol{C}_1'\boldsymbol{A}_{n-1}\boldsymbol{C}_1 = \boldsymbol{I}_{n-1}。\tag{2}$$

据 6.1 节例 9 的结论得

$$\boldsymbol{A} \simeq \begin{bmatrix} \boldsymbol{A}_{n-1} & \boldsymbol{0} \\ \boldsymbol{0} & b \end{bmatrix},\tag{3}$$

其中 $b=a_{nn}-\boldsymbol{\alpha}'\boldsymbol{A}_{n-1}^{-1}\boldsymbol{\alpha}$，且 $|\boldsymbol{A}|=|\boldsymbol{A}_{n-1}|b$，从而 $b>0$。由于

$$\begin{bmatrix} \boldsymbol{C}_1 & \boldsymbol{0} \\ \boldsymbol{0} & 1 \end{bmatrix}'\begin{bmatrix} \boldsymbol{A}_{n-1} & \boldsymbol{0} \\ \boldsymbol{0} & b \end{bmatrix}\begin{bmatrix} \boldsymbol{C}_1 & \boldsymbol{0} \\ \boldsymbol{0} & 1 \end{bmatrix}=\begin{bmatrix} \boldsymbol{C}_1'\boldsymbol{A}_{n-1}\boldsymbol{C}_1 & \boldsymbol{0} \\ \boldsymbol{0} & b \end{bmatrix}=\begin{bmatrix} \boldsymbol{I}_{n-1} & \boldsymbol{0} \\ \boldsymbol{0} & b \end{bmatrix},$$

因此

$$\begin{bmatrix} \boldsymbol{A}_{n-1} & \boldsymbol{0} \\ \boldsymbol{0} & b \end{bmatrix}\simeq\begin{bmatrix} \boldsymbol{I}_{n-1} & \boldsymbol{0} \\ \boldsymbol{0} & b \end{bmatrix}。\tag{4}$$

由于式(4)右端的矩阵是正定的，于是从式(3)、式(4)得，$\boldsymbol{A}$ 是正定的。

根据数学归纳法原理，充分性得证。■

从定理 3 立即得到：

推论 5 实二次型 $\boldsymbol{x}'\boldsymbol{A}\boldsymbol{x}$ 是正定的充分必要条件为 $\boldsymbol{A}$ 的所有顺序主子式全大于 0。■

定义 3 n 元实二次型 $\boldsymbol{x}'\boldsymbol{A}\boldsymbol{x}$ 称为是**半正定**（**负定，半负定**）的，如果对于 $\mathbf{R}^n$ 中任一非零列向量 $\boldsymbol{\alpha}$，都有

$$\boldsymbol{\alpha}'\boldsymbol{A}\boldsymbol{\alpha} \geqslant 0 \qquad (\boldsymbol{\alpha}'\boldsymbol{A}\boldsymbol{\alpha} < 0,\boldsymbol{\alpha}'\boldsymbol{A}\boldsymbol{\alpha} \leqslant 0)。$$

如果 $\boldsymbol{x}'\boldsymbol{A}\boldsymbol{x}$ 既不是半正定的，又不是半负定的，那么称它是**不定的**。

定义 4 实对称矩阵 $\boldsymbol{A}$ 称为**半正定**（**负定，半负定，不定**）的，如果实二次型 $\boldsymbol{x}'\boldsymbol{A}\boldsymbol{x}$ 是半正定（负定，半负定，不定）的。

定理 4 ① n 元实二次型 $\boldsymbol{x}'\boldsymbol{A}\boldsymbol{x}$ 是半正定的

$\Longleftrightarrow$ ② 它的正惯性指数等于它的秩

$\Longleftrightarrow$ ③ 它的规范形是 $y_1^2+y_2^2+\cdots+y_r^2(0\leqslant r\leqslant n)$

$\Longleftrightarrow$ ④ 它的标准形中 n 个系数全非负。

证明 ①$\Longrightarrow$③。设 n 元实二次型 $\boldsymbol{x}'\boldsymbol{A}\boldsymbol{x}$ 是半正定的，它的秩为 r。作非退化线性替换 $\boldsymbol{x}=\boldsymbol{C}\boldsymbol{y}$，把 $\boldsymbol{x}'\boldsymbol{A}\boldsymbol{x}$ 化成规范形：

$$y_1^2+\cdots+y_p^2-y_{p+1}^2-\cdots-y_r^2。$$

假如 $p<r$，则规范形中 y_r^2 的系数为 -1。取

$$\boldsymbol{\beta}=(0,\cdots,0,1,0,\cdots,0)'。$$

令 $\boldsymbol{\alpha}=\boldsymbol{C}\boldsymbol{\beta}$，则 $\boldsymbol{\alpha}'\boldsymbol{A}\boldsymbol{\alpha}$ 等于 -1，矛盾。因此 $p=r$，从而 $\boldsymbol{x}'\boldsymbol{A}\boldsymbol{x}$ 的规范形为 $y_1^2+\cdots+y_r^2$。

③$\Longrightarrow$② 显然。

②$\Longrightarrow$④ 显然。

④$\Longrightarrow$① 设 $\boldsymbol{x}'\boldsymbol{A}\boldsymbol{x}$ 经过非退化线性替换 $\boldsymbol{x}=\boldsymbol{C}\boldsymbol{y}$，化成一个标准形：$d_1y_1^2+\cdots+d_ny_n^2$，其中 $d_i\geqslant0,i=1,2,\cdots,n$。任取 $\boldsymbol{\alpha}\in\mathbf{R}^n$ 且 $\boldsymbol{\alpha}\neq\boldsymbol{0}$。令 $\boldsymbol{\beta}=\boldsymbol{C}^{-1}\boldsymbol{\alpha}=(b_1,b_2,\cdots,b_n)'$，则

$$\boldsymbol{\alpha}'\boldsymbol{A}\boldsymbol{\alpha}=d_1b_1^2+\cdots+d_nb_n^2\geqslant0,$$

因此 $\boldsymbol{x}'\boldsymbol{A}\boldsymbol{x}$ 是半正定的。■

由定理 4 立即得到：

推论 6　n 级实对称矩阵 $\boldsymbol{A}$ 是半正定的

$\Longleftrightarrow$　$\boldsymbol{A}$ 的正惯性指数等于它的秩

$\Longleftrightarrow$　$\boldsymbol{A}\simeq\begin{pmatrix}\boldsymbol{I}_r & \boldsymbol{0}\\ \boldsymbol{0} & \boldsymbol{0}\end{pmatrix}$，其中 $r=\text{rank}(\boldsymbol{A})$

$\Longleftrightarrow$　$\boldsymbol{A}$ 的合同标准形中 n 个主对角元全非负

$\Longleftrightarrow$　$\boldsymbol{A}$ 的特征值全非负。■

定理 5　实对称矩阵 $\boldsymbol{A}$ 是半正定的当且仅当 $\boldsymbol{A}$ 的所有主子式全非负。

证明　必要性。设 $\boldsymbol{A}$ 是 n 级半正定矩阵，且 $\boldsymbol{A}\neq\boldsymbol{0}$，则存在 n 级实可逆矩阵 $\boldsymbol{C}$，使得

$$\boldsymbol{A}=\boldsymbol{C}'\begin{pmatrix}\boldsymbol{I}_r & \boldsymbol{0}\\ \boldsymbol{0} & \boldsymbol{0}\end{pmatrix}\boldsymbol{C},$$

其中 $r=\text{rank}(\boldsymbol{A})$。把 $\boldsymbol{C}$ 写成分块矩阵的形式，则

$$\boldsymbol{A}=(\boldsymbol{C}_1',\boldsymbol{C}_2')\begin{pmatrix}\boldsymbol{I}_r & \boldsymbol{0}\\ \boldsymbol{0} & \boldsymbol{0}\end{pmatrix}\begin{pmatrix}\boldsymbol{C}_1\\ \boldsymbol{C}_2\end{pmatrix}=\boldsymbol{C}_1'C_1,$$

其中 $\boldsymbol{C}_1$ 是 $r\times n$ 行满秩矩阵。

由于 $\text{rank}(\boldsymbol{A})=r$，因此 $\boldsymbol{A}$ 的所有大于 r 阶的子式都等于 0。下面考虑 $\boldsymbol{A}$ 的任一 t 阶主子式（$t\leqslant r$），据 4.3 节的命题 1 得

$$\begin{aligned}\boldsymbol{A}\begin{pmatrix}i_1,i_2,\cdots,i_t\\ i_1,i_2,\cdots,i_t\end{pmatrix}&=\boldsymbol{C}_1'\boldsymbol{C}_1\begin{pmatrix}i_1,i_2,\cdots,i_t\\ i_1,i_2,\cdots,i_t\end{pmatrix}\\&=\sum_{1\leqslant v_1<v_2<\cdots<v_t\leqslant r}\boldsymbol{C}_1'\begin{pmatrix}i_1,i_2,\cdots,i_t\\ v_1,v_2,\cdots,v_t\end{pmatrix}\boldsymbol{C}_1\begin{pmatrix}v_1,v_2,\cdots,v_t\\ i_1,i_2,\cdots,i_t\end{pmatrix}\\&=\sum_{1\leqslant v_1<v_2<\cdots<v_t\leqslant r}\left[\boldsymbol{C}_1\begin{pmatrix}v_1,v_2,\cdots,v_t\\ i_1,i_2,\cdots,i_t\end{pmatrix}\right]^2\geqslant 0。\end{aligned}$$

因此 $\boldsymbol{A}$ 的所有主子式全非负，当 $\boldsymbol{A}=\boldsymbol{0}$ 时，显然也对。

充分性。先来证 $\boldsymbol{A}$ 的特征值全非负。

$$|\lambda\boldsymbol{I}-\boldsymbol{A}|=\lambda^n-b_1\lambda^{n-1}+\cdots+(-1)^k b_k\lambda^{n-k}+\cdots+(-1)^n|\boldsymbol{A}|,$$

其中 b_k 等于 $\boldsymbol{A}$ 的所有 k 阶主子式的和。由已知条件，得

$$b_k\geqslant 0,k=1,2,\cdots,n-1;\quad |\boldsymbol{A}|\geqslant 0。$$

假如 $|\lambda\boldsymbol{I}-\boldsymbol{A}|$ 有一个负根 $-c$，其中 $c>0$，则

$$\begin{aligned}0=|(-c)\boldsymbol{I}-\boldsymbol{A}|&=(-c)^n-b_1(-c)^{n-1}+\cdots+(-1)^k b_k(-c)^{n-k}+\cdots+(-1)^n|\boldsymbol{A}|\\&=(-1)^n(c^n+b_1c^{n-1}+\cdots+b_kc^{n-k}+\cdots+b_{n-1}c+|\boldsymbol{A}|)\neq 0\end{aligned}$$

矛盾，因此 $\boldsymbol{A}$ 的特征值全非负，从而 $\boldsymbol{A}$ 是半正定矩阵。■

定理 6　实对称矩阵 $\boldsymbol{A}$ 负定的充分必要条件是：它的奇数阶顺序主子式全小于 0，偶数阶顺序主子式全大于 0。

证明　设 $\boldsymbol{A}$ 是 n 级负定矩阵，则 $(-\boldsymbol{A})$ 是 n 级正定矩阵，且

$$(-\boldsymbol{A})\begin{pmatrix}1,2,\cdots,k\\ 1,2,\cdots,k\end{pmatrix}=(-1)^k\boldsymbol{A}\begin{pmatrix}1,2,\cdots,k\\ 1,2,\cdots,k\end{pmatrix},$$

于是　　n 级实对称矩阵 $\boldsymbol{A}$ 负定

$\Longleftrightarrow$ n 级实对称矩阵 $-\boldsymbol{A}$ 正定

$$\Longleftrightarrow \quad (-\boldsymbol{A})\begin{pmatrix}1,2,\cdots,k\\1,2,\cdots,k\end{pmatrix}>0,\quad k=1,2,\cdots,n$$

$$\Longleftrightarrow \quad (-1)^k\boldsymbol{A}\begin{pmatrix}1,2,\cdots,k\\1,2,\cdots,k\end{pmatrix}>0,\quad k=1,2,\cdots,n$$

$$\Longleftrightarrow \begin{cases}\boldsymbol{A}\begin{pmatrix}1,2,\cdots,k\\1,2,\cdots,k\end{pmatrix}>0, & \text{当 } k \text{ 为偶数,且 } 1\leqslant k\leqslant n;\\ \boldsymbol{A}\begin{pmatrix}1,2,\cdots,k\\1,2,\cdots,k\end{pmatrix}<0, & \text{当 } k \text{ 为奇数,且 } 1\leqslant k\leqslant n。\end{cases}$$

■

定理 7 设二元实值函数 $F(x,y)$ 有一个稳定点 $\boldsymbol{\alpha}=(x_0,y_0)$(即 $F(x,y)$ 在 (x_0,y_0) 处的一阶偏导数全为 0)。设 $F(x,y)$ 在 (x_0,y_0) 的一个邻域里有 3 阶连续偏导数。令

$$\boldsymbol{H}=\begin{pmatrix}F''_{xx}(x_0,y_0) & F''_{xy}(x_0,y_0)\\ F''_{xy}(x_0,y_0) & F''_{yy}(x_0,y_0)\end{pmatrix}。\tag{5}$$

称 $\boldsymbol{H}$ 是 $F(x,y)$ 在 (x_0,y_0) 处的**黑塞(Hesse)矩阵**。如果 $\boldsymbol{H}$ 是正定的,那么 $F(x,y)$ 在 (x_0,y_0) 处达到极小值;如果 $\boldsymbol{H}$ 是负定的,那么 $F(x,y)$ 在 (x_0,y_0) 处达到极大值。

证明 由于 $F(x,y)$ 在 (x_0,y_0) 的邻域里有 3 阶连续偏导数,因此 $F(x,y)$ 在 (x_0,y_0) 可展开成泰勒级数:

$$\begin{aligned}F(x_0+h,y_0+k)=&F(x_0,y_0)+[hF'_x(x_0,y_0)+kF'_y(x_0,y_0)]+\\&\frac{1}{2}[h^2F''_{xx}(x_0,y_0)+2hkF''_{xy}(x_0,y_0)+k^2F''_{yy}(x_0,y_0)]+R\\=&F(x_0,y_0)+\frac{1}{2}(ah^2+2bhk+ck^2)+R,\end{aligned}\tag{6}$$

其中 $a=F''_{xx}(x_0,y_0),b=F''_{xy}(x_0,y_0),c=F''_{yy}(x_0,y_0)$。

$$R=\frac{1}{6}[h^3F'''_{xxx}(\boldsymbol{z})+3h^2kF'''_{xxy}(\boldsymbol{z})+3hk^2F'''_{xyy}(\boldsymbol{z})+k^3F'''_{yyy}(\boldsymbol{z})],$$

$$\boldsymbol{z}=(x_0+\theta h,y_0+\theta k),\quad 0<\theta<1。$$

如果 $|h|,|k|$ 足够小,那么 $|R|<\frac{1}{2}|ah^2+2bhk+ck^2|$,从而 $F(x_0+h,y_0+k)-F(x_0,y_0)$ 将与 $ah^2+2bhk+ck^2$ 同号。表达式

$$f(h,k)=ah^2+2bhk+ck^2\tag{7}$$

是 h,k 的实二次型,它的矩阵就是 $\boldsymbol{H}$。如果 $\boldsymbol{H}$ 是正定的,那么对于足够小的 $|h|,|k|$,且 $(h,k)\neq(0,0)$,有

$$F(x_0+h,y_0+k)-F(x_0,y_0)>0,$$

这表明 $F(x,y)$ 在 (x_0y_0) 处达到极小值。如果 $\boldsymbol{H}$ 是负定的,那么对于足够小的 $|h|,|k|$,且 $(h,k)\neq(0,0)$ 有

$$F(x_0+h,y_0+k)-F(x_0,y_0)<0,$$

这表明 $F(x,y)$ 在 (x_0,y_0) 处达到极大值。 ■

定理 7 可推广到 n 元函数的情形:设 $F(x_1,x_2,\cdots,x_n)$ 有一个稳定点 $\boldsymbol{\alpha}=(a_1,a_2,\cdots,a_n)$,设 $F(x_1,x_2,\cdots,x_n)$ 在 $\boldsymbol{\alpha}$ 的一个邻域里有 3 阶连续偏导数。令

$$\boldsymbol{H}=(F''_{x_ix_j}(\boldsymbol{\alpha})),$$

称 $\boldsymbol{H}$ 是 $F(x_1,x_2,\cdots,x_n)$ 在 $\boldsymbol{\alpha}$ 处的**黑塞矩阵**。如果 $\boldsymbol{H}$ 是正定的，那么 $F(x_1,x_2,\cdots,x_n)$ 在 $\boldsymbol{\alpha}$ 处达到极小值；如果 $\boldsymbol{H}$ 是负定的，那么 $F(x_1,x_2,\cdots,x_n)$ 在 $\boldsymbol{\alpha}$ 处达到极大值。

6.3.2 典型例题

例1 证明：如果 $\boldsymbol{A}$ 是 n 级正定矩阵，那么 $\boldsymbol{A}^{-1}$ 也是正定矩阵。

证明 由于 A 是 n 级正定矩阵，因此 $\boldsymbol{A}\simeq\boldsymbol{I}$。从而存在 n 级实可逆矩阵 $\boldsymbol{C}$，使得

$$\boldsymbol{A}=\boldsymbol{C}'\boldsymbol{I}\boldsymbol{C}.$$

两边取逆矩阵，得

$$\boldsymbol{A}^{-1}=\boldsymbol{C}^{-1}\boldsymbol{I}(\boldsymbol{C}^{-1})',$$

这表明 $\boldsymbol{A}^{-1}\simeq\boldsymbol{I}$，因此 $\boldsymbol{A}^{-1}$ 正定。 ■

例2 设 $\boldsymbol{A}$ 是 n 级实对称矩阵，它的 n 个特征值的绝对值的最大者记作 $S_r(\boldsymbol{A})$。证明：当 $t>S_r(\boldsymbol{A})$ 时，$t\boldsymbol{I}+\boldsymbol{A}$ 是正定矩阵。

证明 设 $\boldsymbol{A}$ 的全部特征值是 $\lambda_1,\lambda_2,\cdots,\lambda_n$，则 $t\boldsymbol{I}+\boldsymbol{A}$ 的全部特征值是 $t+\lambda_1,t+\lambda_2,\cdots,t+\lambda_n$。当 $t>S_r(\boldsymbol{A})$ 时，

$$t+\lambda_i\geqslant t-|\lambda_i|\geqslant t-S_r(\boldsymbol{A})>0,i=1,2,\cdots,n,$$

因此 $t\boldsymbol{I}+\boldsymbol{A}$ 是正定矩阵。 ■

例3 判断下列实二次型是否正定。

(1) $f_1(x_1,x_2,x_3)=4x_1^2+5x_2^2+6x_3^2+4x_1x_2-4x_2x_3$；

(2) $f_2(x_1,x_2,x_3)=x_1^2+2x_2^2-3x_3^2+4x_1x_2+2x_2x_3$ 。

解 (1) $f_1(x_1,x_2,x_3)$ 的矩阵是

$$\boldsymbol{A}=\begin{pmatrix}4&2&0\\2&5&-2\\0&-2&6\end{pmatrix}$$

因为

$$|4|=4>0,\begin{vmatrix}4&2\\2&5\end{vmatrix}=16>0,|\boldsymbol{A}|=80>0,$$

所以 $\boldsymbol{A}$ 正定，从而实二次型 $f_1(x_1,x_2,x_3)$ 正定。

(2) $f_2(x_1,x_2,x_3)$ 的矩阵是

$$\boldsymbol{B}=\begin{pmatrix}1&2&0\\2&2&1\\0&1&-3\end{pmatrix}$$

因为

$$\begin{vmatrix}1&2\\2&2\end{vmatrix}=-2<0,$$

所以实二次型 $f_2(x_1,x_2,x_3)$ 不是正定的。

例4 证明：n 元实二次型 $f(x_1,x_2,\cdots,x_n)$ 为正定的必要条件是，它的 n 个平方项

的系数全是正的。举例说明这个条件不是 $f(x_1,x_2,\cdots,x_n)$ 为正定的充分条件。

证明 设 $f(x_1,x_2,\cdots,x_n)$ 的矩阵为 $\boldsymbol{A}$。由于这个实二次型正定,因此 $\boldsymbol{A}$ 是 n 级正定矩阵,从而存在 n 级实可逆矩阵 $\boldsymbol{C}$,使得 $\boldsymbol{A}=\boldsymbol{C}'\boldsymbol{I}\boldsymbol{C}=\boldsymbol{C}'\boldsymbol{C}$。于是对于 $i\in\{1,2,\cdots,n\}$,有

$$\boldsymbol{A}(i;i)=\boldsymbol{C}'\boldsymbol{C}(i;i)=\sum_{k=1}^{n}\boldsymbol{C}'(i;k)\boldsymbol{C}(k;i)=\sum_{k=1}^{n}[\boldsymbol{C}(k;i)]^2。$$

由于 $\boldsymbol{C}$ 的第 i 列元素不能全为 0(否则,$|\boldsymbol{C}|=0$,矛盾),因此

$$\boldsymbol{A}(i;i)=\sum_{k=1}^{n}[\boldsymbol{C}(k;i)]^2>0,i=1,2,\cdots,n,$$

即 $f(x_1,x_2,\cdots,x_n)$ 的 n 个平方项的系数全是正的。

设 $g(x_1,x_2,x_3)=x_1^2+2x_2^2+3x_3^2+4x_1x_2+6x_2x_3$,则 $g(x_1,x_2,x_3)$ 的矩阵是

$$\boldsymbol{B}=\begin{pmatrix}1&2&0\\2&2&3\\0&3&3\end{pmatrix}。$$

由于

$$\begin{vmatrix}1&2\\2&2\end{vmatrix}=-2<0,$$

因此 $g(x_1,x_2,x_3)$ 不是正定的,这说明平方项的系数全为正数不是实二次型正定的充分条件。 ■

例 5 证明:n 级实对称矩阵 $\boldsymbol{A}$ 为正定的充分必要条件是有 n 级实可逆矩阵 $\boldsymbol{C}$,使得

$$\boldsymbol{A}=\boldsymbol{C}'\boldsymbol{C}。$$

证明 n 级实对称矩阵 $\boldsymbol{A}$ 正定

$\Longleftrightarrow$ $\boldsymbol{A}\simeq\boldsymbol{I}$

$\Longleftrightarrow$ 有 n 级实可逆矩阵 $\boldsymbol{C}$,使得 $\boldsymbol{A}=\boldsymbol{C}'\boldsymbol{I}\boldsymbol{C}=\boldsymbol{C}'\boldsymbol{C}$。 ■

例 6 证明:n 级实对称矩阵 $\boldsymbol{A}$ 是正定的充分必要条件为:有可逆实对称矩阵 $\boldsymbol{C}$,使得 $\boldsymbol{A}=\boldsymbol{C}^2$。

证明 必要性。设 $\boldsymbol{A}$ 是 n 级正定矩阵,则 $\boldsymbol{A}$ 的特征值 $\lambda_1,\lambda_2,\cdots,\lambda_n$ 全大于 0。由于 $\boldsymbol{A}$ 是实对称矩阵,因此存在 n 级正交矩阵 $\boldsymbol{T}$,使得

$$\begin{aligned}\boldsymbol{A}&=\boldsymbol{T}^{-1}\mathrm{diag}\{\lambda_1,\lambda_2,\cdots,\lambda_n\}\boldsymbol{T}\\&=\boldsymbol{T}^{-1}\mathrm{diag}\{\sqrt{\lambda_1},\sqrt{\lambda_2},\cdots,\sqrt{\lambda_n}\}\boldsymbol{T}\,\boldsymbol{T}^{-1}\mathrm{diag}\{\sqrt{\lambda_1},\sqrt{\lambda_2},\cdots,\sqrt{\lambda_n}\}\boldsymbol{T}\\&=\boldsymbol{C}^2,\end{aligned}$$

其中

$$\boldsymbol{C}=\boldsymbol{T}^{-1}\mathrm{diag}\{\sqrt{\lambda_1},\sqrt{\lambda_2},\cdots,\sqrt{\lambda_n}\}\boldsymbol{T},$$

显然 $\boldsymbol{C}$ 是可逆实对称矩阵。

充分性。设 n 级实对称矩阵 $\boldsymbol{A}=\boldsymbol{C}^2$,其中 $\boldsymbol{C}$ 是可逆实对称矩阵,则 $\boldsymbol{A}=\boldsymbol{C}'\boldsymbol{C}$,因此 $\boldsymbol{A}$ 是正定矩阵。 ■

例 7 证明:如果 $\boldsymbol{A}$ 是 n 级正定矩阵,那么存在唯一的正定矩阵 $\boldsymbol{C}$,使得 $\boldsymbol{A}=\boldsymbol{C}^2$。

证明 存在性。例 6 的必要性证明中,$\boldsymbol{C}$ 的全部特征值是 $\sqrt{\lambda_1},\sqrt{\lambda_2},\cdots,\sqrt{\lambda_n}$,它们全大于 0,因此 $\boldsymbol{C}$ 是正定矩阵,而 $\boldsymbol{A}=\boldsymbol{C}^2$。

唯一性。设还有一个 n 级正定矩阵 $\boldsymbol{C}_1$,使得 $\boldsymbol{A}=\boldsymbol{C}_1^2$。设 $\boldsymbol{C}_1$ 的全部特征值是 $v_1,v_2,\cdots,$

v_n,则 $\boldsymbol{A}$ 的全部特征值是 $v_1^2,v_2^2,\cdots,v_n^2$。设 $\boldsymbol{C}$ 的全部特征值是 $\mu_1,\mu_2,\cdots,\mu_n$,则 $\boldsymbol{A}$ 的全部特征值是 $\mu_1^2,\mu_2^2,\cdots,\mu_n^2$,于是适当调换 $v_1,v_2,\cdots,v_n$ 的下标可以使 $\mu_i^2=v_i^2,i=1,2,\cdots,n$。由于 μ_i,v_i 都大于 0,因此 $\mu_i=v_i,i=1,2,\cdots,n$。

由于 $\boldsymbol{C}$ 和 $\boldsymbol{C}_1$ 都是 n 级实对称矩阵,因此存在 n 级正交矩阵 $\boldsymbol{T},\boldsymbol{T}_1$,使得

$$\boldsymbol{C}=\boldsymbol{T}^{-1}\mathrm{diag}\{\mu_1,\mu_2,\cdots,\mu_n\}\boldsymbol{T},$$

$$\boldsymbol{C}_1=\boldsymbol{T}_1^{-1}\mathrm{diag}\{v_1,v_2,\cdots,v_n\}\boldsymbol{T}_1。$$

由于 $\boldsymbol{C}^2=\boldsymbol{A}=\boldsymbol{C}_1^2$,且 $\mu_i=v_i,i=1,2,\cdots,n$,因此

$$\boldsymbol{T}^{-1}\mathrm{diag}\{\mu_1^2,\mu_2^2,\cdots,\mu_n^2\}\boldsymbol{T}=\boldsymbol{T}_1^{-1}\mathrm{diag}\{\mu_1^2,\mu_2^2,\cdots,\mu_n^2\}\boldsymbol{T}_1。$$

两边左乘 $\boldsymbol{T}_1$,右乘 $\boldsymbol{T}^{-1}$,得

$$\boldsymbol{T}_1\boldsymbol{T}^{-1}\mathrm{diag}\{\mu_1^2,\mu_2^2,\cdots,\mu_n^2\}=\mathrm{diag}\{\mu_1^2,\mu_2^2,\cdots,\mu_n^2\}\boldsymbol{T}_1\boldsymbol{T}^{-1}。\tag{8}$$

记 $\boldsymbol{T}_1\boldsymbol{T}^{-1}=(t_{ij})$。比较式(8)两边的$(i,j)$元,得

$$t_{ij}\mu_j^2=\mu_i^2t_{ij}。\tag{9}$$

若 $t_{ij}\neq 0$,则从式(9)得 $\mu_j^2=\mu_i^2$。由于 μ_j,μ_i 都是正数,因此 $\mu_j=\mu_i$,从而有

$$t_{ij}\mu_j=\mu_it_{ij}.\tag{10}$$

若 $t_{ij}=0$,则显然式(10)也成立。由于式(10)对 $1\leqslant i,j\leqslant n$ 都成立,因此

$$\boldsymbol{T}_1\boldsymbol{T}^{-1}\mathrm{diag}\{\mu_1,\mu_2,\cdots,\mu_n\}=\mathrm{diag}\{\mu_1,\mu_2,\cdots,\mu_n\}\boldsymbol{T}_1\boldsymbol{T}^{-1},\tag{11}$$

从而 $$\boldsymbol{T}^{-1}\mathrm{diag}\{\mu_1,\mu_2,\cdots,\mu_n\}\boldsymbol{T}=\boldsymbol{T}_1^{-1}\mathrm{diag}\{\mu_1,\mu_2,\cdots,\mu_n\}\boldsymbol{T}_1,$$

即 $\boldsymbol{C}=\boldsymbol{C}_1$,这就证明了唯一性。 ■

点评:在正实数集 $\mathbf{R}^+$ 中,对于任一正数 a,都存在唯一的正数 c,使得 $a=c^2$(c 就是 a 的算术平方根)。例 7 讲的是:在 n 级正定矩阵组成的集合中,对于任一正定矩阵 $\boldsymbol{A}$,存在唯一的正定矩阵 $\boldsymbol{C}$,使得 $\boldsymbol{A}=\boldsymbol{C}^2$。这两者之间很相似。

在例 7 的唯一性证明中,为了证明 $\boldsymbol{C}=\boldsymbol{C}_1$,一种思路是去证 $\boldsymbol{T}=\boldsymbol{T}_1$,这种思路是不正确的。因为对于实对称矩阵 $\boldsymbol{C}$,可以找到不同的正交矩阵,使得 $\boldsymbol{C}$ 正交相似于对角矩阵 $\mathrm{diag}\{\mu_1,\mu_2,\cdots,\mu_n\}$,所以即使 $\boldsymbol{T}\neq\boldsymbol{T}_1$,也有可能使得 $\boldsymbol{T}^{-1}\mathrm{diag}\{\mu_1,\mu_2,\cdots,\mu_n\}\boldsymbol{T}=\boldsymbol{T}_1^{-1}\mathrm{diag}\{\mu_1,\mu_2,\cdots,\mu_n\}\boldsymbol{T}_1$,从而有 $\boldsymbol{C}=\boldsymbol{C}_1$。证明 $\boldsymbol{C}=\boldsymbol{C}_1$ 的正确思路是去证式(11) 成立。

例 8 证明:实对称矩阵 $\boldsymbol{A}$ 是正定的充分必要条件为 $\boldsymbol{A}$ 的所有主子式都大于 0。

证明 充分性由本节定理 3 立即得到,下面来证必要性。

设 $\boldsymbol{A}$ 是 n 级正定矩阵,则有实可逆矩阵 $\boldsymbol{C}$ 使得 $\boldsymbol{A}=\boldsymbol{C}'\boldsymbol{C}$,从而 $\boldsymbol{A}$ 的任一 m 阶主子式($1\leqslant m\leqslant n$)为

$$\begin{aligned}\boldsymbol{A}\begin{pmatrix}i_1,i_2,\cdots,i_m\\i_1,i_2,\cdots,i_m\end{pmatrix}&=\boldsymbol{C}'\boldsymbol{C}\begin{pmatrix}i_1,i_2,\cdots,i_m\\i_1,i_2,\cdots,i_m\end{pmatrix}\\&=\sum_{1\leqslant v_1<v_2<\cdots<v_m\leqslant n}\boldsymbol{C}'\begin{pmatrix}i_1,i_2,\cdots,i_m\\v_1,v_2,\cdots,v_m\end{pmatrix}\boldsymbol{C}\begin{pmatrix}v_1,v_2,\cdots,v_m\\i_1,i_2,\cdots,i_m\end{pmatrix}\\&=\sum_{1\leqslant v_1<v_2<\cdots<v_m\leqslant n}\left[\boldsymbol{C}\begin{pmatrix}v_1,v_2,\cdots,v_m\\i_1,i_2,\cdots,i_m\end{pmatrix}\right]^2。\end{aligned}$$

由于 $\boldsymbol{C}$ 可逆,因此 $\boldsymbol{C}$ 的第 $i_1,i_2,\cdots,i_m$ 列组成的子矩阵 $\boldsymbol{C}_1$ 是 $n\times m$ 列满秩矩阵,从而 $\boldsymbol{C}_1$ 有一个 m 阶子式不等于 0,设

$$\boldsymbol{C}_1\begin{pmatrix}u_1,u_2,\cdots,u_m\\1,2,\cdots,m\end{pmatrix}\neq 0,$$

而

$$\boldsymbol{C}_1\begin{pmatrix}u_1,u_2,\cdots,u_m\\1,2,\cdots,m\end{pmatrix}=\boldsymbol{C}\begin{pmatrix}u_1,u_2,\cdots,u_m\\i_1,i_2,\cdots,i_m\end{pmatrix},$$

因此

$$\boldsymbol{A}\begin{pmatrix}i_1,i_2,\cdots,i_m\\i_1,i_2,\cdots,i_m\end{pmatrix}>0。$$

■

例 9 证明：如果 $\boldsymbol{A}$ 是 n 级正定矩阵，$\boldsymbol{B}$ 是 n 级实对称矩阵，则存在一个 n 级实可逆矩阵 $\boldsymbol{C}$，使得 $\boldsymbol{C}'\boldsymbol{AC}$ 与 $\boldsymbol{C}'\boldsymbol{BC}$ 都是对角矩阵。

证明 由于 $\boldsymbol{A}$ 是 n 级正定矩阵，因此 $\boldsymbol{A}\simeq\boldsymbol{I}$，从而存在 n 级实可逆矩阵 $\boldsymbol{C}_1$，使得 $\boldsymbol{C}_1'\boldsymbol{AC}_1=\boldsymbol{I}$。

由于 $(\boldsymbol{C}_1'\boldsymbol{BC}_1)'=\boldsymbol{C}_1'\boldsymbol{B}'\boldsymbol{C}_1=\boldsymbol{C}_1'\boldsymbol{BC}_1$，因此，$\boldsymbol{C}_1'\boldsymbol{BC}_1$ 是 n 级实对称矩阵，于是存在 n 级正交矩阵 $\boldsymbol{T}$，使得

$$\boldsymbol{T}'(\boldsymbol{C}_1'\boldsymbol{BC}_1)\boldsymbol{T}=\boldsymbol{T}^{-1}(\boldsymbol{C}_1'\boldsymbol{BC}_1)\boldsymbol{T}=\operatorname{diag}\{\mu_1,\mu_2,\cdots,\mu_n\}。$$

令 $\boldsymbol{C}=\boldsymbol{C}_1\boldsymbol{T}$，则 $\boldsymbol{C}$ 是实可逆矩阵，且使得

$$\boldsymbol{C}'\boldsymbol{AC}=(\boldsymbol{C}_1\boldsymbol{T})'\boldsymbol{A}(\boldsymbol{C}_1\boldsymbol{T})=\boldsymbol{T}'(\boldsymbol{C}_1'\boldsymbol{AC}_1)\boldsymbol{T}=\boldsymbol{T}'\boldsymbol{IT}=\boldsymbol{I},$$

$$\boldsymbol{C}'\boldsymbol{BC}=\boldsymbol{T}'(\boldsymbol{C}_1'\boldsymbol{BC}_1)\boldsymbol{T}=\operatorname{diag}\{\mu_1,\mu_2,\cdots,\mu_n\}。$$

■

例 10 证明：如果 $\boldsymbol{A}$ 与 $\boldsymbol{B}$ 都是 n 级正定矩阵，那么 $\boldsymbol{AB}$ 是正定矩阵的充分必要条件是 $\boldsymbol{AB}=\boldsymbol{BA}$。

证明 必要性。由于 $\boldsymbol{A}$ 与 $\boldsymbol{B}$ 都是 n 级对称矩阵，因此若 $\boldsymbol{AB}$ 是对称矩阵，则 $\boldsymbol{AB}=\boldsymbol{BA}$。

充分性。设 $\boldsymbol{A}$ 与 $\boldsymbol{B}$ 都是 n 级正定矩阵，且 $\boldsymbol{AB}=\boldsymbol{BA}$。据本章 6.1 节的例 14 得，存在一个 n 级正交矩阵 $\boldsymbol{T}$，使得

$$\boldsymbol{T}'\boldsymbol{AT}=\operatorname{diag}\{\lambda_1,\lambda_2,\cdots,\lambda_n\},$$

$$\boldsymbol{T}'\boldsymbol{BT}=\operatorname{diag}\{\mu_1,\mu_2,\cdots,\mu_n\},$$

其中 $\lambda_1,\lambda_2,\cdots,\lambda_n$ 是 $\boldsymbol{A}$ 的全部特征值，$\mu_1,\mu_2,\cdots,\mu_n$ 是 $\boldsymbol{B}$ 的全部特征值。由于 $\boldsymbol{A}$ 与 $\boldsymbol{B}$ 都是正定矩阵，因此 $\lambda_i>0,\mu_i>0,i=1,2,\cdots,n$，从而 $\lambda_i\mu_i>0,i=1,2,\cdots,n$。由于

$$\boldsymbol{T}'(\boldsymbol{AB})\boldsymbol{T}=\boldsymbol{T}'\boldsymbol{ATT}'\boldsymbol{BT}=\operatorname{diag}\{\lambda_1\mu_1,\lambda_2\mu_2,\cdots,\lambda_n\mu_n\},$$

因此

$$\boldsymbol{AB}\simeq\operatorname{diag}\{\lambda_1\mu_1,\lambda_2\mu_2,\cdots,\lambda_n\mu_n\},$$

从而 $\boldsymbol{AB}$ 是正定矩阵。 ■

例 11 证明：如果 $\boldsymbol{A}$ 是 n 级正定矩阵，$\boldsymbol{B}$ 是 n 级半正定矩阵，那么 $\boldsymbol{A}+\boldsymbol{B}$ 是正定矩阵。

证明 任取 $\boldsymbol{\alpha}\in\mathbf{R}^n$ 且 $\boldsymbol{\alpha}\neq\mathbf{0}$，有

$$\boldsymbol{\alpha}'(\boldsymbol{A}+\boldsymbol{B})\boldsymbol{\alpha}=\boldsymbol{\alpha}'\boldsymbol{A\alpha}+\boldsymbol{\alpha}'\boldsymbol{B\alpha}>0,$$

因此 $\boldsymbol{A}+\boldsymbol{B}$ 是正定矩阵。 ■

例 12 证明：n 元实二次型

$$f(x_1,x_2,\cdots,x_n)=n\sum_{i=1}^{n}x_i^2-\left(\sum_{i=1}^{n}x_i\right)^2$$

是半正定的。

证法一 $f(x_1,x_2,\cdots,x_n)$的矩阵是

$$A=\begin{pmatrix} n-1 & -1 & \cdots & -1 \\ -1 & n-1 & \cdots & -1 \\ \vdots & \vdots & \ddots & \vdots \\ -1 & -1 & \cdots & n-1 \end{pmatrix}=nI-J。$$

由于 J 的全部特征值是 $n,0(n-1$ 重$)$,因此 A 的全部特征值是 $0,n(n-1$ 重$)$,它们全非负,从而 A 是半正定的,于是 $f(x_1,x_2,\cdots,x_n)$是半正定的。 ■

证法二 令 $\alpha=(x_1,x_2,\cdots,x_n)'$,据 Cauchy-Bunyakovsky 不等式得,对任意实数 $x_1,x_2,\cdots,x_n$ 有

$$|\alpha|^2|\mathbf{1}_n|^2\geqslant(\alpha,\mathbf{1}_n)^2,$$

因此
$$n\sum_{i=1}^{n}x_i^2-\left(\sum_{i=1}^{n}x_i\right)^2\geqslant 0,$$

从而 $f(x_1,x_2,\cdots,x_n)$是半正定的。 ■

例 13 证明:实对称矩阵 A 半正定的充分必要条件为:有实对称矩阵 C,使得$A=C^2$。

证明 必要性。设 A 是 n 级半正定矩阵,则存在 n 级正交矩阵 T,使得

$$A=T^{-1}\operatorname{diag}\{\lambda_1,\lambda_2,\cdots,\lambda_n\}T,$$

其中 $\lambda_1,\lambda_2,\cdots,\lambda_n$ 是 A 的全部特征值,它们全非负,于是有

$$\begin{aligned}A&=T^{-1}\operatorname{diag}\{\sqrt{\lambda_1},\sqrt{\lambda_2},\cdots,\sqrt{\lambda_n}\}TT^{-1}\operatorname{diag}\{\sqrt{\lambda_1},\sqrt{\lambda_2},\cdots,\sqrt{\lambda_n}\}T\\&=C^2,\end{aligned}$$

其中

$$C=T^{-1}\operatorname{diag}\{\sqrt{\lambda_1},\sqrt{\lambda_2},\cdots,\sqrt{\lambda_n}\}T,$$

显然 C 是实对称矩阵。

充分性。设 n 级实对称矩阵 $A=C^2$,其中 C 是实对称矩阵,从而 C 有 n 个特征值 $\mu_1,\mu_2,\cdots,\mu_n$。由于 $A=C^2$,因此 A 的全部特征值是 $\mu_1^2,\mu_2^2,\cdots,\mu_n^2$,从而 A 是半正定矩阵。 ■

例 14 证明:如果 A 是 n 级正定矩阵,B 是 n 级半正定矩阵,那么

$$|A+B|\geqslant|A|+|B|,\tag{12}$$

等号成立当且仅当 $B=0$。

证明 据例 9 的证明过程可知,存在一个 n 级实可逆矩阵 C,使得

$$C'AC=I,\qquad C'BC=\operatorname{diag}\{\mu_1,\mu_2,\cdots,\mu_n\}=D。$$

由于 B 半正定,因此 $\mu_i\geqslant 0,i=1,2,\cdots,n$,于是

$$\begin{aligned}|A+B|&=|(C')^{-1}IC^{-1}+(C')^{-1}DC^{-1}|=|(C')^{-1}(I+D)C^{-1}|\\&=|C^{-1}|^2(1+\mu_1)(1+\mu_2)\cdots(1+\mu_n),\end{aligned}$$

$$|A|=|C^{-1}|^2。|B|=|C^{-1}|^2\mu_1\mu_2\cdots\mu_n。$$

由于
$$(1+\mu_1)(1+\mu_2)\cdots(1+\mu_n)\geqslant 1+\mu_1\mu_2\cdots\mu_n,$$

因此
$$|A+B|\geqslant|C^{-1}|^2(1+\mu_1\mu_2\cdots\mu_n)=|A|+|B|。$$

若等号成立，则$(\mu_1+\mu_2+\cdots+\mu_n)+(\mu_1\mu_2+\cdots+\mu_{n-1}\mu_n)+\cdots+\mu_2\mu_3\cdots\mu_n=0$，由此推出，$\mu_1=\mu_2=\cdots=\mu_n=0$，从而 $\boldsymbol{B}=\boldsymbol{0}$。

显然，当 $\boldsymbol{B}=\boldsymbol{0}$ 时，等号成立。 ■

例 15 设

$$\boldsymbol{M}=\begin{pmatrix}\boldsymbol{A} & \boldsymbol{B}\\ \boldsymbol{B}' & \boldsymbol{D}\end{pmatrix}$$

是 n 级正定矩阵，其中 $\boldsymbol{A}$ 是 r 级矩阵($r<n$)。证明：$\boldsymbol{A},\boldsymbol{D},\boldsymbol{D}-\boldsymbol{B}'\boldsymbol{A}^{-1}\boldsymbol{B}$ 都是正定矩阵。

证明 由于 $\boldsymbol{M}$ 正定，因此 $\boldsymbol{M}$ 的所有主子式全大于 0，而 $\boldsymbol{A}$ 的各阶顺序主子式是 $\boldsymbol{M}$ 的 $1,2,\cdots,r$ 阶顺序主子式，因此 $\boldsymbol{A}$ 正定。$\boldsymbol{D}$ 的所有顺序主子式都是 $\boldsymbol{M}$ 的主子式，因此 $\boldsymbol{D}$ 正定。据 6.1 节的例 9 得

$$\begin{pmatrix}\boldsymbol{A} & \boldsymbol{B}\\ \boldsymbol{B}' & \boldsymbol{D}\end{pmatrix}\simeq\begin{pmatrix}\boldsymbol{A} & \boldsymbol{0}\\ \boldsymbol{0} & \boldsymbol{D}-\boldsymbol{B}'\boldsymbol{A}^{-1}\boldsymbol{B}\end{pmatrix},$$

从而上式右边的矩阵也是正定矩阵。于是根据刚才证得的结论得，$\boldsymbol{D}-\boldsymbol{B}'\boldsymbol{A}^{-1}\boldsymbol{B}$ 是正定矩阵。 ■

例 16 设

$$\boldsymbol{M}=\begin{pmatrix}\boldsymbol{A} & \boldsymbol{B}\\ \boldsymbol{B}' & \boldsymbol{D}\end{pmatrix}$$

是 n 级正定矩阵，其中 $\boldsymbol{A}$ 是 r 级矩阵。证明

$$|\boldsymbol{M}|\leqslant|\boldsymbol{A}||\boldsymbol{D}|, \tag{13}$$

等号成立当且仅当 $\boldsymbol{B}=\boldsymbol{0}$。

证明 从 6.1 节的例 9 得

$$|\boldsymbol{M}|=|\boldsymbol{A}||\boldsymbol{D}-\boldsymbol{B}'\boldsymbol{A}^{-1}\boldsymbol{B}|。$$

记 $\boldsymbol{H}=\boldsymbol{D}-\boldsymbol{B}'\boldsymbol{A}^{-1}\boldsymbol{B}$，由例 15 的结论知道，$\boldsymbol{A},\boldsymbol{D},\boldsymbol{H}$ 都是正定矩阵，从而 $\boldsymbol{A}^{-1}$ 也是正定矩阵，于是对任意 $\boldsymbol{\alpha}\in\mathbf{R}^n$ 且 $\boldsymbol{\alpha}\neq\boldsymbol{0}$，有

$$\boldsymbol{\alpha}'(\boldsymbol{B}'\boldsymbol{A}^{-1}\boldsymbol{B})\boldsymbol{\alpha}=(\boldsymbol{B}\boldsymbol{\alpha})'\boldsymbol{A}^{-1}(\boldsymbol{B}\boldsymbol{\alpha})\geqslant 0,$$

因此 $\boldsymbol{B}'\boldsymbol{A}^{-1}\boldsymbol{B}$ 半正定。据例 14 的结论，得

$$|\boldsymbol{D}|=|\boldsymbol{H}+\boldsymbol{B}'\boldsymbol{A}^{-1}\boldsymbol{B}|\geqslant|\boldsymbol{H}|+|\boldsymbol{B}'\boldsymbol{A}^{-1}\boldsymbol{B}|\geqslant|\boldsymbol{H}|,$$

等号成立当且仅当 $\boldsymbol{B}'\boldsymbol{A}^{-1}\boldsymbol{B}=\boldsymbol{0}$，即 $\boldsymbol{B}=\boldsymbol{0}$(假如 $\boldsymbol{B}\neq\boldsymbol{0}$，则 $\boldsymbol{B}$ 有一个列向量 $\boldsymbol{\beta}_j\neq\boldsymbol{0}$，于是

$$(\boldsymbol{B}'\boldsymbol{A}^{-1}\boldsymbol{B})(j;j)=\boldsymbol{\varepsilon}_j'(\boldsymbol{B}'\boldsymbol{A}^{-1}\boldsymbol{B})\boldsymbol{\varepsilon}_j=(\boldsymbol{B}\boldsymbol{\varepsilon}_j)'\boldsymbol{A}^{-1}(\boldsymbol{B}\boldsymbol{\varepsilon}_j)=\boldsymbol{\beta}_j'\boldsymbol{A}^{-1}\boldsymbol{\beta}_j>0,$$

这与 $\boldsymbol{B}'\boldsymbol{A}^{-1}\boldsymbol{B}=0$ 矛盾，因此 $\boldsymbol{B}=\boldsymbol{0}$)。故

$$|\boldsymbol{M}|\leqslant|\boldsymbol{A}||\boldsymbol{D}|,$$

等号成立当且仅当 $\boldsymbol{B}=\boldsymbol{0}$。 ■

例 17 证明：如果 $\boldsymbol{A}=(a_{ij})$是 n 级正定矩阵，那么

$$|\boldsymbol{A}|\leqslant a_{11}a_{22}\cdots a_{nn} \tag{14}$$

等号成立当且仅当 $\boldsymbol{A}$ 是对角矩阵。

证明 对正定矩阵的级数 n 作数学归纳法。

$n=1$ 时，$|(a)|=a$，命题为真。

假设对于 $n-1$ 级正定矩阵命题为真，现在来看 n 级正定矩阵 $\boldsymbol{A}=(a_{ij})$，把 $\boldsymbol{A}$ 写成分块矩阵形式：

$$\boldsymbol{A}=\begin{pmatrix}\boldsymbol{A}_{n-1} & \boldsymbol{\alpha}\\ \boldsymbol{\alpha}' & a_{nn}\end{pmatrix},$$

据例 16 的结论,得

$$|\boldsymbol{A}|\leqslant|\boldsymbol{A}_{n-1}|a_{nn},$$

等号成立当且仅当 $\boldsymbol{\alpha}=\boldsymbol{0}$。

据例 15 的结论得 $\boldsymbol{A}_{n-1}$正定。于是由归纳假设,得

$$|\boldsymbol{A}_{n-1}|\leqslant a_{11}a_{22}\cdots a_{n-1,n-1},$$

等号成立当且仅当 $\boldsymbol{A}_{n-1}$为对角矩阵。

据例 4 的结论得 $a_{11},a_{22}\cdots a_{n-1,n-1},a_{nn}$ 全为正数。

因此

$$|\boldsymbol{A}|\leqslant a_{11}a_{22}\cdots a_{n-1,n-1}a_{nn},$$

等号成立当且仅当 $\boldsymbol{A}$ 为对角矩阵。

由数学归纳法原理,对一切正整数 n,命题为真。 ■

例 18 证明:如果 $\boldsymbol{C}=(c_{ij})$是 n 级实矩阵,那么

$$|\boldsymbol{C}|^2\leqslant\prod_{j=1}^{n}(c_{1j}^2+c_{2j}^2+\cdots+c_{nj}^2)。\tag{15}$$

证明 若 $\boldsymbol{C}$ 不可逆,则式(15)显然成立。下面设 C 可逆,令 $\boldsymbol{A}=\boldsymbol{C}'\boldsymbol{C}$,则 $\boldsymbol{A}$ 正定。

$$\boldsymbol{A}(i;i)=\boldsymbol{C}'\boldsymbol{C}(i;i)=\sum_{k=1}^{n}\boldsymbol{C}'(i;k)\boldsymbol{C}(k;i)=\sum_{k=1}^{n}c_{ki}^2$$

据例 17 的结论,得

$$|\boldsymbol{C}|^2=|\boldsymbol{C}'\boldsymbol{C}|=|\boldsymbol{A}|\leqslant\prod_{i=1}^{n}\boldsymbol{A}(i;i)=\prod_{i=1}^{n}(c_{1i}^2+c_{2i}^2+\cdots+c_{ni}^2)。$$ ■

点评:例 18 的式(15)称为 **Hadamard 不等式**。

习题 6.3

1. 证明:如果 $\boldsymbol{A},\boldsymbol{B}$ 都是 n 级正定矩阵,那么 $\boldsymbol{A}+\boldsymbol{B}$ 也是正定矩阵。

2. 证明:如果 $\boldsymbol{A}$ 是 n 级正定矩阵,那么 $\boldsymbol{A}$ 的伴随矩阵 $\boldsymbol{A}^*$ 也是正定矩阵。

3. 证明:正定矩阵的迹大于 0。

4. 判断下列实二次型是否正定:

(1) $f(x_1,x_2,x_3)=5x_1^2+6x_2^2+4x_3^2-4x_1x_2-4x_2x_3$;

(2) $f(x_1,x_2,x_3)=10x_1^2+8x_1x_2+24x_1x_3+2x_2^2-28x_2x_3+x_3^2$;

(3) $f(x_1,x_2,x_3)=3x_1^2+4x_2^2+5x_3^2+4x_1x_2-4x_2x_3$。

5. t 满足什么条件时,下列实二次型是正定的?

(1) $f(x_1,x_2,x_3)=x_1^2+x_2^2+5x_3^2+2tx_1x_2-2x_1x_3+4x_2x_3$;

(2) $f(x_1,x_2,x_3)=x_1^2+4x_2^2+2x_3^2+2tx_1x_2+2x_1x_3$。

6. 判断 $a\boldsymbol{I}+\boldsymbol{J}$ 是否是正定矩阵,其中 $\boldsymbol{J}$ 是元素全为 1 的 n 级矩阵,$a>0$,并且求 $a\boldsymbol{I}+\boldsymbol{J}$的符号差。

7. 证明：实对称矩阵 $\boldsymbol{A}$ 正定的充分必要条件是：有实上三角矩阵 $\boldsymbol{B}$ 并且 $\boldsymbol{B}$ 的主对角元全大于 0，使得 $\boldsymbol{A}=\boldsymbol{B}'\boldsymbol{B}$。

8. 证明：n 级实对称矩阵 $\boldsymbol{A}$ 正定的充分必要条件是，有 $m\times n$ 列满秩实矩阵 $\boldsymbol{P}$，使得 $\boldsymbol{A}=\boldsymbol{P}'\boldsymbol{P}$。

9. 证明：n 级实对称矩阵 $\boldsymbol{A}$ 半正定的充分必要条件是，有 $r\times n$ 行满秩实矩阵 $\boldsymbol{Q}$，使得 $\boldsymbol{A}=\boldsymbol{Q}'\boldsymbol{Q}$。

10. 证明：如果 $\boldsymbol{A}$ 是 n 级半正定矩阵，那么存在唯一的 n 级半正定矩阵 $\boldsymbol{C}$，使得 $\boldsymbol{A}=\boldsymbol{C}^2$。

11. 求 $F(x,y)=6xy-x^2-y^3$ 的极值。

12. 某厂生产两种产品，价格分别为 $P_1=4,P_2=8$，产量分别为 Q_1 和 Q_2，成本函数为 $C(Q_1,Q_2)=Q_1^2+2Q_1Q_2+3Q_2^2+2$。问：该厂应如何安排生产，才能使所得利润最大？

补充题六

1. 证明**极分解定理**：对于任一实可逆矩阵 $\boldsymbol{A}$，一定存在一个正交矩阵 $\boldsymbol{T}$ 和两个正定矩阵 $\boldsymbol{S}_1,\boldsymbol{S}_2$，使得

$$\boldsymbol{A}=\boldsymbol{T}\boldsymbol{S}_1=\boldsymbol{S}_2\boldsymbol{T},$$

并且这两种分解的每一种都是唯一的。

2. 证明：对于任一 n 级实可逆矩阵 $\boldsymbol{A}$，都存在正交矩阵 $\boldsymbol{T}_1$ 和 $\boldsymbol{T}_2$，使得

$$\boldsymbol{A}=\boldsymbol{T}_1\mathrm{diag}\{\lambda_1,\lambda_2,\cdots,\lambda_n\}\boldsymbol{T}_2,$$

并且 $\lambda_1^2,\lambda_2^2,\cdots,\lambda_n^2$ 是 $\boldsymbol{A}'\boldsymbol{A}$ 的全部特征值，且 $\lambda_i>0,i=1,2,\cdots,n$。

3. 证明：几何空间中任一仿射变换可以分解成一些正交变换与沿着三个互相垂直的方向的压缩的乘积。

4. 证明：如果数域 K 上 n 级对称矩阵 $\boldsymbol{A}$ 的顺序主子式全不为 0，那么存在 K 上主对角元全为 1 的上三角矩阵 $\boldsymbol{B}$ 与主对角元全不为 0 的对角矩阵 $\boldsymbol{D}$，使得 $\boldsymbol{A}=\boldsymbol{B}'\boldsymbol{D}\boldsymbol{B}$，并且 $\boldsymbol{A}$ 的这种分解式是唯一的。

5. 设 $\boldsymbol{A}$ 是数域 K 上的 n 级对称矩阵，证明：如果 $\boldsymbol{B}$ 是 K 上主对角元全为 1 的 n 级上三角矩阵，那么 $\boldsymbol{B}'\boldsymbol{A}\boldsymbol{B}$ 与 $\boldsymbol{A}$ 的 k 阶顺序主子式相等，$k=1,2,\cdots,n$。

6. 设 $\boldsymbol{A}$ 是数域 K 上的 n 级对称矩阵，$\boldsymbol{A}$ 的顺序主子式全不为 0。证明：在第 4 题中的对角矩阵 $\boldsymbol{D}=\mathrm{diag}\{d_1,d_2,\cdots,d_n\}$ 的主对角元为

$$d_1=|\boldsymbol{A}_1|,d_k=\frac{|\boldsymbol{A}_k|}{|\boldsymbol{A}_{k-1}|},\quad k=2,3,\cdots,n, \tag{1}$$

其中 $|\boldsymbol{A}_k|$ 是 $\boldsymbol{A}$ 的 k 阶顺序主子式，$k=1,2,\cdots,n$。

7. 设 $\boldsymbol{A}$ 是 n 级实对称矩阵，证明：如果 $\boldsymbol{A}$ 的顺序主子式全不为 0，那么 $\boldsymbol{A}$ 的正惯性指数等于数列

$$1,|\boldsymbol{A}_1|,|\boldsymbol{A}_2|,\cdots,|\boldsymbol{A}_{n-1}|,|\boldsymbol{A}| \tag{2}$$

中的保号数，而 $\boldsymbol{A}$ 的负惯性指数等于这个数列的变号数，其中 $|\boldsymbol{A}_k|$ 是 $\boldsymbol{A}$ 的 k 阶顺序主子式，$k=1,2,\cdots,n-1$。

8. 证明：如果 $\boldsymbol{A}$ 是 n 级正定矩阵，那么对于 $\mathbf{R}^n$ 中任一非零列向量 $\boldsymbol{\alpha}$，都有

$$\begin{vmatrix} \boldsymbol{A} & \boldsymbol{\alpha} \\ \boldsymbol{\alpha}' & 0 \end{vmatrix} < 0。$$

9. 证明：如果 $\boldsymbol{A}=(a_{ij})$ 是 n 级正定矩阵，$b_1,b_2,\cdots,b_n$ 是任意 n 个非零实数，那么 $\boldsymbol{C}=(a_{ij}b_ib_j)$ 是正定矩阵。

10. 证明：如果 n 级矩阵 $\boldsymbol{A}=(a_{ij})$，$\boldsymbol{B}=(b_{ij})$ 都是正定的，那么矩阵 $\boldsymbol{C}=(a_{ij}b_{ij})$ 也是正定的。

11. 设 $\boldsymbol{A}$ 是元素为 0 或 1 的 $n\times m$ 矩阵，且

$$\boldsymbol{AA}' = \begin{pmatrix} r_1 & \lambda & \lambda & \cdots & \lambda \\ \lambda & r_2 & \lambda & \cdots & \lambda \\ \vdots & \vdots & \vdots & & \vdots \\ \lambda & \lambda & \lambda & \cdots & r_n \end{pmatrix},$$

其中 $r_i>\lambda>0, i=1,2,\cdots,n$。证明：$n\leqslant m$。

12. 设 $\boldsymbol{A}$ 是 n 级可逆实对称矩阵，证明：$\boldsymbol{A}$ 是正定矩阵当且仅当对一切 n 级正定矩阵 $\boldsymbol{B}$，有 $\operatorname{tr}(\boldsymbol{AB})>0$。

13. 设正整数 v,k,λ,n 满足：

$$v > k > \lambda > 0, n = k-\lambda, \lambda v = k^2 - n。$$

设 $\boldsymbol{M}$ 是元素为 0 或 1 的 v 级矩阵，且 $\boldsymbol{M}$ 的每一行恰有 k 个元素是 1，$\boldsymbol{M}$ 的每两行的内积为 λ。令 $\boldsymbol{H}=\boldsymbol{MM}'$，证明：

(1) $\boldsymbol{H}=n\boldsymbol{I}+\lambda\boldsymbol{J}$，其中 $\boldsymbol{I}$ 是 v 级单位矩阵，$\boldsymbol{J}$ 是元素全为 1 的 v 级矩阵；

(2) 在有理数域上，$\boldsymbol{H}\simeq\boldsymbol{I}$；

(3) 在有理数域上，$\begin{pmatrix} \boldsymbol{H} & \lambda\mathbf{1}_v \\ \lambda\mathbf{1}_v' & \lambda \end{pmatrix} \simeq \begin{pmatrix} \boldsymbol{I} & \mathbf{0} \\ \mathbf{0} & \lambda-\lambda^2\mathbf{1}_v'\boldsymbol{H}^{-1}\mathbf{1}_v \end{pmatrix}$；

(4) 在有理数域上，$\begin{pmatrix} n\boldsymbol{I}+\lambda\boldsymbol{J} & \lambda\mathbf{1}_v \\ \lambda\mathbf{1}_v' & \lambda \end{pmatrix} \simeq \begin{pmatrix} n\boldsymbol{I} & \mathbf{0} \\ \mathbf{0} & \lambda \end{pmatrix}$；

(5) 在有理数域上，$\begin{pmatrix} n\boldsymbol{I} & \mathbf{0} \\ \mathbf{0} & \lambda \end{pmatrix} \simeq \begin{pmatrix} \boldsymbol{I} & \mathbf{0} \\ \mathbf{0} & n\lambda \end{pmatrix}$。

14. 设 $\boldsymbol{A}$ 是实数域上的 $m\times n$ 列满秩矩阵，证明：$\boldsymbol{A}$ 可以分解成

$$\boldsymbol{A} = \boldsymbol{QDT}', \tag{3}$$

其中 $\boldsymbol{Q}$ 是列向量组为正交单位向量组的 $m\times n$ 矩阵；$\boldsymbol{D}$ 是 n 级对角矩阵，其主对角元 λ_1，$\lambda_2,\cdots,\lambda_n$ 都为正数，且 $\lambda_1^2,\lambda_2^2,\cdots,\lambda_n^2$ 是 $\boldsymbol{A}'\boldsymbol{A}$ 的全部特征值；$\boldsymbol{T}=(\boldsymbol{\eta}_1,\boldsymbol{\eta}_2,\cdots,\boldsymbol{\eta}_s)$ 是 n 级正交矩阵，$\boldsymbol{\eta}_i$ 是 $\boldsymbol{A}'\boldsymbol{A}$ 的属于特征值 λ_i^2 的一个特征向量，$i=1,2,\cdots,n$。

15. 设 $\boldsymbol{A}$ 是 $m\times n$ 实矩阵，证明：$\boldsymbol{A}$ 可以分解成

$$\boldsymbol{A} = \boldsymbol{QDT}', \tag{4}$$

其中 $\boldsymbol{Q}$ 是列向量组为正交单位向量组的 $m\times n$ 矩阵；$\boldsymbol{D}$ 是主对角元 $\lambda_1,\lambda_2,\cdots,\lambda_n$ 全为非负数的 n 级对角矩阵，且 $\lambda_1^2,\lambda_2^2,\cdots,\lambda_n^2$ 是 $\boldsymbol{A}'\boldsymbol{A}$ 的全部特征值；$\boldsymbol{T}$ 是 n 级正交矩阵，它的第 j 列 $\boldsymbol{\eta}_j$ 是 $\boldsymbol{A}'\boldsymbol{A}$ 的属于特征值 λ_j^2 的一个特征向量，$j=1,2,\cdots,n$。

16. 设 $\boldsymbol{A}$ 是 n 级实对称矩阵，证明：

(1) 如果 $\boldsymbol{A}$ 是正定的，那么

$$\boldsymbol{\alpha}'\mathbf{A}^{-1}\boldsymbol{\alpha} \geqslant \left(\frac{\mathbf{1}_n'\boldsymbol{\alpha}}{\sqrt{\mathbf{1}_n'\mathbf{A}\ \mathbf{1}_n}}\right)^2, \qquad \forall \boldsymbol{\alpha} \in \mathbf{R}^n, \tag{5}$$

其中 $\mathbf{1}_n$ 表示元素全为 1 的 n 维列向量；

(2) 如果 $\mathbf{A}$ 是半正定的，那么 $\mathbf{A}$ 有一个广义逆 $\mathbf{A}^-$，使得

$$(\boldsymbol{\alpha}'\mathbf{A}^-\boldsymbol{\alpha})(\mathbf{1}_n'\mathbf{A}\ \mathbf{1}_n) \geqslant (\mathbf{1}_n'\mathbf{A}\mathbf{A}^-\boldsymbol{\alpha})^2。\tag{6}$$

应用小天地：二次曲面的类型

在空间直角坐标系 $Oxyz$ 中，二次方程

$$a_{11}x^2 + a_{22}y^2 + a_{33}z^2 + 2a_{12}xy + 2a_{13}xz + 2a_{23}yz + 2a_1x + 2a_2y + 2a_3z + a_0 = 0, \tag{1}$$

其中 $a_{11}, a_{22}, a_{33}, a_{12}, a_{13}, a_{23}$ 不全为 0，表示的图形称为**二次曲面**。

二次曲面有且只有多少种？我们来讨论这个问题。

任取一个二次曲面 S，设它的方程为式(1)。首先作直角坐标变换：

$$\begin{pmatrix} x \\ y \\ z \end{pmatrix} = \boldsymbol{T}\begin{pmatrix} x^* \\ y^* \\ z^* \end{pmatrix}, \tag{2}$$

使得在直角坐标系 $Ox^*y^*z^*$ 中，S 的方程不含交叉项，为此把式(1)中左端的二次项部分

$$f(x,y,z) = a_{11}x^2 + a_{22}y^2 + a_{33}z^2 + 2a_{12}xy + 2a_{13}xz + 2a_{23}yz$$

经过适当的正交替换式(2)化成标准形：

$$f(x,y,z) = a_{11}^*\,x^{*2} + a_{22}^*\,y^{*2} + a_{33}^*\,z^{*2}, \tag{3}$$

此时，S 的方程成为

$$a_{11}^*\,x^{*2} + a_{22}^*\,y^{*2} + a_{33}^*\,z^{*2} + 2a_1^*x^* + 2a_2^*y^* + 2a_3^*z^* + a_0^* = 0。\tag{4}$$

情形 1　$f(x,y,z)$ 的秩为 3。

把 S 的方程(4)先配方，然后作移轴，可以使 S 在直角坐标系 $\tilde{O}\tilde{x}\tilde{y}\tilde{z}$ 中的方程为

$$a_{11}^*\,\tilde{x}^2 + a_{22}^*\,\tilde{y}^2 + a_{33}^*\,\tilde{z}^2 = \tilde{a}_0。\tag{5}$$

情形 1.1　$f(x,y,z)$ 的正惯性指数为 3。此时对应于 $\tilde{a}_0>0, \tilde{a}_0<0, \tilde{a}_0=0$ 三种情形，方程(5)可分别写成

[1]　$\dfrac{\tilde{x}^2}{a^2}+\dfrac{\tilde{y}^2}{b^2}+\dfrac{\tilde{z}^2}{c^2}=1, (a>0, b>0, c>0)$；

[2]　$\dfrac{\tilde{x}^2}{a^2}+\dfrac{\tilde{y}^2}{b^2}+\dfrac{\tilde{z}^2}{c^2}=-1, (a>0, b>0, c>0)$；

[3]　$\dfrac{\tilde{x}^2}{a^2}+\dfrac{\tilde{y}^2}{b^2}+\dfrac{\tilde{z}^2}{c^2}=0, (a>0, b>0, c>0)$，

它们表示的图形分别称为**椭球面**，**虚椭球面**(无轨迹)，**点**(重合的 8 个点)，统称为**椭球面型**。

情形 1.2　$f(x,y,z)$ 的正惯性指数为 2，负惯性指数为 1。此时不妨设 $a_{11}^*>0$，

$a_{22}^*>0, a_{33}^*<0$(否则,可以作转轴,使得在新的直角坐标系中,S 的方程的 $\tilde{x}^2, \tilde{y}^2$ 的系数大于 0)。对应于 $\tilde{a}_0>0, \tilde{a}_0<0, \tilde{a}_0=0$ 三种情形,S 的方程可分别写成

[4]　$\dfrac{\tilde{x}^2}{a^2}+\dfrac{\tilde{y}^2}{b^2}-\dfrac{\tilde{z}^2}{c^2}=1, (a>0, b>0, c>0)$;

[5]　$\dfrac{\tilde{x}^2}{a^2}+\dfrac{\tilde{y}^2}{b^2}-\dfrac{\tilde{z}^2}{c^2}=-1, (a>0, b>0, c>0)$;

[6]　$\dfrac{\tilde{x}^2}{a^2}+\dfrac{\tilde{y}^2}{b^2}-\dfrac{\tilde{z}^2}{c^2}=0, (a>0, b>0, c>0)$,

它们表示的图形分别称为**单叶双曲面**,**双叶双曲面**,**二次锥面**。前两种统称为**双曲面型**。

情形 1.3　$f(x,y,z)$的正惯性指数为 1,负惯性指数为 2。此时可在方程(5)两边乘 -1,转化为情形 1.2。

情形 1.4　$f(x,y,z)$的正惯性指数为 0,负惯性指数为 3。此时可在方程(5)两边乘 -1,转化为情形 1.1。

情形 2　$f(x,y,z)$的秩为 2。

情形 2.1　$f(x,y,z)$的正惯性指数为 2,此时不妨设 $a_{11}^*>0, a_{22}^*>0$。把 S 的方程(4)经过配方,移轴,在新的直角坐标系 $\tilde{O}\tilde{x}\tilde{y}z^*$ 中,S 的方程成为

$$a_{11}^*\tilde{x}^2+a_{22}^*\tilde{y}^2+2a_3^*z^*+\tilde{a}_0=0。\tag{6}$$

情形 2.1.1　$a_3^*\neq 0$。此时经过移轴,在新的直角坐标系 $O_1\tilde{x}\tilde{y}\tilde{z}$ 中,S 的方程成为

$$a_{11}^*\tilde{x}^2+a_{22}^*\tilde{y}^2+2a_3^*\tilde{z}=0。\tag{7}$$

若 $a_3^*<0$,则方程(7)可以写成

[7]　$\dfrac{\tilde{x}^2}{p}+\dfrac{\tilde{y}^2}{q}=2\tilde{z}, (p>0, q>0)$,

它表示的图形称为**椭圆抛物面**。

若 $a_3^*>0$,则作关于 $\tilde{x}O_1\tilde{y}$ 面的反射,可以转化为上述 $a_3^*<0$ 的情形。

情形 2.1.2　$a_3^*=0$,此时对应于 $\tilde{a_0}<0, \tilde{a_0}>0, \tilde{a_0}=0$ 三种情形,S 的方程(6)可分别写成

[8]　$\dfrac{\tilde{x}^2}{a^2}+\dfrac{\tilde{y}^2}{b^2}=1, (a>0, b>0)$;

[9]　$\dfrac{\tilde{x}^2}{a^2}+\dfrac{\tilde{y}^2}{b^2}=-1, (a>0, b>0)$;

[10]　$\dfrac{\tilde{x}^2}{a^2}+\dfrac{\tilde{y}^2}{b^2}=0, (a>0, b>0)$,

它们表示的图形分别称为**椭圆柱面**,**虚椭圆柱面**(无轨迹),**直线**(4 条重合的直线)。

情形 2.2　$f(x,y,z)$的正惯性指数为 1。此时 $f(x,y,z)$的负惯性指数为 1,不妨设 $a_{11}^*>0, a_{22}^*<0$。类似于情形 2.1,经过配方,移轴,S 的方程可分别写成

[11]　$\dfrac{\tilde{x}^2}{p}-\dfrac{\tilde{y}^2}{q}=2\tilde{z}, (p>0, q>0)$;

[12]　$\dfrac{\tilde{x}^2}{a^2}-\dfrac{\tilde{y}^2}{b^2}=1, (a>0, b>0)$;

[13] $\frac{\tilde{x}^2}{a^2}-\frac{\tilde{y}^2}{b^2}=0,(a>0,b>0)$,

[11]表示的图形称为**双曲抛物面**(或**马鞍面**);[12]表示的图形称为**双曲柱面**;[13]表示的图形是**一对相交平面**。(注:方程 $\frac{\tilde{x}^2}{a^2}-\frac{\tilde{y}^2}{b^2}=-1$ 的情形,经过绕 $\tilde{z}$ 轴旋转$\frac{\pi}{2}$,可转化为$\frac{\tilde{x}^2}{a^2}-\frac{\tilde{y}^2}{b^2}=1$的情形。)

情形 2.3 $f(x,y,z)$的正惯性指数为 0,此时 $f(x,y,z)$的负惯性指数为 2。把方程(6)两边乘-1,可转化为情形 2.1。

情形 3 $f(x,y,z)$的秩为 1。此时不妨设 $a_{11}^*\neq 0$。经过配方,移轴,在新的直角坐标系 $\widetilde{O}\tilde{x}y^*z^*$ 中,S 的方程可以成为

$$a_{11}^*\tilde{x}^2+2a_2^*y^*+2a_3^*z^*+\tilde{a}_0=0。\tag{8}$$

情形 3.1 a_2^*,a_3^* 不全为 0,不妨设 $a_2^*\neq 0$。此时 S 与 $y^*\widetilde{O}z^*$ 面的交线 l 为

$$\begin{cases}2a_2^*y^*+2a_3^*z^*+\tilde{a}_0=0,\\ \tilde{x}=0。\end{cases}$$

绕 $\tilde{x}$ 轴旋转,使得 y^* 轴旋转到 $\tilde{y}$ 轴,其中 $\tilde{y}$ 轴与直线 l 垂直,此时 z^* 轴旋转到 $\tilde{z}$ 轴,l 的方程成为

$$\begin{cases}\tilde{y}-b=0,\\ \tilde{x}=0。\end{cases}$$

于是在直角坐标系 $\widetilde{O}\tilde{x}\tilde{y}\tilde{z}$ 中,S 的方程成为

$$a_{11}^*\tilde{x}^2+k(\tilde{y}-b)=0,\qquad (k\neq 0).\tag{9}$$

再作移轴,S 的方程可写成

[14] $\tilde{x}^2=2p\tilde{y},(p\neq 0)$,

它表示的图形称为**抛物柱面**。

情形 3.2 $a_2^*=a_3^*=0$。此时对应于 $\tilde{a}_0$ 与 a_{11}^*异号、同号,以及 $\tilde{a}_0=0$ 三种情形,S 的方程(8)可分别写成

[15] $\tilde{x}^2=a^2,(a>0)$;

[16] $\tilde{x}^2=-a^2,(a>0)$;

[17] $\tilde{x}^2=0$,

它们分别表示**一对平行平面**,**一对虚平行平面**(无轨迹),**一对重合平面**。

综上所述,二次曲面有且只有上述 17 种,其中[1],[2],[3]统称为椭球面型;[4],[5]统称为双曲面型;[7],[11]统称为抛物面型;[6]是二次锥面;[8],[9],[10],[12],[13],[14],[15],[16],[17]统称为二次柱面型。

椭球面、单叶双曲面、双叶双曲面、椭圆抛物面、马鞍面的图形可以参看《解析几何(第三版)》(丘维声编著)的第 93~98 页。

习题答案与提示

第1章 线性方程组

习题 1.1

1. (1) $(2,-1,1)'$； (2) $(1,-2,3)'$； (3) $(2,-1,1,-3)'$；
(4) $(5,-2,1)'$； (5) $(-8,3,6,0)'$。

2. (1) 给 A_1,A_2,A_3 分别投资$\frac{5}{6}$万元，$\frac{5}{3}$万元，7.5万元。

(2) 相应的线性方程组的解是$(-5,10,5)'$，单位为万元，因此投给 A_3 的钱不能等于投给 A_1 与 A_2 的钱的和。

3. (1) 有无穷多个解，一般解是

$$\begin{cases} x_1 = x_3 - x_4 - 3, \\ x_2 = x_3 + x_4 - 4, \end{cases}$$

其中 x_3,x_4 是自由未知量；

(2) 无解；

(3) 有无穷多个解，一般解是

$$\begin{cases} x_1 = -\dfrac{11}{7}x_3 + \dfrac{23}{7}, \\ x_2 = -\dfrac{5}{7}x_3 - \dfrac{1}{7}, \end{cases}$$

其中 x_3 是自由未知量。

习题 1.2

1. 原线性方程组有解当且仅当 $a=-1$，此时它的一般解是

$$\begin{cases} x_1 = -\dfrac{18}{7}x_3 + \dfrac{1}{7}, \\ x_2 = -\dfrac{1}{7}x_3 + \dfrac{2}{7}, \end{cases}$$

其中 x_3 是自由未知量。

2. 原线性方程组无解当且仅当 $a=-\frac{2}{3}$；当 $a\neq-\frac{2}{3}$时，原线性方程组有唯一解。

3. (1) 原线性方程组有唯一解：$\left(\frac{1}{2},\frac{1}{2}\right)'$；

(2) 把第 3 个方程改成 $x-4y=3$，则新方程组无解(这个小题的答案不唯一)。

4. 原线性方程组有解当且仅当 $a=-2$，此时，它的一般解为

$$\begin{cases} x_1 = -3x_3 - 2, \\ x_2 = 2x_3 + 5, \\ x_4 = -10, \end{cases}$$

其中 x_3 是自由未知量。

5. 原线性方程组有解当且仅当 $c=0$ 且 $d=2$。此时，它的一般解为

$$\begin{cases} x_1 = x_3 + x_4 + 5x_5 - 2, \\ x_2 = -2x_3 - 2x_4 - 6x_5 + 3, \end{cases}$$

其中 x_3, x_4, x_5 是自由未知量。

6. 不存在二次函数，其图像经过点 P, Q, M, N。

7. (1) 有非零解。它的一般解是

$$\begin{cases} x_1 = -\frac{1}{3}x_4, \\ x_2 = -\frac{2}{3}x_4, \\ x_3 = -\frac{1}{3}x_4, \end{cases}$$

其中 x_4 是自由未知量；

(2) 有非零解，它的一般解是

$$\begin{cases} x_1 = \frac{55}{41}x_4, \\ x_2 = \frac{10}{41}x_4, \\ x_3 = -\frac{33}{41}x_4, \end{cases}$$

其中 x_4 是自由未知量。

8. 总利润的最大值为 1.85 万元，此时投给 A_1, A_2, A_3 的钱分别为 0,5,5(万元)；最小值为 1.7 万元，此时投给 A_1, A_2, A_3 的钱分别为 5,0,5(万元)。

习题 1.3

1. 类似于 1.3.2 节例 1 的证法。

2. 按照数域的定义验证。

补 充 题 一

1. 分析：如果写出增广矩阵进行初等行变换化成简化行阶梯形矩阵，由于系数含有字

母，做起来比较麻烦。于是换一个思路，观察每个方程的特点，发现第 i 个方程的左端为$(x_1+x_2+\cdots+x_n)+a_ix_i$。如果能够先求出 $x_1+x_2+\cdots+x_n$ 的值，那么就容易求出 x_i 的值。

解 令 $y=x_1+x_2+\cdots+x_n$，则原方程组可以写成

$$\begin{cases} y+a_1x_1=b_1 \\ y+a_2x_2=b_2 \\ \vdots \quad \vdots \quad \vdots \\ y+a_nx_n=b_n \end{cases}$$

由此得出（已知 $a_i\neq 0, i=1,2,\cdots,n$）

$$\begin{cases} x_1=\dfrac{b_1-y}{a_1} \\ x_2=\dfrac{b_2-y}{a_2} \\ \cdots \\ x_n=\dfrac{b_n-y}{a_n} \end{cases}$$

把这 n 个式子相加，得

$$y=\left(\frac{b_1}{a_1}+\frac{b_2}{a_2}+\cdots+\frac{b_n}{a_n}\right)-\left(\frac{1}{a_1}+\frac{1}{a_2}+\cdots+\frac{1}{a_n}\right)y$$

由已知条件可看出上式是 y 的一元一次方程，记

$$s=1+\frac{1}{a_1}+\frac{1}{a_2}+\cdots+\frac{1}{a_n}$$

解上述一元一次方程，得

$$y=\frac{1}{s}\sum_{j=1}^{n}\frac{b_j}{a_j}$$

于是

$$x_i=\frac{b_i}{a_i}-\frac{1}{a_is}\sum_{j=1}^{n}\frac{b_j}{a_j},\ i=1,2,\cdots,n$$

这已经求出了原线性方程组的解。

点评：从此题的解法看出，要学会运用辩证法，具体问题具体分析。我们既要掌握解线性方程组的通法——高斯—若尔当算法，又要善于观察含字母系数的线性方程组的特点，一把钥匙开一把锁。

2. 提示：观察此方程组的特点：第 1 个方程的各个未知量的系数向右移一位，便得到第 2 个方程的系数；依次类推。因此将这 n 个方程相加，得

$$\frac{(1+n)n}{2}(x_1+x_2+\cdots+x_n)=\sum_{j=1}^{n}b_j。$$

令 $y=x_1+x_2+\cdots+x_n$，由上式得

$$y=\frac{2}{n(n+1)}\sum_{j=1}^{n}b_j。$$

从第 1 个方程减去第 2 个方程，得

$$(1-n)x_1+x_2+x_3+\cdots+x_{n-1}+x_n=b_1-b_2,$$

由此得出

$$y-nx_1=b_1-b_2。$$

从而

$$x_1 = \frac{1}{n}(y - b_1 + b_2) = \frac{1}{n}\left[\left(\frac{2}{n(n+1)}\sum_{j=1}^{n} b_j\right) - b_1 + b_2\right]。$$

类似地,从第 2 个方程减去第 3 个方程可求出 x_2,从第 3 个方程减去第 2 个方程可求出 x_3,…,从第 n 个方程减去第 1 个方程可求出 x_n。

3. 提示:这是阶梯形方程组。从第 $n+1$ 个方程可得

$$x_{n+1} = -x_{n+2} - \cdots - x_{2n} + n + 1。$$

从第 n 个方程减去第 $n+1$ 个方程,得

$$x_n = x_{2n} - 1。$$

从第 $n-1$ 个方程减去第 n 个方程,可求出 x_{n-1} 的表达式,依次类推,最后从第 1 个方程减去第 2 个方程,并且用 x_{n+1} 的表达式代入,可得

$$x_1 = -x_{n+2} - \cdots - x_{2n} + n。$$

于是可写出原线性方程组的一般解:

$$\begin{cases} x_1 = -x_{n+2} - \cdots - x_{2n} + n \\ x_2 = x_{n+2} - 1 \\ x_3 = x_{n+3} - 1 \\ \cdots \quad \cdots \quad \cdots \\ x_{n-1} = x_{2n-1} - 1 \\ x_n = x_{2n} - 1 \\ x_{n+1} = -x_{n+2} - \cdots - x_{2n} + n + 1 \end{cases}$$

其中 $x_{n+2}, x_{n+3}, \cdots, x_{2n}$ 是自由未知量。

第2章 行 列 式

习题 2.1

1. (1) 6,偶; (2) 11,奇; (3) 15,奇; (4) 21,奇; (5) 28,偶;
(6) 36,偶; (7) 0,偶; (8) 15,奇; (9) 18,偶。

2. (1) $\dfrac{(n-1)(n-2)}{2}$; (2) $n-1$。

3. 依次是 (6,2),(5,2),(3,2),(2,1)(答案不唯一,但必定是偶数次)。

4. (1) $k-1$ 个; (2) $n-k$ 个。

5. (1) 11; (2) 0; (3)0。

6. 方程组的系数行列式的值为 23,因此有唯一解:$(2,-1)'$。

习题 2.2

1. (1) $a_{14}a_{23}a_{32}a_{41}$;

(2) $(-1)^{\frac{(n-1)(n-2)}{2}}a_1a_2\cdots a_{n-1}a_n$;　　(3) $(-1)^{\tau(43215)}1\times2\times3\times4\times5=120$。

2. (1) -49;　(2) 103;　(3) $a_{11}a_{22}a_{33}$;　(4) $c(a_1b_2-a_2b_1)$。

3. 0。

4. n 阶行列式的反对角线上 n 个元素的乘积这一项所带的符号为

$$(-1)^{\tau(n(n-1)\cdots21)}=(-1)^{\frac{n(n-1)}{2}},$$

于是当 $n=4k$ 或 $4k+1$ 时,这一项带正号;当 $n=4k+2$ 或 $4k+3$ 时,这一项带负号。

5. 这个行列式是 x 的 4 次多项式,x^4 项的系数为 5,x^3 项的系数为 -2。

6. 提示:$|\mathbf{A}|$的完全展开式中每一项或者等于 1,或者等于 -1。设有 k 项等于 1,则有$(n!-k)$项等于 -1。

习题 2.3

1. (1) 8;　(2) $4\frac{2}{3}$;　(3) 155;　(4) 160。

2. (1) $[a+(n-1)](a-1)^{n-1}$;　(2) $(-1)^{n-1}b^{n-1}\left(\sum_{i=1}^{n}a_i-b\right)$。

3. (1)(2)都参看本节典型例题中例 3 的证法。

4. (1) $a_1-a_2b_2-a_3b_3-\cdots-a_nb_n$;

(2)当 $n\geqslant3$ 时,行列式的值为 0;当 $n=2$ 时,为$(a_1-a_2)(b_2-b_1)$;当 $n=1$ 时,为 a_1+b_1。

(3) 从最后一列开始每列减去前一列,然后按照行列式的定义得$(-1)^{\frac{1}{2}n(n-1)}n$。

习题 2.4

1. (1) -726;　(2) -100;

(3) $(\lambda-1)^2(\lambda-10)$;　(4) $(\lambda-1)(\lambda-3)^2$。

2. $(-1)^{n-1}(n-1)!\left(\sum_{i=1}^{n}a_i\right)$(提示:先把第 $2,3,\cdots,n$ 列都加到第 1 列上)。

3. $\prod_{1\leqslant j<i\leqslant n}(a_i-a_j)$。

4. $D_n=(n+1)a^n$。

5. 原方程的全部根是 $a_1,a_2,\cdots,a_{n-1}$。

6. $-2(n-2)!$　(提示:把第 1 行的(-1)倍分别加到第 $2,3,\cdots,n$ 行上)。

7.

$$D_n=\begin{vmatrix} x & y & y & \cdots & y & 0+y \\ z & x & y & \cdots & y & 0+y \\ z & z & x & \cdots & y & 0+y \\ \vdots & \vdots & \vdots & & \vdots & \vdots \\ z & z & z & \cdots & z & 0+y \\ z & z & z & \cdots & z & (x-y)+y \end{vmatrix}$$

$$=(x-y)D_{n-1}+y(x-z)^{n-1}\quad (n\geqslant 2)$$

设 D_n 是 n 级矩阵 $\boldsymbol{A}$ 的行列式，则 $|\boldsymbol{A}'|=|\boldsymbol{A}|=D_n$。对 $|\boldsymbol{A}'|$ 运用刚刚证得的结果，便得到

$$D_n=|\boldsymbol{A}'|=(x-z)D_{n-1}+z(x-y)^{n-1}\quad (n\geqslant 2)$$

解得

$$D_n=\frac{y(x-z)^n-z(x-y)^n}{y-z}\quad (n\geqslant 2)$$

易验证上式对于 $n=1$ 时也成立。

8. $(-1)^{\frac{n(n-1)}{2}}\dfrac{n+1}{2}n^{n-1}$。

9. (1) $n=1$ 时为 $1+x_1y_1$；$n=2$ 时为 $(x_1-x_2)(y_1-y_2)$；$n\geqslant 3$ 时为 0。

(2) $n!\left(1+t+\dfrac{t}{2}+\cdots+\dfrac{t}{n}\right)$。

10. $a_1a_2\cdots a_{n-1}\left(1-\sum\limits_{i=1}^{n-1}\dfrac{1}{a_i}\right)$（提示：把第 j 列提出公因子 $a_{j-1}(j=2,3,\cdots,n)$）。

11. $3^{n+1}-2^{n+1}$（提示：类似于本节典型例题的例 6 的解法）。

12. 先按第 1 列展开，得

$$D_n=(1+x^2)D_{n-1}-x^2D_{n-2}\quad (n\geqslant 3)$$

由此得出

$$D_n-D_{n-1}=x^2(D_{n-1}-D_{n-2})\quad (n\geqslant 3)$$

因此 $$D_n-D_{n-1}=(D_2-D_1)(x^2)^{n-2}=x^{2n}\quad (n\geqslant 3)$$

解得 $$D_n=1+x^2+x^4+\cdots+x^{2n}\quad (n\geqslant 3)$$

显然当 $n=1,2$ 时，上式也成立。

13. $\prod\limits_{1\leqslant j<i\leqslant n}(x_i-x_j)$（提示：直接利用本节典型例题的例 10 的结果）。

* **14.** 先按第 n 列展开，得

$$D_n=(1-a_n)D_{n-1}+a_nD_{n-2}\quad (n\geqslant 3)$$

从而有

$$D_n-D_{n-1}=(-1)^{n-2}a_na_{n-1}\cdots a_4a_3(D_2-D_1)\quad (n\geqslant 3)$$

因此当 $n\geqslant 3$ 时，

$$D_n=1-a_1+a_1a_2-a_1a_2a_3+\cdots+(-1)^na_1a_2a_3\cdots a_{n-1}a_n$$

上式当 $n=1,2$ 时也成立。

习题 2.5

1. 有唯一解。

2. 有唯一解。

3. 有非零解 $\Longleftrightarrow \lambda=1$ 或 $\lambda=3$。

4. 有非零解 $\Longleftrightarrow a=1$ 或 $b=0$。

5. 当 $a\neq 1$ 且 $b\neq 0$ 时，有唯一解；　　当 $a=1$ 且 $b=\frac{1}{2}$ 时，有无穷多解；

当 $a=1$ 且 $b\neq\frac{1}{2}$ 时，无解；　　当 $b=0$ 时，无解。

6. 当 $a\neq 1$ 且 $b\neq 0$ 时，有唯一解；　　当 $b=0$ 时，有无穷多个解；

当 $a=1$ 且 $b\neq 0$ 时，无解。

习题 2.6

1. 154。

2.

$$\begin{vmatrix} a_{11} & \cdots & a_{1k} \\ \vdots & & \vdots \\ a_{k1} & \cdots & a_{kk} \end{vmatrix}\begin{vmatrix} b_{11} & \cdots & b_{1r} \\ \vdots & & \vdots \\ b_{r1} & \cdots & b_{rr} \end{vmatrix}。$$

3. (1) $\prod_{k=1}^{n-2} k!$；　　(2) $(n-1)\prod_{k=1}^{n-2} k!$。

补 充 题 二

1. 解　(1) 以 $\boldsymbol{a},\boldsymbol{b}$ 为邻边的平行四边形的面积 S_1 为

$$S_1=|\boldsymbol{a}||\boldsymbol{b}|\sin\langle\boldsymbol{a},\boldsymbol{b}\rangle=|\boldsymbol{a}\times\boldsymbol{b}|$$

由于　$\boldsymbol{a}\times\boldsymbol{b}=(a_1\boldsymbol{e}_1+a_2\boldsymbol{e}_2)\times(b_1\boldsymbol{e}_1+b_2\boldsymbol{e}_2)=(a_1b_2-a_2b_1)\boldsymbol{e}_3$，

因此　$S_1=|(a_1b_2-a_2b_1)\boldsymbol{e}_3|=|a_1b_2-a_2b_1|=\left|\begin{vmatrix} a_1 & b_1 \\ a_2 & b_2 \end{vmatrix}\right|$。

(2) 以 $\boldsymbol{a},\boldsymbol{b}$ 为两边的三角形的面积 S_2 等于以 $\boldsymbol{a},\boldsymbol{b}$ 为邻边的平行四边形的面积 S_1 的一半，因此

$$S_2=\frac{1}{2}\left|\begin{vmatrix} a_1 & b_1 \\ a_2 & b_2 \end{vmatrix}\right|。$$

2. 解　以 $\boldsymbol{a},\boldsymbol{b},\boldsymbol{c}$ 为棱的平行六面体的体积 V 为

$$\begin{aligned} V&=|\boldsymbol{a}\times\boldsymbol{b}||\boldsymbol{c}||\cos\langle\boldsymbol{c},\boldsymbol{a}\times\boldsymbol{b}\rangle| \\ &=|\boldsymbol{a}\times\boldsymbol{b}\cdot\boldsymbol{c}| \end{aligned}$$

由于

$$\begin{aligned} \boldsymbol{a}\times\boldsymbol{b}&=(a_1\boldsymbol{e}_1+a_2\boldsymbol{e}_2+a_3\boldsymbol{e}_3)\times(b_1\boldsymbol{e}_1+b_2\boldsymbol{e}_2+b_3\boldsymbol{e}_3) \\ &=a_1b_2\boldsymbol{e}_3-a_1b_3\boldsymbol{e}_2-a_2b_1\boldsymbol{e}_3+a_2b_3\boldsymbol{e}_1+a_3b_1\boldsymbol{e}_2-a_3b_2\boldsymbol{e}_1 \\ &=\begin{vmatrix} a_2 & b_2 \\ a_3 & b_3 \end{vmatrix}\boldsymbol{e}_1-\begin{vmatrix} a_1 & b_1 \\ a_3 & b_3 \end{vmatrix}\boldsymbol{e}_2+\begin{vmatrix} a_1 & b_1 \\ a_2 & b_2 \end{vmatrix}\boldsymbol{e}_3 \end{aligned}$$

因此

$$\boldsymbol{a}\times\boldsymbol{b}\cdot\boldsymbol{c}=\begin{vmatrix}a_2 & b_2\\ a_3 & b_3\end{vmatrix}c_1-\begin{vmatrix}a_1 & b_1\\ a_3 & b_3\end{vmatrix}c_2+\begin{vmatrix}a_1 & b_1\\ a_2 & b_2\end{vmatrix}c_3$$

$$=\begin{vmatrix}a_1 & b_1 & c_1\\ a_2 & b_2 & c_2\\ a_3 & b_3 & c_3\end{vmatrix}$$

从而

$$V=\left|\begin{vmatrix}a_1 & b_1 & c_1\\ a_2 & b_2 & c_2\\ a_3 & b_3 & c_3\end{vmatrix}\right|$$

点评：从第 1 题和第 2 题看到，由平行四边形的面积和平行六面体的体积引出了 2 阶行列式和 3 阶行列式。一个 2 阶行列式可以表示以它的第 1,2 列为右手直角坐标的两个向量张成的平行四边形的定向面积；一个 3 阶行列式可以表示以它的第 1,2,3 列为右手直角坐标的 3 个向量张成的平行六面体的定向体积。这就是 2 阶行列式和 3 阶行列式的几何意义。

3. 解 为了使元素为 1 或 0 的 3 阶行列式取到最大值，应该尽可能使带正号的项其 3 个元素的乘积为 1，带负号的项其 3 个元素的乘积为 0。如果行列式的 3 个带正号的项全等于 1，那么这个 3 阶行列式的元素全为 1，此时两行相等，行列式的值为 0。考虑两个带正号的项等于 1,3 个带负号的项其 3 个元素的乘积为 0，此时行列式的值为 2。例如

$$\begin{vmatrix}0 & 1 & 1\\ 1 & 0 & 1\\ 1 & 1 & 0\end{vmatrix}=1+1=2$$

因此元素为 1 或 0 的 3 阶行列式可取到的最大值为 2。

4. 解 据习题 2.2 的第 6 题的结果，元素为 1 或 −1 的 3 阶行列式的值必为偶数。

由于 3 阶行列式共有 6 项，且由于其元素为 1 或 −1，因此这 6 项或为 1，或为 −1。假设这 6 项全为 1，则行列式的值为 6，此时有

$$a_{11}a_{22}a_{33}=1,\quad a_{12}a_{23}a_{31}=1,\quad a_{13}a_{21}a_{32}=1,$$
$$-a_{13}a_{22}a_{31}=1,\ -a_{12}a_{21}a_{33}=1,\ -a_{11}a_{23}a_{32}=1,$$

由此得出

$$a_{11}a_{22}a_{33}a_{12}a_{23}a_{31}a_{13}a_{21}a_{32}=1,$$
$$a_{13}a_{22}a_{31}a_{12}a_{21}a_{33}a_{11}a_{23}a_{32}=-1。$$

上述两个等式的左边都是 3 阶行列式的 9 个元素的乘积，于是得出矛盾，因此元素为 1 或 −1 的 3 阶行列式的值不可能等于 6。

$$\begin{vmatrix}-1 & 1 & 1\\ 1 & -1 & 1\\ 1 & 1 & -1\end{vmatrix}=(-1)+1+1-(-1)-(-1)-(-1)=4$$

这表明元素为 1 或 −1 的 3 阶行列式可取到最大值为 4。

思考：元素为 1 或 −1 的 3 阶行列式的值可不可能等于 −6?

5. 证明 从第 4 题和它后面的思考题可知，元素为 1 或 −1 的 3 阶行列式的绝对值不超过 $4=(3-1)!(3-1)$。

假设对于元素为 1 或 −1 的 $n-1$ 阶行列式命题为真。现在来看元素为 1 或 −1 的 n 阶行列式 $|\boldsymbol{A}|$。把 $|\boldsymbol{A}|$ 按第 1 行展开，得

$$|\boldsymbol{A}|=a_{11}A_{11}+a_{12}A_{12}+\cdots+a_{1n}A_{1n}。$$

由于 $a_{1j}=\pm1$，且 $(-1)^{1+j}\boldsymbol{A}_{1j}$ 是元素为 1 或 −1 的 $n-1$ 阶行列式，因此据归纳假设，得

$$\begin{aligned}||\boldsymbol{A}||&=|a_{11}A_{11}+a_{12}A_{12}+\cdots+a_{1n}A_{1n}|\\&\leqslant|a_{11}||A_{11}|+|a_{12}||A_{12}|+\cdots+|a_{1n}||A_{1n}|\\&\leqslant(n-2)!(n-2)n=(n-1)!\frac{(n-2)n}{n-1}\\&<(n-1)!(n-1)。\end{aligned}$$

■

6. 解 从第 5 题的证明过程可以看到：元素为 1 或 −1 的 4 阶行列式的绝对值不超过 $(4-2)!(4-2)\times4=16$。

$$\begin{vmatrix}1&1&1&1\\1&-1&1&-1\\1&1&-1&-1\\1&-1&-1&1\end{vmatrix}=\begin{vmatrix}1&1&1&1\\0&-2&0&-2\\0&0&-2&-2\\0&-2&-2&0\end{vmatrix}$$

$$=\begin{vmatrix}-2&0&-2\\0&-2&-2\\-2&-2&0\end{vmatrix}=\begin{vmatrix}-2&0&-2\\0&-2&-2\\0&-2&2\end{vmatrix}=16$$

因此元素为 1 或 −1 的 4 阶行列式可取到的最大值为 16。

7. 证明 设 $|\boldsymbol{A}|$ 是元素为 1 或 −1 的 n 阶行列式 $(n\geqslant2)$。把 $|\boldsymbol{A}|$ 的第 1 列中元素为 −1 的行提取公因子 −1，得

$$|\boldsymbol{A}|=(-1)^m\begin{vmatrix}1&b_{12}&\cdots&b_{1n}\\1&b_{22}&\cdots&b_{2n}\\\vdots&\vdots&&\vdots\\1&b_{n2}&\cdots&b_{nn}\end{vmatrix}=(-1)^m\begin{vmatrix}1&b_{12}&\cdots&b_{1n}\\0&c_{22}&\cdots&c_{2n}\\\vdots&\vdots&&\vdots\\0&c_{n2}&\cdots&c_{nn}\end{vmatrix}$$

$$=(-1)^m\begin{vmatrix}c_{22}&\cdots&c_{2n}\\\vdots&&\vdots\\c_{n2}&\cdots&c_{nn}\end{vmatrix}=(-1)^m2^{n-1}\begin{vmatrix}d_{22}&\cdots&b_{2n}\\\vdots&&\vdots\\d_{n2}&\cdots&d_{nn}\end{vmatrix},$$

其中最后一步是由于 c_{ij} 为 2，或 −2，或 0，因此每一列可提出公因子 2。此时 d_{ij} 为 1，或 −1，或 0，从而最后一个 $n-1$ 阶行列式的值为整数，因此 $|\boldsymbol{A}|$ 能被 2^{n-1} 整除。 ■

第 3 章　n 维向量空间 K^n

习题 3.1

1. (1) $(0,0,0,0)'$；　　(2) $(0,0,0,0)'$。

2. $\boldsymbol{\gamma}=(-21,7,15,13)$。（提示：$\boldsymbol{\gamma}=3\boldsymbol{\beta}-2\boldsymbol{\alpha}$。）

3. (1) $\boldsymbol{\beta}=2\boldsymbol{\alpha}_1-\boldsymbol{\alpha}_2-3\boldsymbol{\alpha}_3$，表示方式唯一；　(2) $\boldsymbol{\beta}$ 不能由 $\boldsymbol{\alpha}_1,\boldsymbol{\alpha}_2,\boldsymbol{\alpha}_3$ 线性表出；
(3) $\boldsymbol{\beta}=-\boldsymbol{\alpha}_1-5\boldsymbol{\alpha}_2$，表示方式有无穷多种。

4. 提示：线性方程组 $x_1\boldsymbol{\alpha}_1+x_2\boldsymbol{\alpha}_2+x_3\boldsymbol{\alpha}_3+x_4\boldsymbol{\alpha}_4=\boldsymbol{\alpha}$ 的增广矩阵已经是阶梯形矩阵，从而看出此方程组有唯一解。把增广矩阵化成简化行阶梯形矩阵，得出

$$\boldsymbol{\alpha}=(a_1-a_2)\boldsymbol{\alpha}_1+(a_2-a_3)\boldsymbol{\alpha}_2+(a_3-a_4)\boldsymbol{\alpha}_3+a_4\boldsymbol{\alpha}_4。$$

5. 提示：利用典型例题的例 4 的结论。

6. 提示：去证 U 对于加法和数量乘法都封闭。

7. 提示：利用典型例题的例 6 的(1) 的结论。

习题 3.2

1. (1) 不对。对于任何一个向量组，系数全为 0 的线性组合都等于零向量。

(2) 不对。仅一组不全为 0 的数不够，应该是对任意一组不全为 0 的数 $k_1,\cdots,k_s$ 都有 $k_1\boldsymbol{\alpha}_1+\cdots+k_s\boldsymbol{\alpha}_s\neq\mathbf{0}$，向量组 $\boldsymbol{\alpha}_1,\cdots,\boldsymbol{\alpha}_s$ 才是线性无关的。

(3) 不对。例如，$\boldsymbol{\alpha}_1=(1,0,1)$，$\boldsymbol{\alpha}_2=(2,0,2)$，$\boldsymbol{\alpha}_3=(0,1,0)$。由于 $2\boldsymbol{\alpha}_1-\boldsymbol{\alpha}_2+0\boldsymbol{\alpha}_3=\mathbf{0}$，因此 $\boldsymbol{\alpha}_1,\boldsymbol{\alpha}_2,\boldsymbol{\alpha}_3$ 线性相关，但是 $\boldsymbol{\alpha}_3$ 不能由 $\boldsymbol{\alpha}_1,\boldsymbol{\alpha}_2$ 线性表出。

2. (1) 线性无关；　(2) 线性相关，$\boldsymbol{\alpha}_1=-\boldsymbol{\alpha}_2-\boldsymbol{\alpha}_3+\boldsymbol{\alpha}_4$；

(3) 线性相关，$\boldsymbol{\alpha}_3=3\boldsymbol{\alpha}_1-2\boldsymbol{\alpha}_2$；　(4) 线性无关。

3. 提示：设 $\boldsymbol{\alpha}_1,\boldsymbol{\alpha}_2,\boldsymbol{\alpha}_3,\boldsymbol{\alpha}_4\in K^3$，去证方程组 $x_1\boldsymbol{\alpha}_1+x_2\boldsymbol{\alpha}_2+x_3\boldsymbol{\alpha}_3+x_4\boldsymbol{\alpha}_4=\mathbf{0}$ 有非零解。

4. 线性相关(提示：直接观察可得 $(\boldsymbol{\alpha}_1+\boldsymbol{\alpha}_2)-(\boldsymbol{\alpha}_2+\boldsymbol{\alpha}_3)+(\boldsymbol{\alpha}_3+\boldsymbol{\alpha}_4)-(\boldsymbol{\alpha}_4+\boldsymbol{\alpha}_1)=\mathbf{0}$)。

5. 线性无关(提示：利用本节典型例题的例 2 的结果)。

6. 线性相关(提示：利用本节典型例题的例 2 的结果)。

7. 提示：利用本节例 2 的结果。

8. 提示：利用本节例 2 的结果。

9. 提示:用第 7 题的结果。

10. 线性无关(提示：利用本节例 2 以及习题 2.3 的第 1 题第(4)小题的结果)。

11. 向量组 $\boldsymbol{\alpha}_1,\boldsymbol{\alpha}_2,\boldsymbol{\alpha}_3$ 线性相关 $\Longleftrightarrow$ $a=\dfrac{35}{6}$。

12. 提示：类似于本节典型例题的例 9 的证法。

习题 3.3

1. $\boldsymbol{\alpha}_1,\boldsymbol{\alpha}_2$ 是 $\boldsymbol{\alpha}_1,\boldsymbol{\alpha}_2,\boldsymbol{\alpha}_3$ 的一个极大线性无关组，$\operatorname{rank}\{\boldsymbol{\alpha}_1,\boldsymbol{\alpha}_2,\boldsymbol{\alpha}_3\}=2$。

2. $\boldsymbol{\alpha}_1,\boldsymbol{\alpha}_3$(或 $\boldsymbol{\alpha}_2,\boldsymbol{\alpha}_3$)是 $\boldsymbol{\alpha}_1,\boldsymbol{\alpha}_2,\boldsymbol{\alpha}_3$ 的一个极大线性无关组，$\operatorname{rank}\{\boldsymbol{\alpha}_1,\boldsymbol{\alpha}_2,\boldsymbol{\alpha}_3\}=2$。

3. (2) $\boldsymbol{\alpha}_1,\boldsymbol{\alpha}_2,\boldsymbol{\alpha}_4,\boldsymbol{\alpha}_5$ 是 $\boldsymbol{\alpha}_1,\boldsymbol{\alpha}_2,\boldsymbol{\alpha}_3,\boldsymbol{\alpha}_4,\boldsymbol{\alpha}_5$ 的一个极大线性无关组。

4. 提示：充分性用克拉默法则立即得出。必要性用本节典型例题的例 5 的结果可得 $\boldsymbol{\alpha}_1,\boldsymbol{\alpha}_2,\cdots,\boldsymbol{\alpha}_n$ 线性无关。

5. 提示:设 $\boldsymbol{\alpha}_{i_1},\cdots,\boldsymbol{\alpha}_{i_m}$；$\boldsymbol{\beta}_{j_1},\cdots,\boldsymbol{\beta}_{j_t}$ 分别是 $\boldsymbol{\alpha}_1,\cdots,\boldsymbol{\alpha}_s$；$\boldsymbol{\beta}_1,\cdots,\boldsymbol{\beta}_r$ 的一个极大线性无关组，则 $\boldsymbol{\alpha}_1,\cdots,\boldsymbol{\alpha}_s,\boldsymbol{\beta}_1,\cdots,\boldsymbol{\beta}_r$ 可以由 $\boldsymbol{\alpha}_{i_1},\cdots,\boldsymbol{\alpha}_{i_m},\boldsymbol{\beta}_{j_1},\cdots,\boldsymbol{\beta}_{j_t}$ 线性表出。

6. 提示：由于 $\boldsymbol{\alpha}_j$ 可以由 $\boldsymbol{\alpha}_{i_1},\cdots,\boldsymbol{\alpha}_{i_r}$ 唯一地线性表出，因此 $\boldsymbol{\alpha}_{i_1},\cdots,\boldsymbol{\alpha}_{i_r}$ 线性无关。

7. 提示：$\boldsymbol{\beta}_1,\boldsymbol{\beta}_2,\boldsymbol{\beta}_3$ 是 $\boldsymbol{\beta}_1,\boldsymbol{\beta}_2,\boldsymbol{\beta}_3,\boldsymbol{\beta}_4$ 的一个极大线性无关组。

8. 提示：只要去证 $\boldsymbol{\alpha}_1,\boldsymbol{\alpha}_2,\cdots,\boldsymbol{\alpha}_m$ 可以由 $\boldsymbol{\beta}_1,\boldsymbol{\beta}_2,\cdots,\boldsymbol{\beta}_m$ 线性表出。

9. 提示：只要证 $\boldsymbol{\gamma}_1,\boldsymbol{\gamma}_2,\cdots,\boldsymbol{\gamma}_s$ 线性无关，可利用本节例 11 的结果。

10. 提示：由已知可证 $\boldsymbol{\alpha}_s$ 可以由 $\boldsymbol{\alpha}_1,\cdots,\boldsymbol{\alpha}_{s-1},\boldsymbol{\beta}$ 线性表出。

习题 3.4

1. K^4 的两个基可分别取成：$\boldsymbol{\varepsilon}_1,\boldsymbol{\varepsilon}_2,\boldsymbol{\varepsilon}_3,\boldsymbol{\varepsilon}_4$；例 5 中的 $\boldsymbol{\alpha}_1,\boldsymbol{\alpha}_2,\boldsymbol{\alpha}_3,\boldsymbol{\alpha}_4$。

2. 提示：利用行列式去证 $\boldsymbol{\eta}_1,\boldsymbol{\eta}_2,\cdots,\boldsymbol{\eta}_n$ 线性无关。

3. (1)是；　(2) 是；　(3)不是。

4. $\boldsymbol{\alpha}=(a_1,a_2,a_3)'$ 的坐标为

$$\left(\frac{2}{9}a_1+\frac{1}{9}a_2+\frac{2}{9}a_3,\frac{1}{9}a_1+\frac{2}{9}a_2-\frac{2}{9}a_3,-\frac{2}{9}a_1+\frac{2}{9}a_2+\frac{1}{9}a_3\right)'。$$

5. 提示：类似于定理 1 的证明方法。

习题 3.5

1. (1) 秩是 3；第 1,2,3 列构成列向量组的一个极大线性无关组；

(2) 秩是 2；第 1,2 列构成列向量组的一个极大线性无关组。

2. (1) 秩是 3，$\boldsymbol{\alpha}_1,\boldsymbol{\alpha}_2,\boldsymbol{\alpha}_3$ 是一个极大线性无关组；

$\dim\langle\boldsymbol{\alpha}_1,\boldsymbol{\alpha}_2,\boldsymbol{\alpha}_3,\boldsymbol{\alpha}_4\rangle=3$，$\boldsymbol{\alpha}_1,\boldsymbol{\alpha}_2,\boldsymbol{\alpha}_3$ 是一个基；

(2) 秩是 2，$\boldsymbol{\alpha}_1,\boldsymbol{\alpha}_3$ 是一个极大线性无关组；

$\dim\langle\boldsymbol{\alpha}_1,\boldsymbol{\alpha}_2,\boldsymbol{\alpha}_3,\boldsymbol{\alpha}_4\rangle=2$，$\boldsymbol{\alpha}_1,\boldsymbol{\alpha}_3$ 是一个基；

(3) 秩是 2，$\boldsymbol{\alpha}_1,\boldsymbol{\alpha}_2$ 是一个极大线性无关组；

$\dim\langle\boldsymbol{\alpha}_1,\boldsymbol{\alpha}_2,\boldsymbol{\alpha}_3,\boldsymbol{\alpha}_4\rangle=2$，$\boldsymbol{\alpha}_1,\boldsymbol{\alpha}_2$ 是一个基。

3. $\boldsymbol{A}$ 的秩是 3，第 1,2,4 行构成 $\boldsymbol{A}$ 的行向量组的一个极大线性无关组。

4. $\boldsymbol{A}$ 的第 1,2,3 列是列空间的一个基，行空间的维数是 3。

5. 当 $\lambda\neq 3$ 时，矩阵 $\boldsymbol{A}$ 的秩为 3；当 $\lambda=3$ 时，$\operatorname{rank}(\boldsymbol{A})=2$。

6. 提示：任取 $\boldsymbol{A}$ 的一个子矩阵 $\boldsymbol{A}_1$，$\boldsymbol{A}_1$ 的子式也是 $\boldsymbol{A}$ 的子式。

7. $\operatorname{rank}(\boldsymbol{A})=4$，$\boldsymbol{A}$ 的前 4 列构成列向量组的一个极大线性无关组。

8. $\operatorname{rank}(\boldsymbol{A})=3$，$\boldsymbol{A}$ 的前 3 列构成列向量组的一个极大线性无关组。

9. 提示：$\boldsymbol{A}$ 的 s 列组成子矩阵 $\boldsymbol{B}$，则 $\boldsymbol{A}'$ 的相应的 s 行组成子矩阵 $\boldsymbol{B}'$。用例 6 的结果。

10. 提示：对 $\boldsymbol{A}$ 的行向量组和 $\boldsymbol{B}$ 的行向量组运用习题 3.3 的第 5 题的结果。

11. 提示：容易看出

$$\begin{pmatrix}\boldsymbol{A} & \boldsymbol{0}\\ \boldsymbol{C} & \boldsymbol{B}\end{pmatrix}'=\begin{pmatrix}\boldsymbol{A}' & \boldsymbol{C}'\\ \boldsymbol{0} & \boldsymbol{B}'\end{pmatrix}。$$

12. 提示：利用本节典型例题的例 9 的结论。

13. 提示：利用本节典型例题的例 9 的结论，并且注意有关矩阵的列数。

14. 提示：设 $\boldsymbol{A},\boldsymbol{B}$ 的列向量组分别为 $\boldsymbol{\alpha}_1,\boldsymbol{\alpha}_2,\cdots,\boldsymbol{\alpha}_n$；$\boldsymbol{\beta}_1,\boldsymbol{\beta}_2,\cdots,\boldsymbol{\beta}_m$，用 3.3 节的命题 3。

15. 提示：$\boldsymbol{A}$ 中不为 0 的元素的个数至多是 $n^2-(n^2-n+1)=n-1$，故 $\boldsymbol{A}$ 必有零行。

16. 提示：这种矩阵的秩最多是 $n-1$。例如主对角线上有 $n-1$ 个 1 而其余元素都为 0 的矩阵。

习题 3.6

1. 有唯一解(提示：系数矩阵 $\boldsymbol{A}$ 的行列式 $|\boldsymbol{A}|\neq 0$，因此有唯一解)。

2. 有无穷多个解(提示：系数矩阵 $\boldsymbol{A}$ 的前 s 列组成的 s 阶子式不为 0)。

3. 无解(提示：由于 a,b,c,d 两两不同,因此增广矩阵的秩为 4)。

4. 当 $a=-38$ 且 $b=-10$ 时,齐次线性方程组有非零解;当 $a\neq-38$ 或 $b\neq-10$ 时,只有零解。

5. 提示：线性方程组的增广矩阵 $\widetilde{\boldsymbol{A}}$ 是 $\boldsymbol{B}$ 的子矩阵,于是 $\operatorname{rank}(\widetilde{\boldsymbol{A}})\leqslant\operatorname{rank}(\boldsymbol{B})$。

习题 3.7

1. 每题中,基础解系的取法都不唯一,但它们等价。

(1) $\boldsymbol{\eta}_1=(-5,3,14,0)',\boldsymbol{\eta}_2=(1,-1,0,2)';W=\{k_1\boldsymbol{\eta}_1+k_2\boldsymbol{\eta}_2\mid k_1,k_2\in K\}$;

(2) $\boldsymbol{\eta}_1=(-7,-2,5,9)';W=\{k_1\boldsymbol{\eta}_1\mid k_1\in K\}$;

(3) $\boldsymbol{\eta}_1=(1,1,0,-1)';W=\{k_1\boldsymbol{\eta}_1\mid k_1\in K\}$;

(4) $\boldsymbol{\eta}_1=(3,1,0,0,0)',\quad \boldsymbol{\eta}_2=(-1,0,1,0,0)',$

$\boldsymbol{\eta}_3=(2,0,0,1,0)',\quad \boldsymbol{\eta}_4=(1,0,0,0,1)',$

$$W=\{k_1\boldsymbol{\eta}_1+k_2\boldsymbol{\eta}_2+k_3\boldsymbol{\eta}_3+k_4\boldsymbol{\eta}_4\mid k_1,k_2,k_3,k_4\in K\}。$$

2. 提示：设 $\boldsymbol{\gamma}_1,\boldsymbol{\gamma}_2,\cdots,\boldsymbol{\gamma}_m$ 线性无关,且与 $\boldsymbol{\eta}_1,\boldsymbol{\eta}_2,\cdots,\boldsymbol{\eta}_t$ 等价,则 $m=t$。

3. 提示：解空间 W 的维数等于 $n-r$。

4. 提示：这个齐次线性方程组的解空间 W 的维数为 $n-(n-1)=1$。

5. 提示：如果 $\boldsymbol{A}$ 的所有元素的代数余子式都为 0,那么结论显然成立。下面设 $\boldsymbol{A}$ 至少有一个元素的代数余子式不为 0,设 $\boldsymbol{A}_{kl}\neq 0$。利用本节例 3 的结果。

6. (1) $|\boldsymbol{A}|=0$(提示：$\boldsymbol{A}$ 的第 n 列是第 1,2 列的和)。

(2) $\boldsymbol{A}_{nn}=\prod\limits_{k=1}^{n-2}k!$。

(3) 提示：利用本节例 3 的结果可立即得出结论。

7. 提示：利用第 2 章 2.6 节的典型例题的例 2 的结果和本节例 4 的结果。

8. 提示：利用第 7 题的结果可得出第一个公式;令 $l=n-1-m$,从第一个公式可得出第二个公式。

习题 3.8

1. 每题的答案均不唯一。

(1) $\left\{\begin{pmatrix}1\\-2\\0\\0\end{pmatrix}+k_1\begin{pmatrix}-9\\1\\7\\0\end{pmatrix}+k_2\begin{pmatrix}1\\-1\\0\\2\end{pmatrix}\middle|\, k_1,k_2\in K\right\}$;

(2) $\left\{\begin{pmatrix}4\\0\\0\\0\\0\end{pmatrix}+k_1\begin{pmatrix}4\\1\\0\\0\\0\end{pmatrix}+k_2\begin{pmatrix}-2\\0\\1\\0\\0\end{pmatrix}+k_3\begin{pmatrix}3\\0\\0\\1\\0\end{pmatrix}+k_4\begin{pmatrix}-6\\0\\0\\0\\1\end{pmatrix}\middle|\,\begin{matrix}k_i\in K,\\ i=1,2,3,4\end{matrix}\right\}$;

(3) $\left\{\begin{pmatrix}3\\1\\-2\\0\end{pmatrix}+k\begin{pmatrix}5\\-2\\-1\\3\end{pmatrix}\middle| k\in K\right\}$。

2. 提示：用第 2 章 2.5 节的定理 1 和推论 1。

3. 提示：用 W 表示导出组的解空间，则 $\boldsymbol{\gamma}_i-\boldsymbol{\gamma}_1\in W, i=2,\cdots,m$。

4. $c_1\boldsymbol{\gamma}_1+c_2\boldsymbol{\gamma}_2+\cdots+c_m\boldsymbol{\gamma}_m$ 仍是方程组(1)的解当且仅当 $c_1+c_2+\cdots+c_m=1$。

5. 提示：$n+1$ 个方程的 n 元线性方程组如果有解，那么它的增广矩阵 $\widetilde{\boldsymbol{A}}$ 与系数矩阵 $\boldsymbol{A}$ 的秩相等，而 $\operatorname{rank}(\boldsymbol{A})\leqslant n$，因此 $\operatorname{rank}(\widetilde{\boldsymbol{A}})\leqslant n$，从而 $|\widetilde{\boldsymbol{A}}|=0$。如果 $\operatorname{rank}(\boldsymbol{A})=n$，那么当 $|\widetilde{\boldsymbol{A}}|=0$ 时，有 $\operatorname{rank}(\widetilde{\boldsymbol{A}})=n$，从而线性方程组有解。

6. 三个平面没有公共点，π_1 与 π_2 相交，π_1 与 π_3 平行，π_2 与 π_3 相交。

7. 三条直线的方程组成的二元线性方程组的系数矩阵，增广矩阵分别用 $\boldsymbol{A},\widetilde{\boldsymbol{A}}$ 表示：令 $\boldsymbol{\gamma}_i=(a_i,b_i), i=1,2,3$。

(1) $\operatorname{rank}(\boldsymbol{A})=\operatorname{rank}(\widetilde{\boldsymbol{A}})=2$，且 $\boldsymbol{\gamma}_1,\boldsymbol{\gamma}_2,\boldsymbol{\gamma}_3$ 两两不成比例。

(2) $\operatorname{rank}(\widetilde{\boldsymbol{A}})=3$，且 $\boldsymbol{\gamma}_1,\boldsymbol{\gamma}_2,\boldsymbol{\gamma}_3$ 两两不成比例。

8. 4 个方程的三元线性方程组，其增广矩阵的秩为 4，其中任意 3 个方程组成的方程组的系数矩阵的秩为 3。

补充题三

1. 证明　令

$$\boldsymbol{B}(t)=\begin{pmatrix}a_{11} & a_{12}t & \cdots & a_{1n}t\\ a_{21}t & a_{22} & \cdots & a_{2n}t\\ \vdots & \vdots & & \vdots\\ a_{n1}t & a_{n2}t & \cdots & a_{nn}\end{pmatrix},$$

$|\boldsymbol{B}(t)|$ 是 t 的多项式，从而 $|\boldsymbol{B}(t)|$ 是连续函数。当 $t\in(0,1]$ 时，由已知条件得

$$a_{ii}>\sum_{\substack{j=1\\j\neq i}}^{n}|a_{ij}|\cdot 1\geqslant\sum_{\substack{j=1\\j\neq i}}^{n}|a_{ij}|\,t=\sum_{\substack{j=1\\j\neq i}}^{n}|a_{ij}t|,$$

其中 $i=1,2,\cdots,n$。据本章 3.3 节的典型例题的例 11 的结果得，$|\boldsymbol{B}(t)|\neq 0$。由于

$$|\boldsymbol{B}(0)|=a_{11}a_{22}\cdots a_{nn}>0,$$

因此据连续函数的中间值定理得 $|\boldsymbol{B}(1)|>0$，即 $|\boldsymbol{A}|>0$。■

点评： 第 1 题的上述证法巧妙地利用了连续函数的中间值定理。首先要构造矩阵 $\boldsymbol{B}(t)$，使得 $\boldsymbol{B}(1)=\boldsymbol{A}$，$|\boldsymbol{B}(0)|>0$，为此使 $\boldsymbol{A}$ 的主对角元不变，让 $\boldsymbol{A}$ 的每个非主对角元乘 t，得到的 $\boldsymbol{B}(t)$ 就满足 $\boldsymbol{B}(1)=\boldsymbol{A}$，$|\boldsymbol{B}(0)|>0$。

第 1 题也可以对矩阵的级数 n 作数学归纳法。

2. 解　取(1)的一个特解 $\boldsymbol{\gamma}_0$。取(1)的导出组的一个基础解系 $\boldsymbol{\eta}_1,\boldsymbol{\eta}_2,\cdots,\boldsymbol{\eta}_t$。令

$$\boldsymbol{\gamma}_1=\boldsymbol{\gamma}_0+\boldsymbol{\eta}_1,\boldsymbol{\gamma}_2=\boldsymbol{\gamma}_0+\boldsymbol{\eta}_2,\cdots,\boldsymbol{\gamma}_t=\boldsymbol{\gamma}_0+\boldsymbol{\eta}_t,$$

则 $\boldsymbol{\gamma}_1,\cdots,\boldsymbol{\gamma}_t$ 都是(1)的解。据 3.8 节的例 2 得，(1)的解集 U 为

$U=\{u_0\boldsymbol{\gamma}_0+u_1\boldsymbol{\gamma}_1+\cdots+u_t\boldsymbol{\gamma}_t \mid u_0+u_1+\cdots+u_t=1, u_i\in K, i=0,1,\cdots,t\}$。

设
$$k_0\boldsymbol{\gamma}_0+k_1\boldsymbol{\gamma}_1+\cdots+k_t\boldsymbol{\gamma}_t=\mathbf{0},$$
则
$$\begin{aligned}\mathbf{0}&=k_0\boldsymbol{\gamma}_0+k_1(\boldsymbol{\gamma}_0+\boldsymbol{\eta}_1)+\cdots+k_t(\boldsymbol{\gamma}_0+\boldsymbol{\eta}_t)\\&=(k_0+k_1+\cdots+k_t)\boldsymbol{\gamma}_0+k_1\boldsymbol{\eta}_1+\cdots+k_t\boldsymbol{\eta}_t。\end{aligned}$$
于是
$$(k_0+k_1+\cdots+k_t)\boldsymbol{\gamma}_0=-k_1\boldsymbol{\eta}_1-\cdots-k_t\boldsymbol{\eta}_t\in W,$$
由此得出
$$k_0+k_1+\cdots+k_t=0,$$
从而
$$k_1\boldsymbol{\eta}_1+\cdots+k_t\boldsymbol{\eta}_t=\mathbf{0},$$
因此
$$k_1=\cdots=k_t=0,$$
于是 $k_0=0$。这证明了 $\boldsymbol{\gamma}_0,\boldsymbol{\gamma}_1,\cdots,\boldsymbol{\gamma}_t$ 线性无关。

综上所述得，题干中式(1)的每一个解向量可以由线性无关的解向量 $\boldsymbol{\gamma}_0,\boldsymbol{\gamma}_1,\cdots,\boldsymbol{\gamma}_t$ 线性表出，其系数之和等于 1。线性无关的解向量 $\boldsymbol{\gamma}_0,\boldsymbol{\gamma}_1,\cdots,\boldsymbol{\gamma}_t$ 的个数为 $1+t=1+\dim W$。

第 4 章　矩阵的运算

习题 4.1

1. $\begin{pmatrix}\lambda&1&0\\0&\lambda&1\\0&0&\lambda\end{pmatrix}$。

2. $\begin{pmatrix}r&\lambda&\lambda&\lambda\\\lambda&r&\lambda&\lambda\\\lambda&\lambda&r&\lambda\\\lambda&\lambda&\lambda&r\end{pmatrix}$。

3. (1) $\begin{pmatrix}12&26\\-27&2\\23&4\end{pmatrix}$；　(2) $\begin{pmatrix}0&0\\0&0\end{pmatrix}$；　(3) $\begin{pmatrix}0&5\\0&0\end{pmatrix}$；

(4) 20；　(5) $\begin{pmatrix}4&7&9\\4&7&9\\4&7&9\end{pmatrix}$；　(6) $\begin{pmatrix}a_1+a_2+a_3\\b_1+b_2+b_3\\c_1+c_2+c_3\end{pmatrix}$；

(7) $(a_1+b_1+c_1, a_2+b_2+c_2, a_3+b_3+c_3)$；

(8) $\begin{pmatrix}d_1a_1&d_1a_2&d_1a_3\\d_2b_1&d_2b_2&d_2b_3\\d_3c_1&d_3c_2&d_3c_3\end{pmatrix}$；　(9) $\begin{pmatrix}a_1d_1&a_2d_2&a_3d_3\\b_1d_1&b_2d_2&b_3d_3\\c_1d_1&c_2d_2&c_3d_3\end{pmatrix}$；

(10) $\begin{pmatrix}7&28&67\\0&40&104\\0&0&72\end{pmatrix}$；　(11) $\begin{pmatrix}a_1&a_2&a_3&a_4\\ka_1+b_1&ka_2+b_2&ka_3+b_3&ka_4+b_4\\c_1&c_2&c_3&c_4\end{pmatrix}$；

(12) $\begin{pmatrix} a_1+a_2k & a_2 & a_3 \\ b_1+b_2k & b_2 & b_3 \\ c_1+c_2k & c_2 & c_3 \end{pmatrix}$；　　(13) $\begin{pmatrix} b_1 & b_2 & b_3 & b_4 \\ a_1 & a_2 & a_3 & a_4 \\ c_1 & c_2 & c_3 & c_4 \end{pmatrix}$；

(14) $\begin{pmatrix} a_2 & a_1 & a_3 \\ b_2 & b_1 & b_3 \\ c_2 & c_1 & c_3 \end{pmatrix}$；　　(15) $\begin{pmatrix} -1 & 5 \\ -1 & 6 \end{pmatrix}$。

4.

$$\boldsymbol{AB}=\begin{pmatrix} 19 & 22 \\ 43 & 50 \end{pmatrix},\quad \boldsymbol{BA}=\begin{pmatrix} 23 & 34 \\ 31 & 46 \end{pmatrix};$$

$$\boldsymbol{AB}-\boldsymbol{BA}=\begin{pmatrix} -4 & -12 \\ 12 & 4 \end{pmatrix}。$$

5. $a_{11}x^2+2a_{12}xy+a_{22}y^2+2a_1x+2a_2y+a_0$。

6.

(1) $\begin{pmatrix} 1 & 0 \\ 0 & 1 \end{pmatrix}$；　(2) $\begin{pmatrix} 0 & 0 \\ 0 & 0 \end{pmatrix}$；　(3) $\begin{pmatrix} 1 & 1 \\ 0 & 0 \end{pmatrix}$；　(4) $\begin{pmatrix} 1 & n \\ 0 & 1 \end{pmatrix}$；

(5) 设 $\boldsymbol{B}=\begin{pmatrix} 0 & 1 & 0 \\ 0 & 0 & 1 \\ 0 & 1 & 0 \end{pmatrix}$，则 $\boldsymbol{B}^2=\begin{pmatrix} 0 & 0 & 1 \\ 0 & 0 & 0 \\ 0 & 0 & 0 \end{pmatrix}$，$\boldsymbol{B}^n=\boldsymbol{0}$，当 $n\geqslant 3$；

(6) $\begin{pmatrix} \lambda^n & n\lambda^{n-1} & \dfrac{n(n-1)}{2}\lambda^{n-2} \\ 0 & \lambda^n & n\lambda^{n-1} \\ 0 & 0 & \lambda^n \end{pmatrix}$，　$n>1$；

(7) $\begin{pmatrix} 2 & 0 \\ 0 & 2 \end{pmatrix}$；　　(8) $4\boldsymbol{I}_4$。

7. 当 $m<n$ 时，

$$\boldsymbol{A}^m=\begin{pmatrix} \lambda^m & m\lambda^{m-1} & \cdots & C_m^{m-1}\lambda & 1 & 0 & \cdots & 0 \\ & \lambda^m & m\lambda^{m-1} & \cdots & C_m^{m-1}\lambda & 1 & 0\ \cdots & 0 \\ & & \ddots & \ddots & & \ddots & \ddots & \vdots \\ & & & & & & & 0 \\ & & & & & & & 1 \\ & & & \lambda^m & m\lambda^{m-1} & & & C_m^{m-1}\lambda \\ & & & & \ddots & \ddots & & \vdots \\ & & & & & & \lambda^m & m\lambda^{m-1} \\ & & & & & & & \lambda^m \end{pmatrix},$$

其中主对角线下方的元素全为 0；

当 $m\geqslant n$ 时，

$$A^m=\begin{pmatrix}\lambda^m & m\lambda^{m-1} & \cdots & C_m^{n-2}\lambda^{m-n+2} & C_m^{n-1}\lambda^{m-n+1}\\ & \lambda^m & m\lambda^{m-1} & \cdots & C_m^{n-2}\lambda^{m-n+2}\\ & & \ddots & \ddots & \vdots\\ & & & \lambda^m & m\lambda^{m-1}\\ & & & & \lambda^m\end{pmatrix},$$

其中主对角线下方的元素全为 0。

8. 当 m 是偶数时，$\begin{pmatrix}2 & -1\\3 & -2\end{pmatrix}^m=\begin{pmatrix}1 & 0\\0 & 1\end{pmatrix}$；当 m 是奇数时，$\begin{pmatrix}2 & -1\\3 & -2\end{pmatrix}^m=\begin{pmatrix}2 & -1\\3 & -2\end{pmatrix}$。

9. $f(\boldsymbol{A})=\boldsymbol{0}$。

10.

(1) $\begin{pmatrix}a & b\\ \frac{3}{2}b & a+\frac{3}{2}b\end{pmatrix}$，　$a,b\in K$。

(2) $\begin{pmatrix}a & b\\ -\frac{5}{3}b & a+3b\end{pmatrix}$，　$a,b\in K$。

(3) 设 $\boldsymbol{X}=(x_{ij})_{3\times3}$ 与 $\boldsymbol{A}$ 可交换，与典型例题的例 11 的方法类似可得

$$\boldsymbol{X}=\begin{pmatrix}x_{11} & x_{12} & x_{13}\\ 0 & x_{11} & x_{12}\\ 0 & 0 & x_{11}\end{pmatrix},\quad x_{11},x_{12},x_{13}\in K。$$

(4) 设 $\boldsymbol{X}=(x_{ij})_{3\times3}$ 与 $\boldsymbol{A}$ 可交换，由于

$$\boldsymbol{A}=\begin{pmatrix}1 & 0 & 4\\0 & 1 & 2\\0 & 1 & 2\end{pmatrix}=\begin{pmatrix}1 & 0 & 0\\0 & 1 & 0\\0 & 0 & 1\end{pmatrix}+\begin{pmatrix}0 & 0 & 4\\0 & 0 & 2\\0 & 1 & 1\end{pmatrix},$$

因此可求出

$$\boldsymbol{X}=\begin{pmatrix}x_{11} & -2x_{11}-2x_{32}+2x_{33} & 4x_{32}\\ 0 & -x_{32}+x_{33} & 2x_{32}\\ 0 & x_{32} & x_{33}\end{pmatrix},x_{11},x_{32},x_{33}\in K。$$

11. $(\boldsymbol{I}-\boldsymbol{B})(\boldsymbol{I}+\boldsymbol{B}+\boldsymbol{B}^2)=\boldsymbol{I}^3-\boldsymbol{B}^3=\boldsymbol{I}$。

12. ～14. 略。

15. 设 $\boldsymbol{AB}$ 的第 i 行元素全为 0，若 $\boldsymbol{A}$ 的第 i 行元素不全为 0，设 $a_{il}\neq0$，去证 $\boldsymbol{B}$ 的第 l 行元素全为 0。

16. (1) 2；　　(2) 3；　　(3) 8。

习题 4.2

1. $(\boldsymbol{AA}')'=(\boldsymbol{A}')'\boldsymbol{A}'=\boldsymbol{AA}'$，$(\boldsymbol{A}'\boldsymbol{A})'=\boldsymbol{A}'(\boldsymbol{A}')'=\boldsymbol{A}'\boldsymbol{A}$。

2. 类似于本节命题 5 的证法。

3. 类似于第 2 题的证法。

4. 由于 $\boldsymbol{A},\boldsymbol{B}$ 是对称矩阵，因此

$$(\boldsymbol{AB}-\boldsymbol{BA})'=\boldsymbol{B}'\boldsymbol{A}'-\boldsymbol{A}'\boldsymbol{B}'=\boldsymbol{BA}-\boldsymbol{AB}=-(\boldsymbol{AB}-\boldsymbol{BA})。$$

5. 类似于本节例 5 的证法。

6. 类似于本节例 5 的证法。

7. $\sum_{j=1}^{n}\boldsymbol{A}(i;j)=\sum_{j=1}^{n}\boldsymbol{A}'(j;i)=\sum_{j=1}^{n}\boldsymbol{A}(j;i)$.

8. $\boldsymbol{AE}_{11}=\boldsymbol{E}_{11}\boldsymbol{B}$。

9. $\boldsymbol{C}'=(\boldsymbol{AB}\,\boldsymbol{AB}\cdots\boldsymbol{ABA})'=\boldsymbol{A}'\,\boldsymbol{B}'\boldsymbol{A}'\cdots\boldsymbol{B}'\boldsymbol{A}'\boldsymbol{B}'\boldsymbol{A}'=\boldsymbol{A}\,\boldsymbol{BA}\cdots\boldsymbol{BA}\,\boldsymbol{BA}=(\boldsymbol{AB})^m\boldsymbol{A}=\boldsymbol{C}$。

10. $\boldsymbol{P}(i,j(k))=\boldsymbol{I}+k\boldsymbol{E}_{ij}$；$\boldsymbol{P}(i(c))=\boldsymbol{I}+(c-1)\boldsymbol{E}_{ii}$

$$\begin{aligned}\boldsymbol{P}(i,j)&=\boldsymbol{P}(i(-1))\boldsymbol{P}(i,j(-1))\boldsymbol{P}(j,i(1))\boldsymbol{P}(i,j(-1))\\&=(\boldsymbol{I}-2\boldsymbol{E}_{ii})(\boldsymbol{I}-\boldsymbol{E}_{ij})(\boldsymbol{I}+\boldsymbol{E}_{ji})(\boldsymbol{I}-\boldsymbol{E}_{ij})。\end{aligned}$$

11. $D=\boldsymbol{I}-\boldsymbol{E}_{r+1,r+1}-\boldsymbol{E}_{r+2,r+2}-\cdots-\boldsymbol{E}_{nn}=(\boldsymbol{I}-\boldsymbol{E}_{r+1,r+1})(\boldsymbol{I}-\boldsymbol{E}_{r+2,r+2})\cdots(\boldsymbol{I}-\boldsymbol{E}_{nn})$。

12. 用本节例 11 的结果，注意 $\boldsymbol{C}^n=\boldsymbol{I}$。

13. 设 $\boldsymbol{A}=(a_{ij})$。由于 $\boldsymbol{AA}'=\boldsymbol{A}'\boldsymbol{A}$，因此 $\sum_{k=1}^{n}a_{ik}^2=\sum_{k=1}^{n}a_{ki}^2$，$i=1,2,\cdots,n$。由于 $\boldsymbol{A}$ 是上三角矩阵，因此当 $i=1$ 时，有 $\sum_{k=1}^{n}a_{1k}^2=a_{11}^2$，从而 $a_{12}=\cdots=a_{1n}=0$。当 $i=2$ 时，有 $a_{22}^2+a_{23}^2+\cdots+a_{2n}^2=a_{22}^2$，从而 $a_{23}=\cdots=a_{2n}=0$。依次考虑 $i=3,\cdots,n$ 得，$a_{ij}=0$，当 $i<j$，因此 $\boldsymbol{A}$ 是对角矩阵。

习题 4.3

1. $|\boldsymbol{AA}'|=|\boldsymbol{A}||\boldsymbol{A}'|=|\boldsymbol{A}|^2$。

2. 若 $\boldsymbol{AA}'=\boldsymbol{I}$，则 $|\boldsymbol{AA}'|=|\boldsymbol{I}|$，从而 $|\boldsymbol{A}|^2=1$，因此 $|\boldsymbol{A}|=\pm1$。

3. 类似于本节例 5 的证法。

4. $\operatorname{rank}(\boldsymbol{AA}'\boldsymbol{A})\geqslant\operatorname{rank}(\boldsymbol{AA}'\boldsymbol{AA}')=\operatorname{rank}[(\boldsymbol{AA}')'(\boldsymbol{AA}')]=\operatorname{rank}(\boldsymbol{AA}')=\operatorname{rank}(\boldsymbol{A})$，又有 $\operatorname{rank}(\boldsymbol{AA}'\boldsymbol{A})\leqslant\operatorname{rank}(\boldsymbol{A})$，因此 $\operatorname{rank}(\boldsymbol{AA}'\boldsymbol{A})=\operatorname{rank}(\boldsymbol{A})$。

5. $\overline{(\boldsymbol{B}\bar{\boldsymbol{B}}')'}=(\bar{\boldsymbol{B}}\boldsymbol{B}')'=\boldsymbol{B}\bar{\boldsymbol{B}}'$，$\overline{(\bar{\boldsymbol{B}}'\boldsymbol{B})'}=(\boldsymbol{B}'\bar{\boldsymbol{B}})'=\bar{\boldsymbol{B}}'\boldsymbol{B}$；因此 $\boldsymbol{B}\bar{\boldsymbol{B}}'$，$\bar{\boldsymbol{B}}'\boldsymbol{B}$ 都是 Hermite 矩阵。

6. 类似于本节例 3 的证法。

7. 设 $\boldsymbol{A}=\begin{pmatrix}1&-\mathrm{i}\\\mathrm{i}&1\end{pmatrix}$，则 $\boldsymbol{A}'\boldsymbol{A}=\begin{pmatrix}1&\mathrm{i}\\-\mathrm{i}&1\end{pmatrix}\begin{pmatrix}1&-\mathrm{i}\\\mathrm{i}&1\end{pmatrix}=\begin{pmatrix}0&0\\0&0\end{pmatrix}$。

8. 由命题 1 立即得到。

9. 由本节例 9 中 Cauchy 恒等式立即得到。

10.

$$原式=\left|\begin{pmatrix}1&x_1\\1&x_2\\\vdots&\vdots\\1&x_n\end{pmatrix}\begin{pmatrix}1&1&\cdots&1\\y_1&y_2&\cdots&y_n\end{pmatrix}\right|。$$

当 $n>2$ 时，原式 $=0$。

当 $n=2$ 时，原式 $=(x_2-x_1)(y_2-y_1)$。

当 $n=1$ 时，原式 $=1+x_1y_1$。

11.

$$|\boldsymbol{A}|=\begin{vmatrix} a_0^n+\mathrm{C}_n^1a_0^{n-1}b_0+\cdots+b_0^n & a_0^n+\mathrm{C}_n^1a_0^{n-1}b_1+\cdots+b_1^n & \cdots & a_0^n+\mathrm{C}_n^1a_0^{n-1}b_n+\cdots+b_n^n \\ a_1^n+\mathrm{C}_n^1a_1^{n-1}b_0+\cdots+b_0^n & a_1^n+\mathrm{C}_n^1a_1^{n-1}b_1+\cdots+b_1^n & \cdots & a_1^n+\mathrm{C}_n^1a_1^{n-1}b_n+\cdots+b_n^n \\ \vdots & \vdots & & \vdots \\ a_n^n+\mathrm{C}_n^1a_n^{n-1}b_0+\cdots+b_0^n & a_n^n+\mathrm{C}_n^1a_1^{n-1}b_1+\cdots+b_1^n & \cdots & a_n^n+\mathrm{C}_n^1a_n^{n-1}b_n+\cdots+b_n^n \end{vmatrix}$$

$$=\left|\begin{pmatrix} a_0^n & \mathrm{C}_n^1a_0^{n-1} & \cdots & 1 \\ a_1^n & \mathrm{C}_n^1a_1^{n-1} & \cdots & 1 \\ \vdots & \vdots & & \vdots \\ a_n^n & \mathrm{C}_n^1a_n^{n-1} & \cdots & 1 \end{pmatrix}\begin{pmatrix} 1 & 1 & \cdots & 1 \\ b_0 & b_1 & \cdots & b_n \\ \vdots & \vdots & & \vdots \\ b_0^n & b_1^n & \cdots & b_n^n \end{pmatrix}\right|$$

$$=\mathrm{C}_n^1\mathrm{C}_n^2\cdots\mathrm{C}_n^{n-1}\prod_{0\leqslant j<i\leqslant n}(a_i-a_j)(b_j-b_i)。$$

12.

$$|\boldsymbol{A}|=\begin{vmatrix} \cos\theta_1\cos\varphi_1+\sin\theta_1\sin\varphi_1 & \cos\theta_1\cos\varphi_2+\sin\theta_1\sin\varphi_2 & \cdots & \cos\theta_1\cos\varphi_n+\sin\theta_1\sin\varphi_n \\ \cos\theta_2\cos\varphi_1+\sin\theta_2\sin\varphi_1 & \cos\theta_2\cos\varphi_2+\sin\theta_2\sin\varphi_2 & \cdots & \cos\theta_2\cos\varphi_n+\sin\theta_2\sin\varphi_n \\ \vdots & \vdots & & \vdots \\ \cos\theta_n\cos\varphi_1+\sin\theta_n\sin\varphi_1 & \cos\theta_n\cos\varphi_2+\sin\theta_n\sin\varphi_2 & \cdots & \cos\theta_n\cos\varphi_n+\sin\theta_n\sin\varphi_n \end{vmatrix}$$

$$=\left|\begin{pmatrix} \cos\theta_1 & \sin\theta_1 \\ \cos\theta_2 & \sin\theta_2 \\ \vdots & \vdots \\ \cos\theta_n & \sin\theta_n \end{pmatrix}\begin{pmatrix} \cos\varphi_1 & \cos\varphi_2 & \cdots & \cos\varphi_n \\ \sin\varphi_1 & \sin\varphi_2 & \cdots & \sin\varphi_n \end{pmatrix}\right|。$$

当 $n>2$ 时，$|\boldsymbol{A}|=0$。

当 $n=2$ 时，$|\boldsymbol{A}|=\sin(\theta_2-\theta_1)\sin(\varphi_2-\varphi_1)$。

当 $n=1$ 时，$|\boldsymbol{A}|=\cos(\theta_1-\varphi_1)$。

13. 把 $|\boldsymbol{A}|$ 按前 m 列展开，然后利用 Cauchy-Bunyakovsky 不等式；最后利用 Binet-Cauchy公式。

14. 提示：由于线性方程组 $\boldsymbol{Bx}=\boldsymbol{0}$ 的每一个解都是 $(\boldsymbol{AB})\boldsymbol{x}=\boldsymbol{0}$ 的一个解，因此 $\boldsymbol{Bx}=\boldsymbol{0}$ 的解空间 W_1 是 $(\boldsymbol{AB})\boldsymbol{x}=\boldsymbol{0}$ 的解空间 W_2 的子集。

15. 据第 14 题的结论，只要证齐次线性方程组 $(\boldsymbol{ABC})\boldsymbol{x}=\boldsymbol{0}$ 的每一个解 $\boldsymbol{\eta}$ 都是 $(\boldsymbol{BC})\boldsymbol{x}=\boldsymbol{0}$ 的一个解。

16. 对 k 用数学归纳法。利用第 15 题的结论。

17. 参考本节例 15 的证法。

18. 必要性由本节例 4 得到。充分性利用本节定理 1，并且去证 $\boldsymbol{A}\neq\boldsymbol{0}$。

19. 由第 18 题得，$\boldsymbol{A}=\boldsymbol{\alpha\beta}'$，其中 $\boldsymbol{\alpha},\boldsymbol{\beta}$ 都是 n 维列向量，于是 $\boldsymbol{A}^2=(\boldsymbol{\alpha\beta}')(\boldsymbol{\alpha\beta}')=\boldsymbol{\alpha}(\boldsymbol{\beta}'\boldsymbol{\alpha})\boldsymbol{\beta}'=k\boldsymbol{\alpha\beta}'=k\boldsymbol{A}$，其中 $k=\boldsymbol{\beta}'\boldsymbol{\alpha}$。若还有 $\boldsymbol{A}^2=l\boldsymbol{A}$，则 $k\boldsymbol{A}=l\boldsymbol{A}$，从而 $(k-l)\boldsymbol{A}=\boldsymbol{0}$。假如 $k\neq l$，则 $\boldsymbol{A}=(k-l)^{-1}\boldsymbol{0}=\boldsymbol{0}$，矛盾。因此 $k=l$，于是唯一性得证。

习题 4.4

1. kI 可逆 $\Longleftrightarrow |kI|\neq 0 \Longleftrightarrow k^n\neq 0 \Longleftrightarrow k\neq 0$。当 kI 可逆时，$(kI)^{-1}=k^{-1}I$。

2. (1) 不可逆；(2) 不可逆；(3) 可逆，逆矩阵为 $\begin{pmatrix}-11 & 7\\ 8 & -5\end{pmatrix}$；

(4) 可逆，逆矩阵为 $\begin{pmatrix}0 & 1\\ 1 & 0\end{pmatrix}$。

3. 提示：$(I-A)(I+A+A^2)=I-A^3=I$。

4. 提示：$A(A^2-2A+3I)=I$。

5. 提示：$A\left(-A^3+\frac{5}{2}A-2I\right)=I$。

6. 设 A 是可逆的斜对称矩阵，则 $(A^{-1})'=(A')^{-1}=(-A)^{-1}=-A^{-1}$，因此 A^{-1} 是斜对称矩阵。

7.

(1) $\begin{pmatrix}\frac{5}{6} & \frac{1}{6} & \frac{1}{6}\\ \frac{13}{6} & \frac{5}{6} & -\frac{1}{6}\\ -\frac{1}{6} & \frac{1}{6} & \frac{1}{6}\end{pmatrix}$；　(2) $\begin{pmatrix}1 & 1 & 3\\ 2 & 3 & 7\\ 3 & 4 & 9\end{pmatrix}$；

(3) $\begin{pmatrix}\frac{1}{3} & -\frac{2}{3} & -\frac{1}{3}\\ -\frac{10}{3} & \frac{17}{3} & \frac{1}{3}\\ \frac{4}{3} & -\frac{8}{3} & -\frac{1}{3}\end{pmatrix}$；　(4) $\frac{1}{4}\begin{pmatrix}1 & 1 & 1 & 1\\ 1 & 1 & -1 & -1\\ 1 & -1 & 1 & -1\\ 1 & -1 & -1 & 1\end{pmatrix}$。

8.

(1) $X=\begin{pmatrix}\frac{13}{7} & \frac{2}{7}\\ \frac{10}{7} & -\frac{13}{7}\\ \frac{18}{7} & -\frac{1}{7}\end{pmatrix}$；　(2) $X=\begin{pmatrix}\frac{1}{7} & \frac{20}{7} & \frac{1}{7}\\ -\frac{8}{7} & \frac{57}{7} & \frac{20}{7}\end{pmatrix}$；

(3) $X=\begin{pmatrix}\frac{2}{7} & -\frac{37}{7} & -\frac{8}{7}\\ -\frac{1}{7} & -\frac{34}{7} & -\frac{6}{7}\\ \frac{3}{7} & -\frac{38}{7} & -\frac{6}{7}\end{pmatrix}$。

9. 提示：设 A 是可逆的下三角矩阵，则 A' 是可逆的上三角矩阵。

10.

(1) $\boldsymbol{A}^{-1}=\begin{pmatrix} 2-n & 1 & 1 & \cdots & 1 \\ 1 & -1 & 0 & \cdots & 0 \\ 1 & 0 & -1 & \cdots & 0 \\ \vdots & \vdots & \vdots & & \vdots \\ 1 & 0 & 0 & \cdots & -1 \end{pmatrix}$；

(2) $\boldsymbol{B}^{-1}=\boldsymbol{I}-\boldsymbol{H}$，其中 $\boldsymbol{H}$ 与本节例 9 中的 $\boldsymbol{H}$ 相同。

(3) 提示：$(\boldsymbol{I}-2\boldsymbol{H}+\boldsymbol{H}^2)\boldsymbol{C}=(\boldsymbol{I}-2\boldsymbol{H}+\boldsymbol{H}^2)(\boldsymbol{I}+2\boldsymbol{H}+3\boldsymbol{H}^2+\cdots+n\boldsymbol{H}^{n-1})=\boldsymbol{I}$。

(4) $\boldsymbol{D}=a\boldsymbol{I}+\boldsymbol{J}$。从 $\boldsymbol{I}=(a\boldsymbol{I}+\boldsymbol{J})(x\boldsymbol{I}+y\boldsymbol{J})$ 解出 x,y，可求得

$$D^{-1}=\frac{1}{a(n+a)}\begin{pmatrix} n-1+a & -1 & -1 & \cdots & -1 \\ -1 & n-1+a & -1 & \cdots & -1 \\ \vdots & \vdots & \vdots & & \vdots \\ -1 & -1 & -1 & \cdots & n-1+a \end{pmatrix}。$$

(5) $\boldsymbol{E}=(1-a)\boldsymbol{I}+a\boldsymbol{J}$。从 $[(1-a)\boldsymbol{I}+a\boldsymbol{J}](x\boldsymbol{I}+y\boldsymbol{J})=\boldsymbol{I}$ 解出：

$$x=\frac{1}{1-a},y=\frac{a}{(a-1)[1+(n-1)a]}。$$

由此可得出 $\boldsymbol{E}^{-1}$。

11. 提示：$(a\boldsymbol{I}+\boldsymbol{H})(a^{-1}\boldsymbol{I}-a^{-2}\boldsymbol{H}+a^{-3}\boldsymbol{H}^2+\cdots+(-1)^{n-1}a^{-n}\boldsymbol{H}^{n-1})=\boldsymbol{I}$。

12. 提示：$\boldsymbol{1}_n'\boldsymbol{A}=b\boldsymbol{1}_n'$，两边右乘 $\boldsymbol{A}^{-1}$。

13. 提示：由已知条件得，$(\boldsymbol{I}-\boldsymbol{A})(\boldsymbol{I}-\boldsymbol{B})=\boldsymbol{I}-\boldsymbol{A}-\boldsymbol{B}+\boldsymbol{AB}=\boldsymbol{I}$。

14. 提示：在 $\boldsymbol{AXA}^{-1}=\boldsymbol{XA}^{-1}+k\boldsymbol{I}$ 两边右乘 $\boldsymbol{A}$，得 $\boldsymbol{AX}=\boldsymbol{X}+k\boldsymbol{A}$。

15. 提示：$(\boldsymbol{A}+\boldsymbol{BDB}')^{-1}=[\boldsymbol{A}(\boldsymbol{I}+\boldsymbol{A}^{-1}\boldsymbol{BDB}')]^{-1}=[\boldsymbol{I}+(\boldsymbol{A}^{-1}\boldsymbol{BD})\boldsymbol{B}']^{-1}\boldsymbol{A}^{-1}$，然后利用本节例 10 的结论。

习题 4.5

1. 由于 $\boldsymbol{A}\neq\boldsymbol{0}$，因此存在一个 $n\times m$ 非零矩阵 $\boldsymbol{B}$，使 $\boldsymbol{AB}=\boldsymbol{0}$ 当且仅当齐次线性方程组 $\boldsymbol{Ax}=\boldsymbol{0}$ 有非零解，从而当且仅当 $|\boldsymbol{A}|=0$。当 $|\boldsymbol{A}|\neq0$ 时，$\boldsymbol{A}$ 可逆；当 $|\boldsymbol{A}|=0$ 时，$\boldsymbol{A}$ 为零因子。

2. (1) 由于 $\boldsymbol{BC}=\boldsymbol{0}$，据本节例 1 的结论，得 $\operatorname{rank}(\boldsymbol{B})+\operatorname{rank}(\boldsymbol{C})\leqslant n$。

(2) 如果 $\boldsymbol{BC}=\boldsymbol{C}$，那么 $(\boldsymbol{B}-\boldsymbol{I})\boldsymbol{C}=\boldsymbol{0}$。从第(1)小题的结论，得 $\boldsymbol{B}-\boldsymbol{I}=\boldsymbol{0}$，即 $\boldsymbol{B}=\boldsymbol{I}$。

3. 提示：只要证 $\operatorname{rank}(\boldsymbol{B})+\operatorname{rank}(\boldsymbol{ABC})\geqslant\operatorname{rank}(\boldsymbol{AB})+\operatorname{rank}(\boldsymbol{BC})$。
作分块矩阵的初等行(列)变换：

$$\begin{pmatrix}\boldsymbol{B} & \boldsymbol{0}\\ \boldsymbol{0} & \boldsymbol{ABC}\end{pmatrix}\xrightarrow{②+\boldsymbol{A}\cdot①}\begin{pmatrix}\boldsymbol{B} & \boldsymbol{0}\\ \boldsymbol{AB} & \boldsymbol{ABC}\end{pmatrix}\xrightarrow[②+①\cdot(-\boldsymbol{C})]{}\begin{pmatrix}\boldsymbol{B} & -\boldsymbol{BC}\\ \boldsymbol{AB} & \boldsymbol{0}\end{pmatrix}$$

$$\xrightarrow[②\cdot(-\boldsymbol{I}_t)]{}\begin{pmatrix}\boldsymbol{B} & \boldsymbol{BC}\\ \boldsymbol{AB} & \boldsymbol{0}\end{pmatrix}\xrightarrow[(①,②)]{}\begin{pmatrix}\boldsymbol{BC} & \boldsymbol{B}\\ \boldsymbol{0} & \boldsymbol{AB}\end{pmatrix}。$$

4. 提示：$\boldsymbol{A}$ 是对合矩阵 $\Longleftrightarrow \boldsymbol{A}^2=\boldsymbol{I}\Longleftrightarrow \boldsymbol{I}-\boldsymbol{A}^2=\boldsymbol{0}\Longleftrightarrow \operatorname{rank}(\boldsymbol{I}-\boldsymbol{A}^2)=0$。

$$\begin{pmatrix}\boldsymbol{I}+\boldsymbol{A} & \boldsymbol{0}\\ \boldsymbol{0} & \boldsymbol{I}-\boldsymbol{A}\end{pmatrix}\xrightarrow{②+①}\begin{pmatrix}\boldsymbol{I}+\boldsymbol{A} & \boldsymbol{0}\\ \boldsymbol{I}+\boldsymbol{A} & \boldsymbol{I}-\boldsymbol{A}\end{pmatrix}\xrightarrow[②+①]{}\begin{pmatrix}\boldsymbol{I}+\boldsymbol{A} & \boldsymbol{I}+\boldsymbol{A}\\ \boldsymbol{I}+\boldsymbol{A} & 2\boldsymbol{I}\end{pmatrix}$$

$$\xrightarrow{①+\left[-\frac{1}{2}(\boldsymbol{I}+\boldsymbol{A})\right]\cdot ②}\begin{pmatrix}(\boldsymbol{I}+\boldsymbol{A})-\frac{1}{2}(\boldsymbol{I}+\boldsymbol{A})^2 & \boldsymbol{0}\\ \boldsymbol{I}+\boldsymbol{A} & 2\boldsymbol{I}\end{pmatrix}\xrightarrow[①+②\cdot\left[-\frac{1}{2}(\boldsymbol{I}+\boldsymbol{A})\right]]{}\begin{pmatrix}\frac{1}{2}(\boldsymbol{I}-\boldsymbol{A}^2) & \boldsymbol{0}\\ \boldsymbol{0} & 2\boldsymbol{I}\end{pmatrix}。$$

注：本套书下册第 9 章 9.5 节的例 23 给出了第 4 题另一种证法，更加直观和简洁。

5. 例如：$\boldsymbol{A}=\boldsymbol{\varepsilon}_1\boldsymbol{\varepsilon}_2'$，解 $\mathrm{rank}(\boldsymbol{A})=1$ 且 $\boldsymbol{A}^2=\boldsymbol{0}$。

6. 用本节例 10 的结论。

7. 用"凑矩阵"的方法，找 $\boldsymbol{B}$ 并使 $\boldsymbol{AB}=\boldsymbol{I}$。依次确定 $\boldsymbol{B}$ 的第 $1,2,\cdots,n$ 列，使得 $\boldsymbol{AB}$ 的主对角元都为 n，令

$$\boldsymbol{B}=\begin{pmatrix}1 & 1 & 1 & \cdots & 1\\ 1 & \xi^{n-1} & \xi^{2(n-1)} & \cdots & \xi^{(n-1)(n-1)}\\ 1 & \xi^{n-2} & \xi^{2(n-2)} & \cdots & \xi^{(n-2)(n-1)}\\ \vdots & \vdots & \vdots & & \vdots\\ 1 & \xi & \xi^2 & \cdots & \xi^{n-1}\end{pmatrix},$$

去计算 $\boldsymbol{AB}(i;j)$。从而可求出 $\boldsymbol{A}^{-1}=\dfrac{1}{n}\boldsymbol{B}$。

8. 先解线性方程组，$\boldsymbol{Ax}=\boldsymbol{\beta}$，其中 $\boldsymbol{\beta}=(b_1,b_2,\cdots,b_n)'$，把 n 个方程相加，得

$$\left[na+\frac{n(n-1)}{2}\right](x_1+x_2+\cdots+x_n)=\sum_{j=1}^{n}b_j。$$

令

$$s=na+\frac{n(n-1)}{2},\quad y=x_1+x_2+\cdots+x_n,$$

最后分别令 $\boldsymbol{\beta}$ 为 $\boldsymbol{\varepsilon}_1,\boldsymbol{\varepsilon}_2,\cdots,\boldsymbol{\varepsilon}_n$，得

$$\boldsymbol{A}^{-1}=\frac{1}{ns}\begin{pmatrix}1-s & 1+s & 1 & \cdots & 1\\ 1 & 1-s & 1+s & \cdots & 1\\ 1 & 1 & 1-s & \cdots & 1\\ \vdots & \vdots & \vdots & & \vdots\\ 1 & 1 & 1 & \cdots & 1+s\\ 1+s & 1 & 1 & \cdots & 1-s\end{pmatrix}。$$

9. 由原矩阵方程，得

$$\begin{pmatrix}3 & 4\\ 6 & 8\end{pmatrix}\boldsymbol{X}'=\begin{pmatrix}2 & 9\\ 4 & 18\end{pmatrix}$$

$$\begin{pmatrix}3 & 4 & 2 & 9\\ 6 & 8 & 4 & 18\end{pmatrix}\longrightarrow\begin{pmatrix}3 & 4 & 2 & 9\\ 0 & 0 & 0 & 0\end{pmatrix}\longrightarrow\begin{pmatrix}1 & \frac{4}{3} & \frac{2}{3} & 3\\ 0 & 0 & 0 & 0\end{pmatrix}$$

最后得

$$X=\begin{pmatrix}-4c_1+\dfrac{2}{3} & 3c_1\\ -4c_2+3 & 3c_2\end{pmatrix},$$

其中 c_1,c_2 是 K 中的任意数。

10. $\boldsymbol{A}=\begin{pmatrix}7 & -4\\ 1 & 1\end{pmatrix}$。

11. 把 $\boldsymbol{A}$ 分块写成

$$\boldsymbol{A}=\begin{pmatrix}\boldsymbol{0} & \boldsymbol{B}\\ a_n & \boldsymbol{0}\end{pmatrix},$$

利用本节例15的结果。

注：此题也可直接观察用"凑矩阵"的方法求出 $\boldsymbol{A}^{-1}$。

12. $|\boldsymbol{A}|\neq 0 \iff |\boldsymbol{A}_1||\boldsymbol{A}_2|\cdots|\boldsymbol{A}_s|\neq 0 \iff |\boldsymbol{A}_i|\neq 0, i=1,2,\cdots,s$；

因此 $\boldsymbol{A}$ 可逆，当且仅当 $\boldsymbol{A}_i$ 可逆，$i=1,2,\cdots,s$。

当 $\boldsymbol{A}$ 可逆时，$A\mathrm{diag}\{\boldsymbol{A}_1^{-1},\boldsymbol{A}_2^{-1},\cdots,\boldsymbol{A}_s^{-1}\}=\mathrm{diag}\{\boldsymbol{A}_1\boldsymbol{A}_1^{-1},\boldsymbol{A}_2\boldsymbol{A}_2^{-1},\cdots,\boldsymbol{A}_s\boldsymbol{A}_s^{-1}\}=\boldsymbol{I}$，

因此 $\boldsymbol{A}^{-1}=\mathrm{diag}\{\boldsymbol{A}_1^{-1},\boldsymbol{A}_2^{-1},\cdots,\boldsymbol{A}_s^{-1}\}$。

13. 设

$$\boldsymbol{B}=\begin{pmatrix}\boldsymbol{B}_{11} & \boldsymbol{B}_{12} & \cdots & \boldsymbol{B}_{1s}\\ \boldsymbol{B}_{21} & \boldsymbol{B}_{22} & \cdots & \boldsymbol{B}_{2s}\\ \vdots & \vdots & & \vdots\\ \boldsymbol{B}_{s1} & \boldsymbol{B}_{s2} & \cdots & \boldsymbol{B}_{ss}\end{pmatrix}$$

与 $\boldsymbol{A}=\mathrm{diag}\{a_1\boldsymbol{I}_{n_1},a_2\boldsymbol{I}_{n_2},\cdots,a_s\boldsymbol{I}_{n_s}\}$ 可交换，去计算可求出 $\boldsymbol{B}_{ij}=\boldsymbol{0}$，当 $i\neq j$。

14. 提示：

$$\begin{pmatrix}\boldsymbol{A} & \boldsymbol{B}\\ \boldsymbol{C} & D\end{pmatrix}\xrightarrow{②+(-\boldsymbol{C}\boldsymbol{A}^{-1})①}\begin{pmatrix}\boldsymbol{A} & \boldsymbol{B}\\ \boldsymbol{0} & \boldsymbol{D}-\boldsymbol{C}\boldsymbol{A}^{-1}\boldsymbol{B}\end{pmatrix}。$$

15. 提示：

$$\begin{pmatrix}\boldsymbol{A} & \boldsymbol{B}\\ \boldsymbol{C} & \boldsymbol{D}\end{pmatrix}\xrightarrow[①+②\cdot(-\boldsymbol{D}^{-1}\boldsymbol{C})]{}\begin{pmatrix}\boldsymbol{A}-\boldsymbol{B}\boldsymbol{D}^{-1}\boldsymbol{C} & \boldsymbol{B}\\ \boldsymbol{0} & \boldsymbol{D}\end{pmatrix}。$$

16. 利用本节命题2的结果，注意

$$原式=\left|\begin{pmatrix}1 & 2 & 3 & \cdots & n\\ 1 & 2 & 3 & \cdots & n\\ \vdots & \vdots & \vdots & & \vdots\\ 1 & 2 & 3 & \cdots & n\end{pmatrix}-\begin{pmatrix}1 & 0 & 0 & \cdots & 0\\ 0 & 2 & 0 & \cdots & 0\\ \vdots & \vdots & \vdots & & \vdots\\ 0 & 0 & 0 & \cdots & n\end{pmatrix}\right|。$$

最后得，原式$=(-1)^n n!\,(1-n)$。

17. 利用本节例17的结论。

18. 对分块矩阵作初等行(列)变换。

19. 利用本节命题2的结果，可得

$$原式=1+a_1b_1+a_2b_2+\cdots+a_nb_n。$$

20. 令

$$\boldsymbol{A}=(\boldsymbol{B},\boldsymbol{C})。$$

利用本章习题4.3的第13题的结果。

21. 令

$$\boldsymbol{B}=\begin{pmatrix} a & b & 0 & \cdots & 0 & 0 \\ 0 & a & b & \cdots & 0 & 0 \\ \vdots & \vdots & \vdots & & \vdots & \vdots \\ 0 & 0 & 0 & \cdots & a & b \end{pmatrix}_{(n-1)\times n},\boldsymbol{D}=\begin{pmatrix} a & 0 & \cdots & 0 \\ 0 & a & \cdots & 0 \\ \vdots & \vdots & & \vdots \\ n & 0 & \cdots & a \end{pmatrix}_{n\times n},\boldsymbol{C}=\begin{pmatrix} n\boldsymbol{I}_{n-1} \\ \boldsymbol{0} \end{pmatrix},$$

则

$$\boldsymbol{A}=\begin{pmatrix} \boldsymbol{I}_{n-1} & \boldsymbol{B} \\ \boldsymbol{C} & \boldsymbol{D} \end{pmatrix},$$

可求出 $|\boldsymbol{A}|=n^n b^{n-1}+a^n(1-n)^{n-1}$。

22. 充分性的证明类似于本节例 25 的证法。

必要性。从 $\boldsymbol{A}=\boldsymbol{BC}$ 得

$$\boldsymbol{A}=\begin{pmatrix} \boldsymbol{B}_1 & \boldsymbol{0} \\ \boldsymbol{B}_2 & \boldsymbol{B}_3 \end{pmatrix}\begin{pmatrix} \boldsymbol{C}_1 & \boldsymbol{C}_2 \\ \boldsymbol{0} & \boldsymbol{C}_3 \end{pmatrix},$$

其中 $\boldsymbol{B}_1,\boldsymbol{C}_1$ 都是 k 级矩阵，$|\boldsymbol{B}_1\boldsymbol{C}_1|$ 是 $\boldsymbol{A}$ 的 k 阶顺序主子式，$k\in\{1,2,\cdots,n-1\}$。

23. 由于 $\text{rank}(\boldsymbol{A})=1$，因此根据习题 4.3 的第 19 题得，存在唯一的 $k\in K$ 使得 $\boldsymbol{A}^2=k\boldsymbol{A}$，于是来计算

$$(\boldsymbol{I}+\boldsymbol{A})(a\boldsymbol{I}+b\boldsymbol{A})=a\boldsymbol{I}+b\boldsymbol{A}+a\boldsymbol{A}+b\boldsymbol{A}^2=a\boldsymbol{I}+(b+a+bk)\boldsymbol{A},$$

由此得出，当 $k\neq-1$ 时，取 $a=1,b=-\dfrac{1}{1+k}$，有

$$(\boldsymbol{I}+\boldsymbol{A})\left(\boldsymbol{I}-\frac{1}{1+k}\boldsymbol{A}\right)=\boldsymbol{I}。$$

此时 $\boldsymbol{I}+\boldsymbol{A}$ 可逆，且 $(\boldsymbol{I}+\boldsymbol{A})^{-1}=\boldsymbol{I}-\dfrac{1}{1+k}\boldsymbol{A}$。

当 $k=-1$ 时，$\boldsymbol{A}^2=-\boldsymbol{A}$，从而 $\boldsymbol{0}=\boldsymbol{A}^2+\boldsymbol{A}=\boldsymbol{A}(\boldsymbol{A}+\boldsymbol{I})$。于是根据本节例 1 得，$\text{rank}(\boldsymbol{A})+\text{rank}(\boldsymbol{A}+\boldsymbol{I})\leqslant n$。由于 $\text{rank}(\boldsymbol{A})=1$，因此

$$\text{rank}(\boldsymbol{A}+I)\leqslant n-1<n,$$

从而 $\boldsymbol{A}+\boldsymbol{I}$ 不可逆。

习题 4.6

1. $(k\boldsymbol{\alpha},l\boldsymbol{\beta})=kl(\boldsymbol{\alpha},\boldsymbol{\beta})=0$。

2. $(\boldsymbol{\beta},k_1\boldsymbol{\alpha}_1+k_2\boldsymbol{\alpha}_2+\cdots+k_s\boldsymbol{\alpha}_s)=k_1(\boldsymbol{\beta},\boldsymbol{\alpha}_1)+k_2(\boldsymbol{\beta},\boldsymbol{\alpha}_2)+\cdots+k_s(\boldsymbol{\beta},\boldsymbol{\alpha}_s)=0$。

3. 若 $(\boldsymbol{\alpha},\boldsymbol{\alpha})=0$，则根据内积的正定性得，$\boldsymbol{\alpha}=\boldsymbol{0}$。

4.

$$\boldsymbol{\eta}_1=\begin{pmatrix} \frac{1}{5}\sqrt{5} \\ -\frac{2}{5}\sqrt{5} \\ 0 \end{pmatrix},\quad \boldsymbol{\eta}_2=\begin{pmatrix} \frac{4}{15}\sqrt{5} \\ \frac{2}{15}\sqrt{5} \\ -\frac{\sqrt{5}}{3} \end{pmatrix}。$$

5.

$$\boldsymbol{\eta}_1=\begin{pmatrix}\frac{\sqrt{2}}{2}\\ \frac{\sqrt{2}}{2}\\ 0\\ 0\end{pmatrix},\quad \boldsymbol{\eta}_2=\begin{pmatrix}\frac{\sqrt{6}}{6}\\ -\frac{\sqrt{6}}{6}\\ \frac{\sqrt{6}}{3}\\ 0\end{pmatrix},\quad \boldsymbol{\eta}_3=\begin{pmatrix}\frac{\sqrt{3}}{6}\\ -\frac{\sqrt{3}}{6}\\ -\frac{\sqrt{3}}{6}\\ -\frac{\sqrt{3}}{2}\end{pmatrix}。$$

6.

$$\boldsymbol{Q}=\begin{pmatrix}\frac{1}{2} & \frac{5}{22}\sqrt{11} & \frac{1}{66}\sqrt{66}\\ -\frac{1}{2} & -\frac{1}{22}\sqrt{11} & \frac{1}{33}\sqrt{66}\\ -\frac{1}{2} & \frac{3}{22}\sqrt{11} & \frac{5}{66}\sqrt{66}\\ \frac{1}{2} & -\frac{3}{22}\sqrt{11} & \frac{1}{11}\sqrt{66}\end{pmatrix},\boldsymbol{R}=\begin{pmatrix}2 & -\frac{7}{2} & \frac{19}{2}\\ 0 & \frac{3}{2}\sqrt{11} & -\frac{1}{22}\sqrt{11}\\ 0 & 0 & \frac{4}{11}\sqrt{66}\end{pmatrix}。$$

7. 类似于习题 4.2 的第 13 题的证法。

8. 类似于本节例 11 的证法。

9. $\boldsymbol{D}=\mathrm{diag}\{d_1,d_2,\cdots,d_n\}$为正交矩阵 $\Longleftrightarrow$ $\boldsymbol{D}$的主对角元为 1 或-1。

10. 提示：用 $\boldsymbol{A}$ 表示齐次线性方程组的系数矩阵，则 $\boldsymbol{AA}'=(a^2+b^2+c^2+d^2)\boldsymbol{I}$。

11. $|\boldsymbol{\alpha}+\boldsymbol{\beta}|^2=(\boldsymbol{\alpha}+\boldsymbol{\beta},\boldsymbol{\alpha}+\boldsymbol{\beta})=|\boldsymbol{\alpha}|^2+2(\boldsymbol{\alpha},\boldsymbol{\beta})+|\boldsymbol{\beta}|^2=|\boldsymbol{\alpha}|^2+|\boldsymbol{\beta}|^2$.

12. 用 Cauchy-Bunyakovsky 不等式。

13. $|\boldsymbol{\alpha}+\boldsymbol{\beta}|^2=(\boldsymbol{\alpha}+\boldsymbol{\beta},\boldsymbol{\alpha}+\boldsymbol{\beta})=|\boldsymbol{\alpha}|^2+2(\boldsymbol{\alpha},\boldsymbol{\beta})+|\boldsymbol{\beta}|^2\leqslant|\boldsymbol{\alpha}|^2+2|\boldsymbol{\alpha}||\boldsymbol{\beta}|+|\boldsymbol{\beta}|^2=(|\boldsymbol{\alpha}|+|\boldsymbol{\beta}|)^2$。

14.

$$\langle\boldsymbol{\alpha},\boldsymbol{\beta}\rangle=\arccos\frac{-1}{\sqrt{14}\sqrt{43}}=\arccos\frac{-\sqrt{602}}{602}\approx 92°20'。$$

15. 用本节例 19 的结论。

16,17,18 这三道题的证明可参看《高等代数学习指导书(第二版:上册)》第 4 章 4.6 节的例 22,例 23,例 24。

习题 4.7

1. (1) 是映射,单射,满射；　(2) 是映射,不是单射,不是满射；

(3) 是映射,单射,不是满射；　(4) 不是 $\mathbf{R}$ 到自身的映射。

2. 设 $S=\{a_1,a_2,\cdots,a_n\}$,$S'=\{b_1,b_2,\cdots,b_n\}$。令 $f(a_i)=b_i$,$i=1,2,\cdots,n$,则 f 是 S 到 S'的一个映射,并且是单射和满射,从而 f 是双射。

3. 由于 f 和 g 都是可逆映射,因此它们分别有逆映射 f^{-1}和 g^{-1},于是有

$$(gf)(f^{-1}g^{-1}) = g(ff^{-1})g^{-1} = g1_{S'}g^{-1} = gg^{-1} = 1_{S''},$$
$$(f^{-1}g^{-1})(gf) = f^{-1}(g^{-1}g)f = f^{-1}1_{S'}f = f^{-1}f = 1_S,$$

因此 gf 是可逆映射，且$(gf)^{-1}=f^{-1}g^{-1}$。

4. 设$a_1,a_2\in S$且$f(a_1)=f(a_2)$，则$g(f(a_1))=g(f(a_2))$。于是$(gf)(a_1)=(gf)(a_2)$。由于$gf=1_S$，因此$1_S(a_1)=1_S(a_2)$，从而$a_1=a_2$，于是f是单射。

任给$a\in S$，则$f(a)\in S'$。由于$gf=1_S$，因此$g(f(a))=(gf)(a)=1_S(a)=a$。于是a在g下有原象$f(a)$，从而g是满射。

5. Im $\boldsymbol{A}$ 的一个基是 $\boldsymbol{A}$ 的第 1 列和第 2 列，dim Im $\boldsymbol{A}=2$，从而 dim Ker $\boldsymbol{A}=4-2=2$。

Ker $\boldsymbol{A}$ 的一个基是：$(4,3,-2,0)'$，$(1,2,0,-1)'$。

6. 利用本节例 5 的结论和本节的(3)式。

7. $4KO_2+2H_2O+4CO_2 = 4KHCO_3+3O_2$。

8.
$$f(x_{11},x_{12},x_{21},x_{22})=800(80-b+k)+450(b-k)+600(60-k)+550k$$
$$=100000-350b+300k,$$

其中 $\max\{b-80,0\}\leqslant k\leqslant \min\{b,60\}$，$0\leqslant b\leqslant 140$。

当商店 s_2 的存储产品的吨数 b 给定时，分两种情形：

情形 1　$0\leqslant b\leqslant 80$。此时 $0\leqslant k\leqslant \min\{b,60\}$。

当 $x_{11}=80-b$，$x_{12}=b$，$x_{21}=60$，$x_{22}=0$ 时，运输费用最低：

$$f(80-b,b,60,0) = 100000-350b。$$

情形 2　$80<b\leqslant 140$。此时 $b-80\leqslant k\leqslant 60$。

当 $x_{11}=0$，$x_{12}=80$，$x_{21}=140-b$，$x_{22}=b-80$ 时，

运输费用最低：

$$f(0,80,140-b,b-80)=76000-50b。$$

补 充 题 四

1. 直接按照定义去验证。

2. 提示：$|\boldsymbol{I}+\boldsymbol{E}_{1j}|=1$，　$j=2,3,\cdots,n$；　$|\boldsymbol{I}+\boldsymbol{E}_{21}|=1$。

3. 略。

4. 证明　设 $a=n_1^2+n_2^2$，$b=m_1^2+m_2^2$，$n_i,m_i\in\mathbf{Z}$，$i=1,2$。令

$$\boldsymbol{A}=\begin{pmatrix} n_1 & n_2 \\ n_2 & -n_1 \end{pmatrix},$$

则
$$\boldsymbol{A}\boldsymbol{A}'=(n_1^2+n_2^2)\boldsymbol{I}=a\boldsymbol{I}。$$

设　$\boldsymbol{\beta}=(m_1,m_2)$，则　$\boldsymbol{\beta}\boldsymbol{\beta}'=m_1^2+m_2^2=b$，从而

$$ab = a\boldsymbol{\beta}\boldsymbol{\beta}' = \boldsymbol{\beta}(a\boldsymbol{I})\boldsymbol{\beta}' = \boldsymbol{\beta}(\boldsymbol{A}\boldsymbol{A}')\boldsymbol{\beta}' = (\boldsymbol{\beta}\boldsymbol{A})(\boldsymbol{\beta}\boldsymbol{A})'$$
$$= (m_1n_1+m_2n_2)^2+(m_1n_2-m_2n_1)^2。$$ ■

5. $533=23^2+2^2$。

6. 提示：设 $a=n_1^2+n_2^2+n_3^2+n_4^2$，　$b=m_1^2+m_2^2+m_3^2+m_4^2$，$n_i,m_i\in\mathbf{Z}$，$i=1,2,3,4$。令

$$A=\begin{pmatrix} n_1 & n_2 & n_3 & n_4 \\ n_2 & -n_1 & n_4 & -n_3 \\ n_3 & -n_4 & -n_1 & n_2 \\ n_4 & n_3 & -n_2 & -n_1 \end{pmatrix},$$

则 $\boldsymbol{AA}'=(n_1^2+n_2^2+n_3^2+n_4^2)\boldsymbol{I}=a\boldsymbol{I}$。类似于第 4 题的证法。

7. $1457=38^2+3^2+2^2+0^2$。

***8.** 提示： 据本章 4.2 节的例 11 的结论，得

$$x^3+y^3+z^3-3xyz=\begin{vmatrix} x & y & z \\ z & x & y \\ y & z & x \end{vmatrix}=|x\boldsymbol{I}+y\boldsymbol{C}+z\boldsymbol{C}^2|,$$

其中 C 是循环移位矩阵。

9. 略。

10. 提示：从第 3 个条件看出，$\boldsymbol{A}$ 的每行的元素之和为 0，因此 $\boldsymbol{A1}_n=\boldsymbol{0}$。这表明齐次线性方程组 $\boldsymbol{Ax}=\boldsymbol{0}$ 有非零解 $\boldsymbol{1}_n$，从而 $|\boldsymbol{A}|=0$。

对 $\boldsymbol{A}$ 的前 $n-1$ 行和前 $n-1$ 列组成的 $n-1$ 级子矩阵 $\boldsymbol{A}_1$ 用补充题三第 1 题的结论。

11. 略。

12. 证明　C_i 到 C_j 所需航班个数为 1 $\Longleftrightarrow$ $\boldsymbol{A}(i;j)=1$；

C_i 到 C_j 所需航班个数为 2

$\Longleftrightarrow$ 存在 k 使得 $\boldsymbol{A}(i;k)=1$ 且 $\boldsymbol{A}(k;j)=1$，而 $\boldsymbol{A}(i;j)=0$

$\Longleftrightarrow$ $\boldsymbol{A}^2(i;j)=\sum\limits_{m=1}^{n}\boldsymbol{A}(i;m)\boldsymbol{A}(m;j)\neq 0$，而 $\boldsymbol{A}(i;j)=0$。

假设对于从一个城市到另一个城市所需航班个数为 $l-1$ 时，命题为真，则 C_i 到 C_j 所需航班个数为 l

$\Longleftrightarrow$ 存在 C_k 使得 C_i 到 C_k 有 $l-s$ 个航班，且 C_k 到 C_j 有 s 个航班($s=1,2,\cdots,l-1$)

$\Longleftrightarrow$ 存在 k 使得 $\boldsymbol{A}^{l-s}(i;k)\neq 0$，且 $\boldsymbol{A}^s(k;j)\neq 0$，而对一切 $m\in\{1,2,\cdots,n\}$，有

$$\boldsymbol{A}^{l-s-1}(i;m)=0,\text{或 }\boldsymbol{A}^{s-1}(m;j)=0$$

$\Longleftrightarrow$ $\boldsymbol{A}^l(i;j)=(\boldsymbol{A}^{l-s}\boldsymbol{A}^s)(i;j)=\sum\limits_{m=1}^{n}\boldsymbol{A}^{l-s}(i;m)\boldsymbol{A}^s(m;j)\neq 0$，而

$$\boldsymbol{A}^{l-1}(i;j)=(\boldsymbol{A}^{l-s-1}\boldsymbol{A}^s)(i;j)=\sum_{m=1}^{n}\boldsymbol{A}^{l-s-1}(i;m)\boldsymbol{A}^s(m;j)=0。$$

$$\text{或 }\boldsymbol{A}^{l-1}(i;j)=(\boldsymbol{A}^{l-s}\boldsymbol{A}^{s-1})(i;j)=\sum_{m=1}^{n}\boldsymbol{A}^{l-s}(i;m)\boldsymbol{A}^{s-1}(n;j)=0。$$

由数学归纳法原理，命题为真。■

13. 提示：计算 $\boldsymbol{A}^2$，然后用第 12 题的结论，可得出：

C_1 到 C_5，C_1 到 C_6，C_2 到 C_4，C_3 到 C_2，C_3 到 C_7，C_3 到 C_8，C_4 到 C_8，C_5 到 C_1，C_5 到 C_4，C_6 到 C_7，C_7 到 C_1，C_7 到 C_5，C_8 到 C_2，C_8 到 C_3 恰好需要 2 个航班。

14. 提示：类似于本章 4.2 节例 9 的第(1)小题的充分性的证法。

15. 提示：设 $\boldsymbol{A}=\begin{pmatrix} a & b \\ c & d \end{pmatrix}$是数域 K 上的 2 级对合矩阵，则 $\boldsymbol{A}^2=\boldsymbol{I}$，于是 $|\boldsymbol{A}|^2=1$，从

而$|\boldsymbol{A}|=\pm1$。

分$|\boldsymbol{A}|=1$，$|\boldsymbol{A}|=-1$两种情形讨论可得，数域K上所有2级对合矩阵是

$$\begin{pmatrix}1&0\\0&1\end{pmatrix};\begin{pmatrix}-1&0\\0&-1\end{pmatrix};\begin{pmatrix}a&b\\c&-a\end{pmatrix},a^2+bc=1,a,b,c\in K。$$

16. 提示：设$\boldsymbol{A}$是2级幂等矩阵，则

$$\operatorname{rank}(\boldsymbol{A})+\operatorname{rank}(\boldsymbol{I}-\boldsymbol{A})=2。$$

按$\operatorname{rank}(\boldsymbol{A})$分情形讨论得，数域$K$上所有2级幂等矩阵是

$$\boldsymbol{0},\boldsymbol{I},\quad\begin{pmatrix}1-kb&b\\k(1-kb)&kb\end{pmatrix},\begin{pmatrix}ka&k(1-ka)\\a&1-ka\end{pmatrix},a,b,k\in K。$$

* **17.** 提示：对矩阵的级数n用数学归纳法。利用本章4.5节的例25和例16。

18. 提示：作分块矩阵的初等行(列)变换。

19. 提示：用本章4.5节的命题2的结论。

20. 略。

21. 略。

22. 提示：(1)～(6)可直接验证。(7)利用(6)。

(8) $|\boldsymbol{A}\otimes\boldsymbol{B}|=|(\boldsymbol{A}\boldsymbol{I}_n)\otimes(\boldsymbol{I}_m\boldsymbol{B})|=|(\boldsymbol{A}\otimes\boldsymbol{I}_m)(\boldsymbol{I}_n\otimes\boldsymbol{B})|=|\boldsymbol{A}\otimes\boldsymbol{I}_m|\,|\boldsymbol{I}_n\otimes\boldsymbol{B}|$。

23. 略。

24. 略。

25. 提示：用本章4.4节例10的结论。

26. 提示：类似于本章4.4节的例11第(1)小题的证法。

注：补充题四的各题的详细解答可参看《高等代数学习指导书(第二版：上册)》的补充题四的解答。

第5章　矩阵的相抵与相似

习题5.1

1. (1)说明～满足反身性、对称性和传递性。

(2) 商集$\pi/\sim$是由x轴以及所有与x轴平行的直线组成的集合。

2. (1) 提示：经过原点O的一条直线l_0是几何空间V的一个子空间。

(2) 当$\boldsymbol{\beta}\notin l_0$时，$\bar{\boldsymbol{\beta}}$是经过向量$\boldsymbol{\beta}$的终点且与$l_0$平行的直线，当$\boldsymbol{\beta}\in l_0$时，$\bar{\boldsymbol{\beta}}$就是直线$l_0$。

(3) 商集V/l_0是由直线l_0以及所有与l_0平行的直线组成的集合，可以把所有等价类的代表都取成过原点O的一个平面π_0内的向量，于是等价类到它的这种代表的对应法则σ就是商集V/l_0到平面π_0的一个映射，易证σ是双射。

3. $\mathbf{Z}/(2)=\{\bar{0},\bar{1}\}$，其中$\bar{0}$是偶数集，$\bar{1}$是奇数集。

4. $\mathbf{Z}/(3)=\{\bar{0},\bar{1},\bar{2}\}$，其中$\bar{0}=\{3m\mid m\in\mathbf{Z}\}$，$\bar{1}=\{3m+1\mid m\in\mathbf{Z}\}$，$\bar{2}=\{3m+2\mid m\in\mathbf{Z}\}$。

5. 5 种划分：$\{\{a\},\{b\},\{c\}\}$，$\{\{a\},\{b,c\}\}$，$\{\{b\},\{a,c\}\}$，$\{\{c\},\{a,b\}\}$，$\{\{a,b,c\}\}$。5 个商集，同上所述。

习题 5.2

1.

(1) $\begin{pmatrix} \boldsymbol{I}_2 & \boldsymbol{0} \\ \boldsymbol{0} & \boldsymbol{0} \end{pmatrix}$；　(2) $(\boldsymbol{I}_3,\boldsymbol{0})$；　(3) $\begin{pmatrix} \boldsymbol{I}_2 \\ \boldsymbol{0} \end{pmatrix}$。

2. 它们的秩都为 2，因此它们相抵。

3. 考虑 $\boldsymbol{C}_1',\boldsymbol{C}_2'$，利用本节例 4 的结论。

4. 类似于本节例 6 的证法。

5. 类似于本节例 7 的证法。

* **6.** 用分块矩阵的初等行(列)变换。

* **7.** 只要证 $\mathrm{rank}(\boldsymbol{A}+\boldsymbol{B})\geqslant\mathrm{rank}(\boldsymbol{A})+\mathrm{rank}(\boldsymbol{B})$。用本节例 8 的结论和分块矩阵的初等行(列)变换。

* **8.** 从 4.4 节的例 12 的证明过程看出，存在正整数 m，使得 $\mathrm{rank}(\boldsymbol{A}^{m+1})=\mathrm{rank}(\boldsymbol{A}^m)$，然后采用类似于第 7 题的证法。

习题 5.3

1. 提示：去证 $\boldsymbol{A}'(\boldsymbol{A}^-)'\boldsymbol{A}'=\boldsymbol{A}'$。

2. 提示：$\boldsymbol{B}'$ 是 $r\times s$ 行满秩矩阵。用例 1 和第 1 题的结果。

3. 提示：证 $(\boldsymbol{BC})(\boldsymbol{C}^-\boldsymbol{B}^-)(\boldsymbol{BC})=\boldsymbol{BC}$。

4. 用本节例 7 和第 1 题的结论。

5. (1) 显然 $\boldsymbol{X}=(k^{-1})$ 是 (k) 的 Penrose 方程组的解。

(2) 若 $k=0$，由于 $0^+=0$，因此结论成立。若 $k\neq0$，$k^{-1}\boldsymbol{A}^+$ 是 $k\boldsymbol{A}$ 的 Penrose 方程组的解。

(3) 易验证 $(\boldsymbol{A}^+)^*$ 是 $\boldsymbol{A}^*$ 的 Penrose 方程组的解。

6. 提示：$\boldsymbol{AA}^{-1}\boldsymbol{A}=\boldsymbol{A}$。

7. 考虑 sn 级矩阵 $\boldsymbol{G}$：

$$\boldsymbol{G}=\begin{pmatrix} \boldsymbol{A}_1^2 & \boldsymbol{A}_1\boldsymbol{A}_2 & \cdots & \boldsymbol{A}_1\boldsymbol{A}_s \\ \boldsymbol{A}_2\boldsymbol{A}_1 & \boldsymbol{A}_2^2 & \cdots & \boldsymbol{A}_2\boldsymbol{A}_s \\ \vdots & \vdots & & \vdots \\ \boldsymbol{A}_s\boldsymbol{A}_1 & \boldsymbol{A}_s\boldsymbol{A}_2 & \cdots & \boldsymbol{A}_s^2 \end{pmatrix}=\begin{pmatrix} \boldsymbol{A}_1 \\ \boldsymbol{A}_2 \\ \vdots \\ \boldsymbol{A}_s \end{pmatrix}(\boldsymbol{A}_1,\boldsymbol{A}_2,\cdots,\boldsymbol{A}_s)$$

$$=\begin{pmatrix} \boldsymbol{A}_1 & \boldsymbol{0} & \cdots & \boldsymbol{0} \\ \boldsymbol{0} & \boldsymbol{A}_2 & \cdots & \boldsymbol{0} \\ \vdots & \vdots & & \vdots \\ \boldsymbol{0} & \boldsymbol{0} & \cdots & \boldsymbol{A}_s \end{pmatrix}\begin{pmatrix} \boldsymbol{I}_n \\ \boldsymbol{I}_n \\ \vdots \\ \boldsymbol{I}_n \end{pmatrix}(\boldsymbol{I}_n,\boldsymbol{I}_n,\cdots,\boldsymbol{I}_n)\begin{pmatrix} \boldsymbol{A}_1 & \boldsymbol{0} & \cdots & \boldsymbol{0} \\ \boldsymbol{0} & \boldsymbol{A}_2 & \cdots & \boldsymbol{0} \\ \vdots & \vdots & & \vdots \\ \boldsymbol{0} & \boldsymbol{0} & \cdots & \boldsymbol{A}_s \end{pmatrix}$$

$$=\boldsymbol{DE}'\boldsymbol{ED}。$$

于是

$\boldsymbol{A}_1,\boldsymbol{A}_2,\cdots,\boldsymbol{A}_s$ 都是幂等矩阵且 $\boldsymbol{A}_i\boldsymbol{A}_j=\boldsymbol{0}$（当 $i\neq j$）

$\Longleftrightarrow$ $\boldsymbol{G}=\boldsymbol{D}$

$\Longleftrightarrow$ $\boldsymbol{D}\boldsymbol{E}'\boldsymbol{E}\boldsymbol{D}=\boldsymbol{D}$

$\Longleftrightarrow$ $\boldsymbol{E}'\boldsymbol{E}$ 是 $\boldsymbol{D}$ 的一个广义逆。

8. 令 $\boldsymbol{D}=\text{diag}\{\boldsymbol{A}_1,\boldsymbol{A}_2,\cdots,\boldsymbol{A}_s\}$，$\boldsymbol{E}=\underbrace{(\boldsymbol{I}_n,\boldsymbol{I}_n,\cdots,\boldsymbol{I}_n)}_{s\text{个}}$。

据第 7 题的结论，只要证 $\boldsymbol{E}'\boldsymbol{E}$ 是 $\boldsymbol{D}$ 的一个广义逆。据本节例 6 的结论，只要证

$$\text{rank}(\boldsymbol{D})+\text{rank}(\boldsymbol{I}_{sn}-\boldsymbol{E}'\boldsymbol{E}\boldsymbol{D})=sn。$$

由于 $\text{rank}(\boldsymbol{D})=\text{rank}(\boldsymbol{A}_1)+\text{rank}(\boldsymbol{A}_2)+\cdots+\text{rank}(\boldsymbol{A}_s)=\text{rank}(\boldsymbol{A})$，而 $\boldsymbol{A}$ 是 n 级幂等矩阵，因此 $\text{rank}(\boldsymbol{D})=\text{rank}(\boldsymbol{A})=n-\text{rank}(\boldsymbol{I}_n-\boldsymbol{A})$，从而只要证

$$\text{rank}(\boldsymbol{I}_{sn}-\boldsymbol{E}'\boldsymbol{E}\boldsymbol{D})=(s-1)n+\text{rank}(\boldsymbol{I}_n-\boldsymbol{A})。$$

由于

$$\boldsymbol{I}_{sn}-\boldsymbol{E}'\boldsymbol{E}\boldsymbol{D}=\begin{pmatrix}\boldsymbol{I}_n-\boldsymbol{A}_1 & -\boldsymbol{A}_2 & \cdots & -\boldsymbol{A}_s\\ -\boldsymbol{A}_1 & \boldsymbol{I}_n-\boldsymbol{A}_2 & \cdots & -\boldsymbol{A}_s\\ \vdots & \vdots & & \vdots\\ -\boldsymbol{A}_1 & -\boldsymbol{A}_2 & \cdots & \boldsymbol{I}_n-\boldsymbol{A}_s\end{pmatrix}$$

$$\xrightarrow[\text{⑤}+(-\boldsymbol{I}_n)\cdot\text{①}]{\text{②}+(-\boldsymbol{I}_n)\cdot\text{①}\ \cdots}\begin{pmatrix}\boldsymbol{I}_n-\boldsymbol{A}_1 & -\boldsymbol{A}_2 & \cdots & -\boldsymbol{A}_s\\ -\boldsymbol{I}_n & \boldsymbol{I}_n & \cdots & \boldsymbol{0}\\ \vdots & \vdots & & \vdots\\ -\boldsymbol{I}_n & \boldsymbol{0} & \cdots & \boldsymbol{I}_n\end{pmatrix}$$

$$\xrightarrow[\text{①}+\text{②},\ \text{①}+\text{③},\ \cdots,\ \text{①}+\text{⑤}]{}\begin{pmatrix}\boldsymbol{I}_n-\sum_{i=1}^{s}\boldsymbol{A}_i & -\boldsymbol{A}_2 & \cdots & -\boldsymbol{A}_s\\ \boldsymbol{0} & \boldsymbol{I}_n & \cdots & \boldsymbol{0}\\ \vdots & \vdots & & \vdots\\ \boldsymbol{0} & \boldsymbol{0} & \cdots & \boldsymbol{I}_n\end{pmatrix}\xrightarrow{\text{①}+A_2\text{②}\ \cdots\ \text{①}+A_s\text{⑤}}\begin{pmatrix}\boldsymbol{I}_n-\sum_{i=1}^{s}\boldsymbol{A}_i & \boldsymbol{0} & \cdots & \boldsymbol{0}\\ \boldsymbol{0} & \boldsymbol{I}_n & \cdots & \boldsymbol{0}\\ \vdots & \vdots & & \vdots\\ \boldsymbol{0} & \boldsymbol{0} & \cdots & \boldsymbol{I}_n\end{pmatrix},$$

最后一个矩阵的秩等于 $\text{rank}(\boldsymbol{I}_n-\boldsymbol{A})+(s-1)n$，从而

$$\text{rank}(\boldsymbol{I}_{sn}-\boldsymbol{E}'\boldsymbol{E}\boldsymbol{D})=\text{rank}(\boldsymbol{I}_n-\boldsymbol{A})+(s-1)n。$$

9. 由于 $\boldsymbol{I}$ 是幂等矩阵，因此从第 8 题结论立即得到本题结果。

***10.** 必要性。设 $\boldsymbol{AXB}=\boldsymbol{C}$ 有解 X_0，则 $\boldsymbol{AX}_0\boldsymbol{B}=\boldsymbol{C}$，从而

$$\boldsymbol{C}=\boldsymbol{AX}_0\boldsymbol{B}=(\boldsymbol{AA}^-\boldsymbol{A})X_0\boldsymbol{B}=\boldsymbol{AA}^-\boldsymbol{C},\boldsymbol{C}=\boldsymbol{AX}_0\boldsymbol{B}=\boldsymbol{AX}_0(\boldsymbol{BB}^-\boldsymbol{B})=\boldsymbol{CB}^-\boldsymbol{B}。$$

充分性。设 $\boldsymbol{C}=\boldsymbol{AA}^-\boldsymbol{C}$ 且 $\boldsymbol{C}=\boldsymbol{CB}^-\boldsymbol{B}$，则 $\boldsymbol{C}=\boldsymbol{AA}^-(\boldsymbol{CB}^-\boldsymbol{B})=\boldsymbol{A}(\boldsymbol{A}^-\boldsymbol{CB}^-)\boldsymbol{B}$，从而 $\boldsymbol{X}=\boldsymbol{A}^-\boldsymbol{CB}^-$ 是矩阵方程 $\boldsymbol{AXB}=\boldsymbol{C}$ 的一个解。

易证 $\boldsymbol{X}=(\boldsymbol{I}_n-\boldsymbol{A}^-\boldsymbol{A})\boldsymbol{Y}+\boldsymbol{Z}(\boldsymbol{I}_m-\boldsymbol{BB}^-)+(\boldsymbol{I}_n-\boldsymbol{A}^-\boldsymbol{A})\boldsymbol{W}(\boldsymbol{I}_m-\boldsymbol{BB}^-)$

是 $\boldsymbol{AXB}=\boldsymbol{0}$ 的通解，其中 $\boldsymbol{Y}$、$\boldsymbol{Z}$、$\boldsymbol{W}$ 是 K 上任意 $n\times m$ 矩阵，从而

$$\boldsymbol{X}=\boldsymbol{A}^-\boldsymbol{CB}^-+(\boldsymbol{I}_n-\boldsymbol{A}^-\boldsymbol{A})\boldsymbol{Y}+\boldsymbol{Z}(\boldsymbol{I}_m-\boldsymbol{BB}^-)+(\boldsymbol{I}_n-\boldsymbol{A}^-\boldsymbol{A})\boldsymbol{W}(\boldsymbol{I}_m-\boldsymbol{BB}^-)$$

是 $\boldsymbol{AXB}=\boldsymbol{C}$ 的通解，其中 $\boldsymbol{Y}$、$\boldsymbol{Z}$、$\boldsymbol{W}$ 是 K 上任意 $n\times m$ 矩阵。

***11.** 充要条件从例 9 的证明立即得到。

易验证：$X=A^- ZB+(I_n-A^- A)W, Y=Z-(I_s-AA^-)ZBB^-$ 是矩阵方程 $AX-YB=0$ 的通解，其中 Z、W 分别是 K 上任意 $s\times p$、$n\times m$ 矩阵，从而 $AX-YB=C$ 有解时，

$X=A^- C+A^- ZB+(I_n-A^- A)W, Y=(AA^- -I_s)CB^- +Z-(I_s-AA^-)ZBB^-$

是矩阵方程 $AX-YB=C$ 的通解，其中 Z,W 分别是 K 上任意 $s\times p$, $n\times m$ 矩阵。

习题 5.4

1. 用相似的定义去验证。

2. 由于 A 可逆，因此 $A^{-1}(AB)A=BA$，从而 $AB\sim BA$。

3. 用相似的定义去验证。

4. $(P^{-1}AP)(P^{-1}BP)=P^{-1}ABP=P^{-1}BAP=(P^{-1}BP)(P^{-1}AP)$。

5. $P^{-1}IP=I$。

6. $P^{-1}(kI)P=(kI)P^{-1}P=(kI)I=kI$。

7. 设 $A^2=I$，则 $(P^{-1}AP)^2=(P^{-1}AP)(P^{-1}AP)=P^{-1}A^2P=P^{-1}IP=I$。

8. 任取 $S\in\Omega_2$，由于 $SA=AS$，因此 $A=S^{-1}AS$，去证 $SP_0\in\Omega_1$；
反之任取 $U\in\Omega_1$，则 $U^{-1}AU=B$，去证 $UP_0^{-1}\in\Omega_2$，且 $U=(UP_0^{-1})P_0$。

9. 提示：用例 12 和习题 4.3 第 18 题的结论，以及 tr(A)。

10. 提示：$A^k=AA^{k-1}=(AB-BA)A^{k-1}=ABA^{k-1}-BAA^{k-1}=A(BA^{k-1})-(BA^{k-1})A$。

11. 提示：$C^k=CC^{k-1}=(AB-BA)C^{k-1}=ABC^{k-1}-BAC^{k-1}=A(BC^{k-1})-(BC^{k-1})A$。

12. 由于 $\begin{pmatrix}\frac{1}{2} & 0\\ 0 & 1\end{pmatrix}^{-1}\begin{pmatrix}1 & n\\ 0 & 1\end{pmatrix}\begin{pmatrix}\frac{1}{2} & 0\\ 0 & 1\end{pmatrix}=\begin{pmatrix}1 & 2n\\ 0 & 1\end{pmatrix}$，因此 A 与 B 在有理数域上相似。

习题 5.5

1. (1) A 的全部特征值是 1(二重)，10。

A 的属于 1 的全部特征向量是

$$\left\{k_1\begin{pmatrix}-2\\1\\0\end{pmatrix}+k_2\begin{pmatrix}2\\0\\1\end{pmatrix}\ \middle|\ k_1,k_2\in K,\text{且不全为 }0\right\},$$

A 的属于 10 的全部特征向量是

$$\left\{k\begin{pmatrix}1\\2\\-2\end{pmatrix}\ \middle|\ k\in K,\text{且 }k\neq 0\right\}。$$

注：特征向量的答案不唯一，以下同。

(2) A 的全部特征值是 1，3(二重)。

A 的属于 1 的全部特征向量是

$$\left\{k\begin{pmatrix}2\\0\\-1\end{pmatrix}\ \middle|\ k\in K,\text{且 }k\neq 0\right\},$$

A 的属于 3 的全部特征向量是

$$\left\{k\begin{pmatrix}1\\-1\\2\end{pmatrix}\middle| k\in K,\text{且 } k\neq 0\right\}。$$

(3) **A** 的全部特征值是 2(二重),11。

A 的属于 2 的全部特征向量是

$$\left\{k_1\begin{pmatrix}1\\-2\\0\end{pmatrix}+k_2\begin{pmatrix}1\\0\\-1\end{pmatrix}\middle| k_1,k_2\in K,\text{且不全为 } 0\right\},$$

A 的属于 11 的全部特征向量是

$$\left\{k\begin{pmatrix}2\\1\\2\end{pmatrix}\middle| k\in K,\text{且 } k\neq 0\right\}。$$

(4) **A** 的全部特征值是−1(三重)。

A 的属于−1 的全部特征向量是

$$\left\{k\begin{pmatrix}1\\1\\-1\end{pmatrix}\middle| k\in K,\text{且 } k\neq 0\right\}。$$

(5) **A** 的全部特征值是 0,1,−1。

A 的属于 0 的全部特征向量是

$$\left\{k\begin{pmatrix}1\\1\\-1\end{pmatrix}\middle| k\in K,\text{且 } k\neq 0\right\},$$

A 的属于 1 的全部特征向量是

$$\left\{k\begin{pmatrix}1\\1\\1\end{pmatrix}\middle| k\in K,\text{且 } k\neq 0\right\},$$

A 的属于−1 的全部特征向量是

$$\left\{k\begin{pmatrix}1\\-1\\-1\end{pmatrix}\middle| k\in K,\text{且 } k\neq 0\right\}。$$

2. (1) **A** 的全部特征值是 $1+\sqrt{3}\mathrm{i}$,$1-\sqrt{3}\mathrm{i}$。

A 的属于 $1+\sqrt{3}\mathrm{i}$ 的全部特征向量是

$$\left\{k\begin{pmatrix}\mathrm{i}\\1\end{pmatrix}\middle| k\in \mathbf{C},\text{且 } k\neq 0\right\},$$

A 的属于 $1-\sqrt{3}\mathrm{i}$ 的全部特征向量是

$$\left\{k\begin{pmatrix}-\mathrm{i}\\1\end{pmatrix}\middle| k\in \mathbf{C},\text{且 } k\neq 0\right\}。$$

如果把 $\boldsymbol{A}$ 看成实数域上的矩阵，它没有特征值。

(2) $\boldsymbol{A}$ 的全部特征值是 $1, \mathrm{i}, -\mathrm{i}$。

$\boldsymbol{A}$ 的属于 1 的全部特征向量是

$$\left\{k\begin{pmatrix}2\\-1\\-1\end{pmatrix} \middle| k\in\mathbf{C},且\ k\neq 0\right\},$$

$\boldsymbol{A}$ 的属于 i 的全部特征向量是

$$\left\{k\begin{pmatrix}1-2\mathrm{i}\\-1+\mathrm{i}\\-2\end{pmatrix} \middle| k\in\mathbf{C},且\ k\neq 0\right\},$$

$\boldsymbol{A}$ 的属于 $-\mathrm{i}$ 的全部特征向量是

$$\left\{k\begin{pmatrix}1+2\mathrm{i}\\-1-\mathrm{i}\\-2\end{pmatrix} \middle| k\in\mathbf{C},且\ k\neq 0\right\}。$$

如果把 $\boldsymbol{A}$ 看成实数域上的矩阵，它只有一个特征值 1。

3. 类似于本节例 4 的证法。

4. 类似于本节例 4 的证法。

5. $|\lambda\boldsymbol{I}-\boldsymbol{A}'|=|(\lambda\boldsymbol{I}-\boldsymbol{A})'|=|\lambda\boldsymbol{I}-\boldsymbol{A}|$。

6. $\boldsymbol{A}$ 有特征值 0 $\Longleftrightarrow$ $|0\boldsymbol{I}-\boldsymbol{A}|=0$ $\Longleftrightarrow$ $|-\boldsymbol{A}|=0$ $\Longleftrightarrow$ $|\boldsymbol{A}|=0$。

7. 类似于本节例 7 的证法。

8. 设 λ_0 是 n 级矩阵 $\boldsymbol{A}$ 的 l 重特征值。把 $\boldsymbol{A}$ 的特征多项式 $|\lambda\boldsymbol{I}-\boldsymbol{A}|$ 在复数域中因式分解，得

$$|\lambda\boldsymbol{I}-\boldsymbol{A}|=(\lambda-\lambda_0)^l(\lambda-\lambda_1)^{l_1}\cdots(\lambda-\lambda_s)^{l_s},$$

其中 $\lambda_0,\lambda_1,\cdots,\lambda_s$ 两两不等，$l+l_1+\cdots+l_s=n$。

令 $\xi=\mathrm{e}^{\mathrm{i}\frac{2\pi}{m}}$。用第 7 题的结论，然后类似于本节例 7 的证法。

9. 由本节的命题 1 和 4.3 节的例 11 立即得出此题的结论。

10. 设 $\lambda_1,\lambda_2,\cdots,\lambda_n$ 是 $\boldsymbol{A}$ 的特征多项式 $|\lambda\boldsymbol{I}-\boldsymbol{A}|$ 在复数域中的 n 个根（它们中可能有相同的），则

$$|\lambda\boldsymbol{I}-\boldsymbol{A}|=(\lambda-\lambda_1)(\lambda-\lambda_2)\cdots(\lambda-\lambda_n)。$$

于是 $|\lambda\boldsymbol{I}-\boldsymbol{A}|$ 中 λ^{n-1} 的系数等于 $-(\lambda_1+\lambda_2+\cdots+\lambda_n)$，常数项为 $(-1)^n\lambda_1\lambda_2\cdots\lambda_n$。据本节的命题 1 得，$\lambda_1+\lambda_2+\cdots+\lambda_n=\mathrm{tr}(\boldsymbol{A})$，$\lambda_1\lambda_2\cdots\lambda_n=|\boldsymbol{A}|$。

11. 由本节的例 10 和例 12 的结论得，b_0+nb_1，b_0 都是 $\boldsymbol{A}$ 的特征值，其中 b_0 是 $n-1$ 重。

$\boldsymbol{A}$ 的属于 b_0+nb_1 的所有特征向量组成的集合是

$$\{k\mathbf{1}_n \mid k\in\mathbf{Q},且\ k\neq 0\};$$

$\boldsymbol{A}$ 的属于 b_0 的所有特征向量组成的集合是

$$\{k_1\boldsymbol{\eta}_1+k_2\boldsymbol{\eta}_2+\cdots+k_{n-1}\boldsymbol{\eta}_{n-1} \mid k_1,k_2,\cdots,k_{n-1}\in\mathbf{Q},且它们不全为\ 0\},$$

其中 $\boldsymbol{\eta}_1,\boldsymbol{\eta}_2,\cdots,\boldsymbol{\eta}_{n-1}$ 与例 10 中的相同。

12. 类似于本节例 10 的解法，$\boldsymbol{A}'\boldsymbol{A}$ 的全部特征值是 $\sum_{i=1}^{n} a_i^2$，0（$n-1$ 重）。

$\boldsymbol{A}'\boldsymbol{A}$ 的属于 $\sum_{i=1}^{n} a_i^2$ 的所有特征向量组成的集合是

$$\{k(a_1,a_2,\cdots,a_n)' \mid k\in\mathbf{R},且\ k\neq 0\};$$

对于特征值 0，解齐次线性方程组$(0\boldsymbol{I}-\boldsymbol{A}'\boldsymbol{A})\boldsymbol{x}=\boldsymbol{0}$。

设 $a_i\neq 0$。则从$(\boldsymbol{A}'\boldsymbol{A})\boldsymbol{x}=\boldsymbol{0}$ 的第 i 个方程得

$$x_i=-\frac{a_1}{a_i}x_1-\cdots-\frac{a_{i-1}}{a_i}x_{i-1}-\frac{a_{i+1}}{a_i}x_{i+1}-\cdots-\frac{a_n}{a_i}x_n,$$

于是得到一个基础解系为

$$\boldsymbol{\eta}_1=\begin{pmatrix}a_i\\0\\\vdots\\0\\-a_1\\0\\\vdots\\0\end{pmatrix}\text{第 }i\text{ 个},\quad \boldsymbol{\eta}_2=\begin{pmatrix}0\\a_i\\0\\\vdots\\0\\-a_2\\0\\\vdots\\0\end{pmatrix}\text{第 }i\text{ 个},\quad\cdots,\quad \boldsymbol{\eta}_{n-1}=\begin{pmatrix}0\\\vdots\\0\\-a_n\\0\\\vdots\\0\\a_i\end{pmatrix}\text{第 }i\text{ 个},$$

因此 $\boldsymbol{A}'\boldsymbol{A}$ 的属于 0 的所有特征向量组成的集合是

$$\{k_1\boldsymbol{\eta}_1+k_2\boldsymbol{\eta}_2+\cdots+k_{n-1}\boldsymbol{\eta}_{n-1} \mid k_1,k_2,\cdots,k_{n-1}\in\mathbf{R},且它们不全为\ 0\}。$$

13. 由已知条件得，n 级矩阵 $\boldsymbol{A}$ 的特征多项式$|\lambda\boldsymbol{I}-\boldsymbol{A}|$在复数域中的因式分解为

$$|\lambda\boldsymbol{I}-\boldsymbol{A}|=(\lambda-\lambda_1)(\lambda-\lambda_2)\cdots(\lambda-\lambda_n)。\tag{1}$$

(1) 设 $g(x)$在复数域中的因式分解为

$$g(x)=b(x-\mu_1)(x-\mu_2)\cdots(x-\mu_m)。\tag{2}$$

x 用 $\boldsymbol{A}$ 代入，由式(2)得

$$g(\boldsymbol{A})=b(\boldsymbol{A}-\mu_1\boldsymbol{I})(\boldsymbol{A}-\mu_2\boldsymbol{I})\cdots(\boldsymbol{A}-\mu_m\boldsymbol{I})。\tag{3}$$

x 用 λ_i 代入，由式(2)得

$$g(\lambda_i)=b(\lambda_i-\mu_1)(\lambda_i-\mu_2)\cdots(\lambda_i-\mu_m)=b\prod_{j=1}^{m}(\lambda_i-\mu_j)。\tag{4}$$

由式(1)得

$$|\boldsymbol{A}-\lambda\boldsymbol{I}|=(\lambda_1-\lambda)(\lambda_2-\lambda)\cdots(\lambda_n-\lambda)。\tag{5}$$

λ 用 μ_j 代入，把式(5)左端展开成 λ 的多项式后，由式(5)得

$$|\boldsymbol{A}-\mu_j\boldsymbol{I}|=(\lambda_1-\mu_j)(\lambda_2-\mu_j)\cdots(\lambda_n-\mu_j)=\prod_{i=1}^{n}(\lambda_i-\mu_j)。\tag{6}$$

由式(3)、式(6)、式(4)得

$$|g(\boldsymbol{A})|=b^n|\boldsymbol{A}-\mu_1\boldsymbol{I}||\boldsymbol{A}-\mu_2\boldsymbol{I}|\cdots|\boldsymbol{A}-\mu_m\boldsymbol{I}|=b^n\prod_{j=1}^{m}|\boldsymbol{A}-\mu_j\boldsymbol{I}|$$

$$= b^n \prod_{j=1}^{m} \prod_{i=1}^{n} (\lambda_i - \mu_j) = b^n \prod_{i=1}^{n} \prod_{j=1}^{m} (\lambda_i - \mu_j) = \prod_{i=1}^{n} g(\lambda_i)。 \tag{7}$$

(2) 任给数域 K 上一个多项式 $f(x)$。令

$$g(x) = \lambda - f(x), \tag{8}$$

其中 λ 可以取任意一个复数。当 λ 任意取定一个复数后，对 $g(x)$ 用第(1)小题的结论得

$$|g(\boldsymbol{A})| = \prod_{i=1}^{n} g(\lambda_i)。 \tag{9}$$

x 用 $\boldsymbol{A}$ 代入，由式(8)，得　$g(\boldsymbol{A}) = \lambda\boldsymbol{I} - f(\boldsymbol{A})$。　(10)

x 用 λ_i 代入，由式(8)，得　$g(\lambda_i) = \lambda - f(\lambda_i)$。　(11)

由式(9)、式(10)、式(11)，得

$$|\lambda\boldsymbol{I} - f(\boldsymbol{A})| = \prod_{i=1}^{n} [\lambda - f(\lambda_i)]。 \tag{12}$$

式(12)对 λ 取任意一个复数都成立。于是式(12)左端可以看成是变量 λ 的多项式函数，式(12)就表明 λ 的多项式函数 $|\lambda\boldsymbol{I} - f(\boldsymbol{A})|$ 在 $f(\lambda_1), f(\lambda_2), \cdots, f(\lambda_n)$ 处的函数值都为 0，从而 $f(\lambda_1), f(\lambda_2), \cdots, f(\lambda_n)$ 是 $f(\boldsymbol{A})$ 的特征多项式 $|\lambda\boldsymbol{I} - f(\boldsymbol{A})|$ 在复数域中的全部根。

14. 情形 1　$\boldsymbol{A}$ 可逆。由于 $\boldsymbol{A}\boldsymbol{A}^* = |\boldsymbol{A}|\boldsymbol{I}$，因此 $\boldsymbol{A}^* = |\boldsymbol{A}|\boldsymbol{A}^{-1}$，由本节例 6 和第 7，10 题的结论得 $\boldsymbol{A}^*$ 的全部特征值是

$$\lambda_2\lambda_3\cdots\lambda_n, \quad \lambda_1\lambda_3\cdots\lambda_n, \quad \cdots, \quad \lambda_1\lambda_2\cdots\lambda_{n-1}。$$

情形 2　$\boldsymbol{A}$ 不可逆。此时 0 是 $\boldsymbol{A}$ 的一个特征值，不妨设 $\lambda_n = 0$。据 4.5 节例 6，当 $\text{rank}(\boldsymbol{A}) < n-1$ 时，$\boldsymbol{A}^* = \boldsymbol{0}$。此时 0 是 $\boldsymbol{A}^*$ 的 n 重特征值。当 $\text{rank}(\boldsymbol{A}) = n-1$ 时，$\text{rank}(\boldsymbol{A}^*) = 1$，从而 $(0\boldsymbol{I} - \boldsymbol{A}^*)\boldsymbol{x} = \boldsymbol{0}$ 的解空间的维数等于 $n-1$，于是 0 是 $\boldsymbol{A}^*$ 的至少 $n-1$ 重特征值。设 μ 也是 $\boldsymbol{A}^*$ 的一个特征值，则 $|\lambda\boldsymbol{I} - \boldsymbol{A}^*| = \lambda^{n-1}(\lambda - \mu)$，从而 $\mu = \text{tr}(\boldsymbol{A}^*) = A_{11} + A_{22} + \cdots + A_{nn}$。据本节命题 1，$|\lambda\boldsymbol{I} - \boldsymbol{A}|$ 的一次项系数等于 $(-1)^{n-1}$ 乘以 $\boldsymbol{A}$ 的所有 $n-1$ 阶主子式的和，从而等于 $(-1)^{n-1}\sum_{i=1}^{n} \boldsymbol{A}_{ii}$。又 $|\lambda\boldsymbol{I} - \boldsymbol{A}|$ 的一次项系数等于 $(-1)^{n-1}\lambda_1\lambda_2\cdots\lambda_{n-1}$，因此 $\mu = \lambda_1\lambda_2\cdots\lambda_{n-1}$，于是 $\boldsymbol{A}^*$ 的全部特征值是 $\lambda_1\lambda_2\cdots\lambda_{n-1}$，0(至少 $n-1$ 重)。

15. $\text{rank}(\boldsymbol{A}) = r \;\Rightarrow\;$ $\boldsymbol{A}$ 的所有 $m(>r)$ 阶子式都为 0

$\Rightarrow$ $\boldsymbol{A}$ 的所有 $m(>r)$ 阶主子式之和都为 0

$\Rightarrow$ $|\lambda\boldsymbol{I} - \boldsymbol{A}|$ 的 $\lambda^{n-m}(m>r)$ 的系数都为 0

$\Rightarrow$ $|\lambda\boldsymbol{I} - \boldsymbol{A}| = \lambda^n + b_{n-1}\lambda^{n-1} + \cdots + b_{n-r}\lambda^{n-r}$。

16. 由于 $\boldsymbol{A}$ 的秩为 1，因此根据第 15 题得，$|\lambda\boldsymbol{I} - \boldsymbol{A}| = \lambda^n - \text{tr}(\boldsymbol{A})\lambda^{n-1}$，并且根据习题 4.3 的第 18 题得，$\boldsymbol{A} = \boldsymbol{\alpha}\boldsymbol{\beta}'$，其中 $\boldsymbol{\alpha}, \boldsymbol{\beta}$ 是 n 维列向量，于是 $\boldsymbol{A}^2 = (\boldsymbol{\beta}'\boldsymbol{\alpha})\boldsymbol{A}$。由于 $\boldsymbol{A}^2 \neq \boldsymbol{0}$，因此 $\boldsymbol{\beta}'\boldsymbol{\alpha} \neq 0$，从而 $\text{tr}(\boldsymbol{A}) = \text{tr}(\boldsymbol{\alpha}\boldsymbol{\beta}') = \text{tr}(\boldsymbol{\beta}'\boldsymbol{\alpha}) \neq 0$，于是 $|\lambda\boldsymbol{I} - \boldsymbol{A}| = \lambda^{n-1}(\lambda - \text{tr}(\boldsymbol{A}))$，因此 $\boldsymbol{A}$ 有一个非零特征值 $\text{tr}(\boldsymbol{A})$，且 0 是 $\boldsymbol{A}$ 的 $n-1$ 重特征值。

17. 设 $\boldsymbol{A}$ 的特征多项式的全部复根为 $\lambda_1, \lambda_2, \cdots, \lambda_n$，则 $|\boldsymbol{A}| = \lambda_1\lambda_2\cdots\lambda_n$，于是 $\boldsymbol{I} - \boldsymbol{A}$ 的特征多项式的全部复根是 $1-\lambda_1, 1-\lambda_2, \cdots, 1-\lambda_n$，分别考虑 λ_i 是实数、虚数的情形。

18. 利用习题 4.5 第 18 题的结论，得

$$|\lambda\boldsymbol{I}_{2n} - \boldsymbol{G}| = \begin{vmatrix} \lambda\boldsymbol{I}_n - \boldsymbol{A} & -\boldsymbol{A}^m \\ -\boldsymbol{A}^m & \lambda\boldsymbol{I}_n - \boldsymbol{A} \end{vmatrix} = |\lambda\boldsymbol{I}_n - \boldsymbol{A} - \boldsymbol{A}^m| \, |\lambda\boldsymbol{I}_n - \boldsymbol{A} + \boldsymbol{A}^m|。$$

用本节第13题的第(2)小题的结论可得,$\boldsymbol{G}$ 的特征多项式的全部复根是: $\lambda_i+\lambda_i^m$, $\lambda_i-\lambda_i^m$, $i=1,2,\cdots,n$。

19. 考虑 n 元齐次线性方程组 $\begin{pmatrix}\boldsymbol{A}\\ \boldsymbol{B}\end{pmatrix}\boldsymbol{x}=\boldsymbol{0}$,去证它有非零解。

习题 5.6

1. 习题5.5的第1题中:

(1) $\boldsymbol{A}$ 可对角化,令

$$\boldsymbol{P}=\begin{pmatrix}-2 & 2 & 1\\ 1 & 0 & 2\\ 0 & 1 & -2\end{pmatrix},$$

则 $\boldsymbol{P}^{-1}\boldsymbol{AP}=\operatorname{diag}\{1,1,10\}$;

(2) $\boldsymbol{A}$ 不能对角化;

(3) $\boldsymbol{A}$ 可对角化,令

$$\boldsymbol{P}=\begin{pmatrix}1 & 1 & 2\\ -2 & 0 & 1\\ 0 & -1 & 2\end{pmatrix},$$

则 $\boldsymbol{P}^{-1}\boldsymbol{AP}=\operatorname{diag}\{2,2,11\}$;

(4) $\boldsymbol{A}$ 不能对角化;

(5) $\boldsymbol{A}$ 可对角化,令

$$\boldsymbol{P}=\begin{pmatrix}1 & 1 & 1\\ 1 & 1 & -1\\ -1 & 1 & -1\end{pmatrix},$$

则 $\boldsymbol{P}^{-1}\boldsymbol{AP}=\operatorname{diag}\{0,1,-1\}$。

习题5.5的第2题中:

(1) 复矩阵 $\boldsymbol{A}$ 可对角化,令

$$\boldsymbol{P}=\begin{pmatrix}\mathrm{i} & -\mathrm{i}\\ 1 & 1\end{pmatrix},$$

则 $\boldsymbol{P}^{-1}\boldsymbol{AP}=\operatorname{diag}\{1+\sqrt{3}\mathrm{i},1-\sqrt{3}\mathrm{i}\}$;

实矩阵 $\boldsymbol{A}$ 不能对角化。

(2) 复矩阵 $\boldsymbol{A}$ 可对角化,令

$$\boldsymbol{P}=\begin{pmatrix}2 & 1-2\mathrm{i} & 1+2\mathrm{i}\\ -1 & -1+\mathrm{i} & -1-\mathrm{i}\\ -1 & -2 & -2\end{pmatrix},$$

则 $\boldsymbol{P}^{-1}\boldsymbol{AP}=\operatorname{diag}\{1,\mathrm{i},-\mathrm{i}\}$。

实矩阵 $\boldsymbol{A}$ 不能对角化。

2. (1) $\boldsymbol{A}^m=\begin{pmatrix}2^{m+1}-3^m & 2(3^m-2^m)\\ 2^m-3^m & 2(3^m-2^{m-1})\end{pmatrix}$。

(2) $\boldsymbol{A}^m=\frac{1}{3}\begin{pmatrix}2^m+(-1)^m2 & 2^{m+1}-(-1)^m2\\ 2^m+(-1)^{m+1} & 2^{m+1}+(-1)^m\end{pmatrix}$。

3. 如果 $\boldsymbol{A}=\pm\boldsymbol{I}$,那么 $\boldsymbol{A}$ 已经是对角矩阵。下设 $\boldsymbol{A}\neq\pm\boldsymbol{I}$,设 $\text{rank}(\boldsymbol{I}+\boldsymbol{A})=r$,$\boldsymbol{A}$ 的相似标准形为 $\text{diag}\{\boldsymbol{I}_r,-\boldsymbol{I}_{n-r}\}$。

4. $\boldsymbol{A}$ 是对合矩阵。据第 3 题的结论得,$\boldsymbol{A}$ 可对角化。

5. 用习题 5.5 第 11 题的结果,$\boldsymbol{A}$ 可对角化。

6. 用习题 5.5 第 12 题的结果,$\boldsymbol{A}'\boldsymbol{A}$ 可对角化。

7. 情形 1　$\boldsymbol{\alpha}'\boldsymbol{\beta}=0$,则 $\boldsymbol{A}^2=\boldsymbol{\beta}\boldsymbol{\alpha}'\boldsymbol{\beta}\boldsymbol{\alpha}'=\boldsymbol{0}$。设 $a_i\neq0,b_j\neq0$,则 $a_ib_j\neq0$,从而 $\boldsymbol{A}\neq\boldsymbol{0}$。据本节典型例题的例 4 可知,$\boldsymbol{A}$ 不能对角化。

情形 2　$\boldsymbol{\alpha}'\boldsymbol{\beta}\neq0$,用习题 5.5 的第 16 题的结论和本节的定理 4 得,$\boldsymbol{A}$ 可对角化。

8. $\boldsymbol{AB}$ 与 $\boldsymbol{BA}$ 有相同的非零特征值,且重数相同,$\boldsymbol{BA}$ 的全部特征值是 $-1,-2$。于是 $\boldsymbol{AB}$ 的全部非零特征值是 -1(一重),-2(一重)。

令

$$\boldsymbol{P}=\begin{pmatrix}5 & 2 & 1 & 1\\ 4 & 2 & -1 & 1\\ -3 & -2 & -1 & 0\\ -6 & -2 & 0 & -2\end{pmatrix},$$

则　$\boldsymbol{P}^{-1}(\boldsymbol{AB})\boldsymbol{P}=\text{diag}\{-1,-2,0,0\}$。

注:此题也可直接求 $|\lambda\boldsymbol{I}-\boldsymbol{AB}|$,求出 $\boldsymbol{AB}$ 的全部特征值,然后求出特征向量。

9. 类似于例 14 的解法,可求出

$$a_k=\frac{1}{3}\left[1+(-1)^{k+1}\frac{1}{2^k}\right]。$$

$$\lim_{k\to\infty}a_k=\frac{1}{3}。$$

10. $|\lambda\boldsymbol{I}-\boldsymbol{A}|=(\lambda-1)(\lambda-2)^2$。

$$\boldsymbol{A}^{100}=\begin{pmatrix}2-2^{100} & -10+10\times2^{100} & -6+6\times2^{100}\\ -1+2^{100} & 5-4\times2^{100} & 3-3\times2^{100}\\ 2-2\times2^{100} & -10+10\times2^{100} & -6+7\times2^{100}\end{pmatrix}。$$

11. 设一年后生产的这三种产品的数量依次为 c_1,c_2,c_3,令 $\boldsymbol{\gamma}=(c_1,c_2,c_3)'$。由于生产 c_i 个单位的产品 P_i,需要消耗掉 $a_{ij}c_i$ 个单位的 P_j,因此初始投入的 P_j 的数量 b_j 应满足:

$$b_j=a_{1j}c_1+a_{2j}c_2+a_{3j}c_3,\quad j=1,2,3,$$

由此得出

$$\begin{pmatrix}b_1\\ b_2\\ b_3\end{pmatrix}=\begin{pmatrix}a_{11} & a_{21} & a_{31}\\ a_{12} & a_{22} & a_{32}\\ a_{13} & a_{23} & a_{33}\end{pmatrix}\begin{pmatrix}c_1\\ c_2\\ c_3\end{pmatrix},$$

即
$$\boldsymbol{\beta}=\boldsymbol{A}'\boldsymbol{\gamma}。$$

由于要求一年后这三种产品增长的百分比相同，因此 $\boldsymbol{\gamma}=k\boldsymbol{\beta}$，其中 k 是正数。于是有 $\boldsymbol{\beta}=\boldsymbol{A}'k\boldsymbol{\beta}$，即 $\boldsymbol{A}'\boldsymbol{\beta}=\frac{1}{k}\boldsymbol{\beta}$，因此 $\boldsymbol{\beta}$ 应当是 $\boldsymbol{A}'$ 的一个特征向量，而增长的百分比等于 $k-1$，其中 k 等于 $\boldsymbol{A}'$ 的一个特征值的倒数，且这个特征值是正数。

12.
$$|\lambda\boldsymbol{I}-\boldsymbol{A}'|=|\lambda\boldsymbol{I}-\boldsymbol{A}|=(\lambda-0.8)(\lambda+0.1)^2,$$
于是 $\boldsymbol{A}'$ 的全部特征值是 0.8，−0.1(二重)。

对于 $\boldsymbol{A}'$ 的正特征值 0.8，解齐次线性方程组 $(0.8\boldsymbol{I}-\boldsymbol{A}')\boldsymbol{x}=\boldsymbol{0}$。求出一个基础解系：
$$\begin{pmatrix}2\\1\\2\end{pmatrix},$$
因此 P_1、P_2、P_3 初始投入的数量应当按照 2∶1∶2 的比例，这样才能使它们一年后按同一百分比增长；这个增长的百分比等于 $\frac{1}{0.8}-1=\frac{5}{4}-1=25\%$。

13. $\boldsymbol{A}$ 的特征多项式 $|\lambda\boldsymbol{I}-\boldsymbol{A}|=\lambda^2-\operatorname{tr}(\boldsymbol{A})\lambda+|\boldsymbol{A}|$，判别式 $\Delta=[\operatorname{tr}(\boldsymbol{A})]^2-4|\boldsymbol{A}|$，由于 $|\boldsymbol{A}|<0$，因此 $\Delta>0$，从而 $|\lambda\boldsymbol{I}-\boldsymbol{A}|$ 有两个不相等的实根，因此 2 级实矩阵 $\boldsymbol{A}$ 可对角化。

14. 去证 $\boldsymbol{A}$ 是幂等矩阵，然后用本节例 2 的结论。

***15.** 由已知，存在 K 上 n 级、m 级可逆矩阵 $\boldsymbol{P},\boldsymbol{Q}$，使得 $\boldsymbol{A}=\boldsymbol{P}^{-1}\boldsymbol{D}\boldsymbol{P}$，$\boldsymbol{B}=\boldsymbol{Q}^{-1}\boldsymbol{H}\boldsymbol{Q}$，其中 $\boldsymbol{D},\boldsymbol{H}$ 分别为 n 级、m 级对角矩阵。据补充题四第 22 题结论得
$$\boldsymbol{A}\otimes\boldsymbol{B}=(\boldsymbol{P}^{-1}\boldsymbol{D}\boldsymbol{P})\otimes(\boldsymbol{Q}^{-1}\boldsymbol{H}\boldsymbol{Q})=(\boldsymbol{P}\otimes\boldsymbol{Q})^{-1}(\boldsymbol{D}\otimes\boldsymbol{H})(\boldsymbol{P}\otimes\boldsymbol{Q})。$$
显然 $\boldsymbol{D}\otimes\boldsymbol{H}$ 是 nm 级对角矩阵；因此 $\boldsymbol{A}\otimes\boldsymbol{B}$ 可对角化。

习题 5.7

1.

(1) $\boldsymbol{T}=\begin{pmatrix}\frac{2}{5}\sqrt{5} & \frac{2}{15}\sqrt{5} & \frac{1}{3}\\ -\frac{1}{5}\sqrt{5} & \frac{4}{15}\sqrt{5} & \frac{2}{3}\\ 0 & \frac{1}{3}\sqrt{5} & -\frac{2}{3}\end{pmatrix}$，$\boldsymbol{T}^{-1}\boldsymbol{A}\boldsymbol{T}=\begin{pmatrix}1&0&0\\0&1&0\\0&0&-8\end{pmatrix}$；

(2) $\boldsymbol{T}=\begin{pmatrix}\frac{1}{5}\sqrt{5} & \frac{4}{15}\sqrt{5} & \frac{2}{3}\\ -\frac{2}{5}\sqrt{5} & \frac{2}{15}\sqrt{5} & \frac{1}{3}\\ 0 & -\frac{1}{3}\sqrt{5} & \frac{2}{3}\end{pmatrix}$，$\boldsymbol{T}^{-1}\boldsymbol{A}\boldsymbol{T}=\begin{pmatrix}-3&0&0\\0&-3&0\\0&0&6\end{pmatrix}$；

(3) $\boldsymbol{T}=\begin{pmatrix}\frac{2}{3} & \frac{2}{3} & \frac{1}{3}\\ \frac{1}{3} & -\frac{2}{3} & \frac{2}{3}\\ -\frac{2}{3} & \frac{1}{3} & \frac{2}{3}\end{pmatrix}$，$\boldsymbol{T}^{-1}\boldsymbol{A}\boldsymbol{T}=\begin{pmatrix}2&0&0\\0&5&0\\0&0&-1\end{pmatrix}$；

(4) $\boldsymbol{T}=\begin{pmatrix}\frac{1}{2}\sqrt{2} & 0 & \frac{1}{2} & \frac{1}{2}\\ 0 & \frac{1}{2}\sqrt{2} & -\frac{1}{2} & \frac{1}{2}\\ \frac{1}{2}\sqrt{2} & 0 & -\frac{1}{2} & -\frac{1}{2}\\ 0 & \frac{1}{2}\sqrt{2} & \frac{1}{2} & -\frac{1}{2}\end{pmatrix}$，$\boldsymbol{T}^{-1}\boldsymbol{AT}=\begin{pmatrix}4&0&0&0\\0&4&0&0\\0&0&2&0\\0&0&0&6\end{pmatrix}$。

2. 类似于命题2的充分性的证明。

3. 类似于本节例6的证法。

4. 据第3题的结论得，存在 n 级实可逆矩阵 $\boldsymbol{P}$，使得 $\boldsymbol{P}^{-1}\boldsymbol{AP}$ 为上三角矩阵 $\boldsymbol{B}$，于是 $\boldsymbol{B}$ 的主对角线上 n 个元素是 $\boldsymbol{A}$ 的全部特征值：$\lambda_1,\lambda_2,\cdots,\lambda_n$。由已知条件，$\boldsymbol{A}$ 的特征多项式的 $n-1$ 次项和 $n-2$ 次项的系数都为0，且相似的矩阵有相同的特征多项式，因此

$$\lambda_1+\lambda_2+\cdots+\lambda_n=0,$$

$$\lambda_1\lambda_2+\cdots+\lambda_1\lambda_n+\lambda_2\lambda_3+\cdots+\lambda_2\lambda_n+\cdots+\lambda_{n-1}\lambda_n=0,$$

因此 $\lambda_1=\lambda_2=\cdots=\lambda_n=0$。据4.2节的例9的结论得，$\boldsymbol{B}$ 为幂零矩阵。

5. 类似于定理1的证法，注意在 $\boldsymbol{A\alpha}=\lambda_0\boldsymbol{\alpha}$ 两边取共轭和转置。

6. 设 λ 是酉矩阵的特征值，则存在 $\boldsymbol{\alpha}\neq\boldsymbol{0}$ 使得 $\boldsymbol{A\alpha}=\lambda\boldsymbol{\alpha}$，从而有 $\overline{\boldsymbol{\alpha}}'\overline{\boldsymbol{A}}'=\overline{\lambda}\overline{\boldsymbol{\alpha}}'$，于是 $\overline{\boldsymbol{\alpha}}'\overline{\boldsymbol{A}}'\boldsymbol{A}\boldsymbol{\alpha}=\overline{\lambda}\overline{\boldsymbol{\alpha}}'\lambda\boldsymbol{\alpha}$，则，$\overline{\boldsymbol{\alpha}}'\boldsymbol{\alpha}=|\lambda|^2\overline{\boldsymbol{\alpha}}'\boldsymbol{\alpha}$。

由于 $\overline{\boldsymbol{\alpha}}'\boldsymbol{\alpha}\neq0$，因此 $|\lambda|^2=1$，从而 $|\lambda|=1$。

7. 类似于第5题的证法。

8. 类似于本节定理1的证法。

9. 利用定理3的结论和矩阵相似的性质，注意 $\lambda_i=(\sqrt[3]{\lambda_i})^3$。

10. 设 n 级正交矩阵 $\boldsymbol{A}$ 有两个不同的特征值 λ_1,λ_2，则 $|\lambda_i|=1,i=1,2$。由于 λ_i 是实数，因此 $\lambda_i=\pm1$。不妨设 $\lambda_1=1,\lambda_2=-1$。设 $\boldsymbol{\alpha}_i$ 是 $\boldsymbol{A}$ 的属于 λ_i 的一个特征向量，$i=1,2$，则

$$\begin{aligned}(\boldsymbol{\alpha}_1,\boldsymbol{\alpha}_2)&=\lambda_1(\boldsymbol{\alpha}_1,\boldsymbol{\alpha}_2)=(\lambda_1\boldsymbol{\alpha}_1,\boldsymbol{\alpha}_2)=(\boldsymbol{A\alpha}_1,\boldsymbol{\alpha}_2)=(\boldsymbol{A\alpha}_1)'\boldsymbol{\alpha}_2=\boldsymbol{\alpha}_1'\boldsymbol{A}'\boldsymbol{\alpha}_2\\&=\boldsymbol{\alpha}_1'\boldsymbol{A}^{-1}\boldsymbol{\alpha}_2=\boldsymbol{\alpha}_1'\lambda_2^{-1}\boldsymbol{\alpha}_2=\boldsymbol{\alpha}_1'(-1)\boldsymbol{\alpha}_2=(-1)(\boldsymbol{\alpha}_1,\boldsymbol{\alpha}_2),\end{aligned}$$

从而

$$(\boldsymbol{\alpha}_1,\boldsymbol{\alpha}_2)=0。$$

补充题五

1. 证明 设 λ_0 是 $\boldsymbol{A}$ 的任一特征值，则 λ_0^k 是 $\boldsymbol{A}^k$ 的一个特征值。由于 $\boldsymbol{A}\sim\boldsymbol{A}^k$，因此 λ_0^k 也是 $\boldsymbol{A}$ 的一个特征值。从而 $\lambda_0^{k^2}$ 是 $\boldsymbol{A}^k$ 的一个特征值。于是 $\lambda_0^{k^2}$ 是 $\boldsymbol{A}$ 的一个特征值。以此类推，$\lambda_0^{k^3},\lambda_0^{k^4},\cdots$ 都是 $\boldsymbol{A}$ 的特征值，但是 n 级矩阵 $\boldsymbol{A}$ 的特征值恰有 n 个(重根按重数计算)，因此上述过程不可能无限进行下去，于是到某一步 $\lambda_0^{k^s}$ 有

$$\lambda_0^{k^s}=\lambda_0^{k^l}\text{，其中 }0\leqslant l<s,$$

由于 $\boldsymbol{A}$ 可逆，因此 $\lambda_0\neq0$，从而由上式得

$$\lambda_0^{k^s-k^l}=1,$$

因此 λ_0 是单位根。 ■

2. 证明 (1) 设 $|\boldsymbol{A}|=1$。据 4.6 节的例 7 的结论得

$$\boldsymbol{A}=\begin{pmatrix}\cos\theta & -\sin\theta\\ \sin\theta & \cos\theta\end{pmatrix},\quad 0\leqslant\theta<2\pi。$$

当 $0\leqslant\theta\leqslant\pi$ 时，$\boldsymbol{I}^{-1}\boldsymbol{A}\boldsymbol{I}=\boldsymbol{A}$。当 $\pi<\theta<2\pi$ 时，令 $\alpha=2\pi-\theta$，则 $0<\alpha<\pi$，且

$$\begin{pmatrix}1 & 0\\ 0 & -1\end{pmatrix}^{-1}\boldsymbol{A}\begin{pmatrix}1 & 0\\ 0 & -1\end{pmatrix}=\begin{pmatrix}1 & 0\\ 0 & -1\end{pmatrix}\begin{pmatrix}\cos\alpha & \sin\alpha\\ -\sin\alpha & \cos\alpha\end{pmatrix}\begin{pmatrix}1 & 0\\ 0 & -1\end{pmatrix}=\begin{pmatrix}\cos\alpha & -\sin\alpha\\ \sin\alpha & \cos\alpha\end{pmatrix}。$$

(2) 设 $|\boldsymbol{A}|=-1$。据 4.6 节的例 7 的结论得

$$\boldsymbol{A}=\begin{pmatrix}\cos\theta & \sin\theta\\ \sin\theta & -\cos\theta\end{pmatrix},\quad 0\leqslant\theta<2\pi。$$

由于 $|\boldsymbol{A}|=-1$，因此据本章 5.5 节的例 8 的结论得，-1 是 $\boldsymbol{A}$ 的一个特征值，由于 $\boldsymbol{A}$ 是实对称矩阵，因此存在 2 级正交矩阵 $\boldsymbol{T}$，使得

$$\boldsymbol{T}^{-1}\boldsymbol{A}\boldsymbol{T}=\begin{pmatrix}-1 & 0\\ 0 & \lambda_2\end{pmatrix},$$

其中 λ_2 是 $\boldsymbol{A}$ 的一个特征值。由于相似的矩阵其行列式的值相等，因此 $\lambda_2=1$，从而 $\boldsymbol{A}$ 相似于

$$\begin{pmatrix}-1 & 0\\ 0 & 1\end{pmatrix}。$$

■

3. 证明 据本章 5.5 节的例 8 的结论得，当 $|\boldsymbol{A}|=1$ 时，1 是 $\boldsymbol{A}$ 的一个特征值；当 $|\boldsymbol{A}|=-1$时，-1 是 $\boldsymbol{A}$ 的一个特征值，把 $\boldsymbol{A}$ 的这个特征值记作 a。设 $\boldsymbol{\eta}_1$ 是 $\boldsymbol{A}$ 的属于 a 的一个特征向量，且 $|\boldsymbol{\eta}_1|=1$，把 $\boldsymbol{\eta}_1$ 扩充成 $\mathbf{R}^3$ 的一个标准正交基：$\boldsymbol{\eta}_1,\boldsymbol{\eta}_2,\boldsymbol{\eta}_3$。令 $\boldsymbol{T}_1=(\boldsymbol{\eta}_1,\boldsymbol{\eta}_2,\boldsymbol{\eta}_3)$，则

$$\boldsymbol{T}_1^{-1}\boldsymbol{A}\boldsymbol{T}_1=(\boldsymbol{T}_1^{-1}\boldsymbol{A}\boldsymbol{\eta}_1,\boldsymbol{T}_1^{-1}\boldsymbol{A}\boldsymbol{\eta}_2,\boldsymbol{T}_1^{-1}\boldsymbol{A}\boldsymbol{\eta}_3)=(\boldsymbol{T}_1^{-1}\boldsymbol{A}\boldsymbol{\eta}_1,\boldsymbol{T}_1^{-1}\boldsymbol{A}\boldsymbol{\eta}_2,\boldsymbol{T}_1^{-1}\boldsymbol{A}\boldsymbol{\eta}_3).$$

由于 $\boldsymbol{T}_1^{-1}\boldsymbol{T}_1=\boldsymbol{I}$，因此 $\boldsymbol{T}_1^{-1}\boldsymbol{\eta}_1=\boldsymbol{\varepsilon}_1$，从而

$$\boldsymbol{T}_1^{-1}\boldsymbol{A}\boldsymbol{T}_1=\begin{pmatrix}a & \boldsymbol{\alpha}\\ \boldsymbol{0} & \boldsymbol{B}\end{pmatrix}。$$

由于 $\boldsymbol{T}_1^{-1}\boldsymbol{A}\boldsymbol{T}_1$ 为正交矩阵，因此据第 4 章 4.6 节的习题 4.6 的第 7 题得，$\boldsymbol{\alpha}=\boldsymbol{0}$，且 $\boldsymbol{B}$ 是 2 级正交矩阵，据第 2 题，当 $|\boldsymbol{B}|=1$ 时，存在 2 级正交矩阵 $\boldsymbol{T}_2$，使得

$$\boldsymbol{T}_2^{-1}\boldsymbol{B}\boldsymbol{T}_2=\begin{pmatrix}\cos\theta & -\sin\theta\\ \sin\theta & \cos\theta\end{pmatrix},\tag{1}$$

其中 $0\leqslant\theta\leqslant\pi$。当 $|\boldsymbol{A}|=1$ 时，由于 $a=1$，因此 $|\boldsymbol{B}|=1$，从而有式(1)成立。令

$$\boldsymbol{T}=\boldsymbol{T}_1\begin{pmatrix}1 & \boldsymbol{0}\\ \boldsymbol{0} & \boldsymbol{T}_2\end{pmatrix},\tag{2}$$

则 $\boldsymbol{T}$ 是 3 级正交矩阵，且

$$\boldsymbol{T}^{-1}\boldsymbol{A}\boldsymbol{T}=\begin{pmatrix}1 & \boldsymbol{0}\\ \boldsymbol{0} & \boldsymbol{T}_2\end{pmatrix}^{-1}\begin{pmatrix}1 & \boldsymbol{0}\\ \boldsymbol{0} & \boldsymbol{B}\end{pmatrix}\begin{pmatrix}1 & \boldsymbol{0}\\ \boldsymbol{0} & \boldsymbol{T}_2\end{pmatrix}=\begin{pmatrix}1 & \boldsymbol{0}\\ \boldsymbol{0} & \boldsymbol{T}_2^{-1}\boldsymbol{B}\boldsymbol{T}_2\end{pmatrix}$$

$$=\begin{pmatrix}1 & 0 & 0\\ 0 & \cos\theta & -\sin\theta\\ 0 & \sin\theta & \cos\theta\end{pmatrix};\tag{3}$$

当$|\boldsymbol{A}|=-1$时，由于$a=-1$，因此$|\boldsymbol{B}|=1$，于是式(2)中的 3 级正交矩阵$\boldsymbol{T}$，使得

$$\boldsymbol{T}^{-1}\boldsymbol{A}\boldsymbol{T}=\begin{pmatrix}-1&0&0\\0&\cos\theta&-\sin\theta\\0&\sin\theta&\cos\theta\end{pmatrix}。\tag{4}$$

■

4. 证明　(1) 设$|\boldsymbol{A}|=1$，且σ保持一个点不动，则以这个不动点为原点O，建立一个直角坐标系Ⅰ，σ在此直角坐标系中的公式为

$$\begin{pmatrix}x'\\y'\\z'\end{pmatrix}=\boldsymbol{A}\begin{pmatrix}x\\y\\z\end{pmatrix}。\tag{5}$$

据第 3 题的结论得，存在一个 3 级正交矩阵$\boldsymbol{T}$，使得

$$\boldsymbol{T}^{-1}\boldsymbol{A}\boldsymbol{T}=\begin{pmatrix}1&0&0\\0&\cos\theta&-\sin\theta\\0&\sin\theta&\cos\theta\end{pmatrix},0\leqslant\theta\leqslant\pi。\tag{6}$$

建立另一个直角坐标系Ⅱ，它的原点仍为点O，且Ⅰ到Ⅱ的过渡矩阵为$\boldsymbol{T}$，则Ⅰ到Ⅱ的坐标变换公式为

$$\begin{pmatrix}x\\y\\z\end{pmatrix}=\boldsymbol{T}\begin{pmatrix}\tilde{x}\\\tilde{y}\\\tilde{z}\end{pmatrix},\tag{7}$$

其中$(\tilde{x},\tilde{y},\tilde{z})'$是点$(x,y,z)'$在Ⅱ中的坐标，把式(7)代入式(5)，得

$$\boldsymbol{T}\begin{pmatrix}\tilde{x}'\\\tilde{y}'\\\tilde{z}'\end{pmatrix}=\boldsymbol{A}\boldsymbol{T}\begin{pmatrix}\tilde{x}\\\tilde{y}\\\tilde{z}\end{pmatrix},$$

于是σ在直角坐标系Ⅱ中的公式为

$$\begin{pmatrix}\tilde{x}'\\\tilde{y}'\\\tilde{z}'\end{pmatrix}=\boldsymbol{T}^{-1}\boldsymbol{A}\boldsymbol{T}\begin{pmatrix}\tilde{x}\\\tilde{y}\\\tilde{z}\end{pmatrix}=\begin{pmatrix}1&0&0\\0&\cos\theta&-\sin\theta\\0&\sin\theta&\cos\theta\end{pmatrix}\begin{pmatrix}\tilde{x}\\\tilde{y}\\\tilde{z}\end{pmatrix}。\tag{8}$$

式(8)表明：σ是绕Ⅱ中的$\tilde{x}$轴旋转θ角，其中$0\leqslant\theta\leqslant\pi$。

(2) 设$|\boldsymbol{A}|=-1$，且σ保持一个点不动，则以这个不动点为原点O，建立直角坐标系Ⅰ。σ在Ⅰ中的公式为式(5)。据第 3 题的结论得，存在一个正交矩阵$\boldsymbol{T}$，使得

$$\boldsymbol{T}^{-1}\boldsymbol{A}\boldsymbol{T}=\begin{pmatrix}-1&0&0\\0&\cos\theta&-\sin\theta\\0&\sin\theta&\cos\theta\end{pmatrix},0\leqslant\theta\leqslant\pi。\tag{9}$$

建立另一个直角坐标系Ⅱ，使Ⅱ的原点仍为点O，且Ⅰ到Ⅱ的坐标变换公式为式(7)，则σ在Ⅱ中的公式为

$$\begin{pmatrix}\tilde{x}'\\ \tilde{y}'\\ \tilde{z}'\end{pmatrix}=\begin{pmatrix}-1 & 0 & 0\\ 0 & \cos\theta & -\sin\theta\\ 0 & \sin\theta & \cos\theta\end{pmatrix}\begin{pmatrix}\tilde{x}\\ \tilde{y}\\ \tilde{z}\end{pmatrix},0\leqslant\theta\leqslant\pi。\tag{10}$$

当 $\theta=0$ 时，式(10)的系数矩阵为

$$\begin{pmatrix}-1 & 0 & 0\\ 0 & 1 & 0\\ 0 & 0 & 1\end{pmatrix},\tag{11}$$

式(11)表明：σ 是关于 $\tilde{y}O\tilde{z}$ 平面的镜面反射。

当 $0<\theta\leqslant\pi$ 时，式(10)的系数矩阵可分解成

$$\begin{pmatrix}1 & 0 & 0\\ 0 & \cos\theta & -\sin\theta\\ 0 & \sin\theta & \cos\theta\end{pmatrix}\begin{pmatrix}-1 & 0 & 0\\ 0 & 1 & 0\\ 0 & 0 & 1\end{pmatrix},\tag{12}$$

此时 σ 是关于 $\tilde{y}O\tilde{z}$ 平面的镜面反射与绕Ⅱ中的 $\tilde{x}$ 轴旋转 θ 角的乘积。■

5. 证明　任取 $\boldsymbol{A}$ 的一个特征值 λ_1，则存在 $\boldsymbol{\alpha}\in\mathbf{C}^n$ 且 $\boldsymbol{\alpha}\neq\mathbf{0}$，使得 $\boldsymbol{A\alpha}=\lambda_1\boldsymbol{\alpha}$。设 $\boldsymbol{\alpha}=(c_1,c_2,\cdots,c_n)'$，且设

$$|c_k|=\max\{|c_1|,|c_2|,\cdots,|c_n|\},$$

比较 $\boldsymbol{A\alpha}=\lambda_1\boldsymbol{\alpha}$ 两边的第 k 个分量，得

$$\lambda_1c_k=a_{k1}c_1+\cdots+a_{kk}c_k+\cdots+a_{kn}c_n,$$

于是

$$(\lambda_1-a_{kk})c_k=\sum_{j\neq k}a_{kj}c_j,$$

由于 $\boldsymbol{\alpha}\neq\mathbf{0}$，因此 $c_k\neq0$。从上式得

$$|\lambda_1-a_{kk}|=\left|\sum_{j\neq k}a_{kj}\frac{c_j}{c_k}\right|\leqslant\sum_{j\neq k}|a_{kj}|,$$

于是

$$\lambda_1\in D_k(\boldsymbol{A})。$$

■

注：从第5题看出，若 $\boldsymbol{A}$ 不可逆，则 $\boldsymbol{A}$ 的特征值0属于 $\boldsymbol{A}$ 的某一个 Gersgorin 圆盘。也就是说，如果 $\boldsymbol{A}$ 不可逆，那么 $\boldsymbol{A}$ 有一个 Gersgorin 圆盘包含原点。如果 $\boldsymbol{A}$ 的每一个 Gersgorin 圆盘都不包含原点，那么 $\boldsymbol{A}$ 一定是可逆矩阵。

6. 证明　假如存在 $l\in\{1,2,\cdots,n\}$，使得 $0\in D_l(\boldsymbol{A})$，则

$$|a_{ll}|=|0-a_{ll}|\leqslant\sum_{j\neq l}|a_{lj}|。$$

设

$$|a_{lm}|=\max\{|a_{l1}|,\cdots,|a_{ln}|\},$$

则

$$|a_{ll}|\leqslant\sum_{j\neq l}|a_{lj}|\leqslant\sum_{j\neq l}|a_{lm}|=(n-1)|a_{lm}|。$$

这与已知条件矛盾，因此 $\boldsymbol{A}$ 的每一个 Gersgorin 圆盘都不包含原点，从而 $\boldsymbol{A}$ 可逆。■

注：第6题给出了 $\boldsymbol{A}$ 可逆的一个充分条件，利用它能很容易判断一些矩阵是可逆的。

7. 证明　设 $|\lambda_l|=S_r(\boldsymbol{A})$，其中 λ_l 是 $\boldsymbol{A}$ 的一个特征值。据 Gersgorin 圆盘定理，$\lambda_l\in D_k(\boldsymbol{A})$ 对于某个 k，即

$$|\lambda_l-a_{kk}|\leqslant\sum_{j\neq k}|a_{kj}|。$$

由于$|\lambda_l-a_{kk}|\geqslant|\lambda_l|-|a_{kk}|$,因此由上式得

$$|\lambda_l|\leqslant\sum_{j=1}^{n}|a_{kj}|\leqslant\max_{1\leqslant i\leqslant n}\sum_{j=1}^{n}|a_{ij}|。$$

对$\boldsymbol{A}'$用刚刚证得的结论,注意$\boldsymbol{A}'$与$\boldsymbol{A}$有相同的特征值(包括重数也相同),便得到

$$|\lambda_l|\leqslant\max_{1\leqslant j\leqslant n}\sum_{i=1}^{n}|a_{ij}|。$$ ■

8. 提示:计算$D_i(\boldsymbol{A}),i=1,2,3,4$。由圆盘定理得,$\boldsymbol{A}$是稳定矩阵。

9. 提示:据 5.5 节的习题 5.5 第 10 题可知,$\boldsymbol{B}$的特征多项式的复根之和等于$\mathrm{tr}(\boldsymbol{B})$。

10. 解

$$\boldsymbol{A}=\begin{pmatrix}a_1&1\\a_2&1\\\vdots&\vdots\\a_n&1\end{pmatrix}\begin{pmatrix}a_1&a_2&\cdots&a_n\\1&1&\cdots&1\end{pmatrix}$$

据 5.5 节的例 9,$\boldsymbol{A}$与下述矩阵有相同的非零特征值,且它们的重数相同:

$$\begin{pmatrix}a_1&a_2&\cdots&a_n\\1&1&\cdots&1\end{pmatrix}\begin{pmatrix}a_1&1\\a_2&1\\\vdots&\vdots\\a_n&1\end{pmatrix}=\begin{pmatrix}\sum\limits_{i=1}^{n}a_i^2&a_1+a_2+\cdots+a_n\\a_1+\cdots+a_n&n\end{pmatrix}=\begin{pmatrix}\sum\limits_{i=1}^{n}a_i^2&0\\0&n\end{pmatrix},$$

于是$\boldsymbol{A}$的全部非零特征值是:$\sum\limits_{i=1}^{n}a_i^2$(一重),$n$(一重)。

假如$a_1=a_2=\cdots=a_n$,则由$a_1+a_2+\cdots+a_n=0$得,$a_1=a_2=\cdots=a_n=0$,与已知条件矛盾,因此据 4.3 节的例 3 得

$$\mathrm{rank}(\boldsymbol{A})=\mathrm{rank}\begin{pmatrix}a_1&a_2&\cdots&a_n\\1&1&\cdots&1\end{pmatrix}=2,$$

从而齐次线性方程组$(0\boldsymbol{I}-\boldsymbol{A})\boldsymbol{x}=\boldsymbol{0}$的解空间$W$的维数为

$$\dim W=n-\mathrm{rank}(\boldsymbol{A})=n-2,$$

因此$\boldsymbol{A}$的特征值 0 的几何重数是$n-2$。由于$\boldsymbol{A}$已有两个非零特征值,因此特征值 0 的代数重数也等于$n-2$。

11. 证明　若$\boldsymbol{A}\sim\boldsymbol{B}$,则存在$K$上$n$级可逆矩阵$\boldsymbol{P}$,使得$\boldsymbol{P}^{-1}\boldsymbol{A}\boldsymbol{P}=\boldsymbol{B}$。据 4.5 节的例 9 和例 8 分别得,$\boldsymbol{P}^*\boldsymbol{A}^*(\boldsymbol{P}^{-1})^*=\boldsymbol{B}^*$,$(\boldsymbol{P}^{-1})^*=(\boldsymbol{P}^*)^{-1}$,从而

$$\boldsymbol{P}^*\boldsymbol{A}^*(\boldsymbol{P}^*)^{-1}=\boldsymbol{B}^*,$$

因此$\boldsymbol{A}^*\sim\boldsymbol{B}^*$。 ■

12. 证明　若$\boldsymbol{A}$可对角化,则$\boldsymbol{A}\sim\boldsymbol{D}$,其中$\boldsymbol{D}=\mathrm{diag}\{\lambda_1,\lambda_2,\cdots,\lambda_n\}$。据第 11 题得,$\boldsymbol{A}^*\sim\boldsymbol{D}^*$,直接计算可得

$$\boldsymbol{D}^*=\begin{pmatrix}\lambda_2\lambda_3\cdots\lambda_n&0&\cdots&0\\0&\lambda_1\lambda_3\cdots\lambda_n&\cdots&0\\\vdots&\vdots&&\vdots\\0&0&\cdots&\lambda_1\lambda_2\cdots\lambda_{n-1}\end{pmatrix},$$

因此 $\boldsymbol{A}^*$ 可对角化。■

13. 解　把 $\boldsymbol{A}$ 看成复矩阵，据 5.7 节的例 6 得，$\boldsymbol{A}\sim\boldsymbol{B}$，其中 $\boldsymbol{B}$ 是上三角矩阵，$\boldsymbol{B}$ 的主对角元为 $\lambda_1,\lambda_2,\cdots,\lambda_n$。据第 12 题得，$\boldsymbol{A}^*\sim\boldsymbol{B}^*$，直接计算可得

$$\boldsymbol{B}^*=\begin{pmatrix}\lambda_2\lambda_3\cdots\lambda_n & c_{12} & \cdots & c_{1n}\\ 0 & \lambda_1\lambda_3\cdots\lambda_n & \cdots & c_{2n}\\ \vdots & \vdots & & \vdots\\ 0 & 0 & \cdots & \lambda_1\lambda_2\cdots\lambda_{n-1}\end{pmatrix}。$$

由于 $|\lambda\boldsymbol{I}-\boldsymbol{A}^*|=|\lambda\boldsymbol{I}-\boldsymbol{B}^*|$，因此 $\boldsymbol{A}^*$ 的特征多项式在复数域中的全部根是：

$$\lambda_2\lambda_3\cdots\lambda_n,\quad \lambda_1\lambda_3\cdots\lambda_n,\quad \cdots,\quad \lambda_1\lambda_2\cdots\lambda_{n-1}。$$

点评：本章 5.5 节的习题 5.5 第 14 题对复数域上的 n 级矩阵 $\boldsymbol{A}$，求出了 $\boldsymbol{A}^*$ 的全部特征值。现在给出了第二种解法，比较简洁。由此可看出，研究矩阵的相似关系下的不变量，以及研究一个矩阵的相似类里比较简单的矩阵（例如，对角矩阵或上三角矩阵等）是很有用的。

14. 证明　$\boldsymbol{A}^2=-\boldsymbol{I}\iff\boldsymbol{I}+\boldsymbol{A}^2=\boldsymbol{0}\iff\operatorname{rank}(\boldsymbol{I}+\boldsymbol{A}^2)=\boldsymbol{0}$。

$$\begin{pmatrix}\boldsymbol{I}+\mathrm{i}\boldsymbol{A} & \boldsymbol{0}\\ \boldsymbol{0} & \boldsymbol{I}-\mathrm{i}\boldsymbol{A}\end{pmatrix}\xrightarrow{②+①}\begin{pmatrix}\boldsymbol{I}+\mathrm{i}\boldsymbol{A} & \boldsymbol{0}\\ \boldsymbol{I}+\mathrm{i}\boldsymbol{A} & \boldsymbol{I}-\mathrm{i}\boldsymbol{A}\end{pmatrix}\xrightarrow[②+①]{}\begin{pmatrix}\boldsymbol{I}+\mathrm{i}\boldsymbol{A} & \boldsymbol{I}+\mathrm{i}\boldsymbol{A}\\ \boldsymbol{I}+\mathrm{i}\boldsymbol{A} & 2\boldsymbol{I}\end{pmatrix}$$

$$\xrightarrow{①+\left[-\frac{1}{2}(\boldsymbol{I}+\mathrm{i}\boldsymbol{A})\right]\cdot②}\begin{pmatrix}(\boldsymbol{I}+\mathrm{i}\boldsymbol{A})-\dfrac{1}{2}(\boldsymbol{I}+\mathrm{i}\boldsymbol{A})^2 & \boldsymbol{0}\\ \boldsymbol{I}+\mathrm{i}\boldsymbol{A} & 2\boldsymbol{I}\end{pmatrix}$$

$$\xrightarrow[①+②\left[-\frac{1}{2}(\boldsymbol{I}+\mathrm{i}\boldsymbol{A})\right]]{}\begin{pmatrix}\dfrac{1}{2}(\boldsymbol{I}+\boldsymbol{A}^2) & \boldsymbol{0}\\ \boldsymbol{0} & 2\boldsymbol{I}\end{pmatrix},$$

因此

$$\begin{aligned}\operatorname{rank}(\boldsymbol{I}+\mathrm{i}\boldsymbol{A})+\operatorname{rank}(\boldsymbol{I}-\mathrm{i}\boldsymbol{A})&=\operatorname{rank}\left[\frac{1}{2}(\boldsymbol{I}+\boldsymbol{A}^2)\right]+\operatorname{rank}(2\boldsymbol{I})\\&=\operatorname{rank}(\boldsymbol{I}+\boldsymbol{A}^2)+n,\end{aligned}$$

从而　$\boldsymbol{A}^2=-\boldsymbol{I}\iff\operatorname{rank}(\boldsymbol{I}+\mathrm{i}\boldsymbol{A})+\operatorname{rank}(\boldsymbol{I}-\mathrm{i}\boldsymbol{A})=n$。■

15. 提示：类似于 5.5 节例 5 的解法。当 $\boldsymbol{A}=\mathrm{i}\boldsymbol{I}$ 时，i 是 $\boldsymbol{A}$ 的特征值（n 重）；当 $\boldsymbol{A}=-\mathrm{i}\boldsymbol{I}$ 时，$-\mathrm{i}$ 是 $\boldsymbol{A}$ 的特征值（n 重）。

若 $\boldsymbol{A}\neq\pm\mathrm{i}\boldsymbol{I}$。则从第 14 题得，$\operatorname{rank}(\boldsymbol{I}\pm\mathrm{i}\boldsymbol{A})<n$。设 $\operatorname{rank}(\boldsymbol{I}-\mathrm{i}\boldsymbol{A})=r$，则 $\boldsymbol{A}$ 的全部特征值是 i（r 重），$-\mathrm{i}$（$n-r$ 重）。

16. 证明　若 $\boldsymbol{A}=\pm\mathrm{i}\boldsymbol{I}$，则 $\boldsymbol{A}$ 已经是对角矩阵，此时 $\boldsymbol{A}$ 的相似标准形是它自身。

下面设 $\boldsymbol{A}\neq\pm\mathrm{i}\boldsymbol{I}$。设 $\operatorname{rank}(\boldsymbol{I}-\mathrm{i}\boldsymbol{A})=r$。从第 15 题看出，$\dim W_{\mathrm{i}}+\dim W_{-\mathrm{i}}=n$，因此 $\boldsymbol{A}$ 可对角化，且 $\boldsymbol{A}$ 的相似标准形是

$$\begin{pmatrix}\mathrm{i}\boldsymbol{I}_r & \boldsymbol{0}\\ \boldsymbol{0} & -\mathrm{i}\boldsymbol{I}_{n-r}\end{pmatrix}。$$
■

17. 证明　设 λ_1 是 $\boldsymbol{B}$ 的特征多项式 $|\lambda\boldsymbol{I}-\boldsymbol{B}|$ 的一个虚根，由于 $|\lambda\boldsymbol{I}-\boldsymbol{B}|$ 是实系数多项式，因此 $\bar{\lambda}_1$ 也是 $|\lambda\boldsymbol{I}-\boldsymbol{B}|$ 的一个虚根。由于 $\boldsymbol{B}\neq\pm\mathrm{i}\boldsymbol{I}$，因此据第 15 题可知，$\boldsymbol{B}$ 的特征多项式的全部不同的复根是 i 和 $-\mathrm{i}$。由于它们成对出现，因此它们都是 n 重根，把 $\boldsymbol{B}$ 看成

复矩阵，据第 16 题得

$$\boldsymbol{B} \sim \operatorname{diag}\{\mathrm{i}\boldsymbol{I}_n, -\mathrm{i}\boldsymbol{I}_n\}。$$

于是存在 $2n$ 级复可逆矩阵 $\boldsymbol{Q}$，使得

$$\boldsymbol{Q}^{-1}\boldsymbol{B}\boldsymbol{Q} = \begin{pmatrix} \mathrm{i}\boldsymbol{I}_n & \boldsymbol{0} \\ \boldsymbol{0} & -\mathrm{i}\boldsymbol{I}_n \end{pmatrix}。$$

由于

$$\frac{1}{\sqrt{2}}\begin{pmatrix} \boldsymbol{I}_n & \mathrm{i}\boldsymbol{I}_n \\ \mathrm{i}\boldsymbol{I}_n & \boldsymbol{I}_n \end{pmatrix}\begin{pmatrix} \mathrm{i}\boldsymbol{I}_n & \boldsymbol{0} \\ \boldsymbol{0} & -\mathrm{i}\boldsymbol{I}_n \end{pmatrix}\frac{1}{\sqrt{2}}\begin{pmatrix} \boldsymbol{I}_n & -\mathrm{i}\boldsymbol{I}_n \\ -\mathrm{i}\boldsymbol{I}_n & \boldsymbol{I}_n \end{pmatrix} = \begin{pmatrix} \boldsymbol{0} & \boldsymbol{I}_n \\ -\boldsymbol{I}_n & \boldsymbol{0} \end{pmatrix},$$

且

$$\left[\frac{1}{\sqrt{2}}\begin{pmatrix} \boldsymbol{I}_n & \mathrm{i}\boldsymbol{I}_n \\ \mathrm{i}\boldsymbol{I}_n & \boldsymbol{I}_n \end{pmatrix}\right]\left[\frac{1}{\sqrt{2}}\begin{pmatrix} \boldsymbol{I}_n & -\mathrm{i}\boldsymbol{I}_n \\ -\mathrm{i}\boldsymbol{I}_n & \boldsymbol{I}_n \end{pmatrix}\right] = \begin{pmatrix} \boldsymbol{I}_n & \boldsymbol{0} \\ \boldsymbol{0} & \boldsymbol{I}_n \end{pmatrix},$$

因此把 $\boldsymbol{B}$ 看成复矩阵，有

$$\boldsymbol{B} \sim \begin{pmatrix} \boldsymbol{0} & \boldsymbol{I}_n \\ -\boldsymbol{I}_n & \boldsymbol{0} \end{pmatrix}。$$

据本章 5.4 节的例 13 得，在实数域上有

$$\boldsymbol{B} \sim \begin{pmatrix} \boldsymbol{0} & \boldsymbol{I}_n \\ -\boldsymbol{I}_n & \boldsymbol{0} \end{pmatrix},$$

即存在实数域上的 $2n$ 级可逆矩阵 $\boldsymbol{P}$，使得

$$\boldsymbol{P}^{-1}\boldsymbol{B}\boldsymbol{P} = \begin{pmatrix} \boldsymbol{0} & \boldsymbol{I}_n \\ -\boldsymbol{I}_n & \boldsymbol{0} \end{pmatrix}。$$ ■

18. 解　上述线性微分方程组可以写成

$$\frac{\mathrm{d}}{\mathrm{d}t}\begin{pmatrix} y_1 \\ y_2 \\ y_3 \end{pmatrix} = \begin{pmatrix} 1 & -2 & 2 \\ -2 & -2 & 4 \\ 2 & 4 & -2 \end{pmatrix}\begin{pmatrix} y_1 \\ y_2 \\ y_3 \end{pmatrix}, \tag{13}$$

即

$$\frac{\mathrm{d}\boldsymbol{y}}{\mathrm{d}t} = \boldsymbol{A}\boldsymbol{y}。 \tag{14}$$

如果 $\boldsymbol{A}$ 可对角化，那么微分方程组(14)就容易求解。

$$|\lambda\boldsymbol{I} - \boldsymbol{A}| = \begin{vmatrix} \lambda-1 & 2 & -2 \\ 2 & \lambda+2 & -4 \\ -2 & -4 & \lambda+2 \end{vmatrix} = (\lambda-2)^2(\lambda+7)$$

$\boldsymbol{A}$ 的全部特征值是 2(二重)，-7。

令

$$\boldsymbol{P} = \begin{pmatrix} -2 & 2 & 1 \\ 1 & 0 & 2 \\ 0 & 1 & -2 \end{pmatrix},$$

则

$$\boldsymbol{P}^{-1}\boldsymbol{A}\boldsymbol{P} = \operatorname{diag}\{2, 2, -7\} = \boldsymbol{D},$$

于是式(14)可写成

$$\frac{\mathrm{d}\boldsymbol{y}}{\mathrm{d}t}=\boldsymbol{PDP}^{-1}\boldsymbol{y},$$

两边左乘 $\boldsymbol{P}^{-1}$，得

$$\frac{\mathrm{d}(\boldsymbol{P}^{-1}\boldsymbol{y})}{\mathrm{d}t}=\boldsymbol{D}(\boldsymbol{P}^{-1}\boldsymbol{y})。\tag{15}$$

令 $\boldsymbol{Z}=\boldsymbol{P}^{-1}\boldsymbol{Y}$，设 $\boldsymbol{Z}=(z_1,z_2,z_3)'$，则式(15)可写成

$$\frac{\mathrm{d}\boldsymbol{z}}{\mathrm{d}t}=\boldsymbol{Dz},\tag{16}$$

即

$$\begin{cases}\dfrac{\mathrm{d}z_1}{\mathrm{d}t}=2z_1\\ \dfrac{\mathrm{d}z_2}{\mathrm{d}t}=2z_2\\ \dfrac{\mathrm{d}z_3}{\mathrm{d}t}=-7z_3\end{cases}\tag{17}$$

解微分方程组(17)得

$$\begin{cases}z_1=c_1\mathrm{e}^{2t}\\ z_2=c_2\mathrm{e}^{2t}\\ z_3=c_3\mathrm{e}^{-7t}\end{cases}$$

其中 c_1,c_2,c_3 是任意常数。由于 $\boldsymbol{y}=\boldsymbol{Pz}$，因此

$$\begin{cases}y_1=-2c_1\mathrm{e}^{2t}+2c_2\mathrm{e}^{2t}+c_3\mathrm{e}^{-7t}\\ y_2=c_1\mathrm{e}^{2t}+2c_3\mathrm{e}^{-7t}\\ y_3=c_2\mathrm{e}^{2t}-2c_3\mathrm{e}^{-7t}\end{cases}$$

其中 c_1,c_2,c_3 是任意常数。

19. 证明 令 $M=\max\{|a_{ij}|\,|\,i,j=1,2,\cdots,n\}$，则对于任意的 $i,j\in\{1,2,\cdots,n\}$，有

$$|\boldsymbol{A}^2(i;j)|=\left|\sum_{k=1}^{n}a_{ik}a_{kj}\right|\leqslant\sum_{k=1}^{n}|a_{ik}|\,|a_{kj}|\leqslant nM^2,$$

$$|\boldsymbol{A}^3(i;j)|=\left|\sum_{k=1}^{n}\boldsymbol{A}^2(i;k)a_{kj}\right|\leqslant\sum_{k=1}^{n}|\boldsymbol{A}^2(i;k)|\,|a_{kj}|\leqslant n^2M^3,$$

$$\cdots\qquad\cdots\qquad\cdots\qquad\cdots$$

$$|\boldsymbol{A}^m(i,j)|=\left|\sum_{k=1}^{n}\boldsymbol{A}^{m-1}(i;k)a_{kj}\right|\leqslant\sum_{k=1}^{n}|\boldsymbol{A}^{m-1}(i;k)|\,|a_{kj}|\leqslant n^{m-1}M^m。$$

考虑下述正项级数：

$$1+M+\frac{1}{2!}nM^2+\frac{1}{3!}n^2M^3+\cdots+\frac{1}{m!}n^{m-1}M^m+\cdots\tag{18}$$

对于级数(18)，由于

$$\lim_{m\to+\infty}\left[\frac{1}{(m+1)!}n^mM^{m+1}\Big/\frac{1}{m!}n^{m-1}M^m\right]=\lim_{m\to+\infty}\frac{nM}{m+1}=0,$$

因此据达朗倍尔判别法得，正项级数(18)收敛。

任意给定 $i,j\in\{1,2,\cdots,n\}$，考虑本题题干中的数值级数(2)。由于

$$\left|\left(\frac{\boldsymbol{A}^m}{m!}\right)(i;j)\right|\leqslant\frac{1}{m!}n^{m-1}M^m,m=1,2,\cdots,\tag{19}$$

因此据比较判别法得，正项级数 $\sum\limits_{m=0}^{+\infty}\left|\left(\frac{\boldsymbol{A}^m}{m!}\right)(i;j)\right|$ 收敛，从而数值级数 $\sum\limits_{m=0}^{+\infty}\left(\frac{\boldsymbol{A}^m}{m!}\right)(i;j)$ 绝对收敛，于是它收敛，因此本题题干中式(1)右端的矩阵级数收敛。■

20. 证明　从第 19 题的证明中知道，对任意 n 级实矩阵 $\boldsymbol{A}$，$\mathrm{e}^{\boldsymbol{A}}$ 的 $(i;j)$ 元是绝对收敛的数值级数，$i,j=1,2,\cdots,n$。据数学分析的知识，对于两个绝对收敛的数值级数，它们的各项之积按任何方式排列所构成的级数也绝对收敛，且这个级数的值等于原来两个级数的值的乘积，因此 $\mathrm{e}^{\boldsymbol{A}}\mathrm{e}^{\boldsymbol{B}}$ 有意义，并且

$$\begin{aligned}\mathrm{e}^{\boldsymbol{A}}\mathrm{e}^{\boldsymbol{B}}&=\left(\boldsymbol{I}+\boldsymbol{A}+\frac{\boldsymbol{A}^2}{2!}+\frac{\boldsymbol{A}^3}{3!}+\cdots\right)\left(\boldsymbol{I}+\boldsymbol{B}+\frac{\boldsymbol{B}^2}{2!}+\frac{\boldsymbol{B}^3}{3!}+\cdots\right)\\&=\boldsymbol{I}+\boldsymbol{A}+\boldsymbol{B}+\boldsymbol{AB}+\frac{\boldsymbol{A}^2}{2!}+\frac{\boldsymbol{A}^2\boldsymbol{B}}{2!}+\frac{\boldsymbol{A}^2\boldsymbol{B}^2}{2!2!}+\frac{\boldsymbol{AB}^2}{2!}+\frac{\boldsymbol{B}^2}{2!}+\frac{\boldsymbol{A}^3}{3!}+\cdots\end{aligned}$$

由定义得

$$\mathrm{e}^{\boldsymbol{A}+\boldsymbol{B}}=\boldsymbol{I}+\boldsymbol{A}+\boldsymbol{B}+\frac{1}{2!}(\boldsymbol{A}+\boldsymbol{B})^2+\frac{1}{3!}(\boldsymbol{A}+\boldsymbol{B})^3+\cdots$$

由于 $\boldsymbol{A}$ 与 $\boldsymbol{B}$ 可交换，因此

$$\mathrm{e}^{\boldsymbol{A}+\boldsymbol{B}}=\boldsymbol{I}+\boldsymbol{A}+\boldsymbol{B}+\frac{1}{2!}\boldsymbol{A}^2+\boldsymbol{AB}+\frac{1}{2!}\boldsymbol{B}^2+\frac{\boldsymbol{A}^3}{3!}+\frac{1}{2!}\boldsymbol{A}^2\boldsymbol{B}+\frac{\boldsymbol{AB}^2}{2!}+\frac{\boldsymbol{B}^3}{3!}+\cdots$$

从而

$$\mathrm{e}^{\boldsymbol{A}+\boldsymbol{B}}=\mathrm{e}^{\boldsymbol{A}}\mathrm{e}^{\boldsymbol{B}}。$$

■

21. 证明　$\boldsymbol{A}$ 与 $-\boldsymbol{A}$ 可交换，于是由第 20 题得

$$\boldsymbol{I}=\mathrm{e}^{0}=\mathrm{e}^{\boldsymbol{A}-\boldsymbol{A}}=\mathrm{e}^{\boldsymbol{A}}\mathrm{e}^{-\boldsymbol{A}},$$

因此 $\mathrm{e}^{\boldsymbol{A}}$ 可逆，且 $(\mathrm{e}^{\boldsymbol{A}})^{-1}=\mathrm{e}^{-\boldsymbol{A}}$。■

22. 证明

$$\boldsymbol{I}=\mathrm{e}^{0}=\mathrm{e}^{\boldsymbol{A}+\boldsymbol{A}'}=\mathrm{e}^{\boldsymbol{A}}\mathrm{e}^{\boldsymbol{A}'}。$$

由于

$$\mathrm{e}^{\boldsymbol{A}'}=\sum_{m=0}^{+\infty}\frac{(\boldsymbol{A}')^m}{m!}=\sum_{m=0}^{+\infty}\frac{(\boldsymbol{A}^m)'}{m!}=(\mathrm{e}^{\boldsymbol{A}})',$$

因此

$$\boldsymbol{I}=\mathrm{e}^{\boldsymbol{A}}(\mathrm{e}^{\boldsymbol{A}})',$$

于是 $\mathrm{e}^{\boldsymbol{A}}$ 是正交矩阵。■

23. 证明

$$\boldsymbol{A}^2=\begin{pmatrix}-x^2&0\\0&-x^2\end{pmatrix},\boldsymbol{A}^3=\begin{pmatrix}0&-x^3\\x^3&0\end{pmatrix},\boldsymbol{A}^4=\begin{pmatrix}x^4&0\\0&x^4\end{pmatrix},$$

$$\boldsymbol{A}^5=\begin{pmatrix}0&x^5\\-x^5&0\end{pmatrix},\boldsymbol{A}^6=\begin{pmatrix}-x^6&0\\0&-x^6\end{pmatrix},\cdots$$

于是

$$\mathrm{e}^{\boldsymbol{A}}=\begin{pmatrix}1&0\\0&1\end{pmatrix}+\begin{pmatrix}0&x\\-x&0\end{pmatrix}+\frac{1}{2!}\begin{pmatrix}-x^2&0\\0&-x^2\end{pmatrix}+\frac{1}{3!}\begin{pmatrix}0&-x^3\\x^3&0\end{pmatrix}+\frac{1}{4!}\begin{pmatrix}x^4&0\\0&x^4\end{pmatrix}$$

$$+\frac{1}{5!}\begin{pmatrix}0 & x^5\\ -x^5 & 0\end{pmatrix}+\frac{1}{6!}\begin{pmatrix}-x^6 & 0\\ 0 & -x^6\end{pmatrix}+\cdots$$

$$=\begin{pmatrix}1-\frac{1}{2!}x^2+\frac{1}{4!}x^4-\frac{1}{6!}x^6+\cdots & x-\frac{1}{3!}x^3+\frac{1}{5!}x^5-\frac{1}{7!}x^7+\cdots\\ -x+\frac{1}{3!}x^3-\frac{1}{5!}x^5+\frac{1}{7!}x^7-\cdots & 1-\frac{1}{2!}x^2+\frac{1}{4!}x^4-\frac{1}{6!}x^6+\cdots\end{pmatrix}。$$

由于

$$\sin x = x-\frac{1}{3!}x^3+\frac{1}{5!}x^5-\frac{1}{7!}x^7+\cdots,\quad x\in\mathbf{R},$$

$$\cos x = 1-\frac{1}{2!}x^2+\frac{1}{4!}x^4-\frac{1}{6!}x^6+\cdots,\quad x\in\mathbf{R},$$

因此

$$e^{\boldsymbol{A}}=\begin{pmatrix}\cos x & \sin x\\ -\sin x & \cos x\end{pmatrix}。$$ ■

点评：从第 23 题题干中的式(3)可得

$$e^{\boldsymbol{A}}=\begin{pmatrix}\cos(-x) & -\sin(-x)\\ \sin(-x) & \cos(-x)\end{pmatrix}。$$

这表明对于任意的 2 级斜对称实矩阵 $\boldsymbol{A}$，都有 $e^{\boldsymbol{A}}$ 是平面上绕定点 O 的旋转的矩阵，其中转角 $-x$ 等于 $\boldsymbol{A}$ 的(2,1)元。由此推出，平面上关于任意一条定直线的反射的矩阵不可能用 2 级斜对称实矩阵 $\boldsymbol{A}$ 的指数幂 $e^{\boldsymbol{A}}$ 得到。

令

$$\boldsymbol{B}=\begin{pmatrix}0 & 2\pi\\ -2\pi & 0\end{pmatrix},$$

则从第 23 题得

$$e^{\boldsymbol{B}}=\begin{pmatrix}1 & 0\\ 0 & 1\end{pmatrix}=\boldsymbol{I}。$$

这表明从 $e^{\boldsymbol{B}}=\boldsymbol{I}$，推不出 $\boldsymbol{B}=\boldsymbol{0}$。

24. 证明　$$e^{\boldsymbol{P}^{-1}\boldsymbol{AP}}=\sum_{m=0}^{+\infty}\frac{(\boldsymbol{P}^{-1}\boldsymbol{AP})^m}{m!}=\sum_{m=0}^{+\infty}\frac{\boldsymbol{P}^{-1}\boldsymbol{A}^m\boldsymbol{P}}{m!}。$$

于是

$$(e^{\boldsymbol{P}^{-1}\boldsymbol{AP}})(i;j)=\sum_{m=0}^{+\infty}\left(\frac{\boldsymbol{P}^{-1}\boldsymbol{A}^m\boldsymbol{P}}{m!}\right)(i;j)=\sum_{m=0}^{+\infty}\frac{1}{m!}\sum_{k=1}^{n}\sum_{l=1}^{n}\boldsymbol{P}^{-1}(i;k)\boldsymbol{A}^m(k;l)\boldsymbol{P}(l;j)$$

$$=\sum_{k=1}^{n}\sum_{l=1}^{n}\sum_{m=0}^{+\infty}\frac{1}{m!}\boldsymbol{P}^{-1}(i;k)\boldsymbol{A}^m(k;l)\boldsymbol{P}(l;j),$$

又有

$$(\boldsymbol{P}^{-1}e^{\boldsymbol{A}}\boldsymbol{P})(i;j)=\sum_{k=1}^{n}\sum_{l=1}^{n}\boldsymbol{P}^{-1}(i;k)e^{\boldsymbol{A}}(k;l)\boldsymbol{P}(l;j)$$

$$=\sum_{k=1}^{n}\sum_{l=1}^{n}\boldsymbol{P}^{-1}(i;k)\sum_{m=0}^{+\infty}\frac{1}{m!}\boldsymbol{A}^m(k;l)\boldsymbol{P}(l;j),$$

由此看出
$$e^{P^{-1}AP}=P^{-1}e^{A}P。$$
■

第 6 章　二次型・矩阵的合同

习题 6.1

1. (1) 令
$$\begin{pmatrix}x_1\\x_2\\x_3\end{pmatrix}=\begin{pmatrix}\frac{2}{5}\sqrt{5} & \frac{2}{15}\sqrt{5} & \frac{1}{3}\\ -\frac{1}{5}\sqrt{5} & \frac{4}{15}\sqrt{5} & \frac{2}{3}\\ 0 & \frac{1}{3}\sqrt{5} & -\frac{2}{3}\end{pmatrix}\begin{pmatrix}y_1\\y_2\\y_3\end{pmatrix},$$
则
$$f(x_1,x_2,x_3)=y_1^2+y_2^2+10y_3^2。$$
注:所作的正交替换不唯一,以下同。

(2) 令
$$\begin{pmatrix}x_1\\x_2\\x_3\\x_4\end{pmatrix}=\begin{pmatrix}\frac{\sqrt{2}}{2} & 0 & \frac{\sqrt{2}}{2} & 0\\ \frac{\sqrt{2}}{2} & 0 & -\frac{\sqrt{2}}{2} & 0\\ 0 & \frac{\sqrt{2}}{2} & 0 & \frac{\sqrt{2}}{2}\\ 0 & -\frac{\sqrt{2}}{2} & 0 & \frac{\sqrt{2}}{2}\end{pmatrix}\begin{pmatrix}y_1\\y_2\\y_3\\y_4\end{pmatrix},$$
则
$$f(x_1,x_2,x_3,x_4)=y_1^2+y_2^2-y_3^2-y_4^2。$$

2. 令
$$\begin{pmatrix}x\\y\\z\end{pmatrix}=\begin{pmatrix}0 & \frac{\sqrt{2}}{2} & \frac{\sqrt{2}}{2}\\ 1 & 0 & 0\\ 0 & \frac{\sqrt{2}}{2} & -\frac{\sqrt{2}}{2}\end{pmatrix}\begin{pmatrix}x^*\\y^*\\z^*\end{pmatrix},$$
则在新的直角坐标系中,二次曲面的方程为
$$6x^{*2}+6y^{*2}-2z^{*2}=1。$$
由此看出,这是单叶双曲面。

3. (1) 令
$$\begin{cases}x_1=y_1-y_2+2y_3\\x_2=\qquad\ \ y_2-y_3\\x_3=\qquad\qquad\ \ y_3\end{cases}$$
则
$$f(x_1,x_2,x_3)=y_1^2+y_2^2-2y_3^2。$$
注:所作的非退化线性替换及标准形不唯一,以下同。

(2) 令

$$\begin{cases} x_1 = y_1 - y_2 - y_3 \\ x_2 = \quad\ \ y_2 + y_3 \\ x_3 = \qquad\quad\ y_3 \end{cases}$$

则

$$f(x_1, x_2, x_3) = y_1^2 - y_2^2。$$

(3) 令

$$\begin{cases} x_1 = z_1 - z_2 - z_3 \\ x_2 = z_1 + z_2 - z_3 \\ x_3 = \qquad\quad\ z_3 \end{cases}$$

则

$$f(x_1, x_2, x_3) = z_1^2 - z_2^2 - z_3^2。$$

(4) 令

$$\begin{cases} x_1 = y_1 - y_2 \\ x_2 = y_1 + y_2 \\ x_3 = y_3 - y_4 \\ x_4 = y_3 + y_4 \end{cases}$$

则

$$f(x_1, x_2, x_3, x_4) = 2y_1^2 - 2y_2^2 - 2y_3^2 + 2y_4^2。$$

4. (1) 令

$$\begin{cases} x_1 = y_1 + y_2 + \frac{2}{3} y_3 \\ x_2 = \quad\ \ y_2 + \frac{2}{3} y_3 \\ x_3 = \qquad\qquad y_3 \end{cases}$$

则

$$f(x_1, x_2, x_3) = y_1^2 - 3y_2^2 + \frac{7}{3} y_3^2。$$

(2) 令

$$\begin{cases} x_1 = y_1 - \frac{1}{2} y_2 - y_3 \\ x_2 = y_1 + \frac{1}{2} y_2 - y_3 \\ x_3 = \qquad\qquad\ y_3 \end{cases}$$

则

$$f(x_1, x_2, x_3) = y_1^2 - \frac{1}{4} y_2^2 - y_3^2。$$

5. 提示:利用定理 1,以及矩阵的加法。

6. 利用本节例 10 的结论。

7. 设 $\boldsymbol{A}$ 是元素全为整数的 n 级斜对称矩阵。把 $\boldsymbol{A}$ 看成有理数域上的矩阵,从第 6 题的证明过程可知,$|\boldsymbol{A}| = 0$ 或 $|\boldsymbol{A}| = \frac{1}{|\boldsymbol{C}|^2}$,其中 $\boldsymbol{C}$ 是有理数域上的 n 级可逆矩阵。对于后一情形,设 $|\boldsymbol{C}| = \frac{q}{p}$,其中 p, q 都是整数,且 $(p, q) = 1$。去证:$|\boldsymbol{A}| = p^2$。

8. 取 $\boldsymbol{\alpha}$ 为 $\boldsymbol{A}$ 的属于 λ_1 的一个特征向量。

9. 利用本节例 11 的结论。

习题 6.2

1. (1) 令 $y_1 = z_1, y_2 = z_2, y_3 = \frac{1}{\sqrt{2}} x_3$,则得 $z_1^2 + z_2^2 - z_3^2$;

(2) 已经是规范形：$y_1^2-y_2^2$；

(3) 已经是规范形：$z_1^2-z_2^2-z_3^2$；

(4) 令 $y_1=\frac{1}{\sqrt{2}}z_1, y_2=\frac{1}{\sqrt{2}}z_3, y_3=\frac{1}{\sqrt{2}}z_4, y_4=\frac{1}{\sqrt{2}}z_2$，则得 $z_1^2+z_2^2-z_3^2-z_4^2$。

2.

序　号	秩	正惯性指数	合同规范形
1	0	0	$\begin{pmatrix}0&0\\0&0\end{pmatrix}$
2	1	1	$\begin{pmatrix}1&0\\0&0\end{pmatrix}$
3	1	0	$\begin{pmatrix}-1&0\\0&0\end{pmatrix}$
4	2	2	$\begin{pmatrix}1&0\\0&1\end{pmatrix}$
5	2	1	$\begin{pmatrix}1&0\\0&-1\end{pmatrix}$
6	2	0	$\begin{pmatrix}-1&0\\0&-1\end{pmatrix}$

由此看出，2 级实对称矩阵组成集合共有 6 个合同类。

3.
$$f_1(x_1,x_2,x_3)=(x_1+2x_2-x_3)^2+4x_2x_3$$

令
$$\begin{cases}x_1=u_1-\frac{1}{2}u_2-\frac{3}{2}u_3\\ x_2=\frac{1}{2}(u_2+u_3)\\ x_3=\frac{1}{2}(u_2-u_3)\end{cases}$$

则
$$f_1(x_1,x_2,x_3)=u_1^2+u_2^2-u_3^2。$$

$$f_2(y_1,y_2,y_3)=(y_1+2y_2-y_3)^2-2y_2^2-2y_3^2。$$

$$f_3(z_1,z_2,z_3)=-4\left(z_1+\frac{1}{2}z_2-\frac{1}{2}z_3\right)^2+16z_2z_3,$$

令
$$\begin{cases}z_1=\frac{1}{2}w_1-\frac{1}{4}w_3\\ z_2=\frac{1}{4}(w_2+w_3)\\ z_3=\frac{1}{4}(w_2-w_3)\end{cases}$$

则 $f_3(z_1,z_2,z_3)=-w_1^2+w_2^2-w_3^2$。

$f_1(x_1,x_2,x_3)$的秩为 3，正惯性指数为 2；

$f_2(y_1,y_2,y_3)$的秩为 3，正惯性指数为 1；

$f_3(z_1,z_2,z_3)$的秩为 3，正惯性指数为 1；

因此 f_2 与 f_3 等价，f_1 与 f_2 不等价，f_1 与 f_3 也不等价。

4. 据 6.1 节的例 9 得

$$\begin{pmatrix} 1 & \boldsymbol{\alpha}' \\ \boldsymbol{\alpha} & \boldsymbol{A} \end{pmatrix} \simeq \begin{pmatrix} 1 & \boldsymbol{0} \\ \boldsymbol{0} & \boldsymbol{B} \end{pmatrix}$$

$$\begin{pmatrix} 1 & \boldsymbol{\alpha}' \\ \boldsymbol{\alpha} & \boldsymbol{A} \end{pmatrix} \xrightarrow{①+(-\boldsymbol{\alpha}'\boldsymbol{A}^{-1})②} \begin{pmatrix} 1-\boldsymbol{\alpha}'\boldsymbol{A}^{-1}\boldsymbol{\alpha} & \boldsymbol{0} \\ \boldsymbol{\alpha} & \boldsymbol{A} \end{pmatrix} \xrightarrow[①+②(-\boldsymbol{A}^{-1}\boldsymbol{\alpha})]{} \begin{pmatrix} 1-\boldsymbol{\alpha}'\boldsymbol{A}^{-1}\boldsymbol{\alpha} & \boldsymbol{0} \\ \boldsymbol{0} & \boldsymbol{A} \end{pmatrix},$$

由此得出
$$\begin{pmatrix} 1 & \boldsymbol{\alpha}' \\ \boldsymbol{\alpha} & \boldsymbol{A} \end{pmatrix} \simeq \begin{pmatrix} 1-\boldsymbol{\alpha}'\boldsymbol{A}^{-1}\boldsymbol{\alpha} & \boldsymbol{0} \\ \boldsymbol{0} & \boldsymbol{A} \end{pmatrix},$$

因此
$$\begin{pmatrix} 1 & \boldsymbol{0} \\ \boldsymbol{0} & \boldsymbol{B} \end{pmatrix} \simeq \begin{pmatrix} 1-\boldsymbol{\alpha}'\boldsymbol{A}^{-1}\boldsymbol{\alpha} & \boldsymbol{0} \\ \boldsymbol{0} & \boldsymbol{A} \end{pmatrix}。$$

下面设 $\boldsymbol{\alpha}'\boldsymbol{A}^{-1}\boldsymbol{\alpha}\neq 1$，此时 B 可逆。设 $\boldsymbol{A}$、$\boldsymbol{B}$ 的正惯性指数分别为 p_1、p_2，则 $\boldsymbol{A}$、$\boldsymbol{B}$ 的符号差分别为 $s(\boldsymbol{A})=2p_1-n$，$s(\boldsymbol{B})=2p_2-n$。

因此
$$\begin{pmatrix} 1 & 0 & 0 \\ 0 & \boldsymbol{I}_{p_2} & \boldsymbol{0} \\ 0 & \boldsymbol{0} & -\boldsymbol{I}_{n-p_2} \end{pmatrix} \simeq \begin{pmatrix} 1-\boldsymbol{\alpha}'\boldsymbol{A}^{-1}\boldsymbol{\alpha} & 0 & 0 \\ 0 & \boldsymbol{I}_{p_1} & \boldsymbol{0} \\ 0 & \boldsymbol{0} & -\boldsymbol{I}_{n-p_1} \end{pmatrix}。$$

当 $1-\boldsymbol{\alpha}'\boldsymbol{A}^{-1}\boldsymbol{\alpha}>0$，即 $\boldsymbol{\alpha}'\boldsymbol{A}^{-1}\boldsymbol{\alpha}<1$ 时，比较上述两个对称矩阵的正惯性指数，得 $1+p_2=1+p_1$，从而 $p_2=p_1$，于是 $s(\boldsymbol{A})=2p_1-n=2p_2-n=s(\boldsymbol{B})$。

当 $1-\boldsymbol{\alpha}'\boldsymbol{A}^{-1}\boldsymbol{\alpha}<0$，即 $\boldsymbol{\alpha}'\boldsymbol{A}^{-1}\boldsymbol{\alpha}>1$ 时，有 $1+p_2=p_1$，

从而
$$s(\boldsymbol{A})=2p_1-n=2+2p_2-n=2+s(\boldsymbol{B})。$$

5. 提示：作非退化线性替换 $\boldsymbol{x}=\boldsymbol{C}\boldsymbol{y}$，把 $\boldsymbol{x}'\boldsymbol{A}\boldsymbol{x}$ 化成规范形：
$$y_1^2+\cdots+y_p^2-y_{p+1}^2-\cdots-y_{2p}^2。$$

习题 6.3

1. 提示：对任意 $\boldsymbol{\alpha}\in\mathbf{R}^n$，且 $\boldsymbol{\alpha}\neq\boldsymbol{0}$，去证 $\boldsymbol{\alpha}'(\boldsymbol{A}+\boldsymbol{B})\boldsymbol{\alpha}>0$。

2. 提示：由于 $\boldsymbol{A}$ 正定，因此 $\boldsymbol{A}^{-1}$ 也正定，且 $|\boldsymbol{A}|>0$。$\boldsymbol{A}^*=\dfrac{1}{|\boldsymbol{A}|}\boldsymbol{A}^{-1}$。

3. 提示：正定矩阵的特征值全大于 0，而正定矩阵的迹等于它的所有特征值的和。

4. (1)正定； (2)不是正定的； (3)正定。

5. (1) $-\dfrac{4}{5}<t<0$； (2) $-\sqrt{2}<t<\sqrt{2}$。

6. 提示：去证 $\boldsymbol{J}$ 半正定，又 $a\boldsymbol{I}$ 正定，于是 $a\boldsymbol{I}+\boldsymbol{J}$ 正定，从而 $a\boldsymbol{I}+\boldsymbol{J}$ 的正惯性指数为 n，因此符号差为 n。

7. 必要性。用本节例 5 和 4.6 节的例 3 的结论。

充分性。设 $\boldsymbol{A}=\boldsymbol{B}'\boldsymbol{B}$，其中 $\boldsymbol{B}$ 是主对角元全大于 0 的实上三角矩阵，由于 $\boldsymbol{B}$ 可逆，因此根据本节例 5 得，$\boldsymbol{A}$ 正定。

8. 必要性。由于 $\boldsymbol{A}$ 正定，因此存在 n 级实可逆矩阵 $\boldsymbol{C}$，使得 $\boldsymbol{A}=\boldsymbol{C}'\boldsymbol{C}$。令 $\boldsymbol{P}=\begin{pmatrix}\boldsymbol{C}\\ \boldsymbol{0}\end{pmatrix}_{m\times n}$，

则 $\boldsymbol{P}$ 是 $m\times n$ 列满秩矩阵，且 $\boldsymbol{P}'\boldsymbol{P}=(\boldsymbol{C}',\boldsymbol{0})\begin{pmatrix}\boldsymbol{C}\\ \boldsymbol{0}\end{pmatrix}=\boldsymbol{C}'\boldsymbol{C}=\boldsymbol{A}$。

充分性。由于 $\text{rank}(\boldsymbol{P})=n$，因此 n 元齐次线性方程组 $\boldsymbol{Px}=\boldsymbol{0}$ 只有零解，从而对任意 $\boldsymbol{\alpha}\in\mathbf{R}^n$ 且 $\boldsymbol{\alpha}\neq\boldsymbol{0}$，有 $\boldsymbol{P\alpha}\neq 0$。

9. 必要性。由于 $\boldsymbol{A}$ 半正定，因此存在 n 级实可逆矩阵 $\boldsymbol{C}$，使得

$$\boldsymbol{A}=\boldsymbol{C}'\begin{pmatrix}\boldsymbol{I}_r & \boldsymbol{0}\\ \boldsymbol{0} & \boldsymbol{0}\end{pmatrix}\boldsymbol{C}=(\boldsymbol{Q}',\boldsymbol{H}')\begin{pmatrix}\boldsymbol{I}_r & \boldsymbol{0}\\ \boldsymbol{0} & \boldsymbol{0}\end{pmatrix}\begin{pmatrix}\boldsymbol{Q}\\ \boldsymbol{H}\end{pmatrix}=\boldsymbol{Q}'\boldsymbol{Q},$$

其中 $r=\text{rank}(\boldsymbol{A})$，$\boldsymbol{C}=\begin{pmatrix}\boldsymbol{Q}\\ \boldsymbol{H}\end{pmatrix}$。显然 $\boldsymbol{Q}$ 是 $r\times n$ 行满秩实矩阵。

充分性。用半正定矩阵的定义。

10. 存在性由例 13 得。唯一性类似于例 7 的唯一性的证法。

11. 稳定点有 $(2,2)$，$(0,0)$。$F(x,y)$ 在 $(2,2)$ 处达到极大值 8，$(0,0)$ 是鞍点。

12. 该厂收入函数为

$$R(Q_1,Q_2)=P_1Q_1+P_2Q_2=4Q_1+8Q_2。$$

于是利润函数为

$$\begin{aligned}L(Q_1,Q_2)&=R(Q_1,Q_2)-C(Q_1,Q_2)\\&=4Q_1+8Q_2-Q_1^2-2Q_1Q_2-3Q_2^2-2。\end{aligned}$$

函数 $L(Q_1,Q_2)$ 的稳定点为 $(1,1)$。$L(Q_1,Q_2)$ 在 $(1,1)$ 处达到最大值 4。因此，该厂应安排生产 $Q_1=1$，$Q_2=1$，可以使利润达到最大值 4。

补 充 题 六

1. 证明　设 $\boldsymbol{A}$ 是 n 级实可逆矩阵，则 $\boldsymbol{A}'\boldsymbol{A}$ 是正定矩阵。据本章 6.3 节的例 7 得，存在正定矩阵 $\boldsymbol{S}_1$，使得

$$\boldsymbol{A}'\boldsymbol{A}=\boldsymbol{S}_1^2,$$

从而 $\boldsymbol{A}=(\boldsymbol{A}')^{-1}\boldsymbol{S}_1^2$。记 $\boldsymbol{T}=(\boldsymbol{A}')^{-1}\boldsymbol{S}_1$，由于

$$\begin{aligned}\boldsymbol{TT}'&=[(\boldsymbol{A}')^{-1}\boldsymbol{S}_1][(\boldsymbol{A}')^{-1}\boldsymbol{S}_1]'=(\boldsymbol{A}')^{-1}\boldsymbol{S}_1\boldsymbol{S}_1'\boldsymbol{A}^{-1}=(\boldsymbol{A}')^{-1}\boldsymbol{S}_1^2\boldsymbol{A}^{-1}\\&=(\boldsymbol{A}')^{-1}\boldsymbol{A}'\boldsymbol{A}\boldsymbol{A}^{-1}=\boldsymbol{I},\end{aligned}$$

因此 $\boldsymbol{T}$ 是正交矩阵。从上述 $\boldsymbol{A}$ 的表达式得，$\boldsymbol{A}=\boldsymbol{TS}_1$。

令 $\boldsymbol{S}_2=\boldsymbol{TS}_1\boldsymbol{T}^{-1}$，则 $\boldsymbol{S}_2\simeq\boldsymbol{S}_1$，从而 $\boldsymbol{S}_2$ 也是正定矩阵，且 $\boldsymbol{A}=\boldsymbol{TS}_1\boldsymbol{T}^{-1}\boldsymbol{T}=\boldsymbol{S}_2\boldsymbol{T}$。

下面证唯一性。设 $\boldsymbol{A}=\boldsymbol{TS}_1=\tilde{\boldsymbol{T}}\tilde{\boldsymbol{S}}_1$，其中 $\boldsymbol{T},\tilde{\boldsymbol{T}}$ 都是正交矩阵，$\boldsymbol{S}_1,\tilde{\boldsymbol{S}}_1$ 都是正定矩阵，则

$$\boldsymbol{A}'\boldsymbol{A}=(\boldsymbol{TS}_1)'(\boldsymbol{TS}_1)=\boldsymbol{S}_1'\boldsymbol{T}'\boldsymbol{TS}_1=\boldsymbol{S}_1^2,$$

$$\boldsymbol{A}'\boldsymbol{A}=(\tilde{\boldsymbol{T}}\tilde{\boldsymbol{S}}_1)'(\tilde{\boldsymbol{T}}\tilde{\boldsymbol{S}}_1)=\tilde{\boldsymbol{S}}_1^2。$$

据本章 6.3 节的例 7 的唯一性得，$\boldsymbol{S}_1=\tilde{\boldsymbol{S}}_1$。

类似地可证 $\boldsymbol{A}=\boldsymbol{S}_2\boldsymbol{T}$ 的分解也是唯一的。■

2. 证明　据第 1 题的结论得，存在 n 级正交矩阵 $\boldsymbol{T}$ 和正定矩阵 $\boldsymbol{S}$，使得 $\boldsymbol{A}=\boldsymbol{TS}$。对于正定矩阵 $\boldsymbol{S}$，存在正交矩阵 $\boldsymbol{T}_2$，使得

$$\boldsymbol{S}=\boldsymbol{T}_2^{-1}\text{diag}\{\lambda_1,\lambda_2,\cdots,\lambda_n\}\boldsymbol{T}_2,$$

其中 $\lambda_1,\lambda_2,\cdots,\lambda_n$ 是 S 的全部特征值，$\lambda_i>0$，$i=1,2,\cdots,n$，于是

$$\boldsymbol{A}=\boldsymbol{TT}_2^{-1}\text{diag}\{\lambda_1,\lambda_2,\cdots,\lambda_n\}\boldsymbol{T}_2。$$

令 $\boldsymbol{T}_1=\boldsymbol{T}\boldsymbol{T}_2^{-1}$，则 $\boldsymbol{T}_1$ 是正交矩阵，且使得

$$\boldsymbol{A}=\boldsymbol{T}_1\operatorname{diag}\{\lambda_1,\lambda_2,\cdots,\lambda_n\}\boldsymbol{T}_2。$$

由于 $\boldsymbol{A}'\boldsymbol{A}=(\boldsymbol{TS})'(\boldsymbol{TS})=\boldsymbol{S}'\boldsymbol{T}'\boldsymbol{TS}=\boldsymbol{S}'\boldsymbol{S}=\boldsymbol{S}^2$，因此 $\boldsymbol{A}'\boldsymbol{A}$ 的全部特征值是 $\lambda_1^2,\lambda_2^2,\cdots,\lambda_n^2$。

■

3. 证明 在空间直角坐标系中，设 $\boldsymbol{A}$ 是仿射变换 τ 的公式中的系数矩阵。它是 3 级实可逆矩阵。据第 2 题的结论，存在 3 级正交矩阵 $\boldsymbol{T}_1,\boldsymbol{T}_2$，使得

$$\begin{aligned}\boldsymbol{A}&=\boldsymbol{T}_1\begin{pmatrix}\lambda_1&0&0\\0&\lambda_1&0\\0&0&\lambda_3\end{pmatrix}\boldsymbol{T}_2\\&=\boldsymbol{T}_1\begin{pmatrix}\lambda_1&0&0\\0&1&0\\0&0&1\end{pmatrix}\begin{pmatrix}1&0&0\\0&\lambda_2&0\\0&0&1\end{pmatrix}\begin{pmatrix}1&0&0\\0&1&0\\0&0&\lambda_3\end{pmatrix}\boldsymbol{T}_2。\end{aligned}$$

由于 $\lambda_1,\lambda_2,\lambda_3$ 全大于 0，因此上式中间的三个对角矩阵分别代表沿着 x 轴、y 轴、z 轴方向的压缩，从而仿射变换 τ 可以分解成一些正交变换与沿着三个互相垂直的方向的压缩的乘积。 ■

4. 证明 存在性。对于对称矩阵的级数 n 作数学归纳法：

$n=1$ 时，$(a)=(1)'(a)(1)$，由已知条件 $a\neq0$，因此命题为真。

假设对于 $n-1$ 级对称矩阵命题为真。现在来看 n 级对称矩阵 $\boldsymbol{A}=(a_{ij})$ 的情形，把 $\boldsymbol{A}$ 写成分块矩阵的形式：

$$\boldsymbol{A}=\begin{pmatrix}\boldsymbol{A}_{n-1}&\boldsymbol{\alpha}\\\boldsymbol{\alpha}'&\boldsymbol{A}_{nn}\end{pmatrix}。$$

由于 $\boldsymbol{A}$ 的顺序主子式全不为 0，因此 $\boldsymbol{A}_{n-1}$ 的顺序主子式也全不为 0。对 $\boldsymbol{A}_{n-1}$ 用归纳假设，存在主对角元全为 1 的 $n-1$ 级上三角矩阵 $\boldsymbol{B}_1$ 和主对角元全不为 0 的对角矩阵 $\boldsymbol{D}_1$，使得

$$\boldsymbol{A}_{n-1}=\boldsymbol{B}_1'\boldsymbol{D}_1\boldsymbol{B}_1。$$

据 6.1 节例 9 的证明得

$$\begin{pmatrix}\boldsymbol{I}_{n-1}&\boldsymbol{0}\\-\boldsymbol{\alpha}'\boldsymbol{A}_{n-1}^{-1}&1\end{pmatrix}\begin{pmatrix}\boldsymbol{A}_{n-1}&\boldsymbol{\alpha}\\\boldsymbol{\alpha}'&\boldsymbol{A}_{nn}\end{pmatrix}\begin{pmatrix}\boldsymbol{I}_{n-1}&-\boldsymbol{A}_{n-1}^{-1}\boldsymbol{\alpha}\\\boldsymbol{0}&1\end{pmatrix}=\begin{pmatrix}\boldsymbol{A}_{n-1}&\boldsymbol{0}\\\boldsymbol{0}&\boldsymbol{A}_{nn}-\boldsymbol{\alpha}'\boldsymbol{A}_{n-1}^{-1}\boldsymbol{\alpha}\end{pmatrix},\tag{1}$$

从而

$$\boldsymbol{A}\simeq\begin{pmatrix}\boldsymbol{A}_{n-1}&\boldsymbol{0}\\\boldsymbol{0}&b\end{pmatrix},$$

其中 $b=a_{nn}-\boldsymbol{\alpha}'\boldsymbol{A}_{n-1}^{-1}\boldsymbol{\alpha}$，由式(1) 还可得到

$$|\boldsymbol{A}|=|\boldsymbol{A}_{n-1}|b。$$

由于 $|\boldsymbol{A}|\neq0$，因此 $b\neq0$。令

$$\boldsymbol{B}=\begin{pmatrix}\boldsymbol{B}_1&\boldsymbol{0}\\\boldsymbol{0}&1\end{pmatrix}\begin{pmatrix}\boldsymbol{I}_{n-1}&-\boldsymbol{A}_{n-1}^{-1}\boldsymbol{\alpha}\\\boldsymbol{0}&1\end{pmatrix}^{-1},$$

则 $\boldsymbol{B}$ 是主对角元全为 1 的 n 级上三角矩阵，且使得

$$\boldsymbol{A}=\begin{pmatrix}\boldsymbol{I}_{n-1}&\boldsymbol{0}\\-\boldsymbol{\alpha}'\boldsymbol{A}_{n-1}^{-1}&1\end{pmatrix}^{-1}\begin{pmatrix}\boldsymbol{A}_{n-1}&\boldsymbol{0}\\\boldsymbol{0}&b\end{pmatrix}\begin{pmatrix}\boldsymbol{I}_{n-1}&-\boldsymbol{A}_{n-1}^{-1}\boldsymbol{\alpha}\\\boldsymbol{0}&1\end{pmatrix}^{-1}$$

$$= \begin{pmatrix} \boldsymbol{I}_{n-1} & \boldsymbol{0} \\ -\boldsymbol{\alpha}'\boldsymbol{A}_{n-1}^{-1} & 1 \end{pmatrix}^{-1} \begin{pmatrix} \boldsymbol{B}_1'\boldsymbol{D}_1\boldsymbol{B}_1 & \boldsymbol{0} \\ \boldsymbol{0} & b \end{pmatrix} \begin{pmatrix} \boldsymbol{I}_{n-1} & -\boldsymbol{A}_{n-1}^{-1}\boldsymbol{\alpha} \\ \boldsymbol{0} & 1 \end{pmatrix}^{-1}$$

$$= \left[\begin{pmatrix} \boldsymbol{I}_{n-1} & -\boldsymbol{A}_{n-1}^{-1}\boldsymbol{\alpha} \\ \boldsymbol{0} & 1 \end{pmatrix}'\right]^{-1} \begin{pmatrix} \boldsymbol{B}_1 & \boldsymbol{0} \\ \boldsymbol{0} & 1 \end{pmatrix}' \begin{pmatrix} \boldsymbol{D}_1 & \boldsymbol{0} \\ \boldsymbol{0} & b \end{pmatrix} \begin{pmatrix} \boldsymbol{B}_1 & \boldsymbol{0} \\ \boldsymbol{0} & 1 \end{pmatrix} \begin{pmatrix} \boldsymbol{I}_{n-1} & -\boldsymbol{A}_{n-1}^{-1}\boldsymbol{\alpha} \\ \boldsymbol{0} & 1 \end{pmatrix}^{-1}$$

$$= \boldsymbol{B}' \begin{pmatrix} \boldsymbol{D}_1 & \boldsymbol{0} \\ \boldsymbol{0} & b \end{pmatrix} \boldsymbol{B}。$$

令

$$\boldsymbol{D} = \begin{pmatrix} \boldsymbol{D}_1 & \boldsymbol{0} \\ \boldsymbol{0} & b \end{pmatrix},$$

则 $\boldsymbol{D}$ 是主对角元全不为 0 的 n 级对角矩阵，且 $\boldsymbol{A}=\boldsymbol{B}'\boldsymbol{D}\boldsymbol{B}$。

唯一性。设还有主对角元全为 1 的 n 级上三角矩阵 $\boldsymbol{C}$ 与主对角元全不为 0 的对角矩阵 $\boldsymbol{H}$，使得 $\boldsymbol{A}=\boldsymbol{C}'\boldsymbol{H}\boldsymbol{C}$，则 $\boldsymbol{B}'\boldsymbol{D}\boldsymbol{B}=\boldsymbol{C}'\boldsymbol{H}\boldsymbol{C}$。此式两边左乘 $(\boldsymbol{C}')^{-1}$，右乘 $\boldsymbol{B}^{-1}$，得

$$(\boldsymbol{C}')^{-1}\boldsymbol{B}'\boldsymbol{D} = \boldsymbol{H}\boldsymbol{C}\boldsymbol{B}^{-1}。\tag{2}$$

式(2)左边是下三角矩阵，右边是上三角矩阵，因此式(2)左右两边都是对角矩阵。由于 $\boldsymbol{H}$ 是可逆的对角矩阵，从而 $\boldsymbol{C}\boldsymbol{B}^{-1}$ 是对角矩阵。由于 $\boldsymbol{C},\boldsymbol{B}$ 都是主对角元全为 1 的上三角矩阵，因此 $\boldsymbol{C}\boldsymbol{B}^{-1}$ 的主对角元都是 1，从而 $\boldsymbol{C}\boldsymbol{B}^{-1}=\boldsymbol{I}$，于是 $\boldsymbol{C}=\boldsymbol{B}$，从 $\boldsymbol{B}'\boldsymbol{D}\boldsymbol{B}=\boldsymbol{C}'\boldsymbol{H}\boldsymbol{C}$ 推出 $\boldsymbol{D}=\boldsymbol{H}$。 ■

5. 证明　记 $\boldsymbol{G}=\boldsymbol{B}'\boldsymbol{A}\boldsymbol{B}$。把 $\boldsymbol{G}$ 写成分块矩阵形式：

$$\boldsymbol{G} = \begin{pmatrix} \boldsymbol{G}_k & \boldsymbol{H}_1 \\ \boldsymbol{H}_1' & \boldsymbol{H}_2 \end{pmatrix},$$

其中 $\boldsymbol{G}_k$ 是 k 级矩阵，$k=1,2,\cdots,n-1$。

$$(\boldsymbol{I}_k \quad \boldsymbol{0})\boldsymbol{G}\begin{pmatrix} \boldsymbol{I}_k \\ \boldsymbol{0} \end{pmatrix} = (\boldsymbol{I}_k\ \boldsymbol{0})\begin{pmatrix} \boldsymbol{G}_k & \boldsymbol{H}_1 \\ \boldsymbol{H}_1' & \boldsymbol{H}_2 \end{pmatrix}\begin{pmatrix} \boldsymbol{I}_k \\ \boldsymbol{0} \end{pmatrix} = \boldsymbol{G}_k \tag{3}$$

把 $\boldsymbol{A},\boldsymbol{B}$ 分别写成分块矩阵的形式：

$$\boldsymbol{A} = \begin{pmatrix} \boldsymbol{A}_k & \boldsymbol{F}_1 \\ \boldsymbol{F}_1' & \boldsymbol{F}_2 \end{pmatrix}, \qquad \boldsymbol{B} = \begin{pmatrix} \boldsymbol{B}_k & \boldsymbol{M}_1 \\ \boldsymbol{0} & \boldsymbol{M}_2 \end{pmatrix},$$

其中 $\boldsymbol{A}_k$、$\boldsymbol{B}_k$ 都是 k 级矩阵。

$$(\boldsymbol{I}_k,\boldsymbol{0})\boldsymbol{B}'\boldsymbol{A}\boldsymbol{B}\begin{pmatrix} \boldsymbol{I}_k \\ \boldsymbol{0} \end{pmatrix} = \left[\boldsymbol{B}\begin{pmatrix} \boldsymbol{I}_k \\ \boldsymbol{0} \end{pmatrix}\right]'\boldsymbol{A}\boldsymbol{B}\begin{pmatrix} \boldsymbol{I}_k \\ \boldsymbol{0} \end{pmatrix}$$

$$= (\boldsymbol{B}_k',\boldsymbol{0})\begin{pmatrix} \boldsymbol{A}_k & \boldsymbol{F}_1 \\ \boldsymbol{F}_1' & \boldsymbol{F}_2 \end{pmatrix}\begin{pmatrix} \boldsymbol{B}_k \\ \boldsymbol{0} \end{pmatrix} = \boldsymbol{B}_k'\boldsymbol{A}_k\boldsymbol{B}_k \tag{4}$$

由于 $\boldsymbol{G}=\boldsymbol{B}'\boldsymbol{A}\boldsymbol{B}$，因此从式(3)和式(4)得

$$\boldsymbol{G}_k = \boldsymbol{B}_k'\boldsymbol{A}_k\boldsymbol{B}_k。\tag{5}$$

由于 $\boldsymbol{B}_k$ 是主对角元全为 1 的 k 级上三角矩阵，因此 $|\boldsymbol{B}_k|=1$，在式(5)两边取行列式得

$$|\boldsymbol{G}_k| = |\boldsymbol{B}_k'|\,|\boldsymbol{A}_k|\,|\boldsymbol{B}_k| = |\boldsymbol{A}_k|,\tag{6}$$

其中 $k=1,2,\cdots,n-1$。显然 $|\boldsymbol{G}|=|\boldsymbol{B}'|\,|\boldsymbol{A}|\,|\boldsymbol{B}|=|\boldsymbol{A}|$，因此 $\boldsymbol{B}'\boldsymbol{A}\boldsymbol{B}$ 与 $\boldsymbol{A}$ 的 k 阶顺序主子式相等，$k=1,2,\cdots,n$。 ■

6. 证明　由第 4 题可知，$\boldsymbol{A}=\boldsymbol{B}'\boldsymbol{D}\boldsymbol{B}$，其中 $\boldsymbol{B}$ 是主对角元全为 1 的上三角矩阵，据第 5 题的结论得

$$|\boldsymbol{A}_k|=|\boldsymbol{D}_k|=d_1d_2\cdots d_k,\quad k=1,2,\cdots,n,$$

因此 $d_1=|\boldsymbol{A}_1|$，且当 $k=2,3,\cdots,n$ 时，有

$$\frac{|\boldsymbol{A}_k|}{|\boldsymbol{A}_{k-1}|}=d_k。$$

■

7. 证明　由第 4 题可知，存在主对角元全为 1 的 n 级上三角实矩阵 $\boldsymbol{B}$，使得 $\boldsymbol{A}=\boldsymbol{B}'\boldsymbol{D}\boldsymbol{B}$，其中 $\boldsymbol{D}=\mathrm{diag}\{d_1,d_2,\cdots,d_n\}$，据第 6 题得

$$d_k=\frac{|\boldsymbol{A}_k|}{|\boldsymbol{A}_{k-1}|},\quad k=1,2,3,\cdots,n$$

其中 $|\boldsymbol{A}_k|$ 是 $\boldsymbol{A}$ 的 k 阶顺序主子式，$k=1,2,\cdots,n$，$|\boldsymbol{A}_0|=1$。

由于 $\boldsymbol{A}\simeq\boldsymbol{D}$，因此 $\boldsymbol{A}$ 的正惯性指数等于 $\boldsymbol{D}$ 的主对角线上正数的个数，而 d_k 为正数当且仅当 $|\boldsymbol{A}_k|$ 与 $|\boldsymbol{A}_{k-1}|$ 同号，因此 $\boldsymbol{A}$ 的正惯性指数等于本题题干数列 (2)中的保号数，从而 $\boldsymbol{A}$ 的负惯性指数等于数列 (2)中的变号数。■

点评：第 7 题告诉我们，对于 n 级实对称矩阵，如果它的顺序主子式全不为 0，那么计算它的顺序主子式就可求出它的正、负惯性指数。

8. 证明　据 6.1 节例 9 的结论得

$$\begin{vmatrix}\boldsymbol{A} & \boldsymbol{\alpha}\\ \boldsymbol{\alpha}' & 0\end{vmatrix}=|\boldsymbol{A}|(-\boldsymbol{\alpha}'\boldsymbol{A}^{-1}\boldsymbol{\alpha})。$$

由于 $\boldsymbol{A}$ 正定，因此 $\boldsymbol{A}^{-1}$ 也正定，从而对于任意 $\boldsymbol{\alpha}\in\mathbf{R}^n$ 且 $\boldsymbol{\alpha}\neq\mathbf{0}$，有 $\boldsymbol{\alpha}'\boldsymbol{A}^{-1}\boldsymbol{\alpha}>0$，又有 $|\boldsymbol{A}|>0$，因此

$$\begin{vmatrix}\boldsymbol{A} & \boldsymbol{\alpha}\\ \boldsymbol{\alpha}' & 0\end{vmatrix}=|\boldsymbol{A}|(-\boldsymbol{\alpha}'\boldsymbol{A}^{-1}\boldsymbol{\alpha})<0。$$

■

9. 证明

$$\boldsymbol{C}=\mathrm{diag}\{b_1,b_2,\cdots,b_n\}'\boldsymbol{A}\,\mathrm{diag}\{b_1,b_2,\cdots,b_n\}。$$

由于 $b_1,b_2,\cdots,b_n$ 都是非零实数，因此 $\boldsymbol{C}\simeq\boldsymbol{A}$。从 $\boldsymbol{A}$ 正定可知 $\boldsymbol{C}$ 也正定。■

10. 证明　任给 $\boldsymbol{\alpha}\in\mathbf{R}^n$ 且 $\boldsymbol{\alpha}\neq\mathbf{0}$，要证 $\boldsymbol{\alpha}'\boldsymbol{C}\boldsymbol{\alpha}>0$。设 $\boldsymbol{\alpha}=(c_1,c_2,\cdots,c_n)'$。

由于 $\boldsymbol{B}$ 正定，因此存在 n 级正交矩阵 $\boldsymbol{T}=(t_{ij})$，使得

$$\boldsymbol{B}=\boldsymbol{T}^{-1}\mathrm{diag}\{\mu_1,\mu_2,\cdots,\mu_n\}\boldsymbol{T},$$

其中 $\mu_1,\mu_2,\cdots,\mu_n$ 是 $\boldsymbol{B}$ 的全部特征值，它们全大于 0。设 $\boldsymbol{T}$ 的列向量组是 $\boldsymbol{\eta}_1,\boldsymbol{\eta}_2,\cdots,\boldsymbol{\eta}_n$，则

$$\begin{aligned}b_{ij}&=\boldsymbol{\varepsilon}_i'\boldsymbol{B}\boldsymbol{\varepsilon}_j=\boldsymbol{\varepsilon}_i'\boldsymbol{T}'\mathrm{diag}\{\mu_1,\mu_2,\cdots,\mu_n\}\boldsymbol{T}\boldsymbol{\varepsilon}_j\\&=\boldsymbol{\eta}_i'\mathrm{diag}\{\mu_1,\mu_2,\cdots,\mu_n\}\boldsymbol{\eta}_j\\&=\mu_1t_{1i}t_{1j}+\mu_2t_{2i}t_{2j}+\cdots+\mu_nt_{ni}t_{nj}\\&=\sum_{k=1}^n\mu_kt_{ki}t_{kj},\end{aligned}$$

从而

$$\boldsymbol{C}=(a_{ij}b_{ij})=\left(a_{ij}\sum_{k=1}^n\mu_kt_{ki}t_{kj}\right)=\sum_{k=1}^n(a_{ij}\mu_kt_{ki}t_{kj})=\sum_{k=1}^n\boldsymbol{C}_k,$$

其中 $\boldsymbol{C}_k=(a_{ij}\mu_kt_{ki}t_{kj})$，于是

$$\boldsymbol{\alpha}'\boldsymbol{C}\boldsymbol{\alpha}=\sum_{k=1}^{n}\boldsymbol{\alpha}'\boldsymbol{C}_k\boldsymbol{\alpha}=\sum_{k=1}^{n}\sum_{i=1}^{n}\sum_{j=1}^{n}a_{ij}\mu_k t_{ki}t_{kj}c_i c_j$$

$$=\sum_{k=1}^{n}\mu_k\left[\sum_{i=1}^{n}\sum_{j=1}^{n}a_{ij}(t_{ki}c_i)(t_{kj}c_j)\right]。$$

令

$$\boldsymbol{\delta}_k=(t_{k1}c_1,t_{k2}c_2,\cdots,t_{kn}c_n)',$$

则

$$\boldsymbol{\alpha}'\boldsymbol{C}\boldsymbol{\alpha}=\sum_{k=1}^{n}\mu_k(\boldsymbol{\delta}_k'\boldsymbol{A}\boldsymbol{\delta}_k)。$$

假如对于 $k=1,2,\cdots,n$,都有 $\boldsymbol{\delta}_k=\boldsymbol{0}$,则

$$\boldsymbol{0}=\begin{pmatrix}t_{11}c_1 & t_{12}c_2 & \cdots & t_{1n}c_n\\ t_{21}c_1 & t_{22}c_2 & \cdots & t_{2n}c_n\\ \vdots & \vdots & & \vdots\\ t_{n1}c_1 & t_{n2}c_2 & \cdots & t_{nn}c_n\end{pmatrix}=\boldsymbol{T}\begin{pmatrix}c_1 & & & 0\\ & c_2 & & \\ & & \ddots & \\ 0 & & & c_n\end{pmatrix}。$$

由于 $\boldsymbol{T}$ 可逆,因此 $c_1=c_2=\cdots=c_n=0$,即 $\boldsymbol{\alpha}=\boldsymbol{0}$,矛盾,于是存在 $m\in\{1,2,\cdots,n\}$,使得 $\boldsymbol{\delta}_m\neq\boldsymbol{0}$。由于 $\boldsymbol{A}$ 正定,因此

$$\boldsymbol{\delta}_m'\boldsymbol{A}\boldsymbol{\delta}_m>0;\quad \boldsymbol{\delta}_k'\boldsymbol{A}\boldsymbol{\delta}_k\geqslant 0,当\ k\neq m,$$

从而

$$\boldsymbol{\alpha}'\boldsymbol{C}\boldsymbol{\alpha}=\sum_{k=1}^{n}\mu_k(\boldsymbol{\delta}_k'\boldsymbol{A}\boldsymbol{\delta}_k)>0,$$

因此 $\boldsymbol{C}$ 正定。■

11. 证明

$$\boldsymbol{A}\boldsymbol{A}'=\begin{pmatrix}r_1-\lambda & 0 & 0 & \cdots & 0\\ 0 & r_2-\lambda & 0 & \cdots & 0\\ \vdots & \vdots & \vdots & & \vdots\\ 0 & 0 & 0 & \cdots & r_n-\lambda\end{pmatrix}+\lambda\boldsymbol{J}。$$

由于 $r_i-\lambda>0,i=1,2,\cdots,n$,因此上式右端的第 1 项是正定矩阵。由于 $\lambda>0$,因此 $\lambda\boldsymbol{J}$ 是半正定矩阵,从而 $\boldsymbol{A}\boldsymbol{A}'$ 是正定矩阵,因此 $|\boldsymbol{A}\boldsymbol{A}'|\neq0$,于是 $\mathrm{rank}(\boldsymbol{A}\boldsymbol{A}')=n$,从而 $\mathrm{rank}(\boldsymbol{A})=n$,由此推出 $n\leqslant m$。■

12. 证明　必要性。设 $\boldsymbol{A}$ 是 n 级正定矩阵,任取一个 n 级正定矩阵 $\boldsymbol{B}$,据本章 6.3 节的例 5 得,存在一个 n 级可逆矩阵 $\boldsymbol{C}$,使得 $\boldsymbol{B}=\boldsymbol{C}'\boldsymbol{C}$,于是

$$\mathrm{tr}(\boldsymbol{A}\boldsymbol{B})=\mathrm{tr}(\boldsymbol{A}\boldsymbol{C}'\boldsymbol{C})=\mathrm{tr}(\boldsymbol{C}\boldsymbol{A}\boldsymbol{C}')。$$

由于 $\boldsymbol{A}$ 正定,因此 $\boldsymbol{C}\boldsymbol{A}\boldsymbol{C}'$ 也正定。据本章习题 6.3 的第 3 题得,$\mathrm{tr}(\boldsymbol{C}\boldsymbol{A}\boldsymbol{C}')>0$,从而 $\mathrm{tr}(\boldsymbol{A}\boldsymbol{B})>0$。

充分性。由于 $\boldsymbol{A}$ 是 n 级实对称矩阵,因此存在 n 级正交矩阵 $\boldsymbol{T}$,使得

$$\boldsymbol{A}=\boldsymbol{T}^{-1}\mathrm{diag}\{\lambda_1,\lambda_2,\cdots,\lambda_n\}\boldsymbol{T},$$

其中 $\lambda_1,\lambda_2,\cdots,\lambda_n$ 是 $\boldsymbol{A}$ 的全部特征值。由于 $\boldsymbol{A}$ 可逆,因此 $\lambda_i\neq0,i=1,2,\cdots,n$。下面来证 $\lambda_i>0$,$i=1,2,\cdots,n$。令

$$\boldsymbol{B}(t)=\boldsymbol{T}^{-1}\mathrm{diag}\{t,\cdots,t,\underset{第i个}{1},t,\cdots,t\}\boldsymbol{T},$$

其中 $t>0$,则 $\boldsymbol{B}(t)$ 正定。据已知条件,得

$$0<\mathrm{tr}(\boldsymbol{A}\boldsymbol{B}(t))=\mathrm{tr}(\boldsymbol{A}[\boldsymbol{T}^{-1}\mathrm{diag}\{t,\cdots,t,1,t,\cdots,t\}\boldsymbol{T}])$$

$$= \mathrm{tr}([\boldsymbol{T}^{-1}\mathrm{diag}\{\lambda_1,\cdots,\lambda_n\}\boldsymbol{T}][\boldsymbol{T}^{-1}\mathrm{diag}\{t,\cdots,t,1,t,\cdots,t\}\boldsymbol{T}])$$
$$= \mathrm{tr}(\mathrm{diag}\{\lambda_1 t,\cdots,\lambda_{i-1}t,\lambda_i,\lambda_{i+1}t,\cdots,\lambda_n t\})$$
$$= \lambda_i + t\sum_{j\neq i}\lambda_j$$

令 $t\to 0$,得

$$\lambda_i \geqslant 0。$$

由于 $\lambda_i\neq 0$,因此 $\lambda_i>0$。由于 $i=1,2,\cdots,n$,因此 $\boldsymbol{A}$ 的特征值全大于 0,从而 $\boldsymbol{A}$ 正定。■

13. 证明　(1)

$$\boldsymbol{H}=\boldsymbol{M}\boldsymbol{M}'=\begin{pmatrix} k & \lambda & \cdots & \lambda \\ \lambda & k & \cdots & \lambda \\ \vdots & \vdots & & \vdots \\ \lambda & \lambda & \cdots & k \end{pmatrix}=(k-\lambda)\boldsymbol{I}+\lambda\boldsymbol{J}=n\boldsymbol{I}+\lambda\boldsymbol{J}。$$

(2)
$$|\boldsymbol{M}\boldsymbol{M}'|=(k-\lambda)^{v-1}[k+\lambda(v-1)]>0,$$

从而 $|\boldsymbol{M}|\neq 0$。于是 $\boldsymbol{M}$ 可逆。从 $\boldsymbol{H}=\boldsymbol{M}\boldsymbol{M}'=\boldsymbol{M}\boldsymbol{I}\boldsymbol{M}'$ 得出,在有理数域上,$\boldsymbol{H}\simeq\boldsymbol{I}$。

(3) 从 6.1 节例 9 的证明过程看出,在有理数域上

$$\begin{pmatrix} \boldsymbol{H} & \lambda\boldsymbol{1}_v \\ \lambda\boldsymbol{1}_v' & \lambda \end{pmatrix} \simeq \begin{pmatrix} \boldsymbol{H} & \boldsymbol{0} \\ \boldsymbol{0} & b \end{pmatrix},$$

其中 $b=\lambda-\lambda^2\boldsymbol{1}_v'\boldsymbol{H}^{-1}\boldsymbol{1}_v$。由于

$$\begin{pmatrix} \boldsymbol{M}^{-1} & \boldsymbol{0} \\ \boldsymbol{0} & 1 \end{pmatrix}\begin{pmatrix} \boldsymbol{H} & \boldsymbol{0} \\ \boldsymbol{0} & b \end{pmatrix}\begin{pmatrix} \boldsymbol{M}^{-1} & \boldsymbol{0} \\ \boldsymbol{0} & 1 \end{pmatrix}'=\begin{pmatrix} \boldsymbol{M}^{-1}\boldsymbol{H}(\boldsymbol{M}^{-1})' & \boldsymbol{0} \\ \boldsymbol{0} & b \end{pmatrix}=\begin{pmatrix} \boldsymbol{I} & \boldsymbol{0} \\ \boldsymbol{0} & b \end{pmatrix},$$

因此在有理数域上
$$\begin{pmatrix} \boldsymbol{H} & \boldsymbol{0} \\ \boldsymbol{0} & b \end{pmatrix}\simeq\begin{pmatrix} \boldsymbol{I} & \boldsymbol{0} \\ \boldsymbol{0} & b \end{pmatrix}。$$

由合同关系的传递性得,在有理数域上

$$\begin{pmatrix} \boldsymbol{H} & \lambda\boldsymbol{1}_v \\ \lambda\boldsymbol{1}_v' & \lambda \end{pmatrix} \simeq \begin{pmatrix} \boldsymbol{I} & \boldsymbol{0} \\ \boldsymbol{0} & \lambda-\lambda^2\boldsymbol{1}_v'\boldsymbol{H}^{-1}\boldsymbol{1}_v \end{pmatrix}。$$

(4)
$$\begin{pmatrix} n\boldsymbol{I}+\lambda J & \lambda\boldsymbol{1}_v \\ \lambda\boldsymbol{1}_v' & \lambda \end{pmatrix}\xrightarrow{①+(-\boldsymbol{1}_v)\cdot ②}\begin{pmatrix} n\boldsymbol{I} & \boldsymbol{0} \\ \lambda\boldsymbol{1}_v' & \lambda \end{pmatrix}\xrightarrow[①+②(-\boldsymbol{1}_v)']{}\begin{pmatrix} n\boldsymbol{I} & \boldsymbol{0} \\ \boldsymbol{0} & \lambda \end{pmatrix},$$

于是

$$\begin{pmatrix} \boldsymbol{I} & -\boldsymbol{1}_v \\ \boldsymbol{0} & 1 \end{pmatrix}\begin{pmatrix} n\boldsymbol{I}+\lambda J & \lambda\boldsymbol{1}_v \\ \lambda\boldsymbol{1}_v' & \lambda \end{pmatrix}\begin{pmatrix} \boldsymbol{I} & \boldsymbol{0} \\ -\boldsymbol{1}_v' & 1 \end{pmatrix}=\begin{pmatrix} n\boldsymbol{I} & \boldsymbol{0} \\ \boldsymbol{0} & \lambda \end{pmatrix},$$

因此在有理数域上

$$\begin{pmatrix} n\boldsymbol{I}+\lambda\boldsymbol{J} & \lambda\boldsymbol{1}_v \\ \lambda\boldsymbol{1}_v' & \lambda \end{pmatrix}\simeq\begin{pmatrix} n\boldsymbol{I} & \boldsymbol{0} \\ \boldsymbol{0} & \lambda \end{pmatrix}。$$

(5) 由第(3)(4)小题得,在有理数域上

$$\begin{pmatrix} n\boldsymbol{I} & \boldsymbol{0} \\ \boldsymbol{0} & \lambda \end{pmatrix}\simeq\begin{pmatrix} \boldsymbol{I} & \boldsymbol{0} \\ \boldsymbol{0} & \lambda-\lambda^2\boldsymbol{1}_v'\boldsymbol{H}^{-1}\boldsymbol{1}_v \end{pmatrix}。$$

由于 $\boldsymbol{M}\boldsymbol{1}_v=k\boldsymbol{1}_v$,因此 $\boldsymbol{1}_v=k\boldsymbol{M}^{-1}\boldsymbol{1}_v$,从而

$$\mathbf{1}_v'\boldsymbol{H}^{-1}\mathbf{1}_v=\mathbf{1}_v'(\boldsymbol{M}\boldsymbol{M}')^{-1}\mathbf{1}_v=(\boldsymbol{M}^{-1}\mathbf{1}_v)'(\boldsymbol{M}^{-1}\mathbf{1}_v)=(k^{-1}\mathbf{1}_v)'(k^{-1}\mathbf{1}_v)=k^{-2}v,$$

因此

$$\lambda-\lambda^2\mathbf{1}_v'\boldsymbol{H}^{-1}\mathbf{1}_v=\lambda-\lambda^2k^{-2}v=\lambda[1-k^{-2}(k^2-n)]=\lambda k^{-2}n。$$

又有

$$\begin{pmatrix}\boldsymbol{I}&\mathbf{0}\\\mathbf{0}&k\end{pmatrix}'\begin{pmatrix}\boldsymbol{I}&\mathbf{0}\\\mathbf{0}&k^{-2}\lambda n\end{pmatrix}\begin{pmatrix}\boldsymbol{I}&\mathbf{0}\\\mathbf{0}&k\end{pmatrix}=\begin{pmatrix}\boldsymbol{I}&\mathbf{0}\\\mathbf{0}&n\lambda\end{pmatrix},$$

因此在有理数域上

$$\begin{pmatrix}n\boldsymbol{I}&\mathbf{0}\\\mathbf{0}&\lambda\end{pmatrix}\simeq\begin{pmatrix}\boldsymbol{I}&\mathbf{0}\\\mathbf{0}&n\lambda\end{pmatrix}。$$ ■

14. 证法一　由于 $\boldsymbol{A}$ 是列满秩矩阵，因此据 4.6 节的例 5 得，$\boldsymbol{A}$ 可以分解成

$$\boldsymbol{A}=\boldsymbol{Q}_1\boldsymbol{R},\tag{7}$$

其中 $\boldsymbol{Q}_1$ 是列向量组为正交单位向量组的 $m\times n$ 矩阵，$\boldsymbol{R}$ 是主对角元都为正数的 n 级上三角矩阵。据补充题六的第 2 题得，存在 n 级正交矩阵 $\boldsymbol{T}_1$ 和 $\boldsymbol{T}_2$ 使得

$$\boldsymbol{R}=\boldsymbol{T}_1\mathrm{diag}\{\lambda_1,\lambda_2,\cdots,\lambda_n\}\boldsymbol{T}_2,\tag{8}$$

其中 $\lambda_1^2,\lambda_2^2,\cdots,\lambda_n^2$ 是 $\boldsymbol{R}'\boldsymbol{R}$ 的全部特征值，且 $\lambda_i>0,i=1,2,\cdots,n$，于是

$$\boldsymbol{A}=\boldsymbol{Q}_1\boldsymbol{T}_1\mathrm{diag}\{\lambda_1,\lambda_2,\cdots,\lambda_n\}\boldsymbol{T}_2。$$

记 $\boldsymbol{Q}=\boldsymbol{Q}_1\boldsymbol{T}_1,\boldsymbol{D}=\mathrm{diag}\{\lambda_1,\lambda_2,\cdots,\lambda_n\},\boldsymbol{T}'=\boldsymbol{T}_2$，则

$$\boldsymbol{A}=\boldsymbol{Q}\boldsymbol{D}\boldsymbol{T}'。\tag{9}$$

由于

$$\boldsymbol{Q}'\boldsymbol{Q}=(\boldsymbol{Q}_1\boldsymbol{T}_1)'(\boldsymbol{Q}_1\boldsymbol{T}_1)=\boldsymbol{T}'_1\boldsymbol{Q}'_1\boldsymbol{Q}_1\boldsymbol{T}_1=\boldsymbol{T}'_1\boldsymbol{I}_n\boldsymbol{T}_1=\boldsymbol{I}_n,$$

因此 $\boldsymbol{Q}$ 的列向量组是正交单位向量组。由于

$$\boldsymbol{A}'\boldsymbol{A}=(\boldsymbol{Q}\boldsymbol{D}\boldsymbol{T}')'(\boldsymbol{Q}\boldsymbol{D}\boldsymbol{T}')=\boldsymbol{T}\boldsymbol{D}'\boldsymbol{Q}'\boldsymbol{Q}\boldsymbol{D}\boldsymbol{T}'=\boldsymbol{T}\boldsymbol{D}^2\boldsymbol{T}',$$

因此 $\boldsymbol{D}^2=\boldsymbol{T}^{-1}(\boldsymbol{A}'\boldsymbol{A})\boldsymbol{T}$。由此看出，$\lambda_1^2,\lambda_2^2,\cdots,\lambda_n^2$ 是 $\boldsymbol{A}'\boldsymbol{A}$ 的全部特征值，且 $\boldsymbol{T}$ 的第 j 列 $\boldsymbol{\eta}_j$ 是 $\boldsymbol{A}'\boldsymbol{A}$ 的属于特征值 λ_j^2 的一个特征向量，$j=1,2,\cdots,n$。 ■

证法二　由于 $\boldsymbol{A}$ 是 $m\times n$ 列满秩矩阵，因此据习题 6.3 的第 8 题得，$\boldsymbol{A}'\boldsymbol{A}$ 是 n 级正定矩阵，从而 $\boldsymbol{A}'\boldsymbol{A}$ 的特征值全为正数。设 $\boldsymbol{A}'\boldsymbol{A}$ 的全部特征值为 $\lambda_1^2,\lambda_2^2,\cdots,\lambda_n^2$，其中 $\lambda_i>0$，$i=1,2,\cdots,n$。由于 $\boldsymbol{A}'\boldsymbol{A}$ 是实对称矩阵，因此存在正交矩阵 $\boldsymbol{T}=(\boldsymbol{\eta}_1,\boldsymbol{\eta}_2,\cdots,\boldsymbol{\eta}_n)$，使得

$$\boldsymbol{T}^{-1}(\boldsymbol{A}'\boldsymbol{A})\boldsymbol{T}=\mathrm{diag}\{\lambda_1^2,\lambda_2^2,\cdots,\lambda_n^2\},\tag{10}$$

于是

$$\boldsymbol{A}'\boldsymbol{A}=\boldsymbol{T}\mathrm{diag}\{\lambda_1^2,\lambda_2^2,\cdots,\lambda_n^2\}\boldsymbol{T}',\tag{11}$$

对于任意一个列向量组为正交单位向量组的 $m\times n$ 矩阵 $\boldsymbol{Q}$ 都有 $\boldsymbol{Q}'\boldsymbol{Q}=\boldsymbol{I}_n$。从而

$$\begin{aligned}\boldsymbol{A}'\boldsymbol{A}&=\boldsymbol{T}\mathrm{diag}\{\lambda_1,\lambda_2,\cdots,\lambda_n\}\boldsymbol{Q}'\boldsymbol{Q}\mathrm{diag}\{\lambda_1,\lambda_2,\cdots,\lambda_n\}\boldsymbol{T}'\\&=[\boldsymbol{Q}\mathrm{diag}\{\lambda_1,\lambda_2,\cdots,\lambda_n\}\boldsymbol{T}']'[\boldsymbol{Q}\mathrm{diag}\{\lambda_1,\lambda_2,\cdots,\lambda_n\}\boldsymbol{T}']。\end{aligned}\tag{12}$$

想选取一个合适的列向量组为正交单位向量组的 $m\times n$ 矩阵 $\boldsymbol{Q}$，使得

$$\boldsymbol{A}=\boldsymbol{Q}\mathrm{diag}\{\lambda_1,\lambda_2,\cdots,\lambda_n\}\boldsymbol{T}'。$$

记　$\boldsymbol{D}=\mathrm{diag}\{\lambda_1,\lambda_2,\cdots,\lambda_n\}$。

列向量组为正交单位向量组的 $m\times n$ 矩阵 $\boldsymbol{Q}=(\boldsymbol{Y}_1,\boldsymbol{Y}_2,\cdots,\boldsymbol{Y}_n)$ 满足 $\boldsymbol{A}=\boldsymbol{Q}\boldsymbol{D}\boldsymbol{T}'$

$\Longleftrightarrow$　$\boldsymbol{A}\boldsymbol{T}=\boldsymbol{Q}\boldsymbol{D}$，且 $\boldsymbol{Y}'_i\boldsymbol{Y}_j=\delta_{ij},i,j=1,2,\cdots,n$

$\Longleftrightarrow$　$(\boldsymbol{A}\boldsymbol{\eta}_1,\boldsymbol{A}\boldsymbol{\eta}_2,\cdots,\boldsymbol{A}\boldsymbol{\eta}_n)=(\lambda_1\boldsymbol{Y}_1,\lambda_2\boldsymbol{Y}_2,\cdots,\lambda_n\boldsymbol{Y}_n)$

且$\boldsymbol{Y}'_i\boldsymbol{Y}_j=\delta_{ij}, i,j=1,2,\cdots,n$

$\Longleftrightarrow$ $\boldsymbol{Y}_i=\frac{1}{\lambda_i}\boldsymbol{A}\boldsymbol{\eta}_i, i=1,2,\cdots,n$，且$\boldsymbol{Y}'_i\boldsymbol{Y}_j=\delta_{ij}, i,j=1,2,\cdots,n$。

从式(10)得

$$\begin{pmatrix} \lambda_1^2 & & & \\ & \lambda_2^2 & & 0 \\ & & \ddots & \\ 0 & & & \lambda_n^2 \end{pmatrix}=\begin{pmatrix} \boldsymbol{\eta}'_1 \\ \boldsymbol{\eta}'_2 \\ \vdots \\ \boldsymbol{\eta}'_n \end{pmatrix}\boldsymbol{A}'\boldsymbol{A}(\boldsymbol{\eta}_1,\boldsymbol{\eta}_2,\cdots,\boldsymbol{\eta}_n)$$

$$=\begin{pmatrix} \boldsymbol{\eta}'_1\boldsymbol{A}'\boldsymbol{A}\boldsymbol{\eta}_1 & \boldsymbol{\eta}'_1\boldsymbol{A}'\boldsymbol{A}\boldsymbol{\eta}_2 & \cdots & \boldsymbol{\eta}'_1\boldsymbol{A}'\boldsymbol{A}\boldsymbol{\eta}_n \\ \boldsymbol{\eta}'_2\boldsymbol{A}'\boldsymbol{A}\boldsymbol{\eta}_1 & \boldsymbol{\eta}'_2\boldsymbol{A}'\boldsymbol{A}\boldsymbol{\eta}_2 & \cdots & \boldsymbol{\eta}'_2\boldsymbol{A}'\boldsymbol{A}\boldsymbol{\eta}_n \\ \vdots & \vdots & & \vdots \\ \boldsymbol{\eta}'_n\boldsymbol{A}'\boldsymbol{A}\boldsymbol{\eta}_1 & \boldsymbol{\eta}'_n\boldsymbol{A}'\boldsymbol{A}\boldsymbol{\eta}_2 & \cdots & \boldsymbol{\eta}'_n\boldsymbol{A}'\boldsymbol{A}\boldsymbol{\eta}_n \end{pmatrix},$$

于是

$$\boldsymbol{Y}'_i\boldsymbol{Y}_j=\frac{1}{\lambda_i\lambda_j}\boldsymbol{\eta}'_i\boldsymbol{A}'\boldsymbol{A}\boldsymbol{\eta}_j=\delta_{ij},\qquad i,j=1,2,\cdots,n,$$

从而只需选取$\boldsymbol{Y}_i=\frac{1}{\lambda_i}\boldsymbol{A}\boldsymbol{\eta}_i (i=1,2,\cdots,n)$，令$\boldsymbol{Q}=(\boldsymbol{Y}_1,\boldsymbol{Y}_2,\cdots,\boldsymbol{Y}_n)$，则$\boldsymbol{Q}$是列向量组为正交单位向量组的$m\times n$矩阵，且使得

$$\boldsymbol{A}=\boldsymbol{QDT}'。$$ ■

15. 证明 由于$\boldsymbol{A}$是$m\times n$实矩阵，因此$\boldsymbol{A}'\boldsymbol{A}$是$n$级实对称矩阵。由于对任意$\boldsymbol{\alpha}\in\mathbf{R}^n$，有

$$\boldsymbol{\alpha}'(\boldsymbol{A}'\boldsymbol{A})\boldsymbol{\alpha}=(\boldsymbol{A\alpha})'(\boldsymbol{A\alpha})=|\boldsymbol{A\alpha}|^2\geqslant 0,$$

因此$\boldsymbol{A}'\boldsymbol{A}$是半正定矩阵，从而$\boldsymbol{A}'\boldsymbol{A}$的特征全非负，把$\boldsymbol{A}'\boldsymbol{A}$的特征值记作$\lambda_1^2,\lambda_2^2,\cdots,\lambda_n^2$，其中$\lambda_i\geqslant 0, i=1,2,\cdots,n$，则存在$n$级正交矩阵$\boldsymbol{T}=(\boldsymbol{\eta}_1,\boldsymbol{\eta}_2,\cdots,\boldsymbol{\eta}_n)$使得

$$\boldsymbol{T}^{-1}(\boldsymbol{A}'\boldsymbol{A})\boldsymbol{T}=\mathrm{diag}\{\lambda_1^2,\lambda_2^2,\cdots,\lambda_n^2\},\tag{13}$$

于是$\boldsymbol{T}$的第j列$\boldsymbol{\eta}_j$是$\boldsymbol{A}'\boldsymbol{A}$的属于特征值$\lambda_j^2$的一个特征向量。

设$\mathrm{rank}(\boldsymbol{A})=r$。由于$\boldsymbol{A}$是实矩阵，因此据4.3节例3得

$$\mathrm{rank}(\boldsymbol{A}'\boldsymbol{A})=\mathrm{rank}(\boldsymbol{A})=r。$$

于是在式(13)中可设$\lambda_i>0, i=1,2,\cdots,r$；$\lambda_j=0, j=r+1,\cdots,n$。类似于第14题的证法二，取

$$\boldsymbol{Y}_i=\frac{1}{\lambda_i}\boldsymbol{A}\boldsymbol{\eta}_i,\qquad i=1,2,\cdots,r,$$

从式(13)得

$$\mathrm{diag}\{\lambda_1^2,\lambda_2^2,\cdots,\lambda_r^2,0,\cdots,0\}=\begin{pmatrix} \boldsymbol{\eta}'_1 \\ \boldsymbol{\eta}'_2 \\ \vdots \\ \boldsymbol{\eta}'_n \end{pmatrix}\boldsymbol{A}'\boldsymbol{A}(\boldsymbol{\eta}_1,\boldsymbol{\eta}_2,\cdots,\boldsymbol{\eta}_n)$$

$$=\begin{pmatrix}\boldsymbol{\eta}'_1\boldsymbol{A}'\boldsymbol{A}\boldsymbol{\eta}_1 & \cdots & \boldsymbol{\eta}'_1\boldsymbol{A}'\boldsymbol{A}\boldsymbol{\eta}_n\\ \boldsymbol{\eta}'_2\boldsymbol{A}'\boldsymbol{A}\boldsymbol{\eta}_1 & \cdots & \boldsymbol{\eta}'_2\boldsymbol{A}'\boldsymbol{A}\boldsymbol{\eta}_n\\ \vdots & & \vdots\\ \boldsymbol{\eta}'_n\boldsymbol{A}'\boldsymbol{A}\boldsymbol{\eta}_1 & \cdots & \boldsymbol{\eta}'_n\boldsymbol{A}'\boldsymbol{A}\boldsymbol{\eta}_n\end{pmatrix}, \tag{14}$$

由此得出，当 $i,j=1,2,\cdots,r$ 时，有

$$\boldsymbol{Y}'_i\boldsymbol{Y}_j=\left(\frac{1}{\lambda_i}\boldsymbol{A}\boldsymbol{\eta}_i\right)'\left(\frac{1}{\lambda_j}\boldsymbol{A}\boldsymbol{\eta}_j\right)$$

$$=\frac{1}{\lambda_i\lambda_j}\boldsymbol{\eta}'_i\boldsymbol{A}'\boldsymbol{A}\boldsymbol{\eta}_j=\delta_{ij}。$$

这表明 $\boldsymbol{Y}_1,\boldsymbol{Y}_2,\cdots,\boldsymbol{Y}_r$ 是正交单位向量组，把它扩充成含 n 个向量的正交单位向量组 $\boldsymbol{Y}_1,\boldsymbol{Y}_2,\cdots,\boldsymbol{Y}_r,\boldsymbol{Y}_{r+1},\cdots,\boldsymbol{Y}_n$，令

$$\boldsymbol{Q}=(\boldsymbol{Y}_1,\boldsymbol{Y}_2,\cdots,\boldsymbol{Y}_r,\boldsymbol{Y}_{r+1},\cdots,\boldsymbol{Y}_n),$$

则 $\boldsymbol{Q}$ 是列向量组为正交单位向量组的 $m\times n$ 矩阵。

从式(14)还可得出

$$\boldsymbol{\eta}'_j\boldsymbol{A}'\boldsymbol{A}\boldsymbol{\eta}_j=0,\qquad j=r+1,\cdots,n,$$

由此得出，$\boldsymbol{A}\boldsymbol{\eta}_j=\boldsymbol{0},j=r+1,\cdots,n$，于是

$$(\boldsymbol{A}\boldsymbol{\eta}_1,\boldsymbol{A}\boldsymbol{\eta}_2,\cdots,\boldsymbol{A}\boldsymbol{\eta}_n)=(\lambda_1\boldsymbol{Y}_1,\lambda_2\boldsymbol{Y}_2,\cdots,\lambda_r\boldsymbol{Y}_r,\boldsymbol{0},\cdots,\boldsymbol{0})$$
$$=(\boldsymbol{Y}_1,\boldsymbol{Y}_2,\cdots,\boldsymbol{Y}_r,\boldsymbol{Y}_{r+1},\cdots,\boldsymbol{Y}_n)\mathrm{diag}\{\lambda_1,\lambda_2,\cdots,\lambda_r,0,\cdots,0\},$$

从而　　　　$\boldsymbol{AT}=\boldsymbol{QD},\qquad \boldsymbol{D}=\mathrm{diag}\{\lambda_1,\lambda_2,\cdots,\lambda_r,0,\cdots,0\}$,

因此　　　　　　　　　$\boldsymbol{A}=\boldsymbol{QDT}'$。　■

点评：第 15 题中 $m\times n$ 实矩阵 $\boldsymbol{A}$ 的分解称为 $\boldsymbol{A}$ 的奇异值分解，其中 $\boldsymbol{D}$ 的非零的主对角元 $\lambda_1,\lambda_2,\cdots,\lambda_r$ 称为 $\boldsymbol{A}$ 的奇异值。实矩阵 $\boldsymbol{A}$ 的奇异值分解在生物统计学等领域中有应用。

16. 证明　(1) 由于 $\boldsymbol{A}$ 正定，因此 $\boldsymbol{A}^{-1}$ 也正定。于是存在 n 级实可逆矩阵 $\boldsymbol{C}$，使得 $\boldsymbol{A}^{-1}=\boldsymbol{C}'\boldsymbol{C}$，于是 $\boldsymbol{A}=\boldsymbol{C}^{-1}(\boldsymbol{C}^{-1})'$。在 $\mathbf{R}^n$ 中指定标准内积。任取 $\boldsymbol{\alpha}\in\mathbf{R}^n$，有

$$\boldsymbol{\alpha}'\boldsymbol{A}^{-1}\boldsymbol{\alpha}=\boldsymbol{\alpha}'\boldsymbol{C}'\boldsymbol{C}\boldsymbol{\alpha}=(\boldsymbol{C}\boldsymbol{\alpha})'(\boldsymbol{C}\boldsymbol{\alpha})=|\boldsymbol{C}\boldsymbol{\alpha}|^2$$
$$=\frac{|(\boldsymbol{C}^{-1})'\mathbf{1}_n|^2\,|\boldsymbol{C}\boldsymbol{\alpha}|^2}{|(\boldsymbol{C}^{-1})'\mathbf{1}_n|^2}\geqslant\frac{[((\boldsymbol{C}^{-1})'\mathbf{1}_n)'(\boldsymbol{C}\boldsymbol{\alpha})]^2}{((\boldsymbol{C}^{-1})'\mathbf{1}_n)'((\boldsymbol{C}^{-1})'\mathbf{1}_n)}$$
$$=\frac{(\mathbf{1}'_n\boldsymbol{C}^{-1}\boldsymbol{C}\boldsymbol{\alpha})^2}{\mathbf{1}'_n\boldsymbol{C}^{-1}(\boldsymbol{C}^{-1})'\mathbf{1}_n}=\frac{(\mathbf{1}'_n\boldsymbol{\alpha})^2}{\mathbf{1}'_n\boldsymbol{A}\mathbf{1}_n}=\left(\frac{\mathbf{1}'_n\boldsymbol{\alpha}}{\sqrt{\mathbf{1}'_n\boldsymbol{A}\mathbf{1}_n}}\right)^2。$$

(2) 由于 $\boldsymbol{A}$ 半正定，因此 $\boldsymbol{A}\simeq\begin{pmatrix}\boldsymbol{I}_r & \boldsymbol{0}\\ \boldsymbol{0} & \boldsymbol{0}\end{pmatrix}$，其中 $r=\mathrm{rank}(\boldsymbol{A})$，于是存在 n 级实可逆矩阵 $\boldsymbol{P}$，使得 $\boldsymbol{A}=\boldsymbol{P}'\begin{pmatrix}\boldsymbol{I}_r & \boldsymbol{0}\\ \boldsymbol{0} & \boldsymbol{0}\end{pmatrix}\boldsymbol{P}$，从而 $\boldsymbol{A}$ 有一个广义逆 $\boldsymbol{A}^-$ 为

$$\boldsymbol{A}^-=\boldsymbol{P}^{-1}\begin{pmatrix}\boldsymbol{I}_r & \boldsymbol{0}\\ \boldsymbol{0} & \boldsymbol{0}\end{pmatrix}(\boldsymbol{P}')^{-1}=\boldsymbol{P}^{-1}\begin{pmatrix}\boldsymbol{I}_r & \boldsymbol{0}\\ \boldsymbol{0} & \boldsymbol{0}\end{pmatrix}(\boldsymbol{P}^{-1})',$$

于是 $\boldsymbol{A}^-$ 也为半正定矩阵。记 $\boldsymbol{P}^{-1}=(\boldsymbol{P}_1,\boldsymbol{P}_2)$，其中 $\boldsymbol{P}_1$ 有 r 列。则

$$\boldsymbol{A}^{-}=(\boldsymbol{P}_1,\boldsymbol{P}_2)\begin{pmatrix}\boldsymbol{I}_r & \boldsymbol{0}\\ \boldsymbol{0} & \boldsymbol{0}\end{pmatrix}\begin{pmatrix}\boldsymbol{P}_1'\\ \boldsymbol{P}_2'\end{pmatrix}=\boldsymbol{P}_1\boldsymbol{P}_1'。$$

于是

$$\boldsymbol{A}=\boldsymbol{A}\boldsymbol{A}^{-}\boldsymbol{A}=\boldsymbol{A}\boldsymbol{P}_1\boldsymbol{P}_1'\boldsymbol{A}。$$

由于对任意 $\boldsymbol{\alpha}\in\mathbf{R}^n$，有

$$\boldsymbol{\alpha}'\boldsymbol{A}^{-}\boldsymbol{\alpha}=\boldsymbol{\alpha}'\boldsymbol{P}_1\boldsymbol{P}_1'\boldsymbol{\alpha}=(\boldsymbol{P}_1'\boldsymbol{\alpha})'(\boldsymbol{P}_1'\boldsymbol{\alpha})=|\boldsymbol{P}_1'\boldsymbol{\alpha}|^2,$$

$$\mathbf{1}_n'\boldsymbol{A}\mathbf{1}_n=\mathbf{1}_n'\boldsymbol{A}\boldsymbol{P}_1\boldsymbol{P}_1'\boldsymbol{A}\mathbf{1}_n=(\boldsymbol{P}_1'\boldsymbol{A}\mathbf{1}_n)'(\boldsymbol{P}_1'\boldsymbol{A}\mathbf{1}_n)=|\boldsymbol{P}_1'\boldsymbol{A}\mathbf{1}_n|^2,$$

因此对任意 $\boldsymbol{\alpha}\in\mathbf{R}^n$，有

$$\begin{aligned}(\boldsymbol{\alpha}'\boldsymbol{A}^{-}\boldsymbol{\alpha})(\mathbf{1}_n'\boldsymbol{A}\mathbf{1}_n)&=|\boldsymbol{P}_1'\boldsymbol{\alpha}|^2\,|\boldsymbol{P}_1'\boldsymbol{A}\mathbf{1}_n|^2\\&\geqslant[(\boldsymbol{P}_1'\boldsymbol{A}\mathbf{1}_n)'(\boldsymbol{P}_1'\boldsymbol{\alpha})]^2\\&=(\mathbf{1}_n'\boldsymbol{A}\boldsymbol{P}_1\boldsymbol{P}_1'\boldsymbol{\alpha})^2=(\mathbf{1}_n'\boldsymbol{A}\boldsymbol{A}^{-}\boldsymbol{\alpha})^2。\end{aligned}$$

■

点评：在第 16 题的(1)和(2)中都用到了 4.3 节例 10 的 Cauchy-Bunyakovsky 不等式。如果先证明第(2)小题，那么可以立即得到第(1)小题的结论(因为此时 $\boldsymbol{A}^{-}=\boldsymbol{A}^{-1}$)。

参考文献

1. 丘维声. 高等代数(上册)[M]. 北京：高等教育出版社，1996.

2. 丘维声. 高等代数(下册)[M]. 北京：高等教育出版社，1996.

3. 丘维声. 高等代数(上册)[M]. 2 版. 北京：高等教育出版社，2002.

4. 丘维声. 高等代数(下册)[M]. 2 版. 北京：高等教育出版社，2003.

5. 丘维声. 高等代数学习指导书(上册)[M]. 北京：清华大学出版社，2005.

6. 丘维声. 高等代数学习指导书(下册)[M]. 北京：清华大学出版社，2009.

7. [苏]И. B. 普罗斯库烈柯夫. 线性代数习题集[M]. 周晓钟，译. 北京：人民教育出版社，1981.

8. T A CARTER. An Introduction to Linear Algebra for Pre-Calculas Students. Publications-CEEE Home-Rice Home，1995.

9. E DEEBA，A GUNAWARDENA. 用 MAPLE V 学习线性代数. 丘维声，译. 北京:高等教育出版社，施普林格出版社，2001.

10. 李炯生，查建国. 线性代数[M]. 合肥：中国科学技术大学出版社，1989.

11. 许甫华，张贤科. 高等代数解题方法[M]. 北京：清华大学出版社，2001.

12. 姚慕生. 高等代数[M]. 上海：复旦大学出版社，2002.

13. 丘维声. 解析几何[M]. 2 版. 北京:北京大学出版社，1996.

14. 丘维声. 解析几何[M]. 3 版. 北京:北京大学出版社，2015.

15. 丘维声. 高等代数学习指导书(第二版:上册)[M]. 北京:清华大学出版社，2017.

16. 丘维声. 高等代数学习指导书(第二版:下册)[M]. 北京:清华大学出版社，2016.

作者主要著译作品

◎ 普通高等教育“九五”国家级重点教材《高等代数(上册、下册)》,高等教育出版社,1996年、1996年

◎ 普通高等教育“十五”国家级规划教材《高等代数(第二版)上册、下册》,高等教育出版社,2002年、2003年

◎ 普通高等教育“十一五”国家级规划教材,北京市高等教育精品教材《简明线性代数》,北京大学出版社,2002年

◎《高等代数讲义(上)》,北京大学出版社,1983年。此书1994年被评为全国优秀畅销图书(数学类)

◎ 合译《代数学引论(上册、下册)》,高等教育出版社,1988年

◎《解析几何(第二版)》,北京大学出版社,1996年

◎《有限群与紧群的表示论》,北京大学出版社,1997年

◎ 主编教育部规划教材《数学第一、二、三册》,高等教育出版社,1997年、1998年、1999年

◎ 主译《用MAPLE V学习线性代数》,高等教育出版社,施普林格出版社,2001年

◎ 主编国家规划教材《数学(基础版)第一、二、三册》,高等教育出版社,2001年、2002年、2003年

◎《抽象代数基础》,高等教育出版社,2003年

◎ 主编国家规划教材《数学(基础版)修订版,第一、二册》,高等教育出版社,2005年、2006年

◎《高等代数学习指导书(上册、下册)》,清华大学出版社,2005年、2009年

◎ 普通高等教育“十二五”国家级规划教材,北京市高等教育精品教材立项重大项目,《高等代数(上册、下册)——大学高等代数课程创新教材》,清华大学出版社,2010年

◎《数学的思维方式与创新》,北京大学出版社,2011年

◎《群表示论》,高等教育出版社,2011年

◎《高等代数》,科学出版社,2013年

◎《近世代数》,北京大学出版社,2015年

◎《高等代数(第三版)上册、下册》,高等教育出版社,2015年

◎《解析几何(第三版)》,北京大学出版社,2015年

◎《高等代数学习指导书(第二版:上册)》,清华大学出版社,2017年

◎《高等代数学习指导书(第二版:下册)》,清华大学出版社,2016年